大数据丛书

"十三五"国家重点出版物出版规划项目

数据可视化

陈为 沈则潜 陶煜波　等编著

電子工業出版社
Publishing House of Electronics Industry
北京•BEIJING

内 容 简 介

全书共有15章，分为4篇。基础篇，阐述数据可视化的基础理论和概念，从人的感知和认知出发，介绍数据模型和可视化基础；时空数据篇，介绍带有空间坐标或时间信息的数据的可视化方法，此类数据通过设备在真实物理空间中采集得到或由科学计算模拟产生；非时空数据篇，描述非结构化和非几何的抽象数据的可视化，这些数据既存在于真实物理空间，又是社会空间和网络信息空间的基本表达形式；用户篇，介绍面向各类数据的可视化在实际应用中共同需要的方法、技术和工具，例如交互和可视化评测方法，以及在具体领域的可视化和应用系统。

本书从研究者的角度，介绍数据可视化的定义、方法、效用和工具，既可作为初学者的领路手册，也可用于可视化研究和可视化工具使用的参考指南。

图书在版编目（CIP）数据

数据可视化：纪念版 / 陈为等编著. —北京：电子工业出版社，2023.3
（大数据丛书）
ISBN 978-7-121-45096-9

Ⅰ. ①数… Ⅱ. ①陈… Ⅲ. ①可视化软件－数据处理 Ⅳ. ①TP317.3

中国国家版本馆CIP数据核字（2023）第030060号

责任编辑：刘　皎
印　　刷：天津千鹤文化传播有限公司
装　　订：天津千鹤文化传播有限公司
出版发行：电子工业出版社
　　　　　北京市海淀区万寿路173信箱　　邮编：100036
开　　本：787×980　　1/16　　印张：47.5　　字数：1034千字
版　　次：2013年12月第1版
　　　　　2023年3月第3版
印　　次：2024年2月第2次印刷
定　　价：269.99元

凡所购买电子工业出版社图书有缺损问题，请向购买书店调换。若书店售缺，请与本社发行部联系，联系及邮购电话：（010）88254888，88258888。

质量投诉请发邮件至 zlts@phei.com.cn，盗版侵权举报请发邮件至 dbqq@phei.com.cn。

本书咨询联系方式：（010）51260888-819，faq@phei.com.cn。

Foreword

Visualization, as a discipline in computer science, is a rather young field of study. The field has made many advances over the past 25 years through tremendous basic and application-driven research efforts, and also successfully transferred some of these advances into products and services for data-intensive applications. Visualization as a problem-solving and knowledge discovery tool has become even more important as we enter the Big Data era. Its applications grow from scientific computing, engineering design, biomedicine, cyber security, and intelligence, to social science, transportation studies, and commerce. Visualization will be considered a basic skill, and will likely become part of the standard curriculum in science and engineering.

There is clearly a fast-growing interest in visualization as a discipline, a technology, or a practice. Over the years, I have been asked by many to suggest readings in visualization. So far, no book has ever managed to provide a comprehensive overview of the field, since even the good ones focus on a subarea of visualization, typically reflecting the author's research endeavors. A visualization textbook is definitely needed. I know a few other book projects are underway, but this book is by far the most comprehensive one I have seen. It provides a fairly complete introduction to essential topics in visualization, as well as information on where the field is today, effectively serving the needs of both practitioners and future researchers in the field. As the field evolves rapidly to cope with demands from new applications and exploiting Big Data, I believe the authors will update the content regularly to reflect the latest and greatest developments in the field, which will make this book a lasting, valuable resource.

While visualization has become an active area of study and practice in the United States and Europe, visualization research and education in Asia would benefit from increased promotion and development. Thus, the publication of this textbook is timely. I praise the dedicated effort of Professor Wei Chen and his co-authors in creating this book, which will help accelerate visualization education, research, and practice in China and other Chinese-speaking countries. I hope to see this book translated into other languages. It will then become an important reference in the field of visualization. I found the book very informative and easy to read. I believe you will enjoy reading it.

Kwan-Liu Ma

Davis, CA

September 20, 2013

推荐序

浙江大学计算机辅助设计与图形学（CAD&CG）国家重点实验室陈为教授来电话，请我为他的新作《数据可视化》作序。陈为教授是我的老同事，也是我们实验室可视化方向的带头人。现在他有新作出版，请我作序是对我的尊重，我哪有不懂之理。然而我犹豫了。我坦率地告诉他，我怕完不成任务，因为我已退休多年，不再跟踪学科前沿多年。陈为说，他把书稿链接发给我，请我浏览以后再做定夺。我在浏览了《数据可视化》的内容简介、前言、目录和第 1 章后，深感全书内容十分丰富，架构严谨，是我国学界和业界急需的一本好书。陈教授在信里还写道："可否请您从可视化在中国的发展历史、现状、未来为这本书写一个序言，作为对我们的鼓励。"读信后，我感到我写不出现状和未来，写点我经历过的事情，以及谈点作为过来人的体会和建议还是可以的，同时我感到作为可视化领域的一名老兵，面对《数据可视化》这样一本可视化新作、好书，又有爱不释手和责无旁贷之感，当即决定试试。

"可视化"或它的全称"科学计算可视化"（Visualization in Scientific Computing，ViSC）一词是在 1987 年根据美国国家科学基金会召开的"科学计算可视化研讨会"内容撰写的一份报告中正式提出的。在短短 20 余年历史中，科学计算可视化发展成为一个十分活跃的研究领域，新的研究分支不断涌现，如出现了用于表示海量数据不同类型及其逻辑关系的信息可视化技术，以及将可视化与分析相结合的可视分析学研究方向。现在又有了把"科学计算可视化"、"信息可视化"和"可视分析学"这三个分支整合在一起的新学科"数据可视化"。这是可视化研究领域的新起点，必将进一步促进学科交叉与融合，进一步扩大应用领域的发展，进一步提高应用水平。可以预期，这波数据可视化研究新浪潮必将推动可视化学科研究和应用向更宽、更深、更高的方向发展。事实上，这既是学界和业界的责任，也是广大用户的期待，因为现有的可视化技术还远远满足不了用户的期望。我举一个亲身体验来说明我的这个论断。去年 8 月我的小孙女出生，面对可爱的小脸，脑海里不由得回忆起 3 个月前看到儿子发来的那张胎儿超声波三维影像时留下的印象：紧闭的双目，高额头和大鼻子。今天小天使虽然依然双目紧闭，依然是高额头，但鼻子一点也不大，反而显得小巧、可爱，加上时张时合的小嘴，这张真实的小脸与那张高科技三维图像相比不知要漂亮多少倍。这个事实说明，今天的超声波三维成像技术离用户期望水平还相去甚远。我们全家在感谢今天科技进步让我们提前 3 个月看到了小孙女真容的同时，也期望科学家们早日提供逼真的胎儿三维影像。

应该说，我们国家可视化方向的研究工作起步还是比较早的。国家自然科学基金委将科学计算可视化列为“八五”重点资助项目，国家科委也将其列为基础研究专门项目给予资助。国内一批图形学研究中心，如浙江大学计算机辅助设计与图形学国家重点实验室、清华大学计算机系、中科院 CAD 开放实验室和中科院软件所等单位在 20 世纪 90 年代初相继开展了可视化方向的基础研究和应用研究。我们这一代人遇到的最大困难是信息闭塞，很多信息都是从国际学术交流中取得的。例如，我是在 1991 年 3 月至 7 月在德国 Encarnacao 教授领导的弗朗霍夫图形学研究所（FhG-IGD）做访问研究，在 Martin Goebel 博士领导的可视化研究室工作时接触科学计算可视化研究方向的。我有幸与研究室内一批年轻博士一起工作 4 个月，奠定了从事可视化学科的基础。回国后我在浙江大学 CAD&CG 国家重点实验室大力倡导，并组织年轻教师和博士生开展可视化方向的研究工作，很快出现了一批较高水平的研究成果，影响并推动了可视化研究方向在国内的普及。基于可视化方向的广泛应用背景，我们从 1993 年 9 月起在浙江大学为全校理工科硕士和博士研究生开设“科学计算可视化”全校性选修课。1995 年 4 月 23 日至 27 日由我们实验室牵头举办了虚拟现实与科学计算可视化国际研讨会（International Workshop on VR-ViSC）。同时为国内青年学者和学生举办同名高级研讨班，请出席国际研讨会的一批国内外著名学者为国内高级研讨班学员做报告，取得了很好的效果。这应是我国第一次举办 VR-ViSC 专题国际研讨会和同名国内高级研讨班，让国外学者有机会了解我国学者在这个领域的研究成果，也让国内学者和学生有机会接触世界一流学者。我想借此机会向 Encarnacao 教授表示我们最诚挚的谢意，是他帮助我们解决了国外学者来华的费用。欧洲学者费用是他出面向欧盟申请的，北美加拿大和美国学者来华费用也是 Encarnacao 教授出面通过他的老朋友 Larry L. Rosenblum 教授向美国国家科学基金会申请的。Larry 是美国海军研究生院教授，曾任美国国家科学基金会计算机学部主任。2006 年 4 月 16 日，我的一批国外老朋友应邀参加我的 70 岁生日庆祝大会，几位老朋友到我的新居做客，其中就有 Larry，这是他第一次访问中国。我如此冗长地介绍 1995 年研讨会和一批国外老朋友无非是想强调国际学术交流的重要，以及强调国外一流学者的敬业精神值得我们永远学习。1996 年 9 月由石教英、蔡文立等编著的《科学计算可视化算法与系统》一书由科学出版社出版。这应是我国学者编著的第一本可视化教材，曾在国内高校应用多年，遗憾的是至今没有更新再版。计算机类教科书哪有十几年不更新的，早该淘汰了。

我除了欣赏《数据可视化》一书内容翔实、架构严谨、图表精美外，我更欣赏和看重的是本书前言里列出的执笔者，也就是作者名单。这张名单清晰地表明各个章节的作者姓名。我欣赏的就是这种既强调知识产权保护，又明确文责自负的做法。我一直认为我国知识产权保护不力是制约我国科技创新的罪魁祸首！我欣赏陈为教授严谨的知识产权保护意识和实践。保护知识产权从我们每个科技工作者做起当然是应该的，但我更希望我国各级科技主管部门重视知识产权保护对我国科技创新的影响问题，也希望各级行政执法主管部门严格执法，严格保护知识产权。更希望中央媒体能像报道全国道德模范一样报道一批因知识产权而致富的知识分子实例。我想一旦知识产权可以致富意识深入人心，榜样的力量就将是无穷的。

最后请容许我再向青年学者说几句心里话。你们从事的可视化研究领域属应用基础研究范畴，具有很强的应用性，因此希望你们重视应用研究，做有用的研究，多与产业界联系；不要随波逐流跟着考核指挥棒走，一味追逐论文数、奖项数和科研经费数；学术评价标准是影响力，而不是这个数那个数。影响力分学术影响力和产业影响力两类：学术影响力看的是发表的学术论文级别，真正有影响力的论文只有顶级论文，能产出顶级论文的只有少数人，且只能在其创造力旺盛的有限岁月才有可能发表顶级学术论文；产业影响力是看你的成果在产业界的应用效果，所有有真才实学的人都能有所贡献，且可能是终生都会有所贡献。你可能会说没有论文，拿不到博士学位，升不了职称，没有科研经费无法带研究生，等等。是的，这里就有个度以及你的看法问题，这就是先贤王阳明先生说的“良知”（我们对事物的最初反应，也是我们本性的表现）；王阳明还提出“致良知”说，就是指我们应该遵从自己的良知而行，即将良知付诸实践。因此，这是一个复杂而又现实的问题，我前面说了“不要随波逐流”，现在又说要“致良知”，即要按自己想清楚的去做，一句话就是：要独立思考，不要随大流。

东拉西扯地写了一大堆，请陈教授谅解，也请诸位读者谅解。

石教英

浙江大学计算机辅助设计与图形学国家重点实验室

2013 年 9 月 11 日

出版十周年序

数据的采集、提取和理解是人类感知和认识世界的基本途径之一，数据可视化为人类洞察数据的内涵、理解数据蕴藏的规律提供了重要的手段。在 1987 年美国国家科学基金会召开的“科学计算可视化研讨会”上，“科学计算可视化”这一概念首次被正式提出。自此以后，以计算机科学为主要载体的数据可视化，逐渐发展成为数据分析中一个重要的研究方向。回望可视化成为一门独立学科的历史，尚不足四十年。

在这十年中，大数据、人工智能等方向发生了天翻地覆的变化，人们的数据采集、加工、分析能力得到了革命性提升，数据可视化的研究和开发“从不受待见到趋之若鹜”，一直在创新发展中。可视分析学是一门以视觉感知增强认知为目标、以视觉理解和机器理解为对偶手段、以可视界面为信息交流通道的综合性学科。在因时、因地、临场、应急、博弈等分析决策的关键场合中，可视分析的作用尤为重要。特别地，大数据可视分析在宏观、概览、关联、隐性表达等方面具有不可替代的效应。数据量的爆炸式增长和计算过程复杂度的提升，使得人类难以挖掘海量数据反映出的模式和价值，以及理解模型背后的复杂预测机制。作为沟通人与计算之间“最后一公里”的桥梁，可视化通过其直观传神的视觉表达，在数据分析的方方面面起到至关重要的作用。

在 21 世纪的前 10 年中，可视化领域探索的重点是面向通用数据类型的视觉表达方法。这些方法在后来的可视分析研究中得到充分实践，开始深入商业、医疗、城市交通等与大众生活息息相关的行业，在各类分析应用领域中百花齐放。同时，人工智能领域的发展，也推动了可视化领域内部的方法革命，使得视觉设计的自动化成为可能，进一步降低了视觉设计的使用门槛。作为仍在前沿“奋斗”的研究者和实践者，我们也看到了一些领域中的研究趋势，希望能与各位读者分享：

首先，数据可视化研究开始逐渐从单纯的信息表达方法，向人机智能融合的可视分析方法迈进。其次，人工智能驱动的信息传达设计方法，开始在可视化流水线中得到广泛应用。最后，虚拟现实、增强现实等新兴显示平台的应用，使得人们能够身临其境地感知数据，在分析过程中拥有沉浸式体验。

十年时光倏忽而过，可视化学科的外在环境和世人对学科的认知都有着日新月异的变化。但是这其中有两个根本性的问题，是我们一直在思考和不懈探索的。其一是，如何使用视觉手段高效、真实地表达信息、反映数据内涵？这也是可视化学科的根本问题。在数据量剧增、分析任务日益复杂的今天，我们如何构建与数据规律一致的图形表达？其二，可视化本身是一门交叉学科，其研究内容涉及计算机、数据科学、人工智能、认知科学等多个方向。同时，可视化的设计和应用又需要与目标应用场景和领域专家紧密结合。那么，在可视化理论和方法的研究中，我们该如何做到学科的交叉融合，从而从容应对在复杂数据分析上的新挑战？

上述两个根本问题，表述虽然简单，做透实则不易。在探索的路上，我们也欣喜地看到不少同行做出了优秀的贡献。中国企业研制的 DataV、Echarts、AntV 等可视化产品和新工具不断涌现，在国内外业界和开源社区也受到了高度的认可。中国学者在可视化、人机交互等相关领域的国际顶级会议上也佳作频出，研究者数量不断扩大。本书前言作者列表中的很多青年学生学者，现在也已成为学界和业界的中坚力量。

该书面世以来，承蒙读者垂青，被国内诸多高校选为大数据和人工智能核心课程教材。在修订和再版过程中，我们接到了许多同行朋友的意见和建议，以及热心读者的反馈，这为我们进一步改进本书提供了极好的材料，在此一并表示衷心的感谢。

因本书所涉内容广泛，难免有错漏之处，敬请各位读者不吝指正。

本书作者

于 2023 年 1 月

再版序

作为一种数据分析的工具，可视化业已成为各类数据分析的理论框架和应用中的必备要素，并成为科学计算、商业智能、安全等领域中的普惠技术。21世纪之初以后，国内外信息环境发生了很大的变化，可视化的意义也逐渐为世人所知。各类科研基金和企业研发经费纷纷投向高效、高质量的可视化方法和系统的研究与开发。国家自然科学基金于2012年资助了“探索式可视分析的基础理论与方法”重点项目，团队成员来自浙江大学、北京大学、香港科技大学、北京应用物理与计算数学研究所等单位。经过五年的努力，课题组成果斐然，在结题考核中被评为优秀。学术界的共同努力，使得国内的学术力量为亚洲领先、世界知名。据国际权威学术排行榜（链接0-1）统计，近五年，浙江大学、清华大学、北京大学在可视化和可视分析领域顶级会议IEEE VIS上的发文数量均名列世界前20。产业界也纷纷发力，国内著名企业均投入重兵，研发新兴可视化技术。阿里巴巴、阿里云、百度、蚂蚁金服、华为、360，都相继成立了可视化的研发团队。阿里云早期和浙江大学合作的DataV可视化组件库，“被阿里巴巴的各类产品线广泛使用（如数据魔方、淘宝指数、对外数据大屏和‘双11’大屏等产品），打破了国外highcharts等收费方案的垄断，帮助阿里集团的众多大数据产品以最低成本大幅提高数据输出效果和质量”。百度公司发布的ECharts可视化工具，位列github可视化工具第三，占有国内70%的开源可视化工具市场。蚂蚁金服研发的AntV、G2等开源可视化工具，也逐渐在轻量级Web可视化方面输出能力。此外，新型大数据可视化创业公司如海云数据、永洪科技等，以可视化和可视分析技术为亮点，逐步在国内市场占据一席之地。在这种新形势下，在最新发布的中国科技创新2030“新一代人工智能”和“大数据”专项指南中，均将可视化和可视分析列为大数据智能急需突破的关键共性技术。

可视化的推广和应用离不开学术界的引导。从2014年到2017年，中国计算机学会大数据专家委员会每年都发布大数据十大趋势，可视化和可视分析年年入选。从入选评价，不难看出大数据学术界对可视化的期望：2014年，第四，大数据分析与可视化；2015年，第八，可视化分析与可视化呈现；2016年，第一，可视化推动大数据平民化；2017年，第十，可视化技术和工具提升大数据分析工具的易用性。浙江大学自2011年为本科生开设“数据可视化”课程以来，年年选课总人数超过150人。北京大学、浙江大学等高校，每年都举办暑期学校和研讨班。自 2014 年起，国内学术同仁发起了中国可视化与可视分析大会，每年参会人数超过 500 人。

本书自 2013 年出版第 1 版至今，多次重印，被国内 20 多所高校列为教材，也被广大的企事业单位用于科研、研发和培训。本书的繁体字版本还被销往中国台湾地区。本书第 2 版的修订增加了一些最新的科研成果，更新了大量案例。团队成员（马昱欣、郭方舟、朱闽峰、王叙萌、张天野、梅鸿辉、魏雅婷、黄兆嵩、陆俊华、韩东明、潘嘉铖、张玮、黄家东）等为本书的修订做了大量的工作，在此一并致谢。我们相信，大数据可视化的征程才刚刚开始。

本书部分相关资源可在链接 0-2 地理信息可视化 .pdf 下载查看。

本书作者

于 2019 年 2 月

第1版前言

数据的采集、提取和理解是人类感知和认识世界的基本途径之一，数据可视化为人类洞察数据的内涵、理解数据蕴藏的规律提供了重要的手段。

随着数据时代的来临，大数据的分析、挖掘与可视化已经成为信息技术发展的迫切需求。面对当前科学可视化、信息可视化、可视分析研究和应用的新形势，需要发展新的复杂数据的处理、分析与可视化方法，并围绕实际科学和社会问题的求解设计高效的人机交互界面。目前，国内急需面向信息时代中各类数据特性和应用领域介绍数据可视化基本理论与方法的工具书。

本书从研究者的视角，介绍了数据可视化的定义、方法、功效和实用软件，可作为初学者入门的向导，是有关科研和教育人员从事可视化研究和开发的一本实用的参考书。全书共有 16 章，分为 4 篇：基础篇、时空数据篇、非时空数据篇和用户篇。

基础篇（第 1~4 章）阐述数据可视化的基础理论和概念，从人的感知和认知出发，介绍数据模型和可视化基础。第 1 章阐述可视化的定义、作用和发展历史，给出数据可视化的现代意义和分类。第 2 章详细介绍视觉感知和认知的基本原理、颜色模型和可视化编码原则。第 3 章介绍数据模型、数据定义、数据组织与管理、数据分析与挖掘等基本概念。第 4 章阐述数据可视化基础，包括可视化流程、图形符号、视觉变量和评估方法等内容。根据数据的时空特性，数据可分为时空数据和非时空数据。

时空数据篇（第 5~8 章）介绍含有空间坐标或时间信息的数据的可视化方法，此类数据通过测量仪器在真实物理空间中采集或由科学计算模拟生成。空间数据可分为标量、向量和张量三大类。第 5 章介绍空间标量场数据可视化，主要涵盖一维、二维和三维空间的标量场数据。第 6 章介绍含有地理信息的空间数据的可视化技术（本书第 2 版中，本章内容已放在网上供读者下载，下载地址为：链接 0-3 地理信息可视化 .pdf）。第 7 章介绍大尺度或随时间变化的空间标量场数据的可视化解决方案和挑战，空间向量场和张量场数据的可视化方法，多变量空间数据场的可视化。第 8 章关注带有时间信息的数据可视化，包括时间属性可视化、多变量时变型数据可视化和流数据可视化。

非时空数据篇（第 9~12 章）描述非结构和非几何抽象数据的可视化，这类数据既存在于真实物理空间，也存在于社会空间和网络信息空间。第 9~12 章分别介绍层次结构数据可视化、文本数据可视化、跨媒体数据可视化和复杂高维多元数据可视化。特别是，非时空数据，具有高维、大尺度、异构、复杂等特点。第 12 章介绍最新的有关复杂高维多元数据可视化的方法，处理对象包括多变量非结构化数据、大规模数据、异构数据和不确定性数据等。

用户篇（第 13~16 章）介绍实际应用中各类数据可视化需采用的共性、技术和工具以及具体的应用系统。第 13 章介绍可视化中的交互方法，包括交互准则、交互分类和相关技术。第 14 章介绍可视化评测，阐述可视化评测的因素、方法、流程和具体实例。第 15 章介绍面向科学计算、生命医学、网络安全、商业智能和金融等领域的可视化技术。第 16 章介绍可视化系统，包括应用系统、数据资源、开发工具和全球重要的可视化研究小组等信息。

本书由浙江大学计算机辅助设计与图形学（CAD&CG）国家重点实验室部分师生和阿里巴巴公司的沈则潜博士共同编著。美国内布拉斯卡 - 林肯大学的俞宏峰（Hongfeng Yu）博士全程参与了本书结构的讨论和若干章节的编写，并完成了前 4 章的审校，为本书做出了极大的贡献。为清晰起见，我们将各章的作者列表如下（粗体字所示作者为相关章节的主要编写者）。

章节号	章节名称	作　者	辅　助
第 1 章	数据可视化简介	**陈为**	
第 2 章	视觉感知与认知	**陈伟锋**（浙江财经大学）	
第 3 章	数据	**马昱欣**、陈为	
第 4 章	数据可视化基础	**俞宏峰**（美国内布拉斯卡 - 林肯大学）、陈为（4.3 节）、**陈伟锋**（4.4 节，浙江财经大学）	丁治宇
第 5 章	空间标量场可视化	**陶煜波**、陈为、李昕（5.3.5 节，中国石油大学（华东）计通学院）	朱斯衎
第 6 章	地理信息可视化	**沈则潜**	
第 7 章	大规模多变量空间数据场可视化	**陶煜波**、彭艺、陈莉（7.1 节、7.2 节，清华大学）、解聪（7.3 节）、丁子昂（7.4 节，美国普度大学）、丁治宇（7.5 节）	陈为、张嘉伟
第 8 章	时变数据可视化	**夏菁**、陈为、郭方舟	
第 9 章	层次和网络数据可视化	**沈则潜**、夏菁	陈为
第 10 章	文本和文档可视化	**王桂珍**	陈为
第 11 章	跨媒体数据可视化	**解聪**、徐星、彭帝超（11.4.2 节、11.4.3 节）、陈广宇	陈为
第 12 章	复杂高维多元数据的可视化	**沈则潜**、陈为（12.3 节）、陈海东（12.4 节）	陈海东
第 13 章	可视化中的交互	**吴斐然**、沈则潜	刘颖
第 14 章	可视化评测	**沈则潜**、刘颖（英特尔北京研究院）	
第 15 章	面向领域的数据可视化	**陈为**、彭帝超（15.4 节）、俞宏峰（15.1 节，美国内布拉斯卡 - 林肯大学）、刘真（15.5 节、15.6 节，杭州电子科技大学）	
第 16 章	可视化研究与开发资源	**李昕**（中国石油大学（华东）计通学院）、**严丙辉**	陈为

浙江大学CAD&CG国家重点实验室的彭群生教授一直鼓励、关心和支持本书的写作。浙江大学CAD&CG国家重点实验室可视分析小组的全体同学参与了书稿的准备、讨论和校对，包括陈广宇、檀江华、汪飞、朱标、刘昊南、张嘉伟、张建霞、邹瑶瑶等。英特尔北京研究院的刘颖博士、清华大学的陈莉博士、合肥工业大学的罗月童博士、中科院深圳先进技术研究院的汪云海博士等帮助审校了部分章节，在此一并致谢。

本书编写始于2010年12月，初稿完成于2012年10月。基于国内各高校开展可视化教学的强烈需求，在本书初稿完成后，本书部分作者和其他作者着手编撰一本面向本科生的可视化教材，其中部分内容取材自本书的相关章节，该书已于2013年6月出版（《数据可视化的基础原理与方法》，陈为、张嵩、鲁爱东编著，鞠丽娜编辑，科学出版社，ISBN 978-7-03-037488-2），欢迎有兴趣的读者参阅。

由于时间紧迫，编著者水平有限，错误、疏漏之处难免，敬请谅解。本书的附属材料和修订信息将在链接0-4上予以实时更新。若有任何建议，欢迎致信作者。

本书作者

于2013年6月

本书导读

本书作为初学者入门的向导，适合从事可视化研究和开发的人员阅读，包括高等院校计算机、数字媒体等相关专业可视化方向的教师和学生、工业界对可视化开发与应用感兴趣的专业人员和工程师。阅读书中的可视化基础知识、案例和应用场景，读者无须具备特定的基础知识。如果需要开发和应用书中介绍的可视化算法，读者需要具备基本的编程基础，使用可视化相关类库进行开发，例如 Echarts、D3、VTK 等。

本书共有 15 章，分为 4 篇，建议初学者可以先阅读基础篇的第 1~4 章，了解数据可视化的基本理论和概念，例如颜色理论、可视编码原则、数据可视化的基本框架等。

时空数据篇（第 5~7 章）和非时空数据篇（第 8~11 章）介绍了数据可视化的不同主题：第 5~6 章介绍了空间标量场、向量场和张量场数据的可视化方法，第 7 章介绍带有时间信息的数据可视化，第 8~10 章分别介绍了层次和网络数据可视化、文本数据可视化和跨媒体数据可视化的各类方法，第 11 章介绍复杂高维多元数据的可视化方法，例如多变量非结构化数据、不确定性数据等。

关于时空数据篇和非时空数据篇，建议读者选择感兴趣的主题阅读，例如科学数据可视化（第 5~6 章）、网络可视化（第 8 章）、文本可视化（第 9 章）等。在阅读感兴趣的主题后，读者可以根据所提供的参考文献深入阅读和理解，并通过编程实现相关的可视化算法。

用户篇（第 12~15 章）分别介绍了可视化的交互、可视化评测、面向领域的数据可视化、可视化研究与开发资源，建议读者阅读第 12 章和第 13 章，根据具体应用需求，阅读第 14 章的部分内容。

本书提供了丰富的学习资源信息，第 1~14 章给出了大量参考文献，可视化研究人员可以挑选部分参考文献进行深入阅读，了解可视化领域的发展趋势。第 15 章提供了可视化软件、开发工具、数据与信息资源，可视化应用人员可以从中选择符合要求的可视化软件，进行可视化创作与应用，可视化开发人员可以利用熟悉的开发工具，实现或改进可视化算法，可视化研究人员可以根据信息资源，获得可视化领域的前沿进展。

附上本书结构导图供读者参考。

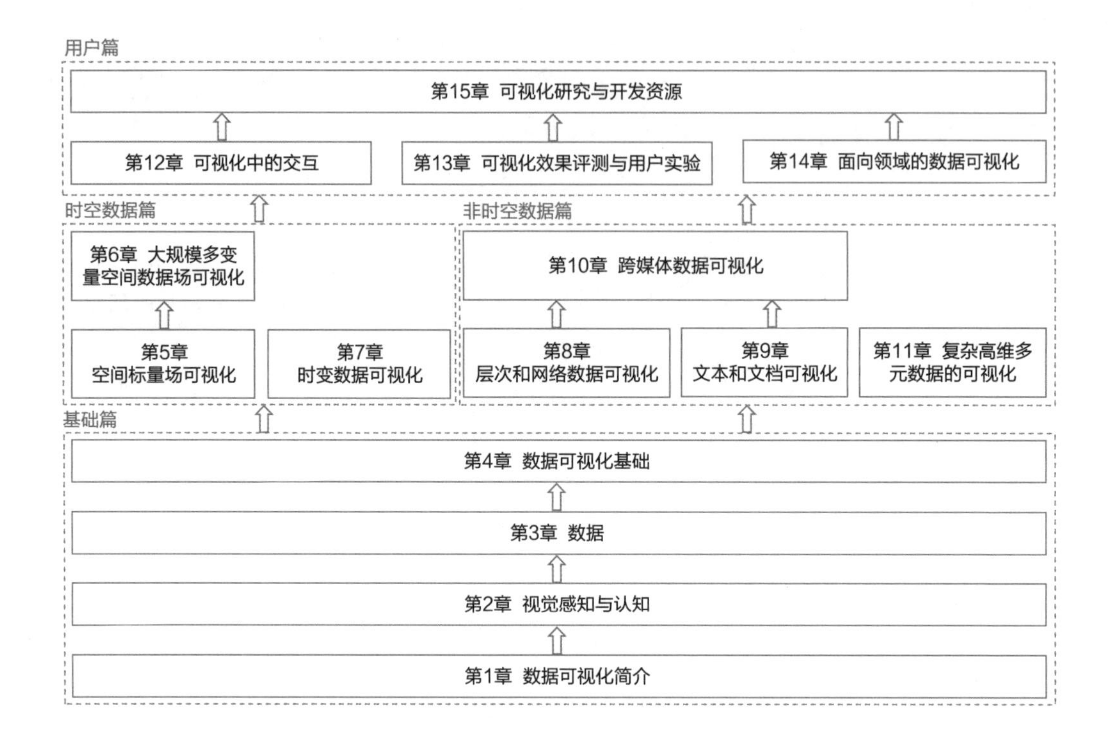

目录

基础篇

时空数据篇

非时空数据篇

用 户 篇

基础篇

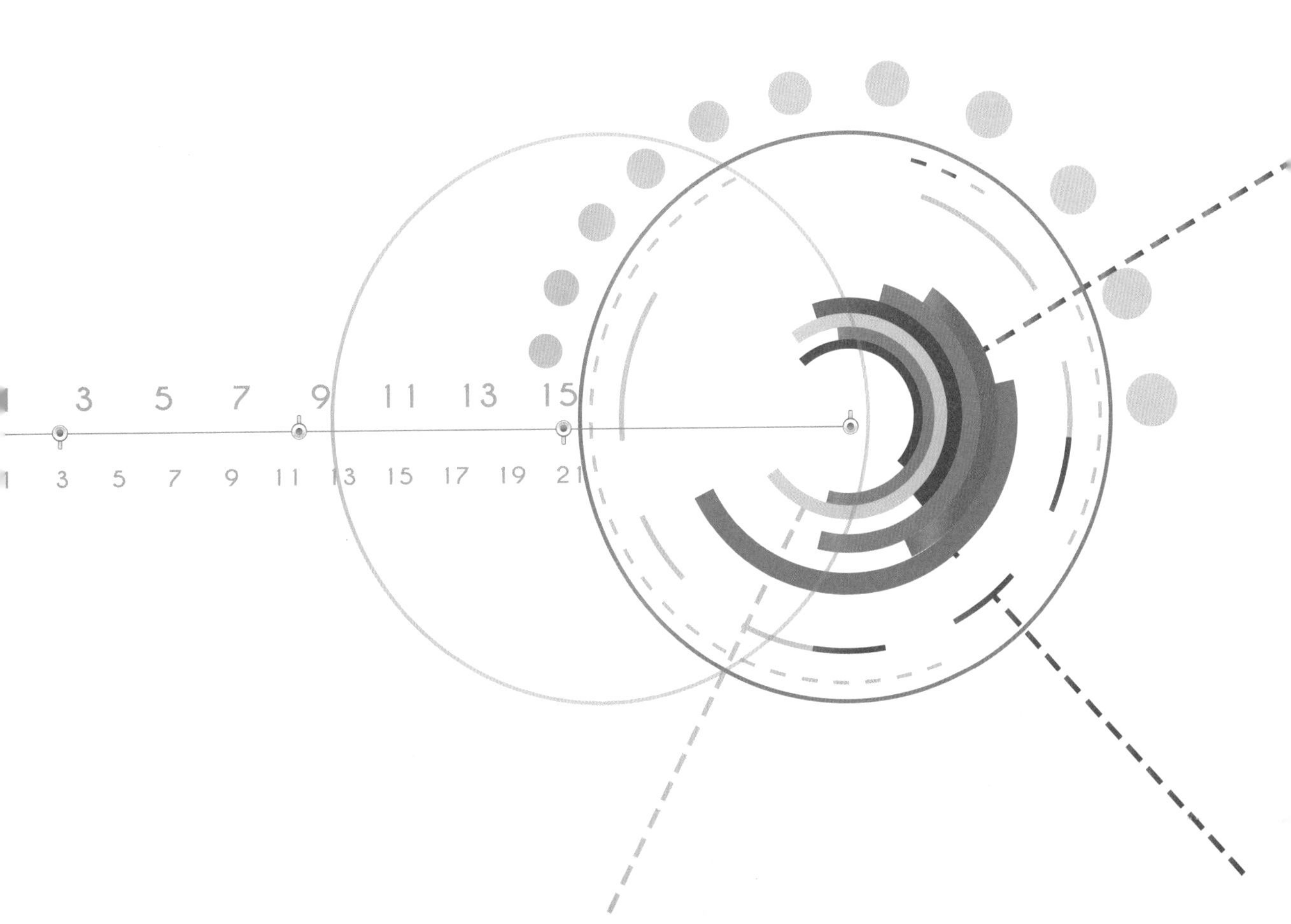

第1章 数据可视化简介

1.1 可视化释义

人眼是一个高带宽的巨量视觉信号输入并行处理器，最高带宽为每秒 100MB，具有很强的模式识别能力，对可视符号的感知速度比对数字或文本快多个数量级，且大量的视觉信息的处理发生在潜意识阶段。其中的一个例子是视觉突变：在一大堆灰色物体中能瞬时注意到红色的物体。由于在整个视野中的视觉处理是并行的，无论物体所占区间大小，这种突变都会发生。视觉是获取信息的最重要通道，超过 50% 的人脑功能用于视觉的感知，包括解码可视信息、高层次可视信息处理和思考可视符号[Ward2010]。

可视化对应两个英文单词：Visualize 和 Visualization。Visualize 是动词，意即“生成符合人类感知”的图像；通过可视元素传递信息。Visualization 是名词，表达“使某物、某事可见的动作或事实”；对某个原本不可见的事物在人的大脑中形成一幅可感知的心理图片的过程或能力。Visualization 也可用于表达对某目标进行可视化的结果，即一帧图像或动画[Hansen2004]。在计算机学科的分类中，利用人眼的感知能力对数据进行交互的可视表达以增强认知的技术，称为可视化[唐泽圣 2011]。它将不可见或难以直接显示的数据转化为可感知的图形、符号、颜色、纹理等，增强数据识别效率，传递有效信息。例如，表 1.1 中的 4 个二维数据点集，它们的单维度均值、最小二乘法回归线方程、误差的平方和、方差的回归和、均方误差的误差和、相关系数等统计属性均相同，因此，通过这些传统的统计方法难以对它们直接进行区分。当将实际的数据分布情况用二维可视化呈现（见图 1.1）时，观察者可迅速地从数据中发现它们的不同模式和规律。

表 1.1 4 个二维数据点集

x1		x2		x3		x4	
x	y	x	y	x	y	x	y
10.0	8.04	10.0	9.14	10.0	7.46	8.0	6.58
8.0	6.95	8.0	8.14	8.0	6.77	8.0	5.76
13.0	7.58	13.0	8.74	13.0	12.74	8.0	7.71
9.0	8.81	9.0	8.77	9.0	7.11	8.0	8.84
11.0	8.33	11.0	9.26	11.0	7.81	8.0	8.47
14.0	9.96	14.0	8.10	14.0	8.84	8.0	7.04
6.0	7.24	6.0	6.13	6.0	6.08	8.0	5.25
4.0	4.26	4.0	3.10	4.0	5.39	19.0	12.50
12.0	10.84	12.0	9.13	12.0	8.15	8.0	5.56
7.0	4.82	7.0	7.26	7.0	6.42	8.0	7.91
5.0	5.68	5.0	4.74	5.0	5.73	8.0	6.89

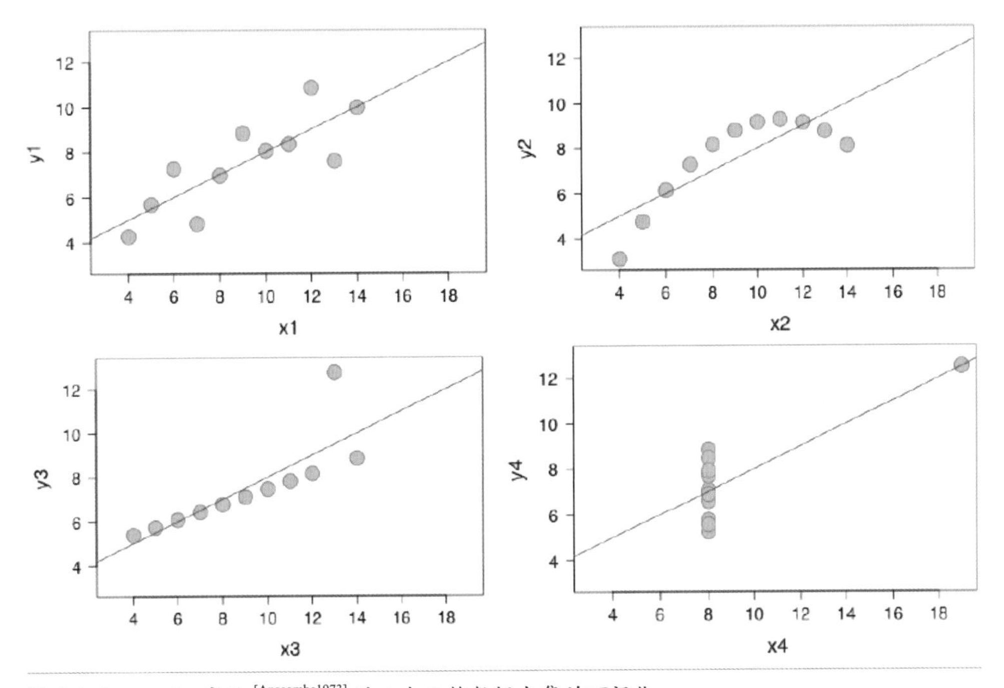

图 1.1 Anscombe 实验 [Anscombe1973] 的 4 个二维数据点集的可视化。

可视化与山岳一样古老。中世纪时期，人们就开始使用包含等值线的地磁图、表示海上主要风向的箭头图和天象图。可视化通常被理解为一个生成图形图像的过程。更深刻的认识是，可视化是认知的过程，即形成某个物体的感知图像，强化认知理解。因此，可视化的终极目的是对事物规律的洞悉，而非所绘制的可视化结果本身。这包含多重含义：发现、决策、解释、分析、探索和学习[Ward2010]。因此，可视化可简明地定义为“通过可视表达增强人们完成某些任务的效率”。

从信息加工的角度看，丰富的信息将消耗大量的注意力，需要有效地分配注意力。精心设计的可视化可作为某种外部内存，辅助人们在人脑之外保存待处理信息，从而补充人脑有限的记忆内存，有助于将认知行为从感知系统中剥离，提高信息认知的效率。另一方面，视觉系统的高级处理过程中包含一个重要部分，即有意识地集中注意力。人类执行视觉搜索的效率通常只能保持几分钟，无法持久。图形化符号可高效地传递信息，将用户的注意力引导到重要的目标上。

可视化的作用体现在多个方面，如揭示想法和关系、形成论点或意见、观察事物演化的趋势、总结或积聚数据、存档和汇整、寻求真相和真理、传播知识和探索性数据分析等。从宏观的角度看，可视化包括三个功能。

信息记录

将浩瀚烟云的信息记录成文、世代传播的有效方式之一是将信息成像或采用草图记载。图 1.2 左图展示了意大利科学家伽利略的手绘月亮周期可视化图，右图是达芬奇绘制的描绘科学发现的作品之一。

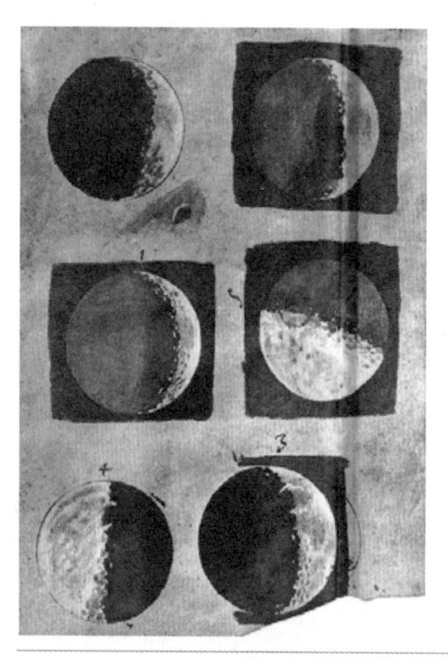

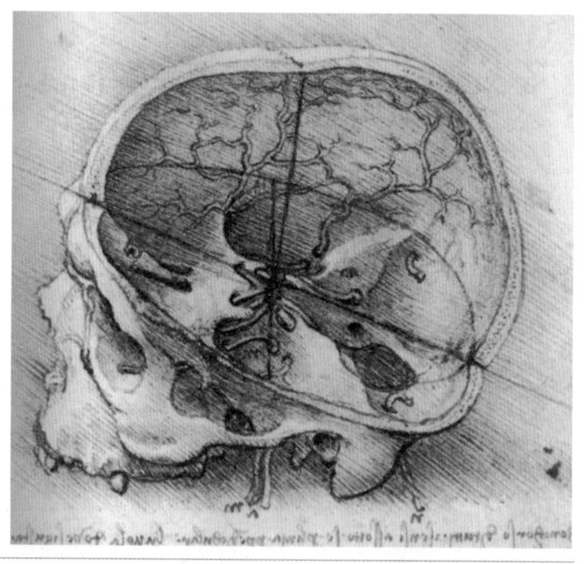

图 1.2 左：1616 年伽利略关于月亮周期的绘图；右：达芬奇绘制的人头盖骨可视化。

不仅如此，可视化图绘能极大地激发智力和洞察力，帮助验证科学假设。例如，20 世纪自然科学最重要的三个发现之一，DNA 分子结构的发现起源于对 DNA 结构的 X 射线照片的分析：从图像形状确定 DNA 是双螺旋结构，且两条骨架是反平行的，骨架是在螺旋的外侧等这些重要的科学事实。

支持对信息的推理和分析

数据分析的任务通常包括定位、识别、区分、分类、聚类、分布、排列、比较、内外连接比较、关联、关系等。通过将信息以可视的方式呈现给用户，将直接提升对信息认知的效率，并引导用户从可视化结果分析和推理出有效信息。这种直观的信息感知机制，极大降低了数据理解的复杂度，突破了常规统计分析方法的局限性。

可视化能显著提高分析信息的效率，其重要原因是扩充了人脑的记忆，帮助人脑形象地理解和分析所面临的任务。图 1.3 展示了两个图形化计算的例子。

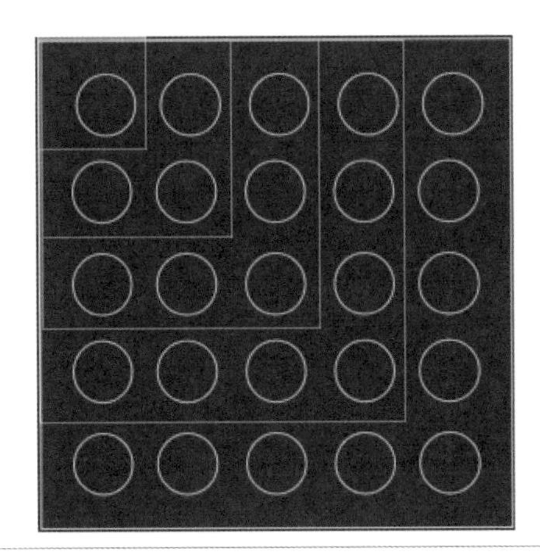
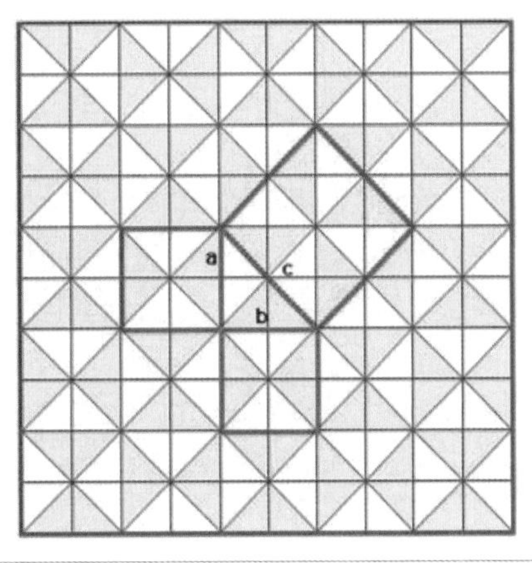

图 1.3 可视化可有效地扩充记忆和内存空间，从而辅助图形化计算。
左：对奇数的和的可视化，$1+3+5+7+9=25$；
右：中国古代用于证明勾股定理的图形化证明方法，$c^2=a^2+b^2$。

由于可视化可以清晰地展示证据，它在支持上下文的理解和数据推理方面也有独到的作用。1831 年起，欧洲大陆暴发霍乱，当时的主流理论是毒气或瘴气引起了霍乱。英国医生 John Snow 着手研究 1854 年 8 月底伦敦布拉德街附近居民区爆发的一场霍乱。Snow 调查病例发生的地点和取水的关系，发现 73 个病例离布拉德街水井的距离比附近其他任何一个水井的距离都更近。在拆除布拉德街水井的摇把后不久，霍乱停息。Snow 绘制了一张布拉德街区的地图（见图 1.4），标记了水井的位置，每个地址（房子）里的病例用图符显示。图符清晰地显示了病例集中在布拉德街水井附近，这就是著名的鬼图（Ghost Map）。

图 1.4 “鬼图”帮助发现霍乱流行原因。图片来源：链接 1-1

信息传播与协同

人的视觉感知是最主要的信息界面，它输入了人从外界获取的 70% 信息。因此，俗语说“百闻不如一见”“一图胜千言”。面向公众用户，传播与发布复杂信息的最有效途径是将数据可视化，达到信息共享与论证、信息协作与修正、重要信息过滤等目的。下面以 1986 年 1 月 28 日美国“挑战者”号航天飞机事故为例，说明可视化在信息传播中的重要性。

“挑战者”号爆炸事故的直接起因是两个 O 形密封圈的故障。事后调查总统委员会的报告提道：信息沟通渠道的障碍导致做出了错误的发射决定。这一决定建立在不完全甚至是使人容易误解的信息基础之上。根据以往记录，这种 O 形密封圈成功飞行的最低气温是华氏 53 度，实验测试成功的最低温度是华氏 25 度。在发射之前，生产商与 NASA 进行了三次电话会议，生产商工程部门提出了气温过低的担心。工程师建议在高于华氏 53 度的情况下发射，但是 NASA 对工程师所设定的温度下限（华氏 53 度）不能理解和接受，生产商则始终难以说服 NASA。事实上，在生产商提交 NASA 的图表上，工程师只列出了橡胶圈爆裂的情形，虽然简单明了，却没有足够的说服力。其后 Edward Tufte 教授绘制的可视化图表清晰地展现了低温与密封圈成功的关系[Tufte1997]，见图 1.5。

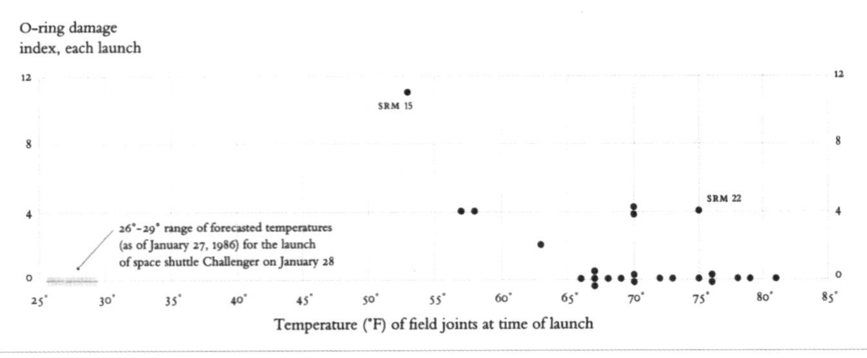

图 1.5 Edward Tufte 教授完成的温度与密封圈发射成功的关系的可视化[Tufte1992]。

在移动互联网时代，资源互联和共享、群体协同与合作成为科学和社会发展的新动力。美国华盛顿大学的可视化专家 Zoran Popović 教授与蛋白质结构学家[Cooper2010]开发了一款名叫 Fold.It 的多用户在线网络游戏（见图 1.6）。Fold.It 让玩家从半折叠的蛋白质结构起步，根据简单的规则扭曲蛋白质使之成为理想的形状。实验结果表明，玩家预测出正确的蛋白质结构的速度比任何算法都快（有些情况采用计算机暴力求解需要几百年），而且能凭直觉解决计算机没办法解决的问题。这个实例表明，在处理某些复杂的科学问题上，人类的直觉胜于机器智能，也证明可视化、人机交互技术等在协同式知识传播与科学发现中的重要作用。

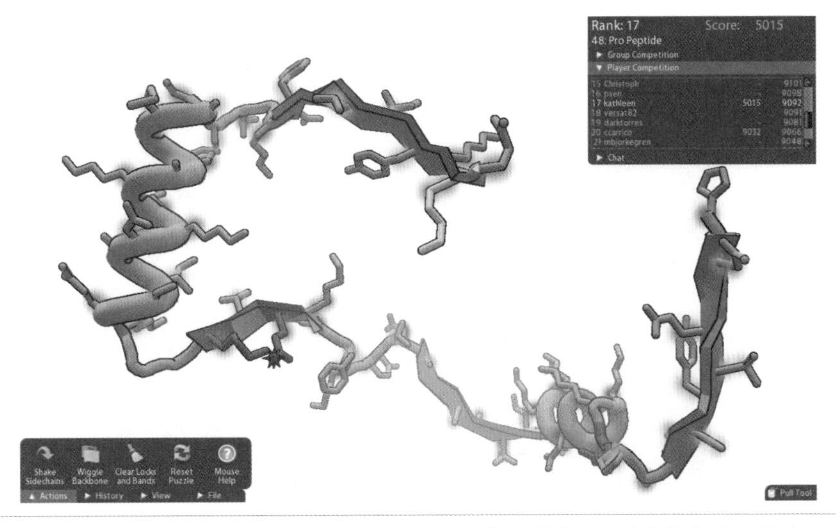

图 1.6 在线游戏 Fold.It 向用户提供可视化交互界面，实现科学知识的传播与协同探索。图片来源：链接 1-2

1.2 可视化简史

可视化发展史与测量、绘画、人类现代文明的启蒙和科技的发展一脉相承。在地图、科学与工程制图、统计图表中，可视化理念与技术已经应用和发展了数百年。

17 世纪之前：图表萌芽

16 世纪时，人类已经掌握了精确的观测技术和设备，也采用手工方式制作可视化作品。可视化的萌芽出自几何图表和地图生成，其目的是展示一些重要的信息，见图 1.7 和图 1.8。

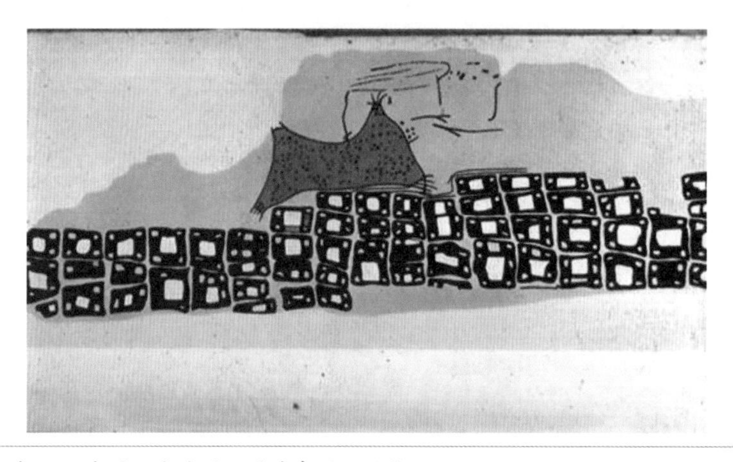

图 1.7 公元前 6200 年的人类地图。图片来源：链接 1-3

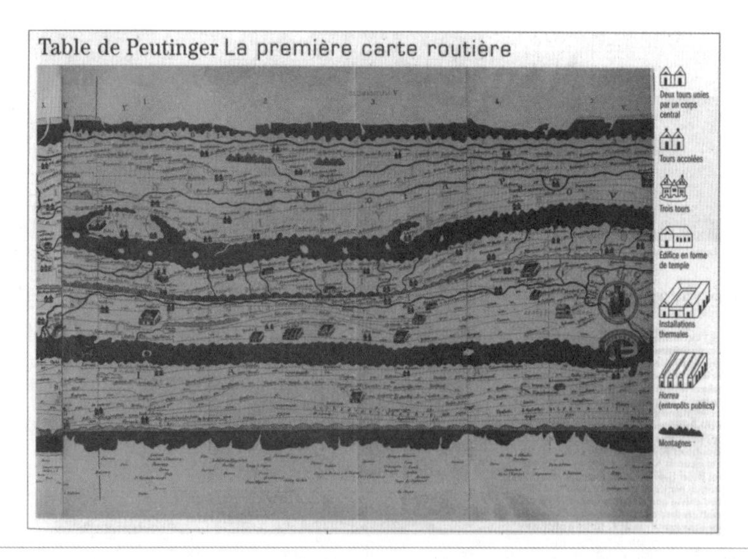

图 1.8 人类历史上第一幅城市交通图，呈现了罗马城的交通状况。图片来源：链接 1-3

1600—1699 年：物理测量

17 世纪最重要的科学进展是对物理基本量（时间、距离和空间）的测量设备与理论的完善，它们被广泛用于航空、测绘、制图、浏览和国土勘探等。同时，制图学理论与实践也随着分析几何、测量误差、概率论、人口统计和政治版图的发展而迅速成长。17 世纪末，甚至产生了基于真实测量数据的可视化方法（见图 1.9 和 1.10）。从这时起，人类开始了可视化思考的新模式。

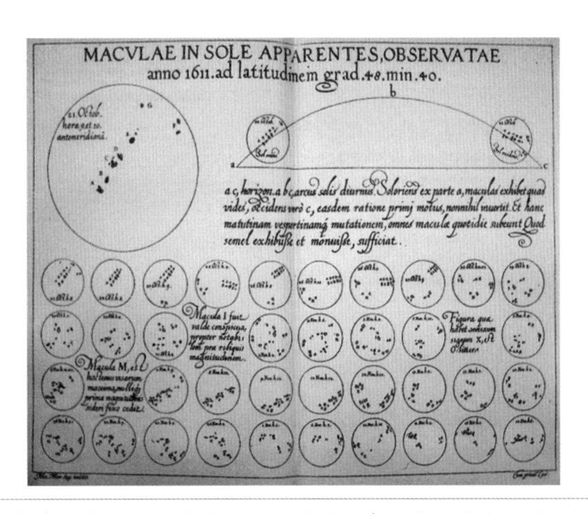

图 1.9 诞生于 1626 年表达太阳黑子随时间变化的图。在一个视图上同时可视化多个小图序列，是现代可视化技术中称为邮票图表法（Small Multiples）[Tufte1992] 的雏形。
图片来源：链接 1-5

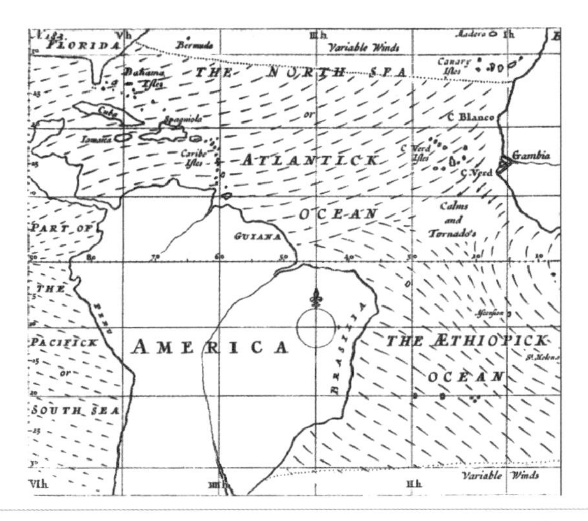

图 1.10 1686 年绘制的历史上第一幅天气图，显示了地球的主流风场分布。这也是向量场可视化的鼻祖。图片来源：链接 1-6

1700—1799 年：图形符号

进入 18 世纪，绘图师不再满足于在地图上展现几何信息，发明了新的图形化形式（等值线、轮廓线）和其他物理信息的概念图（地理、经济、医学），见图 1.11 和图 1.12。随着统计理论、实验数据分析的发展，抽象图和函数图被广泛发明。

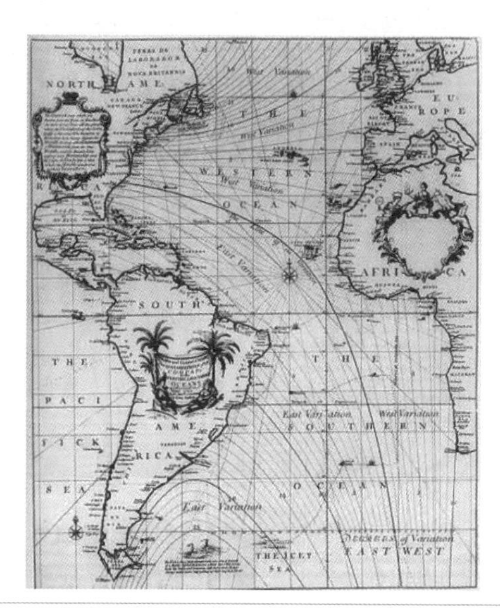

图 1.11 左：1701 年地球等磁线可视化；右：1758 年 Lambert 完成的三维金字塔颜色系统可视化。图片来源：链接 1-7

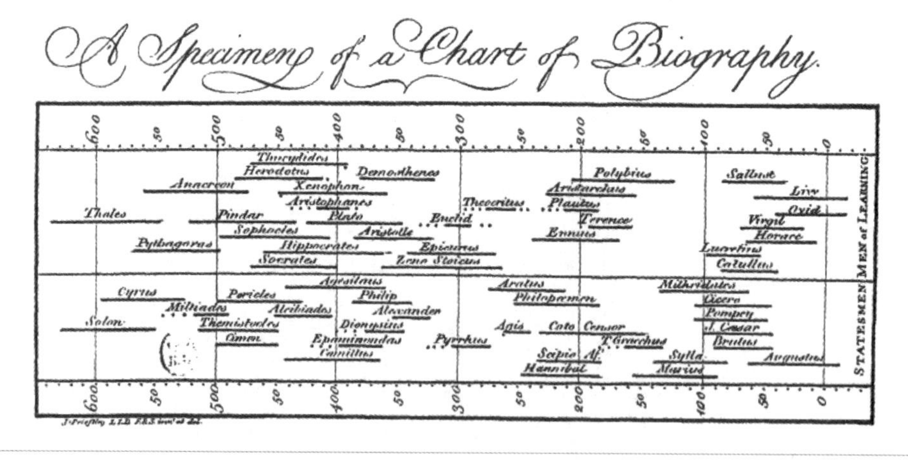

图 1.12 1765 年 Joseph Priestley 发明的时间线图。采用了单个线段表现某个人的一生，同时比较了公元前 1200 年到公元 1750 年间 2000 个著名人物的生平。这幅作品直接激发了柱状图的诞生。图片来源：链接 1-8

18 世纪是统计图形学的繁荣时期，其奠基人 William Playfair 发明了折线图、柱状图、显示局部与整体关系的饼状图和圆图等今天最常用的统计图表（见图 1.13 和图 1.14）。

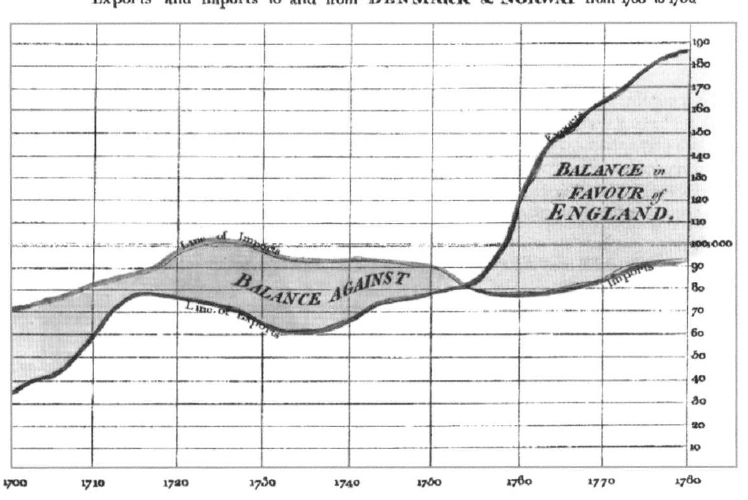

图 1.13 William Playfair 作品：丹麦和挪威 1700—1780 年间的贸易进出口序列图 [Tufte1990]。
图片来源：链接 1-9

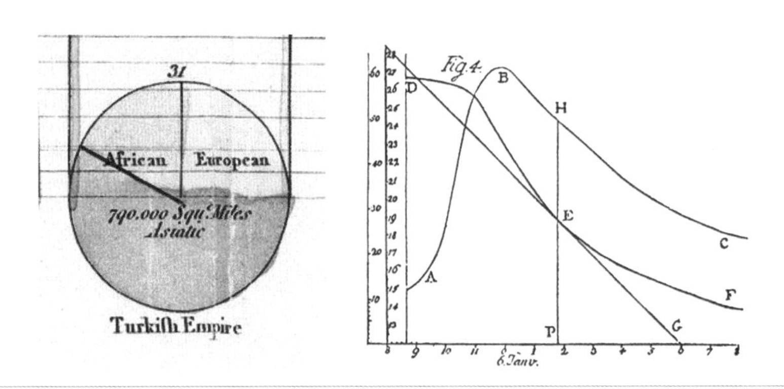

图 1.14 左：世界上第一幅饼图，显示了 1789 年土耳其帝国在亚洲、欧洲和非洲的疆土比例；右：德国物理学家 Lambert 用于表达水的蒸发和时间之间的关系的线图可视化。
图片来源：链接 1-10

1800—1900 年：数据图形

随着工艺设计的完善，19 世纪上半叶，统计图形、概念图等迅猛爆发，此时人们已经掌握了整套统计数据可视化工具，包括柱状图、饼图、直方图、折线图、时间线、轮廓线等。关于社会、地理、医学和经济的统计数据越来越多，将国家的统计数据和其可视表达放在地图上，产生了概念制图的新思维，其作用开始体现在政府规划和运营中。采用统计图表来辅助思考的诞生同时衍生了可视化思考的新方式：图表用于表达数学证明和函数；列线图用于辅助计算；各类可视化显示用于表达数据的趋势和分布，便于交流、获取和可视化观察。图 1.15 至图 1.20 展示了部分实例。

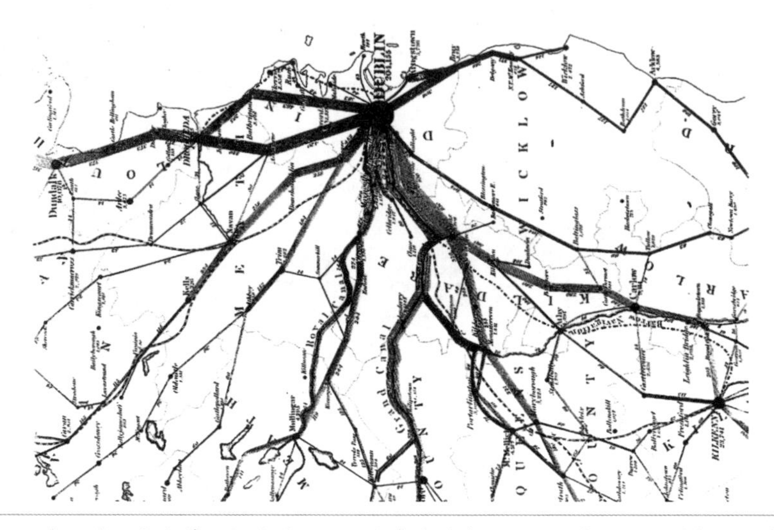

图 1.15 1837 年人类历史上第一幅流图，用可变宽度的线段显示了交通运输的轨迹和乘客数量。图片来源：链接 1-11

19 世纪下半叶，系统地构建可视化方法的条件日渐成熟，进入了统计图形学的黄金时期。值得一提的是法国人 Charles Joseph Minard，他是将可视化应用于工程和统计的先驱者。其最著名的工作是 1869 年发布的描绘 1812—1813 年拿破仑进军莫斯科大败而归的历史事件的流图，这幅图如实地呈现了军队的位置和行军方向、军队汇聚、分散和重聚的地点与时间、军队减员的过程、撤退时低温造成的减员等信息，见图 1.16。

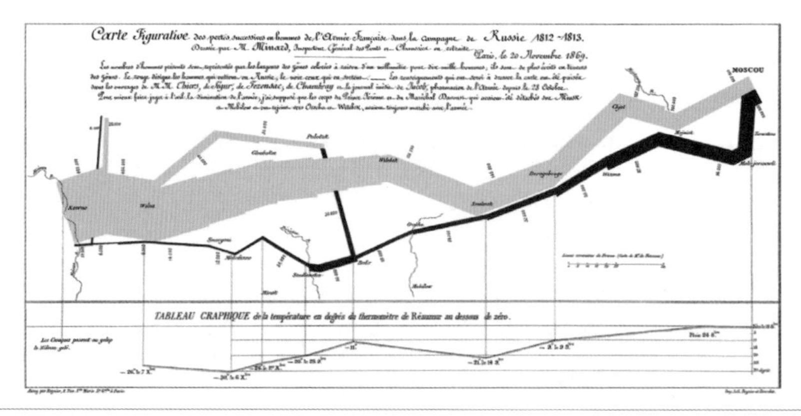

图 1.16 1812—1813 年拿破仑进军莫斯科的历史事件的流图可视化[Tufte2006]，被誉为有史以来最好的统计可视化。图片来源：链接 1-12

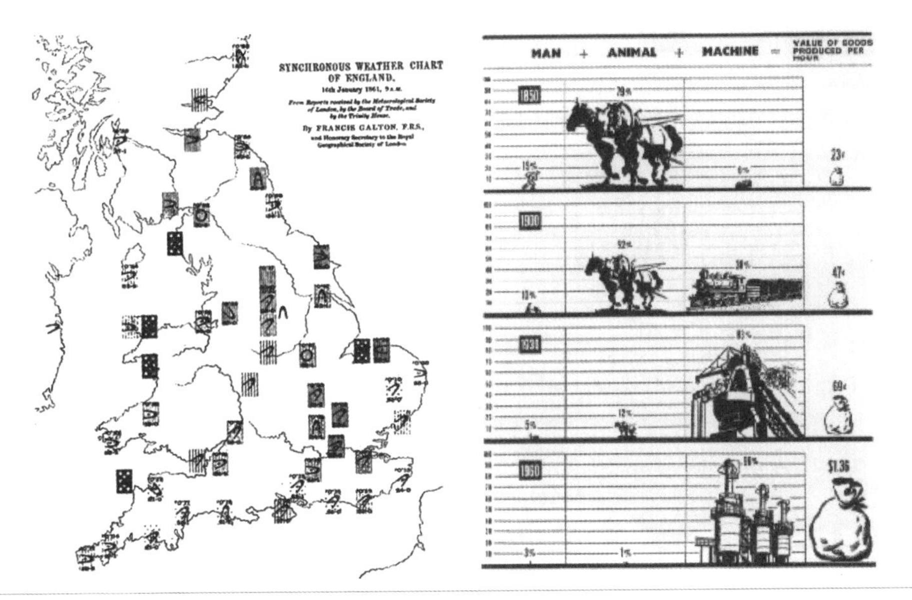

图 1.17 左：1861 年的现代天气图，采用图标展现了各地的气压变化。这幅图直接导致人类发现了低压区域中风场的反气旋移动；右：1884 年的图标可视化，其图标尺寸正比于某个数字。这种可视化方法经常见于现代媒体的经济、体育、统计等报道。
图片来源：链接 1-13；链接 1-14

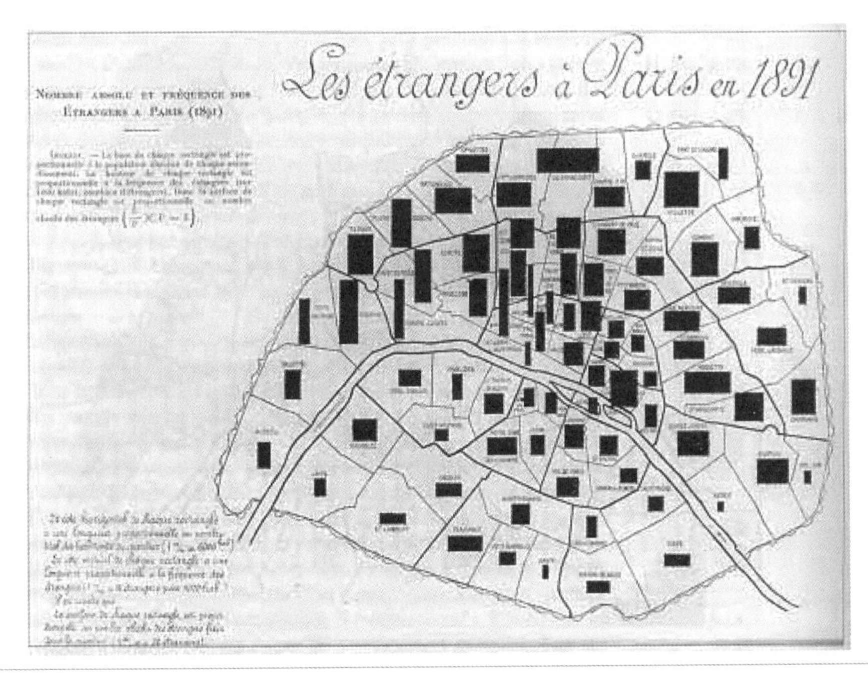

图 1.18 采用填充长方形显示两个变量及乘积。图示中长方形的面积编码了法国巴黎的外国人数目。图片来源：链接 1-15

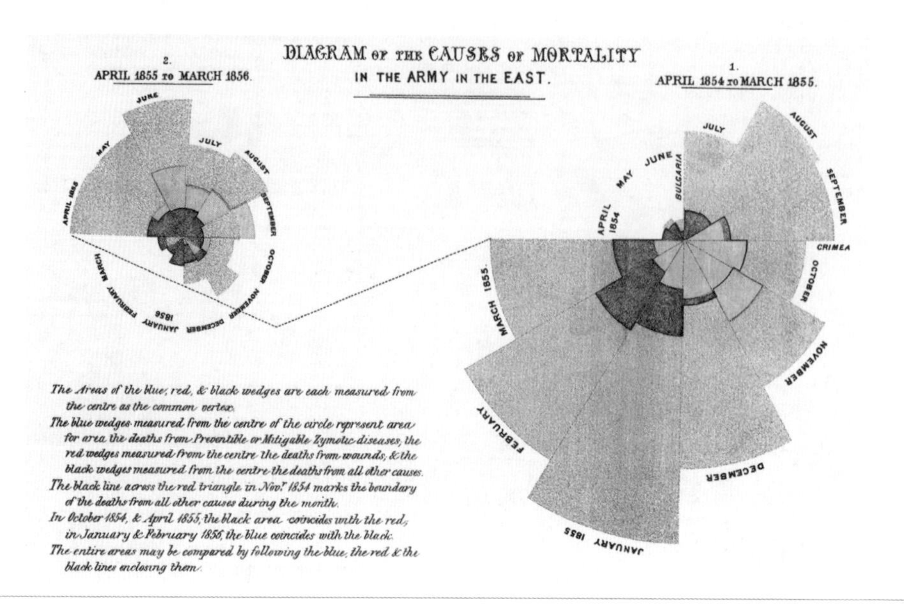

图 1.19 由近代护理事业的创始人南丁格尔创作的堆叠饼图（1857 年，也称玫瑰图）。图片来源：链接 1-16

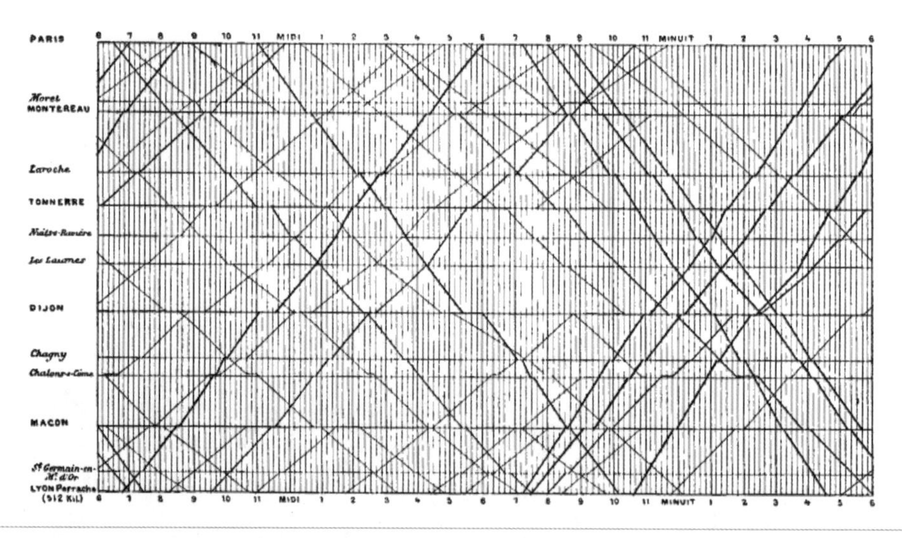

图 1.20 1888 年的火车时刻表，精确地显示了巴黎往返法国各地的火车转接时刻[Tufte1997]。此方法沿用至今。图片来源：链接 1-17

1900—1949 年：现代启蒙

20 世纪上半叶对于可视化而言是一个缺乏创新的时期，但是可视化随着统计图形的主流化开始面向政府、商业和科学走向应用普及（见图 1.21 和 1.22），人们第一次意识到图形显示的方式能为航空、物理、天文和生物等科学与工程领域提供新的洞察和发现机会。多维数据可视化和心理学的介入成为这个时期的重要特点。

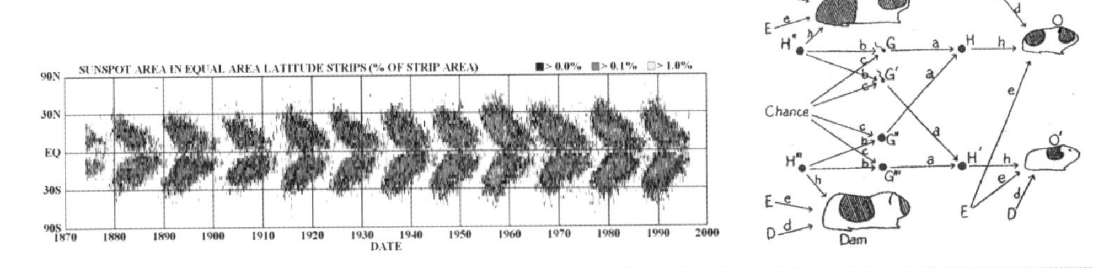

图 1.21 左：1904 年关于太阳黑子随时间扰动的蝴蝶图验证了太阳黑子的周期性；
右：1920 年发明的路径图显示了结构方程系统中变量形成的网络。
图片来源：链接 1-18；链接 1-19

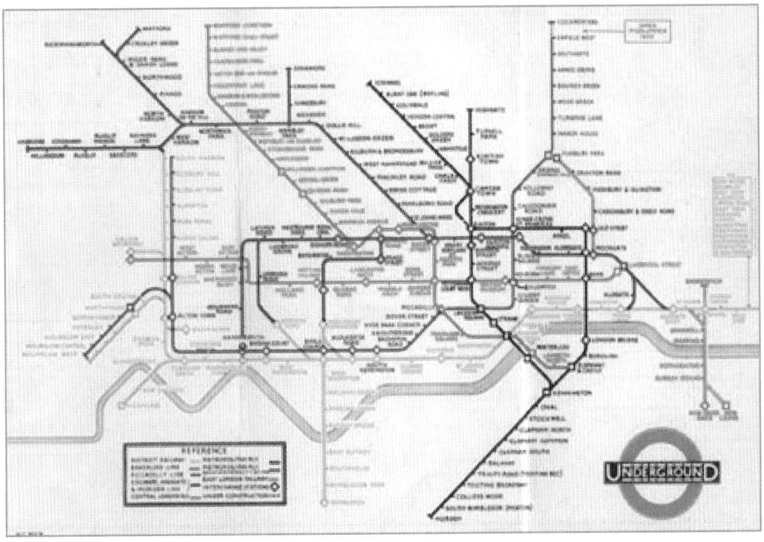

图 1.22 1933 年 Henry Beck 设计的伦敦地铁图成为地铁路线的标准可视化方法，沿用至今。
图片来源：链接 1-20

1950—1974 年：多维信息的可视编码

1967 年，法国人 Jacques Bertin 出版了 *Semiology of Graphics*（《图形符号学》）一书 [Bertin1983]，确定了构成图形的基本要素，并且描述了一种关于图形设计的框架。这套理论奠定了信息可视化的理论基石。随着个人计算机的普及，人们逐渐开始采用计算机编程生成可视化。图 1.23 至图 1.25 展示了这个时期的一些代表性工作。

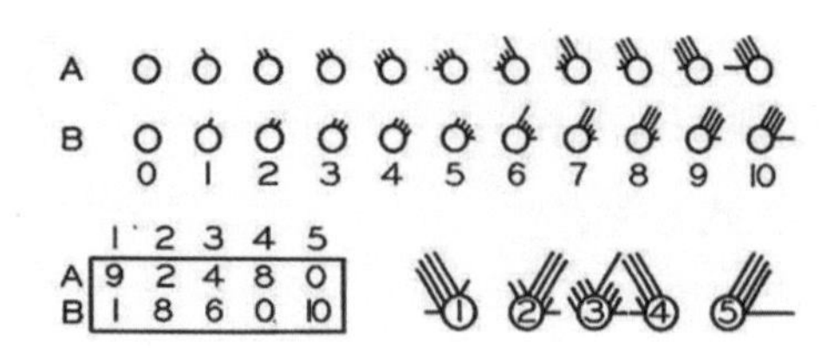

图 1.23 1957 年发明的圆形图标，采用线段及其朝向编码多维数据。图片来源：链接 1-21

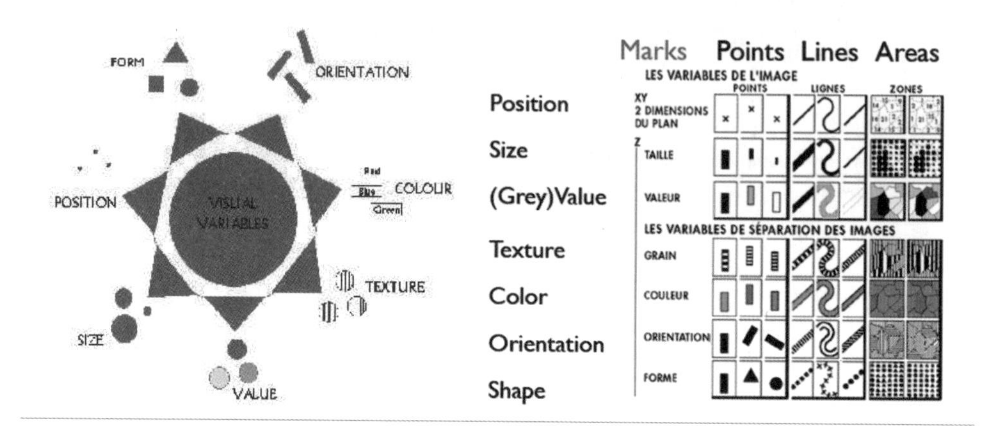

图 1.24 1967 年法国人 Jacques Bertin 提出的完备的图形符号和表示理论。
左：视觉通道；右：针对点（Point）、线（Line）和区域（Area）数据采用不同视觉通道的图形符号表示方案。图片来源：链接 1-22

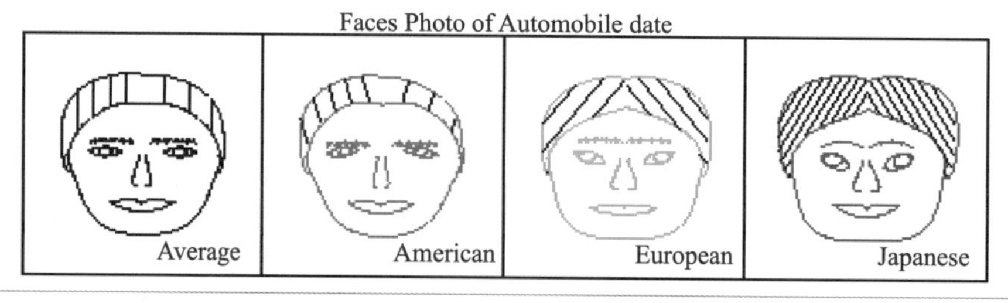

图 1.25 1973 年 Herman Chernoff 发明的表达多变量数据的脸谱编码。图片来源：链接 1-23

1975—1987 年：多维统计图形

20 世纪 70 年代以后，桌面操作系统、计算机图形学、图形显示设备、人机交互等技术的发展激发了人们编程实现交互式可视化的热情。处理范围从简单的统计数据扩展为更复杂的网络、层次、数据库、文本等非结构化与高维数据。与此同时，高性能计算、并行计算的理论与产品正处于研制阶段，催生了面向科学与工程的大规模计算方法。数据密集型计算开始走上历史舞台，也造就了对于数据分析和呈现的更高需求。

1977 年，美国著名统计学家 John Tukey 发表了“探索式数据分析”的基本框架，它的重点并不是可视化的效果，而是将可视化引入统计分析，促进对数据的深入理解。1982 年，Edward Tufte 出版了 *The Visual Display of Quantitative Information* 一书 [Tufte1992]，构建了关于信息的二维图形显示的理论，强调有用信息密度的最大化问题。这些理论会同 Jacques Bertin 的图形符号学，逐渐推动信息可视化发展成一门学科 [Cleveland1993] [Cleveland1994]。

图 1.26 至图 1.30 展现了部分具有里程碑意义的信息可视化方法。

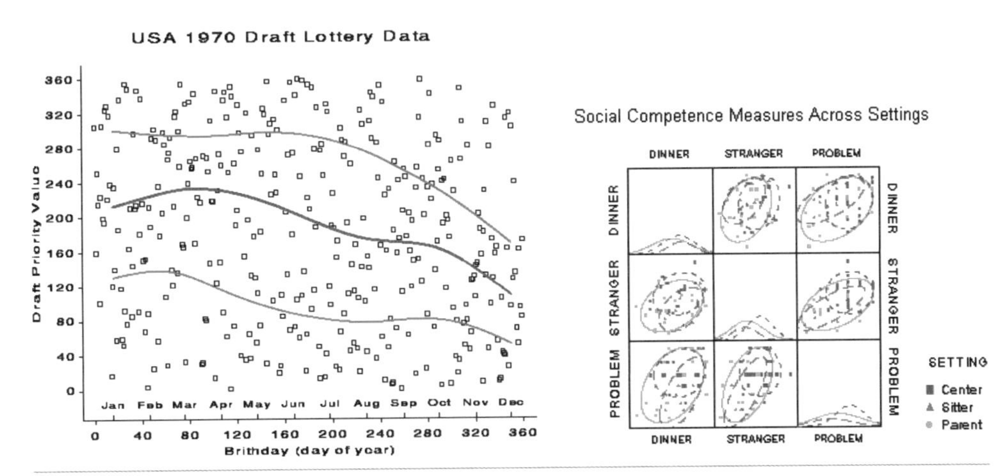

图 1.26 左：1975 年统计图形学家发明的增强散点图表达（三条移动统计均线）。图片来源：链接 1-24。右：John Hartigan 发明的散点图矩阵。图片来源：链接 1-25

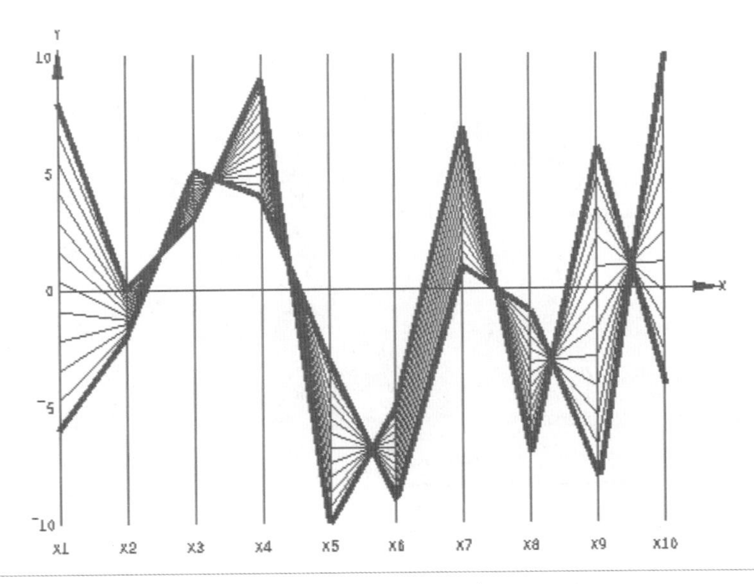

图 1.27 1985 年发明的表达高维数据的平行坐标。图片来源：链接 1-26

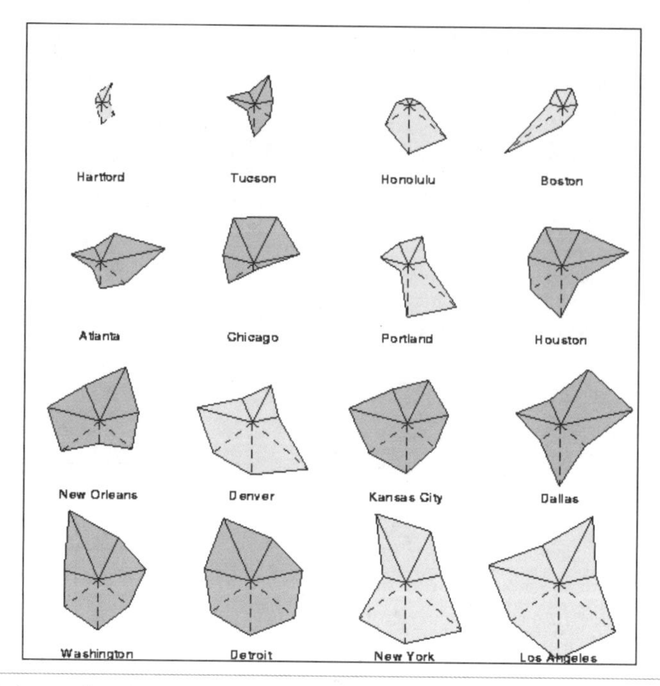

图 1.28 1971 年发明的表达多变量数据的星形图（详见第 11 章）。图片来源：链接 1-27

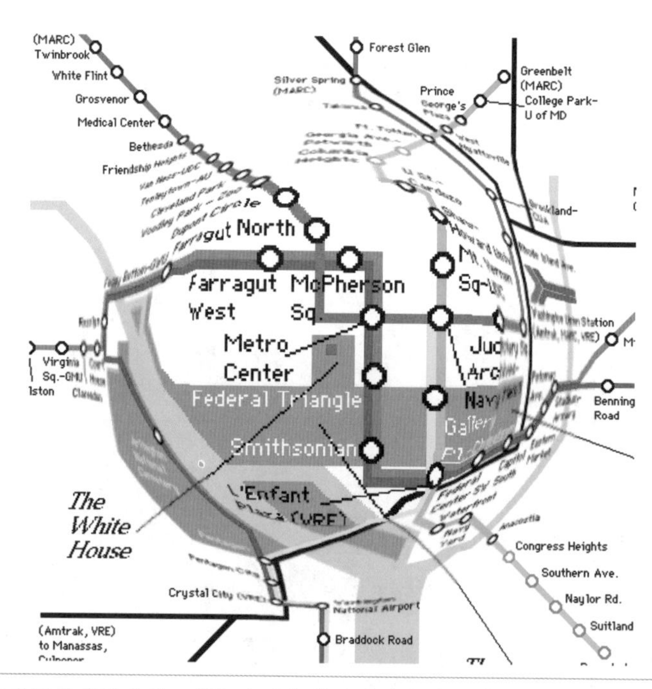

图 1.29 1981 年发明的鱼眼方法，模拟鱼眼视觉效果对重要细节提供专注，对其他区域则予以简化。图片来源：链接 1-28

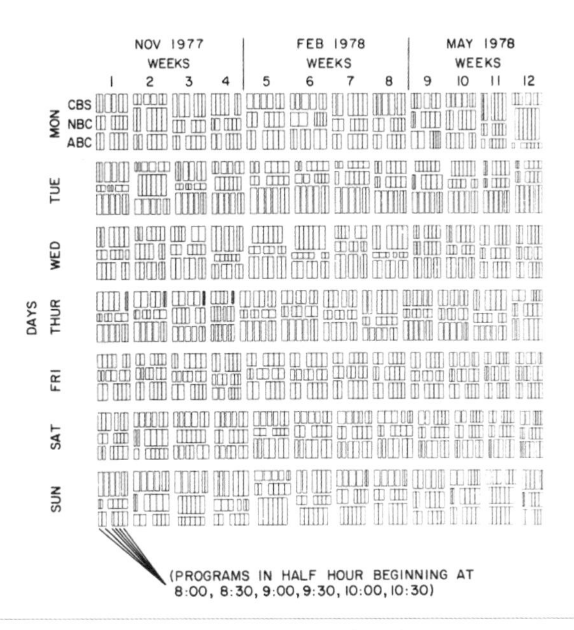

图 1.30 1981 年 John Hartigan 等发明的马赛克图，用以表达多维类别型数据。图片来源：链接 1-29

1987—2004 年：交互可视化

1986 年 10 月，美国国家科学基金会主办了一次名为“图形学、图像处理及工作站专题讨论”的研讨会，旨在为从事科学计算工作的研究机构提出方向性建议。会议将计算机图形学和图像方法应用于计算科学的学科称为“科学计算之中的可视化”（Visualization in Scientific Computing，简称 ViSC）。

1987 年 2 月，美国国家科学基金会召开了首次有关科学可视化的会议，召集了众多来自学术界、工业界以及政府部门的研究人员，会议报告正式命名并定义了科学可视化（Scientific Visualization），认为可视化有助于统一计算机图形学、图像处理、计算机视觉、计算机辅助设计、信号处理和人机界面中的相关问题，具有培育和促进科学突破和工程实践的潜力。同年，在图形学顶级会议 ACM SIGGRAPH 上，来自美国 GE 公司的 William Lorensen 和 Harvey Cline 发表了“移动立方体法”（*Marching Cubes*）一文，开创了科学可视化的热潮。这篇论文是有史以来 ACM SIGGRAPH 会议被引用最高的论文。1989 年，国际期刊 *Computer* 发表了一期关于科学计算中的可视化研究的专刊 [Nielson1989]。

20 世纪 70 年代以后，放射影像从 X- 射线发展到计算机断层扫描（CT）和核磁共振图像（MRI）技术。1989 年，美国国家医学图书馆（NLM）实施可视化人体计划。科罗拉多大学医学院将一具男性和一具女性尸体从头到脚做 CT 扫描和核磁共振扫描，男的间距 1 毫米，共 1878 个断面；女的间距 0.33 毫米，共 5189 个断面，然后将尸体填充蓝色乳胶并裹以明胶后冰冻至零下 80 摄氏度，再以同样的间距对尸体作组织切片的数码相机摄影，如图 1.31 左图所示，分辨率为 2048×1216，所得数据共 56GB。这两套数据集极大地促进了三维医学可视化的发展，成为可视化标杆式的应用范例。

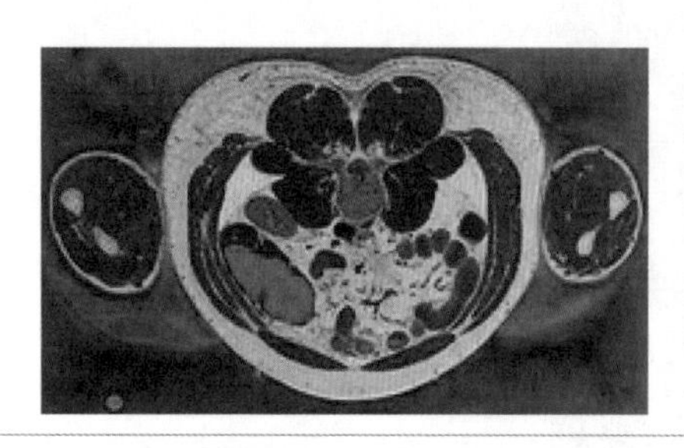

图 1.31　左：美国可视化人体数据切片之一；右：采用直接体可视化技术绘制鳄鱼木乃伊 CT 数据。图片来源：PhoebeA.HearstMuseum of Anthropology, UC Berkeley, USA

1990 年，IEEE 举办了首届 IEEE Visualization Conference，汇集了一个由物理、化学、计算、生物医学、图形学、图像处理等交叉学科领域研究人员组成的学术群体。2012 年，为突出科学可视化的内涵，会议更名为 IEEE Conference on Scientific Visualization。

自 18 世纪后期统计图形学诞生后，针对抽象信息的视觉表达手段仍然在不断发展，被用于揭示数据及其他隐匿模式的奥秘。与此同时，数字化的非几何的抽象数据如金融交易、社交网络、文本数据等大量涌现，促生了多维、时变、非结构化信息的可视化需求。图 1.32 显示了面向层次结构数据的树图可视化结果；图 1.33 展示了美国施乐公司发明的表格透镜技术，它允许人们以凸透镜的方式来获得对大尺度表格焦点 + 上下文的体验。

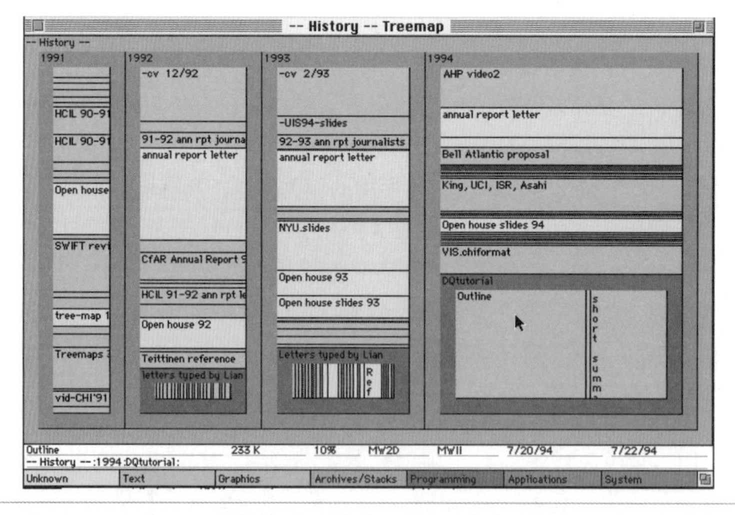

图 1.32　1991 年 Ben Shneideman 教授发明的树图，用级联嵌套的平面化树状结构表达层次结构。图片来源：链接 1-30

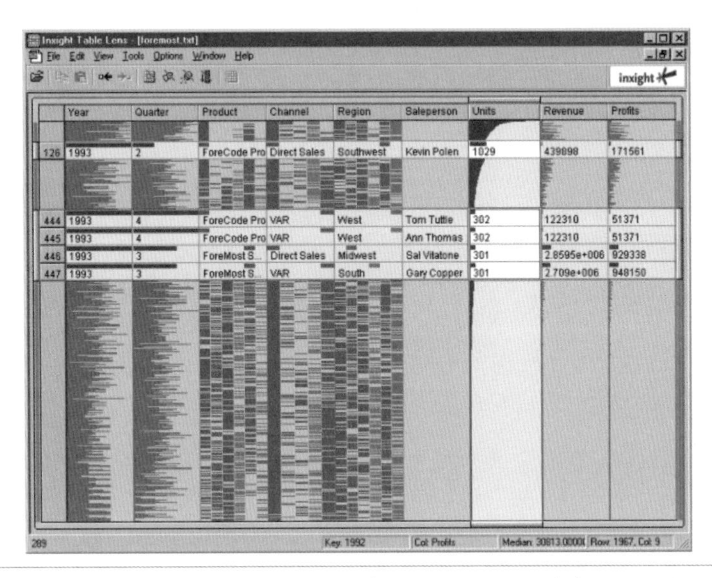

图 1.33 1994 年美国施乐公司的研究人员发明的表格透镜技术。图片来源：链接 1-31

20 世纪 80 年代末，视窗系统的问世使得人们能够直接与信息进行交互。1988 年，著名的统计图形学学者 William Cleverland 在其著作 *Dynamic Graphics for Statistics* 中详细总结了面向多变量统计数据的动态可视化手段。1989 年，Card、Mackinlay 和 Robertson 等人采用“Information Visualization”（信息可视化）命名这个学科，其研究思想和范畴是对统计图形学的升华。从 1995 年开始，出现了单独面向信息可视化的会议—— IEEE Information Visualization 会议，它以研讨会（Symposium）的形式附属于 IEEE Visualization 会议。2007 年，研讨会改名为 IEEE Conference on Information Visualization。

2004 年至今：可视分析学

进入 21 世纪，现有的可视化技术已难以应对海量、高维、多源和动态数据的分析挑战，需要综合可视化、图形学、数据挖掘理论与方法，研究新的理论模型、新的可视化方法和新的用户交互手段，辅助用户从大尺度、复杂、矛盾甚至不完整的数据中快速挖掘有用的信息，以便做出有效决策。这门新兴的学科称为可视分析学。

可视分析学是一门新兴的学科，其核心理论基础和研究方法尚处于探索阶段。从 2004 年起，研究界和工业界都沿着面向实际数据库、基于可视化的分析推理与决策、解决实际问题等方向发展。例如，图 1.34 展示了一个数据可视分析软件 Data Science Studio 的界面；图 1.35 展示了可视化分析软件 Palantir（链接 1-32），它允许用户连接多个网络数据库，交互地分析数据，建立人、事件、地点之间的关联，解决复杂的问题，发现隐藏的规律。

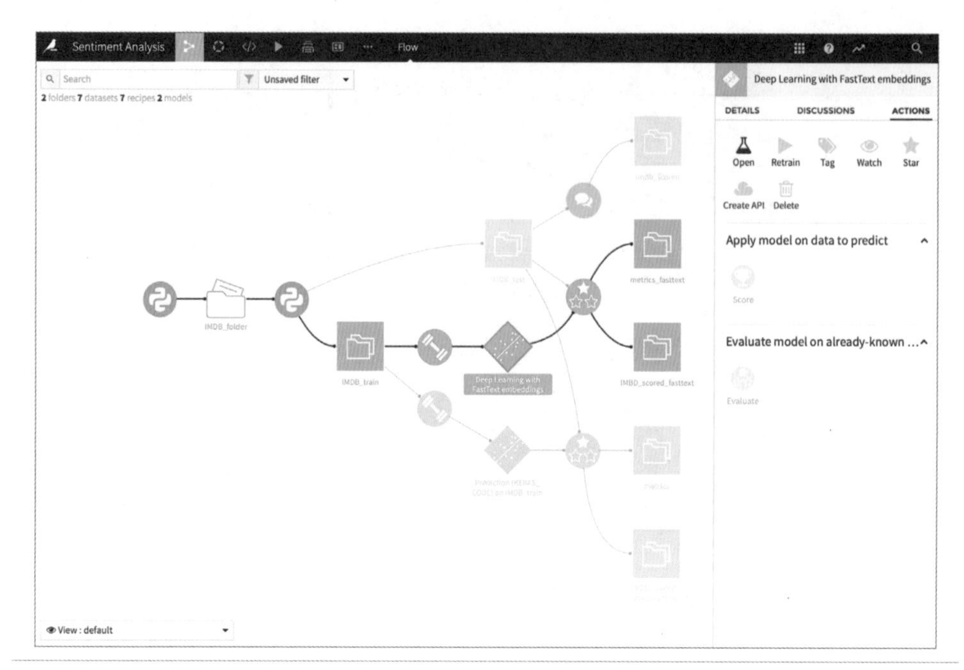

图 1.34 Data Science Studio 是 Data iku 公司研发的一款数据分析软件。Data Science Studio 统一了数据整合、数据清理、可视分析、机器学习以及产品发布的整个流程。其所有使用到的数据库或机器学习模型都被看作一个模块，从而提供了一个统一的数据分析界面。图片来源：链接 1-33

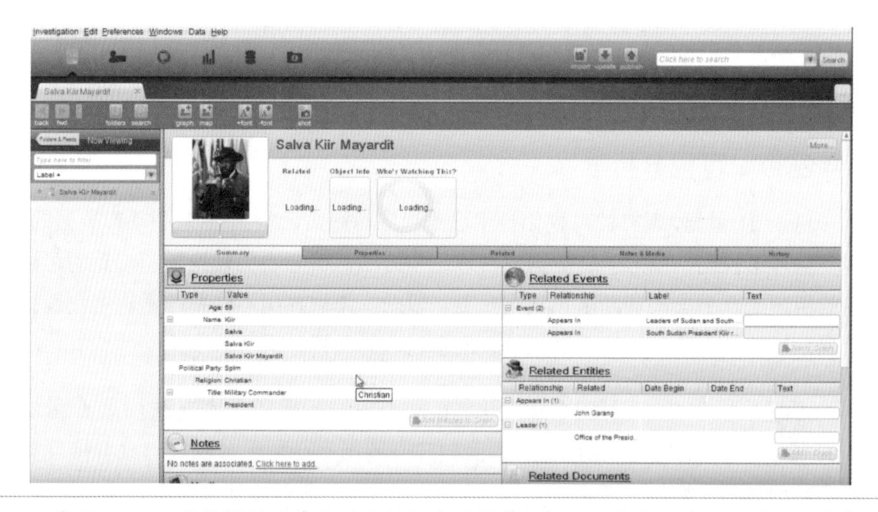

图 1.35 美国 Palantir 软件提供了基于网络数据库的异构数据可视分析平台。图中示例分析了南苏丹于 2011 年 7 月从苏丹独立的过程。分析人员基于开源智能数据源（Open-Source Intelligence（OSINT），如学术研究、博客、新闻媒体、非政府组织报告和联合国研究等），实现人物、关系、时间、统计、地理信息、社会网络等方面的可视分析，快速溯源异常事件。图片来源：链接 1-34

2005年，美国国家科学基金会联合美国国家卫生研究所召集了一个新的专题小组，讨论可视化研究的现状和面临的挑战，并于2006年发布了一个专题报告来描述大规模数据可视化所面临的挑战。与此同时，2004年美国国土安全部为了应对恐怖袭击，成立了国家可视分析中心，2005年发布的“可视分析的研究和发展规划”报告全面阐述了可视分析的挑战。2006年，IEEE开设了国际会议（IEEE Symposium on Visual Analytics Science and Technology）。2012年更名为IEEE Conference on Visual Analytics Science and Technology。同时，欧盟欧洲可视化年会EuroVis从2010年起，专门举办可视分析研讨会EuroVAST。

值得注意的是，可视分析的基本理论与方法，仍然是正在形成、需要深入探讨的前沿科学问题。从20世纪90年代开始，我国的各大科研单位和科研人员已经在可视化领域投入了极大的精力，为应用领域认识和使用可视化奠定了坚实的基础。尽管如此，先进的可视分析软件和算法在国内尚未得到普遍的理解。应注意我国的数据采集、分析与应用应当通过自主研发，不能任由国外垄断公司来采集和处理，否则将危及国民生活与国防安全。我国急需对可视分析的基础理论和方法展开研究，对涉及国家大工程、国家安全、国民经济等重要领域数据的可视分析研究应自主进行。

1.3 数据可视化详解

1.3.1 数据科学的发展

信息科学领域面临的一个巨大挑战是数据爆炸。据统计，世界上数字化的信息总量在2020年将达到35.2×10^{21}字节。然而，人类分析数据的能力已经远远落后于获取数据的能力。这个挑战不仅在于数据量越来越大、高维、多元源、多态，更重要的是数据获取的动态性、数据内容的噪声和互相矛盾、数据关系的异构与异质性等。2012年3月，美国政府发布了“大数据研究和发展倡议”，提出“通过收集、处理庞大而复杂的数据信息，从中获得知识和洞见，提升能力，加快科学、工程领域的创新步伐，强化美国国土安全，转变教育和学习模式”。至此，学术界达成共识，即关于数据的特定科学研究成为一门新的学科：数据科学。

在信息管理、信息系统和知识管理学科中，最基本的模型是“数据、信息、知识、智慧（Data, Information, Knowledge, Wisdom, DIKW）”层次模型[Rowley2007]。它以数据为基层架构，按照信息流顺序依次完成数据到智慧的转换[Zins2007]。四者之间的结构和功能方面的关系构成了信息科学的基础理论。在数据科学中，这种模型也作为一种数据处理流程，完成从原始数据的转化（见图1.36）。

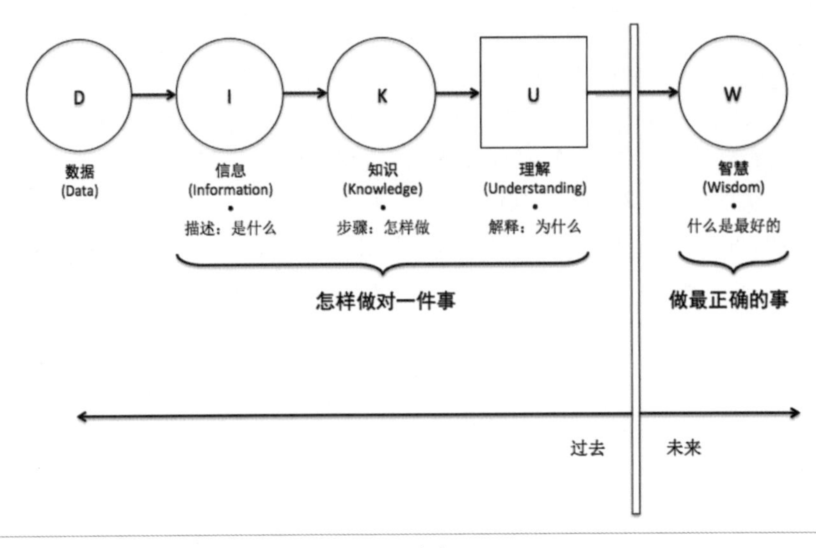

图 1.36 数据、信息、知识和智慧流程图。图片参考：链接 1-35

数据

从信号获取的角度看，数据是对目标观察和记录的结果，是关于现实世界中的时间、地点、事件、其他对象或概念的描述。在表达为有用的形式之前，数据本身没有用途。关于数据，不同的学者给出了不同的定义，大致分为以下几类。

- 数据即事实：数据是未经组织和处理的离散的、客观的观察。由于缺乏上下文和解释，所以数据本身没有含义和价值。如果将事实定义为真实的、正确的观察，那么并不是所有的数据都是事实，错误的、无意义的和非感知的数据不属于事实。
- 数据即信号：从获取的角度理解，数据是基于感知的信号刺激或信号输入，包括视觉、听觉、嗅觉、味觉和触觉。由于每种感官对应某个信号通道，所以数据也被定义为某个器官能接收到的一种或多种能量波或能量粒子（光、热、声、力和电磁等）。
- 数据即符号：无论数据是否有意义，数据都可定义为表达感官刺激或感知的符号集合，即某个对象、事件或所处环境的属性。代表性符号，如单词、数字、图表和图像视频等，都是人类社会中用于沟通的基本手段。因此，数据就是记录或保存的事件或情境的符号。

信息

信息是被赋予了意义和目标的数据。信息和数据的区别在于信息是有用的、有意义的，可以回答诸如谁、什么、哪里、多少、什么时候等问题，因此可以赋予数据生命力，辅助用户决策或行动。进一步讲，信息可以采用描述的方式定义知识。关于信息的两类特性如下。

- 结构性与功能性：信息是组织好的结构化数据，与某个特定目标和上下文有关联，因此是有意义的、有价值的、有关联的。从这个意义上说，信息和数据的差别在于结构，而不是两者的功能。
- 象征性或主体性：信息是通用的、以符号和信号形式存在的数据。另一个观点则认为，信息具有主体性，符合所依附的对象。

知识

知识是一个隐晦的、意会的、难以描述和定义的概念，是被处理、组织过、应用或付诸行动的信息。知识又是框架化的经验、价值、情境信息、专家观察和基本直觉的流动的混合，它提供了一个环境和框架，用于评估和融入新的经验和信息。知识是原语，应用于知识者的意识之中。知识通常体现于文档和资料的描述中，也流转于组织机构的流程、处理和实践中。

- 知识即处理：与信息是组织化或结构化数据的定义相似，知识既是多个信息源在时间上的合成，也是情境信息、价值、经验和规则的混合，也可看成互联的信息。
- 知识即过程：知识是一个通过实践经验了解如何做、是谁、什么时候等“Know-How”的过程。知识从经验背景中引申出一个连贯和自我一致的协调性行为。如果信息是描述性的，那么知识并不是对行动的描述，而是意味着行动。也有人将知识定义为数据和信息的应用。
- 知识即命题：知识有时候被认为是信念的构建、与认知框架有关的外部化。知识的另一个定义是，主观的关于世界和所在环境的感知；关于对象（整体、联合）的独特性观察。

智慧

智慧是启示性的，本意是知道为什么，知道如何去做。智慧与信息的区别等价于为什么做和为什么是。在知识和智慧之间存在一种状态：理解，它是一种对为什么的欣赏，而智慧则是被评估过的理解。智慧可增加有效性和价值，它蕴含的伦理和美学的价值与主体一脉相承，并且是独特和个性化的。

1.3.2 数据可视化的意义

在 DIKW 模型所定义的数据转化为智慧的流程中，可视化借助于人眼快速的视觉感知和人脑的智能认知能力，可以起到清晰有效地传达、沟通并辅助数据分析的作用。现代的数据可视化技术综合运用计算机图形学、图像处理、人机交互等技术，将采集或模拟的数据变换为可识别的图形符号、图像、视频或动画，并以此呈现对用户有价值的信息。用户通过对可视化的感知，使用可视化交互工具进行数据分析，获取知识，并进一步提升为智慧。

数据可视化的适用范围存在着不同的观点。例如，有专家认为数据可视化是可视化的一个子类目，主要处理统计图形、抽象的地理信息或概念型的空间数据。现代的主流观点将数据可视化看成传统的科学可视化和信息可视化的泛称，即处理对象可以是任意数据类型、任意数据特性，以及异构异质数据的组合。大数据时代的数据复杂性更高，如数据的流模式获取、非结构化、语义的多重性等。

数据可视化的作用在于**视物致知**，即从看见物体到获取知识。对于复杂、大尺度的数据，已有的统计分析或数据挖掘方法往往是对数据的简化和抽象，隐藏了数据集真实的结构，而数据可视化则可还原乃至增强数据中的全局结构和具体细节。当然，数据可视化经常会陷入两个误区：为了实现其获取知识的功能而令人感到枯燥乏味；或者为了画面美观而采用复杂的图形。如果将数据可视化看成艺术创作过程，则数据可视化需要达到真、善、美的均衡，达到有效地挖掘、传播与沟通数据中蕴含的信息、知识与思想，实现设计与功能之间的平衡。从这个意义上说，数据可视化体现出**宽视善知**的作用。

- 真，即真实性，指是否正确地反映了数据的本质，以及对所反映的事物和规律有无正确的感受和认识。数据可视化之真是其基石。例如，在医学研究领域，数据可视化可以通过可视化不同形态的医学影像、化学检验、电生理信号、过往病史等，帮助医生了解病情发展、病灶区域，甚至拟定治疗方案。图 1.37 和图 1.38 展示了两个医学实例。

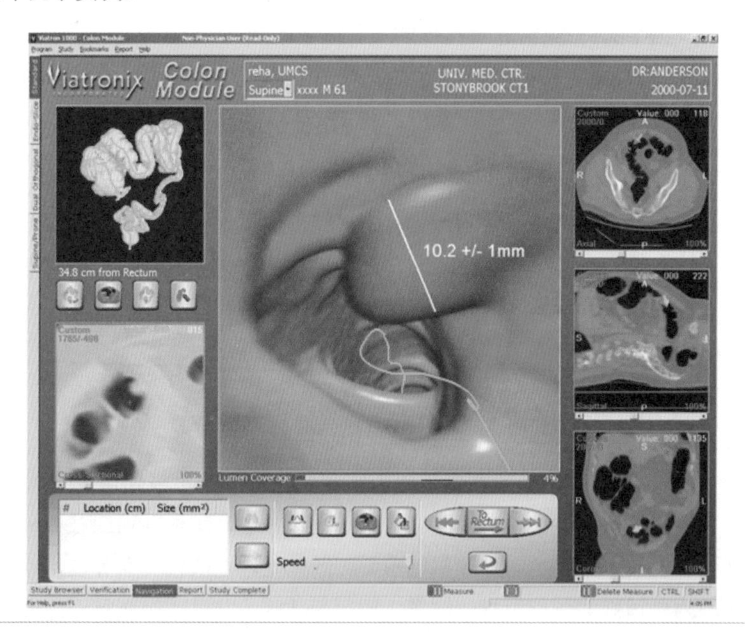

图 1.37 20 世纪 90 年代美国纽约州立大学石溪分校的 Arie Kaufman 教授与放射学专家合作研制成功虚拟大肠内窥镜系统，是可视化领域早期最有名的应用案例 [Hong1997]。
图片来源：链接 1-36

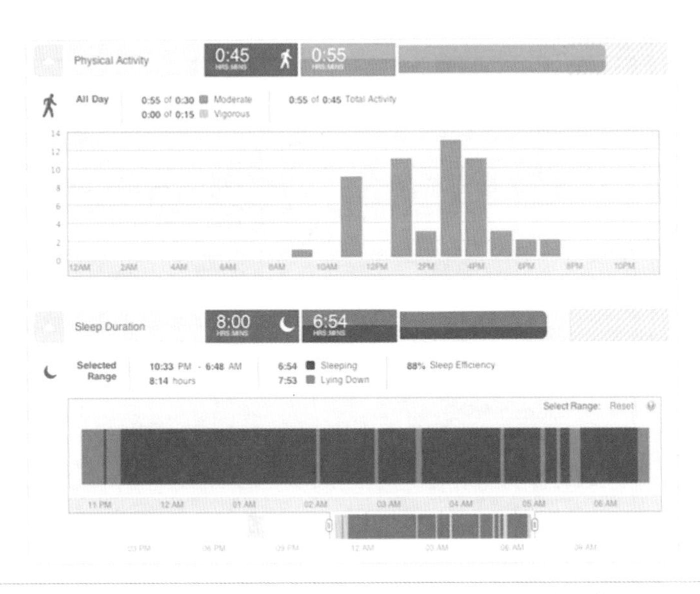

图 1.38 美国 BodyMedia 公司（链接 1-37）研制的人体状态监测设备，每分钟检测运动加速度、体温、身体热量、皮肤热量等数千个数据，并以可视化形式实时呈现。图片来源：链接 1-38

- 善，即倾向性，也就是可视化所表达的意象对于社会和生活具有什么意义和影响。加拿大可视化专家 Tamara Munzner 认为，可视化的终极目标在于帮助公众理解人类社会发展和自然环境的现状，实现政府与职能部门运行的透明。图 1.39 和图 1.40 展示了两个例子。

图 1.39 日本东京的新兴科学和创新国家博物馆（Miraikan）安置了世界上第一个大型球面 OLED 显示屏，分辨率可达到 1000 万像素，直径超过 5.8 米，实时可视化地球正在发生的变化，以及未来地球的模样。数据由全球各地的科学家和研究机构提供，如来自气象卫星的云层图像、海洋酸化、温度变化和其他观测数据。

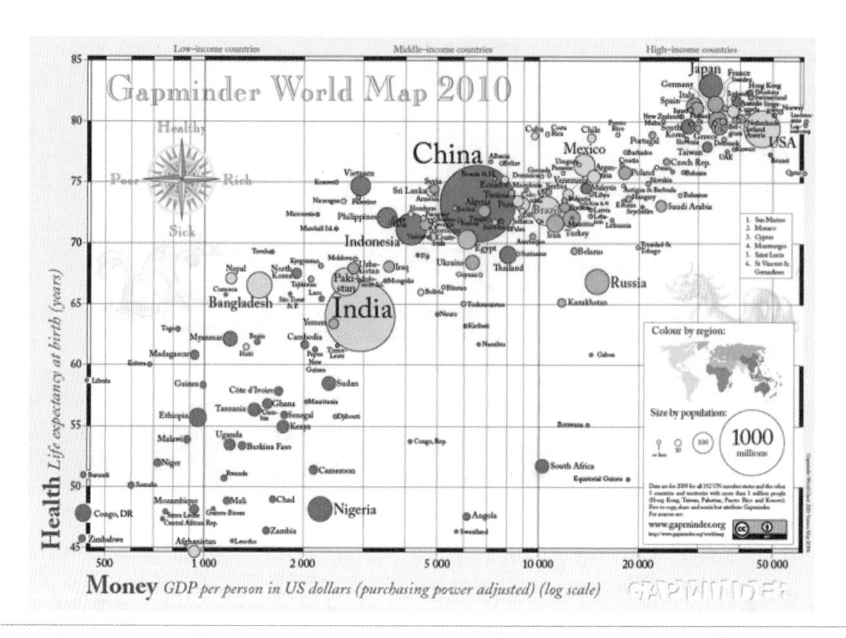

图 1.40 由著名的可视化学者、演讲家 Hans Rosling 创作的软件 Gapminder，提供了全世界普查数据资源及可视化平台。图中展示了 2010 年世界各国人均 GDP（美元）统计。图片来源：链接 1-39

- 美，即可视化的艺术完美性，指其形式与内容是否和谐统一，是否有艺术个性，是否有创新和发展。图 1.41 和图 1.42 展示了两个实例。

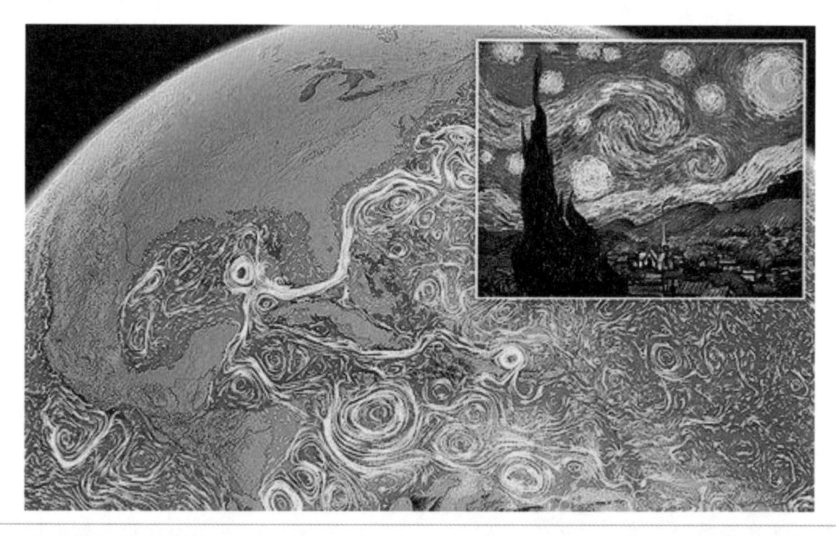

图 1.41 美国宇航局为预测全球环流和海洋气候变化，基于观测数据利用向量场可视化技术绘制了 2005 年 6 月至 2007 年年底的地球表层洋流图。视觉效果酷似荷兰后印象派画家梵高 1889 年时创作的名画《星空》。图片来源：链接 1-40

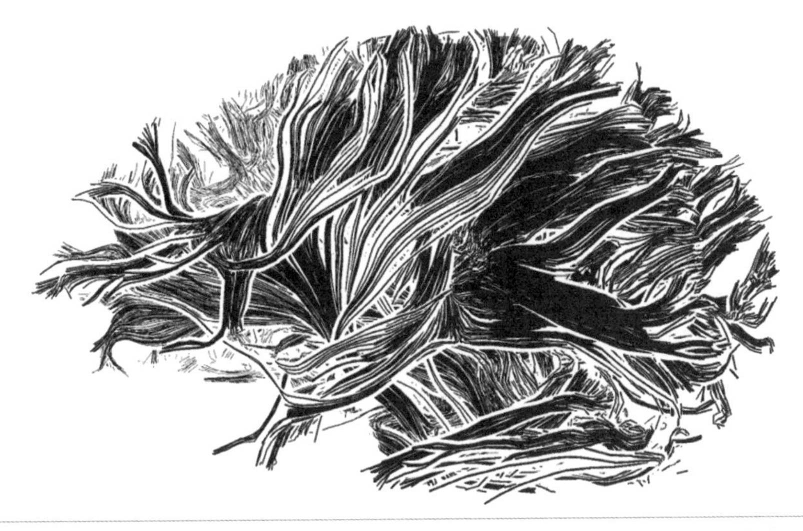

图 1.42 科学数据的表意性可视化 [Everts2009]，以艺术的手法可视化了人脑弥散张量成像示踪纤维丛。论文与数据详见：链接 1-41

1.3.3 数据可视化分类

数据可视化的处理对象是数据。自然地，数据可视化包含处理科学数据的科学可视化与处理抽象的、非结构化信息的信息可视化两个分支。广义上，面向科学和工程领域的科学可视化研究带有空间坐标和几何信息的三维空间测量数据、计算模拟数据和医学影像数据等，重点探索如何有效地呈现数据中几何、拓扑和形状特征。信息可视化的处理对象则是非结构化、非几何的抽象数据，如金融交易、社交网络和文本数据，其核心挑战是如何针对大尺度高维数据减少视觉混淆对有用信息的干扰。另一方面，由于数据分析的重要性，将可视化与分析结合，形成一个新的学科：可视分析学。科学可视化、信息可视化和可视分析学三个学科方向通常被看成可视化的三个主要分支 [Ward2010]。

科学可视化（Scientific Visualization）

科学可视化是可视化领域最早、最成熟的一个跨学科研究与应用领域 [石教英 1996]。面向的领域主要是自然科学，如物理、化学、气象气候、航空航天、医学、生物学等各个学科，这些学科通常需要对数据和模型进行解释、操作与处理，旨在寻找其中的模式、特点、关系以及异常情况 [Schroeder2004]。

科学可视化的基础理论与方法已经相对成形。早期的关注点主要在于三维真实世界的物理化学现象，因此数据通常表达在三维或二维空间，或包含时间维度 [唐泽圣 1999]。鉴于数据的类别可分为标量（密度、温度）、向量（风向、力场）、张量（压力、弥散）等三类，科学可视化也可粗略地分为三类。

1. 标量场可视化

标量指单个数值，即在每个记录的数据点上有一个单一的值。标量场指二维、三维或四维空间中每个采样处都有一个标量值的数据场。标量场的来源分为两类。第一类从扫描或测量设备获得，如从医学断层扫描设备获取的 CT、MRI 三维影像；第二类从计算机或机器仿真中获得，如从核聚变模拟中产生的壁内温度分布。

标量场可以看成显式的数据分布的隐函数表示，即 $f(x,y,z)$ 代表了在点 (x,y,z) 处的标量值。可视化数据场 $f(x,y,z)$ 的标准做法有三种。第一种方法是将数值直接映射为颜色或透明度，如用颜色表达地球表面的温度分布；第二种方法是根据需要抽取并连接满足 $f(x,y,z)=c$ 的点集，并连接为线（二维情形）或面（三维情形），称为等值线或等值面方法，如地图里的等高线，标准的算法有移动四边形法或移动立方体法；第三种方法是将三维标量数据场看成能产生、传输和吸收光的媒介，光源透过数据场后形成半透明影像，称为直接体绘制方法。这种方法可以以透明层叠的方式显示内部结构，为观察三维数据场全貌提供了极好的交互式浏览工具 [Hansen2004]。第 5 章将详细介绍标量场可视化方法。

2. 向量场可视化

向量场在每一个采样点处是一个向量（一维数组）。向量代表某个方向或趋势，例如，来源于测量设备的风向和漩涡等；来源于数据仿真的速度和力量等。向量场可视化的主要关注点是其中蕴含的流体模式和关键特征区域。在实际应用中，由于二维或三维流场是最常见的向量场，所以流场可视化是向量场可视化中最重要的组成部分。

除了通过拓扑或几何方法计算向量场的特征点、特征线或特征区域，对向量场直接进行可视化的方法包括三类。第一类方法称为粒子对流法，其关键思想是模拟粒子在向量场中以某种方式流动，获得的几何轨迹可以反映向量场的流体模式。这类方法包括流线、流面、流体、迹线和脉线等。第二类方法是将向量场转换为一帧或多帧纹理图像，为观察者提供直观的影像展示。标准做法有随机噪声纹理法、线积分卷积（LIC）法等。第三类方法是采用简化易懂的图标编码单个或简化后的向量信息，可提供详细信息的查询与计算。标准做法有线条、箭头和方向标志符等 [Hansen2004]。第 6 章将详细介绍向量场可视化方法。

3. 张量场可视化

张量是矢量的推广：标量可看作 0 阶张量，矢量可看作 1 阶张量。张量场可视化方法分为基于纹理、几何和拓扑三类。基于纹理的方法将张量场转换为静态图像或动态图像序列，图释张量场的全局属性。其思路是将张量场简化为向量场，进而采用线积分法、噪声纹理法等方法显示。基于几何的方法显式地生成刻画某类张量场属性的几何表达。其中，图标法采用某种几何形式表达单个张量，如椭球和超二次曲面；超流线法将张量转换为向量（如二阶对称张量的主特征方向），再沿主特征方向进行积分，形成流线、流面或流体。基于拓扑的方法计算张量场的拓扑特征（如关键点、奇点、灭点、分叉点和退化线等），依次将感兴趣区域剖分为具有相同属性的子区域，并建立对应的图结构，实现拓扑简化、拓扑跟踪和拓扑显示。基于拓扑的方法可有效地生成多变量场的定性结构，快速构造全局流场结构，特别适合于数值模拟或实验模拟生成的大尺度数据[Laidlaw2009]。关于张量场可视化方法详见第 6 章。

以上分类不能概括科学数据的全部内容。随着数据的复杂性提高，一些带有语义的信号、文本、影像等也是科学可视化的处理对象，且其呈现空间变化多样。

IEEE Conference on Scientific Visualization 2012 列出了科学可视化的相关研究主题。

（1）通用数据可视化

- 标量、向量和张量场
- 不规则和非结构网格数据
- 基于点的数据
- 时变数据
- 体数据建模

（2）可视化技术和方法

- 等值面抽取
- 体绘制
- 基于拓扑和几何的技术
- 面向可视化的偏微分方程

（3）基础理论

- 协同和分布式可视化
- 设计策略
- 面向可视化的数学理论
- 可扩展性
- 不确定性可视化
- 视点依赖的可视化
- 信息论
- 机器学习方法

（4）交互技术

- 用户界面

- 交互设计
- 耦合视图和多视图
- 面向评估的数据编辑
- 操纵和变形

（5）显示与交互技术

- 高分辨率显示设备
- 立体显示
- 沉浸式和虚拟环境
- 多模态输入设备
- 面向可视化的触觉

（6）评估

- 以用户为中心的可用性研究和任务分析
- 设计研究
- 数值误差测度和平台
- 验证与证明

（7）感知与认知

- 感知理论
- 彩色纹理、场景、运动感知
- 感性认识

（8）可视化硬件

- 硬件加速
- 可编程图形硬件和多核结构
- CPU 和 GPU 集群
- 分布式系统、网格和云环境
- 体图形学硬件

（9）大数据可视化

- 时变数据
- 多维多域多模态和多变量数据
- 流数据
- 多分辨率
- 压缩
- PB 级可视化

- 应用：流场、生物医学

（10）系统和方法

- 视觉设计、可视化系统和工具集设计
- 基于图标的方法
- 表意性可视化
- 移动和普适可视化
- 空间和非空间数据的集成可视化
- 数据仓库、数据库可视化与数据挖掘

（11）科学和工程中的可视化

- 数学中的可视化
- 物理科学和工程
- 地球、空间和环境科学
- 流场可视化
- 地形可视化
- 地理信息、地理空间可视化
- 分子、生物医学和医学可视化
- 生物信息可视化
- 软件可视化

（12）社会和商业中的可视化

- 商业和金融可视化
- 社会和信息科学
- 面向大众的人文教育
- 多媒体（图像、视频和音乐）可视化

信息可视化（InformationVisualization）

信息可视化处理的对象是抽象的、非结构化数据集合（如文本、图表、层次结构、地图、软件、复杂系统等）。传统的信息可视化起源于统计图形学，又与信息图形、视觉设计等现代技术相关。其表现形式通常在二维空间，因此关键问题是在有限的展现空间中以直观的方式传达大量的抽象信息。与科学可视化相比，信息可视化更关注抽象、高维数据。此类数据通常不具有空间中位置的属性，因此要根据特定数据分析的需求，决定数据元素在空间的布局。因为信息可视化的方法与所针对的数据类型紧密相关，所以通常按数据类型可以大致分为如下几类。

1. 时空数据可视化

时间与空间是描述事物的必要因素，因此，地理信息数据和时变数据的可视化也显得至关重要。对于地理信息数据可视化来说，合理地选择和布局地图上的可视化元素，从而呈现尽可能多的信息是关键。时变数据通常具有线性和周期性两种特征，需要依此选择不同的可视化方法，详见第 7 章。

2. 层次与网络结构数据可视化

网络（图）数据是现实世界中最常见的数据类型之一。人与人之间的关系、城市之间的道路连接、科研论文之间的引用都组成了网络。层次结构（树）则是有一个根节点，并且不存在回路的特殊网络，例如公司的组织结构、文件系统的目录结构、家谱等。层次与网络结构数据都通常使用点线图来可视化，如何在空间中合理有效地布局节点和连线是可视化的关键。详细方法见第 8 章。

3. 文本和跨媒体数据可视化

随着网络媒体，特别是社交媒体的迅速发展，每天都会产生海量的文本数据，人们对于视觉符号的感知和认知速度远远高于文本，因此，通过可视化呈现其中蕴含的有价值的信息将大大提高人们对于这些数据的利用率。我们需要从非结构化文本数据中提取结构化信息，并进行可视化。第 9 章、第 10 章将具体介绍文本和跨媒体数据的可视化方法。

4. 多变量数据可视化

用于描述现实世界中复杂问题和对象的数据通常是多变量的高维数据，如何将其在二维屏幕上呈现是可视化面临的挑战。多变量数据的可视化方法包括将数据降维到低维度空间，使用相互关联的多视图同时表现不同维度，等等。有关这方面的描述请见第 11 章。

在数据爆炸时代，信息可视化面临巨大的挑战：在海量、动态变化的信息空间中辅助人类理解、挖掘信息，从中检测预期的特征，并发现未预期的知识 [Ware2000] [Spence2007]。

IEEE Conference on Information Visualization 2012 列出了信息可视化的相关研究主题。

（1）信息可视化、技术和交互方法

- 图、树和其他相关数据
- 高维数据和降维
- 社会和泛在信息
- 文本和文档
- 非专家用户

- 异常和不确定数据
- 时间序列数据
- 任何非空间数据或新型空间映射下的空间数据

（2）信息可视化交互技术

- 图标和图例方法
- 聚焦 + 上下文
- 动画
- 缩放和漫游
- 链接 + 刷选
- 耦合式多视图
- 数据标记、编辑和标注
- 可伸缩性
- 协作、协同定位和分布式
- 操纵和变形
- 可视数据挖掘和可视知识发现

（3）信息可视化综合课题

- 视觉设计与美学
- 认知和感知
- 可听化
- 展示和传播
- 移动与普适计算

（4）信息可视化方法

- 可视化系统
- 设计研究和案例研究
- 新算法与数学方法
- 分类和模型
- 方法、探讨和框架

（5）评估

- 任务和需求分析
- 测度和平台
- 定性和定量评价
- 实验与领域研究

- 新的评估方法
- 可用性研究和焦点团体

（6）信息可视化应用领域

- 统计图形学
- 面向数学的信息可视化
- 地理信息可视化
- 生物医学可视化
- 金融可视化

可视分析学（Visual Analytics）

可视分析学被定义为一门以可视交互界面为基础的分析推理科学[Thomas2005]。它综合了图形学、数据挖掘和人机交互等技术（见图1.43右图），以可视交互界面为通道，将人的感知和认知能力以可视的方式融入数据处理过程，形成人脑智能和机器智能优势互补和相互提升，建立螺旋式信息交流与知识提炼途径，完成有效的分析推理和决策。图1.43左图诠释了可视分析学包含的研究内容。

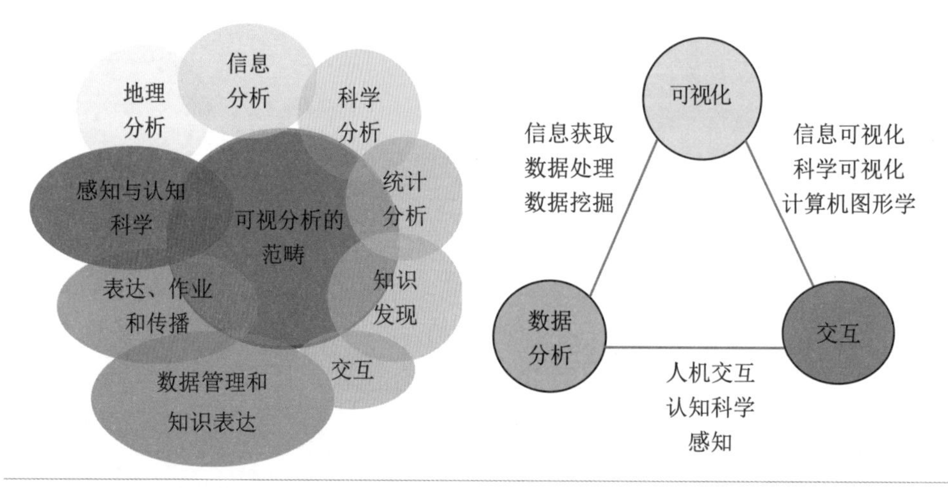

图1.43 左：可视分析学涉及的学科；右：可视分析学的学科交叉组成。

新时期科学发展和工程实践的历史表明，智能数据分析所产生的知识与人类掌握的知识的差异正是导致新的知识发现的根源，而表达、分析与检验这些差异必须充分利用人脑智能。另外，当前的数据分析方法大都基于先验模型，易于检测已知模式和规律，对复杂、异构、大尺度数据的自动处理经常会失效，例如，不知道数据中蕴含的模式；搜索空间过大；特征模式过于模糊；参数很难设置，等等。而人的视觉识别能力和智能恰好可以辅助解决这些问题。另外，自动数据分析的结果通常带有噪声，需要人工干预排除。为了有效结合人脑智能与机器智能，一个必经途径是以视觉感知为通道，通过可视交互界面，形成人脑和机器智能的双向转换，将人的智能特别是“只可意会，不能言传”的人类知识和个性化经验可视地融入整个数据分析和推理决策过程中，使得数据的复杂度逐步降低到人脑和机器智能可处理的范围。这个过程，逐渐形成了可视分析这一交叉信息处理的新思路。迄今为止，可视分析的基本理论与方法仍然是一个有待解决的新课题，值得深入研究。

可视分析学可看成将可视化、人的因素和数据分析集成在内的一种新思路。其中，感知与认知科学研究人在可视分析学中的重要作用；数据管理和知识表达是可视分析构建数据到知识转换的基础理论；地理分析、信息分析、科学分析、统计分析、知识发现等是可视分析学的核心分析论方法；在整个可视分析过程中，人机交互必不可少，用于驾驭模型构建、分析推理和信息呈现等整个过程；可视分析流程中推导出的结论与知识最终需要向用户表达、作业和传播。

可视分析学是一门综合性学科，与多个领域相关：在可视化方面，有信息可视化、科学可视化与计算机图形学；与数据分析相关的领域包括信息获取、数据处理和数据挖掘；而在交互方面，则有人机交互、认知科学和感知等学科融合 [Tominski2006]。

在可视分析学的早期描述中 [Thomas2005]，定义了 10 大研究问题。

- 以探索发现为目标的信息推理分析—基于评判式思考的认知方面的新的交互方式
- 能处理多尺度、多类型、动态流的时变数据的新的视觉策略
- 数据、信息和知识的表达
- 协同的、预言性的、主动性的可视分析
- 可视分析方法的刻画与重用
- 有效的演示与交流
- 可视的时变分析
- 基于公开数据集的评估与验证
- 保持全局视图情况下的短期效果发布
- 互用性界面与标准：多套可视分析系统的协同

IEEE Conference on Visual Analytics Science and Technology 2012 列出了可视分析学的相关研究主题。

- 可视表达和交互技术：信息展示原理、新的视觉策略、统计图形学、地理空间可视化、交互科学，构建可视化和交互的方法
- 数据管理和知识表示，包括大容量和流式数据的可伸缩表示、统计和语义特征、基于分布式数据来源的信息合成等

- 分析式推理，包括人类分析的表述、知识发现方法、感知与认知、协同式可视分析学等
- 表达、作业和传播方法，包括分析过程的建模、面向特定和不定对象的叙事性呈现
- 可视分析技术的应用，包括但不限于科学、工程、人文、商业、公共安全、贸易和后勤等方面
- 评估方法，安全与隐私，互通性和技术实践与经验
- 推理过程的表述性可视化与可视表达
- 允许交互可视分析的数据变换的理论基础
- 可视分析学的基础算法与技术，包括用户和设备自适应性、网页接口和移动设备

科学可视化、信息可视化和可视分析三者之间没有清晰边界。科学可视化的研究重点是带有空间坐标和几何信息的医学影像数据、三维空间信息测量数据、流体计算模拟数据等。由于数据的规模通常超过图形硬件的处理能力，所以如何快速地呈现数据中包含的几何、拓扑、形状特征和演化规律是其核心问题。随着图形硬件和可视化算法的迅猛发展，单纯的数据显示已经得到了较好的解决。信息可视化的核心问题主要有高维数据的可视化、数据间各种抽象关系的可视化、用户的敏捷交互和可视化有效性的评断等。可视分析偏重于从各类数据综合、意会和推理出知识，其实质是可视地完成机器智能和人脑智能的双向转换，整个探索过程是迭代的、螺旋式上升的过程。

国际上顶级的可视化学术年会是 IEEE VIS（链接 1-42），它包含三个主会：IEEE Scientific Visualization（原名 IEEE Visualization Conference，起源于 1990 年）、IEEE Information Visualization（起源于 1995 年）和 IEEE Conference on Visual Analytics Science and Technology（IEEE VAST，起源于 2006 年）。大会做口头报告的论文在可视化领域顶级期刊 *IEEE Transactions on Visualization and Computer Graphics* 上发表。除报告学术论文外，年会还组织讨论组、研讨会、学习班、海报展示和工业界的展览。其他有名的学术会议有 Eurographics Conference on Visualization、IEEE Pacific Visualization 等。

1.3.4 数据可视化与其他学科领域的关系

数据可视化既与信息图、信息可视化、科学可视化以及统计图形密切相关，也是数据科学中必不可少的环节。数据科学在研究、教学和工业界等领域方兴未艾，数据可视化是一个活跃且关键的方面。下面简单总结数据可视化与其他学科领域的关联与关系。

图形学、人机交互

计算机图形学是一门通过软件生成二维、三维或四维动态影像的学科。起初，可视化通常被认为是计算机图形学的子学科。通俗地说，计算机图形学关注数据的空间建模、外

观表达与动态呈现，它为可视化提供数据的可视编码和图形呈现的基础理论与方法。数据可视化则与具体应用和不同领域的数据密切相关。由于可视分析学的独特属性以及与数据分析之间的紧密结合，数据可视化的研究内容和方法已经逐渐独立于计算机图形学，形成一门新的学科。

计算机动画是图形学的子学科，是视频游戏、动漫、电影特效中的关键技术。它以计算机图形学为基础，在图形生成的基本范畴下延伸出时间轴，通过在连贯的时间轴上呈现相关的图像表达某类动态变化。计算机动画主要包括二维动画、三维动画、非真实感动画等门类。数据可视化采用计算机动画这种表现手法展现数据的动态变化，或者发掘时空数据中的内在规律。

计算机仿真指采用计算设备模拟特定系统的模型。这些系统包括物理学、计算物理学、化学以及生物学领域的天然系统；经济学、心理学以及社会科学领域的人类系统。它是数学建模理论的计算机实践，能模拟现实世界中难以实现的科学实验、工程设计与规划、社会经济预测等运行情况或者行为表现，允许反复试错，节约成本并提高效率。随着计算硬件和算法的发展，计算机仿真所能模拟的规模和复杂性已经远远超出了传统数学建模所能企及的高度。因而，大规模计算仿真被认为是继科学实验与理论推导之后，科学探索和工程实践的第三推动力。计算机仿真获得的数据，是数据可视化的处理对象之一，而将仿真数据以可视化形式表达，是计算机仿真的核心方法。

人机交互指人与机器之间使用某种语言，以一定的交互方式，为完成确定任务的信息交换过程。人机交互是信息时代数据获取与利用的必要途径，是人与机器之间的信息通道。人机交互与计算机科学、人工智能、心理学、社会学、图形、工业设计等广泛相关。在数据可视化中，通过人机界面接口实现用户对数据的理解和操纵，数据可视化的质量和效率需要最终的用户评判。因此，数据、人、机器之间的交互是数据可视化的核心。

数据库与数据仓库

数据库是按照数据结构来组织、存储和管理数据的仓库，它高效地实现数据的录入、查询、统计等功能。尽管现代数据库已经从最简单的存储数据表格发展到海量、异构数据存储的大型数据库系统，但是它的基本功能中仍然不包括复杂数据的关系和规则的分析。数据可视化通过数据的有效呈现，有助于对复杂关系和规则的理解。

面向海量信息的需要，数据库的一种新的应用是数据仓库。数据仓库是面向主题的、集成的、相对稳定的、随时间不断变化的数据集合，用以支持决策制订过程。在数据进入数据仓库之前，必须经过数据加工和集成。数据仓库的一个重要特性是稳定性，即数据仓库反映的是历史数据。

数据库和数据仓库是大数据时代数据可视化方法中必须包含的两个环节。为了满足复杂大数据的可视化需求，必须考虑新型的数据组织管理和数据仓库技术。

数据分析与数据挖掘

数据分析是统计分析的扩展，指用数据统计、数值计算、信息处理等方法分析数据，采用已知的模型分析数据，计算与数据匹配的模型参数。常规的数据分析包含三步。第一步，探索性数据分析，通过数据拟合、特征计算和作图造表等手段探索规律性的可能形式，确定相适应的数据模型和数值解法；第二步，模型选定分析，在探索性分析的基础上计算若干类模型，通过进一步分析挑选模型；第三步，推断分析，使用数理统计等方法推断和评估选定模型的可靠性和精确度。

不同的数据分析任务各不相同。例如，关系图分析的 10 个任务是：值检索、过滤、衍生值计算、极值的获取、排序、范围确定、异常检测、分布描述、聚类、相关性。

数据挖掘指从数据中计算适合的数据模型，分析和挖掘大量数据背后的知识。它的目标是从大量的、不完全的、有噪声的、模糊的、随机的数据中，提取隐含在其中的、未知的、潜在有用的信息和知识。数据挖掘的方法可以是演绎的，也可以是归纳的。数据挖掘可发现多种类型的知识——反映同类事物共同性质的广义型知识；反映事物各方面特征的特征型知识；反映不同事物之间属性差别的差异型知识；反映事物和其他事物之间依赖或关联的关联型知识；根据当前历史和当前数据推测未来数据的预测型知识；揭示事物偏离常规出现异常现象的偏离型知识。

数据可视化和数据分析与数据挖掘的目标都是从数据中获取信息与知识，但手段不同。两者已成为科学探索、工程实践与社会生活中不可缺少的数据处理和发布的手段。数据可视化将数据呈现为用户易于感知的图形符号，让用户交互地理解数据背后的本质；而数据分析与数据挖掘通过计算机自动或半自动地获取数据隐藏的知识，并将获取的知识直接给予用户。

数据挖掘领域注意到了可视化的重要性，提出了可视数据挖掘的方法，其核心是将原始数据和数据挖掘的结果用可视化方法予以呈现。这种方法糅合了数据可视化的思想，但仍然是利用机器智能挖掘数据，与数据可视化基于视觉化思考的大方针不同。

值得注意的是，数据挖掘与数据可视化是处理和分析数据的两种思路。数据可视化更擅于探索性数据的分析，例如，用户不知道数据中包含什么样的信息和知识；对数据模型没有一个预先的探索假设；探寻数据中到底存在何种有意义的信息。

面向领域的可视化方法与技术

数据可视化是对各类数据的可视化理论与方法的统称。在可视化历史上，与领域专家的深度结合导致了面向领域的可视化方法与技术。常见的可视化方法与技术如下。

生命科学可视化，指面向生物科学、生物信息学、基础医学、转化医学、临床医学等一系列生命科学探索与实践中产生的数据的可视化方法。它本质上属于科学可视化。由于生命科学的重要性，以及生命科学数据的复杂系统，生命科学可视化已经成为一个重要的交叉型研究方向。自 2011 年起，IEEE VIS 举办面向生命科学的可视化研讨会。

表意性可视化，指以抽象、艺术、示意性的手法阐明、解释科技领域的可视化方法。早期的表意性可视化以人体为描绘对象，类似于中学的生理卫生课本和大专医科院校的解剖课程上的人体器官示意图。在科学向文明转化的传导过程中迸发了大量需要表意性可视化的场合，如教育、训练、科普和学术交流等。在数据爆炸时代，表意性可视化关注的重点是从采集的数据出发，以传神、跨越语言障碍的艺术表达力展现数据的特征，从而促进科技生活的沟通交流，体现数据、科技与艺术的结合。例如，*Nature* 和 *Science* 杂志大量采用科技图解展现重要的生物结构，澄清模糊概念，突出重要细节，并展示人类视角所不能及的领域。

地理信息可视化，是数据可视化与地理信息系统学科的交叉方向，它的研究主体是地理信息数据，包括建立于真实物理世界基础上的自然性和社会性事物及其变化规律。地理信息可视化的起源是二维地图制作。在现代，地理信息数据扩充到三维空间、动态变化，甚至还包括在地理环境中采集的各种生物性、社会性感知数据（如天气、空气污染、出租车位置信息等）。

产品可视化，指面向制造和大型产品组装过程中的数据模型、技术绘图和相关信息的可视化方法。它是产品生命周期管理中的关键部分。产品可视化通常提供高度的真实感，以便对产品进行设计、评估与检验，因此支持面向销售和市场营销的产品设计或成型。产品可视化的雏形是手工生成的二维技术绘图或工程绘图。随着计算机图形学的发展，它逐步被计算机辅助设计替代。

教育可视化，指通过计算机模拟仿真生成易于理解的图像、视频或动画，用于面向公众教育和传播信息、知识与理念的方法。教育可视化在阐述难以解释或表达的事物（如原子结构、微观或宏观事物、历史事件）时非常有用。美国宇航局等机构专门成立了可视化部门，制作传播自然科学的教育可视化作品。

系统可视化，指在可视化基本算法中融合了叙事型情节、可视化组件和视觉设计等元素，用于解释和阐明复杂系统的运行机制与原理，向公众传播科学知识的方法。它综合了系统理论、控制理论和基于本体论的知识表达等，与计算机仿真和教育可视化的重合度较高。

商业智能可视化，又称为可视商业智能，指在商业智能理论与方法发展过程中与数据可视化融合的概念和方法。商业智能的目标是将商业和企业运维中收集的数据转化为知识，辅助决策者做出明智的业务经营决策。数据包括来自业务系统的订单、库存、交易账目、客户和供应商等，以及其他外部环境中的各种数据。从技术层面上看，商业智能是数据仓库、联机分析处理工具和数据挖掘等技术的综合运用，其目的是使各级决策者获得知识或洞察力。自然地，商业智能可视化专门研究商业数据的智能可视化，以增强用户对数据的理解力。

知识可视化，采用可视表达表现与传播知识，其可视化形式包括素描、图表、图像、物件、交互式可视化、信息可视化应用以及叙事型可视化。与信息可视化相比，知识可视化侧重于运用各种互为补充的可视化手段和方法，面向群体传播认识、经验、态度、价值、期望、视角、主张和预测，并激发群体协同产生新的知识。知识可视化与信息论、信息科学、机器证明、知识工程等方法各有异同，其特点是使发现知识的过程和结果易于理解，且在发现知识过程中通过人机交互界面发展发现知识的可视化方法。

信息视觉设计

面向广义数据的视觉设计，是信息设计中的一个分支，可抽象为某种概念性形式如属性、变量的某种信息。这又包含了两个主要领域：统计图形学和信息图。它们都与量化和类别数据的视觉表达有关，但被不同的表述目标驱动。统计图形学（Statistical Graphics）应用于任意统计数据相关的领域，它的大部分方法如盒须图、散点图、热力图等方法已经是信息可视化的最基本方法。

信息图（Infographics）限制于二维空间上的视觉设计，偏重于艺术的表达。信息图和可视化之间有很多相似之处，共同目标是面向探索与发现的视觉表达。特别地，基于数据生成的信息图和可视化在现实应用中非常接近，且有时能互相替换。但两者的概念是不同的：可视化指用程序生成的图形图像，这个程序可以被应用到不同的数据；信息图指为某一数据定制的图形图像，它是具体化的、自解释性的，而且往往是设计者手工定制的，只能应用于特定数据。由此可以看出，可视化的强大普适性能够使用户快速地将某种可视化技术应用于不同数据，但选择适合的数据可视化技术却依赖于用户个人经验和运气。

与视觉设计相关的**图绘学**（Graph Drawing）是一个传统的基础性研究方向，它关注于图、树等非结构化数据结构，设计表达力强的可视表达与可视编码方法。

将视觉设计与社会媒体和营销结合，则产生一个新的学科方向：**视觉传播**。它通过信息的可视化展现沟通与传播创意和理念，在网页设计和图形向导的可用性方面作用明显。视觉传播与艺术和设计关联度高，通常以二维图表形式存在，包括：字符艺术、符号、电子资源等。

考虑到非空间的抽象数据，数据可视化的可视表达与传统的视觉设计类似。然而，数据可视化的应用对象和处理范围远远超过统计图形学、视觉艺术与信息设计等学科方向。

1.4 数据可视化研究挑战

人类有史以来，可视化的理念就伴随着形象思维、图画、摄像等方法不断演化。现代意义上的可视化是计算机和计算机显示方法与设备发展到一定阶段后的新兴技术。尽管显示方法和技巧各有差异，但是数据可视化的研究实质仍然是两个方面：**理解可视化如何传递到观者**，即人们感知和理解什么，可视化是如何对应于数据和数据模型的；**开发能有效地创造可视化的原理与技术**，即增强认知与感知，增强可视化与数据模型之间的联系。

分析可视化系统时，设计者至少要考虑三个不同方面的约束：计算能力、感知和认知能力以及显示能力。

1. 计算能力的可扩展性

可视化系统与设计目标的应用场合有关。在大数据时代，具备处理海量的复杂数据的可扩展性始终是可视分析系统关注的中心议题。由于有限的时间和存储资源，通常可视化的效率受限于可用的时间和存储资源。面向大数据的数据清洗、转换、布局和绘制算法的计算复杂度是主要关注对象。

2. 感知和认知能力的局限性

人类的记忆容量和注意力是宝贵的、有限的资源。尽管可视化充分利用人类视觉的感知能力，但是人类大脑对事物的记忆终究是不可见的，而且记忆容量极其有限。这种有限性不分视觉和非视觉，也不分长期和短期的记忆。人类的注意力也非常有限。例如，在有意识地查找某项内容时，随着检查项数量增加，任务变得非常具有挑战性。另一方面，警觉性同样是高度有限的资源，前几分钟的警觉性要远超于之后的时间段，因此执行视觉搜索任务的能力只能维持数分钟。

3. 显示能力的局限性

可视化设计者往往“执行于像素之外”，屏幕的分辨率已经不能同时显示所有想要表达的信息。单个像素的信息密度表示为编码后信息的数量与未使用空间数量的比值。一次尽可能多地显示以减少导航，而一次显示太多代价比较高，用户会产生视觉混乱，这需要仔细权衡。

围绕这三个方面的局限性，未来的数据可视化的挑战主要在于两个方面。

1. 大数据可视化

数据密集型科学成为继实验、理论和计算仿真之后，科学研究手段的第四种范式 [Hey2009]。从海量涌现的数据中获取知识，验证科学假设，是科学前进和社会发展的驱动力。大数据的研究需要从国家战略高度认识大数据并开始行动，其着力点不仅在于进一步推进信息化建设，更在于以数据推动科研和创新。显而易见，大数据将引发新的智慧革命：从海量、复杂、实时的大数据中可以发现知识、提升智能并创造价值。面向大数据，需要发展新的计算理论、数据分析、可视分析和数据组织与管理方法，并围绕实际科学和社会问题的求解设计新的工作流程和研究范式。

2. 以人为中心的探索式可视分析

发展到21世纪的可视化是一个涉及数据挖掘、人机交互、计算机图形学、心理学等的交叉学科。在信息科学领域，分析被定义为一个“从数据中洞悉规律，以便更好地决策的科学过程”（2012年INFORMS年会）。如何将可视化与分析有机地结合，开发高度集成的可视分析系统是未来一个重大的研究课题。

可视分析学的基本要素包括复杂数据的表示与变换、可扩展的数据智能可视化和支持用户分析决策的交互方法与集成环境等。它引导的分析推理模式，是探索复杂数据中蕴含的新规律和新现象的催化剂。21世纪初以来，国际上逐步形成了可视分析学的研究热潮。可视分析必将在国民经济、社会生活和国防安全的各个领域引申出重大应用难题，如天气预报、防灾减灾、数字城市、金融安全、社会网络等。如何结合相关学科的方法，研发面向各个应用领域的高效可视分析系统是一个持久的研究话题。

参考文献

[Anscombe1973] F.J. Anscombe. Graphs in Statistical Analysis. *American Statistician* 27, 1973: 17-21

[Bertin1983] Jacques Bertin. Semiology of Graphics: Diagrams, Networks, Maps.1983

[Cleveland1993] William S. Cleveland . Visualizing Data, 1993

[Cleveland1994] William S. Cleveland. The Elements of Graphing Data, 1994

[Cooper2010] Seth Cooper, FirasKhatib, AdrienTreuille, Janos Barbero, Jeehyung Lee, Michael Beenen, Andrew Leaver-Fay, David Baker, Zoran Popović and Foldit players. Predicting protein structures with a multiplayer online game. *Nature* 466, 2010: 756-760

[Everts2009] Maarten H. Everts, Henk Bekker, Jos B. T. M. Roerdink, Tobias Isenberg. Depth-Dependent Halos: Illustrative Rendering of Dense Line Data. *IEEE Transactions on Visualization and Computer Graphics*, 15(6), 2009: 1299-1306

[Hansen2004] Charles D. Hansen, Chris Johnson. The Visualization Handbook. Academic Press. 2004

[Hey2009] Tony Hey, Stewart Tansley, Kristin Tolle. The Fourth Paradigm: Data-Intensive Scientific Discovery. Microsoft Research, 2009

[Hong1997] L. Hong, S. Muraki, A. Kaufman, D. Bartz, and T. He. Virtual Voyage: Interactive Navigation in the Human Colon. *Proceedings of ACM SIGGRAPH*, 1997: 27-34

[Laidlaw2009] David Laidlaw, Joachim Weickert. Visualization and Processing of Tensor Fields: Advances and Perspectives. Springer. 2009

[Nielson1989] Gregory M. Nielson. Computer. *Special issue on scientific visualization*. 22(8), 1989

[Rowley2007] Jennifer Rowley. The wisdom hierarchy: representations of the DIKW hierarchy. *Journal of Information Science*, 33(2), 2007: 163-180

[Schroeder2004] William Schroeder, Ken Martin, Bill Lorensen. The Visualization Toolkit, Third Edition. August 2004

[Spence2007] Robert Spence. Information Visualization: Design for Interaction (2nd Edition), Prentice Hall, 2007

[Thomas2005] James J. Thomas and Kristin A. Cook (Ed.) Illuminating the path: the research and development agenda for visual analytics (http://nvac.pnl.gov/agenda.stm), 2005

[Tominski2006] Christian Tominski. Event-Based Visualization for User-Centered Visual Analysis, PhD Thesis, Institute for Computer Science, University of Rostock, 2006

[Tufte1992] Edward R. Tufte. The Visual Display of Quantitative Information, 1992

[Tufte1997] Edward R. Tufte. Visual Explanations: Images and Quantities, Evidence and Narrative.1997

[Tufte2006] Edward R. Tufte. Beautiful Evidence. 2006

[Ward2010] Matthew Ward, Georges Grinstein, Daniel Keim. Interactive Data Visualization: Foundations, Techniques, and Applications. May, 2010

[Ware2000] Colin Ware. Information Visualization: Perception for design, 2000

[Zins2007] Chaim Zins. Conceptual Approaches for Defining Data, Information, and Knowledge. *Journal of the American Society for Information Science and Technology*. 58 (4), 2007: 479-493

[唐泽圣 1999] 三维数据场可视化 . 北京 ：清华大学出版社，1999

[唐泽圣 2011] 唐泽圣、陈为 . 可视化条目 . 中国计算机大百科全书，2011 年修订版

[石教英 1996] 石教英，蔡文立 . 科学计算可视化算法与系统 . 北京 ：科学出版社，1996

第2章 视觉感知与认知

2.1 视觉感知和认知

在可视化与可视分析过程中，用户是所有行为的主体：通过视觉感知（Visual Perception）器官获取可视信息、编码并形成认知（Cognition），在交互分析过程中获取解决问题的方法。在这个过程中，感知和认知能力直接影响着信息的获取和进程的处理，进而影响对外在世界环境做出的反应。图 2.1 呈现了一个用户在客观世界中进行可视分析和事件处理的简化过程：数据①经过自动或手工的分析方法（如机器学习、统计分析等）进行处理②并可视化③后，被用户④所理解，饼状范围⑤表示了由用户、数据处理和可视化三者组成的一个直接交互过程；当多个用户参与这个过程时，相互之间就产生了群组协作⑥的效果。然而人的作用远不止于此，可视化的数据来自现实世界⑦（或模拟仿真），人们利用这些数据做出一些决定⑧，从而影响了他们在世界中的行为⑨，最终对现实世界产生影响⑩ [Keim2010]。

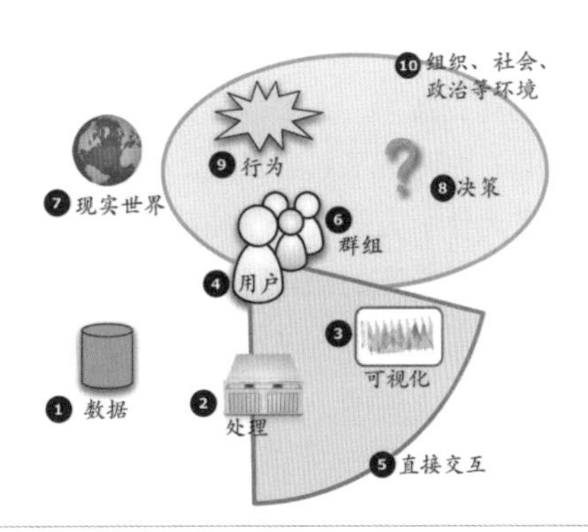

图 2.1 用户在客观世界与社会环境中进行数据处理与可视分析的框架 [Keim2010]。

客观世界和虚拟社会中存在并源源不断地产生大量的数据，而人类处理数据的能力已经远远落后于获取数据的能力。众所周知，人眼是一个具有高度并行处理能力的器官，人类视觉具有迄今为止最高的处理带宽[Keim2010]。视觉分为低阶视觉和高阶视觉，人工智能的发展使得计算机已经能够部分模仿低阶视觉，然而在高阶视觉方面仍然力不从心。另一方面，人类视觉对于以数字、文本等形式存在的非形象化信息的直接感知能力远远落后于对于形象化视觉符号的理解。例如，人们需要顺序地浏览一份数字化报表，才能获悉某一商品各月份的销量，在这个过程中还需要占用一定的大脑记忆进行存储。采用柱状图的方式来可视化销量数据，用户可以快速直观地获得各月份销量的对比和变化趋势。数据可视化技术正是这种将数据转换为易被用户感知和认知的可视化视图的重要手段，这个过程涉及数据处理、可视化编码、可视化呈现和可视交互等流程，每一步骤的设计都需要根据人类感知和认知的基本原理进行优化。

2.1.1 视觉感知和认知的定义

感知指客观事物通过感觉器官在人脑中的直接反映。人类感觉器官包括眼、鼻、耳，以及遍布身体各处的神经末梢等，对应的感知能力分别称为视觉、嗅觉、听觉和触觉等。

认知指在认识活动的过程中，个体对感觉信号接收、检测、转换、简约、合成、编码、储存、提取、重建、概念形成、判断和问题解决的信息加工处理过程。认知心理学将认知过程看成由信息的获取、编码、储存、提取和使用等一系列认知阶段组成的按一定程序进行信息加工的系统。

- 信息获取指感觉器官接受来自客观世界的刺激，通过感觉的作用获得信息。
- 编码以利于后续认知阶段的进行。
- 储存是信息在大脑里的保持。
- 信息提取指依据一定的线索从记忆中寻找并获取已经储存的信息。
- 信息使用指利用提取的信息对信息进行认知加工。

2.1.2 视觉感知处理过程

心理学上的双重编码理论认为，人类的感知系统由分别负责语言方面和其他非语言事物（特别是视觉信息方面）的两个子系统组成。它强调语言与非语言的信息加工过程对于人类认知都具有同等的重要性：人的认知是独特的，它专用于同时对语言与非语言事物和事件的处理。此外，语言系统是特殊的，它直接以口头与书面的形式处理语言的输入与输出，与此同时，它又保存着与非语言事物、事件和行为有关的象征功能。任何一种表征理论都必须适合这种双重功能[Paivio1986]。此外，存在两种不同的表征单元：适用于心理映像的“图像单元”和适用于语言实体的“语言单元”。前者根据部分与整体的关系组织，而后者根据联想与层级组织。例如，一个人可以通过词语“汽车”想象一辆汽车，或者可以通过汽车的心理映像而想象一辆汽车；在相互关系上，一个人可以想象出一辆汽车，然后用语言描述它，也可以读或听关于汽车的描述后，构造出汽车的心理映像。

通过实验还发现，如果给被试者以很快的速度呈现一系列图画或字词，被试者回忆出来的图画数目远多于字词数目。这个实验说明，非语言信息的加工具有一定的优势，也就是说，大脑对于视觉信息的记忆效果和记忆速度好于对语言的记忆效果和记忆速度。这也是可视化有助于数据信息表达的一个重要的理论基础。

感知心理学家通常将视觉分为低阶视觉和高阶视觉两种类型。低阶视觉与物体的物理性质相关，包括深度、形状、边界、表面材质等。高阶视觉包括对物体的识别和分类，属于人类认知能力的重要组成部分。其中，低阶视觉已经在信息可视化和可视分析的研究中得到了广泛验证。

此外，Ware 等人广泛讨论了前注意视觉 [Ware2004]。前注意视觉理论试图解释视觉突出的现象。例如，在图 2.2 中，后两行复制了前两行的数字，但是后两行中的数字“3”用红色突出，可以让用户在非常短的时间内（通常低于 100ms）统计“3”的个数，并且计数所需时间与其他数字的数量没有关系。

129456780823071201302016262684879805613618498101049062618090941040914
063648077988938092866587091642980
129456780823071201302016262684879805613618498101049062618090941040914
063648077988938092866587091642980

图 2.2 前注意视觉——视觉突出。后两行复制前两行数字，但是数字“3”用红色显示。

2.1.3 格式塔理论

格式塔（Gestalt）简单地翻译成英文，意味着 Shape（形状）或 Form（构成）。格式塔心理学诞生于 1912 年，是心理学中为数不多的理性主义理论之一。它强调经验和行为的整体性，反对当时流行的构造主义元素学说和行为主义“刺激 - 反应”公式。格式塔心理学认为，整体不等于部分之和，意识不等于感觉元素的集合，行为不等于反射弧的循环。如果一个人往窗外观望，他看到的是树木、天空、建筑，而构造主义元素学说认为他应该看到的是组成这些物体的各种感觉元素，例如亮度、色调等。

在格式塔心理学家看来，感知的事物大于眼睛见到的事物；任何一种经验现象，其中每一成分都牵连到其他成分，每一成分之所以有其特性，是因为它与其他部分具有关系。由此构成的整体，并不决定于其个别的元素，而局部过程却取决于整体的内在特性。完整的现象具有完整特性，它不能分解为简单的元素，其特性也不包含于元素之内，如图 2.3 和图 2.4 所示。

图 2.3 左：很容易看出是蝴蝶和花瓣；右：更容易看出是一个女人的形象。

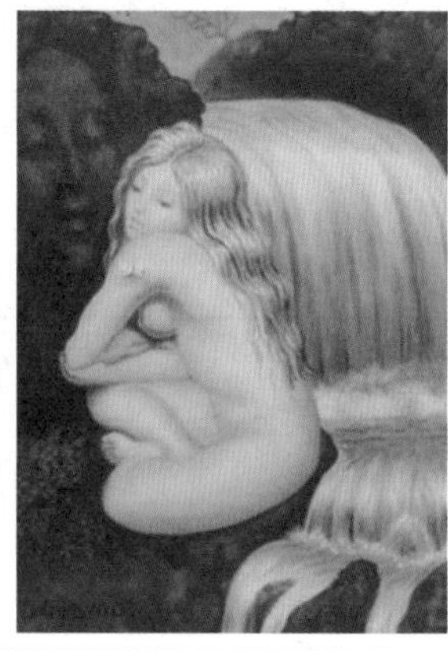
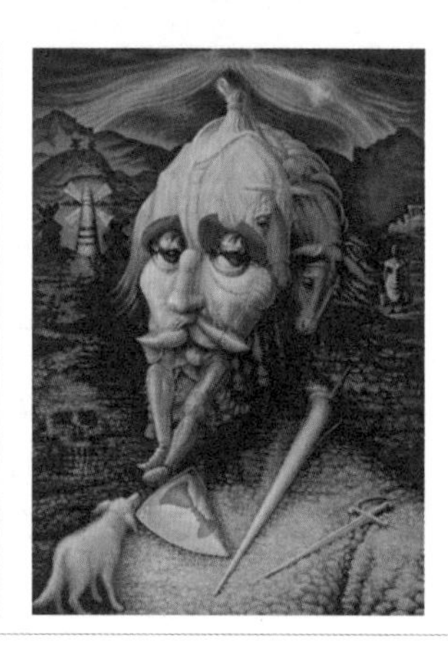

图 2.4 三张图说明“感知的事物大于眼睛见到的事物”。

格式塔心理学感知理论最基本的法则是简单精炼法则，认为人们在进行观察的时候，倾向于将视觉感知内容理解为常规的、简单的、相连的、对称的或有序的结构。同时，人们在获取视觉感知的时候，会倾向于将事物理解为一个整体，而不是将事物理解为组成该事物所有部分的集合。

格式塔法则又称为完图法则，主要包括：

贴近原则（Proximity）

当视觉元素（即一些被人识别的视觉感知对象）在空间距离上相距较近时，人们通常倾向于将它们归为一组。在图 2.5 中，左下图的 10 个方形没有相互贴近，因此人们无法将它们归为一组；在右下图的“联合利华公司”图标中，不同花纹颜色一致，由于空间距离贴近，因此被识别为组成一个大写的英文字母“U”。

图 2.5 贴近原则举例。左上：游客的亲吻；右上：游客和比萨斜塔；左下：用户很难将这 10 个方形归为一组或几组；右下：联合利华公司的图标利用贴近原则分图案与文字。

相似原则（Similarity）

人们在观察事物的时候，会自然地根据事物的相似性进行感知分组，虽然实际上事物本身并不存在分组的意图。通常依据对形状、颜色、光照或其他性质的感知进行分组。例如，在图 2.6 中，统计图对不同个体着色，使可视化结果自然体现数据中的两个聚类。在图 2.7 中，对性别用颜色进行编码，可以区分男性、女性在散点图中的分布。不难看出，贴近原则与相似原则的区别是采用空间距离或属性相似性对数据分组。

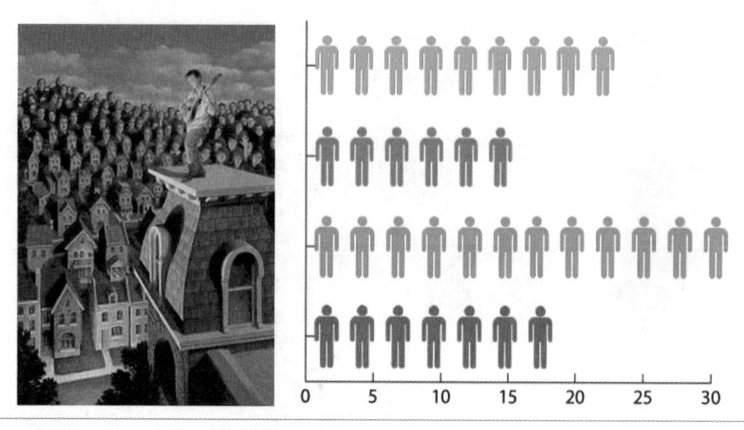

图 2.6 相似原则举例。左：房屋渐变为听众；
右：在图标直方图可视化中，相同颜色的图标被自动识别为同一类。

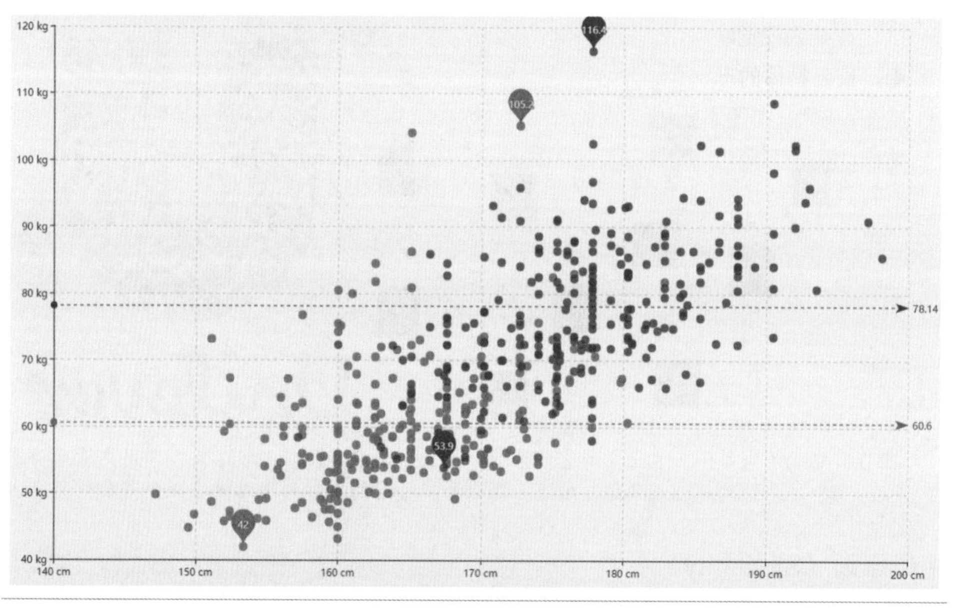

图 2.7 男女体重和身高的抽样分布。图片来源：链接 2-1

连续原则（Continuity）

人们在观察事物的时候会很自然地沿着物体的边界，将不连续的物体视为连续的整体。例如，在图 2.8 左图中，人眼会认为猫的头和猫的身体属于同一只猫；类似地，在图 2.8 右图中，由于处于同一延长线的手臂过长（超过我们日常常识），人眼会感知到这是两只手。

图 2-8 连续原则举例。左：两只猫；右：两人的手臂。

闭合原则（Closure）

在某些视觉映像中，其中物体可能是不完整的或者不是闭合的，然而格式塔心理学认为，只要物体的形状足以表征物体本身，人们就会很容易地感知整个物体而忽视未闭合的特征。例如，在图 2.9 中，人们可以很容易地从轮廓线中获得关于“照片数据分类”和“IBM”图标的视觉感知，而图中未闭合的特征并不影响人们识别这两种事物。

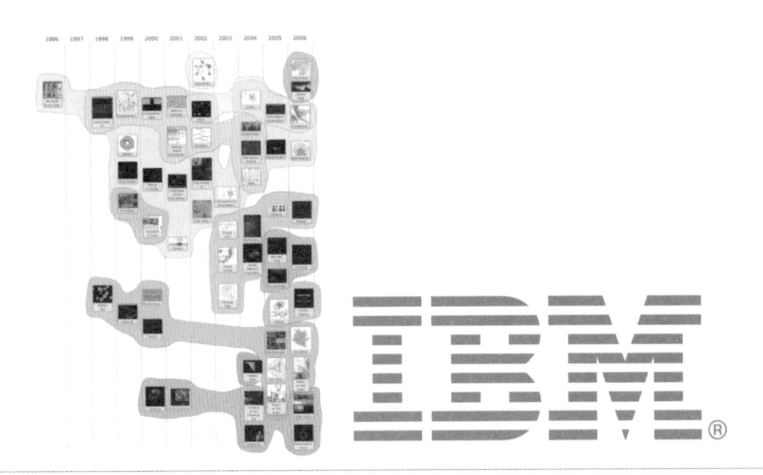

图 2.9 闭合原则举例。左：用封闭曲线将不同时间的照片分为多个种类并着色；右：IBM 公司的商标。

共势原则（Common Fate）

共势原则指如果一组物体具有沿着相似的光滑路径运动趋势或相似的排列模式，人眼会将它们识别为同一类物体。例如，如果有一堆点同时向下运动，另一堆点同时向上运动，人们自然地分辨出它们是两组不同的物体。图 2.10 左图显示了一堆杂乱的字母，但是人眼下意识地识别出具有相同布局的字母并自动识别出语句“look at me, follow me, read me!”；右图展示了 Hans Rosling 的著名可视化工作“各国状态趋势图”的一个实例，每个数据点代表一个国家在某个年份的数据，随时间变化时，人眼自动将具有类似运动趋势的点聚类。

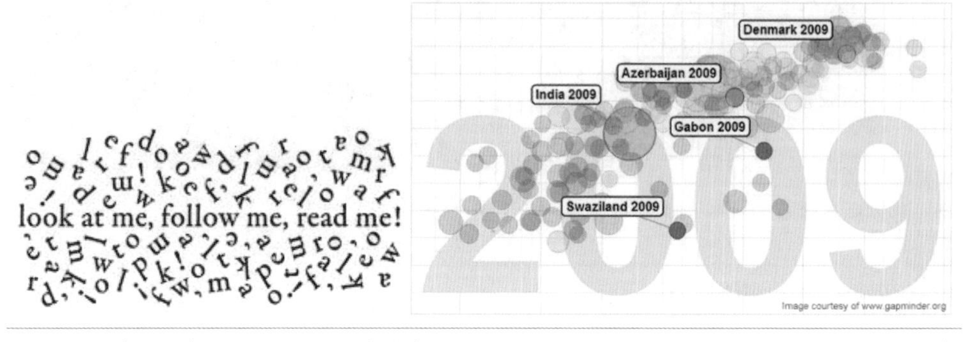

图 2.10 共势原则举例。左：从一堆字符中认知语句；右：数据点的时变动态可视化可产生具有相同运动趋势的点聚成一类的视觉感知效果。图片来源：链接 2-2

好图原则（Good Figure）

好图原则指人眼通常会自动将一组物体按照简单、规则、有序的元素排列方式进行识别。个体识别世界的时候通常会消除复杂性和不熟悉性，并采纳最简化的形式。这种复杂性的消除有助于产生对识别物体的理解，而且在人的意识中这种理解高于空间的关系。图 2.11 展现了对五环形状的两种识别：奥运五环标志和割裂的五个圆环。在描述这种形状时，人们倾向于将其描述成一系列圆环，而不是直接描述为一种特殊的形状。

图 2.11 好图原则举例。左：奥运五环；右：割裂的圆环。

对称性原则（Symmetry）

对称性原则指人的意识倾向于将物体识别为沿某点或某轴对称的形状。因此，将数据按照对称性原则分为偶数个对称的部分，对称的部分会被下意识地识别为相连的形状，从而增强认知的愉悦度。如果两个对称的形状彼此相似，它们更容易被认为是一个整体。图

2.12 展示了某国男女人口随年龄的分布情况。

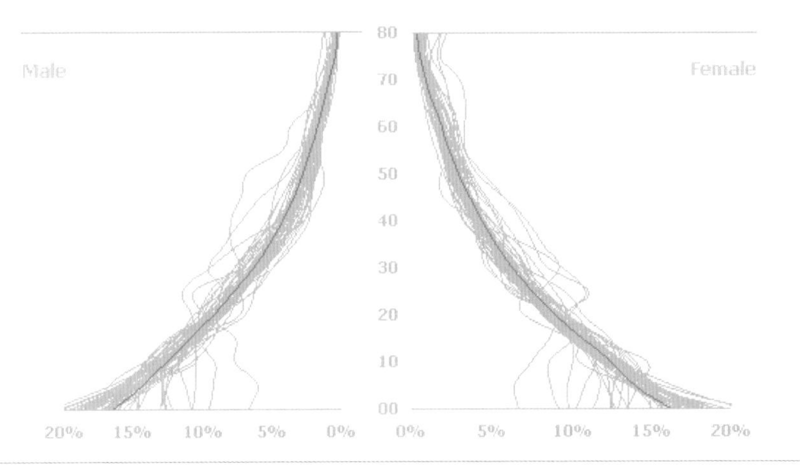

图 2.12 对称性原则举例。按照男女将年龄分布数据对称排列，增强数据的可读性。

经验原则（Past Experience）

经验原则指在某些情形下视觉感知与过去的经验有关。如果两个物体看上去距离相近，或者时间间隔小，那么它们通常被识别为同一类。图 2.13 左右两图分别将同一个形状放置在两个字母和两个数字之间，造成的识别结果分别是 B 和 13。

图 2.13 经验原则举例。将一个形状放在字母（左）和数字（右）之间给人不同的认知暗示。

由上面的描述不难看出，格式塔（完形理论）的基本思想是：视觉形象首先是作为统一的整体被认知的，而后才以部分的形式被认知，也就是说，人们先“看见”一个构图的整体，然后才“看见”组成这一构图整体的各个部分。可视化设计必须遵循心理学关于感知和认知的理论研究成果。信息可视化指将信息通过图形元素的表达和重组，获得包含原始信息的视觉图像的过程。在信息可视化设计中，视图的设计者必须以一种直观的、绝大多数用户容易理解的数据 - 可视化元素映射对需要可视化的信息进行编码，其中涉及最终用户对可视化视觉图像的心物感知和认知过程。格式塔心理学是对心理感知和认知进行的一整套完整的心理学研究，并由此而产生的完备理论。尽管格式塔心理学的部分原理对可视化设计没有直接的影响，但是在视觉传达设计的理论和实践方面，格式塔理论及其研究成果都得到了应用。

2.1.4 相关实验

2.1.4.1 变化盲视

在扫视、闪烁、电影剪辑和一些其他的中断中，观察者无法检测到物体视觉细节的实质性变化，这种现象叫作变化盲视（Change Blindness）[Simous2000]。

在变化盲视的实验[Simons1997]中，观察者观察一个视频中的主人公，第一个镜头主人公从桌子旁起身，第二个镜头主人公去接电话。可视观察者并没有发现，两个镜头中的主人公人物和衣服都发生了变化。

在另一个变化盲视的实验[Simons1998]中，一个身穿红衣服的人在大街上向一个人问路，在问路的过程中，换成另一个穿绿衣服的人继续问路，来测试被问路的人是否发现异常。在实验中有接近 50% 的人并没注意到问路的人发生了改变，这项实验指出变化盲视不仅仅出现在实验室中，它在日常生活中也会发生。

2.1.4.2 选择注意

一个众所周知的现象是：当人专心于检查某物时，很难注意到周围发生的一些事情。当人的注意力集中到某个物体上时，在很大程度上人将无法感知放置在视野外围的其他物体，尽管这些物体发出的光线完全到达了大脑皮层的视觉范围内[Husain1988]。

选择注意实验[Simons1999]要求 192 个观察者持续关注一个视频，视频中有 3 个穿白衣服的人和 3 个穿黑衣服的人在相互扔 2 个篮球，要求不同组的观察者统计出穿某种衣服的人扔出球的次数。但是在视频中间，有一只身穿大猩猩衣服的人从画面中走过。在实验最后有 46% 的观察者未能发现其中的异常。

当某些事物发生变化时，对用户进行引导，可视化这些变化可以有效地减少认知负荷。

2.1.4.3 遗忘进程

在遗忘进程的实验[Peterson1959]中给被试者（全为大学生）放 3 个辅音字母的声音，然后再放 3 位数的声音，要求被试者迅速说出这个 3 位数连续减 3 的结果，直到被要求停止再回忆最开始的 3 个辅音字母，连续减 3 的运算时间分别为 3s、6s、9s、12s、15s、18s。实验进行多次后，结果是当减 3 的运算时间为 3s 时，被试者的平均正确率为 80%。随着时间的增加，正确率急速下降，6s 时正确率为 55%，18s 时正确率为 10%。该实验说明，短时记忆保持信息短暂，如果没有及时复述，将会迅速被遗忘。

记忆在人类的认知中扮演着重要的角色，但是工作记忆是极其有限的，可视化必须为工作记忆的增强而提供外部援助。

2.1.4.4 认知偏差

视觉感知是理解我们所处环境的主要认知信息的来源。可视化有一个假设，即视觉感知的一致性，给予相同的刺激、相同的东西，每一次都应该“看到”一样的东西。然而，视觉感知不是一个自顶向下或由下向上的。低阶视觉和高阶视觉都会影响视觉感知，而向前的刺激也可能会产生视觉感知上的偏差，继而影响我们所“看见”的东西[Vakdez2018]。

启动（Priming）效应表示人类受到先前感知刺激而影响反应的现象。例如对单词“so_p”进行补全，如果之前看到一张喝汤的照片，那么可能补全为 soup；如果看到的是肥皂的照片，则可能补全为 soap。锚定（Anchoring）效应表示以前的刺激会提供一个参考框架的现象。例如提前告知胡萝卜的卡路里数，再去判断冰激凌的卡路里数，人们通常会低估后者；提前告知马克•吐温的出生年份，可能会影响人们对密西西比河长度的估计。

2.2 颜色

在信息可视化与视觉设计中，颜色是最重要的元素之一。颜色可以包含相当丰富的信息，非常适合用于对信息编码——即数据信息到颜色的映射。颜色与形状和布局构成了最基本的数据编码手段。另一方面，可视化设计的结果是最终生成一幅能够显示在显示器（或其他输出设备）上的彩色图像，因而可视化结果的表达力与视觉美感依赖于设计者对于颜色的准确使用。

光学理论上的颜色和物理生理学有关，是由可见光（电磁能）经过周围环境的相互作用后到达人眼，并经过一系列的物理和化学变化转化为人脑所能处理的电脉冲结果，最终形成对颜色的感知。颜色感知的形成是一个复杂的物理和心理相互作用的过程，也就是说，人类对颜色的感知不仅由光的物理性质决定，也受到心理等因素的影响。另外，人类对颜色的感知也会受到周围环境的影响。

2.2.1 颜色刺激理论

2.2.1.1 人眼与可见光

可见光指能被人眼捕获并在人脑中形成颜色感知的电磁波，其在整个电磁波波谱上只占很小的一部分。复色光经过色散系统（如棱镜）进行分光后，依照光的波长（或频率）的大小顺序排列形成彩色图案（如图 2.14 所示）。

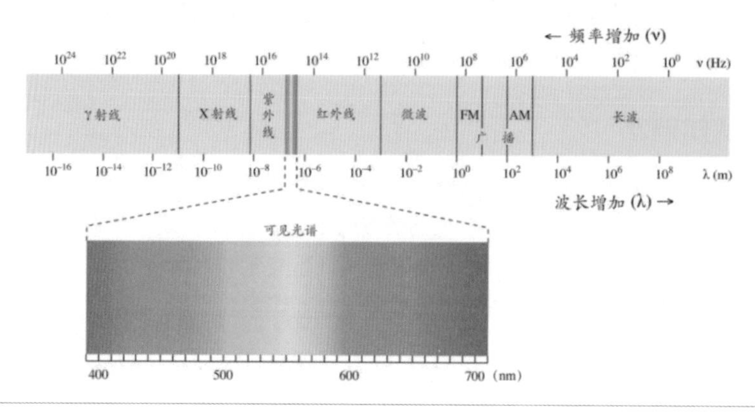

图 2.14 电磁波波谱和可见光（引自 wikipedia.org）。

历史上，著名的太阳光色散实验由英国科学家艾萨克 · 牛顿爵士于 1665 年完成，使得人们第一次接触到光的客观的可定量的特征。通常人眼能够感知的可见光波长为 390~750nm[Starr2006]。然而，可见光波谱并未包含人眼所能分辨的所有颜色，某些颜色如粉红、洋红等并未出现在可见光波谱中，这些颜色称为合成色，即它们可以通过不同波长的光谱色（即纯色，也称单色）合成得到。

人眼是人类对于环境中大部分信息的获取通道。从外表看，成年人的眼睛是一个直径约为 23mm 的近似球状体。如图 2.15 左图所示的是人眼构造水平截面图，光线依次经过角膜、虹膜、瞳孔、晶状体，最终到达视网膜。人眼由六块运动控制肌肉固定，这些肌肉控制人眼方向以便观察环境中的物体，同时保证眼球在人体头部运动时的稳定性[Ward2009]。

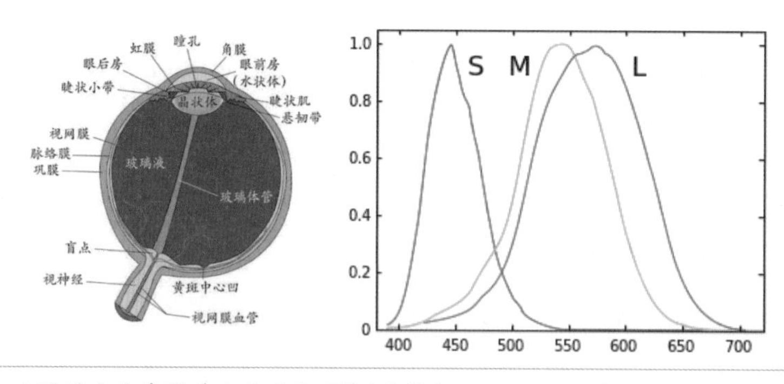

图 2.15 左：人眼的水平截面（从头顶往下看）（引自 wikipedia.org）；
右：三种锥状细胞对光的敏感曲线（已归一化）。

人眼的光学系统类似于日常生活中的照相机系统。角膜作为人眼光学系统的最外层，将光线聚焦于晶状体的同时，保护着人眼内部的其他构造；瞳孔由径向肌肉控制其开口大小，光线穿过虹膜后经过瞳孔，可以控制光线的接收量，类似照相机系统中的光圈结构 [Levine1985]；晶状体则是人眼光学系统中的凸透镜，由睫状肌调节其焦距，从而使人能够聚焦所看的物体；最后光线到达视网膜，由视网膜上数以亿计的光感受细胞捕获并通过一条视觉总神经连接大脑，经过复杂的物理和化学变化形成对所观察事物的外观感知（形状、颜色等）。

生理学的研究表明，人眼视网膜上的光感受细胞主要分为两种——杆状细胞和锥状细胞 [Levine1985]，其中杆状细胞的数量达到了 75×10^6~150×10^6，锥状细胞则有 6×10^6~7×10^6，它们均匀地分布在眼球后半部靠近中心的位置。在视网膜的中央，有一处黄斑中心凹（见图 2.15 左图）仅存在锥状细胞，且密度相当高，约达到 147000 个 / 毫米 [Glassner1995]，因此，视网膜的这一区域具有最清晰的视觉。由于视网膜包含的两种细胞数量有限，因此在给定的时间内人眼所能接受的视觉信息量也是有限的。

杆状细胞是视网膜上受光刺激最敏感的感受细胞，比锥状细胞对光的刺激要敏感 10 倍以上，因此其通常具有很强的暗视觉（Scotopic Vision）。杆状细胞被认为是无法感知颜色信息的，因此其视觉一般是灰度视觉，所能感应的可见光范围为 400~700nm[Levine1985]。杆状细胞通过成簇工作使其在较弱光照下同样具有很好的敏感性，然而在白天，杆状细胞得到的视觉刺激已经超饱和，因此不对人的视觉感知产生贡献 [Glassner1995]。

相反，锥状细胞仅对明亮光线产生刺激反应，从而形成了明视觉（Photopic Vision）。由于每个锥状细胞单独与一条视觉神经相连，因此其具有清晰的视觉能力。人眼具有三种类型的锥状细胞，分别对不同波长的可见光的刺激表现出不同的敏感性。根据锥状细胞对长波长、中波长和短波长可见光的不同敏感性，这三种类型分别被称为 L 锥状细胞、M 锥状细胞和 S 锥状细胞，每种锥状细胞对应的最敏感的波长区域分别为 564~580nm、534~545nm 和 420~440nm（如图 2.15 所示）[Glassner1995]。虽然 S 锥状细胞的数量要远少于其他两种类型的锥状细胞，但是人眼依然能够分辨可见光波谱上的所有颜色 [Overington1992]。

2.2.1.2 颜色与视觉

从物理学角度而言，光的实质是一种电磁波，本身是不带颜色的，所谓颜色只是人的视觉系统对所接收到的光信号的一种主观的视觉感知。物体所呈现的颜色由物体的材料属性、光源中各种波长分布和人的心理认知所决定，因此存在个体差异。所以，颜色既是一种心理生理现象，也是一种心理物理现象。

关于颜色视觉理论，主要存在两个互补的理论：三色视觉理论与补色过程理论。三色视觉理论认为人眼的三种锥状细胞（L 锥状细胞、M 锥状细胞和 S 锥状细胞）分别优先获得相应敏感波长区域光信号的刺激，最终合成形成颜色感知。补色过程理论则认为人的视觉系统通过一种对立比较的方式获得对颜色的感知：红色对应绿色，蓝色对应黄色，黑色对应白色。这两个理论分别阐述了人眼形成颜色感知的过程。

2.2.1.3 颜色视觉障碍

颜色视觉障碍指在正常光照条件下，人眼无法辨认不同的颜色，或者对于颜色辨认存在不同程度的障碍，其分为非正常三色视觉（通常称之为色弱）、二色视觉（即色盲）和单色视觉（非常少见）。颜色视觉障碍人数约占世界人口的 8%，其中色盲人数所占比例超过 2%。该比例在全球各区域的分布上略有差异 [Gegenfurtner2001]。颜色视觉障碍是一种隐性遗传疾病，其基因由 X 染色体携带（也有极少部分是后天形成的，如视觉神经或相关脑组织损伤所造成的视觉障碍），因此在男性人口中的发病率要显著高于女性 [Gegenfurtner2001]。

非正常三色视觉（色弱）是颜色视觉障碍中最为常见的（约占人口总数的 6%），主要表现为对颜色的辨认准确性下降和对不同颜色的分辨能力下降。该症状主要由视网膜上的某一种类型锥状细胞的功能发生变化或轻微受损引起的，根据锥状细胞的类型可以分为红色弱、绿色弱和蓝色弱三种。红色弱是由于 L 锥状细胞对光的敏感性发生变化造成的，引起人眼对红 - 绿色调的分辨障碍，在男性人口中约占 1%。绿色弱则是 M 锥状细胞对光的敏感性发生变化造成的，同样引起了人眼对红 - 绿色调的分辨障碍，占男性人口的 5%。红色弱和绿色弱统称为红 - 绿色弱。蓝色弱在人群中的比例相当稀少，由于 S 锥状细胞对光的敏感性变化引起了蓝 - 黄色调的分辨障碍，研究表明它可能不是性别相关的。

在日常生活中，二色视觉即为通常所说的色盲，其起因为三种锥状细胞中的某一种类型完全无法工作或不存在，从而导致人眼的视觉空间从三维变为二维，影响人眼对颜色的感知。红色盲、绿色盲分别是由 L 锥状细胞和 M 锥状细胞无法工作或缺失造成的，它们在具体颜色识别表现上存在一定的差异，但都使得人眼无法分辨红、绿色调，因此通常统称为红绿色盲。蓝色盲出现概率相当小，有时也被称为第三色盲。通过对单眼色盲测试对象进行颜色识别的研究，研究人员已经总结了一些模拟二色视觉的计算模型 [Brettel1997]（模型的模拟效果如图 2.16 所示），从而在一定程度上方便了颜色相关的设计者在进行配色方案设计时，能够充分考虑到约占总人口 2% 的二色视觉患者的需求。单色视觉是颜色视觉障碍中最严重的一种情形，日常生活中称之为全色盲，人眼已经几乎无法辨认颜色。

由于颜色视觉障碍人口在总人口中所占比例较高，因此在设计可视化颜色方案时，需要充分考虑可视化结果的用户群体特征，尽可能使用有效的颜色配置方案，使得可视化结果对于所有的用户都能呈现其所包含的信息。

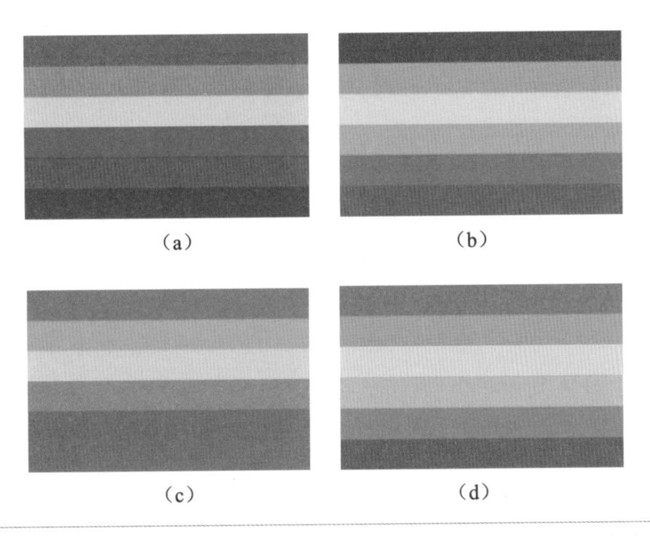

图 2.16 二色视觉模拟效果，(a) 正常视觉；(b) 红色盲视觉；(c) 绿色盲视觉；(d) 蓝色盲视觉。例如，对于红色盲用户而言，其无法分辨 (a) 和 (b)，因此可以认为 (b) 是红色盲用户对 (a) 的模拟视觉感知；其他类似。

2.2.2 色彩空间

色彩空间（也称色彩模型或色彩系统）是描述使用一组值（通常使用 3 个或 4 个值）表示颜色的方法的抽象数学模型。人眼的视网膜上存在三种不同类型的光感受器（即三种锥状细胞），所以原则上只要三个参数就能描述颜色。例如，在三原色加法模型（如常见的 RGB 色彩模型）中，如果某一种颜色与另一种混合了不同分量的三种原色的颜色表现出相同的颜色，则认为这三种原色的分量是该颜色的三色刺激值。

设计人员或者可视化系统的用户经常需要为一些可视化元素设置适当的颜色，以达到用颜色编码数据信息的目的，这通常就需要一个良好且直观的界面使得用户可以直接操作、选择各种颜色。由于某些历史原因，在不同的场合下存在着不同的颜色定义方式，因而所使用的色彩空间也就不尽相同。比如日常使用的显示器使用的是 sRGB 色彩空间，而打印机则使用 CMYK 色彩空间。大部分色彩空间所能表达的颜色数量通常都无法完整枚举人眼所能分辨的颜色数量，不同色彩空间之间通常存在有损或无损的数学转换关系。目前，常用的色彩空间主要包括 CIEXYZ 色彩空间、CIEL*a*b* 色彩空间、RGB 色彩空间、CMYK 色彩空间和 HSV/HSL 色彩空间等多种。

2.2.2.1 CIE XYZ/CIE L*a*b*

CIE 1931 XYZ 色彩空间是采用抽象数学模型定义的通过实验获得的色彩空间。实验使用 2 度视角的圆形屏幕，屏幕的一半投影上测试颜色，另一半投影上观察者可调整颜色。

可调整颜色是三种原色的混合，它们每个都有固定的色度，但有可调整的明度。标准观察者通过改变三种原色光的明度，得到与测试颜色完全相同的颜色感知；然而并不是所有的颜色都可以通过这种方式进行匹配，当测试颜色没有合适匹配时，测试者可以使用一种原色增加到测试颜色上，然后用余下的两种原色混合与之匹配，在这种情况下，增加到测试颜色上的原色的明度值被认为是负值。上述实验过程就是 CIE 规定的标准观察者测试。当测试颜色是单色的时候（即光谱上的颜色，具有单一波长），分别记录三种原色的明度值，并将之绘制成关于波长的函数，这三个函数被称为关于这个特定的观察实验的“颜色匹配函数”，记作 $\bar{r}(\lambda)$，$\bar{g}(\lambda)$，$\bar{b}(\lambda)$（如图 2.17 所示）。在 CIE 标准观察者实验中，规定这三种原色的波长分别为 700nm（红色）、546.1nm（绿色）和 435.8nm（蓝色）。

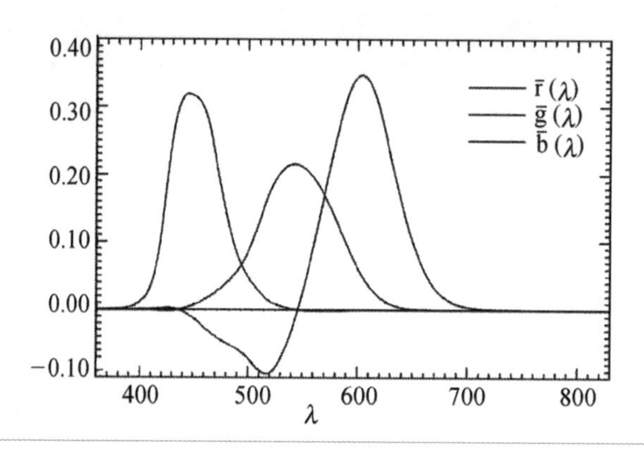

图 2.17 CIE RGB 颜色匹配函数。

由于实际上不会存在负的光强，1931 年国际照明委员会（法语的缩写为 CIE）根据 CIE RGB 颜色空间的规定，通过定义三种假想的标准原色 X（红）、Y（绿）、Z（蓝）构造了 CIE XYZ 颜色系统，使得到的颜色匹配函数 $\bar{x}(\lambda)$，$\bar{y}(\lambda)$，$\bar{z}(\lambda)$ 都是正值。

CIE 1931 XYZ 色彩空间的一个问题是它没有给出估算颜色差别的直接方式，也就是说，在该色彩空间中，两种颜色的 X、Y、Z 之间的相互欧式距离不代表两种颜色的感知差异。它的改进版本 CIE L*a*b* 色彩空间完全基于人类的视觉感知而设计，致力于保持感知的均匀性，特别地，它的 L* 值的分布紧密匹配人类眼睛关于亮度的感知，允许人们通过修改 a* 和 b* 分量的色阶对颜色做出精确的调节。CIE L*a*b* 色彩空间的色域（一个技术系统能够产生的颜色总和）比人类视觉还要大，因此其所表示的某些“颜色”不能在物理世界中找到对应的客观存在。

2.2.2.2 RGB/CMYK

RGB 色彩模型采用笛卡尔坐标系定义颜色，三个轴分别对应红色（R）、绿色（G）和蓝色（B）三个分量。在该空间中，坐标原点代表黑色，任一点代表的颜色都用从坐标原点到该点的向量表示。RGB 色彩空间是迄今为止使用最广泛的色彩空间，几乎所有的电子显示设备，包括计算机显示器、移动设备显示组件等，都使用 RGB 色彩空间。RGB 色彩空间是设备相关的色彩空间，即同一组 R、G、B 分量的值在不同设备上所展现的颜色不一定相同。另外，RGB 色彩模型是一种加法原色模型，也就是说，颜色可以通过在黑色背景上混合不同强度的红色、绿色、蓝色获得，如图 2.18（a）所示。在目前主流的电子显示设备 LCD（Liquid Crystal Display）或 OLED（Organic Light-Emitting Diode）中，像素由三个红、绿、蓝的子像素组成，通过电路控制子像素的亮度实现颜色的显示（如图 2.18（b）所示）。

CMYK 通常用于印刷行业中，在硬拷贝、照相、彩色喷墨打印等系统中具有广泛的应用。CMYK 四个字母分别表示青色（Cyan）、品红色（Magenta）、黄色（Yellow）和黑色（Black）。在实际的印刷环境中，理论上 C、M、Y 三种颜色的合成可以得到黑色，但是通常由于油墨中含有杂质或其他因素，得到的黑色往往呈现出深褐色或深灰色的现象。另外，三种颜色的打印也不利于输出纸张的立即干燥且需要非常精确的套印技术，而使用黑色油墨代替可以极大地节省成本。与 RGB 色彩模型相反，CMYK 色彩模型是一种减法原色模型（如图 2.18（c）所示），通过在白色背景上套印不同数量的三种油墨，通过吸收光源中相应波长的方法得到反射颜色。根据不同的油墨、介质和印刷特性，存在多种 CMYK 色彩空间。

由于印刷和计算机屏幕显示使用的是不同的色彩模型，计算机一般使用 RGB 色彩空间，所以在计算机屏幕上看到的影像色调和印刷出来的有一些差别（如图 2.18（d）所示），主要原因是这两种色彩模型所能表示的色域不同。在进行可视化设计的过程中，如果可视化的结果需要被打印到纸质媒介上，则必须考虑颜色在不同色彩空间之间转换所带来的色彩畸变，从而尽量避免这种现象。

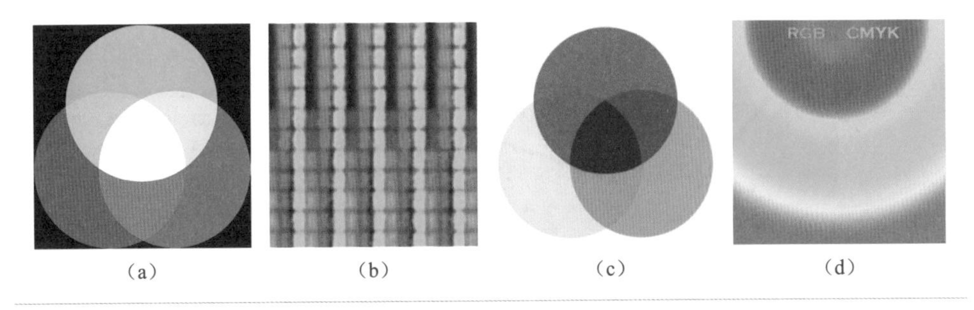

图 2.18 RGB 加法原色系统和 CMYK 减法原色系统。

近年来，鉴于传统 RGB 技术呈现纯白色时不够光亮及较为耗电，不少公司纷纷研发出没有颜色过滤物料的子像素，形成纯白色，并把有关技术称为 RGBW，如三星的 PenTile 和索尼的 WhiteMagic。

2.2.2.3 HSV/HSL

RGB 色彩空间和 CMYK 色彩空间分别使用了加法原色模型和减法原色模型，以原色组合的方式定义各自色彩空间所规定的所有颜色，然而这样的方式没有遵循人类的感知方式。一般来说，人类对于颜色感知的方式通常包括三个问题：是什么颜色？深浅如何？明暗如何？另一方面，艺术家通常也不偏好使用这些无法用语言描述的原色模型，正是因为这些色彩模型对于颜色的定义方式不符合人类对颜色认知的思维过程。例如，在图 2.19 左图所示的 RGB 色彩空间立方体中，当 (r, g, b) = (1/5, 3/5, 4/5) 时，所呈现的颜色是天空蓝，然而人类却很难记住所有的原色组合所形成的颜色感知；反过来，给定某一测试颜色，人们也很难给出该颜色的三个具体的分量值。

在艺术创作中，画家一般采用色泽、色深、色调等概念进行配色，通过在给定颜色中掺入白色获得色泽，掺入黑色获得色深，同时调节则可以获得不同的色调。为此，Alvy Ray Smith 于 1978 年开发了 HSV 色彩空间，同时 Joblove 和 Greenberg 共同开发了 HSL 色彩空间。在 1979 年的 ACM SIGGRAPH（美国计算机协会计算机图形专业组）年度会议上，计算机图形学标准委员会推荐将 HSL 色彩空间用于颜色设计。这两个色彩空间在计算机图形学领域中非常有用，不仅仅是因为它们比 RGB 色彩空间更加直观且符合人类对颜色的语言描述，同时也是因为它们与 RGB 色彩空间的转换非常快速。如图 2.19 右图所示的就是一个常见的 Windows 操作系统中画图程序的颜色选择的交互界面，在交互界面上进行颜色选择比在图 2.19 左图所示的 RGB 色彩空间中选择颜色更容易且直观。

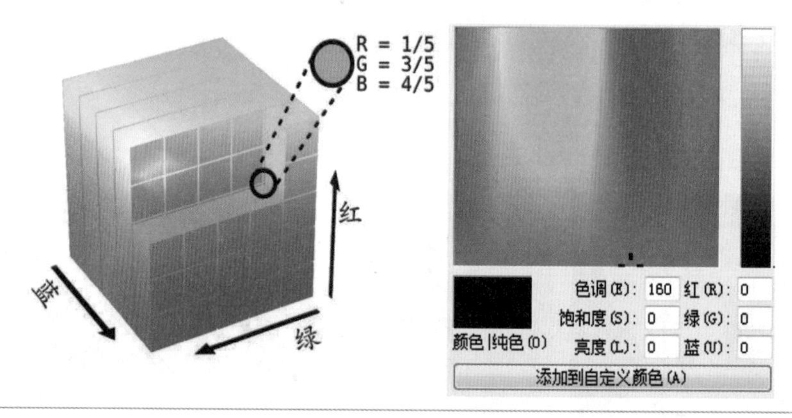

图 2.19 左：在 RGB 色彩空间中进行颜色感知；右：画图程序中颜色选择界面。

HSV/HSL 色彩空间是两个不同的色彩空间。在 HSV 色彩空间中，H 指色相（Hue），S 指饱和度（Saturation），V 指明度（Value）。降低饱和度相当于在当前颜色中加入白色，而降低明度相当于在当前颜色中加入黑色。在 HSL 色彩空间中，L 表示亮度（Lightness）。HSV 色彩空间和 HSL 色彩空间可以用圆柱体坐标系表示，如图 2.20 所示。在圆柱体坐标系中，角度坐标代表色相，从0° 表示的红色开始，经过120° 表示的绿色，240° 表示的蓝色，最终回到360° （=0° ）表示的红色，60° 、180° 和300° 分别表示第二主色——黄色、青色和品红色。在HSL和HSV圆柱体中，中轴由无色相的灰色组成，明度值或亮度值从0表示的黑色到1表示的白色。在HSV色彩空间中，具有饱和度值1和明度值1的颜色在HSL色彩空间中的亮度值为1/2。

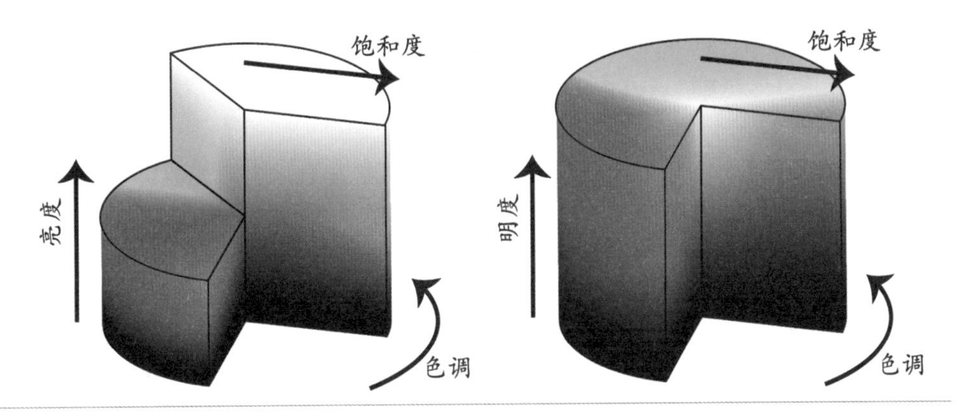

图2.20 HSL色彩空间和HSV色彩空间的圆柱体表示。

注意到在HSL色彩模型中，非常亮的颜色和非常暗的颜色具有同样的饱和度。例如，用HSL描述的颜色<0,1.000,0.102>和<300,1.000,0.965>都具有相同的饱和度值1（用RGB色彩模型可以分别描述为<51,0,0>和<255,238,255>），而这与人类关于颜色纯度的直观感知略有违背。因此，可以引入一个称为色度（Chroma）的概念，然后使用双圆锥体表示HSL色彩空间。因此，上述两种颜色的色度值都小于1。相应地，用圆锥体表示HSV色彩空间（如图2.21所示）。

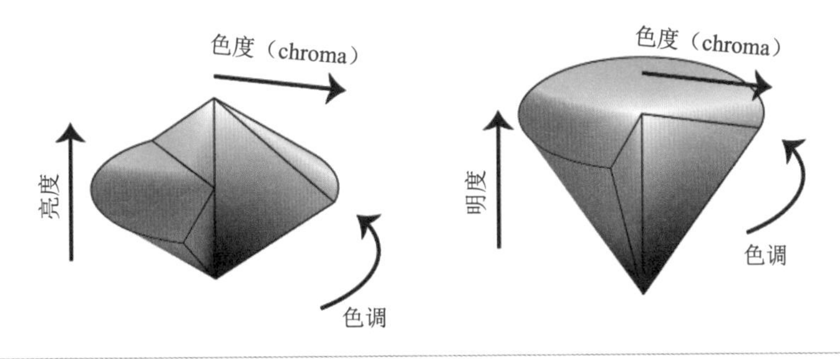

图2.21 HSL色彩空间和HSV色彩空间的圆锥体表示。

2.2.2.4 绝对色彩空间与相对色彩空间

绝对色彩空间是指不依赖于外部因素就可以准确地表示颜色的色彩空间，而相对色彩空间无法通过一组值准确地表示颜色，即相同的值未必能使人得到相同的色彩感知。

CIE L*a*b* 定义的是一个绝对色彩空间，一组 <L*,a*,b*> 值就能定义一种精确的颜色，也就是说，只要在这个色彩空间规定的观察条件下，这一组 <L*,a*,b*> 所代表的颜色就是确定的。

非绝对色彩空间的例子有 RGB 色彩空间。虽然 RGB 色彩空间通过红、绿、蓝的混合生成各种颜色，但这些颜色没有精确的定义。也就是说，在两个不同的计算机显示器或其他 RGB 设备上，同一个 RGB 图像可能看起来会非常不同。将 RGB 色彩空间转换为绝对色彩空间的一种方法是定义一个 International Color Consortinum（ICC）色彩配置文件，以规定 R、G、B 的精确属性。这种做法已成为业界的标准方法，目前被广泛采纳的绝对 RGB 色彩空间有 sRGB 色彩空间、Adobe RGB 色彩空间等。

2.3 视觉编码原则

可视化将数据以一定的变换和视觉编码原则映射为可视化视图。用户对可视化的感知和理解通过人的视觉通道完成。在可视化设计中，对数据进行可视化（视觉）元素映射时，需要遵循符合人类视觉感知的基本编码原则，这些原则跟数据类型紧密相关。在通常情况下，如果违背了这些基本原则，将阻碍或误导用户对数据的理解。

2.3.1 相对判断和视觉假象

人类感知系统的工作原理决定于对所观察事物的相对判断。例如在日常生活中（专业领域除外），人们通常会选取一个参照物，而将另外一个物体的尺寸描述为其相对于参照物的尺寸的变化量，并将比较结果描述成“A 比 B 长大约 2 厘米”或“C 比 D 要大一些”这样的形式。Weber 定律描述了这一现象：人类感知系统将可察觉的刺激强度的变化 δl 表达为一个目标刺激强度 l 的一个固定的百分比 K，即 $K = \delta l/l$ 。然而，精确地进行相对判断是有条件的，即如果物体使用相同的参照物或者相互对齐进行判断，则会有助于人们做出准确的相对判断。当两条线段被随意地放置在一个平面中时，很难判断它们的长短，因为它们既没有相同的参照物，也没有进行端点的对齐以便比较长短（见图 2.22（a））。当在它们附近各放置一条相同长度的线段，并与它们进行对齐时，判断原先两条线段就会变得容易。新添加的线段充当了参照物的作用，并转移了读者进行比较的目标：此时读者会倾向于比较图中 A、B 线段分别和 C 线段之间的差异长度，并以此推断 A、B 线段的本身长度差异（见图 2.22（b））。同样的，当把两条线段的一个端点对齐且平行放置后，这两条线段将互为参照物，它们之间的长度比较也就变得容易了（见图 2.22（c））。图 2.23 则展现了一个可视化实例：将美国政府的 1 万亿美元债务以 100 美元现金形式表现，这些现金占用的场地。

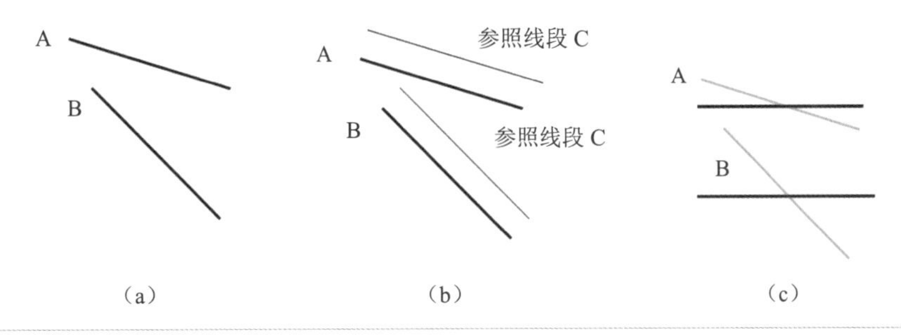

图 2.22 相对判断：尺寸。（a）既无参照物也未对齐；（b）使用相同长度的新线段为参照物；（c）两条线段左端对齐并平行。

图 2.23 相对判断：将等同于美国政府财政赤字的 1 万亿美元现金堆叠形成的方块（墨绿色），和标准美国橄榄球场（左）、波音 747 飞机（右）进行对比，形象直观。
图片来源：链接 2-3

视觉假象（Visual Illusion）是指人们通过眼睛所获得的信息被大脑处理后形成的关于事物的感知，与事物在客观世界中的物理现实并不一致的现象。相对判断给用户提供了一种定性判断的有效手段，然而不合理地设定事物的上下文环境，会导致判断真实性的失效。在图 2.24 中，线段 A 和线段 B 具有完全相同的长度，然而由于透视的上下文环境的设置，在感知上人们更容易得到 A 比 B 短的伪结论。

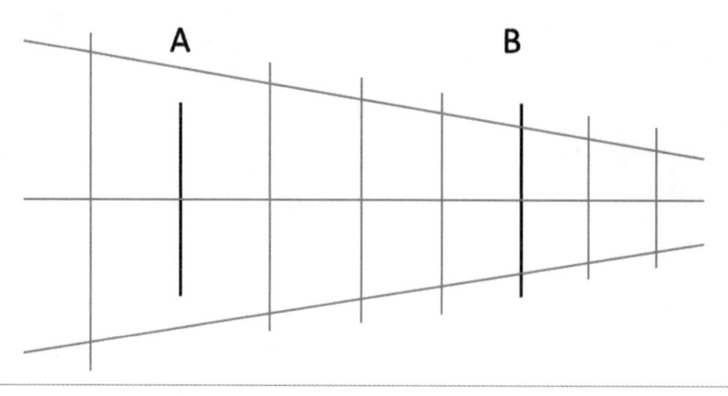

图 2.24 相对判断和视觉假象：长度。线段 A 和线段 B 具有完全相同的长度。

另外，一些视觉实验表明，感知系统对于亮度和颜色的判断完全是基于周围环境的，即人眼是通过与周围亮度和颜色的对比获得对焦点处亮度和颜色的感知的，因此在这种情况下，视觉假象将更加突出。例如，如图 2.25（a）所示为美国麻省理工学院教授 Edward Adelson 发布的一个阴影假象图像，被标记的两个正方形格子 A 和 B 看上去具有明显不同的灰度（B 比 A 亮）。然而，通过增加一个灰色条带连接 A 和 B（见图 2.25（b））或覆盖图中除正方形 A 和 B 以外的区域（见图 2.25（c）），可以发现，正方形 A 和 B 实际上具有相同的亮度。这主要是因为，人们对于色块 A 和 B 的亮度的判断完全是基于它们的周围色块进行的。人们对于颜色的判断也会受到周围环境的影响，图 2.26 左图展示了经过两种不同颜色滤镜处理的色彩魔方，右图则展示了将左图中色彩魔方的部分色块遮盖后的结果，不难发现，左图中给大脑形成了两种不同颜色的色块（深蓝色和暗黄色），它们实际上是一样的灰色。

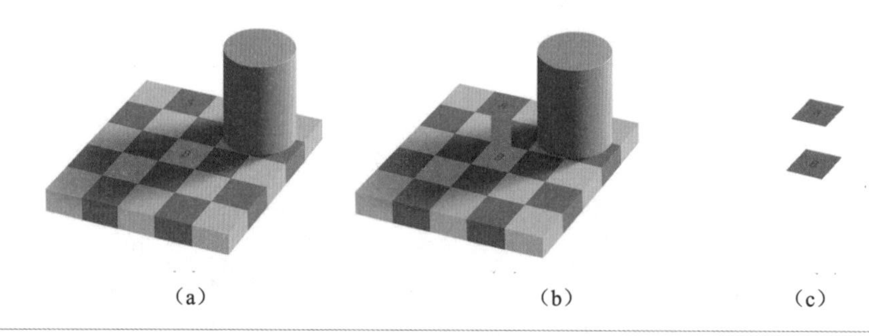

图 2.25 相对判断和视觉假象：亮度。感知系统对于亮度的判断是相对的，因此容易受到周围亮度的影响。图片来源：链接 2-4

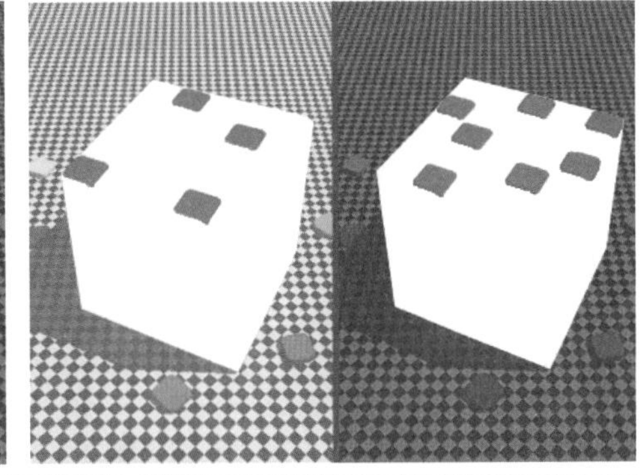

图 2.26 相对判断和视觉假象：颜色。感知系统对于颜色的判断也是相对的，上下文颜色的组成会使人对相同的颜色形成不同的感知。（左图来自网络）

在信息可视化设计中，设计者需要充分考虑到人类感知系统的这种现象，以使得设计的可视化结果视图不会存在阻碍或误导用户的可视化元素。

2.3.2 标记和视觉通道

可视化编码（Visual Encoding）是信息可视化的核心内容，是将数据信息映射成可视化元素的技术，其通常具有表达直观、易于理解和记忆等特性。数据通常包含了属性和值，因此，类似地，可视化编码由两方面组成：标记（图形元素）和用于控制标记的视觉特征的视觉通道。前者是数据属性到可视化元素的映射，用于直观地代表数据的性质分类；后者是数据的值到标记的视觉表现属性的映射，用于展现数据属性的定量信息，两者的结合可以完整地对数据信息进行可视化表达。

在可视化中，标记通常是一些几何图形元素，如点、线、面、体等（如图 2.27 上图所示）；标记具有分类性质，因此不同的标记可用于编码不同的数据属性。视觉通道则用于控制标记的展现特征，从定量的角度描述标记在可视化图像中的呈现状态。通常可用的视觉通道包括标记的位置、大小、形状、方向、色调、饱和度、亮度等（如图 2.27 下图所示）。视觉通道不仅具有分类性质，也具有定量性质，因此一个视觉通道可以编码不同的数据属性（如形状），也可以用于编码一个属性的不同值（如长度）。另外，作用于一个标记的多个视觉通道结合则可以用于编码多个属性或一个属性的多个子属性。

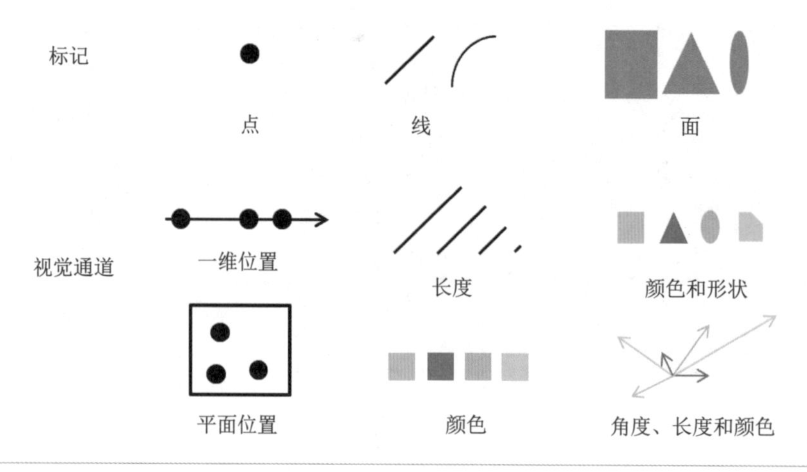

图 2.27 可视化表达的标记（上图）和视觉通道（下图）。

标记可以根据空间自由度进行分类，比如点具有零自由度，线、面、体分别具有一维、二维和三维自由度。视觉通道与标记的空间维度之间是相互独立的，视觉通道在控制标记的视觉特征的同时，也蕴含着对数据的数值信息的编码。人类感知系统则将标记的视觉通道通过视网膜传递到大脑，处理并还原其中包含的信息。

图 2.28 中列举了一个应用标记和视觉通道进行信息编码的简单例子。图 2.28（a）表示了三个不同班级的数学平均分，该数据可以简单地使用柱状图表示，柱（矩形标记）编码了数学平均分这一属性，高度（视觉通道）编码了数学平均分这一属性的数据值。现在，需要增加语文平均分这一属性的可视化展示，我们可以通过一个竖直位置和一个水平位置分别编码数学平均分和语文平均分这两个属性（如图 2.28（b）所示），从而形成了一个散点图（Scatter Plot）。散点图通过控制点在二维空间的精确位置，很好地展现了数据属性的值。然而，注意到事实上班级也是数据的一个重要属性，而这一属性在图 2.28（b）中被忽略了，因此我们引入颜色作为第三个视觉通道，用于编码班级这一属性（如图 2.28（c）所示）。如果此时需要展示班级的人数，我们可以引入尺寸这一视觉通道控制点的大小以编码班级人数的属性，结果将可能如图 2.28（d）所示。在这里，我们通过这个例子解释了标记和视觉通道的简单应用，但它本身并不是一个很好的可视化，事实上在图 2.28（a）中直接增加表示不同属性的柱状图的方式进行可视化可以得到更加直观的可视化结果。另外，本例仅示例了标记和视觉通道的简单实用，从完整角度而言，这个例子也缺少了必要的标注，希望读者注意。

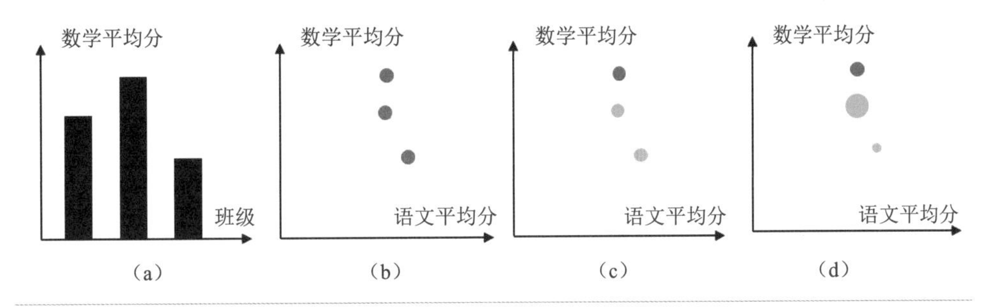

图 2.28 可视化视觉通道的表达应用举例。

图 2.28 所示的例子采用一个视觉通道编码一个数据的属性，多个视觉通道同样可以为展示一个数据属性服务。虽然这样做可以让用户更加容易地接收到可视化所包含的信息，但在可视化设计时能够利用的视觉通道是有限的，过度地使用视觉通道编码同一个数据属性可能会导致视觉通道被消耗完而无法编码其他数据属性。

标记的选择通常基于人们对于事物理解的直觉感知。然而，不同的视觉通道在表达信息的作用和能力上可能具有截然不同的特性，例如人们在理解长度上能够比理解面积更精确。为了更好地分析视觉通道编码数据信息的潜能并将之利用以完成信息可视化的任务，可视化设计人员首先必须了解和掌握每个视觉通道的特性，以及它们可能存在的相互影响，例如，在可视化设计中应该优选哪些视觉通道？具体有多少不同的视觉通道可供使用？某个视觉通道能编码什么信息，能包含多少信息量？视觉通道表达信息能力的区别？哪些视觉通道互不相关而哪些又相互影响？等等问题。只有熟知视觉通道的特点，才能设计出有效解释数据信息的可视化。

2.3.3 视觉通道的概念

视觉感知系统是迄今为止人类所知的具有最高处理带宽的生物系统。人眼具有很强的模式识别能力，对可视化符号的信息获取能力远高于对文本和数字的直接识别。将数据信息以可视化视图进行呈现，其关键步骤是对数据信息进行编码，即将数据属性以标记呈现后，通过视觉通道控制标记的呈现方式。本节主要描述视觉通道的重要概念。

视觉通道的类型。数据通常以有序的和分类的两种形式存在，而视觉通道在表现上也存在两种不同的功能，例如，颜色的色调通常用于表现分类而无序的数据，而同一颜色的不同亮度却更多地用来表现顺序性。因此，合理使用不同的通道展现数据所包含的信息，对于数据可视化而言是非常重要的基础。

视觉通道的表现力。视觉通道的表现力主要定义为视觉通道在编码数据信息时，需要表达且仅表达数据的完整属性。一般而言，可以从视觉通道编码信息时的精确性、可辨性、可分离性和视觉突出等方面衡量不同视觉通道的表现力。

视觉通道的有效性。不同的视觉通道具有不同的表现力，而一个好的可视化设计需要根据每个数据属性的重要性，使用合适的视觉通道进行编码，即利用具有高表现力的视觉通道编码更重要的数据属性，从而使用户可以更容易地获取数据中的相对重要信息。

根据表现力和有效性对视觉通道的排序。由于视觉通道在编码数据信息时所表现的不同特性，将视觉通道按照它们的表现力和有效性进行排序后，将有助于用户在设计信息可视化时方便、快速地选择合适的视觉通道，以及它们的组合，完整地展现数据包含的信息。

2.3.3.1 视觉通道的类型

人类感知系统在获取周围信息的时候，存在两种最基本的感知模式。第一种感知模式得到的信息是关于对象的本身特征和位置等，对应于视觉通道的**定性性质或分类性质**，即描述对象是什么或在哪里。第二种感知模式得到的信息是关于对象的某一属性在数值上的程度，对应于视觉通道的**定量性质或定序性质**，即描述对象某一属性的具体数值是多少。例如，形状是一种典型的定性视觉通道，即人们通常会将形状分辨成圆、三角形或矩形，而不是描述成大小或长短；另一方面，给定这三种形状，人们也无法给出一个确切的顺序。长度则是典型的定量视觉通道，用户显然会直觉地用不同长度的直线描述同一数据属性的不同值，而很少用它们描述不同的数据属性，因为长线、短线都是直线。

在可视化设计中，一些视觉通道被认为属于定性的视觉通道，例如形状、颜色的色调、空间位置，而大部分的视觉通道更适合于编码定量的信息，例如直线长度、区域面积、空间体积、斜度、角度、颜色的饱和度、亮度等。然而，视觉通道的两类性质不具有明确的界限，例如，当把空间中的两个点到某一选定点的距离编码数据信息时，空间位置也能用来描述定量的数据属性。

视觉通道的第三种性质是**分组性质**。分组通常是针对多个或多种标记的组合描述的。最基本的分组通道是接近性，根据格式塔原则（参见 2.1.3 节），人类的感知系统可以自动地将相互接近的对象理解为属于同一组。在图 2.29（a）和图 2.29（b）中，人们总是会试图根据这些点的相对位置对它们进行分组；很显然，在图 2.29（b）中，这一分组期望被实现了，人们很少会将它们看成独立的 10 个点。除了利用位置上的接近性，视觉通道的分组性质还可以通过颜色的相似性、显式连接、显式包围等方法实现，分别如图 2.29（c）、（d）、（e）所示。

从方法学上而言，定性的视觉通道适合编码分类的数据信息，定量或定序的视觉通道适合编码有序的或者数值型的数据信息，而分组的视觉通道则适合将存在相互联系的分类的数据属性进行分组，从而表现数据的内在关联性。

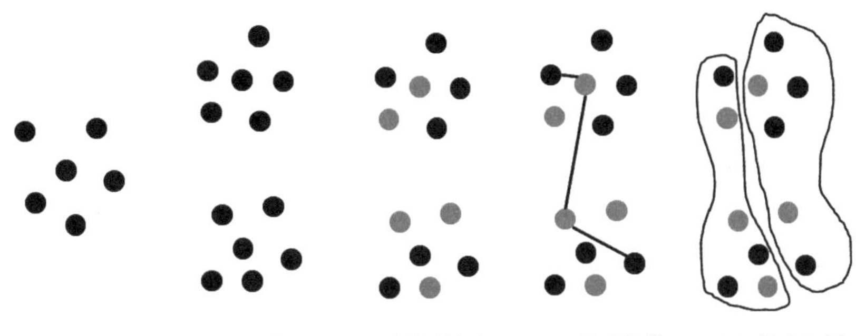

图 2.29 分组的视觉通道。

2.3.3.2 表现力和有效性

视觉通道的性质类型（定性、定量、分组）基本决定了不同的数据所采用的视觉通道，而视觉通道的表现力和有效性则指导可视化设计者如何挑选合适的视觉通道，对数据信息进行完整而具有目的性的展现。简单地说，用表现力更高的视觉通道编码数据中更重要的数据属性，将有助于提高可视化结果的有效性。

视觉通道的表现力要求视觉通道仅仅编码数据包含的所有信息。也就是说，视觉通道在对数据进行编码的时候，需要尽量忠于原始数据所包含的信息。例如，对于有序的数据，为了利用人类感知系统的自然而本能的感知能力，使用定序的而非定性的视觉通道对数据进行编码，反之亦然。如果随意使用视觉通道编码数据信息，不仅无法利用视觉通道的表现力，反而会使用户无法理解或错误理解可视化结果。

人类感知系统对于不同的视觉通道具有不同的理解与信息获取能力，因此可视化设计者就应该很自然地使用高表现力的视觉通道编码更重要的数据信息，从而使得可视化的用户可以在更短的时间内更加精确地获取数据信息。例如，在编码数值的时候，使用长度比使用面积更加合适，因为人们的感知系统对于长度的模式识别能力要强于对于面积的模式识别能力。读者不妨试一试，在一张纸上分别画一个 10 厘米长度的线段和一个 20 平方厘米的矩形，然后比较一下精确度。视觉通道的有效性要求具有高表现力的视觉通道用于更重要的数据属性编码。如图 2.30 所示是可视化领域内专家总结的比较通用的视觉通道的表现力排序[Munzer2012]。需要特别指出的是，这个顺序仅代表了在大部分情况下的正确性，而根据实际数据的特点和可视化设计的方法，各个视觉通道的表现力顺序也有可能存在相应的变化。

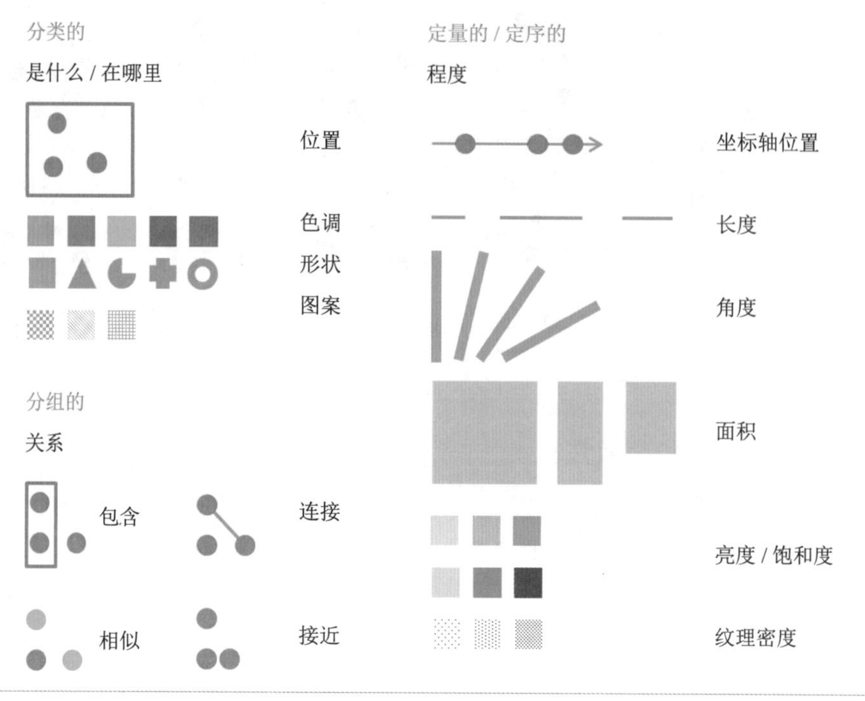

图 2.30 视觉通道的表现力排序。

2.3.3.3 表现力判断标准

精确性

精确性标准主要描述了人类感知系统对于可视化的判断结果和原始数据的吻合程度。来自心理物理学的一系列研究表明，人类感知系统对不同的视觉通道感知的精确性不同，总体上可以归纳为一个幂次法则，其中的指数与人类感觉器官和感知模式相关。

表 2.1 列举了根据心理物理学的史蒂文斯幂次法则 [Stevens1986] 所描述的一些视觉通道的幂次，用数学公式可以描述为 $S=I^n$。其中，S 表示大脑所得到的感知结果，I 表示感觉器官所感受到的刺激值，n 的范围从亮度的 0.5 到电流值的 3.5 不等。当 n 值小于 1 时，刺激信号被感知压缩，也就是说，改变刺激人体感觉器官的物理强度值并不能使得人对信号的感知得到成比例的响应。例如，亮度变化是典型的次线性物理信号，对亮度加倍后，人们并不能感到相应的两倍的亮度变化，这在一定程度上是因为人眼具有很高的宽容度和环境适应能力；相反，（通过人体指尖的）电流值则是超线性物理信号，加倍通过人体的电流值会带来超过三倍的感知上的变化；长度是线性的物理测量，也就是说，长度的测量值变化量与人类对长度的主观感知变化存在线性的联系。视觉通道的不同精确性影响了可视化对数据信息的还原程度，因此在表达定量数据的时候，通常会优先采用例如一端对齐的

射线的长度或柱状的高度进行表示。

表 2.1 不同视觉通道在史蒂文斯幂次法则 $S=I^n$ 中所对应的 n 值

视觉通道	亮度	响度	面积	长度	灰对比度	电流
幂 次	0.5	0.67	0.7	1.0	1.2	3.5

可辨认性

视觉通道可以具有不同的取值范围，然而如何调整取值使得人们能够区分该视觉通道的两种或多种取值状态，是视觉通道的可辨认性问题。换句话说，这个问题相当于如何在给定的取值范围内，选择合适数目的不同取值，使得人们的感知系统能够轻易地区分它们。

某些视觉通道只有非常有限的取值范围和取值数量。例如直线宽度，人们区分不同直线宽度的能力非常有限，而当直线宽度持续增加时，会使得直线变成其他的视觉通道——面积。图 2.31 显示了直线宽度仅能编码几种不同的数据属性值。当数据属性值的空间较大时，正确的做法是将数据属性值分为相对较少的类，或者使用具有更大取值范围的视觉通道。

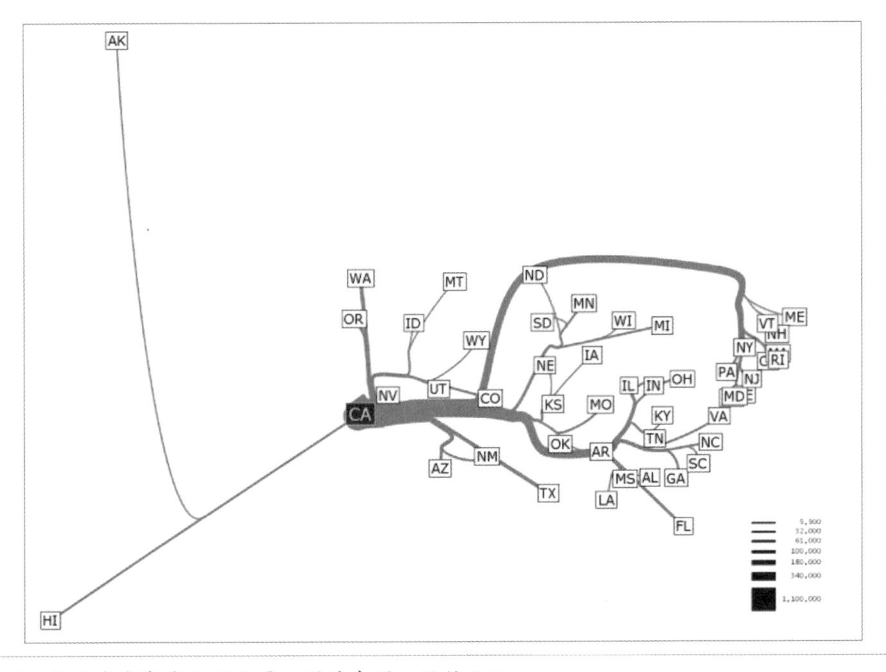

图 2.31 使用直线宽度编码流量。图片来源：链接 2-5

可分离性

在同一个可视化结果中，设计者通常会同时表达数据的多个属性以方便对数据的分析及比较，而一个视觉通道的使用可能会影响人们对另外视觉通道的正确感知，从而影响用户对可视化结果的信息获取。例如，在使用横坐标和纵坐标分别编码数据的两个属性的时候，良好的可视化设计就不能使用点的接近性对第三种数据属性进行编码，因为这样的操作对前两种数据属性的编码产生了影响。

视觉通道的可分离性特征描述了其在被用于表达数据属性的时候，两两之间的干扰现象。一般而言，视觉通道的类型决定了它们之间在定义上的可分离性，然而由于人类视觉系统的特点，两个视觉通道的干扰现象会在某些条件下被放大而显现出来。例如，人们能更容易地区分适当尺寸的形状通道上的颜色，而难以区分较小尺寸的形状通道上的颜色，如图 2.32 所示。在左图中，相对于图像尺寸和人眼的感知能力，圆的尺寸比较合适，因此圆的颜色也比较容易区分（紫色和蓝色）；而在右图中，圆的尺寸被缩小后，其颜色的区分度也相应地受到干扰。因此，在可视化设计原则中，对于一个可视化结果中的不同数据属性的展现，应尽量选择可分离性好的视觉通道进行可视编码。

图 2.32 视觉通道可分离性举例。左：当尺寸较大时，尺寸和色调的可分离性明显；右：当尺寸较小时，尺寸和色调直接存在一定的干扰。

视觉突出

视觉突出是指仅仅在很短的时间内（200~250ms），人们可以仅仅依赖感知的前向注意力（Preattentive）直接发觉某一对象和其他所有对象的不同。这里所说的前向注意力是指人的一种无意识的信息积累和处理。在信息可视化中，视觉突出效果使得人们对特殊对象的发现所需要的时间不会随着背景对象的数量变化而变化。我们通常所说的“万绿丛中一点红”，仅从字面意义上理解就是指从颜色这一视觉通道而言，人们可以非常快速地从绿色的干扰物体中发现红色的目标物体。例如，在图 2.33 的左边两个例子中，人们通常可以根据图中圆的颜色，在很短的时间内发现红色的目标圆点，并且不管红色的圆在图像中的位置如何，或者绿色的圆的数量如何，前向注意力都能起作用。因此，颜色通常被用于需要视觉突出的可视编码。同时，颜色也并非是唯一的可被用于视觉突出的通道。在图 2.33 的右边两个例子中，人们仍然可以根据图中形状元素的曲率的区别（圆和正方形），从干扰元素（圆）中找到目标元素（正方形）。但是我们可以发现，当干扰元素的数量增加后，视觉突出的效果会被削弱，因为在这个例子中，色调视觉通道的表现力往往要大于形状通道的表现力。

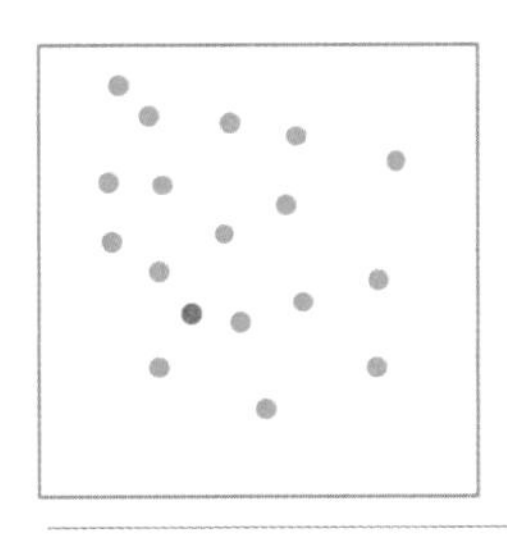
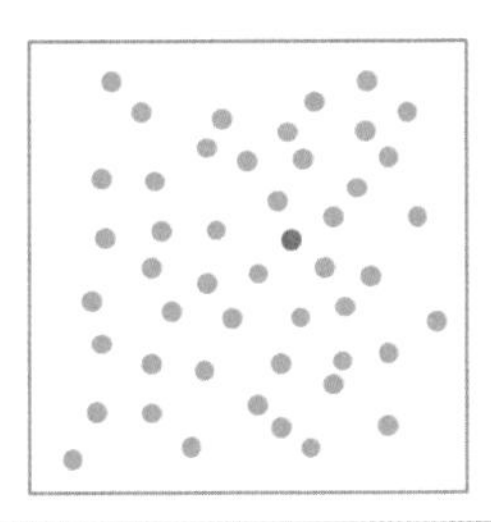
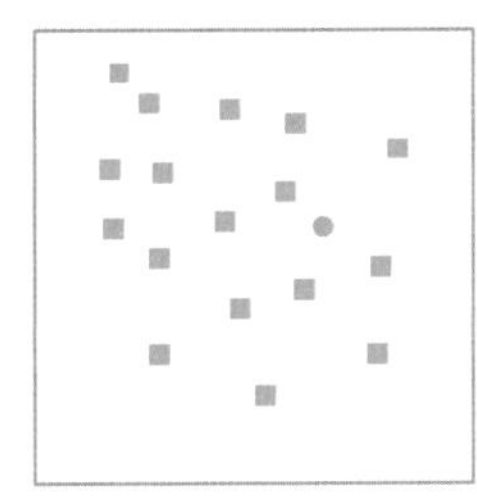
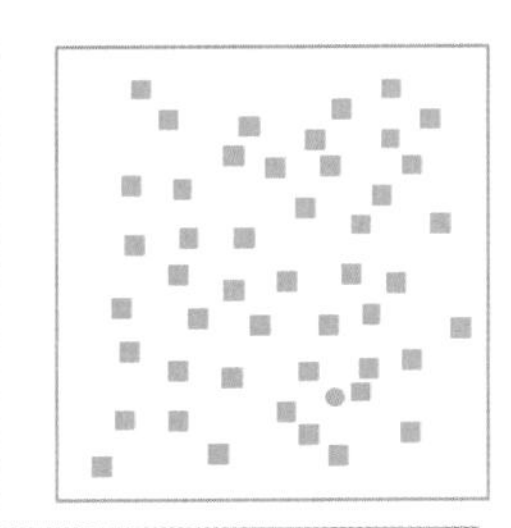

图 2.33 视觉突出举例。

2.3.4 视觉通道的特性

在可视化设计中，相同的数据属性可以使用不同的视觉通道进行编码，然而，由于各个视觉通道特性的差异，当可视化结果呈现给用户时，被用户的感知与认知系统处理并获取的信息不尽相同。合理地使用视觉通道是设计优秀的信息可视化的关键因素，因此，本节主要讨论各个视觉通道的一些特性，以指导设计者在设计信息可视化时能够合理地利用视觉通道对数据信息进行编码。

2.3.4.1 平面位置

平面位置是图 2.30 中唯一的既可用于编码分类的数据属性，又可用于编码定序或定量的数据属性的视觉通道。另外，对象在平面上的接近性也可以用于编码分组的数据属性。平面位置是所有视觉通道中最特殊的一个。由于可视化设计大多在二维空间，平面位置对于任何数据都非常有效，甚至是最有效的。因此，使用平面位置编码哪种数据属性是设计者首先面临并需要解决的问题，其结果甚至将直接主导用户对于可视化结果图像的理解。

水平位置和垂直位置属于平面位置的两个可以分离的视觉通道，当需要编码的数据属性是一维时，可以仅选择其一。水平位置和垂直位置的表现力与有效性的差异比较小，但也有不少研究指出，受真实世界中重力效应的影响，垂直位置会比水平位置具有略高的优先级，即在相同条件下人们更容易分辨出高度的差异。基于此考虑，显示器的显示比例通常被设计成包含更多的水平像素，从而使水平方向的信息含量可以与垂直方向的信息含量相当。

位置关系能够帮助揭示数据间的关系。例如，数据是否主要集中在某一范围，数据分布是否符合一定的统计规律，数据间是否表现出特定的趋势，等等。图 2.34 显示了两个简单的图表例子，通过点之间的位置分布，我们很容易就可以发现不同属性间的联系。在图 2.34 中，左、右两图都显示了同一组 1993 年汽车数据中的部分属性。其中，左图显示了不同汽车的最低价格和最高价格的散点图，从点的分布情况来看，这两个价格之间呈线性关系；右图显示了最低价格和引擎大小之间的关系。与左图不同的是，右图揭示两个属性之间没有很强的联系。

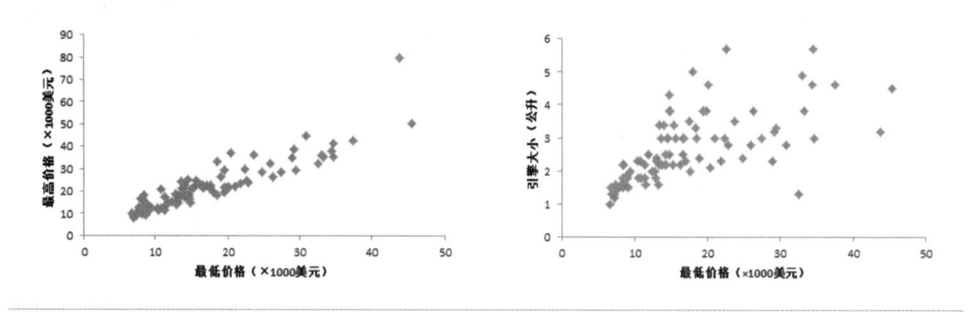

图 2.34 图形元素间位置关系的作用，1993 年汽车数据中的部分属性。

除了选择数据属性，一般还要选择坐标轴来组织显示空间，决定图像元素在显示空间中的位置。坐标轴一般标有刻度，表示值的范围，同时每个刻度标注具体数值。坐标轴通常还包括文字描述，表示坐标轴的意义。坐标轴上的刻度是决定图形元素位置的重要因素。通常使用的是线性刻度，图形元素在空间中的位置，根据所对应的数据做线性伸缩。另一种常见的是对数刻度，通常用于显示指数增长的数据。图 2.35 显示了世界 500 强中前 40 名公司在 2011 年的总收入 [Fortune]。上图采用了线性刻度，由于沃尔玛和艾克森石油公司的收入远远大于其他公司，其他公司的数据所对应的点被压缩在一个很小的范围内，因而很难观察它们之间的差别。下图采用了对数刻度（以 2 为底），清楚地显示通用电气的收入为 237 美元，而苹果公司略小于 236 美元，两公司的收入相差 2 倍多。

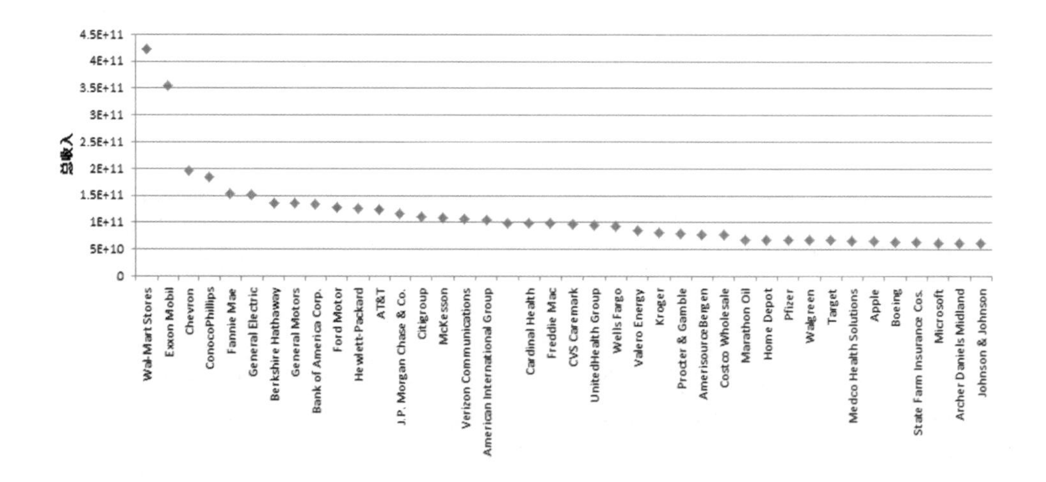

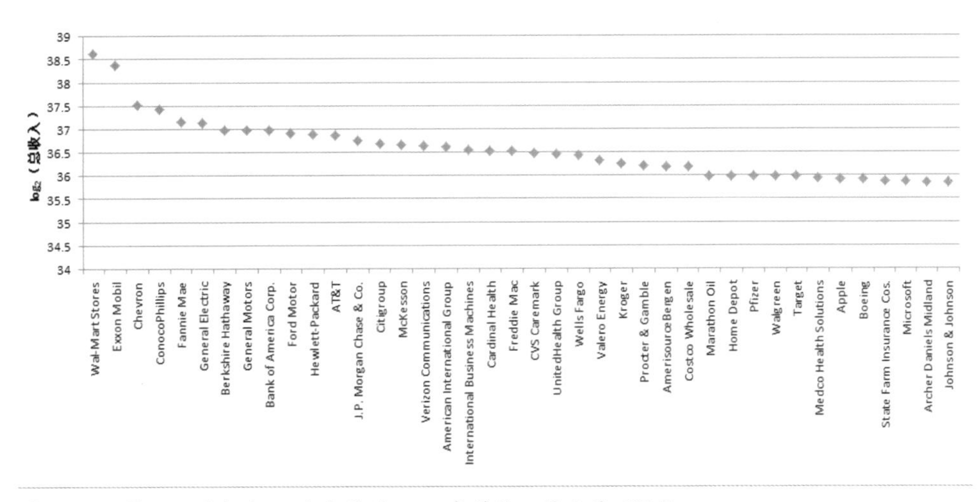

图 2.35 世界 500 强中前 40 名公司的 2011 年总收入的两种可视化。

2.3.4.2 颜色

在所有的视觉通道中，颜色是最复杂的，也是可以编码大量数据信息的视觉通道之一，因此在可视化设计中也最常用。关于颜色的感知原理和基本理论，已在前面的章节中讲述了，这里主要关心其作为视觉通道的一些特性。

从可视化编码的角度对颜色进行分析，可以将颜色分为亮度、饱和度和色调三个视觉通道，其中前两个可以认为是定量或定序的视觉通道，而色调属于定性的视觉通道。在使用一般术语“颜色”时，通常指的是这三个独立的视觉通道的结合整体，因此可以认为“颜色”既是分类的也是定量的视觉通道。

亮度

亮度适合于编码有序的数据，然而需要注意的是亮度通道的可辨性较小，一般情况下，在可视化中尽量使用少于 6 个不同的可辨的亮度层次。另外，相比于其他两个视觉通道（饱和度和色调）的对比度，亮度的对比度所形成的边界现象更加明显。由于人类感知系统是基于相对性进行判断的，所以受到对比度效果的影响后，人们对于亮度的感知缺乏精确性。

饱和度

饱和度是另一个适合于编码有序数据的视觉通道。作为一个视觉通道，饱和度与尺寸视觉通道之间存在非常强烈的相互影响，在小尺寸区域上区分不同的饱和度明显要比在大尺寸区域上区分困难得多。和亮度一样，饱和度识别的精确性也受到对比度效果的影响。

在大块区域内（如背景），标准的可视化设计原则是使用低饱和度的颜色进行填充；

对于小块区域，设计者需要使用更亮的、饱和度更高的颜色填充，以保证它们可以比较容易地被用户辨认。点和线是典型的小块区域的标记，因此使用饱和度编码具有不同意义的点和线时能够容易被辨认的饱和度层次较低，通常只有三层；对于大区域的标记，如面积，可以使用的饱和度层次则会略多。

色调

色调非常适合于编码分类的数据属性，并且也提供了分组编码的功能。虽然在表现力排序上（见图 2.30）处于“位置”之后，但可以为可视化增加更多的视觉效果，在实践中被广泛使用。

然而，色调和饱和度都面临着与其他视觉通道相互影响的问题。例如，在小尺寸区域中人们难以分辨不同的色调。同样地，在不连续区域中的色调也难以被准确地比较和区分。一般情况下，由于色调属于定性的视觉通道，因此色调具有比亮度和饱和度更多的可区分层次，人们在不连续区域的情况下通常可以分辨多达 6~12 种色调，在小尺寸区域着色的情况下，可分辨的层次数量受到视觉通道相互影响而略有下降。如图 2.36 左图所示（与右图一样包含了 21 种色调），人们虽然可以通过比较而容易地区分相邻区域的不同色调，然而在总体上，由于相同和相近的色调在多个不连续的区域内出现，人们在归类相同色调的同时，也倾向于将相近的色调（如图中的一些绿色色调）划归入同一个范畴，也就是说，人们通常无法正确说出左图中包含的不同色调的数量。而图 2.36 右图所示的例子，由于同一色调在一个连续的区域内，因此正常色觉的用户都能对这 21 种不同的色调进行区分。不同的设计参考书提供了多种颜色的选择准则 [Levkowitz1997]。

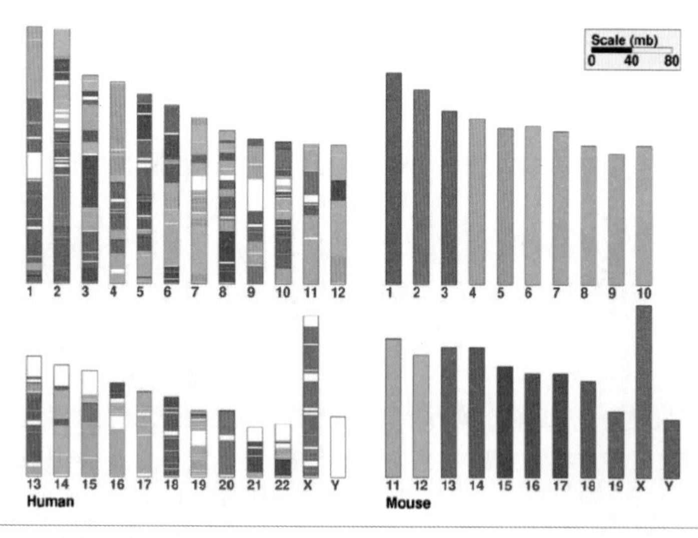

图 2.36 在不连续区域的情况下，可分辨色调的数量受限；在连续区域的情况下，可分辨色调的数量相应会更多。图片来源：链接 2-6

配色方案

在信息可视化设计中，配色方案关系到可视化结果的信息表达和美观性。好的配色方案的可视化结果能带给用户愉悦的心情，有助于用户更有兴趣地探索可视化所包含的信息；反之，则会造成用户对可视化的抵触。另外，和谐的配色方案也能增加可视化结果的美观性[Itten1960]。在设计可视化的配色方案时，设计者需要考虑很多因素：可视化所面向的用户群体、可视化结果是否需要被打印或复印（转为灰阶）、可视化本身的数据组成及其属性等。

由于数据具有定性、定量的不同属性，因此将数据进行可视化的时候需要设计不同的配色方案。例如，对于定性的分门别类的数据类型，通常使用颜色的色调视觉通道进行编码，因此设计者需要考虑的是如何选择适当的颜色方案，使得不同的数据能容易地被用户区分（有时候还需要考虑到视觉障碍用户的需求）；如果是定量的数据类型，则通常使用亮度或饱和度进行编码，以体现数据的顺序性质。在进行可视化设计的过程中，设计者还可以应用一些软件工具辅助配色方案的设计，例如较流行的 ColorBrewer 配色系统[Harrower2003]（链接 2-7）（见图 2.37）和 Adobe 公司的 Kuler 配色系统（链接 2-8）。在 ColorBrewer 配色系统中，用户首先选择数据的分类数量（定性数据的类别数量，或定量数据的层次级别数量），然后选择数据类型（定性数据、顺序的定量数据，或发散的定量数据），选择配色方案，最后在左下角显示相应的配色方案。另外，用户在选择配色方案的时候，可以限制选择色盲友好的、打印一致的或可复印的配色方案。ColorBrewer 系统能够根据定制选择出用色方案。而 CARTOColors 系统（链接 2-9）（见图 2.38）则能更加方便、快捷地给出各种不同的配色方案。

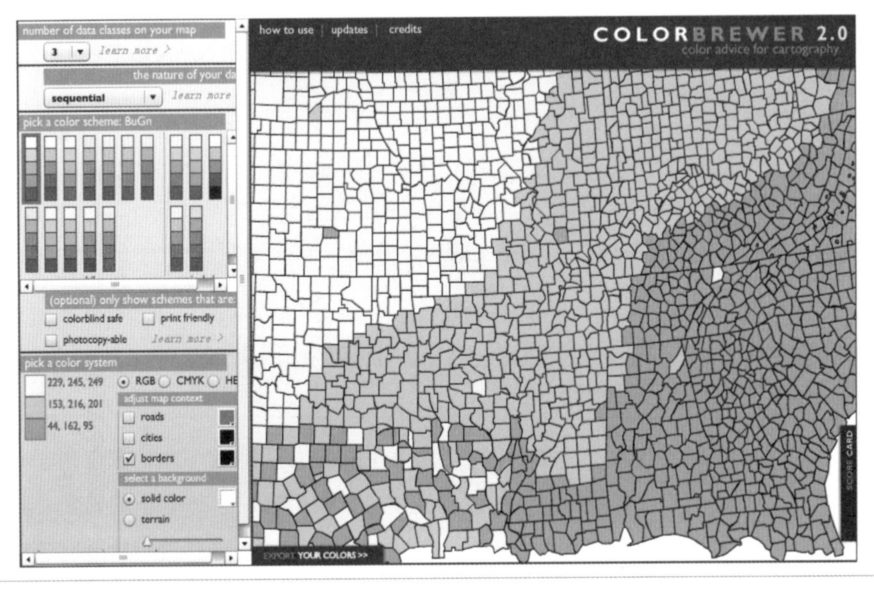

图 2.37 ColorBrewer 在线配色系统截图。

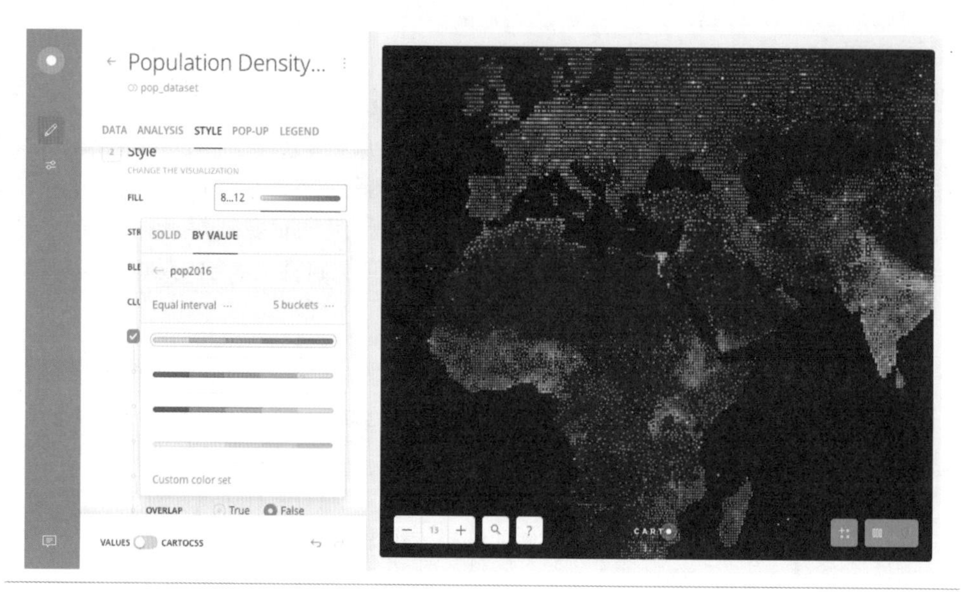

图 2.38 CARTOColors 在线配色系统截图。

Kuler 在线配色方案工具加入了社交功能，允许用户上传、下载、评价配色方案，受到不少用户的青睐。

2.3.4.3 尺寸

尺寸是定量 / 定序的视觉通道，因此适合编码有序的数据属性。尺寸通常对其他视觉通道都会产生或多或少的影响——尺寸变小的时候，其他视觉通道所表达的视觉效果会被抑制，例如，人们可能无法区分很小尺寸的形状，或者如前面的例子所示（见图 2.32），尺寸与色调存在较强的影响。

长度是一维的尺寸，包括垂直尺寸（或称高度）和水平尺寸（或称宽度）。面积是二维的尺寸，体积则是三维的尺寸。由于高维的尺寸蕴含了低维的尺寸，因此在可视化设计中应尽量避免同时使用两种不同维度的尺寸编码不同的数据属性。

人们对于一维尺寸的判断是线性的（见表 2.1），而对多维尺寸的判断则随着维度的增加而变得越来越不精确，因此在可视化设计时可以使用一维的尺寸（高度或宽度）编码重要的数据属性的值，例如柱状图等。

Alexander 等人进行了一系列针对英文单词的长度、字体大小和高度的认知偏差相关实验 [Alexander2017]。通过实验发现，长度和高度会影响用户对字体大小的感知；同时相比长度而言，宽度对偏差的影响更大（见图 2.39）。尽管很少有可视分析任务对字体的相关因素有像素级的高要求，但这个实验表明字体的相关参数比之前人们认为的更有用处。

图 2.39 尺寸示意图。

2.3.4.4 斜度和角度

斜度是指在二维坐标轴平面中，方向和 0 度坐标轴的夹角（见图 2.40（a））；而角度是指任意两条线段之间的夹角测量（见图 2.40（b））。因此，根据它们的性质和特征，斜度和角度都可用于分类的或有序的数据属性的编码。在二维坐标轴平面中，斜度具有所属象限及角度值等性质，因此，在其定义域内并非是单调的，即不存在严格的增或减的顺序。在二维坐标轴平面的每一个象限内，它可以被认为具有单调性，从而适合于有序数据的编码。也正因为如此，斜度也就可以通过 4 个象限的区分来对分类的数据进行编码。另外，在相邻的两个象限中间，斜度所指示的方向呈现中性的特征，因此，它也可以被用于编码数据的发散性（Divergence）（见图 2.40（c））。对于角度而言，根据角度的值我们可以分为锐角、直角、钝角。

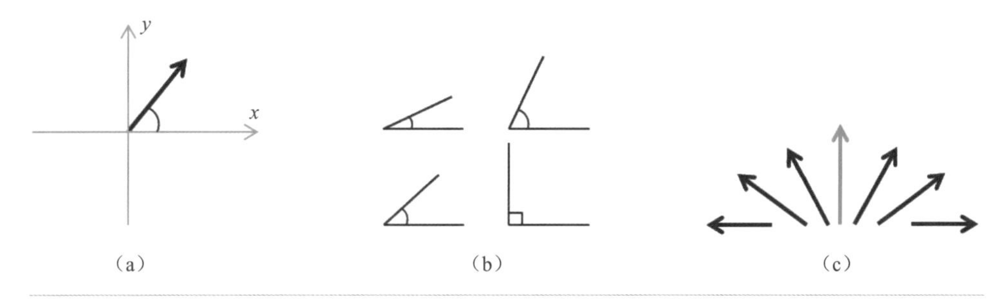

图 2.40 斜度和角度示意图。

2.3.4.5 形状

对于人类的复杂感知系统而言，“形状”是一个包罗万象的词汇。视觉心理专家认为形状是人们通过前向注意力就能识别的一些低阶视觉特征。形状与其他视觉通道也存在着较多的相互影响。一般情况下，形状属于定性的视觉通道，因此仅适合编码分类的数据属性。图 2.41 用形状和颜色生动地呈现了世界各大城市的图标。值得注意的是，在显示大量标识时，要尽量避免使用相似的形状。

图 2.41 形状和颜色被用于编码城市图标。

在图 2.42 所示的散点图中，用不同的形状符号来表示不同的车型，可以迅速区分这些车的类别，观察它们的数据趋势，同时也可以看到一些特别的数据点。同时，使得这些形状符号具有类似的大小和复杂程度，可以让用户更加关注所对应的数据。所以，可视化设计者在此种情况下应该避免特别突出某些形状。

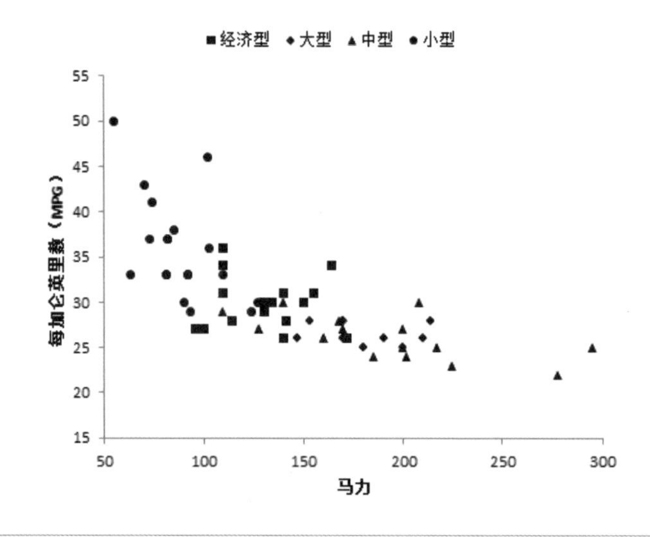

图 2.42 不同类型车之间，马力和每加仑英里数的关系和比较。

2.3.4.6 纹理

纹理可以被认为是多种视觉变量的组合，包括形状（组成纹理的基本元素）、颜色（纹理中每个像素的颜色）和方向（纹理中形状和颜色的旋转变化）。简单的纹理，例如，由虚线或者点画线填充，被广泛地用来区分不同的物体。而具有不同颜色的形状也常常用作纹理。纹理通常用于填充多边形、区域或者表面。在三维应用中，纹理一般作为几何物体的属性，用来表示高度、频率和方向等信息。同样地，对于二维的图形物体，我们可以通过使用不同的纹理来表示不同的数据范围或分布。形状或颜色的变化都可以用来组成不同的纹理。图 2.43 显示了 6 种纹理的例子，这些纹理具有不同的形状或者方向。图 2.44 显示了使用这些纹理来区分不同类型车所对应的数据点。

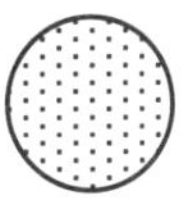

图 2.43 6 种不同纹理的例子。

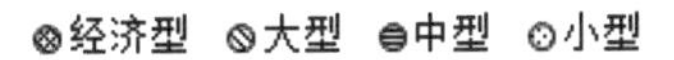

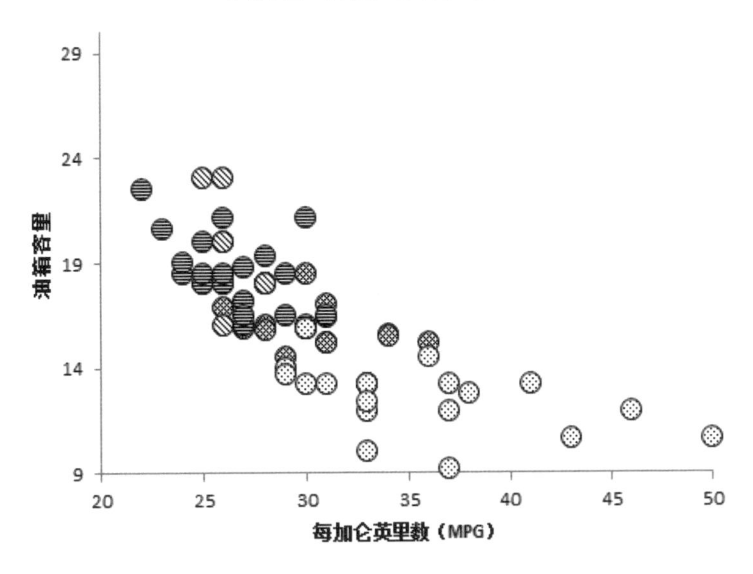

图 2.44 不同类型车之间，每加仑英里数和油箱容量的关系和比较。

作为一种特殊的纹理效果，点画图案在可视化中也较为常见。点画图案通常被用作区分类别型数据属性的编码方式。在二维空间的视觉通道上，点画图案与亮度视觉通道存在较为严重的影响。在传统的打印技术中，灰色可以使用不同密度的点画图案进行模拟近似，因为人们在识别点画图案和亮度的时候可能存在分歧，从而会导致一个失败的可视化结果。然而，由于彩色打印的低廉成本和流行趋势，点画图案在图像领域的应用也逐渐减少，但是在图形学和可视化领域作为一种艺术表达形式仍然具有长久的生命力（见图 2.45）。

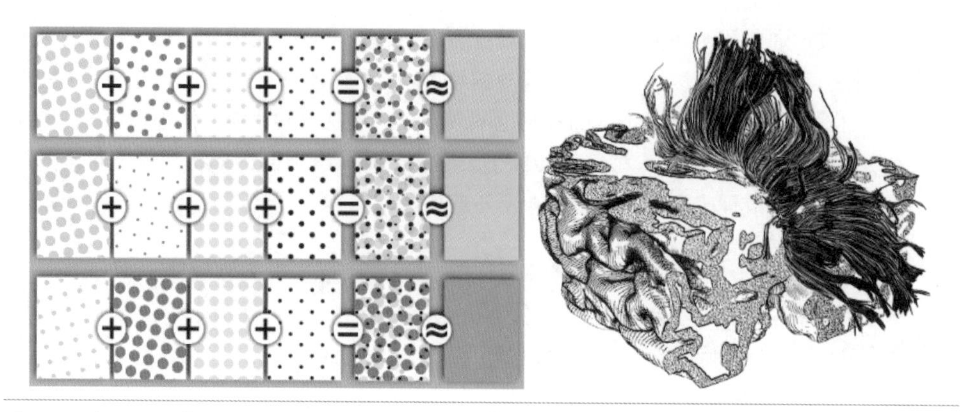

图 2.45 左：三个基于 CMYK 颜色分离理论的颜色半色调实例。从左到右：青色（Cyan）、品红色（Magenta）、黄色（Yellow）、黑色（Black）、混合的半色调模式、人眼从远处观察到的效果。图片来源：链接 2-10；右：用点画和线画技术对人脑及脑纤维可视化 [Svetachov2010]。

应用纹理可以避免在可视化设计中使用过多的色彩，同时也可以照顾到色盲、色弱用户的理解。Textures.js（链接 2-11）是一个 JavaScript 的数据可视化库，用于制作纹理，如图 2.46 所示。

图 2.46 Textures.js 中的 9 种填充样例。

2.3.4.7 动画

计算机动画指由计算机生成的连续播放的静态图像所形成的动态效果的图画作品。动画的原理利用了人的生理上的视觉残留现象和人们趋向将连续类似的图像在大脑中组织起来的心理作用。人的大脑将这些视觉刺激能动地识别为动态图像，使两个孤立的画面之间形成顺畅的衔接，从而产生视觉动感。

动画作为视觉通道的一种，也可以用于可视化表达。以动画形式作为视觉通道包括了运动的方向、运动的速度和闪烁的频率等。其中，运动的方向可以编码定性的数据属性，而后两者则通常用于编码定量的数据属性。然而，动画的优势和缺点都在于其完全吸引了用户的注意力，因此在突出可视化的视觉效果的同时，用户通常也无法忽略动画所产生的效果。视觉通道的可分离性保证了用户可以自主地选择需要观察的那一部分可视化，动画与其他视觉通道具有天然的分离性。然而，在动画可视化中，用户观察非动画的视觉通道可能会变得困难。因此，可视化设计者在使用动画作为视觉通道时必须慎重考虑其对可视化结果产生的不利影响。

2.3.4.8 视觉多通

Chen M 等人把视觉多通（Visual Multiplexing）的概念[Chen2014]理解为可正确解码的多可视信息的堆叠方式。也就是说，把不同视觉通道（颜色、大小、形状等）通过合理的组合方式编码在一起，使得用户能够正确地解码出可视元素所蕴含的信息。这篇论文提出了视觉多通的理论框架，并把组合方式分为 12 类，如图 2.47 所示，分别为：

（a）空间上的分割：由空间邻域 D 的不同可视编码构成。

（b）时间上的分割：即动画，由时间邻域 T 的不同可视编码构成。

（c）部分遮挡：由不透明色块的堆叠构成，但有可能因为遮挡造成信息缺失。

（d）空心：由空心形状的堆叠构成，但空心形状之间的距离可以编码速度等信息。

（e）半透明遮挡：由半透明色块的堆叠构成，但有可能因为半透明造成的色差引起信息误解。

（f）多视觉通道整合：由多个视觉通道的组合（颜色与形状、颜色与大小等）构成。

（g）连续场：由向量场、等值线、高度场等连续场构成，结合周围的视觉元素可以判断方向、大小等信息。

（h）视觉元素的位移：位置 p 的编码可以移位到 p 的附近，根据格式塔原则的相近原则依然可以正确解码。

（i）周期性动画：由多帧的周期性动画构成。

（j）先验的知识：领域专家可以正确解码。

（k）学习的知识：一般用户经过一定训练可以正确解码。

（l）视觉的语言：一般用户经过视觉编码规则的学习可以正确解码。

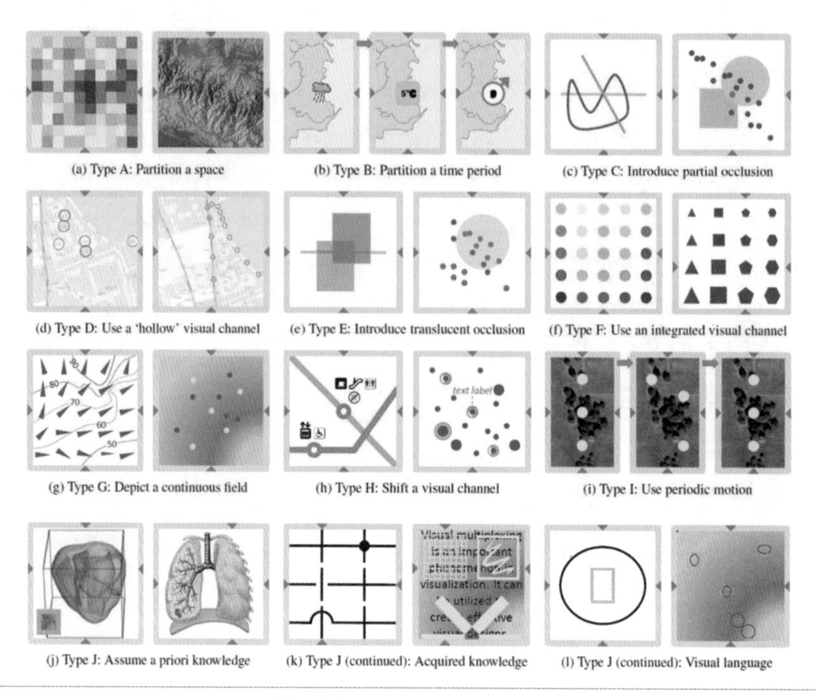

(a) Type A: Partition a space (b) Type B: Partition a time period (c) Type C: Introduce partial occlusion
(d) Type D: Use a 'hollow' visual channel (e) Type E: Introduce translucent occlusion (f) Type F: Use an integrated visual channel
(g) Type G: Depict a continuous field (h) Type H: Shift a visual channel (i) Type I: Use periodic motion
(j) Type J: Assume a priori knowledge (k) Type J (continued): Acquired knowledge (l) Type J (continued): Visual language

图 2.47 12 种视觉多通的组合方式 [Chen2014]。

参考文献

[Alexander2017] Alexander E C, Chang C C, Shimabukuro M, et al. Perceptual Biases in Font Size as a Data Encoding[J]. *IEEE transactions on visualization and computer graphics*, 2017

[Brettel1997] Hans Brettel, Françoise Viénot, John D. Mollon. Computerized Simulation of Color Apperance for Dicharmats. Journal of Optics Society American, 14(10), 1997:2647-2655

[Cao2012] Nan Cao, Yu-ru Liu, HuaminQu et al. Whisper: visual analysis tool for information diffusion monitoring in micro-blogs. IEEE Transactions on Visualization and Computer Grapohics. 2012

[Chen2014] Chen M, Walton S, Berger K, et al. Visual multiplexing[C]. *Computer Graphics Forum*. 2014, 33(3): 241-250

[Collins2009] Collins C, Penn G, Carpendale S. Bubble sets: Revealing set relations with isocontours over existing visualizations[J]. *IEEE Transactions on Visualization and Computer Graphics*, 2009, 15(6): 1009-1016

[Fortune] http://money.cnn.com/magazines/fortune/fortune500/2011/full_list

[Gegenfurtner2001] Karl R. Gegenfurtner, Lindsay T. Sharpe. Color Vision: From Genes to Perception. CambridgeUniversity Press. 2001

[Glassner1995] Andrew S. Glassner. Principles of Digital Image Synthesis. Morgan Kaufmann. 1995

[Hansen2004] Chuck Hansen, Chris Johnson. The Visualization Handbook. Academic Press. 2004

[Harrower2003] Mark Harrower, Cynthia A. Brewer. ColorBrewer.org: An Online Tool for Selecting Colour Schemes for Maps. The Cartographic Journal. 40(1), 2003:27-37

[Heer2007] JeffreyHeer and George G. Robertson.Animated transitions in statistical data graphics. IEEE Information Visualization 2007

[Husain1988] Husain M, Stein J. RezsoBalintand His Most Celebrated Case[J]. *Archives of Neurology*, 1988, 45: 89-93

[Itten1960] J. Itten. The Art of Color. New York: Van Nostrand Reinhold Company. 1960

[Keim2010] Daniel Keim, JörnKohlhammer, Geoffrey Ellis, Florian Mansmann. Mastering the Information Age Solving Problems with Visual Analytics. Eurographics Association. 2010

[Kuang2012] XiaoleKuang, Haimo Zhang, Shengdong Zhao, Michael J. McGuffin. Tracing Tuples Across Dimensions: A Comparison of Scatterplots and Parallel Coordinate Plots. Computer Graphics Forum. 31(3), 2012

[Levine1985] Martin D. Levine. Vision in Man and Machine. Mcgraw-HillCollege. 1985

[Levkowitz1997] H. Levkowitz. Color theory and modeling for computer graphics, visualization, and multimedia applications. Kluwer Academic Publishers. 1997

[Munzer2012] Tamura Munzner. Information visualization. Draft. 2012

[Overington1992] Ian Overington. Computer Vision: A Unified, Biologically-Inspired Approach. Elsevier Science Ltd. 1992

[Paivio1986] Allan Paivio. Mental representations: a dual coding approach. OxfordUniversity Press. 1986

[Peterson1959] Peterson L, Peterson M J. Short-term retention of individual verbal items[J]. *Journal of experimental psychology*, 1959, 58(3): 193

[Robertson2008] George Robertson, Roland Fernandez, Danyel Fisher, Bongshin Lee, and John Stasko. Effectiveness of animation in trend visualization. IEEE Transactions on Visualization and Computer Graphics. 14(6), 2008:1325-1332

[Simous2000] Simons D J. Current approaches to change blindness[J]. *Visual cognition*, 2000, 7(1-3): 1-15

[Simons1997] Simons D J, Levin D T. Change blindness[J]. *Trends in cognitive sciences*, 1997, 1(7): 261-267

[Simons1998] Simons D J, Levin D T. Failure to detect changes to people during a real-world interaction[J]. *Psychonomic Bulletin & Review*, 1998, 5(4): 644-649

[Simons1999] Simons D J, Chabris C F. Gorillas in our midst: Sustained inattentional blindness for dynamic events[J]. *Perception*, 1999, 28(9): 1059-1074

[Starr2006] Cecie Starr, Christine A. Evers, Lisa Starr. Biology: Concepts and Applications. Thomson, Brooks/Cole. 2006

[Stevens1986] S. S. Stevens. Psychophysics: Introduction to Its Perceptual, Neural, and Social Prospects. Transaction Publishers. 1986

[Svetachov2010] P. Svetachov, M.H. Everts, T. Isenberg. DTI in Context: Illustrating Brain Fiber Tracts In Situ. Proceedings of the 12th Eurographics / IEEE - VGTC conference on Visualization. 2010:1023-1032

[Tufte2001] Edward R. Tufte. The Visual Display of Quantitative Information. Graphics Press. 2001

[Tversky2002] Tversky, Barbara, Julie B. Morrison, and MireilleBétrancourt. Animation: Can it facilitate? International Journal of Human-Computer Studies. 57, 2002:247-262

[Vakdez2018] Valdez A C, Ziefle M, Sedlmair M. Priming and anchoring effects in visualization[J]. *IEEE transactions on visualization and computer graphics*, 2018, 24(1): 584-594

[Ward2009] Matthew Ward, Georges Grinstein, Daniel Keim. Interactive Data Visualization: Foundations, Techniques, and Applications. A K Peters Ltd. 2009

[Ware2004] C. Ware. Information visualization: perception for design. Morgan. 2004

第3章

数　据

3.1　总览

数据是符号的集合，是表达客观事物的未经加工的原始素材。例如，图形、符号、数字、字母等都是数据的不同形式。数据模型是用来描述数据表达的底层描述模型，它包含数据的定义和类型，以及不同类型数据的操作功能，例如，浮点数类型可以配备加、减、乘、除操作等。与数据模型对应的是概念模型，它对目标事物的状态和行为进行抽象的语义描述，并提供构建、推理支持等操作。例如，一维浮点数可以描述温度概念，三维浮点数向量可以描述空间的风向概念。

数据也可看成是数据对象和其属性的集合，其中属性可被看成是变量、值域、特征或特性，例如，人类头发的颜色、人类体温等。单个数据对象可以由一组属性描述，也被称为记录、点、实例、采样、实体等。属性值可以是表达属性的任意数值或符号，同一类属性可以具有不同的属性值，例如，长度的度量单位可以是英尺或米。不同的属性也可能具有相同的取值和不同的含义，例如，年份和年龄都是整数型数值，而年龄通常有取值区间。

我们身处数据为王的时代。在我们身处的世界中，信息量与日俱增，每天都有大量的数据在我们身边被创建、复制和传输。IDC 于 2011 年发布的一项统计 [IDC2011] 表明，在过去 5 年中，每年全世界数据总量均比前一年翻一番，并且 2011 年全年世界创建和复制的数据总量已达到 1.8ZB（1ZB=109TB）。通常来说，拥有更多的数据意味更多的价值，然而当前的信息处理和分析手段却远落后于数据获取的速度。

在这样的背景下，麦肯锡公司在2011年开始提出“大数据时代”[McKinsey2011]。“大数据”通常指无法在现有能力和工具的支持下，在可接受的时间范围内进行采集、管理和处理的数据，其特征如下[IBM2012]：

- 海量的数据规模。海量的数据源源不断地产生、存储和消费。随着数据采集方式和存储设备的不断更新，我们所保存的网页数据、电子商务数据、金融交易数据等数据开始快速积累起来。
- 快速的数据流转、动态的数据体系。数据量的增大和数据产生速度的加快决定了在大数据时代我们需要面对快速的数据流转。各种各样的传感器、监控摄像头等数据采集设备给人们带来巨大的采集数据流，每天在因特网上产生和消失的网站及数据也构成了高速变更的数据体系。对于当前人们无法承受的数据流动和变更速度来说，如何存储、管理、分析这些数据成了一个棘手的问题。
- 多样的数据。当前我们能够遇到的大数据通常是没有统一定义的、非结构化数据，这意味着这些数据的存储格式、组织形式以及数据间的关系没有一个统一的数据模型来描述。如何有效地应对以结构化、非结构化数据组成的异构数据体系，是大数据时代处理复杂数据的重要议题之一。
- 巨大的数据价值。数据获取和数据计算设备越来越强大和廉价，这使得以计算的手段从数据中挖掘出应用价值成为可能。例如，网站可以利用用户行为数据为用户提供个性化服务，公司可以基于商业数据开发数据产品作为用户增值服务等。

互联网时代，许多拥有大量客户数据的IT企业和金融企业开始意识到，他们所积累的商业数据能够发挥的作用与日俱增。商业数据分析人员可以基于客户数据发现潜在的市场，或者对顾客行为习惯进行分析以提供更具有针对性的服务。在大数据时代，这些海量数据已经开始成为IT企业的核心竞争力之一。截至2012年6月，Facebook用户数量已达到9.55亿[CNET2012]，每天用户在网站上的活动都会导致海量行为数据的产生，这为人类行为分析提供了契机。Facebook内部的“数据科学小组”已经开展了很多研究活动[Technology2012]，以期从海量人类社会行为数据中寻找到可利用的模式，推动人类对自身行为的认识进程。对于一些B2C网站，大数据的研究和基于数据的产品服务也是企业的重要发展方向之一（见图3.1）。金融服务类机构同样拥有大量客户数据，通过对大数据进行分析、挖掘，银行能够有效地发现金融欺诈行为，而保险公司可以从客户数据中发现潜在的“优质客户”，并分析出适合这些客户的保险产品，进行个性化营销。

在科学研究领域，传统的科学探究模式正在遭受来自大数据的强烈冲击。随着技术的不断推进，诸如卫星上的远程传感器、天空望远镜、生物显微镜以及大规模科学计算模拟等设备和实验都会实时产生出海量数据流（如图3.2所示）。海量科学数据的产生将科学研究推进到一个新的模式，数据在科学探索中开始发挥越来越大的作用。2012年3月，美国国家卫生研究院宣布世界最大的遗传变异研究数据集由Amazon网站提供云服务支持[IEEE2012]，其 200TB 的人类遗传变异数据将存储于 Amazon 云端供研究人员进行免费查询和分析。然而，现在科学研究人员遇到了新的挑战，即在拥有大型数据集的同时，他们也需要应对这种数据密度的软件工具和高性能计算资源，以协助进行基于数据的科学研究。

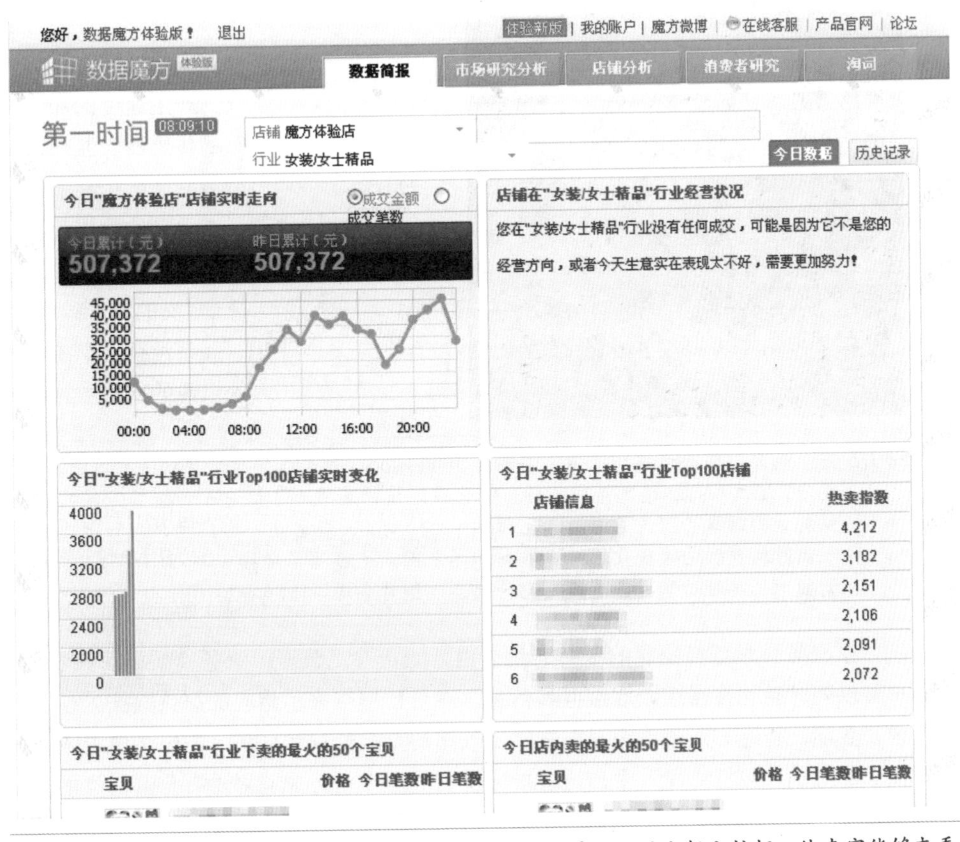

图 3.1 淘宝公司的“数据魔方”产品通过对海量商业交易数据的分析和挖掘，使卖家能够查看行业市场发展趋势和市场最新热点。图片来源：链接 3-1

数据在政府管理、国家安全等领域的价值也越来越明显。从 2009 年起，美国政府通过链接 3-2 数据网站开始向公众提供各类政府数据。几乎同时，联合国推出了“全球脉动”项目（链接 3-3），期望利用大数据促进全球经济发展。例如，采用基于数据的情绪分析方法分析社交网站内容，可以预测某些重要事件的经济发展趋势。同时，国家战略政策方针的制定也开始依赖大数据和数据科学，期望从数据中能够寻找到支持国家决策的有效信息。2012 年 3 月 29 日，美国白宫科学和技术政策办公室发布了《大数据研究与发展倡议》（*Big Data Research and Development Initiative*）[WhiteHouse2012]，通过实施政府数据集开放化，推动数据和统计课程在教育计划中的比重，以及建立针对某些特定方面数据的持续收集方法等措施，来促进大数据为国家所更好地使用。2015 年我国政府发布的《促进大数据发展行动纲要》也提出了“政府数据资源共享开放”、“国家大数据资源统筹发展工程”和“政府治理大数据工程”等专项，填补了我国在国家和政府数据开放、管理和使用方面的政策空白。

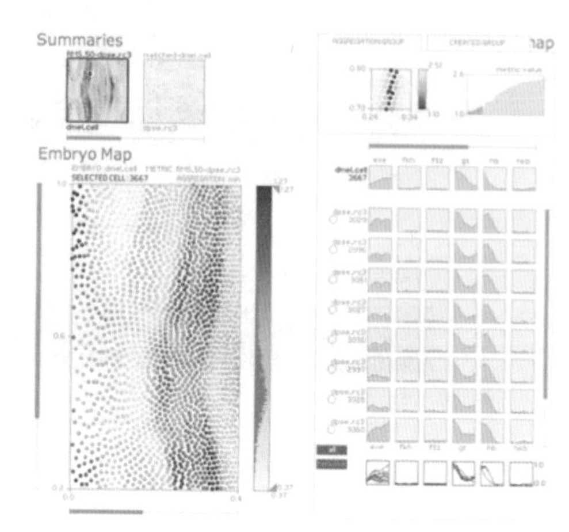

图 3.2 左：美国田纳西州橡树岭国家实验室 John Blondi 等生成的超新星模拟数据的可视化。其中，迹线和角加速度等变量的可视化效果清晰地展示了微中子为撕裂恒星的冲击波提供能量的效果。图片来源：[Ma2009]；右：MulteeSum 是一个用于分析和比较多个基因表达时间序列的可视化系统，其展示的基因表达数据（链接 3-4）记录了数百种生物体的数十亿单独的基因表达数据测量信息。图片来源：[Meyer2010]

在服务科学蓬勃发展的今天，我们也开始走向“数据即服务（DaaS）”的时代。用户可以随时随地按需求获取数据和信息。海量数据带来了相应的海量数据处理及分析需求。然而，传统方法难以应对海量原始数据的直接处理和分析，在很多情况下数据被淹没于浩瀚的“数据海洋”中，这些被淹没的数据中不乏能够提供有价值信息的数据，因此我们在解决大数据获取、存储等问题的同时，急需一种能够针对大数据进行统计、分析和信息提取的方法。近年来，以数据为研究对象的电子科学、信息科学、语义网络、数据组织与管理、数据分析、数据挖掘和数据可视化等手段，可以有效地提取隐藏在数据中有价值的信息，并且将数据利用率提高到传统方法所不能及的高度，是提炼科学原理、验证科学假设、服务科学探索的新思路。现在，研究这种综合性方法的学科被称为“数据科学”，是 21 世纪新兴的一门交叉学科。数据科学涵盖了数据管理、计算机科学、统计学、视觉设计、可视化、人机交互，以及基于架构式和信息技术的物理科学。它改变了所有学科个人和协作工作的模式，使得无论是商业还是科学数据分析处理都上升到一个新的“数据驱动”的阶段，帮助数据分析师和科学家解决尺度、复杂度超越已有的所有工具承受范围的全局问题。

Tony Hey、Stewart Tansley 和 Kristin Tolle 主编的著作《第四范式：数据密集型的科学发现》[Hey2009] 定义了数据科学的一些基本主题。

- 数据和信息的历史
- 数据、信息、知识概念和最新进展
- 数据与信息科学的学术基础
- 信息学简介
- 科学的数据生命周期
- 数据获取、保存和保护
- 数据集成
- 元数据
- 数据模型和架构
- 数据工具、基于数据的服务范式
- 数据网、网页上的数据、深层网
- 数据工作流管理
- 数据可视化
- 数据发现
- 数据和信息管理

同时，该著作从应用角度出发，提出了当今适合使用数据科学的研究领域，包括地球科学、生物、天文、环境与气候、化学、物理、航空、环境工程、数据图书馆和科学出版、商业、社会学、经济等。

作为数据内涵信息的展示方法和人机交互接口，数据可视化已成为数据科学的核心要素之一。面对海量数据，大多数时候我们很难通过直接观察数据本身，或者对数据进行简单统计分析后得到数据中蕴含的信息。例如，我们无法通过查看海量的服务器日志来判断系统是否遭到攻击威胁，或者简单统计交友网站上所有的好友关系来发掘用户的喜好等。海量的数据通过可视化方法变成形象、生动的图形，有助于人类对数据中的属性、关系进行深入探究，利用人类智慧来挖掘数据中蕴含的信息，从表面杂乱无章的海量数据中探究隐藏的规律，为科学发现、工程开发、医学诊疗和商业决策等提供依据。如图 3.3 所示，可视化可以作用于数据科学过程中不同的部分，作为一种人机交互手段，贯穿于整个数据过程。后面的章节将详细阐述这些部分及其和可视化的关系。

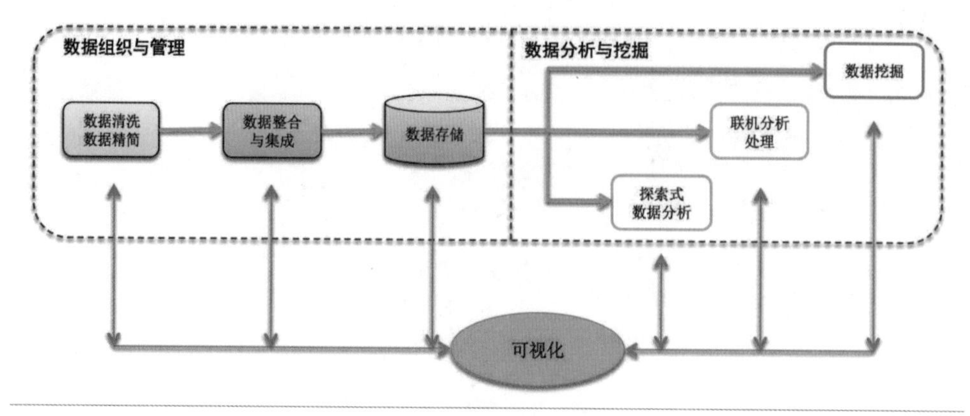

图 3.3 可视化作为人机交互手段，贯穿于整个数据科学过程。

3.2 数据基础

3.2.1 数据分类

数据的分类和信息与知识的分类相关。从关系模型的角度讲，数据可被分为实体和关系两部分。实体是被可视化的对象；关系定义了实体与其他实体之间关系的结构和模式。关系可被显式地定义，也可在可视化过程中逐步挖掘。实体或关系可以配备属性，例如，一个苹果的颜色可以看作它的属性。实体、关系和属性在数据库设计中被广泛使用，形成关系型数据库的基础。

实体关系模型能描述数据之间的结构，但不考虑基于实体、关系和属性的操作。常规的数据操作包括：数值计算；数据列表的插入、融合与删除；取反；生成新的实体或关系；实体的变换；从其他对象中形成新对象；单个实体拆分成组件。

数据属性可分为离散属性和连续属性。离散属性的取值来自有限或可数的集合，例如邮政编码、等级、文档单词等；连续属性则对应于实数域，例如温度、高度和湿度等。在测量和计算机表示时，实数表示的精度受限于所采用的数值精度（例如，双精度浮点数采用 64 位）。

针对这些基本数据类型的交互方法主要有：概括、缩放、过滤、查看细节、关联、查看历史和提取等 [Shneiderman1996]，详见第 12 章。这些基本任务构成了可视语言设计的基础。

3.2.2 数据集

数据集是数据的实例。常见的数据集的表达形式有三类。

数据记录集

数据记录由一组包含固定属性值的数据元素组成。数据记录主要有三种形式：数据矩阵、文档向量表示和事务处理数据。

如果数据对象具有一组固定的数值属性，则数据对象可视为高维空间的点集，每个维度对应单个属性。这种数据集可以直接表达为一个 $m \times n$ 的矩阵。其中，矩阵的每行代表一个对象，每列代表单个属性在数据集中的分布。这种表示方法称为数据矩阵。数据矩阵通常被组织为表格形式。

文档是单词的集合。如果统计文档中所有单词出现的频率，则一个文档可以被表示为一个向量，其长度是单词集的个数，每个分量记录单词集中每个单词在该文档中的频率。

事物处理数据是一类特殊的数据记录，每条记录都包含一组数据项。例如，一组超市购物的事物处理数据是（西瓜，梨子，苹果）、（洗发水，苹果，核桃，香蕉）、（香烟，西瓜，口香糖，笔记本，脸盆）。事物处理数据与数据矩阵的差别在于，事物处理数据的每条记录包含的个数和属性不固定，因此无法用矩阵这种大小确定的方式进行表达。

图数据集

图是一种非结构化的数据结构，由一组节点和一组连接两个节点之间的加权边组成。常见的图数据有表达城市之间航空路线的世界航线图、万维网链接图、化学分子式等。树是一种没有回路的连通图，是任意两个顶点间有且只有一条路径的图。第 8 章将详细阐述图数据的可视化。

有序数据集

有序数据是具有某种顺序的数据集 [Chatfield1989]。常见的数据集包括空间数据、时间数据、时空数据、顺序数据和基因测序数据等。

在某些场合（如科学可视化），数据可以根据数据的维度进行分类：标量（一维点）、向量（多维点）、张量（矩阵）等。

3.2.3 数据相似度与密度

相似度（Similarity）是衡量多个数据对象之间相似的数值，通常位于 0 和 1 之间。与之对应的测度是相异度（Dissimilarity），其下限是 0，上限与数据集有关，可能超过 1。邻近度是相似度和相异度的统一描述。

计算相似度有很多种方法，一些常用的距离和相似度定义有 [Cha2007]：

- 欧几里得距离。
- 明科夫斯基距离（欧几里得距离的推广）。
- 余弦距离。
- Jaccard 相似度。

如果数据对象的属性具有多种类型，则可为每个属性计算相似度，再进行加权平均。

在基于密度的数据聚类时，需要衡量数据的密度，通常定义有三类：

- 欧几里得密度（单位区域内的点的数目）。
- 概率密度。
- 基于图结构的密度。

在第一类中，最简单的方法是将区域分成等分，统计每个部分所包含的点的数目。另一种基于中心的欧几里得密度定义为该点固定尺寸邻域内的点的数目。

3.3 数据获取、清洗和预处理

3.3.1 数据获取

大数据时代的特点之一是数据开始变得廉价，即收集数据的途径多种多样，成本相对低廉。通常来说，数据获取的手段有实验测量、计算机仿真与网络数据传输等。传统的数据获取方式以文件输入/输出为主。在移动互联网时代，基于网络的多源数据交换占据主流。数据获取的挑战主要有数据格式变换和异构异质数据的获取协议两部分。数据的多样性导致不同的数据语义表述，这些差异来自不同的安全要求、不同的用户类型、不同的数据格式、不同的数据来源。

数据获取协议（Data Access Protocol, DAP）作为一种通用的数据获取标准，在科研领域应用比较广泛。该协议通过定义基于网络的数据获取句法，以完善数据交换机制，维护、发展和提升数据获取效率。理论上，数据获取协议是一个中立的、不受限于任何规则的协议，它提供跨越规则的句法的互操作性，允许规则内的语义互操作性。数据获取协议以文件为基础，提供数据格式、位置和数据组织的透明度，并以纯 Web 化的方式与网格 FTP/FTP、HTTP、SRB（Source Route Bridging，源路由网桥）、开放地理空间联盟（如 WCS, WMS, WFS）、天文学（如 SIAP, SSAP, STAP）等协议兼容。经过数年发展，第二代数据获取协议 DAP2 已提供了一个与领域无关的网络数据获取协议，业已成为 NASA/ESE 标准，最新的 DAP4 提供了更多的数据类型和传输功能，以适用更广泛的环境，直接满足用户要求。OPeNDAP（链接 3-5）是一个研发数据获取协议的组织，它提供了一个同名的科学数据联网的简要框架，允许以本地数据格式快速地获取任意格式远程数据的机制。协议中相关的系统要素包括客户端、浏览器界面、数据集成、服务器等。

除此之外，互联网上存在大量免费的数据资源，这些资源通常由网站进行维护，并开放专门的 API 使用户得以访问。Google 作为全世界最大的互联网公司之一，提供了许多用于免费数据获取的 API，例如，用于获取高级定制搜索结果的 Google Custom Search，以及用于获取地理坐标信息的 Google Geocoding API 等。Twitter 和 Facebook 等社交网站也开放了数据获取 API，用于获取社交网络相关信息。*Data Source Handbook* 一书 [Warden2011] 介绍了很多类型的开放 API，其数据类型包括网页、用户信息、搜索关键字、地理信息，以及书籍、音乐等商品信息。

3.3.2 数据清洗

数据质量是数据采集后所需考虑的第一个问题。对于海量数据来说，未经处理的原始数据中包含大量的无效数据，这些数据在到达存储过程之前就应该被过滤掉。在原始数据中，常见的数据质量问题包括：噪声和离群值、数值缺失、数值重复等。解决这些问题的方法称为数据清洗（Data Cleaning）。

- 噪声指对真实数据的修改；离群值指与大多数数据偏离较大的数据。
- 数值缺失的主要原因包括：信息未被记录；某些属性不适用于所有实例。处理数据缺失的方法有：删除数据对象；插值计算缺失值；在分析时忽略缺失值；用概率模型估算缺失值等。非结构化数据通常存在低质量数据项（如从网页和传感器网络获取的数据），构成了数据清洗和数据可视化的新挑战。
- 数值重复的主要来源是异构数据源的合并，可采用数据清洗方法消除。

处理数据丢失和重复记录仅是数据清洗的一部分。其他操作还包括：运用汇总统计删除、分辨或者修订错误或不精确的数据；调整数据格式和测量单位；数据标准化与归一化等。另一方面，实际采集的数据经常包含错误和自相矛盾的内容，而且实验、模拟和信息分析过程不可避免地存在误差，从而对分析结果产生很大的影响。通常这类问题可以归结为不确定性。不确定性有两方面内涵，包括各数据点自身存在的不确定性，以及数据点属性值的不确定性。前者可用概率描述，后者有多种描述方式，如描述属性值的概率密度函数，以方差为代表的统计值等。由于不确定性数据与确定性数据存在显著差异，所以针对不确定性数据需要采取特殊的数据建模、分析和可视化方法。

表 3.1 中列出了数据清洗最终需要达到的目标，包括有效性、准确性、可信性、一致性、完整性和时效性六个方面。在数据清洗步骤完成后，该表可作为数据清洗效果的检查表，对已进行的清洗过程进行评估。

表 3.1 数据清洗效果检查表

目　标	含　义
有效性	数据是否真实合理
准确性	数据是否精确，有无误差
可信性	数据来源和收集方式是否可信
一致性	数据（格式、单位等）是否一致
完整性	数据是否有缺失
时效性	数据适用范围（相对分析任务）

可视化作为一种有效的展示手段和交互手段，在数据清洗中发挥了巨大的作用。有人提出 33 种脏数据类型，并且强调其中的 25 种在清理时需要人的交互。这意味着多种脏数据在清理时可使用交互式可视化方法来提高数据清理效率，如图 3.4 所示。

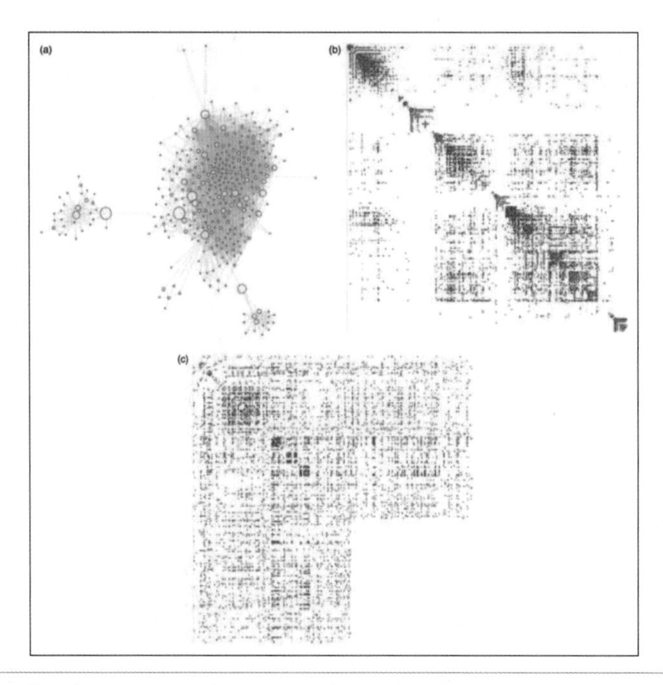

图 3.4 可视数据清理实例。左上：某图结构的节点 - 连接布局；右上：该图结构的矩阵布局。将矩阵视图的行列进行重排后，可发现矩阵右下部分的数据缺失。图片来源：[Kandel2011]

目前一些商业工具提供了交互式可视化界面，来辅助用户完成数据清洗工作。OpenRefine（前身为 Google Refine）使用交互式编辑和简单脚本方式来完成数据编辑、转换和问题值处理等功能，如图 3.5 所示。Trifacta 公司的 Wrangler 工具通过展示数据的统计图表，来支持用户执行数据初探操作，渐进式地发现数据中包含的问题和缺陷，并提供了一系列数据编辑工具来进行清洗操作，如图 3-6 所示。

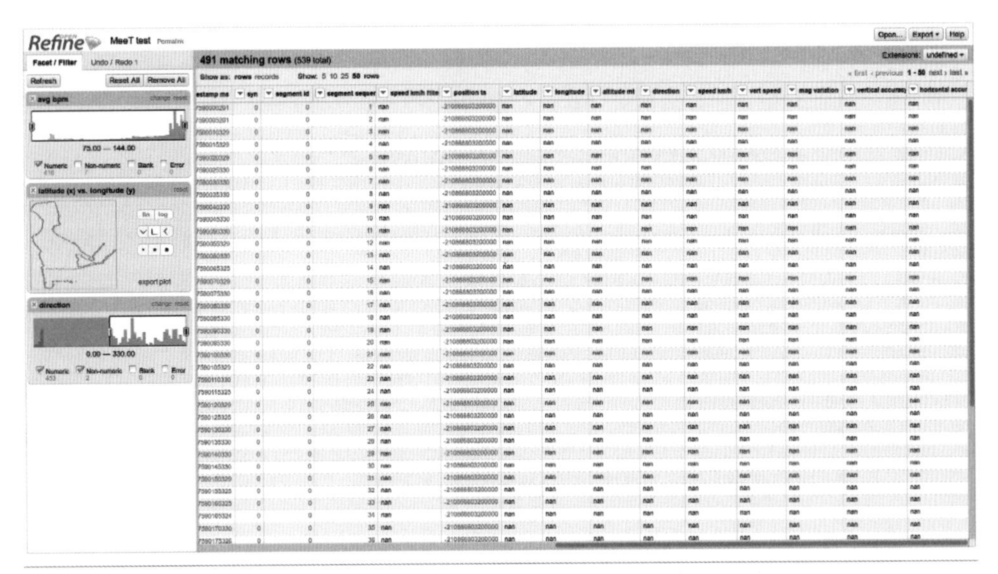

图 3.5 OpenRefine 以数据表格为主要展示方式，配以交互式和脚本式数据编辑操作，来支持用户的数据清洗任务。

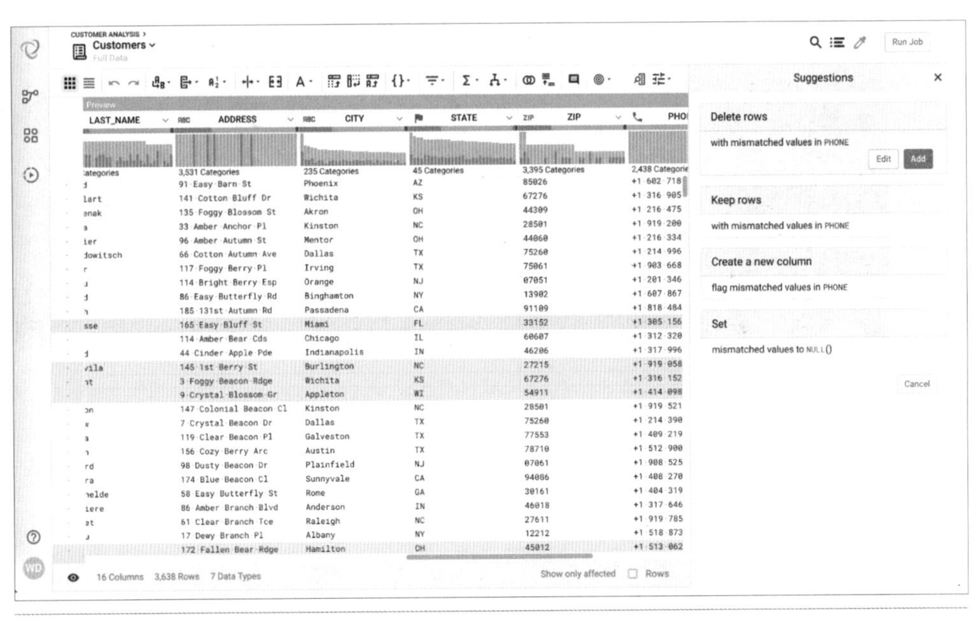

图 3.6 Trifacta Wrangler 系统界面。左侧使用数据表格和直方图形式展示数据原貌；右侧面板提供了一系列推荐的数据编辑和清洗操作。图片来源：链接 3-6

3.3.3 数据精简

由高维性带来的维度灾难、数据的稀疏性和特征的多尺度性是大数据时代中数据所特有的性质。直接对海量高维的数据集进行可视化通常会产生杂乱无章的结果，这种现象被称为视觉混乱。为了能够在有限的显示空间内表达比显示空间尺寸大得多的数据，我们需要进行数据精简。在数据存储、分析层面进行的数据精简能降低数据复杂度，减少数据点数目并同时保留数据中的内涵特征，从而减少查询和处理时的资源开销，提高查询的响应性能。经典的数据精简包括前面章节中描述的方法，如统计分析、采样、直方图、聚类和降维，也可采用各类数据特征抽取方法，如奇异值分解、局部微分算子、离散小波变换等。图 3.7 展示了采用降维方法简化用户交互的方法。在数据仓库或联机分析处理系统应用中，数据精简可用于提升大规模数据查询和管理的交互性。由于分析和推理只需要定性的结果，所以可采用近似解提高针对大数据的精简效率。

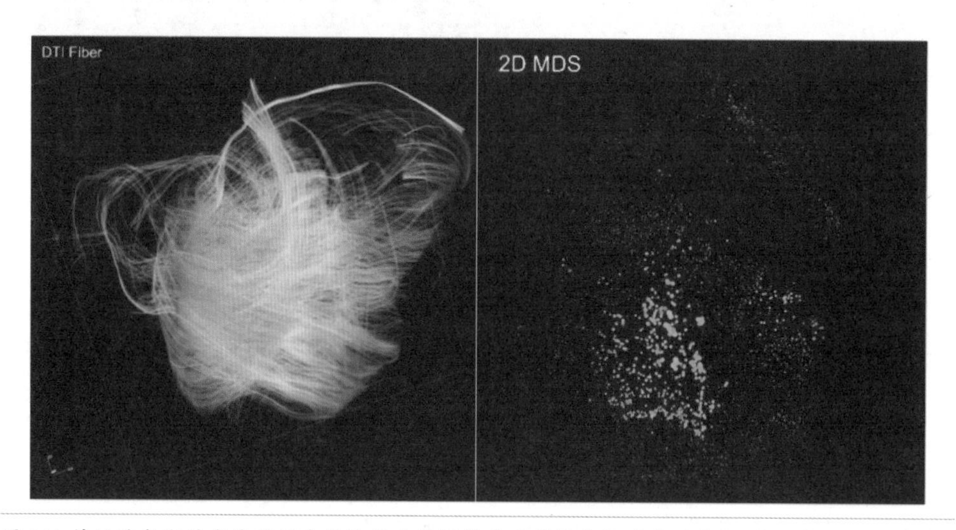

图 3.7 将从弥散张量成像数据中抽取的人脑纤维看成高维空间的点（左），定义相似性，并采用多维尺度分析算法，将纤维集投影到二维空间（右），允许用户快速地选择、操纵和观察三维纤维丛的结构和分布。图片来源：[Chen2009]

面向大数据的交互可视化对数据组织和管理提出了更高的要求。实施计算机图形学发展的一些理念经常被应用在交互式数据可视化应用上，如可伸缩的数据结构和算法、层次化数据管理和多尺度表达等。在选择恰当的数据精简方法时，使用者必须对时机、对象、使用策略和视觉质量评估等因素进行综合考察，这些考察项目不仅仅针对数据管理、数据可视化等学科，还往往涉及认知心理学、用户测试、视觉设计等相关学科。以是否使用可视化为标准，数据精简方法可分为两类。

- 使用质量指标优化非视觉因素，如时间、空间等。
- 使用质量指标优化数据可视化，称为可视数据精简。

可视数据精简需要自动分析数据以便选择和衡量数据的不同特征，如关联性、布局和密度。这些量度指导和评估数据精简的过程，向用户呈现优化的可视化结果。常用的可视化质量指标包括尺寸、视觉有效性和特征保留度。尺寸是可量化的量度，如数据点的数量，构成了其他计算的基础。视觉有效性用于衡量图像退化（如冲突、模糊）或可视布局的美学愉悦程度。常见方法有数据密度和数据油墨比[Tufte1983]等特征（见图3.8)。特征保留度是评估可视化质量的核心，它衡量可视化结果在数据、可视化和认知方面正确展现数据特性的程度。

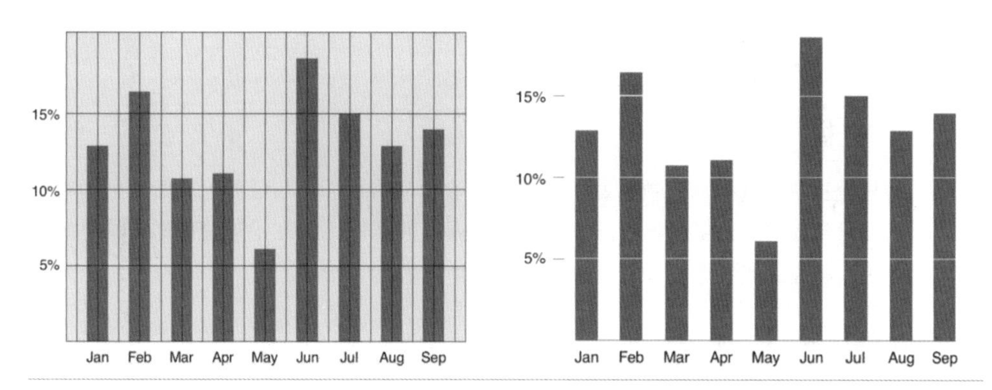

图3.8 数据油墨比是Edward Tufte提出的一个数据可视化质量评估标准，它被定义为用于展现数据的像素数目与全部油墨像素数目的比值。左图（链接3-7）显示的数据油墨比远低于右图（链接3-8）。

3.3.4 其他常用的数据预处理步骤

在解决质量问题后，通常需要对数据集进行进一步的处理操作，以符合后续数据分析步骤要求。这一类操作通常被归为数据预处理步骤。常用的预处理操作有：

合并

将两个以上的属性或对象合并为一个属性或对象。合并操作的效用包括：有效简化数据；改变数据尺度（例如，从乡村起逐级合并，形成城镇、地区、州、国家等)；减少数据的方差。

采样

采样是统计学的基本方法，也是对数据进行选择的主要手段，在对数据的初步探索和最后的数据分析环节经常被采用。统计学家实施采样操作的根本原因是获取或处理全部数据集的代价太高，或者时间开销无法接受。如果采样结果大致具备原始数据的特征，那么这个采样是具有代表性的。最简单的随机采样可以按某种分布随机从数据集中等概率地选择数据项。当某个数据项被选中后，它可以继续保留在采样对象中，也可以在后继采样过程中被剔除。在前一种模式中，同一个数据项可能被多次选中。采样也可分层次进行：先将数据全集分为多份，然后在每份中随机采样。

降维

维度越高，数据集在高维空间的分布越稀疏，从而减弱了数据集的密度和距离的定义对于数据聚类和离群值检测等操作的影响。将数据属性的维度降低，有助于解决维度灾难，减少数据处理的时间和内存消耗；可以更为有效地可视化数据；降低噪声或消除无关特征等。降维是数据挖掘的核心研究内容，常规的做法有主元分析、奇异值分解、局部结构保持的 LLP、ISOMAP 等方法。

特征子集选择

从数据集中选择部分数据属性值可以消除冗余的特征、与任务无关的特征。特征子集选择可达到降维的效果，但不破坏原始的数据属性结构。特征子集选择的方法包括：暴力枚举法、特征重要性选择、压缩感知理论的稀疏表达方法等。

特征生成

特征生成可以在原始数据集基础上构建新的能反映数据集重要信息的属性。三种常用的方法是：特征抽取、将数据应用到新空间、基于特征融合与特征变换的特征构造。

离散化与二值化

将数据集根据其分布划分为若干个子类，形成对数据集的离散表达，称为离散化。将数据值映射为二值区间，是数据处理中的常见做法。将数据区间映射到 [0,1] 区间的方法称为归一化。

属性变换

将某个属性的所有可能值一一映射到另一个空间的做法称为属性变换，如指数变换、取绝对值等。标准化与归一化是两类特殊的属性变换，其中标准化将数据区间变换到某个统一的区间范围，归一化则变换到 [0,1] 区间。

3.4 数据组织与管理

大数据时代随着信息量的飞速增长，我们也不得不面对“无关、错误的信息随之增长”这样一个事实。从数据获取、存储直到最后的分析、可视化，其中很多因素都会造成无关、错误数据的产生和引入，例如，使用不同的数据源可能会直接引入重复或无关的数据；数据处理阶段没有很好地将无关、错误的数据过滤出来；由于资源限制而无法进行海量数据的过滤清理等。因此，我们需要对这些过程进行自动控制，使得数据能够进行有效的组织，进而能够存储起来供后续分析使用。

数据管理包括对数据进行有效的收集、存储、处理和应用的过程。在面向复杂数据的数据可视化过程中，还涉及面向应用的数据管理，它的管理对象是数据生命周期所涉及的应用过程中描述构成应用系统构件属性的元数据，包括流程、文件、数据元、代码、规则、脚本、档案、模型、指标、物理表、ETL、运行状态等。

通常数据按照一定的组织形式和规则进行存储和处理，以实现有效的数据管理。从逻辑上看，数据组织具有一个层层相连的层次体系：位、字符、数据元、记录、文件、数据库。其中，记录是逻辑上相关的数据元组合；文件是逻辑上相关的记录集合；数据库是一种作为计算机系统资源共享的数据集合。与数据可视化有关的常用数据组织和管理形式如下：

文件存储

最简单的数据组织管理形式是文件。在数据库管理系统（DBMS）出现以前，人们通常以文件作为数据输入和输出的形式。然而，以文件作为数据存储形式有相当多的弊端，例如，数据可能出现冗余、不一致，数据访问烦琐，难以添加数据约束，安全性不高等问题。然而作为一种高度灵活的数据存储形式，它允许使用者非常自由地进行数据处理而不受过多的约束。

电子表单（Spreadsheet）是多功能的数据组织形式，被广泛使用于办公自动化、商业和自然科学领域的数据组织与管理中，几乎所有的办公软件（如 Microsoft Excel、Tableau 等）都支持标准电子表单文件的导入和导出。电子表单文件的变种，如逗号分隔值（CSV）文件格式，也已经被大量的数据交换程序支持。电子表单格式的主要缺点是缺少类型和元数据，因而在使用时需要预先给出对每个数据项的语义解释。

结构化文件格式

为方便通用型数据存储和交换，数据导向型的应用程序采用标记语言格式将数据进行结构化组织，XML（Extensible Markup Language，可扩展标记语言）是其中的典型代表。除此之外，一些科学领域使用特定的结构化文件记录数据，以满足特殊领域知识的表达高性能处理的需求。例如，VOTable 是一种由国际虚拟天文台联盟（IVOA）团队制定的 XML 数据格式，统一了记录天文星表等表列数据的格式；NetCDF（网络通用数据格式）是由美国大学大气研究协会针对科学数据的特点开发的面向数组型并适合于网络共享的数据的描述和编码标准，被广泛应用于大气科学、水文、海洋学、环境模拟、地球物理等诸多领域；HDF（层次型数据结构）是由美国国家超级计算应用中心创建、以满足不同群体的科学家对不同工程项目领域之需的多对象文件格式。这些科学数据格式充分考虑了实验或测量数据的性能需求，适用于高分辨率、高通量的传感器数据。

数据库

数据组织的高级形式是数据库，即存储在计算设备内、有组织的、共享的、统一管理的数据集合。数据库中保存的数据结构既描述了数据间的内在联系，便于数据增加、更新与删除，也保证了数据的独立性、可靠性、安全性与完整性，提高了数据共享程度和数据管理效率。关系数据库模型是当前数据库系统最为常用的数据模型。

下文将按数据存储和处理的顺序描述与数据可视化最相关的数据组织与管理方法。

3.4.1 数据整合与集成

对于来自不同数据源的数据来说，它们具有高度异构的特点：不同的数据模型、不同的数据类型、不同的命名方法、不同的数据单元等，例如来自不同国家气象检测站的气象数据，或不同企业的客户数据等。当需要对这些异构数据的集合进行处理时，首先需要有效的数据集成方法对这些数据进行整合。数据整合指将不同数据源的数据进行采集、清洗、精简和转换后统一融合在一个数据集合中，并提供统一数据视图的数据集成方式，如图 3.9 所示。

图 3.9 [Cammarano2007] 提出了一种针对异构数据的可视化方案，该方案使用一种数据源无关的数据可视化描述方法，使得能够在给定的可视化视图上自动展现适合于视图的数据。图片来源：链接 3-9

一般来说，数据整合的常用方式有以下两种。

- 物化式（见图 3.10 左图）：查询之前，涉及的数据块被实际交换和存储到同一物理位置（如数据仓库等）。物化式数据整合需要对数据进行物理移动，即从源数据库移动到其他位置。
- 虚拟式（见图 3.10 右图）：数据并没有从数据源中移出，而是在不同的数据源之上增加转换策略，并构建一个虚拟层，以提供统一的数据访问接口。虚拟式数据整合通常使用中间件技术，在中间件提供的虚拟数据层之上定义数据映射关系。同时，虚拟层还负责将不同数据源的数据在语义上进行融合，即在查询时做到语义一致。例如，不同公司的销售数据中“利润”的表达各有不同，在虚拟层中需要提供处理机制，将不同的“利润”数据转化为同一种含义，供用户进行查询使用。

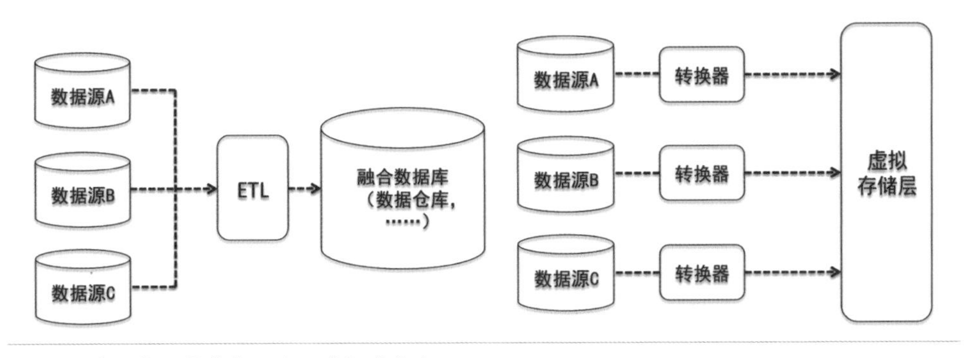

图 3.10 左：物化式整合；右：虚拟式整合。

数据整合的需求来源于多个方面，从数据获取的角度看，数据获取的不精确、大范围的不协调数据采集策略、商业竞争和存储空间限制等都是进行多数据源数据整合的原因。在实际的数据可视化应用中，来自不同数据源的数据可能具有不同的质量，这也是面向不同质量数据的整合方法的动机。

交互分析和可视数据要求数据整合采用集中式、虚拟式的模式。基本解决方案是采用工具或中间件进行数据源包装和数据库联合，提供通用模型用于交换异构数据和实现物理层透明，同时处理异构性，保存数据源的自主性及保证可扩展性。更好的方式是基于计算查询理念的语义整合，利用应用领域的概念视图而不是数据源的普通描述以提供概念数据的透明性。

数据集成指数据库应用中结合不同资源的数据并为用户提供数据集合的统一访问，其涵盖范围要比数据整合广。此外，数据整合与数据联邦（Data Federation）也有所区别：数据整合关注对众多独立和异构的数据源提供统一和透明的访问，使得原本无法被单数据源支持的查询表达获得支持，因此需要一个实际的物理数据源作为统一数据视图的数据来源；数据联邦则提供了一种逻辑上统一、实际物理位置分布在多个数据源中的数据的集成。

3.4.2 数据库与数据仓库

在当今以数据为基础的服务中，数据库作为信息存储应用已经成为其基础部分。对于能够获取到的信息，需要一种强大的、灵活的管理系统和理论有效地组织、存储和管理大量的数据，以进一步发挥这些数据的价值。在这样的背景下，数据库和数据库管理系统应运而生，担当起数据组织和存储的角色。

数据库是数据的集合，并且同时包含对数据的相关组织和操作。数据库管理系统是用来帮助维护大量数据集合的软件系统，用来满足对数据库进行存储、管理、维护以及提供查询、分析等服务的需要。通常来说，数据库管理系统需要考虑以下几方面的因素。

- 数据库模型设计。
- 数据分析支持。
- 并发和容错。
- 速度和存储容量。

数据库结构的基础是数据模型，它是数据描述、数据联系、数据域以及一致性约束的集合 [Silberschatz2005]。现有的数据模型主要有基于对象和基于记录的逻辑模型。

- E-R 模型是一种著名的基于对象的逻辑模型，它根据现实世界中的实体及实体间的关系对数据进行抽象构建。
- 关系模型作为一种最常见的基于记录的逻辑模型，广泛应用在当前各种关系型数据库系统中。它借助于关系代数等数学概念和方法来处理数据库中的数据，由关系数据结构、关系操作集合、关系完整性约束三部分组成。关系型数据库是建立在关系模型基础上的数据库。在关系数据模型中，数据以表格的形式表现，数据之间的联系由属性值而不是显式的链接来表达，这一特性以及 SQL 所带来的访问灵活性促使关系模型快速地取代了旧有的数据模型。当前主流的关系型数据库有 IBM DB2、Oracle、Microsoft SQL Server、MySQL 等。标准查询语言（SQL）是关系型数据库的结构化查询语言，它提供了对关系型数据库中的表记录进行查询、操纵的功能。

现代的关系数据库管理系统（RDBMS）对数据结构和数据内容提供了明确的分离，允许用户通过控制和管理的方式来访问数据，同时采用稳定的方法来处理安全性和数据一致性。它通过将数据管理设计成符合原子性（Atomic）、一致性（Consistent）、隔离性（Isolated）和持久性（Durable）的事务（事务的 ACID 特性），确保上述数据管理要求的实现，并使分布在计算机网络不同地点的数据库（Distributed RDBMS）的并发数据访问和数据恢复得到支持。通过使用 SQL 语句，数据库向用户隐藏了具体的分布细节而提供了统一的数据访问接口。针对查询优化和数据索引发展的大量理论和实践研究增强了关系型数据库处理海量数据集的能力。

关系型数据库系统已经被许多领域作为数据存储管理基础所使用。然而，对于数据可视化应用和其他一些数据应用，关系型数据库存在一些缺陷。

- 交互式数据可视化应用通常需要将数据存储于内存，以保证足够的性能（通常需要亚秒级的响应时间）。除了一些内存数据库，普通的关系型数据库在数据量较大的情况下难以满足可视化交互的高性能要求。
- SQL 支持的数据类型是存储导向而不是语义导向的。因此，对复杂关系数据进行处理和可视化时，使用者需要在数据库中添加更多的数据描述来表达记录间的语义关联，然而这样做会增加数据库设计的复杂度以及存储、查询开销。
- 关系型数据库中的事件通知通常用触发器机制实现。这种低效的通知机制难以满足数据可视化的实时性要求。

在数据爆炸时代，相对于传统的结构化数据（表格记录、关系记录等）来说，新增加的大部分数据类型都是在自然和社会环境中产生的，这些数据类型并不具有结构化特征，即它们很难以行数据的形式存储在结构化二维逻辑表中。这些数据包括：文本、超文本（HTML）、标记语言数据（XML 及其变种）、视频、音频等多媒体资源，以及社交媒体内容、数字传感器数据等。虽然非结构化数据在数据库领域尚处于新兴研究方向，并且比较难以处理，但这种非结构化数据却占据着大数据时代的主流地位。远至几千年前的埃及象形文字，近到社交网站中的用户关系，都属于非结构化数据家族中的一员。这些非结构化数据通常难以直接归入传统的数据库，从而使面向结构化数据的关系型数据库的局限性越来越明显。为此，基于非结构化数据的应用需要一种在数据存储、管理层面上的通用解决方案，即非结构化数据库。非结构化数据库指字段长度可变，每个字段的记录可由可重复或不可重复的子字段构成的数据库。它可管理非结构化数据（如文本、图像、视频和音频等），同时也提供面向传统结构化数据（如数值）的管理。

从应用目标的角度看，数据库系统同时还可以提供对所存储的数据进行分析，继而进行决策支持的功能。分析型数据库是面向分析应用的数据库系统，主要提供数据的在线统计、在线分析、即时查询等操作。为了提高针对复杂数据的分析效率，分析型数据库采用了基于列的方式。例如，PipelineDB 可用于存储流数据，并配合 Kafka 等流数据处理引擎对流数据进行实时处理。通用的事务型数据库 MonetDB 也采用了基于列的方式索引数据，以满足数据可视化的绝大多数需求。

NoSQL 数据库被认为是不同于传统关系型数据库的数据库管理系统的总称，这种数据库能够满足对数据的高并发读写、高效存储和访问、数据库高扩展性和高可用性等需求，为 SNS 网站等规模大、并发数高的应用提供了符合其性能标准的解决方案。例如，谷歌公司内部采用特别优化的分布式存储系统 BigTable；亚马逊公司开发的 Dynamo 使用私有的键 - 值结构的存储系统处理 Web 服务等。在数据分析方面，NoSQL 数据库能为大型数据集的在线分析提供更快、更简单、更专门的服务。时至今日，形形色色的 NoSQL 数据库系统已能够提供多种不同的服务，包括文档存储（如 CouchDB, MongoDB）、面向网络的存储（如 Neo4j）、键 - 值存储（如 Redis, Memcached）和混合存储等。

现有一些数据可视化应用开始直接针对关系型数据库进行可视化，并且拥有简单的统计、分析功能。例如，基于表格数据的可视分析系统方案[Liu2011]将表格数据映射为以节点 - 连接布局表示的网络结构（见图 3.11），并支持表格上的各关系代数运算，将关系代数运算结果以可视化方式展现出来。在 NoSQL 数据库方面，尚无专门提供给可视化应用的 NoSQL 数据库产品，在数据可视化方面也暂时没有针对 NoSQL 进行可视化的方案。

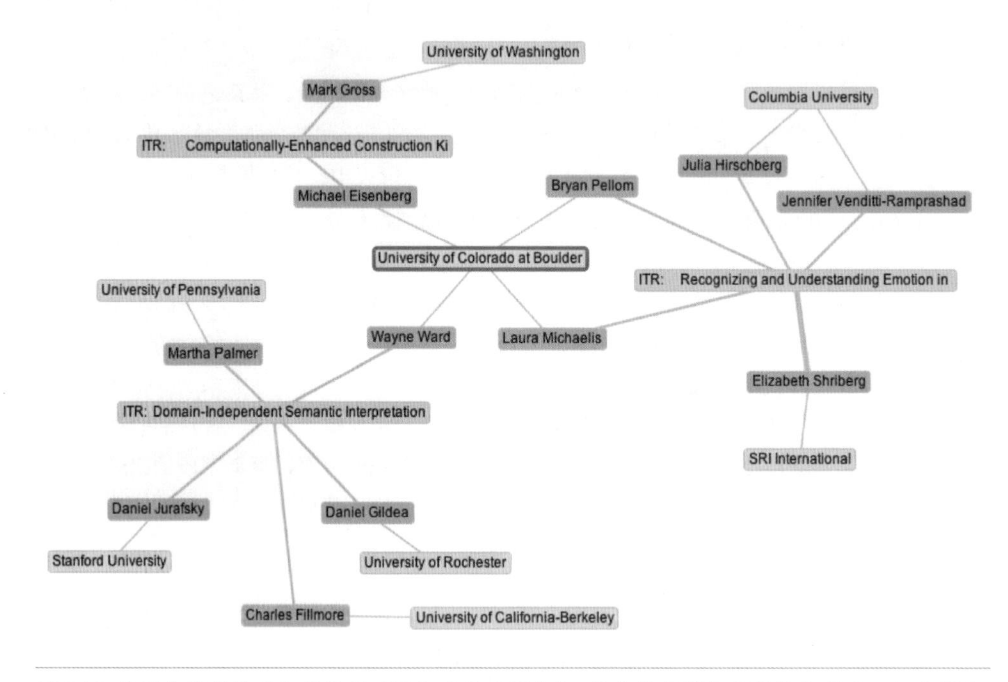

图 3.11 美国自然科学基金数据库可视化效果（部分）。其中黄色节点代表基金项目，红色节点代表科研人员，灰色节点代表研究机构。该图结构展示了“研究人员所属机构”和“项目参与人员”两张表结构进行合并后的结果。图片来源：[Liu2011]

数据仓库指“面向主题的、集成的、与时间相关的、主要用于存储的数据集合，支持管理部门的决策过程”[Han2001]，其目的是构建面向分析的集成化数据环境，为分析人员提供决策支持。区别于其他类型的数据存储系统，数据仓库通常有特定的应用方向，并且能够集成多个异构数据源的数据。同时，数据仓库中的数据还具有时变性、非易失性等特点。数据仓库中的数据来源于外部，开放给外部应用，其基本架构是数据流入 / 流出的过程，该过程可以分为三层——源数据、数据仓库和数据应用。其流水线简称为 ETL（抽取 Extract、转化 Transform、装载 Load，见图 3.12）。

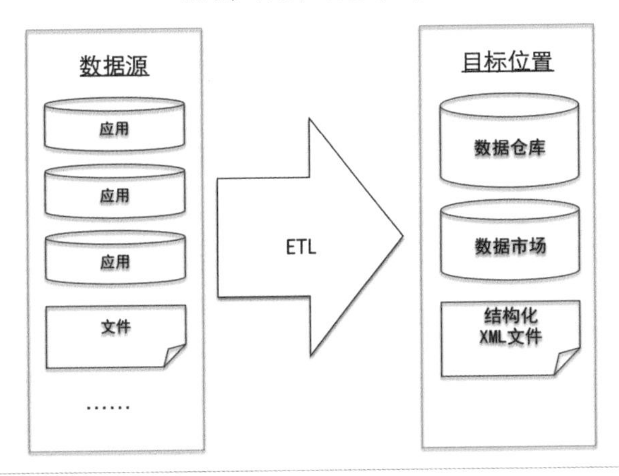

图 3.12 ETL 模型。图片来源：链接 3-10

- 抽取阶段从一个或多个数据源中抽取原始数据。
- 转化阶段主要进行数据变换操作，主要有清理、重构、标准化等。
- 装载阶段将转化过的数据按一定的存储格式进行存储。

同时，在 ETL 过程中的每个组件都要求可重用，以持续地进行数据获取、变换和存储工作，并且能够支持并行操作，提高处理效率。

数据仓库作为利于使用者理解和分析的综合数据资源库，具有一些不同于一般数据库的特点：

- 数据仓库通常围绕某个应用目标、应用领域或使用者所感兴趣的内容制定，包含了一些相关的、由外部产生的数据。
- 数据仓库可以不断更新和增长，这意味着数据可以被源源不断地积累起来，从而允许用户分析数据的趋势变化、模式和相互关系。
- 数据仓库为复杂的决策支持查询进行了大量优化。数据仓库的不同目标和数据模型也同时引发了不同于传统数据库的技术、方法论和方法的各种研究。
- 对于结构化或非结构化数据，数据仓库都能有效地进行处理，并且还能够提供两种数据的整合功能。

3.5 数据分析与挖掘

数据用于记录事实，是实验、测量、仿真、观察、调查等的结果。数据分析指组织有目的地采集数据、详细研究和概括总结数据，从中提取有用信息并形成结论的过程，其目的是从一堆杂乱无章的数据中集中、萃取和提炼出信息，探索数据对象的内在规律。概念上，数据分析的任务分解为定位、识别、区分、分类、聚类、分布、排列、比较、内外连接比较、关联、关系等活动。基于数据可视化的分析任务则包括识别、决定、可视化、比较、推理、配置和定位。基于数据的决策则可分解为确定目标、评价可供选择方案、选择目标方案、执行方案等。从统计应用上讲，数据分析可以被分成描述性统计分析、探索式数据分析和验证性数据分析三类。

数据分析从统计学中发展而来，在各行业中体现出极大的价值。具有代表性的数据分析方向有统计分析、探索式数据分析、验证性数据分析等，其中探索式数据分析主要强调从数据中寻找出之前没有发现过的特征和信息，验证性数据分析则强调通过分析数据来验证或证伪已提出的假说。统计分析中的传统数据分析工具包括：排列图、因果图、分层法、调查表、散布图、直方图、控制图等[Cleveland1985]。面向复杂关系和任务，又发展了新的分析手段，如关联图、系统图、矩阵图、计划评审技术、矩阵数据图等。流行的统计分析软件如 R、SPSS、SAS，支持大量的统计分析方法。

数据分析与自然语言处理、数值计算、认知科学、计算机视觉等结合，衍生出不同种类的分析方法和相应的分析软件。例如，科学计算领域的 MATLAB，机器学习领域的 Weka，自然语言处理领域的 SPSS/Text、SAS Text Miner，计算机视觉领域的 OpenCV，图像处理领域的 Khoros、IRIS Explorer 等。

从流程上看，数据分析以数据为输入，处理完毕后提炼出对数据的理解。因此，在整个数据工作流中，数据分析建立在数据组织和管理基础上，通过通信机制和其他应用程序连接，并采用数据可视化方法呈现数据分析的中间结果或最终结论。面向大型或复杂的异构数据集，数据分析的挑战是结合数据组织和管理的特点，考虑数据可视化的交互性和操控性要求需求。一方面，部分数据分析方法采取增量式的策略，但不提供给用户任何中间结果，阻碍了用户对数据分析中间结果的理解和对分析过程的干预。解决方案之一是设计标准化协议。例如，微软公司定义了用于分析 XML 的协议，其核心是数据挖掘模型（Data Mining Model）和可预测模型标记语言（PMML）。另一方面，用户对部分数据分析结果或可视化结果可能会进行微调、定位、选取等操作，这需要数据分析方法针对细微调节快速修正。

数据挖掘被认为是一种专门的数据分析方式，与传统的数据分析（如统计分析、联机分析处理）方法的本质区别是前者在没有明确假设的前提下去挖掘知识，所得到的信息具有未知、有效和实用三个特征[Fayyad1996]，并且数据挖掘的任务往往是预测性的而非传统的描述性任务。数据挖掘的输入可以是数据库或数据仓库，或者是其他的数据源类型，例如网页、文本、图像、视频、音频等。

联机分析处理是面向分析决策的方法。传统的数据库查询和统计分析工具负责提供数据库中的内容信息，而联机分析处理则提供基于数据的假设验证方法。这个过程是一个演绎推理的过程。与之相反的是，数据挖掘并不验证某个假定的模型的正确性，而是从数据中计算未知的模型，因此本质上是一个归纳的过程，通过构建模型对未来进行预测。

数据挖掘和联机分析处理都致力于模式发现和预测，具有一定的互补性。当然，数据挖掘并不能替代传统的统计分析和探索式数据分析技术。在实际应用中，需要针对不同的问题类型采用不同的方法。特别需要指出的是，将数据可视化作为一种可视思考策略和解决方法，可以有效地提高统计分析、探索式数据分析、数据挖掘和联机分析处理的效率。

3.5.1 探索式数据分析

统计学家最早意识到数据的价值，提出一系列数据分析方法用于理解数据特性。数据分析不仅有助于用户选择正确的预处理和处理工具，还可以提高用户识别复杂数据特征的能力。探索式数据分析是统计学和数据分析结合的产物。著名的统计学家、信息可视化先驱 John Tukey 在其著作 *Exploratory Data Analysis*[Tukey1977] 中，将探索式数据分析定义为一种以数据可视化为主的数据分析方法，其主要目的包括：洞悉数据的原理；发现潜在的数据结构；抽取重要变量；检测离群值和异常值；测试假设；发展数据精简模型；确定优化因子设置等[NIST]。

探索式数据分析（Exploratory Data Analysis）是一种有别于统计分析的新思路，不等同于以统计数据可视化为主的统计图形方法[Cleveland1993]。传统的统计分析关注模型，即估计模型的参数，从模型生成预测值。大多数探索式数据分析关注数据本身，包括结构、离群值、异常值和数据导出的模型。

从数据处理的流程上看，探索式数据分析和统计分析、贝叶斯分析也有很大不同。统计分析的流程是：问题，数据，模型，分析，结论；探索式数据分析的流程是：问题，数据，分析，模型，结论；贝叶斯分析的流程则是：问题，数据，模型，先验分布，分析，结论。

探索式数据分析与数据挖掘也有很大差别。前者将聚类和异常检测看成探索式过程，而后者则关注模型的选择和参数的调节。关于探索式数据分析中的标准统计可视化方法，参见第 4 章。

3.5.2 联机分析处理

联机分析处理（OLAP）是一种交互式探索大规模多维数据集的方法。关系型数据库将数据表示为表格中的行数据，而联机分析处理则关注统计学意义上的多维数组。将表单数据转换为多维数组需要两个步骤。首先，确定作为多维数组索引项的属性集合，以及作为多维数组数据项的属性。作为索引项的属性必须具有离散值，而对应数据项的属性通常是一个数值。然后，根据确定的索引项生成多维数组表示。

联机分析处理的核心表达是多维数据模型。这种多维数据模型又可表达为数据立方，相当于多维数组。数据立方是数据的一个容许各种聚合操作的多维表示。例如，某数据集记录了一组产品在不同日期、不同地点的销售情况，这个数据集可看成三维（日期，地点，产品）数组，数组的每个单元记录的是销售数量。针对这个数据立方，可以实行三种二维聚合（三个维度聚合为两个维度）、三种一维聚合（三个维度聚合为一个维度）、一种零维聚合（计算所有数据项的总和）。

数据立方可用于记录包含数十个维度、数百万数据项的数据集，并允许在其基础上构建维度的层次结构。通过对数据立方不同维度的聚合、检索和数值计算等操作，可完成对数据集不同角度的理解。由于数据立方的高维性和大尺度，联机分析处理的挑战是设计高度交互性的方法。一种方案是预计算并存储不同层级的聚合值，以便减小数据尺度；另一种方案是从系统的可用性出发，将任一时刻的处理对象限制于部分数据维度，从而减少处理的数据内容。

联机分析处理被广泛看成一种支持策略分析和决策制定过程的方法，与数据仓库、数据挖掘和数据可视化的目标有很强的相关性。它的基本操作分为两类（见图 3.13）。

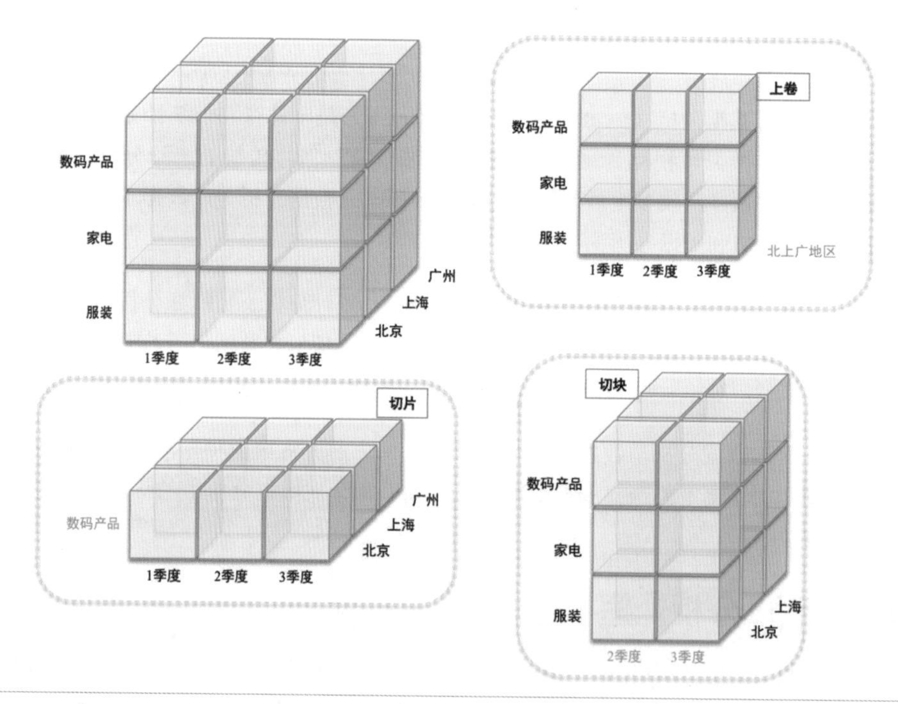

图 3.13 数据立方体操作的概念性可视化表示，包括：上卷、切片和切块。

- 切片和切块（Slicing and Dicing）——切片（Slicing）指从数据立方中选择在一个或多个维度上具有给定的属性值的数据项。切块（Dicing）指从数据立方中选择属性值位于某个给定范围的数据子集。两个操作都等价于在整个数组中选取子集。

- 汇总和钻取（Roll-up and Drill-down）——属性值通常具有某种层次结构。例如，日期包括年、月、星期等信息；位置包括洲、国家、省和城市等；产品可以分为多层子类。这些类别通常嵌套成一个树状或网状结构。因此，可以通过向上汇总或向下钻取的方法获取数据在不同层次属性的数据值。

联机分析处理是交互式统计分析的高级形式。面向复杂数据，联机分析处理方法的发展趋势是融合数据可视化与数据挖掘方法，转变为数据的在线可视分析方法。例如，联机分析处理将数据聚合后的结果存储在另一张维度更低的数据表单中，并对该数据表单进行排序以便呈现数据的规律。这种聚合 - 排序 - 布局的思路允许用户结合数据可视化的方法（如时序图、散点图、地图、树图和矩阵等）理解高维的数据立方表示。特别地，当需要分析的数据集的维度高达数十维时，采用联机分析处理手工分析力不从心，数据可视化则可以快速地降低数据复杂度，提升分析效率和准确度。

Polaris（见图 3.14）是由斯坦福大学开发的用于分析多维数据立方的可视化工具，它针对基于表格的数据进行可视化及分析，可以认为是对表格数据（诸如电子表格数据、关系型数据库数据等）的一种可视化扩展。它继承了经典的数据表单的基本思想，在表格各单元中使用嵌入式的可视化元素替代数值和文本。当前系统支持各类统计可视化方法，如柱状图、饼图、甘特图、趋势线等。Polaris 的商业版本 Tableau 已经取得极大的成功。

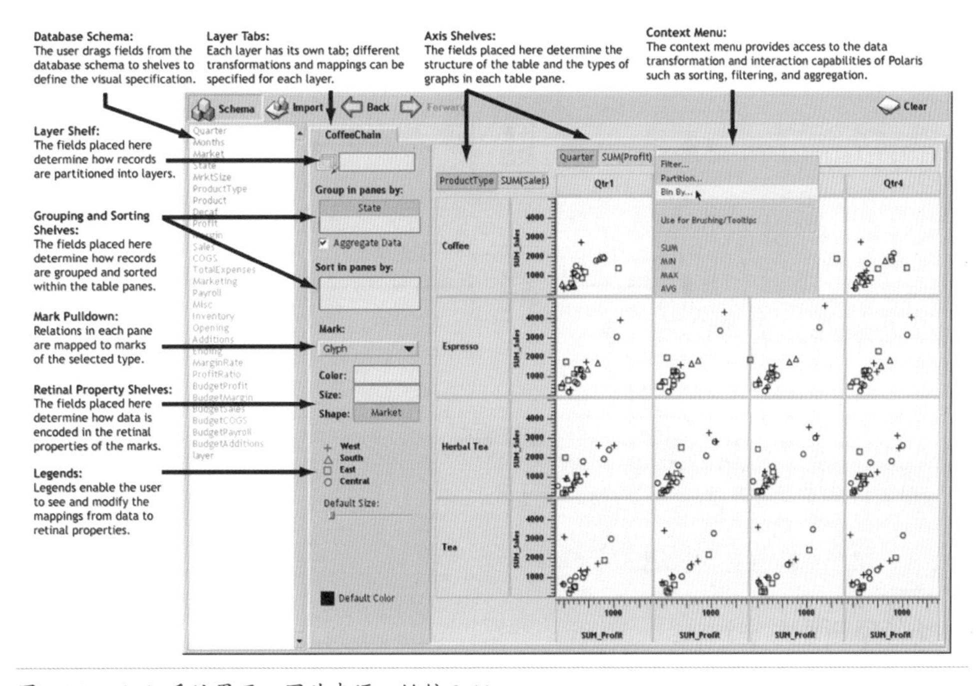

图 3.14 Polaris 系统界面。图片来源：链接 3-11

3.5.3 数据挖掘

数据挖掘指设计特定算法，从大量的数据集中去探索发现知识或者模式的理论和方法，是知识工程学科中知识发现的关键步骤。面向不同的数据类型可以设计特定的数据挖掘方法，如数值型数据、文本数据、关系型数据、流数据、网页数据和多媒体数据等。

数据挖掘的定义有多种。直观的定义是通过自动或半自动的方法探索与分析数据，从大量的、不完全的、有噪声的、模糊的、随机的数据中提取隐含在其中的、人们事先不知道的、潜在有用的信息和知识的过程[Fayyad1997]。数据挖掘不是数据查询或网页搜索，它融合了统计、数据库、人工智能、模式识别和机器学习理论中的思路，特别关注异常数据、高维数据、异构和异地数据的处理等挑战性问题。

基本的数据挖掘任务分为两类：基于某些变量预测其他变量的未来值，即预测性方法（例如分类、回归）；以人类可解释的模式描述数据（如聚类、模式挖掘、关联规则发现）。在预测性方法中，对数据进行分析的结论可构建全局模型，并且将这种全局模型应用于观察值可预测目标属性的值。而描述性任务的目标是使用能反映隐含关系和特征的局部模式，以对数据进行总结。

直观地说，数据挖掘指从大量数据中识别有效的、新颖的、潜在有用的、最终可理解的规律和知识。而可视化将数据以形象直观的方式展现，让用户以视觉理解的方式获取数据中蕴含的信息。两者的对比见图 3.15。

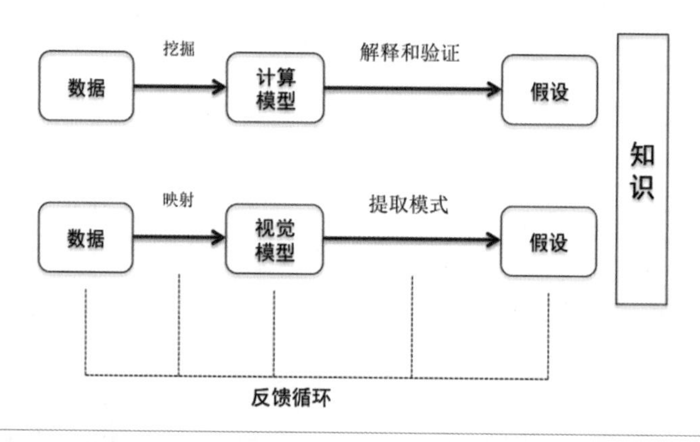

图 3.15 数据挖掘与信息可视化的流程对比。

数据挖掘的主要方法如下。

分类（预测性方法）

给定一组数据记录（训练集），每个记录包含一组标注其类别的属性。分类算法需要从训练集中获得一个关于类别和其他属性值之间关系的模型，继而在测试集上应用该模型，确定模型的精度。通常，一个待处理的数据集可分为训练集和测试集两个部分，前者用于构建模型，后者用于验证。图 3.16 展示了利用决策树进行数据分类的过程。

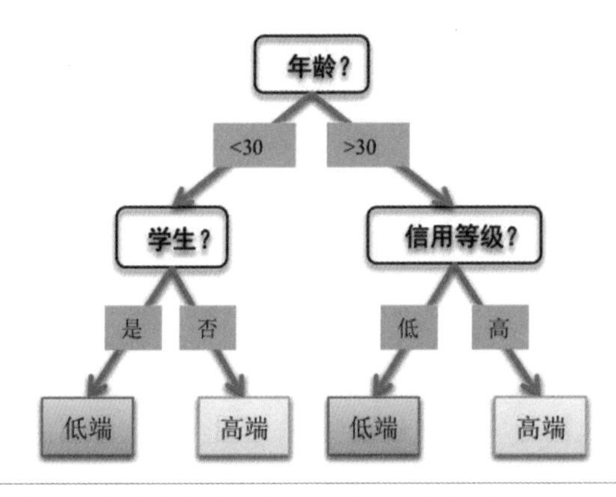

图 3.16 客户经理可以使用决策树对含有多维属性的用户数据进行分类，用来筛选出用户群中的高端用户。

聚类（描述性方法）

给定一组数据点以及彼此之间的相似度，将这些数据点分成多个类别，满足：位于同一类的数据点彼此之间的相似度大于与其他类的数据点的相似度。聚类技术的要点是，在划分对象时不仅要考虑对象之间的距离，还要求划分出的类具有某种内涵描述，从而避免传统技术的某些片面性。

概念描述（描述性方法）

概念描述指对某类数据对象的内涵进行描述，并概括这类对象的有关特征。概念描述分为特征性描述和区别性描述，前者描述某类对象的共同特征，后者描述不同类对象之间的区别。生成一个类的特征性描述只涉及该类对象中所有对象的共性，生成区别性描述的方法很多，如决策树方法、遗传算法等。图 3.17 展示了分类、聚类和概念描述等技术的区别。

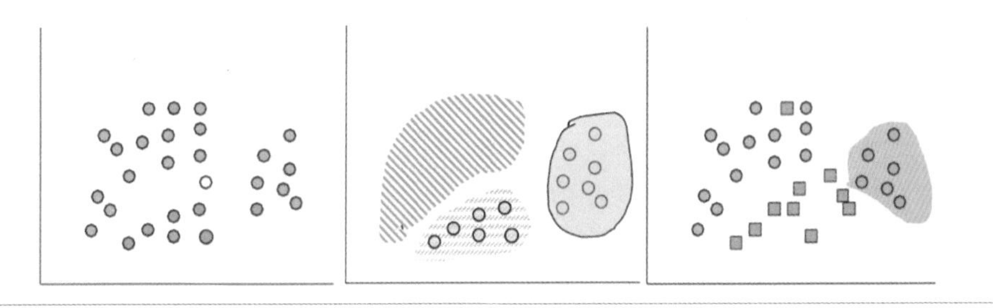

图 3.17 数据挖掘的主要操作示意图：分类、聚类和概念描述。

关联规则挖掘（描述性方法）

关联规则描述在一个数据集中一个数据与其他数据之间的相互依存性和关联性。数据关联是数据库中存在的一类重要的可被发现的知识。若两个或多个变量的属性值之间存在某种规律性，就称为关联。关联可分为简单关联、时序关联、因果关联。如果两个或多个数据之间存在关联关系，那么其中一个数据可通过其他数据预测。关联规则挖掘则是从事务、关系数据中的项集合对象中发现频繁模式、关联规则、相关性或因果结构。

序列模式挖掘（描述性方法）

针对具有时间或顺序上的关联性的时序数据集，序列模式挖掘就是挖掘相对时间或其他模式出现频率高的模式。序列模式挖掘主要针对符号模式，而数字曲线模式属于统计时序分析中的趋势分析和预测范畴。序列模式挖掘应用广泛，如交易数据库中的客户行为分析、Web 访问日志分析、科学实验过程的分析、文本分析、DNA 分析和自然灾害预测等。时序模式是指通过时间序列搜索出的重复发生概率较高的模式。

回归（预测性方法）

回归在统计学上定义为：研究一个随机变量对另一组变量的相依关系的统计分析方法。其中，线性回归是利用数理统计中的回归分析，来确定两种或两种以上变量间相互依赖的定量关系的一种统计分析方法。此外，当自变量为非随机变量、因变量为随机变量时，分析它们的关系称为回归分析；当两者都是随机变量时，称为相关分析。

偏差检测（预测性方法）

大型数据集中常有异常或离群值，统称为偏差。偏差包含潜在的知识，如分类中的反常实例、不满足规则的特例、观测结果与模型预测值的偏差、量值随时间的变化等。偏差检测的基本方法是，寻找观测结果与参照值之间有意义的差别。偏差预测的应用广泛，如信用卡诈骗监测、网络入侵检测等。偏差检验的基本方法就是寻找观察结果与参照值之间的差别。

3.6 数据科学与可视化

如本章“总览”一节所讲，可视化可作用于数据科学的各个步骤之中。本节将介绍可视化在数据科学中的两个典型应用场景。

3.6.1 数据工作流

根据国际工作流管理联盟定义，工作流是多个用户之间按照某种预定义的规则传递文档、信息或任务的自动过程 [Workflow1999]。工作流概念起源于生产组织和办公自动化领域，用于描述一个特定的、实际的过程步骤，在计算机应用环境下属于计算机支持的协同工作的研究范畴。定义和遵循工作流有助于以标准化、自动化的方式实现某个预期的业务目标，便于协同、分享、发布和传播有效的工作模式。图 3.18 呈现了一个工作流实例。

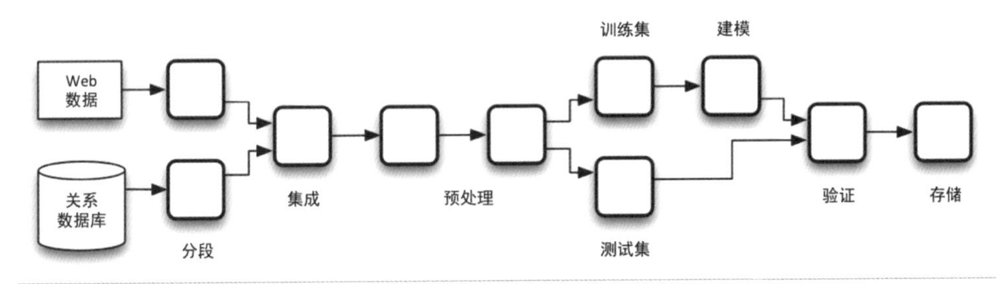

图 3.18 工作流实例。每个方块代表工作流中的一个步骤，每个步骤由一系列的活动组成，步骤与步骤间的连接代表数据的流动，箭头指向代表数据流动的方向。

工作流常见的两种形式有：面向商业流程处理和商业数据处理的商业工作流；面向科学研究过程控制和数据处理流程控制的科学工作流。Taverna（见图 3.19）和 Kepler Project（见图 3.20）是科学数据流系统中的典型代表。

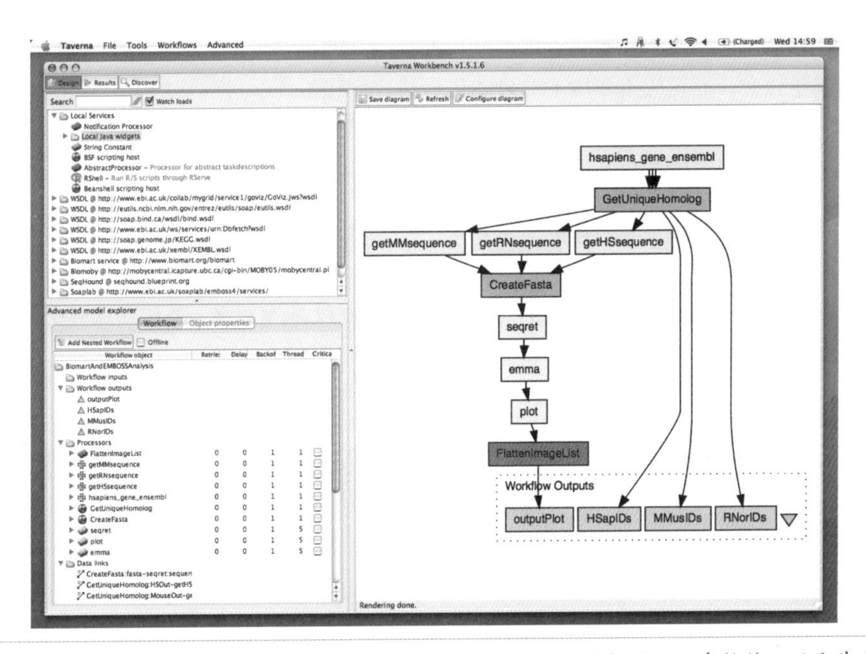

图 3.19 Taverna 系统是一个用于科学业务流程可视化的项目，它提供了一套软件工具和脚本语言来简化工作流程的创建、编辑和管理，以及配套的交互操作来实现这些功能。Taverna 还支持广泛的数据源和数据格式，能够对多种学科的工作流程进行管理。图片来源：链接 3-12

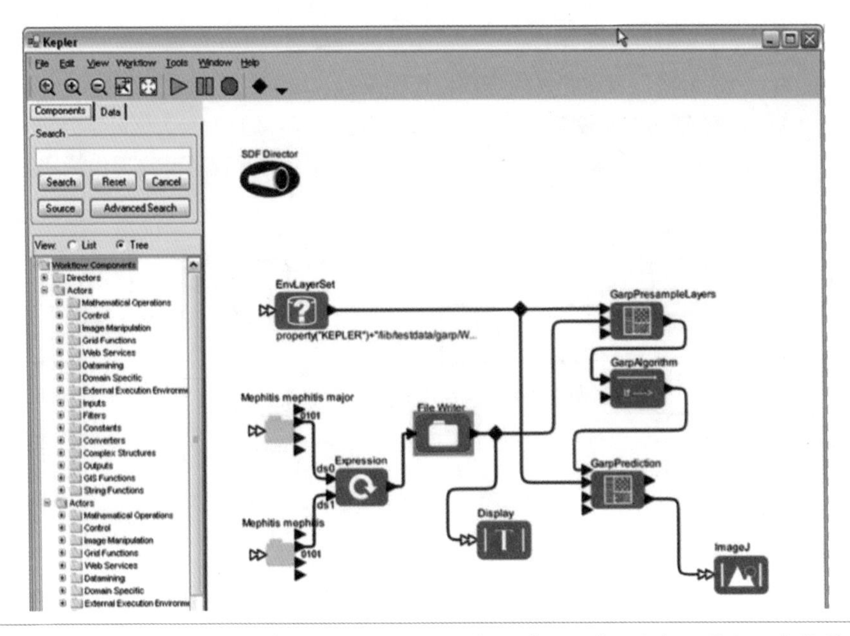

图 3.20 Kepler 是一个开源的科学工作流系统，用于帮助科研人员、分析人员和程序员创建、执行和共享数据工作流程和分析结果。图片来源：链接 3-13

数据工作流特指为数据处理和分析流程定义的自动过程，其本质是计算业务过程的部分或整体在计算机应用环境下的自动化，与自动化工程学科密切相关。将工作流应用于科学研究是一个新兴的研究方向，例如，专注于科学工作流研究的国际研讨会（IEEE Scientific Workflow）和国际期刊（*IEEE Transactions on Automation Science and Engineering*）。

可视化在工作流系统中的应用非常广泛。在处理复杂数据和任务时，数据的中间结果是工作流的一个环节。将数据可视化理念融合到数据工作流中，将带来的一些新的特点包括：图形化、可视化设计流程图；支持各种复杂流程；B/S 结构；表单功能强大，扩展便捷；处理过程可视化管理；统计、查询和报表功能。

与此同时，可视化领域已经出现了将工作流的思想应用于数据分析和可视化的工作。VisTrails（链接 3-14，见图 3.21）是一个开源的面向计算机仿真、数据浏览和可视化的科学工作流管理系统。科学数据分析和可视化的任务通常是探索式的。为了允许工程师或科学家在数据的基础上形成和评估科学假设，需要在数据操作过程中动态更新工作流。VisTrails 将数据操作的历史信息、数据中间状态和产生中间结果的工作流状态等记录在 XML 文件或关系型数据库中，允许用户直观地浏览工作流的不同版本，撤销对数据的改变，并可视地比较工作流及其结果。简单的交互界面允许用户基于实例定制工作流，并将工作流模式应用于科学数据的探索。另一个可视化工作流的例子是 DimStiller，如图 3.22 所示。

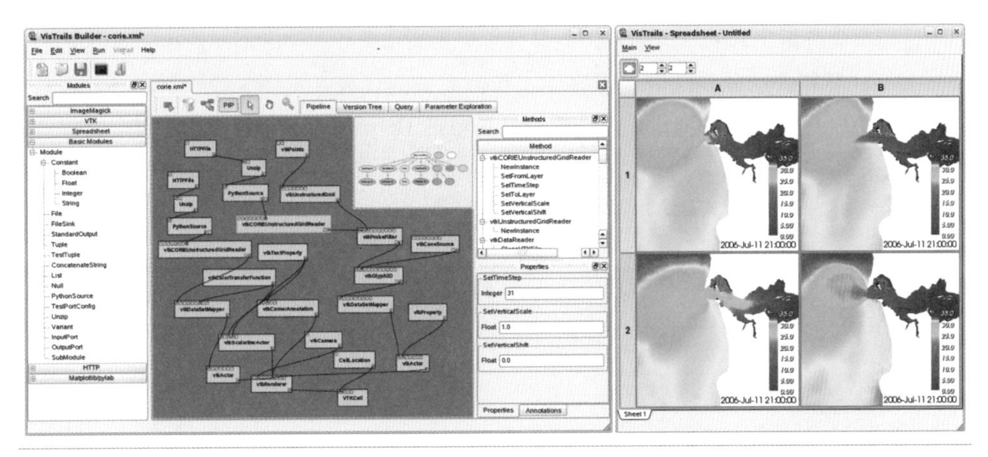

图 3.21 将 VisTrails 系统用于可视化非结构网格序列数据。左：VisTrails 工作流界面，显示了包含可视化基础类的类 VTK 流程；右：比较不同时刻的哥伦比亚河河口可视化结果排列。图片来源：链接 3-15

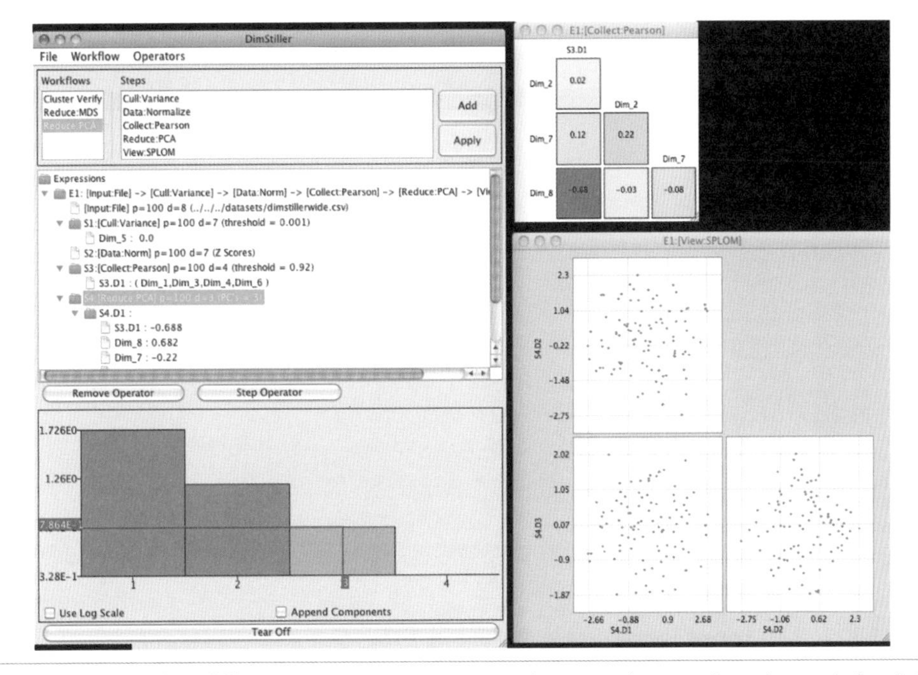

图 3.22 DimStiller[Ingram2010] 是一个基于数据立方思想的高维数据降维和分析的系统，它采用数据工作流的思想，通过定制和应用表达式模板实现核心分析的重用。图片来源：链接 3-16

近年来，随着机器学习等领域的迅猛发展，以机器学习和数据挖掘为主要数据分析方法的数据科学工作流系统也蓬勃兴起。这些系统主要以数据处理和分析模块作为数据流的基本组成单元，通过拖曳等交互来构建整个数据分析流程。这种方式极大地降低了用户使用数据分析工具的学习成本，使得分析流程的构建变得简洁明了。RapidMiner, Dataiku, H2O.ai 等软件产品是此类数据科学工作流系统的代表（见图 3.23）。与此同时，不少云计算平台厂商在推出机器学习功能后，也通过工作流的方式将机器学习模块进行有机结合，使用户通过网页即可定制数据处理和机器学习过程，如微软 Azure Learning、阿里云 DTpai 和 Salesforce MetaMind 等（见图 3.24）。

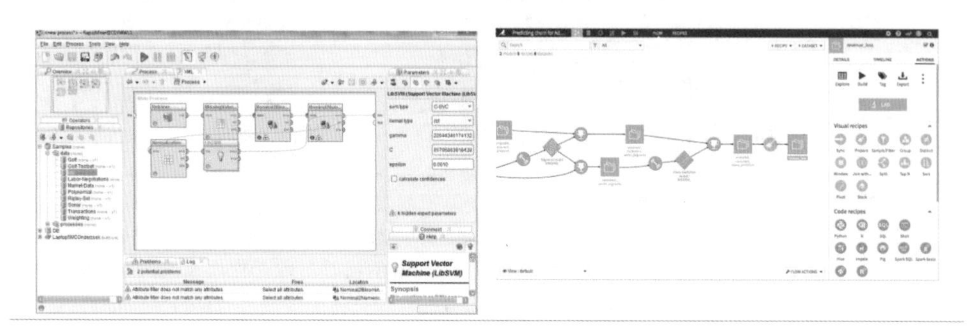

图 3.23　RapidMiner 系统和 Dataiku 系统的工作流界面。图片来源：链接 3-17，链接 3-18

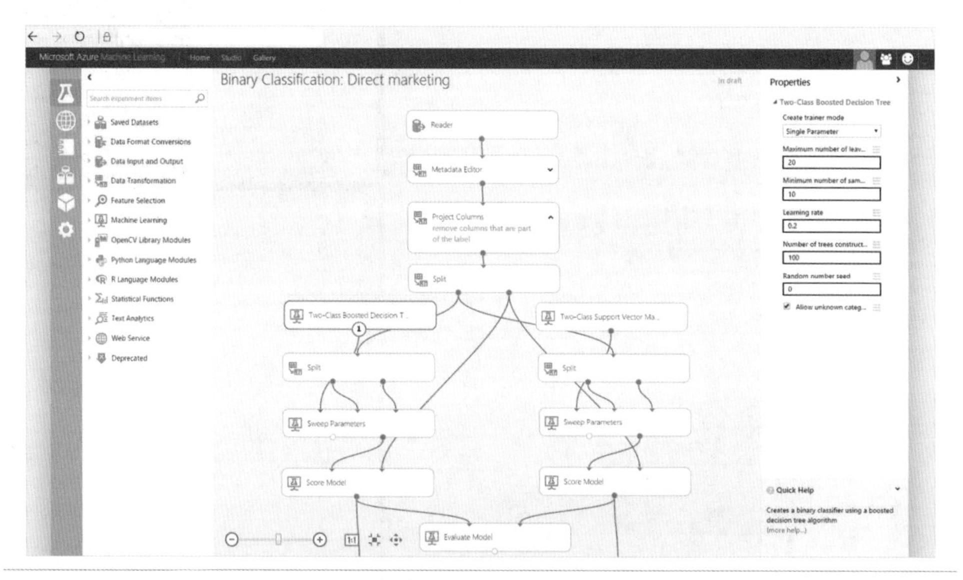

图 3.24　微软 Azure Learning 系统的工作流构建界面。图片来源：链接 3-19

3.6.2　可视数据挖掘

作为一种基于人类视觉通道进行数据分析的手段，可视化在很多领域都发挥着帮助用户理解数据、发现数据特征，进而辅助推理决策的作用。近年来，伴随着可视化技术的发展，基于可视化的分析方法开始在诸多领域发挥重要作用，例如文本分析、社交网络分析、时空数据分析等。在数据挖掘领域，由于用户需要对数据挖掘结果或过程进行理解、检测和验证，可视化开始成为一种辅助数据挖掘过程的手段，逐步发展出一系列基于可视化的可视数据挖掘方法，并用于辅助增强数据挖掘的可理解性、可交互性，甚至是算法精度等。可视数据挖掘的目的在于使用户能够参与对大规模数据集进行探索和分析的过程，并在参与过程中搜索感兴趣的知识[Rossi2006]。同时在可视数据挖掘中，可视化技术也被应用来呈现数据挖掘算法的输入数据和输出结果，使数据挖掘模型的可解释性得以增强，从而提高数据探索的效率。可视数据挖掘在一定程度上解决了将人的智慧和决策引入数据挖掘过程这一问题，使得人能够有效地观察数据挖掘算法的结果和一部分过程。

根据可视化所增强的目标对象，可视数据挖掘方法主要分为两大类。

（1）可视化增强的通用数据挖掘方法。

可视化增强的通用数据挖掘方法以数据挖掘算法和模型为主，并不针对具体的应用场景或数据类型。可视化作为辅助手段，帮助更加直观地展示输入数据和计算结果，或者直接深入模型内部，使用户直接看到模型的核心数据和结构，并进行交互式调整。

（2）面向应用场景的方法。

近年来，数据挖掘与可视化方法的应用场合日趋广泛，有不少文献基于特定应用场景提出了一些面向应用的方法。下文将按照数据或应用类型进行分类，并对相关方法进行总结。

3.6.2.1 可视化增强的通用数据挖掘方法

可视化方法与通用数据挖掘方法的组合方式大致分为“黑盒”和“白盒”两种。

1. 基于黑盒方式的可视化增强方法

通常，用户都需要一些辅助查看算法的输入 / 输出等信息的手段。在基于黑盒方式的可视化增强方法中，可视化设计者仅根据数据挖掘算法所面向的任务进行设计，并不考虑具体算法的内部机制，即把算法本身当作“黑盒”。例如，在聚类任务中，算法输出通常是输入数据点所属的类别，因此针对聚类结果的可视化方法一般仅考虑算法所输出的类别信息，而忽略算法本身是怎样运作的。该类方法的分析对象主要有以下几个类别。

（1）面向输入数据的可视化方法。

用户在使用数据挖掘方法之前，可先使用可视化方法对数据进行预探索。这种方式有助于帮助用户获得输入数据的大致分布特征，可以指导其后续的数据清洗、参数设定等工作。文献 [Yuan2013] 提出了一种可视化方法，用于辅助子空间聚类算法。该方法使用多个散点图并列排布的方式展示数据点所在的原始空间中各个维度的相关性，用户通过观察散点图中的数据点相关度来筛选出冗余维度，以得到不同子空间下的聚类结果。

（2）面向算法结果的可视化方法。

数据挖掘算法的输出结果是用户最关心的内容，可视化方法通常用于结果分析、模型验证等方面。在分类任务方面，文献 [Kapoor2010] 提出了基于分类混淆矩阵的 ManiMatrix 系统，使用户交互式地查看混淆矩阵中的内容和分类边界。对于聚类任务，DICON 系统[Cao2011]（见图 3.25）使用基于面积分割的视觉编码展示聚类中的数据点在各个属性上的分布。除单纯的结果展示之外，文献 [Kandogan2012] 提出了一种“即时标记（Just-In-Time Annotation）”策略，辅助用户在聚类结果的探索过程中对数据分布特征进行语义标注。文献 [Chuang2013] 构建了一种用于展示话题模型中不同话题之间的相关程度的框架，帮助用户发现重复或意义相近的冗余话题。此外，可视化还可以用于提高结果的可解释性，使得非数据挖掘领域的专家用户也能从算法结果中得出一定的结论。Explainer 系统[Gleicher2013]提出了一种分类结果的解释方法，将线性分类平面的法向方向解释为一个新的有实际意义的维度，并将数据点按照该法向维度进行排序。

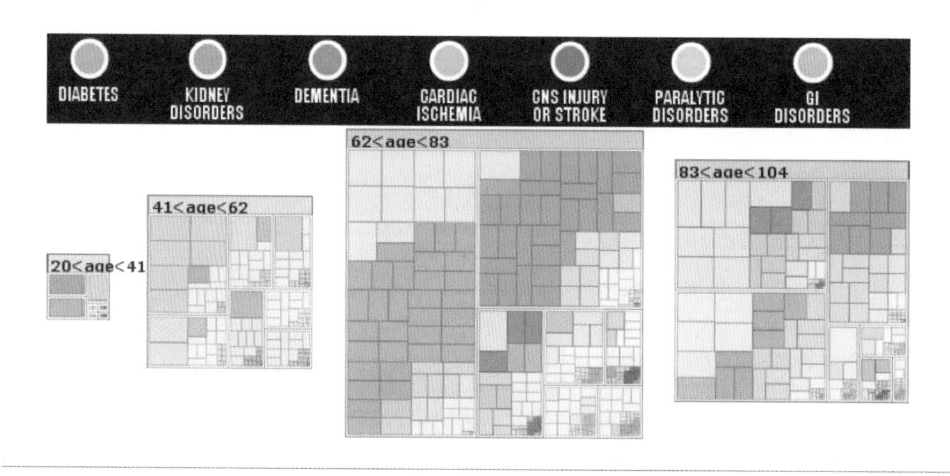

图 3.25 DICON 系统使用可视化方法，通过展示聚类结果中每个类别的统计信息来表达聚类结果的优劣。
图片来源：[Cao2011]

（3）迭代式可视化方法。

除单纯的输入或输出数据可视化之外，迭代式可视化方法还可以帮助用户基于已有探索结果对输入参数或数据进行修改，继而生成新的模型和输出结果，并使用迭代策略引导用户对算法结果进行优化。文献 [Talbot2009] 等针对分类任务提出了多种迭代式可视化方案。在距离学习方面，Dis-Function 系统[Brown2012]使用基于距离的投影可视化方法，使用户能够交互式指定训练数据点之间的距离关系，引导距离度量的生成，并根据新的距离度量矩阵生成新的投影结果，以达到渐进式优化的目的。PIVE 系统[Choo2014]提出了一种迭代式框架，用于实时展示数据挖掘算法中的迭代优化过程。

2. 基于白盒方式的可视化增强方法

除上文提到的黑盒方式外，近年来，随着可视化界对数据挖掘方法的关注度不断提高，有不少工作已经开始着手对算法过程本身进行展示，使用户能够更好地理解计算结果与输入数据、参数之间的关系。

决策树因其可解释性较强的特性，在可视化界有不少针对决策树模型的可视化案例。BaobabView[Elzen2011]是近年来比较综合的决策树可视化系统，如图 3.26 所示，它提供了基于节点链接方法的树可视化视图和分类结果混淆矩阵的可视化视图，以及大量的交互方法。用户可以在查看训练生成的决策树结构时，对决策树直接进行修改，如增删分支、调整判断条件等。然而，大部分数据挖掘模型的可理解程度都较低，给非数据挖掘领域的用户造成了一定的理解困难。可视化在这一方面为用户提供了一定程度的辅助。文献 [Caragea2001] 针对支持向量机提出了基于投影的可视化方案。文献 [Erhan2009] 提出了一种面向图像识别的深度神经网络可视化方法，其使用可视化方式展示出不同层次神经元上的特征，帮助用户进行参数调整等工作。

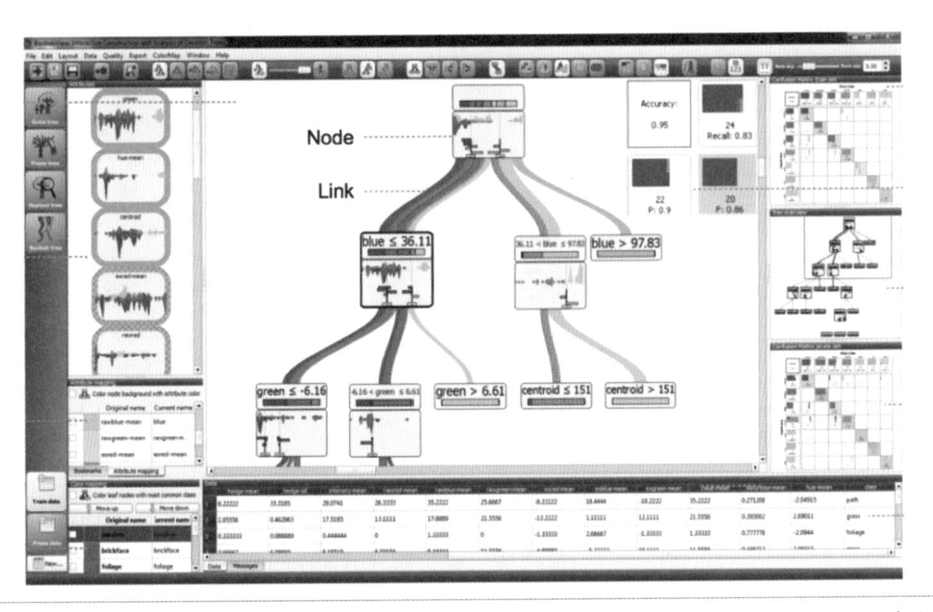

图 3.26 BaobabView 提供了一个交互式构建决策树的环境，该系统支持对决策树进行添加、剪枝、修改等操作，使得用户能够自由构建和分析适合当前场景的分类决策树。
图片来源：[Elzen2011]

3.6.2.2 面向应用场景的方法

本节将从文本分析、图像分析、用户行为分析、时空数据分析、深度学习和其他应用场景六个方面，介绍目前可视数据挖掘在研究和应用上的成果。

1. 文本分析

数据挖掘及可视化方法在文本分析中占有非常重要的地位。常见的应用类型有文本分类、聚类及异常检测等。对于非机器学习专家来说，使用机器学习算法进行文本分析学习成本较高，在短时间内无法精通。Heimerl 等人 [Heimerl2012] 提出了一种交互式文本分类器训练系统，如图 3.27 所示，以辅助普通文本分析人员进行文本分类分析。该系统借鉴机器学习中的主动学习策略，降低了用户标记文本标签的成本，并加快了分类器的训练过程。同时，作者设计了一系列可视化视图以帮助用户理解文本集的大致词频分布和特征，以简化用户对所需文本的搜索过程。ScatterBlogs2 系统 [Bosch2013] 使用类似的交互式分类器训练方法，帮助用户监控及过滤感兴趣的微博文本。

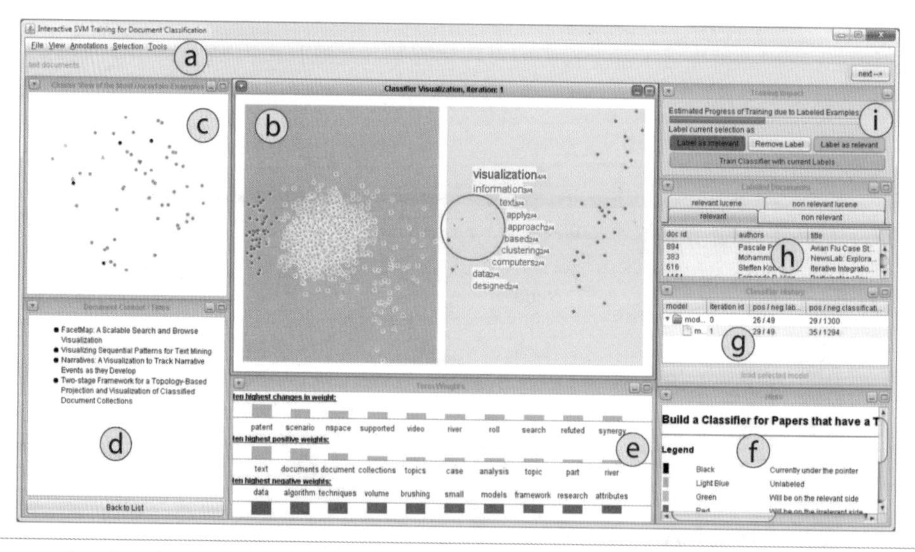

图 3.27 交互式文本分类器训练系统。图片来源：[Heimerl2012]

文献 [Chuang2012] 设计了一种基于 LDA（Latent Dirichlet Allocation）的可视化文本探索方法。针对有类别标签的文本数据，该方法首先抽取所有文本的主题分布，并计算不同文本类别间的主题相似度，最终使用基于散点图设计的地形视图（Landmark View）展示类别间的相似度。作者还提出了可视化文本分析中模型选取的两个原则：① 可解释性，即用户通过分析模型就能大致理解数据分布特征；② 可信度，即可视化能够真实并准确地反映数据特征。iVisClustering 系统 [Lee2012] 同样使用基于 LDA 模型的交互式可视化方法进行文本聚类分析。该系统主要利用节点链接图和平行坐标方法分别展示 LDA 模型的聚类结果和文档的主题分布。

除上述针对主题抽取结果进行可视化的工作之外，UTOPIAN 系统 [Choo2013] 对传统 LDA 模型进行改进，提出了一种基于交互式非负矩阵分解的用户驱动式主题抽取方法。该方法允许用户通过该模型提供的接口交互式调整模型参数，并根据先验知识对主题生成进行干预。

Jian Zhao 等人提出的 FluxFlow 交互式可视分析系统 [Zhao2014] 用于探测和分析社交媒体文本流中的异常信息传播。该系统利用单类条件随机场（One-Class Conditional Random Field, OCCRF）作为核心机器学习算法，用户可通过基于线索时间线的可视化方法发现当前文本流中的异常传播模式，并深入探索相关文本内容。

2. 图像分析

Hoferlin 等人提出了针对视频图像数据的交互式主动学习（Inter-Active Learning）策略 [Höferlin2012]。在训练图像分类器时，该策略将专家用户对图像的标记判断融入分类过程中。专家用户可通过搜索或查看分类结果的方式找出最需要人工标记的图像，标记后的训练图像能够使分类器的训练效率最大化。

谱聚类方法在图像分析中有着广泛的应用。文献 [Schultz2013] 基于传统的谱聚类方法，提出了一种白盒式可视化增强的聚类系统，如图 3.28 所示。该系统面向 CT、MRI 等三维医学图像数据，支持用户利用专家知识，通过交互式可视化方式调整谱聚类方法所需的参数、聚类数等变量。

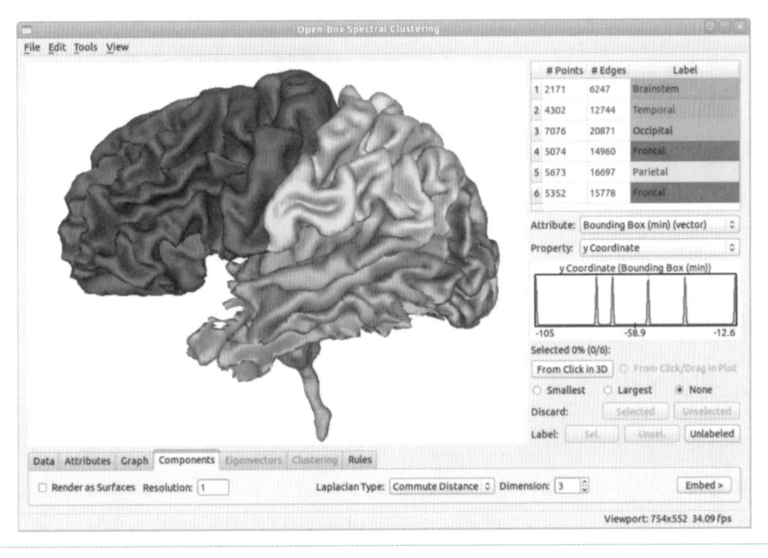

图 3.28 白盒式可视化增强的聚类系统。图片来源：[Schultz2013]

3. 用户行为分析

用户在同一网站上的页面浏览顺序形成点击流。针对用户点击流进行分析，可以刻画出用户在网页间的浏览行为。如图 3.29 所示，文献 [Wei2012] 使用自组织映射方法对用户点击流进行投影分析，使用色条的大小和在二维平面上的位置分布表示点击流的出现频率，以及点击流之间的相似关系。用户在投影视图上进行选中等交互操作，可以详细查看某些点击流的具体属性分布。通过 eBay 网站的真实数据集进行实际案例分析，用户能够在复杂的点击流中寻找到相关特征模式，并对不同的典型模式进行比较分析。

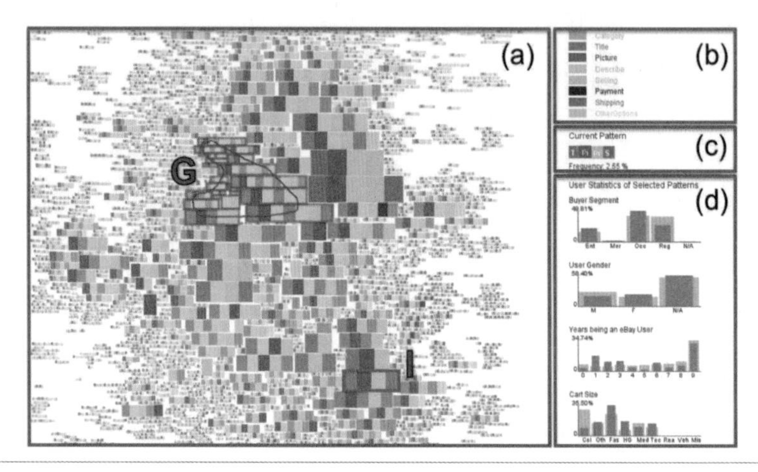

图 3.29 使用高维投影后的结果，分析用户点击流之间的相似性。图片来源：[Wei2012]

4. 时空数据分析

时空数据挖掘重点关注带有时间和空间属性的数据。在可视化方面，同样有很多基于时序数据和地理空间数据的方法来帮助展示数据挖掘算法的结果和算法过程。针对微博或其他社交平台上带有时间戳和地点信息的文本流数据，文献 [Chae2012]（见图 3.30）基于 LDA 模型和 STL（seasonal-trend decomposition procedure based on loess smoothing）方法分别提取某时间段内的文本主题和异常关键词，并可视化相关文本信息的地理位置和时序波动信息。用户可以通过多种交互方式渐进式探索和发现异常文本信息，并通过相关文本提取出事件。

5. 深度学习

随着深度学习在各个领域的爆发式增长，可视化研究者也开始着手利用自己所长，对深度学习模型开展研究和探索。目前可视化在深度学习上的应用多集中于对模型所包含的信息及内涵进行解释，以及使用交互式可视化界面方便机器学习专家对模型进行调整和重新训练。

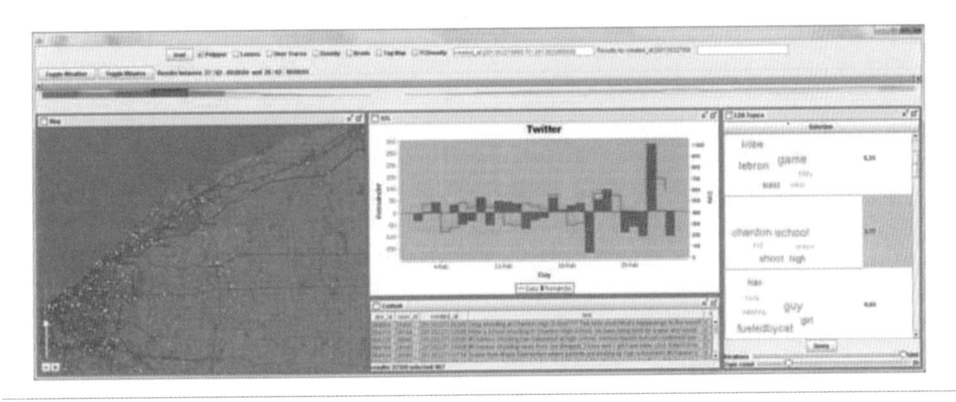

图 3.30 基于 LDA 模型和 STL 方法的时空文本可视分析系统。图片来源：[Chae2012]

深度生成模型（DGM, Deep Generative Model）是近几年来深度学习方面最前沿的研究之一，其训练过程相对于其他模型（如 CNN、RNN 等）来说较为复杂，且十分依赖使用者对深度学习算法的深入理解和实践经验。如图 3.31 所示，DGMTracker 系统 [Liu2017] 展示了在训练过程中模型 activation 在时间上的发展变化，以及哪些神经元对输出做出了贡献，或者导致训练失败。RNN（循环神经网络）常用于序列数据的学习和生成。RNNVis 交互式可视化系统 [Ming2017] 用于诊断 RNN 模型在训练过程中的预测性能变化。系统可适配于 RNN、LSTM、GRU 等模型，并以文本情感分析为主要应用场景，添加了很多文本数据分析的特殊功能。目前在工业实践中，深度神经网络的层数已达到数百层甚至上千层。如此多的网络层所带来的问题是模型使用者很难对整个训练过程有一个全貌，并且难以理解训练过程中参数的传播，以及训练失败的归因和改进策略分析。

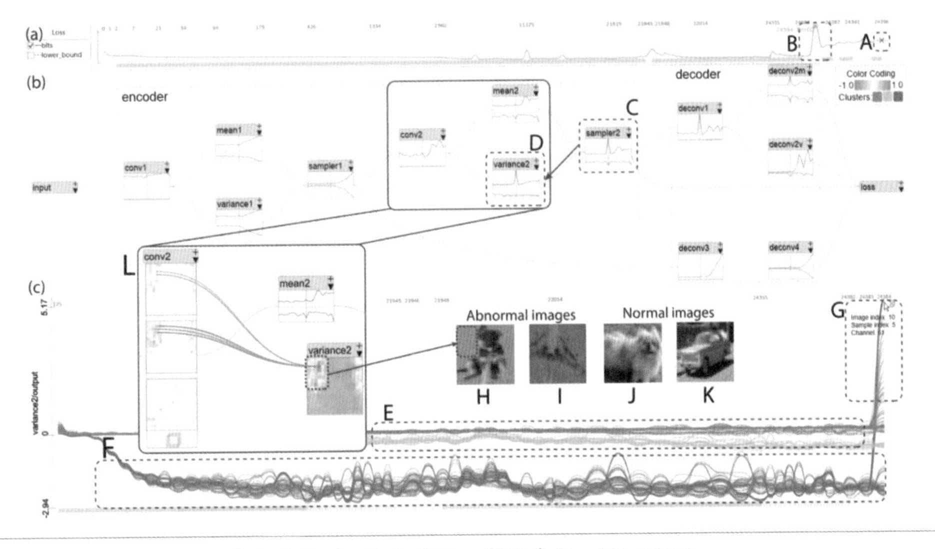

图 3.31 DGMTracker 深度生成模型可视化系统。图片来源：[Liu2017]

在实际使用神经网络时，如何构建网络层结构和设定参数以适配应用场景，是开发实践者常遇到的问题。DeepEyes 系统 [Pezzotti2017] 使用渐进式可视分析策略，帮助用户从头开始设计适合的神经网络结构，包括网络层类型、神经元个数、层次间连接方式等。渐进式可视分析策略的特点是为用户提供了一个渐进式迭代分析环境。用户可以从一个起始位置开始对目前的网络结构进行测试和分析，并基于测试和分析结果对已有结构进行改进，继而进入下一次分析迭代中，直至达到预定的模型构建目标。在渐进式迭代的过程中，交互式可视化界面的介入使得用户能够方便地查看和探索模型，直观理解目前模型的性能和需要改进的方向。

6. 其他应用场景

除上述应用场景之外，可视化方法还可以应用于其他相关领域。文献 [Hossain2012] 提出了结合用户反馈的聚类方法，用户可根据动物学专业知识对数据点的类别进行人为限制，以分析蝙蝠耳朵形状和声学特征。在高维数据分析方面，INFUSE 系统 [Krause2014] 借助交互式可视化方法对特征选取任务进行辅助和增强。通过展示特征在多种特征评价方法上的排名，用户可以看到特征的排名分布，以及不同的特征集合在分类算法上的测试效果，进而决定最终需要选出的特征。在回归分析方面，HyperMoVal 系统 [Piringer2010] 和文献 [Muhlbacher2013] 均提出了新的可视化设计，以展示回归分析中的数据分布和模型的训练结果。

3.7 数据科学的挑战

数据科学是大数据时代应运而生的一门新学科。围绕数据处理的各个学科方向都开始遇到前所未有的挑战。

- 作为数据获取和存储基础的计算机科学，由于数据成本急剧下降导致的数据量急剧增长、数据复杂程度飞速上升，如何有效地获取数据、有效地处理数据获取的不确定性、对原始数据进行清理、分析，进而高效地完成数据存储和访问，达到去重、去粗取精的目的，是急需解决的问题。同时，如何构建结构化数据与非结构化数据之间的有效关联及语义信息，存储异构、多元数据之间的关系并支持后续分析，并提供足够的性能保证，也是面临的挑战之一。
- 对于统计、分析、数据挖掘研究者，将大数据变“小”，即从大数据中获取更加有效的信息和知识，是研究重点。这需要考虑理论与工程算法两个方面的问题。
- 可视化作为数据科学中不可或缺的重要一环，也开始高度关注大数据带来的问题，其中包括：高维数据可视化，复杂、异构数据可视化，针对海量数据的实时交互设计，分布式协同可视化，以及针对大数据的可视分析流程等。

参考文献

[ACM2007] Accessing the Deep Web, ACM Communication, May, 2007

[Bito2001] Yoshitaka Bito, Robert Kero, Hitoshi Matsuo, Yoichi Shintani, Michael Silver, Interactively visualizing data warehouses. *Journal of Healthcare Information Management*. 15(2), 2001: 133-142

[Bosch2013] Bosch, H., Thom, D., Heimerl, F., Puttmann, E., Koch, S., Kruger, R., Ertl, T. ScatterBlogs2: Real-time monitoring of microblog messages through user-guided filtering. *IEEE Transactions on Visualization and Computer Graphics*, 2013, 19(12), 2022-2031

[Brown2012] Eli T. Brown, Jingjing Liu, Carla E. Brodley, Remco Chang. Dis-function: Learning distance functions interactively[C]. *IEEE Conference on Visual Analytics Science and Technology*, 2012

[Cammarano2007] M. Cammarano, X. Dong, B. Chan, J. Klingner, J. Talbot, A. Halevy, and P. Hanrahan, Visualization of heterogeneous data. *IEEE TVCG*. 13(6), 2007: 1200-1207

[Cao2011] Nan Cao, David Gotz, Jimeng Sun and HuaminQu, DICON: Interactive Visual Analysis of Multidimensional Clusters. *IEEE Transactions on Visualization and Computer Graphics*. 17(12), 2011: 2581-2590

[Caragea2001] Doina Caragea, Dianne Cook, Vasant Honavar. Gaining Insights into Support Vector Machine Pattern Classifiers Using Projection-Based Tour Methods. *Proceedings of the KDD Conference*, 2001

[Cha2007] S. H. Cha, Comprehensive survey on distance/similarity measures between probability density functions. *International Journal of Mathematical Models and Methods in Applied Sciences*. 1(2), 2007: 300-307

[Chae2012] Junghoon Chae, Dennis Thom, Harald Bosch, Yun Jang, Ross Maciejewski, David Ebert, Thomas Ertl. Spatiotemporal social media analytics for abnormal event detection and examination using seasonal-trend decomposition. *IEEE Conference on Visual Analytics Science and Technology*, 2012

[Chambers1983] John Chambers, William Cleveland, Beat Kleiner and Paul Tukey. Graphical Methods for Data Analysis, *Wadsworth*, 1983

[Chatfield1989] C. Chatfield. The Analysis of Time Series: An Introduction.*Chapman & Hall*, 1989

[Chen2009] Wei Chen, Zi'ang Ding, Song Zhang, Anna MacKay-Brandt, Stephen Correia, HuaminQu, John Allen Crow, David F. Tate, Zhicheng Yan, Qunsheng Peng. A Novel Interface for Interactive Exploration of DTI Fibers. *IEEE Transactions on Visualization and Computer Graphics*. 15(6), 2009

[Chuang2012] Jason Chuang, Daniel Ramage, Christopher Manning, Jeffrey Heer. Interpretation and trust: Designing model-driven visualizations for text analysis. *Proceedings of the SIGCHI Conference on Human Factors in Computing Systems. ACM*, 2012:443-452

[Choo2013] Jaegul Choo, Changhyun Lee, Chandan K Reddy, Haesun Park. UTOPIAN: User-Driven Topic Modeling Based on Interactive Nonnegative Matrix Factorization. *IEEE Transactions on Visualization and Computer Graphics*, 2013. 19(12):1992-2001

[Choo2014] Jaegul Choo, Changhyun Lee, Hannah Kim, Hanseung Lee, Chandan K Reddy, Barry L Drake, Haesun Park. PIVE: Per-Iteration Visualization Environment for Supporting Real-time Interactions with Computational Methods. *IEEE Visual Analytics Science and Technology*, 2014

[Cleveland1985] William S. Cleveland. The Elements of Graphing Data. Wadsworth, 1985

[Cleveland1988] William S. Cleveland and Marylyn E. McGill. Dynamic Graphics for Statistics (1st ed.), CRC Press, Inc., 1988

[Cleveland 1993] William Cleveland. Visualizing Data. Hobart Press, 1993

[CNET2012] CNET News, Facebook: Over 955 million users, 543 million mobile users, http://news.cnet.com/8301-1023_3-57480950-93/facebook-over-955-million-users-543-million-mobile-users/,2012

[Chuang2013] Jason Chuang, Sonal Gupta, Christopher Manning, Jeffrey Heer. Topic model diagnostics: Assessing domain relevance via topical alignment. *Proceedings of the 30th International Conference on machine learning* (ICML-13). 2013:612-620

[Elzen2011] S. van den Elzen and J. J. van Wijk, BaobabView: Interactive construction and analysis of decision trees. *IEEE VAST*. 2011: 151-160

[Erhan2009] Erhan D, Bengio Y, Courville A, et al. Visualizing higher-layer features of a deep network[J]. *University of Montreal*, 2009, 1341(3): 1

[Fayyad1996] U. Fayyad, G. Piatetsky-Shapiro and P. Smyth. From Data Mining to knowledge discovery: an overview. Advances in knowledge discovery and data mining. 1996: 1-34

[Fayyad1997] U. Fayyad and P. Stolorz. Data mining and KDD: Promise and challenges. *Future Generation Computer Systems*. 13 (3), 1997: 99-115

[Gleicher2013] Michael Gleicher. Explainers: Expert explorations with crafted projections. *IEEE Transactions on Visualization and Computer Graphics*, 2013. 19(12):2042-2051

[Han2001] Jiawei Han and Micheline Kamber. Data Mining: Concepts and Techniques. 2nd Edition, *Morgan Kaufmann Publishers*, 2001

[Heimerl2012] Florian Heimerl, Steffen Koch, Harald Bosch, Thomas Ertl. Visual classifier training for text document retrieval. *IEEE Transactions on Visualization and Computer Graphics*, 2012. 18(12):2839-2848

[Hey2009] T. Hey, S. Tansley, and K. Tolle, Eds.. The Fourth Paradigm: Data-Intensive Scientific Discovery. *Microsoft Research*, 2009

[Höferlin2012] Benjamin Höferlin, Rudolf Netzel, Markus Höferlin, Daniel Weiskopf, Gunther Heidemann. Inter-active learning of ad-hoc classifiers for video visual analytics. *IEEE Conference on Visual Analytics Science and Technology*, 2012

[Hossain2012] M. Shahriar Hossain, Praveen Kumar Reddy Ojili, Cindy Grimm, Rolf Muller, Layne T. Watson, Naren Ramakrishnan. Scatter/Gather Clustering: Flexibly Incorporating User Feedback to Steer Clustering Results. *IEEE Transactions on Visualization and Computer Graphics*, 2012. 18(12):2829-2838

[IBM2012] IBM What is big data? - Bringing big data to the enterprise, http://www-01.ibm.com/software/data/bigdata, 2012

[IDC2011] IDC: The 2011 digital universe study: Extracting value from chaos. http://www.emc.com/collateral/demos/microsites/emc-digital-universe-2011/index.htm

[IEEE2012] IEEE Spectrum, World's Largest Dataset on Human Genetic Variation Goes Public, http://spectrum.ieee.org/tech-talk/biomedical/diagnostics/worlds-largest-dataset-onhuman-genetic-variation-goes-public, 2012

[Ingram2010] Stephen Ingram, Tamara Munzner, Veronika Irvine, Melanie Tory, Steven Bergner, and TorstenM? ller. DimStiller: Workflows for dimensional analysis and reduction. *IEEE VAST*. 2010:3-10

[Kandel2011] S Kandel, J Heer, C Plaisant, J Kennedy, F. van Ham, N H Riche, C Weaver, B Lee, D Brodbeck, and P Buono. Research directions in data wrangling: Visualizations and transformations for usable and credible data. *Information Visualization*. 10(4), 2011: 271-288

[Kandogan2012] Eser Kandogan. Just-in-time annotation of clusters, outliers, and trends in point-based data visualizations. *IEEE Conference on Visual Analytics Science and Technology*, 2012

[Kapoor2010] Ashish Kapoor, Bongshin Lee, Desney Tan, Eric Horvitz. Interactive optimization for steering machine classification. Chi, 2010:13431352

[Keim2010] D. A. Keim, J. Kohlhammer, G. Ellis, and F. Mansmann. Mastering The Information Age-Solving Problems with Visual Analytics. *Florian Mansmann*, 2010

[Krause2014] J Krause, A Perer, E Bertini. INFUSE: Interactive Feature Selection for Predictive Modeling of High Dimensional Data. Visualization and Computer Graphics, *IEEE Transactions on*, 2014

[Lee2012] Hanseung Lee, Jaeyeon Kihm, Jaegul Choo, John Stasko, Haesun Park. iVisClustering: An Interactive Visual Document Clustering via Topic Modeling. *Computer Graphics Forum*, 2012. 31(3.3):1155-1164

[Liu2011] Z. Liu, S. B. Navathe, and J. T. Stasko, Network-based visual analysis of tabular data. *IEEE VAST*. 2011: 41-50

[Liu2017] M. Liu, J. Shi, K. Cao, J. Zhu, S. Liu. Analyzing the training processes of deep generative models. *IEEE Transactions on Visualization and Computer Graphics*, 2017

[Ma2009] Kwan-Liu Ma, Chaoli Wang, Hongfeng Yu, Kenneth Moreland, Jian Huang, and Rob Ross. Next-Generation Visualization Technologies: Enabling Discoveries at Extreme ScaleSciDACReview.Number 12, February, 2009:12-21

[McKinsey2011] McKinsey Global Institute, J. Manyika, and M. Chui. Big data: The next frontier for innovation, competition, and productivity. *McKinsey Global Institute*, 2011

[Meyer2009] Miriah Meyer and Tamara Munzner and Hanspeter Pfister. MizBee: A Multiscale Synteny Browser. *IEEE Transactions on Visualization and Computer Graphics*. 2009

[Ming2017] Yao Ming, Shaozu Cao, Ruixiang Zhang, Zhen Li, Yuanzhe Chen, Yangqiu Song, Huamin Qu. Understanding hidden memories of recurrent neural networks. *IEEE Conference on Visual Analytics Science and Technology*. 2017

[Muhlbacher2013] Thomas Muhlbacher, Harald Piringer, M Thomas, Harald Piringer. A partition-based framework for building and validating regression models. *IEEE Transactions on Visualization and Computer Graphics*, 2013. 19(12):1962-1971

[NIST] NIST/SEMATECH e-Handbook of Statistical Methods. http://www.itl.nist.gov/div898/handbook

[NYTimes2012] The New York Times, Where the Heat and the Thunder Hit Their Shots, http://www.nytimes.com/interactive/2012/06/11/sports/basketball/nba-shot-analysis.html, June 12, 2012

[Pezzotti2017] N. Pezzotti, T. Höllt, J. v. Gemert, B. P. F. Lelieveldt, E. Eisemann, A. Vilanova. Deepeyes: Progressive visual analytics for designing deep neural networks. *IEEE Transactions on Visualization and Computer Graphics*, 2017

[Piringer2010] H. Piringer, W. Berger, J. Krasser. HyperMoVal: Interactive visual validation of regression models for real-time simulation. *Computer Graphics Forum*, 2010. 29(3):983-992

[Rossi2006] F. Rossi, Visual data mining and machine learning. *European Symposium on Artificial Neural Networks*, 2006

[Schultz2013] Thomas Schultz, Gordon L. Kindlmann. Open-Box Spectral Clustering: Applications to Medical Image Analysis. *IEEE Transactions on Visualization and Computer Graphics*, 2013. 19(12):2100-2108

[Shneiderman1996] Ben Shneiderman, The Eyes Have It: A Task by Data Type Taxonomy for Information Visualization. *IEEE Symposium on Visual Languages*, 1996: 336-343

[Silberschatz2005] Abraham Silberschatz, Henry Korth, S. Sudarshan. Database System Concepts. 5th Edition, McGraw-Hill, Inc., 2005

[Talbot2009] Justin Talbot, Bongshin Lee, Ashish Kapoor, Desney S. Tan. EnsembleMatrix: interactive visualization to support machine learning with multiple classifiers. *Proceedings of the 27th international conference on Human factors in computing systems*, 2009

[Tatu2011] A. Tatu, G. Albuquerque, M. Eisemann, P. Bak, H. Theisel, M. Magnor, and D. Keim, Automated Analytical Methods to Support Visual Exploration of High-Dimensional Data. *IEEE Transactions on Visualization and Computer Graphics*, 17(5), 2011: 584-597

[Technology2012] Technology Review. What Facebook Knows. http://www.technologyreview.com/featured-story/428150/what-facebook-knows/, 2012

[Tufte1983] Edward Tufte. The Visual Display of Quantitative Information. Graphics Press, 1983

[Tufte2006] Edward Tufte. Beautiful Evidence. Graphics Press, 2006

[Tukey1977] John Tukey. Exploratory Data Analysis, Addison-Wesley, 1977

[Warden2011] Pete Warden. Data Source Handbook, O'Relly Media, 2011

[Wei2012] Jishang Wei, Zeqian Shen, Neel Sundaresan, Kwan-Liu Ma. Visual cluster exploration of web clickstream. *IEEE Conference on Visual Analytics Science and Technology*, 2012.

[WhiteHouse2012] The White House, Big Data is a Big Deal, http://www.whitehouse.gov/blog/2012/03/29/big-data-big-deal, 2012

[Workflow1999] Workflow Management Coalition Terminology & Glossary, WFMC-TC-1011 Issue 3.0, Workflow Management Coalition. http://www.wfmc.org, February 1999

[Yuan2013] Xiaoru Yuan, Donghao Ren, Zuchao Wang, and Cong Guo. Dimension Projection-Matrix/Tree: Interactive Subspace Visual Exploration and Analysis of High Dimensional Data. *IEEE Transactions on Visualization and Computer Graphics (InfoVis'13)*, 19(12):2625-2633, 2013

[Zhao2014] Jian Zhao, Nan Cao, Zhen Wen, Yale Song, Yu-ru Lin, Christopher Collins. #FluxFlow: Visual Analysis of Anomalous Information Spreading on Social Media. *IEEE Transactions on Visualization and Computer Graphics*, 2014. 20(1):1773-1782

第4章

数据可视化基础

4.1 数据可视化基本框架

数据可视化不仅是一门包含各种算法的技术，还是一个具有方法论的学科。因此，在实际应用中需要采用系统化的思维设计数据可视化方法与工具。本节通过对数据可视化的基本流程和可视化设计所遵循的多层次模型的讨论，介绍数据可视化的基本框架。

4.1.1 数据可视化流程

科学可视化和信息可视化分别设计了可视化流程的参考体系结构模型，并被广泛应用于数据可视化系统中。图 4.1 所示是科学可视化的早期可视化流水线 [Haber1990]。它描述了从数据空间到可视空间的映射，包含串行处理数据的各个阶段：数据分析、数据滤波、数据的可视映射和绘制。这个流水线实际上是数据处理和图形绘制的嵌套组合。

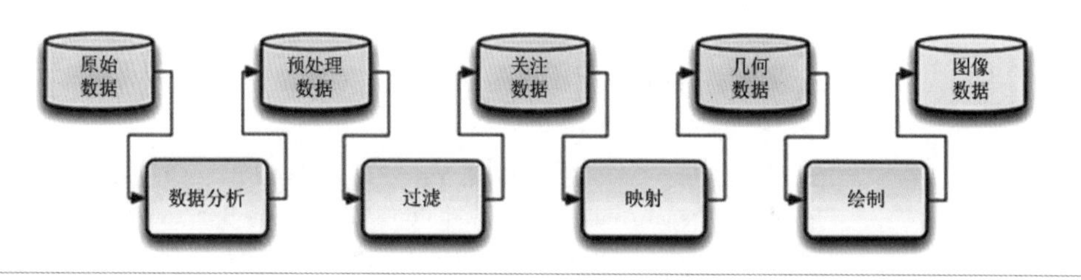

图 4.1 科学可视化的早期可视化流水线。

图 4.2 展示了 Card, Mackinlay 和 Shneiderman 描述的信息可视化流程模型：将流水线改进成回路且用户的交互可以出现在流程的任何阶段。后继几乎所有著名的信息可视化系统和工具包都支持这个模型，而且绝大多数系统在基础层都兼容，只存在细微的实现差异，如图 4.3 和图 4.4 所示。

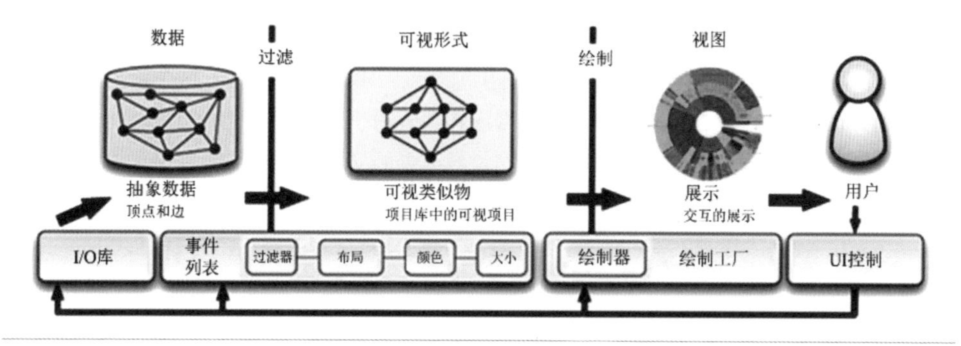

图 4.2 由 Card, Mackinlay 和 Shneiderman 等人提出的信息可视化参考流程 [Card1999]。

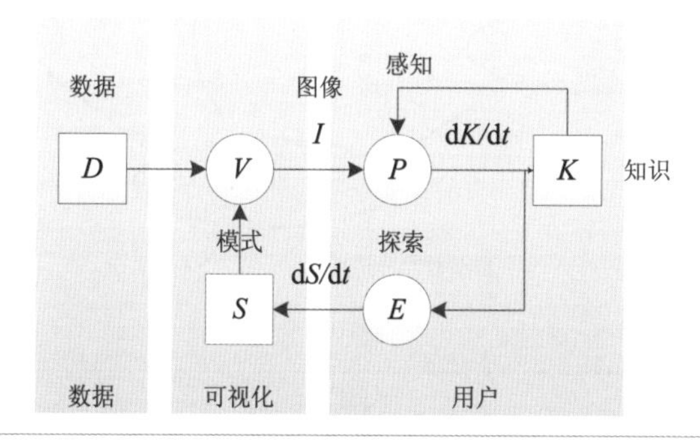

图 4.3 由 Jark Van Wijk 等人提出的可视化循环模型 [Wijk2008]。

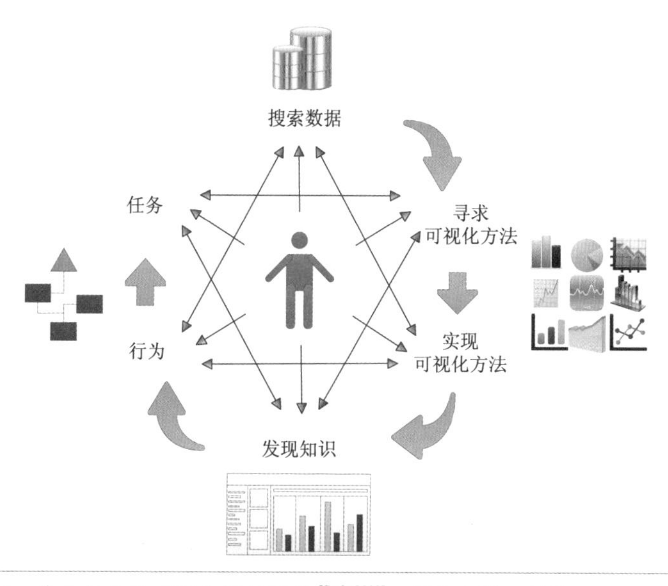

图 4.4 由 C.Stolte 等人提出的可视化循环模型 [Stolte2002]。图片来源：链接 4-1

可视分析学的基本流程则通过人机交互将自动和可视分析方法紧密结合[Tominski2006]。图 4.5 展示了一个典型的可视分析流程图和每个步骤中的过渡形式。这个流水线的起点是输入的数据，终点是提炼的知识。从数据到知识有两个途径：交互的可视化方法和自动的数据挖掘方法。两个途径的中间结果分别是对数据的交互可视化结果和从数据中提炼的数据模型。用户既可以对可视化结果进行交互的修正，也可以调节参数以修正模型。

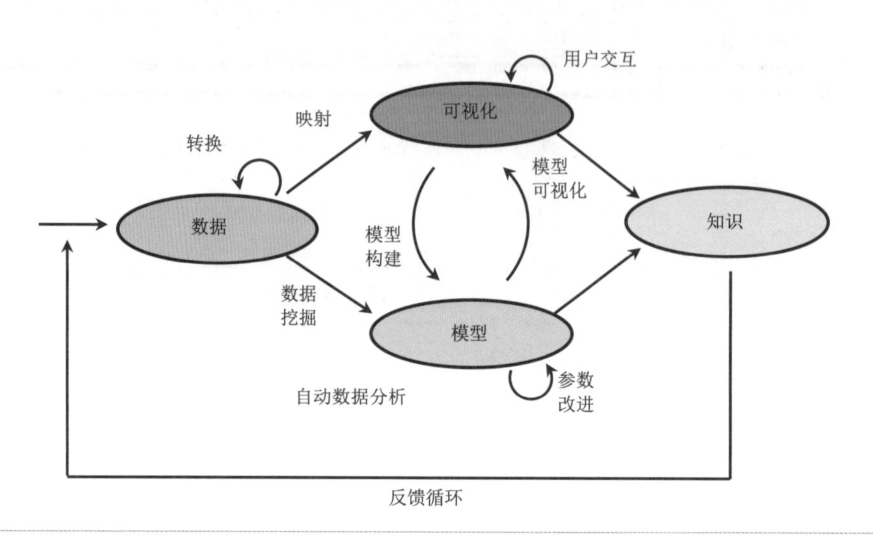

图 4.5 欧洲学者 Daniel Keim 等人提出的可视分析学标准流程[Keim2008]。

在相当多的应用场合，异构数据源需要在可视分析或自动分析方法应用之前被整合。因此，这个流程的第一步需要将数据预处理并变换，导出不同的表达，便于后续的分析。其他的预处理任务包括数据清洗、数据规范、数据归类和异构数据源集成。

将数据进行变换后，分析人员可以在自动分析和可视分析方法之间选择：自动分析方法从原始数据中通过数据挖掘方法生成数据模型，进而分析人员交互地评估和改进数据模型；可视化界面为分析人员在自动分析方法基础上修改参数或选择分析算法提供了自由，通过可视化数据模型可增强模型评估的效率，帮助发现新的规律或做出结论。在一个可视分析学流水线中，允许用户在自动分析和交互可视分析方法之间进行自由搭配是最基本的要素，有利于迭代地形成对初始结果的逐步改善和结果验证，也可尽早发现中间步骤的错误结果或自相矛盾的结论，从而快速获得高可信度的结果。

在任意一种可视化或可视分析流水线中，人是核心的要素。一方面，机器智能可部分替代人所承担的工作，而且在很多场合比人的效率高；另一方面，人是最终的决策者，是知识的加工者和使用者，因此，数据可视化工具目标是增强人的能力，不能完全替代人的作用。如果可以设计一个全自动的方案，就不需要人的判断了，可视化也就失去了意义。在很多场合，问题十分复杂以至于难以定义，或难以通过机器智能解决。构建可视化工具提高日常工作的效率，就是可视化工具的意义所在。另外一些场合中，在方案实施之前需要人进行细化和扩充，或检查其效果并验证其正确性。这时，可视化可以作为监控与调试的一个临时性工具，而不是长期使用的必需工具。

数据可视化流程中的核心要素包括三个方面。

数据表示与变换

数据可视化的基础是数据表示和变换。为了允许有效的可视化、分析和记录，输入数据必须从原始状态变换到一种便于计算机处理的结构化数据表示形式。通常这些结构存在于数据本身，需要研究有效的数据提炼或简化方法以最大程度地保持信息和知识的内涵及相应的上下文。有效表示海量数据的主要挑战在于采用具有可伸缩性和扩展性的方法，以便忠实地保持数据的特性和内容。此外，将不同类型、不同来源的信息合成为一个统一的表示，使得数据分析人员能及时聚焦于数据的本质也是研究重点。

数据的可视化呈现

将数据以一种直观、容易理解和操纵的方式呈现给用户，需要将数据转换为可视表示并呈现给用户。数据可视化向用户传播了信息，而同一个数据集可能对应多种视觉呈现形式，即视觉编码。数据可视化的核心内容是从巨大的呈现多样性空间中选择最合适的编码形式。判断某个视觉编码是否合适的因素包括感知与认知系统的特性、数据本身的属性和目标任务。例如，图 4.6 显示了若干汽车品牌和所属国家，其中上图采用了柱状图的可视化形式。鉴于柱状图主要用于表达数值信息而不是分类信息，图中雪佛兰对应于纵轴上的中国、德国、美国等多个国家，这并不合理。而下图采用了散点图的形式，能够表达一一对应的关系，这样就避免了上图中所产生的错误信息。

大量的数据采集通常是以流的形式实时获取的，针对静态数据发展起来的可视化显示方法不能直接拓展到动态数据。这不仅要求可视化结果有一定的时间连贯性，还要求可视化方法达到高效以便给出实时反馈。因此不仅需要研究新的软件算法，还需要更强大的计算平台（如分布式计算或云计算）、显示平台（如一亿像素显示器或大屏幕拼接）和交互模式（如体感交互、可穿戴式交互）。

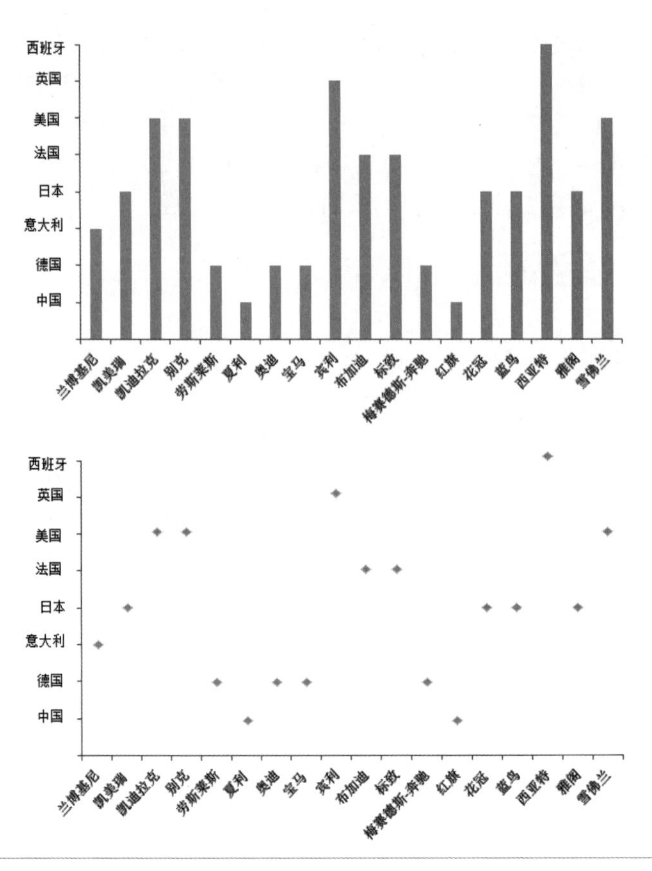

图 4.6 汽车品牌和所属国家。上：错误的柱状图形式；下：正确的散点图形式。

用户交互

对数据进行可视化和分析的目的是解决目标任务。有些任务可明确定义，有些任务则更广泛或者一般化。通用的目标任务可分成三类：生成假设、验证假设和视觉呈现。数据可视化可以用于从数据中探索新的假设，也可以证实相关假设与数据是否吻合，还可以帮助数据专家向公众展示其中的信息。交互是通过可视的手段辅助分析决策的直接推动力。有关人机交互的探索已经持续很长时间，但智能、适用于海量数据可视化的交互技术，如任务导向的、基于假设的方法还是一个未解难题，其核心挑战是新型的可支持用户分析决策的交互方法。这些交互方法涵盖底层的交互方式与硬件、复杂的交互理念与流程，更需要克服不同类型的显示环境和不同任务带来的可扩充性难点。

4.1.2 数据可视化设计

数据可视化的设计简化为四个级联的层次 [Munzner2009]（见图 4.7）。简而言之，最外层（第一层）是刻画真实用户的问题，称为问题刻画层。第二层是抽象层，将特定领域的任务和数据映射到抽象且通用的任务及数据类型。第三层是编码层，设计与数据类型相关的视觉编码及交互方法。最内层（第四层）的任务是创建正确完成系统设计的算法。各层之间是嵌套的，上游层的输出是下游层的输入，如图中的箭头所指。嵌套同时也带来了问题：上游的错误最终会级联到下游各层。假如在抽象阶段做了错误的决定，那么最好的视觉编码和算法设计也无法创建一个解决问题的可视化系统。在设计过程中，这个嵌套模型中的每个层次都存在挑战，例如，定义了错误的问题和目标；处理了错误的数据；可视化的效果不明显；可视化系统运行出错或效率过低。

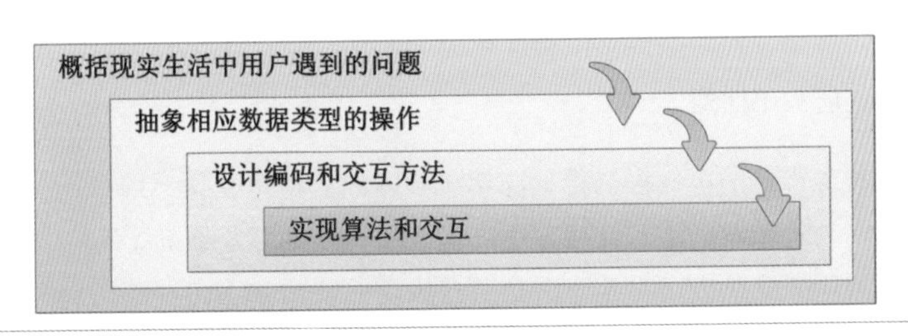

图 4.7 可视化设计的层次嵌套模型 [Munzner2009]。

分开这四个阶段的优点在于：无论各层次以何种顺序执行，都可以独立地分析每个层次是否已正确处理。虽然三个内层同属设计问题，但每一层又有所分工。实际上，这四个层次极少按严格的时序过程执行，而往往是迭代式的逐步求精过程：某个层次有了更深入的理解之后，将用于指导精化其他层次。

在第一层中，可视化设计人员采用以人为本的设计方法，与目标用户群相处大量时间，了解目标受众的需求。让用户自行描述平常的工作过程、思考实际需要，常常无法满足要求，因而需要采用有目标的采访或软件工程领域的需求分析方法。设计人员首先要了解目标用户的任务需求和数据属于哪个特定的目标领域。每个领域通常都有其特有的术语来描述数据和问题，通常也有一些固定的工作流程来描述数据是如何用于解决每个领域的问题的。在通常情况下，对特定领域工作流程特征的描述是一个详细的问题集或者用户收集异构数据的工作过程。描述务必要细致，因为这可能是对领域问题的直接复述或整个设计过程中数据的描述。在大多数情况下，用户知道如何处理数据，但难以将需求转述为数据处理的明确任务。因此，设计人员需要收集与问题相关的信息，建立系统原型，并通过观察用户与原型系统的交互过程来判断所提出方案的实际效果。

第二层将第一层确定的任务和数据从采用特定领域的专有名词的描述转化为更抽象、更通用的信息可视化术语的描述。将这些不同领域的需求转化为不依赖于特定领域概念的通用任务是可视化设计人员面临的挑战之一。例如，高层次的通用任务分类包括不确定性计算、关联分析、求证和参数确定等。与数据相关的底层通用任务则包括取值、过滤、统计、极值计算、排序、确定范围、提取分布特征、离群值计算、异常检测、趋势预测、聚簇和关联。而从分析角度看，通用任务包括识别、判断、可视化、比较、推断、配置和定位。在数据抽象过程中，可视化设计人员需要考虑是否要将用户提供的数据集转化为另一种形式，以及使用何种转化方法，以便于选择合适的可视编码，完成分析任务。

第三层是可视化研究的核心内容：设计可视编码和交互方法。视觉编码和交互这两个层面通常相互依赖。为应对一些特殊需求，第二层确定的抽象任务应被用于指导视觉编码方法的选取。第四层设计与前三个层次匹配的具体算法，相当于一个细节描述的过程。它与第三层的不同之处在于第三层确定应当呈现的内容以及如何呈现，而第四层解决的是如何完成的问题。当然，两层之间相互影响和制约。事实上，本书的大部分章节描述的内容对应于第三层和第四层。

将可视化设计的层次嵌套模型应用于实际的数据可视化系统设计，需要考虑各个层次面临的潜在风险和对风险的评估方法。由于层次之间互相嵌套，对各层次风险的检验不能即时完成。下面简单描述对各个层次潜在风险的评估方法。

- 第一层的首要问题是，用户可能根本不需要数据可视化来帮助解决问题。解决方法之一是采访和观察用户，定性地验证任务的实际内容；解决方法之二是调研相关软件或工具中数据可视化方法的实际使用率。
- 第二层的主要风险在于选定的任务和数据类型无法解决既定任务目标。检验的关键是由用户测试系统。方法之一是让目标用户试用工具，看工具是否能帮助发现新见解或证实了某些假设；方法之二是以一种长期的局部研究的方式观察并记录用户如何在日常工作中使用系统。
- 第三层的风险是选定的设计方法的视觉编码效果不佳。第一种方法是根据感知和认知理论判断设计是否合理。如果不确定可视化设计是否违反了某种指导原则，启发式评价和专家评审则可以有效地弥补这方面的缺陷。第二种方法是以用户实验的方式进行规范的用户研究，通过定量或定性分析统计结果或者用户偏好来检验所使用的设计方案的效率。第三种方法是向测试人员展示可视化结果（图像或视频），报告设计结果并做定性讨论。这类定性讨论有时以案例分析的方式展开，主要目的是确定工具是否对特定的任务和数据集有用。第四种方法是定量地评估可视化结果（图像或视频）。例如，应用可计算的美学标准、与标准结果比较差异等。
- 第四层的风险在于算法的性能和精度无法达到要求。方法之一是分析算法的计算复杂度，或测试算法的实际运行时间及内存开销。为了测试算法的正确性，可以通过输出可视化结果或计算某些统计量来完成。

4.2 可视化中的数据

数据可视化将数据变换为易于感知的可视编码。为了精准地通过数据的可视表达传播信息，需要研究数据的分类及其对应的可视编码方法。

4.2.1 数据认知

第3章介绍了数据模型和概念模型。人们对数据的认知，一般都经过从数据模型到概念模型的过程，最后得到数据在实际中的具体语义。数据模型是对数据的底层描述及相关的操作。在处理数据时，最初接触的是数据模型。例如，一组数据：7.8、12.5、14.3、…，首先被看作是一组浮点数据，可以应用加、减、乘、除等操作；另一组数据：白、黑、黄、…，则被视为一组根据颜色分类的数据。

概念模型是对数据的高层次描述，对应于人们对数据的具体认知。对数据进行进一步处理之前，需要定义数据的概念和它们之间的联系，同时定义数据的语义和它们所代表的含义。例如，对于7.8、12.5、14.3、…，可以从概念模型出发定义它们是某天的气温值，从而赋予这组数值特别的语义，并进行下一步的分析（如统计分析一天中的温度变化）。对于白、黑、黄、…，则可以表示为一组人群中的不同肤色。概念模型的建立跟实际应用紧密相关。例如，数值数据可用于表达温度、高度、产量等，而类别型数据则可表达性别、人种等不同的意义。

4.2.2 数据类型

根据数据分析要求，不同的应用可以采用不同的数据分类方法。例如，根据数据模型，可以分为浮点数、整数、字符等；根据概念模型，可以定义数据所对应的实际意义或者对象，例如汽车、摩托车、自行车等分类数据。在科学计算中，通常根据测量标度，将数据分为四类：类别型数据、有序型数据、区间型数据和比值型数据 [Stevens1946]（见表4.1）。

表 4.1 赛跑比赛排名数据

排　名	姓　名	时　间	性　别
1	小赵	3分10秒	男
2	小钱	3分12秒	男
3	小孙	3分18秒	男
4	小李	3分40秒	女
5	小周	3分52秒	男
6	小吴	4分10秒	女

- 类别型数据：用于区分物体。例如，根据性别可以将人分为男性或者女性（表 4.1 中的性别）；水果可以分为苹果、香蕉等。这些类别可以用于区分一组对象，但是无法提供对象的定量数据。例如，根据性别无法得到对象间的其他信息和联系，如年龄、男女比例等。
- 有序型数据：用来表示对象间的顺序关系。例如，根据成绩定义运动员的排名，跑得越快的运动员名次数越小——排名为“1”的运动员比排名为“2”的运动员跑得要快，依此类推。但是根据对象的顺序，并不一定能得到准确的定量比较。例如，在表 4.1 中，小赵的排名为“1”，小钱的排名为“2”，他们的排名差别为 1。同样，小周和小吴之间的排名差别也是 1。这两组之间的排名差别一样，但是小赵和小钱的跑步成绩差别并不一定等于小周和小吴间的差别。因此，我们只能得到对象间的顺序关系，而无法根据序数间的数值差别，对他们之间跑步成绩的差别进行定量比较。
- 区间型数据：用于得到对象间的定量比较。相对于有序型数据，区间型数据提供了详细的定量信息。例如，使用摄氏度来衡量温度，10℃和 20℃的差别，与 50℃和 40℃的差别是一致的。但是，因为区间型数据基于任意的起始点，所以只能得到对象间的相对差别，并不能定义对象的绝对值。例如，温度计显示 0℃，并不表明没有任何温度。
- 比值型数据：用于比较数值间的比例关系。比值型数据基于真正意义上的 0 点，可以用来精确地定义比例—— 4 厘米的物体比 2 厘米的物体长 2 倍。表 4.1 中的跑步成绩属于比值型数据。

不同的数据类型适用不同的操作算子——区分度算子：= ≠；序别算子：><；加减算子：+ -；乘除算子：* /。类别型数据适用于区分度算子，可以判断不同数据之间是否相等，例如两种水果都是苹果，则认为它们是一类；如果其中一种是香蕉，则是不同类。有序型数据适用于区分度算子和序别算子，因此可以判断大小关系，例如表 4.1 中运动员的排名。区间型数据适用于区分度算子、序别算子和加减算子，例如计算温度差和年龄等。比值型数据适用于区分度算子、序别算子、加减算子和乘除算子。

不同的数据类型同时也对应不同的集合操作和统计计算。对于类别型数据集合，可以互换元素间的位置，统计类别和模式，也可以计算列联相关。对于有序型数据集合，可以计算元素间的单调递增（减）关系、中值、百分位数。对于区间型数据集合，可以进行元素间线性加减操作，计算平均值、标准方差等。对于比值型数据集合，由于基数为零，除上述三种数据类型所允许的操作外，还可以进行更复杂的计算，例如计算元素间的相似度，或者统计上的变异系数。表 4.2 总结了这些不同的数据类型及其所对应的操作计算。

表 4.2 数据类型及其属性

类型	基本操作 / 用途	集合操作	允许的统计计算
类别型	判断是否相等 =、≠	允许互换元素间位置	类别、模式、列联相关
有序型	判断大小 =、≠、>、<	计算元素单调递增（减）关系	中值、百分位数
区间型	判断差别 =、≠、>、<、+、-	允许元素间线性加减操作	平均值、标准方差、等级相关、积差相关
比值型	判断比例 =、≠、>、<、+、-、×、÷	能判断元素间的相似度	变异系数

在数据可视化中，我们通常并不区分区间型数据和比值型数据，将数据类型进一步精简为三种：类别型数据、有序型数据和数值型数据（包括区间型数据和比值型数据）。基础的可视化设计和编码一般针对这三种数据展开，复杂型数据通常是这三类数据的组合或变化。例如，第 8 章中介绍的网络与层次结构是一种有序型数据。

4.3 可视化的基本图表

统计图表是最早的数据可视化形式之一，作为基本的可视化元素仍然被非常广泛地使用。对于很多复杂的大型可视化系统来说，这类图表更是作为基本的组成元素而不可缺少。本节将介绍一些基本图表及其属性和适用的场景。通过这样的实例介绍，希望读者能对可视化设计所遵循的准则有所了解和认识。基本的可视化图表按照所呈现的信息和视觉复杂程度通常可以分为三类 [Cleveland1984]：原始数据绘图、简单统计值标绘和多视图协调关联。

4.3.1 原始数据绘图

原始数据绘图用于可视化原始数据的属性值，直观呈现数据特征，其代表性方法如下。

数据轨迹

数据轨迹是一种标准的单变量数据呈现方法：x 轴显示自变量；y 轴显示因变量。典型的例子有股票随时间的价格走势（见图 4.8 左图）。数据轨迹可直观地呈现数据分布、离群值、均值的偏移等（见图 4.8 右图）。

柱状图（Bar Chart）

柱状图采用长方形的形状和颜色编码数据的属性（见图 4.9 左图）。柱状图的每根直柱内部也可用像素图（Pixel Chart）方式编码（见图 4.9 右图），也称为堆叠图（Stacked Graph），详见多变量和高维数据可视化章节。

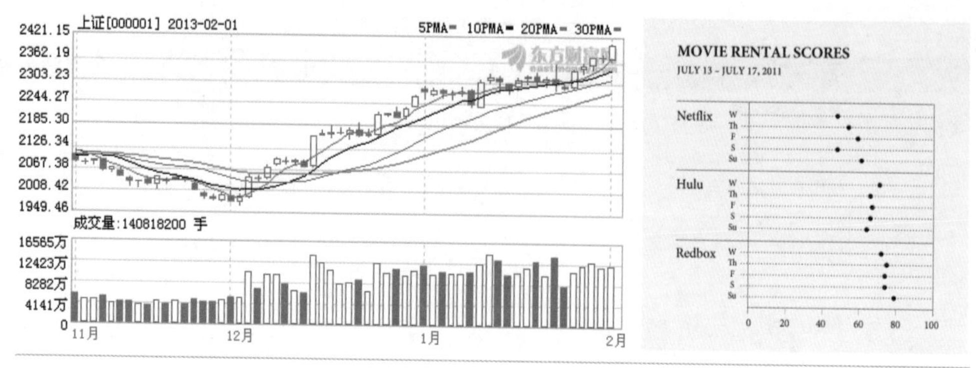

图 4.8 单变量数据轨迹。左：股票 K 线图，时间是自变量，股指是因变量；右：Twitter 舆情系统根据用词的褒贬程度对公司打分。这张图比较了 2011 年 7 月 13 日至 17 日美国网络影视服务和租赁商 Netflix、Hulu 和 Redbox 的分数，为多个数据集的单变量数据轨迹，日期是自变量，分数是因变量。图片来源：链接 4-2

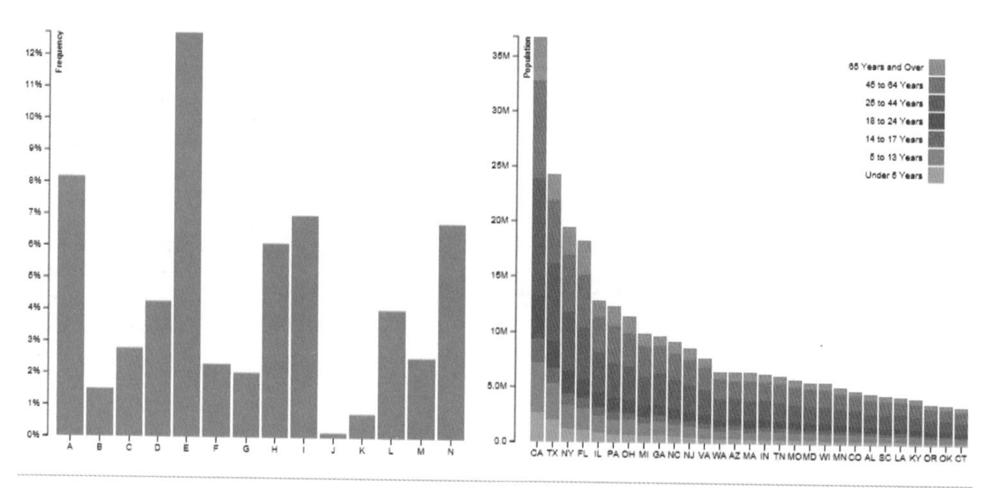

图 4.9 左：标准的柱状图；右：增强版柱状图（也称堆叠图），编码对比了几个国家不同年龄段人口数量。

直方图（Histogram）

直方图是对数据集的某个数据属性的频率统计（见图 4.10）。对于单变量数据，其取值范围映射到横轴，并分割为多个子区间。每个子区间用一个直立的长方块表示，高度正比于属于该属性值子区间的数据点的个数。直方图可以呈现数据的分布、离群值和数据分布的模态。直方图的各个部分之和等于单位整体，而柱状图的各个部分之和没有限制，这是两者的主要区别。双直方图（见图 4.11）是一种便于比较两个数据集的方法，其做法是将两个数据集的频率统计信息（即直方图）分别沿横轴对称呈现。直方图可以扩展到多维。

例如，在科学可视化中，三维标量场数据通常采用标量值和标量值的梯度模为两个变量，生成二维直方图。

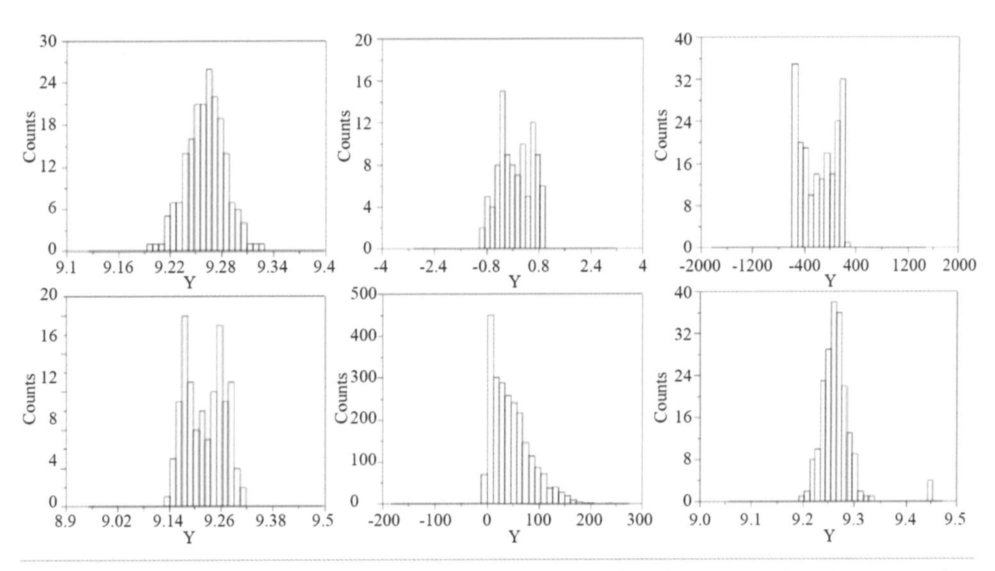

图 4.10 不同的直方图分布形态。从上到下，从左到右：正态分布；对称、非正态、短尾分布；对称双正态；正态分布的双模态混合分布；斜右分布；对称、长尾、有离群值的分布。

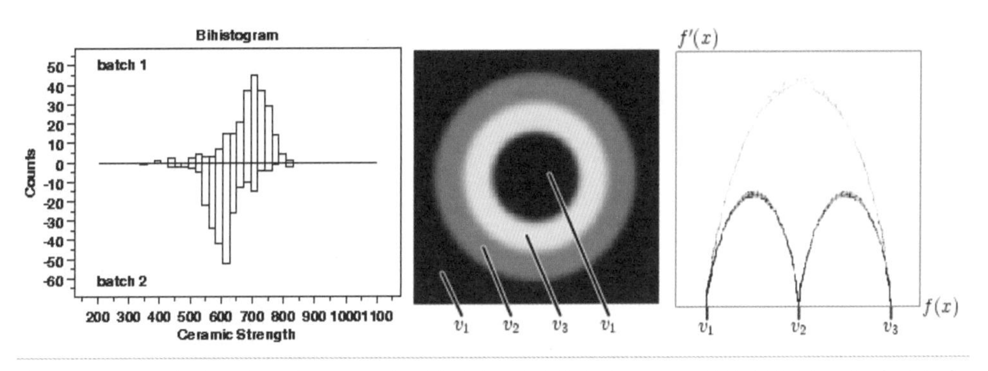

图 4.11 左：双直方图显示了 batch 1 数据集和 batch 2 数据的中心位置偏移了 100，两者的分布形状和方差分布类似；右：左边是一个灰度图像，右边是该图的二维直方图统计（灰度值和灰度值梯度模）。可以明显看出数据分布在直方图统计空间中形成的特征模式。这个观察形成了三维体数据可视化的多维传输函数设计的理论基础[Kindleman1998]。

饼图（Pie Chart）

饼图采用了饼干的隐喻，用环状方式呈现各分量在整体中的比例（见图 4.12）。这种分块方式是环状树图等可视表达的基础。

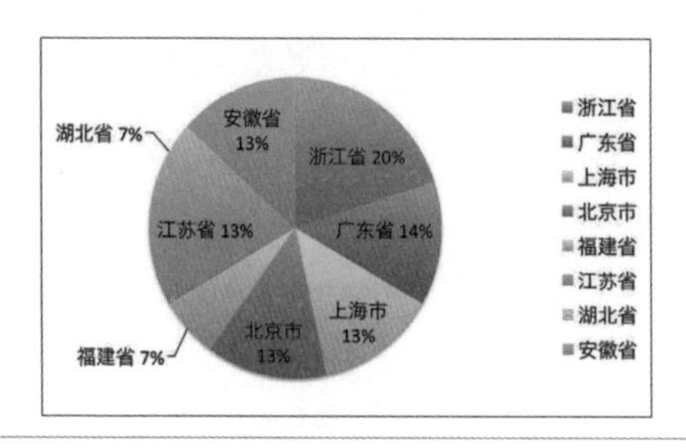

图 4.12 饼图实例，展示了某产品在各省的销售比例情况。

等值线图（Contour Map）

等值线图使用相等数值的数据点连线来表示数据的连续分布和变化规律。等值线图中的曲线是空间中具有相同数值（高度、深度等）的数据点在平面上的投影。平面地图上的地形等高线、等温线、等湿线等都是等值线图在不同领域的应用，如图 4.13 所示。

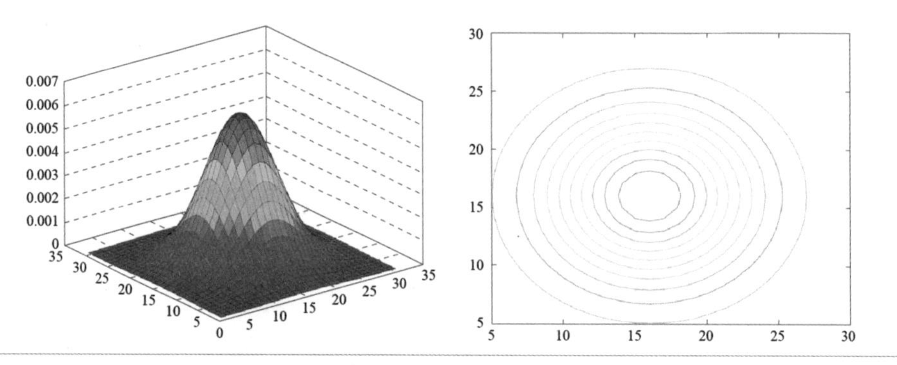

图 4.13 二维高斯分布的立体图和平面等值线图。

走势图（Sparkline）

走势图是一种紧凑简洁的数据趋势表达方式 [Tufte2006]，它通常以折线图为基础，大小与文本相仿，往往直接嵌入在文本或表格中。走势图使用高度密集的折线图表达方式来展示数据随某一变量（时间、空间）的变化趋势。由于尺寸限制，趋势图无法表达太多的细节信息。走势图常用于商业数据表达，如股票走势、市场行情等，如图 4.14 所示。

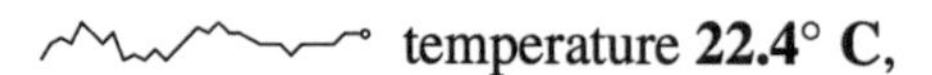

图 4.14 使用走势图表达温度趋势，并将其直接嵌入文本中。图片来源：[Tirronen2010]

散点图（Scatter Plot）和散点图矩阵（Scatter Plot Matrix）

散点图是表示二维数据的标准方法。在散点图中，所有数据以点的形式出现在笛卡尔坐标系中，每个点所对应的横纵坐标即代表该数据在坐标轴所表示维度上的属性值大小。

散点图矩阵是散点图的高维扩展，用来展现高维（大于二维）数据属性分布。可以通过采用尺寸、形状和颜色等来编码数据点的其他信息。对不同属性进行两两组合，生成一组散点图，来紧凑地表达属性对之间的关系，如图 4.15 所示。

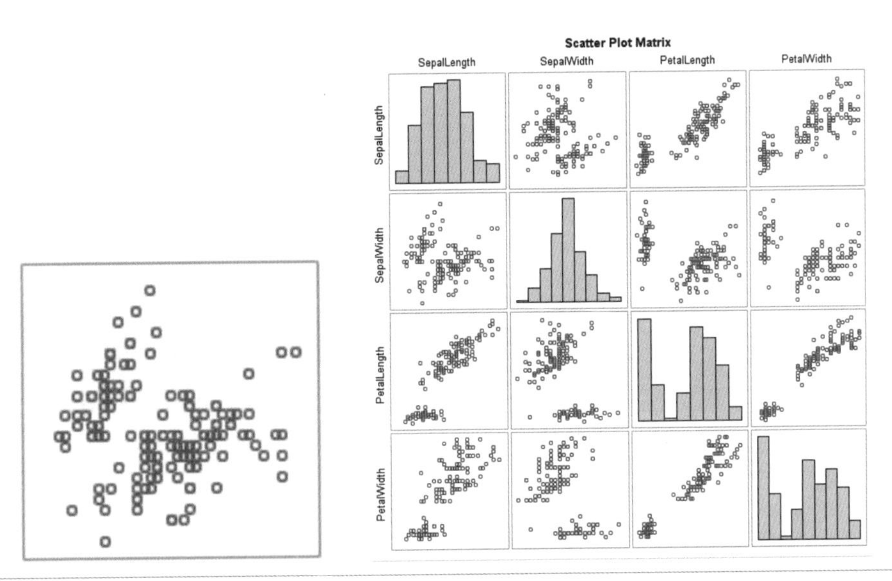

图 4.15 四维数据的散点图矩阵表示。左图为单个散点图区域的放大效果。图片来源：链接 4-3

维恩图（Venn Diagram）

维恩图使用平面上的封闭图形来表示数据集合间的关系。每个封闭图形代表一个数据集合，图形之间的交叠部分代表集合间的交集，图形之外的部分代表不属于该集合的数据部分。维恩图在一张平面图表上表示集合间的所有逻辑关系，被广泛用于集合关系展示，如图 4.16 所示。

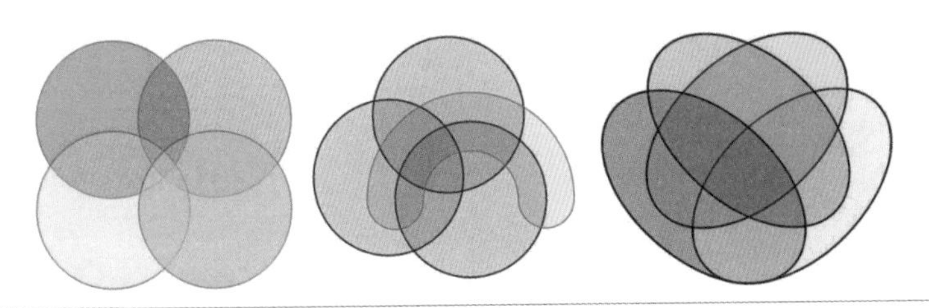

图 4.16 四集合维恩图的不同画法。图片来源：链接 4-4

热力图（Heat Map）

热力图使用颜色来表达位置相关的二维数值数据大小。这些数据常以矩阵或方格形式整齐排列，或在地图上按一定的位置关系排列，每个数据点的颜色编码数值大小，如图 4.17 所示。

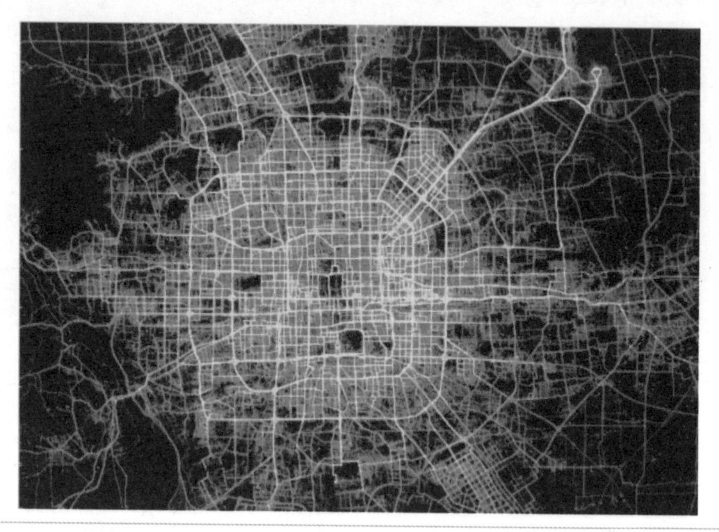

图 4.17 使用热力图展示出租车的繁忙程度。

4.3.2 简单统计值标绘

盒须图是 John Tukey 发明的通过标绘简单的统计值来呈现一维和二维数据分布的一种方法。它的基本形式是用一个长方形盒子表示数据的大致范围（数据值范围的 25%~75%），并在盒子中用横线标明均值的位置。同时，在盒子上部和下部分别用两根横线标注最大值和最小值。盒须图在实验数据的分析中非常有用。针对二维数据，标准的一维盒须图可扩充为二维盒须图（见图 4.18、图 4.19）。

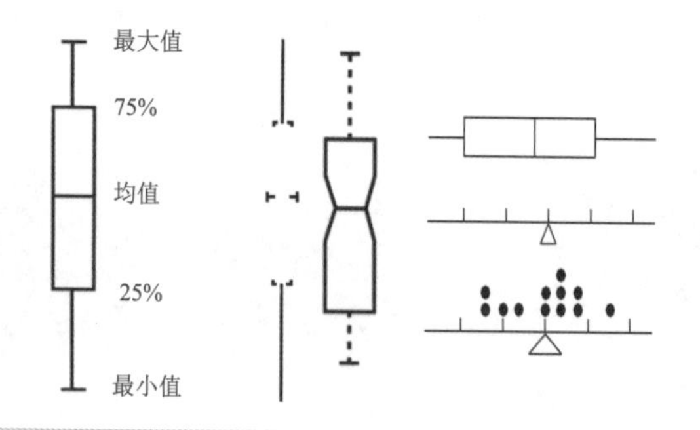

图 4.18 盒须图的标准表示（左图）及其若干变种。图片来源：[Potter2010]

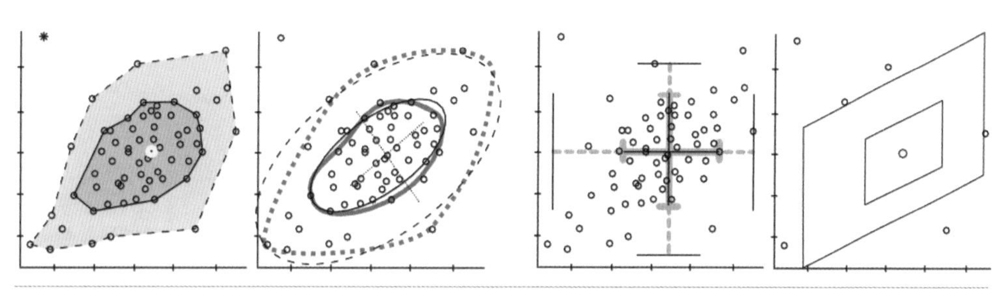

图 4.19 自左至右：扩充的二维盒须图；Relplot；Rangefinder 盒须图；Bag plot。
图片来源：[Potter2010]

4.3.3 多视图协调关联

多视图协调关联（Multiple Coordinated Views）将不同种类的绘图组合起来，每个绘图单元可以展现数据某个方面的属性，并且通常允许用户进行交互分析，提升用户对数据的模式识别能力。在多视图协调关联应用中，“选择”操作作为一种探索方法，可以是对某个对象和属性进行“取消选择”的过程，也可以是选择属性的子集或对象的子集，以查看每个部分之间的关系的过程。图 4.20 展示了 MizBee 可视化系统 [Meyer2009]，该系统成功地将多视图协调关联应用于探索式基因可视分析过程中。

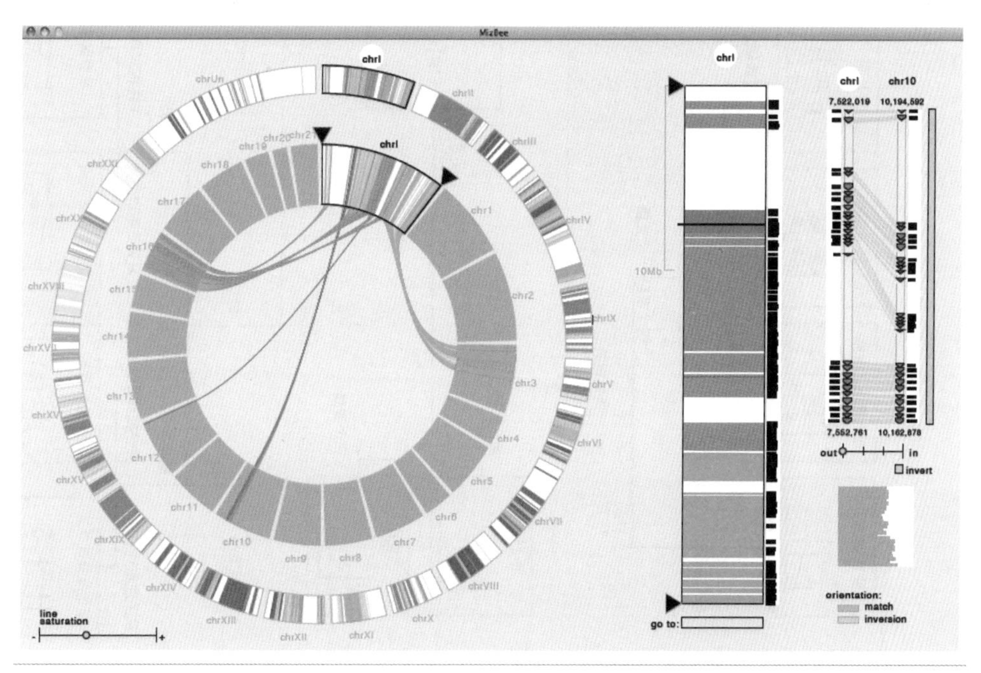

图 4.20 用于比较多尺度线粒体的基因数据的可视化系统 MizBee 的界面 [Meyer2009]。
图片来源：链接 4-5

图 4.21 总结了根据分析需求可采用的统计可视化方法。

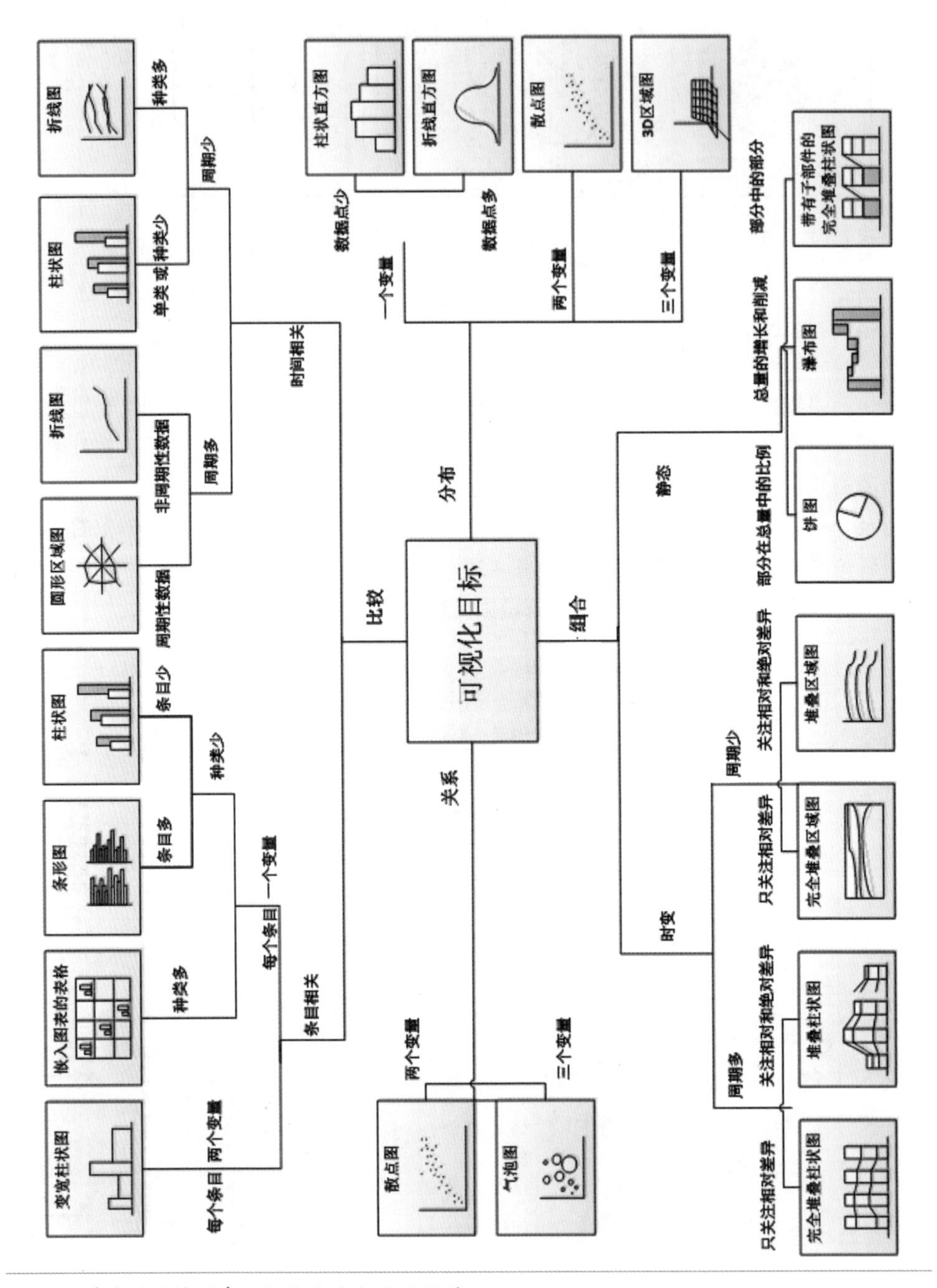

图 4.21 基本的统计图表可视化方法和适用规则。

4.4 可视化设计原则

可视化的首要任务是准确地展示和传达数据所包含的信息。在此前提下，针对特定的用户对象，设计者可以根据用户的预期和需求，提供有效辅助手段以方便用户理解数据，从而完成有效的可视化。在给定数据来源之后，目前已经有很多不同的技术方法将数据映射到图形元素并进行可视化，同样也存在不少用户交互技术方便用户对数据的浏览与探索。

过于复杂的可视化可能会给用户带来理解上的麻烦，甚至可能引起用户对设计者意图的误解和对原始数据信息的误读；缺少直观交互控制的可视化可能会阻碍用户以主观上更直观的方式获得可视化所包含的信息；另外，美学因素也能影响用户对可视化设计的喜好或厌恶情绪，从而影响可视化作为信息传播和表达手段的功能。总之，良好的可视化提高了人们获取信息的能力，但是也有诸多因素会导致信息可视化的低效率甚至失败。因此，了解并掌握可视化技术的各个组件的功能，对设计有效的可视化有着重要的作用。

本节将提供一些用于设计有效的可视化的指导思路和原则，以便读者在实际的可视化设计中能够遵循并从中获益。设计制作一个可视化视图包括三个主要步骤：确定数据到图形元素（即标记）和视觉通道的映射；视图的选择与用户交互控制的设计；数据的筛选，即确定在有限的可视化视图空间中选择适当容量的信息进行编码，以避免在数据量过大情况下产生的视觉混乱，也就是说，可视化的结果中需要保持合理的信息密度。为了提高可视化结果的有效性，可视化的设计还包括颜色、标记和动画的设计等。

4.4.1 数据到可视化的直观映射

在选择合适的数据到可视化元素（标记和视觉通道）的映射时，设计者首先需要考虑的是数据的语义和可视化用户的个性特征。一般而言，可视化的一个核心作用是使用户在最短的时间内获取数据的整体信息和大部分细节信息，这通过直接观察数据显然无法完成。如果设计者能够预测用户在观察使用可视化结果时的行为和期望，并以此指导自己的可视化设计过程，则可以在一定程度上帮助用户对可视化结果的理解，从而提高可视化设计的可用性和功能性。

数据到可视化元素的映射需充分利用已有的先验知识，从而降低人们对信息的感知和认知所需要的时间。本章 4.2 节介绍了基本的数据类型（类别型数据、有序型数据和数值型数据）的属性及其操作；4.3 节介绍了基本的可视化图表。对于基本数据类型，可以通过使用不同的视觉编码通道来表达数据及其之间的关系（见图 4.22）。

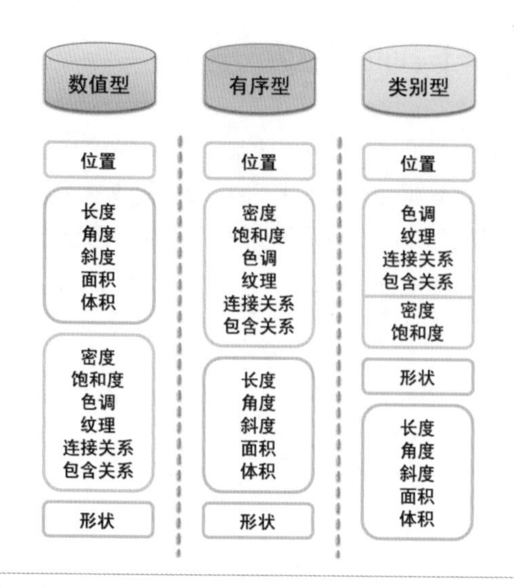

图 4.22 基本数据类型适用的可视化编码方式，优先级自上而下。

实际应用中的数据通常是基础数据类型的实例和组合，其可视化方法一般为采用基于不同视觉编码通道的组合。如图 4.23 所示的可视化设计使用的是散点图，在点标记的选择上设计者使用了众所周知的一些纹理贴图以表示不同的行星，用横轴表示距离，纵轴表示公转时间，同时使用了标签对各行星的数据进行标注。可视化所包含的信息一目了然，例如，大部分用户对于地球所代表的点的识别是非常直观而快速的。这是因为，在用户普遍所具备的先验知识中，蓝色和白色分别表示地球的海洋和云彩，“地球”字体的加粗显示更加快了认知速度。

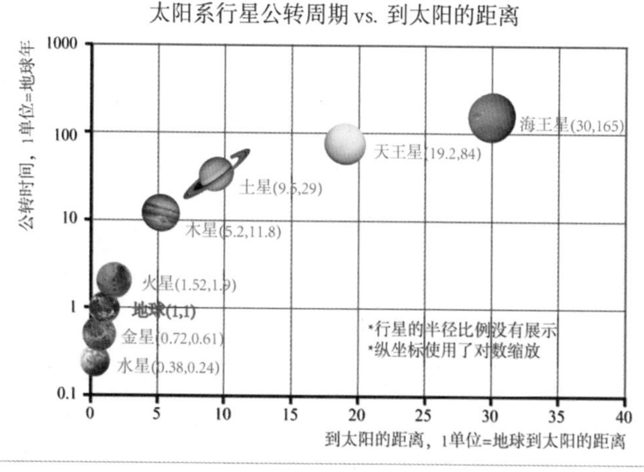

图 4.23 使用散点图的形式可视化行星到太阳的距离和行星公转时间。

对于空间属性，如纬度和经度，将其映射到空间位置是最常用也是最直观的数据映射方式。如果两种数据属性存在时间上的关联，则可以使用动画对其进行可视化。由于在许多文化中存在冷暖色调的传统，将温度或密度映射为颜色直观易懂。

数据到可视化的映射还要求设计者使用正确的视觉通道去编码数据信息。对于类别型数据属性，务必使用类别型视觉通道；对于有序型数据属性，也需要使用定量 / 定序的视觉通道进行编码。然而，可视化系统也可以向用户提供一些灵活特性。例如，在流线可视化中将时间映射为颜色虽然并不是直观的映射，但这样的方式却可以解释流线上粒子运动速度的变化。另一方面，将时间和空间分别映射为横轴和纵轴，也可以呈现时空演化的事件（见图 4.24）。

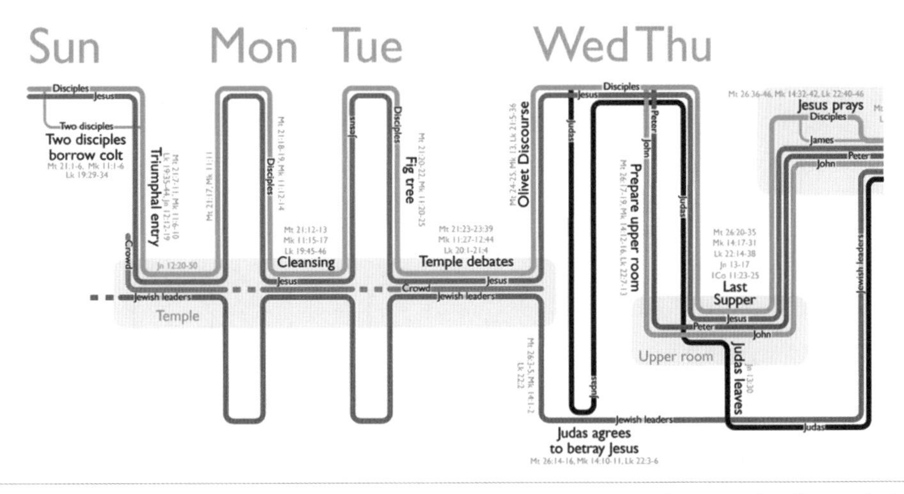

图 4.24 复活节前一周耶稣活动记录的可视化（部分）。全周时间沿横轴从左到右布局，灰色长方块区域表现了空间，不同颜色的管道线的位置远近编码了人物之间的互动。图片来源：链接 4-6

4.4.2 视图选择与交互设计

对于简单的数据，使用一个基本的可视化视图就可以展现数据的所有信息；对于复杂的数据，就需要使用较为复杂的可视化视图，甚至为此发明新的视图，以有效地展示数据中所包含的信息。一般而言，一个成功的可视化首先需要考虑的是被用户所广泛认可并熟悉的视图设计。此外，可视化系统还必须提供一系列的交互手段，使得用户可以按照自己满意的方式修改视图的呈现形式。不管使用一个视图还是多个视图的可视化设计，每个视图都必须用简单而有效的方式（如通过标题标注）进行命名和归类。

视图的交互主要包括以下一些方面。

- 滚动与缩放：当数据无法在当前有限的分辨率下完整展示时，滚动与缩放是非常有效的交互方式。

- 颜色映射的控制：调色盘是可视化系统的基本配置。同样，允许用户修改或者制作新的调色盘也能增加可视化系统的易用性和灵活性。
- 数据映射方式的控制：在可视化设计时，设计者首先需要确定一个直观且易于理解的数据到可视化的映射。虽然如此，在实际使用过程中，用户仍有可能需要转换到另一种映射方式来观察他们感兴趣的其他特征。因此，完善的可视化系统在提供默认的数据映射方式的前提下，仍然需要保留用户对数据映射方式的控制交互。如图 4.25 所示的可视化使用了两种不同的数据映射方式展示了同一个数据。
- 数据缩放和裁剪工具：在对数据进行可视映射之前，用户通常会对数据进行缩放并对可视化数据的范围进行必要的裁剪，从而控制最终可视化的数据内容。
- LOD 控制：细节层次（Level-Of-Detail）控制有助于在不同的条件下，隐藏或者突出数据的细节部分。

总体上，设计者必须要保证交互操作的直观性、易理解性和易记忆性。直接在可视化结果上的操作比使用命令行更加方便和有效，例如，按住并移动鼠标可以很自然地映射为一个平移操作，而滚轮可以映射为一个缩放操作。

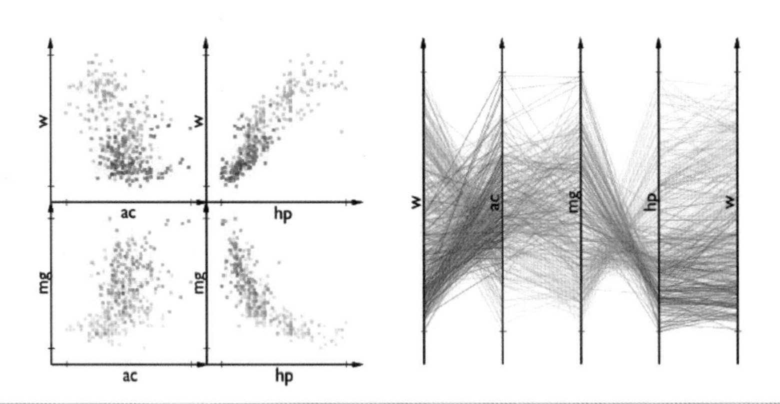

图 4.25 对一个四维数据的两种可视化方法：散点图和平行坐标。

4.4.3 信息密度——数据的筛选

在确定了数据到可视化元素的映射和视图与交互的设计后，信息可视化设计的另一个关键挑战是：设计者必须决定可视化视图所需要包含的信息量。一个好的可视化应当展示合适的信息，而不是越多越好。失败的可视化案例主要存在两种极端情况，即过少或过多地展示了数据的信息。E. Tufte 用数据 - 墨水比衡量信息可视化的表达效果 [Tufte1986]。

第一种极端情况是可视化展示了过少的数据信息。在实际情况中，很多数据仅包含了两到三个不同属性的数值，甚至这些数值可能是互补的，即可由其中的一个属性的数值推导出另外一个，例如男性和女性的比例（如果相加起来是 100%），在这些情况下，直接通过表格或文字描述即可完整而快速地传达信息，并且还能省下不少版面空间。总之，需要记住的是，可视化只是辅助用户认识和理解数据的工具，可视化过少的数据信息并不能给用户对数据的认识和理解带来好处。

第二种极端情况是设计者试图表达和传递过多的信息。包含过多信息会大大增加可视化的视觉复杂度，也会使可视化结果变得混乱，造成用户难以理解、重要信息被掩藏等弊端，甚至让用户自己都无法知道应该关注哪一部分。

因此，一个好的可视化应向用户提供对数据进行筛选的操作，从而可以让用户选择数据的哪一部分被显示，而在需要的时候才显示其他部分。另外一种解决方案是通过使用多视图或多显示器，将数据根据它们的相关性分别显示。

4.4.4 美学因素

在可视化设计中，仅仅完成上述三个步骤仍然无法形成有效的可视化，用户可能仍然无法从可视化结果中获取足够的信息，以判断和理解可视化所包含的内容。例如，在没有任何标注的坐标轴上的点，用户既不知道每个点的具体的值，也不知道该点所代表的具体含义。解决这一问题的做法是给坐标轴标记尺度，然后给相应的点标记一个标签以显示其数据的值，最后给整个可视化赋以一个简洁明了的题目。例如，图 4.26 左图只是简单地完成了数据到可视化（位置和颜色）的映射，然而在用户看来，它仅仅是几条不同颜色的曲线；右图则是一个较完整的可视化，通过增加坐标轴、颜色和尺寸等的标注和说明，用户就能知道这 10 条曲线的信息含义。另外，设计者通过在水平和竖直方向增加均匀分割的网格线，提高用户对该可视化中曲线上的点所表示的数值进行相对比较时的精度。

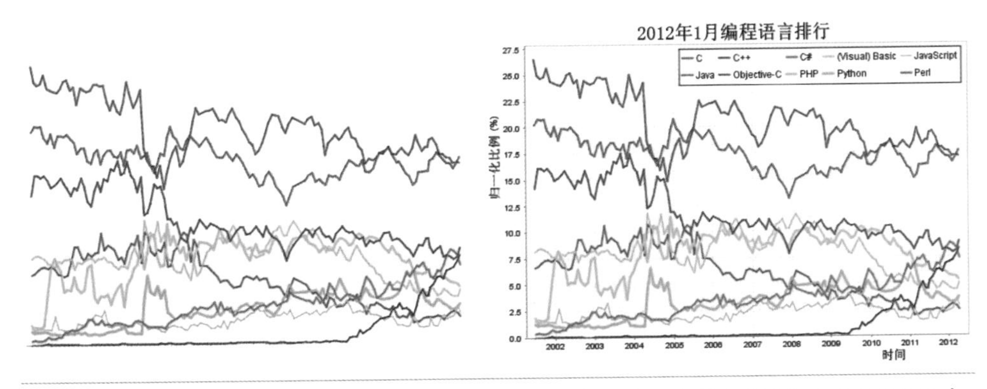

图 4.26 一个不完整的可视化结果与一个完整的可视化结果，在不完整（左图）的可视化结果中，用户无法得知这几条曲线的意义。

设计者需要认真仔细地对待可视化设计中的网格及其标注。图 4.27 展示了网格及其标注是否被合理使用的例子。在图 4.27（a）和（c）中，分别由于网格的过多使用和过少使用，使得可视化结果在缺少数据表达的精确性的同时也缺失了美观性，而图 4.27（b）中通过网格的合理使用，数据所映射的点能够被用户很好地理解。另外，网格所表示的区间的均匀性对于用户对可视化的理解也非常重要，图 4.28 左图所示的可视化结果中由于设计者使用了不均匀的网格间距（横轴）和非零的起始位置（纵轴），使得用户对可视化结果的理解很难忠于原始数据所包含的信息。

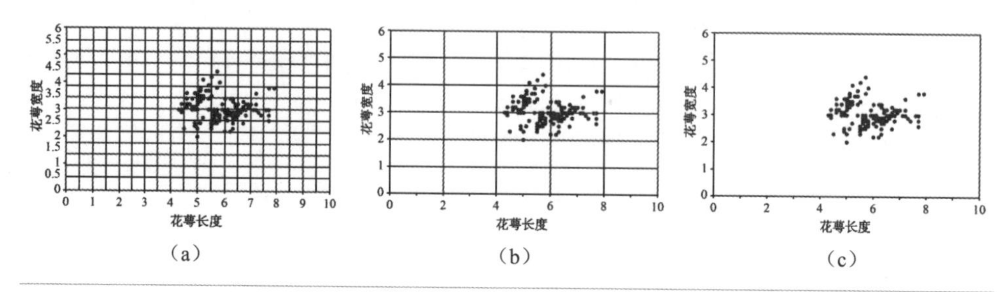

图 4.27 网格及其标注的合理使用例子。过于稠密的网格（左）和过于稀疏的网格（右）都不利于用户对于数据的理解。特别地，当网格稠密到一定程度后，用户将无法分辨可视化结果中的数据所表示的点。数据为 IRIS（链接 4-7）的其中两个维度。

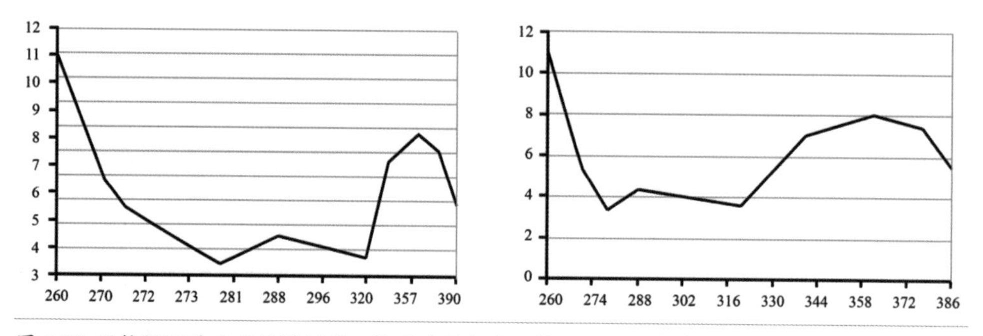

图 4.28 网格间距的正确使用例子。使用非均匀的网格间距可能会导致用户对于数据的误读，例如，某一区间的数据斜率将无法通过线段的倾斜程度进行理解和比较。

在可视化中，颜色是使用最广泛的视觉通道，也是经常被过度甚至错误使用的一个重要的视觉参数。使用了错误的颜色映射表或者试图使用很多不同的颜色表示大量数据属性，都可能导致可视化结果的视觉混乱，因而都是不可取的。另外，由于人的感知判断是基于相对判断的，特别对颜色的感知尤其如此，因此在进行颜色选取的时候也需要特别谨慎。在某些可视化领域，可视化的设计者还需要考虑色觉障碍用户的因素，使得可视化结果对这些用户依然能够起到信息表达与传递的功能。

可视化设计者通过仔细的设计完成可视化的功能（向用户展示数据的信息）后，就需要考虑其形式表达（可视化的美学）方面的改进。可视化的美学因素虽然不是可视化设计的最主要目标，但是具有更多美感的可视化设计显然更加容易吸引用户的注意力，并促使其进行更深入的探索，因此，优秀的可视化必然是功能与形式的完美结合。在可视化设计的方法学中，有许多方法可以提高可视化的美学性，总结起来主要有以下三种。

- 聚焦：设计者必须通过适当的技术手段将用户的注意力集中到可视化结果中的最重要区域。如果设计者不对可视化结果中各元素的重要性进行排序，并改变重要元素的表现形式使其脱颖而出，则用户只能以一种自我探索的方式获取信息，从而难以达到设计者的意图。例如，在一般的可视化设计中，设计者通常可以利用人类视觉感知的前向注意力，将重要的可视化元素通过突出的颜色编码进行展示，以抓住可视化用户的注意力。
- 平衡：平衡原则要求可视化的设计空间必须被有效地利用，尽量使重要元素置于可视化设计空间的中心或中心附近，同时确保元素在可视化设计空间中的平衡分布。在图 4.29 中，左图的可视化设计将主要的可视化元素置于视图空间的右上角，违背了平衡原则。
- 简单：简单原则要求设计者尽量避免在可视化中包含过多的造成混乱的图形元素，也要尽量避免使用过于复杂的视觉效果（如带光照的三维柱状图等）。在过滤多余数据信息时，可以使用迭代的方式进行，即过滤掉任何一个信息特征，都要衡量信息损失，最终找到可视化结果美学特征与传达的信息含量的平衡。

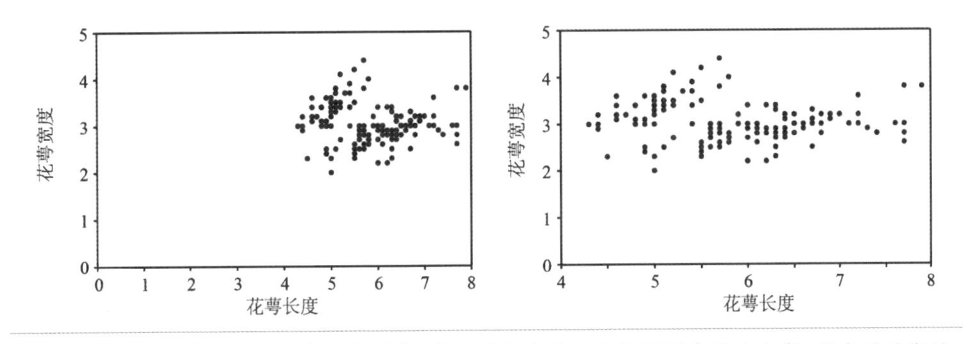

图 4.29 可视化元素的平衡分布。左图中，点几乎分布在可视化视图中的右上角，缺失了平衡性，影响了视图的美观。数据集和图 4.27 展示的数据一致。

4.4.5 动画与过渡

信息可视化的结果主要以两种形式存在：可视化视图与可视化系统。前者通常是图像，是相关人员进行交流的载体形式；后者则创建了一个终端用户（包括设计者和一般用户）与数据进行交互的系统环境，使得用户可以根据自己的意图选择合适的可视化映射和可视化信息密度，并通过系统提供的交互生成最终的可视化视图或可视化视图序列。

动画与过渡效果是可视化系统中常用的技术，它通常被用于增加可视化结果视图的丰富性与可理解性，或增加用户交互的反馈效果。例如，对于时变的科学数据，采用科学可视化方法逐帧绘制每个时刻的数据，可重现动态的物理或化学演化规律 [Hansen2004]。在可视化系统中，动画与过渡效果的功能可概括如下。

1. 用时间换取空间，在有限的屏幕空间中展示更多的数据

在时序数据的可视化中，数据值随时间变化。如果每一时刻仅包含一个维度，该维度和时间维度则可以组成一个二维空间，用类似坐标轴的方式编码数据值，其中横轴代表时间的渐变。当数据包含多个维度时，需要通过多个视觉通道编码不同的维度信息，此时如果采用动画的方式编码随着时间演进而产生的数据值变化，则可以在有限的视图空间上展示更多的信息，同时也确保任何单一时刻时可视化结果对有限视图空间的充分利用。图 4.30 展示了类似 GapMinder 软件（链接 4-8）可视化效果的动画序列的其中 4 帧，呈现了 75 个国家在 25 年中平均寿命和婴儿平均死亡率的关系变化。可以看到，随着时间的推进，散点图上的每个点都往右下角移动（更高的平均寿命和更低的婴儿死亡率）。很显然，如果在有限的视图空间中展示这 25 年所包含的数据，得到的可视化结果将显得非常拥挤，甚至产生大量的重叠（见图 4.31）。此外，即使使用静态的可视化编码，时序数据也不是问题，动画效果也能在一定程度上展示时序效果，并从一定程度上引起观察者的注意力。

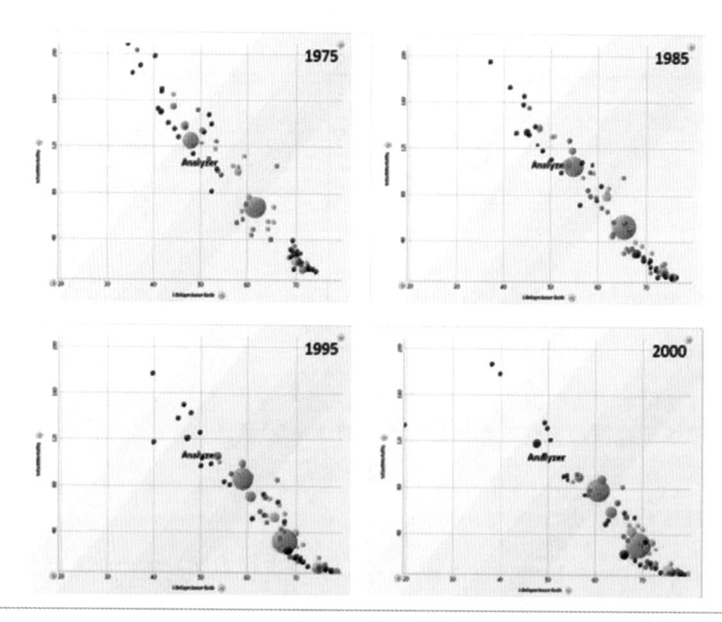

图 4.30 散点图可视化视图动画序列的其中 4 帧，展示了 75 个国家在 1975、1985、1995 和 2000 年的平均寿命（横轴）和婴儿平均死亡率（纵轴）的关系与变化。点的大小表示人口数量，颜色编码不同的洲。最大的两个点表示中国和印度。
图片来源：[Steele2010]

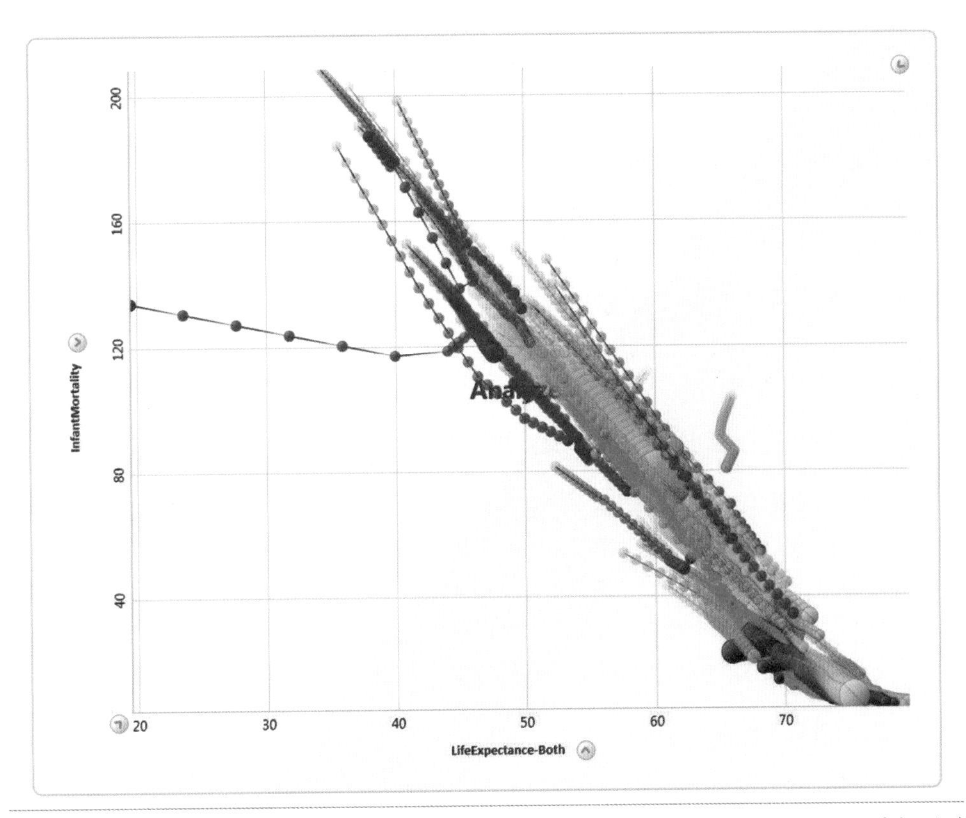

图 4.31 在单个可视化视图中展示75个国家在25年中平均寿命(横轴)和婴儿平均死亡率(纵轴)的关系与变化，其中时间线索使用颜色的不透明度进行编码，时间越近不透明度越高。图片来源：[Steele2010]

2. 辅助不同可视化视图之间的转换与跟踪，或者辅助不同可视化视觉通道的变换

如果数据包含的信息量多且是必需的，那么设计者通常会设计多个视图用于展示数据的信息，用户在浏览可视化数据的过程中则需要在不同的视图之间进行切换，使用动画效果辅助视图切换过程有助于用户跟踪在不同可视化视图中出现的相同元素。另一方面，设计者希望在两个时刻采用同一个具有较强表现力的视觉通道以强调不同的数据属性，且不同的数据属性之间互为上下文信息，此时如果采用动画切换技术，则可以减轻视图变换给用户带来的“冲击”，避免用户在转换的过程中迷失，方便用户跟踪数据的信息。图4.32展示了从柱状图过渡成饼图的动画序列的几帧截图，通过动画过渡技术，用户可以很容易地察觉到柱状图中的每个柱条与饼图中的相应扇形块之间的对应，并因此避免了两种可视化编码切换所带来的视觉“冲击”。

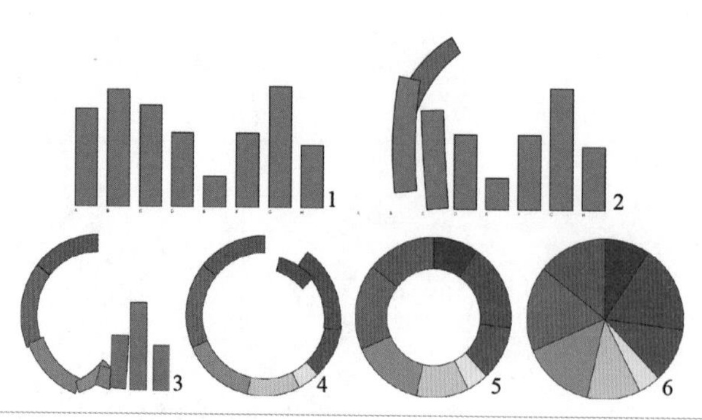

图 4.32 从柱状图过渡成饼状图的动画过渡技术 [Heer2007]。

3. 增加用户在可视化系统中交互的反馈效果

在可视化系统中，用户的交互总是期望获得系统的反馈。不管用户的交互所带来的系统计算量的大小，实时的反馈效果有助于用户获得对其所做操作的确认，以避免用户盲目地重复操作。例如，对于计算量非常大的操作，一个简单的进度条即可让用户获得确认。当用户移动鼠标经过散点图的某个点时，物体在很短的时间内（200ms）产生一个光晕动画，则通常表示该物体能被点选或进行其他操作。

4. 引起观察者注意力

动画作为视觉通道包括了运动的方向、运动的速度和闪烁的频率等。由于闪烁等动画效果很难被人眼忽视，因此，当有特别重要的信息需要被观察者捕捉时，对标记进行闪烁是一个不错的选择。也正因为如此，在可视化中动画作为视觉通道必须小心谨慎地使用。

尽管动画有上面提到的这些功能，但是不少用户研究的结果仍然表明，在可视化系统中采用动画对可视化结果的总体表达可能没有益处，甚至会削弱可视化的效果，降低观察者对信息的获取速度和精度 [Robertson2008]，因此在可视化中运用动画与过渡技术也必须谨慎。可视化的使用者主要分为两类：一类被认为是数据的探索者，他们通常对数据的情况并不清楚，期望直接控制可视化系统的交互；另一类是数据的展示者，他们已经对数据了如指掌，并且数据通常经过了一定的处理，而观者此时是被动地接受信息。这两类使用者对于可视化系统的任务需求也存在差别，前者需要更多的交互和多维度分析，以期找出数据的特征；后者则利用可视化展示已获取的数据特征，并表达自己的观点。比较而言，数据的探索者不希望动画干扰其对数据的分析过程，因此，可视化系统的设计必须考虑到这两类用户的需求，并进行折中处理。

Tversky 等人 [Tversky2002] 指出了动画与过渡运用的两个指导性准则，即要求最终的可视化仍然满足一致性和易理解性要求。前者指可视化视图中的标记在动画过程中仅编码一个数据或数据维度；后者要求带有动画的可视化必须容易被用户理解。

4.4.6 可视化隐喻

在解释或者介绍人们不熟悉的事物和概念的时候，常常将其与一个人们所熟悉的事物进行比较来帮助理解，这样的手法称为隐喻（Metaphor）。隐喻的设计包含三个层面：隐喻本体、隐喻喻体和可视化变量。本体和喻体之间存在某种关联或相似性。如果本体和喻体具有不同的模态（语言、视觉、步态等），隐喻也称为多模态隐喻。广告业、卡通和电影常用隐喻的手法表达其主题。

在可视化中也常常使用这样的方法，将需要介绍的事物和概念用人们所熟知的事物的视觉形态来呈现。时间隐喻和空间隐喻是可视化隐喻中最常见的两类方式。选取合适的源域和喻体表示时间与空间概念，能创造最佳的可视和交互效果。例如，图 4.33 展现了采用咖啡杯、水汽和颜色对不同种类咖啡的成分的可视化隐喻效果。

图 4.33 在堆叠柱状图的基本可视化编码上采用咖啡杯、标记和颜色生成各种咖啡的可视化隐喻，生动地展现了不同种类咖啡的水、牛奶、Espresso 等的比例。

4.4.7 颜色与透明度

颜色在数据可视化领域通常被用于编码数据的分类或定序属性。在第 2 章介绍的色彩空间中（除了 CMYK 色彩空间），颜色通常采用三个分量值进行表示，因此在同一个可视化视图中，每个像素或点的颜色仅有可能代表一种数据编码规则，即要么属于定性数据属性的某一类，要么属于定量或定序数据属性的某一个值或值的区间。当颜色的两种数据编码规则在用户所见的视图空间中存在相互遮挡时，可视化的设计者必须从中选择一种予以显示。为了便于用户在观察和探索数据可视化时从整体进行把握，可以给颜色增加一个表示不透明度的分量通道，通常称为 α 通道，用于表示离观察者更近的颜色对背景颜色的透过程度。当颜色的 α 值为 1 时，表示不透过任何背景颜色，即颜色是不透明的；当颜色的 α 值为 0 时，表示该颜色是透明的；当颜色的 α 值介于 0 和 1 之间时，表示该颜色可以透过一部分背景的颜色，从而实现当前颜色和背景颜色的混合，创造出可视化的上下文效果。

在颜色混合的计算中，颜色被表示成一个（r, g, b, α）四元变量，其中 r, g, b 分别表示一种颜色的红、绿、蓝分量的值，而 α 则表示该颜色的不透明度分量的值。在可视化视图中，当两种颜色在一个区域内重叠时，该区域内的颜色为：$(r,g,b) = (r1,g1,b1)*\alpha1+(r2,g2,b2)*\alpha2*(1-\alpha1)$。其中（$r1,g1,b1$）和（$r2,g2,b2$）分别表示当前颜色和背景颜色的红、绿、蓝分量的值，$\alpha1$ 和 $\alpha2$ 分别表示当前颜色和背景颜色的不透明度分量的值。

颜色混合效果可以为可视化视图提供数据可视化的上下文内容信息，方便观察者对于数据全局的把握。例如，在三维体数据可视化中，直接体绘制中的光线投射算法就是通过累积每个像素对应的虚拟光线穿过的体素的颜色值实现的，其中的累积就是颜色混合的操作。颜色混合同样可以在一定程度上避免两种数据编码规则的遮挡问题，便于观察者抓住数据的特征。在可视化交互中，当用户通过交互方式移动一个标记而未将其就位时，颜色混合所产生的半透明效果可以给用户非常直观的操作感知，从而可以提高用户的交互体验。

由于 RGB 色彩空间不符合人们一般对颜色的感知方式，通过上式得到的新的颜色在 HSL/HSV 色彩空间中的色调值可能会不同于参与计算的两种颜色，从而容易导致颜色的色调视觉通道在编码分类数据上的失效，因此在信息可视化中应当特别慎用颜色混合。

4.5 可视化理论发展

研究者发明并实践了很多可视化技术和方法，但是可视化还是一门相对比较年轻的研究领域。人们对于可视化元素，例如图形和编码，有基本的了解和概念。但是对于一门学科而言，目前可视化还处于发展阶段，研究者在不断探索和发展可视化理论，试图建立不同的模型，对可视化进行规则的描述。本节列举了一系列具有代表性的工作。

4.5.1 图形符号学

1967 年，Jacques Bertin 出版了 *Semiology of Graphics*（《图形符号学》）一书，并于 1983 年出版了英文版本 [Bertin1983]。Bertin 使用符号学来描述图形，提出了信息的可视化编码原则，并严格地定义了二维图形及其对信息的表达过程。他将图形系统严格区分为内容（所要表达的信息和数据）和载体（图形符号）。因此，图形系统的定义建立在对图形符号的不同属性的理解和定义的基础之上。

在此框架下，图形（可视化）由传输不同信息的**图形符号**组成。图形符号可以为点、线和面。图形符号用视觉变量描述，包括**位置变量**和**视网膜变量**。位置变量定义了图形在二维平面上的位置。视网膜变量包括尺寸、数值、纹理、颜色、方向和形状（见表 4.3）。

表 4.3 Bertin 的图形词汇 [Bertin1983]

图形符号	点、线和面
位置变量	二维平面上的位置
视网膜变量	尺寸、数值、纹理、颜色、方向和形状

在 Bertin 的图形系统框架下，可视化由在二维平面上绘制的点、线或面组成。这些基本元素进而可组成更高级的形式，例如图形、网络、地图和符号。基于这些组合可产生各类图形的视网膜变量。在此基础上，视网膜变量可以表达不同层次的组织，且变量之间存在关联性、选择性、有序性和定量性。

- 关联性：根据属性可找出图形符号间的对应关系，并且对其进行分类。
- 选择性：根据属性可找出图形符号所属的类别。
- 有序性：根据属性可对图形符号进行排序。
- 定量性：根据属性可从图形符号推导出比例关系或者距离。

表 4.4 显示了不同视网膜变量对应的层次组织。对于不同的信息，可以根据其相应的属性，选择采用适当的图形符号及设定其视网膜变量。

表 4.4 视觉属性的组织层次 [Bertin1983]

层次变量	关联性	选择性	有序性	定量性
平面	Y	Y	Y	Y
大小		Y	Y	Y
数值		Y	Y	
纹理	Y	Y	Y	
颜色	Y	Y		
方向	Y	Y		
形状	Y			

4.5.2 关系数据的图形表示

1986年，Mackinlay提出了一种可从数据库中自动提取信息并用图形方式显示的技术[Marckinlay1986]。和Bertin的理论相似，这种可视化技术采用二维静态表达方式，如散点图和网络图。区别在于Mackinlay试图用图形语言描述和定义可视化的表达——一个句子s由一系列的元组组成:$s \subset \{<o,l>:o \in O \wedge l \in L\}$。其中，$O$代表一组图形对象，$L$代表位置，每个元组代表一个在具体位置的图形对象。这样图形语言可以定义为图形句子的集合。

基于Cleveland和McGill的感知实验[Cleveland1984]，Mackinlay提出：图形语言需要满足表达性和有效性。其中，表达性指图形语言必须能够表达所需的信息；有效性指对于给定情况，图形语言必须有效地使用显示介质和人的视觉系统。

Mackinlay提出了一套基本的图形语言和组合算子，在这些元素的基础上可通过运算构造出更高级的图形表达。基于Bertin的理论，Mackinlay提出了新的图形词汇（见表4.5）和初级图形语言的基组（见表4.6），并定义了三个用于合并两个表达相同信息的图形句子（即图形对象）的原则。

- 双轴合并：合并的图形句子具有相同的横轴和竖轴。
- 单轴合并：对齐图形句子中相同的横轴或者竖轴。
- 图形合并：对齐图形句子中的图形。

表4.5 Mackinlay的图形词汇

图形符号	点、线和面
位置变量	一维、二维和三维
时间变量	动画
视网膜变量	颜色、形状、尺寸、饱和度、纹理和方向

表4.6 Mackinlay的初级图形语言的基组

编码技术	基本图形语言
视网膜变量	颜色、形状、尺寸、饱和度、纹理和方向
单个位置	横轴、竖轴
拼接位置	曲线图、柱状图、散点图
地图	道路图、地形图
链接	树、图、网络
杂项	饼图、维恩图

与Bertin类似，Mackinlay也试图根据数据类型定义合适的视觉通道。Mackinlay的创新之处在于进一步提出了表达性和有效性原则，并且提供了更为严格的图形语言描述。

4.5.3 图形语法

Wilkinson 提出了一种底层统计图形生成语言，可用于构造不同类型的统计图形 [Wilkinson2005]。与 Mackinlay 的思想类似，Wilkinson 通过语法构造生成复杂的图形，即以自底向上的方式组织最基本的元素形成更高级的元素。图形的构造过程分为三个阶段：规范定义、组装和显示。其中，规范定义是整个语法的基础，描述了不同图形对象间的转变和最终图形显示映射。

整个语法规范由 7 个部分组成（见表 4.7）。其中，数据和转换定义在数据空间；框架、标度和坐标定义了底层的图形几何和数据的空间位置；图形定义了不同的图形对象。与 Bertin 和 Mackinlay 的定义类似，Wilkinson 也定义了标准图形和美学属性，见表 4.8。其中，标准图形对应于 Bertin 的图形符号，美学属性对应于 Bertin 的视网膜变量。当合并多个美学属性时，需要考虑视觉感知，但并不考虑它的表达性和有效性。

表 4.7 Wilkinson 的语法规范

数据	从数据集中生成变量的数据操作
转换	数据变量间的转换
框架	变量空间，包括变量间的操作
标度	标度转换
坐标	坐标系统
图形	图形及其美学属性
参考	用于图形对象间的对齐、分类和比较等

表 4.8 Wilkinson 的美学属性

形　式	表　面	运　动	声　音	文　字
位置 　堆叠 　躲避 　扰动 尺寸 形状 　多边形 　符号 　图片 旋转	颜色 　色相 　亮度 　饱和度 纹理 　图案 　粒度 　方向 模糊 透明度	方向 速度 加速	音调 声响 节奏 语音	标签

Wilkinson 提出了两个重要的可视化概念。

- 数据和它们的视觉表达应该被区分。本质上，图形语法中的规范定义了从数据点到美学属性的映射（类似于 Bertin 的内容和载体的分离）。

- 可应用不同的算子构造数据变量的可视化。其主要思想是，可采用融合（+）、叉乘（*）、嵌套（/）等算子从各类数据变量出发定义复杂的图形空间，并通过缩放映射到显示视图。这些算子应支持不同维度数据的复杂操作。

Wilkinson 的方法刻画了可视化的数学表达和图形属性之间的区别。基于这套理论开发的面向对象的软件，已经证明了利用图形语法生成数据可视化的可行性。

4.5.4 基于数据类型的研究

Shneiderman 从数据类型出发研究信息可视化过程，将数据分为 7 类[Shneiderman1996]。

- **一维**：一维数据指由字母或文字组成的线性数据，如文本文件、程序源代码等。数据以序列的方式组织，其中的每一项是包含字符串的文本行，并且可能附加一些其他属性，例如日期或作者。可视化设计主要针对文字，选择字体、颜色、大小和显示方式。用户需求一般是搜索文本或者数据项，以及相关属性。
- **二维**：二维数据主要是平面或地图数据，例如地理地图、平面图或报纸版面等。数据集中的每一项对应于二维平面上的某些区域，可能是规则或不规则的形状。每个区域附加多种属性，例如名称、所有者、数值等，以及一些其他特征，如大小、颜色、透明度等。用户需求一般是搜索某些区域、路径、地图放大或缩小、查询某些属性等。
- **三维**：三维数据指三维空间中的对象，例如分子、人体以及建筑物。数据集主要包含三维对象和对象之间的关系，例如计算机辅助设计系统制作的三维模型。用户需求主要是了解对象的属性和对象间的关系。与低维度数据不同，对象包括了位置和方向等三维信息，显示这些对象需要使用不同的透视方法，设置颜色、透明度等参数。
- **时间**：时间数据广泛存在于不同的应用中，例如医疗记录、项目管理或历史介绍。数据集中的每一项包含时间信息，如开始和结束时间。用户潜在的需求是搜索在某些时间或时刻之前、之后或之中发生的事件，以及相应的信息和属性。
- **多维**：多维数据中的每一项数据拥有多个属性，可以表示为高维空间的一个点。该类数据常见于传统的关系或统计数据库应用中。用户需求包括寻找特征、聚类、变量之间的相关性、差距以及离群值等。可视化设计可以基于二维散点图，对每个维度增加滑块控制[Christopher1994]。当维度相对比较小的时候，例如小于 10，属性可以对应于不同的按钮。多维数据也可由三维散点图表示，但是可能造成信息阻塞等问题。
- **树**：表示层次关系。在树结构中，每一项数据可以连接到另一个父项（除了根节点）。每个数据项，以及父项和子项之间的连接，可以有多种属性。基于这些数据项和之间的连接，可定义不同的分析任务，如统计树的层数、每一个数据项的子项数目。

- **网络**：表达连接和关联关系。与树数据类似，数据项和连接关系可以有多种属性，并定义一些基本任务。节点连接图以及连接矩阵是常见的网络可视化形式。

本书的组织架构和描述方式与这种数据分类方式相对应。

4.5.5 基于数据状态模型的研究

大多数研究以数据为中心来构建信息可视化技术。与这些研究不同，Chi[Chi2000] 从数据状态模型（Data State Model）出发，将可视化技术分解为四个数据转换阶段和三种数据转换操作。不同阶段分别对应不同的算子。图 4.34 显示了信息可视化的数据状态参考模型。整个可视化流程，被分成四个不同的数据阶段：数值、分析抽象表达、可视化抽象表达和视图(见表 4.9)。三种数据转换操作为:数据转换、可视化转换和视觉映射转换(见表 4.10)。将数据从一个阶段转换至另一个阶段，需要从这三种数据转换操作中选择一种。

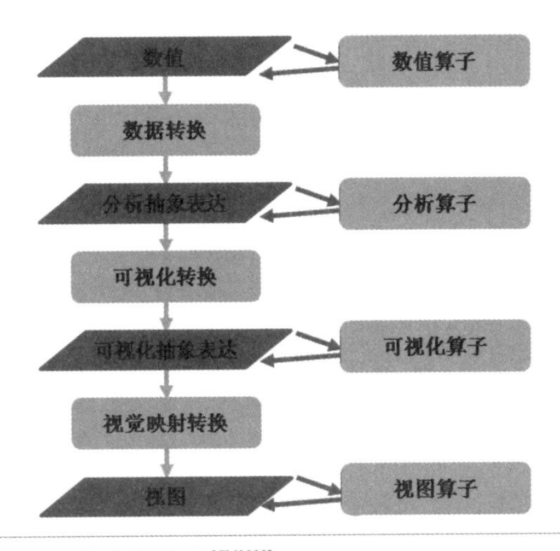

图 4.34 信息可视化的数据状态参考模型 [Chi2000]。

表 4.9 数据状态模型的四个数据阶段 [Chi2000]

阶　段	描　述
数值	原始数据
分析抽象表达	关于数据（信息）的数据，又称元数据
可视化抽象表达	使用可视化技术，在屏幕上显示的可视信息
视图	可视化映射的最终产品，用户可通过其看到和解释所展示的图片

表 4.10 三种数据转换操作 [Chi2000]

处理步骤	描　述
数据转换	从值中生成一些分析抽象表达（通常通过提取）
可视化转换	从分析抽象中获取可视化抽象形式，即为可视化内容
视觉映射转换	将信息转换为可视化形式，并显示为图形视图

每个数据阶段拥有不同的算子。与数据转换操作不同，这些算子并不改变基础数据结构。对应四个数据阶段，这些算子为：数值算子、分析算子、可视化算子和视图算子。

整个可视化过程可分解成不同的部分。分析和构建它们之间的依赖关系，进而可重组这些部分，构建新的可视化技术。因此，这个模型可以用于区分不同的可视化技术。Chi使用该模型分析了 36 种可视化技术，列出了它们详细的数据阶段、阶段转换和阶段内操作。

4.5.6 多维关系数据库可视化分析系统

Polaris 系统 [Stolte2002] 可支持大规模多维关系型数据库的查询、分析和可视化，完成关系型数据库中的主要挑战：发现结构和模式，获得因果关系。Polaris 提供了针对关系型数据库的接口，可快速递增式地生成图表式可视化。图表的结构跟关系型数据库一致，包括行、列和层。表格的每个轴对应于多个维度，每个表格单元包含数据库的一条记录，并可直接被可视化。

与 Wilkinson 的工作类似，Polaris 系统也支持不同的算子，如连接、叉乘和嵌套，支持数据和图形的运算。Polaris 支持关系型数据模型，而 Wilkinson 的模型并不支持关系模型，在生成统计图可视化中有一定的局限性。

在实现可视化映射时，Polaris 系统采用了类似 Bertin 的视网膜变量的思路，定义了四种视觉变量：形状、尺寸、方向和颜色 [Stolte2002]。在将数据点映射到图形时，系统基于数据的类别、顺序和数值特性，自行匹配合适的视觉变量，如表 4.11 所示为 Polaris 使用的视觉变量和可视化编码 [Stolte2002]。

表 4.11 Polaris 使用的视觉变量和可视化编码 [Stolte2002]

性　质	标识符号	有序型和数值型	数 值 型
形状	图元	○ □ + △ S U	
尺寸	矩形、圆、图元、文本		
方向	矩形、线、文本		
颜色	矩形、圆、线、图元、y 轴条、x 轴条、文本、甘特图等	…	min max

参考文献

[Bertin1983] J. Bertin. Semiology of Graphics: Diagrams, Networks, Maps. Madison, WI: University of Wisconsin Press. 1983

[Card1999] S. K. Card, J. Mackinlay, B. Shneiderman. Readings in information visualization: using vision to think. Morgan Kaufmann Publishers Inc., San Francisco, CA, USA. 6(4),1999:93

[Chi2000] E. H. Chi. A taxonomy of visualization techniques using the data state reference model. *IEEE Symposium on Information Visualization*. 2000: 69-75

[Cleveland1984] W. S. Cleveland, R. Mcgill, Graphical perception: Theory, experimentation and application to the development of graphical methods. *J. Am. Stat. Assoc.*, 79(387), 1984:531-554

[Christopher1994] A. Christopher, B. Shneiderman. The alphaslider: A compact and rapid selector. *ACM CHI,* 1994

[Haber1990] R. B. Haber, D. A. McNabb. Visualization idioms: A conceptual model for scientific visualization systems. *Visualization in Scientific Computing*. 1990:74-93

[Hansen2004] C.D. Hansen, C.R. Johnson. The Visualization Handbook, Academic Press, 2004.

[Heer2007] J. Heer, G. Robertson. Animated Transitions in Statistical Data Graphics.*IEEE Transactions on Visualization and Computer Graphics*. 13(6),2007: 1240-1247

[Kindlmann1998] G. Kindlmann, JW. Durkin.Semi-Automatic Generation of Transfer Functions for Direct Volume Rendering. *IEEE Symposium On Volume Visualization*,1998

[Marckinlay1986] J. Marckinlay. Automating the design of graphical presentations of relational information. *ACM Transactions on Graphics*. 5(2),1986:110-141

[Meyer2009] Miriah Meyer, Tamara Munzner, HanspeterPfister. MizBee: A MultiscaleSynteny Browser. *IEEE Transactions on Visualization and Computer Graphics*.15(6), 2009: 897-904

[Munzner2009] T. Munzner. A nested model for visualization design and validation. *IEEE Transaction Visualization and Computer Graphics*. 15(6),2009:921-928

[Potter2010] K. Potter, J. Kniss, R. Riesenfeld, and C.R. Johnson. Visualizing Summary Statistics and Uncertainty. *IEEE Transactions on Visualization and Computer Graphics*, 2010

[Robertson2008] G. Robertson, R. Fernandez, D. Fisher, B. Lee, J. Stasko. Effectiveness of Animation in Trend Visualization. *IEEE Transactions on Visualization and Computer Graphics*. 14(6), 2008: 1325-1332

[Shneiderman1996] B. Shneiderman. The eyes have it: a task by data type taxonomy for information visualizations. *IEEE Symposium on Visual Languages*. 1996:336-343

[Steele2010] J. Steele, N. Iliinsky. Beautiful Visualization: Looking at Data Through the Eyes of Experts. O'Reilly. 2010

[Stevens1946] S.S.Stevens. On the theory of scales of measurement. *Science*. 103(2684),1946:677-680

[Stolte2002] C. Stolte, P. Hanrahan. Polaris: A system for query, analysis and visualization of multi-dimensional relational databases. *IEEE Transactions on Visualization and Computer Graphics*. 8(1), 2002: 52-65

[Tirronen2010] V. Tirronen and M. Weber, Sparkline histograms for comparing evolutionary optimization methods. *International Conference on Evolutionary Computation*, 2010

[Tominski2006] C. Tominski. Event-based visualization for user-centered visual analysis. PhD Thesis, Institute for Computer Science, University of Rostock. 2006

[Tufte1986] E.R. Tufte. The visual display of quantitative information. Graphics Press. 1986

[Tufte2006] Edward Tufte. Beautiful Evidence. Graphics Press, 2006

[Tversky2002] B. Tversky, J. B. Morrison, M. Betrancourt. Animation: Can it facilitate?. *International Journal of Human-Computer Studies*. 57(4),2002:247-262

[Wijk2008] J.-D. Fekete, J. J. Wijk, J. T. Stasko, C. North. The value of visualization. Springer BerlinHeidelberg. 4950,2008:1-18

[Wilkinson2005] L. Wilkinson. The Grammar of Graphics. New York: Springer-Verlag. 2005

时空数据篇

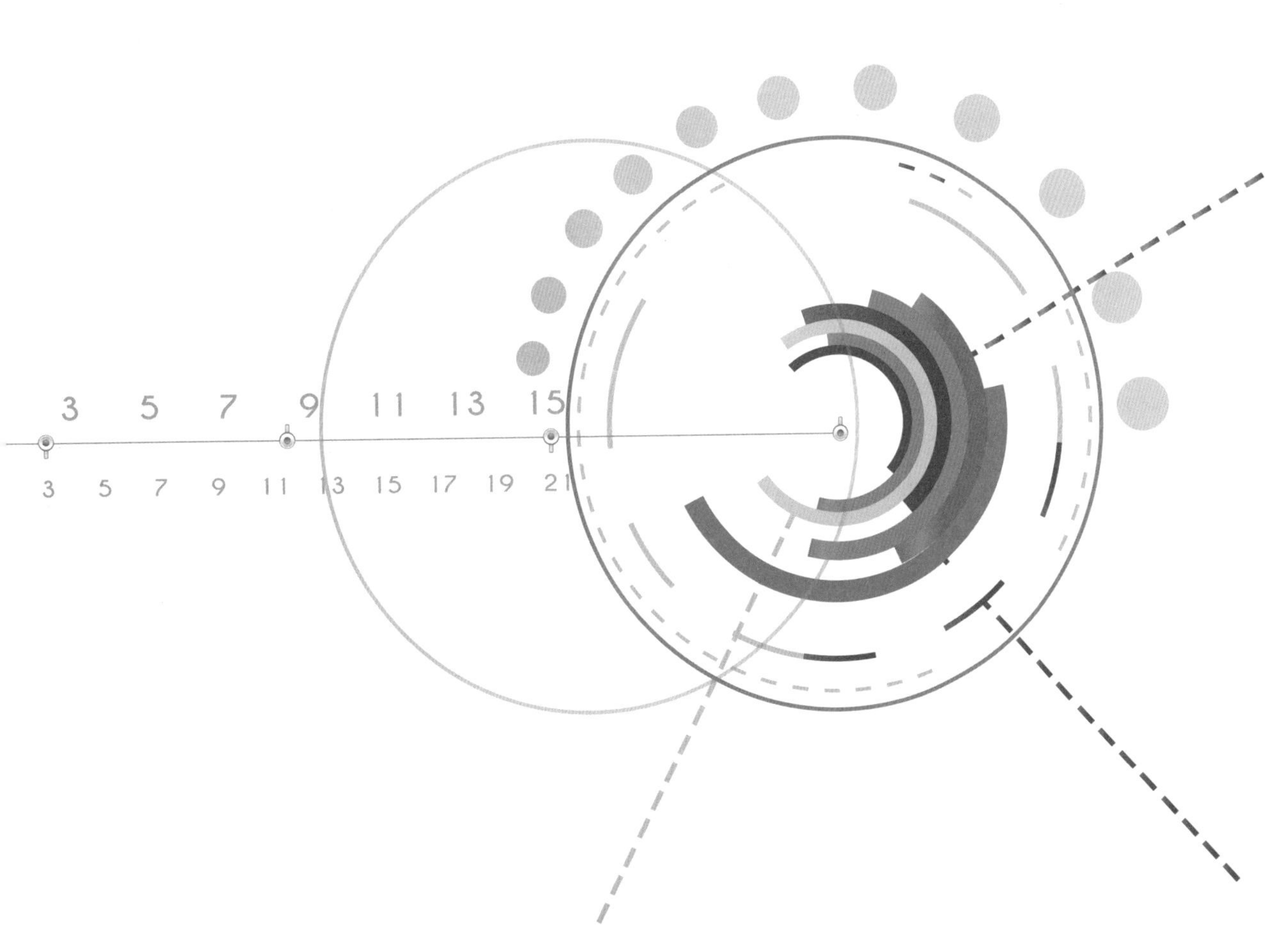

第5章 空间标量场可视化

空间数据（Spatial Data）指带有物理空间坐标的数据，其中标量场（Scalar Fields，密度场）指空间采样位置上记录单个标量的数据场[唐泽圣 2011]。本章将讨论范围限定在一维、二维和三维真实物理空间的标量场数据，其数据对象大多来源于科学计算和实验探测。当空间数据特指真实的地球地理空间位置时，需要采用特定的地理信息可视化的方法。科学计算中涉及的三维向量场、张量场和时变多变量数据场的可视化将在第6章中介绍。

5.1 一维标量场可视化

一维空间标量场是指沿着空间中某条路径采样得到的标量场数据。例如，对土层钻探时获取的土壤颗粒度数值、沿某个经度的气压数值、燃烧炉沿内壁的温度分布等。一维空间标量场数据通常可表达为一维函数，其定义域是空间路径位置或空间坐标的参数化变量，值域是不同的物理属性，如温度、湿度、气压、波长、亮度和电压漂移等。由于在数据采集时无法获取整个连续定义域内的数值，因此需要采用插值算法（如线性插值）重建相邻离散数据点之间的信号。

类似于数学上的一维函数，一维空间标量场可以用线图（Line Chart）的形式呈现数据分布规律。图5.1在锅炉长度和宽度上的温度分布清晰地描述了燃煤锅炉和燃气锅炉在燃烧上的特点。通过对比曲线，可以看出燃气锅炉的炉膛中心温度高于燃煤锅炉，这有助于厂商理解这两类锅炉的差异，选择合适的锅炉。

图5.2显示了钻井得到的一维空间标量场数据。左图表示井经和伽马射线测井数据，伽马射线测井数据（绿色）偏左表示沙土，偏右表示页岩。中图表示电阻率测井数据，分为Shallow、Medium和Deep三种情况，当这三条曲线相近时，表示地层流体与钻井液体

相似，相反则说明存在差异，如图中间部分。右图表示孔隙度测井数据，红色和黑色分别表示中子和密度孔隙度。当红色曲线位于黑色曲线右侧时，该区域表示页岩；当红色曲线位于黑色曲线左侧时，该区域存在带气沙土；当红色曲线与黑色曲线重叠时，表示该区域带水或油沙土。从右图中可以直观地区分这些不同的区域。通过查看和比较这些曲线，可以分析出存在油气的区域。

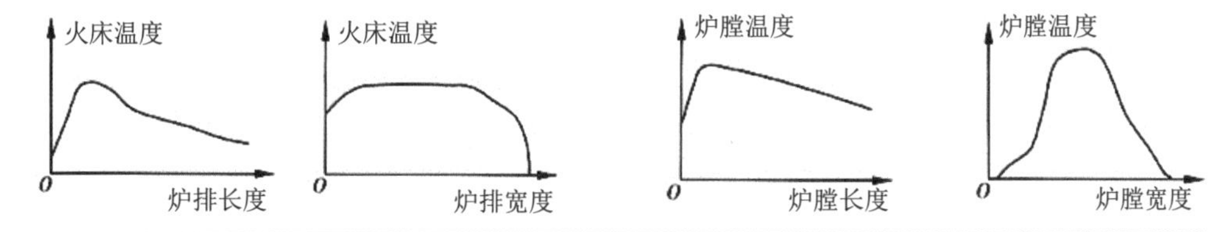

图 5.1 层燃燃煤锅炉（左）和室燃燃气锅炉（右）的燃烧火床在长度和宽度上的温度分布。图片来源：链接 5-1

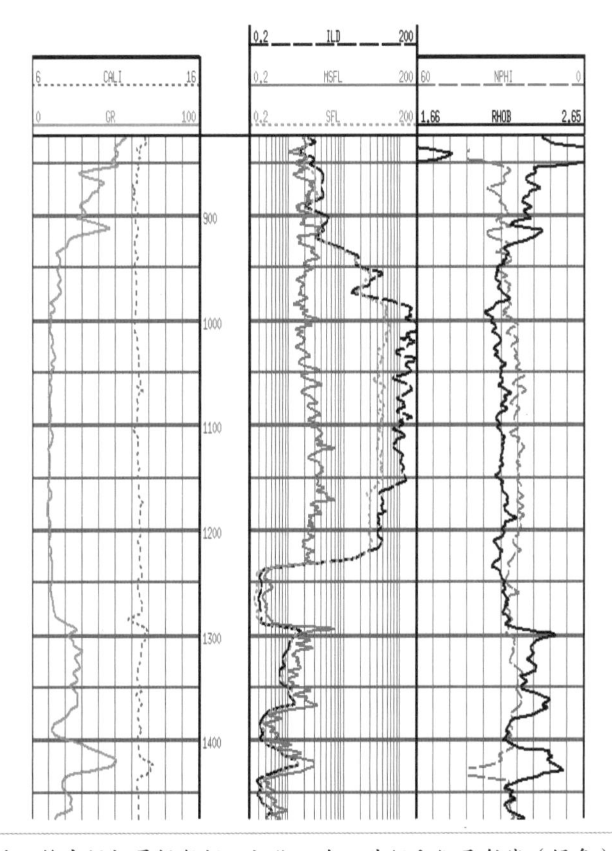

图 5.2 钻井得到的一维空间标量场数据可视化。左：井经和伽马射线（绿色）测井数据；中：电阻率测井得到的三组数据，绿色表示 Shallow，红色表示 Medium，黑色表示 Deep；右：孔隙度测井得到的两组数据，黑色表示密度，红色表示中子。图片来源：链接 5-2

当同一空间位置上包含多个物理属性时，可以采用不同的可视化方法表达多值域数据。如果值域数据具有相同的物理属性，则可以采用不同颜色和线条加以区分，并展现在同一个图中对比；如果值域数据的物理属性不同，则可以采用多个子图的形式来可视化不同的属性。图 5.3 描述了在 A2 情景下，从南极到北极不同纬度下海洋和陆地平均温度及降水量 2090—2099 年（预测，第一行）与 1980—1999 年平均温度及降水量（第二行）相比较的变化趋势。A2 情景是指世界发展更为分化、国家独立发展、相对封闭、科技变化趋势缓慢、人口不断增长、碳排放量持续增加。由图 5.3 可知，在大部分纬度，陆地的升温高于海洋，北半球的升温高于南半球，纬度越高升温相对越高，赤道升温相对较低，这些气温变化趋势可以更好地预测未来会发生什么，例如，北半球作物生长季节的长度会延长。

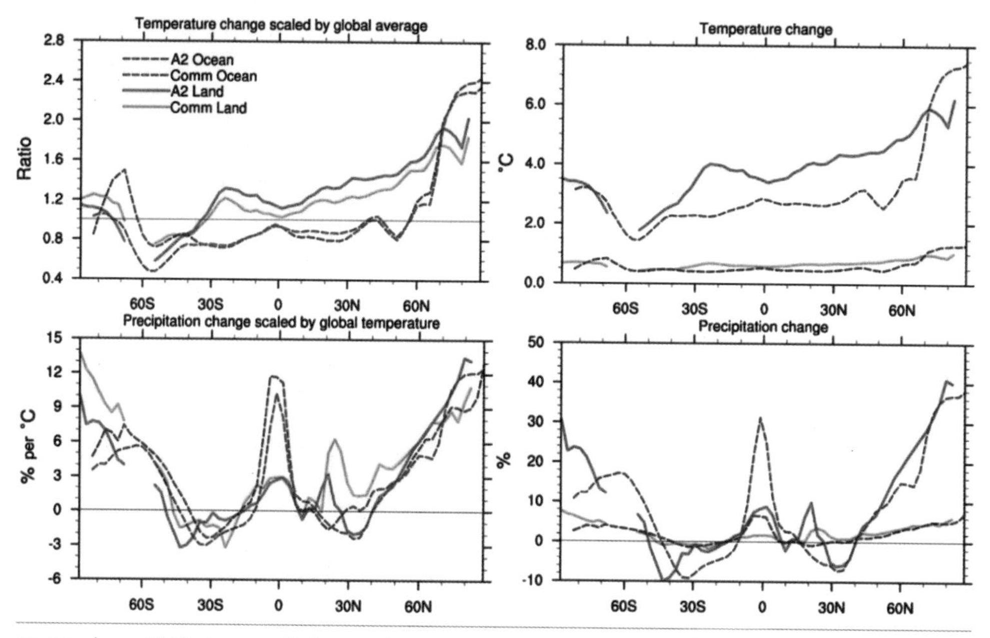

图 5.3 在 A2 情景下，不同纬度下海洋和陆地平均温度及降水量 2090—2099 年（预测，第一行）与 1980—1999 年平均温度及降水量（第二行）相比较的变化趋势。在这两行中，左图展现相对全球的平均变化比例，右图是绝对值的预测。图片来源：链接 5-3

5.2 二维标量场可视化

二维空间标量场数据比一维数据更为常见，如用于医学诊断的 X-光片、二维地形图等，基本的可视化方法有颜色映射、等值线和高度图三类。

5.2.1 颜色映射

X-光片指将 X-光机辐射后的物理数据映射到从黑到白不同深浅的灰度图像。穿透空气、结缔组织、肌肉组织的 X 光较多，被映射为黑色；穿透骨骼的 X 光较少，被映射为白色。图 5.4 左图给出了世界上第一张 X-光片（采用了红色色调），右图是医院中常见的灰度映射的 X-光片。

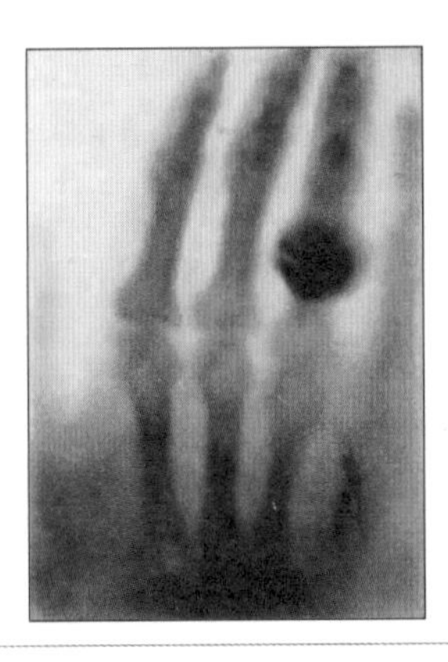
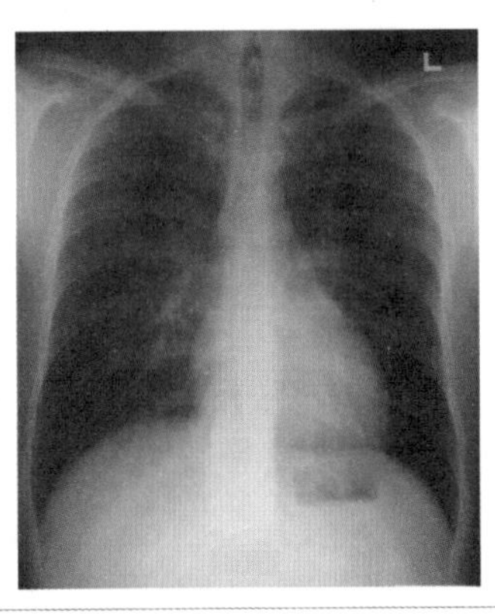

图 5.4 左：世界上第一张 X-光片；右：医院中常见的 X-光片。

彩色映射通过色彩差异传递二维空间标量场数据的空间分布规律。这类方法已经被广泛应用于各个领域，不同领域也制定了通用的彩色映射表。

灰度映射和彩色映射统称为颜色映射（Color Mapping），通过将每一标量值与一种颜色相对应，构建一张以标量值作为索引的颜色映射表。颜色映射表的选择非常重要，不合理的映射方案将会影响特征的感知，甚至产生错误的信息。例如，彩虹（Rainbow）颜色映射缺少类似灰度映射的感知顺序。由于颜色亮度差异较小，使得无法查看细节和剧烈变化的特征，如图 5.5 所示；同时还会引入虚假特征误导读者 [Borland2007]。Bujack 等人收集和整理了已有的连续颜色映射的感知实验、设计原则和最佳实践等，并构建了一个连续颜色映射的数学理论模型，将已有的设计原则分为感知、数学和实际应用三类规则，考虑颜色区分能力、颜色映射的均匀性（如图 5.6 所示）和颜色的有序性，定量评估颜色映射的有效性 [Bujack2018]。在线评估系统地址链接 5-4。当图像空间大于原始二维数据空间时，离散的二维空间标量场需要采用插值算法重建相邻数据点之间的数据（如双线性插值），再将插值得到的数值映射为颜色。

图 5.5 二维空间数据的频率从左往右递增，对比度从下往上递增，灰度映射（左图）比彩虹颜色映射（右图）能够看到更多的细节 [Borland2007]。

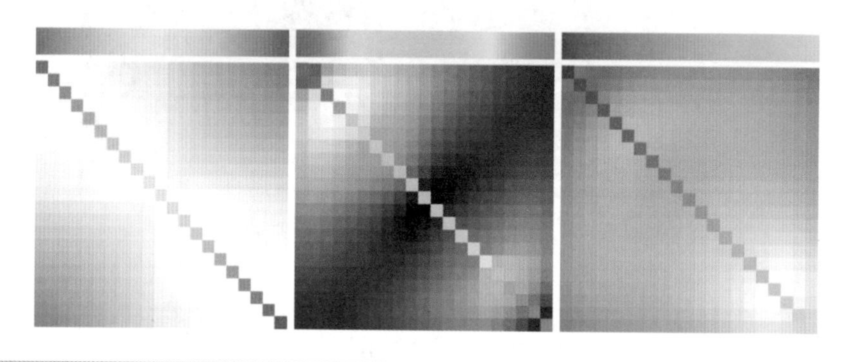

图 5.6 颜色变化率比较，亮度越大表示颜色变化越大 [Bujack2018]。
左：冷色 - 暖色颜色映射在左上角和右下角具有一致的变化率，但中间的变化率不同；
中：彩虹颜色映射在蓝色区域的变化率较大，在绿色区域的变化率较小；
右：Matplotlib 的 Viridis 颜色映射变化率较小。

5.2.2 等值线

等值线是可视化二维空间标量场的基本方法，如地图上的等高线、天气预报中的等压线和等温线等。假设 $f(x,y)$ 是在点 (x,y) 处的数值，等值线是在二维空间标量场中满足 $f(x,y)=c$ 的空间点集按一定顺序连接而成的线。值为 c 的等值线将二维空间标量场分为两部分：若 $f(x,y)<c$，则该点在等值线内；若 $f(x,y)>c$，则该点在等值线外。移动四边形法（Marching Squares）的基本思想是逐个处理二维空间标量场的网格单元，插值计算等值线与该网格单元边的交点，根据网格单元上每个顶点与等值线的相对位置，按一定顺序连接这些交点，生成等值线。若网格单元的顶点只有“大于等于给定阈值”和“小于给定阈值”两种状态，则等值线穿过网格单元的类型只有 $2^4=16$ 种，如图 5.7 所示。在处理网格单元时，根据这 16 种情况，依次确定处理网格单元的等值线连接方式。图 5.7 中情况 5 和 10 存在实线和虚线两种连接方式，这种二义性的连接方式依赖于相邻的网格单元，选择继续向前或被截断的连接方式。

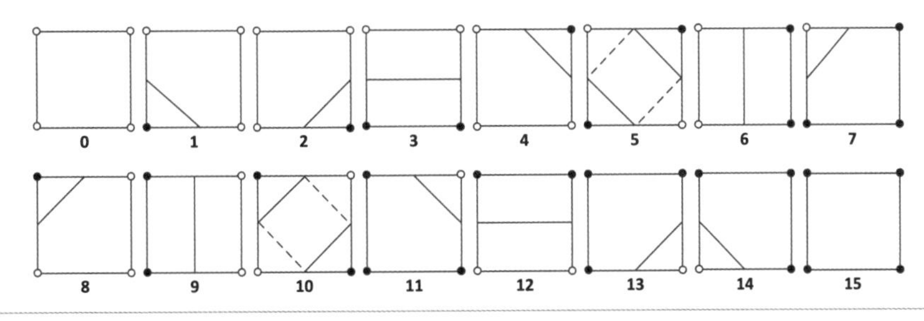

图 5.7 移动四边形法的 16 种连接情况。

图 5.8 左图显示了二维地形等高线图，数字表示海拔高度，同一个轮廓上的海拔高度相同。在二维屏幕上，等高线可以有效地表达相同高度的区域，揭示走势和陡峭程度及两者之间的关系，帮助用户寻找坡、峰、谷等形状。

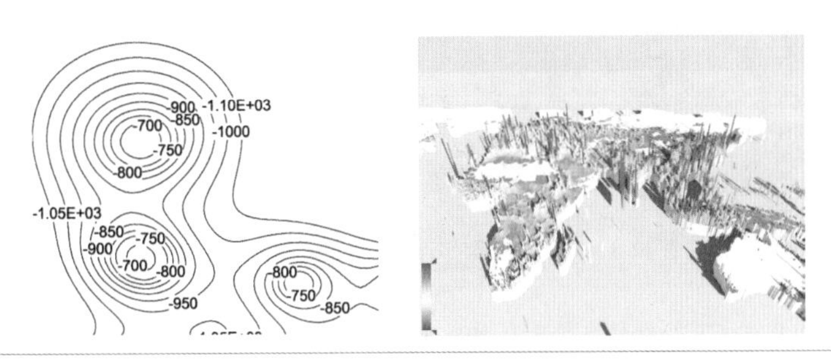

图 5.8 左：等高线图，数字表示海拔高度，同一个轮廓上的海拔高度相同；
右：高度图，世界人口密度分布图，越高的地方人口密度越大。

5.2.3 高度图

高度图（Height Plot）将二维空间标量场转换为三维空间的高度网格，其中数据值被映射为第三个维度：高度，如图 5.8 右图所示。高度图还可以施加图形学中的真实绘制效果（如阴影），增强高度图的位置和深度感知能力。

5.3 三维标量场数据可视化

三维数据场（3D Data Fields）是指分布在三维物理空间，记录三维空间场的物理化学等属性及其演化规律的数据场。三维数据场的获取方式分为两类：设备采集获取和计算模拟，如医学诊断设备 CT、MRI、PET 等采集的三维影像（如图 5.9 所示），生物冷冻电镜、光学显微镜等采集的三维细胞影像（如图 5.10 所示），气象飓风仿真模拟产生的温度、气压、湿度数据，以及湍流仿真模拟产生的速度、浓度等数据（如图 5.11 所示）。三维数据场本质是一个对连续信号采样形成的离散数据场，其中每个采样点上的数据类型可分为标量（Scalar，例如强度、温度）、矢量 / 向量（Vector，例如风向、流向）和张量（Tensor，例如压力）三大类。本节将从数据表达、特征计算和具体可视化方法讨论三维标量（密度）场数据可视化的方法。

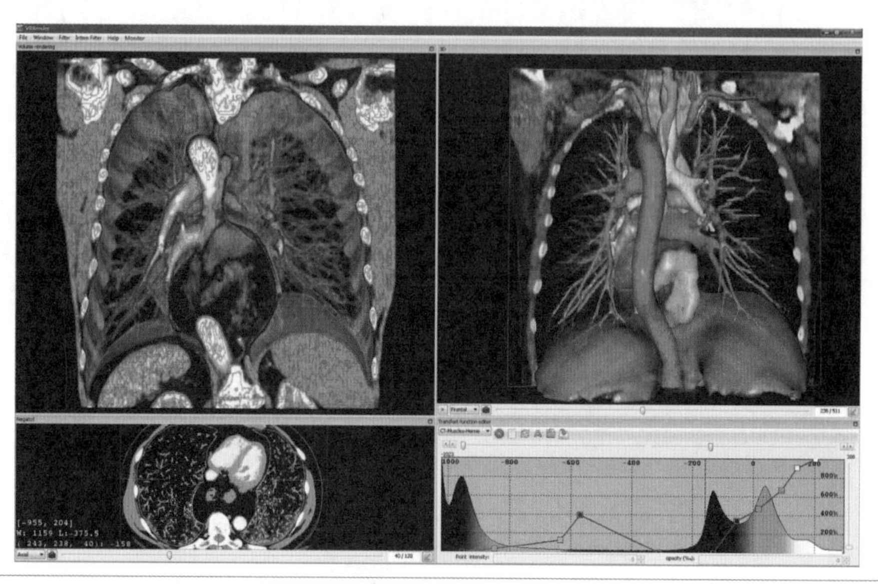

图 5.9 三维医学 CT 数据的体绘制（左）和面绘制（右）效果。图片来源：链接 5-5

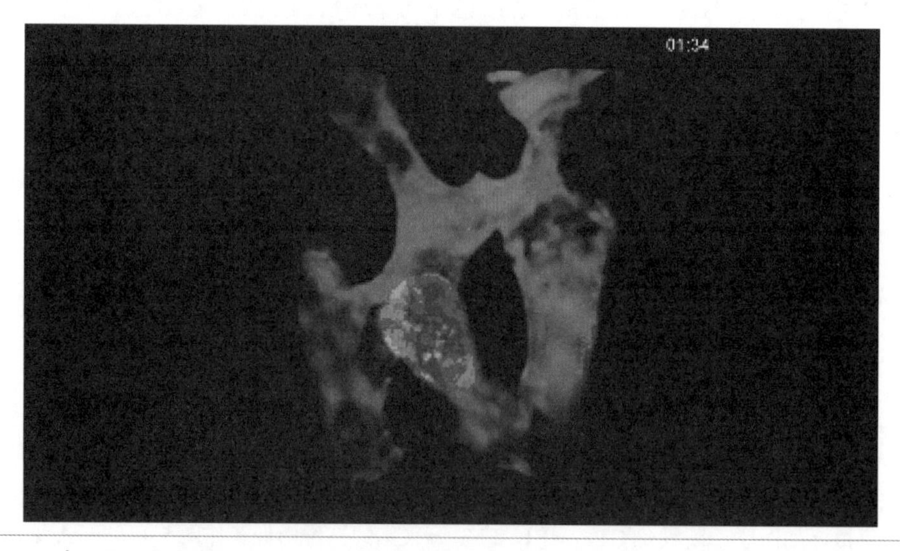

图 5.10 基于晶格层光显微术(Lattice Light-Sheet Microscopy, LLSM)和自适应光学技术(Adaptive Optics, AO) 的光学显微镜拍摄到的乳腺癌细胞穿越狭窄血管 [Liu2018]。

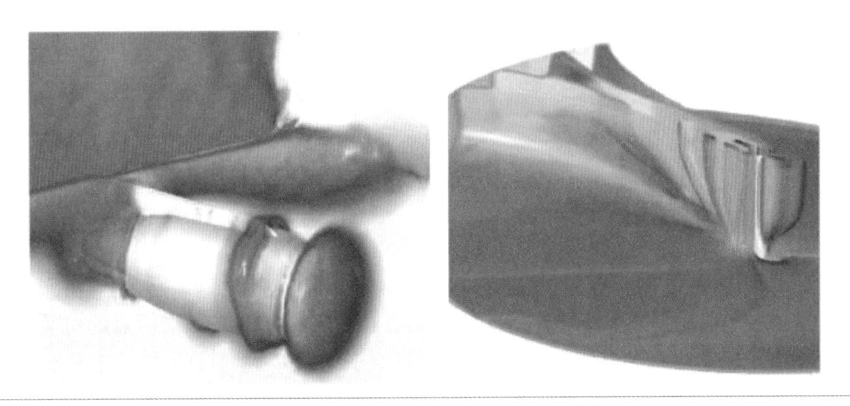

图 5.11 湍流仿真获得的不规则三维标量场数据的可视化[Correa2011b]。

三维标量场数据最常用的三类可视化方法是：截面可视化（Volume Clipping）、间接体绘制（Indirect Volume Rendering）和直接体绘制（Direct Volume Rendering, DVR）。

由于三维空间的遮挡，观察三维标量场的最简便方法是采用二维截面对数据取样。截面可以是任意方向的平面、曲面甚至多个曲面。图 5.12 展示了断层扫描泰迪熊数据的轴对齐和与视线方向垂直的截面效果。

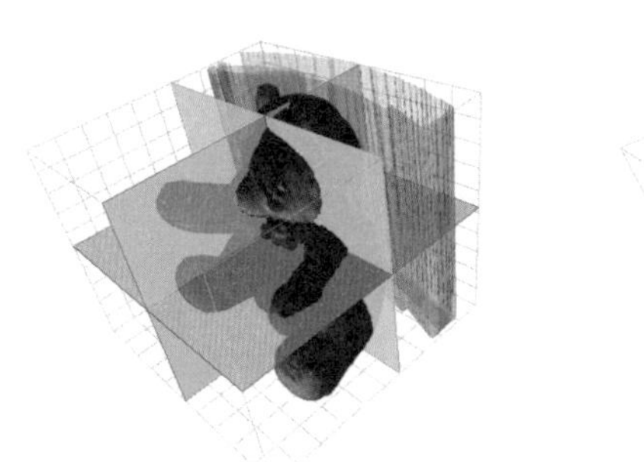

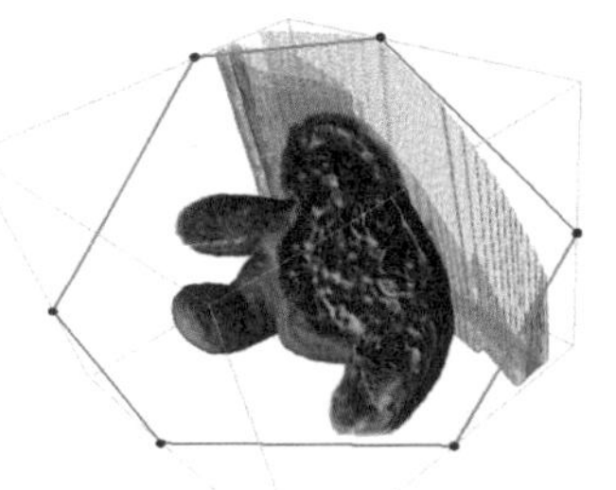

图 5.12 泰迪熊体数据的截面可视化（图片由 Voreen[Voreen] 软件生成）。

间接体绘制和直接体绘制统称为体绘制（Volume Rendering）。它是探索、浏览和展示三维标量场数据最常用且最重要的可视化技术，支持用户直观方便地理解三维空间场内部感兴趣的区域和信息。其中，间接体绘制提取显式的几何表达（等值面、等值线、特征线等），再用曲面或曲线绘制方法进行可视化，如图 5.9 右图所示的血管和肝脏等器官。与之不同的是，直接体绘制并不构造中间几何图元，直接对三维数据场进行数据分类和颜色合成，在屏幕上生成二维图像。整个流程包含一系列三维重采样、数据值到视觉属性（颜色和不透明度）的映射、三维空间向二维空间映射和图像合成等复杂处理，如图 5.9 左图所示的整个腹腔的可视化。不规则空间数据场的可视化方法与规则数据场的方法基本一致，但也存在一定的差异，详见 5.3.5 节。图 5.11 展示了两个不规则体数据集的直接体绘制结果。

5.3.1 空间数据表达

5.3.1.1 空间网格形式

按照三维数据场的采样组织方式划分，三维数据场可分为有网格和无网格两类。前一类采用拓扑几何网格（即空间网格）刻画数据场采样的方式、采样点的位置、采样间距、采样精度和采样粒度，并在各采样点或采样区间上记录数据场的值；后一类只记录数据场的采样点的位置和数值，称为无网格数据场。无网格数据场通常在空间采样分布不均匀，5.3.5.4 节将介绍其可视化方法。

按照网格形态划分，采样空间网格可分为均匀网格（Cubic）、矩形网格（Rectilinear）、曲线网格（Curvilinear）、不规则网格（Unstructured/Irregular）等若干类 [石教英 1996][唐泽圣 1999]。图 5.13 给出了二维网格采样类型示意图。

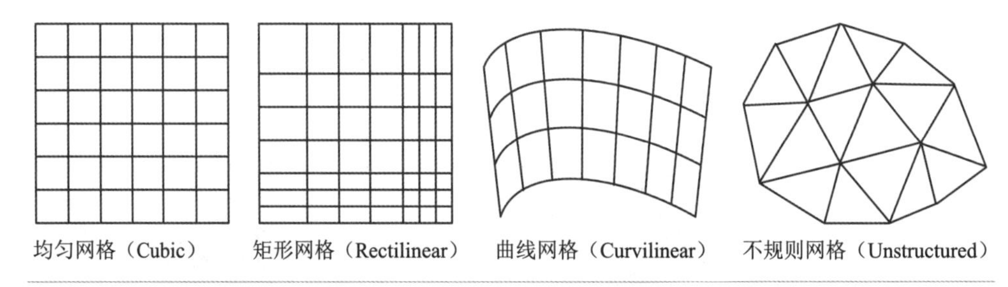

图 5.13 二维网格采样类型示意图。

- 均匀网格指沿三个正交轴按固定的间隔对三维空间进行各向同性或各向异性采样所生成的网格。若各个轴上的采样间隔固定且相同，则称为各向同性均匀网格，即笛卡尔网格；若单个轴上的采样间隔固定，但在不同轴上的采样间隔不等，则称为各向异性均匀网格，常见于医学诊断设备获取的三维医学影像数据。
- 矩形网格的采样方向沿三个正交轴进行，各个轴上的采样间隔自适应分布，即重要的区域对应在轴上的区间，具有高采样密度。
- 曲线网格的拓扑结构等价于矩形网格，但网格的边是曲线，可由矩形网格自由变形得到。
- 不规则网格的采样单元可以是任意形状，例如四面体、六面体、八面体，支持空间的自适应剖分，主要用于有限元仿真、计算流体力学模拟等，体现了分而治之、好钢用在刀刃上的思想。在不规则网格中，有一类特殊的嵌套不同精度的平行六面体网格结构的方式，称为自适应网格（Adaptive Mesh Refinement, AMR），将在5.3.5.2节予以介绍。

均匀网格、非均匀网格和曲线网格统称为规则网格（Regular Mesh），它们将空间剖分成规则排列的采样单元，每个单元称为体素（Voxel）。构建在规则网格上的数据场称为规则体数据（Regular Volumetric Data）。由于体素规则排列，规则体数据通常以三维数组形式存储和表示，体素之间的拓扑连接关系被隐式地定义在三维数组中：三维数组中（i, j, k）索引上的体素在 X 方向上相邻的体素为（i, j, k-1）和（i, j, k+1）索引上的体素。其中，曲线网格的采样点位置可以根据采样的曲线形式计算得到。

相应地，不规则网格采样得到的数据可以表达为点、线、面或不规则体等非规则描述，称为不规则体数据（Irregular Volumetric Data）。不规则体数据采样单元之间的拓扑关系需要采用边表和面表显式地指定，数据结构较为复杂。

5.3.1.2 空间网格采样方式

空间网格采样方式决定了原始三维连续信号离散化表示的准确性。在信号处理领域，最优采样理论指给定采样点数目时，确定采样点的位置，构成连续信号最准确的离散表示，以便获得连续信号中最大的信息量[Entezari2004]。

点阵（Lattice）可以看成是周期性的采样模式，每个采样点具有相同的Voronoi单元（Cell）。在几何学中，Bravais点阵指通过离散平移操作 $\boldsymbol{R} = n_1\boldsymbol{a}_1 + n_2\boldsymbol{a}_2 + n_3\boldsymbol{a}_3$ 生成无数周期性采样点序列，其中 n_i 是任意整数，$\boldsymbol{a}_i$ 是点阵空间的基向量。因此，Bravais点阵也可理解为欧式空间的矢量相加形成无数个离散采样点。Bravais点阵在三维空间中有7大类、14种形式。常规的三维数据场采样方式是立方点阵（Cubic Lattice）[Entezari2005]，其基本单元是立方体，又分为简单点阵（Simple Lattice，即笛卡尔点阵，Cartesian Lattice）、体中心立方（Body Centered Cubic, BCC）点阵和面中心立方（Face Centered Cubic, FCC）点阵三种，如图5.14所示。

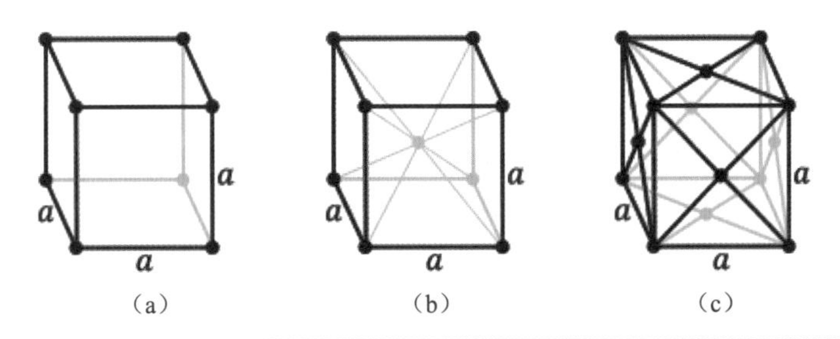

图5.14 立方点阵的三种采样形式：简单点阵（a）、体中心立方点阵（b）和面中心立方点阵（c）。图片来源：链接5-6

笛卡尔点阵是三维数据场最为常用的采样方式，采样点位于立方体单元的顶点上，共8个采样点，其Voronoi单元是一个立方体。由于自身对偶性，笛卡尔点阵的采样点也可以理解为在立方体单元的中心，与周围邻域6个采样点连接，构成如图5.14（a）所示的笛卡尔点阵的立方体单元顶点。

体中心立方点阵的采样点位于立方体单元的顶点和体中心上，共9个采样点，如图5.14（b）所示，其Voronoi单元是截断的八面体（Truncated Octahedron）。体中心立方点阵的对偶形式是面中心立方点阵。Theußl等人将体中心立方点阵采样方式应用于三维标量场可视化[Theußl2001]，验证了在基本相同采样点数目下，体中心立方点阵采样优于笛卡尔点阵采样。图5.15给出了Carp鱼CT扫描数据的笛卡尔点阵和体中心立方点阵采样下的绘制结果。可以看出，采样点数目基本相同，体中心立方点阵绘制结果（右图）优于笛卡尔点阵绘制结果（左图），同时体中心立方点阵绘制时间也基本是笛卡尔点阵的一半。

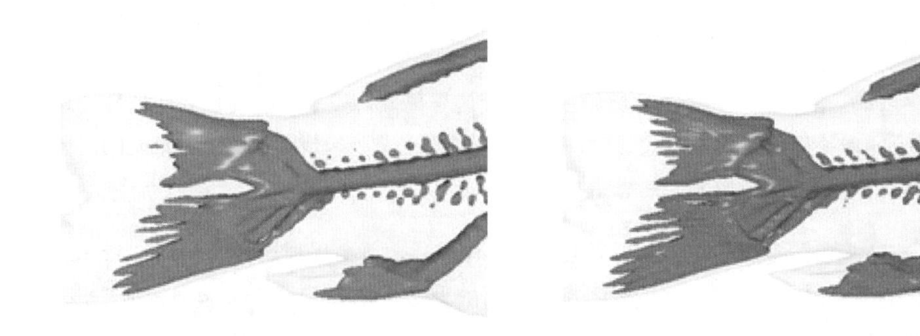

图5.15 左：笛卡尔点阵采样；右：体中心立方点阵采样。两者的采样点数分别为274万和273.5万，绘制时间分别为658秒和335秒。图片来源：链接5-7

面中心立方点阵的采样点位于立方体单元的顶点和面中心上，共14个采样点，如图5.14（c）所示，其Voronoi单元是菱形十二面体。GauB证明了采用面中心立方点阵方式装球（Sphere Packing）可以获得最稠密的装球结果[Conway1998]，其装球点阵的对偶形式是最优采样点阵。由于面中心立方点阵的对偶形式是体中心立方点阵，这也解释了体中心立方点阵采样结果优于笛卡尔点阵采样结果的原因。Vad等人从预走样（Prealiasing）上评估了简单点阵、体中心立方点阵和面中心立方点阵[Vad2014]，获得了一些空间网格采样方式的建议。例如，当采样频率没有明显低于Nyquist采样极限时，体中心立方点阵优于面中心立方点阵；而当原始信号采样严重不足时，简单点阵的预走样误差最小。

5.3.1.3 离散采样重建

假设原始的三维连续信号是有限带宽信号（信号存在最高频率），根据Nyquist-Shannon采样理论，离散数据场的采样频率需要大于2倍的截止频率（信号最高频率），才能保证离散数据场可重构出原始的连续数据场 [Engel2004]。这是数据采集获取时或计算机模拟离散时需要满足的采样条件，即网格采样的密度要求。由于截止频率在三维空间上存在变化，自适应网格能够高效地采样连续数据场，这样既能保证采样得到的离散数据场能够重构出原始连续数据场，又不会大量增加三维数据场的数据量。

理想的重构函数是 sinc 函数，其在空间域上无限延伸。因此，任意点处信号的重构都需要将场内所有采样点的数值和 sinc 函数进行卷积，导致巨大的计算量。三维标量场可视化通常采用盒状滤波（Box Filter）和帐篷状滤波（Tent Filter）[Entezari2005]，它们都只需要采样点局部邻域的离散数据，如图 5.16（a）和（b）所示。最近邻域插值（Nearest-neighbor Interpolation）是一种盒状滤波，将最邻近的体素数据值作为插值点的数据值，计算效率高，但会造成相邻点的不连续和锯齿状噪声。在规则三维标量场可视化中，三线性插值（Trilinear Interpolation）是一种帐篷状滤波，涉及插值点邻域周围的 8 个体素数据值，如图 5.16（c）所示。为了获得 v_7 的数值，先采用线性插值得到 v_1-v_4 的数据值，再对 v_1 和 v_2 线性插值获得 v_5 的数值，对 v_3 和 v_4 线性插值获得 v_6 的数值，最后对 v_5 和 v_6 线性插值获得 v_7 的数值。三线性插值较好地平衡了计算效率和信号重构精度，是最为常用的规则三维标量场重构方法。

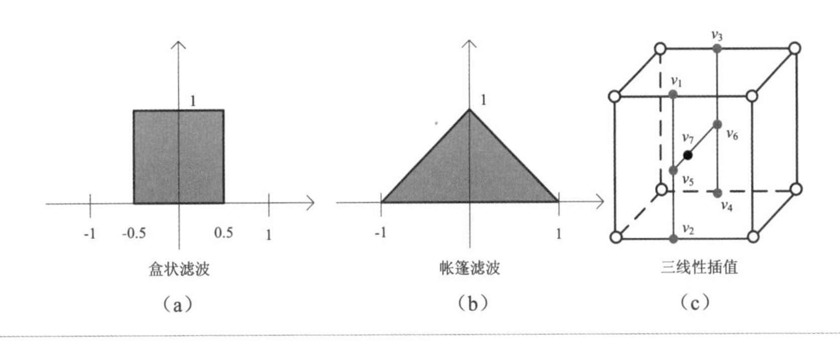

图 5.16 三维标量场数据插值重构算法。

采用高阶插值方法可重构出更准确的数据值和计算高质量的偏导数，但也增加了计算量。Möller 等人基于卷积和的泰勒展开形式，分析了基数三次样条（Cardinal Cubic Splines）滤波函数，得出的结论是 Catmull-Rom 样条滤波是这类滤波函数中最准确的重构函数 [Möller1996]。三次 B 样条滤波（Cubic B-spline Filter）具有较高的重构质量，又能在图形硬件上快速实现，是较为常用的重构方法 [Hadwiger2001]。Entezari 和 Möller 提出了 7 方向盒状样条（7-directional Box Spline）滤波 [Entezari2006]，具有与三次 B 样条滤波相似的重构能力，但计算效率更高。对于体中心立方（BCC）采样网格，Entzari 等人提出了线性和三次盒状样条滤波，使得体中心立方采样网格在三维标量场可视化中能够发挥出其采样优势 [Entezari2004]。Ledergerber 等人将移动最小二乘法（Moving Least Squares）应用于三维标量场可视化，统一了规则和不规则三维标量场数据的可视化流程 [Ledergerber2008]。

如果离散数据场在获取过程中的采样频率并不满足 Nyquist-Shannon 采样理论，或原始的连续三维信号并不是有限带宽信号，那么原始的三维连续数据场的信息会有损失。任何滤波都无法重构出原始的连续三维数据场，可视化结果与原始的连续三维数据场存在一定的走样情况，即不确定性。

近年来，压缩感知（Compressed Sensing）作为一种新的采样理论，通过分析信号的稀疏性，可以在远小于 Nyquist-Shannon 采样率的条件下，采用随机采样获得离散数据场，应用非线性重建算法完美地重建原始的三维连续数据场。Wenger 等人应用迭代压缩感知重构算法，从哈勃太空望远镜获取的二维图像中重构出高精度的三维天文星云数据场，在三维空间分析近似对称的星云 [Wenger2012]。

标量场数据在设备采集获取过程中，不可避免地会引入噪声。这些噪声会破坏重要特征，特别是对比度较小的结构和细小特征，因此保特征的去噪是离散采样重建的重要步骤之一。Krissian 等人将各向异性的扩散模型应用于三维标量场数据，沿着梯度和最大 / 最小曲率方向对数据进行过滤去噪 [Krissian1997]。Hossain 和 Möller 提出了保边界的各向异性扩散去噪方法，该方法利用有向二阶导数来定义边界信息，实现保留边界和细小管状结构 [Hossain2010]。Wang 等人提出了基于 L_0 梯度最小化的三维标量场数据去噪方法 [Wang2015]，其基本思想是全局控制数据中非零梯度的体素个数，能够去除具有较小梯度模的噪声，同时增强重要特征。除了去除同质区域内的噪声，提出了模糊 - 增强策略，实现边界上的噪声去除，同时保留重要特征。与双边滤波和保边界的各向异性扩散去噪方法相比，该方法对处理具有较小梯度膜的区域噪声具有更好的效果，如图 5-17 所示。

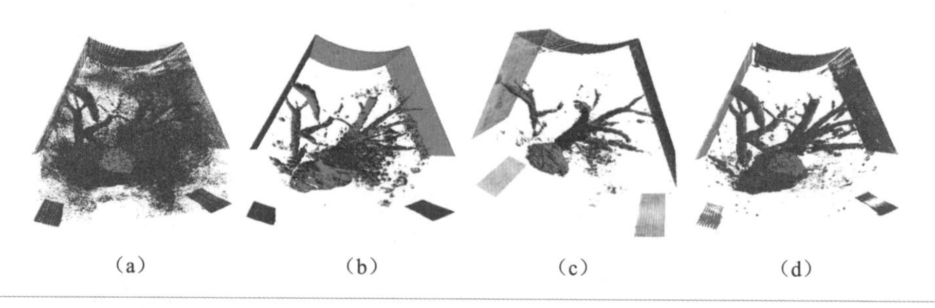

图 5.17 超声数据去噪结果比较 [Wang2015]。(a) 原始肝脏超声数据，具有较多斑点噪声；(b) 双边滤波去噪结果；(c) 保边界的各向异性扩散去噪结果；(d) 基于 L_0 梯度最小化的去噪结果，血管结构更清晰。

5.3.1.4 离散采样压缩

在三维数据场中，高频信号通常存在于局部空间范围内，其余部分数值变化平缓。因此，可通过压缩低频部分获得数据的压缩表达形式。典型的方法有小波变换（Wavelet Transform）、矢量量化（Vector Quantization）和变换编码（Transform Coding）[Fout2007] 等。

压缩算法通常先将体数据分块，再对每一小块分别进行压缩，保证较高的压缩率。小波变换将信号投影到一组基函数（称为小波）上，得到一组系数，这组系数大部分接近于0，通过忽略小于一定阈值的系数，保留的系数形成了信号的压缩表示。Guthe和Straßer[Guthe2001]提出了多分辨率小波压缩三维标量场数据的方法。在预处理时，首先将三维标量场分成 $(2k)^3$ 个体素块，对每块应用小波变换生成 k^3 个低频系数体素和 $(2k)^3\text{-}k^3$ 个高频系数体素，再把相邻的8个体素块的低频系数组成新的 $(2k)^3$ 个体素块，实施小波变换。如此迭代，生成三维标量场的多分辨率小波表示。在可视化时，根据视点远近选择恰当的分辨率数据进行绘制，最高压缩率可以达到30:1。

矢量量化指将 n 维向量映射为码本（Codebook）中的索引值，其中码本中的每个索引对应长度为 n 的矢量。矢量量化的关键是码本应该尽可能重构出原始输入向量，且其大小远远小于所有输入向量大小之和。在三维标量场可视化中应用矢量量化的基本方式是：将数据分成 4^3 个体素块的集合，对每块下采样得到 2^3 个体素块，并计算原始体素块和下采样体素块的差得到64个差值，然后对 2^3 个体素块实施下采样得到1个均值和8个差值，再将矢量量化应用在64个差值和8个差值所组成的2个向量集合，可达到64:3的压缩比[Engel2004]。在可视化时，通过均值和差值索引重构体素块进行绘制。

Rodriguez等人系统地综述了基于压缩的直接体绘制方法，数据压缩可以离线计算高质量压缩结果，但基于压缩数据的绘制需要快速且空间无关的解压缩算法[Rodriguez2013]。

5.3.2 空间数据特征计算

对离散采样的三维标量场可应用离散微分几何方法，计算与空间几何相关的特征信息，如梯度、拉普拉斯算子、曲率等。基于这些特征还可提取形状相关的特征线，并通过特征增强的方法抽象地展示特征的几何、拓扑和形状信息。

梯度是三维空间数据的一阶导数，有效地刻画了体素邻域数据值的变化情况，从而获得三维数据场中的边界区域[Kniss2001][Kniss2002]。若 $f(x, y, z)$ 代表了在点 (x, y, z) 处的标量值，通过数据点 (x, y, z) 处的梯度和 x, y, z 方向的偏导数计算得到：$\nabla f=\nabla f(x,y,z)=[\frac{\partial}{\partial x}f, \frac{\partial}{\partial y}f, \frac{\partial}{\partial z}f]^{\mathrm{T}}$。在进行数值计算时，梯度通常采用中心差分法（Central Differences Method）计算：

$$f_x(x,y,z)=(f(x+1,y,z)-f(x-1,y,z))/2$$

$$f_y(x,y,z)=(f(x,y,z+1)-f(x,y-1,z))/2$$

$$fz(x,y,z)=(f(x,y,z+1)-f(x,y,z-1))/2$$

一阶方向导数定义为 $\boldsymbol{D}_v f=\nabla f\cdot v$，梯度模为沿梯度方向 $\hat{\nabla} f=\nabla f/\|\nabla f\|$ 的一阶导数：

$$D_{\widehat{\nabla f}}f=\nabla f\cdot\widehat{\nabla f}=\nabla f\cdot\frac{\nabla f}{\|\nabla f\|}=\|\nabla f\|$$

在进行数值计算时，梯度模计算公式为$\|\nabla f\|=\sqrt{f_x^2+f_y^2+f_z^2}$。对于多变量标量场，梯度通过计算每一变量的偏导数，得到一阶导数矩阵 $\boldsymbol{D}f$，3×3 张量矩阵 $(\boldsymbol{D}f)^{\mathrm{T}}\boldsymbol{D}f$ 反映了方向相关的梯度变化情况。

二阶导数描述了梯度模在空间上的变化情况，三维标量场可视化主要采用沿梯度方向的二阶导数：$\boldsymbol{D}^2_{\widehat{\nabla f}}f=\boldsymbol{D}_{\widehat{\nabla f}}(\|\nabla f\|)=\nabla(\|\nabla f\|)\cdot\widehat{\nabla f}=\frac{1}{\|\nabla f\|}\nabla(\|\nabla f\|)\cdot\nabla f$。

另一种方法是应用泰勒公式，计算沿梯度方向的二阶导数：$\boldsymbol{D}^2_{\widehat{\nabla f}}f=\frac{1}{\|\nabla f\|^2}(\nabla f)^{\mathrm{T}}\boldsymbol{H}f\nabla f$。其中，$\boldsymbol{H}f$ 为三维标量场的 Hessian 矩阵，即 3×3 二阶偏导数矩阵：

$$\boldsymbol{H}f=\begin{bmatrix}\frac{\partial^2 f}{\partial x^2} & \frac{\partial^2 f}{\partial x\partial y} & \frac{\partial^2 f}{\partial x\partial z}\\ \frac{\partial^2 f}{\partial x\partial y} & \frac{\partial^2 f}{\partial y^2} & \frac{\partial^2 f}{\partial y\partial z}\\ \frac{\partial^2 f}{\partial x\partial z} & \frac{\partial^2 f}{\partial y\partial z} & \frac{\partial^2 f}{\partial z^2}\end{bmatrix}$$

在进行数值计算时，沿梯度方向的二阶导数通常采用 Laplacian $\nabla^2 f$ 近似计算：

$$\boldsymbol{D}^2_{\widehat{\nabla f}}f\approx\nabla^2 f=\frac{\partial^2 f}{\partial x^2}+\frac{\partial^2 f}{\partial y^2}+\frac{\partial^2 f}{\partial z^2}$$

与前两种方法相比，Laplacian 计算简单高效，且保证足够的精度。

曲率描述了表面邻域法向的变化情况，刻画了表面的凹凸形状和表面变化缓急程度[Kindlmann2003]。曲线上点 p 的曲率是拟合点 p 局部曲线最佳圆的半径倒数。对于曲面点 p，经过该点和其法向的法平面（Normal Plane）与曲面相交得到一条法向曲线，计算点 p 在这条法向曲线上的曲率，该曲率称为法向曲率（Normal Curvature），如图 5.18 所示。法平面绕点 p 和法向可旋转 360°，计算得到一组连续的法向曲率值，其中的最大值称为主曲率 k_1，对应的法向曲线方向称为主曲率方向，另一个主曲率方向与法向和主曲率方向垂直，其对应的法向曲率称为主曲率 k_2。

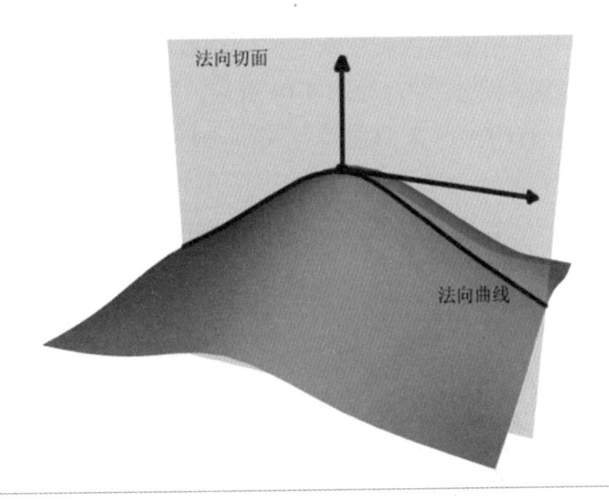

图 5.18 法向曲率示意图。图片来源：链接 5-8

在三维标量场中，曲面被隐式地定义在空间数据中，曲面法向是梯度的反方向 $\boldsymbol{n}=-\hat{\nabla}f$，曲率信息定义在法向导数矩阵中，经过微分几何扩展简化得到：$\nabla\boldsymbol{n}^{\mathrm{T}}=-\dfrac{1}{\|\nabla f\|}(\boldsymbol{I}-\boldsymbol{nn}^{\mathrm{T}})\boldsymbol{H}f$。其中，$\boldsymbol{I}$ 为单位矩阵，$\boldsymbol{H}f$ 为三维标量场的 Hessian 矩阵。几何张量（Geometry Tensor）矩阵 $\boldsymbol{G}$ 定义为$\boldsymbol{G}=\nabla\boldsymbol{n}^{\mathrm{T}}(\boldsymbol{I}-\boldsymbol{nn}^{\mathrm{T}})$，表面主曲率的 k_1 和 k_2 可以通过几何张量矩阵 $\boldsymbol{G}$ 的秩 T 和 Frobenius 范式 $F=\sqrt{\mathrm{trace}\left(\boldsymbol{GG}^{\mathrm{T}}\right)}$ 计算得到：$k_1=\dfrac{T+\sqrt{2F^2-T^2}}{2}$，$k_2=\dfrac{T-\sqrt{2F^2-T^2}}{2}$。表面主曲率的 k_1 和 k_2 对应的曲率方向和法向构成了局部正交基向量。除了表面主曲率，平均曲率 $(k_1+k_2)/2$ 和高斯曲率 k_1k_2 也常常用在三维标量场可视化中。

上述空间特征可用于标量场可视化中的数据分类和特征感知增强显示。一种方式是计算三维空间的特征线（Feature Lines），并以此揭示三维标量场的特征形状。这类特征线包括轮廓线（Silhouette 或 Contour）、折痕线（Crease）和提示轮廓线（Suggestive Contour）[DeCarlo2004]等。在图形学领域，这类特征线的提取和绘制属于非真实感图形学（Non-photorealistic Rendering）的研究内容。面向三维标量场的特征线提取有两种方法：采用等值面算法提取特征的表面网格，再计算表面网格的特征线；隐式地构建不同特征的表面结构，并实时地计算和显示表面上的特征线。大体而言，三维空间特征线分为视点无关和视点有关两类。

第一类只与数据场有关，如折痕线、脊线（Ridge）和谷线（Valley）。折痕线由表面上相邻法向不连续的点组成，可通过判断相邻法向的夹角是否大于阈值来判断；脊线和谷线由表面主曲率局部最大值的点组成，可通过计算主曲率 k_1 判断。

第二类与数据场和视点都相关，如轮廓线和提示轮廓线。在不同视点下，观察到的特征线可能存在较大差异。轮廓线可以通过法向和视线方向的点乘是否接近 0 来识别。当点 (x, y, z) 上的法向和视线方向点乘接近 0 时，该点位于当前视点下特征的轮廓线上。

Kindlmann 等人提出了用曲率控制轮廓线的绘制厚度，增强 / 降低部分轮廓线的厚度，突出感兴趣的特征形状 [Kindlmann2003]，如图 5.19 所示。提示轮廓线可以通过计算沿视线方向的导数是否大于阈值 $\varepsilon(\boldsymbol{D}_v f > \varepsilon)$ 来识别 [DeCarlo2004]，对于半透明特征，其背部特征通过沿视线方向的导数是否小于阈值 $-\varepsilon(\boldsymbol{D}_v f < -\varepsilon)$ 来识别，其中 ε 是一个数值较小的正数。Burns 等人提出了特征线追踪，只需遍历部分体素就能生成轮廓线和提示轮廓线，实现了三维标量场特征线的快速提取和可视化 [Burns2005]，如图 5.20 所示。

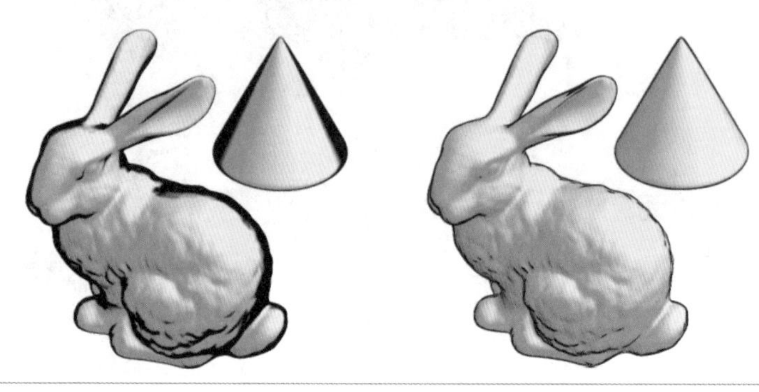

图 5.19 基于曲率的轮廓线绘制 [Kindlmann2003]。左：无曲率控制的轮廓线；右：曲率控制的轮廓线。

图 5.20 Bonsai 体数据（256^3）[Burns2005]。左：直接提取的轮廓线；中右：从不同等值面上提取的轮廓线和提示轮廓线。

其他的艺术手法（点画、区域填充、阴影、光晕等）也可和三维标量场的可视化结合，用于增强可视化表现力，这类方法统称为表意性可视化（Illustrative Visualization）。它起源于模仿医学和技术领域的艺术插图绘制（Medical Illustration），综合使用特征线、边界增强、光晕、色调阴影等技术传递数据场的几何特征和演化规律 [Ebert2000]。

拓扑（Topology）结构是三维标量场的一种有效的抽象结构表达，Heine 等人综述了可视化领域中基于拓扑的方法 [Heine2016]。对于标量场 $f: R^n \rightarrow R$，水平集（Level Set）是指对于一个给定等值 $\mu \in R$ 所获得的函数的空间位置 $\{x \in R^n \mid f(x)=\mu\}$。一个水平集可能包含多个联通分支，每个联通分支称为一个轮廓（Contour）。当通过改变等值 μ 扫描整个值域时，已有的轮廓会消失，也会产生新的轮廓，轮廓之间也存在合并或分离等情况。轮廓树（Contour Tree）$T(V,E)$ 可以用来捕捉这些轮廓 / 拓扑变化的抽象表示，其中轮廓树的每个节点 $v_i \in V$ 表示轮廓产生或消失的极值点，或者表示轮廓合并或分离的临界点；轮廓树的每条边 $(v_i,v_j) \in E$ 表示一系列在 v_i 和 v_j 之间拓扑相等的轮廓，即等值 μ 从 v_i 变化为 v_j 时，轮廓没有发生产生 / 消失或分离 / 合并。

轮廓树通常通过合并不同方向扫描值域产生的连接树（Join Tree）和分裂树（Split Tree），连接树和分裂树统称为合并树（Merge Tree）。连接树是从大到小扫描整个值域生成的。叶子节点对应于极大值点，随着等值逐渐变小，轮廓会在马鞍点发生合并，并最终消失在极小值点，即根节点，如图 5.21 所示；而分裂树的生成正好相反[Carr2003]。在大部分情况下，连接树能够捕捉比分裂树更多的变化，因此可以使用连接树表达标量场的大部分特征[Saikia2014]。

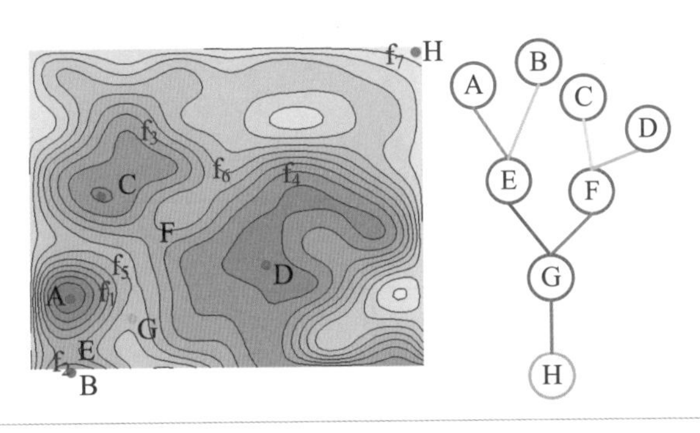

图 5.21　标量场的连接树。左：二维标量场，包含 4 个极大值点（红色节点）和 3 个马鞍点（蓝色节点）；右：对应的连接树。

轮廓树在标量场可视化中有很多应用。Thomas 和 Natarajan 通过轮廓树生成标量场中的代表性特征，计算特征的几何结构描述，并对特征进行聚类，实现多尺度的结构对称性检测[Thomas2014]。Günther 等人提出了基于拓扑的二维和三维标量场去噪算法，能够有效保留数据中的极大值和极小值，同时避免引入新的极值点[Günther2014]。Bock 和 Doraiswamy 对 micro-CT 扫描得到的鱼类数据构建连接树，通过树的分支分解，获得鱼的不同骨架结构，用户从中选择骨架结构，实现数据中不同鱼的分割，提高了鱼的骨架结构提取和分割效率[Bock2018]。

开源的拓扑工具集（Topology Toolkit）[Tierny2018] 是科学可视化标量场数据的拓扑分析工具，提供了有效且统一的拓扑结构表示和简化，包括临界点（Critical Point）、积分线（Integral Line）、持久性图（Persistence Diagram）、合并树（Merge Tree）、轮廓树、Morse-Smale Complexes、Fiber Surface 等，支持 ParaView、基于 VTK 界面和命令行等多种终端，同时提供了 Python 和 C++ 等语言支持。

5.3.3 间接体绘制

间接体绘制是使用最广泛的三维标量场数据可视化经典方法之一，它利用等值面提取技术显式地获得特征的几何表面信息，并采用传统的曲面绘制技术直观地展现特征的形状和拓扑信息。其中的关键是等值面提取，指从三维标量场中抽取满足给定阈值条件的网格曲面，即抽取满足 $f(x,y,z)=c$ 的所有空间位置（x,y,z 为空间位置，c 为给定的标量阈值）并重建为三维连续的空间曲面（称为等值面，Isosurface）。

经典的移动立方体法（Marching Cubes）[Lorensen1987] 逐一遍历三维规则三维规则标量场的最小单位体素（立方体），生成立方体内部满足给定阈值条件的三角面片。在处理每个体素时，比较体素的 8 个顶点的值与给定阈值的大小关系，判断该立方体内部是否包含等值面。如果存在等值面，则根据相关边的两个端点的标量值计算等值面与该边的交点，按一定的规则连接每条边的交点形成一系列等值三角面。图 5.22 给出了阈值为 60 时从体素中推出的等值面。

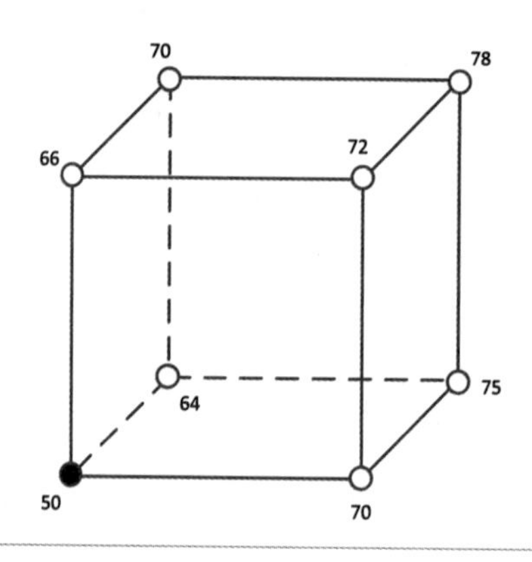

图 5.22 阈值为 60 时体素提取的等值面。

算法细节如下：体素标量值分布于体素（立方体）的 8 个顶点上，如图 5.22 所示。每个顶点通过比较阈值 c 和其标量值的大小关系，确定其是否位于等值面内部（$f(x, y, z)<c$）、等值面上或等值面外部（$f(x, y, z)\geqslant c$）。因此，等值面与立方体相交的情况共有 $2^8=256$ 种，可用查找表的方法确定交点连接关系。根据旋转和镜像对称性，这 256 种情况可以简化为 15 种，如图 5.23 所示。如果边与等值面相交，则边的一个端点位于等值面内部，另一个端点位于等值面上或外部。若两个端点的位置为 p_1 和 p_2，标量值为 v_1 和 v_2，则交点位置可通过线性插值得到：$p=(1-t)p_1+tp_2$。其中，参数 $t=\dfrac{c-v_1}{v_2-v_1}$。其后，遍历立方体的所有边，计算等值面与立方体的所有交点，并根据所属的相交情况（图 5.23 中的一种情况）连接

这些交点，可获得该体素内的等值面。图 5.24 展示了移动立方体法发明人 Bill Lorensen 在其维基上展示的移动立方体法应用于美国虚拟人体数据的结果。

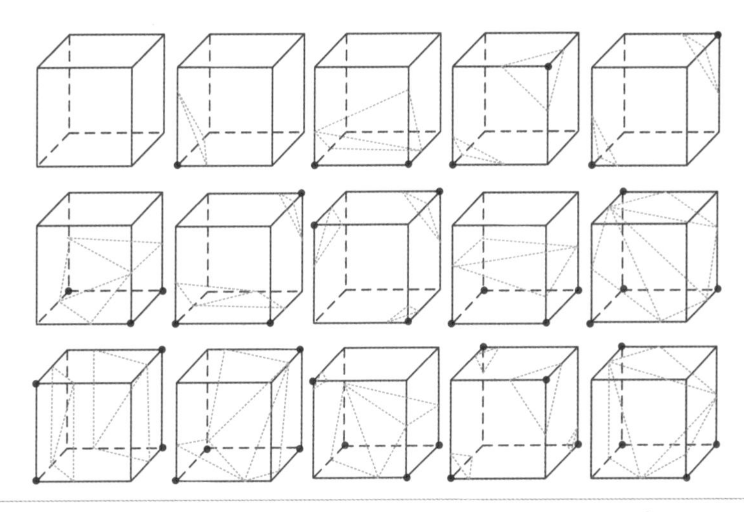

图 5.23 根据各顶点与给定阈值的大小关系，一个体素内部的等值面共有 2^8=256 种情况。图中给出 15 种基本模式，其余 241 种情况可以通过旋转或者镜像得到 [Lorensen1987]。

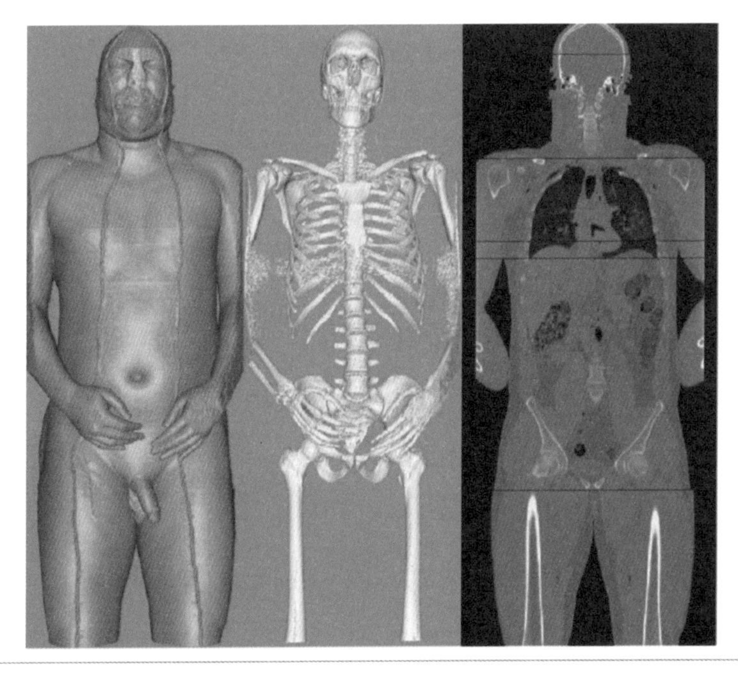

图 5.24 对美国虚拟人项目的三维人体 CT 数据采用移动立方体法生成的结果。左：设置阈值为皮肤值的结果；中：设置阈值为骨骼值的结果；右：原始 CT 切片。图片来源：链接 5-9

移动立方体法需要遍历所有的体素，算法复杂度为 $O(n)$，n 为三维标量场体素数目。但是，大量体素并不与等值面相交，而 30%~70% 计算时间花在处理这些不相交的体素上 [Wilhelms1990]。为了避免处理不必要的体素，研究人员提出了一系列加速方法，这些加速方法根据其处理的空间可以分为三大类：几何（Geometry）、值域（Value）和图像（Image）空间法。Newman 等人对这些加速方法进行了详细的综述比较 [Newman2006]。下面介绍若干代表性工作。

几何空间法

几何空间法采用显式的几何计算快速判断体素是否与等值面相交，常用于规则体数据。常用的方法是采用八叉树（Octree）构建三维层次结构，去除与等值面不相交的体素 [Wilhelms1992]。八叉树是一个树形层次结构，每个节点包含 8 个子节点，在构建过程中递归地将三维空间均分为 8 块，分割平面分别位于 X、Y 和 Z 轴的区间范围的中点，如图 5.25 所示。为了加速等值面提取，每个节点保存其对于体素集合的最小值 a 和最大值 b。搜索与等值面相交的体素从根节点开始，判断所给的阈值 c 是否在节点的值域范围 $[a, b]$ 内。如果不在值域范围内，则说明该节点包含的体素与等值面不相交，无须继续与子节点判断；如果在值域范围内，则递归判断节点的 8 个子节点，直到等值面与节点不相交，或到叶节点为止。对于叶节点中的体素，每个体素通过移动立方体法构建等值面。基于八叉树的加速算法复杂度为 $O(k+k\log n/k)$，其中 n 为体素数目，k 为所提取的等值面数目 [Livnat1996]。

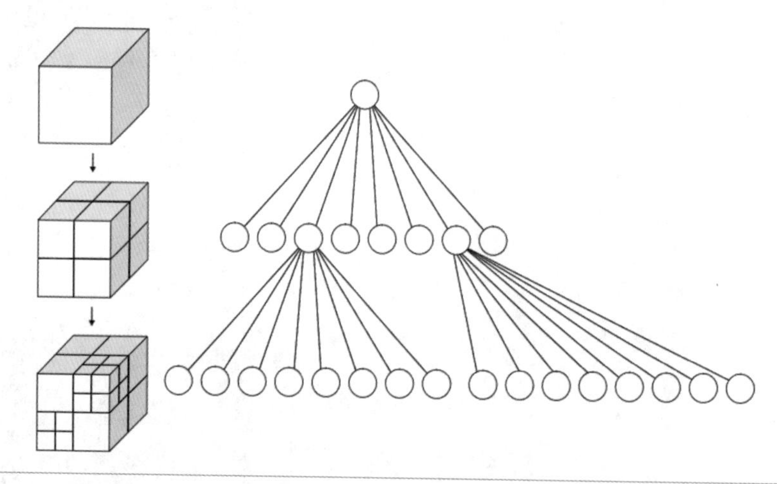

图 5.25 三维数据场八叉树层次结构表示。图片来源：链接 5-10

值域空间法

值域空间法可快速获得与等值面相交的体素，适用于规则与不规则体数据。每个体素的值域是 $[a, b]$，其中 a 为体素 8 个顶点标量值的最小值，b 为体素 8 个顶点标量值的最大值，对应二维值域空间上的点 (a, b)。值域空间又称为扫描空间（Span Space）。值域空间法将所有体素投影到值域空间上，给定阈值 c，与等值面相交的体素位于垂直线（$x = c$）的左侧、水平线（$y = c$）的上方，如图 5.26 所示。这个区域内的体素值域最小值小于或等于 c，同时最大值大于或等于 c。为了进一步对值域空间构建层次加速结构，Livnat 等人提出了接近最优的等值面提取算法（Near-Optimal Isosurface Extraction, NOISE）[Livnat1996]，其算法复杂度最差为 $O(k+\sqrt{n})$，其中 n 为体素数目，k 为所提取的等值面数目 [Lee1977]。

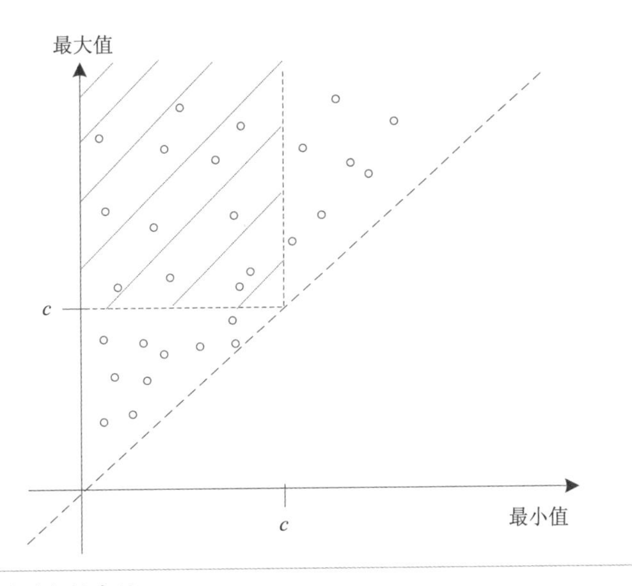

图 5.26 值域空间法的扫描空间。

图像空间法

在绘制等值面三角网格时，很多三角形在屏幕空间上的投影范围小于一个像素范围，特别是从大规模三维标量场中提取的上百万个三角形。图像空间法致力于减少不可见等值面的搜索、提取和绘制时间。视点依赖的等值面提取算法 [Livnat1998] 仅构建当前视点可见的等值面，有层次地从前往后遍历体素，忽略不可见的体素。

移动立方体法存在二义性，即如果位于等值面内外的顶点分别分布在立方体体素的对角线的两端，则存在两种可能的连接方式，造成歧义，且可能生成有漏洞的网格，如图 5.27 所示。为了彻底避免二义性的产生，研究人员提出了移动四面体法（Marching Tetrahedrons）[Doi1991]。它将一个立方体分割成 5 个或者 6 个四面体，如图 5.28 所示，继而通过移动四面体法从每个四面体抽取等值面，避免了二义性的产生。

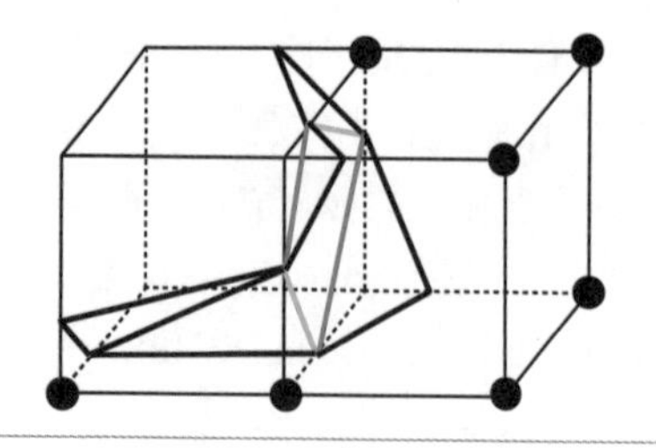
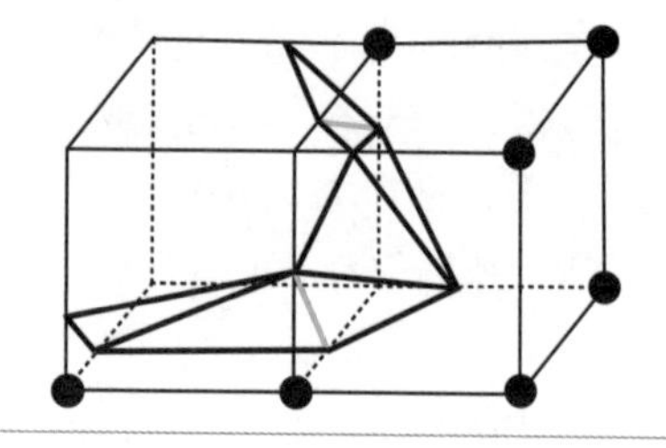

图 5.27 移动立方体法二义性的一种情况。

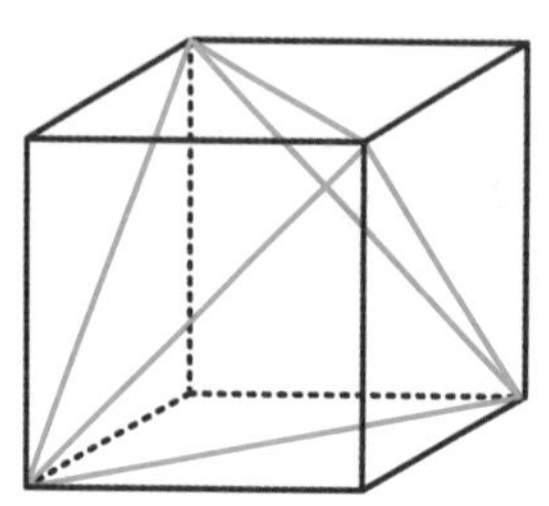
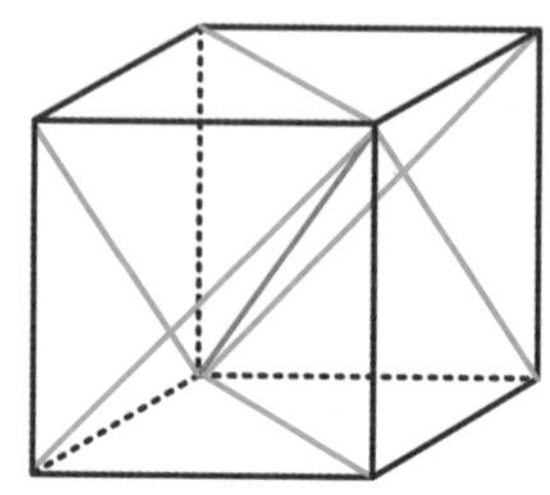

图 5.28 左：一个立方体被拆分成 5 个四面体；右：一个立方体被拆分成 6 个四面体。

移动四面体法可应用于不规则体数据的等值面提取。根据给定阈值和 4 个顶点上标量值的大小关系，有 2^4=16 种情况，通过旋转和镜像对称性，可简化为 8 种情况，如图 5.29 所示，求出等值面与四面体边的交点，再根据这些交点构造三角网格等值面。对三维标量场的每个四面体应用移动四面体法提取等值面，获得特征的整个几何形状。

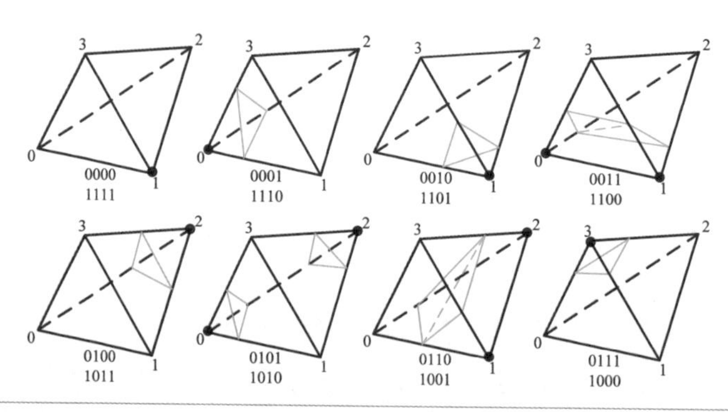

图 5.29 图中显示了 8 种模式，通过旋转、镜像或者取反可以得到总共 16 种情况。

移动立方体法和移动四面体法计算简单，易于理解，适合并行处理，能够有效地表达三维标量场的特征表面信息。但是，这些方法需要判断每个顶点与指定等值面的位置关系，当数据场存在形状较小、结构复杂、噪声大等无法利用几何表面准确描述的特征时，容易产生大量散乱的三角形或存在漏洞的网格。另一方面，提取的等值面单一地描述给定阈值的特征信息，无法同时揭示特征内部等全局信息，具有一定的局限性。已有相关研究致力于解决上述问题。Bhattacharya 和 Wenger 提出了合并边界和角附近的体素，提高特征等值面提取的质量 [Bhattacharya2013]。Wei 等人提出了基于水平集的信息图，评估等值面集合是否包含数据中的主要特征，同时也可以用来选择具有代表性的等值面 [Wei2013]。

经典的移动立方体法用三角网格曲面来拟合三维标量场中的等值面，可采用更高阶的曲面形式进行拟合，提高等值面的几何精度 [Scott2004][Nielson2004][Dietrich2009]。Etiene 等人 [Etiene2009] 对现有的等值面提取代码进行了正确性验证，并量化比较了各类算法的复杂度和精度，以便用户针对特定问题选择恰当的等值面提取算法。Etiene 等人进一步提出了一个等值面验证框架，通过验证等值面的几何和拓扑属性，评估已有等值面提取算法和实现的准确性，提高可视化方法的可信度 [Etiene2011]。

5.3.4 规则三维标量场的直接体可视化

与间接体绘制不同，直接体可视化无须从三维标量场中提取中间几何图元。它采用光学贡献积分模型，直接计算三维空间采样点对结果图像的贡献，揭示三维标量场的内部结构，因此也称为直接体绘制（Direct Volume Rendering, DVR）。直接体绘制的优点是能够一次性展现三维标量场数据的整体信息和内部结构，提供对数据场的全局预览。本节介绍规则三维标量数据场的直接体绘制方法，不规则体数据的可视化方法将在下一节介绍。

5.3.4.1 基本原理与光学模型

基于光线投射的直接体绘制方法 [Levoy1988]（Ray Casting，参见 5.3.4.6 节）是三维标量场可视化的主流方法之一。图 5.30 给出了光线投射法的过程：对屏幕图像空间的每个像素，构建从视点出发，穿过像素的光线，通过体绘制积分（Volume Rendering Integral）计算并累积三维标量场沿光线的光学贡献，作为像素的最终颜色。

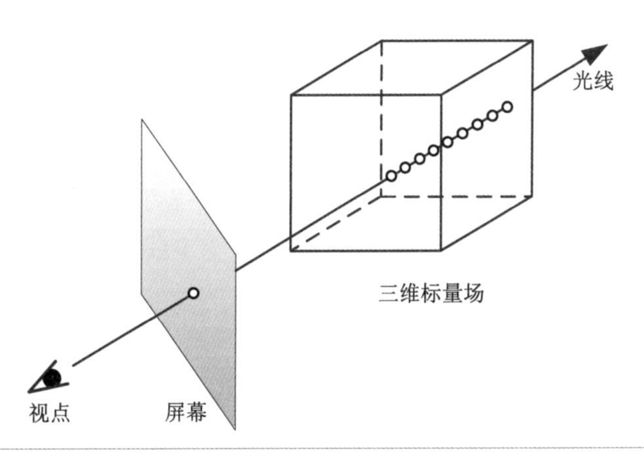

图 5.30 基于光线投射法的直接体绘制示意图。光线从视点出发，穿过屏幕像素，与三维标量场的几何空间相交。在三维标量场内，小圆点表示沿光线的采样点。

体绘制积分的数学形式是一个连续积分公式，在实现时转化为离散采样模式，通过数值黎曼和来近似。因此，积分过程在三维标量场内部，沿着光线按一定间隔进行采样，并在采样点处重构出其空间位置上的标量值，细节将在 5.3.4.2 节中阐述。

直接体绘制的光线模式假设采样值具有物理含义，可建立与数据值相关的光学模型以定义其光学属性。经典的光学模型 [Max1995] 建立了与所在体素的标量值相关的发射、反射、散射、吸收和遮挡五类光线模型：吸收光学模型（Absorption Only）、发射光学模型（Emission Only）、发射 - 吸收光学模型（Absorption Plus Emission）、散射光照阴影光学模型（Scattering and Shading/Shadowing）和多次散射光学模型（Multiple Scattering）。

- 吸收光学模型认为体素不发射和散射光，仅吸收所有的入射光；发射光学模型正好相反，认为体素仅发射光，但不吸收任何入射光。
- 发射 - 吸收光学模型是吸收模型和发射模型的结合，认为体素不仅自身发射光，而且还吸收入射光，但不产生光的散射效果。
- 散射光照阴影光学模型是体素和外部光源的全局光照模型，三维标量场之外的光源对体素产生光照效果，前面体素可能吸收或遮挡外部光，从而对后面体素产生阴影效果。
- 多次散射光学模型考虑光在不同体素之间的多次散射过程。

不同的光学模型对应于不同的光照计算流程和光学积分方式。

- 从光照流程上看，吸收光学模型、发射光学模型和发射 - 吸收光学模型只考虑光的直线传播，因而可以采用统一的光学积分公式（见 5.3.4.5 节）累积光学贡献；散射光照阴影光学模型和多次散射光学模型考虑光在不同方向的传播，最终光学属性是多个光学积分之和。在实际应用中，散射光照阴影光学模型和多次散射光学模型对应于图形学的全局光照模型，可获得逼真的绘制效果。
- 从光学积分方式上看，吸收光学模型只考虑外部光源在三维标量场中的衰减过程，类似于 X 光的拍片过程，因而在光学积分过程中只考虑各采样点处不透明度对外部光源的光学贡献的影响；发射光学模型累积每个体素自身的光学贡献，在光学积分过程中只考虑各采样点自身的光学贡献的累积，不考虑不透明度的影响；发射 - 吸收光学模型两者兼有。在实际应用中，吸收光学模型用于三维医学影像数据的 X 光模拟，发射光学模型极少被采用，5.3.4.6 节中介绍的最大密度投影法可看成发射光学模型的特例。

发射 - 吸收光学模型是最为广泛采用的光学模型，它允许用户交互地定义每个采样点发射的光学属性（颜色），以及不同采样点处的不透明度，等价于采用颜色和不透明度这两类视觉通道属性对标量场进行标记和分类。如何设计体素标量值到光学属性（颜色、不透明度）的映射是直接体绘制中的重要步骤，通常称为体数据分类（Volume

Classification），主要通过传输函数（Transfer Function）实现（将在 5.3.4.3 节中阐述）。

本章后续章节的描述都采用发射 - 吸收光学模型。注意到采样点的光学贡献是外部光源的光学属性、采样点处的发射光属性（即颜色和不透明度，通过传输函数设计）的综合结果，因而可采用图形学中的局部或全局光照方法进行计算（将在 5.3.4.4 节中阐述）。

图 5.31 给出了直接体绘制流程图。对三维空间离散标量场进行采样，重构出采样点在原始三维空间连续标量场中的数据值；对重构出的数据值进行分类，主要通过传输函数来实现，将数据值映射为光学属性；如果存在外部光源，则根据图形学的光照明算法计算外部光源的光学贡献；将光学贡献根据体绘制积分进行光学积分，生成直接体绘制图像。

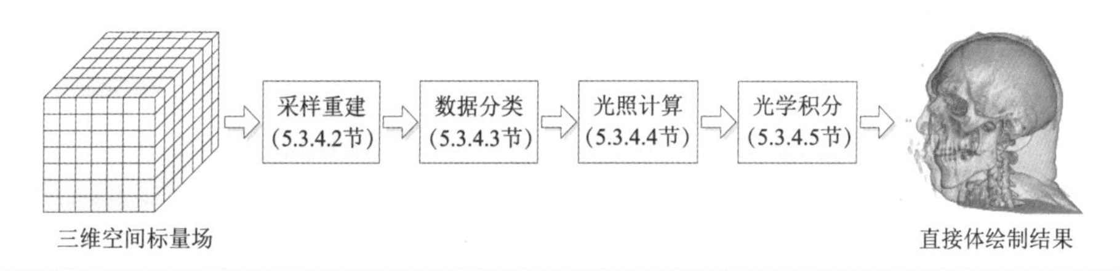

图 5.31 直接体绘制流程图。

按照数据场的遍历方式，直接体绘制可分为图像空间和物体空间两大类。前者的代表是光线投射法，后者的代表是纹理切片法和滚雪球法（Splatting），其中光线投射法是公认的高质量方法。无论是图像空间还是物体空间算法，都需要经过采样重建、数据分类、光照计算和光学积分四个步骤。下面将依次介绍这四个步骤，以及具体的直接体绘制算法。

5.3.4.2 采样重建

在绘制离散的三维标量场时，需要重构出采样点在原始三维空间连续标量场中的数据值，如图 5.32 所示。最常用的方式是三线性插值重构。高阶插值方法可提高数据采样的重构准确性，但计算代价更高。

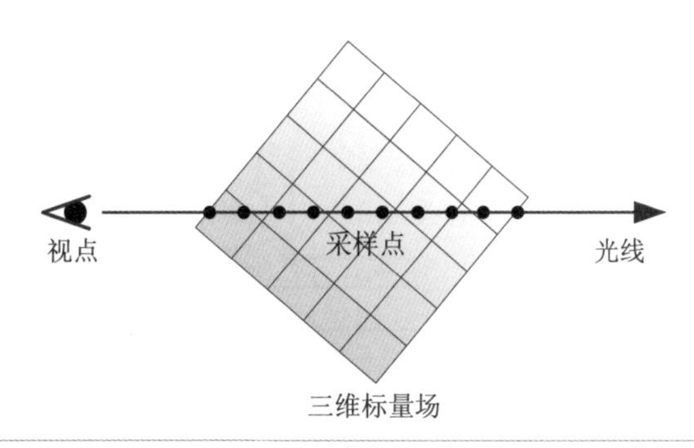

图 5.32 直接体绘制光线投射法采样点示意图。

采样间隔对数据重构及绘制结果有重要影响。大采样间隔，意味着低采样率，将导致木纹状的绘制走样。根据 Nyquist-Shannon 采样理论，精确重构离散数据场的前提是，采样率至少是离散数据场中最高频率的 2 倍。由于三维标量场已经离散化为体素，其最高频率是体素间最小距离的倒数，即三维标量场只可能在相邻两个体素间发生数据突变，而在同一体素内标量场连续变化，因此每个体素至少需要 2 个采样点，才能保证采样重构绘制结果与三维标量场之间不存在失真情况，即在沿光线上的采样间隔至多为体素最小边长的一半。

三维标量场通常存在部分区域相对均匀（如特征内部区域），部分区域含有大量的细节和高频信息（如特征边界区域）。自适应采样（Adaptive Sampling）利用这一事实，在相对均匀区域加大采样间隔，而在包含细节和高频区域采用较高的采样率，从而在保证绘制质量的同时提高直接体绘制效率。

5.3.4.3 体数据分类

直接体绘制的关键要素是：将采样后的标量值标记为不同的类别，并映射为可区分这些类别的光学属性。这个过程统称为体数据分类，即分析和提取三维标量场中的特征信息，建立这些特征信息与光学属性之间的映射关系，以区分感兴趣的特征和背景信息。在直接体绘制中，这类方法被称为传输函数设计。

传输函数（Transfer Function）是一组定义了数据值及其相关属性与颜色、不透明度等视觉元素之间的映射关系的函数。不透明度决定了显示哪些特征，重要特征设置较大的不透明度，背景信息设置较小的不透明度；颜色定义了如何显示这些特征，不同的特征赋予不同的颜色，可以在视觉上直观地区分这些特征。

传输函数的数学表达是：$T:\boldsymbol{x}\rightarrow\{c,\alpha,\ldots\}, \boldsymbol{x}\in\mathbb{R}^n$。其中，传输函数的值域为颜色 c、不透明度 α、光照系数、纹理 [Kindlmann1999] 等视觉元素，传输函数的定义域为 $\boldsymbol{x}$，即三维标量场属性组成的 n 维向量。属性向量 $\boldsymbol{x}$ 所构成的空间称为特征空间(Feature Space)。本质上，传输函数将三维标量场数据按照其在特征空间上的分布进行分类，并转化为光学属性。在实际应用中，常用 n 维查找表或者其他易于存储和计算的参数化函数进行存储和运算。

传输函数设计通常包含两个方面：映射规则设计（即体数据分类方法，Volume Classification)和光学属性设计。前者一般提供交互界面支持用户对感兴趣的区域进行选取，后者允许用户控制不透明度和颜色，改变感兴趣区域在体绘制结果中的呈现方式（突出显示或隐藏、颜色标注）。

最常用的传输函数是基于标量值的一维传输函数，其定义域是三维标量场的标量值，值域是颜色和不透明度。采用一维传输函数，相当于根据标量值属性对三维标量场内部特征进行分类，用户交互地定义不同标量值特征对应的视觉元素，实现特征的分类和标注。

为了更好地刻画三维标量场内标量值变化大的区域，即不同类别的边界，可以将边界作为一种特殊的属性指导数据分类过程。因此，可以生成基于标量值和梯度模的二维统计直方图，并将直方图上的每个像素（即一对标量值和梯度模）对应的体素作为三维标量场分类的基本操作单元，这种方法称为二维传输函数设计 [Kindlmann1998]，其值域是可交互操纵的、定义在二维统计直方图上的颜色和不透明度。

定义域变量个数超过 2 个的传输函数称为多维传输函数，例如，标量值、梯度模和二阶导数组成的三维传输函数 [Kniss2001][Kniss2002]，以及多变量标量场所对应的多维传输函数。

传输函数设计是三维标量场数据可视化的核心问题。自 20 世纪 90 年代末期以来，研究人员不断地提出了新的传输函数设计方法，简化传输函数的设计过程，提高三维标量场数据可视化的有效性和实用性 [Ljung2016]。在设计机制上，传输函数的设计方法可以分为两类 [Pfister2001][Kindlmann2002]：以图像为中心的传输函数设计方法和以数据为中心的传输函数设计方法。虽然这两类方法在很大程度上改善了三维标量场数据可视化的效率和实用性，但过于复杂而专业的交互仍然阻碍着普通用户的使用。随着三维标量场数据多元化和数据量的增长，为了使传输函数的设计简单高效和直观易用，研究人员提出了一些具有智能分析功能和直观交互界面的传输函数设计新方法。本节首先回顾最常用的一维传输函数及存在的问题，然后介绍以图像和数据为中心的两类传输设计方法，最后介绍结合图像和数据的智能数据分类方法。

一维传输函数

一维传输函数基于三维标量场的数据统计信息，定义了将标量值映射为颜色和不透明度的函数映射 [Levoy1988]。本质上，一维传输函数体现了数据可视化的视觉编码的思想。例如，经过 CT 扫描得到的标量值通常与密度有关，根据标量值即可完成对不同密度材料的分类。图 5.33 给出了常用的一维传输函数交互界面，横轴表示标量值，纵轴表示不透明度。背景红色填充区域是标量值的统计直方图，呈现了标量值的分布规律。用户通过增加、删除和移动控制点改变不透明度映射，控制点的颜色指定了该标量值对应的颜色，控制点之间的颜色通过线性插值获得。由图 5.33 可知，该三维标量场包含蓝色、红色和绿色三个特征。设置某特征 / 区域的透明度为 100% 即可隐藏该特征 / 区域。

一维传输函数使用简单、方便，允许用户反复尝试。然而，由于相邻特征的边界存在标量值渐变区域，不同空间位置上的特征可能具有相同的标量值，简单的一维传输函数无法分辨这些特征，也无法准确地识别这些边界区域，不能满足特定分类需求。同时，传输函数设计（数据分类）与绘制结果缺乏直观的联系，传输函数的微小改动有可能使绘制结果产生巨大变化，这在一定程度上影响了传输函数的设计效率。

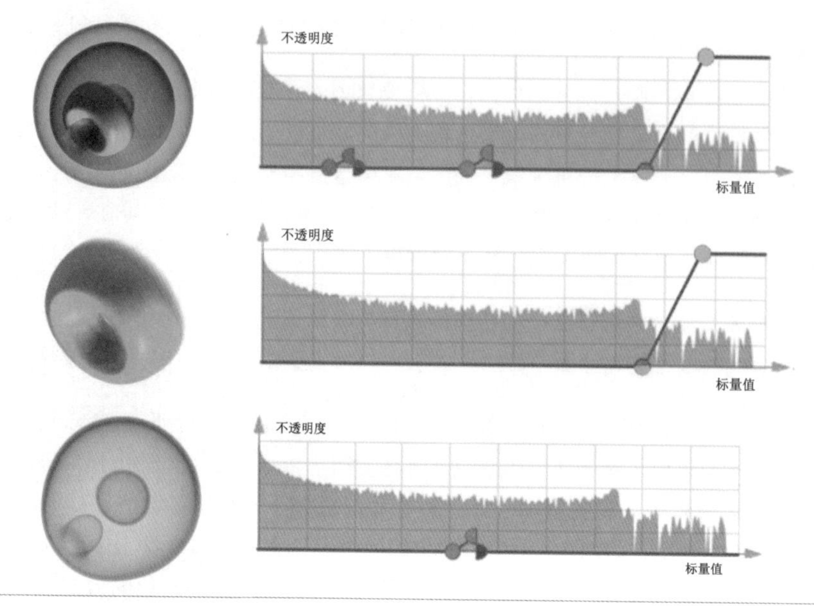

图 5.33 不同的一维传输函数设计对应不同的绘制结果（图片由 Voreen[Voreen] 软件生成）。

以图像为中心的传输函数设计

在以图像为中心的传输函数设计过程中，用户无须在传输函数空间交互指定光学属性，而是对已有传输函数的直接体绘制结果图像进行交互选择等操作，系统自动优化传输函数以满足用户的需求。与一维传输函数设计相比，以图像为中心的传输函数设计简单、直观，易于理解，无须要求用户具备计算机图形学背景和传输函数设计经验，即可完成传输函数的设计，具有较强的实用性。

He 等人 [He1996] 将传输函数设计看成一个参数优化的问题，认为直接体绘制结果图像的优化和改善，是以传输函数作为参数的优化目标。图 5.34 给出了基于随机搜索技术的传输函数交互和自动优化流程。这种方法利用初始的传输函数集合生成相应的体绘制结果图像。在传输函数交互优化过程中，用户通过选择当前满意的结果图像，来选择生成该图像的传输函数，而在传输函数自动优化过程中，系统根据用户指定的评价标准，例如图像信息熵，自动评价用户对绘制结果的满意程度。系统以满意的传输函数为群体，通过遗传算法优化传输函数，优化的传输函数绘制再生成结果图像，让用户进一步进行选择或系统自动评价，不断迭代，直到用户获得满意的结果图像，相当于获得了最佳的传输函数设计。

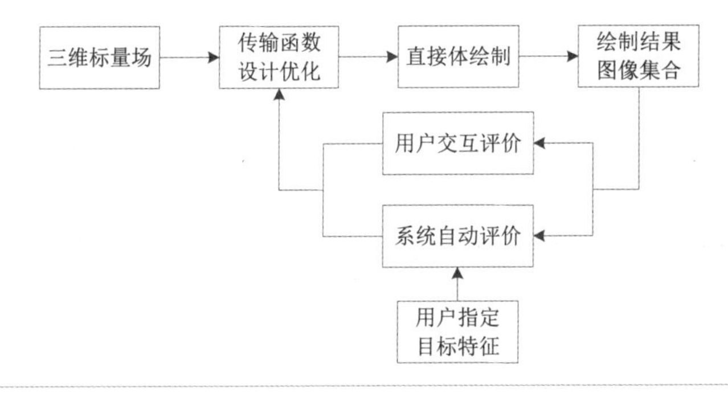

图 5.34 基于随机搜索技术的传输函数设计方法。

设计画板方法（Design Galleries）[Marks1997] 首先在传输函数的设计空间随机采样一组传输函数，将不同的标量值映射为不同的颜色和不透明度，并根据这组传输函数绘制生成一组结果图像，继而采用 MDS（Multi-Dimensional Scaling）将结果图像展示在屏幕空间。相似的直接体绘制结果图像在屏幕上相距较近，反之较远，从而方便用户选择和比较。用户通过选择屏幕上的绘制结果缩略图，来选择符合要求的传输函数。

Wu 和 Qu 提出了利用图像编辑操作和遗传算法优化传输函数的方法 [Wu2007]，其目标是使最终的结果图像与用户选择的结果图像之间具有最大的相似度。用户可以在不同的绘制结果图像中定义感兴趣的特征。算法以感兴趣区域的相似程度为衡量标准，采用遗传算法对初始的传输函数集合不断进化，使其对应的可视化结果体现用户感兴趣特征的融合效果，从而获得满足用户需求的传输函数。

Jönsson 等人提出了动态画板（Dynamic Galleries）实现特征的选择和传输函数设计 [Jönsson2016]。一维传输函数的定义域被均匀划分，每个标量值区间对应的传输函数生成预览图片，如图 5.35 左图所示，帮助用户建立标量值和绘制结果（标量值空间分布）之间的联系，同时可以用来预测改变标量值的不透明度和颜色后对绘制结果的影响。传输函数设计界面如图 5.35 右图所示，包含：① 可视化区域，展示直接体绘制结果；② 动态画板，展示不同标量值区间生成的预览图片，支持用户选择预览图片（特征），编辑某个标量值区间对应特征的不同透明度和颜色值；③ 标量值范围拖动条，用户可以选择仅显示可见标量值范围内的特征。在科学中心和博物馆，动态画板能够让游客交互地探索三维标量场，如扫描木乃伊获得的三维标量场。

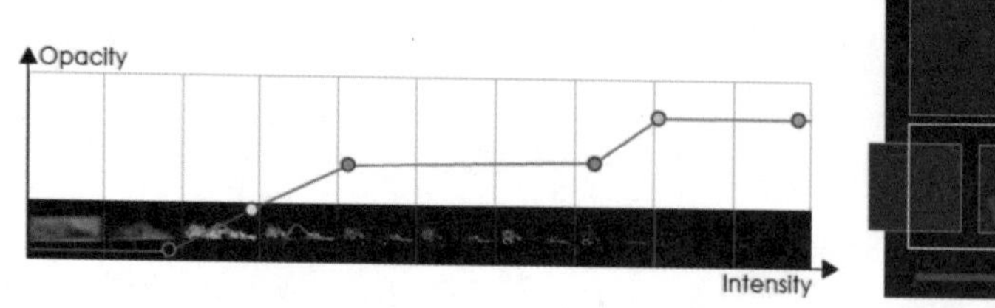

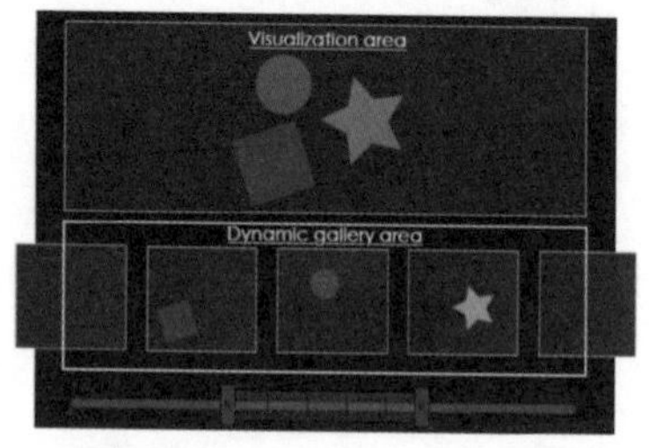

图 5.35 基于动态画板的传输函数设计[Jönsson2016]。左：一维传输函数上增加了不同标量值区间的预览；右：动态画板上的传输函数设计。

以图像为中心的传输设计方法隐藏了复杂的传输函数设计界面，避免了用户对传输函数的直接操作，利用直观、易于交互的绘制结果图像，辅助确定感兴趣特征，简化传输函数设计过程。然而，这类方法需要根据初始的传输函数集合绘制大量的结果图像，整个最优传输函数的搜索和进化过程的时间及空间的复杂度都较高，不能满足交互的传输函数设计。同时，这类方法缺少灵活性，传输函数的优化结果常常受到初始的传输函数集合的限制，用户难以对传输函数进行微调等操作。此外，这类方法由于其高计算复杂度，大多适用于与数据标量值有关的一维传输函数设计，较难扩展到多维传输函数设计。

以数据为中心的传输函数设计

以数据为中心的传输函数设计方法拓展了传输函数的定义域，引入了其他数据特征属性，例如梯度模[Kindlmann1998][Kniss2002]、曲率[Kindlmann2003]、纹理[Caban2008]、尺度[Correa2008]、形状[Praßni2010]和可见性[Correa2011a]等信息。这些数据属性能够帮助用户分析与提取三维标量场中的全局、局部或光照特征，提高数据分类的效率和有效性。下面将依次介绍数据特征属性、用户交互设计和基于信息反馈的传输函数设计方法。

梯度刻画了体素邻域数据的变化情况，可用于分析和提取三维标量场的边界特征。Kindlmann 和 Durkin 通过计算三维标量场的一阶和二阶方向导数，与标量值本身构造了三维标量场的统计直方图体（Histogram Volume）[Kindlmann1998]。在经典的边界模型下，材质内部区域的标量值变化小，梯度模接近于 0，而材质边界区域的标量值变化较大，梯度模大于 0，并在标量值和梯度模构成的二维直方图中，弧形状分布对应于三维标量场中不同相邻材质间的边界。图 5.36 给出了标量值和梯度模构成的二维直方图，横轴表示标量值属性，纵轴表示梯度模属性，其中 A、B 和 C 是三维标量场中的三种材质，D、E 和 F 表示材质 A 与 B、B 与 C 和 A 与 C 的边界。基于边界的弧形状分布，Kniss 等人[Kniss2002]设计了一系列辅助用户在二维直方图上定义二维传输函数的区域交互选取工具，如图 5.37 所示的矩形、三角形和梯形等形状，帮助用户选取感兴趣的材质和边界，并赋予不同的颜色和不透明度。二阶方向导数还可以用来进一步区分边界重叠区域。针对边界的弧形状分布，研究人员还提出了弧形或抛物形的区域交互选取工具，更准确地识别边界特征[Higuera2004]。Lan 等人提出了一种基于边界在三维空间的连通性和集合操作的边界分离方法，能够有效解决标量值和梯度模二维传输函数中的不同边界对应弧形分布重叠或相交的情况[Lan2017]。

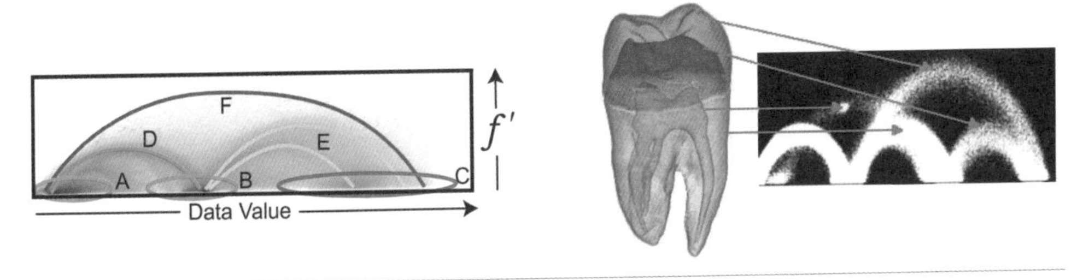

图 5.36 基于三维标量场标量值和梯度模的二维直方图[Kniss2002]。

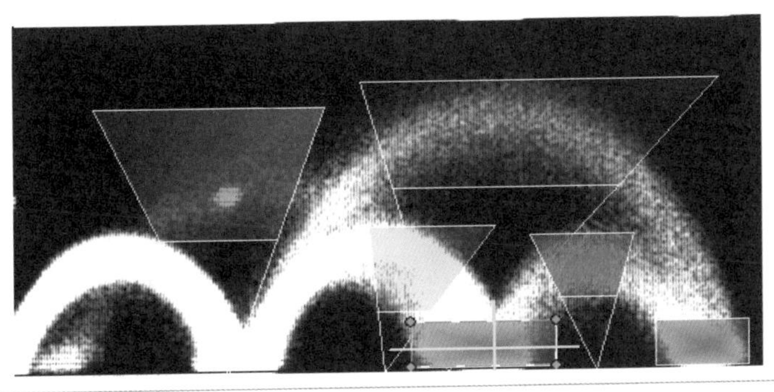

图 5.37 基于三维标量场标量值和梯度模的二维传输函数交互选取工具。

沿梯度方向的采样点信息也可以用于刻画三维标量场内不同材质的边界。原因是在材质内部，沿着零梯度或由随机噪声产生的梯度正反方向采样得到的标量值基本相同，而在材质边界，沿梯度正反方向采样得到的标量值相差较大，等价于边界相邻材质的近似标量值。Lum 和 Ma[Lum2004b] 根据沿梯度正反方向采样一个步长得到两个标量值，构造了光照传输函数，不同的材质边界定义不同的环境光系数、漫反射系数和镜面反射系数，实现了增强特征表面的目的。Šereda 等人[Šereda2006a] 对于梯度模不为零的体素，沿梯度正反两个方向不断采样，直到边界处两侧材质的内部（梯度模为零），得到局部极小值 F_L 和局部最大值 F_H，所有体素的 (F_L, F_H) 构建 LH（Low High）统计直方图，如图 5.38 所示，横轴描述体素采样得到的最小标量值，纵轴描述体素采样得到的最大标量值。LH 统计直方图上的每个点对应具有相同最小值和最大值的同一类特征，材质分布于 LH 统计直方图的对角线上，而不同材质的边界位于 LH 统计直方图的上半区域。用户可以在 LH 统计直方图中交互定义感兴趣的区域，实现特征分类。与标量值和梯度模组成的二维传输函数相比，LH 统计直方图上的二维传输函数避免了不同边界对应弧形状分布重叠或相交的情况，特征的交互选择也更为简单。

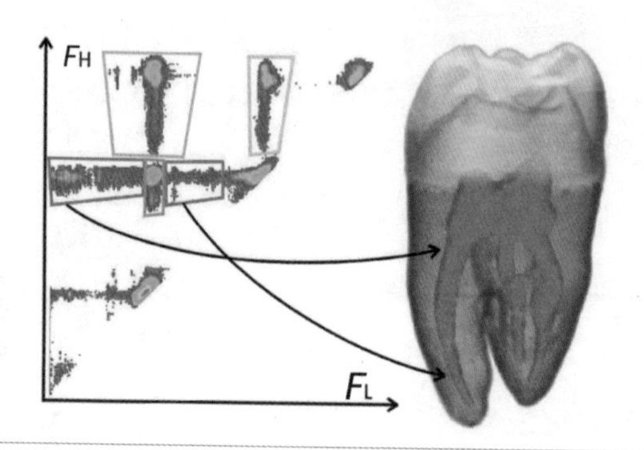

图 5.38 牙齿 CT 数据在 LH 统计直方图中的分类结果 [Šereda2006a]。

三维标量场的其他几何属性也可以帮助用户更准确和直观地对特征进行分类。例如，曲率信息能够有效度量表面的弯曲程度，基于曲率的多维传输函数 [Kindlmann2003] 用于控制表意性可视化中的轮廓线厚度，分析等值面的不确定性等。Correa 和 Ma[Correa2008] 利用连续的尺度空间分析，对三维标量场进行高斯模糊，计算每个体素的球体形状的尺度，生成一个尺度数据场，并且提出了基于特征尺度的传输函数。除了特征尺度，特征的形状也可用于特征分类。Praßni 等人 [Praßni2010] 通过构建特征的骨架曲线，沿着骨架曲线计算特征局部区域属于线状、面状和球状的比例，并将每个体素的形状属性投影到以这三种形状为顶点的等边三角形内，构建形状传输函数。用户可以在形状三角形中对不同的形状赋予不同的颜色和不透明度，实现基于形状的特征分类。考虑到体素的相互空间关系特性，Correa 和 Ma 提出了基于环境遮挡（Ambient Occlusion）的二维传输函数设计方法 [Correa2009b]（见图 5.39），通过计算三维标量场中每个体素的环境遮挡值，并将其作为传输函数的一个属性维度，方便用户区分具有不同空间遮挡关系的材质。

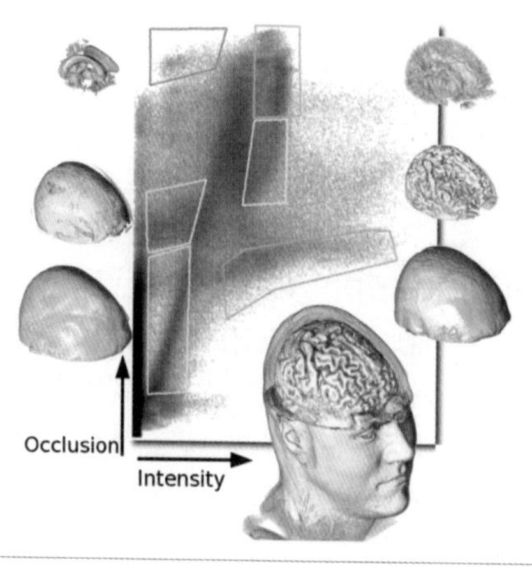

图 5.39 基于标量值和环境遮挡值的二维传输函数设计方法 [Correa2009b]。

三维标量场的统计属性也可以用于数据分类，特别是具有相似标量值但不同统计属性的特征。对于具有相似标量值但不同纹理结构的材质，Caban 和 Rheingans[Caban2008] 提出了基于纹理的传输函数，计算体素局部的一阶统计、二阶统计和行程矩阵（Run-Length Matrices）属性，例如均值、熵等，并基于这些纹理统计属性对三维标量场实现自动或半自动的分类。Haidacher 等人 [Haidacher2010] 通过正态分布测试和相似性测试，自适应增长体素邻域，提出了基于均值和标准差的二维传输函数，能有效地避免噪声影响。

引入几何和统计属性可以使标量场数据的特征更容易区分，但用户仍然需要在传输函数空间进行交互设计。举例来说，二维传输函数利用梯度模引导用户区分不同材质的边界，但仍然需要用户在二维直方图上交互地选取材质或材质边界对应的区域。由于三维标量场的材质和材质边界在二维直方图上存在相互重叠的现象，甚至没有明显的弧形状分布，用户对边界的识别不够直观，交互需要不断地尝试修正二维传输函数的设计。

为简化用户交互，研究人员提出一些二维传输函数自动设计和分类技术 [汪云海 2011]，这些技术也可以扩展应用在其他属性组成的传输函数设计中。Roettger 等人在二维传输函数上引入了空间相关性，提出了空间相关的传输函数 [Roettger2005]。在基于标量值和梯度模的二维直方图构建时，记录投影到统计空间每个单元上的体素三维位置。在构建完成后，每个单元计算投影到其上的所有体素的中心位置和方差，通过区域增长对统计空间进行聚类，实现数据自动分类，相邻单元的相似性通过中心位置和方差信息来度量。聚类获得的统计空间区域的标量值和梯度模相似，而且对应体素也具有相似的三维空间分布。用户可以选择二维传输函数统计空间上的区域，通过赋予颜色和不透明度展示对应特征，从而避免了用户烦琐的交互过程。受此启发，Šereda 等人 [Šereda2006b] 也简化了 LH 统计直方图交互设计方法，基于投影体素的空间相似性，对 LH 统计直方图自动进行层次聚类，并合并和拆分 LH 统计直方图中的聚类特征，实现半自动的特征分类。Maciejewski 等人 [Maciejewski2009] 利用核密度估计（Kernel Density Estimation）方法对标量值和梯度模统计空间进行非参数化聚类，获得三维标量场在统计空间上的分布模式，生成任意形状的传输函数。用户可以交互地增长或收缩聚类后的区域，探索三维标量场感兴趣的特征及其边界。三维核密度估计方法也可以用于时变标量场数据的二维直方图组成的直方图体，识别连贯的时变特征，从而避免了每个时间步手动调整二维传输函数。Wang 等人 [Wang2010] 利用高斯混合模型对标量值和梯度模组成的统计空间进行建模，将每个特征区域映射为一个椭圆传输函数（Elliptical Transfer Function），逼近不同特征在二维统计空间上的分布，如图 5.40 所示，并对椭圆传输函数提供了一系列非常直观的交互方式（平移、旋转、缩放和细分），使用户能较容易地完成特征的选取和可视化任务。基于高斯混合模型的传输函数设计方法也可以用于时变体数据 [Wang2011b]，利用递增式的高斯混合模型估计算法，自动获得不同时间步的传输函数，实现时变标量场数据的快速有效分类和可视化。Wang 等人 [Wang2012] 对标量值和梯度模统计空间的核概率估计结果，根据 Morse 理论划分为不同的波谷区域，然后根据每个区域的一致性和大小定义光学属性，实现三维标量场数据的自动分类。

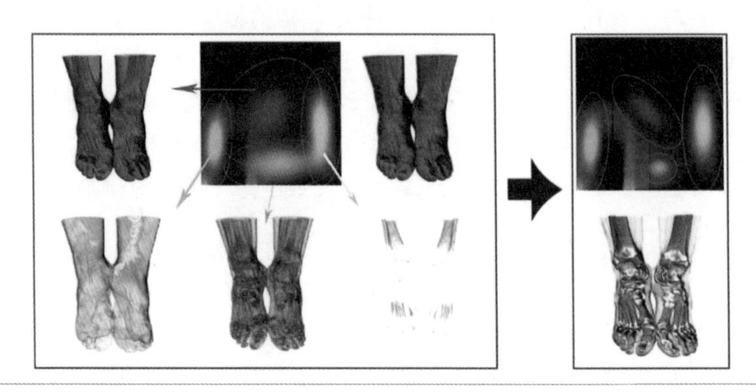

图 5.40 基于高斯混合模型的二维传输函数自动设计 [Wang2010]。

上述以数据为中心的传输函数设计过程通常是用户交互式设计传输函数，或交互式指定自动分类后特征的光学属性，通过绘制结果查看数据分类效果。如果对数据分类结果不满意，用户需要进一步调整传输函数。虽然高维数据属性能够更好地区分不同特征，根据数据分布引导用户快速找到感兴趣特征，并设计传输函数，但是传输函数和绘制结果是非线性的，即传输函数的微小变化可能导致绘制结果产生巨大差异，同时缺少从绘制结果对传输函数的定量反馈评价。

Correa 和 Ma 提出了基于可见性的传输函数设计方法 [Correa2009a][Correa2011a]。当传输函数设计完成后，系统自动计算所有体素在视线方向上的可见性，生成可见性直方图，作为绘制结果对当前传输函数的定量反馈评价。图 5.41 给出了一维传输函数和可见性直方图，曲线表示不透明度传输函数，直方图表示在当前传输函数和视点下的可见性直方图。用户在调节传输函数时，往往赋予感兴趣特征高不透明度，希望其在绘制结果中具有更多的可见性。用户可以根据可见性直方图的反馈信息，比较传输函数的不透明度曲线和可见性直方图，验证高不透明度特征是否具有高可见性，再采取恰当的方式来调整传输函数。如图 5.41 所示，用户可以找到低可见性的感兴趣特征（不透明度曲线对应的第一个波峰）和高可见性的背景特征（可见性直方图的第三个波峰），通过继续降低背景特征的不透明度，提高感兴趣特征的不透明度，增强感兴趣特征的可见性，更直观和高效地实现特征分类。

除指导用户交互式调整传输函数外，可见性直方图也可以用于传输函数自动优化，生成满足用户要求的传输函数。其基本思路是，将传输函数设计分为两个独立的过程：映射规则设计和光学属性设计，当映射规则确定后，如何优化光学属性，特别是不透明度，从而生成符合用户需求的最佳特征展示绘制结果。Wang 等人 [Wang2011a] 将体素可见性拓展到特征可见性：基于能量方程度量特征的目标和当前可见性的差异，用户可指定特征的目标可见性，通过可见性差异最小化，自动获得符合特征目标可见性的不透明度。

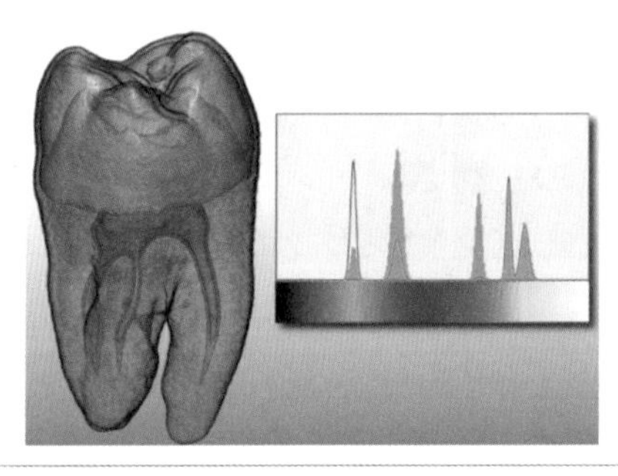

图 5.41 基于可见性直方图的传输函数设计 [Correa2011a]。

Ruiz 等人 [Ruiz2011] 提出了基于信息差异的传输函数自动设计方法，由用户交互指定感兴趣特征的可见性分布，利用 Kullbak-Leibler 距离度量当前传输函数下的可见性分布与目标可见性分布的差异，并最小化可见性分布之间的 Kullbak-Leibler 距离，迭代求解获得满足用户要求的传输函数。以数据为中心的传输函数设计方法通过引入三维标量场的统计属性，与标量值属性共同作为传输函数的定义域，构成二维或多维传输函数，使得数据在高维统计空间更具有区分度，提高传输函数的分类能力，且用户的主要交互在多维属性统计直方图上完成。但是，由于受到屏幕空间的限制和人类理解高维数据的困难，目前多维传输函数缺乏有效的用户交互方式，多维传输函数设计仍然是一个反复探索和试验的过程。

混合图像和数据的智能数据分类

智能数据分类结合基于图像和数据两类传输函数设计方法的优点，让用户在直观的图像空间中选择感兴趣的区域，系统自动分析用户交互区域对应的数据，动态调整数据分类或传输函数，更新绘制结果图像，让用户迭代地实现数据分类。其结果是，智能数据分类既可以利用高维分类空间对数据进行更准确的分类，又能利用二维图像空间上直观的用户交互方式。

Tzeng 等人提出了基于机器学习的数据分类方法 [Tzeng2003][Tzeng2005]，如图 5.42 所示。用户在数据切片上勾画感兴趣的区域和背景区域，系统自动将这些勾画出的体素作为机器学习的样本，每个样本的属性包括体素数据值、邻域数据值、三维位置等信息，所采用的机器学习方法包括人工神经网络和支持向量机，通过学习这些样本得到数据分类器，并应用到所有体素上进行数据分类，最后绘制生成结果图像，让用户进一步验证分类结果。如果用户不满意当前的分类结果，则可以在切片上进一步勾画样本，以便系统迭代训练分类器，更准确地进行数据分类。

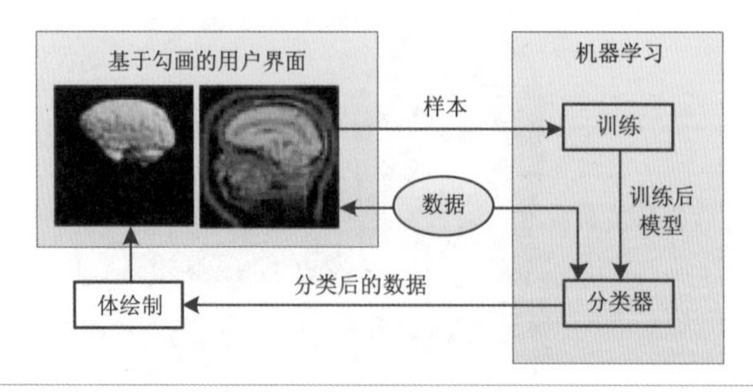

图 5.42 基于机器学习的数据分类和可视化过程 [Tzeng2005]。

Soundararajan 和 Schultz 系统地比较了五类监督分类方法，包含高斯朴素贝叶斯、K 最近邻、支持向量机、神经网络和随机森林，分析了在基于数据切片勾画的数据分类上的概率分类、多材质支持、交互性能、鲁棒性和参数可调整性，其结论是没有一种分类器适用于任何场景，随机森林在大多数场景下提供了快速、简单、鲁棒和准确的分类结果 [Soundararajan2015]。Quan 等人通过层次卷积稀疏编码，为每个体素学习更有区分度的多尺度特征向量，在用户在数据切片上勾画感兴趣的某类特征后，使用随机森林训练生成分类器，并对其他体素进行分类，获得属于该类特征的概率，再通过每类的概率传输函数进行颜色和不透明度映射，如图 5.43 所示。与多维传输函数和 Tzeng 等人提出的方法进行比较，数据分类所需时间更短，分类质量更高 [Quan2018]。

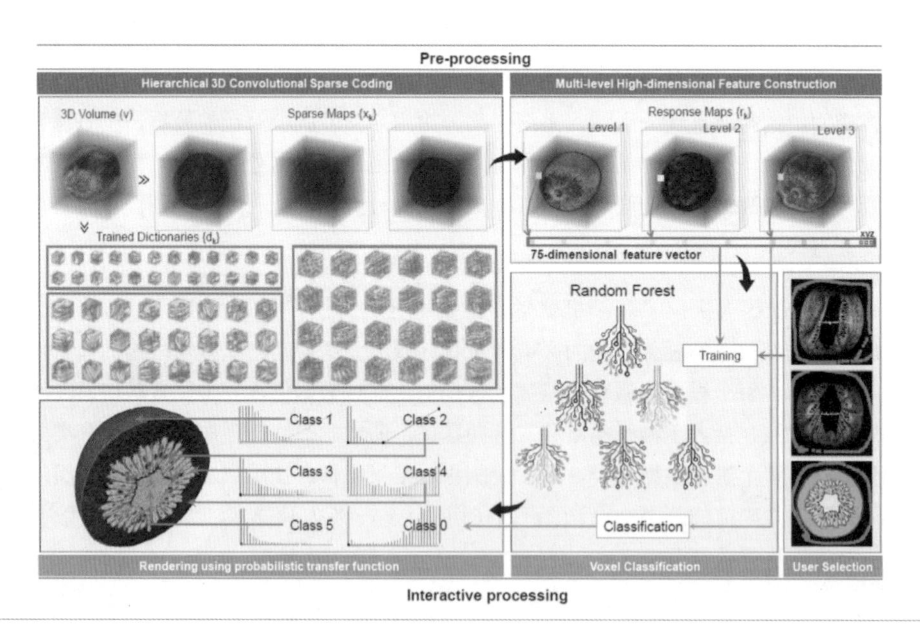

图 5.43 基于层次卷积稀疏编码的标量场数据概率分类 [Quan2018]

Tzeng 等人提出了基于聚类结果的特征选择和可视化[Tzeng2004]。三维标量场首先通过聚类算法（如 ISODATA）获得一组材质，系统绘制展示聚类后的材质，用户通过选择聚类后的材质，定义不同的颜色和不透明度，实现三维标量场的特征分类和可视化。

Ropinski 等人提出了勾画式的传输函数设计方法[Ropinski2008a]。在绘制结果图像上，用户交互式勾画出两条平行的感兴趣特征线和背景特征线，统计这两条特征线对应的光线所经过体素的标量值直方图，分析直方图之间的差异，获得感兴趣的标量值范围，通过增大感兴趣标量值范围的不透明度，自动设计传输函数，有效地增强感兴趣特征的信息展示。

Guo 等人提出了一个具有实时反馈的所见即所得（WYSIWYG）的三维标量场可视化系统[Guo2011]。方法借鉴了 Photoshop 的交互图像处理思想，利用直观、方便的交互操作实现三维标量场的数据分析与可视化，图 5.44 给出了传输函数设置例程。用户利用简单的交互手段定义感兴趣的特征区域，系统则利用图像分割算法，在用户勾画的局部区域确定种子区域和背景区域，对种子区域对应光线采样得到的标量值采用聚类分析获得感兴趣特征的标量值范围。这样，简单的用户交互就可以动态地调整感兴趣特征的光学属性与绘制参数，如不透明度、颜色和光照参数等，进而实现直观而高效的三维标量场数据的分类和可视化。Guo 和 Yuan 进一步提出了局部的所见即所得的三维标量场可视化系统[Guo2013]，在标量场的拓扑区域定义局部传输函数，实现标量值相似的局部特征的有效分类。

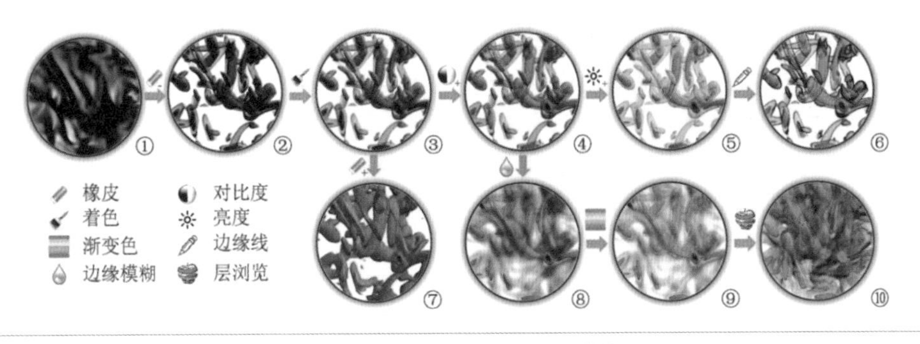

图 5.44 所见即所得（WYSIWYG）的传输函数设置例程[Guo2011]。

智能数据分类方法减少了在数据分类过程中用户交互的盲目性，降低了用户在寻找合适数据分类或传输函数时所需要的交互次数和交互复杂度，让用户可以快速、直观地选取感兴趣的特征，提高了三维标量场数据的分类效果。

5.3.4.4 光照计算

将三维标量场划分为不同区域后，基本的可视化手段是采用不同的颜色渲染不同的区域或特征，即每个采样点处发射对应于它所属类别的颜色的光。若存在外部光源，则外部光源发射出的光，穿过三维标量场，对采样点产生光照效果，增强三维标量场的特征几何结构展示，如图 5.45 所示。请注意：光照计算通常仅改变采样点的颜色，而不影响采样点的不透明度。

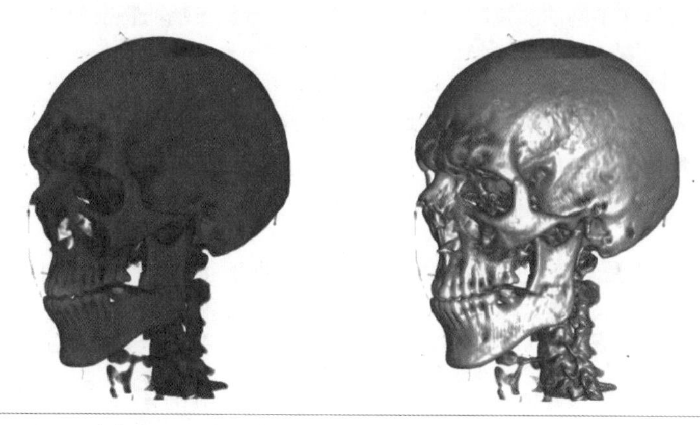

图 5.45 直接体绘制无外部光源与有外部光源的光照效果比较。

局部光照模型模拟光从特征表面反射的情况，能够有效地增强特征结构的形状和细节感知。常用的光照模型是 Blinn-Phong 模型 [Engel2004]，简单且易于计算。该模型假设在采样点光照强度由环境光、漫反射和镜面反射组成，其中环境光指物体周围环境对光的反射，在同一场景中，可近似认为环境光固定不变；漫反射指入射光在粗糙物体表面向周围方向均匀发射；镜面反射指入射光在某个方向区间的反射强度最高。公式为：$C=(k_a+k_d(\boldsymbol{N}\cdot\boldsymbol{L}))\cdot C_{TF}+k_s(\boldsymbol{N}\cdot\boldsymbol{H})^n$。其中，$k_a$、$k_d$ 和 k_s 分别是环境、漫反射和镜面反射光照系数，n 是高光系数，C_{TF} 是从传输函数上采样得到的颜色，$\boldsymbol{N}$ 是梯度方向，$\boldsymbol{L}$ 是光源方向，$\boldsymbol{H}$ 是光源方向和视线方向的平均方向，如图 5.46 所示。传输函数采样的颜色应用在环境和漫反射光照部分，外部光源通常被定义为白色光，便于保持采样点处的色调，实现视觉上的特征分类。

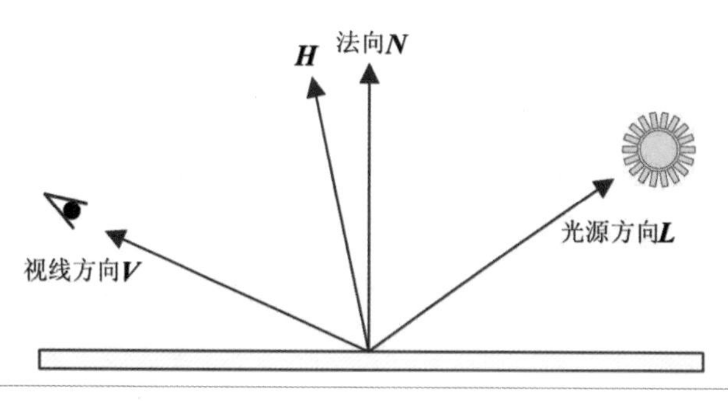

图 5.46 Blinn-Phong 光照模型示意图。

全局光照模型不仅考虑外部光源与采样点之间的光照效果，还考虑三维标量场体素之间相互作用的光照效果，有利于对特征之间空间结构关系的理解。Ropinski 等人系统地综述了基于光学投射法的直接体绘制高级光照效果[Ropinski2008b]，例如阴影（Soft and Hard Shadows）、环境遮挡效果（Ambient Occlusion）和散射效果（Scattering）等。Lindemann 和 Ropinski 评估了 7 种体光照模型对直接体绘制结果图像的空间特征感知影响，发现全局光照模型以更真实的形式，提高了特征的深度和空间关系感知的正确性[Lindemann2011]。

由于人类视觉系统对结构信息的感知非常敏锐，Tao 等人提出了通过无外部光源的绘制图像，来分析有外部光源的绘制图像的结构感知增强区域，评估该外部光源的光照效果，并且提出了三个光照属性：光照质量、光照相似性和光照稳定性，构建结构感知的自动光照设计方法[Tao2012]。Zhang 和 Ma 提出了全局光照模型的光照设计方法，分析视点和传输函数分类结果，自动优化 three-point 光照参数，更好地增强特征的深度和形状感知[Zhang2013]。

5.3.4.5 光学积分

在给定视点和投影方式下，三维标量场的体可视化结果的每个像素对应空间中的一根光线，其光学属性是光线上所有采样点的光学贡献的累积。计算单根光线的累积光学属性的过程，称为**体绘制积分**（Volume Rendering Integral）[Engel2004]，如图 5.47 所示。假设 t 为光线上的点到视点的距离，光线参数化表示为 $x(t)$。对于给定 t，$x(t)$ 表示光线上与视点距离为 t 的三维位置，$s(x(t))$ 表示三维标量场在位置 $x(t)$ 上的标量值。在发射 - 吸收光学模型中，三维标量场在位置 $x(t)$ 上发射能量为 $c(s(x(t)))$，简化表示为 $c(t)$，位置 $x(t)$ 上的吸收系数（Absorption Coefficients）为 $k(s(x(t)))$，简化表示为 $k(t)$。

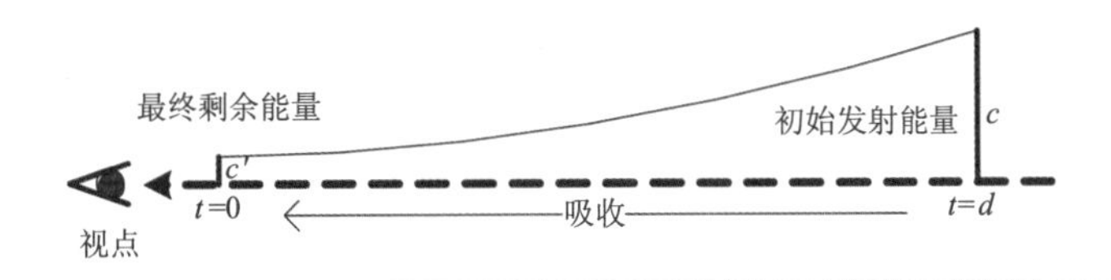

图 5.47 基于发射 - 吸收光学模型的光学积分示意图。

根据发射 - 吸收光学模型，距离为 d 的体素向视点发射能量 c，经中间三维标量场被连续吸收，最终到达视点的能量仅为初始能量的一部分。三维标量场的吸收系数为 $k(t)$，最终剩余能量可以通过沿光线积分吸收系数得到：$c' = c \cdot \mathrm{e}^{-\int_0^d k(\hat{t})\mathrm{d}\hat{t}}$。此式指数项上吸收系数的积分简化表示为 $\tau(d_1, d_2) = \int_{d_1}^{d_2} k(\hat{t})\mathrm{d}\hat{t}$，称为光学深度（Optical Depth）。视点从光线上接收到的总能量 C 是光线上所有点的光学属性的积分：$C = \int_0^{\infty} c(t) \cdot \mathrm{e}^{-\tau(0,t)}\mathrm{d}t$。

上式称为体绘制积分公式，或光学积分公式，是直接体绘制的理论基础。体绘制积分公式不易直接求解，一般采用离散的数值积分来近似，通过对光线进行采样，从前往后或从后往前合成采样点的光学属性来计算。体绘制积分公式的离散求解过程可直接应用于光线投射法，因此，下面以光线投射法为例，说明体绘制积分公式的离散求解过程。

吸收系数 $\tau(0,t)$ 积分可以采用黎曼和对其进行离散逼近：$\tau(0,t) \approx \tilde{\tau}(0,t) = \sum_{i=0}^{n} k(i \cdot \Delta t)\Delta t$。其中，$\Delta t$ 表示光线上的采样间隔，光线上 [0, t] 对应的线段被离散化为段 $n = \left[\dfrac{t}{\Delta t} \right]$。指数项上的累加可以转换为指数的累乘：$\mathrm{e}^{-\tilde{\tau}(0,t)} = \prod_{i=0}^{n} \mathrm{e}^{-k(i \cdot \Delta t)\Delta t}$。定义第 i 个采样点（或第 i 段线段）的不透明度为 $A_i = 1 - \mathrm{e}^{-k(i \cdot \Delta t)\Delta t}$，此式可进一步简化为：$\mathrm{e}^{-\tilde{\tau}(0,t)} = \prod_{i=0}^{n}(1 - A_i)$。

与不透明度定义方式类似，第 i 个采样点的颜色定义为 $C_i = c(i \cdot \Delta t)\Delta t$。体绘制积分公式可以离散近似表达为 $C = \sum_{i=0}^{n} C_i \prod_{j=0}^{i-1}(1 - A_j)$。离散的体绘制积分公式可以通过从前往后或从后往前迭代地合成光线上所有采样点的颜色和不透明度来求解，这一过程也被称为 Alpha Blending。从前往后 i 从 1 到 n 迭代合成公式为 $A_i' = A_{i-1}' + (1 - A_{i-1}')A_i$，$A_i' = A_{i-1}' + (1 - A_{i-1}')A_i$。其中，$C_{i+1}'$ 和 C_{i+1}' 是第 i 个采样点之前颜色和不透明度的累加值，即从第 1 个采样点到第 $i+1$ 个采样点的颜色和不透明度合成结果，初始的 A_i' 和 A_i' 为 0，迭代到第 n 个采样点时，A_i' 为体绘制积分最终合成结果，即光线对应像素的颜色值。

类似地，从后往前 i 从 $i+1$ 到 0 的合成公式为 $C_i' = C_i + (1 - A_i)C_{i+1}'$。其中，$C_{i+1}'$ 是第 i 个采样点之后的颜色累加值，即第 $i+1$ 个采样点到第 n 个采样点的颜色合成结果，初始 A_i' 为 0，迭代到第 0 个采样点时，A_i' 为体绘制积分最终合成结果，即光线对应像素的颜色值。

从前往后合成可以利用绘制加速技术——提前终止光线（Early Ray Termination）：当累加的不透明度 A_i' 接近于 1 时，由合成公式可知，后续采样点的光学贡献基本可以忽略不计，因此可以终止采样和体绘制积分过程，这样可以提高直接体绘制的效率。与从前往后合成不同，从后往前合成不需要记录累加的不透明度，但也无法利用提前终止光线加速技术。Etiene 等人提出了一种验证体绘制正确性的方法[Etiene2014]，该方法基于体绘制积分的常见离散形式——黎曼和，通过渐进式改变光线上采样点数目、网格大小和像素大小，获得近似误差，并推导出收敛曲线来描述参数对体绘制结果的影响。

采样点处的光学属性来源于传输函数设计。其中的主要操作，数据分类可在光学积分之前或之后进行，导致出现预分类（Pre-classification）和后分类（Post-classification）两种模式。预分类指先将三维标量场的体素通过传输函数映射为三维 RGBA 数据，再累积采样点的颜色 C_i 和不透明度 A_i，即先分类后插值。后分类指在绘制过程中，先在三维标量场插值得到采样点的标量值及相关属性，再通过这些插值得到的属性在传输函数查找表中插值得到采样点的颜色 C_i 和不透明度 A_i，即先插值后分类。预分类易造成模糊不正确的绘制结果图像，如图 5.48（a）所示。需要注意的是，C_i 是不透明度加权的颜色（Opacity-weighted Colors）。用户对特征指定颜色和不透明度，颜色乘以不透明度得到不透明度加权的颜色，保存在传输函数查找表中。

后分类模式是最常用的方式。在后分类中，假设三维标量场满足 Nyquist-Shannon 采样理论，体绘制积分实际上是在 $c(t)$ 和 $k(t)$ 连续数据场上进行采样，后分类保留了传输函数中的高频信息，例如颜色和不透明度曲线的跳变，因此采样频率不仅与三维标量场有关，也和传输函数有关。但是，上述离散体绘制积分过程仅线性插值相邻采样点之间的颜色和不透明度，并不能反映出相邻采样点之间真实的颜色和不透明度高频信息，如图 5.48（b）所示。为了展现这些细节，可加大光线采样数目，但这会降低绘制性能。

预积分分类（Pre-integrated Classification）[Röttger2000][Engel2001][Schulaze2003] 将数值积分分解为三维标量场 $s(x(t))$ 和传输函数 $c(t)$ 与 $k(t)$ 两部分的积分，是解决传输函数存在高频信息的有效方法，提高了直接体绘制的绘制质量，如图 5.48（c）所示。

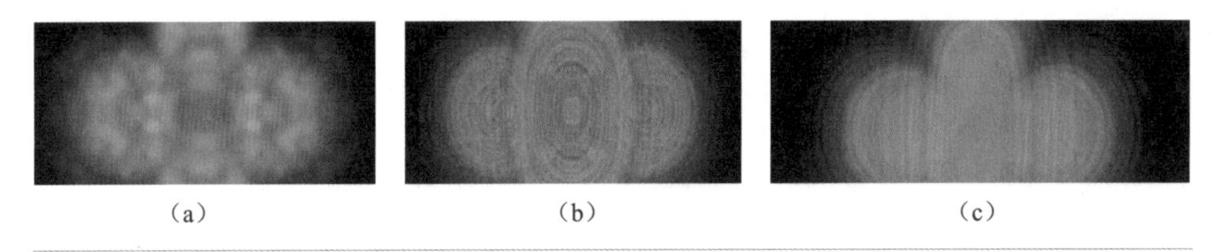

图 5.48 基于随机设定传输函数的体可视化结果对比 [Engel2001]。（a）预分类丢失传输函数的高频信息；（b）后分类保留了传输函数的高频信息，但存在不连续性；（c）预积分分类可重构传输函数的高频信息，获得最佳绘制效果。

图 5.49 给出了计算光线上第 i 段光学属性示意图。第 i 段的起点标量值 $s_f=s(x(id))$，终点标量值 $s_b=s(x((i+1)d))$，线段长度 $\Delta t=d$。在相邻采样点之间的标量值是线性变化的假设下，第 i 段的不透明度可以近似为：

$$A_i = 1-\exp\left(-\int_{id}^{(i+1)d}\tau(s(x(\lambda)))\mathrm{d}\lambda\right) \approx 1-\exp\left(-\int_0^1\tau((1-\omega)s_f+\omega s_b)d\mathrm{d}\omega\right)$$

第 i 段的不透明度加权的颜色可以近似为：

$$C_i = \int_0^1 c((1-\omega)s_f+\omega s_b)\times\exp\left(-\int_0^{\omega}\tau((1-\omega')s_f+\omega' s_b)d\mathrm{d}\omega'\right)d\mathrm{d}\omega$$

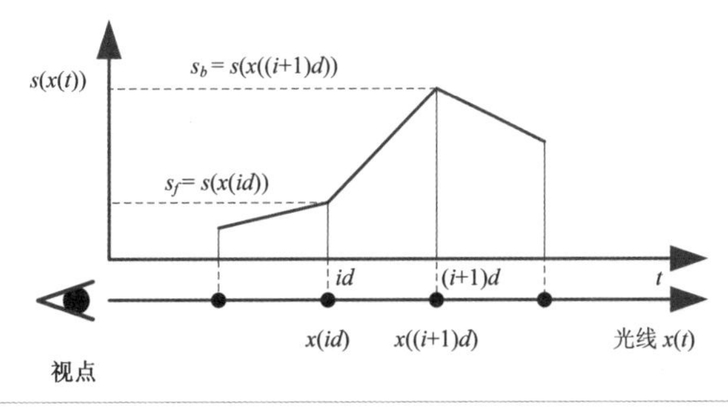

图 5.49 预积分分类光线上第 i 段光学属性示意图。

从上述两个公式中可以看出，第 i 段的不透明度只与线段端点的标量值 s_f 和 s_b，以及线段长度 d 有关，而与具体的光线和线段无关。因此，可针对每种采样间隔，遍历所有标量值 s_f 和 s_b 的取值范围，预先计算生成一张预积分表。预积分表只与传输函数有关，合成了传输函数中的高频信息，而与三维标量场无关。

在基于预积分分类的绘制过程中，沿光线采样三维标量场 $s(x(t))$，采样频率只与三维标量场有关，而与传输函数无关，体绘制积分从原先合成光线上每个采样点的光学属性（光学属性从传输函数查找表中插值得到），改变为合成光线上每个相邻采样点之间线段的光学属性（光学属性从预积分查找表中插值获得），将每个小段的不透明度和颜色代入体绘制积分公式，得到基于预积分分类的体绘制积分结果。

预积分分类假设相邻采样点之间的标量值线性变化（一阶关系）。二阶预积分分类技术 [Hajjar2008] 假设采样点之间的数据值的分布是二次型函数，以牺牲计算代价换取了更高的绘制质量。预积分的思想也可扩展到外部光源光照绘制，即预积分光照 [Lum2004a]。此方法避免了光照对三维标量场采样的影响，还提高了直接体绘制的光照质量。

预积分分类的缺点是：如果传输函数改变，需要重新生成预积分表。同时，预积分分类通常只用于一维传输函数，在采样间隔固定时，预积分得到一张二维预积分表；而对于二维传输函数，例如标量值和梯度模组成的二维传输函数，预积分表是关于 s_f、s_b、g_f 和 g_b 的四维表，其中 g_f 和 g_b 表示线段起点和终点的梯度模，巨大的内存需求和计算复杂度使得预积分分类技术难以直接扩展到高维传输函数。如果多维传输函数可以用函数进行表达，例如椭圆传输函数 [Wang2011b]，那么预积分可以通过解析表达式，在绘制时实时计算得到，无须预先计算预积分表。

5.3.4.6 体绘制流程

基于体绘制积分的直接体绘制算法可以分为图像空间扫描法和物体空间投影法两大类，如图 5.50 所示。图像空间扫描法遍历屏幕图像上的每个像素，从视点发射通过该像素的光线，在光线所经过的三维标量场上进行采样，并通过传输函数获得采样点的颜色和不透明度，按照体绘制积分公式合成所有采样点的贡献，作为该像素的颜色，最终获得绘制结果图像，如光线投射法。物体空间投影法按深度顺序遍历三维标量场的每个体素，沿视线方向计算体素在屏幕图像上的影响范围，结合传输函数确定体素对其影响范围内每个像素的颜色和不透明度，按照体绘制积分公式与像素当前的颜色和不透明度进行合成，最终获得绘制结果图像，如纹理切片法、滚雪球法（Splatting）、错切变形法（Shear-warp）[Lacroute1994][Schulaze2003] 等。图像空间扫描法与屏幕图像分辨率有关，分辨率越高，计算效率越低；而物体空间投影法与数据场的单元数目有关，且通常需要显式地对数据单元进行深度排序。

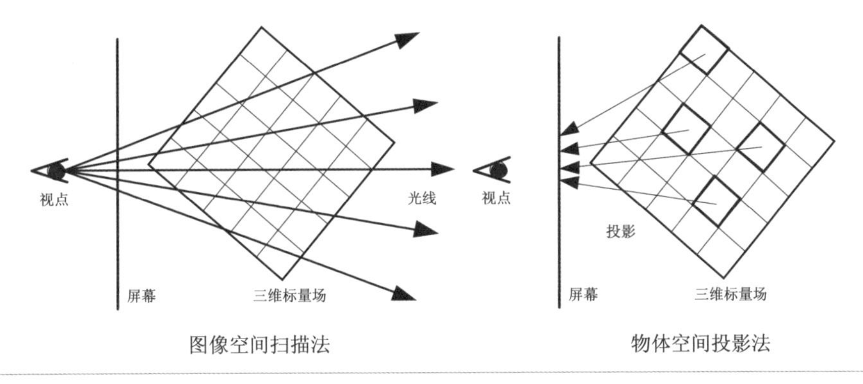

图 5.50 直接体绘制图像空间扫描法和物体空间投影法示意图。

光线投射法[Levoy1988] 属于图像空间扫描法，是体绘制积分公式最直接的数值算法实现。对屏幕图像上的每个像素，投射从视点出发经过该像素的光线，然后沿着光线对三维标量场采样，并采用三线性插值重构出采样点的数据值，通过传输函数把数据值映射为光学属性，如颜色和不透明度，最后体绘制积分值可以通过从前往后或从后往前合成（Alpha Blending）近似获得，即像素的颜色。随着当前图形硬件的可编程渲染管线的提出，存储能力不断扩大，并行处理能力的提升，基于图形硬件的光线投射法[Ropinski2008b] 具有较高的绘制质量和效率，已成为当前最为常用的直接体绘制技术，广泛应用于三维标量场数据可视化领域。

早期的图形硬件没有可编程渲染管线，无法直接在图形硬件上实现光线投射算法。为了利用图形硬件实现直接体绘制，**纹理切片法**[Engel2004] 是早期最常用的方法。

纹理切片法属于数据空间投影法，通过代理几何（Proxy Geometry）有效地利用图形硬件光栅化和 alpha 混合功能，实现图形硬件加速（Graphics Processing Unit, GPU）的直接体绘制。纹理切片法可分为二维纹理切片法和三维纹理切片法两类。

二维纹理切片法将三维标量场以二维纹理的形式存储在图形硬件的显存中，共三组二维纹理（Slice Stack），分别沿 X、Y 和 Z 方向。对于 $N_x \times N_y \times N_z$ 大小的三维数据场，三组二维纹理切片分别是 N_z 张 $N_x \times N_y$ 二维纹理、N_z 张 $N_x \times N_y$ 二维纹理和 N_z 张 $N_x \times N_y$ 二维纹理。二维纹理切片法的代理几何通常是与轴垂直的正方形或长方形（见图 5.51 左图），代理几何上的数据值即为对应二维纹理切片上的标量值。绘制时根据当前的视线方向确定采用哪组二维纹理，即与视线方向夹角最小的轴方向，或视线矢量绝对值最大的维度，然后通过代理几何从前往后或从后往前遍历二维纹理，将每张纹理切片投影到屏幕图像，采用双线性插值重构屏幕图像上的标量值，并通过传输函数映射为光学属性，与屏幕图像上已有的绘制结果通过体绘制积分公式进行合成，即图形硬件的 alpha 混合操作，最后生成直接体数据绘制结果。

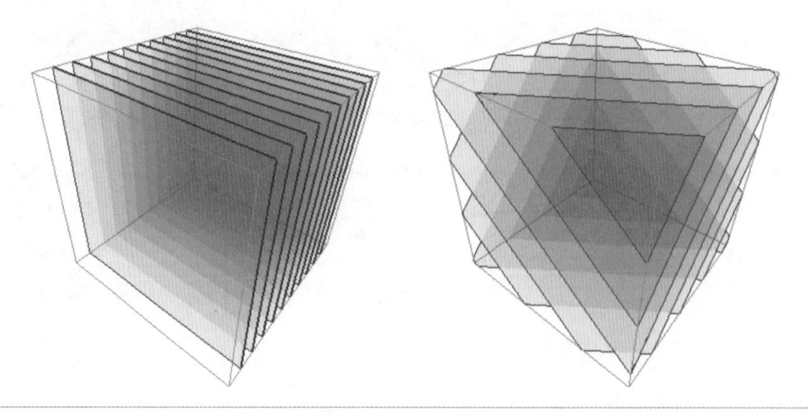

图 5.51 纹理切片法代理几何。左：物体对齐的切片；右：视平面对齐的切片。

二维纹理切片法适合较为低端、不支持三维纹理的图形硬件，例如移动设备上的图形硬件和 Web 端直接体绘制，应用范围较广，同时具有较高的绘制效率和灵活性。Noguera 和 Jiménez 综述了移动设备上体绘制的相关工作，讨论了移动平台、绘制策略、性能和用户交互界面等问题 [Noguera2016]。但是，二维纹理切片法的显存消耗量是三维标量场数据量的三倍，且只支持切片内双线性插值。同时，在二维纹理组间切换时，导致绘制结果跳变，如图 5.52 所示；即使在同一个二维纹理组内，视点旋转也会导致采样率不一致，如图 5.53 所示，采样间隔 d_3 明显大于 d_1。

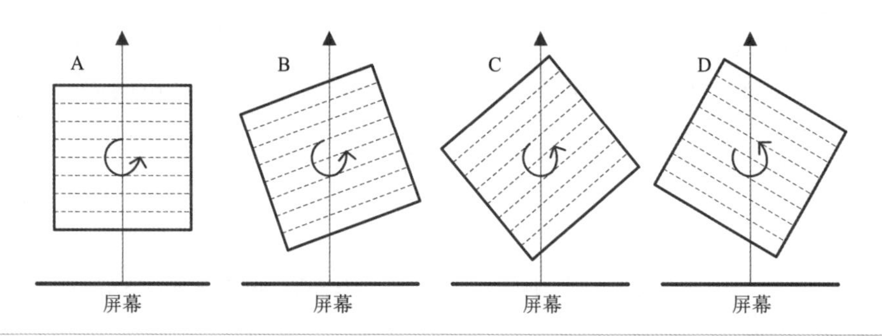

图 5.52 纹理切片法在旋转时的二维纹理组切换（C 与 D），采样差异导致绘制结果跳变。

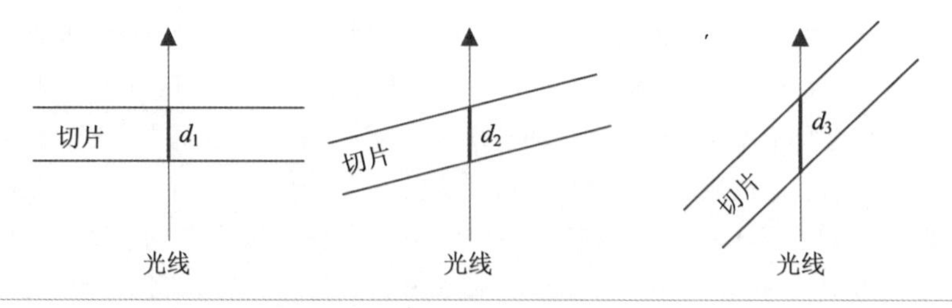

图 5.53 同组二维纹理切片在旋转过程中采样间隔发生变化。

传输函数查找表记录的颜色和不透明度对应于某一固定的采样间隔。当采样间隔改变时，将会导致不同的可视化结果，这是二维纹理切片法存在的另一个问题（采样率变化）。一种解决方法是假设传输函数对应的采样间隔为 Δs，当前绘制的采样间隔为 Δt，将传输函数的不透明度 α 调整为 $\tilde{\alpha}=1-(1-\alpha)^{\frac{\Delta t}{\Delta s}}$。三维标量场在旋转过程中可以获得近似一致的绘制结果，这一过程称为不透明度调整（Opacity Correction）。

研究人员也提出了二维纹理切片插值法（2D Slice Interpolation）用来解决二维纹理切片法的问题（只支持双线性插值，采样率变化）。二维纹理切片插值法的代理几何数目并不固定为切片数目，而是根据视线方向动态调整，大部分代理几何可能存在相邻的两张二维纹理之间，代理几何上的数据值需要通过三线性插值获得。在平行投影下，不同投影角度下的采样间隔相同，但在透视投影下，即便在相同视点下，不同光线的采样间隔也仍然不同。

三维纹理切片法将三维标量场以三维纹理的形式存储于显存中，图形硬件提供的三线性插值可直接用于数据采样。三维纹理切片法的代理几何通常是与视线垂直的不规则多边形，即视平面对齐的切片（View-aligned Slices），如图 5.51 右图所示，通过与视线垂直平面和三维标量场的包围盒求交获得。在绘制时，沿与屏幕垂直的视线方向以相同的采样间隔从前往后或从后往前依次计算生成与视平面平行的切片，并通过三线性插值重建光栅化后切片上体素的数据值，再采用传输函数映射为光学属性，与屏幕像素上已有的绘制结果进行光学积分，最后生成直接体数据绘制结果。

三维纹理切片法充分利用了图像硬件支持的三线性插值，具有较高的绘制效率，且在平行投影下，不同视点下的采样间隔相同，但在透视投影下，即便在相同视点下，不同光线的采样间隔也仍然不同，如图 5.54 所示。

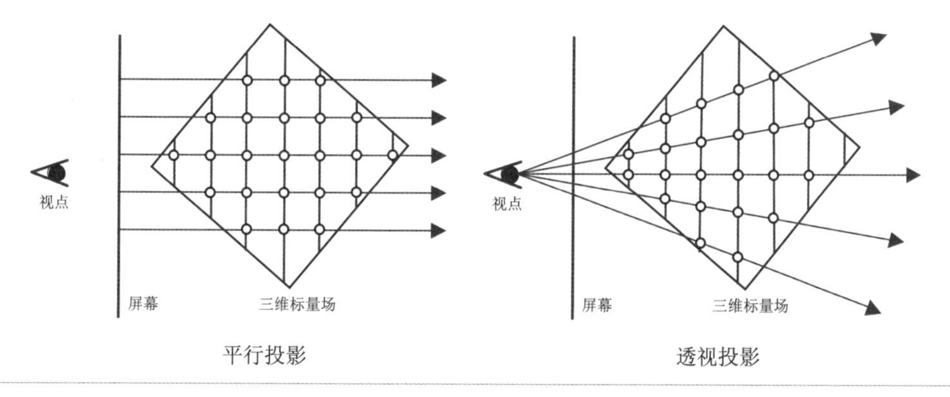

图 5.54 视平面对齐的三维纹理切片法示意图。左：平行投影；右：透视投影。

滚雪球法将体素看作空间核函数（Voxel Kernel）投影到屏幕图像，并将体素发射的能量扩散至投影中心周围的像素上，仿佛雪球落在地面上，形成体素投影足迹（Screen Footprints）。投影中心的能量最大，随着离中心距离的增加，能量随之减小，如图 5.55 所示。类似于二维纹理切片法，可根据视线矢量绝对值最大的维度确定三维标量场体素的遍历顺序，并按照体绘制积分公式合成每个体素所影响像素的光学属性。

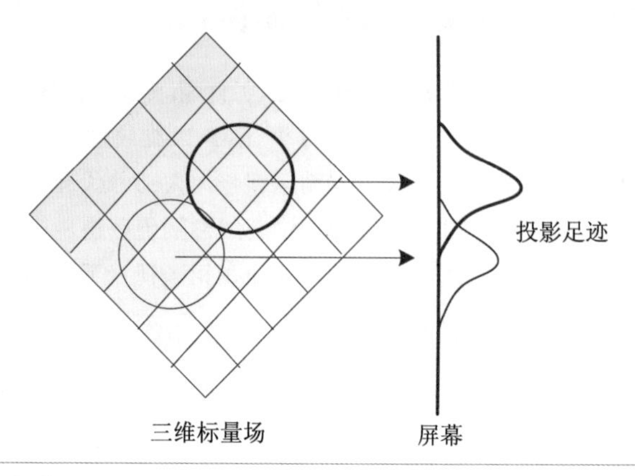

图 5.55 滚雪球法示意图。

滚雪球法的改进算法致力于提高绘制质量和效率，如边界保持的抛雪球法[Huang1998]、解决走样问题[Mueller1998]、剔除不可见体素来提高绘制效率[Mueller1999]、EWA 滤波[Zwicker2001]和基于硬件加速的 EWA 滤波[Chen2004]。随着这些改进算法的提出，滚雪球法的绘制质量不断提高，应用领域不断扩展，在数据场分布较为稀疏时，绘制效率甚至胜过光线投射法，但随着数据量的增大，绘制效率会有所下降。

表 5.1 给出了上述三类方法的比较，其中光线投射法属于图像空间扫描法，而纹理切片法和滚雪球法都属于物体空间投影法。光线投射法是当前主流的直接体绘制算法，绘制质量最高，其灵活的绘制流程可以集成其他可视化操作，如基于光线的特征剥离等。

表 5.1 光线投射法、纹理切片法和滚雪球法比较

绘制方法	绘制流程	特　点
光线投射法	从视点出发对每一像素投射光线，与三维标量场相交采样，合成沿光线上采样点的光学属性	体绘制积分的直接实现，简单、高效、灵活，绘制质量较高，是当前主流的直接体绘制算法
二维纹理切片法	将轴对齐的二维纹理切片按深度顺序投影到屏幕空间，依次合成每张切片的光学属性	体绘制积分的近似实现，简单、高效，绘制质量一般，适合低端显卡和移动设备
三维纹理切片法	将与视平面对齐的多边形纹理切片按深度顺序投影到屏幕空间，依次合成每张切片的光学属性	体绘制积分的近似实现，简单、高效、较灵活，绘制质量较高，适合低端显卡
滚雪球法	将体素按深度顺序投影到屏幕空间，计算每个体素的投影足迹，依次合成每个体素的光学属性	体绘制积分近似实现，简单、高效、较灵活，绘制质量较高，适合结构较为稀疏的三维标量场

最大密度投影法（Maximum Intensity Project）[Anderson1990]是直接体绘制的一种变体，它将每根光线在遍历三维数据场中计算的最大数据值作为像素的颜色，如图 5.56（a）所示。最大密度投影在医学领域较为常用，如 MRI 和血管造影影像。这类数据通常存在显著的噪声，较难提取有意义的等值面。由于此类数据中感兴趣区域的数值高于周围的组织数据值，所以最大密度投影非常适合于这类数据分析与可视化。然而，最大密度投影法只显示光线上最大密度特征的亮度信息，容易引起视觉感知歧义。Díaz 和 Vázquez 通过两次光线投射，分别查找最大密度特征及其之前的相似特征，将相似特征的深度和最大标量值加权，增强了最大密度特征的深度感知[Díaz2010]。Zhou 等人提出了形状感知增强的最大密度投影法，通过沿视线方向查找最大密度特征的最佳法向信息，对最大密度特征进行光照计算，通过特征表面的明暗变化，增强其形状感知[Zhou2011]，如图 5.56（b）所示。Bruckner 和 Gröller 结合直接体绘制和最大密度投影法各自的优势，提出了最大标量差累积法（Maximum Intensity Difference Accumulation）[Bruckner2009]。该方法无须设计复杂的传输函数，在光线投射过程中，基于当前的最大标量差，自适应地调整累加的不透明度，展示最大密度特征及其之前的特征，提供更多最大密度特征的背景信息，如图 5.56（c）所示。

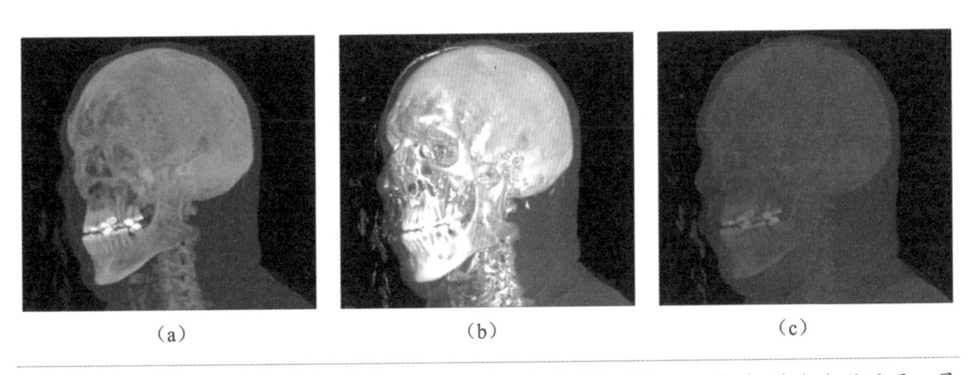

（a）　　（b）　　（c）

图 5.56 美国虚拟人 CT 扫描数据在线性传输函数下绘制结果比较，从（a）到（c）依次是：最大密度投影法、形状感知增强的最大密度投影法和最大标量差累积法。

5.3.5 不规则体数据的体可视化

前文讨论的内容都是针对规则网格的方法。在实际应用中，网格结构具有多种类型：笛卡尔网格（各向同性均匀网格）、各向异性均匀网格、矩形网格、曲线网格和不规则网格，如图 5.13 所示。与前 4 类规则体数据不同，不规则体数据需要显式地记录和使用几何连接信息（边、面和体信息），因而在采样、遍历和特征计算时需采用与规则体数据不同的方式来重构数据场[Nielson1993]。不规则网格的数据单元可以是四面体、六面体、棱台、棱锥或者任意类型的组合，如图 5.57 所示，数据单元边缘处的标量值可能呈线性或高阶分布。

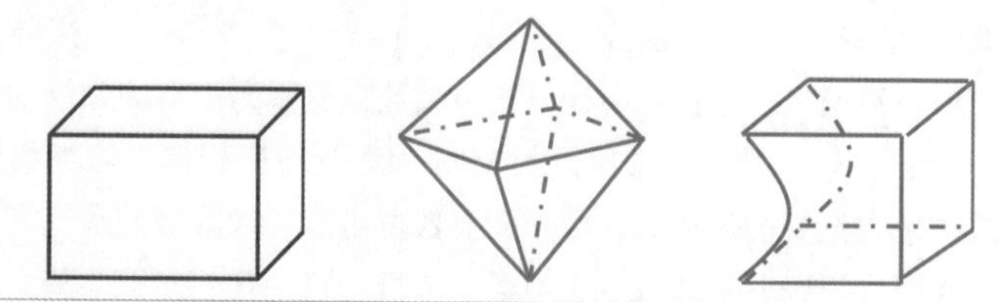

图 5.57 其他类型的数据单元。从左到右依次是：六面体单元、八面体单元、曲面体单元。

不规则标量数据场（Irregular Scalar Data）指上述曲面体数据场和非结构化数据场。大部分空间物理模拟计算（如计算流体力学或有限元分析）的结果都是不规则数据场。出于计算优化的考虑，数据单元在空间上的分布非常不均匀，即在特征区域或局部变化剧烈区域采用更多的数据单元提高表示精度。因此，不规则数据场是自适应计算的天然产物，它的存储空间远小于相同精度的规则数据场，支持更大的表示空间范围。

本节介绍 4 种不规则标量数据场的可视化方法。

- 规则化方法先将不规则数据场转换为规则或半规则数据场，再应用规则体数据场可视化方法。此方法简单、高效，缺点是数据场的转换和重采样将损失精度。
- 光线投射法的实现与规则数据场的光线投射法类似，原理简单。由于需要存储邻接关系等额外信息，增加了存储压力，并且大量的求交运算对绘制效率有一定的影响。
- 投影法按照顺序依次将数据单元投影到成像平面上，累积每个数据单元的光学贡献。此方法利于存储和并行，但是数据单元的排序效率对绘制效率的影响较大。
- 粒子法将数据单元的集合看成一组具有发射和吸收属性的粒子，将粒子依次投影到成像平面上，累积其光学贡献。这类方法本质上是一种基于点的模拟方法，绘制质量较低。在处理大规模粒子数据场时，甚至可假定单个粒子是不透明的，整体的不透明度等信息由粒子密度决定，避免了耗时的排序操作，效率较高。

5.3.5.1 基于规则化和半规则化的可视化

规则数据场的组织方式简单，不需要显式表达网格结构，利于并行。当数据分布比较均匀时，规则数据具有较大的优势。当数据分布变化比较剧烈或比较稀疏时，不规则体数据既能保证数据的精度，又能降低存储的压力，空间表示范围较大。

考虑到规则数据场的优点，可采用重采样方法将不规则数据场转换为规则或半规则的表示 [Wilhelms1990]，并直接采用规则数据的体可视化方法，减少存储量，提高绘制效率，进而可利用图形硬件的并行处理能力进行加速。例如，将四面体不规则数据转换为半规则的八叉树结构 [Leven2002]，可直接利用三维纹理切片法进行可视化。

规则化表示的缺点是：采样精度和存储冗余。不规则体数据只存储顶点位置和相应的属性值，在变化平滑的区域采用较少的数据单元进行表示，而在变化比较剧烈的区域采用更多更小的数据单元保障数据的表示精度。表 5.2 中的两个不规则体数据集分别拥有 18.7 万和 51.3 万个四面体，存储空间仅仅需要 5.53MB 和 15.63MB。而规则化方法需要平衡存储空间和数据精度之间的矛盾。如果将表 5.2 中的两个数据集按照空间范围和最小精度转换为规则体数据，属性值的数据类型为浮点型，存储量将达到 12592GB 和 27251GB。降低规则化转换的分辨率又将导致较低的数据精度。

表 5.2 两个不规则数据集

数 据 集	顶点数量	四面体数量	不规则方式存储空间	分 辨 率	规则方式存储空间
Bluntfin	40960	187318	5.53MB	32759123018455	12592GB
Post	109744	513375	15.63MB	35699357065739	27251GB

5.3.5.2 自适应网格数据的直接体可视化

自适应网格求精法（Adaptive Mesh Refinement, AMR）是一种应用于计算流体动力学、天体物理学等方面的数值仿真技术 [Berger1984][Berger1989]，基本方式是采用与 x,y,z 平行的不均匀分布的网格，如图 5.58 左图所示。Norman 和 Bryan[Norman1999] 将 AMR 的层次关系转换成平行六面体，再采用标准算法绘制，方法稳定，已在 VTK 中实现。MacNeice 等人 [MacNeice2000] 提出了基于 PARAMESH 架构的规则 AMR 并行绘制方法。Weber 等人在 2001 年提出了一种逐步加精的 AMR 体绘制方法 [Weber2001a] 和一种避免重采样的等值面抽取方法 [Weber2001b]。Kreylos 等人 [Kreylos2002] 使用 KD 树将 AMR 数据划分成同质区。Ligocki 等人在 2003 年提出了使用 AMR 完成的层次计算可视化框架 ChomboVis，是 AMR 数据可视化的典型代表。目前 AMR 数据的使用比较广泛，ParaView、Amira 和 VisIt 等可视化工具都支持 AMR 数据的绘制。

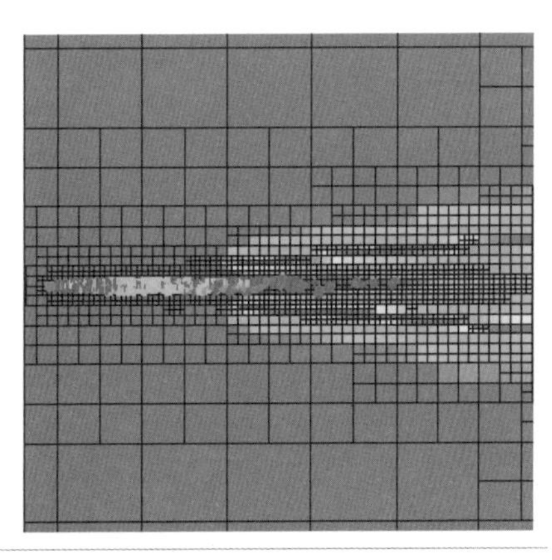

图 5.58 AMR 数据。左：Berger-Colella 格式的 AMR 数据；右：着色后的 AMR 数据（二维）。

AMR 的长处是在尽量少增加数据量的同时，展示高精度区域。图 5.58 右图采用颜色表示一个 AMR 数据的结构。块结构的 AMR 网格数据的特点如下。

- 拓扑结构简单，规则网格。
- 不同精度网格嵌套在一起。
- 网格的边与坐标轴对齐。
- 分为面向单元和面向顶点两种类型。

AMR 数据的划分方式有 4 种。

- 均匀划分。将网格均匀划分成多个子区域。
- 加权划分。每个划分后的子区域的计算代价相似。
- 同质划分。每个子区域只存在一种精度。
- 加权同质划分。划分方法与同质划分类似，每个区域的计算代价相似。

AMR 数据可视化的基本思路是将数据集分解成一系列同质区域，即每个区域内只存在一种精度，划分后建立 AMR 划分树。AMR 划分树是一种 KD 树，其目标是使同质区域的数量尽量少。然后，依次遍历 AMR 划分树，采用直接体绘制方法绘制各个区域。

采用 Berger-Colella 格式的 AMR 中的每个数据单元都是一个八节点六面体，可采用以下公式所示的三线性插值重建六面体内的任意一点 $s(x,y,z)$ 处的信号。

$$\begin{aligned}s(x,y,z)=&s_{000}\cdot(1-x)\cdot(1-y)\cdot(1-z)+s_{100}\cdot x\cdot(1-y)\cdot(1-z)+s_{010}\cdot(1-x)\cdot y\cdot(1-z)+\\&s_{001}\cdot(1-x)\cdot(1-y)\cdot z+s_{101}\cdot x\cdot(1-y)\cdot z+s_{011}\cdot(1-x)\cdot y\cdot z+s_{110}\cdot x\cdot y\cdot(1-z)+\\&s_{111}\cdot x\cdot y\cdot z\end{aligned}$$

其中，(x,y,z) 是归一化的 0 到 1 之间的坐标，s_{ijk} 表示对应六面体角顶点（i,j,k）的采样值。当一条光线穿过六面体，入点的坐标为（x_0,y_0,z_0），出点和入点的矢量差为（v_x,v_y,v_z），光线上任意一点的笛卡尔坐标（x,y,z）可以参数化为 t 的函数，$t\in[0,1]$：$x=x_0+t\cdot v_x$，$y=y_0+t\cdot v_y$，$z=z_0+t\cdot v_z$。上式可转换为 $s(t)=a\cdot t^3+b\cdot t^2+c\cdot t+d$，其中 a, b, c 都可用上文中提到的已知量计算得到。该六面体对这根光线的光学贡献是：$I=\int_0^L c(s(t))\,\mathrm{e}^{-\int_0^t \tau(s(u))\mathrm{d}u}\mathrm{d}t$，其中 L 表示从入点到出点的距离，$c(\cdot)$ 和 $(\cdot)$ 表示经过传输函数转换后的颜色和不透明度值。

Berger-Colella 格式的 AMR 数据由不同大小的六面体构成，将所有六面体的光学贡献依次累积，可得到最终的绘制结果。这种方法的缺陷是：不同精度六面体的交界面上可能产生裂缝。解决方案 [Marchesin2009] 是在两种不同精度的网格相邻处，为低精度网格添加两种类型的切分点：源切分点（图 5.59 中的绿色点）和目标切分点（图 5.59 中的红色点）。源切分点采用高精度网格的值，目标切分点的值由该点所在的低精度网格面上的 4 个顶点做双线性插值获取。经过这种处理后，不同精度网格直接的过渡比较平滑，不会出现裂缝，如图 5.59 所示。

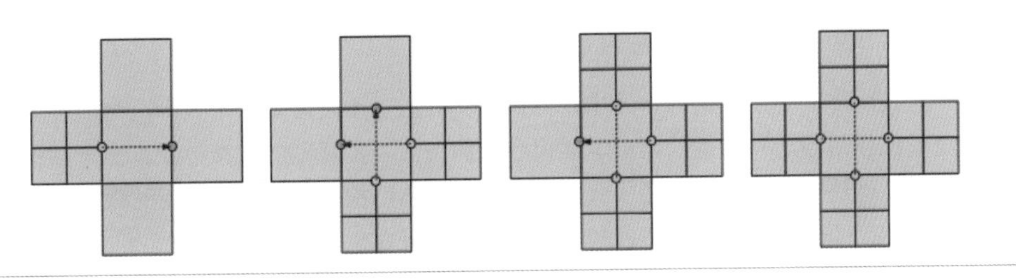

图 5.59 面向高精度网格的切分方案 [Marchesin2009]。

AMR 数据的具体绘制方法有：基于投影的体绘制、渐进式体绘制、基于纹理的体绘制、基于滚雪球方法的体绘制和基于光线投射的体绘制。这些方法的基本流程与规则体数据的绘制方法相似，特别是在同质区域中完全一致。由于 AMR 数据包含了不同精度的网格，所以在遍历方式上稍显复杂。图 5.60 展示了 AMR 数据的两种渐进式遍历方式，其中左图为从下向上方式，首先绘制细化的表格，然后使用粗糙的网格数据填充裂缝；右图为从上向下方式，首先绘制粗糙的表格，然后用细化的数据进行替换。图 5.61 左图是基于纹理方式绘制的结果，图 5.61 右图是基于光线投射方式绘制的结果。

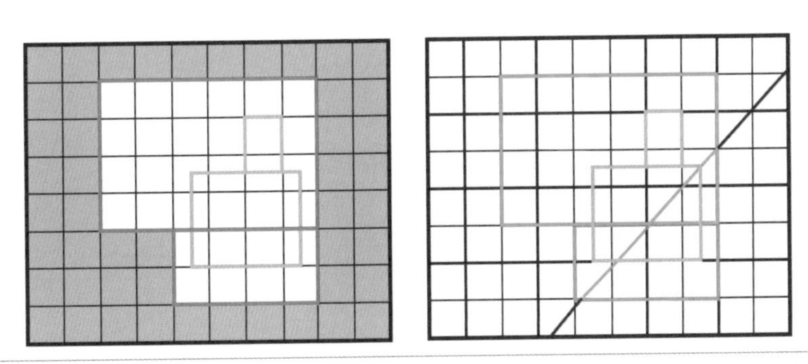

图 5.60 AMR 数据的渐进式体绘制。左：从下向上方式；右：从上向下方式。

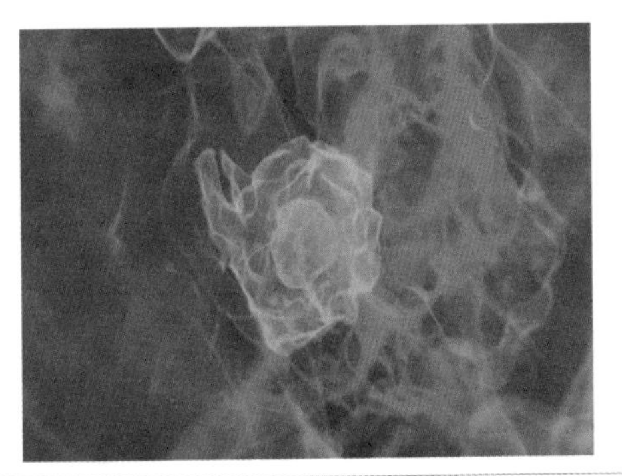

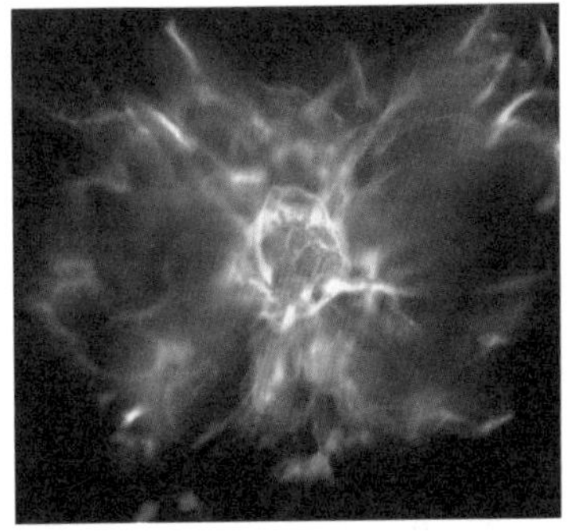

图 5.61 AMR 数据可视化结果。左：基于纹理方式 [Kähler2002]；右：基于光线投射方式。

5.3.5.3 四面体结构标量场的直接体可视化

在众多的不规则数据单元中，四面体单元是三维空间中的单纯形，与曲面绘制中的三角形地位相当，具有表示简单、插值容易的特点，是基础的数据单元。由于其他类型的数据单元可快速地转换成四面体单元，所以四面体结构是使用最为广泛的数据单元类型。本节主要以四面体为例阐述不规则三维标量场的可视化。

不规则标量场的基本单元是不规则体素（见图 5.62 左图），其可视化过程可概括为：计算每个数据单元的光学贡献，再按特定方式有序累积光学贡献。以四面体为例，计算光学贡献的具体过程是：从视点出发，向四面体覆盖的每个像素点发射一条光线，光线与四面体形成两个交点，如图 5.62 右图所示。两个交点 S_f 和 S_b 的属性值可根据交点在四面体中的重心坐标、四面体顶点属性值采用重心坐标插值得到。根据这两个属性值以及两个交点之间的距离 l，利用光线发射吸收模型计算相应的光学贡献。与规则标量场的可视化流程类似，光线累积分为图像空间和物体空间两大类：图像空间方法的代表——光线投射法沿着光线依次计算光照并累积；物体空间的代表——投影四面体法（Projected Tetrahedral, PT）将所有的数据单元进行排序、光照计算后，依次投影到成像平面上进行累积。

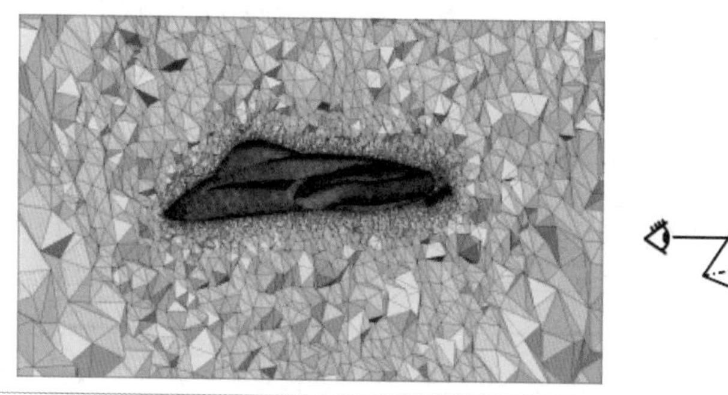

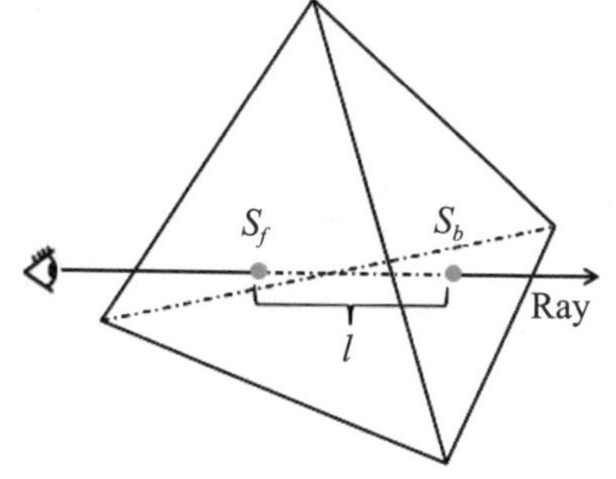

图 5.62 左：不规则数据场网格结构实例；右：光线与四面体相交的情形。图片来源：链接 5-11

不规则体数据的体可视化过程与规则体数据的体可视化过程的最大差异是光线积分时的采样间距。直接体绘制主要采用发射 - 吸收光学模型，其结果取决于各采样点处的标量值和采样间距。通常，处理规则体数据场采用等间距采样方式，采样间距是常量，体绘制积分只需要考虑采样点的标量值。不规则体数据是自适应采样的结果，任一光线在每个四面体中通过的距离 l 都不相同，在进行光线积分时比规则数据场的处理多一个维度。如果采用预积分方法，那么相应的预积分表多一个或两个维度，处理复杂度也相应增加。此外，确定不规则体数据的采样点位置需要通过几何求交操作完成，对计算效率影响较大。表 5.3 列举了二者的不同之处。

表 5.3 规则体数据和不规则体数据的绘制方法比较

	规则数据场	不规则数据场
基本处理单位	立方体	不规则数据单元
采样	均匀采样	在光线与数据单元的交点处采样
计算采样点位置	不需要	需要
数据场变化	相对平缓	变化剧烈
数据表示精度	较小	较大
数据表示范围	较小	较大
计算复杂度	较小	较大

光线投射法

不规则体数据的光线投射法 [Garrity1990] 类似于规则体数据的光线投射法。

（1）连接视点和屏幕上的每个像素，投射光线。

（2）计算光线与面向视点的边界面的交点及相交四面体的序号，并用线性插值的方式获取该交点的属性值。

（3）计算光线在当前四面体的出点及属性值。

（4）以入点和出点的属性值及光线在当前四面体中经过的距离，计算当前四面体的光学积分，并将积分结果与帧缓存的结果混合。

（5）以出点作为光线在下一个邻接四面体的入点，递进处理邻接的下一个四面体，直到光线遍历完全部数据空间。

为了完成上面的步骤，需要建立一个四面体的空间信息数据结构，如图 5.63 所示。任意一个四面体 t 的 4 个顶点，记为 $\boldsymbol{v}_{t,i}$（$i = 0,1,2,3$），顶点 $\boldsymbol{v}_{t,(i+1)\bmod 4}$，$\boldsymbol{v}_{t,(i+2)\bmod 4}$，$\boldsymbol{v}_{t,(i+3)\bmod 4}$ 构成面 $f_{t,i}$，与 t 共享 $f_{t,i}$ 的四面体记为 $a_{t,i}$。这些数据可被预计算并以纹理形式存储到显存。

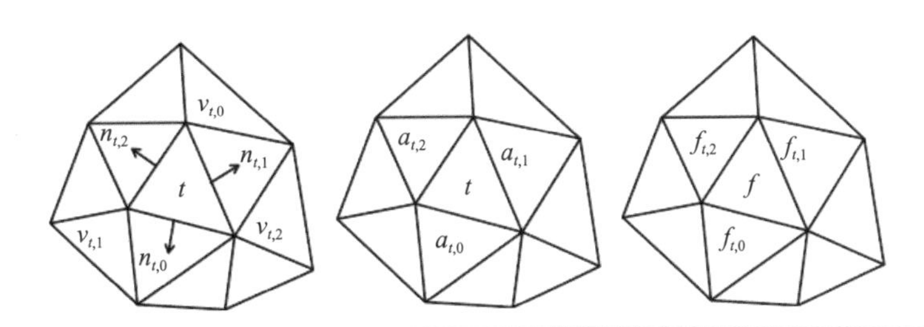

图 5.63 四面体数据结构，t 表示当前处理的四面体。从左到右：$\boldsymbol{v}_{t,i}$ 表示四面体的顶点，$\boldsymbol{n}_{t,i}$ 表示与第 i 个顶点相对应面的法向，向外为正；$a_{t,i}$ 表示第 i 个相邻四面体；$f_{t,i}$ 为第 i 个面。

四面体数据场中的任一面最多被两个四面体共享。被两个四面体共享的面称为内部面，只属于一个四面体的面称为边界面。在第 2 步中，将所有的边界面投影到屏幕缓存上，三角面片被光栅化，采用硬件深度检测，保留离视点最近的点，这些点就是光线与体数据集的第一个交点。然后，计算光线与另外三个面的相交参数：$\lambda_i = \dfrac{(v_{t,3-i} - e) \cdot n_{t,i}}{\boldsymbol{r} \cdot n_{t,i}}$。

上式中，e 表示视点位置，$\boldsymbol{r}$ 表示光线方向的单位向量。在第 3 步中，光线从 λ 值最小的面离开四面体，用 $e+\lambda_i\boldsymbol{r}$ 计算出点。在第 4 步中，用 $s(x) = g_t \cdot (x-x_0)+s(x_0)$ 计算交点处的标量值，其中 $s(x)$ 表示位置 x 处的标量值，g_t 表示四面体内标量场的梯度，x_0 表示任意一个顶点。四面体内的标量场被假定是线性分布的，因而 g_t 是个常向量。利用入点、出点的标量值和光线在四面体中经过的距离，可计算光线位于四面体内部的光学积分。

高级光照模型也可以应用于四面体数据的光线投射法，Shih 等人设计了一个基于偏微分方程的光照模型 [Shih2015]，用来模拟光在数据中的传播、吸收和散射，增强深度感知和复杂空间关系的识别。

标准的光线跟踪算法无法处理非凸四面体单元，为此可将非凸四面体进行凸化处理，克服光线的再进入问题 [Williams1992]。将大量的采样和光照计算转入图形硬件内完成，可以大幅度提高绘制效率 [Weiler2003][Müller2007][Weiler2004]。采用普吕克坐标（Plücker Coordinates）可加速光线与四面体相交的计算过程，降低存储空间的需求 [Marmitt2006]。此外，四面体数据场的光线跟踪算法还可扩展到任意凸多面体单元 [Weiler2003]，如图 5.64 所示。

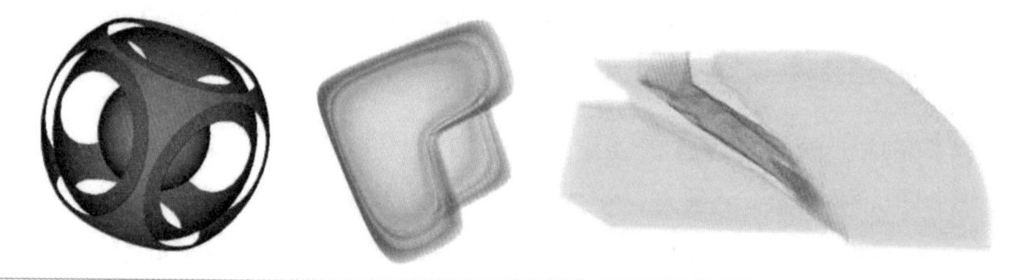

图 5.64 基于光线投射法的不规则体可视化结果 [Weiler2003]。

面向规则和不规则体数据场的光线投射法的主要区别如下。

- 规则体数据的光线投射法采用均匀采样和三线性插值；不规则体数据的光线投射法根据单个四面体的尺寸进行自适应采样。
- 处理规则体数据时，采样点的位置可直接沿光线方向等距确定；处理不规则体数据时，需对光线和四面体的表面进行求交以确定下一个采样点。
- 规则体数据的规则化表达隐式地定义了体素之间的连接关系；处理不规则体数据场时，需利用四面体单元之间的邻接信息确定光线离开当前四面体后进入的下一个单元。

- 不规则体数据可能存在空洞和非凸几何表面，需考虑光线的遍历和再进入。

投影四面体法

投影法通常指四面体投影法（Projected Tetrahedra, PT）[Shirley1990]，其流程如图 5.65 所示，其中投影和排序可根据应用需求调整先后顺序。此方法的核心思想是采用统一的模式表示和构造投影分解的类型，简单、快速。投影和排序过程可分别采用图形硬件进行加速 [Wylie2002] [Marroquim2008]。为了减少数据传输，可进一步将排序、投影、分解、光线积分过程与硬件紧密结合，充分利用几何渲染器等新图形硬件功能 [Maximo2010]。

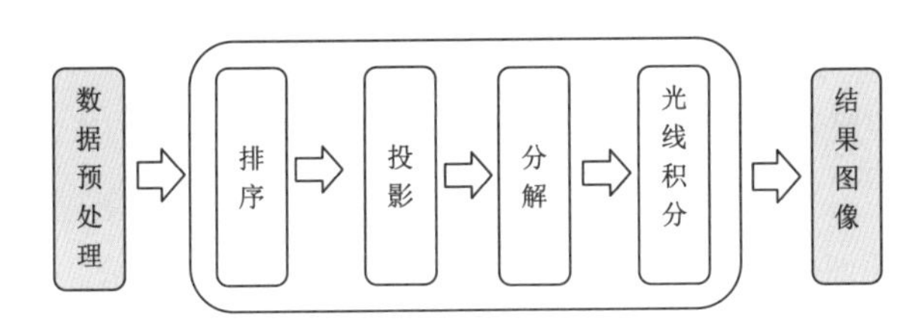

图 5.65 四面体投影法流程图。

四面体投影法的基本步骤如下。

（1）**预处理**：组织四面体数据场的拓扑几何结构、顶点属性值，并将整个数据集装入内存。

（2）**排序**：按照距离视点远近顺序排列四面体。

（3）**单个绘制**：以从后往前的顺序处理每个四面体。

- **投影**：计算四面体的投影拓扑。
- **分类**：将四面体按照投影拓扑进行分类，并将其投影分解为三角形。
- **顶点光照**：使用光线积分为三角形的每个顶点计算颜色值和衰减度。
- **面光栅化**：采用正常的图形绘制方法绘制三角形。
- **光学贡献累积**：将绘制结果与屏幕累积光照进行混合。

在预处理阶段，如果数据场的单元不是四面体，则可先经 Delaunay 四面体化方法转换成四面体数据集，再用投影法进行绘制。同时，可计算后续所需的数据场属性值和不变量。

由于光学贡献累积与累积顺序有关，必须按序处理四面体数据场，因此需进行视点相关的排序。不难发现，排序时间在整个可视化过程中占据相当大的比例。图 5.66 展示了投影法体绘制结果。

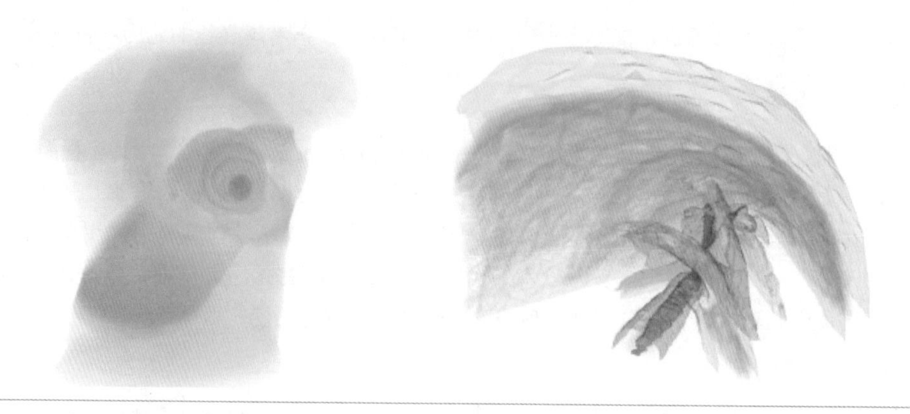

图 5.66 基于投影四面体法的不规则体数据场可视化结果 [Maximo2010]。左：Torso 体数据集；右：Fighter 体数据集。

投影后的四面体按照拓扑结构划分为 4 类，如图 5.67 所示。任一分类都形成 1 个厚点与 n 个薄点的情况：厚点指当前视点下所有光线在四面体中穿过的距离最大的位置，它对应于光线与四面体的某两个面的交点，因而具有前后两个数据属性值；在薄点处，光线在四面体内的长度为 0，即前后属性值相等。每个分解后的三角形具有 1 个厚点和 2 个薄点。不难知道，薄点处的属性值直接来源于四面体数据场的输入，厚点处的数据值需要在线计算，其余位置的两个属性值和光线遍历距离可以通过光栅化三角形的顶点、双线性插值三角形顶点的属性值和光线遍历距离得到。这个步骤与光线投射法中的光线与四面体求交运算相似，但投影法用硬件光栅化代替软件求交运算，可充分发挥硬件的作用，获得较高的绘制效率。

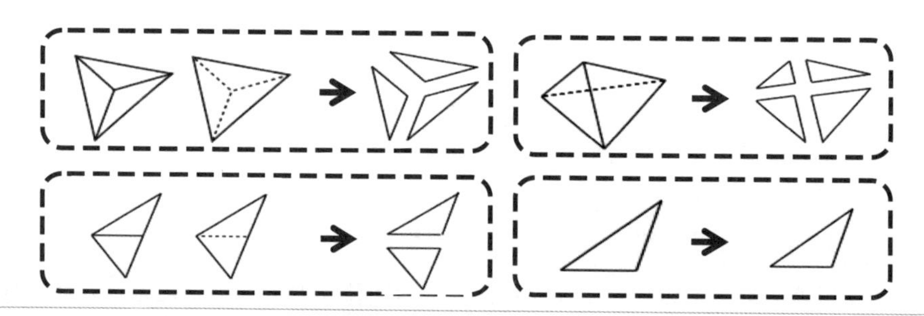

图 5.67 四面体投影后的 4 种分解类型。

与光线投射法相比，投影法具有如下特点。

- 投影法支持四面体集合的流式处理，即可逐个将四面体装入显卡，减少显存负担。
- 利用图形硬件的逐个投影三角形的光栅化处理的计算效率比光线跟踪法中逐根光线地遍历和光照计算高。两者的差异类似于三维图形绘制中基于顶点的光照和基于像素的光照。尽管光线跟踪法的计算代价更高，但是其绘制质量远高于投影法。

- 投影法并不分解每个数据单元，排序的数量较小。
- 投影法无须考虑数据单元之间的相互关系，利于并行处理，适用于稀疏数据集的可视化。

投影法的主要缺陷是需要对所有的数据单元进行排序，对绘制效率影响较大。排序方法可分为不精确排序和精确排序。不精确排序大都按照四面体重心的 z 坐标进行排序，可采用传统的数值排序方法完成，简单方便，但存在一定误差。一种解决思路是先实现不精确排序，继而在图像空间做校正 [Callahan2005]。精确排序严格按照四面体之间的相互遮挡关系进行排序。经典的精确排序的算法复杂度为 $O(N^2)$，其中 N 为四面体单元的数量 [Stein1994]。MPVO 算法 [Williams1992] 将精确排序的复杂度降到 $O(N)$。该方法主要分三步：确定四面体的邻接关系、确定对于给定视点的遮挡关系和拓扑排序（按照遮挡关系建立所有数据单元的偏序集）。

XMPVO[Silva1998] 主要解决了非凸四面体和空间不相邻数据集的排序问题。BSP-XMPVO[Comba1999] 利用 BSP 树、SXMPVO[Cook2004] 利用 A-buffer 大幅度提高了不相邻数据集之间的排序效率。King 等人 [King2011] 描述了一种基于 R-Buffer [Wittenbrink2001] 的图像空间排序方法，与 Mammen [Mammen1989] 提出的针对每个像素的半透明片段进行排序的软件算法类似，具有理论上的高效性，但 R-Buffer 这种硬件设备并不存在。ZSWEEP [Farias2000] 算法优化了排序和内存使用，但很难在当前的硬件设备上使用。这些方法大都尝试在一些特殊条件下解决遮挡关系快速建立的问题。

5.3.5.4 无网格体绘制

无网格数据场（Meshless Data）是力学模拟计算中产生的没有拓扑几何结构的数据场。这类数据场可看成一组采样点的集合，在可视化时需要隐式地重建数据场，基本原则如下。

- 数据采样处需要定义合适的核函数（Kernel Function），广泛采用的是高斯核函数。
- 采用自适应采样方式，不忽略细节，避免过采样。
- 采样率的变化要平滑，避免在结果图像上产生走样。
- 采样点在局部区域尽量均匀分布，降低重构走样。

常规的无网格法的基本思路与图形学中的点绘制（Point-Based Rendering）[Zwicker2001] 和规则数据场中的滚雪球法（Point Splatting）[Chen2004] 类似，其难点在于不规则无网格体数据场没有规则的网格几何，数据采样率分布极不均匀。重采样是解决这些挑战的合适方案之一。其中，泊松圆盘采样是一种随机采样方案，能保持原始数据的拓扑结构 [Mao1995]。此方法围绕每个采样点建立一个泊松球或泊松椭球区域，在每个区域内不允许出现其他的采样点。这种最小距离的限制使随机采样点在整个数据空间上分布比较均匀，在尽量少的采样数量下捕获原始数据的细节信息。采样率由所有采样点之间的最小距离的倒数决定，可通过改变泊松球或泊松椭球的大小自适应地调整采样率，见图 5.68。对重采样后的数据场选择合适的重构核，采用标准的滚雪球法即可完成数据场的体可视化。

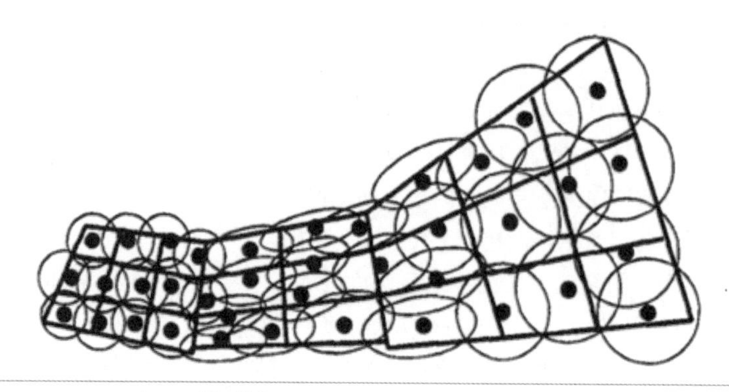

图 5.68 泊松球或泊松椭球采样 [Mao1995]。

无网格法面临的另一个挑战是数据的尺寸。在粒子模拟计算或天文数据处理中生成的粒子数量非常巨大，直接可视化所有的粒子效率较低。一种很自然的思路是对粒子集合聚类，构建层次结构，并采用视点相关的层次细节技术提高绘制效率，具体的绘制算法可采用点绘制或滚雪球法 [Hopf2003]。图 5.69 左图展示了 1.34 亿个天体物理模拟粒子集的可视化结果。

图 5.69 无网格绘制。左：天体物理模拟，采用 1.34 亿个粒子 [Hopf2003]；右：基于粒子的体绘制方法可视化 [Sakamoto2007]。

另一类无网格体绘制方法是根据属性值的密度分布函数将采样点转换为无质量的粒子，并假定所有的粒子都不透明，因而数据场局部区域的不透明度由区域内粒子的密度决定。将所有的粒子投影到成像平面上，累积粒子的光学贡献，即完成可视化过程。此方法不需要排序，绘制效率高，但本质上是一种逼近方法，绘制结果较为粗糙。这类基于粒子的方法本质上可扩展到规则体数据场和不规则体数据场，称为基于粒子的体绘制（Point-Based VolumeRendering, PBVR）[Sakamoto2007]，如图 5.69 右图所示。

基于粒子的体绘制方法可以与其他方法结合使用。例如，将基于点绘制和基于几何绘制结合，在低分辨区域采用几何绘制，在高分辨区域采用粒子法，可兼顾效率、硬件加速能力和灵活性 [Wilson2002]，如图 5.70 所示。尽管这种混合可视化方式不能代替高清体可视化，但可以在较低硬件条件（如网络环境）下完成数据存储、传输和预览。

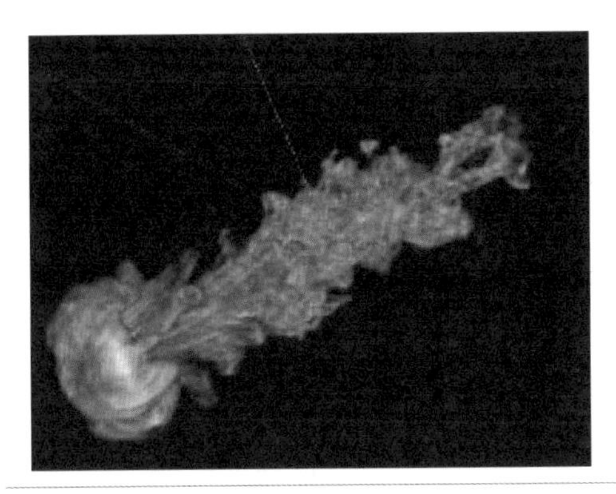

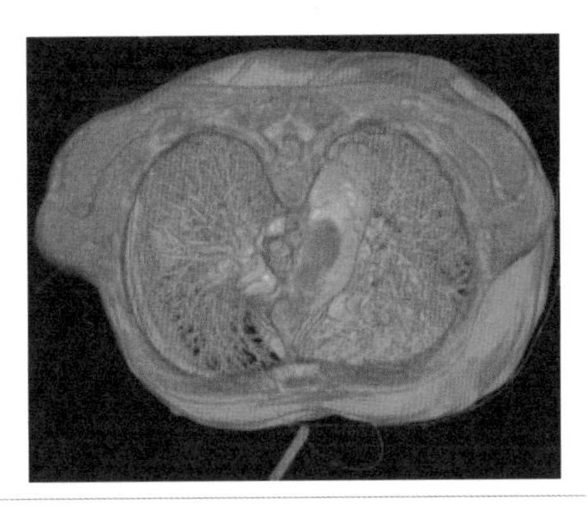

图 5.70 基于点和几何的混合绘制 [Wilson2002]。左：Aragon Bubble 数据；右：胸部 MRI 数据。

参考文献

[Anderson1990] C. M. Anderson, D. Saloner, J. S. Tsuruda, L. G. Shapeero, R. E. Lee. Artifacts in maximum-intensity-projection display of MR angiograms. *American Journal of Roentgenolog*. 154(3), 1990:623-629

[Berger1984] M. J. Berger, J. Oliger. Adaptive mesh refinement for hyperbolic partial differential equations. *Journal of Computational Physics*. 53(3), 1984:484-512

[Berger1989] M. J. Berger, P. Colella. Local adaptive mesh refinement for shock hydrodynamics. *Journal of Computational Physics*. 82(1), 1989:64-84

[Bhattacharya2013] A. Bhattacharya, R. Wenger. Constructing isosurface with sharp edges and corners using cube merging. *Computer Graphics Forum*. 32(3), 2013:11-20

[Bock2018] A. Bock, H. Doraiswamy. TopoAngler: Interactive topology-based extraction of fishes. *IEEE Transactions on Visualization and Computer Graphics*. 24(1), 2018:812-821

[Borland2007] D. Borland, R. M Taylor II. Rainbow color map (still) considered harmful. IEEE *Computer Graphics and Application*. 27(2), 2007:14-17

[Bruckner2009] S. Bruckner, M. E. Gröller. Instant volume visualization using maximum intensity difference accumulation. *Computer Graphics Forum*. 28(3), 2009:775-782

[Bujack2018] R. Bujack, T. L. Turton, F. Samsel, C. Ware, D. H. Rogers, J. Ahrens. The good, the bad, and the ugly: A theoretical framework for the assessment of continuous colormaps. *IEEE Transactions on Visualization and Computer Graphics*. 24(1), 2018:923-933

[Burns2005] M. Burns, J. Klawe, S. Rusinkiewicz, A. Finkelstein, D. DeCarlo. Line drawings from volume data. *ACM Transactions on Graphics*. 24(3), 2005:512-518

[Caban2008] J. Caban, P. Rheingans. Texture-based transfer functions for direct volume rendering. *IEEE Transactions on Visualization and Computer Graphics*. 14(6), 2008:1364-1371

[Callahan2005] S. P. Callahan, M. Ikits, J. L. D. Comba, C. T. Silva. Hardware-assisted visibility sorting for unstructured volume rendering. *IEEE Transactions on Visualization and Computer Graphics*. 11(3) , 2005:285-295

[Carr2003] H. Carr, J. Snoeyink, U. Axen. Computing contour trees in all dimensions. *Computational Geometry*. 24(2), 2003:75-94

[Chen2004] W. Chen, L. Ren, M. Zwicker, H. Pfister. Hardware-accelerated adaptive EWA volume splatting. *IEEE Visualization*. 2004:67-74

[Comba1999] J. Comba, J. T. Klosowski, N. L. Max, J. S. B. Mitchell, C. T. Silva, P. L.Williams. Fast Polyhedral cell sorting for interactive rendering of unstructured grids. *Computer Graphics Forum*. 18(3), 1999:369-376

[Conway1998] J. H. Conway, N. J. A. Sloane. Sphere Packings, Lattices and Groups. *Springer*. 1998

[Cook2004] R. Cook, N. Max, C. T. Silva, P. L. Williams. Image-space visibility ordering for cell projection volume rendering of unstructured data. *IEEE Transactions on Visualization and Computer Graphics*. 10(6), 2004:695-707

[Correa2008] C. Correa, K.-L. Ma. Size-based transfer functions: A new volume exploration technique. *IEEE Transactions on Visualization and Computer Graphics*. 14(6), 2008:1380-1387

[Correa2009a] C. Correa, K.-L. Ma. Visibility-driven transfer functions. *IEEE Pacific Visualization*. 2009:177-184

[Correa2009b] C. Correa, K.-L. Ma. The occlusion spectrum for volume classification and visualization. *IEEE Transactions on Visualization and Computer Graphics*. 15(6), 2009:1465-1472

[Correa2011a] C. Correa, K.-L. Ma. Visibility histograms and visibility-driven transfer functions. *IEEE Transactions on Visualization and Computer Graphics*. 17(2), 2011:192-204

[Correa2011b] C. Correa, R. Hero, K.-L. Ma. A comparison of gradient estimation methods for volume rendering on unstructured meshes. *IEEE Transactions on Visualization and Computer Graphics*. 17(3), 2011:305-319

[DeCarlo2004] D. DeCarlo, A. Finkelstein, S. Rusinkiewicz. Interactive rendering of suggestive contours with temporal coherence. *Non-Photorealistic Animation and Rendering*. 2004:15-24

[Díaz2010] J. Díaz, P. P. Vázquez. Depth-enhanced maximum intensity projection. *Proceedings of Eurographics / IEEE VGTC Workshop on Volume Graphics*. 2010:93-100

[Dietrich2009] C. A. Dietrich, C. E. Scheidegger, J. L. D. Comba, L. P. Nedel, C. Silva. Marching cubes without skinny triangles. *Computing in Science & Engineering*. 11(2), 2009: 82-87

[Doi1991] A. Doi, A. Koide. An efficient method of triangulating equivalued surfaces by using tetrahedral cells. *IEICE Transactions Communication, Elec. Info. Syst*. E74(1), 1991:214-224

[Ebert2000] D. Ebert, P. Rheingans. Volume illustration: Non-photorealistic rendering of volume models. *Proceedings of IEEE Visualization*. 2000:195-202

[Engel2001] K. Engel, M. Kraus, T. Ertl. High-quality pre-integrated volume rendering using hardware-accelerated pixel shading. *Proceedings of Graphics Hardware*. 2001:9-16

[Engel2004] K. Engel, M. Hadwiger, J. M. Kniss, A. E. Lefohn, C. R. Salama, D. Weiskopf. Real-time volume graphics. *SIGGRAPH Course Notes*. 2004

[Entezari2004] A. Entezari, R. Dyer, T. Möller. Linear and cubic box splines for the body centered cubic lattice.*Proceedings of IEEE Visualization*. 2004:11-18

[Entezari2005] A. Entezari, J. Morey, K. Mueller, V. Ostromoukhov, D. V. D. Ville, T. Möller. Point lattices in computer graphics and visualization. *IEEE Visualization Tutorial*. 2005

[Entezari2006] A. Entezari, T. Möller. Extensions of the Zwart-Powell box spline for volumetric data reconstruction on the Cartesian lattice. *IEEE Transactions on Visualization and Computer Graphics*. 12(5), 2006:1337-1344

[Etiene2009] T. Etiene, C. Scheidegger, L. G. Nonato, R. M. Kirby, C. Silva. Verifiable visualization for isosurface extraction. *IEEE Transactions on Visualization and Computer Graphics*. 15(6), 2009:1227-1234

[Etiene2011] T. Etiene, L. G. Nonato, C. Scheidegger, J. Tierny, T. J. Peters, V. Pascucci, R. M. Kirby, C. T. Silva. Topology verification for isosurface extraction. *IEEE Transactions on Visualization and Computer Graphics*. 18(6), 2011:952-965

[Etiene2014] T. Etiene, D. Jönsson, T. Ropinski, C. Scheidegger, J. L.D. Comba, L. G. Nonato, R. M. Kirby, A. Ynnerman, C. T. Silva. Verfying volume rendering using discretization error analysis. *IEEE Transactions on Visualization and Computer Graphics*. 20(1), 2014:140-154

[Farias2000] R. Farias, J. S. B. Mitchell, C. T. Silva. Zsweep: an efficient and exact projection algorithm for unstructured volume rendering. *IEEE Symposium on Volume visualization*. 2000:91-99

[Fout2007] N. Fout, K.-L. Ma. Transform coding for hardware-accelerated volume rendering. *IEEE Transactions on Visualization and Computer Graphics*. 13(6), 2007:1600-1607

[Garrity1990] M. P. Garrity. Ray tracing irregular volume data. *ACM SIGGRAPH*. 24(5), 1990:35-40

[Günther2014] D. Günther, A. Jacobson, J. Reininghaus, H.-P. Seidel. O. Sorkine-Hornung, T. Weinkauf. Fast and memory-efficient topological denoising of 2D and 3D scalar fields. *IEEE Transactions on Visualization and Computer Graphics*. 20(12), 2014:2585-2594

[Guo2011] H. Guo, N. Mao, X. Yuan. WYSIWYG (what you see is what you get) volume visualization. *IEEE Transactions on Visualization and Computer Graphics*. 17(12), 2011:2106-2114

[Guo2013] H. Guo, X. Yuan. Local WYSIWYG volume visualization. *Proceedings of Pacific Visualization*. 2013:65-72

[Guthe2001] S. Guthe, W. Straßer. Real-time decompression and visualization of animated volume data. *Proceedings of IEEE Visualization*. 2001:349-356

[Hadwiger2001] M. Hadwiger, T. Theußl, H. Hauser, M. E. Gröller. Hardware accelerated high-quality reconstruction of volumetric data on PC consumer hardware. *Proceedings of Vision, Modeling, and Visualization*. 2011:105-112

[Haidacher2010] M. Haidacher, D. Patel, S. Bruckner, A. Kanitsar, M. E. Gröller. Volume visualization based on statistical transfer-function spaces. *Proceedings of Pacific Visualization*. 2010:17-24

[Hajjar2008] J. E. Hajjar, S. Marchesin, J.-M. Dischler, C. Mongenet. Second order pre-integrated volume rendering. *Proceedings of IEEE Pacific Visualization*. 2008:9-16

[He1996] T. He, L. Hong, A. Kaufman, H. Pfister. Generation of transfer functions with stochastic search techniques. *Proceedings of IEEE Visualization*. 1996:227-234

[Heine2016] C. Heine, H. Leitte, M. Hlawitschka, F. Iuricich, L. De Floriani, G. Scheuermann, H. Hagen, C. Garth. A survey of topology-based methods in visualization. *Computer Graphics Forum*. 35(3), 2016:643-677

[Higuera2004] F. V. Higuera, N. Sauber, B. Tomandl, C. Nimsky, G. Greiner, P. Hastreiter. Automatic adjustment of bidimensional transfer functions for direct volume visualization of intracranial aneurysms. *Proceedings of SPIE Medical Imaging* 2004. 2004:275-284

[Hopf2003] M. Hopf , M. Luttenberger, T. Ertl. Hierarchical splatting of scattered 4D data. *IEEE computer graphics and applications*. 24(4), 2003: 64-72

[Hossain2010] Z. Hossain, T. Möller. Edge aware anisotropic diffusion for 3D scalar data. *IEEE Transactions on Visualization and Computer Graphics*. 16(6), 2010:1376-1385

[Huang1998] J. Huang, R. Crawfis, D. Stredney. Edge preservation in volume rendering using splatting. *Proceedings of IEEE symposium on Volume Visualization*. 1998:63-69

[Kähler2002] R. Kähler, H. Hege. Texture-based volume rendering of adaptive mesh refinement data. *The Visual Computer*. 18(8), 2002:481-492

[Jönsson2016] D. Jönsson, M. Falk, A. Ynnerman. Intuitive exploration of volumetric data using dynamic galleries. *IEEE Transactions on Visualization and Computer Graphics*. 22(1), 2016:896-905

[Kindlmann1998] G. L. Kindlmann, J. W. Durkin. Semi-automatic generation of transfer functions for direct volume rendering. *Proceedings of IEEE Symposium on Volume Visualization*. 1998:79-86

[Kindlmann1999] G. Kindlmann, D. Weinstein. Hue-balls and lit tensors for direct volume rendering of diffusion tensor fields. *Proceedings of IEEE Visualization*. 1999:183-189

[Kindlmann2002] G. Kindlmann. Transfer functions in direct volume rendering: Design, interface, interaction. *SIGGRAPH Course Notes*. 2002

[Kindlmann2003] G. Kindlmann, R. Whitaker, T. Tasdizen, T. Möller. Curvature-based transfer functions for direct volume rendering: Methods and applications. *IEEE Visualization*. 2003:67-75

[King2011] D. King, C. M. Wittenbrink, H. J. Wolters. An architecture for interactive tetrahedral volume rendering. *Proceedings of Volume Graphics*. 2001:163-181

[Kniss2001] J. Kniss, G. L. Kindlmann, C. D. Hansen. Interactive volume rendering using multi-dimensional transfer functions and direct manipulation widgets. *Proceedings of IEEE Visualization*. 2001:255-262

[Kniss2002] J. Kniss, G. L. Kindlmann, C. D. Hansen. Multidimensional transfer functions for interactive volume rendering. *IEEE Transactions on Visualization and Computer Graphics*. 8(3), 2002:270-285

[Kreylos2002] O. Kreylos , G. H. Weber , E. Wes Bethel , E. Wes , B. John , J. M. Shalf , B. Hamann, K. I. Joy. Remote interactive direct volume rendering of AMR data. *Tech. Rep. LBNL 49954, Lawrence Berkeley National Laboratory*. 2002

[Krissian1997] K. Krissian, G. Malandain, N. Ayache. Directional anisotropic diffusion applied to segmentation of vessels in 3D images. *Proceedings of Scale-Space Theory in Computer Vision*. 1997:345-348

[Lacroute1994] P. Lacroute, M. Levoy. Fast volume rendering using a Shear-Warp factorization of the viewing transform. *Proceedings of ACM SIGGRAPH*. 1994:451-458

[Lan2017] S. Lan, L. Wang, Y. Song, Y. Wang, L. Yao, K. Sun, B. Xia, Z. Xu. Improving separability of structures with similar attributes in 2D transfer function design. *IEEE Transactions on Visualization and Computer Graphics*. 23(5), 2017:1546-1560

[Ledergerber2008] C. Ledergerber, G. Guennebaud, M. Meyer, M. Bacher, H. Pfister. Volume MLS ray casting. *IEEE Transactions on Visualization and Computer Graphics*. 14(6), 2008:1372-1379

[Lee1977] D. T. Lee, C. K. Wong. Worst-case analysis for region and partial region searches in multidimensional binary search trees and balanced quad trees. *ACTA Informatica*. 9(23), 1977:23-29

[Leven2002] J. Leven, J. Corso, J. D. Cohen, and S. Kumar. Interactive Visualization of Unstructured Grids Using Hierarchical 3D textures. *IEEE Symposium on Volume Visualization*. 2002:37-44

[Levoy1988] M. Levoy. Display of surfaces from volume data. *IEEE Transactions on Visualization and Computer Graphics*. 8(3), 1988:29-37

[Lindemann2011] F. Lindemann, T. Ropinski. About the influence of illumination models on image comprehension in direct volume rendering. *IEEE Transactions on Visualization and Computer Graphics*. 17(12), 2011:1922-1931

[Liu2018] T. Liu, S. Upadhyayula, D. E. Milkie, V. Singh, K. Wang, I. A. Swinburne, K. R. Mosaliganti, Z. M. Collins, T. W. Hiscock, J. Shea, A. Q. Kohrman, T. N. Medwig, D. Dambournet, R. Forster, B. Cunniff, Y. Ruan, H. Yashiro, S. Scholpp, E. M. Meyerowitz, D. Hockemeyer, D. G. Drubin, B. L. Martin, D. Q. Matus, M. Koyama, S. G. Megason, T. Kirchhausen, E. Betzig. Observing the cell in its native state: Imaging subcellular dynamics in multicellular organisms. Science. 360(6386):272-278, 2018.

[Livnat1996] Y. Livnat, H. W. Shen, C. R. Johnson. A near optimal isosurface extraction algorithm using the span space. *IEEE Transactions on Visualization and Computer Graphics*. 2(1), 1996:73-84

[Livnat1998] Y. Livnat, C. Hansen. View dependent isosurface extraction. *IEEE Visualization*. 1998:175-180

[Ljung2016] P. Ljung, J. Krüger, E. Gröller, M. Hadwiger, C. D. Hansen, A. Ynnerman. State of the art in tranfer functions for direct volume rendering. *Computer Graphics Forum*. 35(3), 2016:669-691

[Lorensen1987] W. E. Lorensen, H. E. Cline. Marching cubes: A high resolution 3D surface construction algorithm. *ACM SIGGRAPH Computer Graphics*. 21(4), 1987:163-169

[Lum2004a] E. B. Lum, B. Wilson, K.-L. Ma. High-quality lighting and efficient pre-integration for volume rendering. *Proceedings of IEEE TVCG Symposium on Visualization*. 2004:25-34

[Lum2004b] E. B. Lum, K.-L. Ma. Lighting transfer functions using gradient aligned sampling. *Proceedings of IEEE Visualization*. 2004:289-296

[Maciejewski2009] R. Maciejewski, I. Woo, W. Chen, D. S. Ebert. Structuring feature space. A non-parametric method for volumetric transfer function generation. *IEEE Transactions on Visualization and Computer Graphics*. 15(6), 1990:1473-1480

[MacNeice2000] P. MacNeice, K. M. Olson, C. Mobarry, R. de Fainchtein, C. Packer. Paramesh: A parallel adaptive mesh refinement community toolkit. *Computer Physics Communications*. 126(3) , 2000:330-354

[Mao1995] X. Mao, H. Lichan, A. Kaufman. Splatting of curvilinear volumes. *IEEE Visualization*. 1995:61-68

[Max1995] N. Max. Optical models for direct volume rendering. *IEEE Transactions on Visualization and Computer Graphics*. 1(2), 1995:99-108

[Maximo2010] A. Maximo, R. Marroquim, R. Farias. Hardware-assisted projected tetrahedra. *Computer Graphics Forum*. 29(3), 2010:903-912

[Mammen1989] A. Mammen. Transparency and antialiasing algorithms implemented with the virtual pixel maps technique. *IEEE Computer Graphics Application*. 9(4), 1989:43-55

[Marks1997] J. Marks, B. Andalman, P. A. Beardsley, W. Freeman, S. Gibson, J. Hodgins, T. Kang, B. Mirtich, H. Pfister,W. Ruml, K. Ryall, J. Seims, S. Shieber. Design galleries: a general approach to setting parameters for computer graphics and animation. *Proceedings of ACM SIGGRAPH*. 1997:389-400

[Marmitt2006] G. Marmitt, P. Slusallek. Fast ray traversal of tetrahedral and hexahedral meshes for direct volume rendering. *Proceedings of IEEE Visualization*. 2006:235-242

[Marroquim2008] R. Marroquim, A. Maximo, R. Farias, C. Esperança. Volume and isosurface rendering with GPU-accelerated cell projection. *Computer Graphics Forum*. 27(1) , 2008: 24-35

[Möller1996] T. Möller, R. Machiraju, K. Mueller, R. Yagel. Classification and local error estimation of interpolation and derivative filters for volume rendering. *Proceedings of IEEE Symposium on Volume Visualization*. 1996:71-78

[Mueller1998] K. Mueller, T. Möller, J. E. Swan II, R. Crawfis, N. Shareef, R. Yagel. Splatting errors and antialiasing. *IEEE Transactions on Visualization and Computer Graphics*. 4(2), 1998:178-191

[Mueller1999] K. Mueller, N. Shareef, J. Huang, R. Crawfis. High-quality splatting on rectilinear grids with efficient culling of occluded voxels. *IEEE Transactions on Visualization and Computer Graphics*. 5(2), 1999:116-134

[Müller2007] C. Müller, M. Strengert, T. Ertl. Adaptive load balancing for ray casting of non-uniformly bricked volumes. *Parallel Computing*. 33(6), 2007:406-419

[Newman2006] T. S. Newman, H. Yi. A survey of the marching cubes algorithm. *Computers & Graphics*. 30(5), 2006:854-879

[Nielson1993] M. Nielson. Scattered data modeling. *IEEE Computer Graphics and Applications*. 13(1), 1993:60-70

[Nielson2004] G. M. Nielson. Dual marching cubes. *Proceedings of IEEE Visualization*. 2004:489-496

[Noguera2016] J. M. Noguera, J. R. Jiménez. Mobile volume rendering: Past, Present and Future. *IEEE Transactions on Visualization and Computer Graphics*. 22(2), 2016:1164-1178

[Norman1999] M. L. Norman, G.L. Bryan. Cosmological adaptive mesh refinement. *Numerical Astrophysics*.1999

[Pfister2001] H. Pfister, B. Lorensen, C. Bajaj, G. Kindlmann, W. Schroeder, L. S. Avila, K. M. Raghu, R. Machiraju, L. Jinho. The transfer function bake-off. *IEEE Computer Graphics and Applications*. 21(3), 2001:16-22

[Praßni2010] J. S. Praßni, T. Ropinski, J. Mensmann, K. H. Hinrichs. Shape-based transfer functions for volume visualization. *Procedding of IEEE Pacific Visualization*. 2010:9-16

[Quan2018] T. Quan, J. Choi, H. Jeong, W.-K. Jeong. An intelligent system approach for probabilistic volume rendering using hierarchical 3D convolutional sparse coding. *IEEE Transactions on Visualization and Computer Graphics*. 24(1), 2018:964-973

[Rodriguez2013] M. B. Rodriguez, E. Gobbetti, J. A. I. Guitián, M. Makhinya, F. Marton, R. Pajarola, S. Suter. A survey of compressed GPU-based direct volume rendering. *Eurographics State-of-the-art Report*. 2013

[Roettger2005] S. Roettger, M. Bauer, M. Stamminger. Spatialized transfer functions. *Proceedings of Eurographics - IEEE VGTC Symposium on Visualization*. 2005:271-278

[Ropinski2008a] T. Ropinski, J. Praßni, F. Steinicke, K. Hinrichs. Stroke-based transfer function design. *IEEE/EG International Symposium on Volume and Point-Based Graphics*. 2008:41-48

[Ropinski2008b] T. Ropinski, C. Rezk-Salama, M. Hadwiger, P. Ljung. Advanced illumination techniques for GPU-based volume ray casting. *IEEE Visualization Tutorial*. 2008

[Röttger2000] S. Röttger, M. Kraus, T. Ertl. Hardware-accelerated volume and isosurface rendering based on cell-projection. *Proceedings of IEEE Visualization*. 2000:109-116

[Ruiz2011] Marc Ruiz, Anton Bardera, ImmaBoada, Ivan Viola Automatic Transfer Functions Based on Informational Divergence. *Visualization and Computer Graphics, IEEE Transactions on*. 17(12), 2011:1932-1941

[Saikia2014] H. Sikia, H.-P. Seidel, T. Weinkauf. Entended branch decomposition graphs: Structural comparison of scalar data. *Computer Graphics Forum*. 33(3), 2014:41-50

[Sakamoto2007] N. Sakamoto, J. Nonaka, K. Koyamada, S. Tanaka. Particle-based volume rendering. *Proceedings of Asia-Pacific Symposium on Visualization*. 2007:129-132

[Schulaze2003] J. P. Schulaze, M. Kraus, U. Lang. Integrating pre-integration into the Shear-Warp algorithm. *Proceedings of Volume Graphic*. 2003:109-118

[Scott2004] S. Schaefer, J. Warren. Dual marching cubes: Primal contouring of dual grids. *Proceedings of Pacific Graphics*. 2004: 6-8

[Šereda2006a] P. Šereda, A. W. Bartroli, I. W. O. Serlie, F. A. Gerritsen. Visualization of boundaries in volumetric data sets using LH histograms. *IEEE Transactions on Visualization and Computer Graphics*. 12(2), 2006:208-218

[Šereda2006b] P. Šereda, A. V. Bartroli, F. A. Gerritsen. Automating transfer function design for volume rendering using hierarchical clustering of material boundaries. *Proceedings of Eurographics/IEEE VGTC Symposium on Visualization*. 2006:243-250

[Shih2015] M. Shih, Y. Zhang, K.-L. Ma. Advanced lighting for unstructured-grid data *visualization. Proceedings of IEEE Pacific Visualization*. 2015:239-246

[Shirley1990] P. Shirley, A. Tuchman. A polygonal approximation to direct scalar volume rendering. *ACM SIGGRAPH Computer Graphics*. 24(5), 1990:63-70

[Silva1998] C. T. Silva, J. S. B. Mitchell, P. L. Williams. An exact interactive time visibility ordering algorithm for polyhedral cell complexes. *IEEE Symposium on Volume visualization*. 1998:87-94

[Soundararajan2015] K. P. Soundarajan, T. Schultz. Learning probabilistic transfer functions: A comparative study of classifiers. Computer Graphics Forum. 34(3), 2015:111-120

[Stein1994] C. M. Stein, B. G. Becker, N. L. Max. Sorting and hardware assisted rendering for volume visualization. *Proceedings of IEEE Symposium on Volume visualization*. 1994:83-89

[Tao2012] Y. Tao, H. Lin, F. Dong, C. Wang, G. Clapworthy, H. Bao. Structure-aware lighting design for volume visualization. IEEE Transactions on Visualization and Computer Graphics. 18(12), 2012:2372-2381

[Theußl2001] T. Theußl, T. Möller, E. Gröller. Optimal regular volume sampling. *IEEE Visualization*. 2001:91-98

[Thomas2014] D. M. Thomas, V. Natarajan. Multiscale symmetry detection in scalar fields by clustering contours. IEEE Transactions on Visualization and Computer Graphics. 20(12), 2014:2427-2436

[Tierny2018] J. Tierny, G. Favelier, J. A. Levine, C. Gueunet, M. Michaux. The topology toolkit. *IEEE Transactions on Visualization and Computer Graphics*. 24(1), 2018:832-842

[Tzeng2003] F.-Y. Tzeng, E. B. Lum, K.-L. Ma. A novel interface for higher-dimensional classification of volume data. *Proceedings of IEEE Visualization*. 2003:505-512

[Tzeng2004] F.-Y. Tzeng, K.-L. Ma. A cluster-space visual interface for arbitrary dimensional classification of volume data. *Proceedings of Joint Eurographics-IEEE TVCG Symposium on Visualization*. 2004:17-24

[Tzeng2005] F.-Y. Tzeng, E. B. Lum, K.-L. Ma. An intelligent system approach to higher-dimensional classification of volume data. *IEEE Transaction on Visualization and Computer Graphics*. 11(3), 2005:273-284

[Vad2014] V. Vad, B. Csébfalvi, P. Rautek, E. Gröller. Towards an unbiased comparison of CC, BCC, and FCC lattices in terms of prealiasing. *Computer Graphics Forum*. 33(3), 2014:81-90

[Voreen] Voreen. http://www.voreen.org

[Wang2010] Y. Wang, W. Chen, G. Shan, T. Dong, X. Chi. Volume exploration using ellipsoidal Gaussian transfer functions. *IEEE Symposium on Pacific Visualization*. 2010:25-32

[Wang2011a] Y. Wang, J. Zhang, W. Chen, H. Zhang, X. Chi. Efficient opacity specification based on feature visibilities in direct volume rendering. *Computer Graphics Forum*. 30(7), 2011:2117-2126

[Wang2011b] Y. Wang, W. Chen, J. Zhang, T. Dong, G. Shan, X. Chi. Efficient volume exploration using the Gaussian mixture model. *IEEE Transactions on Visualization and Computer Graphics*. 17(11), 2011:1560-1573

[Wang2012] Y. Wang, J. Zhang, D. J. Lehmann, H. Theisel, X. Chi. Automating transfer function design with valley cell-based clustering of 2D density plots. *Computer Graphics Forum*. 31(3), 2012:1295-1304

[Wang2015] Q. Wang, Y. Tao, H. Lin. Edge-aware volume smoothing using L0 gradient minimization. *Computer Graphics Forum*. 34(3), 2015:131-140

[Weber2001a] G. H. Weber, O. Kreylos, T. J. Ligocki, J. M. Lhalf, H. Hagen, B.Hamann, K. I. Joy, K. L. Ma. High-quality volume rendering of adaptive mesh refinement data. P*roceedings of Vision, modeling, and visualization*. 2001:121-128

[Weber2001b] G. H. Weber, O. Kreylos, T. J. Ligocki, J. M. Lhalf, H. Hagen, B.Hamann, K. I. Joy. Extraction of crack-free isosurfaces from adaptive mesh refinement data. *Proceedings of Eurographics and IEEE Symposium on Visualization*. 2001:25-34

[Wei2013] T.-H. Wei, T.-Y. Lee, H.-W. Shen. Evaluating isosurfaces with level-set-based information maps. *Computer Graphics Forum*. 32(3), 2013:1-10

[Weiler2003] M. Weiler, M. Kraus, M. Merz, T. Ertl. Hardware-based ray casting for tetrahedral meshes. *Proceedings of IEEE Visualization*. 2003:333-340

[Weiler2004] M. Weiler, P. N. Mallon, M. Kraus, T. Ertl, Texture-encoded tetrahedral strips. *Proceedings of IEEE Symposium on Volume Visualization and Graphic*. 2004:71-78

[Wenger2012] S. Wenger, M. Ament, S. Guthe, D. Lorenz, A. Tillmann, D. Weiskopf, M. Magnor. Visualization of astronomical nebulae via distributed multi-GPU compressed sensing tomography. *IEEE Transactions on Visualization and Computer Graphics*. 18(12), 2012:2188-2197

[Wilhelms1990] H. Wilhelms, A. VanGelder. Topological considerations in isosurface generation-extended abstract. *ACM SIGGRAPH*, 1990:79-86

[Williams1992] P. L. Williams. Visibility-ordering meshed polyhedra. *ACM Transaction on Graphics*. 11(2), 1992:103-126

[Wittenbrink2001] C. M. Wittenbrink. R-buffer: A pointerless a-buffer hardware architecture. *Proceedings of Graphics hardware*. 2001:73-80

[Wu2007] Y. Wu, H. Qu. Interactive transfer function design based on editing direct volume rendered images. *IEEE Transactions on Visualization and Computer Graphics*. 13(5), 2007: 1027-1040

[Wylie2002] B. Wylie, K. Moreland, L. A. Fisk, P. Crossno. Tetrahedral projection using vertex shaders. *Proceedings of IEEE Symposium on Volume Visualization and Graphics*. 2002:7-12

[Wilson2002] B. Wilson, K.-L. Ma, P. McCormick. A hardware-assisted hybrid rendering technique for interactive volume visualization. *Proceedings of IEEE/ACM Volume Visualization and Graphics Symposium*. 2002:123-130

[Zhang2013] Y. Zhang, K.-L. Ma. Lighting design for globally illuminated volume rendering. *IEEE Transactions on Visualization and Computer Graphics*. 19(12), 2013:2946-2955

[Zhou2011] Z. Zhou, Y. Tao, H. Lin, F. Dong, G. Clapworthy. Shape-enhanced maximum intensity projection. *The Visual Computer*. 27(6-8), 2011:677-686

[Zwicker2001] M. Zwicker, H. Pfister, J. v. Baar, M. Gross. EWA volume splatting. *IEEE Visualization*. 2001:29-36

[石教英 1996] 石教英，蔡文立．科学计算可视化算法与系统．北京：科学出版社．1996

[唐泽圣 1999] 三维数据场可视化．北京：清华大学出版社．1999

[唐泽圣 2011] 唐泽圣，陈为．可视化条目．中国计算机大百科全书．2011 年修订版

[汪云海 2011] 汪云海．基于二维传输函数的高效体数据分析．博士论文，中国科学院超级计算中心．2011

第6章
大规模多变量空间数据场可视化

科学数据大致可分为[Wong1997][Love2005][Bueger2009][Kehrer2013]：多维度（Multi-Dimensional，包括时变数据）、多变量（Multi-Variate）、多模态（Multi-Modal）、多趟（Multi-Run）与多模型（Multi-Model）。多维度用于表达物理空间中独立变量的维数，以及是否包含时间维度，侧重于表达空间和时间概念；多变量则用于表达变量和属性的数目，表示数据所包含信息和属性的多寡；多模态强调获取数据的方法不同，以及各自对应的数据的组织结构和尺度的不同；多趟和多模型亦可表示数据所含信息，但和多变量属于不同的概念，例如单变量多值数据，在不同的计算参数或不同的计算模型下获得的多个仿真结果，每一个采样点含有属于同一数据属性的多个值，其重点在于描述“值”的个数，而不是数据属性和变量的个数。举例来说，三维气象仿真数据包括气压、湿度和温度三个标量，可称为三维三变量数据集。若数据集是时变数据，则时间也是一个维度，称为四维（三维空间，一维时间）三变量数据集。若源数据通过卫星探测、地面站点观测、数值模拟等多种方式获得，则称为多模态数据。图 6.1 依次展示了多维度、多变量和多值的概念。

图 6.1 多维度、多变量和多值概念（从左往右）。

随着科学数据的爆炸式增长，对于海量数据的理解和分析成为亟待解决的一大难题。作为科学可视化的基本方法，大规模、时变、多变量数据的可视化与特征追踪是一种能够辅助科学家进行数据分析和探索的重要手段。Chris Johnson 在 2004 年总结了科学可视化所面临的首要问题[Johnson2004]，其中四类问题的核心分别是高维、时变、分布式与特征检测。本章首先介绍大规模空间标量场数据的可视化、时变标量场数据的特征追踪和可视化方法，然后介绍空间向量场和张量场数据可视化的基本方法，最后介绍多变量空间数据场可视化方法。

6.1 大规模空间标量场数据的实时可视化

大规模空间标量场数据可视化的加速方法可以分为三个层次：硬件加速、信号处理与特征表达。硬件加速包括使用图形硬件的加速功能、分布式多 CPU/GPU 架构的并行计算；信号处理涉及绘制算法优化、多分辨率显示与数据压缩；特征表达则包括保特征压缩、图示与聚类等。

6.1.1 大规模空间标量场数据的单机绘制

大规模标量场数据的单机绘制方法可以分为三类：硬件加速、数据压缩（含多分辨率显示）和外存计算。

硬件加速是指基于图形硬件的快速绘制算法。Beyer 等人系统地总结了基于 GPU 的大规模标量场数据可视化方法 [Beyer2015]，认为交互性可以通过使计算和可视化正比于屏幕上真实可见的数据量实现，即输出敏感（Output-Sensitive）的算法和系统设计，包括光线引导（Ray-Guided）算法、可视化驱动（Visualization-Driven）算法和显示感知（Display-Aware）算法。针对大规模的稀疏标量场数据，稀疏数据结构的选择依赖于多个因素，如内存容量、数据的稀疏度和数据访问模式等，每种数据结构都有各自的优缺点。Frey 等人提出了一种时空误差控制的交互式渐进标量场数据可视化方法 [Frey2014]，通过采样不足和响应延时导致的误差，来控制绘制过程是否继续提高采样精度、何时展示当前绘制的图像等，实现自动地配置直接体绘制的相关参数。Labschütz 等人提出了 JiTTree[Labschütz2016]，一种能够即时编译（Just-In-Time Compilation）的混合稀疏体数据结构，从而充分利用多个稀疏数据结构的优点和 GPU 上的即时编译，降低光线遍历开销，提高可视化性能。空区间跳跃（Empty Space Skipping）是标量场数据可视化的常用加速技术，即可以直接跳过对绘制结果没有贡献的数据块，降低光线遍历的计算量。这些数据块不仅是指原始数据全为 0 的块，也指在当前传输函数下，不透明度全为 0 的数据块。Hadwiger 等人提出了基于 GPU 的 SparseLeep[Hadwiger2018]，混合了物体空间和图像空间的技术，实现了基于八叉树的快速空区间跳跃，能够高效绘制大规模的稀疏标量场数据。

数据压缩是解决大规模空间数据处理的主要思路，Rodríguez 等人系统地综述了基于 GPU 的压缩标量场数据可视化方法，数据压缩可以追求高精度，但不要求实时；数据解压则要求能够实时，实现大规模标量场数据的实时可视化 [Rodríguez2014]。体数据的多分辨率绘制方法将体数据投影到小波基函数张成的空间（即计算小波系数），求得任意分辨率下的绘制结果。细节层次（Level-of-Detail）的方法 [Weiler2000] 和基于视点的数据压缩优化 [Guthe2000] 也可用于数据的自适应存取。将 LBG（Linde Buzo Gray）算法应用于体数据压缩 [Schneider2003]，并分析原数据的多分辨相关性，进行层次化的矢量化，可大幅减小显存的占用。Lindstrom 等人 [Lindstrom2006] 提出了一种对浮点格式数据进行快速压缩的算法，该方法能够与应用程序的 I/O 环节无缝连接且适用于可变精度的浮点或整型数据。压缩后的可视化质量可采用合适的图像质量度量标准 [Wang2007]。Xu 等人将压缩感知应用于标量场数据的原位数据缩减，可以在没有任何特征先验知识的情况下，从分解获得的部分傅里叶系数中准确重构出原始数据 [Xu2014]。Soler 等人提出了一种拓扑控制的数据压缩方法，该方法基于拓扑自适应的数值量化，能够保留重要特征，控制被去除的细小特征数量 [Soler2018]。

数据的统计信息最初用来表示数据中的不确定性，近年来被用来表示大规模数据的紧凑代理，即每个数据块都使用其统计分布进行表示。Johnson 和 Huang 提出了一种通过模糊匹配用户指定分布和数据局部分布的特征查询方法 [Johnson2009]。Wei 等人利用位图索引（Bitmap Indexing）的方法加速局部直方图的搜索 [Wei2015]。Thompson 等人提出了 hixels 数据表示方法，利用直方图存储一个数据块内的数据分布或一个采样点的一系列组集数据 [Thompson2011]。Liu 等人提出了利用高斯混合模型对数据块中的数据进行建模，并在 GPU 上基于高斯混合模型随机采样对数据进行绘制 [Liu2012]。Dutta 等人进一步改进了基于数据块的空间划分策略，采用简单线性迭代聚类方法划分空间，使块内的差异最小化，从而减少数据块的统计分布所需的存储空间 [Dutta2017a]。Wang 等人改进了已有的基于高斯混合模型的方法，增加了基于数值的空间概率分布，在获取给定空间位置的数值时，利用贝叶斯定律同时结合数值分布和空间分布，更准确地计算该位置上可能的数值概率分布 [Wang2017a]。与数据压缩相比，基于统计分布的数据表示更易于数据的分析、查询和可视化，也可以应用于原位可视化的数据缩减。对于无法存储于内存和显存的数据集，可采用外存计算（Out of Core）处理大规模数据 [Farias2001]。细节层次技术是适用于不规则体数据可视化的外存计算的方法 [Du2010]。Gobbetti 等人 [Gobbetti2008] 提出了一种只需遍历数据一次的光线投射外存计算方法。

6.1.2 大规模空间标量场数据的并行绘制

对于大规模数据的分布式绘制，综合考虑通信延迟与负载平衡（即将绘制任务进行平衡、分摊到多个操作单元执行）对提升分布式系统的绘制性能至关重要，因而如何提高算法的并发性、设计负载均衡都是研究人员首要关注的问题。

大规模空间数据的并行绘制研究可以分为 CPU 与 GPU 集群并行计算两个阶段。早期的并行绘制利用多个 CPU 进行绘制。1992 年，Nieh 等人 [Nieh1992] 首次在共享内存的 MIMD（Multiple Instruction Multiple Data）架构上进行了绘制任务的划分，并对算法进行了诸如光线提前终止、自适应采样等方面的优化，使算法能在 48 个节点的集群上实时地可视化标量场数据。Ma 等人 [Ma1997] 针对不规则数据实现了单元投影算法的并行化，通过空间划分树（Space Partitioning Tree）减少内存使用，同时优化图像合成，使得百万级单元采用 128 个处理器能够达到每秒 2 帧的绘制性能。Lippert 等人 [Lippert1997] 将大规模的数据存放在服务器端，通过小波基函数、行程编码（Run-Length Coding）与霍夫曼编码对数据进行压缩，支持远程客户端浏览与渐进式浏览。

利用 GPU 构建分布式的计算与可视化平台是显卡工业发展的必然。Kniss 等人 [Kniss2001a] 利用 GPU 集群以及改良的 I/O 设备进行并行处理，实现了 TB 级时变数据的实时（5~10 帧）绘制。面向流体仿真计算和可视化的新架构 [Fan2008] 设计双层的体系结构（粗粒度下操作全局纹理，细粒度下进行单节点运算），有机地结合 MPI（Message Passing Interface）与分布式共享内存（DSM），大幅度提升计算和绘制的效率。图 6.2 右图展示了将该方法应用于可视人数据集的结果。Fogal 等人 [Fogal2010] 基于 MPI 在多 GPU 上实现大规模标量场数据的并行可视化，采用 K-D 树组织数据，并优化负载平衡，可在数秒内处理千亿级体素规模的数据集。

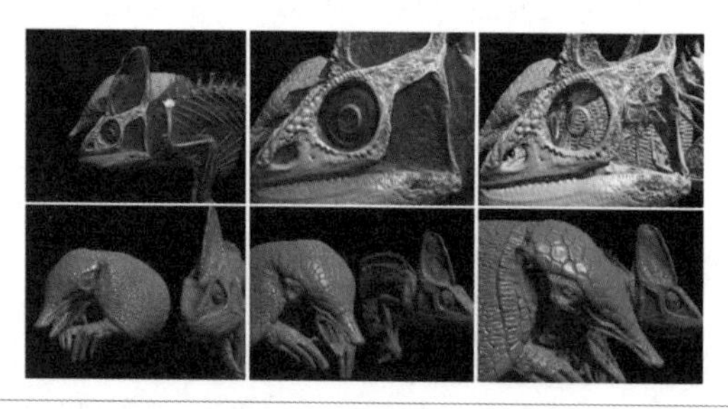

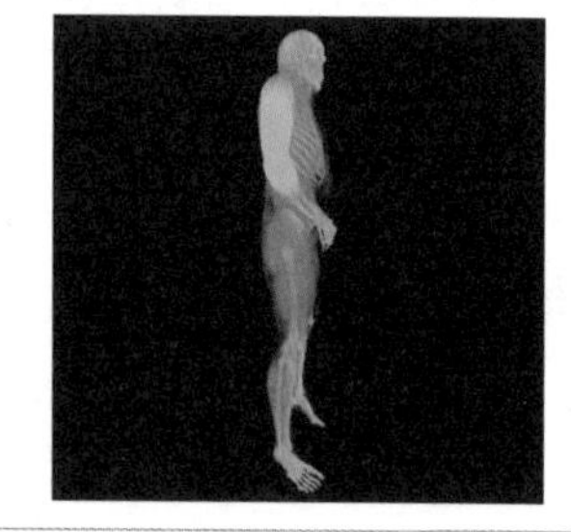

图 6.2 大规模空间数据绘制结果。左：外存计算（2048×1024×1080）[Gobbetti2008]；右：GPU 集群（1875×512×512）[Fan2008]。

多核 / 众核架构是当前高性能计算的发展趋势，其并行性更强，但内存并没有按比例增长，使得算法需要更高的可扩展性。Howison 等人研究了多核 / 众核架构下的基于光线投射算法的混合并行体绘制 [Howison2012]，使用多节点的分布式内存并行，增加每秒 1000 万亿次的浮点运算（FLOP）和内存，并利用每个节点内部的共享内存并行，确保每个节点尽可能高效地利用节点内的并行资源，降低并行绘制的网络通信代价。VTK-m 是针对多核 / 众核处理器架构的科学可视化算法的工具集 [Moreland2016]，支持数据分析和可视化算法的细粒度同步控制，提供了数据和操作的抽象模型，能够应用于不同处理架构的众多可视化算法（见图 6.3），实现高性能计算节点内部的同步控制和并行计算。OSPRay 是一个基于 CPU 光线跟踪的开源科学可视化框架 [Wald2017]，能够充分利用 SIMD 和高性能计算中的众核资源，集成在已有的科学可视化框架，如 ParaView 中，实现大规模标量场数据的高效可视化。虚拟化和容器化是软件架构中的经典概念，Docker 提供了创建、执行和管理与类似虚拟机的轻量级软件容器的能力，每个容器都包含一个小型的精简版操作系统，以及独立运行应用程序所需的所有依赖项，多个 Docker 容器可以在同一个节点上并行运行。Tapestry 系统将 OSPRay 部署到 Docker，实现了嵌入 Web 端可扩展的并行体绘制系统[Raji2017]。

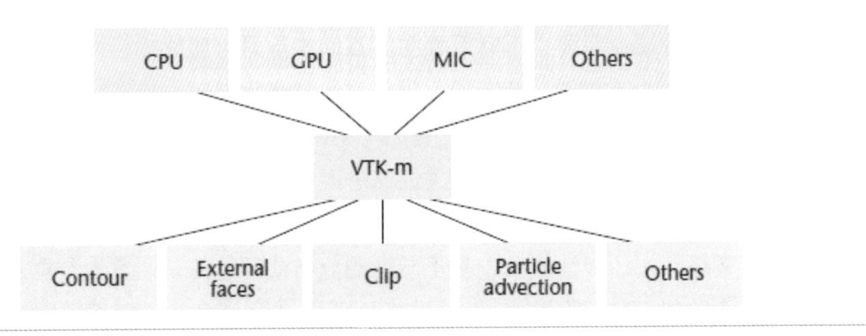

图 6.3 VTK-m 的抽象设备模型，简化多核 / 众核架构的可视化算法开发[Moreland2016]

6.1.3 时变空间标量场数据加速绘制方法

时空连贯性是加速时变空间标量场数据可视化的基本思路。

从时变空间标量场数据中提取时变等值面，是展示形状演化规律的基本方法。类似于单个时间步上的等值面提取加速（见 5.3.3 节），也可采用利用时空连贯性的加速方法，避免处理不必要的体素，提高时变等值面的提取效率。T-BON（Temporal Branch-on-Need）树[Sutton2000]将八叉树[Wilhelms1992]方法扩展到时变标量场。T-BON 树为每个时间步上的标量场共享同一个八叉树结构，树的节点包含每个时间步上对应空间体素的最大值和最小值，叶节点保存原始数据块在硬盘中的索引。采用外存计算技术可处理大规模时变数据的等值面提取。空间层次索引树（Temporal Hierarchical Index Tree）[Hansen2005]将单个标量场的值域空间或扫描空间加速算法扩展到时变数据场，通过构建基于值域空间和基于最大值、最小值的时变差异快速获得等值面所在的体素。另一方面，时变标量场数据可看成一个四维数据，对其可直接提取等值面，代表性方法有递归轮廓网格算法（Recursive Contour-Meshing Algorithm）[Weigle1996] [Weigle1998]和超立方体（Hypercubes）三角化方法等。

时变空间标量场具有连贯性强、规模大、多变量等特点，为直接体绘制的加速提供了不同的契机，如保特征的数据压缩、流水线绘制等。数据压缩一般分为分块、变换、量化和编码 4 个阶段，不同的数据划分方式将对应不同的压缩过程。一类方法是将数据按照时间维度进行划分，先对单帧数据进行压缩，再考虑时间相关性。小波基函数[Westermann1995]方法先对每一帧数据计算多分辨的小波系数，再通过检测相邻帧系数的关联性，发现数据中的奇异点与局部正则性。Guthe 等人[Guthe2001]引入了运动补偿策略匹配相邻时间帧数据，使得压缩比得以进一步提升。Jang 等人[Jang2012]引入了视频压缩方法，通过计算相邻标量场数据的相关性提升绘制效率。Lum 等人[Lum2002]通过 DCT 变换对数据进行时间维度上的压缩并采用调色板映射加速解码过程，使得大规模时变数据得以实时绘制。时间划分树（Time-Space Partitioning Tree）[Shen1999] 利用时变数据的时间连续性压缩数据集，极大地提升了数据的绘制效率。空间划分时间树（Space-Partitioning Time Tree）[Du2009] 采用时间维度上的二分树结合八叉树提高数据重用率，利用外存处理能够绘制 25GB 规模的时变数据。此外，Strengert 等人 [Strengert2005] 根据视点等参数进行优化，以减少网络通信，加快图像的混合。Wang 等人 [Wang2010] 提出了应用驱动的时变数据压缩方法，可结合领域知识提升压缩比。Mensmann 等人 [Mensmann2010] 采用 CPU/GPU 混合架构进行时变数据的无损压缩，结合时变预测模型能够充分利用时间相关性，进而提供快速、可变长度的块压缩与交互式的绘制。Cao 等人 [Cao2011] 引入了信息熵的计算，根据重要性进行数据压缩。流水线绘制一般应用于并行环境，如超级计算机、基于网络的分布式环境等，通常含数据加载、分发、汇集与传输 4 个阶段。Ma 等人 [Ma2000] 通过将处理器进行分组并分配相适应的任务（如绘制某帧数据）提高绘制流水线的性能，同时采用图像压缩技术进行网络传输，使得终端用户能够通过网络实时查看绘制结果。Biddiscombe 等人 [Biddiscombe2007] 设计了处理时变数据的流水线机制，支持不同的绘制算法，具有很好的扩展性。

从时变标量场抽取的时变特征既可以通过融合多个时间步的可视化结果展示，也可以通过动画播放或并排放置多个时间步绘制结果以观察时变特征的差异和演化规律。对于相邻时间帧的特征信息，可采用表意性可视化方法叠加在当前时刻的可视化结果上。例如，采用速度线（Speedline）和轮廓线（Silhouette）表示特征之前所在的位置信息 [Joshi2005]。

6.2 时变异构空间数据场的特征追踪与可视化

就大规模、时变、异构（高维）的特点而言，时变空间标量场数据可视化既需要高性能、自适应的显示手段，突出用户感兴趣的特征，又需要能够融合不同的绘制方法，从多个角度辅助用户进行分析。就可视化系统的设计而言，应当将数据、特征、感知与交互作为核心要素。

时变异构空间数据场可视化的两大挑战是数据的不规则与多变量 [Ma2003]：不规则表明了科学数据的复杂形态；多变量则是物理空间的本质特征。下面从特征提取、绘制与追踪三个层面介绍时变异构空间标量场数据的主要可视化方法。

6.2.1 时变空间标量场数据的特征提取

按照空间大小，时变数据的特征可以分为局部特征和全局特征；按照时间变化规律，则可以分为常规（Regular）、周期（Periodic）和随机（Random）三种模式。常规模式指特征在三维空间中稳定地移动或形变，其变化趋势既不是剧烈的变化，也不遵循周期性的路径。周期模式指特征周期性地出现和消失，或沿着周期性路径进行移动。随机模式指特征的变化规律较为随机，常见于湍流模拟。

特征提取操作可在每个时间步单独提取。标量场数据分类是基本的可视化手段（见第5章）。例如，给定标量值范围，通过区域增长提取每个时间步上的特征，并基于空间重叠的特征追踪方法，对相邻时间步的特征进行匹配，识别特征的演化[Silver1997]。空间重叠的基本假设是在相邻时间步上，相关联的特征在空间上有较大的重合，可以采用八叉树对特征匹配过程进行加速。但当特征剧烈演化时，即相关联的特征在空间重合较小，此类方法可能会造成特征在时间维度上没有对应性和连续性，无法反映特征的演化规律。

特征提取的另一大类方法是将时变空间标量场数据看作一个四维数据，统一提取时变特征。Akiba 等人[Akiba2006] 从全局角度抽取时变直方图[Kosara2004] 以展示时变特征，并基于时变直方图进行数据分类。Lee 等人[Lee2009a] 使用 SUBDTW 算法分析变量的相关性以提取和分析多变量时变数据的变化趋势。Tong 等人[Tong2012] 利用动态时间扭曲方法（Dynamic Time Warping）能够从大规模时变数据中计算出全局最优且最为突出的关键时间步，从而辅助用户层次化地探索数据。

Fang 等人[Fang2007] 将时变空间标量场等效成一个三维数组，每个元素都是一个时间 - 活动曲线（Time-Activity Curve），进而可采用三种相似性度量标准对这些曲线进行聚类和可视化，统一提取感兴趣的时变特征。在此基础上，Lee 等人[Lee2009b] 利用动态时间扭曲方法计算时间序列之间的相似性，从而提取时间 - 活动曲线以突出特征的运动，挖掘特征的运动趋势。Gu 和 Wang 提出了基于符号聚集近似（Symbolic Aggregate Approximation）曲线的时变数据紧凑表示、索引和分类方法[Gu2013]，其核心是将时变 - 活动曲线表示转化为层次符号表示，即将不同的数值范围映射为不同的符号，并基于层次符号表示以树的形式展示时变数据，实现高效地查询、搜索和跟踪时变数据。

6.2.2 异构数据的特征融合

异构数据的特征融合涉及多维度的融合与多模态的融合两个方面。实现多维度融合可以采用信息可视化的相关方法，如平行坐标、散点图、时间直方图、纹理、影线、图标（Glyph）等（对于示例性符号的绘制方法参见 [Chen2008]）。事实上，这类方法可以与人机交互、科学可视化紧密地结合[Johnson2004]。Seo 等人[Seo2004] 提出了一种可根据用户指定的特征进行交互式探索的方法。Love 等人[Love2005] 针对多维数据设计了三种绘制方法：基于统计特征分布、依赖于形状描述和使用系列代数操作，并在此基础上融合了轮廓线、等值面、流线以及迹线（Path Line）等多种绘制方法。Guo 等人[Guo2006] 使用自组织映射（SOM）、平行坐标、制图颜色等显示手段，结合三种层次的交互技术帮助用户发现多变量数据的时空特性。将维度投影与平行坐标结合起来也可帮助用户交互地分析多维数据间的关联 [Guo2012]。

多模态融合的挑战在于数据的融合方式难以定义，空间分布也可能差异很大。因此，这类数据一般需先经过配准，并转化为相同格式后才能进行融合可视化。Cai 等人 [Cai1999] 提出了三种不同层次的多体混合方法，并对比了不同类型数据在光照、累积以及图像阶段混合的差异。Kreeger 等人 [Kreeger1999] 将半透明的网格数据与体数据进行融合，可同时可视化血管造影重建的几何网格和医学 MRI 影像。Noordmans 等人 [Noordmans2000] 提出了光谱体绘制，即对不同数据场（或结构）采用不同的光学模型，真实反映数据场中的结构特征。Beyer 等人 [Beyer2007] 为外科手术搭建了一个手术设计和多模态数据融合的平台，支持数据的虚拟漫游、微观或内窥镜视图、切片视图等多种交互方式（见图 6.4 左图）。Burns 等人 [Burns2007] 提出了一种重要性驱动的、能够在突出特征的同时生成上下文相关的剖视图的方法，如图 6.4 右图所示。Muigg 等人 [Muigg2008] 利用 FDL 树融合具有不同兴趣度（DOI）的特征，结合多视图协作、焦点和上下文、图像后处理辅助用户分析时变特征。Bramon 等人 [Bramon2012] 利用互信息融合两个模态的数据，提出了一个基于融合数据集的信息内容的评估标准，用来分析和修改数据集的融合权重。

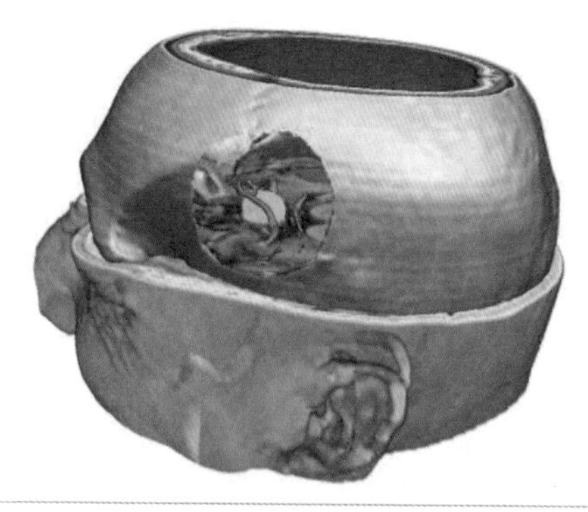
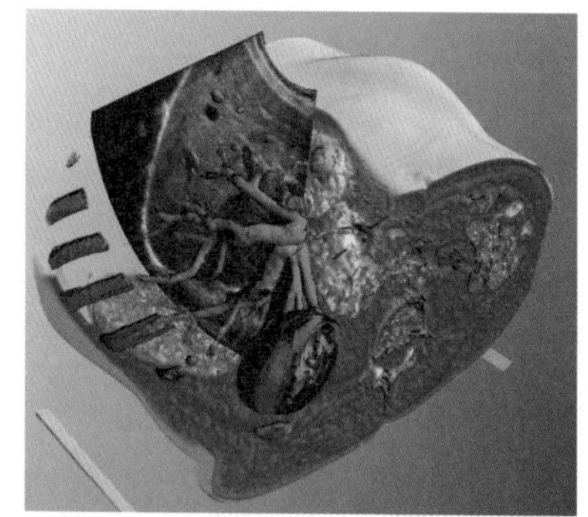

图 6.4 异构数据的特征融合方法。左：多体绘制结果 [Beyer2007]；右：上下文相关剖视图 [Burns2007]。

6.2.3 时变空间标量场数据的特征追踪

早期的特征跟踪方法 [Samtaney1994] 采用计算机视觉、图像处理、计算几何等方法，直接保留和追踪流场特征。此后的方法基本围绕图示（Illustration）[Joshi2005]、轮廓（Contour）[Sohn2006]、视点 [Ji2006a] 和纹理 [Caban2007] 等方法展开。基于已有的单时间步传输函数，Jankun-Kelly 等人 [Jankun2001] 从传输函数与体绘制结果两个方面综合数据特征，进而捕捉时变数据的动态变化。针对给定的特征集合，Ji 等人 [Ji2006b] 使用推土机距离（Earth Moving Distance）定义特征相似性，从全局范围内优化匹配结果，从而更好地追踪特征。Woodring 等人 [Woodring2009a] 通过对时间序列进行聚类和建模（生成序列图）设计时变数据的传输函数，能够适应数据分布和范围的不断变化。Sauer 等人结合粒子数据和标量场数据，在标量场数据中进行特征定义，借助粒子数据进行跨多个时间步的特征追踪 [Sauer2014]。该方法能够有效地解决时间采样率低或跨多个时间步进行特征追踪的问题，但是只能针对同时包含粒子和标量场的数据集。更多的研究人员采用比较可视化的方法突出特征差异。Woodring 等人 [Woodring2003] 将相邻若干时间步的数据积分定义为一个时间体，并可视化时间体直观呈现特征在时间维度上的变化。针对多变量数据，也可定义一系列原子操作，允许用户通过设置合适的操作符分析不同变量间的关联 [Woodring2006]。此外，小波变换可以结合表单（Spreadsheet）用于分析和聚类时变数据 [Woodring2009b]，实现交互式多分辨率时变特征分析。图 6.5 上图显示了不同变量对应的表单信息。重要性驱动的时变数据可视化方法 [Wang2008] 利用信息论中的条件熵来计算数据相关性，通过聚类得到数据的重要度曲线，允许用户根据重要性在特征与时间构成的空间中分析数据。此外，Akiba 等人 [Akiba2010] 针对时变数据设计了动画编辑工具（见图 6.5 下图），为用户提供不同类型的模板，辅助其追踪数据特征的变化。

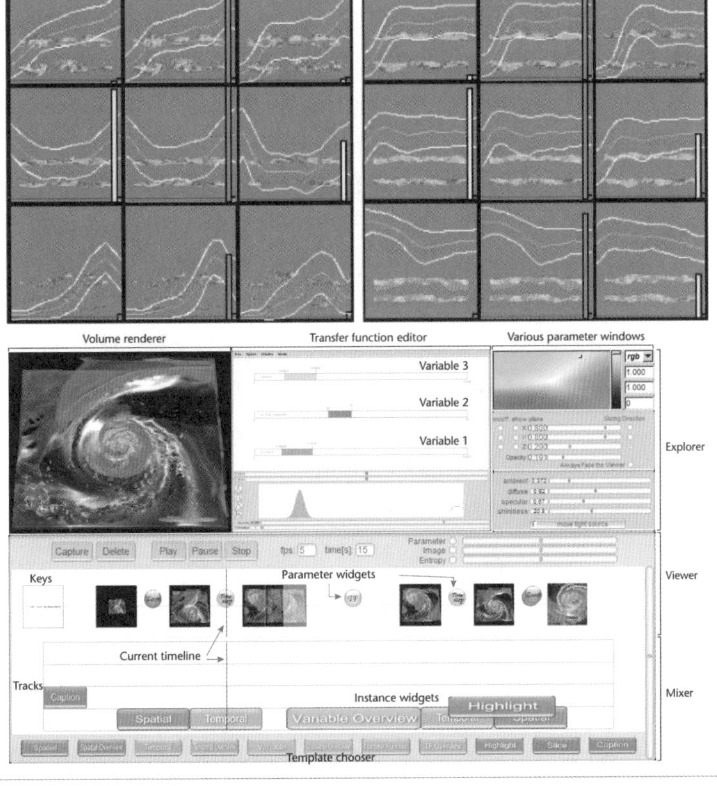

图 6.5 时变体数据的特征追踪方法。上:时变数据表单 [Woodring2009b];下:时变数据可视化工具 [Akiba2010]。

时变数据的特征追踪应结合多视图、用户交互以及可视分析方法，从时间、数据与表现三个角度出发确定具体的可视化原则[Aigner2007]，例如，使用多视图从时变特性、多变量与空间属性三个维度进行探索[Akiba2007]。对于不同的时间表现形态（如周期性、区间性、存在分支等）应采用不同的可视化方法；以用户为中心，可以结合数据抽象、降维、聚集等多种手段辅助其进行分析；对于不同的交互事件，可以从事件指定、检测与展示三个角度进行交互行为的设计[Aigner2008]。Dutta 和 Shen 从概率分布的角度提出了一种新的时变特征提取和追踪方法[Dutta2016]，在无特征的精确定义情况下，用户从某个时间步的数据中交互选择特征，从选择的特征中构造高斯混合模型，结合特征的运动规律和相似性，实现下一个时间步上的鲁棒的特征提取，并更新高斯混合模型，即特征的定义，继续在后续时间步上追踪特征。Saikia 和 Weinkauf 通过合并树（Merge Tree）来表示区域，即数据的层次分割结果，相邻时间步的区域相似性通过空间重叠和直方图差异进行度量，从而构造所有区域之间的有向无环图，边的权重为区域之间的相似性，通过最短路径算法实现全局的特征追踪，具有较高的鲁棒性[Saikia2017]。

特征的演化可以通过离散事件进行描述，包括产生、消亡、延续、分裂和合并事件。因此，特征的演化可以表示为有向无环图，该特征演化图可以通过信息可视化的方法，抽象地展示特征演化的概览。Wang 和 Tao 综述了基于图的表示和技术在科学可视化中的应用，其中也包括基于图结构的抽象形式表示特征的演化[Wang2017b]。Samtaney 等人首先采用节点 - 连接图，表示特征演化的有向无环图[Samtaney1994]，如图 6.6 左图所示，水平轴表示时间维度，另一个坐标轴上的分布节点用来表示特征，连接两个节点的边表示相邻时间步的特征演化关系，这种表示方式已被广泛应用于时变特征的演化分析和可视化[Silver1997]。追踪图（Tracking Graph）通过引入两个最优布局来减少节点 - 连接图中的边交叉，有效地降低了节点 - 连接图的视觉混乱情况[Widanagamaachchi2012]，如图 6.6 右图所示。Lukasczyk 等人提出了嵌套追踪图（Nested Tracking Graph），不仅展示了特征的演化，还展示了超水平集在拓扑分析中的演变，能够同时比较和分析不同水平集的演化规律[Lukasczyk2017]，如图 6.7 所示。

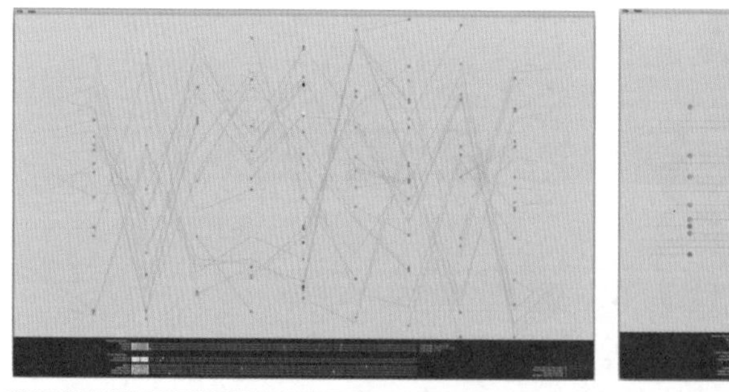

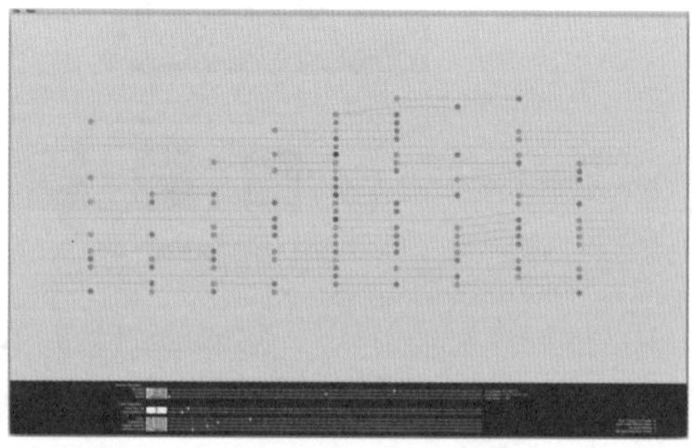

图 6.6 基于节点 - 连接图的时变特征演化可视化。上：基于有向无环图的特征演化图；下：追踪图[Widanagamaachchi2012]。

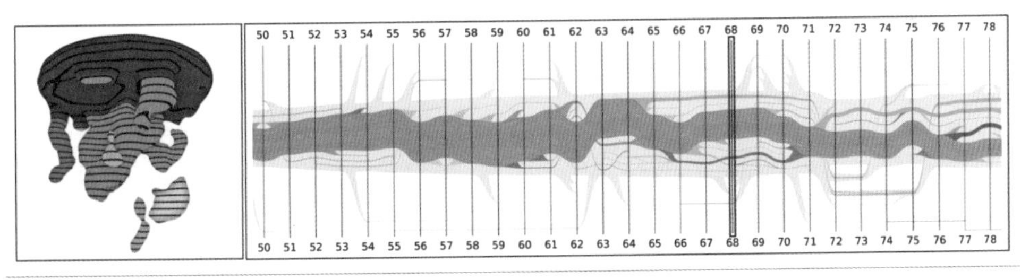

图 6.7 黏性手指数据集的嵌套追踪图 [Lukasczyk2017]，不同颜色表示不同特征。左：在 68 时间步下的直接体绘制；右：嵌套追踪图。

Gu 和 Wang 提出了 TransGraph[Gu2011]，通过提取时变数据的层次状态转换关系，使用图结构进行可视化，其关注的是时空维度的数据块状态的转换关系，而非特征的演化，用户可以根据节点的分布状态，推测特征的演化，并且可以利用图挖掘算法，如图简化、社团检查和可视推荐等，理解图的结构和状态转换关系 [Gu2016]。Ozer 等人将时变数据中的特征演化进一步抽象为更高层次的状态转换的活动模式，并将这些模式按照 Petri-Net 的形式展示进行分析 [Ozer2014]。

6.3 空间向量场数据可视化

向量场数据在科学计算和工程应用中占有非常重要的地位，如飞机设计、气象预报、桥梁设计、海洋大气建模、计算流体动力学模拟和电磁场分析等。向量场的每个采样点的数据是一个向量（一维数组），表达的方向性催生了与标量场完全不同的可视化方法。

向量场可视化的主要目标是：展示场的导向趋势信息；表达场中的模式；识别关键特征区域。通常，向量场数据来源于数值模拟，如计算流体动力学（CFD）产生的数据，也有部分来源于测量设备，如实际风向、水流方向与速度。二维或三维流场（Flow Field）记录了水流、空气等流动过程中的方向信息，是应用最广泛、研究最深入的向量场。因此，流场可视化（Flow Visualization）是向量场可视化中最重要的组成部分。图 6.8 左图是达芬奇的手稿涡流，生动地展示了水流的流动模式，图 6.8 右图是表意性可视化绘制而成的结果，显示了某飞行器尾翼处的两个漩涡。

大多数的流体，无论是气体还是液体，也无论是稳定流（流场不随时间变化）还是非稳定流（流场随时间变化，即时变流场），都是透明介质，它们的运动无法用人眼直接观测。流场可视化 [Merzkirch1987] 将物理过程产生的或与之相关的现象通过可视化以人眼能感知的图像形式显示，可使这个过程的洞察清晰许多。在本节后续介绍中，流场和向量场表示同一个含义。图 6.9 左图展示了探索龙卷风的流场模式所采用的粒子跟踪方法，图 6.9 右图展示了模拟车身周围流场的分布情况。

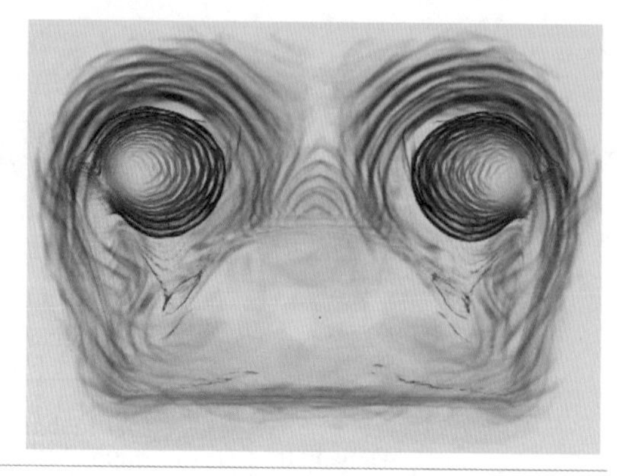

图 6.8 左：达芬奇手绘涡流；右：流场数据的表意性可视化，显示了某飞行器尾翼处的两个漩涡[Svakhine2005]。

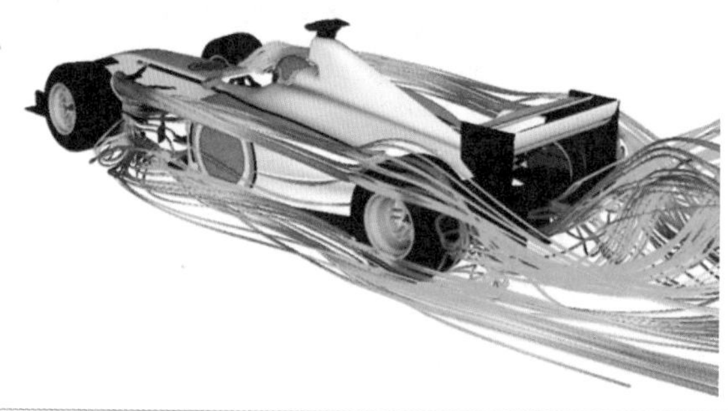

图 6.9 流场可视化示例。图片来源：链接 6-1

流场可视化的核心目标是设计感知有效的流表示方式描绘其流动信息。相关的重要问题包括效率（计算速度和存储成本）、数据尺寸和复杂需求、随时间变化的非定常流、复杂网格以及多种变量（如速度、温度、压力、密度和黏度）的可视化、流场特征提取和跟踪等。图 6.10 展示了 4 种常见的二维向量场可视化方法：图标法（Glyph）、几何法、纹理法和拓扑法。

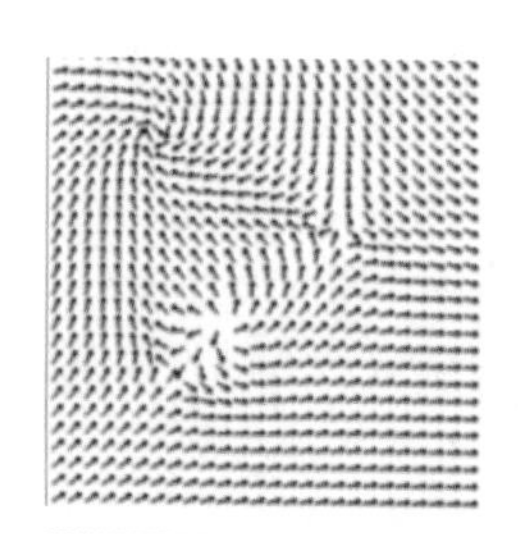

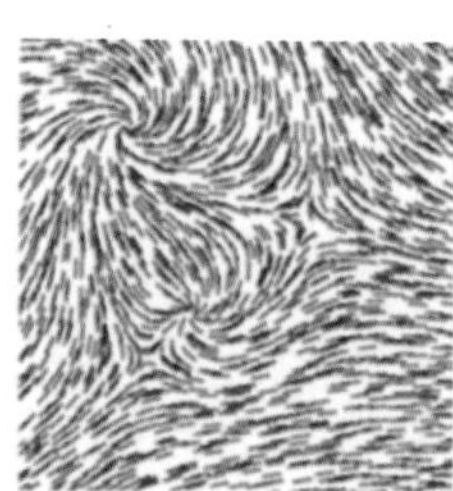

图 6.10 从左至右：箭头，流线，线积分卷积，拓扑特征检测[Hansen2005]。

6.3.1 图标法

简单直接的向量场数据可视化方法是采用图标逐个表达向量（见图 6.10 左图）。箭头的方向代表向量场的方向，长度表示大小。图标的尺寸、颜色、形状等视觉通道可用来表示其他信息。图标法所采用的图标主要有：线条（Hedge Hogs）、箭头和方向标志符。

传统的箭头式图标在向量场可视化中广为人知，如图 6.11 左图所示。类似地，线条式图标使用亮度变化的有向线段表示向量，其长度表示向量大小，如图 6.11 右图所示。为了避免均匀采样对向量场模式产生误解，采样可以引入随机性。箭头式图标可以直接应用于时变向量场，并根据当前时间的向量场实时调整箭头的朝向和长度等。

图 6.11 左：向量场箭头式图标；右：向量场线条式图标。图片来源：链接 6-2；链接 6-3

在二维向量场中，箭头可以较好地反映采样点处向量的方向和大小信息。在三维空间中，箭头的长度与向量的大小成正比，而方向则指向向量的方向，通过透视变换可在一定程度上反映出深度信息。为了减少箭头的前后遮挡，人们设计了各种各样的箭头，例如不透明的、有一定粗细的实体箭头。视觉混乱的问题可以借由高亮用户指定特定的指向范围的方法解决，或者选择性地放置箭头的种子点，也可以使用光照和阴影提供空间信息，例如，利用有阴影的线条在 2D 切片上可视化 3D 流场。

Max 和 Crawfis 提出了用类似于头发的图标附着在向量场中的面，表示向量场中表面附近的向量方向 [Max1994]，如图 6.12 所示。面上的采样点处放置一组短线，让它们沿向量的方向弯曲，形成头发状图标。每根头发由一些短线段连接而成，线段的位置、方向由该点的法向、速度和每个线段的刚度因子插值决定。

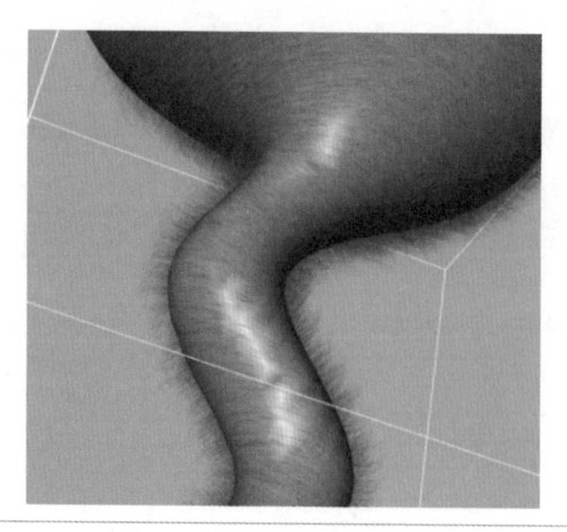

图 6.12 对龙卷风速度等值面上的向量场进行图标可视化的效果 [Max1994]。

采用复杂图标可提供向量场的其他信息。除速度外，可以将向量场的雅可比矩阵分解，将其主成分以直观的方式映射到可视图标隐喻。典型的可编码数据包括：速度、加速度、曲率、局部旋度、切变速率和收敛度等，如图 6.13 所示。同时，图标也可以用来展现向量场的不确定性信息。例如，Lodha 与 Pang 等人讨论了基于图标的不确定性可视化和其他可视化的不确定性展示方式 [Wittenbrink1996]。

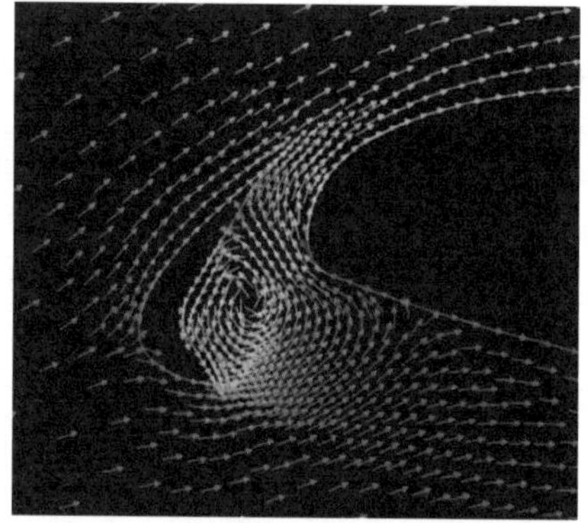

图 6.13 左：具有光照和阴影的三维图标 [Hansen2005]；右：图标颜色编码其他信息。
图片来源：链接 6-4

图标法简单易实现，但对于采样比较密集的数据场，将所有的向量逐点映射为图标常会导致所生成的图像杂乱无章，显示太少又不能准确地把握向量场的变化情况。此外，图标表示无法揭示数据的内在连续性；流场中的一些特征像涡流等结构也很难用图标清晰地表达。

6.3.2 几何法

几何法指采用不同类型的几何元素，例如线（Curve）、面（Surface）和体（Volume）模拟向量场的特征。不同类型的几何元素和方法适用于不同特征（稳定、时变）和维度（二维、三维）的向量场 [McLoughlin2010a]。

6.3.2.1 基于曲线的可视化

基于曲线的可视化方法包括两类：一类方法面向稳定向量场，如流线（Stream Line）；另一类方法面向不稳定 / 时变向量场，如迹线（Path Line）和脉线（Streak Line）。

流线

流线描述向量场空间中任意一点处向量场的切线方向。对于向量场空间中一个特定的位置（除临界点（Critical Point）外），某一时刻有且仅有一条流线通过该点。该点处流线的切线方向即表示该点处向量场的方向。生成流线时，首先在向量场空间中播撒种子点，然后从种子点发射粒子，对向量场进行采样。根据采样得到的向量，平移粒子，不断迭代得到一条完整的流线，如图 6.14 所示。流线适用于刻画稳定向量场或者不稳定向量场中某一时刻的特征。

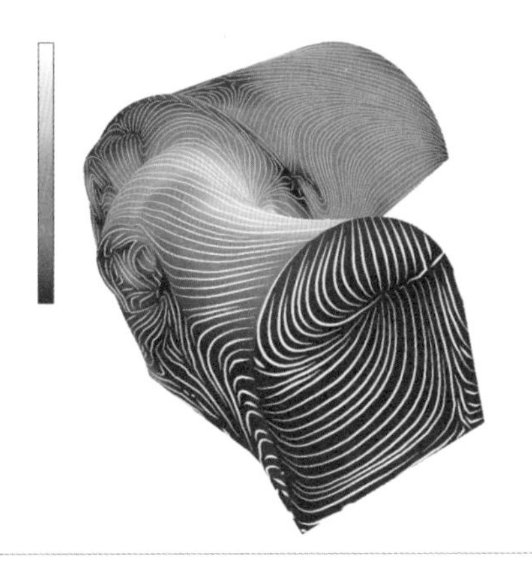

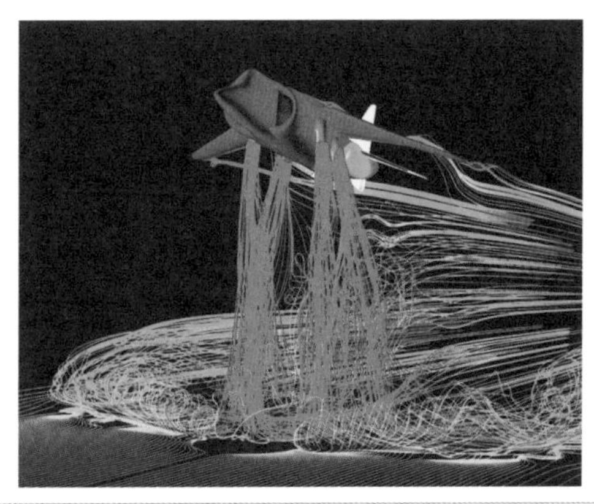

图 6.14 左：分布在内燃机表面、表征气体流向的流线 [Spencer2009]；右：飞机飞行模拟的流线。图片来源：链接 6-5

迹线

迹线的形状与流线类似，但概念截然不同。迹线适用于不稳定向量场，用于描述向量场中一个粒子在某个时间段的流动轨迹。对于向量场空间中一个特定的位置(除临界点外)，某一时刻有且仅有一条迹线通过该点。流线是假想的曲线，是不存在的；而迹线是实际存在的曲线，随着粒子的运动产生。生成迹线时，同样首先要在向量场空间中撒入种子，然后从种子发射粒子，粒子仅在向量场的作用下运动，追踪其运动轨迹即获得一条迹线，如图 6.15 左图所示。

图 6.15 左：太平洋局部洋流实时的迹线可视化结果；右：二维时变流场的 20 条脉线可视化结果。图片来源：链接 6-6；链接 6-7

线性插值是当前近似时间步之间的向量场的常用方法，但插值误差使得生成的迹线不可信。Chen 等人利用最小二乘回归方法，对下采样的不稳定流场的时序插值误差进行建模，量化展示迹线的不确定性，同时提出了一种误差降低策略，提高了数据的准确性[Chen2015]。

脉线

与迹线类似，脉线也适用于不稳定向量场，用于描述一个粒子集合从一个起始点不同时间发射，在之后的某一时刻获取该集合中粒子的位置并连接形成的轨迹，如图 6.15 右图所示。直观地说，脉线的形成过程可以看作在一个向量场的特定位置处持续释放不计质量的有色染料，染料在向量场的作用下运动而形成的几何曲线。由于不稳定向量场随时间变化，这些粒子都有各自的轨迹。

脉线的一个扩展形式是时线（Timeline）。时线指一个粒子集合从一条起始轨迹或一个起始区域上的不同位置发射，并以类似于脉线的方式获取其运动轨迹的方法。简而言之，时线的方法所产生的轨迹是脉线的一个集合，能够反映一个局部区域内的向量场的特征。

以脉线可视化为基础，研究人员同样设计了一些扩展方法，如脉球（Streak Ball）、脉管（Streak Tube）等，具体技术细节详见文献 [Teitzel1998]。

在稳定向量场中，流线、迹线和脉线的结果相同。在不稳定 / 时变向量场中，迹线和脉线所刻画的向量场具有明显的差异，如图 6.16 所示。基于曲线的可视化方法相对成熟，其中，三维向量场可视化仍存在一些开放的研究课题，如三维空间的种子点播撒策略。

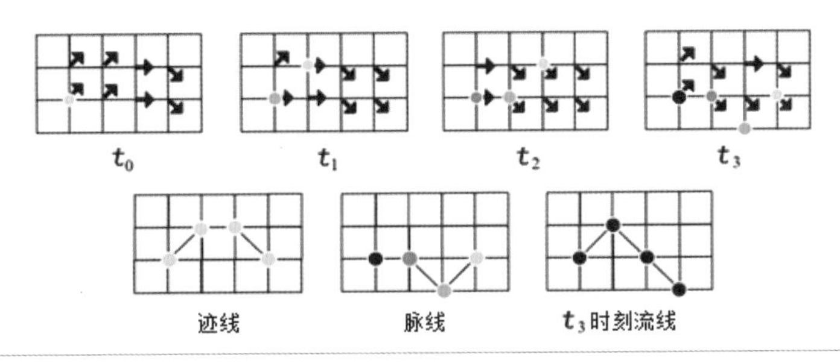

图 6.16 三种基于曲线的可视化方法的对比。上：从 t_0 到 t_3 时刻向量场的变化情况。下：从左往右分别是迹线、脉线和 t_3 时刻的流线。图片来源：链接 6-8

向量场分析不仅仅需要上述曲线的可视化方法，还需要探索向量场中隐含的特征或模式。Ma 等人提出了基于图的流线和迹线可视分析框架 [Ma2014]，图的节点包括空间区域和流线集合两类，通过图的路径比较、区域比较、图的变换等操作，实现流线集合和空间区域的交互分析，如图 6.17 左图所示。Hong 等人利用迹线 - 特征和文档 - 单词的类比，对迹线通过主题建模获得特征，能够从不稳定流场中有效地提取隐含的语义特征 [Hong2014]。Tao 等人提出了基于词汇的部分流线匹配和探索方法，通过将流线编码为字符串，每个字母代表一个基本形状，如图 6.17 右图所示，实现基于字符串的精确和近似流线查询 [Tao2016]。

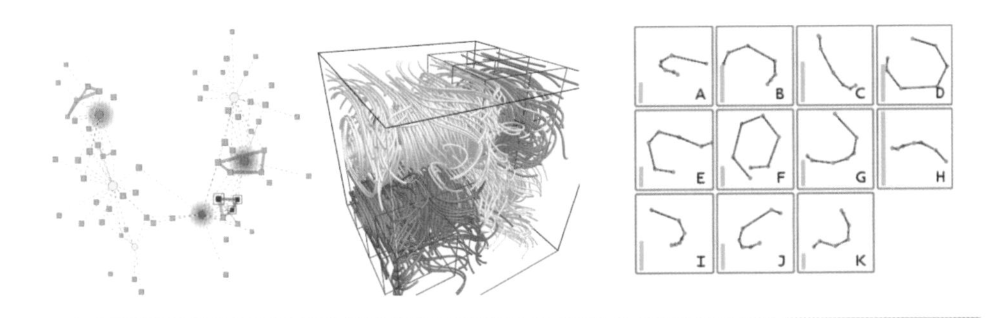

图 6.17 流场数据探索。左：基于流线集合（方形橘黄色节点）和空间区域（圆形黄色节点）的交互图 [Ma2014]；中：路径比较，红、蓝和紫色三类流线集合比较，与交互图对应，红色流线与其他两类流线在不同的子图结构中 [Ma2014]；右：流线形状与字母对应表 [Tao2016]。

6.3.2.2 基于曲面的可视化

基于曲面的几何法增加了种子点空间的维度，比基于曲线的方法提供了更好的用户体验和感知，并能显著降低视觉混淆，更为真实地揭示向量场的结构。

与曲线法类似，常见的基于曲面的向量场可视化方法可以分为两类：一类方法面向稳定向量场，包括流面（Stream Surface）、流球（Stream Ball）和流形箭头（Stream-Arrow）；另一类方法面向不稳定 / 时变向量场，例如脉面（Streak Surface）等。

以流线为基础，研究人员设计了一系列扩展的方法，例如流管（Stream Tube）和流带（Stream Ribbon）等[Ueng1996]，如图 6.18 所示。该方法采用特定的几何元素，如管状物、带状物等替代流线，并采用半径、颜色和形变程度等编码向量场的局部信息，展现向量场更多的细节信息。

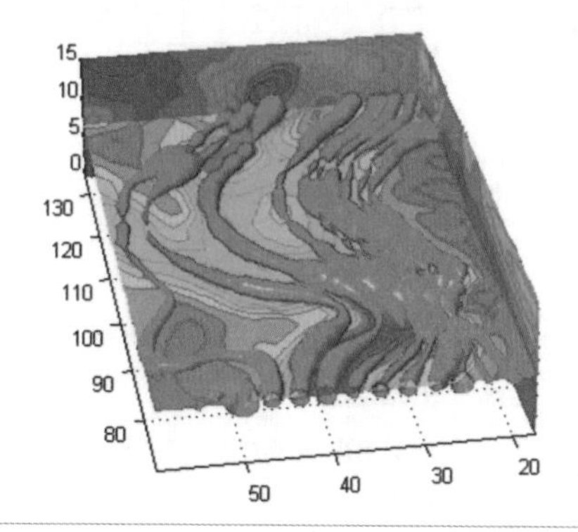

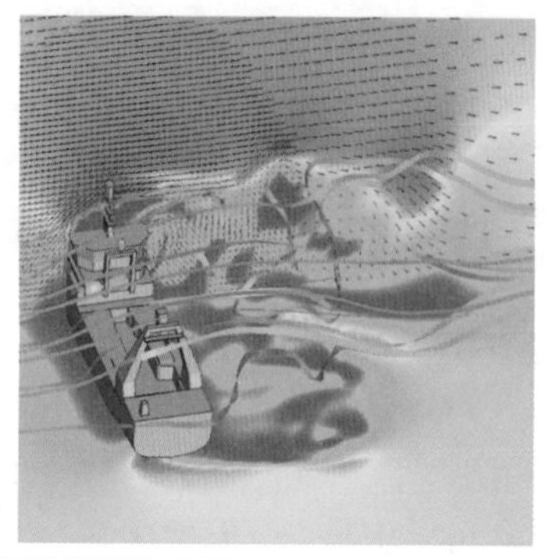

图 6.18 左：流管可视化效果；右：模拟海洋表面风场的流带可视化，流带缠绕揭示了气流漩涡的存在。图片来源：链接 6-9

流面的可视化方法以流线为基础，在三维空间的特定位置（如曲线、曲面和四面体网格等）播撒种子点并生成流线簇，以此揭示向量场特征，如图 6.19 左图所示，具体细节详见文献 [Hultquist1992]。

流球的可视化方法借用元球（Metaball）的概念，将连续的流线离散化为流线上的一组点，用一个流球表示每个点。这种方法的优点在于：通过减小流球间距以及控制流球使其融合，使之呈现流线的连续特征；可采用流球的半径、颜色等属性编码展现向量场的局部特征，如图 6.19 右图所示，具体细节详见文献 [Brill1994]。

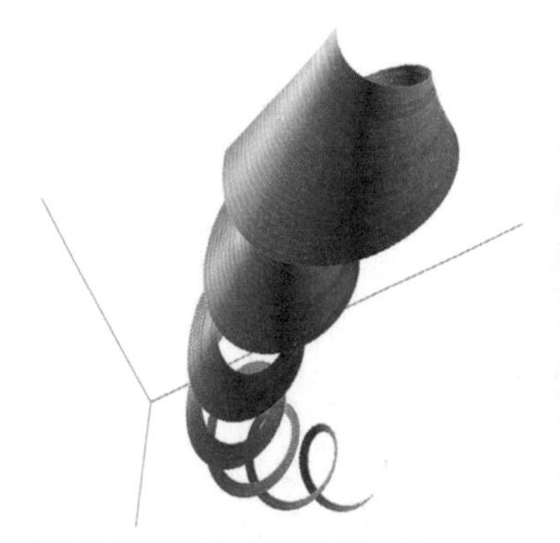

图 6.19 左：龙卷风结构的流面可视化[McLoughlin2009]；右：流球可视化结果。图片来源：链接 6-10

作为流面的扩展形式，流形箭头[Löffelmann1997]将箭头的纹理图案镶嵌于原来的流面上，不同曲率的流面应用不同分辨率的纹理图案，以最大限度地消除图案的扭曲。此方法的优点在于箭头的纹理代替复杂的流面结构，可展现内部的向量场信息，同时在一定程度上降低了视觉混淆，如图 6.20 左图所示。

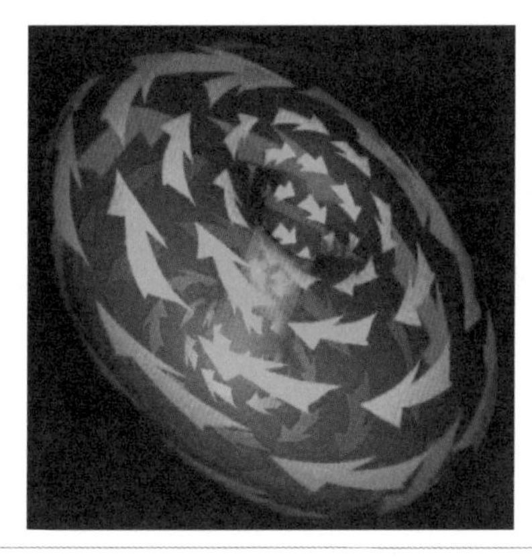

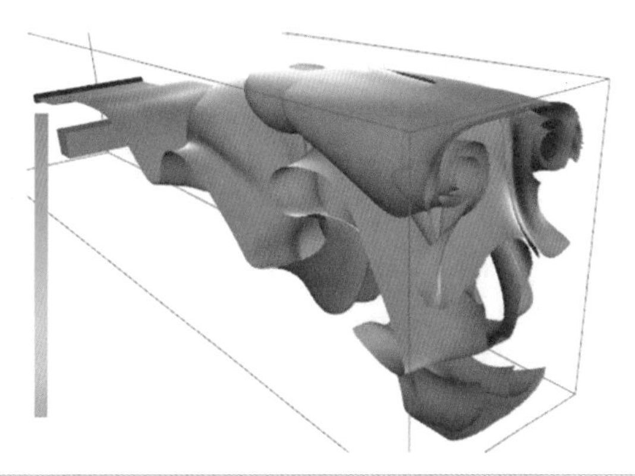

图 6.20 左：镶嵌于流面上的流状箭头的可视化结果。图片来源：链接 6-11
右：描述方形气缸内部气体流动的脉面可视化[McLoughlin2010]。

脉面的可视化以脉线为基础，适用于不稳定时变向量场（见图 6.20 右图）。由于向量场的高度复杂性（四维数据）和人眼对时变数据的不易感知性，脉面方法面临的技术挑战是降低计算复杂度、保持数据精确性和降低视觉混淆，具体细节详见文献 [McLoughlin2010b]。

基于曲面的可视化方法至今仍然是一个开放的研究课题，面临着一系列挑战。例如，当前方法无法有效地解决错切流（Shear Flow）的可视化，面向大数据集的曲面可视化以及可视化过程中的交互方式也需要进一步研究。

6.3.2.3 基于体的可视化

基于曲线或者曲面的可视化方法通常难以展示三维向量场完整的整体性特征，如流的聚合和分散、漩涡、剪切和断裂等拓扑信息。基于体的可视化方法能有效地弥补这一缺陷，帮助用户探索向量场的拓扑结构。这一类的可视化方法主要包括流体（Flow Volume）等。

流体可视化方法的主要思路是：将追踪粒子撒入流场，捕获粒子的运动轨迹，形成三维空间内的一个流体，继而将该流体通过特定算法转化为一个四面体的集合，并利用体绘制技术进行可视化[Max1993]。相对于流线和流面，流体技术可揭示更多的全局或局部信息，如图 6.21 左图所示。

以流体技术为基础，研究人员设计了更多的相关算法，如隐式流体法（Implicit Flow Volume）[Xue2004]（见图 6.21 右图）、面向时变向量场的可视化方法和借助脉线的不稳定流体方法（Unsteady Flow Volume）[Becker1995]。

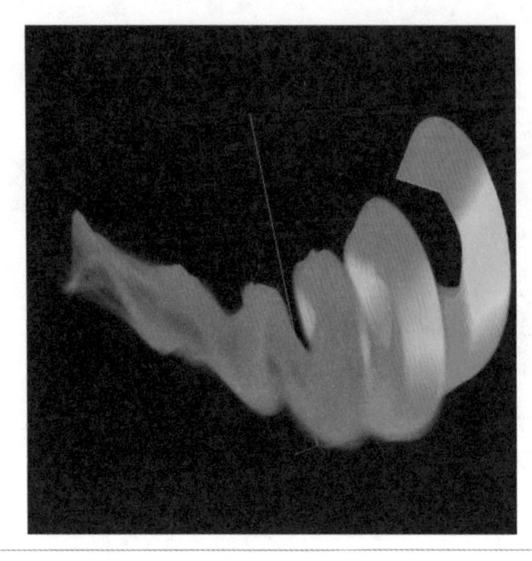

图 6.21 左：对龙卷风数据的流体可视化结果 [Max1993]；右：对充电耦合（Charge Couple）数据集的隐式流体可视化结果 [Xue2004]。

与基于线和面的方法相比，基于体的可视化方法面临计算、感知和种子点策略等更多方面的挑战，需要进一步地研究和实践。

6.3.3 纹理法

由于设计合理的种子点策略难度较大，往往要求用户对数据具有先验知识，因此传统的基于几何的方法在处理复杂向量场时经常产生不理想的可视效果。例如，曲线和曲面的聚集与覆盖导致视觉混淆和结果的不完整，最终造成关键特征的丢失或掩盖。在基于纹理的可视化方法中，研究人员以纹理图像的形式显示向量场的全貌，能够有效地弥补图标法和几何法的缺陷，揭示向量场的关键特征和细节信息。根据处理对象的不同，纹理法主要包括三大类：点噪声（Spot Noise）、线积分卷积（Line Integral Convolution, LIC）和纹理平流（Texture Advection）。

6.3.3.1 点噪声

点噪声方法 [Wijk1991] 以单点（通常表示为除一有限区域外处处为 0 的函数）作为生成纹理的基本单元，将随机位置（均匀分布）、随机强度的点混合形成噪声纹理，并沿向量方向对噪声纹理进行滤波，纹理图像中条纹的方向反映了向量场的方向，处理过程如图 6.22 所示。

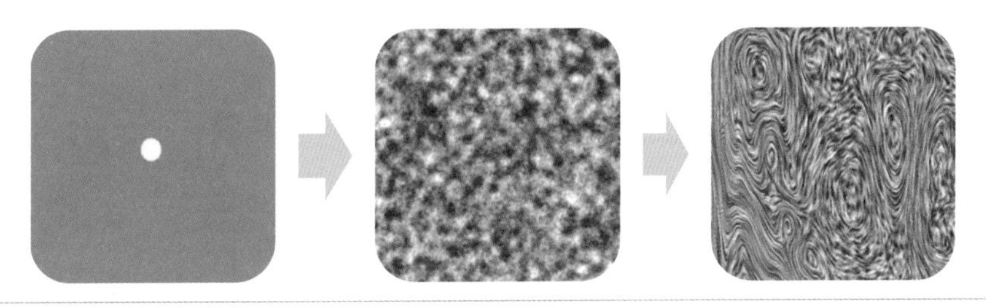

图 6.22 点噪声可视化 [Leeuw1996]。左：生成纹理的基本单元：点；中：点形成的噪声纹理；右：可视化结果。

点噪声方法的扩展方法适用于复杂多样的应用情形，包括加强的点噪声方法（Enhanced Spot Noise）[Leeuw1995]、并行点噪声方法（Parallel Spot Noise）[Leeuw1997a] 和面向时变向量场的点噪声方法（Unsteady Spot Noise）[Leeuw1997b] 等，如图 6.23 所示。

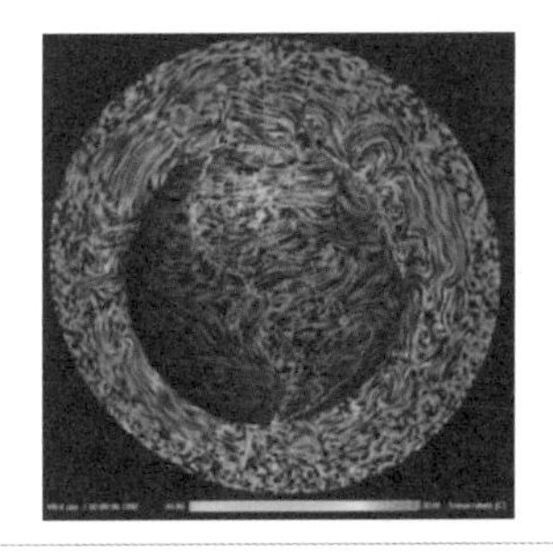

图 6.23 左：应用并行点噪声方法对臭氧在风场中的扩散情况进行可视化的结果 [Leeuw1997a]；右：应用面向时变向量场的点噪声方法探索全球范围内风场和温度相关性的可视化结果，颜色编码温度 [Leeuw1997b]。

6.3.3.2 线积分卷积

线积分卷积与点噪声方法有一定的相似性，其基本思路是以随机生成的白噪声作为输入纹理，根据向量场数据对噪声纹理进行低通滤波，这样生成的纹理既保持了原有的模式，又能体现出向量场的方向，如图 6.24 所示，具体细节详见文献 [Cabral1993]。

图 6.24 左：流场；中：随机生成的白噪声纹理；右：线积分卷积的可视化结果。
图片来源：链接 6-12

线积分卷积是基于纹理的向量场可视化中非常重要的方法。与点噪声方法相比，线积分卷积方法成像质量较高，纹理细节清晰，能够精确地刻画向量场的特征，特别是鞍点、螺旋点和交点等拓扑特征，以及具有高曲率的局部区域 [Leeuw1998]。为了克服算法存在的计算复杂度高、难以满足交互需求的问题，并将方法扩展到时变和三维向量场，研究人员设计了一系列方法，包括快速线积分卷积方法（Fast LIC）[Stalling1995]（见图 6.25 左图）；面向时变向量场的线积分卷积方法（Unsteady LIC）[Forssel1995]；三维线积分卷积方法（3D LIC）[Rezk1999]（见图 6.25 右图）；动态线积分卷积方法（Dynamic LIC）[Sundquist2003]；显示频率控制线积分卷积方法 [Matvienko20015] 等。更多的相关方法详见文献 [Laramee2004]。

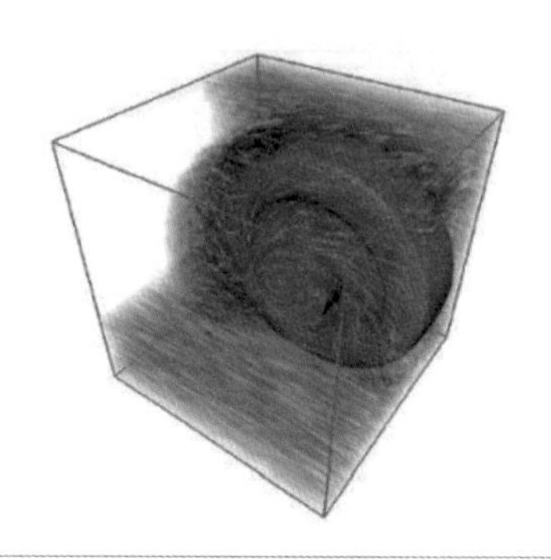

图 6.25 左：应用快速线积分卷积对偶极天线辐射场（Dipole Antenna）的可视化 [Stalling1995]；
右：应用三维线积分卷积对车轮附近区域流场的可视化 [Rezk1999]。

6.3.3.3 纹理平流

纹理平流法是时变流场可视化的标准方法之一。它根据向量场方向移动一个纹元（纹理单元，Texel）或者一组纹元，以达到刻画向量场特征的目的。此类方法中最具代表性的是 IBFV（Image Based Flow Visualization）[Wijk2002] 和 UFLIC（Unsteady Flow LIC）[Shen1998]。

IBFV 方法将之前的若干帧图像和一系列经过滤波的噪声背景图像作为输入，经过卷积生成下一帧图像，如图 6.26 左图所示。IBFV 是一种用宏观图形表现微观粒子运动的方法，对图形硬件要求不高，绘制速度较快，同时该算法获得的流场动画时间的一致性较高，但空间的一致性较低，纹理细节不清晰。

UFLIC 方法从质点平流的角度重新阐释了 LIC 思想。其思路是：初始白噪声纹理中的每个像素点沿向量场方向运动，在经过的像素位置以灰度值的方式留下“印记”。经过多次平流后，对每个像素点记录的“印记”进行卷积，获得最终的向量场纹理图像，如图 6.26 右图所示。

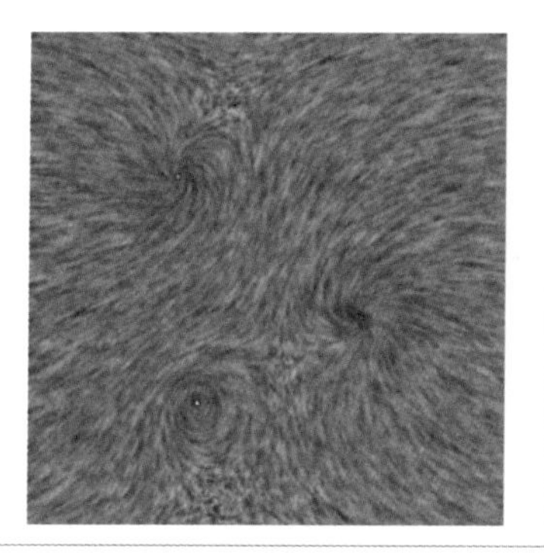
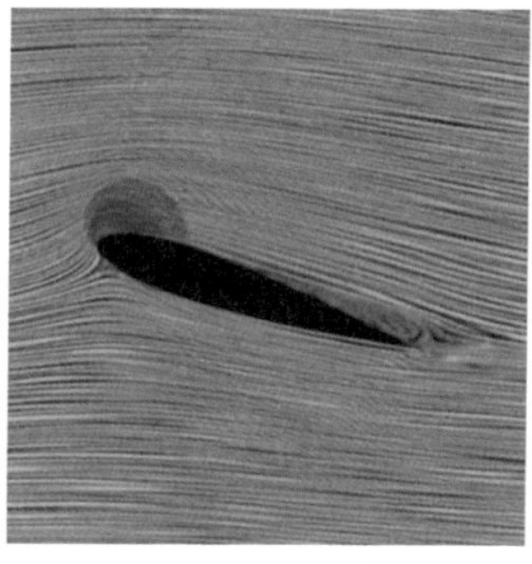

图 6.26 左：应用 IBFV 方法对一个模拟流场数据进行可视化的结果[Wijk2002]；
右：应用 UFLIC 对振动机翼附近空气流场进行可视化的结果[Shen1998]。

除了以上两种方法，类似的方法还有 LEA（Lagrangian-Eulerian Advection）[Jobard2000]、ISA（Image Space Advection）[Laramee2003] 和 AUFLIC（Accelerated UFLIC）[Liu2002] 等。

6.3.4 拓扑法

向量场可视化中的拓扑方法主要基于临界点理论：任意向量场的拓扑结构由临界点和链接临界点的曲线或曲面组成。其中，临界点是指向量场中各个分量均为零的点。该方法是一种对向量场抽象描述的方法，让用户抓住主要信息，忽略其他次要信息，并且能够在此基础上对向量场进行区域分割，如图 6.27 所示。基于拓扑的向量场可视化方法能够有效地从向量场中抽取主要的结构信息。由于具备丰富的数学理论基础，该方法适用于任意维度、离散或者连续的向量场。

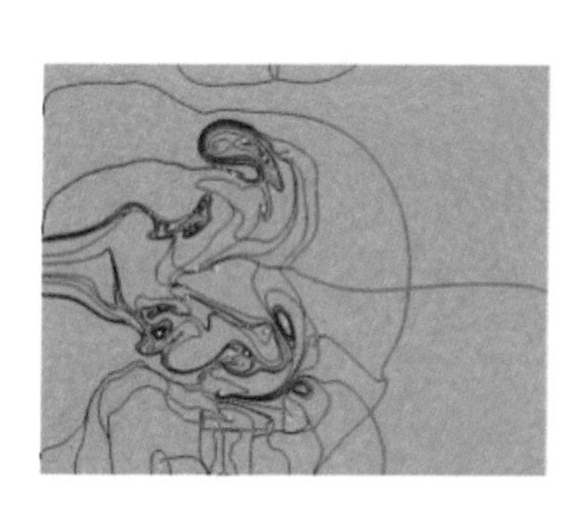

图 6.27 基于拓扑的向量场可视化结果[Tricoche2010]。左：二维向量场的拓扑可视化，红、绿、蓝为不同类型的临界点，黑线为向量场区域边界；右：三维向量场的拓扑可视化结果。

传统的向量场拓扑可视化方法主要由两步组成：临界点位置的计算与分类；链接临界点的积分曲线或曲面，即向量场区域边界的计算。

临界点位置的计算与分类

根据定义，临界点为向量场中各个分量均为零的点。可以通过求解向量场方程或通过二分法求得临界点的位置。向量场的临界点具有这样几个特性：所有的流线（stream line）汇聚于这些临界点，因此这些临界点被认为是流线的“交点”；在这些临界点处速度光滑的变化为零；临界点的类型决定了向量场的局部格局。

一般地，临界点可以分为 5 类：鞍点（Saddle）、螺旋点（Spiral）、交点（Node）、聚点（Focus）和中心点（Center，同心圆临界点），如图 6.28 所示。

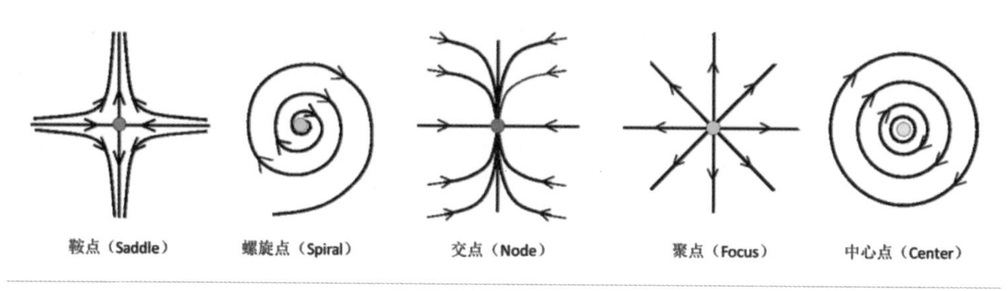

图 6.28 向量场中临界点的分类 [Tricoche2010]。

对于每一个临界点，可求其向量场的偏导，计算其雅可比矩阵 J，进而计算 J 的特征值及特征向量，并根据特征值在复平面上的分布对临界点进行分类，如图 6.29 所示。

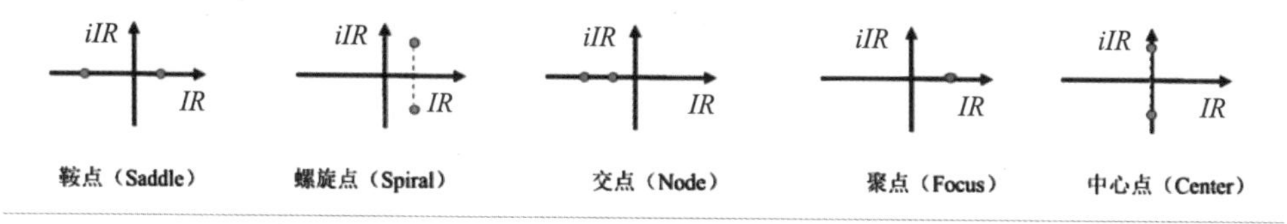

图 6.29 不同类型临界点的雅可比矩阵特征值在复平面上的分布 [Tricoche2010]。

越稳定的临界点通常意味着更重要的现象，Wang 等人量化分析了二维临界点的稳定性，通过计算用来消除局部邻域内的临界点的最小扰动量，来度量该临界点的稳定性，可用于分析稳定和不稳定的特征 [Wang2013]。

向量场区域边界的计算

为了构造向量场的拓扑结构，需要用积分曲线或曲面连接临界点，并以当前临界点为起始点，沿着临界点处雅可比矩阵特征向量的方向，进行积分曲线的计算。

基于拓扑的向量场可视化方法只考虑了向量场的结构信息，忽略了次要信息，可以视为对向量场的一种简化，因此效率高，在侧重于对向量场特殊结构进行可视化分析的应用中具有较大的优越性。简单的向量场所包含的拓扑结构，特别是其区域边界，可通过上述方法计算得到；对于相对复杂的向量场，由于噪音等因素的影响，经典的拓扑方法往往无法给出满意的可视化结果。

向量场的区域边界也被称为拉格朗日相干结构（Lagrangian Coherent Structures, LCS）[Garth2007]。近年来，研究者通过引入 FTLE（Finite-Time Lyapunov Exponents）的概念来计算 LCS。FTLE 测量相邻的虚拟粒子在向量场中运动轨迹的分离程度，通过对这一测量的分析，进而得到向量场的区域边界，并对该向量场进行可视化，如图 6.30 所示。

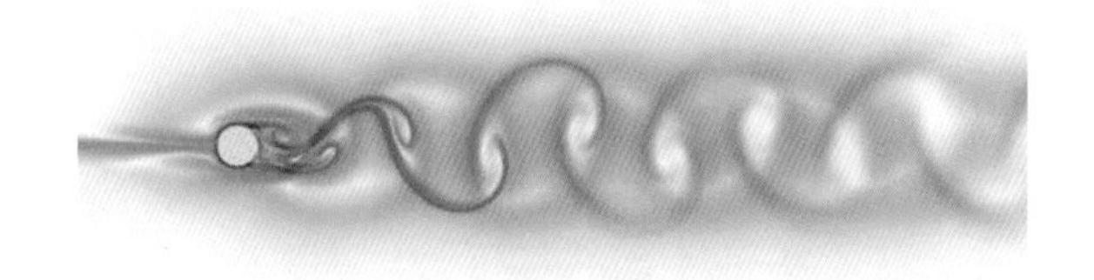

图 6.30 向量场的 FTLE 可视化结果 [Garth2007]。

6.4 空间张量场数据可视化

张量（Tensor）的数学定义是：由若干坐标系改变时满足一定坐标转化关系的有序数组成的集合。张量是矢量的推广：标量可看作 0 阶张量，向量可看作 1 阶张量。如果在全部空间或部分空间里的每一点都有一个张量，则该空间确定了一个张量场。每个采样点的数据是一个张量的数据场，称为张量场（Tensor Field）[Zhang2004]。在部分科学计算领域，张量场是一类重要的场数据。张量场被广泛用于数学、物理和工程领域，如微分几何、基础物理、光学、固体机械学、流体动力学、环境工程、航空航天和弥散张量成像等，如图 6.31 所示。由于张量场数据维度高、结构抽象、表达复杂，所以张量场的可视化手段相对匮乏 [Laidlaw2009]。

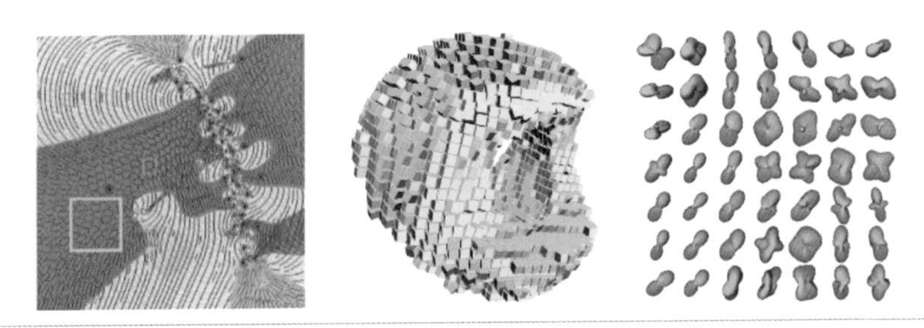

图 6.31 左：美国加州 1992 年 7.3 级地震模拟数据中的反对称二阶二维张量场 [Chen2011]；中：力学模拟中的无方向旋转对称二阶三维跨域场 [Huang2011]；右：高角弥散成像各向异性分布的 Q-Ball 显示 [Kindlmann2004]。

张量场的数学理论是数学界的研究热点，逐步在图形和可视化领域得到应用[Wang2005]。将数据组织为张量可为分析三维空间数据提供有效的工具。例如，将一个多维向量表达为一个低阶张量，可采用张量场理论分析大尺度的数据集。将线性或多线性的分解模型应用于高阶数据张量，可实现数据压缩和自动分析。高阶张量也可被用来表示实值和对称函数。常规的张量场计算理论，可以用于刻画大尺度张量场的分析和可视化。

- 张量计算，如张量的导数、张量的分解和张量之间的距离。
- 张量场不变量的计算，如张量形状、轨迹、各向异性分数值、张量场模式等。
- 张量场结构计算，如张量场分割，张量场的峰、谷和裂缝，以及基于动力系统理论的拉格朗日连贯结构计算等。

与向量场可视化类似，张量场可视化也可以基本分为几何、纹理、拓扑三大类：

- 基于几何的方法显式地生成刻画某类张量场属性的几何表达。其中，图标法将张量单个地表达为某个几何表达，如椭球和超二次曲面；超流线法将张量转换为向量（如二阶对称张量的主特征方向），再沿主特征方向进行积分，形成流线、流面或流体。这类方法被广泛应用于生物医学领域，如弥散张量成像数据的可视化。
- 基于纹理的方法将张量场转换为一张或动态演化的图像（纹理），图释张量场的全局属性。其核心思路是将张量场简化为向量场，进而采用线积分法、点噪声等方法显示。
- 基于拓扑的方法计算张量场的拓扑特征（如关键点、奇点、灭点、分叉点和退化线等），依此将感兴趣区域剖分为具有相同属性的子区域，并建立对应的图结构，实现拓扑简化、拓扑跟踪和拓扑显示。基于拓扑的方法可有效生成多变量场的定性结构，快速构造全局流场结构，特别适合于数值模拟或实验模拟生成的大尺度数据。

张量场可视化的两类典型案例是弥散加权核磁共振成像和流体力学计算。在科学可视化领域内，三维二阶张量场数据是一种常见的可视化对象，应用非常广泛，而三维二阶张量场最直接的应用是弥散张量核磁共振成像（见第 14 章）。

本节将以二阶对称张量场（主要是弥散张量成像数据）为例，详细介绍张量场可视化的基本概念与方法。

6.4.1 张量场的数学描述

张量是一个定义在向量空间和对偶空间的笛卡尔积上的多线性函数，其坐标是 n 维空间，有 nr 个分量，其中每个分量都是坐标的函数。在坐标变换时，这些分量也依照某些规则做线性变换。r 称为该张量的秩或阶（与矩阵的秩和阶均无关系）。

在数学里，张量是一种几何实体，或者说广义上的数量。张量可以用坐标系统来表达，记作标量的数组，但它被定义为不依赖于参照系的选择。简而言之，向量可以视为从点到点变化的量，而张量则可被视为从向量到向量变化的量。

在同构的意义下，第 0 阶张量（$r=0$）为标量，第一阶张量（$r=1$）为向量，第二阶张量（$r=2$）则为矩阵。例如，三维空间 $r=1$ 时的张量为一个向量：$(x,y,z)^{\mathrm{T}}$。故此，张量可以表述为一个值的序列：用一个向量值的定义域和一个标量值的值域的函数表示。这些定义域中的向量是自然数的向量，而这些数字称为指标。例如，三阶张量可以有尺寸 3、6 和 8。这里，指标的范围是从 <1,1,1> 到 <3,6,8>。张量可以在指标为 <1,1,1> 有一个值，在指标为 <1,1,2> 有另一个值……共 144 个值。类似地，向量可以表示为一个值的序列，用一个标量值的定义域和一个标量值的值域的函数表示，定义域中的数字是自然数，称为指标，不同指标的个数有时称为向量的维度。

应用物理与计算数学中产生的张量场通常是对称或反对称的，数学上意味着张量的矩阵形式是对称或反对称的。

二阶对称张量场实例

在医学上，弥散（Diffusion）指分子的随机不规则运动，是体内的物质运转方式之一，又称布朗运动(Brownian Motion)。弥散是一个物理过程，其原始动力为分子所具有的热能。弥散是一个三维过程，分子沿空间某一方向弥散的距离相等或不相等，可以将弥散的方式分为两种：一种是指在完全均匀的介质中，分子的运动由于没有障碍，向各个方向运动的概率相同，称为各向同性（Isotropic）弥散。例如，在纯水中水分子的弥散、在脑脊液及大脑灰质中水分子的弥散近似各向同性弥散。另一种弥散具有方向依赖性，在按一定方向排列的组织中，分子向各个方向弥散的概率不相同，则称为各向异性（Anisotropic）弥散。

通过磁共振弥散加权成像方法获得的原始数据称为 DWI（Diffusion Weighted Image，弥散加权成像)。组织内水分子弥散运动越强，在 DWI 上表现为低信号，相反弥散运动越弱，在 DWI 上表现为高信号。然而，DWI 只能描述单一磁场作用方向上的弥散运动强度。为此，在不同方向的 DWI 基础上可以重建出各向异性数据分布，并简化每个数据分布为一个二阶对称张量，用来描述水分子沿不同方向扩散的综合运动。二阶张量可用一个正定矩阵表示：$\boldsymbol{D}=\begin{bmatrix} D_{xx} & D_{xy} & D_{xz} \\ D_{xy} & D_{yy} & D_{yz} \\ D_{xz} & D_{yz} & D_{zz} \end{bmatrix}$。不难看出，张量 $\boldsymbol{D}$ 是三维空间中的二阶张量，其指标尺寸分别是 3 和 3。

通过对二阶对称张量 $\boldsymbol{D}$ 进行特征分解，可得到其特征值及所对应的特征向量 [Zhang2004]。进而，张量可重新表示为：$\boldsymbol{D}=\Upsilon\Lambda\Upsilon^{-1}$，其中，$\Upsilon=(e_1,e_2,e_3)^{\mathrm{T}}$，$e_i$ 表示 $\boldsymbol{D}$ 的特征向量，

$$\Lambda=\begin{bmatrix}\lambda_1 & 0 & 0\\ 0 & \lambda_2 & 0\\ 0 & 0 & \lambda_3\end{bmatrix}$$，λ_i 是矩阵 $\boldsymbol{D}$ 的特征值。e_i 指明了扩散方向，λ_i 则解释了扩散强度。可以视为一个单位旋转矩阵，它决定了张量在张量场中的变换等。

根据特征值之间的关系可将张量分为以下几类，如图 6.32 所示。

- $\lambda_1>>\lambda_2>\lambda_3$，表示水分子主要沿 e_1 扩散，表现为线形模型，记为 $\boldsymbol{D}_l$
- $\lambda_1\approx\lambda_2>>\lambda_3$，表示水分子主要在 e_1、e_2 所定义的平面内扩散，呈现扁平状，记为 $\boldsymbol{D}_p$
- $\lambda_1\approx\lambda_2\approx\lambda_3$，表示各项同性扩散，此时张量表现为球形，记为 $\boldsymbol{D}_s$

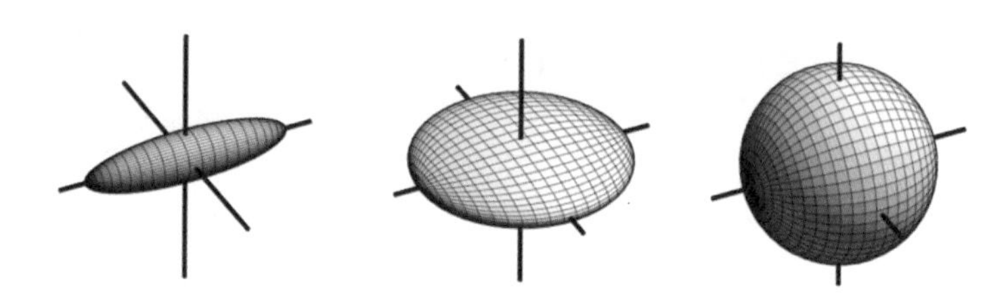

图 6.32 不同类型的张量 [Zhang2004]。左：线形张量；中：椭球形张量；右：球形张量。

为了定量刻画弥散张量的特征，学者们提出了很多评价参数，如平均弥散（Mean Diffusivity, MD）、部分各向异性（Fractional Anisotropy, FA）、相对各向异性（Relative Anisotropy, RA）和容积比（Volume Rate, VR）等，见表 6.1。其中 C_l, C_p, C_s 度量了扩散的几何特征，且 $C_l+C_p+C_s=1$。C_l 越大，则说明张量呈线性扩散；C_p 越大，则呈平面扩散；C_s 越大，则表明张量呈各向同性。这些度量参数不仅可以反映微粒或水分子在局部范围内的扩散运动，而且可作为待表达的数据用于可视化。

表 6.1 各向异性度量参数

参　数	计算方法	说　明
λ	$(\lambda_1+\lambda_2+\lambda_3)/3$	
MD	$\frac{D_{xx}+D_{yy}+D_{zz}}{3}$	平均弥散
FA	$\sqrt{\frac{3}{2}}\frac{\sqrt{(\lambda_1-\lambda)^2}+\sqrt{(\lambda_2-\lambda)^2}+\sqrt{(\lambda_3-\lambda)^2}}{\sqrt{\lambda_1^2+\lambda_2^2+\lambda_3^2}}$	部分各向异性
RA	$\frac{\sqrt{(\lambda_1-\lambda)^2}+\sqrt{(\lambda_2-\lambda)^2}+\sqrt{(\lambda_3-\lambda)^2}}{\sqrt{3\lambda}}$	相对各向异性
VR	$\frac{\lambda_1\lambda_2\lambda_3}{\lambda_3}$	容积比
C_l	$\frac{\lambda_1-\lambda_2}{\lambda_1+\lambda_2+\lambda_3}$	线性各向异性（Linear Anisotropy）

续表

参　数	计算方法	说　明
C_p	$\frac{2(\lambda_2-\lambda_3)}{\lambda_1+\lambda_2+\lambda_3}$	平面各向异性（Planar Anisotropy）
C_s	$\frac{3\lambda_3}{\lambda_1+\lambda_2+\lambda_3}$	球面各向异性（Apherical Anisotropy）

6.4.2 基于几何的方法

6.4.2.1 图标法

采用图标表示张量简单直观，主要包含两个重要步骤：采样张量场，选取一些有代表性的采样点；遍历每个采样位置，根据张量信息选取合适的几何表达方法，构建张量图标。

张量图标编码了张量的特征向量和特征值，通常特征向量对应图标的轴的方向，特征值对应轴的长短。常用的张量图标比向量图标类型多、立体感强，例如椭球体、立方体、圆柱体、超二次图标等，如图 6.33 所示。其中每个子图里位于三角形顶点的图标对应于极端情形下的张量。比弥散张量成像更为复杂的是张量阶数大于 2 的高角分辨率弥散张量成像（HARDI），需要采用更为复杂的图标予以表示。

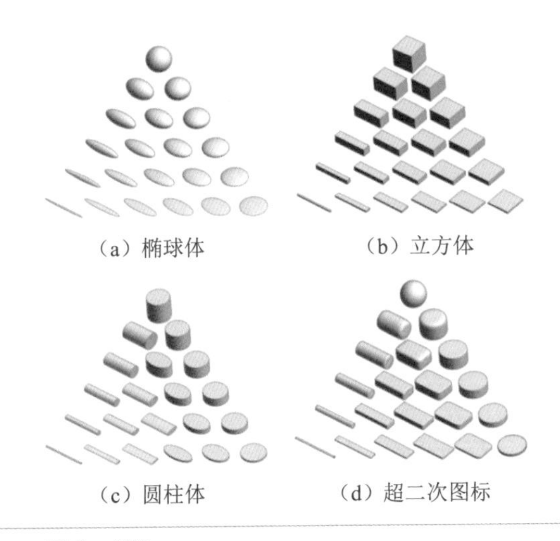

图 6.33 常用的张量图元 [Kindlmann2004]。

图 6.34 中图元的大小编码了部分各向异性值，颜色编码了张量的主特征方向。图 6.35 中图元的颜色编码了部分各向异性值的大小，颜色较深的区域表示该区域的各向异性较强，颜色较浅的区域表示该区域呈各向同性。

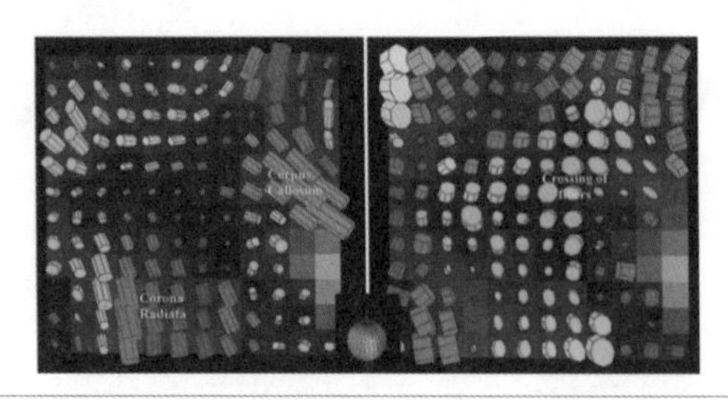

图 6.34 基于张量圆柱体的 DTI 数据可视化 [Wiegell2000]。

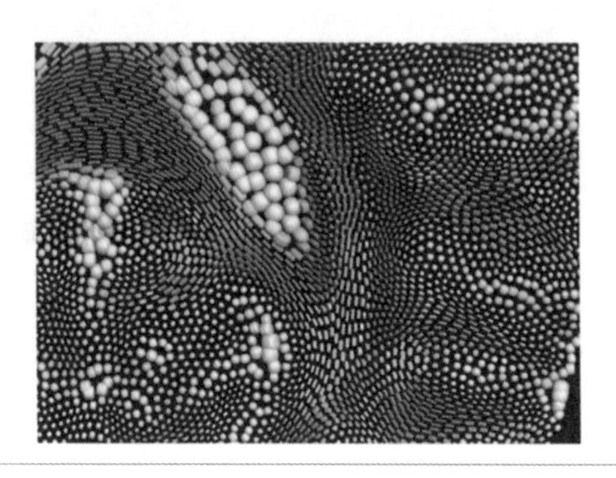

图 6.35 基于超二次张量图元的弥散张量场数据可视化 [Kindlmann2006]。

不同的张量图元具有不同的优势与特性。立方体和圆柱体图元可清晰地揭示张量的主特征方向。但是，当特征值非常接近时，立方体图元却无法表达其中的方向奇异性。圆柱体图元表示不够连续，如图 6.33（c）的中心区域所示，尽管张量的变化甚微，但图元的几何形状却发生了巨大的变化，这极大地影响了用户对可视化结果的理解。椭球体图元表示不存在上述问题，但将三维椭球体投影到二维屏幕的过程中，无法正确地表示三维椭球体的方向。超二次曲面可在一定程度上解决上述图元存在的缺陷。

受棋盘式（Checkerboard）可视化和超二次（Superquadric）张量图元的启发，Zhang 等人设计了一种新的图元 [Zhang2016]，通过图元并排和显式编码，可视化两个张量场之间的局部差异，如图 6.36 所示，比较张量尺度、各向异性类型和方向这三个方面的差异，用来分析 DTI 数据获取参数的影响，和调查病理对白质结构的影响。

对于非弥散张量场，即非对称且非正定的张量场，张量的特征向量可能是非正交或复数。Kratz 等人阐述了这类张量场的重要性，讨论了已有的张量场可视化方法在此类张量场上的优缺点，希望为非弥散张量场设计出合适的可视化方法 [Kratz2013]。Gerrits 等人基于分段有理曲线和曲面，构造了 2D 和 3D 张量图元，如图 6.37 所示，具有等距和缩放不变性、直接编码所有特征值和特征向量的实部、张量和图元之间一一对应、张量变化时的图元连续性等特点 [Gerrits2017]。

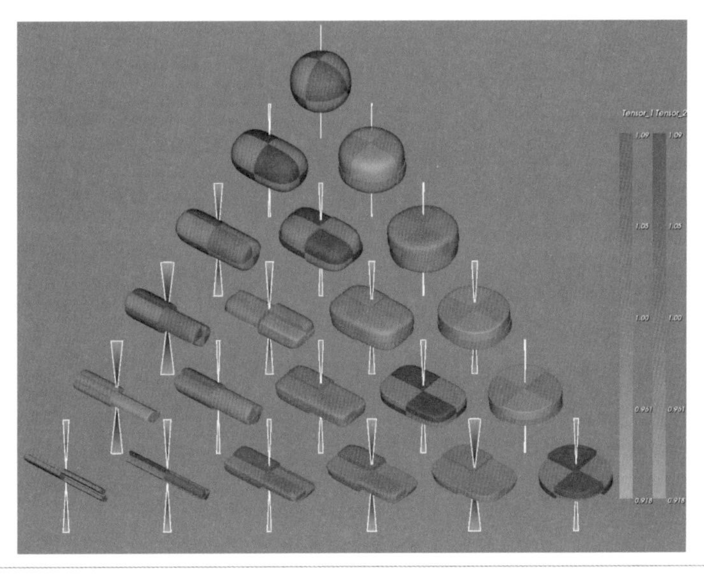

图 6.36 基于图元并排和超二次张量图元的弥散张量场数据比较可视化 [Zhang2016]。

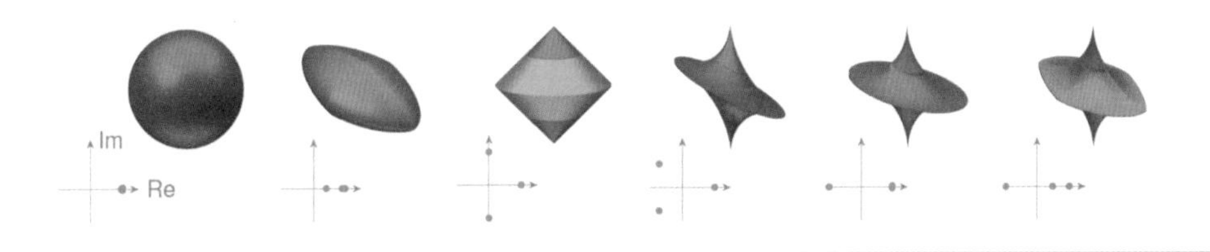

图 6.37 二阶 3D 张量场的图元可视化，其特征值在复平面中可视化 [Gerrits2017]。

基于图元的可视化方法，完整地保留了张量的细节信息，可视化结果比较精确。但是，布局过多的图元不仅无助于用户了解、认知、分析张量场数据，反而会引起视觉混乱，进而干扰用户进行组织结构病变的定位和分析；相反，如果布局图标过少，则不能有效地揭示组织的结构信息，尤其是组织结构的连续性信息。

6.4.2.2 纤维追踪法

张量图标与向量图标存在一定的相似性。一种自然的思路是将张量场转化、简化为向量场，进而借鉴向量场的可视化方法，如流线法等，呈现张量场数据的某方面特征。

如前所述，二阶对称张量可分解为三个特征向量，其主特征向量与纤维的走向基本保持一致。由于主特征向量场所包含的各向异性信息相当明显，对主特征向量场进行曲线跟踪便可大致计算出纤维性结构信息。纤维追踪（也称纤维示踪，Fiber Tracking）算法的步骤如下。

- 在主特征向量场中布局种子点。通常，选择将种子点布局于用户感兴趣区域，如各向异性较强的区域（大脑中的脑白质）。
- 以种子点为起始追踪位置，沿主特征向量向前向后追踪，直至满足给定的终止条件。在实际使用中，终止条件是众多约束的一个综合，这些约束决定了最终的纤维特征。常用的约束条件包括：最小各向异性、最大纤维长度、是否进入或退出一个用户指定的感兴趣区域、纤维束之间的最大距离等。

图 6.38 展示了纤维追踪的基本过程。其中，黄色箭头表示主特征向量，红色曲线和绿色曲线是两个纤维追踪结果。纤维追踪的结果是一系列纤维束（Fiber Bundles），在它们的基础上可以进行纤维束聚类、纤维束的神经功能分析、测量、选取和可视化交互等处理 [Chen2009]。每根纤维可采用流线（Stream Line）、流管（Stream Tube）等进行表达。用户可根据需要对流管的颜色等进行编码，以揭示更多的张量细节信息，如部分各向异性值等，如图 6.38 右图所示。

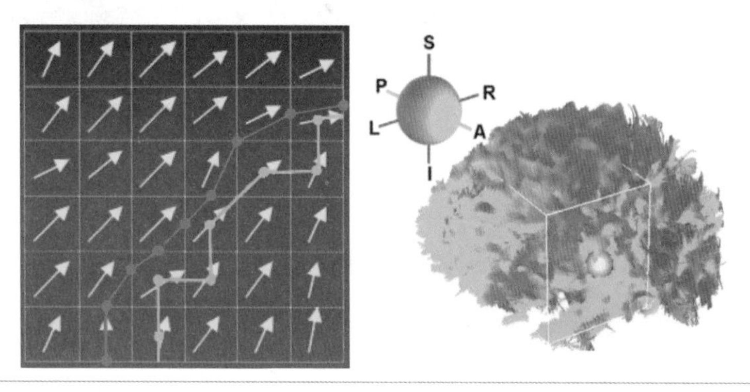

图 6.38 左：纤维追踪示意图；右：整个大脑纤维追踪的颜色示意图。图片来源：链接 6-13

对 DTI 数据集进行纤维追踪是一个非常复杂的过程，常常需要进行多种参数设置和用户干预，如：感兴趣区域的选择、种子点的布局、终止条件阈值的设置等。为了提高纤维追踪的效率，学者们开发了许多交互式纤维追踪工具库或系统，如 3D Slicer（见图 6.39）等。

本质上，纤维追踪是一种基于积分曲线的可视化方法，与图标法相比，该方法可以从宏观上揭示组织结构的连续性。但是，将张量场转换为向量场丢失了很多张量细节信息，导致可视化结果不够精确。另外，不可避免的累计积分误差是致使可视化结果不精确的另一重要原因。此外，该方法对参数十分敏感（包括种子点的选取、积分步长、终止条件阈值等），可视化结果不可重现，存在极大的不确定性。

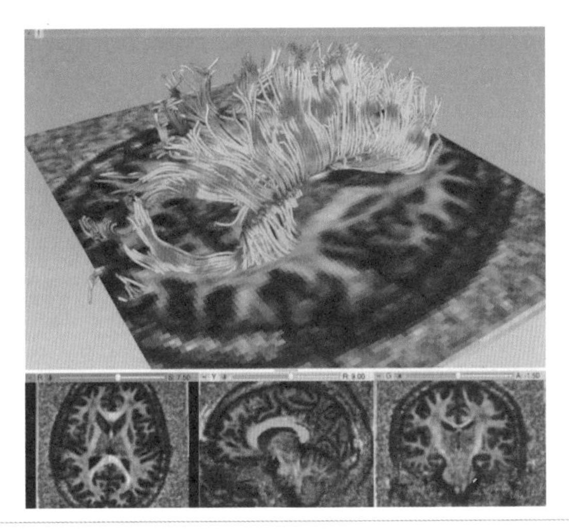

图 6.39 基于 3D Slicer 进行纤维追踪并可视化的界面。图片来源：链接 6-14

6.4.3 基于纹理的方法

与标量场数据相比，张量场数据所包含的信息更加丰富。一种直接的做法是：将张量的全部或部分属性映射为颜色，进而将张量场看成一张超纹理。

6.4.3.1 直接体可视化

对原始张量场数据集进行噪声过滤后，可选取其部分属性作为直接体可视化（见第 5 章）的域变量。表 6.1 中所定义的变量可用于定义数据的不透明度。图 6.40 展示了一个基于部分各向异性值作为不透明度函数设计域的可视化结果。通过将部分各向异性值小于给定阈值的体素的不透明度设置为 0，而大于该阈值的不透明度设置为 1，可获得类似于移动立方体法的等值面提取效果。

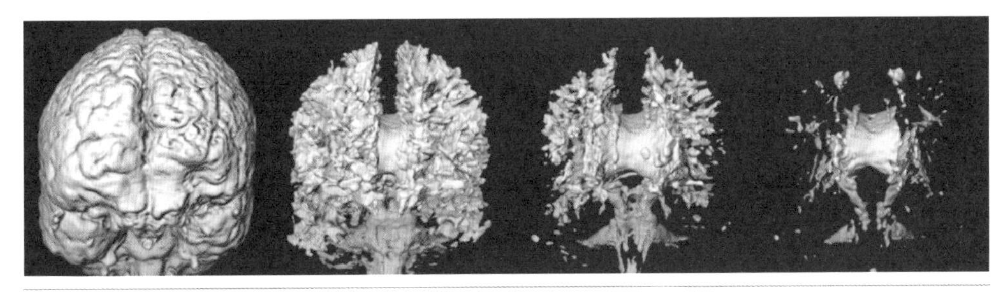

图 6.40 以 FA 作为不透明度设计的体绘制等值面 [Vilanova2006]。从左至右 FA 值的大小分别为：0.0, 0.3, 0.5, 0.65。

体素的颜色也可用于编码张量的其他信息，如纤维的走向、形状等。在图 6.41 中，左图是将主特征向量的三个分量映射为标准的RGB值后采用体绘制方法得到的可视化。通过观察该可视化结果的颜色分布，用户便可大致获得大脑的神经解剖结构信息。右图是通过将表6.1中的C_l、C_p、C_s映射为R、G、B后，采用体绘制方法的可视化。

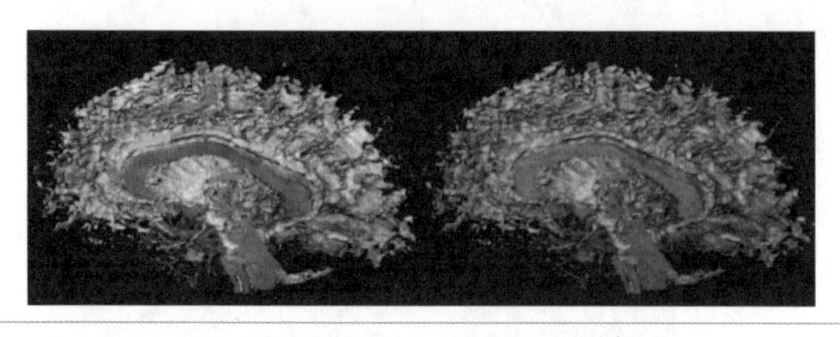

图6.41 DTI数据的直接体可视化[Vilanova2006]。左：将主特征向量映射为颜色；
右：将线性各向异性、平面各向异性和球面各向异性映射为颜色。

基于体绘制的可视化方法不需要引进任何几何假设，不仅能展示全局结构信息，还可部分揭示局部区域的张量细节信息。但是，随着体空间分辨率的不断增大，其所需的计算资源和存储空间呈指数式增长，需充分利用图形硬件的并行处理功能才可获得交互的速度。

6.4.3.2 线积分卷积

与向量场可视化类似，线积分卷积法将二阶张量场视为一个连续场，并基于张量的特征向量、特征值等度量对其进行可视化。张量的线积分卷积法由两个主要步骤组成：定义与原始张量具有相同拓扑结构的正定度量，该正定度量由原始张量的特征向量与特征值转化而来，因此保证与原始张量具有相同的拓扑结构；对该度量进行可视化。对于该张量场的每一个特征向量场运用线积分法，得到相应的线积分卷积图，其中每一个特征向量对应的特征值用来控制线积分的长度。最终，融合不同特征向量场的线积分图，可得到最终的可视化结果，如图6.42所示。

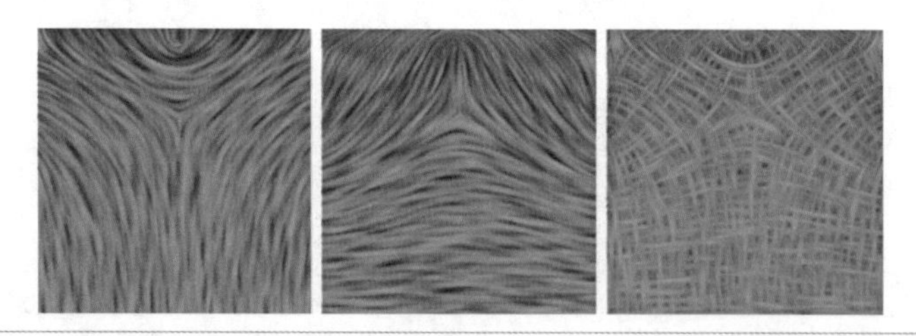

图6.42 二阶张量的线积分法可视化结果[Hotz2004]。左和中：两个特征向量场的线积分图；
右：左中两图的融合结果。

对于力学模拟中产生的压力和张力场，可通过颜色编码对其进行可视化。通常，工程学中用红色编码压力场，而用绿色编码张力场，如图 6.43 所示。

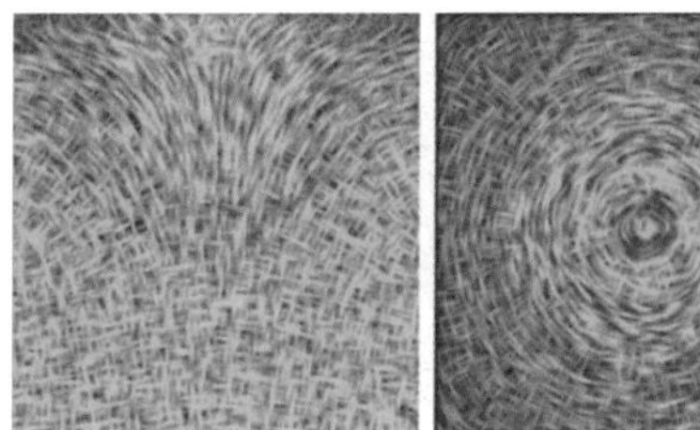 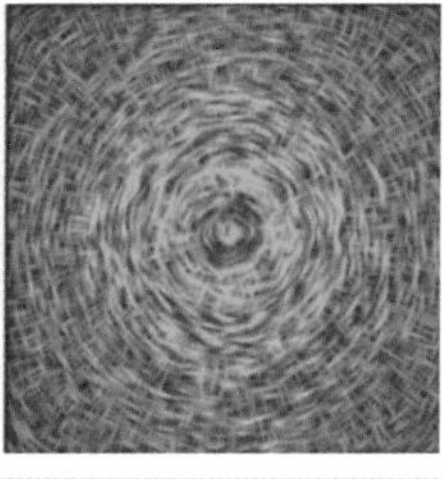

图 6.43 结合颜色编码的线积分法可视化。红色区域为压力场，绿色区域为张力场 [Hotz2004]。

6.4.3.3 基于噪声纹理的方法

与向量场可视化类似，基于噪声纹理的方法的基本思路是生成具有一定位置和强度分布的点集，如不同位置分布、不同强度分布和各向同性滤波（见图 6.44），作为噪声纹理输入，然后根据张量场的特征向量，采用类似于线积分卷积的形式，对噪声纹理进行滤波生成图像，滤波后的纹理图像中的条纹方向反映出张量场的特征方向趋势，如图 6.45 所示。

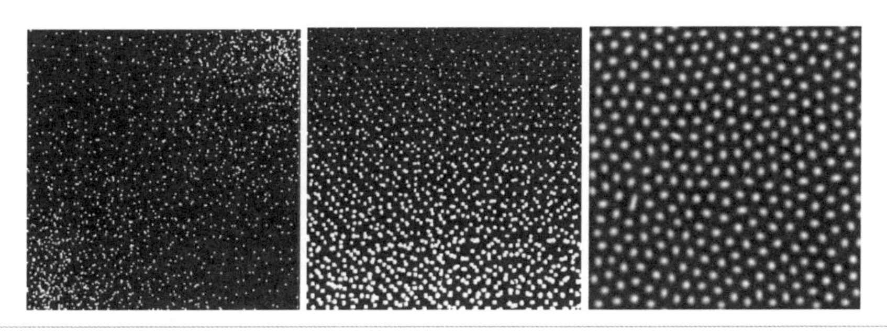

图 6.44 噪声纹理 [Hotz2009]。左：不同位置分布；中：不同强度分布；右：各向同性滤波。

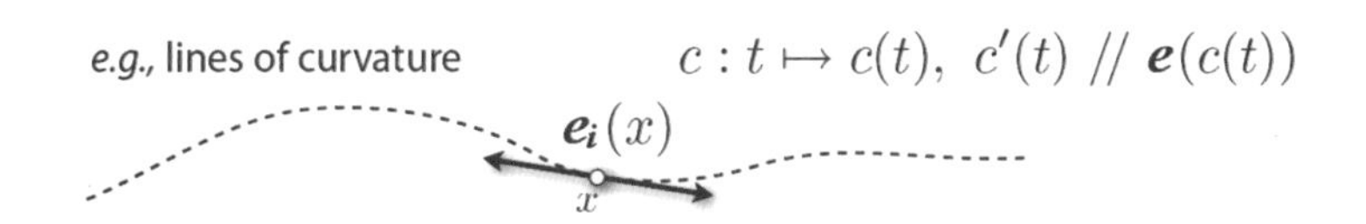

图 6.45 特征向量场中的积分曲线定义 [Tricoche2010]。

HyperLIC 方法 [Zheng2003] 沿张量主特征积分路径连续滤波噪声纹理，生成展示张量主特征方向的纹理。Hotz 等人 [Hotz2009] 提出了在任意二维纹理表面（如等值面）用织物（Fabric）状纹理展示张量场，并用纹理密度展示张量场的属性，适合于可视化机械和固态物理学中的力张量场，如图 6.46 所示。Eichelbaum 等人借鉴图像空间的线积分卷积思想，实现了图像空间任意表面张量场数据织物状纹理可视化 [Eichelbaum2012]。

图 6.46 XZ 切片平面上两个力场数据可视化[Hotz2009]。左：初始点噪声纹理；右：基于噪声纹理的张量场可视化结果，左下角圆表示向内推的力，右上角圆表示向外拉的力。

6.4.4 基于拓扑的方法

张量场可视化中的拓扑方法是向量场可视化中的拓扑方法在张量的特征向量场上的一种扩展。对于对称的二阶张量，通过特征分解能够得到该张量的特征值与特征向量。虽然这些特征向量场既不存在范数（Norm），又不存在方向（Orientation），但是与纤维追踪法类似，仍然可定义特征向量场中的积分曲线，如图 6.47 所示。

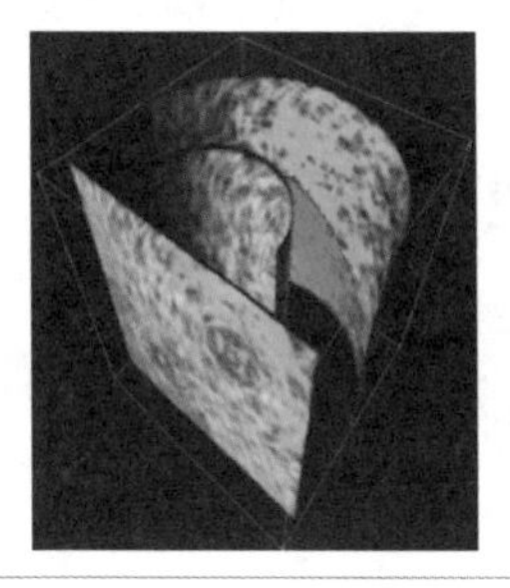

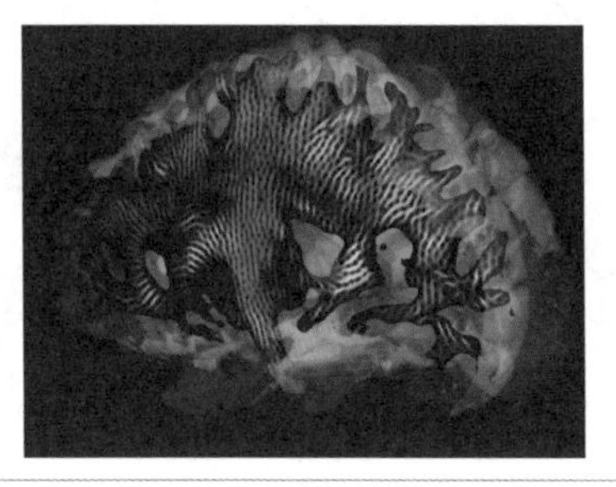

图 6.47 织物状纹理可视化。左：曲表面上张量场基于噪声纹理可视化[Hotz2009]；右：DTI 张量场数据基于噪声纹理可视化[Eichelbaum2012]。

对张量场实施特征分解得到的特征向量场可以被视为一种特殊的双向向量场。经典的向量场拓扑可视化方法中的奇异点（如鞍点、交点和聚点）都统一称为退化点（Degenerated Points）。因此，张量场的拓扑结构抽取主要由两步组成：退化点位置的计算；张量场中连接退化点的积分曲线或曲面计算。

张量场中的退化点为张量场中各向同性的点，即存在相同特征值的点，如图 6.48 所示。与普通的向量场不同的是，在张量场的特征向量场中存在一类特殊的退化点类型，即三分点（Trisector），如图 6.49 所示。该类退化点把特征向量场分割成三个区域，有三条区域边界汇聚于该点。需要注意的是，在普通的向量场中并不存在这一类点。图 6.50 给出了张量场拓扑方法的可视化结果。拓扑结构的抽取在实际中通常会遇到两个问题：算法的复杂性和高昂的计算代价。此外，张量场中的拓扑结构对噪声十分敏感，对于真实世界中的张量场往往不能得到令人满意的可视化结果。针对以上问题存在两类不同的解决方法：张量不变量法（Tensor Invariants）与拉格朗日分析法（Lagrangian Analysis）。

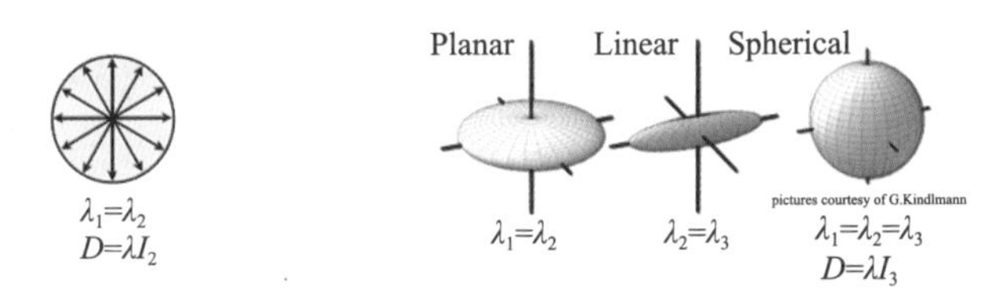

图 6.48 张量场中退化点示意图 [Tricoche2010]。左：二维张量场中的退化点；右：三维张量场中的退化点。

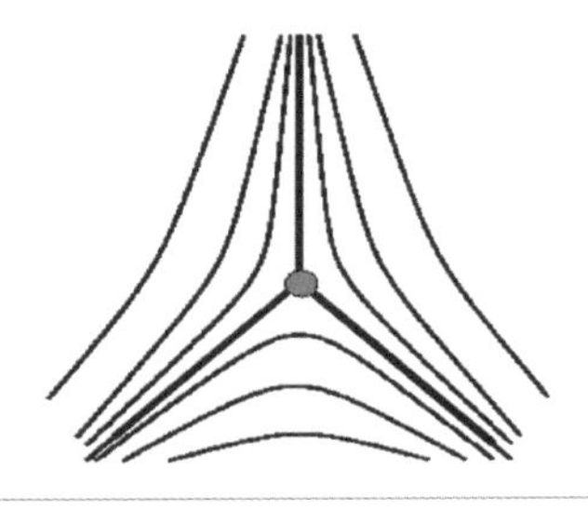

图 6.49 特征向量场中三分点示意图 [Tricoche2010]。

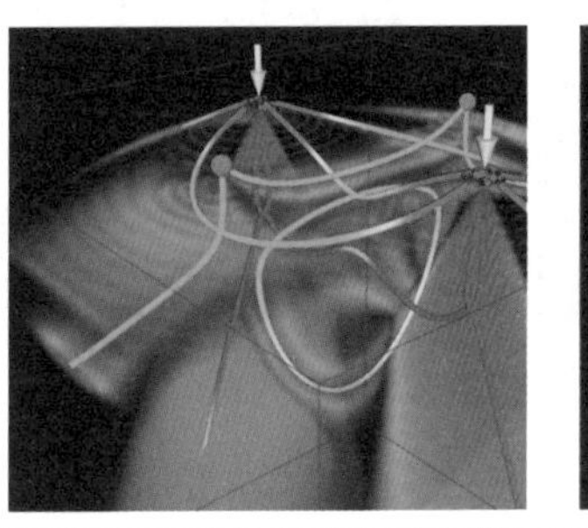
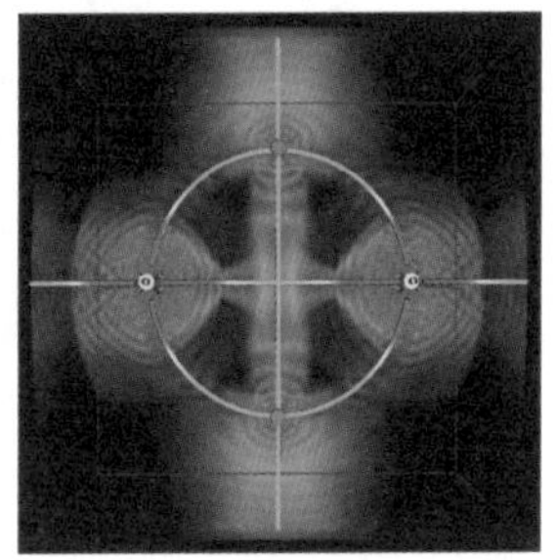

图 6.50 张量场的拓扑方法可视化结果 [Tricoche2010]。

6.4.4.1 张量不变量法

张量不变量法采用一个与张量形状相关的标量场描述目标张量场，称为张量不变量。常用的不变量有张量的迹（Trace）、部分各向异性和张量的模（Mode），如图 6.51 所示。张量场的结构可通过计算某一个不变量场的脊和谷（Ridges and Valleys）获得。

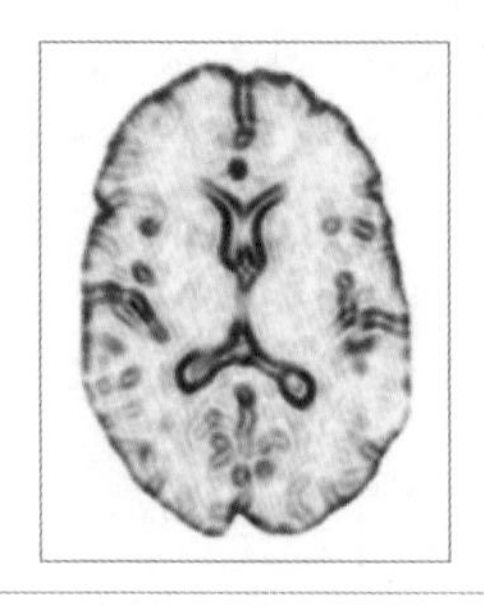
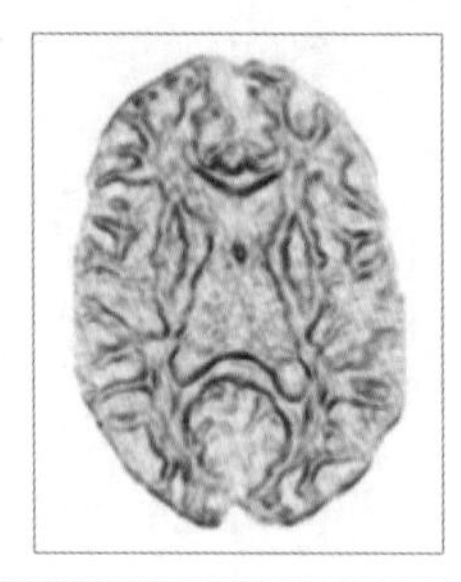
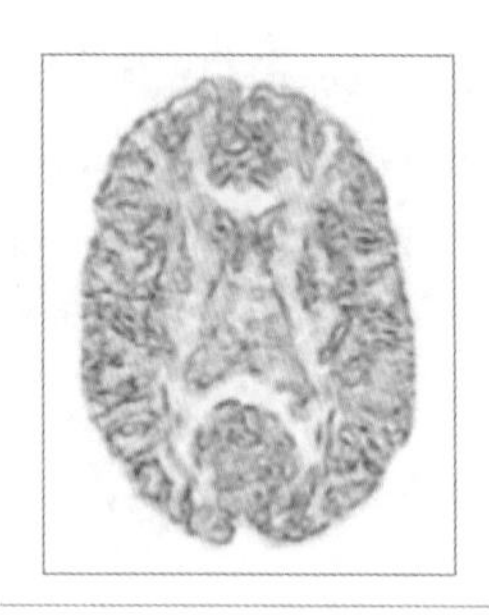

图 6.51 对张量不变量的可视化 [Kindlmann2010]。左：迹；中：部分各向异性；右：模。

6.4.4.2 拉格朗日分析法

与经典的张量场拓扑可视化方法一样，拉格朗日分析法将特征向量场视为一个双向向量场，由此可以将向量可视化中采用的拉格朗日相干结构（Lagrangian Coherent Structures, LCS）的概念应用于特征向量场。拉格朗日分析法的主要思想是量化相邻的虚拟粒子沿着特征向量场所定义的双向向量场流动的行为差异。由于是双向向量场，虚拟粒子需要沿着该向量场的两个方向运动，运动的长度是方法的控制参数。通常，运动长度越长，能够捕获的张量场结构细节越多，如图 6.52 所示。拉格朗日分析法可用于弥散张量场（DTI）的可视化，如图 6.53 所示。

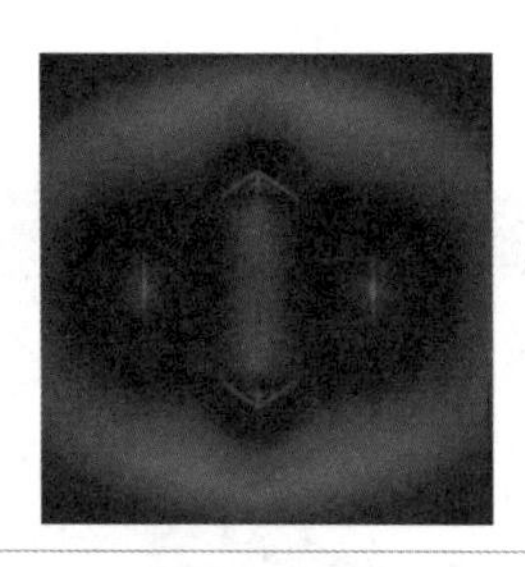

图 6.52 不同的虚拟粒子运动长度所得到的张量场结构信息 [Tricoche2010]。左：较短的虚拟粒子运动长度；右：较长的虚拟粒子运动长度。

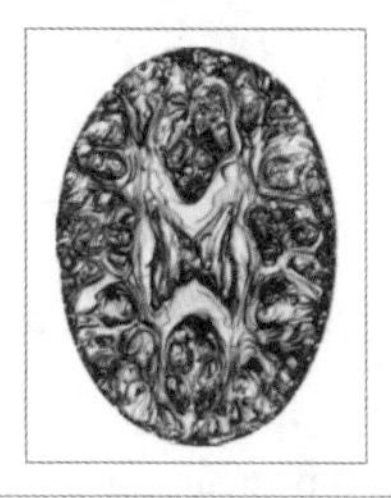
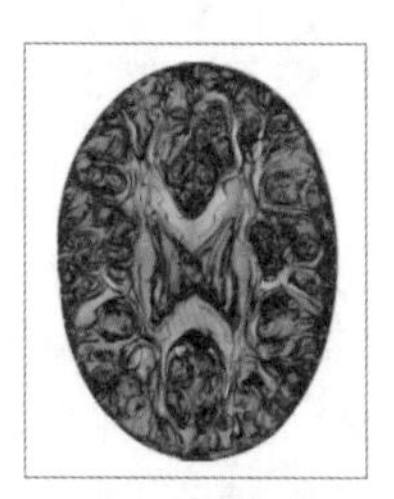
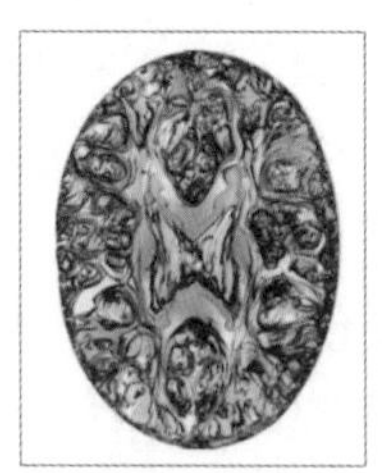

图 6.53 将拉格朗日分析法应用于弥散张量场 [Hlawitschka2010]。左：相关性图中，灰度与黑区域的相关性成正比；中：相关性图与部分各向异性颜色图进行叠加的效果，部分各向异性颜色图编码当前体素的特征向量场方向和部分各向异性值；右：相关性图与当前体素的特征向量场方向的叠加效果。

6.4.5 高阶张量场可视化

二阶张量场存在局限性。例如，弥散张量场无法准确地描述人脑内纤维交错的特定区域。为此，研究者提出采用高阶的球谐函数或高阶张量场表达这些区域。高阶张量场的可视化方法也可分为三类：图标法、纤维追踪法和纹理法。

6.4.5.1 图标法

图标法主要分为两个步骤：采样高阶张量场；对每个采样点根据当前的高阶张量构建高阶张量图标。图标法的可视化精度取决于图标的细分程度，效率则由图标的细分程度和图标的总数决定。在采用高阶张量的图标法可视化之前，通常需要对计算得到的高阶张量图标进行归一化，如图 6.54 所示，并按照空间位置对图标上的每个顶点进行颜色编码，如图 6.55 左图所示。

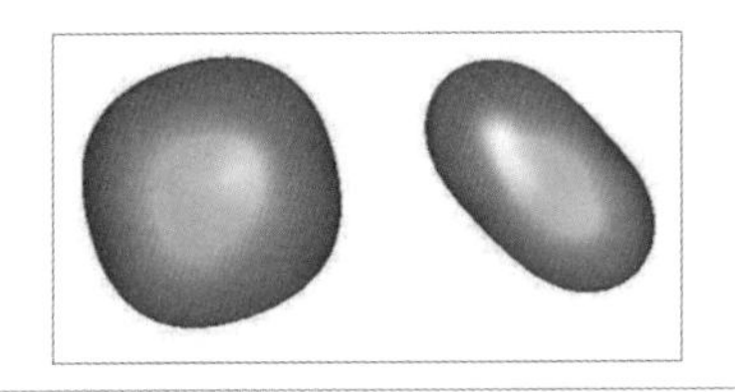
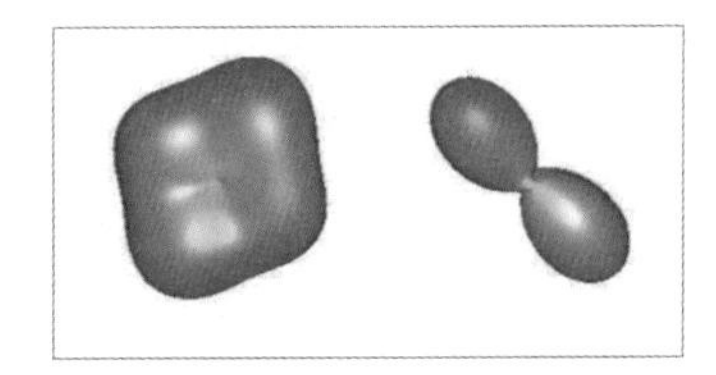

图 6.54 图标法归一化前后效果对比 [Vilanova2010]。左：归一化前；右：归一化后。

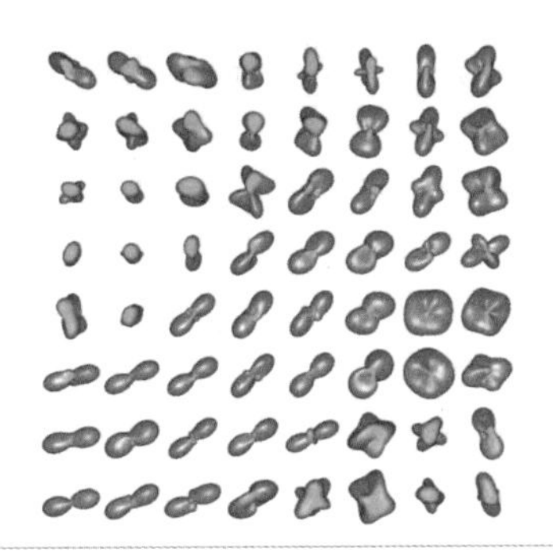
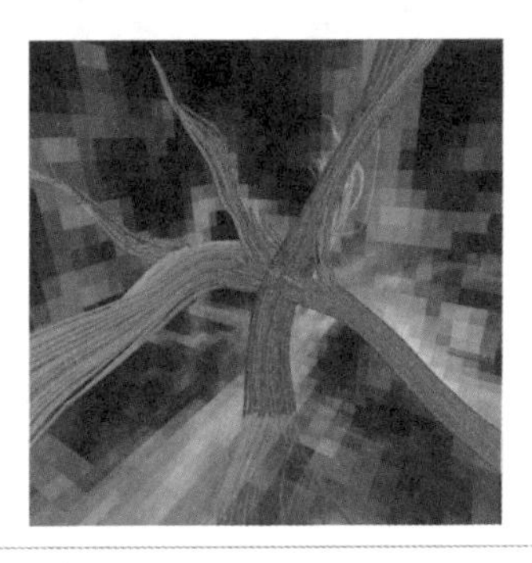

图 6.55 左：高阶张量可视化的图标法效果；右：纤维可视化。图片来源：[Vilanova2010]

6.4.5.2 纤维追踪法

将纤维追踪法应用于高阶张量与应用于二阶对称张量的主要区别在于对高阶张量实行张量分解可得到一个或多个方向。当种子点包含两个或两个以上的方向时，纤维追踪法需要在该种子点处沿着不同方向追踪，直至满足给定的终止条件。需要注意的是，从弥散加权成像（DWI）中计算获得的高阶张量场往往不是线性的，因此在纤维追踪法中需要对高阶张量场选用适当的插值方法，例如线性插值。有些学者认为计算高阶张量场的过程中引入了非线性，应先对原始的弥散加权成像进行插值，并对插值结果计算当前位置的高阶张量，进而进行纤维追踪。此外，由于在纤维追踪法的每一步中得到一个或多个方向，选取适合的方向进行追踪也尤为重要。根据上一步中的方向，需要在当前步中选取最为接近的一个方向进行追踪。图 6.55 右图展示了基于纤维追踪法的高阶张量可视化结果。从图中可以看出，基于高阶张量的表示有效地解决了纤维交错的问题。

6.4.5.3 纹理法

面向高阶张量场的纹理法指将高阶张量场转化为可描述该高阶张量场物理属性的标量场，并将它视为纹理进行可视化。常用的标量属性有广义部分各向异性（Generalized Fractional Anisotropy, GFA）和高阶张量的等级（Rank）。图 6.56 是将广义部分各向异性映射为标量后的纹理可视化。

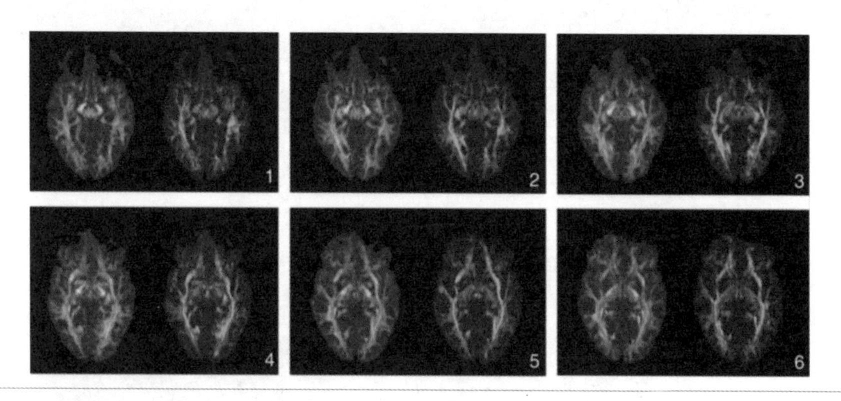

图 6.56 基于纹理法的高阶张量可视化。所用标量为广义部分各向异性（GFA）[Tuch2004]，只显示了 9 个变量中的 6 个。

6.5 多变量空间数据场可视化

在计算流体力学、燃烧模拟、医学影像和气象仿真等科学领域，科学数据的复杂性呈现爆炸式的增长，急需多变量可视化技术帮助用户有效地获取和理解复杂多变量数据中的信息。不同于传统的空间数据在每个节点上只有一个数据属性，多变量空间数据在每个节点上包含多个不同类型的数据属性：多个标量场数据、多个标量场混合多个向量场甚至张量场数据。由于数据本身多模态、多维度、多变量的复杂性，多变量可视化比普通的空间数据场可视化更加具有挑战性。图 6.57 展示了典型的多变量可视化流水线。

多变量空间数据可视化的目的是抽取和表达数据场中多个属性及其相互关系，其难点和挑战在于：克服多变量、复合类型、内在结构复杂且互相交织的数据特性，设计有效的视觉编码辅助用户同步地分析提取和表达这些信息，观察和研究数据属性及其相互之间的关系，发现未知的新特征和新现象。

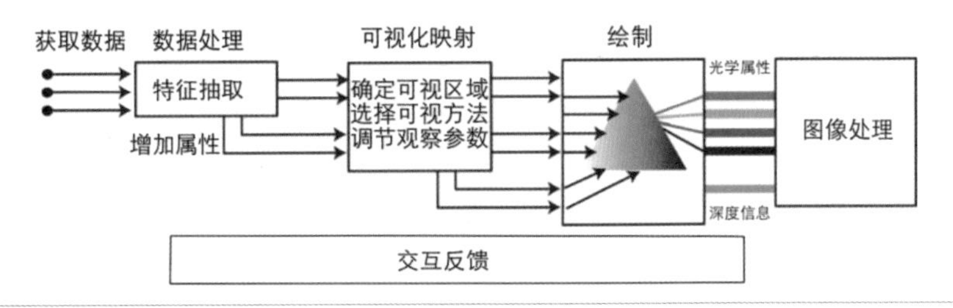

图 6.57 多变量可视化流水线。

围绕多变量可视化流水线，本节将从多变量三维空间数据场的特征表达与关联分析、多变量三维空间数据场的可视化与交互两个方面介绍多变量空间数据场的可视化。

6.5.1 多变量空间数据场的特征表达与关联分析

多变量数据场可视化的基本手段是采用特征表达和关联分析方法，抽取多变量数据场的特征，计算特征的数值、几何、拓扑等信息，并结合统计分析、信息论、数据挖掘等方法，实现变量、体素、数值、特征及其相互之间的关联分析，探索数据隐含的相似性和差异性。

6.5.1.1 特征表达与抽取

多变量空间数据场的特征表达与抽取的主要任务是构建和处理多变量数据场的特征（几何、拓扑、网格结构等），提取可视化以及可视表达的对象，即数据属性和衍生特征、相互之间的关系以及变化趋势等。特征指数据场中包含重要信息的相关结构、现象和区域，如体数据的物质边界（标量场特征）、临界点与分离线、面（向量场特征）和退化点（张量场特征）等。多变量数据场的特征相对抽象和复杂，特征抽取通过构建几何的、拓扑的、图像的各种表达方式计算特征，其方法大致可以分为基于多变量属性的交互特征提取、基于拓扑结构的特征抽取和基于数据挖掘的特征抽取。在实际应用中，特征常依赖于特定的应用领域以及用户的需求，没有普适的、统一的定义和描述，甚至是未知的。基于多变量的交互特征抽取通常使用传输函数和统计分析，将多变量的原始数据空间变换到统计空间（直方图、散点图等），用统计学方法表达原始数据或抽取的特征，实现减少数据量，同时保留关键信息，用户可以在统计空间交互选择感兴趣的特征。结合单变量数据分类的方法（见第 5 章），Kniss 和 Hansen[Kniss2001b] 设计了一个适用于多变量特征提取的多维传输函数，使用梯度等衍生信息构建多维直方图，随后将该方法应用于一个多变量气象数据实例。Kniss 等人[Kniss2003] 进一步提出了一种直接适用于复杂的多变量数据的高斯传输函数。Zhou 等人层次组合多个一维和二维传输函数，如图 6.58（a）所示，实现对特征的层次表达和抽取，并建议选择不同的变量或属性，降低传输函数维度之间的关联性，提高特征分类的有效性[Zhou2012]。Zhao 和 Kaufman 提出了基于平行坐标的传输函数设计[Zhao2010]，平行坐标可以直观地展示多变量数据在每个维度上的分布情况，以及维度之间的关联关系，用户可以选择多个坐标轴上的数值区间，交互分类特征。Guo 等人[Guo2012]在平行坐标的相邻坐标轴之间，展示数据的散点图分布，如图 6.58（b）所示，结合平行坐标展示数值分布和散点图展示簇分布的优势，更容易提取感兴趣的特征。Lu 等人利用散点图矩阵，展示所有变量对的二维投影空间，如图 6.58（c）所示，提出了一种自下而上的方法来交互选择特征，用户可以迭代地选取不同变量对组成的二维传输函数空间对特征进行表达和抽取[Lu2017]。多维传输函数可以灵活地表达和抽取特征，但其设计过程仍然极具挑战性。

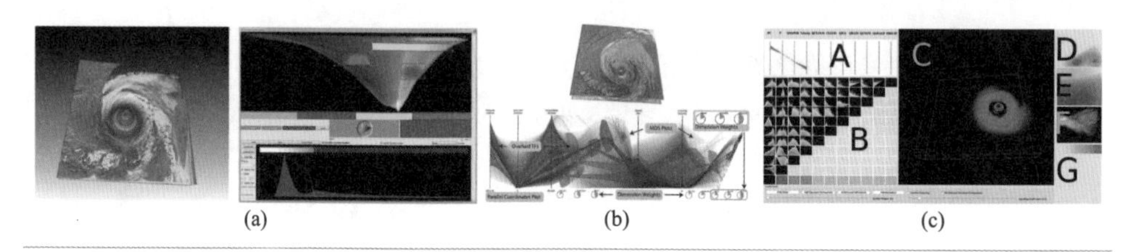

图 6.58 基于多变量的交互特征抽取。(a) 基于压强和温度构成的二维传输函数，分类出四个特征，进一步基于云水比率的一维传输函数对这四个特征进行分类[Zhou2012]；(b) 结合平行坐标和散点图的高维传输函数[Guo2012]；(c) 基于散点图矩阵的高维传输函数[Lu2017]。

基于拓扑结构的特征抽取类似于单变量数据的等值面抽取，轮廓树是一种抽象的拓扑表示方法，能够捕捉标量场中水平集的变化，也用于识别重要的等值面。对多变量数据来说，可以通过不同变量中的等值面构建变量间的关系。Nagaraj 和 Natarajan 基于多变量数据的梯度场，提出了变化密度函数，指导用户从一个变量中选择能够有效反映其他变量变化情况的等值面[Nagaraj2011]。Carr 和 Duke 将单变量的轮廓树扩展到多变量的联合轮廓网络（Joint Contour Net），通过量化多个变量的水平集变化，提取多变量的拓扑结构，可用于核物理仿真和气象模拟仿真数据分析[Carr2014]。Carr 等人将单变量的等值面扩展到双变量的纤维表面（Fiber Surface），提取算法类似于单变量标量场的移动立方体法，提取的纤维表面可用于定量几何特性分析[Carr2015]，如图 6.59 左图所示。基于拓扑结构的特征抽取目前只能提取两个变量的特征，构造和识别三个及以上变量的拓扑结构有待进一步研究。

基于数据挖掘的特征抽取利用降维、聚类、特征点匹配等方法，实现自动或半自动的特征抽取，提高多变量数据分析效率。Konig 总结了 2000 年以前降维和投影变换，以及特征抽取在多变量可视化方面的应用[Konig2000]。Zhou 和 Hansen 提出了一种半自动的多变量数据探索方法，基本过程包括属性检查、切片上样本数据选择、自动特征提取和特征空间微调与可视化，并支持多变量的融合绘制[Zhou2014]，如图 6.59 右图所示。Wu 等人在多变量数据迭代可视探索过程中，利用人的智能增强计算机的自动分析，提供了一整套聚类、降维、可视编码和交互过滤操作，使用户能够挖掘和推理数据中隐含的特征 [Wu2015]。Wang 等人将模式匹配引入多变量数据场中，首先提取每个标量场的 3D SIFT（Scale-Invariant Feature Transformation），有效描述数据中平移、旋转和缩放不变的主要特征，当用户选择感兴趣的区域，即通过稀疏的 SIFT 特征来描述模式时，自动在整个数据中搜索匹配的模式，实现相似模式的检索和排序 [Wang2016]。Wei 等人提出了基于边缘分布和联合分布的多变量数据特征搜索算法，利用位图索引和局部投票，有效提取匹配目标分布的区域，通过初试搜索结果，细化生成最终结果 [Wei2017]。

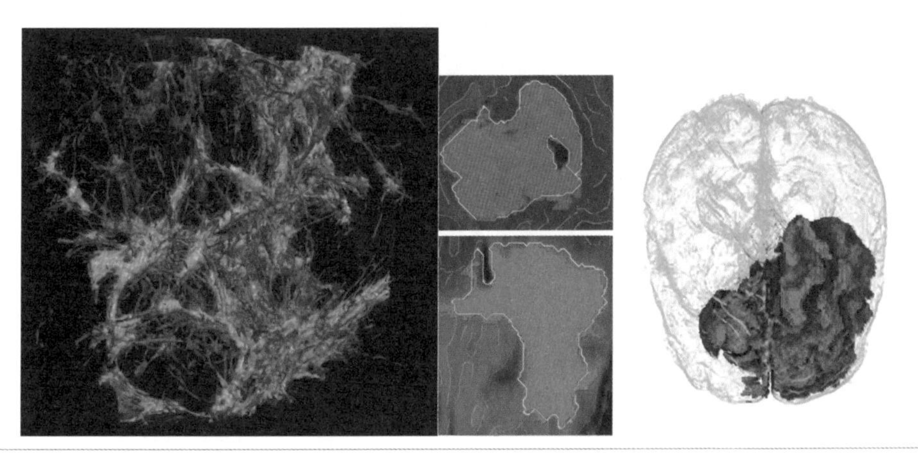

图 6.59 左：从双变量数据场中提取纤维表面，与两个变量的等值面混合绘制 [Carr2015]；右：基于部分特征选择的相似特征检测 [Zhou2014]。

6.5.1.2 关联分析

多变量数据的交互关系错综复杂，根据分析角度，可以将多变量数据关系划分为五种不同的表现形式：变量间的相关性、体素间的相关性、数值间的相关性、特征间的相关性和混合相关性。

变量间的相关性指变量对之间的交互关系。相关系数是一种标准的、常见的统计学度量方式，通过比较两个标量函数与其各自均值的偏差是否一致来判断它们是否线性相关。相关系数作为一种全局度量方式，也通常被用来计算两个变量间的局部相关性 [Sauber2006]。信息论为观测变量的信息量的度量提供了理论框架，在可视化领域被广泛用于度量一个变量的重要程度或两个变量间的相似程度。两个变量之间的相关性可以通过这两个变量共享的信息量来度量，即互信息。Janicke 等人 [Janicke2007] 基于信息理论，扩展局部统计复杂性 [Shalizi2006] 的概念对多变量数据场进行局部复杂性计算，突出了数据场内的重要区域，并在流场和气象数据的实例应用中验证了效果。Biswas 等人提出了一个基于信息论的多变量数据探索框架 [Biswas2013]。他们认为每个类中的变量间存在信息冗余，首先利用互信息度量变量对间的相关程度作为距离对变量进行聚类分组，如图 6.60 左图所示，然后利用条件熵度量每个组中能够最大程度降低不确定性的变量作为最重要的变量。通过选取每个分组中最重要的变量，进一步分析变量中数值间的相关性。除此之外，信息论的方法还可以被扩展到时变数据上，Wang 等人利用传递熵捕捉时变多变量数据中不同时间部上变量之间的关系，然后在基于节点的图中可视化编码显示 [Wang2011]。Dutta 等人利用互信息，提取时变多变量体数据的重要特征，将各个时间部的特征编码到同一个体数据场中分析时变特性 [Dutta2017b]。

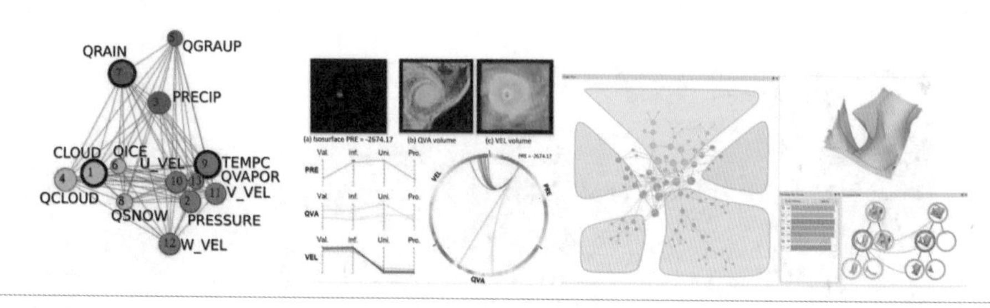

图 6.60 多变量关联分析。左：基于互信息的变量相关性分析 [Biswas2013]；中：数值间相关性分析 [Liu2016]；右：多变量的特征关联性分析 [Wang2018]。

体素间的相关性是衡量数值及其梯度等导出属性之间的相似性。Sauber 等人 [Sauber2006] 提出了相关场的概念，使用梯度相似性度量（Gradient Similarity Measure, GSIM）和局部相关性因子（Local Correlation Coefficient, LCC）测量和计算多标量场数据各属性之间的相关性（见图 6.61），并设计了多场图（Multifield-Graphs）用于选择重要的感兴趣的相关场，避免无谓的计算。Gosink 等人根据两个梯度向量的余弦值度量梯度的相关性，即利用内积生成两个梯度场的相关属性场 [Gosink2007]。Nagaraj 等人基于一阶导数矩阵，提出了一种多变量的比较方法，用来提取相关性较强的特征区域 [Nagaraj2011]。

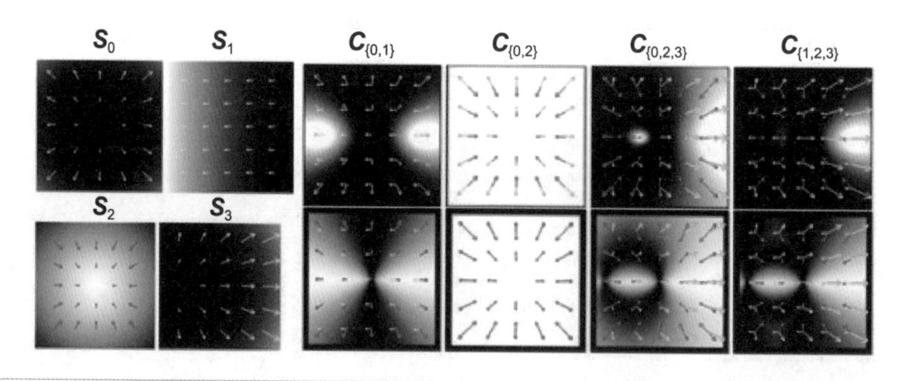

图 6.61 左：**S** 表示三维空间中的四个标量场（灰度值）及对应的梯度场（带颜色的箭头）。右上：使用 GSIM 计算得到的相关场；右下：使用 LCC 计算得到的相关场。相似性越高，代表梯度的箭头方向和大小越一致 [Sauber2006]。

数值间的相关性是分析哪些变量的数值对与特征之间的关系。Haidacher 等人对两个变量的所有等值面分布建立距离场，通过度量不同变量的等值面的距离场之间的互信息，计算两个变量的等值之间的相似性，生成两个变量所有标量值之间的相似性矩阵，用来选择和分析不同变量的等值面及相关性 [Haidacher2011]。Liu 等人利用关联规则对两个变量的标量值之间的关系进行建模，如图 6.60 中图所示，并利用社交网络中的影响力和消极性模型（Influence-Pasivity Model）选出最具有代表性的标量值 [Liu2016]。

特征间的相关性是分析不同变量的特征之间的相似性和差异性。Haidacher 等人基于距离场分析了两个变量的等值面的相似性 [Haidacher2011]。Schneider 等人基于简化轮廓树，提出了一种比较不同变量中的特征的方法，提取每个变量中的多个最大轮廓（只包含一个临界点的极大轮廓），计算轮廓之间的相似度，通过聚类提取不同变量中的相似轮廓，有效地避免了在多个曲面网格的渲染中由传输函数定义的特征的混合绘制问题 [Schneider2008][Schneider2013]。Wang 等人提出了一种针对多变量数据中特征及关系的交互可视分析方法 [Wang2018]，基于合并树分别提取不同变量中的主要特征及特征之间的层次关系，通过定义特征之间的相似性建立特征间的关联关系，从而合并不同变量的层次特征树构建特征网，作为多变量数据探索的导航工具，如图 6.60 右图所示。

混合相关性是分析变量、体素、标量和特征之间的关联性。变量间的相关性可以通过累加所有体素间的相关性获得，如体素的梯度相似性 [Sauber2006]。Biswas 等人采用意外性和可预测性来度量一个变量的标量值和另一个变量整体间的变化关系 [Biswas2013]。Liu 等人探索了多个变量对应的平行坐标的数值相关性，并依此筛选出某个变量的感兴趣有等值面，可视化该等值面上其他变量的标量值分布情况 [Liu2016]。除了上述标量 - 变量之间的相关性，其他混合相关性有待进一步研究。

6.5.2 多变量空间数据场的可视化与交互

多变量空间数据场的可视化主要指基于图形学技术，对多变量数据的绘制着色和最终成像过程。交互则指便于用户对数据进行观察和分析的一系列操作，贯穿整个可视化进程。下面将分别进行讨论。

6.5.2.1 视觉通道与融合

多变量空间数据场可视化的手段分为两类：用不同的视觉通道映射和编码各个属性及其相互之间的关系和关联；分别可视化各个数据场的数据属性，再进行融合。两者都可以归结为将数据属性和特征映射到不同的视觉通道（图标信息、纹理信息、颜色和透明度、轮廓、形状等），再以合理的方式进行结合，如数据处理阶段的数据融合、绘制阶段的混合绘制、图像处理阶段的图像融合等。下面围绕视觉通道和图像融合、数据融合和混合绘制两个主题进行论述。

图标信息和纹理信息作为强大的、可携带和编码丰富信息的表达载体，在多变量可视化技术中最为常见。图标法可清晰地编码多个变量属性，尤其是可表达方向信息，因此图标法被广泛用于向量场和张量场可视化。另一种途径是使用纹理。Ware 和 Knight[Ware1995]认为人类可以感知的与纹理有关的三个视觉通道是模式、大小和方向。研究表明，人类视觉系统对于纹理的上述三个视觉元素的感知和颜色一样，属于一种底层的视觉感受，可以被迅速而精确地感知到。Interrante[Interrante2000]使用自然纹理来可视化多变量数据场，认为自然纹理可编码大量信息并且信息集中紧凑，对于视觉系统的压力较小。Tang 等人[Tang2006]则使用自然纹理的特征编码多变量气象数据的不同属性，并结合多层次的纹理合成技术实现最终的可视化。相反，Laidlaw[Laidlaw2001]认为结合人类艺术创造的过程，分析艺术家不同笔触所包含的信息，可以利用艺术化的人工纹理支持多变量场的可视化。结合颜色和纹理[Healey1999][Shenas2005]进行多变量数据可视化也是常用的方法。Taylor[Taylor2002]设计了一个用于在同一表面上可视化多个数据场层次的系统，并且研究了传统层次混合方法的局限性，即由于层次之间的遮挡和视觉混乱，使用带透明度的颜色混合最多只能处理 4 个层次。Urness 等人[Urness2003]提出了色织（Color Weaving）的概念，克服了传统颜色混合的缺点，可以处理任意数目的颜色重叠（见图 6.62 左图），强化了颜色编码和纹理的混合应用。Khlebniko 等人基于噪声纹理提出了一种新的融合绘制方法，利用 Gabor 噪声函数映射不同位置的变量分布，根据变量对应的颜色进行绘制，使得在高分辨率情况下可以清楚分辨不同的变量[Khlebnikov2013]（见图 6.62 右图）。Ding 等人将三维多变量空间数据映射到二维混合密度场，然后设计 multi-class 蓝噪声采样来捕捉每个变量的感兴趣的特征，最后以噪声融合绘制的方法生成非覆盖的 multi-class 绘制结果[Ding2016]。

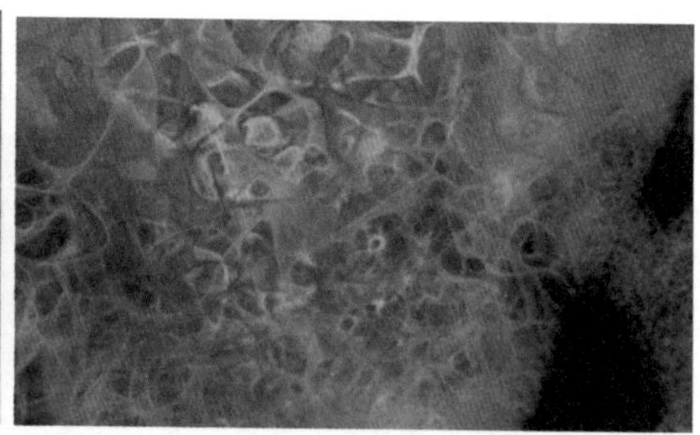

图 6.62 左:使用色织技术混合纹理和颜色编码[Urness2003];右:基于噪声纹理的融合绘制[Khlebnikov2013]，云水变量数值映射为蓝到红，垂直风速数值映射为黄到绿。

数据融合和混合绘制是多变量可视化的另一个重要研究方向。Kreeger 等人[Kreeger1999]和 Rössler 等人[Rössler2006]研究了绘制阶段的混合技术。典型的图像处理阶段的混合技术可见 Wong 等人[Wong2002]（见图 6.63 左图）对多变量气象数据可视化的研究结果。此外，也有针对不同数据类型和属性采用不同绘制风格进行混合绘制的研究。Stompel 等人[Stompel2002]使用表意性和非真实感绘制的手法，将某些变量编码成视觉元素，凸显其他变量所表达的特征。多变量数据的等值面和拓扑结构也可以通过混合绘制进行比较和分析。Schneider 等人提取并混合绘制了不同变量的轮廓树中的相似轮廓[Schneider2008]，Carr 等人提取了双变量数据中的纤维表面，并与两个变量的等值面混合绘制[Carr2015]（见图 6.59 左图）。Huettenberger 等人提出了两种简化由多变量数据的 Pareto sets 生成的相应结构的方法[Huettenberger2014]：一种是基于权重为 Pareto Extrema 的图（Reachability Graph）进行简化；另一种是从原始的多变量数据开始计算稳定场的轮廓树，然后对该轮廓树进行拓扑简化。

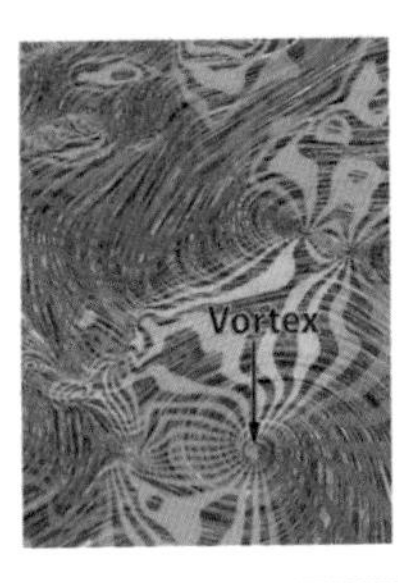

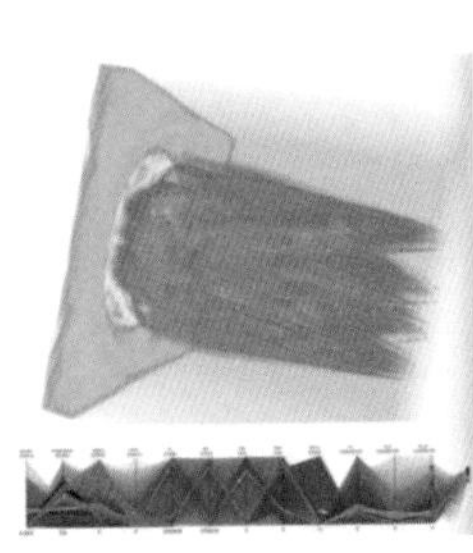
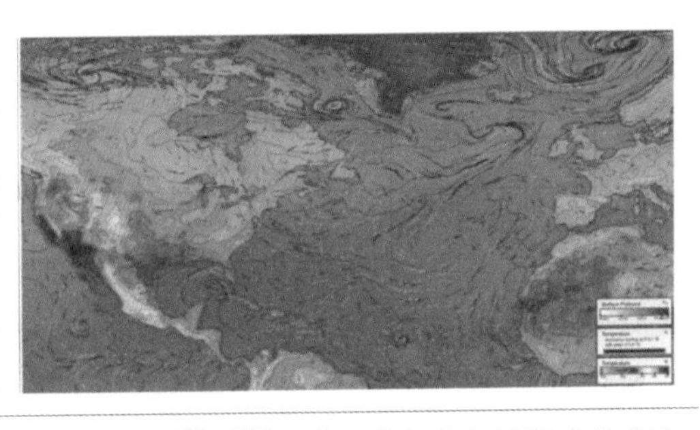

图 6.63 左：基于图像融合的向量场、标量场的混合绘制[Wong2002]；中：多标量数据场直接体绘制[Guo2011]；右：艺术家基于时变多变量数据场的艺术创作，风速、表面压强和温度采用颜色、等压线和图示表示[Schroeder2016]。

基于数据融合和混合绘制的多变量可视化方法直接处理数据属性，可以有机结合统计分析以及特征抽取等数据处理手段进行可视分析，因而研究手段更加丰富。尽管可以使用单一的可视化技术直接对多变量数据场进行可视化（见图 6.63 中图），但是多变量空间数据场自身的特点决定了多变量数据可视化作为一种广义的混合绘制的必然性，尤其在分析真正复杂的混合数据场多变量数据时，标量场数据之间的混合绘制（包括体绘制与面绘制的混合），标量场数据与向量场、张量场的混合绘制，多种视觉通道的混合应用，不同绘制风格的混合绘制，以及图像处理阶段的层次和图像融合。Schroeder 和 Keefe 通过在用户界面上勾画，基于时变多变量数据生成真实的可视化数据，艺术家可以通过颜色、图标等丰富的可视编码方式，实现多变量融合可视化创作[Schroeder2016]（见图 6.63 右图）。由于各种绘制技术和视觉通道之间往往互相影响，因此应当依据特定的应用和数据场自身特点，将对应的可视化技术进行组合，在降低多变量多数据场所带来的信息和视觉混乱以及相互之间遮挡的前提下，尽量同时展示所有变量中包含的信息，避免部分信息展示带来的数据理解偏差和误导。

6.5.2.2 交互探索

多变量可视化领域的交互基本上已经形成了以多关联视图为基础、二维视图用于显示和分析属性关系、三维视图用于显示物理数据空间、使用高维传输函数和画刷及其衍生技术为特征选取技术、以焦点 + 上下文或其变种为数据和特征显示方法的基本框架。表 6.2 总结了已有的多变量空间数据场的交互技术 [Kehrer2013]。

表 6.2 多变量空间数据可视化交互技术

时间	交互目标	
	特征选取	数据属性及关联分析
90-00	/	多关联视图 + 切片 [Wijk1993]
00-05	多维传输函数 [Kniss2001b][Kniss2003]、画刷选取 [Hauser2002]、焦点 + 上下文 [Doleisch2002][Doleisch2003][Doleisch2005]、人工智能、机器学习 + 分类 [Tzeng2005]	多关联视图 + 统计分析 [Gresh2000]、多关联视图 [Roberts2000]、多关联视图 + 散点图 [Piringer2004]
06-12	焦点 + 上下文 [Novotny2006]、机器学习 + 特征抽取、追踪 [Ma2007]、机器学习 + 画刷选取 [Fuchs2009]，层次传输函数 [Zhou 2012]	多关联视图 + 多场图 [Sauber2006]、降维 + 平行坐标 [Zhao 2006]、多关联视图 + 平行坐图标 + 维度投影 [Guo2012]、多关联视图 + 算子 [Woodring2006]、多关联视图 + 机器学习 [Blaas2007]、多关联视图 + 平行坐标 [Keefe2009]
13-18	套索 [Zhou2014]、多关联视图 + 聚类 [Wu2015]、视觉特征 + 画刷选取 [Wang2016]、画刷 [Schroeder2016]、散点图矩阵 [Lu2017]	变量相似图 + 散点图 [Biswas2013]、联合轮廓图 [Carr2014]、平行坐标 + 弦图 [Liu2016]、特征网 [Wang2018]

由表 6.2 中的结果可知，多关联视图是多变量可视化交互的基础和重要的手段，在分析变量之间的相互关系以及建立数据空间和各种抽象空间的联系方面，有着无可替代的作用。近年来多变量数据越来越复杂，数据分析越来越抽象，研究重心逐渐偏向于对数据属性之间的关系和变化趋势的分析。从方法来看，无论是特征选取还是数据属性和关联分析，基于统计分析和机器学习的交互方法在近年的研究工作中所占的比重越来越大并且成为主流。

参考文献

[Aigner2007] W. Aigner, S. Miksch,W. Müller, H. Schumann, C. Tominski.Visualizing time-oriented data-A systematic view. *Computers and Graphics*. 31(3), 2007:401-409

[Aigner2008] W. Aigner, S. Miksch, W. Muller, H. Schumann, C. Tominski. Visual methods for analyzing time-oriented data. *IEEE Transactions on Visualization and Computer Graphics*. 14(1), 2008:47-60

[Akiba2006] H. Akiba, N. Fout, K.-L. Ma. Simultaneous classification of time-varying volume data based on the Time Histogram. *Proceedings of Joint Eurographics/IEEE VGTC conference on Visualization*. 2006:171-178

[Akiba2007] H. Akiba. K.-L. Ma. A tri-space visualization interface for analyzing time-varying multivariate volume data. *Eurographics/IEEE VGTC Symposium Visualization*. 2007:115-122

[Akiba2010] H. Akiba, C. Wang, K.-L. Ma. Aniviz: A template-based animation tool for volume visualization. *IEEE Computer Graphics and Applications*. 30(5), 2010:61-71

[Becker1995] B. G. Becker, N. L. Max, D. A. Lane. Unsteady flow volumes. *IEEE Visualization*. 1995:329-335

[Beyer2007] J. Beyer, M. Hadwiger, S. Wolfsberger, K. Buhler. High-quality multimodal volume rendering for preoperative planning of neurosurgical interventions. *IEEE Transactions on Visualization and Computer Graphics*. 13(6), 2007:1696-1703

[Beyer2015] J. Beyer, M. Hadwiger, H. Pfister. State-of-the-art in GPU-based large-scale volume visualization. *Computer Graphics Forum*. 34(8), 2015:13-37

[Biddiscombe2007] J. Biddiscombe, B. Geveci, K. Martin, K. Moreland, D. Thompson. Time dependent processing in a parallel pipeline architecture. *IEEE Transactions on Visualization and Computer Graphics*. 13(6), 2007:1376-1383

[Biswas2013] A. Biswas, S. Dutta, S.-W. Shen, J. Woodring. An information-aware framework for exploring multivaritate volume data. *IEEE Transactions on Visualization and Computer Graphics*. 19(12), 2013:2683-2692

[Blaas2007] J. Blaas, C. P. Botha, F. H. Post. Interactive visualization of multi-field medical data using linked physical and feature-space views. *Proceedings of EuroVis*. 2007:123-130

[Bramon2012] R. Bramon, I. Boada, A. Bardera, J. Rodriguez,, M. Feixas, J. Puig, M. Sbert. Multimodal data fusion based on mutual information. *IEEE Transactions on Visualization and Computer Graphics*. 18(9), 2012:1574-1587

[Brill1994] M. Brill, H. Hagen, H. Rodrian, W. Djatschin, S. V. Klimenko. Streamball techniques for flow visualization. *Proceedings of IEEE Visualization*. 1994:225-231

[Bueger2009] R. Bueger, H. Hauser. Visualization of multivariate scientific data. *Computer Graphics Forum*. 28(6), 2009:1670-1690

[Burns2007] M. Burns, M. Haidacher, W. Wein, I. Viola, E. Gröeller. Feature emphasis and contextual cutaways for multimodal medical visualization. *IEEE VGTC Symposium on Visualization*. 2007:275-282

[Caban2007] J. Caban, A. Joshi, P. Rheingans. Texture-based feature tracking for effective time-varying data visualization. *IEEE Transactions on Visualization and Computer Graphics*. 13(6), 2007:1472-1479

[Cabral1993] B. Cabral, L. Leedom. Imaging vector fields using line integral convolution. *Proceedings of ACM SIGGRAPH*. 1993:263-270

[Cai1999] W. Cai, G. Sakas. Data intermixing and multi-volume rendering. *Computer Graphics Forum*. 18(3), 1999:359-368

[Cao2011] Y. Cao, G. Wu, H. Wang. A smart compression scheme for GPU-accelerated volume rendering of time-varying data. *Proceedings of International Conference on Virtual Reality and Visualization*. 2011:205-210

[Carr2014] H. Carr, D. Duke. Joint contour nets. *IEEE Transactions on Visualization and Computer Graphics*. 20(8), 2014:1100-1113

[Carr2015] H. Carr, Z. Geng, J. Tierny, A. Chattopadhyay, A. Knoll. Fiber surfaces: Generalizing isosurface to bivariate data. *Computer Graphics Forum*. 34(3), 2015:241-250

[Chen2008] C.-H. Chen, W. Härdle, A. Unwin, M. O. Ward. Multivariate data glyphs: Principles and practice. *Handbook of Data Visualization*. 2008:179-198

[Chen2009] W. Chen, S. Zhang, S. Correia, D. F. Tate. Visualizing diffusion tensor imaging data with merging ellipsoids. *Proceedings of IEEE Pacific Visualization*. 2009:145-151

[Chen2011] G. Chen, D. Palke, Z. Lin, H. Yeh, P. Vincent, R. S. Laramee, E. Zhang. Asymmetric tensor field visualization for surfaces. *IEEE Transactions on Visualization and Computer Graphics*. 17(12), 2011:1979-1988

[Chen2015] C.-M. Chen, A. Biswas, H.-W. Shen. Uncertainty modeling and error reduction for pathline computation in time-varying flow fields. *Proceedings of IEEE Pacific Visualization*. 2015:215-222

[Ding2016] Z. Ding, Z. Ding, W. Chen, H. Chen, Y. Tao, X. Li, W. Chen. Visual inspection of multivariate volume data based on multi-class noise sampling. *The Visual Computer*. 32(4), 2016:465-478

[Doleisch2002] H. Doleisch, H. Hauser. Smooth brushing for focus+context visualization of simulation data in 3D. *Journal of WSCG*. 10(1), 2002:147-154

[Doleisch2003] H. Doleisch, M. Gasser, H. Hauser. Interactive feature specification for focus+context visualization of complex simulation data. *IEEE/EG Symposium on Data Visualization*. 2003:239-248

[Doleisch2005] H. Doleisch, M. Mayer, M. Gasser, P. Priesching, H. Hauser. Interactive feature specification for simulation data on time-varying grids. *Proceedings of the Conference Simulation and Visualization*. 2005:291-304

[Du2009] Z.-Y. Du, Y.-J. Chiang, H.-W. Shen. Out-of-core volume rendering for time-varying fields using a space-partitioning time (SPT) tree. *IEEE Pacific Visualization Symposium*. 2009:73-80

[Du2010] Z. Du, Y.-J. Chiang. Out-of-core simplification and crack-free LOD volume rendering for irregular grids. *Computer Graphics Forum*. 29(3), 2010:873-882

[Dutta2016] S. Dutta, H.-W. Shen. Distribution driven extraction and tracking of featrues for time-varying data analysis. *IEEE Transactions on Visualization and Computer Graphics*. 22(1), 2016:837-846

[Dutta2017a] S. Dutta, J. Woodring, H.-W. Shen, J.-P. Chen, J. Ahrens. Homogeneity guided probabilistic data summaries for analysis and visualization of large-scale data sets. *Proceedings of IEEE Pacific Visualization*. 2017:111-120

[Dutta2017b] S. Dutta, X. Liu, A. Biswas, H.-W. Shen, J.-P. Chen. Pointwise information guided visual analysis of time-varying multi-fields. *Proceedings of SIGGRAPH Asia 2017 Symposium on Visualization*. 2017:17:1-17:8

[Eichelbaum2012] S. Eichelbaum, M. Hlawitschka, B. Hamann, G. Scheuermann. Image-space tensor field visualization using a LIC-like method.*Visualization in Medicine and Life Sciences 2*, 2012:193-210

[Fan2008] Z. Fan, F. Qiu, A. E. Kaufman. Zippy: A framework for computation and visualization on a GPU cluster. *Computer Graphics Forum*. 27(2), 2008:341-350

[Fang2007] Z. Fang, T. Möller, G. Hamarneh, A. Celler. Visualization and exploration of time-varying medical image data sets. *Proceedings of Graphics Interface*. 2007:281-288

[Farias2001] R. Farias, C. Silva. Out-of-core rendering of large, unstructured grids. *IEEE Computer Graphics and Applications*. 21(4), 2001:42-50

[Fogal2010] T. Fogal, H. Childs, S. Shankar, J. Krüger, R. D. Bergeron, P. Hatcher. Large data visualization on distributed memory multi-GPU clusters. *Proceedings of the Conference on High Performance Graphics*. 2010:57-66

[Forssel1995] L. K. Forssell, S. D. Cohen. Using line integral convolution for flow visualization: Curvilinear grids, variable-speed animation, and unsteady flows. *IEEE Transaction on Visualization and Computer Graphics*. 1(2), 1995:133-141

[Frey2014] S. Frey, F. Sadlo, K.-L. Ma, T. Ertl. Interactive progressive visualization with space-time error control. *IEEE Transactions on Visualization and Computer Graphics*. 20(12), 2014:2397-2406

[Fuchs2009] R. Fuchs, J. Waser, M. E. Gröller. Visual human+machine learning. *IEEE Transactions on Visualization and Computer Graphics*. 15(6), 2009:1327-1334

[Garth2007] C. Garth, G.-S. Li, X. Tricoche, C. D. Hansen, H. Hagen. Visualization of coherent structures in transient 2D flows. *Topology-based Methods in Visualization* II. 2007:1-13

[Gerrits2017] T. Gerrits, C. Rössl, H. Theisel. Glyphs for general second-order 2D and 3D tensors. *IEEE Transactions on Visualization and Computer Graphics*. 23(1), 2017:980-989

[Gobbetti2008] E. Gobbetti, F. Marton, J. A. Iglesias Guitián. A single-pass GPU ray casting framework for interactive out-of-core rendering of massive volumetric datasets. *IEEE Transactions on Visualization and Computer Graphics*. 24(7), 2008:797-806

[Gresh2000] D. Gresh, B. Rogowitz, R. Winslow, D. Scollan, C. Yung. WEAVE: A system for visually linking 3D and statistical visualizations applied to cardiac simulation and measurement data. *Proceedings of IEEE Visualization*. 2000:489-492

[Gu2011] Y. Gu, C. Wang. TransGraph: Hierarchical exploration of transition relationships in time-varying volumetric data. *IEEE Transactions on Visualization and Computer Graphics*. 17(12), 2011:2015-2024

[Gu2013] Y. Gu, C. Wang. iTree: Exploring time-varying data using indexable tree. *Proceedings of IEEE Pacific Visualization*. 2013:137-144

[Gu2016] Y. Gu, C. Wang, T. Peterka, R. Jacob, S. H. Kim. Mining graphs for understanding time-varying volumetric data. *IEEE Transactions on Visualization and Computer Graphics*. 22(1), 2016:965-974

[Guo2006] D. Guo, J. Chen, A. MacEachren, K. Liao. A visualization system for space-time and multivariate patterns (vis-stamp). *IEEE Transactions on Visualization and Computer Graphics*. 12(6), 2006:1461-1474

[Guo2011] H. Guo, H. Xiao, X. Yuan. Multi-dimensional transfer function design based on flexible dimension projection embedded in parallel coordinates. *Proceedings of IEEE Pacific Visualization Symposium*. 2011:19-26

[Guo2012] H. Guo, H. Xiao, X. Yuan. Scalable multivariate volume visualization and analysis based on dimension projection and parallel coordinates. *IEEE Transactions on Visualization and Computer Graphics*. 18(9), 2012:1397-1410

[Guthe2000] S. Guthe, M. Wand, J. Gonser, W. Strasser. Interactive rendering of large volume data sets. *Proceedings of IEEE Visualization*. 2002:53-60

[Guthe2001] S. Guthe, W. Straßer. Real-time decompression and visualization of animated volume data. *Proceedings of IEEE Visualization*. 2001:349-356

[Haidacher2011] M. Haidacher, S. Bruckner, E. Gröller. Volume analysis using multimodal surface similarity. *IEEE Transactions on Visualization and Computer Graphics*. 17(12), 2011:1969-1978

[Hadwiger2018] M. Hadwiger, A. K. AI-Awami, J. Beyer, M. Agus, H. Pfister. SparseLeap: Effecient empty space skipping for large-scale volume rendering. *IEEE Transactions on Visualization and Computer Graphics*. 24(1), 2018:974-983

[Hansen2005] C.D. Hansen, C. R. Johnson. The Visualization Handbook. Academic Press. 2005

[Hauser2002] H. Hauser, F. Ledermann, H. Doleisch. Angular brushing of extended parallel coordinates. *Proceedings of IEEE Information Visualization*. 2002:127-130

[Healey1999] C. Healey, J. Enns. Large datasets at a glance: Combining textures and colors in scientific visualization. *IEEE Transactions on Visualization and Computer Graphics*. 5(2), 1999:145-167

[Hong2014] F. Hong, C. Lai, H. Guo, E. Shen, X. Yuan, S. Li. FLDA: Latent dirichlet allocation based unsteady flow analysis. *IEEE Transactions on Visualization and Computer Graphics*. 5(2), 2014:2524-2554

[Hotz2004] I. Hotz, L. Feng, H. Hagen, B. Hamann, B. Jeremic, K. I. Joy. Physically based methods for tensor field visualization. *Proceedings of IEEE Visualization*. 2004:123-130

[Hotz2009] I. Hotz, L. Feng, B. Hamann, K. Joy. Tensor-Fields Visualization Using a Fabric-like Texture Applied to Arbitrary Two-dimensional Surfaces. *Mathematical Foundations of Scientific Visualization, Computer Graphics, and Massive Data Exploration Mathematics and Visualization*. 2009:139-155

[Howison2012] M. Howison, E. W. Bethel, H. Childs. Hybrid parallelism for volume rendering on large-, multi-, and many-core systems. *IEEE Transactions on Visualization and Computer Graphics*. 18(1), 2012:17-29

[Hlawitschka2010] M. Hlawitschka, C. Garth, X. Tricoche, G. L. Kindlmann, G. Scheuermann, K. I. Joy, B. Hamann. Direct visualization of fiber information by coherence. *Int. J. Computer Assisted Radiology and Surgery*. 2010:125-131

[Huang2011] J. Huang, Y. Tong, H. Wei and H. Bao. Boundary aligned smooth 3D cross-frame field. *ACM Transactions on Graphics*. 20(6), 2011:1431-1438

[Huettenberger2014] L. Huettenberger, C. Heine, C. Garth. Decomposition and simplification of multivariate data using pareto sets. *IEEE Transactions on Visualization and Computer Graphics*. 20(12), 2014:2684-2693

[Hultquist1992] J. P. Hultquist. Constructing stream surfaces in steady 3-D vector fields. *Proceedings of IEEE Visualization*. 1992:171-178

[Interrante2000] V. Interrante. Harnessing natural textures for multivariate visualization. *IEEE Computer Graphics and Applications*. 20(6), 2000:6-11

[Jang2012] Y. Jang, D. Ebert, K. Gaither. Time-varying data visualization using functional representations. *IEEE Transactions on Visualization and Computer Graphics*. 18(3), 2012:421-433

[Janicke2007] H. Janicke, A. Wiebel, G. Scheuermann, W. Kollmann. Multifield visualization using local statistical complexity. *IEEE Transactions on Visualization and Computer Graphics*. 13(6), 2007:1384-1391

[Jankun2001] T. J. Jankun-Kelly, K.-L. Ma. A study of transfer function generation for time-varying volume data. *Proceedings of Volume Graphics*. 2001:51-66

[Ji2006a] G. Ji, H.-W. Shen. Dynamic view selection for time-varying volumes. *IEEE Transactions on Visualization and Computer Graphics*. 12(5), 2006:1109-1116

[Ji2006b] G. Ji, H.-W. Shen. Feature tracking using earth mover's distance and global optimization. *Proceedings of Pacific Graphics*. 2006

[Jobard2000] B. Jobard, G. Erlebacher, M. Y. Hussaini. Hardware-accelerated texture advection for unsteady flow visualization. *Proceedings of IEEE Visualization*. 2000:155-162

[Johnson2004] C. Johnson. Top scientific visualization research problems. *IEEE Computer Graphics and Applications*. 24(4), 2004:13-17

[Johnson2009] C. R. Johnson, J. Huang. Distribution-driven visualization of volume data. *IEEE Transactions on Visualization and Computer Graphics*. 15(5), 2009:734–746

[Joshi2005] A. Joshi, P. Rheingans. Illustration-inspired techniques for visualizing time-varying data. *Proceedings of IEEE Visualization*. 2005:679-686

[Keefe2009] D. Keefe, M. Ewert, W. Ribarsky, R. Chang. Interactive coordinated multiple-view visualization of biomechanical motion data. *IEEE Transactions on Visualization and Computer Graphics*. 15(6), 2009:1383-1390

[Kehrer2013] J. Kehrer, H. Hauser. Visualization and visual analysis of multi-faceted scientific data: A survey. *IEEE Transactions on Visualization and Computer Graphics*. 19(3), 2013:495-513

[Khlebnikov2013] R. Khlebnikov, B. Kainz, M. Steinberger, D. Schmalstieg. Noise-based volume rendering for the visualization of multivariate volumetric data. *IEEE Transactions on Visualization and Computer Graphics*. 19(12), 2013:2926-2935

[Kindlmann2004] G. Kindlmann. Superquadric tensor glyphs. *Proceedings of EuroVis*. 2004:147-154

[Kindlmann2006] G. Kindlmann, C. F. Westin. Diffusion tensor visualization with glyph packing. *IEEE Transactions on Visualization and Computer Graphics*. 12(5), 2006:1329-1336

[Kindlmann2010] G. Kindlmann. Tensor field features. *IEEE Visualization Tutorial: Tensors in Visualization*. http://people.kyb.tuebingen.mpg.de/tschultz/visweek10/kindlmann-features.pdf, 2010, 2010

[Kniss2001a] J. Kniss, P. McCormick, A. McPherson, J. Ahrens, J. Painter, A. Keahey, C. Hansen. Interactive texture-based volume rendering for large data sets. *IEEE Computer Graphics and Applications*. 21(4), 2001:52-61

[Kniss2001b] J. Kniss, G. Kindlmann, C. Hansen. Interactive volume rendering using multi-dimensional transfer functions and direct manipulation widgets. *IEEE Visualization*. 2001:255-262

[Kniss2002] J. Kniss, C. Hansen, M. Grenier, T. Robinson. Volume rendering multivariate data to visualize meteorological simulations: A case study. *Proceedings of IEEE TCVG/Eurographics Symposium on Visualization*. 2002:189-194

[Kniss2003] J. Kniss, S. Pemoze, M. Ikits, A. Lefohna, C. Hansen, E. Praun. Gaussian transfer functions for multi-field volume visualization. *IEEE Visualization*. 2003: 497-504

[Konig2000] A. Konig. Dimensionality reduction techniques for multivariate data classification, interactive visualization, and analysis-systematic feature selection vs. Extraction. *Proceedings of International Conference on Knowledge-Based Intelligent Engineering Systems and Allied Technologies*. 2000:44-55

[Kosara2004] R. Kosara, F. Bendix, H. Hauser. Time histograms for large, time-dependent data. *Proceedings of Joint Eurographics - IEEE TCVG conference on Visualization*. 2004:45-54

[Kratz2013] A. Kratz, C. Auer, M. Stommel, I. Hotz. Visualization and analysis of second-order tensors: Moving beyond the symmetric positive-definite case. *Computer Graphics Forum*. 32(1), 2013:49-74

[Kreeger1999] K. Kreeger, A. Kaufman. Mixing translucent polygons with volumes. *IEEE Visualization*. 1999:191-525

[Labschütz2016] M. Labschütz, S. Bruckner, M. E. Gröller, M. Hadwiger, P. Rautek. JiTTree: A just-in-time compiled sparse GPU volume data structure. *IEEE Transactions on Visualization and Computer Graphics*. 22(1), 2016:1025-1034

[Laidlaw2001] D. H. Laidlaw. Loose, artistic "textures" for visualization. *IEEE Computer Graphics and Applications*. 21(2), 2001:6-9

[Laramee2003] R. S. Laramee, B. Jobard, H. Hauser. Image space based visualization of unsteady flow on surfaces. *Proceedings of IEEE Visualization*. 2003:131-138

[Laramee2004] R. S. Laramee, H. Hauser, H. Doleisch, B. Vrolijk, F. H. Post, D. Weiskopf. The state of the art in flow visualization: Dense and texture-based techniques. *Computer Graphics Forum*. 23(2), 2004:203-222

[Lee2009a] T.-Y. Lee, H.-W. Shen. Visualization and exploration of temporal trend relationships in multivariate time-varying data. *IEEE Transactions on Visualization and Computer Graphics*. 15(6), 2009:1359-1366

[Lee2009b] T.-Y. Lee, H.-W. Shen. Visualizing time-varying features with TAC-based distance fields. *Proceedings of IEEE Pacific Visualization*. 2009:1-8

[Leeuw1995] W. C. Leeuw, J. J. Wijk. Enhanced spot noise for vector field visualization. *IEEE Visualization*. 1995:233-239

[Leeuw1996] W. C. Leeuw, F. H. Post, R. W. Vaatstra. Visualization of turbulent flow by spot noise. *Proceedings of Eurographics workshop on Virtual Environments and Scientific Visualization*. 1996:286-295

[Leeuw1997a] W. Leeuw. Divide and Conquer Spot Noise. *Proceedings of Supercomputing*. 1997:19

[Leeuw1997b] W. C. Leeuw, R. Liere. Spotting structure in complex time dependent flow. *Proceedings of Scientific Visualization*. 1997:47-53

[Leeuw1998] W. C. Leeuw, R. Liere. Comparing LIC and Spot Noise. *IEEE Visualization*. 1998:359-365

[Lindstrom2006] P. Lindstrom, M. Isenburg. Fast and efficient compression of floating point data. *IEEE Transactions on Visualization and Computer Graphics*. 12(5), 2006:1245-1250

[Lippert1997] L. Lippert, M. Gross, C. Kurmann. Compression domain volume rendering for distributed environments. *Computer Graphics Forum*.16(3), 1997:95-107

[Liu2002] Z. Liu, R. J. Moorhead II. AUFLIC: An accelerated algorithm for unsteady flow line integral convolution. *Proceedings of IEEE VGTC Symposium on Visualization*. 2002:43-52

[Liu2012] S. Liu, J. Levine, P.-T. Bremer, V. Pascucci. Gaussian mixture model based volume visualization. *Proceedings of IEEE Symposium on Large Data Analysis and Visualization*. 2012:73-77

[Liu2016] X. Liu, H.-W. Shen. Association analysis for visual exploration of multivariate scientific data sets. *IEEE Transactions on Visualization and Computer Graphics*. 22(1), 2016:955-964

[Löffelmann1997] H. Löffelmann, L. Mroz, E. Gröller, W. Purgathofer. Stream arrows: Enhancing the use of stream surfaces for the visualization of dynamical systems. *The Visual Computer*. 13(8), 1997:359-369

[Love2005] A. Love, A. Pang, D. Kao. Visualizing spatial multivalue data. *IEEE Computer Graphics and Applications*. 25(3), 2005:69-79

[Lu2017] K. Lu, H.-W. Shen. Multivariate volumetric data analysis and visualization through bottom-up subspace exploration. *Proceedings of IEEE Pacific Visualization*. 2017:141-150

[Lukasczyk2017] J. Lukasczyk, G. H.Weber, R. Maciejewski, C. Garth, H. Leitte. Nested tracking graphs. *Computer Graphics Forum*. 36(3), 2017:12–22

[Lum2002] E.B. Lum, K.-L. Ma, J. Clyne. A hardware-assisted scalable solution for interactive volume rendering of time-varying data. *IEEE Transactions on Visualization and Computer Graphics*. 8(3), 2002:286-301

[Ma1997] K.-L. Ma, T. Crockett. A scalable parallel cell-projection volume rendering algorithm for three-dimensional unstructured data. *IEEE Symposium on Parallel Rendering*. 1997:95-104

[Ma2000] K.-L. Ma, D.M. Camp. High performance visualization of time-varying volume data over a wide-area network. *Proceedings of Supercomputing*. 2000:29

[Ma2003] K.-L. Ma. Visualizing time-varying volume data. *Computing in Science Engineering*. 5(2), 2003:34-42

[Ma2007] K.-L. Ma. Machine learning to boost the next generation of visualization technology. *IEEE Computer Graphics and Applications*. 27(5), 2007:6-9

[Ma2014] J. Ma, C. Wang, C.-K. Shene, J. Jiang. A graph-based interface for visual analytics of 3D streamlines and pathlines. *IEEE Transactions on Visualization and Computer Graphics*. 20(8), 2014:1127-1140

[Matvienko2015] V. Matvienko, J. Krüger. Explicit frequency control for high-quality texture-based flow visualization. *Proceeding of IEEE Scientific Visualization*. 2015:41-48

[Max1993] N. L. Max, B. G. Becker, R. Crawfis. Flow volumes for interactive vector field visualization. *Proceedings of IEEE Visualization*. 1993:19-24

[Max1994] N. Max, R. Crawfis, C. Grant. Visualizing 3D velocity fields near contour surface. *Proceedings of IEEE Visualization*. 1994:248-255

[McLoughlin2009] T. McLoughlin, R. S. Laramee, E. Zhang. Easy integral surfaces: A fast, quad-based stream and path surface algorithm. *Proceedings of Computer Graphics International*. 2009:73-82

[McLoughlin2010a] T. McLoughlin, R. S. Laramee, R. Peikert, F. H. Post, M. Chen. Over two decades of integration-based, geometric flow visualization. *Computer Graphics Forum*. 29(6), 2010:1807-1829

[McLoughlin2010b] T. McLoughlin, R. S. Laramee, E. Zhang. Constructing streak surfaces for 3D unsteady vector fields. *Proceedings of Spring Conference on Computer Graphics*. 2010:17-26

[Mensmann2010] J. Mensmann, T. Ropinski, K. Hinrichs. A GPU-supported lossless compression scheme for rendering time-varying volume data. *IEEE/EG international conference on Volume Graphics*. 2010:109-116

[Merzkirch1987] W. Merzkirch. Flow Visualization, 2nd ed. Academic Press. 1987

[Moreland2016] K. Moreland, C. Sewell, W. Usher, L.t. Lo, J. Meredith, D. Pugmire, J. Kress, H. Schroots, K.-L. Ma, H. Childs, M. Larsen, C.-M. Chen, R. Maynard, B. Geveci. VTK-m: Aeeclerating the visualization toolkit for massively threaded architectures. IEEE Computer Graphics and Applications. 36(3), 2016:48-58

[Muigg2008] P. Muigg, J. Kehrer, S. Oeltze, H. Piringer, H. Doleisch, B. Preim, H. Hauser. A four-level focus+context approach to interactive visual analysis of temporal features in large scientific data. *Computer Graphics Forum*. 27(3), 2008:775-782

[Nagaraj2011] S. Nagaraj and V. Natarajan. Relation-aware isosurface extraction in multifield data. *IEEE Transactions on Visualization and Computer Graphics*. 17(2), 2011:182–191

[Nieh1992] J. Nieh, M. Levoy. Volume rendering on scalable shared-memory mimd architectures. *Proceedings of Workshop on Volume visualization*. 1992:17-24

[Noordmans2000] H. Noordmans, H. Van der Voort, A. Smeulders. Spectral volume rendering. *IEEE Transactions on Visualization and Computer Graphics*. 6(3), 2000:196-207

[Novotny2006] M. Novotny, H. Hauser. Outlier-preserving focus+context visualization in parallel coordinates. *IEEE Transactions on Visualization and Computer Graphics*. 12(5), 2006:893-900

[Ozer2014] S. Ozer, D. Silver, K. Bemis, P. Martin. Activity detection in scientific visualization. *IEEE Transactions on Visualization and Computer Graphics*. 20(3), 2014:377-390

[Piringer2004] H. Piringer, R. Kosara, H. Hauser. Interactive focus+context visualization with linked 2D/3D acatterplots. *Proceedings of Coordinated & Multiple Views in Exploratory Visualization*. 2004:49-60

[Raji2017] M. Raji, A. Hota, J. Huang. Scalable web-embedded volume rendering. *Proceedings of IEEE Symposium on Large Data Analysis and Visualization*. 2017:45-54

[Rezk1999] C. Rezk-Salama, P. Hastreiter, C. Teitzel, T. Ertl. Interactive exploration of volume line integral convolution based on 3D-texture mapping. *IEEE Visualization*. 1999:233-240

[Roberts2000] J. C. Roberts. Multiple-view and multiform visualization. *Proceedings of Visual Data Exploration and Analysis VII*. 2000:176-185

[Rodríguez2014] M. B. Rodríguez, E. Gobbetti, J.A. I. Guitián, M. M., F. M., R. P., S.K. Suter. State-of-the-art in compressed GPU-based direct volume rendering. *Computer Graphics Forum*. 33(6), 2014:77-100

[Rössler2006] F. Rössler, E. Tejada, T. Fangmeier, T. Ertl, M. Knauff. GPU-based multi-volume rendering for the visualization of functional brain images. *Proceedings of SimVis*. 2006:305-318

[Saikia2017] H. Saikia, T. Weinkauf. Global feature tracking and similarity estimation in time-dependent scalar fields. Computer Graphics Forum. 36(3), 2017:1-11

[Samtaney1994] R. Samtaney, D. Silver, N. Zabusky, J. Cao. Visualizing features and tracking their evolution. *Computer*. 27(7), 1994:20-27

[Sauber2006] N. Sauber, H. Theisel, H.-P. Seidel. Multifield-graphs: An approach to visualizing correlations in multifield scalar data. *IEEE Transactions on Visualization and Computer Graphics*. 12(5), 2006:917-924

[Sauer2014] F. Sauer, H. Yu, K. L. Ma. Trajectory-based flow feature tracking in join particle/volume datasets. *IEEE Transactions on Visualization and Computer Graphics*. 20(12), 2014:2565-2564

[Schneider2003] J. Schneider, R. Westermann. Compression domain volume rendering. *IEEE Visualization*. 2003:293-300

[Schneider2008] D. Schneider, A. Wiebel, H. Carr, M. Hlawitschka, G. Scheuermann. Interactive comparison of scalar fields based on largest contours with applications to flow visualization. *IEEE Transactions on Visualization and Computer Graphics*. 14(6), 2008:1475-1482

[Schneider2013] D. Schneider, C. Heine, H. Carr, G. Scheuermann. Interactive comparison of multifield scalar data based on largest contours. *Computer Aided Geometric Design*. 30(6), 2013:521-528

[Schroeder2016] D. Schroeder, D. F. Keefe. Visualization-by-sketeching: An artist’s interface for creating multivariate time-varying data visualization. *IEEE Transactions on Visualization and Computer Graphics*. 22(1), 2016:877-885

[Seo2004] J. Seo, B. Shneiderman. A rank-by-feature framework for unsupervised multidimensional data exploration using low dimensional projections. *IEEE Symposium on Information Visualization*. 2004:65-72

[Shalizi2006] C. R. Shalizi, R. Haslinger, J.-B. Rouquier, K. L. Klinkner, C. Moore. Automatic filters for the detection of coherent structure in spatiotemporal systems. *Physical Review E*. 73:036104, 2006

[Shen1998] H. Shen, D. L. Kao. A new line integral convolution algorithm for visualizing time-varying flow fields. *IEEE Transaction on Visualization and Computer Graphics*. 4(2), 1998:98-108

[Shen1999] H.-W. Shen, L.-J. Chiang, K.-L. Ma. A fast volume rendering algorithm for time-varying fields using a time-space partitioning (TSP) tree. *IEEE Visualization*. 1999:371-545

[Shenas2005] H. H. Shenas, V. Interpante. Compositing colour with texture for multi-variate visualization. *International Conference on Computer Graphics and Interactive Techniques in Australasia and South East Asia*. 2005:443-446

[Silver1997] D. Silver, X. Wang. Tracking and visualizing turbulent 3D features. *IEEE Transaction on Visualization and Computer Graphics*. 3(2), 1997:129-141

[Sohn2006] B.-S. Sohn, C. Bajaj. Time-varying contour topology. *IEEE Transactions on Visualization and Computer Graphics*. 12(1), 2006:14-25

[Solver2018] M. Soler, M. Plainchault, B. Conche, J. Tierny. Topologically controlled lossy compression. *Proceedings of IEEE Pacific Visualization*. 2018:

[Spencer2009] B. Spencer, R. S. Laramee, G. Chen, E. Zhang. Evenly spaced streamlines for surfaces: An image-based approach. *Computer Graphics Forum*. 28(6), 2009:1618-1631

[Stalling1995] D. Stalling, H. Hege. Fast and resolution independent line integral convolution. *Proceedings of ACM SIGGRAPH*. 1995:249-256

[Stompel2002] A. Stompel, E. B. Lum, K.-L. Ma. Visualization of multidimensional, multivariate volume data using hardware-accelerated non-photorealistic rendering techniques. *Proceedings of Pacific Graphics*. 2002:394

[Strengert2005] M. Strengert, M. Magall. Large volume visualization of compressed time-dependent datasets on GPU clusters. *Parallel Computing*. 31(2), 2005:205-219

[Sundquist2003] A. Sundquist. Dynamic line integral convolution for visualizing streamline evolution. *IEEE Transaction on Visualization and Computer Graphics*. 9(3), 2003:273-282

[Sutton2000] P. Sutton, C. Hansen, H.-W. Shen, D. Schikore. A case study of isosurface extraction algorithm performance. *Proceedings of Joint Eurographics/IEEE TCCG Symposium on Visualization*. 2000:259-268

[Svakhine2005] N. Svakhine, Y. Jang, D. S. Ebert, K. Gaither. Illustration and photography-inspired visualization of flows and volumes.*IEEE Visualization*. 2005:687-694

[Tao2016] J. Tao, C. Wang, C.-K. Shene, R. A. Shaw. A vocabulary approach to partial streamline matching and exploratory flow visualization. *IEEE Transactions on Visualization and Computer Graphics*. 22(5), 2016:1503-1516

[Taylor2002] R. M. Taylor. Visualizing multiple fields on the same surface. *IEEE Computer Graphics and Applications*. 22(3), 2002:6-10

[Tang2006] Y. Tang, H. Qu, Y. Wu, H. Zhou. Natural textures for weather data visualization. *International Conference on Information Visualization*. 2006:741-750

[Teitzel1998] C. Teitzel, R. Grosso, T. Ertl. Particle tracing on sparse grids. *Visualization in Scientific Computing*. 1998:81-90

[Thompson2011] D. Thompson, J. A. Levine, J. C. Bennett, P.-T. Bremer, A. Gyulassy, V. Pascucci, P. P. Pébay. Analysis of large-scale scalar data using hixels. *Proceedings of IEEE Symposium on Large Data Analysis and Visualization*. 2011:23–30

[Tong2012] X. Tong, T.-Y. Lee, H.-W. Shen. Salient time steps selection from large scale time-varying data sets with dynamic time warping. *IEEE Symposium on Large Data Analysis and Visualization*. 2012:49-56

[Tricoche2010] X. Tricoche. Tensor field topology. *IEEE Visualization Tutorial: Tensors in Visualization*. http://people.kyb.tuebingen.mpg.de/tschultz/visweek10/tricoche-topology.pdf, 2010

[Tuch2004] D. S. Tuch. Q-ball imaging. *Magnetic Resonance in Medicine*. 52(6):1358-1372, 2004

[Tzeng2005] F.-Y. Tzeng, E. Lum, K.-L. Ma. An intelligent system approach to higher-dimensional classification of volume data. *IEEE Transactions on Visualization and Computer Graphics*. 11(3), 2005:273-284

[Ueng1996] S. Ueng, C. A. Sikorski, K. Ma. Efficient streamline, streamribbon, and streamtube constructions on unstructured grids. *IEEE Transaction on Visualization and Computer Graphics*. 2(2), 1996:100-110

[Urness2003] T. Urness, V. Interrante, E. Longmire, I. Marusic, B. Ganapathis ubramani. Effectively visualizing multivalued flow data Using color and texture. *IEEE Visualization*. 2003:151-121

[Vilanova2006] A. Vilanova, S. Zhang, G. Kindlmann, D. Laidlaw. An introduction to visualization of diffusion tensor imaging and its applications. *Visualization and Processing of Tensor Fields*. 2006:121-153

[Viola2005] I. Viola, A. Kanitsar, M. E. Gröller. Importance-driven feature enhancement in volume visualization. *IEEE Transactions on Visualization and Computer Graphics*. 11(4), 2005:408-418

[Vilanova2010] A. Vilanova. Visualization of HARDI data. *Tutorial: Tensors in Visualization*. http://people.kyb.tuebingen.mpg.de/tschultz/visweek10/vilanova-hardi-vis.pdf, 2010

[Wald2017] I. Wald, G. P. Johnson, J. Amstutz, C. Brownlee, A. Knoll, J. Jeffers, J. Günther, P. Navratil. OSPRay – A CPU ray tracing framework for scientific visualization. *IEEE Transactions on Visualization and Computer Graphics*. 23(1), 2017:931 -940

[Wang2005] H. Wang, Q. Wu, L. Shi, Y. Yu, N. Ahuja. Out-of-Core tensor approximation of multi-dimensional matrices of visual data. *ACM Transactions on Graphics*. 24(3), 2005:527-535

[Wang2007] C. Wang, A. Garcia, H.-W. Shen. Interactive level-of-detail selection using image-based quality metric for large volume visualization. *IEEE Transactions on Visualization and Computer Graphics*. 13(1), 2007:122 -134

[Wang2008] C. Wang, H. Yu, K.-L. Ma. Importance-driven time-varying data visualization. *IEEE Transactions on Visualization and Computer Graphics*. 14(6), 2008:1547-1554

[Wang2010] C. Wang, H. Yu, K.-L. Ma. Application-driven compression for visualizing large-scale time-varying data. *IEEE Computer Graphics and Applications*. 30(1), 2010:59-69

[Wang2011] C. Wang, H. Yu, R. W. Grout, K.-L. Ma, J. H. Chen. Analyzing information transfer in time-varying multivariate data. *Proceedings of IEEE Pacific Visualization*. 2011:99-106

[Wang2013] B. Wang, P. Rosen, P. Skraba, H. Bhatia, V. Pascucci. Visualizing robustness of critical points for 2D time-varying vector fields. *Computer Graphics Forum*. 32(3), 2013:221-230

[Wang2016] Z. Wang, H.-P. Seidel, T. Weinkauf. Multi-field pattern matching based on sparse feature sampling. *IEEE Transactions on Visualization and Computer Graphics*. 22(1), 2016:807-816

[Wang2017a] K.-C. Wang, K. Lu, T.-H. Wei, N. Shareef, H.-W. Shen. Statistical visualization and analysis of large data using a value-based spatial distribution. *Proceedings of IEEE Pacific Visualization*. 2017:161-170

[Wang2017b] C. Wang, J. Tao. Graphs in scientific visualization: A survey. *Computer Graphics Forum*. 36(1), 2017:263-287

[Wang2018] Q. Wang, Y. Tao, H. Lin. FeatrueNet: Automatic visual summarization of major features in multivariate volume data. *Journal of Visualization*. 21(3), 2018:443-455

[Ware1995] C. Ware, W. Knight. Using visual texture for information display. *ACM Transactions on Graphics*. 14(1), 1995:3-20

[Wei2015] T.-H. Wei, C.-M. Chen, A. Biswas. Efficient local histogram searching via bitmap indexing. *Computer Graphics Forum*. 34(3), 2015:81–90

[Wei2017] T.-H. Wei, C.-M. Chen, J. Woodring, H. Zhang, H.-W. Shen. Efficient distribution-based feature search in multi-field datasets. *Proceedings of IEEE Pacific Visualization*. 2017:121-130

[Weigle1996] C. Weigle, D. Banks. Complex-valued contour meshing. *IEEE Visualization*. 1996:173-180

[Weigle1998] C. Weigle, D. Banks. Extracting iso-valued features in 4D scalar fields. *Proceedings of IEEE Symposium for Volume Visualization*. 1998:103-108

[Weiler2000] M. Weiler, R. Westermann, C. Hansen, K. Zimmermann, T. Ertl. Level-of-detail volume rendering via 3d textures. *IEEE symposium on Volume visualization*. 2000:7-13

[Westermann95] R. Westermann. Compression domain rendering of time-resolved volume data. *Proceedings of IEEE Visualization*. 1995:168-175

[Widanagamaachchi2012] W. Widanagamaachchi, C. Christensen, P.-T. Bremer, V. Pascucci. Interactive exploration of large-scale time-varying data using dynamic tracking graphs. *Proceedings of IEEE Symposium on Large Data Analysis and Visualization*. 2012:9-17

[Wiegell2000] M. R. Wiegell, H. B. W. Larsson, V. J. Wedeen. Fiber crossing in human brain depicted with diffusion tensor MR imaging. *Radiology*. 217(3), 2000:897-903

[Wijk1991] J. J. Wijk. Spot noise: Texture synthesis for data visualization. *Computer Graphics*. 25(4), 1991:309-318

[Wijk1993] J. Wijk, R. Liere. Hyperslice: Visualization of scalar functions of many variables. *IEEE Visualization*. 1993:119-125

[Wijk2002] J. J. Wijk. Image based flow visualization. *ACM Transaction on Graphics*. 21(3), 2002:754

[Wilhelms1992] J. Wilhelms, A. Van Gelder. Octrees for faster isosurface generation. *ACM Transactions on Graphics*. 11(3), 1992:201-227

[Wittenbrink1996] C. M. Wittenbrink, A. T. Pang, S. K. Lodha. Glyphs for visualizing uncertainty in vector fields. *IEEE Transactions on Visualization and Computer Graphics*. 2(3), 1996:266-279

[Wong1997] P. C. Wong, R. D. Bergeron. 30 years of multidimensional multivariate visualization. *Scientific Visualization, Overviews, Methodologies, and Techniques*. 1997:3-33

[Wong2002] P. C. Wong, H. Foote, D. L. Kao, R. Leung, J. Thomas. Multivariate visualization with data fusion. *Information Visualization*. 1(3-4), 2002:182-193

[Woodring2003] J. Woodring, H.-W. Shen. Chronovolumes: a direct rendering technique for visualizing time-varying data. *Eurographics/IEEE TVCG Workshop on Volume Graphics*. 2003:27-34

[Woodring2006] J. Woodring, H.-W. Shen. Multi-variate, time varying, and comparative visualization with contextual cues. *IEEE Transactions on Visualization and Computer Graphics*. 12(5), 2006:909-916

[Woodring2009a] J. Woodring, H.-W. Shen. Semi-automatic time-series transfer functions via temporal clustering and sequencing. *Computer Graphics Forum*. 28(3), 2009:791-198

[Woodring2009b] J. Woodring, H.-W. Shen. Multiscale time activity data exploration via temporal clustering visualization spreadsheet. *IEEE Transactions on Visualization and Computer Graphics*. 15(1), 2009:123-137

[Wu2015] F. Wu, G. Chen, J. Huang, Y. Tao, W. Chen. EasyXplorer: A flexible visual exploration approach for multivariate spatial data. *Computer Graphics Forum*. 34(7), 2015:163-172

[Xu2014] X. Xu, E. Sakhaee, A. Entezari. Volumetric data reduction in a compressed sensing framework. *Computer Graphics Forum*. 33(3), 2014:111-120

[Xue2004] D. Xue, C. Zhang, R. Crawfis. Rendering implicit flow volumes. *IEEE Visualization*. 2004:99-106

[Zhang2004] S. Zhang, K. Gordon, H. L. David. Diffusion Tensor MRI Visualization. *The Visualization Handbook*. Academic Press. 2004

[Zhang2016] C. Zhang, T. Schultz, K. Lawonn, E. Eisemann, A. Vilanova. Glyph-based comparative visualization for diffusion tensor fields. *IEEE Transactions on Visualization and Computer Graphics*. 22(1), 2016:797-806

[Zhao2010] X. Zhao, A. Kaufman. Multi-dimensional reduction and transfer function design using parallel coordinates. *Proceedings of International Symposium on Volume Graphics*. 2010:69-76

[Zheng2003] X. Zheng, A. Pang. HyperLIC. *Proceedings of IEEE Visualization*. 2003:249-256

[Zhou2012] L. Zhou, M. Schott, C. Hansen. Transfer function combinations. *Computer & Graphics*. 36(5), 2012:596-606

[Zhou2014] L. Zhou, C. Hansen. GuideMe: Slice-guided semiautomatic multivariate exploration of volumes. *Computer Graphics Forum*. 33(3), 2014:151-160

第7章

时变数据可视化

时间是一个非常重要的维度和属性。随时间变化、带有时间属性的数据称为时变型数据（Time-varying Data或者Temporal Data）。时变型数据的处理方法与顺序型数据（Sequential Data）有相通之处。从宏观上看，数据类型可分为数值型、有序型和类别型三类。其中，任意两个有序型数据之间都具有某种顺序关系，而数值型数据可看成某种有具体数值的有序型数据。在科学、工程、社会和经济领域，每时每刻都在产生大量的有序数据。据统计，1974—1980年世界上的15种报纸和杂志上刊登的4000个图像集合的75%以时间序列排序[Tufte1997]。从语义上看，有序型数据可分为两类。

- 以时间轴排列的时间序列数据（Time-series Data; Time-varying Data），如：个人摄像机采集的视频序列、各种传感器设备获取的监测数据和股市股票交易数据、太阳黑子随时间的变化、奥运会比赛日程、每日高血压药物服用时间、股票价格变动等。在时间序列数据中，每个数据实例都可以看作某个事件，事件的时间可当成一个变量。
- 不以时间为变量，但具有内在的排列顺序的顺序型数据集，如文本、生物DNA测序和化学质谱等。这类数据的变化顺序可以映射为时间轴进行处理。

两类数据统称为时变型数据。它们在实际应用中量大、维数多、变量多，而且类型丰富，分布范围广泛。在各类传感器网络、移动互联网应用中，以流模式（Streaming）生成的流数据（Streaming Data）是一类特殊的具有无限长度时间轴的时变型数据。

人类社会的微观活动和历史事件也构成了一个随时间变化的数据。历史学界的一个新理论——历史动力学（Cliodynamics）[Turchin2008]通过考察人口数量、社会结构、国家强盛程度和政局稳定性等变量，认为人类历史有经验性规律和周期性。例如，人口下降时期每10年发生的不稳定事件数，是人口上升时期每10年发生的不稳定事件数的好几倍。在长期的社会趋势中，两种循环影响着政局的不稳定性：长达200至300年的世俗循环，如农业社会每过两三个世纪就遭逢一次一百年左右的不稳定期；50年左右的父子两代循环。图7.1展示了每隔50年（1870,1920,1970）美国城市暴力的周期图例 [Spinney2012]。

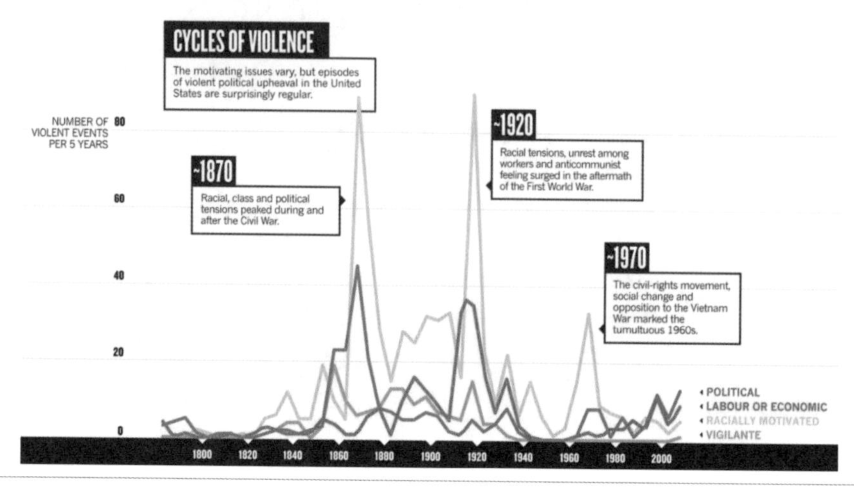

图7.1 美国历史上三次（1870, 1920, 1970）重大的城市暴力事件 [Spinney2012]。

分析和理解时变型数据通常可以通过统计、数值计算和数据分析的方法完成。例如，考察时变序列数据的极值，计算两个时变序列数据的相似性，检测时变序列数据与某个数据分布的匹配性，快速检索时变序列数据，某个数据元素的变化情况，k 个（k>2）数据元素在时变序列数据中出现的频率和概率，序列中相似子片段的检测等。这些任务同时也是流数据分析和序列分析的核心目标。

从特征计算的角度看，也可采用传统的数据挖掘方法对时变型数据进行信号分解、模式挖掘和特征预测等处理，例如常用的粒子滤波器、卡尔曼滤波和隐马尔科夫链。

在数据尺度中等时，上述方法可以取得令人满意的结果。然而，针对大尺度的时变型数据，自动的数据挖掘方法往往难以预测蕴藏其中的千变万化的规律。数据挖掘的结果通常带有噪声，需要人工解释和滤波。此时，采用合适的数据可视化方法展现原始数据或分析后的结果，可有效地揭示数据中隐藏的特征模式，展示与时间相关的变化规律和趋势。

时变型数据的可视化设计空间涉及三个维度，即表达、比例尺和布局 [Brehmer2017]。在三个维度上常用的方法如图7.2所示。表达维度决定如何将时间信息映射到二维平面上，可选的映射方式包括线性、径向、表格、螺旋形、随机等。这个维度决定了时间数据以什么样的形式展现在可视化结果中。比例尺维度决定以怎样的比例将时序数据映射到可视化中，例如对数比例尺和线性比例尺。布局维度决定以什么样的布局方式对时序数据进行排布。通过组合三个维度上的不同方法，就可以得到不同的时间数据可视化结果。

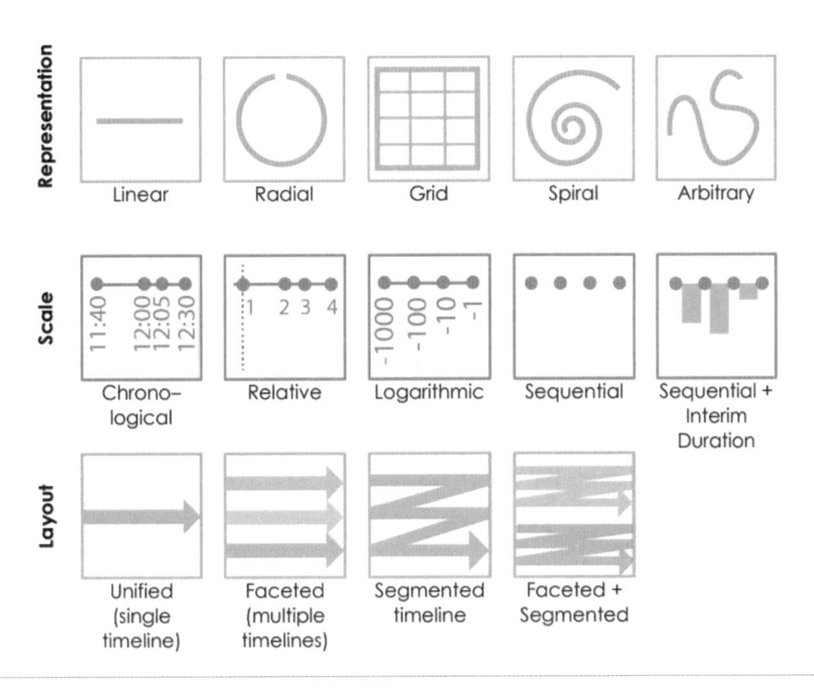

图 7.2 时变型数据的可视化设计空间 [Brehmer2017]。

时变型数据的可视化方法可分为两类。一类方法采用静态方式展示数据中记录的内容，不随时间变化，但可采用多视角、数据比较等方法体现数据随时间变化的趋势和规律 [Aigner2008]。另一类方法采用动画手法，动态地展示随着时间变化的感觉和过程，因而具有更多的表现空间。本章主要介绍静态方法。可视化领域的主流观点认为，由于人类认知对动画的局限性，需谨慎看待采用动画方式可视化时变型数据的可行性和表达力。关于动画与可视化的关系，详见第 2 章相关章节。

7.1 时间属性的可视化

如果将时间属性或顺序性当成时间轴变量，那么每个数据实例是轴上某个变量值对应的单个事件。对时间属性的刻画有三种方式 [陈为 2011]。

线性时间和周期时间：线性时间假定一个出发点并定义从过去到将来数据元素的线性时域。许多自然界的过程具有循环规律，如季节的循环。为了表示这样的现象，可以采用循环的时间域。在一个严格的循环时间域中，不同点之间的顺序相对于一个周期是毫无意义的，例如，冬天在夏天之前来临，但冬天之后也有夏天。对于线性时间，在表达维度上最常用的就是线性映射方式；而对于周期时间，则经常使用径向和螺旋形的映射方式。

时间点和时间间隔：离散时间点将时间描述为可与离散的空间欧拉点相对等的抽象概念。单个时间点没有持续的概念。与此不同的是，间隔时间表示小规模的线性时间域，例如几天、几个月或几年。在这种情况下，数据元素被定义为一个持续段，由两个时间点分隔。时间点和时间间隔都被称为时间基元。

顺序时间、分支时间和多角度时间：顺序时间域考虑那些按先后发生的事情。对于分支时间、多股时间分支展开，这有利于描述和比较有选择性的方案（如项目规划）。这种类型的时间支持做出只有一个选择发生的决策过程。多角度时间可以描述多于一个关于被观察事实的观点（例如，不同目击者的报告）。对于这种刻画方式，在表达维度上最常用的是线性映射方式。

7.1.1 线性和周期时间可视化

不同类别的时变型数据需采用不同的可视方法来表达。标准的显示方法将时间数据作为二维的线图显示，x 轴表示时间，y 轴表示其他的变量。例如，图 7.3 左图显示了一维时间序列图，其横轴表达线性时间、时间点和时间间隔，纵轴表达时间域内的特征属性。这种方法善于表现数据元素在线性时间域中的变化，却难以表达时间的周期性。

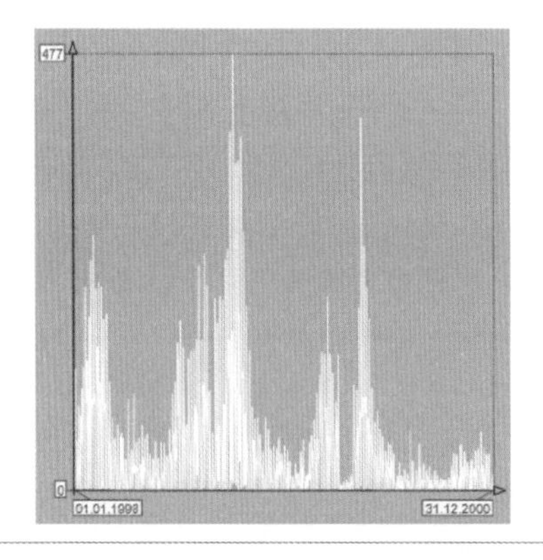

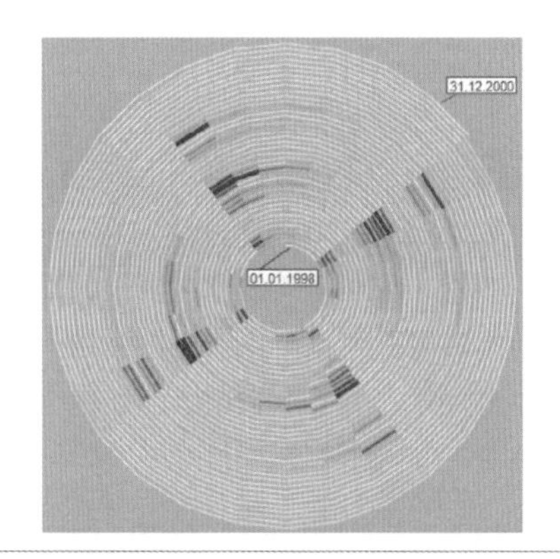

图 7.3 时序数据的线性和周期性表达。左：标准的单轴序列图；右：径向布局 [Aigner2008]。

图 7.3 右图将时间序列沿圆周排列。它采用螺旋图的方法布局时间轴，一个回路代表一个周期。选择正确的排列周期可以展现数据集的周期性特征。此外，图中显示的时间周期是 28 天，从 4 个比较明显的部分我们可以推断出所有 7 天的整数倍作为周期。图 7.2 两幅图中描述的数据都是某地区三年时间内流感病例的数量，从中可以看出线性和周期时间的不同的重要影响。图 7.4 展现了一个不同显示周期下的时变序列数据的可视化效果。此外，为了体现时变型数据的周期结构，可以采用环状表示某时间段内的时间结构，如图 7.5 所示。图 7.6 结合了环状表示与地图来对地图上某一条路在一段时间内（24 小时或 31 天）的交通流量进行可视化。

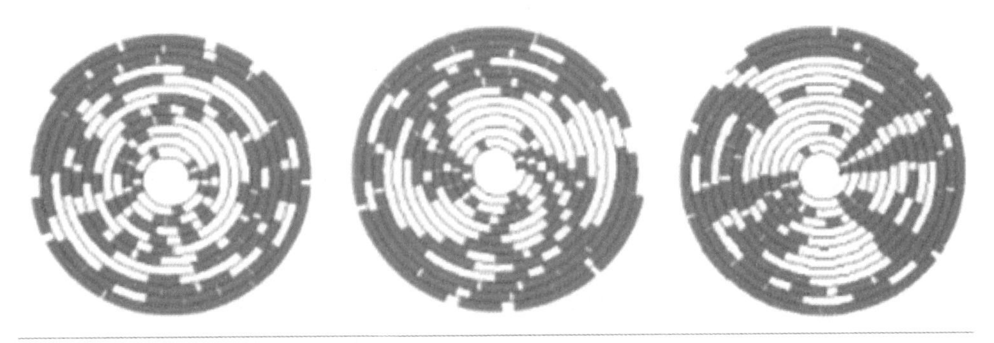

图 7.4 5 种乐器获得的声音时变数据的径向布局可视化。相比左图和中图，右图仅改变了显示周期，但清晰地揭示了数据的周期性。

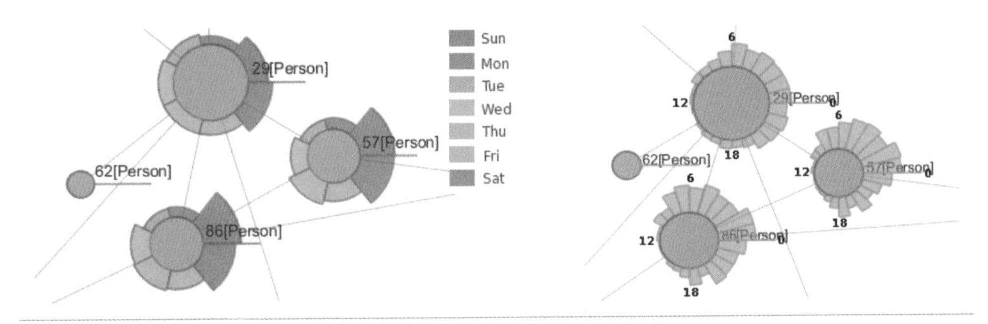

图 7.5 采用环状表示一周（左）和一天（右）中手机用户活动的时间分布。图片来源：[Shen2008]

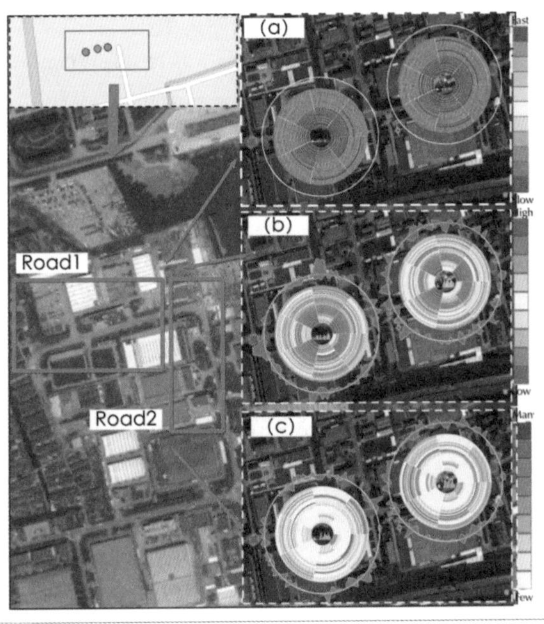

图 7.6 采用环状布局对道路上的交通流量进行可视化 [Pu2013]。

图 7.7 采用单个时间轴对应多个属性轴的方式表达顺序时间、点时间和多角度时间，其中每个轴表达数据集的某个分析角度，顺序的时间轴表示时间的进程，线段表示不同时间点对应的不同属性。从每个不同的属性轴可以看出这种属性数据的时序关系。

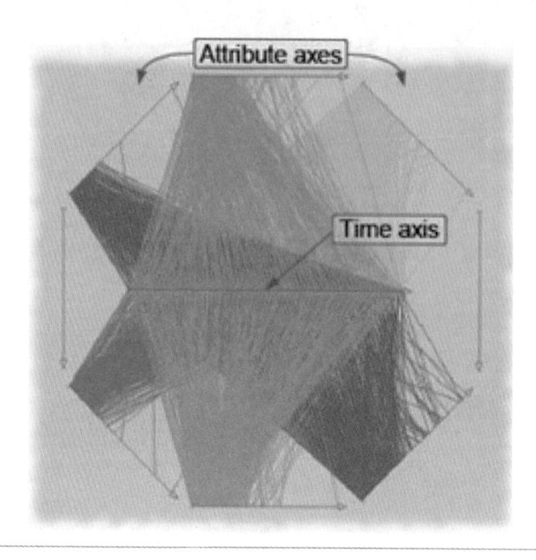

图 7.7 TimeWheel 技术以平行坐标为基础，将单个时间轴对应多个属性轴表达多元数据的演化。

图 7.8 左上图采用堆叠的语义流方法表达多个变量随时间演化的过程。这种堆叠流图方法既显示总量，又能显示多个时间序列数据的对比，且每个时间流的分段标签易读，还可以区分不同的层次，具有美感，常用于时间流数据的可视化。尽管时间轴本质是线性的，但仍然可以采用美观的可视化手段表现时变序列数据。图 7.8 右上图是美国纽约时报刊登的采用光滑曲线形状的流图可视化结果。图 7.8 下图是利用热力图的形式，对 Twitter 用户关于 5 个不同的主题观点随时间变化的情况进行可视化。

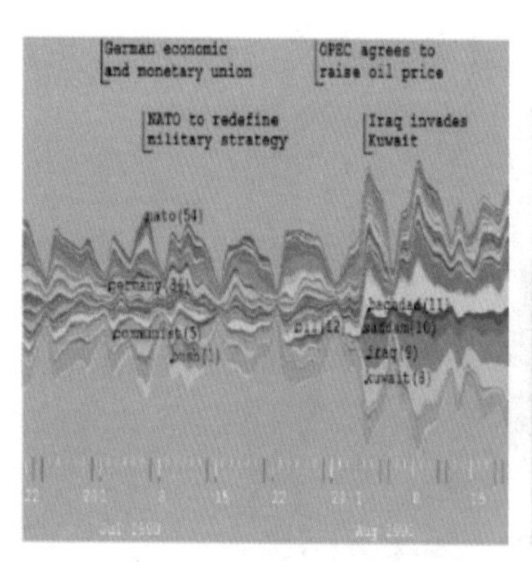

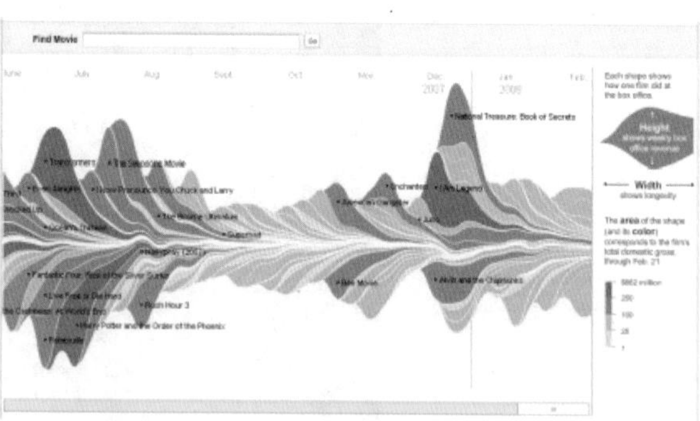

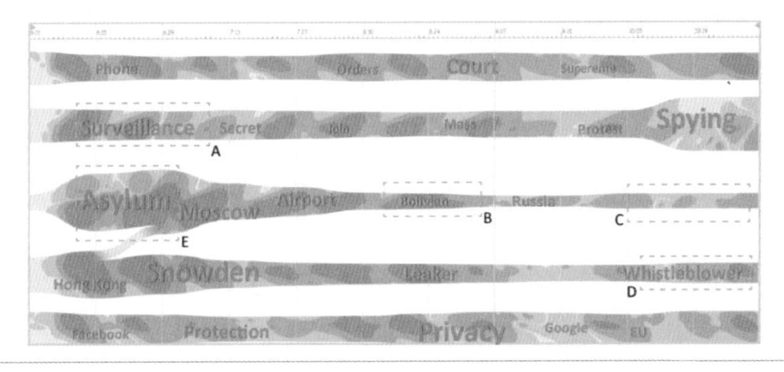

图 7.8 左上：采用 Streamgraph 呈现多角度语义流的演变过程[Cohen2006]；右上：：美国纽约时报刊登的采用光滑曲线形状的流图可视化 1986—2008 年卖座电影的票房。图片来源：链接 7-1；下：利用热力图的形式可视化 Twitter 用户关于 5 个不同的主题观点随时间的变化[Wu2014]。

时变型数据中的其他属性可以采用不同的可视化通道表达。例如，图 7.9 中华盛顿邮报发布的可视化作品展现了过去的 30 年里，电子产品的价格变化趋势。其中，使用圆点的大小和颜色来分别表示电子产品的价格和类别。

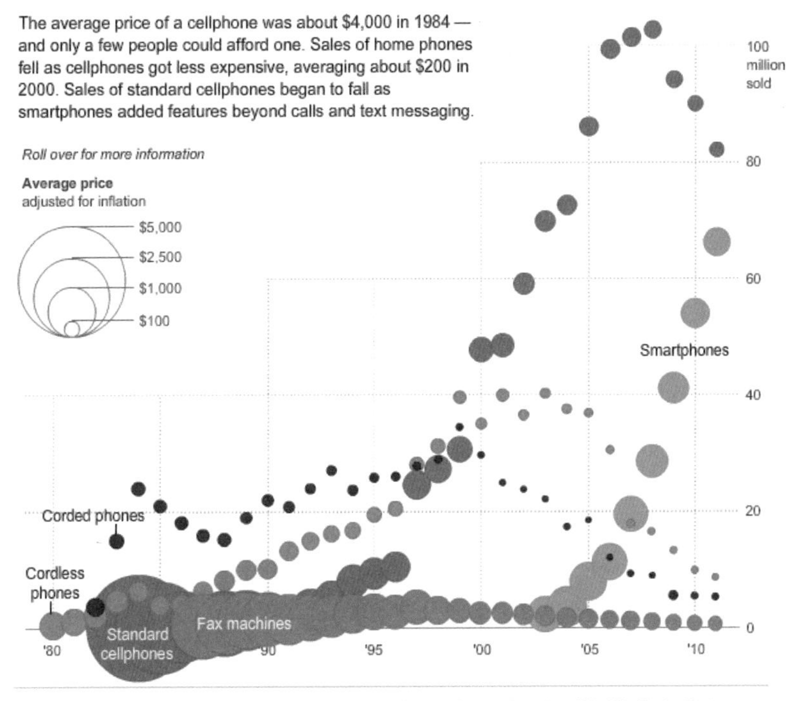

图 7.9 部分电子产品在 1980—2010 年价格和销量的变化趋势。横轴表示年份，纵轴表示销量。圆点的大小表示价格，颜色表示产品类别。图片来源：链接 7-2

7.1.2 日历时间可视化

时间属性可以和人类日历对应，并分为年、月、周、日、小时等多个等级。因此，采用日历表达时间属性，和我们识别时间的习惯符合。对于日历时间的可视化，在表达维度上一般采用表格映射的方式对时间轴进行处理。图 7.10、图 7.11 分别展示了三种日历视图。

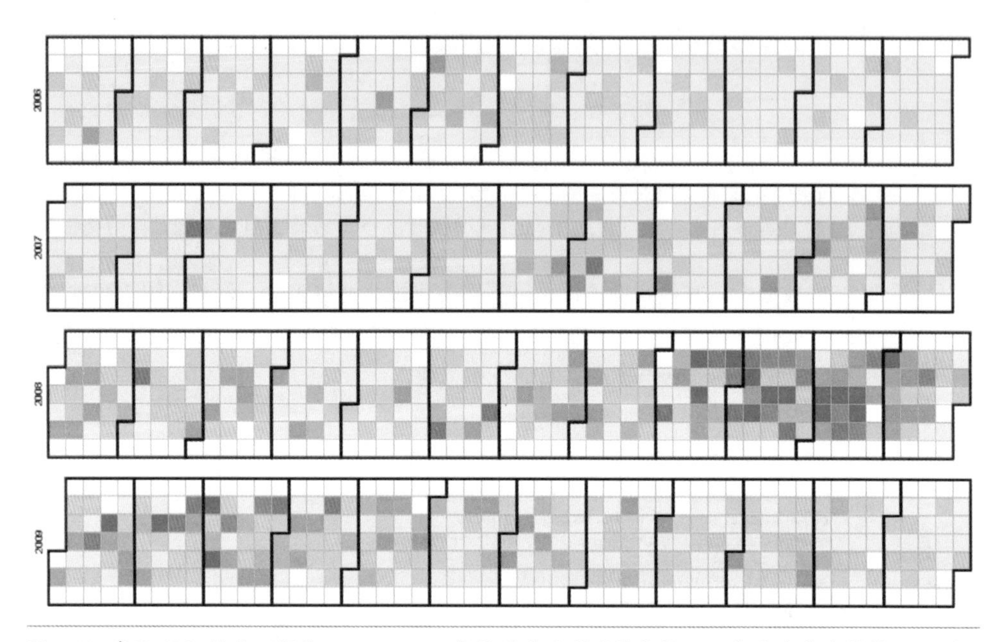

图 7.10 采用 d3.js 软件可视化 2006—2009 年美国道琼斯股票指数。配色方案来自链接 7-3，红色表示股指下跌，而绿色表示上涨。布局方案参考链接 7-4。可视化结果清晰地展现了 2008 年 10 月金融危机爆发前后美国股市的激烈状况。图片来源：链接 7-5

将日期和时间看成两个独立的维度，可用第三个维度编码与时间相关的属性，如图 7.12 所示。以日历视图为基准，也可在另一个视图上展现时间序列的数据属性，日历视图和属性视图通过时间属性进行关联 [Wijk1999]。从日历视图上可以观察以季度、月、周、日为单位的趋势。对多个时间单位的数据进行聚类合并，可以观察不同时间段的趋势异同。图 7.13 展示了 5 种聚类后的单日内 6 点到 18 点之间的雇员在岗数目走势图，以及它们和两类平均走势图的对比。左边的日历图的日期颜色和右边的曲线颜色一一对应，观者可以直观地观察右边的聚类曲线对应的日期的分布。这种对偶视图的方法，允许用户进行添加、删除、查看聚类等操作，并交互地发现和分析时间序列数据中蕴含的信息。

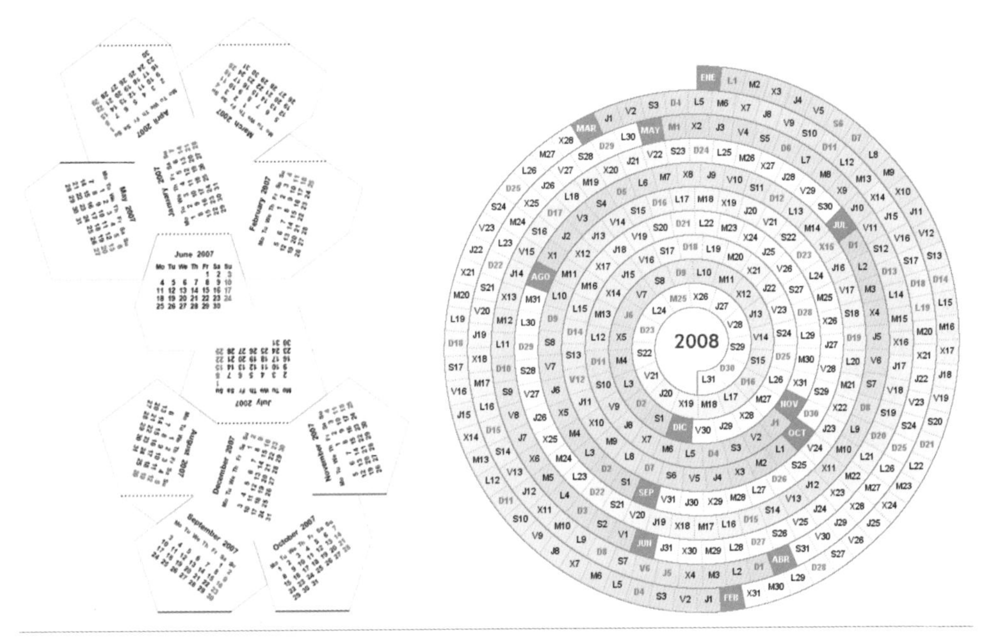

图 7.11 不同的日历视图。左：12 边形日历，图片来源：链接 7-6；
右：螺旋形日历，图片来源：链接 7-7

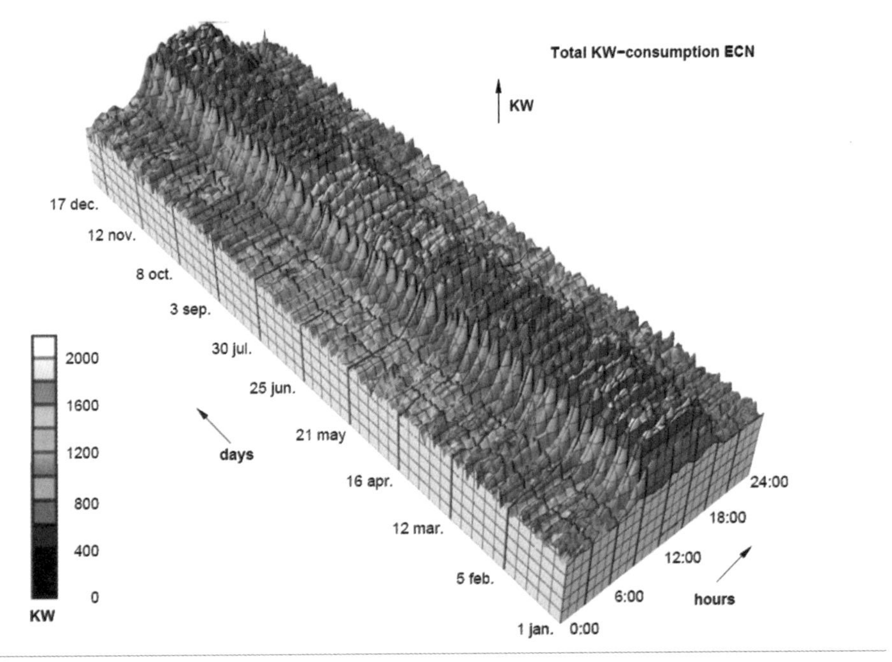

图 7.12 将小时、日期作为 x, y 轴，耗电量作为高度，既呈现了全年的耗电量走势，也呈现了每日耗电量的周期性特征 [Wijk1999]。

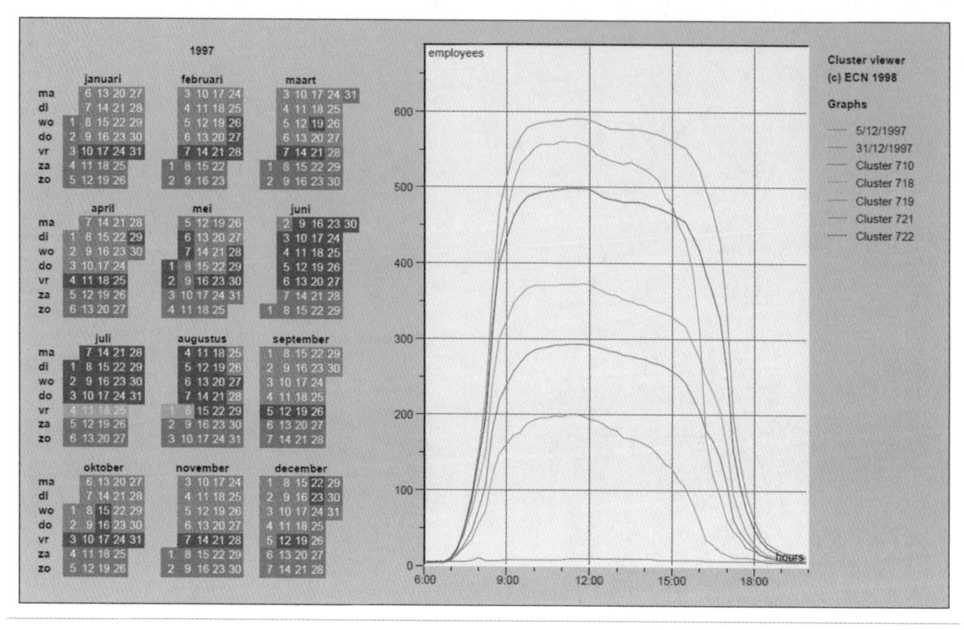

图 7.13 基于聚类分析的日历视图和时间序列数据可视化[Wijk1999]。

7.1.3 分支和多角度时间可视化

类似于叙事型小说，时变型数据中蕴含的信息存在分支结构，对同一个事件也可能存在多个角度的刻画。按照时间组织结构，这类可视化可分为线性、流状、树状、图状等类型。这类可视化一般在表达维度上采用线性映射的方式对时间轴进行处理。

线性多角度时间可视化

为了呈现一个完整的事件历程和社会行为（如个人健康记录、历史事件），可采用类似于甘特图（用条形图表进度的可视化标志方法）的方式，使用多个条形图线程表现事件的不同属性随时间变化的过程，线条的颜色和厚度都可以编码不同的变量。观察者既可以交互地点击某个线程获取详细的细节，也可以直观地得到按时间排列的事件的概括。图 7.14 展示了个人健康记录信息可视化系统 Lifeline。图 7.15 展示了可视化系统 LiveGannt[Jo2014]，在原始的甘特图上增加了多种不同的交互来支持用户对大规模事件数据进行分析。图 7.15 左一图展示了原始的甘特图，大量的数据无序地按照时间顺序排布在可视化中，显得非常混乱；左二图展示了经过排序后的甘特图，可以清晰地看出一些事件；右二图是对重排序之后的事件进行聚合，将发生事件相近的同类事件聚合在一起，使得可视化更加整齐；右一图是当用户聚焦到某个时刻时，仅显示当前时刻的事件，便于用户进行分析。而在 DecisionFlow[Gotz2014] 中，则利用基于流的可视设计来对聚合后的时序事件数据进行可视化，如图 7.16 所示。

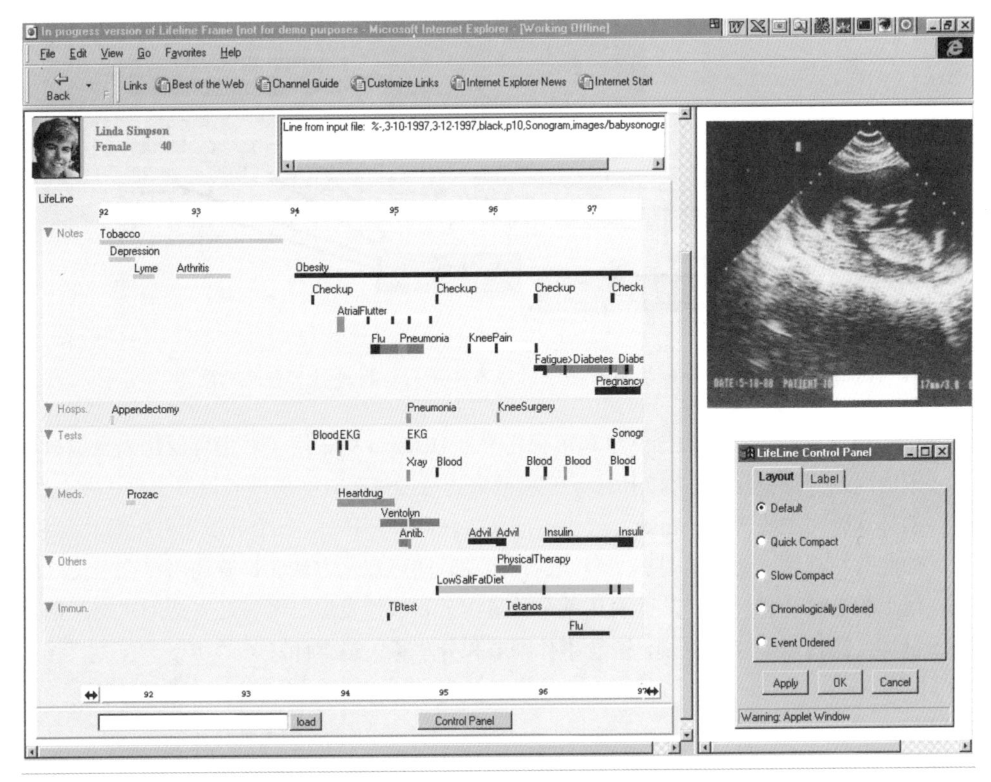

图 7.14 Lifeline 采用并列的多层次甘特图标志展现生命历程 [Plaisant1996]。

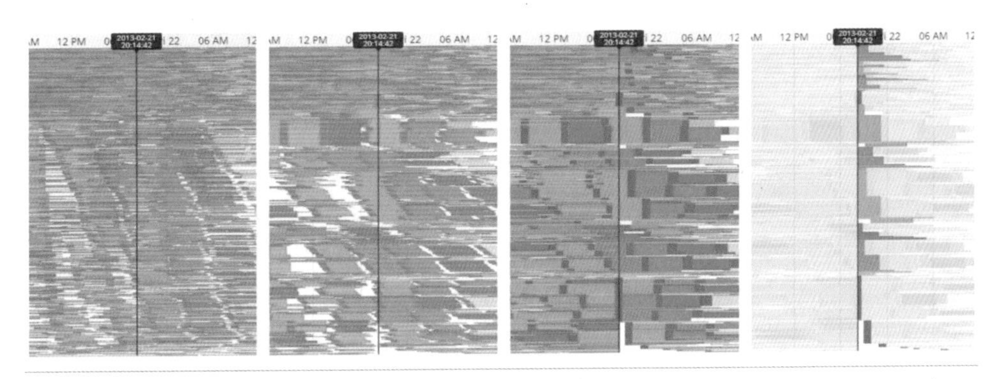

图 7.15 LiveGantt 提供不同的交互手段支持用户对甘特图进行可视分析。左一：原始的甘特图；左二：经过重排序后的甘特图；右二：经过聚合操作后的甘特图；右一：仅显示在焦点时间线上发生的事件 [Jo2014]。

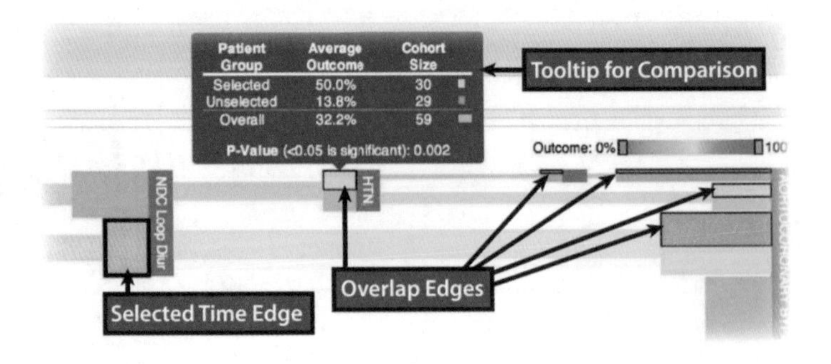

图 7.16 利用 DecisionFlow 技术对高维时序事件序列数据进行可视化[Gotz2014]。

IBM 开发的在线数据共享和可视化平台 Historio 则采用了环形可视化来呈现故事中蕴藏的周期性特征，如图 7.17 所示。它将故事构造为带有时间周期和离散事件（用小点标注）的环状时间主线（Timelines），其中时间从内环到外环排序，每个离散事件配备解释和标注，如照片、视频、地理信息和文档。这种线性时间可视化方法允许普通用户在可交互的时间线上构造解释和标注，从而表达某个故事情节和事件发展。系统还支持用户交互地搜索关键词，比较多个时间主线，查看事件细节和分享感兴趣事件。

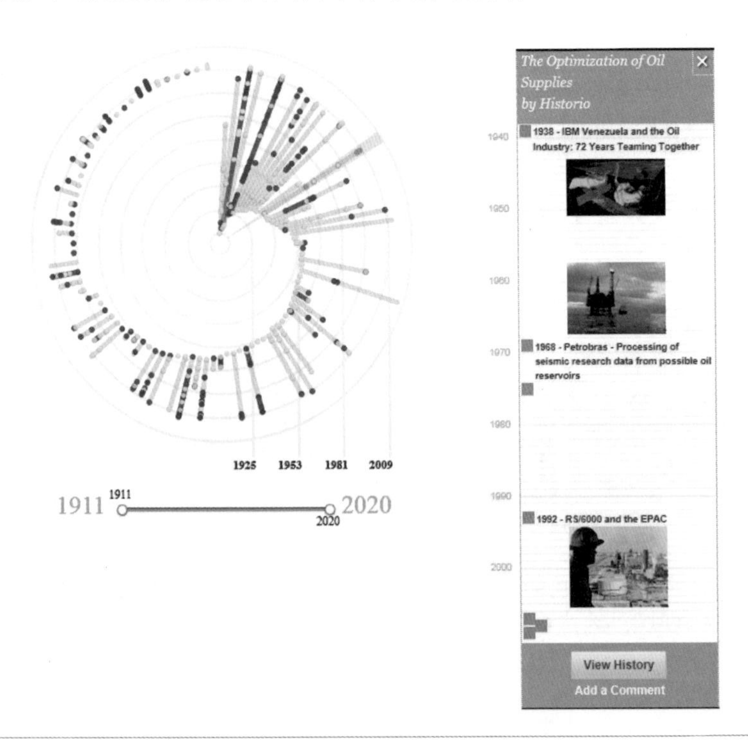

图 7.17 IBM 公司开发的在线应用 Historio 允许大众用户上传自己的数据，以径向布局的方式布置时间主线，讲述历史事件。图片来源：链接 7-8

流状分支时间主线可视化

基于河流的可视隐喻可展现时序型事件随时间产生流动、合并、分叉和消失的效果，这种效果类似于小说和电影中的叙事主线。例如，软件开发中协作关系的演变类似于电影中的人物关系。每个开发人员在开发过程中用一条线表示，当两个程序员同时开发同一个模块的时候，他们的线条合并。可视化学者 Michael Owaga 开发的 Storylines 软件可读入软件版本控制系统（如 SVN 等）的日志，从中读取开发者的信息和协作关系，自动绘制类似于电影人物关系图的软件开发历程图。图 7.18 展示了 Python 的开发历史。

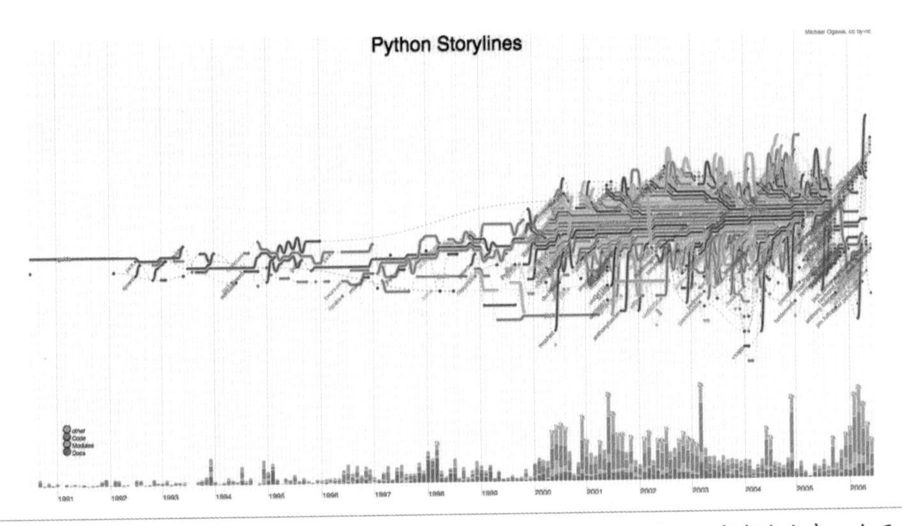

图 7.18 类似于河流的故事主线可视化生动地表现了 Python 的开发进程，每条线代表一个开发人员。图片来源：链接 7-9

另一个例子是复杂的人际关系的动态可视化。传统方法将人物关系用社会网络图表示，再用动画回放图的变化。更符合人类感知和认知的方法是采用静态的流状分支时间线可视化方法，在二维平面上展现这个动态过程。图 7.19 是艺术家手工绘制的电影“指环王”人物关系的演变，x 轴代表时间，每一个人物用一条线表示，当两个人物在一起时，两条线合并，分开时，两条线也分开。与故事情节相关的其他信息也利用不同的颜色和标注表达。例如，灰色区域表示战斗或者有事件发生；圆点表示人物的死亡。图 7.19 下图展示了局部可视化细节：在某个时间点，4 个哈比人出现了分歧。Frodo 和 Sam 离开了 Merry 和 Pippin，Aragorn、Legolas 和 Gimli 也和哈比人失散了。在导致分开的事件中，死去的人是 Boromir。

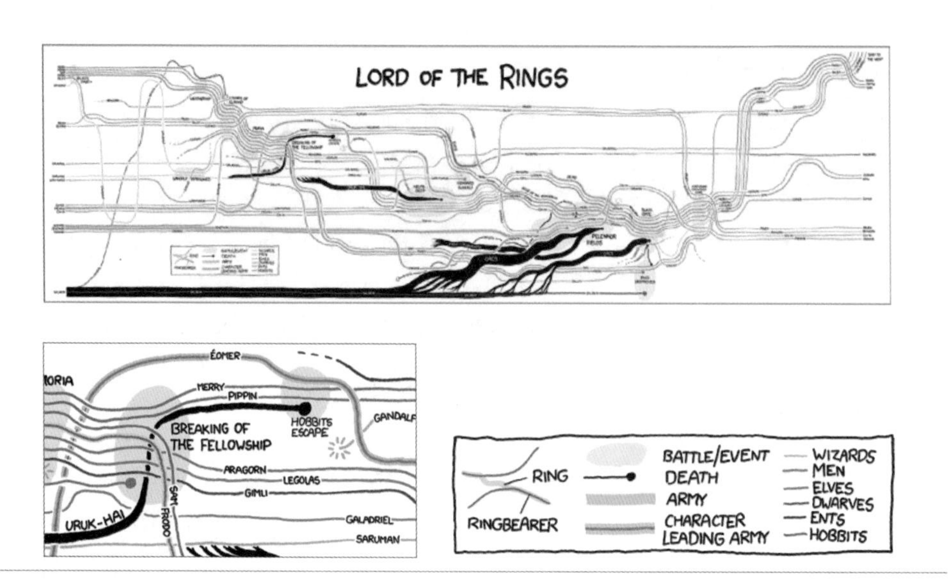

图 7.19 时间主线可视化展现电影“指环王”人物关系的演变。图片来源：链接 7-10

Tanahashi 和 Ma[Tanahashi2012] 自动地根据事件脉络生成流状分支时间主线可视化的算法，其核心是基于多目标函数优化的演化规律自动计算，如图 7.20 所示。

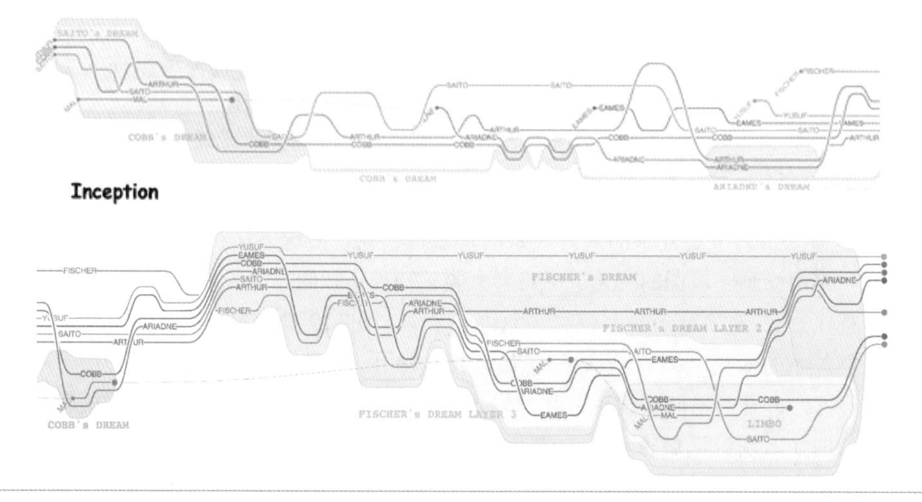

图 7.20 电影“盗梦空间”的流状分支时间主线可视化 [Tanahashi2012]。

上面的例子展示了不同个体之间的关系随时间的变化。这种思路也可以用于不同事件的时空演化的展示，如图 7.21 所示。

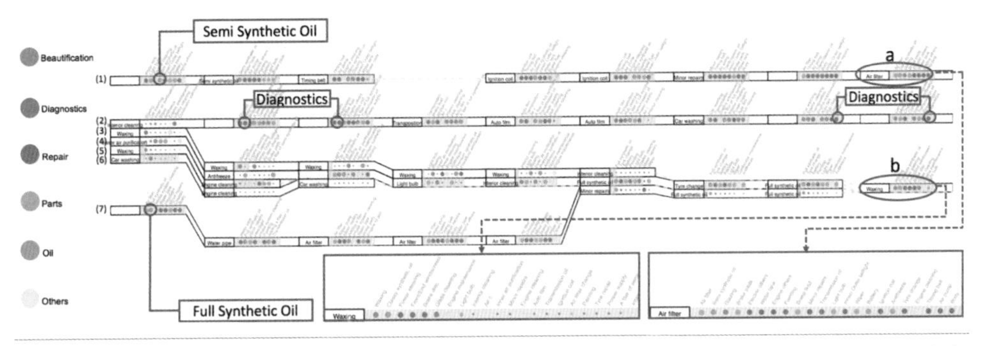

图 7.21 利用 EventThread 系统对汽车维护事件数据进行可视化。数据中包含 6 种不同的事件 [Guo2018]。

7.1.4 时间属性的动态可视化

尽管基于动画形式的可视化有着一定的局限性，也不是时变型数据可视化的主流，但在诠释某些动态事物的过程时，适当地采用动态可视化方法，有助于普通用户以可视的形式了解整个事件过程，达到一图胜千言的效果。例如，GapMinder 软件用动态可视化展示各国人口、经济的发展历程。如图 7.22 所示的是其中的一帧，展现了各国在 2000 年的人均寿命与经济收入情况。

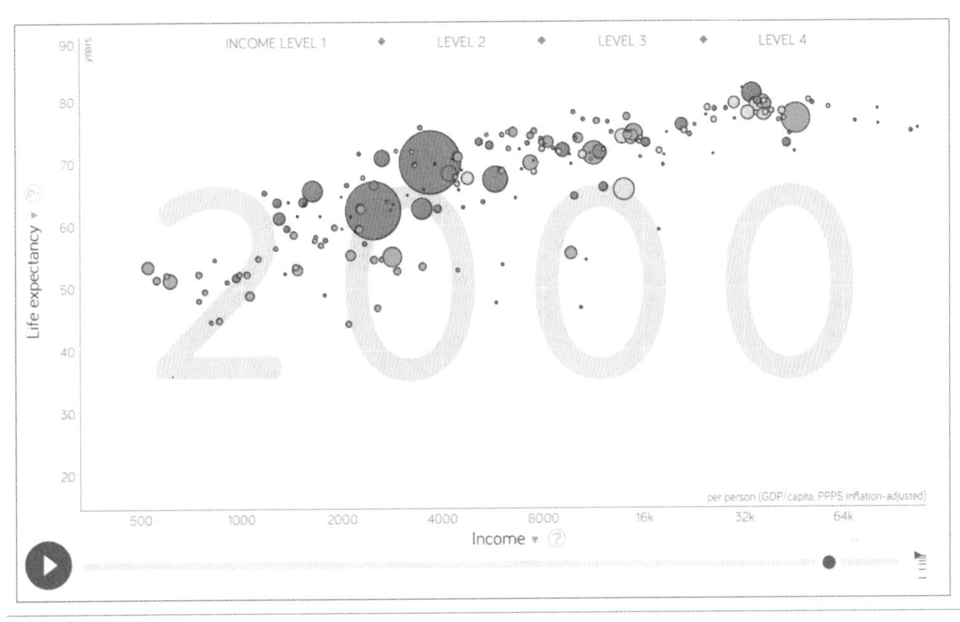

图 7.22 GapMinder 展示各个国家人均寿命与经济收入情况。图片来源：链接 7-11

7.2 多变量时变型数据可视化

多变量时变型数据是实际应用中常见的数据集。由于存在多个变量，可视化需要兼顾数据本身属性和数据集的顺序性，结合数据分析的方法展现和挖掘顺序型数据的规律。面向大尺度数据，首要任务是对数据进行抽象和重构，以便刻画复杂有序数据集的内蕴特征，生成紧凑的概述图像，方便索引和搜索，进而允许用户在交互分析过程中添加其他细节。这个流程与可视化的基本流程——“全局摘要；显示重要部分——缩放和过滤；按要求显示细节，进一步分析”相吻合，归纳为三类基本方法，即数据抽象、数据聚类和特征分析。

- 数据抽象指通过数据降维、特征选取和数据简化等方法，构建增强关键特征而抑制不相关细节的表达，获得有序数据流的时间相关或无关的内蕴量或隐含的特征模式。其挑战之一在于如何在线分析源源不断产生的数据流，方便用户及时做出决策。另一方面，实测数据通常包含谬误或自相矛盾的信息，即存在不确定性。因此，数据抽象包括排序、信息过滤、去噪、异常处理等操作。
- 聚类指将数据集划分为多个具有某种相似性的子集的操作。聚类过程实际上完成了对数据的抽象，因而允许对聚类后的集合进行分析和可视化，并在聚类基础上直接处理大尺度数据集。聚类操作的核心是定义恰当的距离或相似性度量，而这与具体应用和数据集相关。在聚类过程中，用户通常需要调整参数并验证结果，以达到最优的效果。例如，在图 7.23 所展示的 SOMFlow[Sacha2018] 中，就支持用户迭代地使用 SOM（Self-Organized Maps）算法对时序数据进行聚类分析。用户可以分析每一步操作产生的 SOM 结果，再通过调整数据拆分模型和参数设置生成新的 SOM 结果。用户的所有操作都一步步地保存下来，使得用户可以反思整个分析流程。

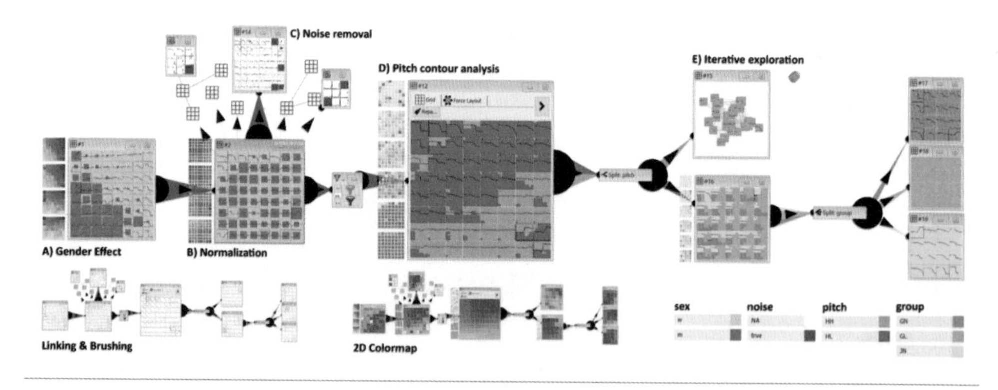

图 7.23 利用 SOMFlow 对时序数据进行分析[Sacha2018]。用户通过一系列交互操作对数据进行过滤、选择、归一化等，结合 SOM 算法对时序数据进行可视分析。

- 特征分析包括特征抽取、语义分析等操作。在一个高维时变型数据中，通常假设其中蕴含某些事件的演化规律。基于事件的可视化技术[Tominski2011]通常包含事件定义、事件抽取、基于事件的语义分析等三个步骤。

7.2.1 基于线表示的可视化

高维抽象的时变非空间数据通常蕴含宏观的、结构性的、随时间变化的规律。将时变序列中的每个数据采样点连接，原时变序列组成一条在高维空间的线，在低维空间可视化这条线可揭示高维空间的时间序列演化趋势。在 [Ward2011] 中介绍了三个基本步骤。

第一步：高维曲线采样，采样的频率由用户交互指定。

第二步：将采样后的高维曲线分段，便于刻画每段曲线的特性，小段之间可以重叠。分段尺寸、重叠程度也由用户交互指定。

第三步：用主元分析法将高维曲线投影到二维空间，显示和研究曲线特性。

图 7.24 展示了采用高维连线投影法的心电图的二维可视化结果。在图 7.24（a）中，每个粗点代表一条心电记录。图 7.24（b）是连线、降维后的结果，清晰地呈现了不同颜色标记的循环圆弧，其中一个圈的某一部分和其他圈不一样（图中黑色部分），对应了心电图中的异常区间。图 7.25 展示了采用一维投影法对网络流量数据进行可视化的结果[Jäckle2016]。图中横轴是时间轴，每一个数据点都代表一条网络流量记录。图中清晰地展示了当端口扫描攻击发生时，网络流量记录在一段时间内松散地分布在纵轴方向上，代表这些流量的目标端口都不相同。

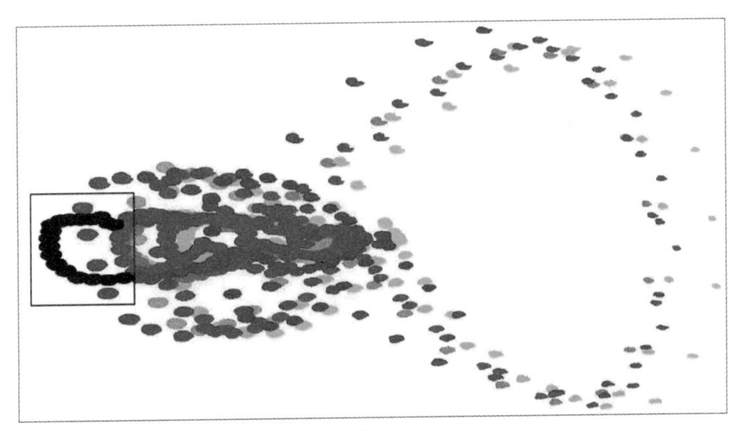

（a）

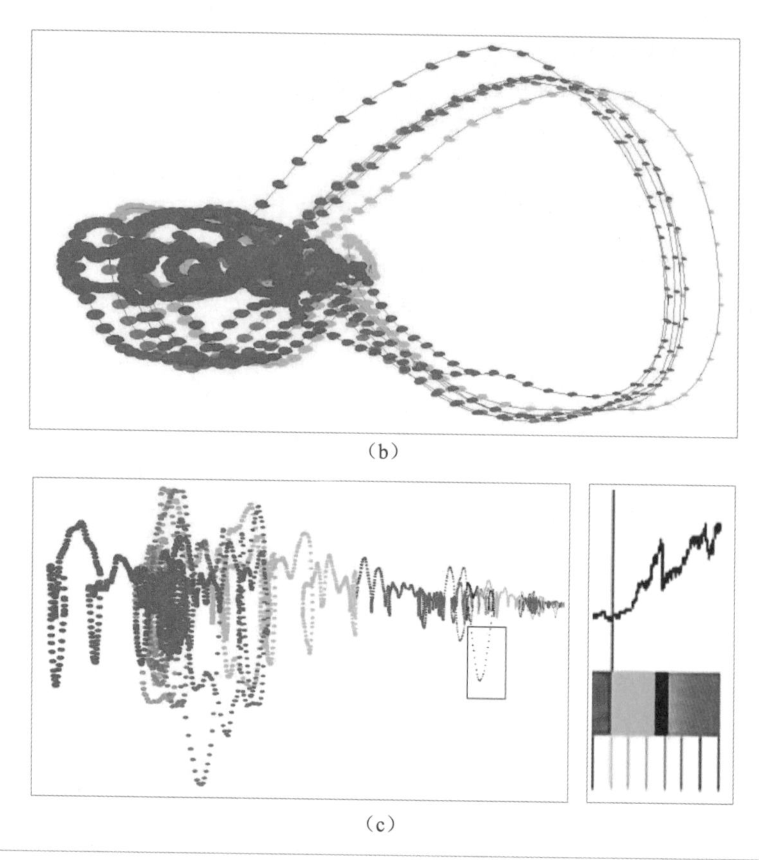

图 7.24 采用高维连线投影法可视化高维时序数据的实例 [Ward2011]。(a）心电图采样序列；（b）采样点连线；(c）对应右图的黑色区段的心电异常区域。

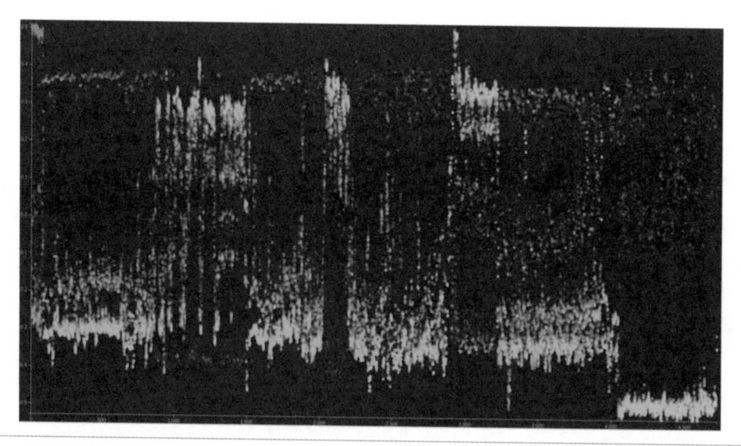

图 7.25 利用一维投影技术对时序多属性数据进行分析 [Jäckle2016]。

类似的方法也可以应用于三维时变体数据场。对每一帧体数据采用三维 SIFT 算子，计算其特征描述符，从而将输入数据场转换为高维的特征描述符序列。采用高维空间投影后，形成的二维或三维曲线反映了数据场之间的演化趋势，如图 7.26 所示。

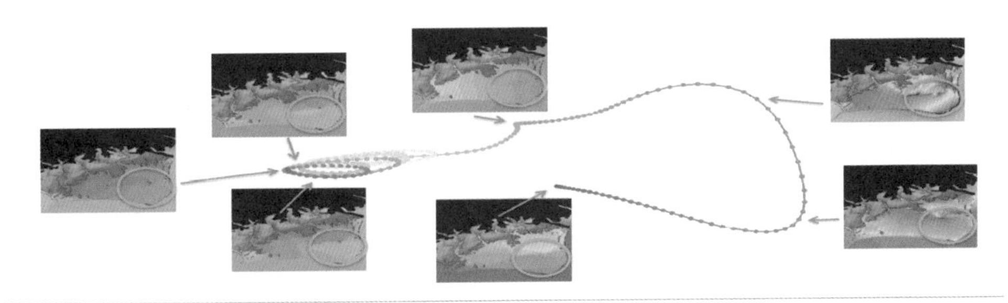

图 7.26 基于线表示的三维时变模拟飓风体数据集可视化。左边蓝色部分呈现了由于潮汐影响每 12.4 小时的周期演化；而右边从橙色变为深红的部分则揭示了海洋表面的巨大变化[Yu2013]。

采用静态方法可视化运动场景可用于精简、抽象、描述等目的。采用动作捕捉（Motion Capture）设备获取的人体动画序列是高维的时变序列。图 7.27 展现了一个基于高维空间投影法的可视化结果[Hu2010]。此方法采用自组织映射（SOM）方法从运动数据库中提取一组能代表整个数据库的关键帧，形成对源数据库的本征刻画；然后，将关键帧通过多维尺度分析方法降维到二维平面，形成平面上的一组关键参考点；接着，对于任意一个运动序列，对每一帧计算其与关键帧的相似性，并根据相似性计算该帧在二维平面上相对于参考点的位置；最后，按顺序连接所有帧在二维平面的位置，得到一个轨迹。这种方法直接将以时间为序的运动序列在一个可见空间中直观表现，且能清晰地显示不同运动序列之间的差异，可用于比较不同运动种类、不同个体运动和不同运动序列之间的动作差异。

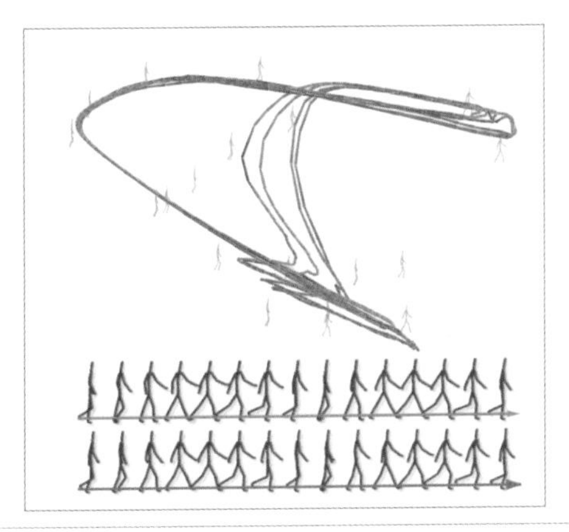

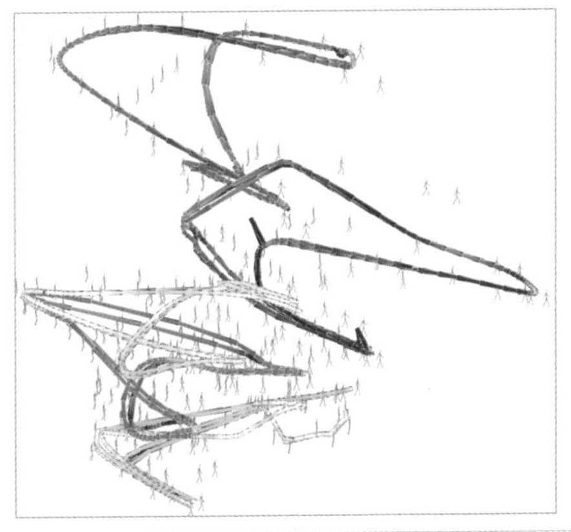

图 7.27 基于高维空间投影法的时变运动捕获数据可视化。左：同一个人的两次走路序列；右：五个人的走路序列[Hu2010]。

这个思路还可以用于比较不同人群的运动序列，合成新的运动序列 [Assa2005]。整个可视化过程如图 7.28 所示。

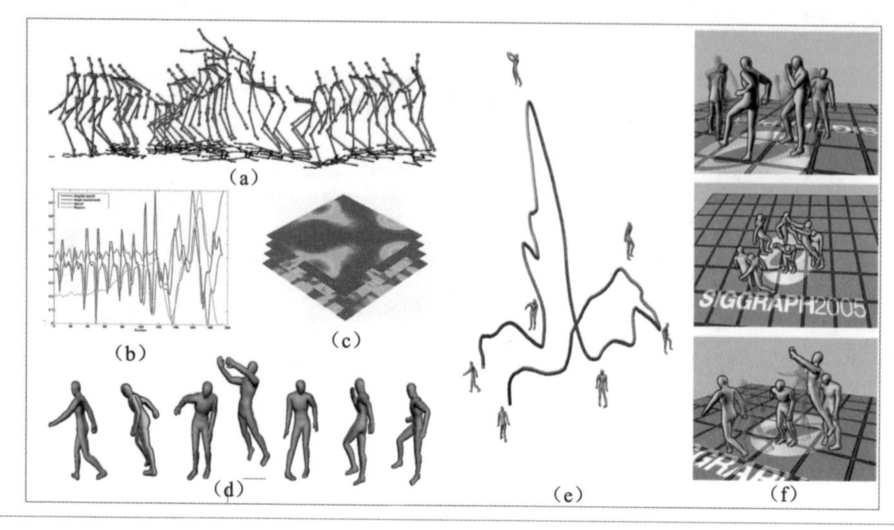

图 7.28 运动捕获数据的可视化。(a) 分析输入运动序列；(b) 单个关节点的时间序列图；(c) 所有关节点之间的相似度矩阵；(d) 通过定位关键点；(e) 获得关键动作；(f) 基于提取的关键帧合成新的运动序列。图片来源：链接 7-12

同时，相似的方法也可用来研究时变网络数据，如图 7.29 所示 [Elzen2016]。通过将时变网络每一帧的邻接矩阵展开到一维，以及计算每一帧的拓扑结构在一系列度量（包括平均度、密度、节点数、边数等）上的值，将每一帧转化为一个特征向量。然后再通过投影算法，比如 MDS、tSNE 等，将时变网络的每一帧投影到二维平面上进行分析。在图 7.29 中，时变网络的时序变化模式通过每一帧之间的连线很清晰地展现出来。

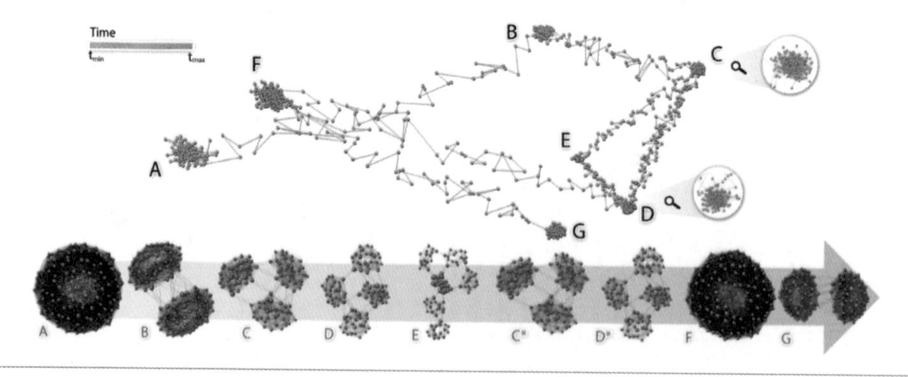

图 7.29 利用相似度计算和降维的方法，将时变网络的每一帧当作一个数据点投影到二维平面上进行分析 [Elzen2016]。

7.2.2 基于图结构的可视化

基于事件的时变型或顺序型数据可视化的核心是事件演化的组织。用户根据领域需求和任务描述关注点，并基于此从数据中找到与用户关注点实际匹配的事件，对事件分类获得不同类型；继而，根据事件类型的特征描述，从输入有序数据中检测事件，得到事件实例；最后，通过可视化方法将检测到的事件整合到可视表达中。

在可视化中，可采用树、图等非线性结构表述事件结构的非线性。图 7.30 上图展示了基于图结构的三维时变模拟飓风体数据集的表示 [Li2010]。算法将数据中有语义的特定事件抽象为一个层次细节事件图。以数据的特征作为节点，事件关系作为链接，对事件图的交互浏览或自动播放（以合适的起点和路径）形成解释性动画。事件图中的节点是从不同方面描述的不同层次细节（以时间区间划分）的事件特征，如飓风眼附近的速度、路径和风的旋转。叶节点是一个简单的基本事件，如速度。节点的子节点数目与该节点对应的时间区间中的事件复杂度有关。父子节点之间用树指针链接，不同事件在时间上的相似性用另外一种关系指针表示。每个节点的属性包括：事件特征、时间范围、事件特征的重要性。图 7.30 下图演示了基于该遍历结构的过程部分帧。在不同节点的跳转过程中，算法自动完成视点的光滑旋转和绘制参数的自动设置，获得平滑的淡入淡出效果。

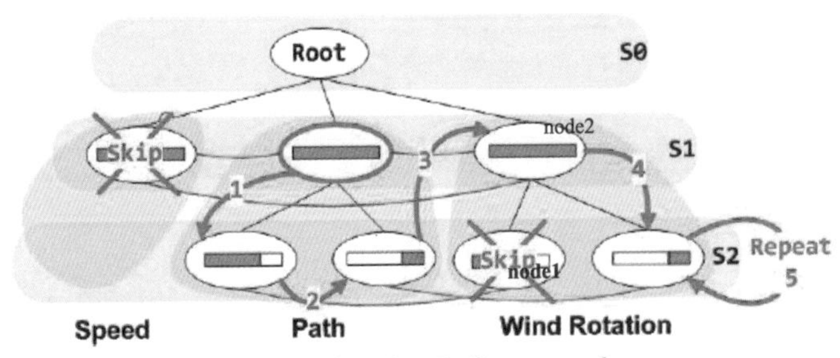

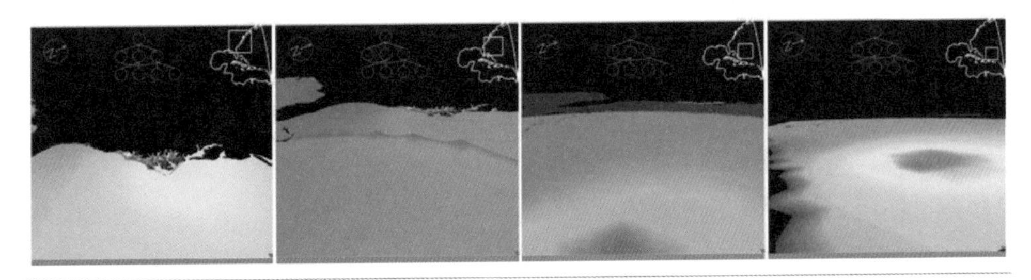

图 7.30 上：基于事件图对飓风眼的演化行为的过程可视化 [Li2010]。其中，处于 S0 级的根节点 Root 包含所有特征，黑边是指示特征的父子关系的树指针，绿边表示不同事件特征的相似性。节点内的橙色条指示每个节点经历的时间区域。红色节点表示起始点，红色箭头表示跳转。下：在事件图的第一个层次上从风的旋转过渡到移动速度的效果演示。

7.2.3 时间序列数据的可视化交互

直接可视化大规模的时变型数据难以呈现其全部细节，因此需要设计合适的交互方法表现重要的区域。代表性方法有概览加上下文、层次细节等（详见第 12 章）。

常用的一种交互手段是从时变型数据中查询特定的时间序列，以便交互地发现特征和趋势。TimeSearcher[Hochheiser2004] 是一个基于时间盒子（Timebox）表示的可视界面，允许用户实现直接指定时变趋势模式、操纵时变型数据集、基于实例查询给定的时变趋势模式。在图 7.31（a）中，黑色折线段是原始输入时变数据，用户选择的实例用蓝色长方框表示，淡灰色表示所有时变数据的范围；在图 7.31（b）中，右边蓝色框是系统自动计算的与左边样例类似的时变数据区段。

在 TimeSearcher 的后续版本中，用户可以定制一个粗略的时间线形状，系统自动返回整个数据集中形状相近的时间线段，见图 7.31（c）。

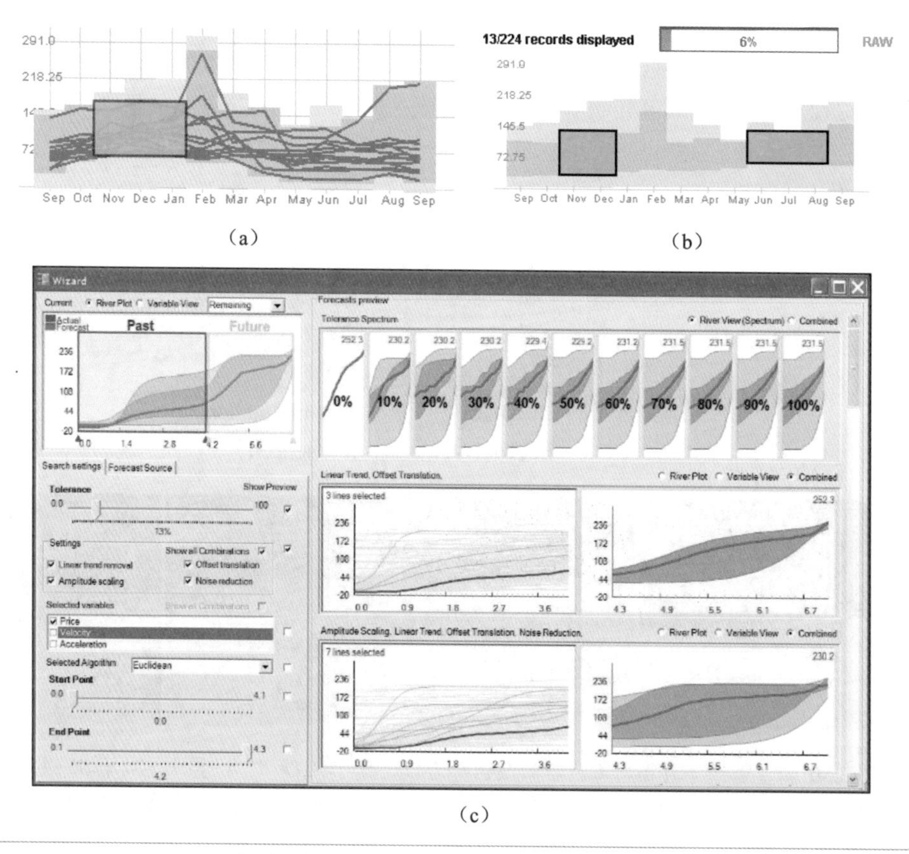

图 7.31 TimeSearcher 系统 [Hochheiser2004]。（a）和（b）基于实例选择的查询；（c）基于用户草图输入的查询。图片来源：链接 7-13

7.3 流数据可视化

流数据是一类特殊的时变型数据，输入数据（全部或部分）并不存储在可随机访问的磁盘或内存中，而是以一个或多个“连续数据流”的形式到达。常见的流数据有移动通信日志、网络数据（日志、传输数据包、警报等）、高性能集群平台日志、传感器网络记录、金融数据（如股票市场）、社交数据等。

处理流数据与传统的数据池处理方法相比，有以下特点。

- 数据流的潜在大小也许是无限的。
- 数据元素在线到达，需要实时处理，否则数据的价值随时间的流逝可能降低。
- 无法控制数据元素的到达顺序和数量，每次流入的数据顺序可能不一致，数量时多时少。
- 某个元素被处理后，要么被丢弃，要么被归档存储。
- 对于流数据的查询异常情况和相似类型比较耗时，人工检测日志相当乏味且易出错。

实时数据流计算在科研领域已有多年的研究。近年来，流数据在移动互联网领域被广泛产生，流数据的可视化和分析成为研究热点 [Rajaraman2012]。

7.3.1 流数据可视化模型

流数据处理并没有一个固定的模型，通常按处理目的和方法的不同（如聚类、检索、监控等）会有不同的模型。在这里我们参照 [Rajaraman2012] 中的流数据处理过程（见图7.32），把不同的处理方法放在流数据处理器这样一个黑匣子里，综合可视化的过程得到了一个流数据模型。数据流进入流处理器后经过整理大部分原始数据会保存在归档数据库中，而另一部分关键数据保存在另一个便于存取的数据库中作为可视化的数据来源。关键数据进入可视化处理器后，经过一系列可视映射和布局等可视化过程转化为可视化输出呈现给用户。用户交互包括三个部分：一是输出内容的可视检索，二是对可视布局的基本交互，三是自定义的数据定制。其中，多数据库的设计既保护了原始数据，也提高了数据存取效率，而多处理器的设计也是为了同样的两个目的。值得注意的是，用户对数据的定制只对定制时间之后的流数据有效，这也是流数据的特性，只在数据到达的时刻被处理。

图 7.33 中的流数据分析流水线参考自 [Urbanek2008]，表达了流数据的数据处理的流水线。到达的流数据按时间、空间进行分割或按规则聚合后进行摘要统计，形成一个统计模型或分析模型。可视化可以在流水线的任意过程中参与数据分析，但在一般应用中可视化往往在最后一步的统计和分析中参与分析，而用户交互通过数据定制会涉及前面的步骤。因此，图 7.32 和图 7.33 的两个流水线实际上是统一的。

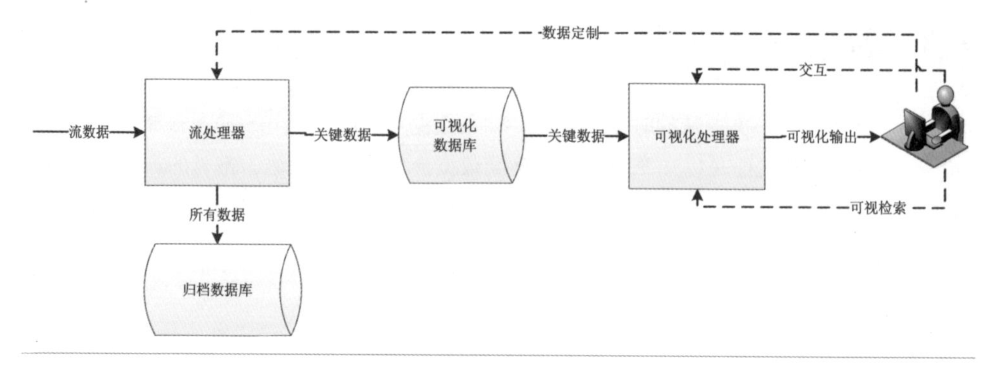

图 7.32 流数据可视化模型。参考自 [Rajaraman2012]

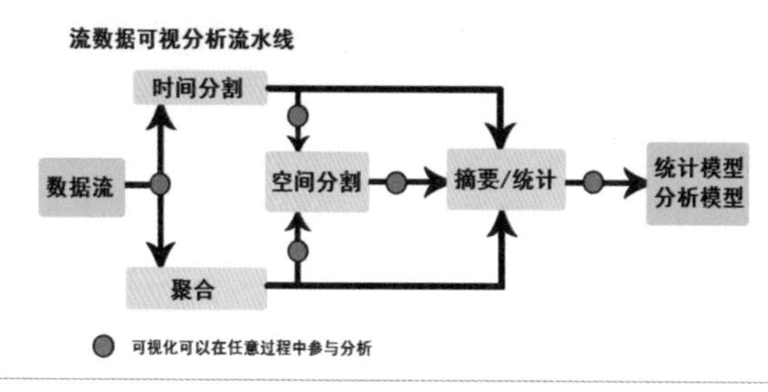

图 7.33 流数据分析流水线。参考自 [Urbanek2008]

7.3.2 流数据处理技术

根据 Aggarwal 在 [Charu2007] 的第 1 章中的介绍，流数据挖掘的算法种类繁多，包括分类、聚类、频繁模式挖掘、降维等传统数据挖掘算法在流数据中的改进算法，大数据相关的统计方法、采样算法和哈希算法，以及滑动窗口、数据预测等流数据特有的算法。这一节只关注窗口技术、时序数据相似性技术和符号技术，窗口技术是时序数据特有的技术，而相似性计算是时序数据聚类、分类、检索、降维以及异常检测的基础，符号技术将时序数据转化到另一个维度。窗口技术包括滑动窗口、衰减窗口和时间盒，给予不同时间段的数据不同的权重，让最近的数据发挥更大效用。时序数据相似性技术分为 4 类：基于形状的（Shape-based）相似度、基于特征（Feature-based）的相似度、基于模型的（Model-based）相似度和基于压缩（Compression-based）的相似度。本节以动态时间扭曲为例介绍时序数据相似性技术，而符号技术则以符号累积近似 [Keogh2003] 为代表。

7.3.2.1 窗口技术

在传统数据挖掘或一些流数据挖掘中，数据的重要性是相同的，数据处理技术在整个数据集汇总进行。但是，有时人们更关心最近的数据，以前的数据只有参考价值或者基本可以忽略。因此就需要一种技术在数据的时间上进行限定，这就是窗口技术。本节介绍滑动窗口、衰减窗口、时间盒（Sliding Window, Decaying Window, Timebox）三种窗口技术。滑动窗口 [Datar2002]，顾名思义，指在时间轴上滑动的窗口，挖掘技术的对象限定为窗口内的数据；衰减窗口 [Cohen2006] 将历史数据考虑在内，每个数据项都被赋予一个随时间不断减小的衰减因子，从而达到越历史的数据权重越低的效果；时间盒 [Hochheiser2004] 是一种交互技术，通过时间盒框选部分数据进行联合搜索。

滑动窗口的设计假设数据带有时效性，用户只关心最近一周、最近一天、最近一个小时等的数据，随着时间流逝，窗口向前滑动，始终只包含有效时间范围内的数据。滑动窗口数据与静态数据的区别是滑动窗口每向前推进一个时间单元（比如一分钟），只需要增加最近一分钟的数据，删除最老的一分钟的数据。衰减窗口在衰减模型下考虑数据流的分类、聚类、降维等计算。一般衰减模型在每个数据上乘以一个衰减系数。历史数据的权重呈指数减小，显然新产生的数据相对于历史数据更能影响算法结果。

如果按静态数据算法对滑动窗口进行分类、聚类、降维等计算，则需要在每次更新数据的时候重新获取数据、存储并执行算法，如此巨大的处理代价和存储开销，显然难以满足数据流实时在线处理的需要。即使数据更新只对受影响的数据进行操作，但由于要保存窗口内的所有数据，对于窗口内数据大小超过可用内存空间的情况，数据仍然需要磁盘存取。由于数据流处理有严格的时间与空间限制，确定且精确的数据流算法比较少见。对于大多数算法，只能以降低计算结果的精度为代价，从而达到降低算法时空复杂度的目的，实现流数据的实时处理。

7.3.2.2 时序数据相似性计算

对于时序数据，不管是出于分类、聚类、降维还是有效检索，相似性计算都是非常重要的。动态时间扭曲（Dynamic Time Warping, DTW）是基于形状的相似性算法。

对于两个时序数据如序列 A：1,1,1,10,2,3 和序列 B：1,1,1,2,10,3，要测量序列的距离，也就是计算两个序列的相似性，通常采用欧式距离。然而这两个看起来很相似的序列的欧式距离却非常大。为了解决这个问题，人们提出了动态时间扭曲 [Bellman1959] 的方法，采用扭曲的序列对齐方式计算两个序列的距离。这一方法在机器学习，尤其是语音识别和签名识别上得到广泛应用。

为了达到扭曲的目的，算法容忍序列的偏差，也就是说，序列的距离并不由相同位置的序列值计算得到，而是由序列的最短距离决定。DTW 的实现思想基于动态规划算法，计算两个序列的最短距离，也就是计算以两个序列为矩阵从 (1,1) 点到 (m,n) 点的最佳路径，m 和 n 分别为两个序列的长度。算法满足如下三个条件。

（1）距离满足边界条件，路径要从矩阵的起始位置 (1,1) 开始计算到矩阵的结束位置 (m,n)。

（2）距离满足连续性和单调性，要求路径的计算是连续的，反映在矩阵中就是最佳路径必须是不间断的一条线。

（3）距离满足单调性，要求路径的计算是单调的，反映在矩阵中就是最佳路径必须是向前向上的一条线。

总的来说，矩阵的最佳路径必须是从起始位置 (1,1) 到结束位置 (m,n) 向前向上的一条线。算法步骤如下。

- 定义最佳路径函数：定义 $D(i, j)$ 为 A(1: i) 和 B(1: j) 之间的动态时间扭曲距离，对应从 (1, 1) 走到 (i, j) 的距离。
- 最佳路径的迭代关系：$D(i, j) = |A(i) - B(j)| + \min\{D(i-1, j), D(i-1, j-1), D(i, j-1)\}$，起始条件为 $D(1,1) = |A(1) - B(1)|$。
- 最后的最佳路径则为 $D(m,n)$。

以上述两个 A、B 序列为例，序列的欧式距离为 Dist=|2-10|+|10-2|=16。作矩阵如图 7.34 所示，最佳路径距离为 2，远小于欧式距离。

3	12	12	12	9	15	2
2	10	10	10	8	9	2
10	9	9	9	8	1	8
1	0	0	0	1	10	12
1	0	0	0	1	10	12
1	0	0	0	1	10	12
A/B	1	1	1	2	10	3

图 7.34 动态时间扭曲算法示意图。

7.3.2.3 符号技术

符号累积近似（Symbolic Aggregate Approximation, SAX）是一种针对时序数据的符号表达。数据经 SAX 表达转换后可以再用时序数据相似性算法快速得到其相似性。2003 年由加州大学河滨分校的 Eamonn Keogh 和 Jessica Lin 首次提出了 SAX 方法 [Keogh2003]，2008 年 Eamonn Keogh 又提出了 iSAX[Keogh2008]，增强了 SAX 的数据可扩展性，使之可以处理 TB 级别时序数据的索引和挖掘。简单来说，SAX 经过两次离散化将时序数据近似转化为字符串，所有时序数据的聚类、检索等操作都转化为字符串操作，并借助后缀树的数据结构和相关算法加速字符串操作。

SAX 首先将时序数据经过逐段累积近似 [Keogh2000] 变换离散化，PAA 变换取该段内数值的平均值作为该段的离散值，然后将离散后的值分区间，每个区间内的值按顺序用字母表示。如图 7.35 所示，曲线是原始时序数据，第一次离散化把曲线转化为方波，第二次离散化把方波按值分布分为三段，分别用 a、b、c 表示，最后得到字符串“baabccbc”。再将字符串构造为一棵后缀树，可以将最小公共字符串、字符串匹配等算法应用到SAX中，大大提高了时序数据计算的时间和空间复杂性。

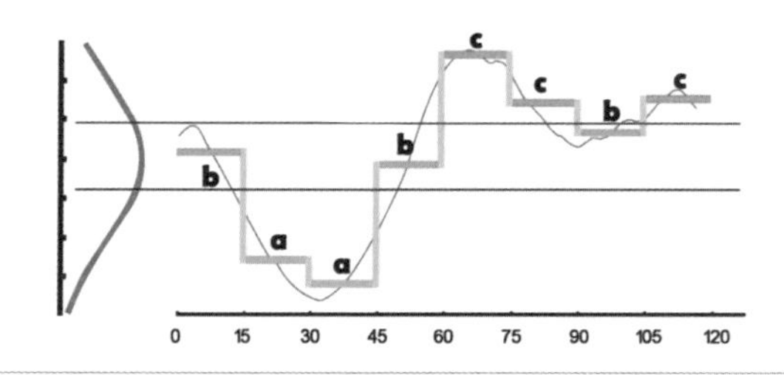

图 7.35 SAX的符号变换。原始数据经过方波变换和按分布的离散化转化为字符串“baabccbc”。

7.3.3 流数据可视化案例

流数据可视化按功能可以分为两种可视化类型：一种是监控型，用滑动窗口固定一个时间区间，把流数据转化为静态数据，数据更新方式可以是刷新，属于局部分析；另一种是叠加型，或者是历史型，把新产生的数据可视映射到原来的历史数据可视化结果上，更新方式是渐进式更新，属于全局分析。局部分析与全局分析各有侧重点，为了得到更加全面的分析结果，人们往往将两种可视化结合到一个系统中。为了不造成混乱，本节按数据类型介绍流数据可视化的案例，分别是系统日志监控流数据、文本流数据。不同的流数据虽然在某些情况下略有交集，但是由于可视化目标不同，可视化方法有明显差异。

7.3.3.1 系统日志监控流数据

系统日志数据反映了一台机器、一个计算集群的系统性能，是商业智能和高性能计算中的重要数据，在工业界已经有Splunk[1]、Loggly[2]、Flume[3]等诸多或收费或开源的系统日志监控工具。这些工具在系统底层插入脚本获取性能数据，再用基本的条形图、折线图等基本统计图和信息检索工具得到系统性能的概要分析。本节介绍三个可视化表达更加丰富的系统日志监控方法。

LogTool[4]是一个可视化用户浏览行为的工具，它通过分析数据包的不同IP地址和端口，判断用户正在使用的网络程序或者服务。整个可视化基于一天的时间长度，在图中类似时钟的时间圆被均分为5分钟一格，一共288格，呈向圆外放射式的柱状图，如图7.36所示。灰色柱代表网络上行流量，紫色柱代表用户收到的下行流量，大圆内部的点画线代

1 链接 7-14

2 链接 7-15

3 链接 7-16

4 链接 7-17

表用户发出的 HTTP 连接请求数目。基于这三个数据，可以判断网络流量是不是由用户浏览网页引起的。例如，17:00—18:00 这段时间的网络流量上升是由于有大量网页浏览，而 20:00—23:00 这段时间网络流量很大，却并不都是由网页浏览引起的。图中蓝色的泡泡则显示使用 Google 服务，比如 Google Maps、YouTube 等这些需要和 Google 服务器连接的服务。时间圆中的一些空白则是用户关掉他们的手提电脑的时间。

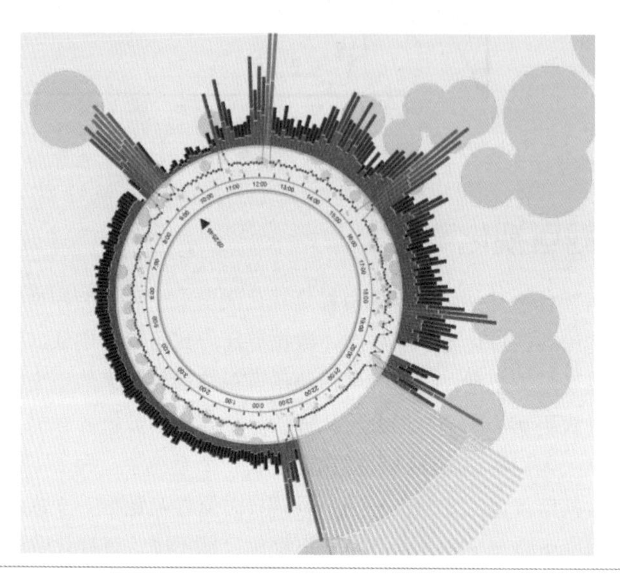

图 7.36 LogTool 实时可视化用户浏览行为。图片来源：链接 7-18

LiveRAC[McLachlan2008] 是一个交互式系统管理可视化工具，支持对大量的系统性能管理时间序列数据的分析。LiveRAC 使用可重排序的矩阵表达设备及其性能之间的关系，每个关系用折线图表示，整个矩阵是一个高信息密度的监控界面，可以按用户的兴趣自由地进行语义缩放。不管是缩略图还是展开图，矩阵的每个区块都用颜色表达该区块所对应设备的对应性能的均值，通过重排序可以看出设备间的性能分布关系。LiveRAC 表达多层次的信息细节，允许任意分组，以及设备和性能的可视比较。图 7.37 展示了一天的系统性能管理时序数据，LiveRAC 系统对超过 4000 台设备 11 个性能进行监控，每一行是一台设备，每一列是一个性能属性，包括 CPU、内存等，图中行按 CPU 性能的最大值对设备进行排列。其中前三台设备展开可以看到详细的性能时间分布折线图，前 13 行放大到足以显示设备文本标签，前几十行可以看到简略的性能值浮动及最大值，其他行缩略显示。每个折线图中的时间标线标记图中的异常值，时间标线的纵向比较同样可以反映异常在不同设备中的时延，从而表达不同设备的依赖关系。

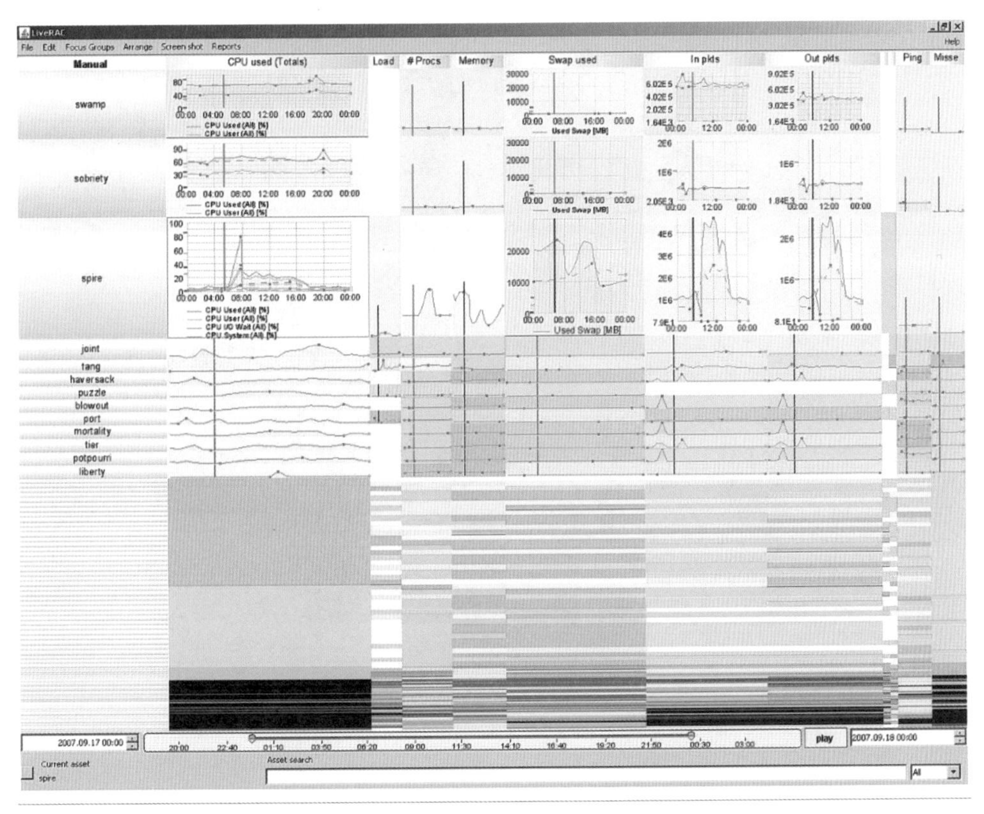

图 7.37 LiveRAC 交互式系统管理可视化。图片来源：[McLachlan2008]

IOVIS[Muelder2011] 是针对高性能计算集群 I/O 系统的可视分析工具，其目标是为高性能计算集群的 I/O 系统提供点对点的分析。IOVIS 包括一个连接集群 I/O 系统软件的数据收集工具并对 I/O 进行追踪。根据追踪结果 IOVIS 可视分析工具为用户提供可扩展的可视化和交互技术，提取集群 I/O 行为分析。因此，用户可以对不同 I/O 软件层的应用 I/O 请求执行深入地分析，探索什么时候、什么位置、为什么会产生 I/O 瓶颈。图 7.38 为美国阿贡国家实验室的 Jazz 集群的共享文件上进行的 IOR 基准测试结果。整个过程是一个相当一致的层次性分析过程，由上到下依次为系统 I/O 的时间线、基于 I/O 事件点的 I/O 操作时间图，以及 I/O 二部矩阵图和 I/O 甘特图。从图中可以看出，整个集群系统 I/O 经过一段时间升到峰值然后下降，呈现出集群服务器顺序工作导致负载不均衡的趋势。图的左边表现了在执行初期只有一半服务器在执行写操作，这部分服务器的忙碌程度持续升高，而另一半服务器则处于空闲状态。图的中间部分表现在执行中期相同的模式转移到另一半服务器，前一半服务器已经完成写操作，开始读操作。图的右边表现在执行后期另一半服务器即将结束读操作，前一半服务器已经完成所有操作处于空闲状态。

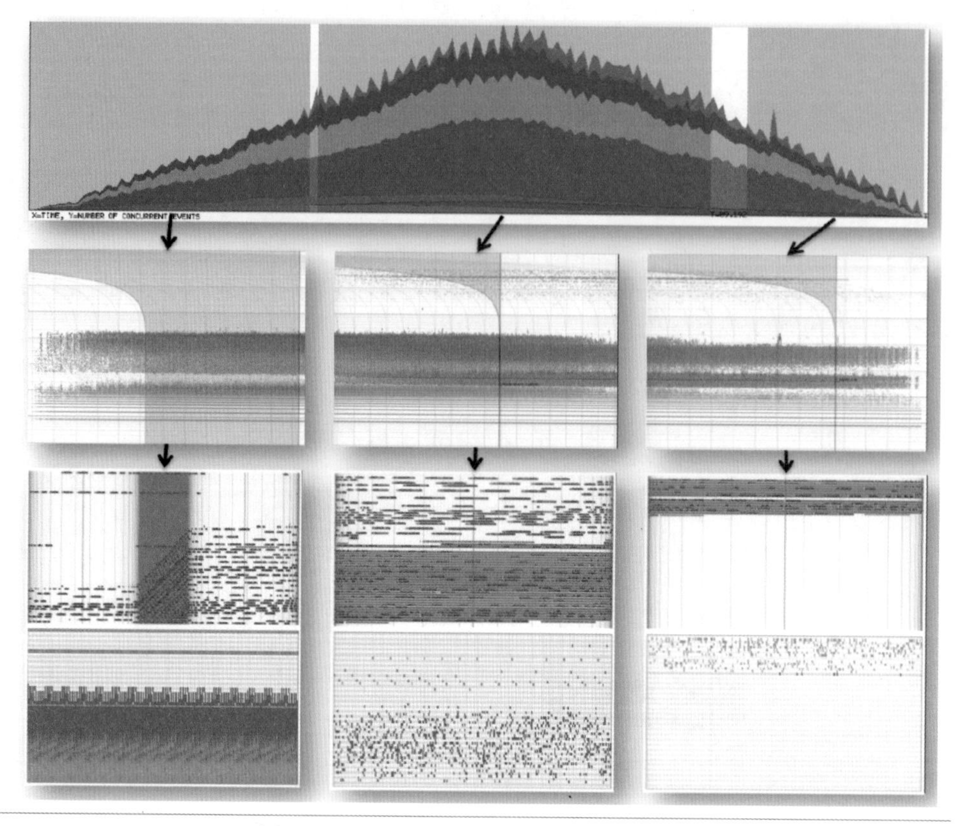

图 7.38 IOVIS 工具在 IOR[5] 上的基准测试。图片来源：[Muelder2011]

7.3.3.2 文本流数据

上节提到的系统日志数据也有一部分为文本数据，如系统错误描述等，本节主要从事件角度对文本进行可视分析，挖掘事件的发生、发展及变化。本节以新闻事件数据和社交媒体数据为例介绍几种文本流数据的可视化方法。

EventRiver[Luo2012] 是一个广播新闻视频集合的交互式探索工具。EventRiver 首先使用增量式聚类算法从一系列事件中提取热门话题，然后用河流的隐喻将事件的语义和上下文在一个布局界面中自然地表达出来。用户在 EventRiver 可视化结果上可以进行丰富的交互操作，检索并浏览自己感兴趣的话题事件，对话题事件做进一步的可视分析等。图 7.39 用 EventRiver 可视化工具对从 2006 年 8 月 1 日到 24 日的 29211 个新闻报告进行了可视化。X 轴是时间轴，一个事件用一段流表示，事件的重要性用流在 Y 轴上的宽度编码。在过滤了不重要的新闻事件后，相同颜色的事件在时间上连续，形成了一个持续进行的话

5 IOR 基准测试链接 7-19

题。话题中有代表性的事件用两个文本标签标识，黄色背景的文本表达事件的内容关键词，而白色背景的文本表达时间的上下文信息。从图中可以看出，表示巴以关系的红色新闻事件是 2006 年 8 月上旬的热门新闻话题，而到了 8 月下旬话题转变为美国 6 岁的选美皇后 Jonbenet Ramsey 谋杀案的嫌疑犯 John Mark Karr 在泰国曼谷被拘捕的新闻。

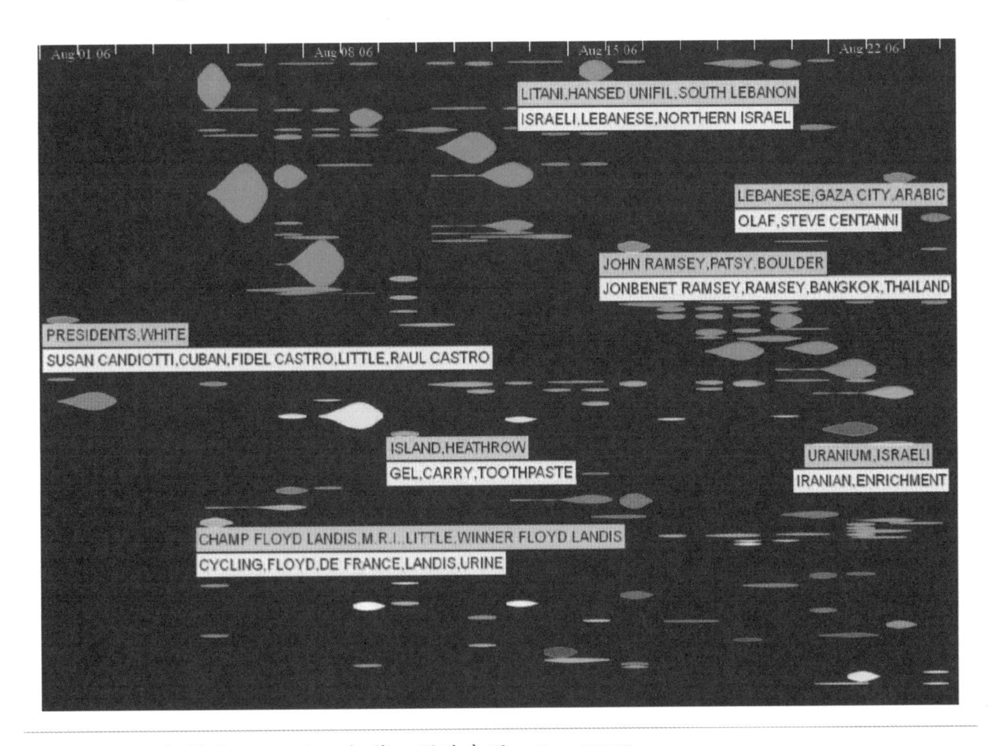

图 7.39 CNN 新闻的 EventRiver 概览。图片来源：[Luo2012]

StreamIT[Alsakran2011] 是另一个在线新闻流的可视化工具，该工具结合动态力引导布局、自动话题建模技术展现了新闻的发展和演变。用户可以对新闻事件进行动态聚类、细节探索以及新闻动态演变探索等交互操作，并按用户感兴趣的关键词和话题对事件进行检索，从而观察热门事件的爆发和演变。StreamIT 系统如图 7.40 所示，左边是动态可视化窗口，动态可视化窗口下面包括播放 / 停止按键，可以动态展示 2010 年 2 月到 8 月间的新闻演化；右上角是关键词窗口，用户可以通过自定义关键词的权重对新闻进行重聚类和重布局，也可以通过为关键词分配颜色对感兴趣的关键词所对应的事件进行追踪；右下角是原始新闻列表。图中将 2010 年 2 月到 8 月的新闻事件进行了可视化，聚为若干类，用户将政治相关新闻标为绿色，国际关系标为红色。

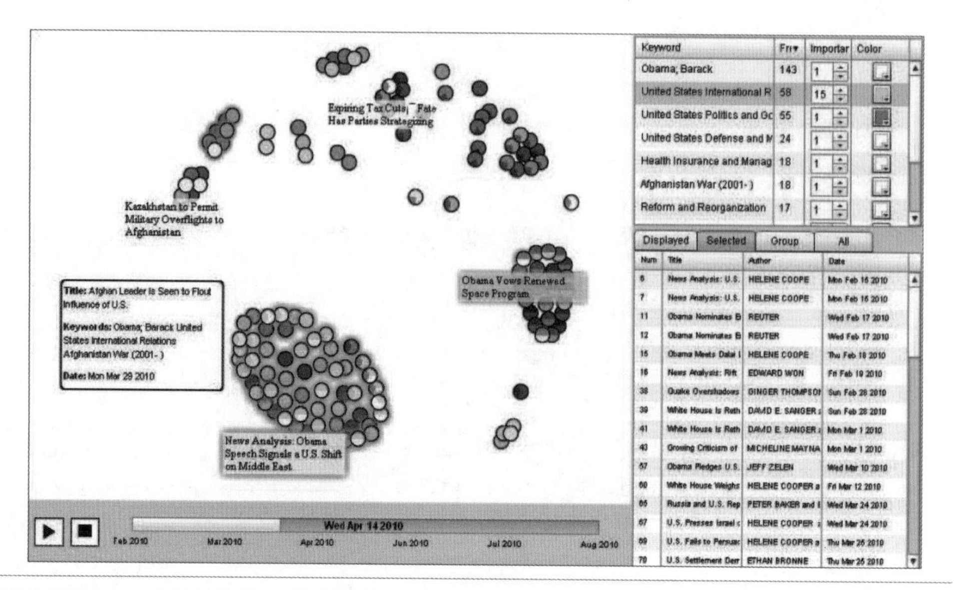

图 7.40 StreamIT 系统概览。图片来源：[Alsakran2011]

FluxFlow[Zhao2014] 是一个分析社交媒体中异常信息扩散的可视分析系统。该系统首先对时序文本进行聚类，然后利用类似于文本流的可视化设计对每个聚类中的帖子进行可视化。如图 7.41 所示，每个圆点都代表一个帖子以及这个帖子的所有回复，圆点的大小编码了参与这个帖子的用户数量，圆点的颜色则编码了异常分数，颜色越偏紫则帖子的内容越异常。利用这样的可视化设计，人们在社交媒体上的讨论内容随时间的变化便被直观地展现出来。

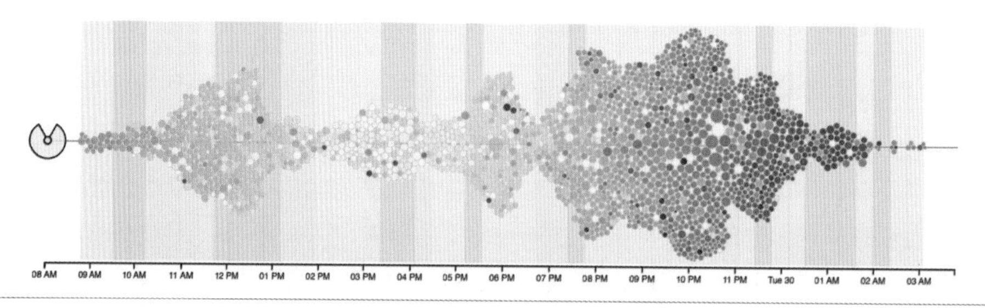

图 7.41 FluxFlow 系统主要视图，对一个聚类中的所有帖子进行可视化[Zhao2014]。

上述例子在可视表达维度上都使用了线性方式。下面再介绍两个比较特殊的例子，利用地图的隐喻来对时序文本进行可视化。如图 7.42 所示为 D-Map[Chen2016] 系统概览。这个系统主要是为了展示信息扩散模式以及重要社交媒体用户在信息扩散过程中发挥的作用。在信息扩散地图中，用户被抽象为六边形节点，核心用户用黑色框进行高亮显示。颜色用来编码用户所属的社团。用户可以通过选择不同的时刻来对某个时刻的信息扩散进行分析，同时系统还支持对多个不同时刻的地图进行比较。如图 7.43 所示为 E-Map[Chen2017] 系统概览。这个系统利用地图隐喻的可视化方法对社交媒体数据中的事件演变与传播进行可视化。在地图的隐喻中，一个城市代表一个关键词，城市的大小表示包含这个关键词的消息数量，而城市间的距离则代表关键词在转发关系中的距离；一个城镇代表附属于一个关键词的消息，与城市间的距离表示其与包含该关键词的第一条消息的时间差；河流则表示包含多个关键词的转发消息。除了主要的地图视图，系统还包含一个线性的时序视图和一个小图阵列，每个小图都是一个表示社交消息在某个时刻的状态的地图。

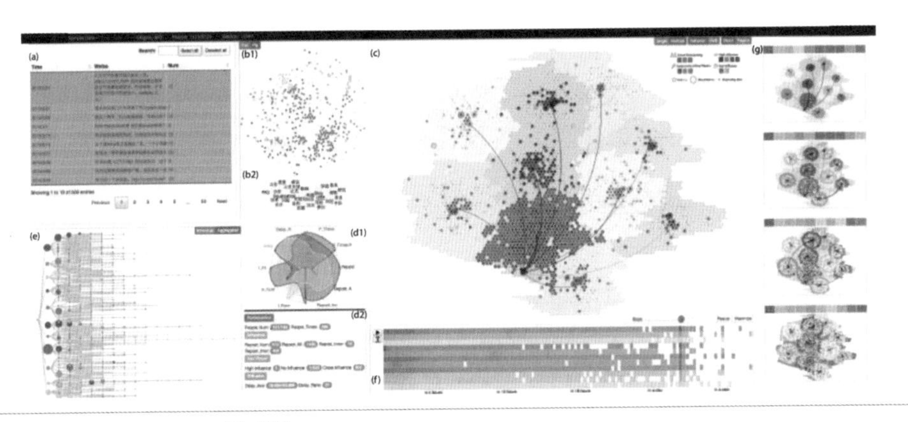

图 7.42 D-Map 系统概览 [Chen2016]。

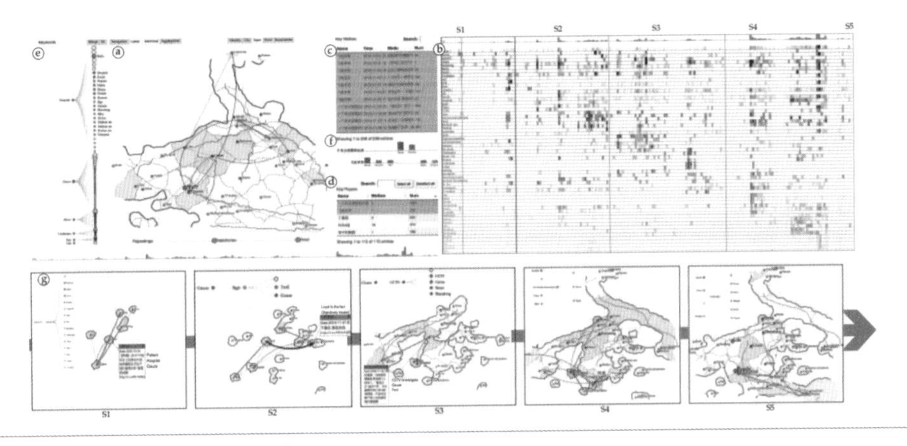

图 7.43 E-Map 系统概览 [Chen2017]。

7.3.4 并行流计算框架

流计算强调的是数据流的形式和实时性。流式计算系统在启动时，一般数据并没有完全到位，而是经由外部数据流源源不断地流入，并且不像批处理系统重视的是总数据处理的吞吐，而是对数据处理的低延迟，希望进入的数据越快处理越好。由于数据的价值随着时间的递增而递减，所以数据越快处理，结果就越有价值，这也是实时处理的价值所在。为了解决海量数据流计算的问题，Yahoo!、Twitter、Facebook 等 IT 公司纷纷推出他们的并行流计算框架 / 平台，典型的有 Yahoo! 的分布式流计算平台 S4、Twitter 的实时数据处理框架 Storm、Facebook 的实时数据处理分析平台 PUMA[Borthakur2011] 以及斯坦福的流数据管理系统 STREAM[Stream2003]。下文介绍在开源平台上应用广泛的 S4 和 Storm。

S4（Simple Scalable Streaming System，简单可扩展的流系统）

S4 最初是 Yahoo! 为提高搜索广告有效点击率的问题而开发的一个平台，通过统计分析用户对广告的点击率，排除相关度低的广告，提升点击率。但是 S4 对流数据的高可用性和良好的用户体验使其成为现在最流行的流数据计算框架。S4 最大的优点是低延迟、可扩展；最大的缺点是部分容错，不支持节点的动态增减。

Twitter 的实时数据处理框架 Storm

Storm 核心的抽象概念是“流”。流是一个分布式并行创建和处理的无界的连续元组（Tuple）。流通过一种模式来定义，该模式是给流元组中的字段命名。实时应用的逻辑被打包在 Storm 拓扑里。Storm 拓扑类似于 MapReduce 任务，一个关键的区别是 MapReduce 任务运行一段时间后最终会完成，而 Storm 拓扑一直运行直到被用户关闭。一个拓扑是由喷嘴（Spouts）和螺栓（Bolts）组成的图。Spout 是拓扑中流的源泉，通常 Spouts 从外部资源读取元组，然后发射元组到拓扑中。拓扑中的所有处理都在 Bolts 中完成，如过滤、业务功能、聚合、连接（合并）、访问数据库等。Spouts 和 Bolts 之间通过流分组连接起来，指定每个 Bolt 应接收的输入流是定义 Bolts 的一部分工作，流分组定义流应该如何分割到各个任务。Storm 包括 6 种流分组类型。

（1）随机分组（Shuffle Grouping）：随机分发元组到 Bolt 的任务，保证每个任务获得相等数量的元组。

（2）字段分组（Fields Grouping）：根据指定字段分割数据流并分组。例如，根据“user-id”字段，相同“user-id”的元组总是分发到同一个任务，不同“user-id”的元组可能分发到不同的任务。

（3）全部分组（All Grouping）：元组被复制到 Bolt 的所有任务。小心使用该分组。

（4）全局分组（Global Grouping）：全部流都分配到 Bolt 的同一个任务，明确地说，是分配给 ID 最小的那个任务。

（5）无分组（None Grouping）：你不需要关心流是如何分组的。目前，无分组等效于随机分组。但最终 Storm 将把无分组的 Bolts 放到 Bolts 或 Spouts 订阅它们的同一线程去执行（如果可能）。

（6）直接分组（Direct Grouping）：这是一个特别的分组类型。元组生产者决定元组由哪个元组消费者任务接收。

Storm 的优点是适用场景广泛，可以用来处理消息和更新数据库（消息流处理），对一个数据量进行持续的查询并返回客户端（持续计算），或者对一个耗资源的查询进行实时并行化的处理（分布式方法调用）。Storm 也具有很高的可伸缩性。为了扩展一个实时计算任务，所需要做的就是增加机器并且提高这个计算任务的并行度设置。作为 Storm 可伸缩性的一个例证，一个 Storm 应用在一个有 10 个节点的集群上每秒处理 1000000 个消息——包括每秒一百多次的数据库调用。Storm 也使用 ZooKeeper 来协调集群内的各种配置，使得 Storm 的集群可以很容易地扩展很大。与 S4 相比，Storm 更加可靠，保证所有的数据被成功地处理。容易管理是 Storm 的设计目标之一。与 Hadoop 相比，Storm 集群更易于管理。Storm 也拥有非常好的容错性，如果在消息处理过程中出了一些异常，它会重新安排这个出问题的处理逻辑。Storm 保证一个处理逻辑永远运行，除非用户要求停止该逻辑。Storm 的拓扑和消息处理组件可以用任何语言来定义，语言的无关性使得 Storm 能被更多用户接受。

参考文献

[Aigner2008] Wolfgang Aigner, Silvia Miksch, Wolfgang Müller, Heidrun Schumann, and Christian Tominski. Visual methods for analyzing time-oriented data. *IEEE Transactions on Visualization and Computer Graphics*. 14(1), 2008: 47-60

[Alsakran2011] Jamal Alsakran, Yang Chen, Ye Zhao, Jing Yang, and DongningLuo. STREAMIT: dynamic visualization and interactive exploration of text streams. *IEEE Pacific Visualization Symposium*. 2011: 131-138

[Assa2005] Jackie Assa and YaronCaspi and Daniel Cohen-Or. Action synopsis: pose selection and illustration. *ACM Transactions on Graphics*. 24(3), 2005: 667-676

[Bellman1959] R. Bellman and R. Kalaba. On adaptive control processes. *IRE Transactions on Automatic Control*. 4(2), 1959: 1-9

[Borthakur2011] D. Borthakur, J. Gray, J. S. Sarma, K. Muthukkaruppan, N. Spiegelberg, H. Kuang, K. Ranganathan, D. Molkov, A. Menon, S. Rash, R. Schmidt, and A. Aiyer. Apache hadoop goes realtime at Facebook. *Proceedings of the 2011 ACM SIGMOD International Conference on Management of data*. New York, USA. 2011: 1071-1080

[Buono2007] P. Buono, C. Plaisant, A. Simeone, A. Aris, B. Shneiderman, G. Shmueli, W. Jank. Similarity-based forecasting with simultaneous previews: a river plot interface for time series forecasting. *International Conference on Information Visualisation*. 2007: 191-196

[Brehmer2017] Brehmer M, Lee B, Bach B, et al. Timelines revisited: A design space and considerations for expressive storytelling[J]. *IEEE transactions on visualization and computer graphics*, 2017, 23(9): 2151-2164

[Charu2007] AggarwalCharu. Data streams: models and algorithms. Springer. 2007

[Chen2016] Chen S, Chen S, Wang Z, et al. D-Map: Visual analysis of ego-centric information diffusion patterns in social media[C]. Visual Analytics Science and Technology (VAST), *IEEE Conference on*, 2016: 41-50

[Chen2017] Chen S, Chen S, Lin L, et al. E-map: A visual analytics approach for exploring significant event evolutions in social media[C]. *Proceedings of the IEEE Conference on Visual Analytics Science&Technology* (VAST). 2017

[Cohen2006] Edith Cohen and Martin J. Strauss. Maintaining time-decaying stream aggregates. J. Algorithms. 59(1), 2006: 19-36

[Collins2009] Christopher Collins, Gerald Penn, SheelaghCarpendale. Bubble sets: revealing set relations over existing fisualizations. *IEEE Transactions on Visualization and Computer Graphics*, 15(6), 2009: 1009-1016

[Datar2002] MayurDatar, Aristides Gionis, PiotrIndyk, and Rajeev Motwani. Maintaining stream statistics over sliding windows. *SIAM J. Comput.* 31(6), 2002 : 1794-1813

[Elzen2016] van den Elzen S, Holten D, Blaas J, et al. Reducing snapshots to points: A visual analytics approach to dynamic network exploration[J]. *IEEE transactions on visualization and computer graphics*, 2016, 22(1): 1-10

[Gotz2014] Gotz D, Stavropoulos H. Decisionflow: Visual analytics for high-dimensional temporal event sequence data[J]. *IEEE transactions on visualization and computer graphics*, 2014, 20(12): 1783-1792

[Guo2018] Guo S, Xu K, Zhao R, et al. EventThread: Visual Summarization and Stage Analysis of Event Sequence Data[J]. *IEEE transactions on visualization and computer graphics*, 2018, 24(1): 56-65

[Havre2002] S. Havre, E. Hetzler, P. Whitney, and L. Nowell. ThemeRiver: visualizing thematic changes in large document collections. *IEEE Transactions on Visualization and Computer Graphics*. 8(1), 2002: 9-20

[Hochheiser2004] H. Hochheiser, B. Shneiderman. Dynamic query tools for time series data sets, timebox widgets for interactive exploration. *Journal of Information Visualization*. 3(1), 2004: 1-18

[Hu2010] Yueqi Hu, Shuangyuan Wu, Shihong Xia, Jinghua Fu, Wei Chen. Motion track: visualizing motion variation of human motion data. *IEEE Pacific Visualization Symposium*. 2010: 153-160

[Jäckle2016] Jäckle D, Fischer F, Schreck T, et al. Temporal MDS plots for analysis of multivariate data[J]. *IEEE transactions on visualization and computer graphics*, 2016, 22(1): 141-150.

[Jo2014] Jo J, Huh J, Park J, et al. LiveGantt: Interactively visualizing a large manufacturing schedule[J]. *IEEE transactions on visualization and computer graphics*, 2014, 20(12): 2329-2338

[Keogh2000] Keogh E., Chakrabarti K., Pazzani M. and Mehrotra. Dimensionality reduction for fast similarity search in large time series databases. *Journal of Knowledge and Information Systems*. 2000: 263-286

[Keogh2003] Lin J., Keogh E., Lonardi S. and Chiu B. A symbolic representation of time series, with implications for streaming algorithms. *Proceedings of the 8th ACM SIGMOD Workshop on Research Issues in Data Mining and Knowledge Discovery.* 2003: 2-11

[Keogh2008] Jin Shieh and Eamonn Keogh. iSAX: indexing and mining terabyte sized time series. *ACM SIGKDD international conference on Knowledge discovery and data mining.* 2008: 623-631

[Li2010] Yu Li, Aidong Lu, William Ribarsky, Wei Chen. Digital storytelling: automatic Animation for time-varying data visualization. *Computer Graphics Forum.* 29(7), 2010: 2271-2280

[Lu2008] Aidong Lu, Han-Wei Shen. Interactive storyboard for overall time-varying data visualization. *Proceedings of IEEE Pacific Visualization Symposium*. 2008: 143-150

[Luo2012] DongningLuo, Jing Yang, MilosKrstajic, William Ribarsky, and Daniel Keim. EventRiver: visually exploring text collections with temporal references. *IEEE Transactions on Visualization and Computer Graphics.* 18(1), 2012: 93-105

[McLachlan2008] Peter McLachlan, Tamara Munzner, Eleftherios Koutsofios, Stephen North. LiveRAC - interactive visual exploration of system management time-series data. *ACM SIGCHI.* 2008: 1483-1492

[Muelder2011] Christopher Muelder, Carmen Sigovan, Kwan-Liu Ma, Jason Cope, Sam Lang, KamilIskra, Pete Beckman, and Robert Ross. Visual analysis of I/O system behavior for high-end computing. *International workshop on Large-scale system and application performance.* 2011: 19-26

[Plaisant1996] C. Plaisant, B. Milash, A. Rose, S. Widoff, B. Shneiderman. Life lines: visualizing personal histories. *ACM CHI.* 1996: 221-227

[Pu2013] Pu J, Liu S, Ding Y, et al. T-Watcher: A new visual analytic system for effective traffic surveillance[C]. Mobile Data Management (MDM), *IEEE 14th International Conference on*, 2013, 1: 127-136

[Rajaraman2012] Anand Rajaraman. Jure Leskovec. Mining of massive datasets. Stanford University. 2012

[Sacha2018] Sacha D, Kraus M, Bernard J, et al. SOMFlow: Guided Exploratory Cluster Analysis with Self-Organizing Maps and Analytic Provenance[J]. *IEEE transactions on visualization and computer graphics*, 2018, 24(1): 120-130

[Shen2008] Z. Shen and K. Ma. MobiVis: a visualization system for exploring mobile data. *IEEE Pacific Visualization*. 2008:175-182

[Spinney2012] Laura Spinney. Human cycles: history as science. *Nature*. 488(7411), 2012: 24-26

[Stream2003] The STREAM group. STREAM: the stanford stream data manager. *IEEE Data Engineering Bulletin*. 26(1), 2003:19-26

[Tanahashi2012] YuzuruTanahashi and Kwan-Liu Ma. Design considerations for optimizing storyline visualizations. *IEEE Transactions on Visualization and Computer Graphics*. 18(12), 2012: 2679-2688

[Tominski2004] C. Tominski, J. Abello, and H. Schumann. Axes-based visualizations with radial layouts. *Proceedings of ACM on Applied Computing*. 2004: 1242-1247

[Tominski2011] C. Tominski. Event-based concepts for user-driven visualization. *Journal of Information Visualization*. 10(1), 2011: 65-81

[Tufte1997] Edward R. Tufte. Visual explanations: images and quantities, evidence and narrative. Graphics Press. 1997

[Turchin2008] Peter Turchin. Arise cliodynamics. *Nature*. 2008:42-44

[Urbanek2008] http://www.urbanek.info/research/pub/Urbanek-JSM08-Streams.pdf

[Yu2013] Li Yu, Aidong Lu, Wei Chen, William Ribarsky. Generating Timelines for time-varying data visualization. *Journal of Visual Languages and Computing*

[Ward2011] Matthew O. Ward, ZhenyuGuo. Visual exploration of time-series data with shape space projections. *Computer Graphics Forum*. 30(3), 2011: 701-710

[Wijk1999] Jarke J. van Wijk, Edward R. van Selow. Cluster and calendar based visualization of time series data. *Proceedings of Information Visualization*. 1999: 4-9

[Wu2014] Wu Y, Liu S, Yan K, et al. Opinionflow: Visual analysis of opinion diffusion on social media[J]. *IEEE transactions on visualization and computer graphics*, 2014, 20(12): 1763-1772

[Zhao2014] Zhao J, Cao N, Wen Z, et al. # FluxFlow: Visual analysis of anomalous information spreading on social media[J]. *IEEE Transactions on Visualization and Computer Graphics*, 2014, 20(12): 1773-1782

[陈为 2011] 陈为，王桂珍，严丙辉 . 复杂有序数据的可视化 . 中国计算机学会通讯 . 2011 年第 4 期

非时空数据篇

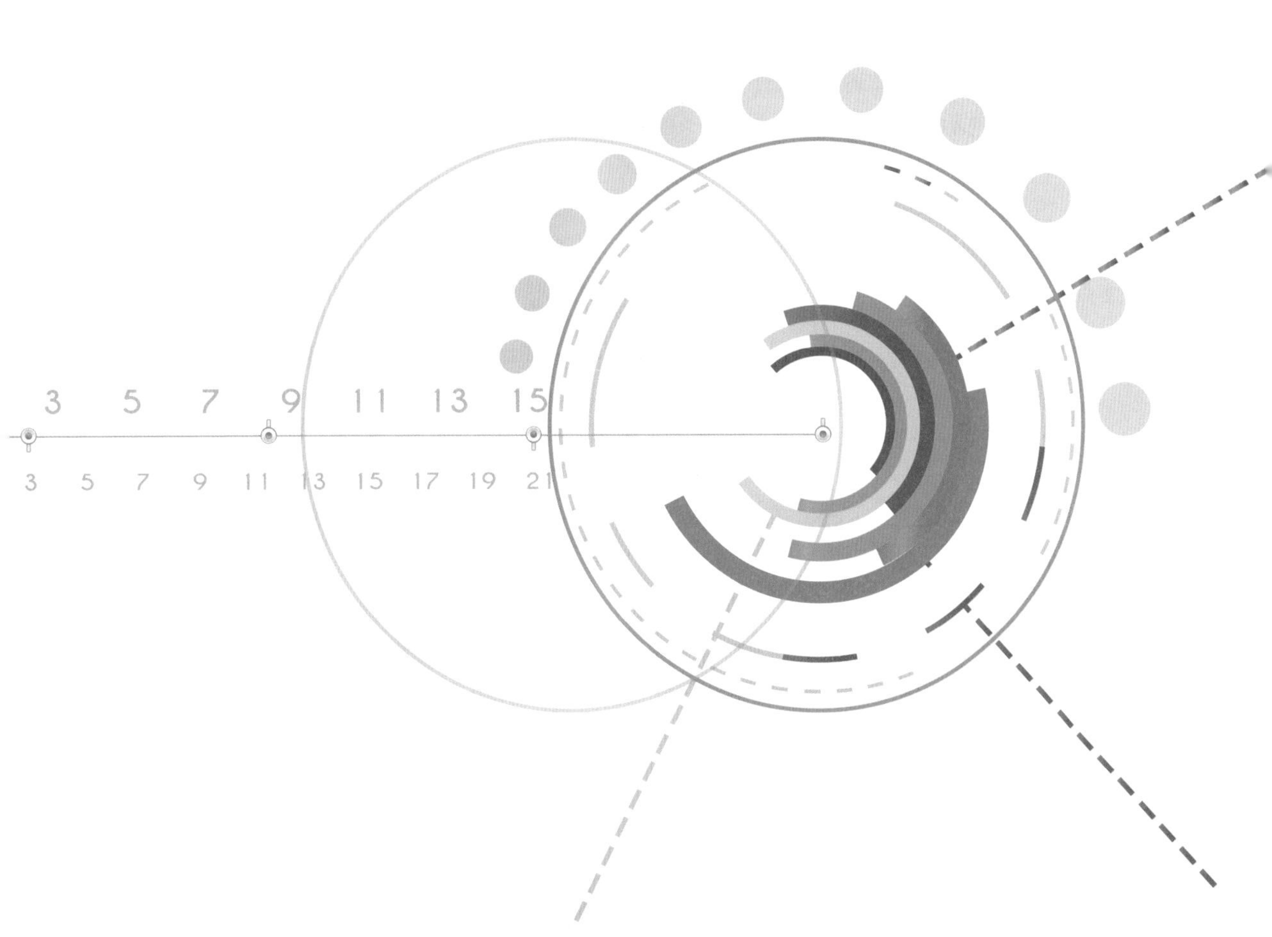

第8章

层次和网络数据可视化

8.1 层次数据

层次数据是一种常见的数据类型，着重表达个体之间的层次关系。这种关系主要表现为两类：包含和从属，现实世界中它无处不在。例如，地球有七大洲，每个洲包含若干国家，而每个国家又划分为若干省市。在社会组织或者机构里，同样存在着分层的从属关系。图 8.1 显示了六大计算机公司的组织结构图，生动地反映了独特的企业文化：亚马逊等级制度极为严格；谷歌虽然等级清晰，但部门之间相互交错；Facebook 像一张分布式网络；微软各自占山为王，且相互竞争；“乔布斯”时代各小团队相互平等灵活作战，但乔布斯的作用非常明显；甲骨文法务部门远大于工程部门。

“我们通过分类来理解事物，层次结构是我们认知行为的基础”[Morv2005]。在人们组织和认知信息的时候，层次结构也常常被用到，例如计算机文件系统中的文件和目录。当人们进行记忆和思维发散时，层次结构也能发挥很大的辅助作用，例如图 8.2 展示的思维导图，可以发散地将与健康相关的一系列主题全部列举出来。采用多层级的结构对个体进行分类更是图书文献、分类学、物种发展史等学科的核心。例如，在生物分类学中，有域、界、门、纲、目、属、种等层级，不同层级的分类单位之间有子分类和母分类的关系。例如，猿人是一个人种，它的母分类是人属，再往上依次是灵长目、四足总纲、脊索动物门、动物界和真核域。图 8.3 展示了一个地球生物遗传系谱的庞大层次树状图 [Hu2009]。图 8.4 展示了人体内一些微生物的遗传系谱图，以及它们在人体中的分布情况。通过将信息组织成不同粒度的层次，人们能更好地理解大量信息，掌握广泛知识。

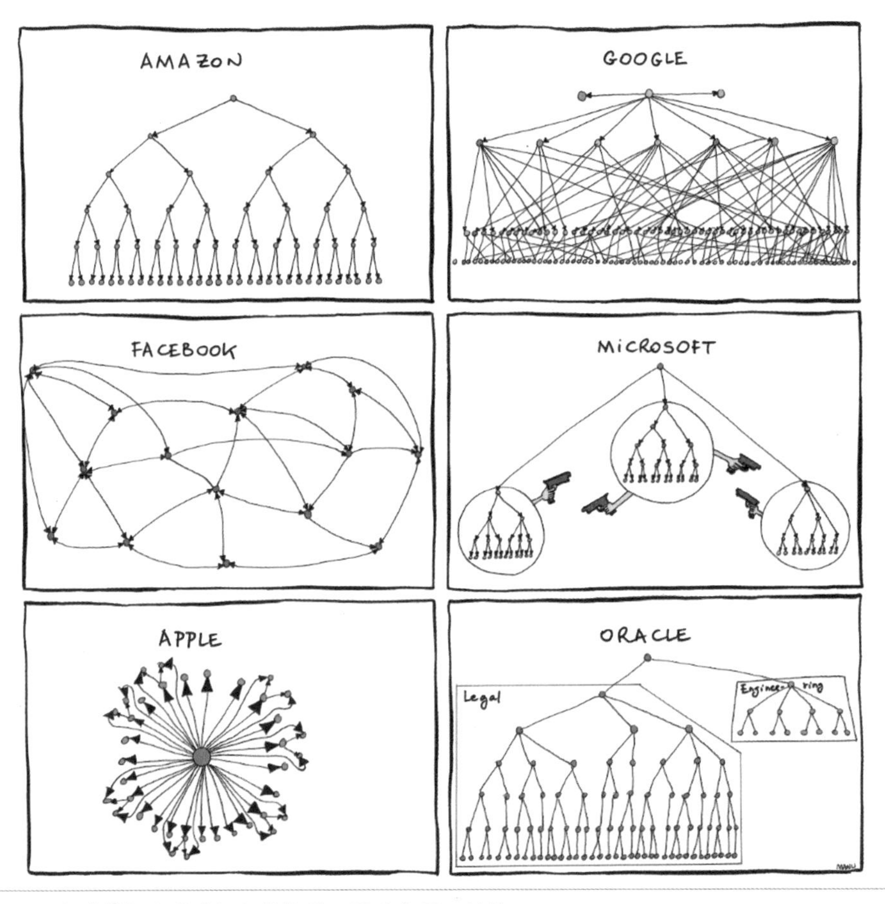

图 8.1 六大计算机公司的组织结构图。图片来源：链接 8-1

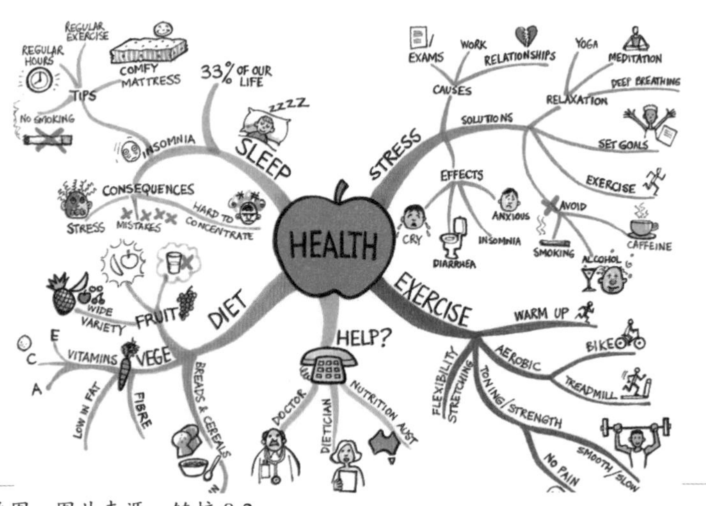

图 8.2 思维导图。图片来源：链接 8-2

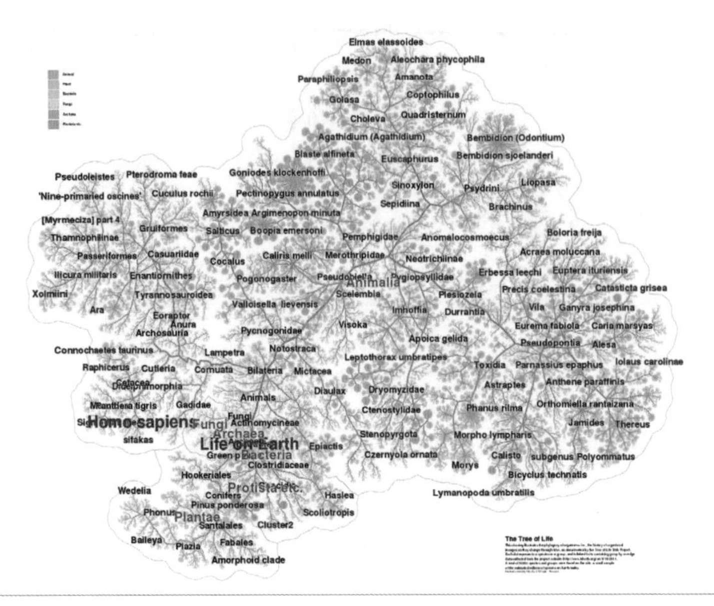

图 8.3 微生物遗传系谱的层次树状图 [Hu2009]。这棵树清晰地呈现了不同物种之间的遗传关系，所有物种通过生物发展史的基因链接关系相连。数据来源：链接 8-3；图片来源：链接 8-4

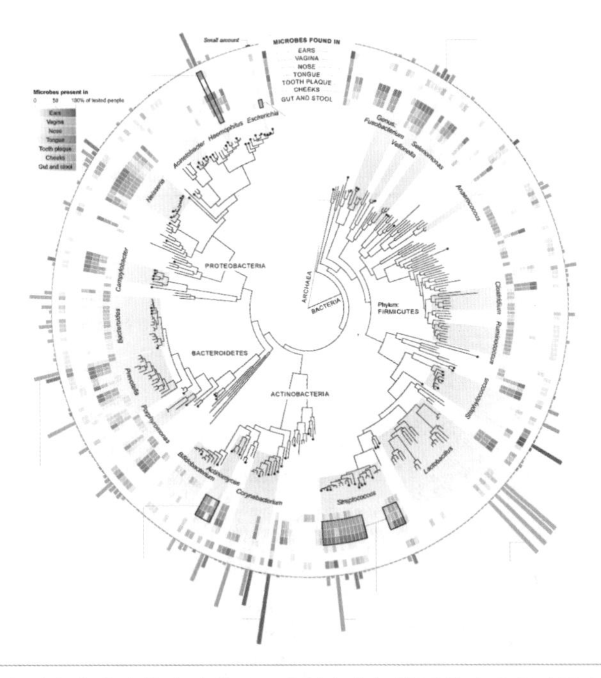

图 8.4 人体内一些微生物的遗传系谱图。人类微生物组计划花了两年时间在 242 名健康人的不同身体部位调查细菌和其他微生物。这棵径向树展现了生活在人体内的复杂微生物组合的遗传分类关系，其中可能致病的微生物通过黑色的点进行标记。在树的外侧，同时呈现了微生物在人体不同部位出现的频率百分比。图片来源：链接 8-5

本数据包含 93891 个物种，占今天地球上 1 亿多个物种的极小部分。根节点 Life on Earth（红色字体）被置于树的西南角，它的西南方向链接了 Green plants（绿色植物，绿色）分支，东南方向链接了 Protista（原生动物，淡红色）分支，西北方向链接了 Fungi（菌类，黄色）分支。

除包含和从属关系之外，层次结构也可以表示逻辑上的承接关系。比如机器学习中的决策树，每一个节点就是一个问题，不同答案对应不同的分支，连接到下一层的子节点。最底层的叶节点则通常对应最后的决策，如图 8.5 所示 [Wijk2011]。家谱是描述一个家族里父母与子女关系的图，它其实也是一种前后承接的层次关系，图 8.6 展示的是希腊神话中众神的宗谱 [Feke2010]。

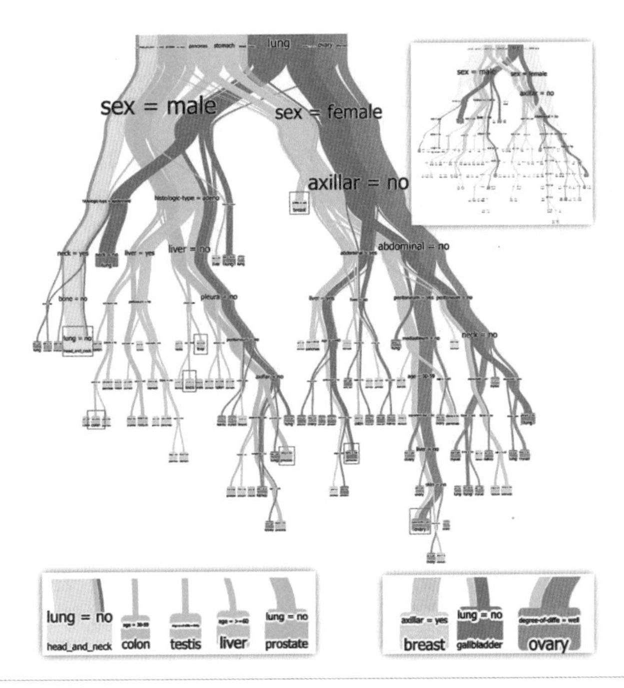

图 8.5 基于猴面包树隐喻的决策树可视化 [Wijk2011]。图例展示了一个疾病分类的决策过程，从根节点出发，首先按照男女比例进行分类。

事实上，现实世界中很多数据或者数据的某一部分都有内在的层次结构。层次结构可以被抽象成树型（Tree）结构，它是以分支关系定义的非线性结构。树是图（Graph）的一个特例，是只存在父节点和子节点之间连接的图。在一棵树里，只有根节点没有父节点，其余节点有且仅有一个与之相连的父节点。没有子节点的节点称为叶节点，同一个层次具有相同父节点的节点称为兄弟节点，每一个节点都可以有若干个子节点。从根节点到某个特定节点之间的连接数量，称为该节点的深度；具有相同深度的节点数，称为该层的广度。

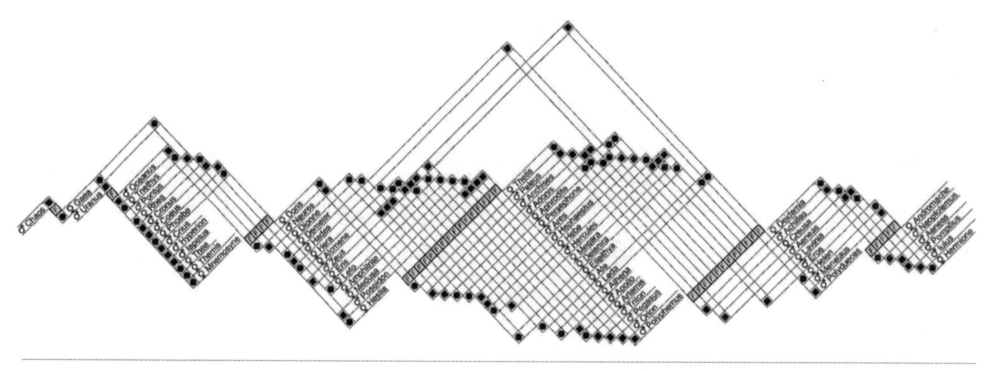

图 8.6 希腊神话中众神的家谱（局部），其中字母 F 表示一个由父母（在字母 F 之上的黑色点）和子女（在字母 F 之下的黑色点）组成的家庭。图片由 GeneaQuilts 系统生成[Feke2010]。

8.1.1 层次数据的可视化

各类层次结构数据可视化是一个长期的研究话题。随着新的层次数据和可视化需求的出现，层次数据可视化的创新也层出不穷。层次数据可视化的要点是对数据中层次关系（即树型结构）的有效刻画。可视化采用不同的视觉符号来表示不同类型的关系，这决定了层次数据可视化的两种主要类别。

- 节点 - 链接（Node-link）：将单个个体绘制成一个节点，节点之间的连线表示个体之间的层次关系。代表技术有空间树、圆锥树等。这种方法直观清晰，特别擅长于表示承接的层次关系。但是，当个体数目太多，特别是广度和深度相差较大时，节点 - 链接方法的可读性较差——大量数据点聚集在屏幕局部范围，难以高效地利用有限的屏幕空间。
- 空间填充（Space-filling）：用空间中的分块区域表示数据中的个体，并用外层区域对内层区域的包围表示彼此之间的层次关系。其中的代表方法是树图。和节点 - 链接法相比，这种方法更适合于显示包含和从属的关系，且具有高效的屏幕空间利用率，可呈现更多的数据。此方法的缺点在于数据中的层次信息表达不如节点 - 链接法清晰。

第三种方法采用混合前两种方法的思路。Jürgensmann 和 Schulz[Jürg2010] 对树结构可视化技术进行了总结和分类，并制作了图 8.7 所示的海报。他们采用的分类思路与上面介绍的基本一致：显性、隐性与混合三种。显性方法基本等同于节点 - 链接法，而隐性方法则对应空间填充法。在此基础上，根据空间维度（二维或三维）及布局方法（正交、径向、自由布局）做了更进一步分类。这样的层层分类本身也是一个层次结构，可采用空间填充法进行可视化。作品赢得了 2010 年 IEEE InfoVis 会议的最佳海报奖，其后又演化成在线互动版（http://treevis.net，这个网站一直在更新最新提出的层次数据可视化技术）[Schu2010]。

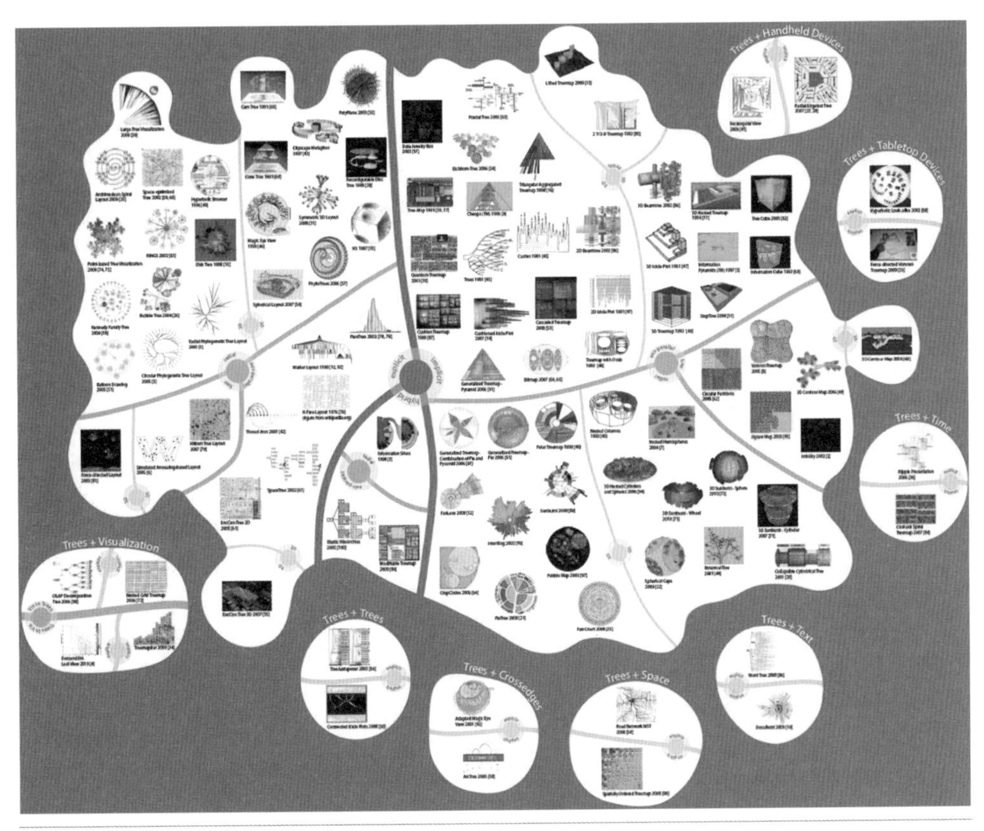

图 8.7 树型结构数据可视化分类[Schu2010]。

8.1.2 节点 - 链接法

节点 - 链接法的核心问题是如何在屏幕上放置节点，以及如何绘制节点及节点之间的链接关系。节点的放置方式取决于具体应用的需求，选择什么样的形状或图示表示节点则通常取决于节点所要表现的内容。另外，边可以用两点之间的直线，也可以用一系列正交的折线，甚至曲线进行表达。通常，清晰有效地实现节点 - 链接法需要考虑如下需求。

- 节点位置的空间顺序和层次关系一致。例如，考虑从上往下的顺序，父节点总是在子节点上面，相同深度的节点处在同一个水平线上。层次关系其实是一种有向的关系，表达这种关系，例如水平延伸、垂直延伸、径向延伸等，则可避免使用箭头来标识方向。这样不但减轻了用户的视觉负担，也提高了空间利用率。
- 减少连线之间的交叉。过多的连线交叉会干扰用户对关系的解读。
- 减少连线的总长度。连线越长越容易造成解读错误，这意味着具有链接关系的节点应尽可能靠近。

- 可视化应该有一个合适的长宽比，以便优化空间的利用。正如 Edward Tufte 所倡导的“数据 - 墨水比”原则（见第 3 章）所言：用最少的空间展示尽量多的信息。

这些要求有时互相冲突，一个好的节点 - 链接布局算法要满足尽量多的要求，且不同的应用侧重于不同的布局要求。纵横轴布局算法的最简单方法是在二维平面上，沿某个轴扩充或缩进子节点，同一层次的节点则沿另一个轴展开或收拢。这种方法称为**缩进法**。它快速并易于实现，而且可以使用纯文本（或 HTML 标记）；缺点是在数据量大时需要很多滚动操作，且用户容易失去上下文。操作系统中的文件目录通常采用缩进法进行可视化（见图 8.8 左图）。

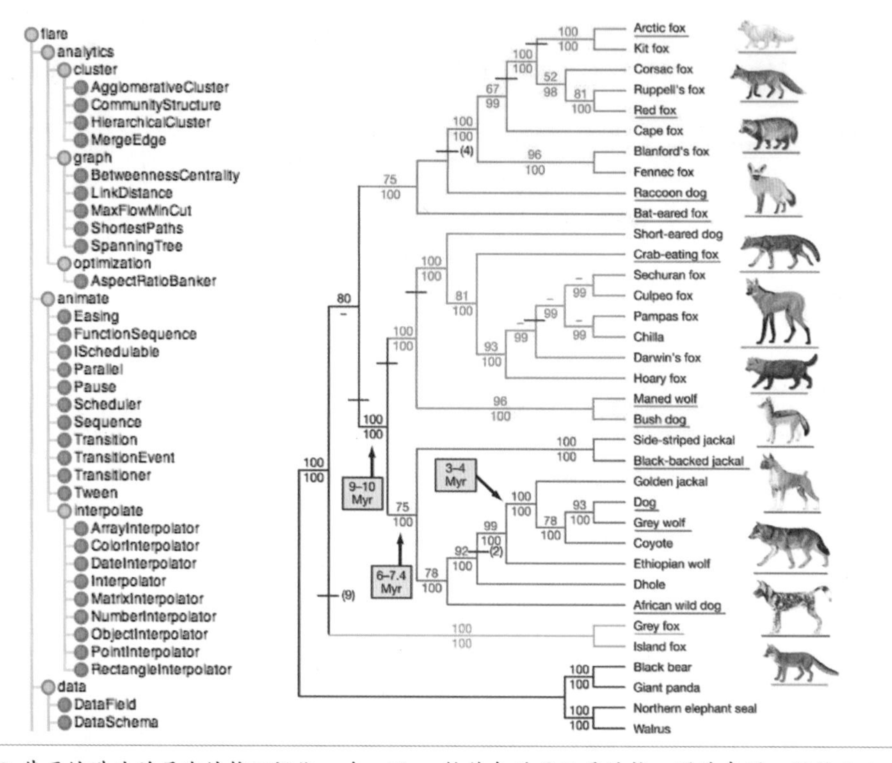

图 8.8 基于缩进法的层次结构可视化。左：Flare 软件包的子目录结构。图片来源：链接 8-6。右：家狗的不同物种的单倍体基因序列的比较分析[Lind2005]。

下面是一个普适的纵横轴布局算法（见图 8.9）。

（1）根据树的深度将空间沿纵轴平均分成等高的区域，每个区域对应树的一层。树中相同深度的节点属于同一层。

（2）根据每一层节点的数量，将对应的区域沿横轴平均分成等宽的区域。

（3）将节点布置在每个区域的中心。

（4）在节点和它的父节点之间连线。

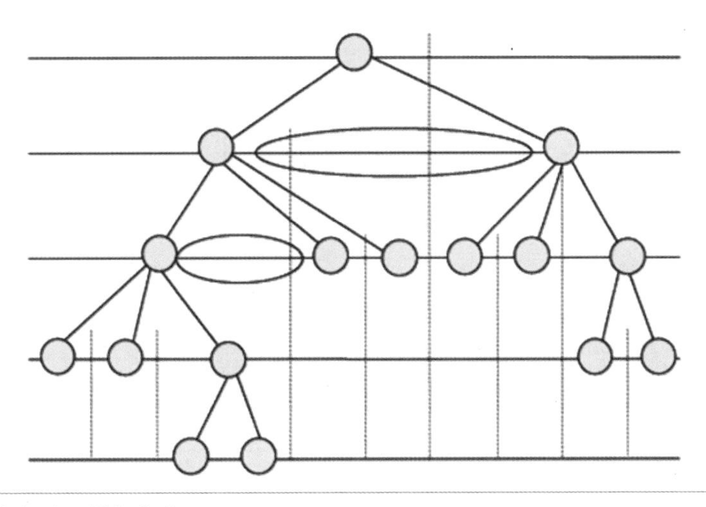

图 8.9 *层次数据的纵横轴布局。*

在这个基本算法的基础上，发展了更完善的布局算法。Reingold 和 Tilford 在 1981 年介绍的布局算法是最常用的布局算法之一 [Rein1981]。该算法在满足上面所列出的要求之外，特别注重于布局的对称性和紧凑性，以及子树在不同情况下布局的一致性。该算法的要点是：自底向上递归计算；对于每个父节点，确保子树已被绘制；采用二维形状的包围盒技术尽可能紧致地包裹子树，并用来指导两棵子树的靠拢；将父节点放在各子树的中心位置。其他的布局算法还有 [Shil1976] 等。

正交布局

在图 8.9 介绍的例子里，节点在放置的时候都按照水平或垂直对齐，这样的布局通常被称为正交布局。这种与坐标轴一致的、比较规则的布局与人们的视觉识别习惯吻合，即使对一般的用户也非常直观。但是对于大型的层次结构，特别是广度比较大的层次结构，这样的布局会导致不合理的长宽比。如图 8.10 所示，虽然横向占据所有宽度，但仍然没有足够的空间显示每一个节点的内容，造成数据显示空间不足和屏幕空闲空间浪费的矛盾。图 8.11 展示了正交布局中的一个例外——电路图，它是正交的且有很好的长宽比，并且能够高效地利用有限的空间，同时它也存在对用户不友好的问题，节点与连线太过紧凑，只对机器友好。

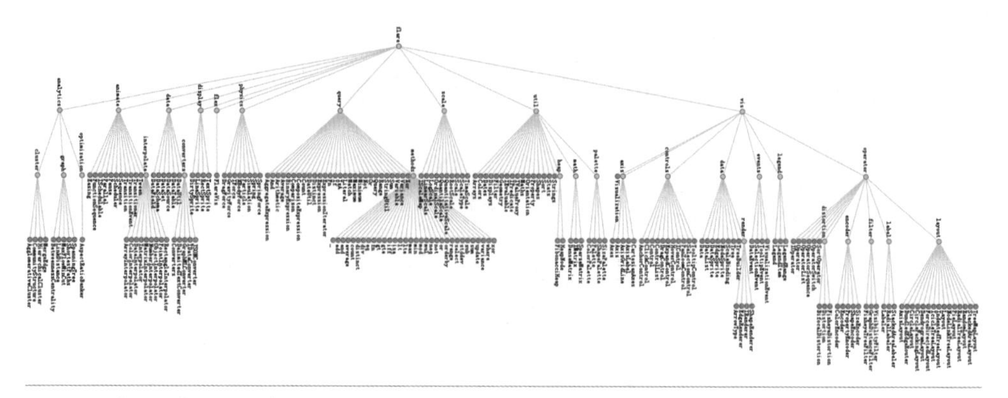

图 8.10 节点 - 链接正交布局的局限性。示例呈现了 Flare 软件包的子目录结构。图片来源 ：链接 8-7

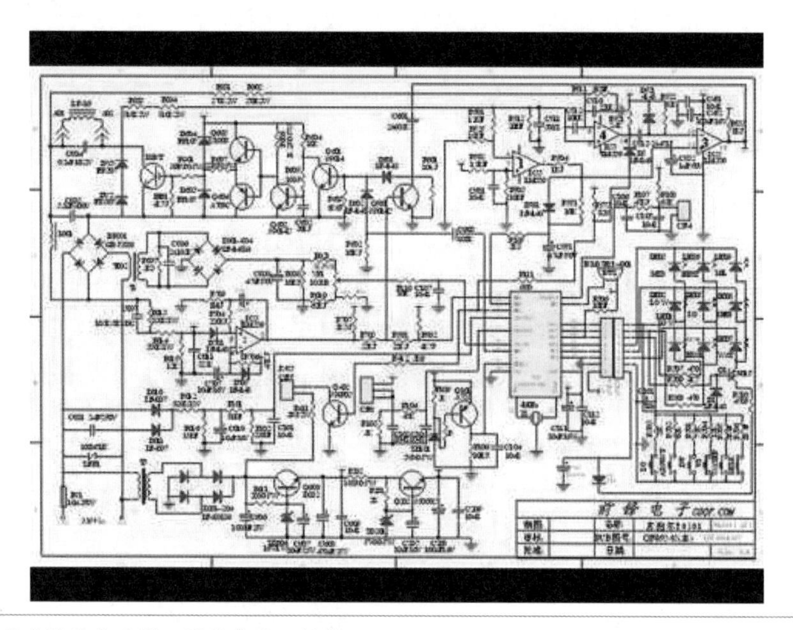

图 8.11 微波炉的电路图。图片来源 ：链接 8-8

正交布局有很多应用，图 8.12 展示了单词树可视化设计 [Watt2008]，将一段文字通过节点 - 链接图的形式展现出来，可以让人很直观地看到段落的主要内容与句式。如图 8.13 所示，这张图来自财富杂志的美术总监 Nicolas Rapp 的文章 *The Battle of The Rails*。他用这样一个正交的树状结构非常清晰地展示了铁路公司兼并的历史。在 20 世纪 80 年代，许多公司在大量兼并之后，只剩下屈指可数的 7 家，而图中用红线标出的 4 家占了全国铁路货运的九成。

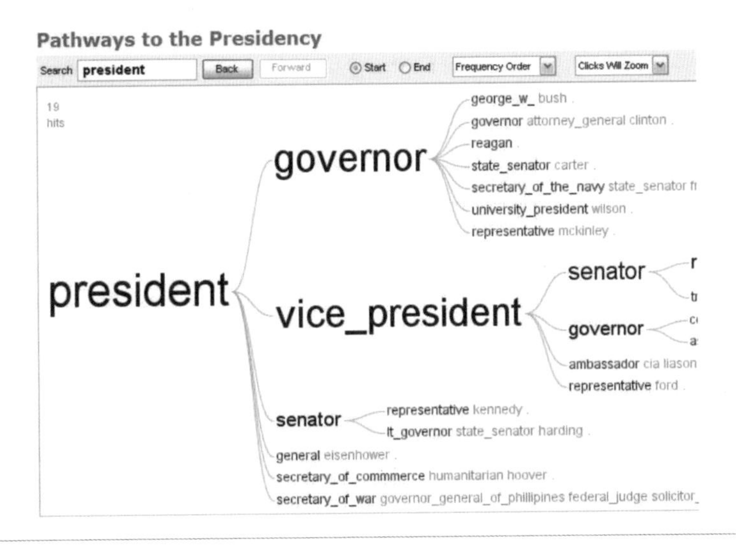

图 8.12 单词树可视化设计[Watt2008]。

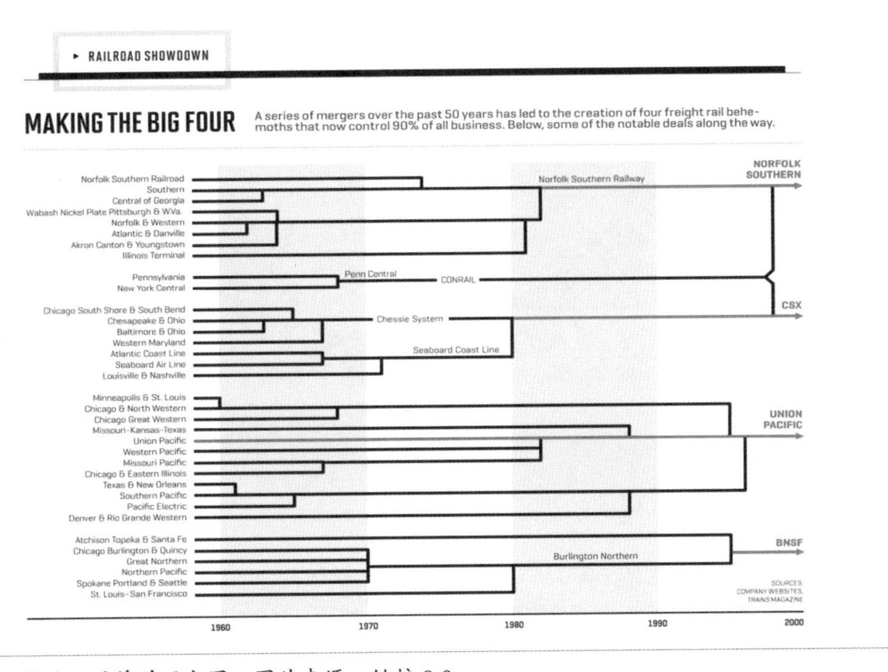

图 8.13 铁路公司兼并历史图。图片来源：链接 8-9

径向布局

人们通常采用径向布局克服上述空间浪费的问题[Smith1924]。根节点位于圆心，不同层次的节点被放置在半径不同的同心圆上，如图 8.14 所示，节点到圆心的距离对应于它的深度。越外层的同心圆越大，因此能容纳更多的节点，符合节点数量随着层次而增加的特点。在对每一层的节点进行布局时，对应的同心圆被划分为不同区间，分别对应于该层的不同节点。另外，整个可视化布局呈圆形，合理地利用了空间。

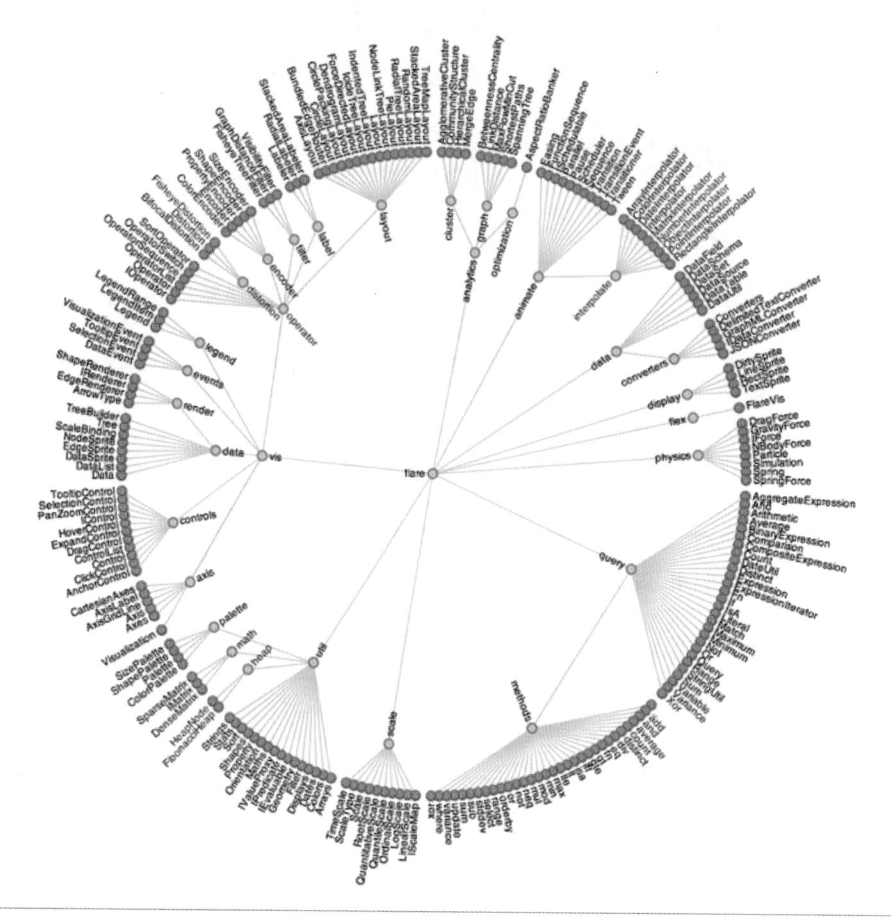

图 8.14 节点 - 链接的径向布局：径向树 [Smith1924]。示例呈现了 Flare 软件包的各个子目录。图片来源：链接 8-10

径向树方法也存在各类扩展。例如，将每一棵子树递归地采用径向布局，形成环状结构，使得子树的结构更加直观 [Toeh2002]，如图 8.15 所示。这种环状径向树方法的特点是，随着层次的深入，子节点的空间占位逐渐变小。

圆锥树（Cone Tree）是一种在三维空间可视化层次数据的技术 [Robert1991]，它结合了径向布局和正交布局两种思想。在每一层上，属于同一个父节点的子节点沿着以父节点为圆心的圆呈放射状排列，不同层次被放置在空间中不同的高度，因此形成了以父节点为顶点，子节点放置在底部的圆锥。随着层次的深入，圆锥的底面积变小。从树的顶部往底部平面垂直投影，形成类似环状径向分布的可视化（见图 8.15）。而从侧面观察，它又是一个从上到下正交分布的树。为了解决在三维空间中节点前后遮盖的问题，绘制时可采用半透明或轮廓线方式，使用户感知各个子树节点的前后关系。融合不同的三维交互手段也可提高可视化的表达力。例如，当用户选中某个节点时，该节点和它所在的锥体被旋转到最前端，并适当放大，以便用户观察它的细节信息。图 8.16 左图展现了圆锥树的示意图。

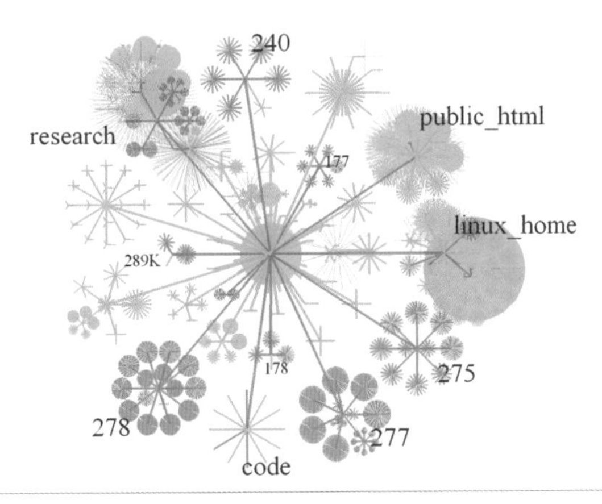

图 8.15 环状径向树法。图中示例为文件目录数据 [Toeh2002]。

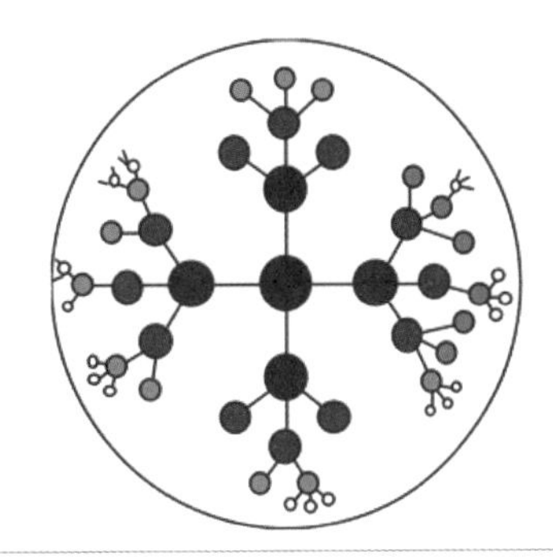

图 8.16 左：基于圆锥树方法的树结构数据可视化（圆锥采用轮廓线绘制）[Robert1991]；
右：双曲树方法示意图 [Lamp1995]。

在径向树中，圆周的大小随层次深度的增加而线性增长，而树节点则往往呈几何级数增长。对于大的层次结构，在树的底层空间还是不够，导致节点互相重叠。图 8.16 右图呈现的双曲树（Hyperbolic Tree）[Lamp1995] 的拓扑结构和常规的径向树方法一致，但布局空间不是欧几里得空间（Euclidean Space），而是双曲空间（Hyperbolic Space）。在双曲空间中，圆周随半径的增加呈几何级数增长。放置子节点时，通过增加与其父节点之间的距离可保证有足够的空间。将这样的布局映射回欧几里得空间，可以发现中心区域有较低的显示密度，方便添加显示辅助信息，如节点的详细信息。基于这些特性还可以实现相应的用户交互：选中的节点会被移到中间的区域，放大并显示详细信息，同时整体布局做相应调整（见图 8.17）。

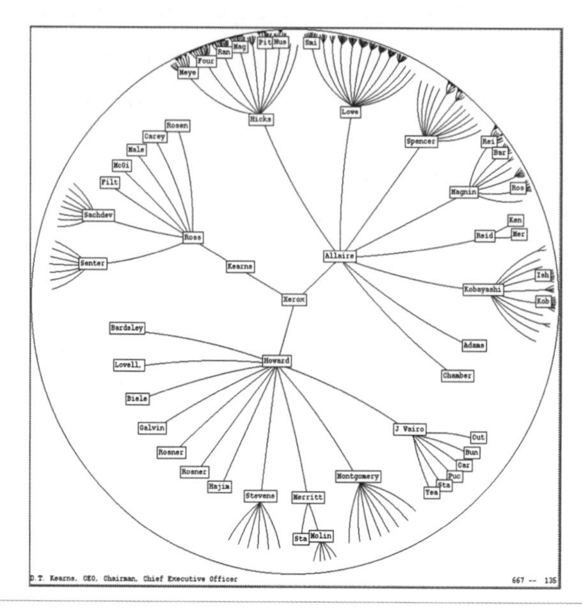

图 8.17 人物树谱的双曲树可视化。

在三维空间中同样可以采用双曲树方法，如 H3 方法 [Munz1997]。和圆锥树方法类似，将子节点放置在一个圆锥的底面，而不是圆周上，这样能显示更大的层次结构。如图 8.18 展示的 Morse。

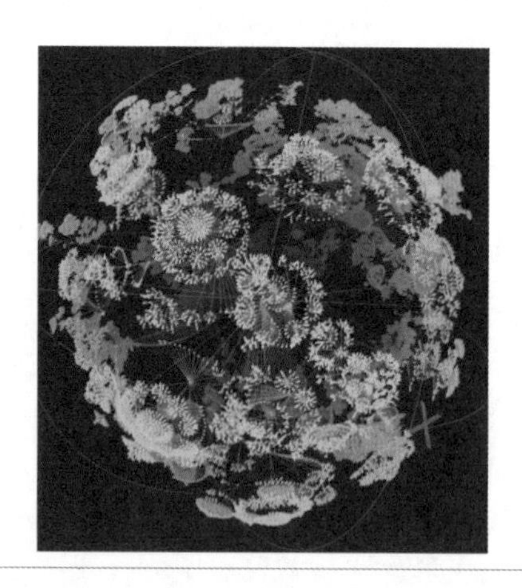

图 8.18 Morse。

对于大尺度的层次结构，无论采用何种布局，由于屏幕尺寸的限制，都无法避免节点的重叠。解决方案之一是“焦点 + 上下文”（Focus+Context）技术，以有效地利用空间，重点呈现用户关心的重要数据，同时简要地表现上下文信息。例如，TreeJuxtaposer 系统支持在重要特征可见的条件下实现大尺度树的比较分析和“焦点 + 上下文”浏览 [Munz2003]。另一个代表性方法称为兴趣度树（DOI Tree）[Card2002]：被用户选中的节点所在的子树被放大，而其他节点则用尽量简略的方式显示，甚至相互重叠，减少它们占用的空间，从而提高整体的空间利用效率。其后，人们将树簇（TreeBlock）的概念引入该方法 [Heer2004]，支持多个焦点的放大观察，允许用户对包含上百万个节点的大规模层次数据进行实时的互动，如图 8.19 所示。

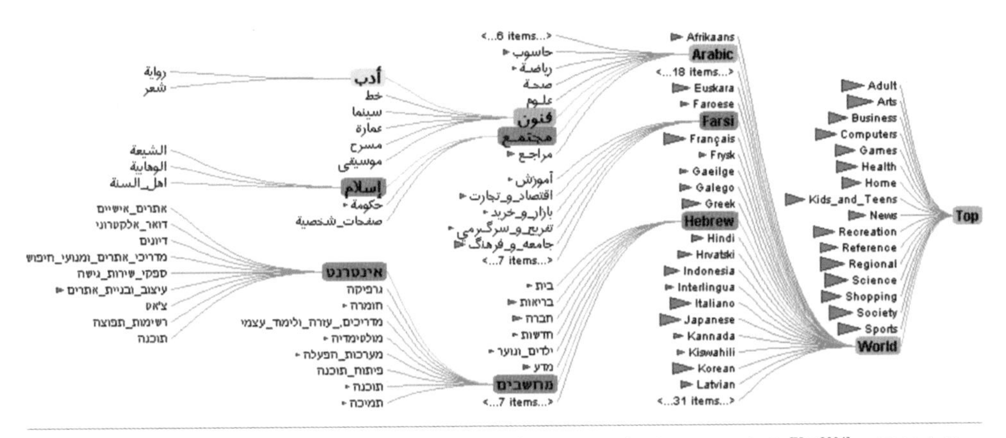

图 8.19 采用 DOI 树方法对 Open Directory 项目（链接 8-11）的可视化结果 [Heer2004]。图例中的树包含 60 万个节点，从右到左排列。

8.1.3 空间填充法

由 Johnson 和 Schneiderman 在 20 世纪 90 年代初发明的树图（Treemap）从空间填充的角度实现层次数据的可视化 [John1991]。树图法采用矩形表示层次结构里的节点，父子节点之间的层次关系用矩形之间的相互嵌套隐喻来表达。此方法可以充分利用所有的屏幕空间。如图 8.20 所示，左边的树可以用右边的树图表示。从根节点开始，屏幕空间根据相应的子节点数目被分为多个矩形，矩形的面积大小通常对应节点的属性。每个矩形又按照相应节点的子节点递归地进行分割，直到叶节点为止。

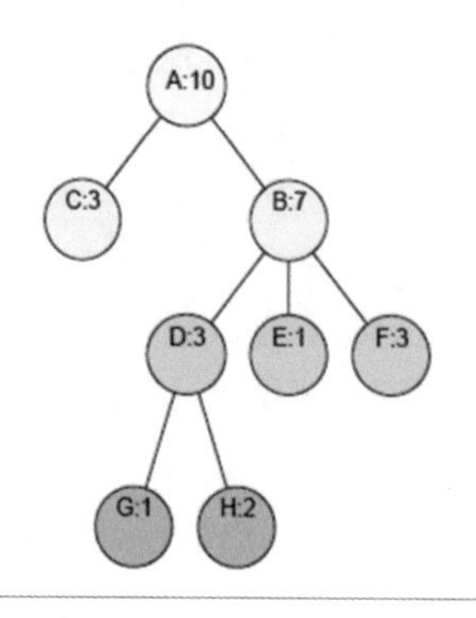

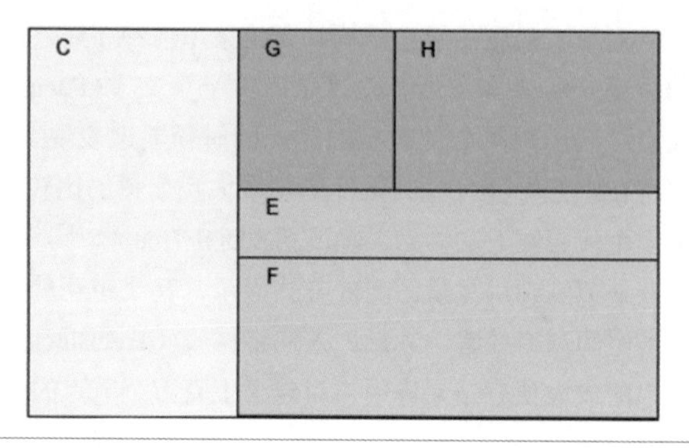

图 8.20 左：树状数据结构；右：左图的树图表示。

下面的伪代码描述了最基本的树图可视化的算法。

树图可视化布局的伪代码

```
Treemap 函数
    设置初始宽度为可视化空间的宽度
    设置初始高度为可视化空间的高度
    设置初始节点为树的根节点
    设置初始位置为起点，如 (0, 0)
    设置初始方向为水平方向或竖直方向
    调用 Divide 函数
Treemap 函数结束

Divide 函数（节点，方向，位置，宽度，高度）
    IF 该节点是叶节点
        按该节点被赋的长宽和位置画一个长方形
        返回

    FOR 该节点的每一个子节点 i
    计算子节点 i 在所有子节点中的比重
    IF 该节点是水平方向
        子节点的宽度：= 该节点宽度 * 子节点的比重
        子节点的方向为竖直方向
        递归进行 Divide 函数
        子节点位置：= 该节点的位置 + 子节点的宽度
    IF 该节点是竖直方向
        子节点的高度：= 该节点高度 * 子节点的比重
        子节点的方向为水平方向
        递归进行 Divide 函数
        子节点位置：= 该节点的位置 + 子节点的高度
    ENDFOR
Divide 函数结束
```

树图可视化的一个核心问题是在递归地分割空间时采用分割方法分割得到的矩形树图的视觉质量通常通过矩形的长宽比来度量。根据 Johnson 和 Schneiderman 发明的交替纵横切分法（Slice-and-Dice）[John1991]，在整个递归过程中，空间依次交替着被横切或者纵切。当某个层次的一个节点有大量子节点时，严格遵循交替纵横切分法会导致非常细的条状空间，影响对数据的视觉理解。正等分法（Squarified）可有效地改进视觉体验和可视化效果[Bruls1999]。算法力图使分割出来的区域尽量接近方形，同时采用一种贪心策略来达到更高的效率和次优的结果。在划分每一个节点的空间时，算法按照权重从大到小划分子矩形，在选取划分结果的时候，选择其中具有较好长宽比的方案。Nagamochi 和 Abe[Naga2007] 提出了一种可以近似给定树图的最佳长宽比的算法，并且 De Berg、Speckmann 和 Van Der Weele[Berg2011] 证明了矩形树图的纵横比最小化是强 NPC 问题。

当树图的输入数据发生变化时，则需要通过另一个质量标准对生成的树图进行度量，即树图的稳定性——树图随着数据的变化会发生多大的变化。显然，数据的小改动只会导致树图发生小改变。目前，有许多树图算法试图维持输入数据的顺序，以保证树图的稳定性。Shneiderman 和 Wattenberg[Shnei2001] 提出了第一种需要考虑稳定性的树图——有序树图。这种树图为图中的矩形指定了附加的顺序，并且尝试将按照此顺序彼此靠近的矩形放置在树图中彼此靠近的位置。但是，随着输入数据的变化，即使它们在顺序上是相邻的，也不能保证任何两个矩形的接近程度。Shneiderman 和 Wattenberg[Shnei2001] 提出了 Pivot-by-(Middle, Size and Split-Size) 算法。Bederson、Shneiderman 和 Wattenberg[Beder2002] 提出了 Strip 算法，沿固定方向一次一条带地划分。Tu 和 Shen[Tu2007] 提出了 Spiral 算法，由外向内螺旋状划分空间。Rémi Coulom[Coul2002] 提出了 Ordered Squarified 布局算法，按节点序号估计与父节点的距离，再用 Squarified 算法精确定位。当数据发生改变时，这些树图布局算法需要完全重新计算树图中所有节点的位置。Max Sondag、Bettina Speckmann 和 Kevin Verbeek[Sond2018] 提出了一种只需改变局部布局的算法。

在上文中提到的几种空间划分方法中，常见的 6 种方法生成的树图对比如图 8.21 所示。

除了分割方法的改进，人们还对空间的形状进行了创新。例如，为了克服矩形空间长宽比的困扰，人们提出了 Voronoi 树图法[Balz2005]，提出采用任意多边形来取代矩形空间。图 8.22 展示了纽约时报制作的美国家庭消费结构（约 200 类商品）的树图。从图中可见大类消费的占比分别是：食品（15%）、交通（18%）、健康（6%）、教育与通信（6%）、住房（42%）、服饰（4%）、娱乐（6%）、其他（3%）。后来有人提出了一种基于嵌套不规则形状的布局方法 GosperMap[Aube2013]，依赖高斯帕曲线（Gosper Curve）来生成这些形状。在生成树图结构时，层次结构的节点的输入排序被保留，可以保证布局的稳定性。图 8.23 展示了 Tulip（链接 8-12）开源软件的文件系统层次结构可视化。还有人提出了圆形树图 Bubble Treemap[Juch2018]，引入了一种分层和基于力的圆包装算法来计算 Bubble Treemap 布局，其中每个节点都使用嵌套轮廓圆弧进行可视化，并且特意在轮廓线上分配额外的空间用于编码层次数据的不确定性，如图 8.24 所示。

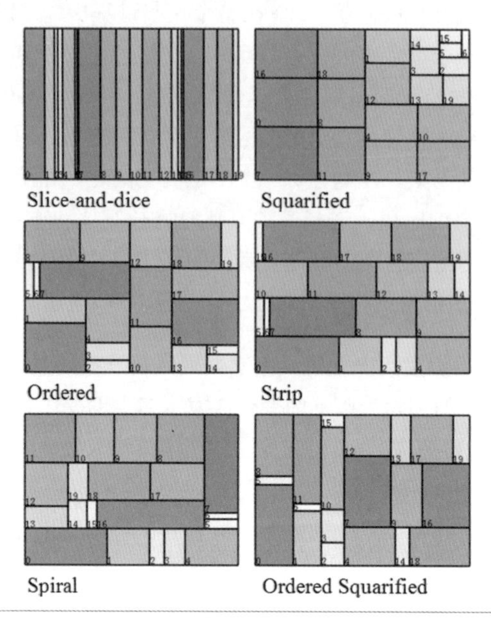

图 8.21 常见的 6 种空间划分方法生成的树图效果，树图中标出的数字序号为矩形的附加顺序。

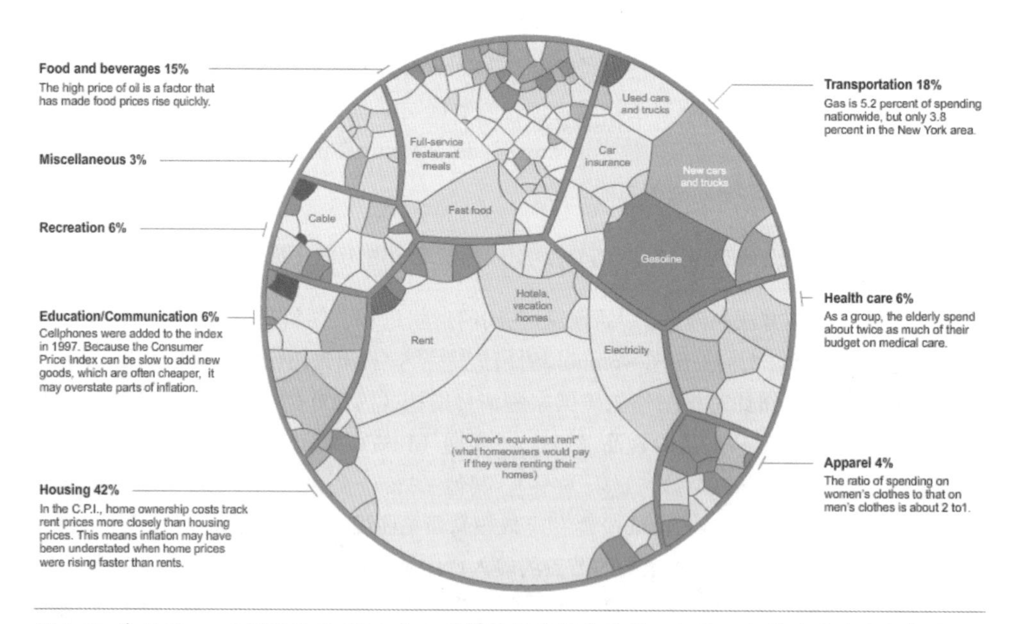

图 8.22 基于 Voronoi 树图法的 2008 年 3 月美国家庭消费结构可视化。各节点的填充颜色编码了 2007 年 3 月到 2008 年 3 月的各类商品价格变动情况。图片来源：链接 8-13

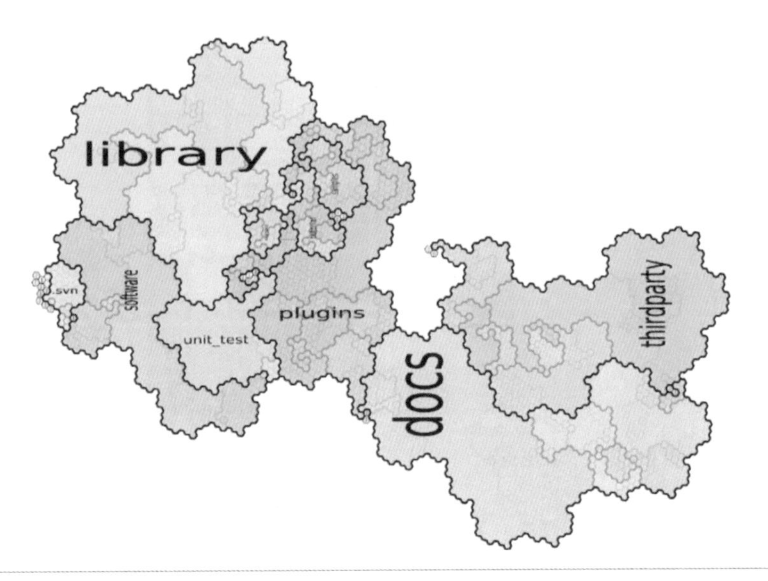

图 8.23 基于 GosperMap 树图法[Aube2013]的 Tulip 开源软件的文件系统层次结构可视化。根据层次结构中节点的深度确定边界的大小，并为节点区域提供一个透明度值。

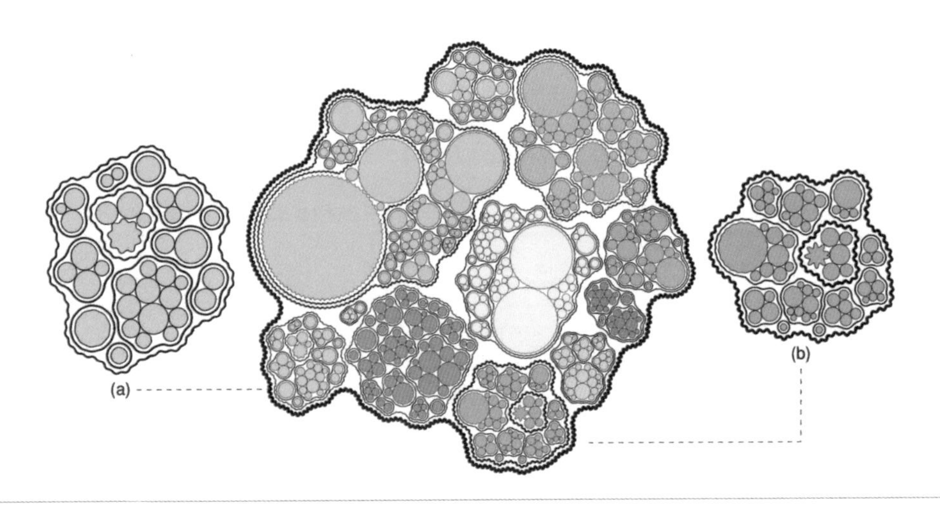

图 8.24 基于 Bubble Treemap 树图法[Juch2018]的 S&P 500 指数中公司的可视化，每个公司按照部门和子公司进行分组。不确定性来自 2016 年 11 月累计一周的股票数据。每个圆圈代表一只股票，圆圈面积与平均收盘价格成正比，而标准差则用圆圈轮廓来描绘。该可视化方案有助于发现不确定性较低的中等规模部门，并评估其构成（a），以及具有高度不确定性的部门，主要介绍它的公司（b）。

图 8.25 展示了一种混合树图布局算法[Koz2017]生成的树图效果，为单个树图可视化中的给定数据集的每个子层次结构选择和应用上文中提到的多种不同树图布局，例如 Slice-and-Dice、Strip 和 Voronoi 等。

图 8.25 混合树图布局算法生成的树图效果[Koz2017]。

从上面的树图例子可以看到，树图对空间的利用率比节点 - 链接更好，特别是当处理大规模的层次结构时，可以在有限的空间生成令人满意的可视化结果。同时，当节点本身带有属性或权重的时候，树图法允许用大小或颜色来表示这些属性，以便用户直观地观察比重比较大的节点。但是，树图采用的空间层次嵌套的方式，导致视觉效果不如节点 - 链接法直观。当层次深度较大时，对用户的解读会造成障碍。

树图的交互主要分为基础交互和创新交互，表 8.1 中列出了几种分类详细的交互。这几种交互的功能和效果如下：

（1）选中树图中的特定节点，由于父子节点的矩形相重叠，需要判断所选中节点的层次。

（2）选中节点后，改变其权值，重新生成树图。

（3）选中节点后，赋值或改变矩形的颜色。

（4）选中某节点后，放大显示以此节点为根节点的子树。

（5）层次下行操作的反向，显示以当前节点的父节点为根节点的子树。

（6）改变布局算法，重新生成树图。

（7）对使用者感兴趣的一个或多个子节点进行放大，再覆盖显示在全局的树图上方。

（8）以生成的全局树图的图像作为输入，应用图像处理技术中的变换方法，生成整体结构不变但部分区域得到平滑放大的新树图。

（9）允许在放大 Slice-and-Dice Treemap 中感兴趣的节点时，有限度地压缩其他节点。

（10）将关注的节点与周围节点的关系用弹簧模型进行建模，通过求解弹簧平衡的线性方程组来均匀放大多个关注的节点，压缩非关注的节点。

表 8.1 树图交互分类。表格来源：[Xin2012]

类别	交互
基础交互	节点选择
	权重改变
	颜色赋值与改变
	向下钻取
	向上钻取
	布局算法改变
创新交互	MagicLens
	鱼眼放大
	语义缩放
	气球焦点

由于树图法直观、有效、易于实现，在现实世界中被广泛采用。例如，可视化专家 Martin Wattenberg[Watt1999] 采用树图法展示超过 500 只股票的实时价格浮动。所有股票根据其所在行业的属性被分类到 11 个不同的板块，每个板块又进一步分类为子板块，形成层次结构。系统每 15 分钟自动读取最新的股票成交价，更新可视化。树图的每个矩形代表一个公司，公司的市值决定矩形的大小。颜色表示股价浮动的情况，其中绿色表示股价上涨，而红色表示股价下跌，黑色表示持平。颜色的深浅表示涨跌的幅度。如图 8.26 所示，位于左下部高科技（Technology）板块的苹果（Apple）公司在 2012 年 5 月 20 日时市值第一，且当天涨幅很小（接近黑色）。

树图法的另一个成功实例是 2004 年推出的实时显示来自 Google News 的新闻的 Newsmap 系统（链接 8-14）。图 8.27 显示了 2012 年 5 月 20 日的新闻。所有的新闻被分为不同的类别，如体育、娱乐、国际等，并用不同的颜色表示。这些类别组成了两层层次结构。在可视化的右下角有颜色的图例，用户还可以在图例上选择新闻类别。矩形大小表示某个新闻故事的相关文章的数量，越是热门的新闻，相关的消息和文章就越多，在可视化中所占的位置也就越大。颜色的深浅表示新闻的时效性。

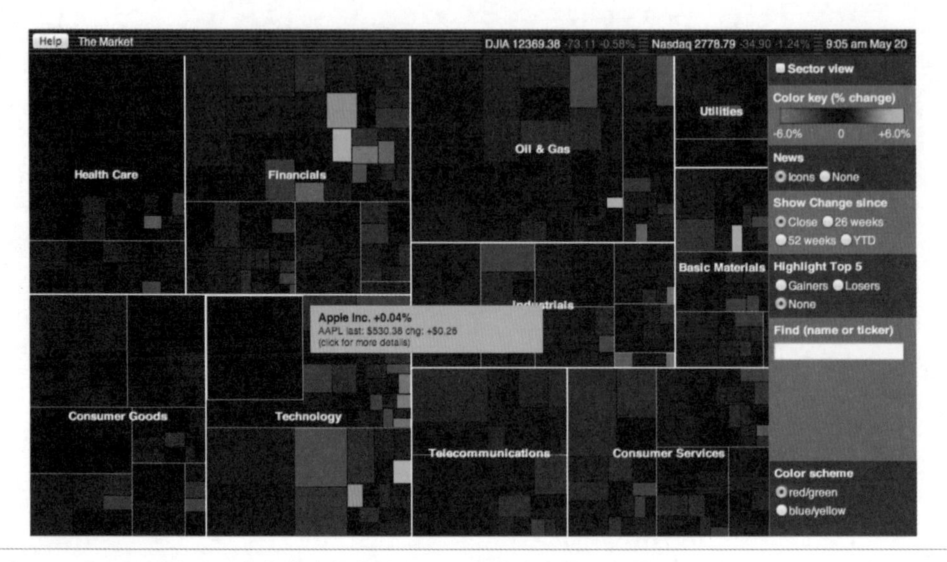

图 8.26 基于树图法的股市交易价格实时可视化。图片来源：链接 8-15

图 8.27 基于树图法的新闻分类可视化系统 Newsmap。图片来源：链接 8-16

上述两个树图例子都采用矩形区域的面积和颜色凸显节点的某些属性。它们的共同点是层次结构不复杂，比较适合用树图来组织。

径向布局

除了树图，另一种空间填充法是在分配空间和划分区域的时候采用和径向树类似的放射状布局。这种方法最早由 Brian Johnson[John1993] 以树图的扩展提出，称为径向树图（Polar Treemap）。John Stasko 等人在 2000 年提出了更完整的设计，称旭日图（Sunburst）[Stas2000]。如图 8.28 右图所示，在旭日图中，中心的圆代表根节点，各个层次用同心圆环表示。圆环的划分依赖于相应层次上的节点数目及相关属性。旭日图与树图法的不同之处在于，中间层次的节点可以被显示，因此容易分辨层次结构。此外，它的空间利用率比节点 - 链接法好，但弱于树图法。当树结构不平衡的时候（如某棵子树层次深），导致某一部分的扇形向外延伸很长，造成不合理的长宽比。

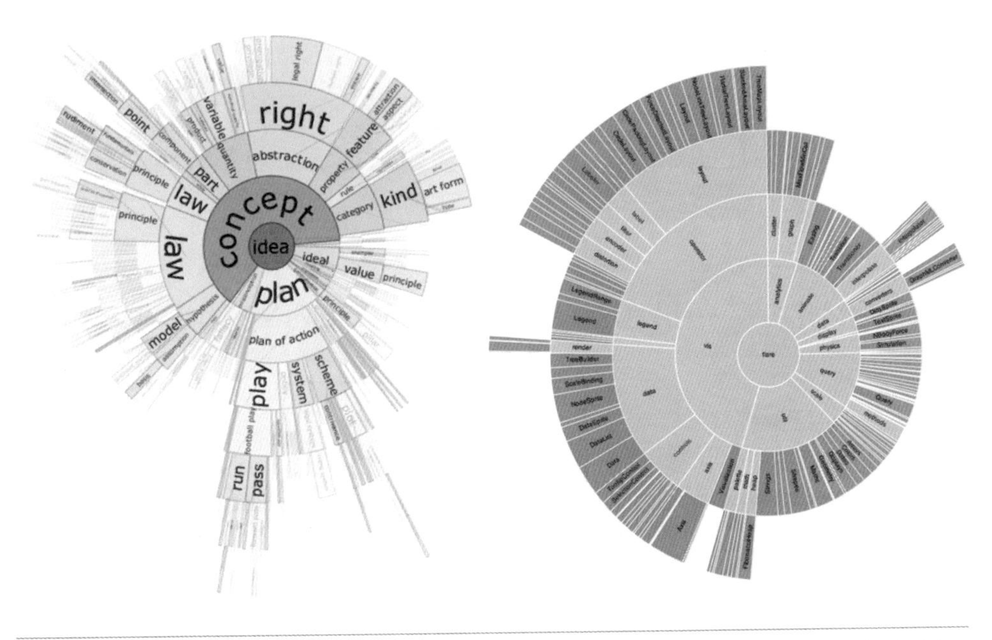

图 8.28 左：基于语言结构的文档内容可视化 [Chris20092]。此方法采用旭日图（Sunburst）对语言学数据库中人工生成的层次语言结构可视化。右：基于旭日图法的 Flare 软件包的子目录结构。图片来源：链接 8-17

8.1.4 其他方法

从上面的介绍可以看到，节点 - 链接法和空间填充法各有优缺点：节点 - 链接法能清晰、直观地显示层次结构，而空间填充法能有效地利用空间，从而支持大规模的层次数据。将两者组合，可结合双方的优势。例如，相邻层次图（Adjacency Diagram）是节点 - 链接法的空间填充变种：采用填充的区域（弧或柱状区域）表达节点，相邻节点之间的位置关系则编码了彼此之间的层次关系。这种方法的好处与空间填充法一致：表达节点的区域的长度或面积可以编码节点的其他属性（如尺寸大小），如图 8.29 所示。弹性层次法是另一种混合可视化方法 [Zhao2005]。如图 8.30 右图所示，除了在叶节点呈现数据细节外，中间层次的节点由树图法来表达。同样的混合方法也被用于扩展旭日图的可视化 [Bout2005]，如图 8.31 所示。

这种混合可视化方法必然带来不同可视化方式的优势，其缺点是产生的可视化结果相对复杂。

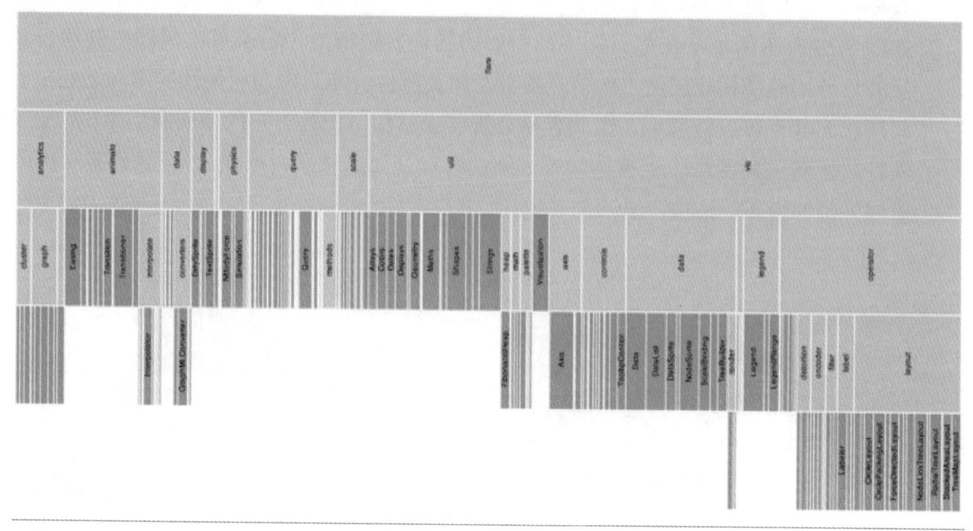

图 8.29 基于相邻层次图法的 Flare 软件包的子目录结构。图片来源：链接 8-18

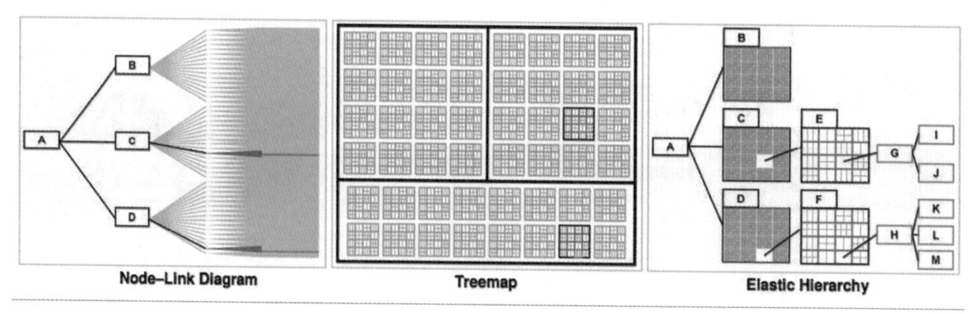

图 8.30 左：标准节点 - 链接法；中：标准树图法；右：弹性层次法 [Zhao2005]

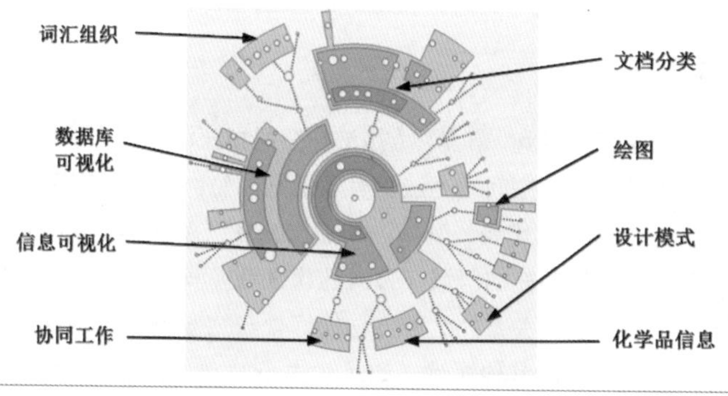

图 8.31 混合式旭日图法表达层次结构数据 [Bout2005]。

8.2 网络数据

8.2.1 网络和图

树型结构表达了层次结构关系，而不具备层次结构的关系数据，可统称为网络（Network）数据。与树型数据中明显的层次结构不同，网络数据并不具有自底向上或自顶向下的层次结构，表达的关系更加自由和复杂。网络通常用图（Graph）表示。图 $\boldsymbol{G}$ 由一个有穷顶点集合 $\boldsymbol{V}$ 和一个边集合 $\boldsymbol{E}$ 组成。为了与树型结构相区别，在图结构中，常将节点称为顶点，边是顶点的有序偶对，若两个顶点之间存在一条边，就表示这两个顶点具有相邻关系。其中，每条边 $e_{xy}=(x,y)$ 连接图 $\boldsymbol{G}$ 的两个顶点 x, y，例如：$\boldsymbol{V}=\{1,2,3,4\}$，$\boldsymbol{E}=\{(1,2),(1,3),(2,3),(3,4),(4,1)\}$。图是一种非线性结构，线性表和树都可以看成图的简化。

如果每条边都定义了权重，则称为加权图。如果图的每条边都有方向，则称为有向图，否则是无向图。若有向图中有 n 个顶点，则最多有 $n(n-1)$ 条弧，具有 $n(n-1)$ 条弧的有向图称为有向完全图。同样可以定义无向完全图。与顶点 v 相关的边的条数称作顶点 v 的度。如果平面上的图不包含交叉的边，则称图具有平面性。如果两个顶点之间存在一条连通的链接，则两者是连通的。若第一个顶点和最后一个顶点相同，则这条路径是一条回路。若路径中顶点没有重复出现，则称这条路径为简单路径。如果图中任意两个顶点之间都连通，则称该图为连通图；否则，将其中的极大连通子图称为连通分量。在有向图中，如果对于每一对顶点双向都存在路径，则称该图为强连通图；否则，将其中的极大连通子图称为强连通分量。连通的、不存在回路的图称为树（见图 8.32）。

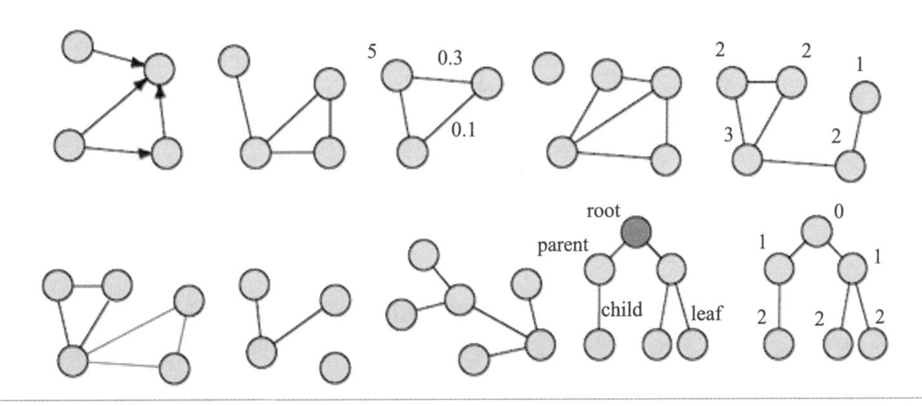

图 8.32 上行左起：有向图；无向图；加权图；不连通图；顶点的度；下行左起：回路；无回路图；连通无回路图；有根节点的层次树；节点深度。

现代人类社会和虚拟网络社会的方方面面都存在网络型数据：人与人之间的电话通信、邮件往来构成了通信网络；人人、推特、新浪微博等社交网站中的好友关系构成了社交网络；

多个学者或机构合作发表论文的关系构成了学术合作网络；人体内的基因与基因共同作用形成人的不同外观、性格，这种基因协作关系构成了生物基因网络；出租车的出发地与目的地构成了城市交通网络；证券市场中的股票买入卖出关系构成了金融交易网络词组网络；文本的单词与单词之间按照指定的关系构成了词组网 [Van2009]，如图 8.33 所示。对网络数据的可视化和分析可揭示数据背后所隐藏的模式，帮助把握整体状况，协助管理和决策。例如，微软亚洲研究院的学者们分析出租车 GPS 数据中蕴含的交通网络特性，实现了 T-Drive 系统 [Yuan2010]，可量身定做出行路线，规避拥堵路段，分析城市规划中的不合理地区。

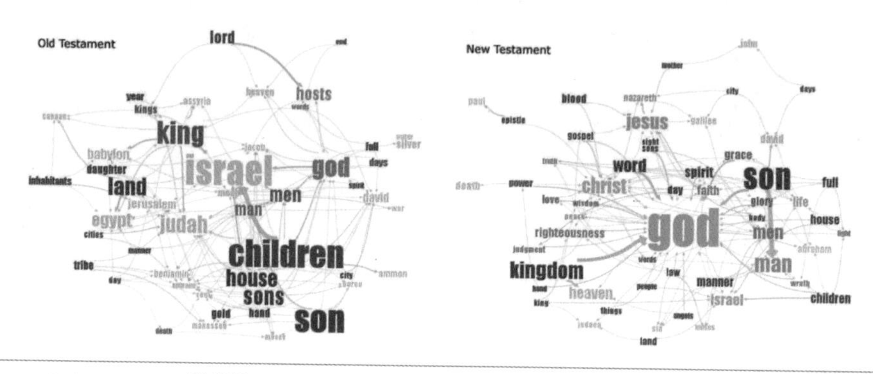

图 8.33 词组网可视化 [Van2009]。对《旧约》和《新约》使用相同的“Y 的 X”模式来构建词组网，israel 在《旧约》中占据中心位置，而 god 在《新约》中是主要的模式接受者。

8.2.2 网络数据可视化

图的绘制（Graph Drawing）是一个历史悠久的研究方向（链接 8-19）。它包括三个方面：网络布局、网络属性可视化和用户交互，其中布局确定图的结构关系，是最核心要素。本章主要关注网络数据的布局，最常用的布局方法有节点 - 链接法和相邻矩阵两类。两者之间没有绝对的优劣，在实际应用中针对不同的数据特征以及可视化需求选择不同的可视化表达方式，或采用混合表达方式。

8.2.2.1 节点 - 链接法

用节点表示对象，用线（或边）表示关系的节点 - 链接布局（Node-link）是最自然的可视化布局表达。它容易被用户理解、接受，帮助人们快速建立事物与事物之间的联系，显式地表达事物之间的关系，例如关系型数据库的模式表达、地铁线路图的表达，因而是网络数据可视化的首要选择。图的各种属性，例如方向性、连通性、平面性等，对网络数据的可视化布局算法产生影响。例如，不具有平面性的图包含交叉的边，大大增加了可视化的视觉复杂度。

节点 - 链接布局在实用性和美观性上首先要遵循的原则是尽量避免边交叉。其他可视化原则诸如：节点和边尽量均匀分布，边的长度与权重相关，可视化效果整体对称，网络中相似的子结构的可视化效果相似等。这些原则不仅保证了美观的可视化效果，还能减少对用户的误导。例如，直觉上人们认为两个点之间用较长的边连接，表示关系不紧密，而较短的边则意味着关系密切。

针对不同的数据特性，可采用不同的节点 - 链接布局法。对于仍保持一定内在层次结构的网络数据，可以用上节提到的树型布局算法稍做扩展得到回路图，如图 8.34 所示的 Sugiyama 层次布局；在地铁交通和电路设计中大量采用了正交的布局方式（即网格型布局），便于机器识别，尤其是在电路设计中有较强的可读性（见图 8.35）；为了产生与人类手工制作的质量相当的布局，出现了一种新的“以人为中心”的自动网络布局设计方法 HOLA[Kief2016]，布局效果如图 8.36 所示；对于具有多个属性的数据点之间的网络关系，可以用基于属性的布局（或基于语义的布局）。例如，PivotGraph[Watt2006] 采用网格型布局，以 x、y 两个方向代表两种属性，分别列出点在各个属性的分布情况以及属性之间的相互关系，表达了属性之间的相关性和数据的分布。三维地理信息环境中的网络比二维网络可视化增加了空间维度，舒缓了平面上的视觉混乱（见图 8.37），但会引发三维空间的视觉遮挡问题。

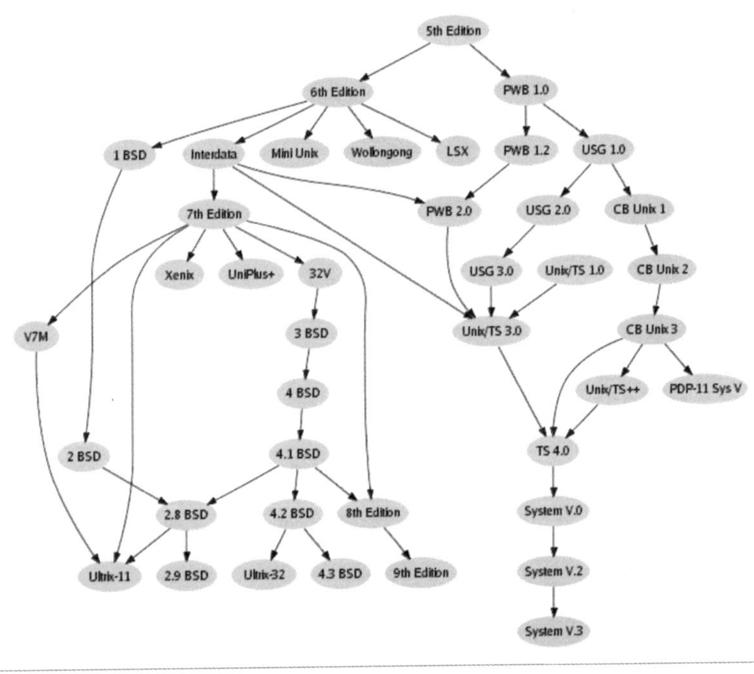

图 8.34 UNIX 家族可视化。Sugiyama 层次布局非常适合显示具有原生自顶向下顺序的图，图的“深度”映射到某一坐标轴上。

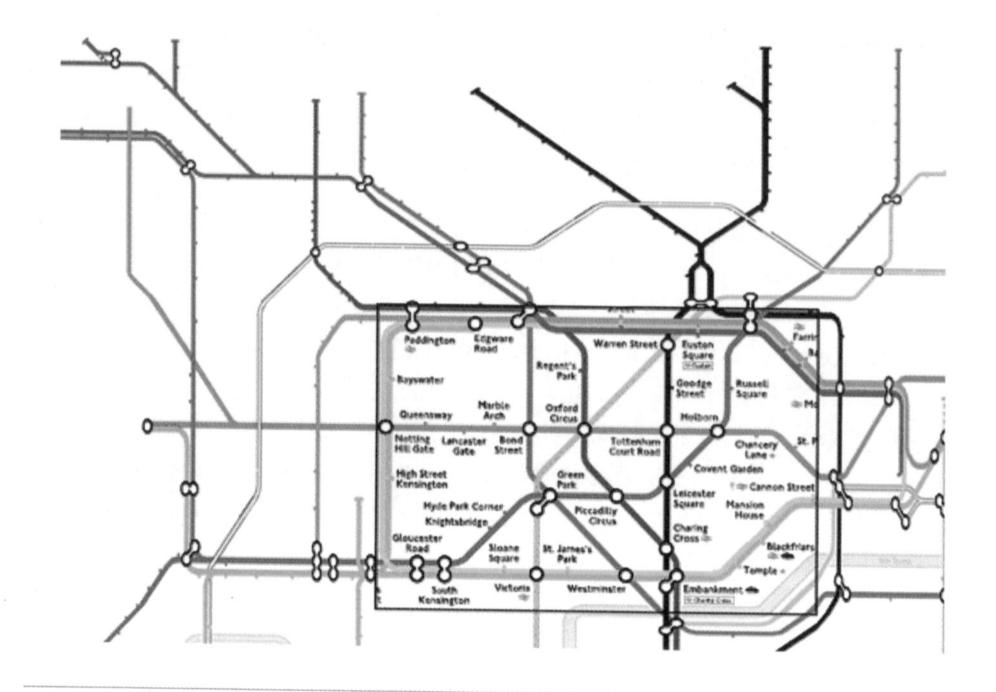

图 8.35 伦敦地铁图是可视化交通网络的经典可视化方法。

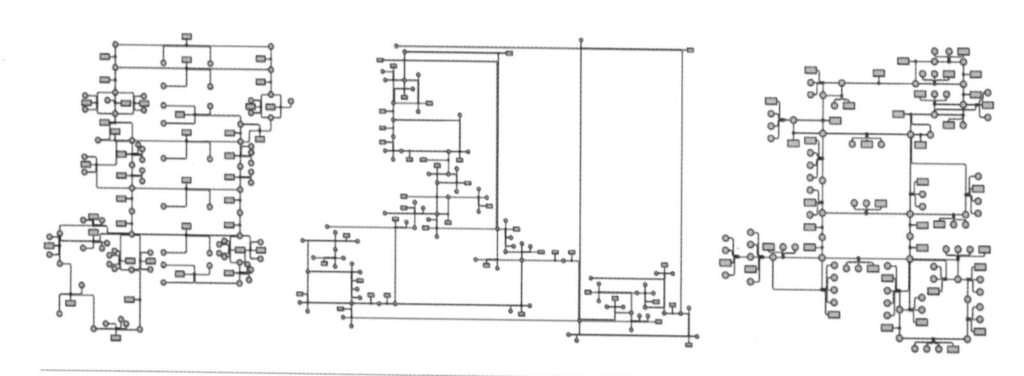

图 8.36 SBGN Glycolysis-Glygoneogensis 通路的人类手绘，yFiles 和 HOLA 布局可视化 [Kief2016]。由布局算法 yFiles 构建的布局和人类创作的布局有很大的差异，而由 HOLA 构建的布局与人类创作的布局相差不是很大。

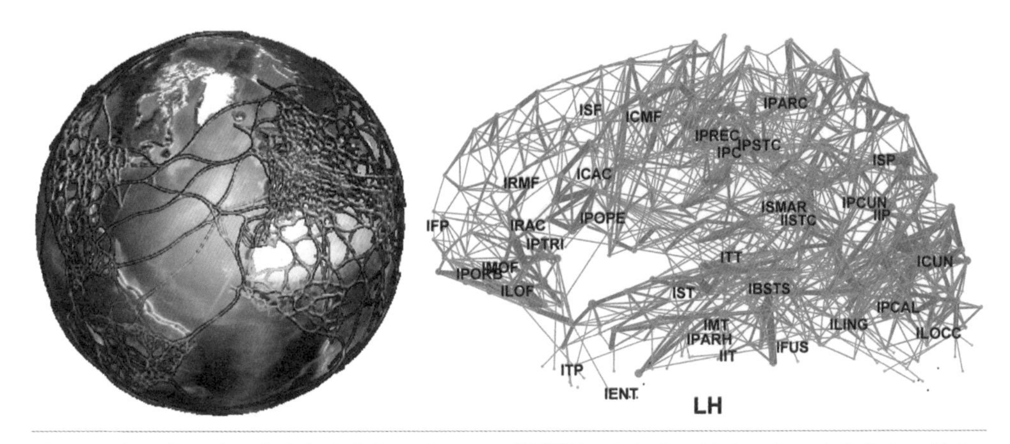

图 8.37 左：美国移民地图在地球表面的可视化 [Lamb2010]。此方法巧妙地融合了边聚类和三维光照技术，以减少大量边带来的视觉混乱。右：人脑不同功能区的三维空间网络连接图。节点（红色点）和英文字母标识了不同功能子区域的位置，红点的尺寸编码了节点的强度，边的粗细则编码了不同功能区的关联性 [Hagm2008]。

节点 - 链接布局方法主要有力引导布局（Force-directed Layout）和基于距离的多维尺度分析（MDS）布局方法两种。

力引导布局（Force-directed Layout）

力引导布局方法最早由 Peter Eades 在 1984 年的“启发式画图算法”一文中提出 [Peter1984]，目的是减少布局中边的交叉，尽量保持边的长度一致。此方法借用弹簧模型模拟布局过程：用弹簧模拟两个点之间的关系，受到弹力的作用后，过近的点会被弹开而过远的点被拉近；通过不断的迭代，整个布局达到动态平衡，趋于稳定。其后，“力引导”的概念被提出，演化成力引导布局算法 [Fruch1991]——丰富了两个点之间的物理模型，加入点之间的静电力，通过计算系统的总能量并使得能量最小化，从而达到布局的目的。这种改进的模型称为能量模型，可看成弹簧模型的一般化。

无论是弹簧模型还是能量模型，其算法的本质都是要解一个能量优化问题，区别在于优化函数的组成不同。优化对象包括引力和斥力部分，不同算法对引力和斥力的表达方式不同。

对于平面上的两个点 i 和 j，用 $d(i,j)$ 表示两个点的欧氏距离，$s(i,j)$ 表示弹簧的自然长度，k 是弹力系数，r 表示两点之间的静电力常数，w 是两点之间的权重。

弹簧模型 $$E_s = \sum_{i=1}^{n}\sum_{j=1}^{n}\frac{1}{2}k(d(i,j)-s(i,j))^2$$

能量模型 $E = E_s + \sum_{i=1}^{n}\sum_{j=1}^{n}\frac{rw_i w_j}{d(i,j)^2}$

在确定的初始条件下，通过反复迭代可达到整个模型的能量最小化。一般来说，整个算法的时间复杂度是 $O(n^3)$，迭代次数与步长有关，一般认为是 $O(n)$，每次迭代都要两两计算点之间的力和能量，复杂度是 $O(n^2)$。为了避免达到动态平衡后反复震荡，也可以在迭代后期将步长调整到一个比较小的值。初始位置可以任意选择，但是初始位置的选择可能会对结果产生较大的影响，合适的初始位置可以大大减少迭代次数。

力引导布局的伪代码

```
设置节点的初速度为 (0,0)
设置节点的初始位置为任意位置
DO
    总动能 E := 0 // 所有粒子的总动能为 0
    FOR 每个节点 i
        净力 f := (0,0)
        FOR 除该节点外的每个节点 j
            净力 f := 净力 f + 节点 j 对节点 i 的库仑力
        ENDFOR
        FOR 该节点上的每个弹簧 s
            净力 f:= 净力 f + 弹簧 s 对节点 i 的弹力
        ENDFOR

        // 如果没有阻尼衰减，整个系统将一直运动下去
        节点 i 的速度 := ( 节点 i 的速度 + 步长 * 净力 )* 阻尼
        节点 i 的位置 := 节点 i 的位置 + 步长 * 节点 i 速度
        总动能 := 总动能 + 节点 i 的质量 *( 节点 i 的速度 )^2
    ENDFOR
WHILE 两次循环总动能差 < 某阈值          // 即节点已经停止移动
```

力引导布局可广泛地应用于各类无方向图，很多可视化工具包都实现了这个算法，只要在调用工具包中的布局之前定义好点、边和权重，就能快速地实现一个力引导布局，如 Tulip（链接 8-20）、Prefuse（链接 8-21）、Gephi（链接 8-22）、Protovis（链接 8-23）。图 8.38 是应用 Protovis 实现力引导布局的一个实例，从图中可以看到点被很好地分散在整个界面上，而且点与点之间的距离可呈现他们的亲疏关系，可以大致看出一些群体关系。

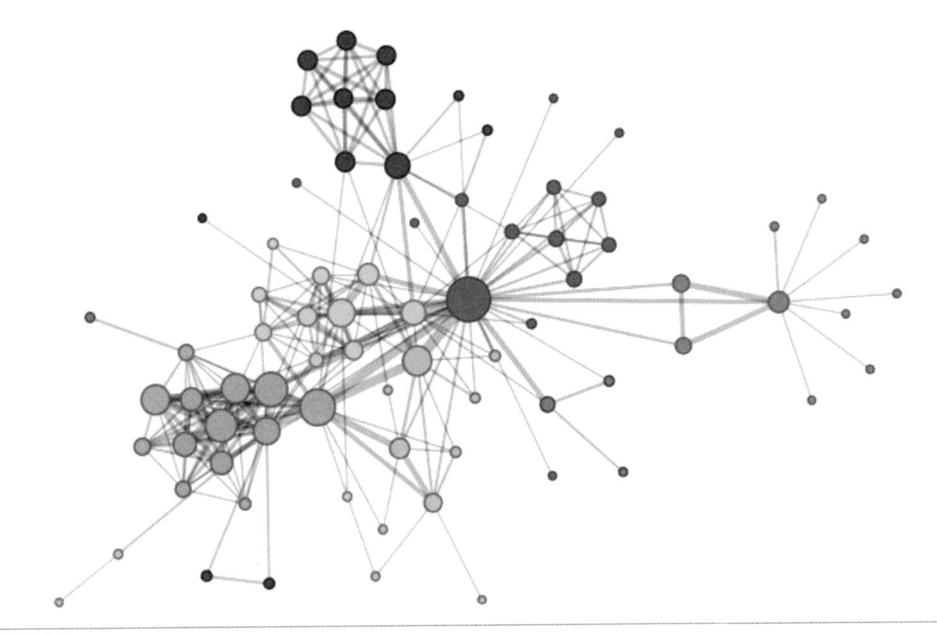

图 8.38 力引导布局算法实例。法国作家维克多·雨果的小说《悲惨世界》的人物图谱。节点颜色编码了通过子群划分算法计算的人物分类类别，边的粗细编码了两个节点代表的人物之间共同出现的频率。图片来源：链接 8-24

力引导布局易于理解、容易实现，可以用于大多数网络数据集，而且实现的效果具有较好的对称性和局部聚合性，因此比较美观。该算法交互性较好，用户可以在界面中看到整个逐渐趋于动态平衡的过程，使整个布局结果更加容易被接受。

然而，力引导布局只能达到局部优化，而不能达到全局优化，并且初始位置对最后优化结果的影响较大。这是因为局部优化只能保证小范围内的结果是最优的，却不能保证这个区域与另一个区域之间的结果也是最优的。试想在动作接龙游戏中一个人要学会上一个人的动作并把动作教给他的下一个人，相邻的两个人之间动作差异是非常小的，但是动作差异经过累积到最后一个人往往就面目全非了，而且最终动作改变之大是无法想象的。局部优化的问题也在于此，相连节点间的相对位置不能严格表达节点在高维空间中的位置，但是不相邻的节点作用力较弱，导致最终达到平衡的时候全局失控。一般的改进做法是在不同的初始条件下执行力引导布局，在不同的平衡状态中选择比较合适的优化结果。但是，反复的迭代尝试导致了较高的力引导布局的时间复杂度。

力引导布局的众多改进算法主要针对效率的优化，优化思路也大致分减少迭代次数和降低每次迭代的时间复杂度两种。例如，FADE 算法 [Aaron2001]，利用 Barnes-Hut 四叉树分解大大降低了计算任意两个点之间万有引力的复杂度，将 $O(n^2)$ 的迭代时间复杂度降低到 $O(n \log(n))$，是目前主流的力引导布局实现方法。论文 [Hach2005] 从理论上分析了 GRIP、

FMS、FM^3、GVA 等各类力引导算法与 ACE、HDE 两种非力引导算法的时间复杂度，并在基准测试程序上测试了多个不同规模的数据集，得到了算法的实际效率。

多维尺度分析布局（MDS Layout）

MDS 布局的出现正是为了弥补力引导布局的局限性。它针对高维数据，用降维方法将数据从高维空间降到低维空间，力求保持数据之间的相对位置不变，同时也保持布局效果的美观性。力引导布局方法的局部优化使得在局部点与点之间的距离能够比较忠实地表达内部关系，但却难以保持局部与局部之间的关系。相对地，MDS 是一种全局控制，目标是要保持整体的偏离最小，这使得 MDS 的输出结果更加符合原始数据的特性。

设 $V=\{1,2,3,\cdots,n\}$ 是高维空间的 n 个数据点，矩阵 $\boldsymbol{D}\in R^{n\times n}$ 是数据点两两之间相异性相邻矩阵，即矩阵 $\boldsymbol{D}$ 中的每个 d_{ij} 表达了第 i,j 两个点之间的相异性 $(i,j\in V)$，坐标矩阵 $\boldsymbol{X}=[x_1,x_2,x_3,\cdots,x_n]^{\mathrm{T}}\in R^{n\times d}$ 表示在低维空间（如二维空间）点的坐标 $(x_1,x_2,x_3,\cdots,x_n\in R^d)$。对于所有点 i,j 都有：$\|x_i-x_j\|\approx d_{ij}$。

求解上述问题有两种方法：一种是古典尺度分析方法，另一种就是基于距离的尺度分析方法。

- 古典尺度分析[Borg2005]基于矩阵近似和基本欧式几何理论，计算伪内积空间 B 与内积空间中点的相异性。这种借助内积空间迂回的求解方法大大增加了计算的空间复杂度和时间复杂度，对于数据规模的扩展有一定的局限性。而且求解过程有时会导致退化解，使输入不再对输出产生影响。
- 基于距离的尺度分析方法的思想是使两点的距离尽量等价地表达它们的相异性，也就是求解一个优化问题，使高维距离和相异性差的误差函数 Stress 最小：

$$\mathrm{Stress}(\boldsymbol{X})=\sum_{i,j}w_{ij}(d_{ij}-|\left|x_i-x_j\right||)^2$$

求解以上优化函数一般可采用梯度下降法，称为应力最大化[Gans2004]。

尺度分析方法在实际应用中产生一个问题：对于距离比较远的点，计算低维空间与高维空间的误差比较大，导致这个误差在优化问题中占主导，使距离近的点对的误差在优化中不起作用，结果使得点的布局能保持全局的轮廓，却丢失了细节。为了提升距离近的点对的权值，降低距离远的点对的权值，使它们在优化函数中占同样重要的作用，采用加权系数进行加权：$w_{ij}=d_{ij}^q$，在实际应用中一般 $q=-2$，使距离近的点对的权值升高。从图 8.39[Bran2009] 可以看出两种尺度方法的效果对比，以及 q 值对图可视化结果的细节保持产生的影响。

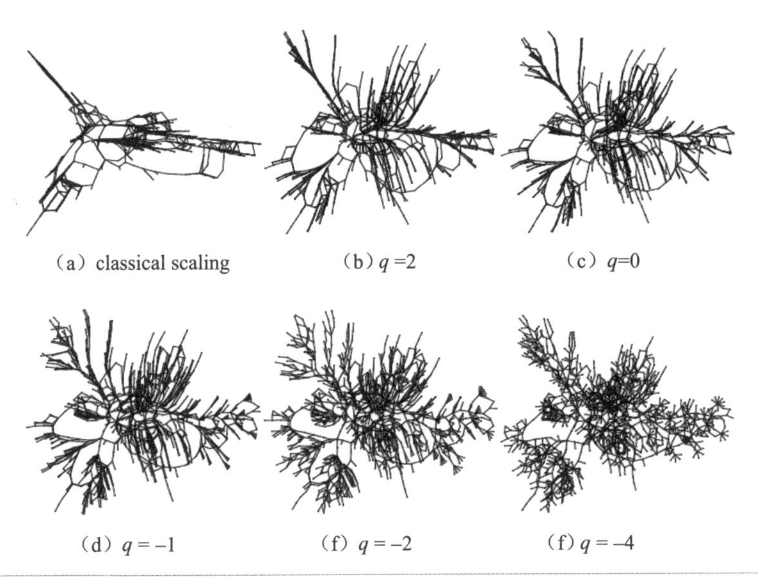

图 8.39 MDS 的两种实现算法以及 q 值对图产生的影响。（a）经典算法结果；（b）~（f）展现了不同参数下的加权 MDS 算法的效果 [Bran2009]。

从公式可以看出，算法的输入是两两点对之间相异性的相邻矩阵，即矩阵的行和列都是这些数据点，第 i 行第 j 列的数值表达第 i 个数据和第 j 个数据之间的相异性。因此该矩阵具有的基本性质就是：维度为 $N \times N$ 的矩阵；对称矩阵，即第 i 行第 j 列的值和第 j 行第 i 列的值相同；矩阵元素表达的是相异性，因此对角线的值为 0。

算法的另一个输入就是降维的维度，取决于可视化结果的呈现维度空间（一维、二维或三维），而输出是每个节点在低维空间的坐标。通过将 MDS 结果平移和缩放后（MDS 方法不具备旋转唯一性），就生成了最后的可视化结果。

MDS 布局因为能保持全局优化而保证了布局的质量，同时具有较好的可扩展性，能够处理节点和关系非常多的数据。由于实现过程涉及比较复杂的数据最优化问题的求解，一般设计人员不容易理解，这在一定程度上限制了 MDS 布局的广泛应用。有兴趣的读者可以参考 Java 语言的 MDS 库 MDSJ（链接 8-25）。

古典尺度分析因为其时间复杂度和空间复杂度较大而不能处理大数据图，pivot-MDS[Bran2006] 用基于采样的方法获得近似古典尺度分析的效果，不但能降低算法的复杂度，还能通过调整采样频率渐进式地细化布局的效果。

弧长链接图

节点 - 链接法的一个变种是弧长链接图（Arc Diagram）。它采用一维布局方式，即节点沿某个线性轴或环状排列，圆弧表达节点之间的链接关系，如图 8.40 所示。这种方法不能像二维布局那样表达图的全局结构，但在节点良好排序后可清晰地呈现环和桥的结构。对节点的排序优化问题又称为序列化（Serialization），在可视化、统计等领域有广泛的应用。图 8.41 展示了弧长链接图在数据新闻上的应用。

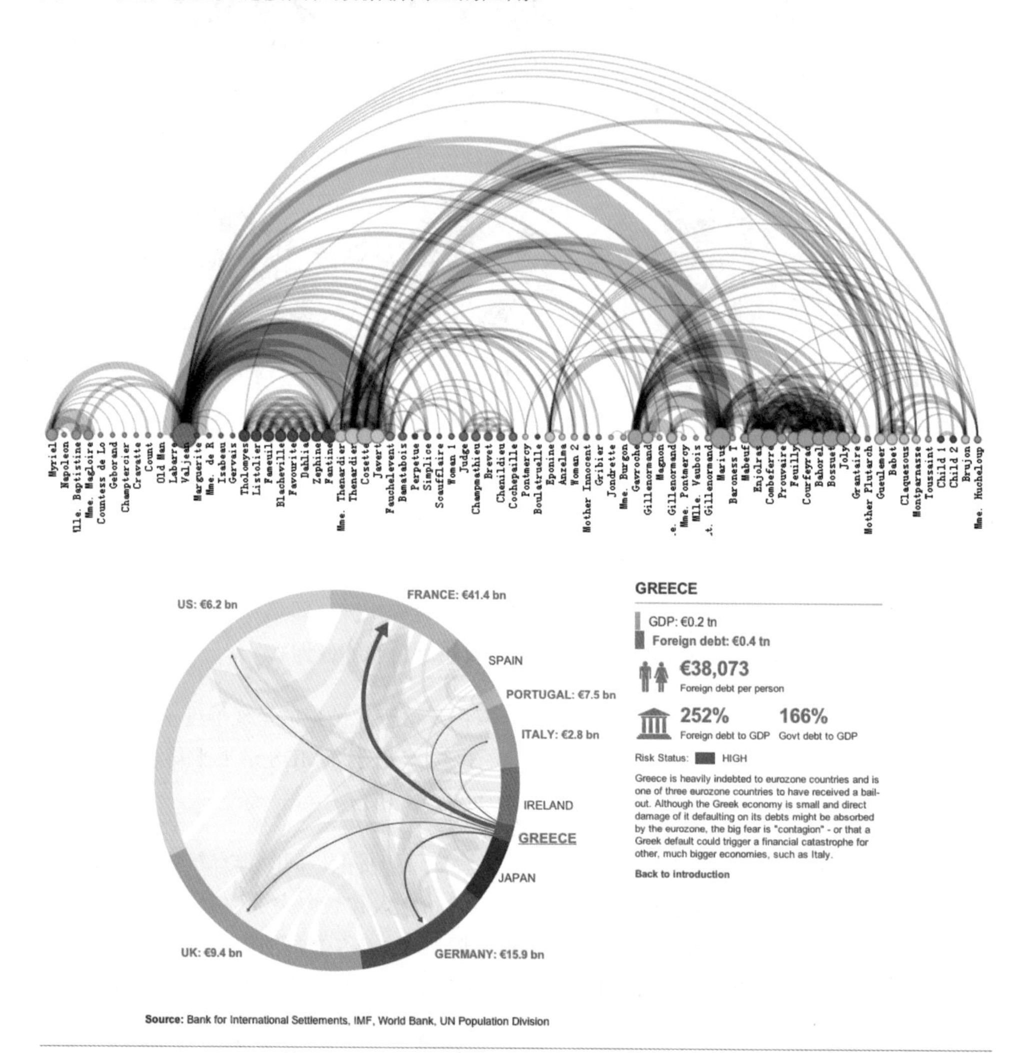

图 8.40 弧长链接图算法实例。上：法国作家维克多·雨果的小说《悲惨世界》的人物图谱。图片来源：链接 8-26；下：2011 年年末欧债危机时 BBC 新闻制作的各国之间错综复杂的借贷关系的可视化。各个国家被放置在圆环布局上，曲线的箭头表示两国之间的债务关系，箭头的粗细表示债务的多少，颜色标识了债务危机的严重程度，每个国家外债的数额决定了他们在圆环上所占的大小。由于债务关系太复杂，所以只有用户点击选中的国家的债务关系才被标注出来。欧洲最严重的是希腊，外债达到了国民生产总值的两倍。美国外债最多，主要的债权国是法国。图片来源：链接 8-27

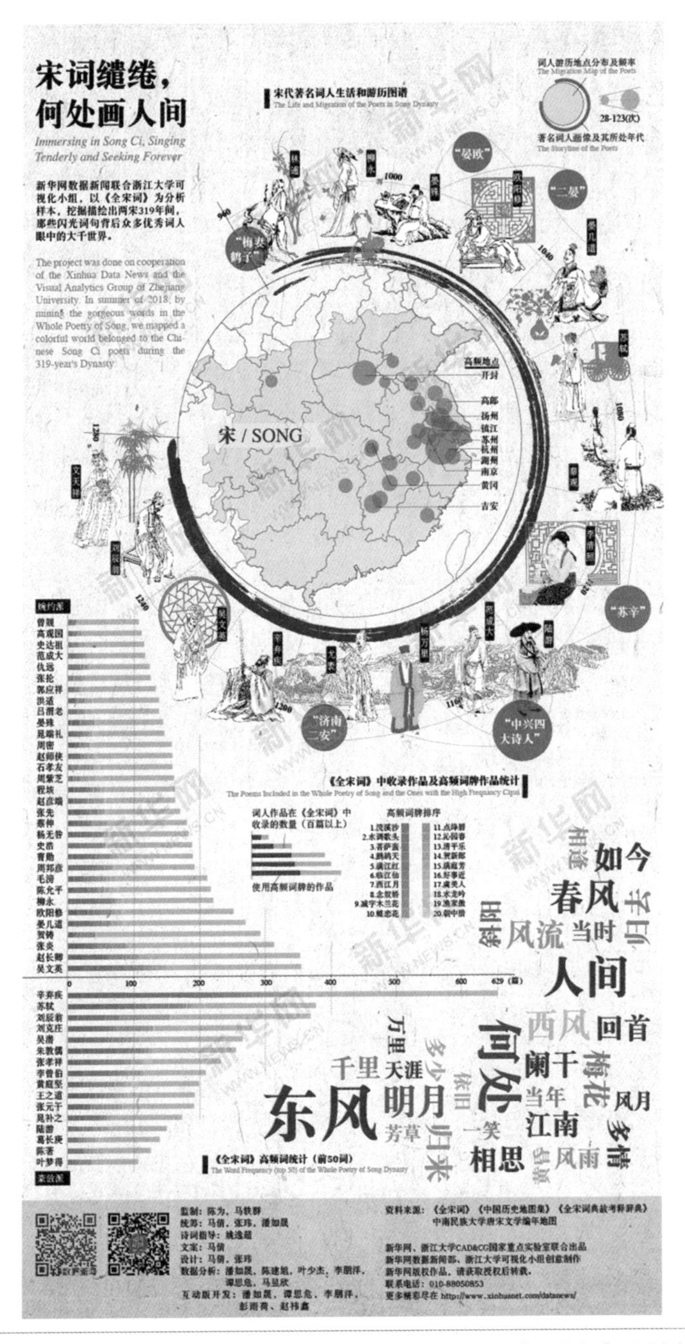

图 8.41 新华网数据新闻联合浙江大学可视化小组研究团队，以《全宋词》为样本，挖掘描绘出两宋 319 年间，那些闪光词句背后众多优秀词人眼中的大千世界。作品分析词作近 21000 首、词人近 1330 家、词牌近 1300 个。互动版链接（PC 端可进行更多交互）：链接 8-28，图文版链接：链接 8-29

8.2.2.2 相邻矩阵布局

相邻矩阵（Adjacency Matrix）指代表 N 个节点之间关系的 $N \times N$ 的矩阵，矩阵内的位置 (i, j) 表达了第 i 个节点和第 j 个节点之间的关系。对于无权重的关系网络，用零壹矩阵（Binary Matrix）来表达两个节点之间的关系是否存在；对于带权重的关系网络，相邻矩阵则可用 (i, j) 位置上的值代表其关系紧密程度；对于无向关系网络，相邻矩阵是一个对角线对称矩阵；对于有向关系网络，相邻矩阵不具对称性；相邻矩阵的对角线表达节点与自己的关系。

上节 MDS 布局中提到的相似性相邻矩阵 $\boldsymbol{D}$ 是相邻矩阵的一个实例。与节点 - 链接法相比，相邻矩阵能很好地表达一个两两关联的网络数据（即完全图），而节点 - 链接图不可避免地会造成极大的边交叉，造成视觉混乱；相反地，在边的规模较小的情况下，相邻矩阵不能呈现网络的拓扑结构，甚至不能直观地表达网络的中心和关系的传递性，而节点 - 链接图则可以很好地做到这点。

相邻矩阵的表达简单易用：可以用数值矩阵，也可以将数值映射到色彩空间表达。但是，从相邻矩阵中挖掘出隐藏的信息并不容易，需要结合人机交互。最关键的两种交互是排序和路径搜索，前者使具有相似模式的节点靠得更近，而后者则用于探索节点之间的传递关系。

为相邻矩阵排序的意义是凸显网络关系中存在的模式。类似于弧长链接图；这个问题也称为序列化问题。一个 $N \times N$ 的相邻矩阵共有 n！种排列方式，在这 n！种组合中找到使代价函数最小的排列方式称为最小化线性排列，是一个 N-P 难度的问题。在实际应用中，通常采用启发式算法，不求达到最优 [Muel2007]。

常规的排序方法依据网络数据的某一数值（矩阵值或节点的度）的大小执行。选择不同的排序项产生不同的矩阵排序结果，如图 8.42 所示。

在实际应用中，相邻矩阵往往是稀疏的，这是因为节点数目多时，并不是两两之间都存在关系，因此生成的都是稀疏矩阵。对稀疏矩阵排序，将非零元素尽可能排到主对角线附近，使得矩阵中的有效值尽量聚集在一起，造成主对角占优，可减少矩阵计算的开销，并展示网络结构中的规律，增强可视化结果的可读性。针对稀疏矩阵的排序算法主要有高维嵌入方法（High-dimensional Embedding）和最近邻旅行商问题估计方法（Nearest-neighbor TSP Approximation）[Elmq2008]。高维嵌入方法采用主元分析法（PCA）计算矩阵的若干个最大的特征值，继而用降维方法计算比原矩阵维度小很多的矩阵，得出重排结果。最近邻旅行商问题估计方法通过求解一个原始图数据中的旅行商问题解来找出重排顺序。其他针对稀疏矩阵的算法还有 RCM 算法 [Cuth1969]、King 算法 [Kin1970] 和 Sloan 算法 [Sloan1986] 等。

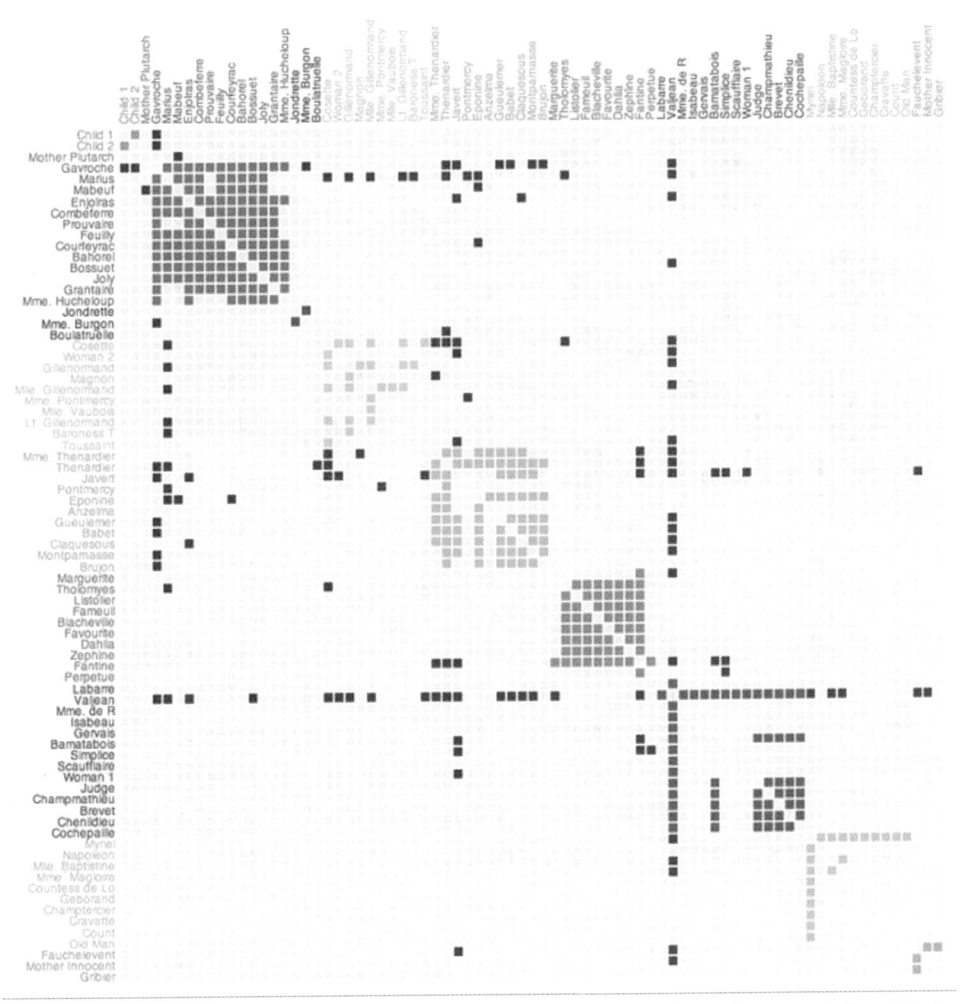

图 8.42 相邻矩阵法的排序实例。法国作家维克多·雨果的小说《悲惨世界》的人物图谱。图例中，采用子群聚类算法获得的人物分类结果对相邻矩阵的行和列进行排序。
图片来源：链接 8-30

相邻矩阵法可显著表达节点之间的直接关系，而对间接关系，也就是关系传递性的可视表达比较薄弱。为此，需要设计相邻矩阵的路径可视化算法，即可视地表达两个节点之间的最短路径。如果采用节点 - 链接法布局，由一个点出发循边找到另一个点以便计算两点之间的间接关系，在视觉上比较直观，对于规模不大的图可以轻松完成；在相邻矩阵上表达两个点的路径，需要考虑路径的布局和交叉处理等问题。在相邻矩阵路径的可视化的代表性工作 [Shen2007] 中，给定两个节点，用最短路径算法得到间接关系的传递过程节点，并在相邻矩阵上用折线段连成路径表达节点间的间接关系，如图 8.43 所示。对于边的交叉导致的视觉误导，可采用曲线、带边框直线、曲线表达交叉部分等方法纠正视觉误导。

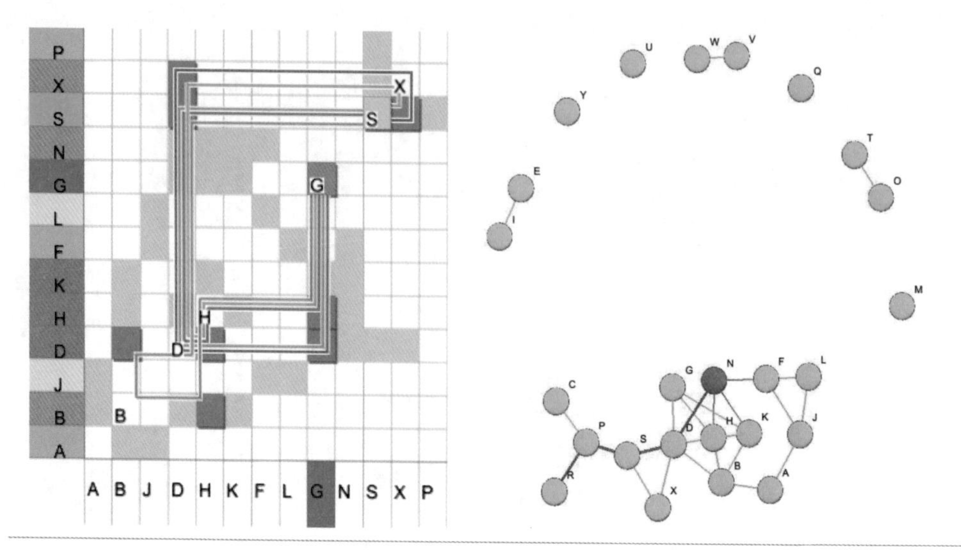

图 8.43 相邻矩阵路径的可视化 [Shen2007]。左：以相连正交的直线表达相连的节点；右：左相邻矩阵所表达的路径在节点 - 链接图中的表达。

与节点 - 链接法相比，相邻矩阵最大的好处是可以完全规避边的交叉，图 8.44 中的对比非常明显地展示了这一点。然而，相邻矩阵在关系的传递表达上不如节点 - 链接布局那么明显。即使可以设计关系传递性的表达方法，也只能表达较少的关系，否则会大大增加图的可识别度。而且一旦图的节点规模增加，相邻矩阵甚至不能在有限的分辨率下可视化所有节点。另外，尽管在相邻矩阵法中进行路径搜索比节点 - 链接法困难，但是相邻矩阵法也具有相当的优势，允许交互式的聚类和排序也使得相邻矩阵法适用于网络结构的深层次探索。

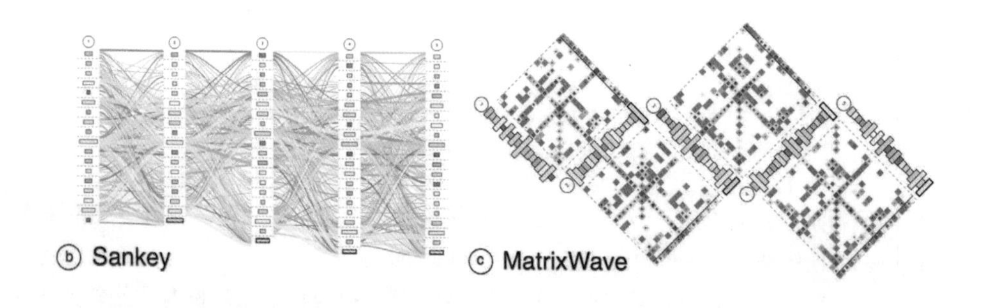

图 8.44 事件序列数据可视化效果对比图。左：桑基图（一种节点 - 链接图）存在严重的视觉遮挡问题；右：MatrixWave 可视化方法 [Zhao2015]，用矩阵来代替节点之间的关系，使之能够可视化更大更密集的事件序列数据，而且不存在视觉遮挡问题。

相邻矩阵的改进在于排序技术的改进，在显示上可以将用户关心的矩阵行列放大（类似于焦点 + 上下文方法）。此外，允许用户交互地选择、高亮和排序矩阵的部分行或列，也可以提升相邻矩阵法的表达力。

8.2.2.3 混合布局方法

节点 - 链接布局适用于节点规模大但边关系较为简单，并且能从布局中看出图的拓扑结构的网络数据；而相邻矩阵恰恰相反，适用于节点规模较小，但边关系复杂，甚至是两两节点之间都存在关系的数据。这两种数据的特点是用户选择布局的首要区分原则。对于部分稀疏部分稠密的数据，单独采用任何一种布局都不能很好地表达数据，可混合两者的布局设计。

一些人认为不同的布局各有所长，取长补短的混合布局永远是优于单一布局的选择，但实际上顾此失彼的例子常常见到。是否需要混合布局、如何设计混合布局必须经过仔细思考。

（1）是否一种布局已经足以表达数据的模式？无须为了混合而混合，为了花哨的可视化效果而混合。可视化是一个科学严谨的过程，如果增加布局并不能表达重要的额外信息特征，或者与另一种布局的可视化效果重叠，那么混合布局不是一个好的选择。

（2）多种布局如何混合成一种布局？简单的多种布局罗列称为仪表盘（Dashboard）或多视图模式，即将不同的布局结果放置于同一个页面，在视图之间实现可视交互的同步。根据可视化布局组合研究[Javed2012]，除并列式组合外还有载入式、嵌套式、主从式、结合式 4 种组合模式，对可视化布局更丰富的组合能大大提高可视化结果的分析效率。

混合布局介绍两个案例：MatrixExplorer[Henry2006] 和 NodeTrix[Nath2007]。其中，MatrixExplorer 方法用两个视图分别同步显示相邻矩阵和节点 - 链接布局，并采用优化的矩阵排序算法使矩阵在对角线位置呈现一个个的块状（见图 8.45 左图），从对应的右图可直观地看出点之间的连接性。这种方法的明显不足在于节点 - 链接布局整体看起来很乱，而且所谓的混合布局只是单纯地将两个视图并排在一起。

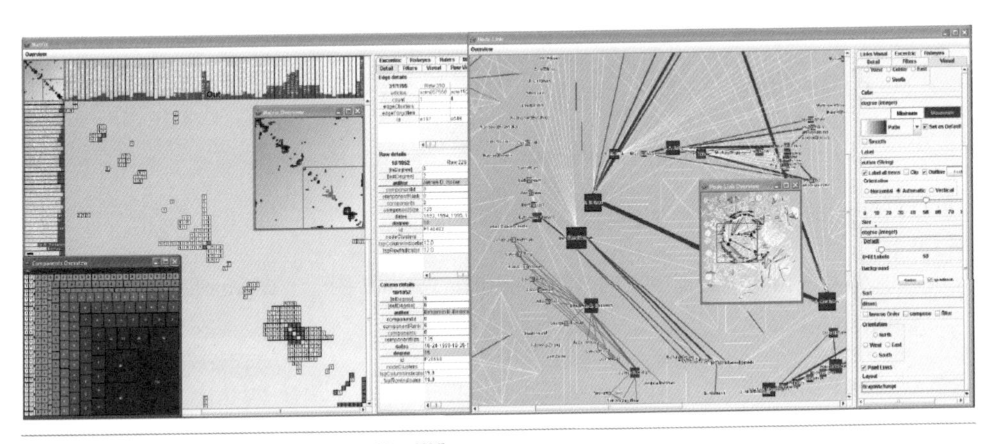

图 8.45 MatrixExplorer 方法示意图 [Henry2006]。

NodeTrix 方法 [Nath2007] 如图 8.46 所示，结合了节点 - 链接和相邻矩阵两种布局。此方法首先对网络数据进行聚类，同一类别的节点之间关系比较紧密，而类与类之间关系相对疏远，这就构成了使用混合布局的前提。类内部关系和跨类关系分别用相邻矩阵和节点 - 链接布局进行可视化。以这个方法为基础的交互可视化系统 NodeTrix 支持类的分裂和聚合，因此选择 Noack 的 Linlog 布局（也是一个能量模型的节点 - 链接布局算法，该布局可以快速地将不同的类区分开）作为初始布局，在交互上支持类的拖拽、合并和拆分。

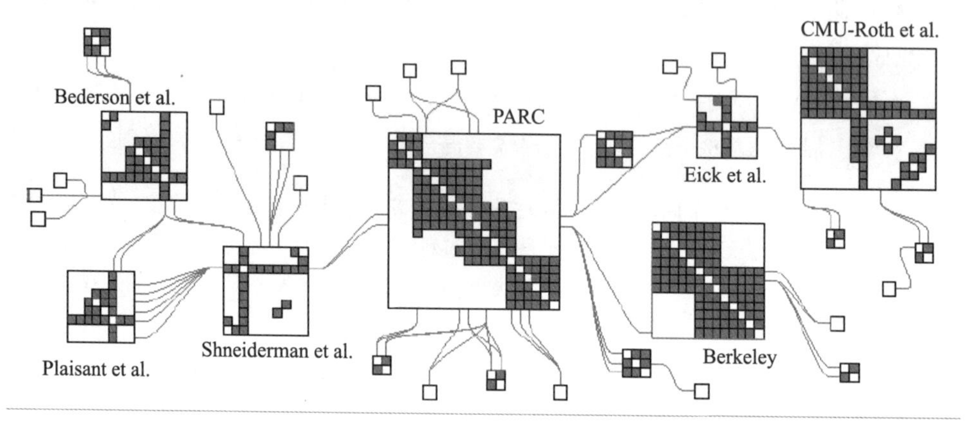

图 8.46 NodeTrix 方法示意图 [Nath2007]，呈现了信息可视化学术圈学者的合作关系。

8.2.3 网络数据的地图隐喻可视化

地图是人们最熟悉的图形形式，将数据以及数据的分类表示成地图的形式，可以让人们容易理解数据的集合关系。将网络图用地图形式表达的方法，称为 GMap[Gans2009]，如图 8.47 所示。简单地说，GMap 是一种用平面代表集合，平面划分代表数据聚类的“地图”可视化策略，地图上的国家、国家之间的关系作为可视化隐喻表达了数据的分类和类别之间的相邻度关系。

GMap 的实现分 4 步。

（1）将网络数据布置于二维空间。

（2）用聚类分析的方法将网络图中的节点归类。

（3）根据各个类别中点的分类情况构造 Voronoi 图。一个 Voronoi 图代表地图的一个区域。

（4）给地图的每个 Voronoi 区域上色。

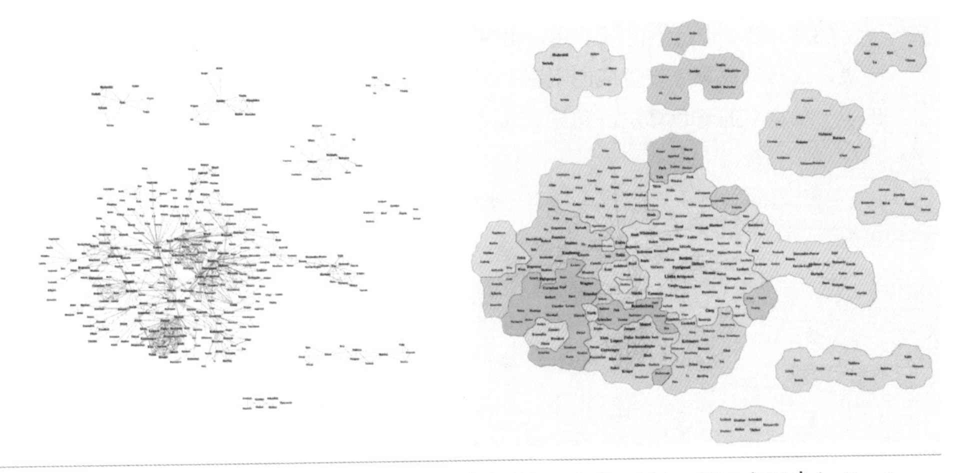

图 8.47 分别用节点 - 链接图（左图）和 GMap（右图）可视化 1994—2004 年间参加 Graph Drawing 会议的学者之间的合著关系。

每个 Voronoi 图代表一个点集集合，集合中的点集有这样的性质：***S*** 是欧氏空间的一个有限点集，对于欧氏空间里几乎所有的任意点 x，***S*** 中都有一个点距它最近。通俗地说，一个点集定义了该集合的“势力范围”，范围内的点离这个点集中的点距离比其他点集中的点要近，点集的集合对“势力范围”的划分就构成了一个由互相连通的不规则多边形所构成的图。而“势力范围”的划分原则可由用户定义，可以是欧式空间距离，也可以是一种关系距离。

在实际应用中，关系网络中的节点有可能（往往）具有高维属性，因此首先要通过降维方法将高维数据降成二维数据画在图上，常见的降维方法有 PCA、LLE、IsoMap、谱聚类，或是上面提到的力引导布局和多维标度布局方法。第 2 步的点聚类也就是为了“划分势力”，定义每个集合中的点。

算法前两步是可视化中常规的聚类处理，第 3 步是 GMap 的关键步骤。图 8.48 表示了第 3 步的主要流程。

（3.1）经过第 2 步，数据已经被分类。对每种分类的点构造 Voronoi 图，其结果可能是形式不美观的区域组合，不像真正的地图，如（a）。

（3.2）为使规则的 Voronoi 图形状自然美观，在 Voronoi 图外围随机放置一组假想点，用来控制 Voronoi 图的形状，使之看上去更像真的地图中的区域，如（b）。

（3.3）对每个 Voronoi 区域设置大小不一的标签，其尺寸与区域的重要性成正比。为了保证标签大小的统一，在每个标签的外框周围随机放置一组假想点，这样构造的 Voronoi 图能呈现自然美观的地图区域效果，如（c）。

(3.4) 第4步是给区域上色。由第2步聚类分析结果得到的点集在空间上可能并连成一块，这样造成第3步生成的国家七零八落，着色问题比实际的地图要复杂得多。论文提出了一种贪婪的着色算法，详见 [Gans2009]。

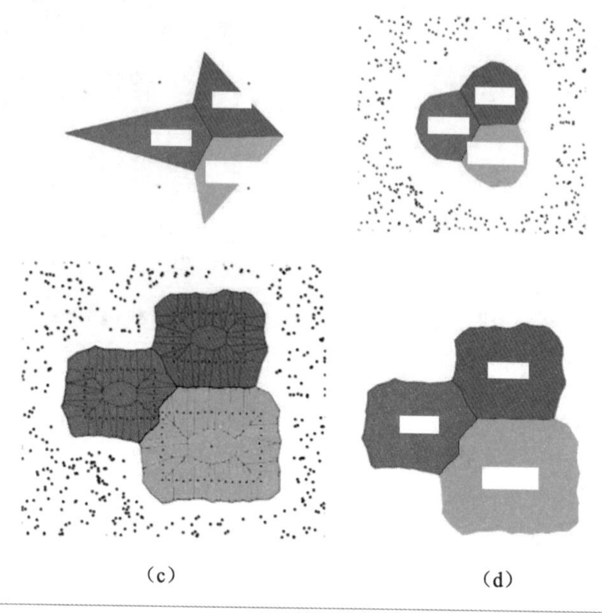

（c） （d）

图 8.48 GMap 算法示意图 [Gans2009]。

也许有人会提出这样的疑问：用“划分势力”的方法严格划分一个平面有什么意义？与一般的画一个圈表示一个集合有什么区别？对于一个数据规模较大的全连通图来说，将所有的点各自归类并表示出来可能会导致很大的视觉混淆，代表集合的圈与圈之间可能会造成重合等问题。而 GMap 保证了图的平面性，减轻了视觉负担。

GMap 由于其与地图的相似性受到了广泛的接受，人们用它来表达事物与事物、类与类之间的抽象关系，使可视化结果非常生动有趣。在 GMap 中聚类标准的选择决定了可视化结果的导向性。以公司业务为例，一个业务领域广泛的公司会成为以专注单一子业务的一群公司的中心点，这样的 GMap 就表达了公司之间的业务竞争关系。但是 GMap 不适用于带地理信息的数据，因为它会误导用户错误地混淆抽象的位置信息与实际位置信息。后续的改进工作将静态的 GMap 方法扩展到动态数据 [Mash2011]。这种方法固定节点，并根据点的权重变化（也就是势力范围的扩大和缩小）动态展示 GMap 的变化情况。此方法避免了动态数据重新采样造成的耗时，以及数据位置剧烈变化给读者带来的视觉混淆。

8.2.4 超图及其可视化

8.2.4.1 超图的定义

超图（Hypergraph）起源于离散数学中的集簇，即集合的集合。关于把集簇中的每个集合看作“广义的边”，把集簇本身看成“超图”的思想，起初是为了推广图论中一些经典的结果，后来人们注意到这种推广往往会带来不少便利。普通图用连接两个点的边的集合表示，而超图的一条超边连着不确定数目的点，一个、两个、三个或者更多，可以表示所有相连的点的共同关系。与传统概念上的图相比，超图更加关注关系而非节点。从数学表达上看，令超图 $\boldsymbol{H}=(\boldsymbol{X},\boldsymbol{E})$，$\boldsymbol{X}=\{x_m \mid m\in \boldsymbol{M}\}$，$\boldsymbol{E}=\{e_i \mid i\in \boldsymbol{I}, e_i\boldsymbol{E}\}$，$e_i=\{x_{k_1},x_{k_2},\cdots,x_{k_n}\}$，其中 $\boldsymbol{X}$ 是一个有限的点集合，超边 e 是 $\boldsymbol{X}$ 的子集合，超边集合 $\boldsymbol{E}$ 是 $\boldsymbol{X}$ 的子集合族，m 和 i 分别是点和超边的下标，$k_1,\cdots,k_n\in \boldsymbol{M}$ 是该超边所包围的点。如果一个超图的任何两条超边都互不包含，那么称这个超图为不可约超图，或者简单超图。简而言之，超图的超边是不固定数目点的集合，超图是点的集合的子集系统，超图的这种特性使它成为多元关系数据的一种形象直观的数学表达。

超图有圈、交闭半格、平面支持、偏序 [Wang2006] 等众多的性质，其中平面支撑（Planar Support）[Bran2010] 是一个比较重要的概念，在超图可视化算法中多次得到应用。将超图中每个顶点唯一对应另一个图的某个顶点，并使每个超边包含的顶点构成图中的一个连通子图。如果该图具有平面性（即不出现边交叉的情况），它就是该超图的一个平面支撑。

超图在信息科学的许多领域都得到了广泛应用。特别地，在物联网、社交网络、大规模集成设计、关系型数据库、生物医学以及众多的其他应用领域中，大量的数据对象都不是独立存在的，它们之间存在着复杂多样的关联。以往的信息可视化和可视分析技术主要针对数据对象之间简单的二元关系信息进行分析，然而越来越多的研究发现多元关系能更自然地表达信息中隐藏的内在联系和模式。例如，生物医学领域中生物实体（基因、蛋白质、疾病、药物、化学物质）之间的二元关系（基因 - 基因、基因 - 蛋白质、蛋白质 - 蛋白质）很多都是从其所在的上下文环境中识别出来的，如“基因 A 激活了蛋白质 B”是从“基因 A 激活了在化学物质 E 的影响下器官 D 中疾病 C 的蛋白质 B”的上下文环境中识别出来的。这样的上下文环境用简单的二元关系显然表达不了所有的信息，却能用多元关系来精确地描述。

超图除了可以直接表示多元关系，还能从集合的子系统这个概念引申出聚类的概念，一个子系统是一些数据的聚类。因此，超图也可用来做图的分割，如基于超图的复杂网络结构的聚类分割方法 [Qian2009]，再用超图分割方法对所有的联系人进行聚类，用不同颜色代表不同的聚类。

8.2.4.2 超图的可视化

超图并没有一种标准的画法，在不同的领域有不同的表示。特别是超边的可视化方法各异，如斯坦纳树、平面中的闭曲线、细分面片以及节点等。一般数学研究和工业应用中常见的是文氏图法、海塞图法、细分法以及正交法。

- 图 8.49（a）是超图 {12, 123, 24, 3456} 的文氏图表达[Bert2000]，它是一种基于集合的表示方法：将超图中的超边表示成带颜色的简单闭曲线或封闭区域。文氏图的优点是表达清晰直观，缺点是超边之间会产生重叠，表达的效果随着顶点和超边规模的增加急剧下降。文氏图的封闭区域可以采用不同的表达方法，其中，采用 BubbleSet（隐式曲面）技术形成的半透明彩色泡泡[Chris20091]，见图 8.49（b），可生动地表达节点之间的集合关系。
- 图 8.49（c）是超图 {12, 123, 24, 3456} 的斯坦纳树画法，每一条超边都表示成一棵斯坦纳树。这种表示方法的优点是经济节约，用最少的连线就可以表达超图；缺点是不够直观，不易识别，且求斯坦纳树是一个 N-P 难度问题，只有一些启发式算法存在。
- 图 8.49（d）是超图 {12, 123, 24, 3456} 的 Zykov 表示法，该方法将超图的顶点表示成节点，超边表示成一个曲面片。为了区分这些曲面片，会在图中将不表示超边的曲面片加上一种背景颜色。这种表达的优点是非常直观，且能在一定程度上应对顶点重复的情况；缺点是表达的规模有限，超边和顶点的数目不能太多。
- 超图的正交法[Sand2003]是工业界比较常见的画法，尤其在大规模集成电路设计中。与一般节点 - 链接布局中用直线或平滑曲线表达关系不同，正交法的边允许垂直弯曲，所有边只能沿 x 或 y 两个方向弯曲，这种设计思路与集成电路中的电路走向一致，可读性并不好，但是能最大程度地将超边分布在整个布局上，如图 8.49（e）所示。
- 图 8.49（f）显示的是二分图画法：将顶点和超边均表示成节点，平行放置，在两个部分之间根据超边和顶点的包含关系连线。这种方法简单明了，布局简单，且适应的规模适中；缺点是不够直观，需要通过连线来找顶点和超边的对应关系。
- 在大规模集成设计中，如何设计布线保证不出现边交叉的情况，一直是科学家们研究的问题。超图的支撑是超图中节点构成的布局图，其中每一条超边对应节点布局图中的一个连通子图。如果这种图具有平面性，就称它是超图的一个平面支撑。超图的细分指将超图的每一个顶点唯一地对应于一个细分平面，使得每一条超边对应的细分平面是连通的。图 8.49（g）是超图 {1567, 1234, 136} 的平面支撑（图中的黑色点线图）和细分画法（图中带颜色的面片），其中平面 1 与平面 3、5、6 相连通，表达了节点 1 与节点 3、5、6 之间的超边关系。超图的细分画法与其表达的超图平面支持互为对偶图（将点与平面互设为对偶，两者的可视化表达对等）。不难看出，细分画法与上节提到的 GMap 的画法类似，都是用平面的连接性表达节点关系的方法。
- 超图的海塞图是对超图集合偏序中按传递关系约简的结果。首先对超图中的超边依次进行求交运算，若求得的交集在超边的集合中不存在，则将其扩充到超边的集合当中，更新超边集合，继续进行求交运算，直到从新得到的超边集合中任取两个元素，它们的交集仍属于这个集合。最后得到的超边集合称为超图的交闭半格，如图 8.49（h）所示。

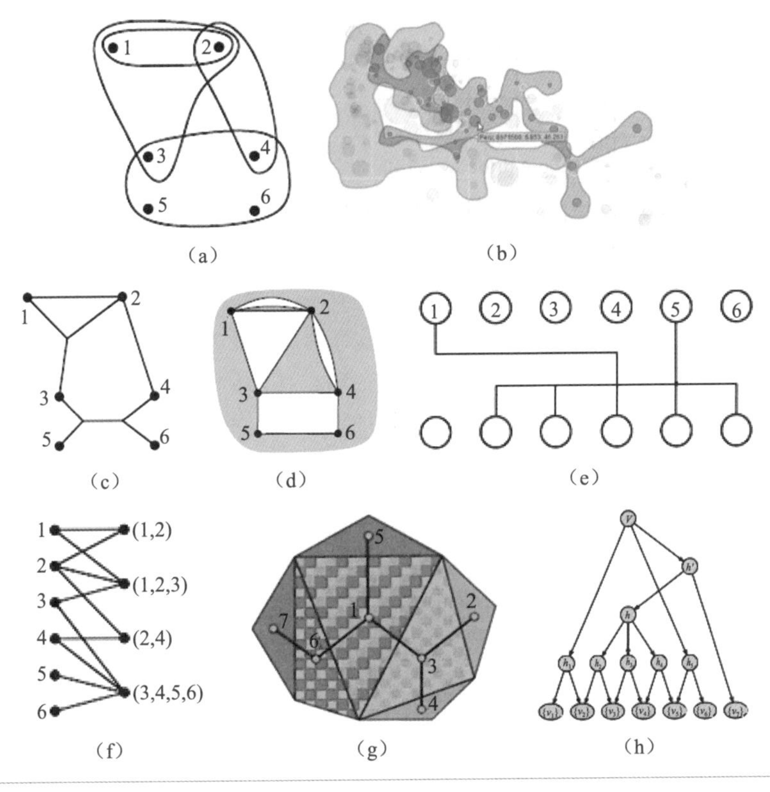

图 8.49 超图的可视化表达。从（a）到（h）：文氏图法；基于 BubbleSet 的文氏图可视化；斯坦纳树表示法；Zykov 表示法；超图的正交表达；二分图表示法；平面支撑和细分画法；超图的海塞图表达。

超图的可视化还停留在探索阶段。随着超图规模的增加，视觉复杂度高和易读性差的问题是面临的挑战。超图的应用领域广泛，如何赋予超图在应用领域的实际意义也是一个值得进一步研究的问题。无论是实体 - 关系数据的变换还是映射方式，或者是节点 - 超边的布局算法，抑或是超图的图简化算法和交互，以及超图数据的可视分析都是将来的超图研究方向。

8.2.5 动态网络数据可视化

动态网络数据是流数据的一种，其中“动态”一词可以理解为节点的增减、关系的增减、节点 / 关系权重的变化三种。由于动态数据可视化的数据不断更新的特点，动态数据可视化只能采用动态可视化的方法，这给可视化领域带来了一定的挑战，这是因为未知的新数据会给原来的可视化效果带来的影响是不可估计的。有些可视化方法对相同的数据重布局也会产生不同的效果，比如力引导布局在相同数据的相同初始条件下最终达到的平衡是不可预知的。

显然，由于观察者对可视化会产生视觉感知，并且认知结果会在脑中停留，此时如果完全对动态网络数据逐帧进行重新布局（即刷新可视化布局），则会导致视觉连续性的缺失，不仅没有利用用户对上一帧可视化的记忆，反而会使新布局与记忆布局产生冲突，大大降低了读图效率。因此，设计动态网络数据可视化的目标是尽量保持帧间连续性与一致性。

动态网络数据可视化的典型案例是力引导布局[Peter1984]。上文提到力引导布局对达到的平衡布局不可预知，但是可以想象，以原来布局的平衡位置作为节点的初始位置，在力引导布局中对节点或关系进行增减、权重改变的操作，布局的系统平衡被打破，节点位置重新开始迭代，最后达到一个新的平衡。而这样的过程并不会产生节点位置的突变，较好地保持了布局的连续性和一致性。上节提到的动态 GMap[Mash2011] 可视化方法是另一个适用于动态网络数据可视化的典型案例。另外，排除适用于动态网络数据的可视化方法，设计人员还可以用一些动画效果辅助动态网络数据可视化的更新，使帧之间的转换更加平滑。

最近二十年来，随着动态网络数据的大量产生，动态网络可视化研究也得到了长足的发展。研究人员设计了很多可视化方法，用于支持不同种类的探索任务。[Beck2014] 将动态网络数据可视化方法分为 Animation（Time-to-time）和 Timeline（Time-to-space）两类，在每一类下面又分出了详细的小类，如图 8.50 所示。

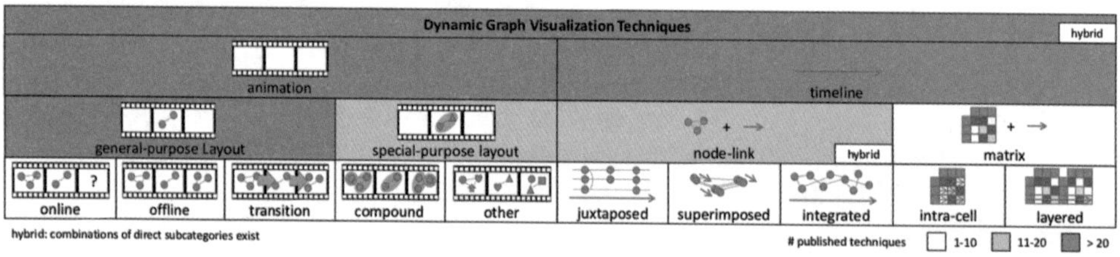

图 8.50 动态网络数据可视化分类[Beck2014]。

动画是一种直观的可视化技术，它主要基于点边图（Node Link Diagram）来表示。因此，这种技术所考虑的主要问题是，如何为每个时间步的图选择一个好的点布局（Node Layout）。根据图本身特性的不同，点布局算法又可以分为通用性算法和特殊算法。通用性算法[Frish08][Feng12][Goro12][Hurt13][Haya13][Bach14][Dang16] 可以处理所有类型的动态网络数据。这类算法所考虑的一个核心问题是如何保持思维导图（Mental Map）。也就是说，如何使得每个时间步的图有一个美观和容易理解的布局，同时相邻时间步的图布局又要尽可能相似，以方便用户追踪点的移动。特殊算法[Kumar06][Mash11][Hu12][Abel14] 往往针对特殊的数据，通常可以达到一些特殊的要求。比如有一类网络数据，其中节点之间不仅相互有联系，节点本身还存在一个层级组织关系。也就是说，有些节点被看作属于同一类。这类图数据称为组合图（Compound Graph）。在动态组合图的可视化中，一个重要需求是保证同一类的节点始终在一起，并且当时间切换时，同一类节点形成的闭包位置需要大致保持不变。有一些特殊的算法致力于解决这类问题，例如上节提到的动态 GMap[Mash2011]。

相比而言，时间轴技术不那么直观，但它更侧重于分析时变特性。它既可以使用点边图表示，也可以使用矩阵表示。使用点边图表示的技术 [Burch11][Shi11][Elzen14] 通常会将每个时间步的图重叠（Superimpose）或并列放置（Juxtapose）。也有不少技术会将点边图和时间轴进行更加紧密的结合（Integrate），这类技术给予用户很大的设计自由度，通常支持很高精度的时间展示，但是直观性可能有所不足。基于矩阵表示的时间轴技术 [Brand11][Bach14b]，其时间信息可以通过矩阵的重叠或并列放置进行表示，或者通过在矩阵的每个小格内嵌入时间轴来表示。这类方法直观性最差，其主要侧重于边模式的时序比较。

[Elzen2016] 提出了一种对动态网络进行二维投影的方法，可以将每个动态网络表示成一个静态的点边图，每个节点代表某个时刻的网络，边连接了相邻时刻的节点，可以有效地帮助用户发现稳定状态、重现状态、异常拓扑，以及分析网络状态之间的转移过程。如图 8.51 所示是一个人工生成的动态网络数据可视化效果图，从左图中我们可以看到有 4 个稳定态，颜色由浅到深编码了时间的推移，其中左侧由蓝色圆圈圈出的是反复出现的稳定态，可以看到它包含了多种不同颜色的节点。图（a）是将时间作为横轴的 PCA 投影，可以明显地看到 4 个不同的稳定态，并且最下方的稳定态重复出现了 3 次；图（b）是将左图中 PCA 投影替换成非线性投影的效果，可以看到不同的稳定态被很好地区分，但是稳定态之间的转移过程消失了。

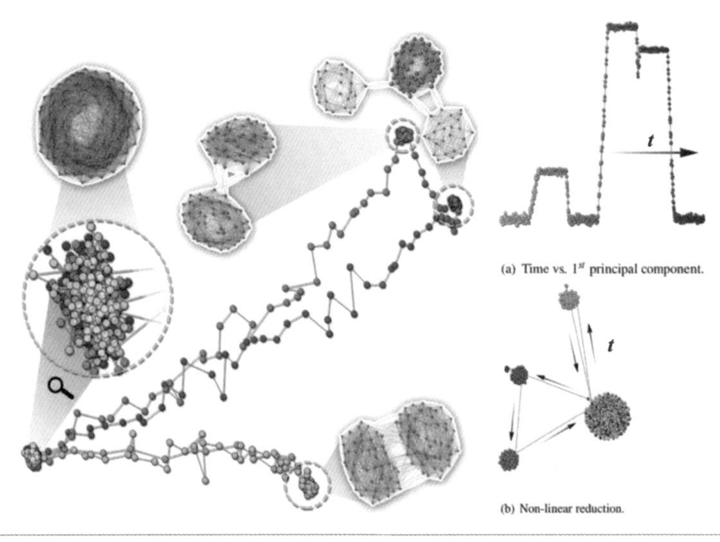

图 8.51 将动态网络进行二维投影的方法图示 [Elzen2016]。

除了上文中介绍的动画技术和时间轴技术，还可以通过将这两种技术结合起来对动态网络数据进行可视化。[Hadlak2011] 将小的原位可视化集成到更大的可视化中，通过这种方式，动画图也可以被嵌入时间轴中；[Rufi2013] 允许用户以交互方式将时间线表示的各部分聚合成动画。

8.2.6 图可视化的视觉效果

人类很早就意识到可以用圆圈表示节点、线段表示节点之间的连接关系这样的方式来对图进行可视化描述。图 8.52 所示的是现存世界上最早的星图：《敦煌星图》的一部分。早在中国唐代，人们就已经学会使用节点 - 链接图来对图进行可视化。这一方法的好处是简单直观，符合人类对客观世界的认知。

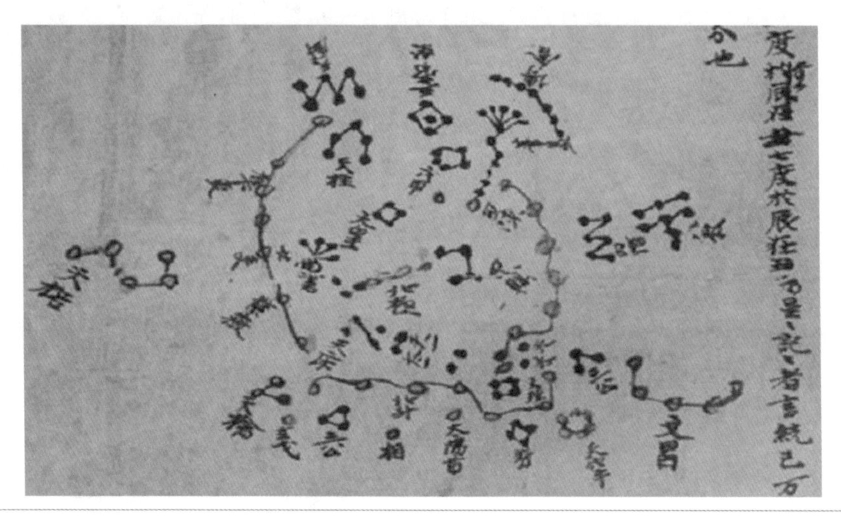

图 8.52 世界上最早的星图：《敦煌星图》（北斗星组群部分），绘于唐代。

随着网络数据规模的不断扩大，人们逐渐发现，在使用传统方法绘制的结果中，节点和边经常出现互相遮挡，形成极高的视觉混杂度（Visual Clutter），甚至会阻碍我们对真实数据的认知。因此，从 21 世纪初起，在信息可视化和图绘制两个科学研究领域，分别涌现出大量的成果来解决这些问题 [Ellis2007][Land2011]。这些研究工作大致可以分为两种基本思路：一种思路是根据信息可视化的信息分级（Level of Detail）原则，对大规模图进行层次化简化；另一种思路是在尽量不减少原图信息量（包括边和节点的数目）的前提下，对图进行基于骨架的聚类。无论采取哪种思路，其目的都是为了应对大规模图对有限可视化空间的挑战，降低网络数据可视化的视觉混杂度，挖掘和展示数据背后隐藏的信息。

本节将从这两种思路入手，分别介绍图可视化领域的最新技术。

8.2.6.1 图的拓扑简化

图的拓扑结构包括两个部分：节点和边。对应的，对图的拓扑进行简化也存在两种方法，即分别对节点和边进行层次化简化。下面分别介绍这两种方法。

对于一个节点数为 N 的无向图，在不允许两个节点之间存在重复边的情况下，最多可以拥有 $C_N^2 = \frac{N(N-1)}{2}$ 条边。对于某些 N 相对较小而边数较多的图，可以通过绘制其最小生成树的方式来对边进行简化。最小生成树的定义是：在一个具有多个顶点的连通图 $\boldsymbol{G}$ 中，如果它的一个连通子图 $\boldsymbol{G'}$ 包含 $\boldsymbol{G}$ 中所有的顶点和一部分边，且不形成回路，则称 $\boldsymbol{G'}$ 为图 $\boldsymbol{G}$ 的生成树，在所有 $\boldsymbol{G'}$ 中，代价最小的生成树则称为最小生成树。在信息可视化领域，这里的“代价”通常是指边的长度，而最小生成树则意味着边的总长度最短，占用像素最少的树。

图 8.53 展示了一个节点数为 10、边数为 21 的图和它的一棵最小生成树（用粗线表示）。在这个结果里，使用最小生成树展现了图的骨架特征，大大减少了绘制边的强度，这一优势在图的规模较大时更加明显（参见图 8.54）。产生最小生成树的算法有很多，比较著名的有反向删除算法（Reverse-delete Algorithm）和 Prim 算法（Prim's Algorithm）等。

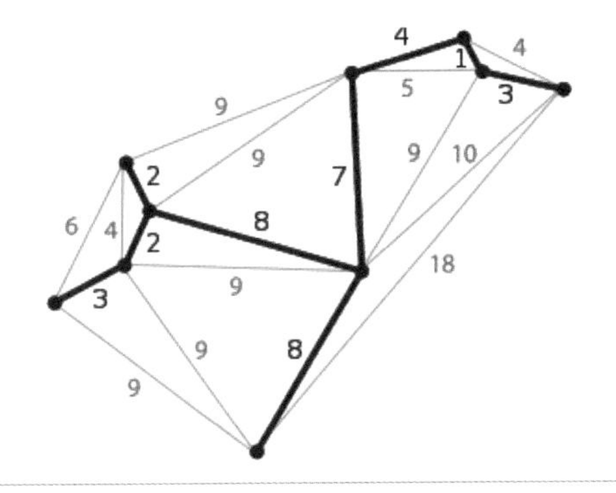

图 8.53 利用最小生成树表达图的骨架结构。

前面我们提到，图的简化算法除了对边的提取，另一种方法是将强连通的节点进行聚类，并把聚类后的节点集作为一个新的超级节点绘制到可视化结果中。这里一个关键的问题是，如何对节点进行合理的聚类，使得每个聚合成的类内部具有强连通特性，而类与类之间的连接则相对稀松。这一问题在复杂网络的数据挖掘领域被称作社区发现（Community Detection），有兴趣的读者可以参考综述文章 [Fort2010]。

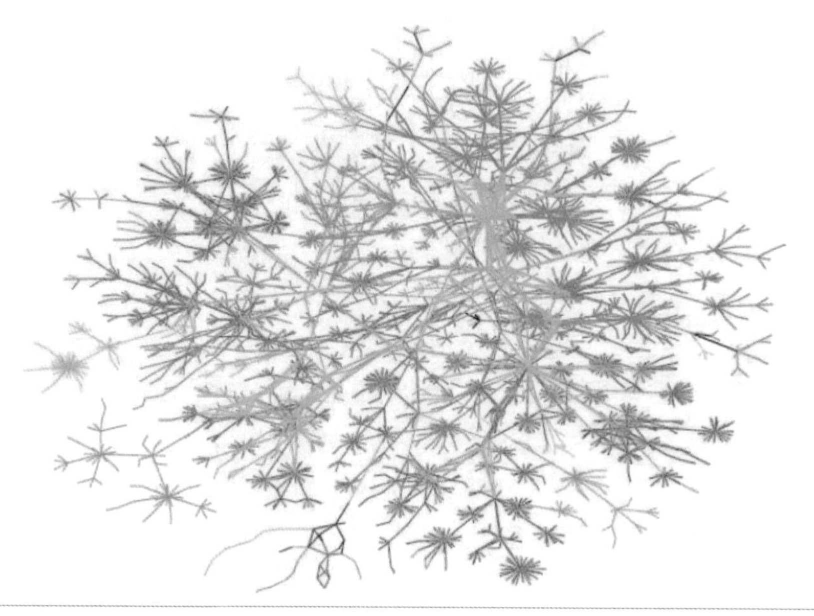

图 8.54 一棵节点数约为 3000 的互联网络的最小生成树 [Burch2005]。

图 8.55 是对一个节点数为 6128、边数高达 643 万的图的简化结果。简化之前的原图表述的是自然科学领域的 6128 种学术杂志的文章之间相互引用的关系。可以想象，如果把全部的节点和边绘制在下面一个小小的区域内，会是多么拥挤和杂乱。另一方面，即使我们有可能清晰地绘制出完整的网络，也无法指望读者从中寻找出更多规律来。然而，当我们使用社区发现算法对节点进行合理的聚类后，原有的 6000 多个节点被迅速缩小为 88 个超级节点，每个节点代表一个聚类，而节点的大小则被编码为聚类中原来节点的数目。聚类算法甚至可以给每一个类添加具有语义的学科标签（图 8.55 中的最大节点是分子生物学、药学和物理学）。

[Dun2013] 提出了一种图形简化法，这种方法把经常出现的具有代表性的点边模式表示成紧密的有意义的图形。使用简化图形代替这些点边子结构能极大地减少点、边数量，创建更有效的图可视化，对图布局计算和用户理解都非常有益。这里介绍 3 种图形简化设计，如图 8.56 所示。其中，扇形图标，表示包含一个头节点，以及它所连接的叶节点；*D*- 连接器图标，表示有 *D* 个节点，它们连接了一组关键节点；*D*- 团图标，表示在这个团中的任意一对节点之间至少有一条边相连。如图 8.57 所示是图形简化法的应用，右图是对节点数目为 513、边数为 586 的左图的简化结果；左图表述的是 Beth Foss 收集的 Lostpedia wiki 社区的二分网络，带有标签的方框显示的是维基页面，链接到代表其相关编辑的彩色光盘，光盘的颜色和大小是根据编辑在维基中活动的两个衡量标准来确定的。通过简化，网络结构更加易于理解，能揭示出隐藏的关系。

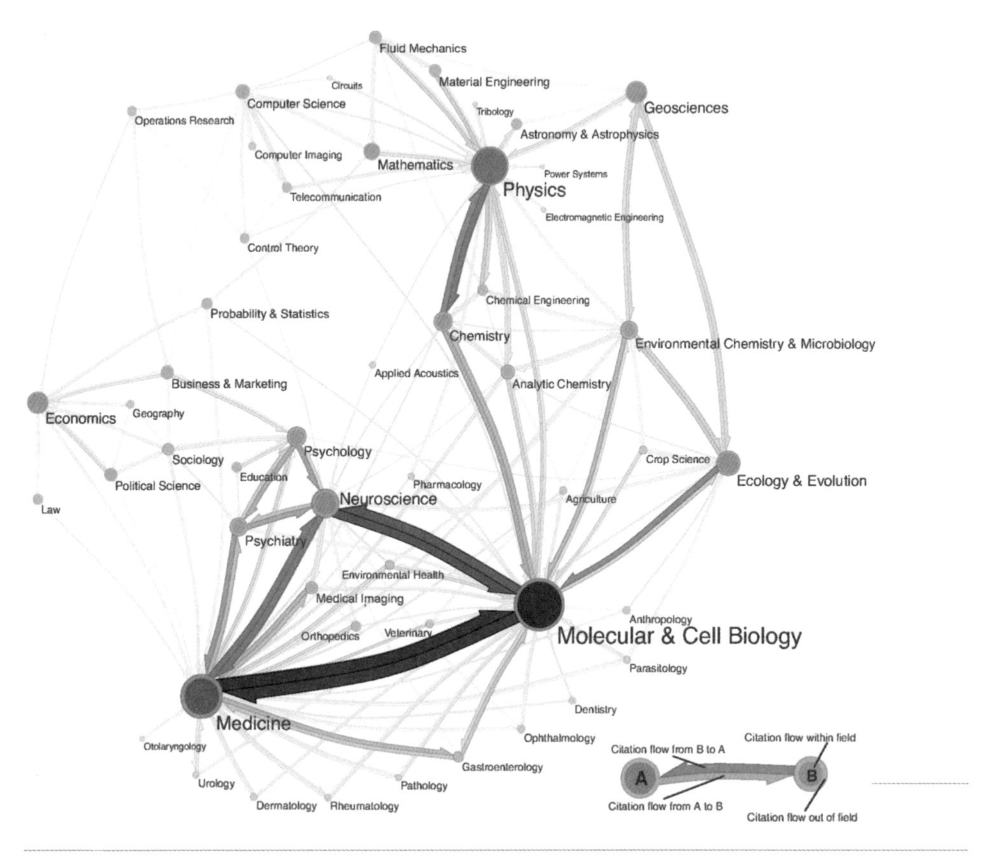

图 8.55 自然科学领域的 6128 种杂志互相引用的聚类可视化 [Ros2008]。

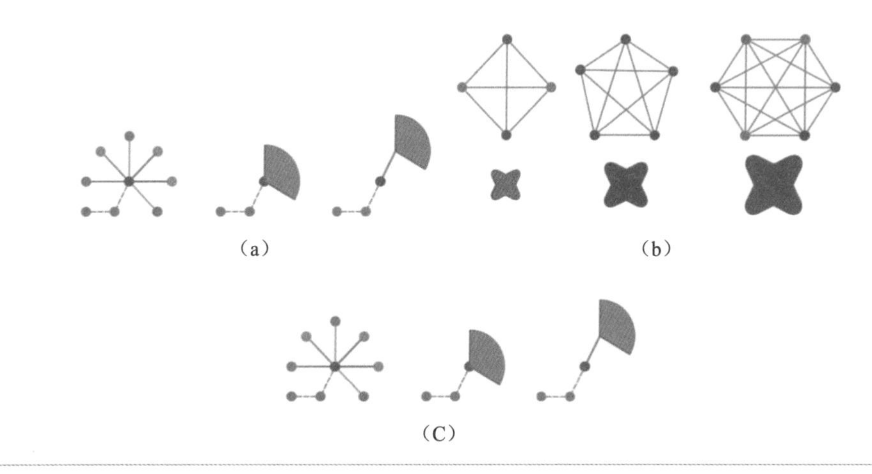

图 8.56 图形简化设计。(a) 扇形图标；(b) D- 连接器图标；(c) D- 团图标。用面积的大小表示节点数量 [Dun2013]。

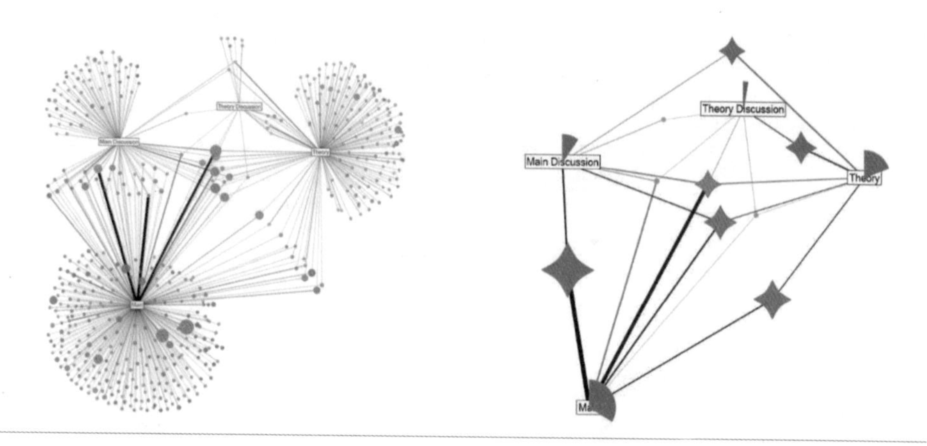

图 8.57 左：Lostpedia wiki 社区的二分网络；右：使用扇形图标和连接器图标的简化版本 [Dun2013]。

8.2.6.2 图的边绑定

上一节介绍的大规模图的拓扑简化方法的优势在于在前端的数据处理阶段就减少图的复杂程度，使得在可视化阶段可以直接绘制简化后的图。它的副作用是不可避免地带来信息的丢失；在获得更高层次数据抽象结果的同时，丢失细节信息。

为解决这一问题，近年来一种被称为边绑定（Edge Bundling）的技术开始被学术界提出并得到广泛认可。所谓边绑定，是针对节点 - 链接图中关系过多造成的边互相交错、重叠，难以看清的问题而设计的一类可视化压缩算法，其核心思想就是在保持信息量（即不减少边和节点总数）的情况下，将图上互相靠近的边捆绑成束，从而达到去繁就简的效果。图 8.58 是使用边绑定技术对一个软件中各模块之间的调用关系图进行处理的结果。其中，左图是处理之前的效果，这里边的颜色代表了其方向，红色为两个软件模块中被调用的一方。可以看到，绑定后由于相似形状的连接线集中在一起构成线束，使得视觉复杂度大大降低，从而使节点间的连接关系也显得更加清楚明了。

边绑定通过重新排列边的路径，将地理上或者语义上相近的边捆绑在一起来降低图中的视觉混乱，相关的研究有 [Holt2006][Cui2008][Holt2009][Gans2011][Ersoy2011][Sela2011][Luo2012][Peng20122][Bach2017]。 边绑定可以被看作是沿着若干特定的方向对边进行捆绑，从而减少边之间的交叉，凸显网络拓扑结构的方法。这样的方式能够大大地提高图中点之间关系的可读性。那么，这种技术是怎样实现的呢？

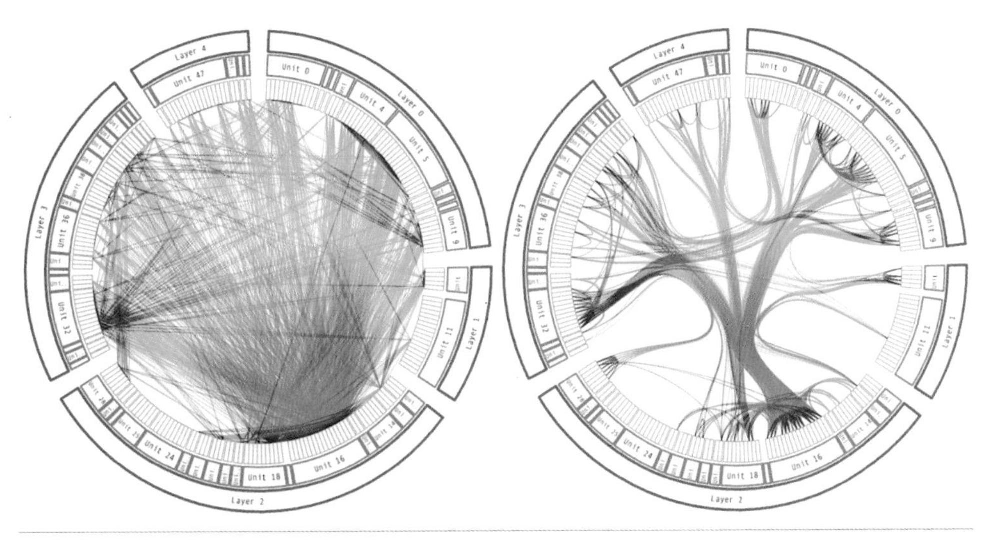

图 8.58 对层次化数据的边绑定效果图 [Holt2006]。

图 8.59 是边绑定技术的经典算法 HEB 示意图。图（a）是层次化数据的树状表示，其中蓝色直线是连接两个叶节点的一条边，这也是我们需要进行绑定的目标对象。在图(b)中，这条蓝色边的两个节点在层次树中分别向上遍历至一个最小公共祖先的路径，被用橙色编码，并且橙色路径经由的节点被加粗显示，成为重新绘制蓝色边的控制点。在此控制点的基础上，可以绘制出样条曲线，使蓝色曲线的走向往控制点靠拢。图（c）绘制了更多这样的蓝色曲线，可以看到，它们的起点和终点虽然都不相同，但由于在层次化结构中连接了相似模块，因而被控制点“拉伸绑定”，最终形成了图 8.59 所示的效果。

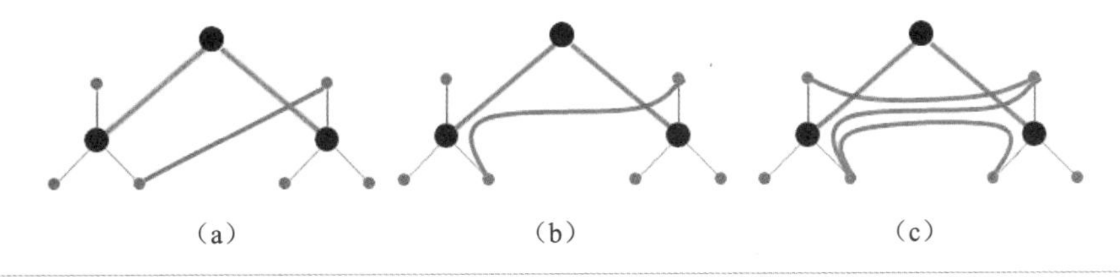

图 8.59 层次化数据的边绑定算法（HEB）示意图 [Holt2006]。

HEB 算法仅仅适用于具有层次化结构的图，更多的研究者开始关注如何对普通图的边进行绑定的技术。下面我们选择几个具有代表性的算法进行介绍。

基于几何的边绑定方法（GBEB）[Cui2008] 是第一个成功对普通图进行边绑定的算法。如图 8.60 所示，它的基本思想是：首先在图上生成一个均匀的辅助网格，计算出每个网格内边的平均走向；然后将位置相邻且所含边走向相似的网格进行合并；在这个合并后的网格基础上生成一个控制网格，以此引导对边的走向调整形成最终的可视化结果。

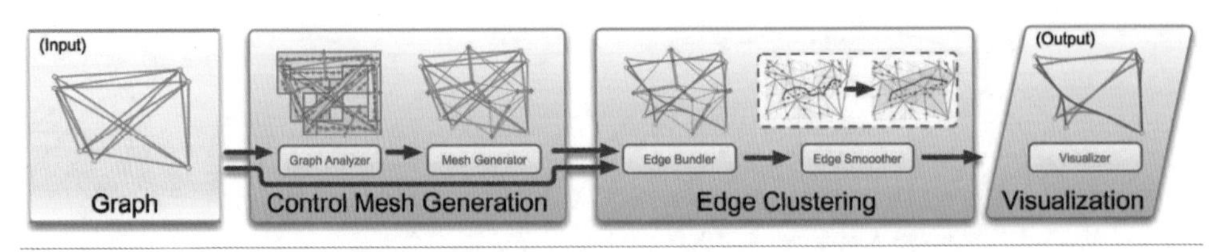

图 8.60 基于几何的边绑定算法示意图[Cui2008]。

GBEB 算法第一次成功地解决了对任意图的边绑定问题。基于力引导的边绑定技术（FDEB 算法）将各条边模拟成一个能相互吸引的弹簧的物理模型（如图 8.61 所示），形成边绑定的效果[Holt2009]。FDEB 算法概念简单，仅仅需要将边（图 8.61（a））模拟成多段弹簧（图 8.61（b）和（c））。在弹力达到动态平衡之后，方向相似距离相近的边互相吸引形成绑定效果（图 8.61（d））。在决定是否在两条边之间添加弹簧时，需要考虑它们在长度、方向、距离等标准上的一致性。

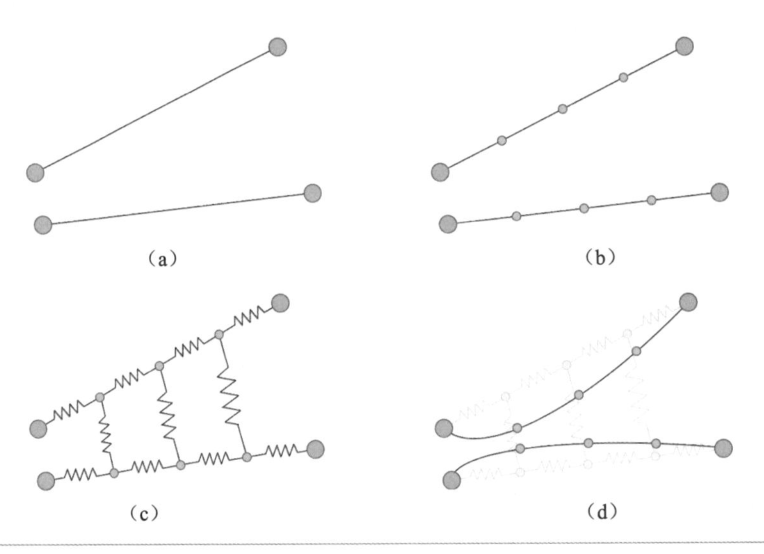

图 8.61 基于力引导的边绑定算法示意图[Holt2009]。

GBEB 和 FDEB 算法的计算量都非常大：GBEB 需要对图生成一个致密的网格并将边截断成很多段计算每个网格的平均方向；FDEB 的复杂度更高，需要对所有边两两之间模拟弹簧引力。对于数量级在 10 万以上的图，这两种算法几乎无法在有限的时间内完成计算。解决这一问题的 MINGLE 快速算法[Gans2011]根据图中点所在的位置构建出边的近似关系图，以此来对边与边之间的相似性进行建模。同时，对近似图中距离最近的边以层次化递归聚合的方式进行绑定，并基于边的覆盖像素数作为衡量绑定过程是否高效的标准。MINGLE 的运行效率为 $O(|E|\mathrm{Log}|E|)$，其中 $|E|$ 是边的数目。这一方法大大提高了边绑定算法的效率，使得对拥有百万条边的图进行处理成为可能。

MINGLE 之后又有多种边绑定算法被提出，如 SBEB[Ersoy2011]、DEB[Ersoy2011]、AFEB[Luo2012]、SideKnot[Peng20122] 等。值得一提的是 SideKnot 算法，与传统方法在边的中段进行合并的思路不同，它采取了在边靠近节点一侧按照走向进行绑定的策略。图 8.62 是 SideKnot 算法示意图：对连接到节点的所有边按其走向进行聚类，再对每个类根据边的平均方向和长度产生一系列控制点，最后以 B 样条的方式生成可视化效果。

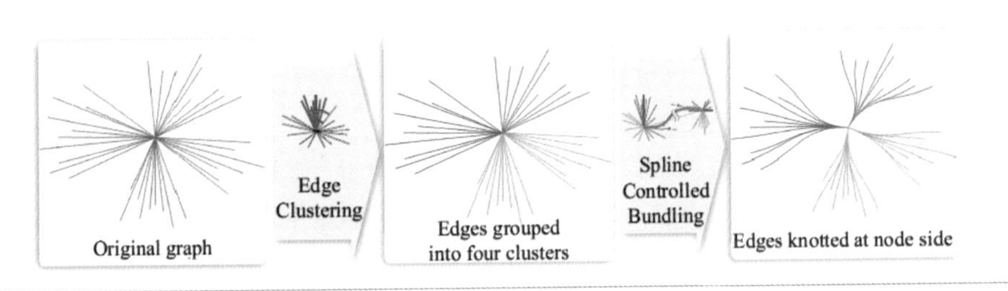

图 8.62 SideKnot 边绑定算法示意图[Peng20122]。

图 8.63 比较了多个边绑定算法在同一个数据集上的可视化效果。该数据集表示的是美国 235 个城市之间的 2101 条航线。从直接绘制出的效果中较难发现数据的规律，例如哪些城市是较大的中转站、航空联络图的平均走向如何等，边绑定以后的结果清楚地展现了上述信息。例如，从 SideKnot 算法结果可以发现，位于美国中西部地区的一些城市（图中红色虚线框内的 HDN、DEN 等）同东部的联系多于它们同西部城市的联系。

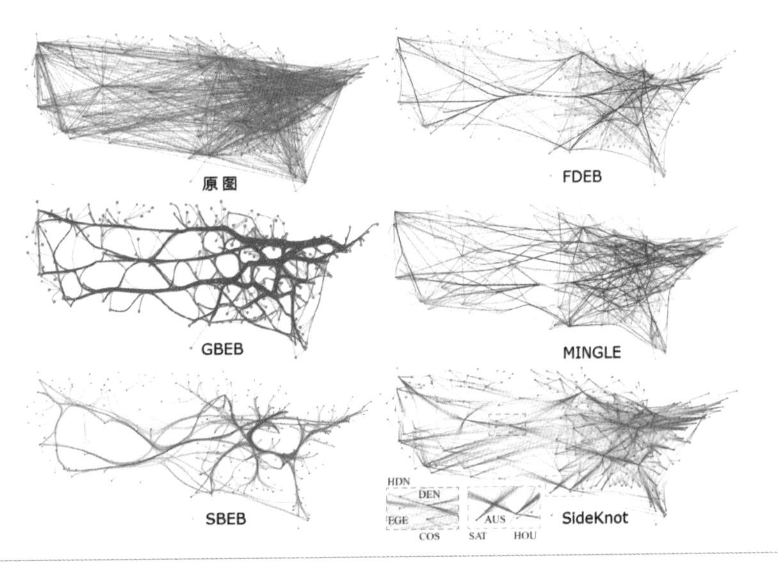

图 8.63 边绑定算法结果比较。

综合上面所介绍的边绑定算法，不难发现：现有方法的一个共同特征是按照一定标准，选择“相似”的边对其绑定，最终形成图的骨架结构。通过边绑定算法，可以在不丢失信息的前提下（不减少边和节点的数目），展示基本结构和边的大致走向，挖掘有价值的信息。

8.2.7 图可视化中的交互

图的拓扑简化和边绑定的目的是解决规模较大的图存在的视觉混杂问题。本节将介绍三类常见的交互方法：基于视点的交互、基于图元的交互以及基于图结构的交互。

基于视点的交互

基于视点的交互是指用交互手段来预测和帮助用户在图中切换视点。视点交互中比较常规的方法包括界面的平移、缩放、旋转等操作，而近年来，随着人眼和体感跟踪技术的发展，更是出现了一些跟踪人眼和身体移动轨迹的硬件支持这类交互。

大规模网络可视化常用的交互操作是 Link Sliding 和 Bring & Go 技术 [Mosc2009]。其中，Link Sliding 的目的是寻找较长边的两个端点，从一个点出发，对鼠标动作进行跟踪，沿着边滑动可以到达另一个点，不用担心在途中迷失。图 8.64 是 Link Sliding 技术示意图。若用户希望从当前起始节点（绿色）移动到另一个节点，算法将所有与起始节点相连的边进行绑定，侦测和感知用户鼠标在绑定后边上的微小位移，自动滑动关注焦点（图中红色小圆圈）。当滑动到路径的分岔口时，弹出方向性选项供用户选择，直到抵达目标节点。

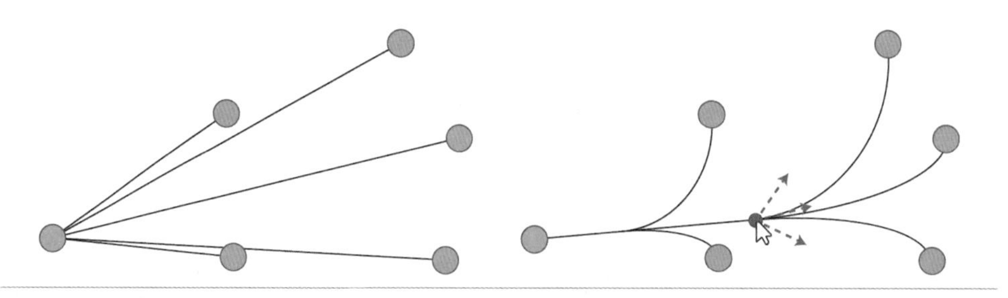

图 8.64 使用 Link Sliding 技术从一个节点滑向另一个节点。

与 Link Sliding 技术类似，Bring & Go 交互操作的目的也是帮助用户将关注焦点从一个节点转移到它的邻居节点。如图 8.65 所示，当用户点击一个节点后，所有与之相邻的点在该点周围形成若干个同心圆。用户不需要浏览整个图，轻松实现焦点跳转。图例中，用户点击悉尼（SYD）节点时，与它有直接连接的其他节点按照距离的远近和实际方位被排放到三个同心圆周上，如较近的新加坡（SIN）和较远的中国香港（HKG）、洛杉矶（LAX）。

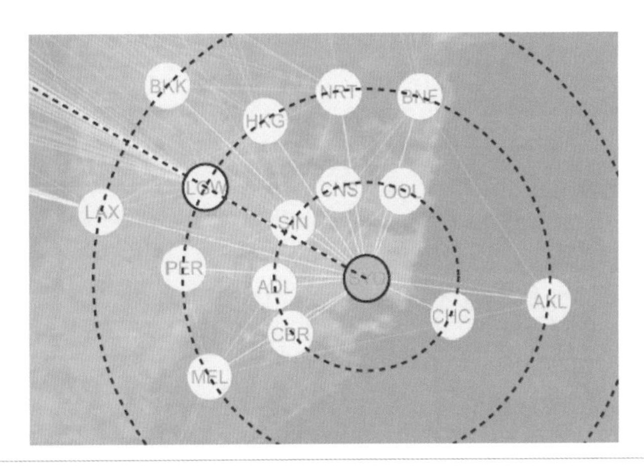

图 8.65 使用 Bring&Go 交互技术实现焦点转移。

基于图元的交互

基于图元的交互是指对于一个可视化映射元素的交互，如节点的选择、高亮、删除、移动、展开（获取细节）与收缩。其中，节点的展开与收缩在大规模网络节点 - 链接图中应用广泛；节点的收缩可以降低整个布局的视觉复杂度，使布局更加美观；节点的展开配合视点交互可以使用户的注意力聚焦到感兴趣的局部数据。

基于图结构的交互

大规模网络数据可视化中的图元交互可能会带来不确定性。由于图元之间太密集，选择操作不能明确地指明对象，因此需要针对图结构的交互操作。基于图结构的交互是一种宏观结构的交互手段，核心思想是“焦点 + 上下文”（Focus+Context）技术，其中最著名的方法是鱼眼（Fisheye）技术及其变种 [Benj2004]。鱼眼是一种极端的广角镜头技术，它使用一种焦距极短并且视角接近于 180° 的镜头（见图 8.66 上图），在突出正前方物体的基础上，覆盖视角所及的最大范围。

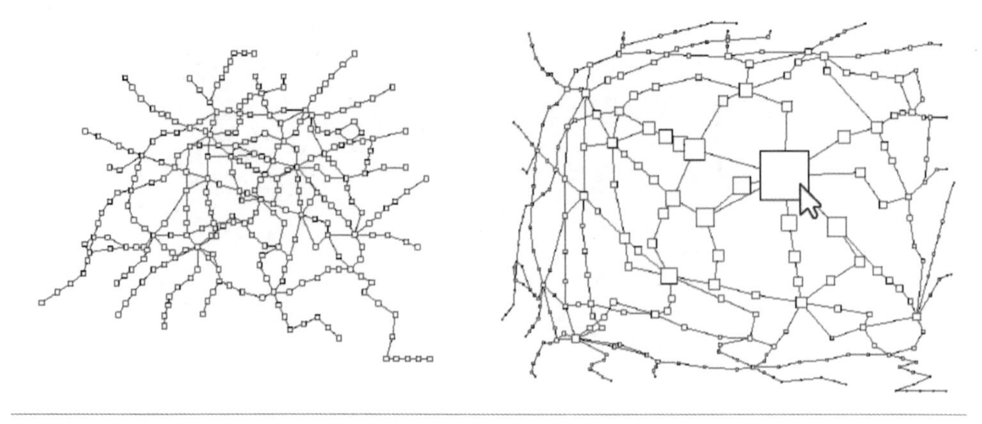

图 8.66 鱼眼镜头和基于鱼眼技术的图的交互。

受到鱼眼镜头的启发，研究者提出在图的探索过程中根据用户关注的焦点进行有针对性的放大，而其他区域则相应的缩小。图 8.66 下图是运用鱼眼技术对一个网络图进行探索的截图。可以看到，随着右图中鼠标（代表着用户关注焦点）的移动，位于其周围的节点按照距离中心的位移成比例地被放大，从而揭示局部区域内节点的连接关系。

8.2.8 网络数据可视化的挑战

网络和层次数据可视化方法所面临的挑战主要来自图的规模。一种可视化方法可能在处理几百个顶点的时候有比较好的效果，但仍然无法处理成千上万甚至上百万的规模，评价一种可视化方法对数据规模的适应能力相当于考察方法在数据规模上的可扩展性。由于屏幕大小的限制，很难有好的布局直接可视化大尺度的数据集，此时可以通过采样方法选择部分感兴趣区域，或提炼数据的整体模式（分布、趋势等）。

除了数据规模千差万别，用户对数据的认知能力和感知能力也不尽相同，构成了可视化的另一大挑战。外行与数据的领域专家对数据的认知水平不同。例如，一般大众观看交通网络可视化的目的是粗略查看城市中的拥堵位置，用于指导开车的路线选择；城市规划设计师对数据和地理信息已有基本了解，可视化可辅助深入挖掘造成城市拥堵的原因，协助城市的重规划。具有不同文化、专业背景的人对不同的视觉元素的感知能力更是可视化能否有效传递信息的一个重要因素。关于视觉感知与认知，请参考本书第 2 章内容。

网络和层次数据可视化面临的挑战也是衡量一个可视化好坏的评价标准。除了上述三种评价标准，还有布局算法的时间空间复杂性和布局效果的一致性。有些布局需要达到实时交互级别，就对算法的时间复杂度要求较高。布局效果的一致性是指对于相同结构的数据布局相似，使用户能保持对布局的印象 [Misu1995]，提高用户对流数据或动态数据的感知。

一种好的可视化设计往往是用户一部分需求的最大化满足，带有强烈的目的性，它不仅要考虑到数据的特殊性质，还要兼顾用户对数据的认知水平以及用户对数据的可视化需求。并没有一种可视化方法能够满足所有用户对所有数据的所有可视化需求，引用《人月神话》[Broo1987] 中的一句话就是：可视化没有“银弹”（No Silver Bullet）。

参考文献

[Aaron2001] Aaron Quigley, Peter Eades. FADE: Graph Drawing, Clustering, and Visual Abstraction. *International Symposium on Graph Drawing*. 2001: 197-210

[Abel2014] Abello, J., Hadlak, S., Schumann, H., & Schulz, H. J.. A modular degree-of-interest specification for the visual analysis of large dynamic networks. *IEEE Transactions on Visualization and Computer Graphics*, 20(3), 337-350, 2014

[Aube2013] Auber, D., Huet, C., Lambert, A., Renoust, B., Sallaberry, A., & Saulnier, A.. Gospermap: Using a gosper curve for laying out hierarchical data. *IEEE Transactions on Visualization and Computer Graphics*, 19(11), 1820-1832, 2013

[Bach2014] Bach, B., Pietriga, E., & Fekete, J. D.. Graphdiaries: Animated transitions andtemporal navigation for dynamic networks. *IEEE transactions on visualization and computer graphics*, 20(5), 740-754, 2014

[Bach2014b] Bach, B., Pietriga, E., & Fekete, J. D.. Visualizing dynamic networks with matrix cubes. In *Proceedings of the SIGCHI conference on Human Factors in Computing Systems* (pp. 877-886). ACM, 2014

[Bach2017] Bach, B., Riche, N. H., Hurter, C., Marriott, K., & Dwyer, T.. Towards unambiguous edge bundling: Investigating confluent drawings for network visualization. *IEEE Transactions on Visualization & Computer Graphics*, (1), 1-1, 2017

[Balz2005] M. Balzer and O. Deussen. Voronoi Treemaps. *IEEE Symposium on Information Visualization,* 2005: 49-56

[Beck2014] Beck, F., Burch, M., Diehl, S., & Weiskopf, D.. The state of the art in visualizing dynamic graphs. *EuroVis STAR*, 2, 1-21, 2014

[Beder2002] B. B. Bederson, B. Shneiderman, and M. Wattenberg. Ordered and quan- tum treemaps: Making effective use of 2d space to display hierarchies. *ACM Transactions on Graphics*, 21(4):833-854, 2002

[Benj2004] Benjamin B. Bederson, Aaron Clamage, Mary P. Czerwinski, and George G. Robertson. DateLens: A Fisheye Calendar Interface for PDAs. *ACM Transactions on Computer-Human Interaction*. 11(4), 2004: 9-10

[Berg2011] de Berg, M., Speckmann, B., & van der Weele, V.. Treemaps with bounded aspect ratio. In *International Symposium on Algorithms and Computation* (pp. 260-270). Springer, Berlin, Heidelberg, 2011

[Bert2000] François Bertault, Peter Eades. Drawing Hypergraphs in the Subset Standard (Short Demo Paper). *International Symposium on Graph Drawing*. 2000: 164-169

[Borg2005] Ingwer Borg, Patrick J.F. Groenen. *Modern Multidimensional Scaling, Theory and Applications*, Second Edition. 2005

[Bout2005] François Boutin, Jérôme Thièvre, and Mountaz Hascoët. Multilevel Compound Tree: Construction Visualization and Interaction. *IFIP TC13 International Conference on Human-Computer Interaction*. 2005:847-860

[Bran2006] Ulrik Brandes and Christian Pich. Eigensolver. Methods for Progressive Multidimensional Scaling of Large Data. *International Conference on Graph Drawing*. 2006:42-53

[Bran2009] Ulrik Brandes, Christian Pich. An Experimental Study on Distance-Based Graph Drawing. *International Conference on Graph Drawing*.5417, 2009: 218-229

[Bran2010] Ulrik Brandes, Sabine Cornelsen, Barbara Pampel, and Arnaud Sallaberry. Path-based supports for hypergraphs. *International Conference on Combinatorial Algorithms*.2010:20-33

[Brand2011] Brandes, U., & Nick, B.. Asymmetric relations in longitudinal social networks. *IEEE Transactions on Visualization and Computer Graphics*, 17(12), 2283-2290, 2011

[Broo1987] Frederick P. Brooks, Jr. No Silver Bullet - Essence and Accidents of Software Engineering. *Computer.* 20, 1987: 10-18

[Bruls1999] Bruls, D.M., C. Huizing, J.J. van Wijk. Squarified Treemaps.*Eurographics and IEEE TCVG Symposium on Visualization*.1999: 33-42

[Burch2005] Hal Burch. Measuring an IP Network in situ. Ph.D. Thesis, Carnegie Mellon University, USA, 2005

[Burch2011] Burch, M., Vehlow, C., Beck, F., Diehl, S., & Weiskopf, D.. Parallel edge splatting for scalable dynamic graph visualization. *IEEE Transactions on Visualization and Computer Graphics*, 17(12), 2344-2353, 2011

[Card2002] Stuart K. Card and David Nation. Degree-of-Interest Trees: a Component of an Attention-Reactive User Interface. *Working Conference on Advanced Visual Interfaces*.2002: 231-245

[Chris20091] Collins Christopher, Penn Gerald, Carpendale Sheelagh. Bubble Sets: Revealing Set Relations over Existing Visualizations. *IEEE Transactions on Visualization and Computer Graphics*. 15(6), 2009: 1009-101

[Chris20092] Collins Christopher, Carpendale Sheelagh, Penn Gerald. DocuBurst: Visualizing Document Content using Language Structure. *Computer Graphics Forum*. 28(3), 2009: 1039-1046

[Coul2002] Coulom, R.. Treemaps for search-tree visualization. In *The 7th Computer Olympiad Computer-Games Workshop Proceedings*, 2002

[Cui2008] W. Cui, H. Zhou, H. Qu, P. Wong, and X. Li. Geometry-based edge clustering for graph visualization. *IEEE Transactions on Visualization and Computer Graphics*. 14(6), 2008: 1277-1284

[Cuth1969] E. Cuthill, J. McKee. Reducing the bandwidth of sparse symmetric matrices. *Proceedings of the 24th National Conference.*1969: 157-172

[Dang2016] Dang, T. N., Pendar, N., & Forbes, A. G.. TimeArcs: Visualizing fluctuations in dynamic networks. *In Computer Graphics Forum* (Vol. 35, No. 3, pp. 61-69), 2016

[Dun2013] Dunne, C., & Shneiderman, B.. Motif simplification: improving network visualization readability with fan, connector, and clique glyphs. In *Proceedings of the SIGCHI Conference on Human Factors in Computing Systems* (pp. 3247-3256). ACM, 2013

[Ellis2007] Geoffrey Ellis, Alan Dix. A Taxonomy of Clutter Reduction for Information Visualisation. *IEEE Transactions on Visualization and Computer Graphics*. 13(6), 2007: 1216-1223

[Elmq2008] Niklas Elmqvist, Thanh-Nghi Do, Howard Goodell, Nathalie Henry. ZAME: Interactive Large-Scale Graph Visualization. *IEEE Pacific Visualisation Symposium.*2008: 215-222

[Elzen2011] S. van den Elzen, J.J. van Wijk. BaobabView: Interactive Construction and Analysis of Decision Trees. *IEEE Symposium on Visual Analytics Science and Technology,* 2011: 151-160

[Elzen2014] van den Elzen, S., Holten, D., Blaas, J., & van Wijk, J. J.. Dynamic network visualization withextended massive sequence views. *IEEE Transactions on Visualization & Computer Graphics*, (8), 1087-1099, 2014

[Elzen2016] van den Elzen, S., Holten, D., Blaas, J., & van Wijk, J. J.. Reducing snapshots to points: A visual analytics approach to dynamic network exploration. *IEEE transactions on visualization and computer graphics*, 22(1), 1-10, 2016

[Ersoy2011] Ersoy O, Hurter C, Paulovich F, Cantareira G, Telea. A. Skeleton-Based Edge Bundling for Graph Visualization. *IEEE Transactions on Visualization and Computer Graphics.* 17(12), 2011: 2364-2373

[Feke2010] A. Bezerianos, P. Dragicevic, J.-D. Fekete, J. Bae, B. Watson. GeneaQuilts: A System for Exploring Large Genealogies. *IEEE Transactions on Visualization and Computer Graphics.* 16(6), 2010: 1073-1081

[Feng2012] Feng, K. C., Wang, C., Shen, H. W., & Lee, T. Y.. Coherent time-varying graph drawing with multifocus+ context interaction. *IEEE Transactions on Visualization and Computer Graphics*, 18(8), 1330-1342, 2012

[Fort2010] S. Fortunato. Community Detection in Graphs. *Physics Reports.* 486(3-5), 2010: 75-174

[Frish2008] Frishman, Y., & Tal, A.. Online dynamic graph drawing. *IEEE Transactions on Visualization and Computer Graphics*, 14(4), 727-740, 2008

[Fruch1991] Thomas M. J. Fruchterman and Edward M. Reingold. 1991. Graph Drawing by Force-Directed Placement. *Software Practical Experience.*21(11), 1991: 1129-1164

[Gans2009] E. R. Gansner, Y. F. Hu, S. Kobourov, and C. Volinsky. Putting Recommendations on the Map: Visualizing Clusters and Relations. *ACM Conference on Recommender Systems,* 2009:345-348

[Gans2004] Gansner, E.; Koren, Y.; North, S. Graph Drawing by Stress Majorization. *International Symposium of Graph Drawing.*2004:239-250

[Gans2010] E. R. Gansner, Y. F. Hu, and S. G. Kobourov. GMap: Visualizing Graphs and Clusters as Maps. *IEEE Pacific Visualization Symposium.* 2010:201-208

[Gans2011] E. Gansner, Y. Hu, S. North, C. Scheidegger. Multilevel Agglomerative Edge Bundling for Visualizing Large Graphs. *IEEE Pacific Visualization Symposium*, 2011:187-194

[Goro2012] Gorochowski, T. E., di Bernardo, M., & Grierson, C. S.. Using aging to visually uncover evolutionary processes on networks. *IEEE transactions on visualization and computer graphics*, 18(8), 1343-1352, 2012

[Hach2005] Stefan Hachul, Michael Jünger. An Experimental Comparison of Fast Algorithms for Drawing General Large Graphs. *International Conference on Graph Drawing*, 2005:235-250

[Hadlak2011] Hadlak, S., Schulz, H. J., & Schumann, H.. In situ exploration of large dynamic networks. *IEEE Transactions on Visualization and Computer Graphics*, 17(12), 2334-2343, 2011

[Hagm2008] P. Hagmann, L. Cammoun, X. Gigandet, R. Meuli, C. Honey, V. Wedeen, O. Sporns. Mapping the Structural Core of Human Cerebral Cortex. *PLoS Biology.* 6(7), 2008: 159-167

[Haya2013] Hayashi, A., Matsubayashi, T., Hoshide, T., & Uchiyama, T.. Initial positioning method for online and real-time dynamic graph drawing of time varying data. In *Information Visualisation (IV), 2013 17th International Conference* (pp. 435-444), 2013

[Heer2004] Jeffrey Heer, Stuart K. Card. DOITrees Revisited: Scalable, Space-Constrained Visualization of Hierarchical Data. *Advanced Visual Interfaces*, 2004:421-424

[Henry2006] N.Henry, J.D.Fekete. MatrixExplorer: a Dual-Representation System to Explore Social Networks. *IEEE Transactions on Visualization and Computer Graphics.*12(5), 2006: 677-684

[Holt2006] D. Holten. Hierarchical Edge Bundles: Visualization of Adjacency Relations in Hierarchical Data. *IEEE Transactions on Visualization and Computer Graphics.* 12(5), 2006: 741-748

[Holt2009] D. Holten and J. J. Van Wijk. Force-Directed Edge Bundling for Graph Visualization. *Computer Graphics Forum.* 28(3), 2009: 983-990

[Hu2009] Yifan Hu and Yehuda Koren. Extending the Spring-Electrical Model to Overcome Warping Effects. *IEEE Pacific Visualization Symposium.* 2009

[Hu2012] Hu, Y., Kobourov, S. G., & Veeramoni, S.. Embedding, Clustering and Coloring for Dynamic Maps. In *PacificVis* (pp. 33-40), 2012

[Hurt2013] Hurter, C., Ersoy, O., Fabrikant, S. I., Klein, T. R., & Telea, A. C.. Bundled visualization of dynamic graph and trail data. *IEEE Transactions on Visualization & Computer Graphics*, (1), 1, 2013

[Javed2012] Waqas Javed, Niklas Elmqvist. Exploring the Design Space of Composite Visualization. *IEEE Pacific Visualization Symposium* 2012

[John1991] Brian Johnson and Ben Shneiderman, Tree-maps: A Space Filling Approach to the Visualization of Hierarchical Information Structures. *IEEE Visualization.*1991:284-291

[John1993] Brian Johnson. Treemaps: Visualizing Hierarchical and Categorical Data. *Ph.D. Dissertation,*1993. *University of Maryland at College Park*, College Park, MD, USA

[Jürg2010] Susanne Jürgensmann and Hans-Jörg Schulz, A Visual Survey of Tree Visualization. *IEEE Information Visualization Conference,* 2010

[Kauf2009] Michael Kaufmann, Marc Kreveld, Bettina Speckmann. Subdivision Drawings of Hypergraphs. *International Conference on Graph Drawing,Lecture Notes*. 5417, 2009: 396-407

[Kin1970] KINGI.: An Automatic Reordering Scheme for Simultaneous Equations Derived from Network Systems. *Int. J. Numer. Meth. Eng,* 1970:479-509

[Koz2017] Kozlíková, B., Schreck, T., & Wischgoll, T. Hybrid-Treemap Layouting. *Eurographics Conference on Visualization* (*EuroVis*), 2017

[Kumar2006] Kumar, G., & Garland, M.. Visual exploration of complex time-varying graphs. *IEEE transactions on visualization and computer graphics*, 12(5), 805-812, 2006

[Lamb2010] A. Lambert, R. Bourqui, and D. Auber. Winding roads: Routing edges into bundles. *Computer Graphics Forum.* 29(3), 2010: 853-862

[Lamb20102] Lambert, R. Bourqui, D. Auber. 3D Edge Bundling for Geographical Data Visualization. *International Conference on Information Visualization.* 2010: 329-335

[Lamp1995] Lamping John, Rao Ramana, Pirolli Peter. A Focus+Context Technique Based on Hyperbolic Geometry for Visualizing Large Hierarchies. *ACM Conference on Human Factors in Computing Systems,* 1995:401-408

[Land2011] T. von Landesberger, A. Kuijper, T. Schreck, J. Kohlhammer, J. J. van Wijk, J. D. Fekete, and D. W. Fellner. Visual analysis of large graphs: State-of-the-art and future research challenges. *Computer Graphics Forum*. 30(6), 2011: 1719-1749

[Lind2005] Kerstin Lindblad-Toh et al. Nature 438, 803-819 (8 December 2005), doi:10.1038/nature04338

[Luo2012] Luo S, Liu C, Chen B, Ma K. Ambiguity-Free Edge-Bundling for Interactive Graph Visualization. *IEEE Transactions on Visualization and Computer Graphics*.18(5), 2012: 810-821

[Mash2011] Daisuke Mashima, Stephen G. Kobourov, and Yifan Hu. Visualizing dynamic data with maps. *IEEE Pacific Visualization Symposium*. 2011:155-162

[Misu1995] K. Misue, P. Eades, W. Lai, and K. Sugiyama. Layout Adjustment and the Mental Map. *Journal of Visual Languages and Computing*. 6, 1995: 183-210

[Morv2005] P Morville. Ambient Findability. What We Find Changes Who We Become. *Sebastopol: O'Reilly,* 2005

[Mosc2009] Moscovich T., Chevalier F., Henry N., Pietriga., Fekete J.-D.. Topology-aware navigation in Large Networks. *International conference on Human factors in computing systems,* 2009:2319-2328

[Muel2007] Mueller C., Martin B., Lumsdaine A. A Comparison of Vertex Ordering Algorithms for Large Graph Visualization. *International Asia-Pacific Symposium on Visualization*, 2007:141-148

[Munz1997] T. Munzner. H3: Laying out Large Directed Graphs in 3D Hyperbolic Space. *IEEE Symposium on Information Visualization,* 1997: 2-10

[Munz2003] T. Munzner, F. Guimbretiere, S. Tasiran, L. Zhang, Y. Zhou. TreeJuxtaposer: Scalable Tree Comparison Using Focus+Context with Guaranteed Visibility. *ACM Transactions on Graphics*. 22(3), 2003: 453-462

[Nath2007] Nathalie Henry, Jean-Daniel Fekete, and Michael J. McGuffin. NodeTrix: A Hybrid Visualization of Social Networks. *IEEE Transactions on Visualization and Computer Graphics*. 13(6), 2007

[Noac2003] Noack A. An energy model for visual graph clustering. *International Symposium on Graph Drawing,* 2003:425-436

[Peng2012] Dichao Peng, Wei Chen and Qunsheng Peng. TrustVis: Visualizing Trust Toward Attack Identification in Distributed Computing Environments. *Security Comm. Networks,* 2012

[Peng20122] Dichao Peng, Neng Lu, Wei Chen, Qunsheng Peng. SideKnot: Revealing Relation Patterns for Graph Visualization. *IEEE Pacific Visualization Symposium,* 2012:65-72

[Peter1984] Eades P. A Heuristic for Graph Drawing. *Congressus Nutnerantiunt.* 42, 1984: 149-160

[Qian2009] Rong Qian, Kejun Zhang, Geng Zhao. Hypergraph Partitioning for Community Discovery in Complex Network. *International Conference on Web Information Systems and Mining,* 2009:64-68

[Rein1981] E.M. Reingold and J.S. Tilford, Tidier Drawing of Trees. *IEEE Transactions on Software Engineering*. 7(2), 1981: 223-228

[Robert1991] George G. Robertson, Jock D. Mackinlay, and Stuart K. Card. Cone Trees: Animated 3D Visualizations of Hierarchical Information. *ACM SIGCHI Conference on Human Factors in Computing Systems: Reaching through Technology,* 1991:189-194

[Ros2008] M. Rosvall and C.T. Bergstrom. Maps of Random Walks on Complex Networks Reveal Community Structure. *Proceedings of the NationalAcademy of Sciences.* 105(4), 2008: 1118

[Rufi2013] Rufiange, S., & McGuffin, M. J.. DiffAni: Visualizing dynamic graphs with a hybrid of difference maps and animation. *IEEE Transactions on Visualization and Computer Graphics*, 19(12), 2556-2565, 2013

[Sand2003] Sander, G. Layout of Directed Hypergraphs with Orthogonal Hyperedges. *International Symposium on Graph Drawing, Lecture Notes*,2003:381-386

[Schu2010] Hans-Jörg Schulz. Treevis.net-A Visual Bibliography of Tree Visualization 2.0. http://vcg.informatik.uni-rostock.de/~hs162/treeposter/poster.html

[Sela2011] Selassie, D. and Heller, B. and Heer, J. Divided Edge Bundling for Directional Network Data. *IEEE Transactions on Visualization and Computer Graphics*. 17(12), 2011: 2354-2363

[Shen2007] Zeqian Shen, Kwan-Liu Ma. Path Visualization for Adjacency Matrices. *Eurographics/IEEE Symposium on Visualization,* 2007

[Shil1976] Y. Shiloach. Arrangements of Planar Graphs on the Planar Lattices. *PhD Thesis, Weizmann Institute of Science,*Rehovot, Israel, 1976

[Shi2011] Shi, L., Wang, C., & Wen, Z.. Dynamic network visualization in 1.5 D. In V*isualization Symposium* (*PacificVis*), 2011 *IEEE Pacific* (pp. 179-186), 2011

[Shnei2001] B. Shneiderman and M. Wattenberg. Ordered treemap layouts. In *Proceedings of the IEEE Symposium on Information Visualization*, page 73, 2001

[Sloan1986] S. W. Sloan. An Algorithm for Profile and Wavefront Reduction of Sparse Matrices. *International Journal for Numerical Methods in Engineering*. 23(2), 1986: 239-251

[Smith1924] W. H. Smith. Graphic Statistics in Management, first edition. McGraw-Hill Book Company, 1924

[Sond2018] Sondag, M., Speckmann, B., & Verbeek, K.. Stable treemaps via local moves. *IEEE transactions on visualization and computer graphics*, 24(1), 729-738, 2008

[Stas2000] John Stasko and Eugene Zhang. Focus+Context Display and Navigation Techniques for Enhancing Radial, Space-Filling Hierarchy Visualizations. *IEEE Symposium on Information Visualization,* 2000:57-65

[Sugi1981] K. Sugiyama, S. Tagawa and M. Toda. Methods for Visual Understanding of Hierarchical Systems Structures. *IEEE Transactions on Systems, Man, and Cybernetics*. 11(2), 1981: 109-125

[Toeh2002] Soon Tee Teoh and Kwan-Liu Ma.RINGS: A Technique for Visualizing Large Hierarchies. *International Symposium on Graph Drawing*. 2002: 268-275

[Tomi1989] Kamada, Tomihisa; Kawai, Satoru. An algorithm for drawing general undirected graphs. *Information Processing Letters (Elsevier)*. 31 (1), 1989: 7-15

[Tu2007] Y. Tu and H.-W. Shen. Visualizing changes of hierarchical data using treemaps. *IEEE Transactions on Visualization and Computer Graphics*, 13(6):1286–1293, 2007

[Van2009] Van Ham, F., Wattenberg, M., & Viégas, F. B.. Mapping text with phrase nets. *IEEE transactions on visualization and computer graphics*, 15(6), 2009

[Wang2006] 王建方 . 超图的理论基础 . 北京 : 高等教育出版社 . 2006 年 7 月

[Watt1999] Martin Wattenberg, Visualizing the Stock Market. Extended *Abstracts Proceedings of ACM Conference on Human Factors in Computing Systems*, 1999:188-189

[Watt2006] Martin Wattenberg. Visual Exploration of Multivariate Graphs. *Proceedings of the SIGCHI Conference on Human Factors in Computing Systems,* 2006:811-819

[Watt2008] Wattenberg, M., & Viégas, F. B.. The word tree, an interactive visual concordance. *IEEE transactions on visualization and computer graphics*, 14(6), 2008

[Xin2012] Xin, Z., & Xiaoru, Y.. Treemap visualization. *Journal of Computer-Aided Design & Computer Graphics*, 24(9), 1113-1124, 2012

[Yuan2010] Jing Yuan, Yu Zheng, Chengyang Zhang, Wenlei Xie, Xing Xie, Guangzhong Sun, and Yan Huang. T-drive: driving directions based on taxi trajectories. *International Conference on Advances in Geographic Information Systems,* 2010:99-108

[Zhao2005] Shengdong Zhao, Michael J. McGuffin, and Mark H. Chignell. Elastic Hierarchies: Combining Treemaps and Node-Link Diagrams. *IEEE Symposium on Information Visualization,* 2005:8-15

[Zhao2015] Zhao, J., Liu, Z., Dontcheva, M., Hertzmann, A., & Wilson, A.. MatrixWave: Visual comparison of event sequence data. In *Proceedings of the 33rd Annual ACM Conference on Human Factors in Computing Systems* (pp. 259-268). ACM, 2015

第9章 文本和文档可视化

9.1 文本可视化释义

文本信息无处不在，邮件、新闻、工作报告等都是日常工作中需要处理的文本信息。面对文本信息的爆炸式增长和日益加快的工作节奏，人们需要更高效的文本阅读和分析方法，文本可视化正是在这样的背景下应运而生。

一图胜千言，指一张图像传达的信息等同于相当多文字的堆积描述。考虑到图像和图形在信息表达上的优势和效率，文本可视化技术采用可视表达技术刻画文本和文档，直观地呈现文档中的有效信息。用户通过感知和辨析可视图元提取信息。因而，如何辅助用户准确无误地从文本中提取并简洁直观地展示信息，是文本可视化的核心问题之一。

文本可视化应用广泛，标签云技术已是诸多网站展示其关键词的常用技术，信息文本图是美国纽约时报等各大纸媒辅助用户理解新闻内容的必备方法。文本可视化还与其他领域相结合，如信息检索技术，可以通过可视化来描述信息检索过程，传达信息检索的结果。

9.1.1 文本信息的层级

文本信息涉及的数据类型多种多样，如邮件、新闻、文本档案、微博等。文本是语言和沟通的载体，文本的含义以及读者对文本的理解需求均纷繁复杂。例如，对于同一段文字，不同的人的解读不一样，有人希望了解文章的关键字、主题是什么，有人希望了解文章中所涉及的人物等。这种对文本信息需求的多样性，要求从不同层级提取与呈现文本信息。文本信息的提取由浅入深可总结为三个层级。

（1）词汇级 词汇级（Lexical Level）信息指从一连串的文本文字中提取的语义单元信息。语义单元（Token）是由一个或多个字符组成的词元，它是文本信息的最小单元。词汇级可提取的信息包括文本涉及的字、词、短语，以及它们在文章内的分布统计、词根词位等相关信息，常见的文本关键字即属于词汇级别。语义单元通常通过基于规则分割文本的分词技术（Tokenization）提取，最常用的方法是正则表达式定义的有限状态机。

（2）语法级 语法级（Syntactic Level）信息指基于文本的语言结构对词汇级的语义单元进一步分析和解释而提取的信息。语义单元的语法属性属于语法级信息，例如词性、单复数、词与词之间的相似性，以及地点、时间、日期、人名等实体信息，这些属性可以通过语法分析器识别。语法级信息的提取过程被称作命名实体识别方法（Named Entity Recognition）。

（3）语义级 语义级（Semantic Level）信息是研究文本整体所表达的语义内容信息和语义关系，是文本的最高层信息。它不仅包括深入分析词汇级和语法级所提取的知识在文本中的含义，如文本的字词、短语等在文本中的含义和彼此间的关系，还包括作者通过文本所传达的信息，如文档的主题等。

9.1.2 文本可视化的研究内容与任务

人类理解文本信息的需求是文本可视化的研究动机。一个文档中的文本信息包括词汇、语法和语义三个层级。此外，文本文档的类别多种多样，包括单文本、文档集合和时序文本数据三大类别，这使得文本信息的分析需求更为丰富。比如，对于一篇新闻报道，内容是人们关注的信息特征；而对于一系列跟踪报道所构成的新闻专题，人们关注的信息特征不仅指每一时间段的具体内容，还包括新闻热点的时序性变化。文本信息的多样性不仅丰富了文本可视化的研究内容，还引出了不同的分析任务与可视化任务。

研究内容：文本可视化的研究内容可从多个角度总结。例如，以文本文档的类别作为归纳标准的文本可视化，可分为单文本可视化、文本集合可视化和时序性可视化[Ward2010]。以文本文档的内容作为归纳标准，则可分为文学作品可视化、在线社交媒体可视化、科学论文 / 专利可视化、在线沟通数据可视化、电影影评可视化、医疗报告可视化。

分析任务：根据不同的研究内容，用户在进行文本分析时往往需要实现不同的分析任务。常见的分析任务有，对文本的内容、特征进行总结（包括对词汇、句法的分析），分析文本中讨论的主题，研究文本中蕴含的情感，挖掘文本中描述的事件，关联分析多源文档数据的内容、特征等。

可视化任务：分析任务描述了高层次的用户分析需求，而可视化任务则描述了相对低层次的展示和交互需求。在进行文本分析时，用户需要针对特定的分析任务及可视化任务选择相应的可视化方法。常见的可视化任务包括，找到一个文档中用户感兴趣的内容，对文本的内容、特征进行聚类或分类，比较文档和文档集合的各种信息，查看文本内容的总体概览，对文本内容进行浏览与探索，对文本中的不确定性进行分析等。

本章依据可视化所重点表现的文本信息特征来分类介绍当前的文本可视化研究内容[刘 2011]：文本内容可视化（9.3 节）、文本关系可视化（9.4 节）和文本情感分析可视化（9.5 节）。这三个方面并非相互独立，而是相辅相成、相互依赖的。

9.1.3 文本可视化流程

文本可视化的工作流程涉及三个部分：文本信息挖掘、视图绘制和人机交互，如图 9.1 所示。文本可视化是基于任务需求的，因而挖掘信息的计算模型受到文本可视分析任务的引导。可视和交互的设计必须在理解所使用的信息提取模型的原理基础上进行。

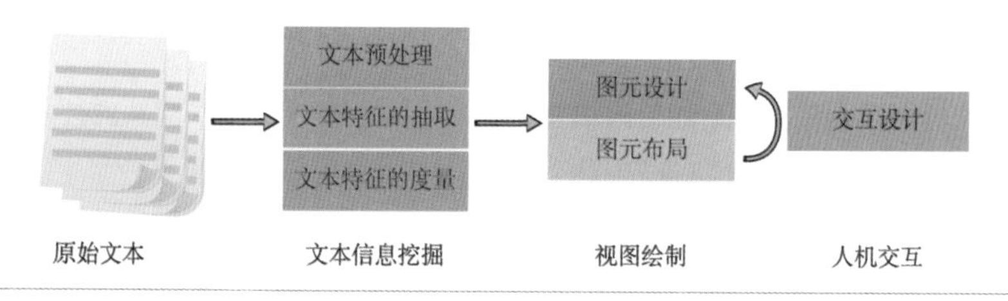

图 9.1 文本可视化流程。

9.1.3.1 文本信息挖掘

在文本信息挖掘层次，需要依据文本可视化的任务需求，分析原始文本数据，从文本中提取相应层级（词汇级、语法级或语义级）的信息，例如文章的关键词等。通常，文本信息挖掘包括以下三个方面。

1. 文本数据的预处理

文本信息的提取通常基于文本内容进行，然而，原始文本存在着无用甚至干扰的信息。以英文单词为例，单词的单复数变化、词性变化等都会影响文本的信息度量。此外，原始文本数据的格式亦是多种多样的。因此，对文本数据进行预处理可有效过滤文本中的冗余和无用信息，提取重要的文本素材。

2. 文本特征的抽取

文本分析任务需要相关的文本特征来度量，可采用文本挖掘技术提取任务所需要的特征信息，比如，词汇级的关键词、词频分布，语法级的实体信息，语义级的主题等。

3. 文本特征的度量

在有些应用环境中，用户可能会对在多种环境下或从多个数据源所抽取的文本特征的深层分析感兴趣，比如，文本主题的相似性、文本分类等。基于度量特征的相似性算法、聚类算法等可用于此类分析。其中，向量空间模型是最常用的方法。

9.1.3.2 视图绘制

这一阶段将文本挖掘所提炼的信息变换为直观的可视视图。在直观的可视图元的辅助下，用户可以快速地获取信息。视图绘制常常涉及两个方面：图元设计和图元布局方法。优秀的图元设计需要准确无误地承载文本的信息特征，如雷达图、Chernoff Faces[ChernoffFace]等。图元布局算法则要求有效而不失美感地布局图元，使得可视表达符合人类的感知。常用的布局算法包括力引导布局算法、树图算法等。

9.1.3.3 人机交互

人机交互是关于用户如何生成视图和满足分析需求而操作视图的技术。本书第 12 章详细介绍了常见的交互模式和方法。

9.2 文本信息分析基础

在文本可视化领域，文本信息挖掘方法丰富多样。获取词汇级信息，我们可以采用各种分词算法，针对语法级信息也有多种句法分析算法，而语义级信息则可采用主题抽取算法等。本节将列举文本可视化中最常用的一些文本分析技术。

9.2.1 分词技术和词干提取

分词技术和词干提取方法通常用于文本数据的预处理。分词（Tokenization）指将一段文字划分为多个词项，剔除停词，从文字中提取出有意义的词项。词干提取（Stemming）指去除词缀得到词根，得到单词最一般写法的技术。词干提取避免了同一个词的不同表现形式对文本分析带来的干扰。

以马汀 · 路德 · 金的“I have a dream”[king1963]演讲的一段为例。

“I have a dream that one day this nation will rise up and live out the true meaning of its creed: ‘We hold these truths to be self-evident, that all men are created equal.’”

经过分词后，这段话可提取出 20 个词项：I, have, dream, one, day, nation, rise, up, live, out, true, meaning, creed, hold, truths, self-evident, all, men, created, equal。注意到 a, the, that

等对文本语义影响较弱的停词已经被剔除。接下来，词干提取过程将“men”和“truths”分别还原为“man”和“truth”。

9.2.2 数据模型

9.2.2.1 词汇级模型

向量空间模型

无结构的文本数据无法直接用于可视化，因此，采用合适的文本度量方法从文本中提取结构化的信息非常重要。向量空间模型（Vector Space Model）指利用向量符号对文本进行度量的代数模型，指代一系列向量空间的定义、生成、度量和应用的方法与技术，常用于自然语言处理、信息检索等领域。

1. 词袋模型

词袋模型（Bag-of-words Model）是向量空间模型构造文本向量的常用方法，用来提取词汇级文本信息。在过滤掉停词等对文本内容影响较弱的词之后，词袋模型将一个文档的内容总结为在由关键词组成的集合上的加权分布向量。在基于词袋模型计算的一维词频向量中，每个维度代表一个单词；每个维度的值等于单词在文本中出现的统计信息，可引申为重要性；单词间没有顺序关系。词袋模型没有考虑语法、词序等深层信息，因而直观易懂。在文本分析过程中，采用词袋模型抽取的词频向量可为更高层的文本分析提供底层的数据支持。

继续以 9.2.1 节中马汀 · 路德 · 金的一段演讲为例。

“I have a dream that one day this nation will rise up and live out the true meaning of its creed: ‘We hold these truths to be self-evident, that all men are created equal.’

I have a dream that one day on the red hills of Georgia, the sons of former slaves and the sons of former slave owners will be able to sit down together at the table of brotherhood.

I have a dream that one day even the state of Mississippi, a state sweltering with the heat of injustice, sweltering with the heat of oppression, will be transformed into an oasis of freedom and justice. I have a dream that my four little children will one day live in a nation where they will not be judged by the color of their skin but by the content of their character.”

这段文字共包含 142 个单词，在分词后，变为 78 个单词。经词干提取后，这段文字可表达为一个词频向量。如表 9.1 所示是这段文字的词频向量的一部分。

表 9.1 词频向量示例

词	I	dream	color	skin	nation	slave	injustice	owner
词频	4	4	1	1	2	2	1	1

2. 文本相似性度量

向量空间模型可用于度量文本之间的相似性。它采用词项 - 文档矩阵来构建多个文档的数学模型，其中，一个向量代表一个文本（如文本词频特征向量），并施以空间向量的运算来刻画多个文本向量间的语义相似性。整个计算过程简单且直观易懂。

度量文本语义的相似度时，夹角余弦值等向量空间相似度度量方法是常用的方法：$\cos\theta = \frac{v_1 v_2^T}{\| v_1 \| \cdot \| v_2 \|}$。其中，$v_1$ 和 v_2 是两个文档的特征向量，$\| v_2 \|$ 和 $\| v_2 \|$ 是向量的模，余弦值越大，表示这两个文档的内容越相似，反之亦然。

向量空间模型可应用于不同的文本分析、文本可视化和信息检索任务中。例如，使用向量空间模型度量文档彼此间的相似性，或查找哪个文档最匹配用户的查询等。另一个间接应用是帮助用户理解整个文本集合内在的特征模式，如文档聚类和主题分布。

3. TF-IDF

对于向量空间模型来说，为文档中的每个词合理地分配权重非常重要。例如，上文介绍的文本相似性度量的计算中，每个词的权重对最后的相似性度量影响很大。在很多词的权重分配模型中，Term Frequency-Inverse Document Frequency（TF-IDF）是最常用的方法 [Salton1983]。TF-IDF 用以评估一个单词或字对于一个文档集或一个语料库中的其中一份文档的重要程度，其核心思想是：字词对于某个文档的重要性随着它在这个文档中出现的次数成正相关增加，但同时会随着它在文档集中出现的频率而负相关下降。其中，$Tf(w)$ 是词 w 在文档中出现的次数，$Df(w)$ 是文档集中包含词 w 的文档数目，N 代表文档的总数。

这引申出定义 $Tf\text{-}Idf(w) = Tf(w) * \log\left(\frac{N}{Df(w)}\right)$。

本质上，$Tf\text{-}Idf(w)$ 代表词 w 对于某个文档的相对重要性，这和我们对词的重要性的直观认识一致——如果一个词对于某个文档越重要，那么它就越多地出现在该文档中（$Tf(w)$ 值较大），并且越少地出现在其余的文档中（$Df(w)$ 值较小）。也就是说，我们对在一个文档中经常出现，但不常在文本集合中的所有文档中出现的词感兴趣，因为这类词是具有区分度的。

N 元语法

N 元语法（N-grams）是一种常用的语言模型，可用于估计文本中某个单词序列出现

的概率。根据相对频率计数估计概率是最直接的概率估计方式。但语言往往具有创造性，即使在互联网中搜索某个完整的语句，也难以找到完全一致的匹配项，因此我们无法获取足够大的语料库来计算一个合适的概率分布。N 元语法利用了概率计算的链式规则，将一个单词序列出现的概率转化为在这个单词序列中所有单词在已有单词的基础上出现的条件概率，并通过 N-1 阶马尔可夫链原理，将每个单词出现的条件概率简化为在已有的 N-1 个单词的基础上的条件概率。某个单词序列出现的概率被定义为

$$P(w_1{}^n) \approx \prod_{k=1}^{n} P(w_k | w_{k-N+1}^{k-1})$$

其中，$w_1{}^n$ 表示一个长度为 n 的单词序列 $w_1w_2\cdots w_n$，w_k 为这个单词序列中出现的第 k 个单词，w_{k-N+1}^{k-1} 为出现的 $w_{k-N+1}w_{k-N+2}\cdots w_{k-1}$ 单词序列。当 N 分别取 1、2、3 时，N 元语法又被称为一元语法（Unigram）、二元语法（Bigram）、三元语法（Trigram）。在计算 N 元语法出现的概率时，通常使用最大似然估计法（Maximum Likelihood Estimation, MLE）。

9.2.2.2 语法级模型

树结构模型

语法分析树（或分析树，Parse Tree）[Carnie2013] 是一种用于反映文本语句及其语法关系的有序树结构。语法分析树可按照短语结构语法（Phrase Structure Grammar）或依存语法（Dependency Grammar）中的依赖关系来生成。以基于短语结构语法的语法分析树为例（见图 9.2），它区分了语法结构中的终端和非终端节点，树结构的叶节点用来表示终端节点，而内部节点则表示非终端节点。

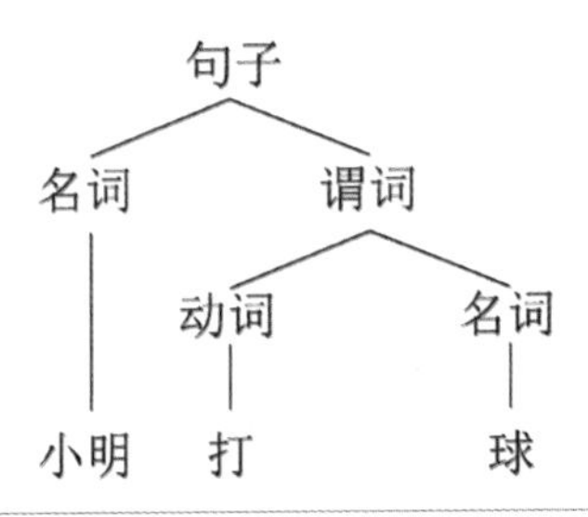

图 9.2 基于短语结构语法的语法分析树

常用的语法分析树构建算法分为自顶向下和自底向上两类。自顶向下算法从树结构的根节点开始构建，包括上下文无关语法、概率上下文无关语法、Earley 算法等；自底向上算法则相反，它从树结构的叶节点开始构建，包括 Cocke-Kasami-Younger 算法等。自顶向下和自底向上两种算法各有优缺点，其中自顶向下算法能够尽可能避免搜索不可能在给

定根节点的树中找不到位置的子树；而自底向上算法则能够避免搜索不以实际输入为基础的树。

9.2.2.3 语言义模型

主题抽取

主题模型指从语义级别描述文本集合内各个文本的语义内容，即文本的主题描述。主题模型将文本数据建模为如图 9.3 所示的模型，一个文档的语义内容可描述为多个主题的组合表达，而一个主题可认为是一系列词的概率分布或权重分布。

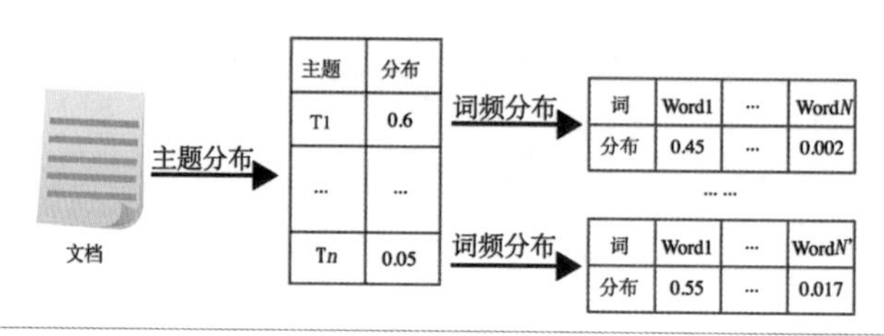

图 9.3 基于主题的文本信息模型。

文本主题的抽取算法大致可分为两类：一类是基于矩阵分解的非概率模型，一类是基于贝叶斯的概率模型。

- 在非概率性方法中，词项 - 文档矩阵被投影到 K 维空间中，其中，每个维度代表一个主题。在主题空间中，每个文档用 K 个主题的线性组合表达而成。隐含语义检索（Latent Semantic Indexing, LSI）[Deerwester1990] 是代表性的非概率模型，它基于主题间的正交性假设，采用 SVD 分解词项 - 文档矩阵。
- 在概率性的主题模型算法中，主题被看成多个词项的概率分布，文档理解为多个主题的组合而产生。一个文档的内容是在主题的概率性分布基础上，从主题的词项分布中抽取词条而构成。其中，概率隐含语义检索（Probabilistic LSI, PLSI）[Hofmann1997] 和 Latent Dirichlet Allocation（LDA）[Blei2003] 是广泛使用的方法。对于这方面的知识，请阅读 [Blei2003] [Blei2011]。

关于不同主题模型的对比可以参考 [Alexander2016]。

词嵌入模型

词嵌入是自然语言处理中语言模型和表征学习技术的统称。它将每个单词表示为一个高维向量（常见的表示包括独热表示、分布式表示等），再将这个高维向量嵌入一个低维连续向量空间中。每个单词或词组最终被映射为实数域上的向量，从而可以更方便地刻画目标词与上下文的关系。

word2vec 是一种用来实现词嵌入的工具，它依赖 Skip-grams 或连续词袋（Continous Bag of Words, CBOW）模型来建立神经网络。这种方式能够更快、更好地训练向量空间模型，得到词向量。其中，Skip-grams 模型给定若干词围绕某个给定词 w，根据给定词 w 计算它前后出现某个或某几个词的概率 $p(c|w)$；CBOW 模型则根据给定词 w 的周围围绕词来计算给定词出现的概率 $p(c|w)$。更详细的介绍请阅读 [Mikolov2013a][Mikolov2013b][Goldberg2014]。

9.3 文本内容可视化

文本内容的可视化是以文本内容作为信息对象的可视化。通常，文本内容的表达包括关键词、短语、句子和主题，文档集合还包括层次性文本内容，时序性文本集合还包括时序性变化的文本内容。本节介绍基于关键词、主题阐述单文本、文档集合和时序性文档集合的可视化方法。

9.3.1 基于关键词的文本内容可视化

关键词是从文本的文字描述中提取的语义单元，可反映文本内容的侧重点。关键词可视化指以关键词为单位可视地表达文本内容。关键词的提取原则多种多样，常见的方法是词频，即越是重要的单词，其在文档中出现的频率越高。

标签云

标签云（Tag Cloud[Viégas2008]，又名 Text Cloud、Word Cloud）是最简单、最常用的关键词可视化技术，它直接抽取文本中的关键词并将其按照一定顺序、规律和约束整齐美观地排列在屏幕上。关键词在文本中具有分布的差异，有的重要性高，有的重要性低。标签云利用颜色和字体大小反映关键词在文本中分布的差异，比如，用颜色或字体大小，或者它们的组合来表示重要性，越是重要的词汇，其字体越大，颜色越显著，反之亦然。标签云可视化将经过颜色（或字体大小）映射后的字词按照其在文本中原有的位置或某种布局算法放置。如图 9.4 所示的是著名的“I have a dream”演讲 [King1963] 的标签云可视化结果。

图 9.4 标签云可视表达“I have a dream”的内容。字体和颜色与单词在文章中的重要性（即词频）正相关。

Wordle[Viégas2009] 是另一种广泛应用的标签云衍化技术。和标签云方法一样，Wordle 利用颜色和字体映射关键词的重要性，但 Wordle 在空间利用和美学欣赏方面有所提升。用户可自定义画布填充区，比如正方形、圆形或花瓶形状等。为了既满足画布的约束又提高空间利用率，Wordle 改进了关键词的布局算法。首先，Wordle 定义空间填充的路径，并初始化每个单词的初始位置为路径的起点。此外，降序查找每个单词的位置。路径定义的多样性，使 Wordle 可以实现各种美观的布局效果图。如图 9.5 所示的是 Wordle 可视表达“I have a dream”的结果，它的布局策略如图 9.6 所示。Wordle 布局算法伪代码如下：

```
sort words by weight in descending order;
  FOR EACH word w:
     position of w= an initial point;
     WHILE w intersect with other words
        update position of w;
  END
END
```

图 9.5 Wordle 可视表达“I have a dream”的内容。图片产生自 wordle.net[Wordle]。

图 9.6 采用螺旋形布局的 Wordle 可视化结果。每个关键词从画布中心按螺线方式寻找位置，文字的排列方向包括横向和竖向。考虑到布局的紧凑性，Wordle 按其重要性降序布局关键词，即先布局占据空间较大的关键词。图片在 wordle.net[Wordle] 辅助下完成。

EdWordle[Wang2018] 是传统 Wordle 的一种拓展形式，是一种可持续编辑词云的方法。EdWordle 的核心是允许用户移动和编辑单词，同时保留其他单词的邻域。它通过将约束性刚体仿真与局部 Wordle 算法相结合，来更新词云并创建紧凑的布局。EdWordle 的一致性和稳定性使用户能够创建新形式的词云，例如故事云。如图 9.7 所示为 Wordle（左图）与 EdWordle（右图）的布局效果对比。

图 9.7 一位专业作家对一则 BBC 新闻词云的布局调整。左：Wordle 布局；右：使用 EdWordle 创建的布局。在 EdWordle 布局中，作家将相关的单词组成具有语义的群组，每个群组为一则故事。每个群组在空间上组织在一起并进行颜色编码，从而创建了一个“故事云”的布局。

文档散（DocuBurst）

文档散（DocuBurst）[Collins2009a] 不仅采用关键词可视化文本的内容，还借鉴这些关键词汇在人类词汇中的关系来布局关键词。在人类词汇中，单词间存在语义层级关系，即有些词是其他词元的下义词，而在一篇文章中，单词和其下义词往往是并存的。为了从词汇间的语义层次角度可视总结文档的内容，DocuBurst 采用径向布局，外圈的词汇是里圈词汇的下义词，圆心处的关键词是文章所涉及内容的最上层概述。每一个词的辐射范围覆盖其所有的下义词。如图 9.8 所示，采用文档散方法可视总结一个文档中关于“energy”方面的词汇，颜色的饱和度编码每个词出现的频率，高词频对应着高饱和颜色。通过可视化不仅可以看出这本书与能源有关，而且可以看出它具体描述的是能源的哪些方面。

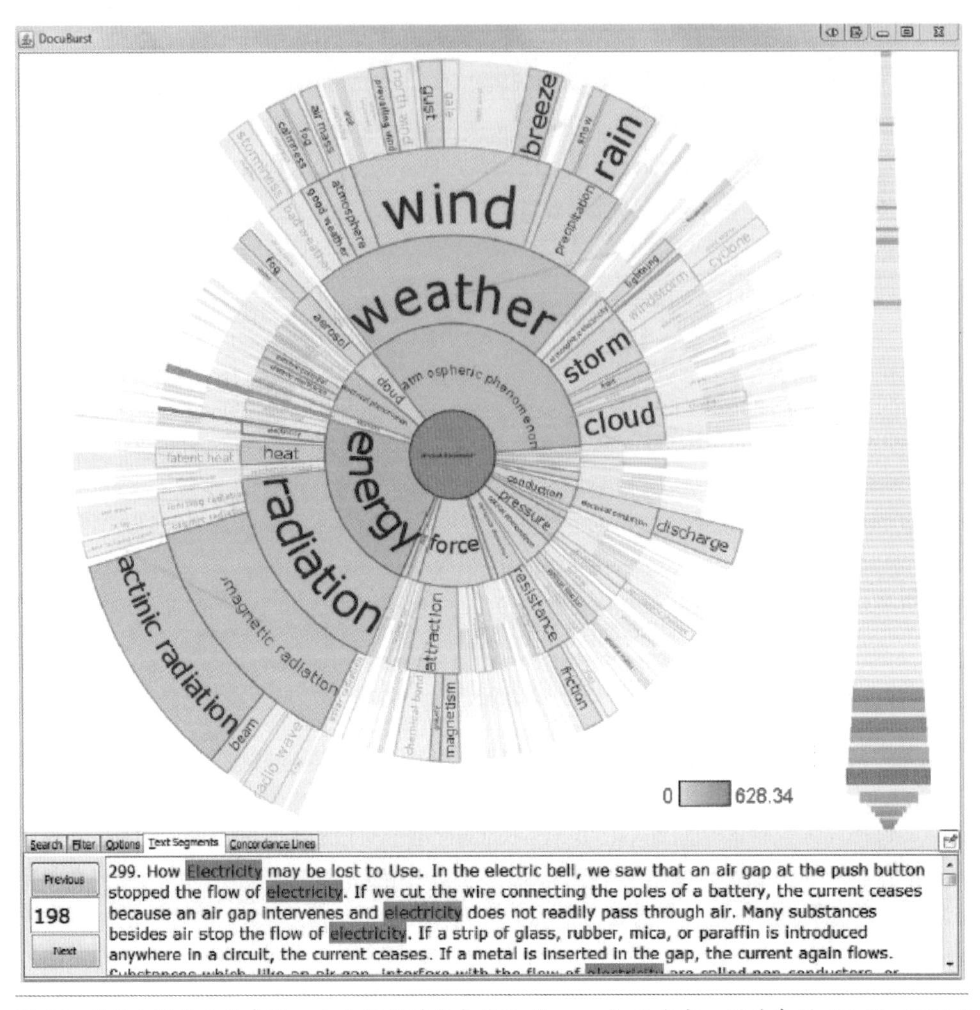

图 9.8 采用文档散方法表达一本自然教科书中关于“energy”的内容。图片来源：[Collins2009a]

文档卡片（Document Cards）

文档卡片法[Strobelt2009]采用文档中的关键图片和关键词来可视地呈现文档的内容。文档集合中每个文档的关键词和关键图片被紧凑地布局在一张卡片中，成为一张“扑克牌”，这样便于用户在不同尺寸的设备中查看和对比每个文档的信息，如图 9.9 所示。其中，关键图片指采用智能算法抽取图片并根据颜色直方图进行分类后，从每一类图片中选取的代表性图片。

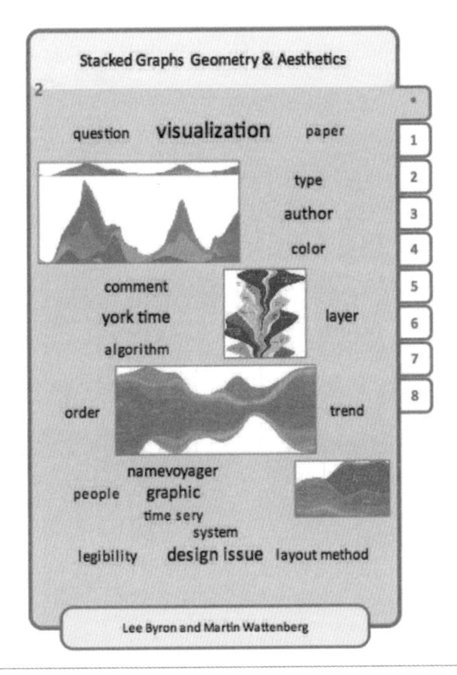

图 9.9 采用文档卡片法对一篇 InfoVis 论文的可视化结果。图片来源：[Strobelt2009]

9.3.2 时序性的文本内容可视化

对于具有时间和顺序属性的文本，文本内容具有有序演化的特点。比如，一篇长篇小说有故事情节的发展变化；新闻热点随着时间的推移而发生变化。

主题河流（ThemeRiver）

主题河流（ThemeRiver）[Havre2000] 是一种经典的展现文本集合中主题演化的可视化方法，它采用河流作为可视原语来编码文档集合中的主题信息，将主题隐喻为时间上不断延续的河流。这种方法提供了宏观的主题演化结果，辅助用户观察主题的产生、变化和消失等。如图 9.10 所示，横轴表示时间，每一条河流代表一个主题，河流的宽度代表其在当前时间点上所有文本主题中所占的比例。多个主题流叠加在一起，用户既可以看出特定时间点上主题的分布，又可以看到多个主题的发展变化。

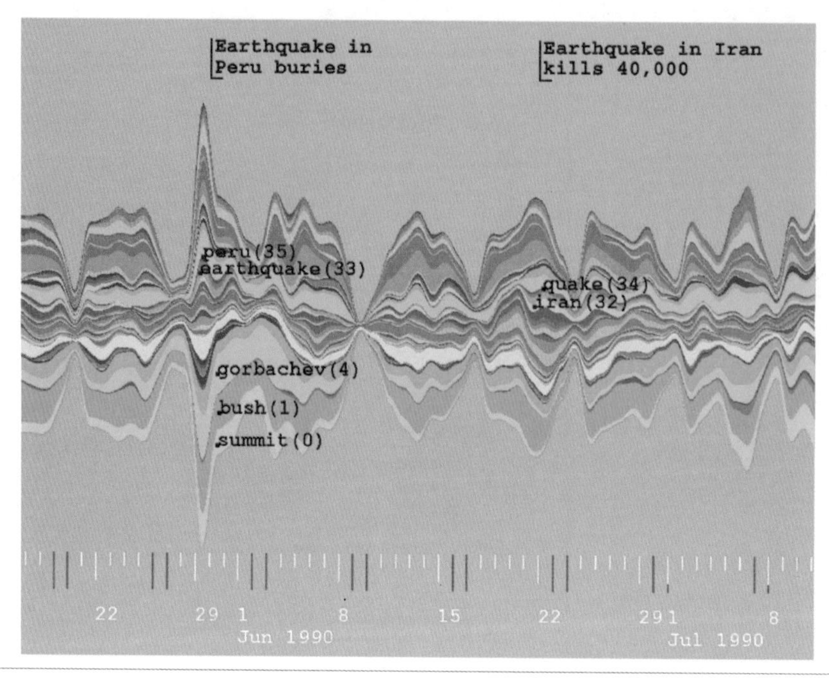

图 9.10 采用主题河流可视表达 1990 年 6 月至 8 月间 AP 新闻数据的主题演变。
图片来源：[Havre2000]

TIARA

主题流在辅助用户理解每个时间段的主题内容方面存在局限性：只能将每个主题在每个时间刻度上概括为一个简单的数值，而一个简单的度量数值常常不足以完整准确地描述主题所包括的细节内容。为此人们对其做了进一步的扩展，如 TIARA[Liu2012] 和 TextFlow[Cui2011]。与主题河流方法相比，TIARA 系统 [Liu2012] 不仅使用了更为有效的文本分析技术，而且改进了布局算法，并在可视化中加入了能够帮助用户理解文本主题的关键词信息。如图 9.11 所示，TIARA 将标签云技术与主题流结合，用其来描述文本主题在内容上随时间推进而发生的变化。此外，TIARA 为每个文本主题在每个时间点上提取出不同的关键词，然后将这些词排布在相应色带上的相应位置，并用词的大小表示关键词在该时刻出现的频率。为了紧凑美观地排列主题支流，TIARA 系统还设计了一系列自动调节支流顺序的算法。

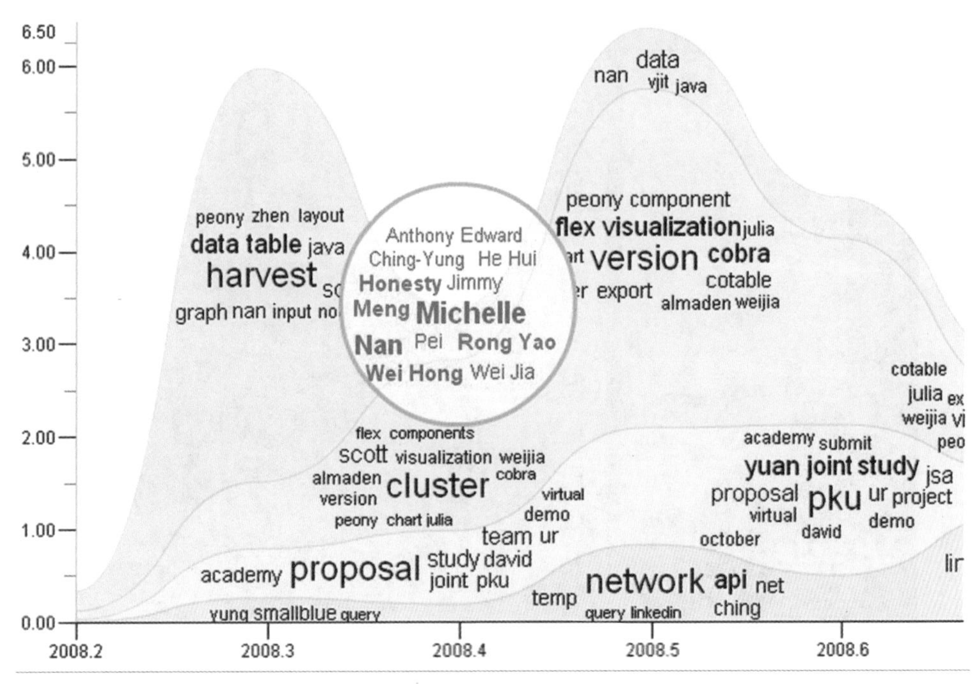

图 9.11 采用 TIARA 可视化邮件内容，其中每一个条带代表一个主题，辅助用户更好地理解各个主题的关键词信息以文本云的形式结合在主题流中。图片来源：[Liu2012]

历史流（History Flow）

除了时序性主题可视化，文本内容的文字随着时间推移而发生的变化也是用户分析所需要观察的。众所周知，维基百科上的文章由众多作者共同维护，每一个作者的维护都会产生新的版本。历史流（History Flow）[Wattenberg2007] 方法的设计初衷是可视地表达每个版本的维护者和他们所做的修改。如图 9.12 所示，可视化了维基百科上一篇词条为“Abortion”的文章随着时间推移所发生的版本变更。每一个纵轴代表文章的版本更新时间点，按照版本顺序从左至右排列，纵轴间距代表两个版本的时间间隔；每一种颜色代表一个作者；在同一个时间轴上，色块代表相应的作者所贡献的文字块，并且色块的位置代表该文字块在文章中的顺序；在相邻的时间轴上，相同的文字块相互连接。由此，我们可以看出文字的插入、删除和添加等修改。

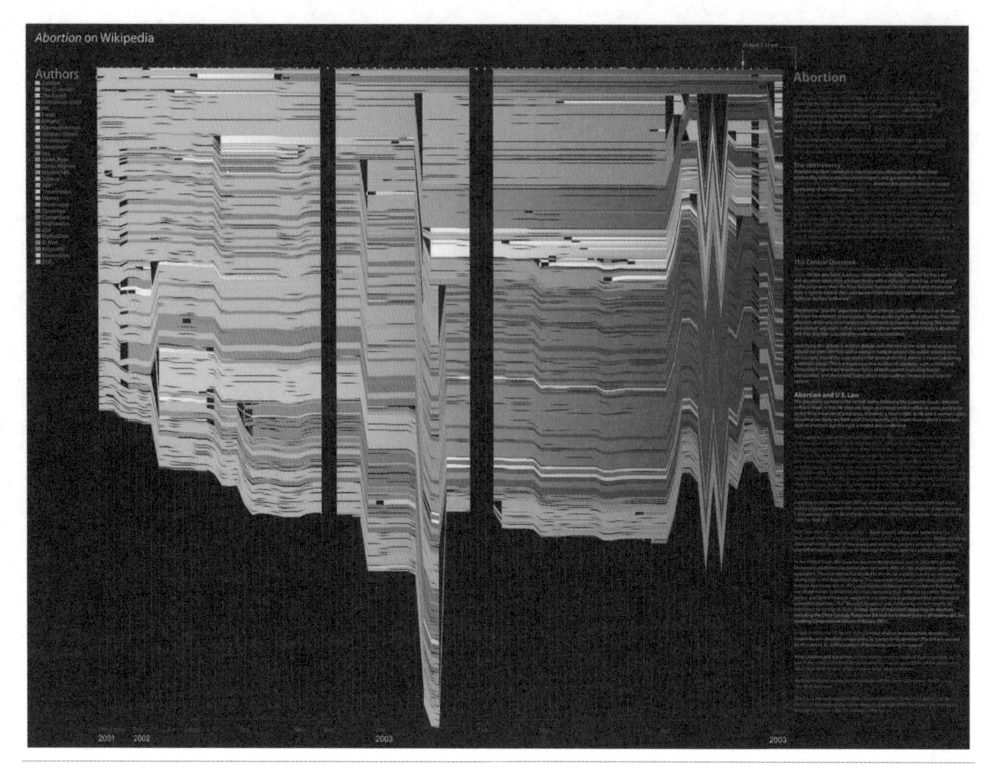

图 9.12 采用历史流方法可视化维基百科中“Abortion”词条的修订信息。
图片来源：[Wattenberg2007]

9.3.3 文本特征的分布模式可视化

除了关键词、主题等总结性文本内容，文本可视化还可用于呈现文本特征在单个文档或文档集合中的分布模式，如关键词、句子的平均长度及词汇量等。

文本弧（TextArc）

语义单元，如单词、短语等，在文档中的分布模式也是用户关心的文本信息。文本弧（TextArc）[Paley2001] 方法可用来可视化一个文档中的词频和词的分布情况，如图 9.13 所示。整个文档用一条螺线表示，文档的句子按照文字的组织顺序有序地布局在螺线上，即螺线开头是文章的首句，末尾是文章的结尾句子。画布中间填充的是文档中出现的单词，字体和颜色饱和度表示对应的词频。单词的放置位置由单词出现的位置和频率决定，即在全文各处出现频繁的词汇靠近画布中心，而在局部频繁出现的单词靠近其相应的螺线区域。用鼠标单击后，单词以自身为中心发出射线指示其在文档中出现的位置。同时，含有所选单词的句子用绿色高亮表示。

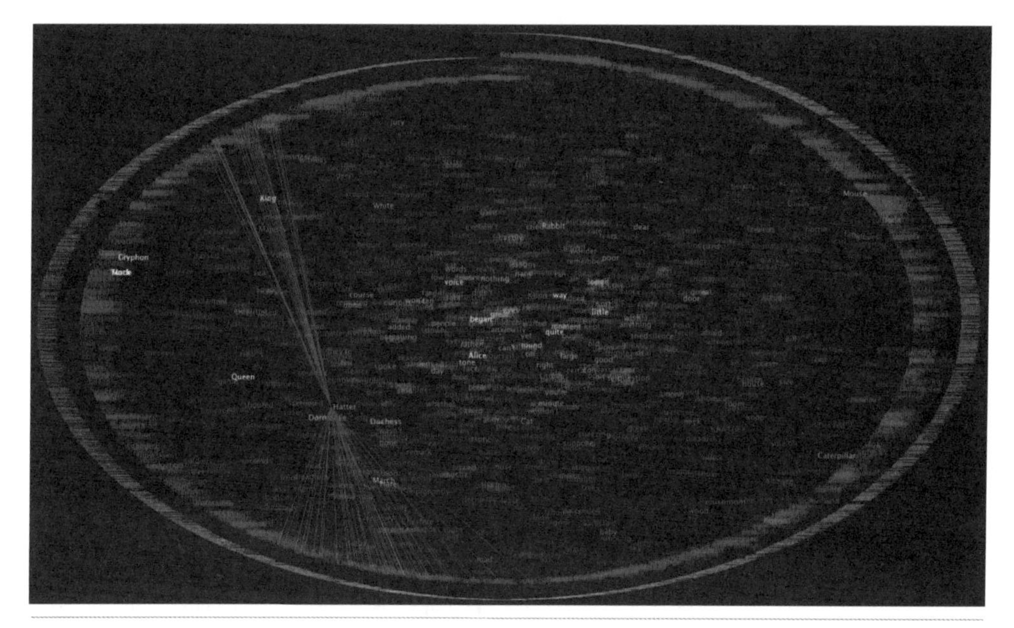

图 9.13 采用文本弧方法可视化 *Alice in Wonderland* 全文的单词分布。用户单击单词“Hatter”，即可通过橙色的射线查看这个单词在全文的分布。图片来源：[Paley2001]

文献指纹（Literature Fingerprinting）

文献指纹（Literature Fingerprinting）[Keim2007] 方法帮助用户了解某一特征在全文中的分布规律。不同于 TextArc，它将特征在整个文本中的分布用一系列像素图（Pixel Chart）表达，这些像素图称为文献特征指纹。文献指纹法可呈现特征的全局分布情况，方便用户对比信息的分布差异。在图 9.14 所示的实例中，句子的平均长度是文本度量特征，用于辨识作者的写作风格。每一个像素块代表一段文本，像素块颜色的不透明度代表该文本段的句子平均长度，一组像素块代表一本书的“句子平均长度指纹”。

文本特征透镜（Feature Lens）

文本特征透镜（Feature Lens）[Don2007] 方法用于可视化文本特征在一个文档集合中不同粒度的分布情况，如关键词、短语和句子的频率。利用自身包含的文本挖掘模块提取出集合中频繁出现的文本特征后，Feature Lens 可视化不同层级的文本特征分布，使用户既可概括性地查看文本特征在文本集合中的分布，还可查看在单个文本中的分布。Feature Lens 采用了直方图度量频率分布的情况，并用三个视图来展示统计结果，如图 9.15 所示。

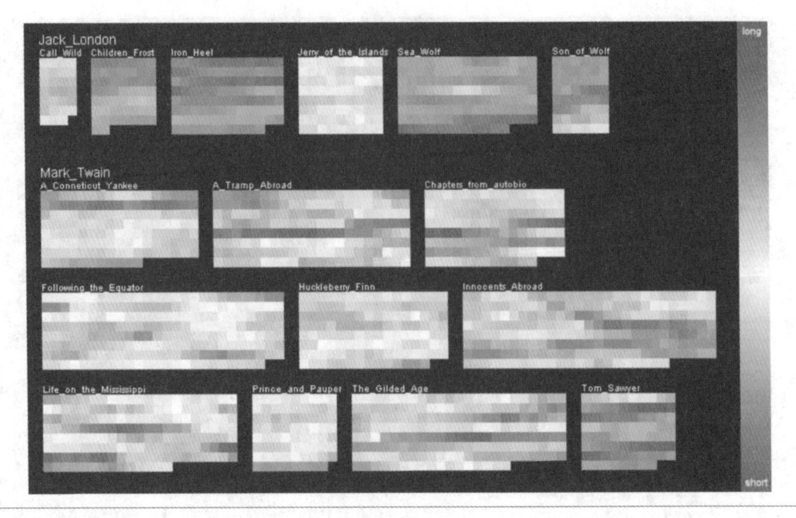

图 9.14 采用文献指纹法可视化 Mark Twain 和 Jack London 的写作风格的差异。每一个像素块代表一段文本，一组像素块代表一本书。颜色映射到写作度量特征值，在本图中是平均句子长度。从图中可以看出，Jack London 的平均句子长度和 Mark Twain 的不同。图片来源：[Keim2007]

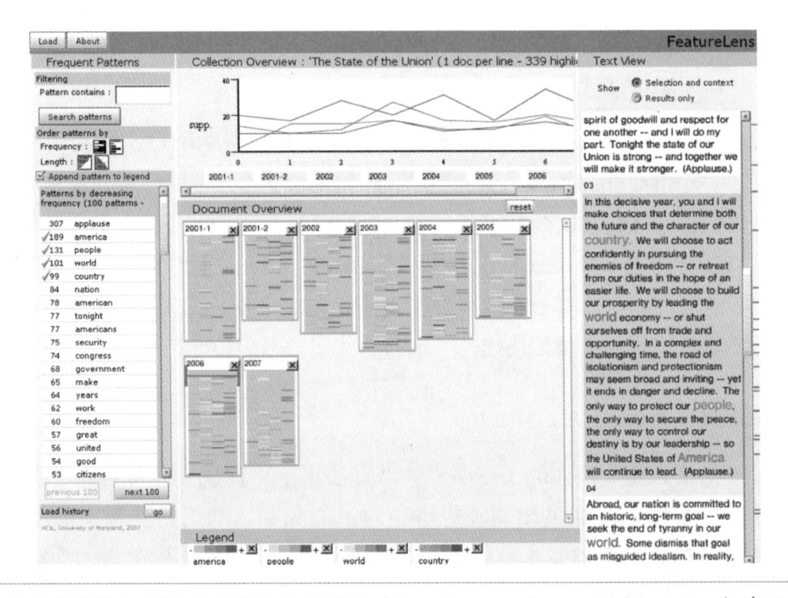

图 9.15 采用文档特征透镜法可视化 4 个词项（America, people, world 和 country）在 8 篇演讲文档中的分布情况。演讲时间作为每个文档的标签。中间上方的文档集合视图利用折线图概括性可视化每个词项在文档集合中的分布，中间下方的文档视图可视化 4 个词项总结在单个文档中的分布。每个文档可视化为一个子窗口，窗口中的每列代表一个词项，每行代表一个段落。颜色条指示词项在文档中各个段落的分布情况。用户可在文档视图中选取文档，并利用右方的文本视图可视化 4 个词项在文本文字中的分布。图片来源：[Don2007]

平行标签云

平行标签云（Parallel Tag Clouds）[Collins2009b] 结合平行坐标和标签云技术可视化文本的不同层面的特征与信息。如图 9.16 所示，平行坐标的每一列代表用户感兴趣的某一层面的文本信息，每一列的标签云可视化该层面的文本内容。折线可视化用户感兴趣的关键词在不同层面的分布情况。这种方法有助于用户直观地比较不同层面的文本内容的差异。

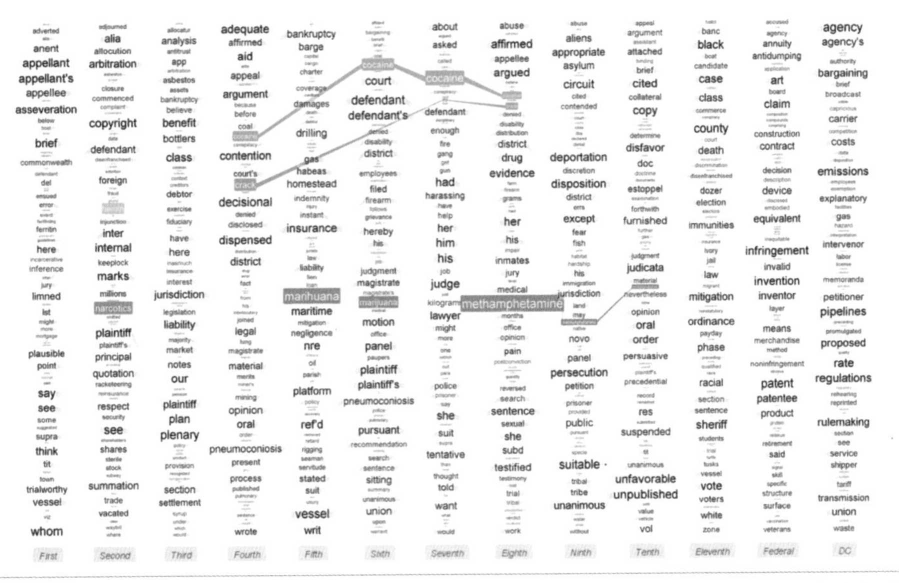

图 9.16 平行标签云方法直观地呈现了不同时间段某法庭的案件记录中不同层面的文本内容差异。同一层面的信息用平行坐标的一个轴表示，其文本内容利用标签云布局在坐标轴上。图片来源：[Collins2009b]

Poemage

Poemage[McCurdy2016] 是可视化与抒发万千情感的诗歌紧密结合的产物。Poemage 用如诗歌一样浪漫的表达方式来表现诗歌韵律的拓扑结构，包括诗歌的空间、韵律与韵律拓扑。它将每首诗歌编码为一个流，每一条代表韵律关系的线就是一个细流，其穿梭在整个流之中。这些细流形成的蜿蜒形状避免了有边经过与其无关的点而产生干扰。通过这种可视化方式，包含了多种韵律的单词会有许多细流经过，就像处在湍流之中；韵律拓扑涉及的单词用椭圆形高亮显示出来，就像往水流中扔鹅卵石一样。图 9.17 描述了诗歌 Machinations Calcitede 的韵律结构。

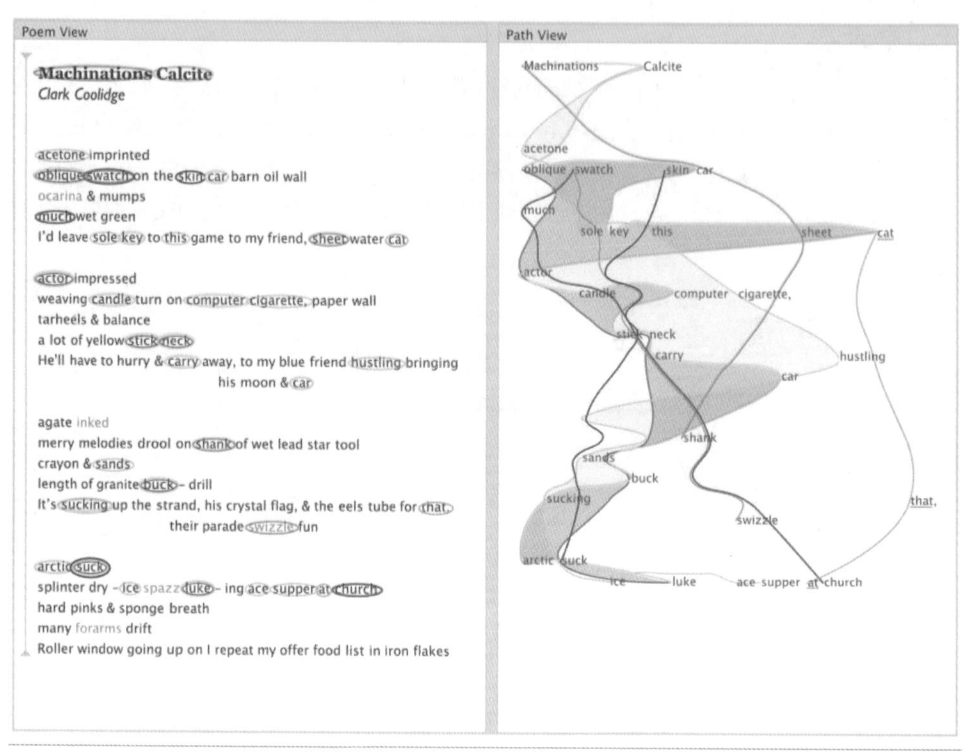

图 9.17 Poemage 通过河流的隐喻表现诗歌的韵律及其韵律拓扑。

9.3.4 文档信息检索可视化

在进行信息检索时，采用可视化方法辅助用户了解检索结果，并揭示结果的分布规律，可以显著提升用户的搜索体验，帮助评估搜索结果。常用于可视化的检索细节包括检索文档、查询项的相似性和检索文档所涉及的词汇等。

TileBar

传统的搜索结果采用字体加粗或高亮技术显示用户检索文档的匹配程度，与传统的方法不同，TileBar 方法 [Hearst1995] 使用丰富的可视技术帮助用户分析检索到的每篇文档和查询项间的匹配程度的信息。如图 9.18 所示，颜色条代表用户的单次查询项的结果。检索的每个文档用一个矩形表示，矩形的宽度代表文本的长度。矩形进一步细分为多列，代表每个文本块。每个查询项在矩形内分配了一行。每个色块的灰度代表其相应的文本与查询项的匹配度。灰度级在整个文本中呈现的特征可提示用户，其输入的查询项在这个文档中的重要性。TileBar 为用户提供了一个关于文档长度、查询项频率和查询项分布的视觉搜索反馈机制。

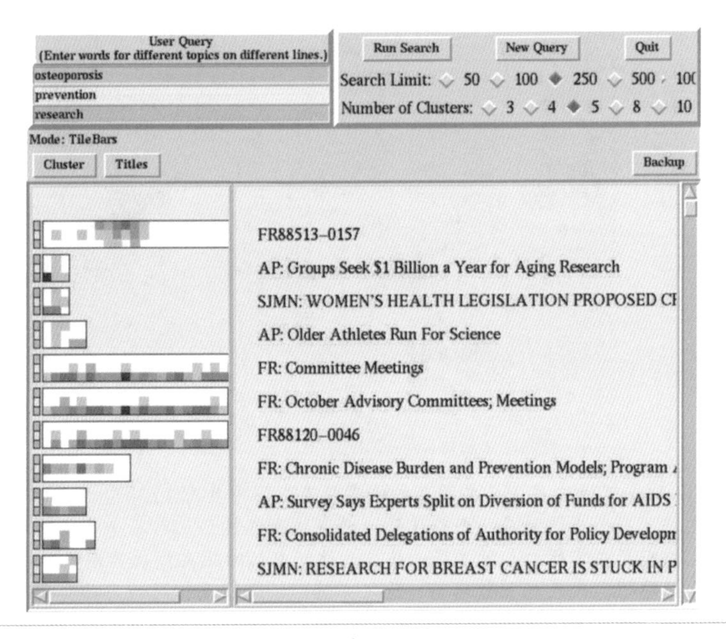

图 9.18 TileBar 可视化用户的检索结果。图片来源：[Hearst1995]

Sparkler

Sparkler[Havre2001] 通过可视化提供了查询项和检索到的文档集之间匹配程度的概览，也可用于比较不同查询项的检索结果之间的差异。Sparkler 方法的核心原理是采用点之间的距离代表文档和查询项的匹配程度，即距离越短，匹配度越高，反之亦然。为了便于比较多个查询项的检索结果集的差异，Sparkler 方法采用了径向布局方式。每个扇区代表一个查询项，圆心点代表查询项的位置，每个点代表一个文档。文档的匹配程度则通过文档块到圆心的半径表示。一个文档在不同查询项下的匹配差异可通过鼠标交互点击文档点完成，当一个文档点被点击后，它在其他查询项扇区的匹配位置会高亮显示。图 9.19 展示了关于日本贸易的检索结果的 Sparkler 可视化实例。

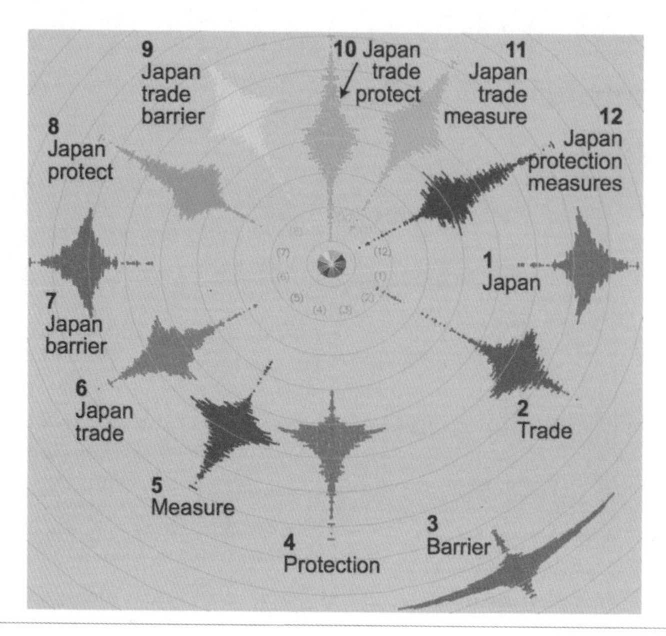

图 9.19 Sparkler 可视化关于日本贸易的检索结果。图中共有 12 个查询项。每个像素块是一个文档，每个扇区对应一个查询项，并利用颜色区分。对每个查询项而言，其检索到的文档布局在其所对应的扇区，并且文档到中心的距离代表其内容与查询项的匹配程度，距离越短，代表相关性越高，反之亦然。匹配程度相同的文档布局在同一个圆弧上。图片来源：[Havre2001]

9.3.5 软件可视化

软件可以看成一种特殊的文本。对软件设计、软件系统以及代码进行可视化一直是可视化领域的研究热点之一。

SeeSoft

在图 9.20 中，SeeSoft[Eick1992] 方法着眼于可视化每行代码的信息，例如相关的程序员、修改日期和修改量等。每列代表一个源码文件，其高度代表文件的大小。如果一列放置不下，源码文件可分为两列，甚至多列。每行代表一行代码。考虑到一行代码非常长，SeeSoft 方法采用一行颜色块代表一行代码。颜色代表调用次数，颜色越红，表示其被调用越频繁，是一个关键代码。蓝色表示不经常被调用的代码行。颜色也可用于表示其他特征。

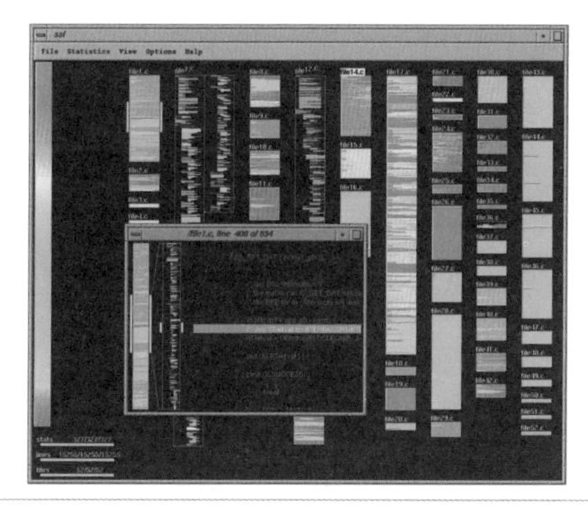

图 9.20 采用 SeeSoft 方法可视化代码文件。图片来源：[Eick1992]

Code_Swarm

Code_Swarm[Ogawa2009] 是一个对软件开发过程可视化的软件，主要考虑三个因素：开发和维护的文档类型、文档的提交时间和项目的参与人员，如图 9.21 所示为 Python 语言的开发过程。图 9.21（a）描述了 Code_Swarm 的图元设计。其中，（A）用颜色区分文档类型，红色代表源码，蓝色代表项目文档；（B）和（C）每个圆圈代表一个项目参与人员，圆环中心标注人名，组成圆圈的小圆代表一个文档，其颜色的不透明度指示文档的提交时间，且颜色越偏透明表示文档的提交时间越早；（D）用直方图可视化每一时间段提交的两类文档类型的数量；（E）文档的提交时间。图 9.21（b）为 1992 年 11 月 2 日 Python 开发的情形，大部分的文档提交是由 Guido van Rossum 完成的。时间推进到 2000 年 11 月 3 日（见图 9.21（c）），Python 越来越受欢迎，吸引许多人加入其开发维护中。

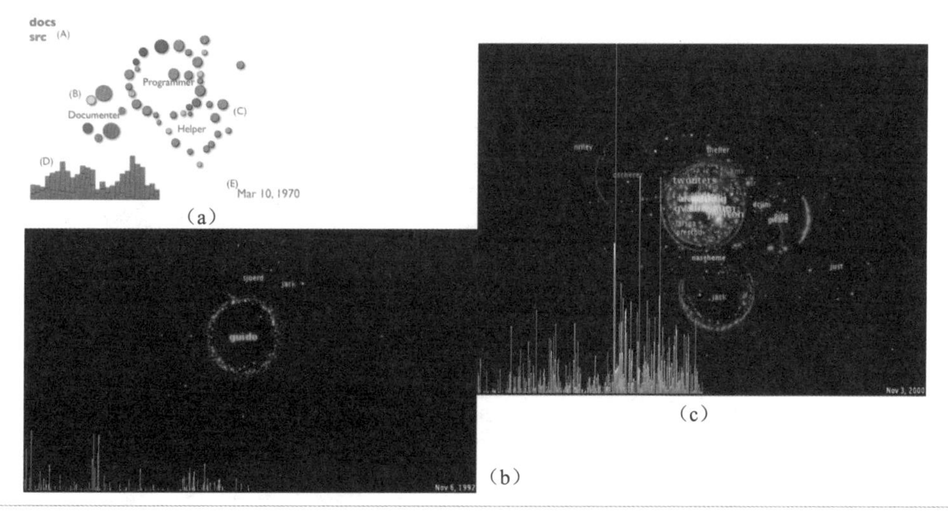

图 9.21 Code_Swarm 软件可视化系统。图片来源：[Ogawa2009]

9.4 文本关系可视化

基于文本关系的可视化旨在可视表达文本或文档集合（Corpus 或 Document Collection）内蕴含的关系信息，比如文本之间的引用、网页之间的超链接关系、文本间内容的相似性和文档集合内容的层次性等。各种图的布局和投影是常用的表达文本关系的可视化方法。

9.4.1 文档相似性可视化

多个文档之间的相似和差异是人们对一个文档集合非常感兴趣的问题。由于逐一显示每个文档中的特征或词语并不现实，所以通常对单个文档定义一个特征向量，利用向量空间模型计算文档间的相似性，并采用相应的投影技术呈现文档集合的关系。主元分析[Jolliffe1986]（Principal Component Scaling, PCA）、多维尺度分析（Multidimensional Scaling, MDS）[Borg2005]和自组织映射（Self-organizing Map, SOM）[Kohonen1990]是常用的投影算法。

星系视图（Galaxy View）

星系视图（Galaxy View）[Wise1999]采用仿生的方法可视表达文档间的相似性。每个文档被看成星系中一颗星星，通过投影的方法将所有文档按照其主题的相似性投影为二维平面的点集，点之间的二维距离与其主题相似性成正比，即主题越相似的文本所对应的点位置越相近，反之亦然。如图 9.22 所示，当用户查看文档点的分布时，犹如在观看星空。密集的点簇代表文档集合中有很多关于描述同一类主题的文档，点越多越密集代表这一类文档的数量越多，多个点簇反映了文档集合涉及的不同主题内容。

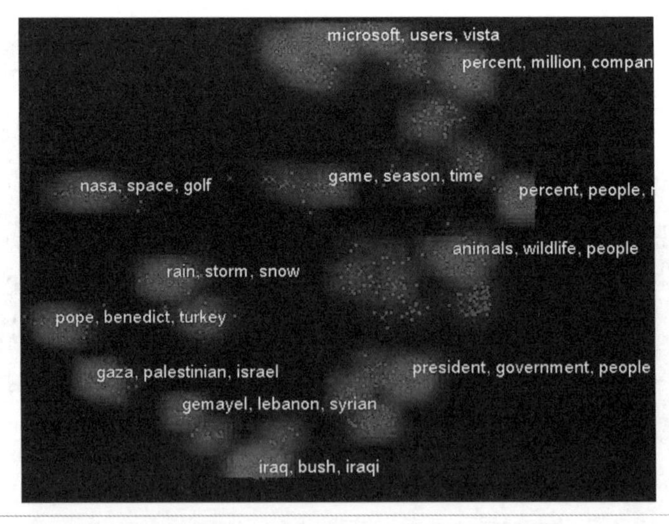

图 9.22 采用星系视图方法可视化数百个文档的主题相似性。图片来源：[IN-SPIRE]

主题地貌（ThemeScape）

主题地貌（ThemeScape）[Wise1999] 是对星系视图方法的一种改进——在其所计算的文档投影位置的基础上，采用等高线的方式可视表达文档集合中相似文档的分布情况（见图 9.23）。文档位置分布的疏密程度映射为山体高度，等高线和颜色共同刻画文本分布的密度。文档越相似，则点分布越密集，从而等高线越紧密，颜色越显著。山峰直观简洁地可视化文档集合中涉及的中心主题。主题地貌方法比星系视图方法更直观地揭示了文档集合的主题分布和每个主题所涉及的文档数量的差异性对比。

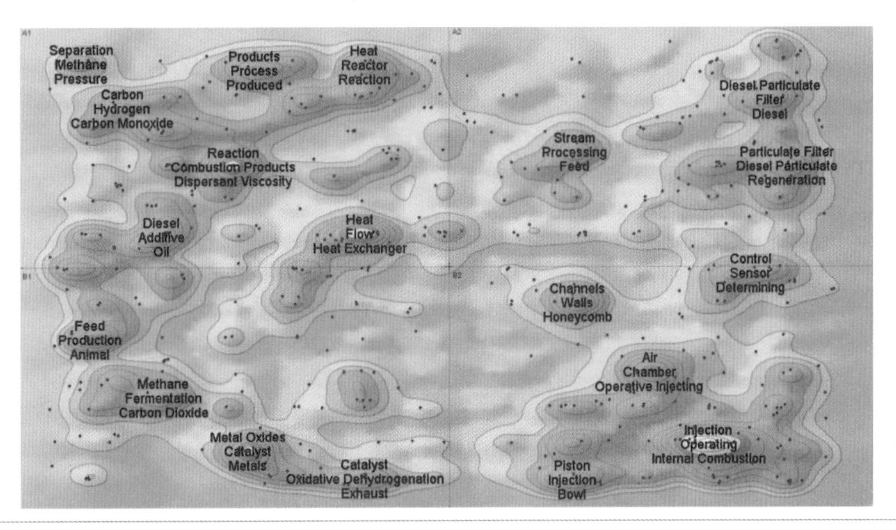

图 9.23 采用主题地貌方法可视表达 2600 篇专利文献。图片来源：[ThemeScape]

基于范例的大文本集合投影

常见的文本投影方法一次性将所有文本投影到二维空间中，如果数量过大，则可视化结果比较混乱。此外，上万个文本一次性投影到空间中，文本点之间的重叠是不可避免的。基于范例的大文本集合投影方法 [Chen2009] 先将少量样例文本投影到二维空间，再根据用户选取的样例，后续选择一些相关的文本投影在二维空间中。详细的算法过程见 [Chen2009]。在图 9.24 中，（a）是所有的文本全部投影在二维空间中的结果；（b）显示了每类文本中代表性文档的二维投影；（c）是在（b）中用矩形框选中的样例文本的投影结果。

StarSPIRE

除常用的投影方法外，还可以构造图结构描述文档间的相似性。StarSPIRE[Bradel2014] 在力引导布局的基础上，提出了多模型语义交互的流程（见图 9.25），用户可以进行交互的空间化，将其数据知识外化。然后将这些相互作用转换为参数反馈给多个内在的模型，以便更新数据的空间表示来反映这些变化。

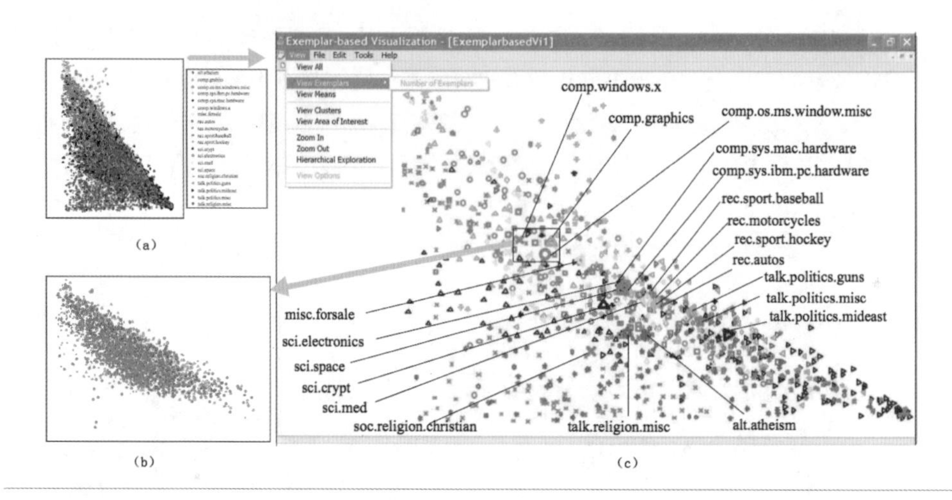

图 9.24 将基于范例的大文本集合投影方法应用于 20 个 Newsgroups（18864 documents, 20 topics）。一种颜色代表一类文本，每个小图元代表一个文本。图片来源：[Chen2009]

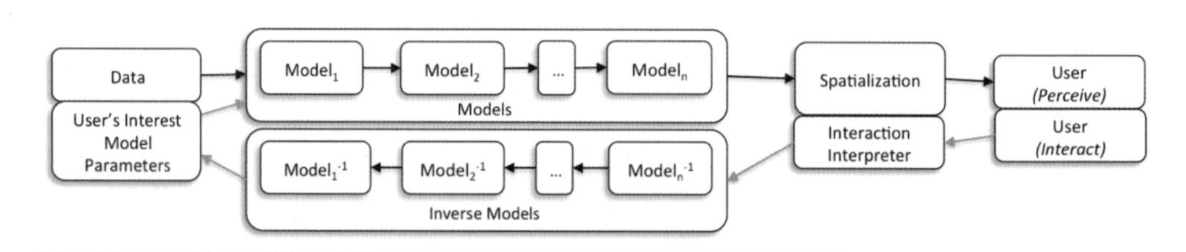

图 9.25 广义的多尺度语义交互可视化流程图。在过程中可插入任何数量的模型，一旦用户感知到空间化，他们就可以选择与之交互，这种交互反馈被理解为一个或多个相反模型的输入。更新后的模型参数和原始数据一起被用于更新空间布局。

在 StarSPIRE 可视化原型中（见图 9.26），图布局使用修改后的力引导布局，节点表示封闭的文档，并根据搜索关键词进行了颜色编码。节点的大小和饱和度编码了由文档与用户驱动的实体权重分配方案匹配程度决定的文档相关性。节点的轮廓颜色表示读取 / 未读状态（白色表示未读，黑色表示读取）。通过与图中的实体进行交互，用户可以小范围地更新图布局，系统会同时大规模地更新文档相似性结果，提供可供选择的相关文档。

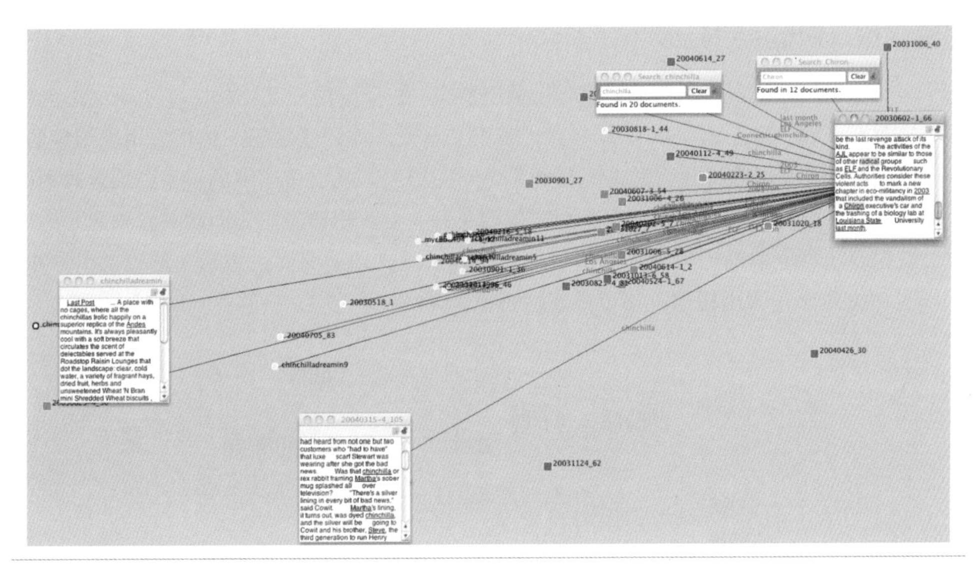

图 9.26 StarSPIRE 工作空间。

9.4.2 文本内容关联可视化

单词树（Word Tree）

单词树（Word Tree）[Wattenberg2008] 从句法层面可视表达文本词汇的前缀关系。单词树方法利用树型结构来可视化文本中的句子。树的根节点是用户感兴趣的一个词，子节点是原文中搭配在父节点后面的词或短语。字体大小反映了词或短语在文中出现的频率。如图 9.27 所示的是采用单词树方法可视表达马汀 · 路德 · 金的“I have a dream”演讲片段中关于“I”的所有句子的结果。

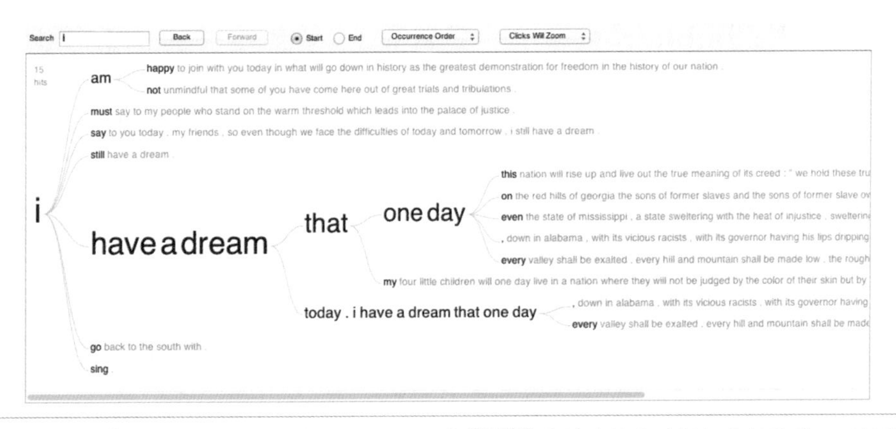

图 9.27 采用单词树方法可视化“I have a dream”[King1963] 演讲片段中的词汇前缀关系。可视化结果产生自 ManyEyes[ManyEyes]

短语网络（Phrase Nets）

短语网络（Phrase Nets）[Ham2009] 采用节点 - 链接图展示无结构文本中语义单元彼此间的关系，如“X is Y”。其中，节点代表语义单元，如词或短语，边代表用户指定的关系，箭头指示关系的有向性，边的宽度指示这对短语关系在文中出现的频率。通过短语网络方法，用户可直观地总览文本中各个实体的关联关系。短语及短语间的关系信息是通过文本挖掘算法提取的词汇级或语法级的信息。为了降低边的交叉，短语是通过力引导布局的。图 9.28 展示了采用短语网络可视表达小说 *Jane Eyre*[Brontë1847] 中的“* the *”关系。

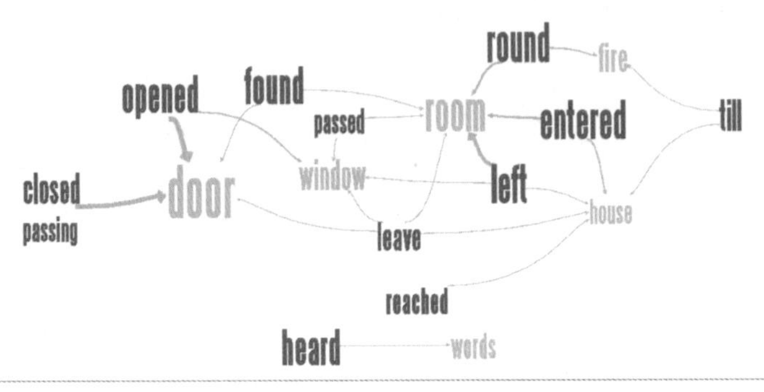

图 9.28 采用短语网络方法可视表达小说 *Jane Eyre* 中的 * the *” 短语关系。

新闻地图（NewsMap）

除节点 - 链接图用于可视化文本间的相似性外，树图方法也可用于刻画文本间的相似性。新闻地图（NewsMap）采用树图组织类型相近的新闻，如图 9.29 所示。

图 9.29 采用新闻地图方法对在线新闻进行可视化。颜色用于区分新闻类型，包括全球、本国、商业、科技等类型。图片来源：[NewsMap]

9.4.3 文档集合关系可视化

JigSaw

为了帮助用户分析集合中的文档以及文档中存在的实体间的相互关系，JigSaw 系统采用了多种可视化视图，并提供了一系列交互方法帮助用户在多个视图间切换和深入分析感兴趣的文档与实体以及它们的关系信息 [Stasko2007]（见图 9.30）。

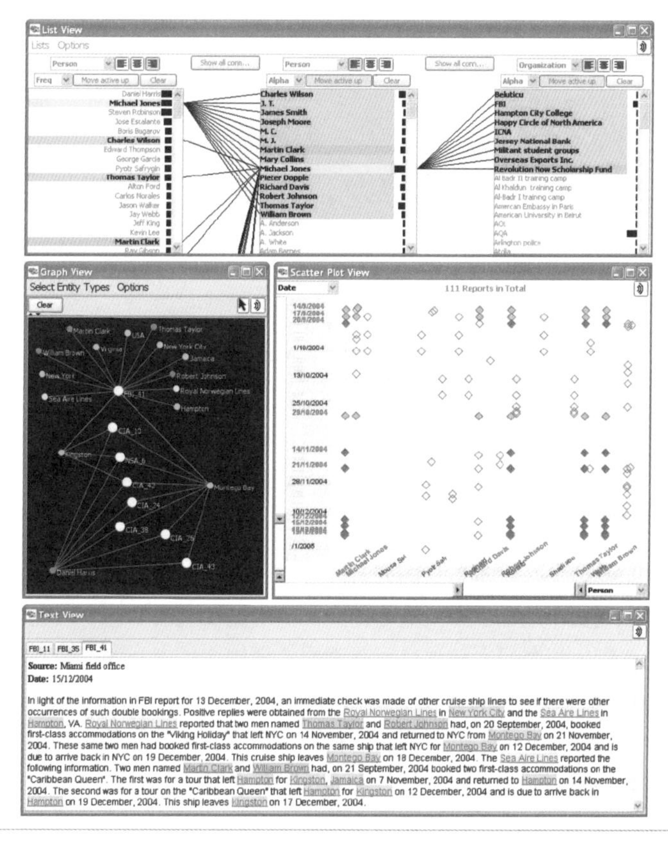

图 9.30 JigSaw 采用 4 种视图表示文档集合中的关联关系。（a）列表视图表达二元实体集合间的关联关系。左边是一类文本中出现的实体集合，右边是另一类实体集合，线段代表两类实体集合间的关联关系。这种方法尽管因布局受限导致空间利用率不高，但简单直观，易于观察。用户关心的实体（如人名）用黄色高亮显示，颜色深浅可表示其关联程度，边链接表达两类文本信息的关联。此外，用户还可对列表视图的行记录按需要的顺序排序。例如，按其关联度降序排列行记录，帮助用户全面分析文本实体间的关联关系。（b）节点 - 链接图可视化文档和其所涉及的实体信息。白色的大圆代表一个文档，其他颜色的小圆代表文档集合中出现的实体，边表达文档和有关的实体联系。（c）散点图代表实体和实体间的关系，即菱形所代表的是共同涉及的文档。（d）文本内容视图，辅助用户从最原始的文档内容进行分析，并高亮显示有关的实体，辅助用户辨析信息。图片来源：[Stasko2007]

ContexTour

ContexTour[Lin2010] 可视化文档集合所涉及的多个层面的内容和各个层面间的关系，以学术文章为例，即会议、作者和关键词这三个层面。在数据分析阶段，ContexTour 从语义上分析了论文在每个文本信息层面上的内容聚类结果和各层面之间的聚类信息。在可视表达上，轮廓线可用于刻画论文的聚集情况，即颜色越深的区域代表相近的论文数量越多。布局在轮廓线上的文字也可揭示“会议”、“作者”、“主题”这三个层面各自的聚类内容。ContexTour 用多个视图来揭示“会议 - 作者 - 主题”之间的关联（见图 9.31）。

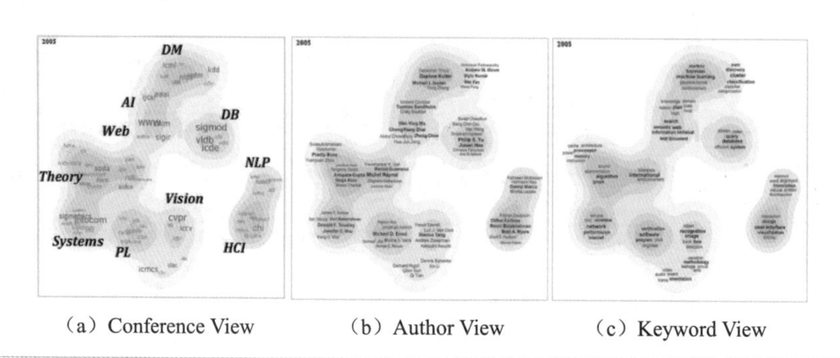

（a）Conference View （b）Author View （c）Keyword View

图 9.31 ContexTour 可视化 2005 年 DBLP 收录的文章所涉及的会议、作者、学术关键词视图。图片来源：[Lin2010]

FacetAtlas

FacetAtlas[Cao2010] 从文本信息的内容与关系的角度出发，分析并解释多层面的文本信息（见图 9.32）。例如，从谷歌在线医疗健康文档中提取疾病名称、病因、症状、治疗方法等多个层面的信息，每个层面信息出现在不同的病例文档中。为了辅助医生查看每种疾病的各层面信息以及不同疾病在各个层面的信息关联，FacetAtlas 方法的可视化设计混合了气泡集（BubbleSet）和节点 - 链接图两类视图，用于表达各层面信息内部和外部的关联。具体而言，FacetAtlas 将相关的实体信息采用圆圈可视编码实体，按其文档的归属布局在空间中，属于同一类别的实体，位置关系相近。经核密度估计而获取的轮廓线可视地刻画每个实体的类别信息，带颜色的线连接属于同一层面的实体信息，每种颜色代表一个层面。图 9.32 显示了 1 号糖尿病和 2 号糖尿病的医疗信息。

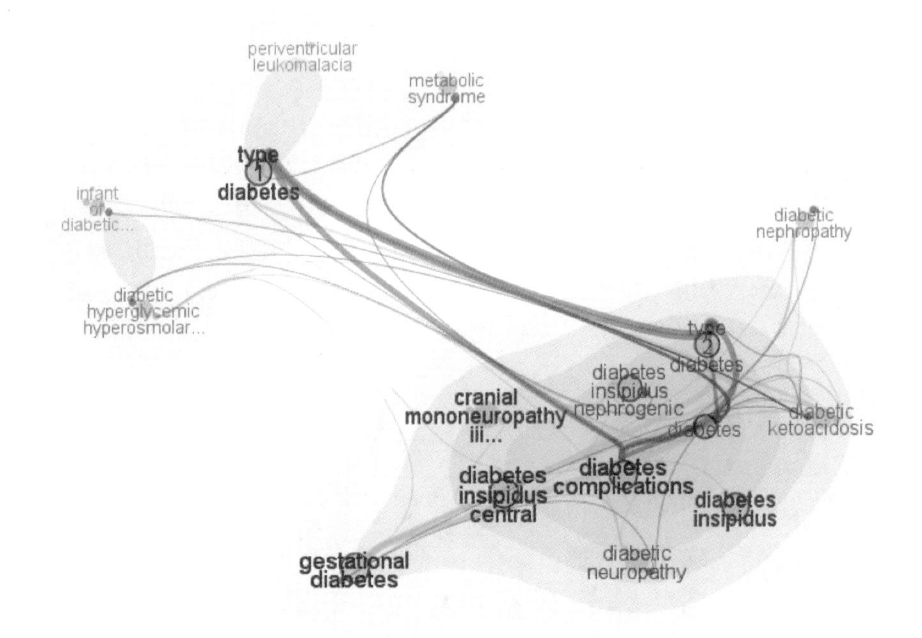

图 9.32 采用FacetAtlas方法可视化医疗健康文档中关于“diabetes”的多层面信息,包括疾病名称、病因、症状、诊断方案等层面。两个疾病聚类对应 1 号糖尿病和 2 号糖尿病。连接线将属于不同聚类的相同层面信息连接起来，红线连接 1 号和 2 号糖尿病中相似的并发症信息，绿线提示用户 1 号和 2 号糖尿病存在相似的症状信息。
图片来源：[Cao2010]

9.5 文件情感分析可视化

文本中往往蕴含了描述人类主观喜好、赞赏、感觉的情感信息。情感分析（又称意见挖掘，Sentiment Analysis 或 Opinion Analysis）常被应用于论坛用户发言、社交网络、微博数据以及各种调研报告等文本中。情感分析的挖掘技术可提取出文本中主观性的信息，并通常转化为一个区间分数，一端为正面、积极的倾向；另一端为负面、消极的倾向。本节将介绍文本中蕴含的用户情感倾向性信息的各种可视化方法。

9.5.1 顾客评价可视化

基于 TFICF 的用户反馈度量

如图 9.33 所示的是基于矩阵视图的用户反馈信息的可视化案例[Oelke2009]。TFIDF 是常用的事物评价度量，本文在此基础上引入了另一种度量方式：Term Frequency and Inverse Class Frequency（TFICF），对打印机用户的反馈进行量化评分。图中涉及的信息包括评价对象、评价属性和参与评价的用户人数三类信息。矩阵的行代表承载用户观念的载体，即评价对象，列代表用户的评价属性，颜色用于传达用户的观念倾向程度，而矩阵方格中的小格子则表示参与评价的用户人数。

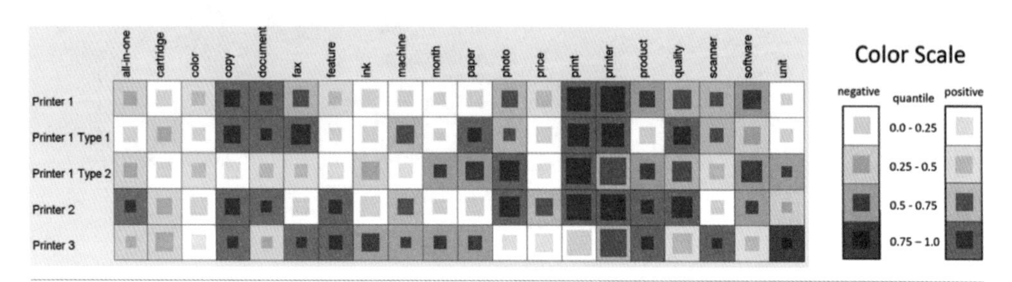

图 9.33 用户对打印机的使用反馈的可视化。每行代表一台打印机的使用记录，每列代表打印机的评价参数。颜色代表用户对打印机的评价参数，红色代表消极，蓝色代表积极，透明度代表不同程度的评价，每个方格内的小格子代表参与评价的用户人数，即人数越多，小格子越大。图片来源：[Oelke2009]

SocialBrands

SocialBrands[Liu2016] 综合利用了市场中的品牌个性框架与社会学计算方法来计算表现品牌个性的三要素：用户印象、员工印象和官方公告，并通过构建一个证据网络，解释品牌个性与驱使因素之间的关系。SocialBrands 使用品牌轮的隐喻，将公众对某个品牌的评价做了可视化映射，如图 9.34 所示。其中，中心区域使用传统径向空间填充法，将品牌的不同个性通过扇区的颜色进行编码，其表现程度通过离中心的径向距离来表示，一共包含兴奋度、竞争度、真诚度、复杂度、耐用性 5 种个性。外环则编码了用户、员工、公告中对品牌个性有驱使因素的事实，越容易塑造某种个性的事实离中心的径向距离越近。

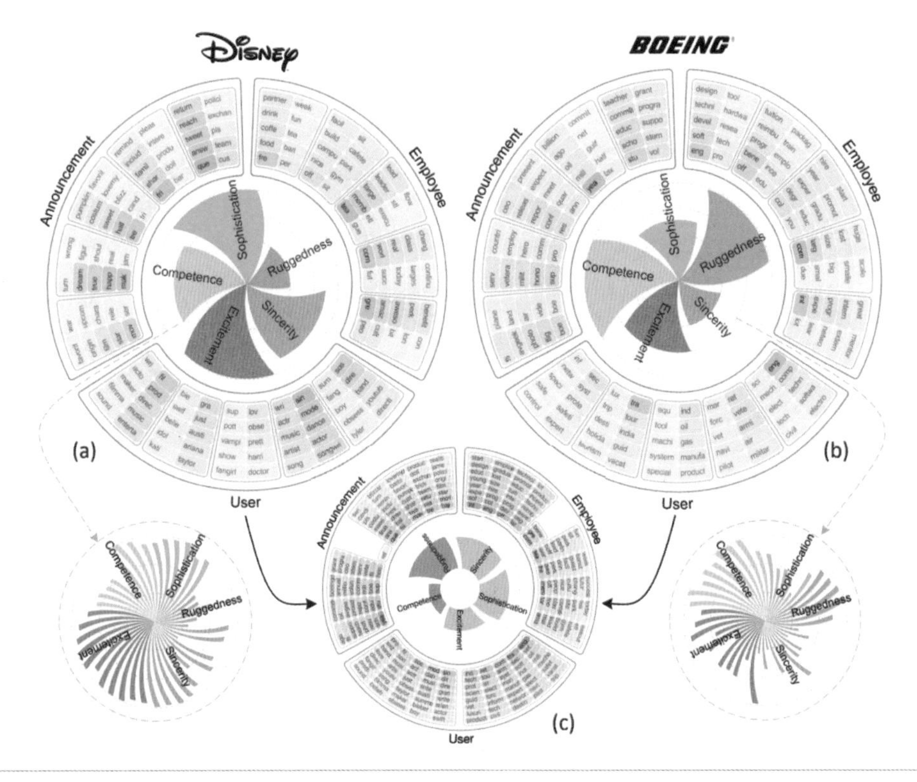

图 9.34 使用 SocialBrands 展示“迪士尼”（a）和“波音”（b）两个品牌的品牌轮。每个品牌都通过三种社交媒体因素（用户、员工、公告）展示了个性塑造证据和相关细节。（c）比较品牌轮突出了两个品牌在其个性和社交媒体话题讨论方面的异同。

9.5.2 情感变化可视化

情感变化时序映射

图9.35展现了新闻数据中蕴藏的情感信息的可视化效果。除了具有与评价相关的属性，新闻数据还具有时间属性。其中，不同形状的图元代表不同的评价对象，横轴表示时间属性，纵轴代表用户的观念分数。

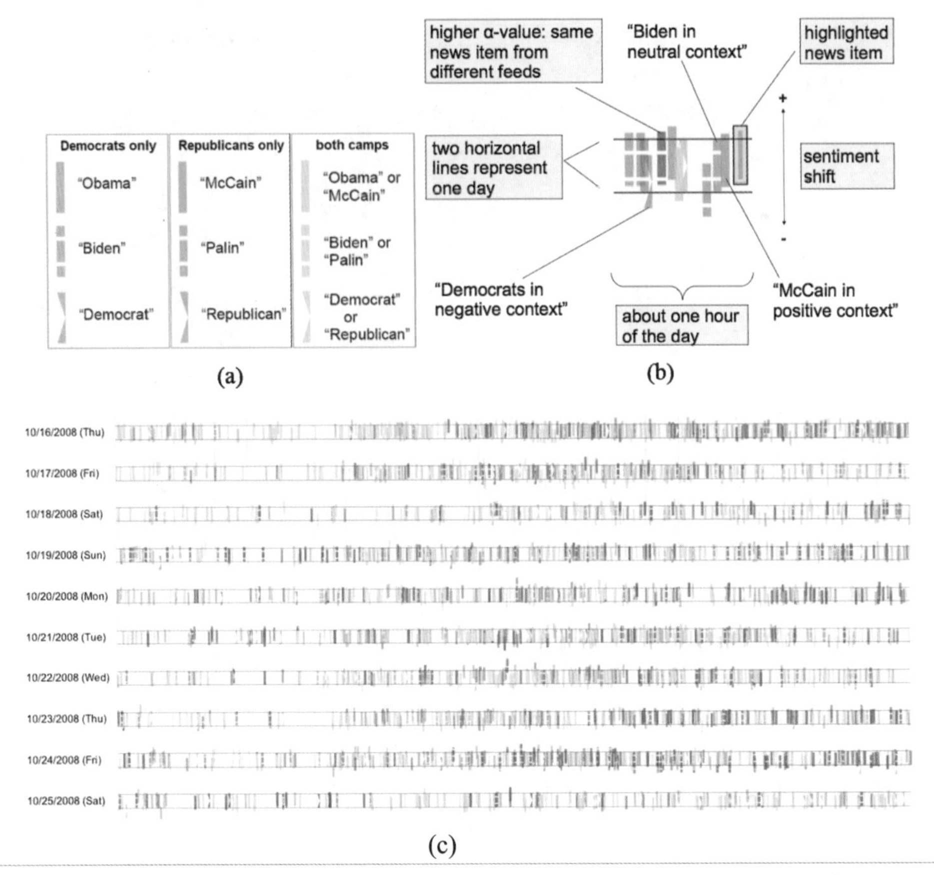

图 9.35 2008 年美国总统选举期间的 RSS 新闻内容的情感分析可视化。(a)采用颜色和形状区分用户情感表达的对象。(b)用户情感分析的布局方法。横轴是时间轴，纵轴代表倾向性分数。依据新闻报道时间及提取的情感度量分数，每类图元在空间中布局。为了可视化新闻报道的数量，将每个图元设置为半透明颜色，颜色的饱和可体现相关的新闻的数量。(c)2008 年 10 月美国总统选举的 RSS 新闻内容的情感分析可视化结果。图片来源：[Wanner2009]

Pearl

Pearl[Zhao2014] 是一个多维情感变化分析的工具。对来自社交媒体（例如 Twitter 和 Facebook）的大量文本，Pearl 自动检测某个个体在不同时间点表达的情绪，并基于聚类的方法对这些情绪进行总结，以揭示该个体的情感风格。通过此方法得到的情感是复杂的、多维的、时序的。Pearl 通过流图的形式，将个体的多种情感变化趋势以情感带的隐喻进行可视化，如图 9.36 所示。其中，横轴编码了时间，每种颜色的条带表示一种情感，条带的纵轴中心位置表示该情感的积极程度，条带的亮度编码了该情绪的激动程度，条带上白色剪头的方向编码了该情绪的侵略性程度（箭头向下表示更顺从）。

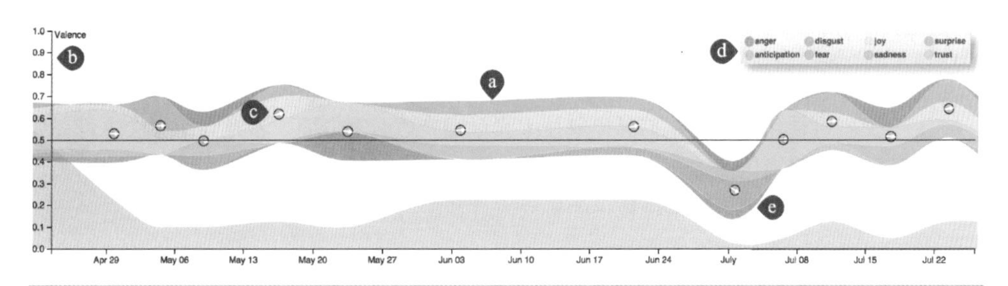

图 9.36 一个人在 Pearl 可视化时间轴上的情绪特征（来自其推文）。各种情绪变量由（a）情感带编码，包括（b）其在纵轴上的中心位置代表积极性，整体亮度表示激动性；（c）其下的白色箭头的方向表示顺从，以及（d）不同类型的情绪。从情绪带的视觉表现来看，这个人总体上具有积极、冷静和中性的情感主张，主要表现在期待、喜悦和信任的情绪中。

9.5.3 情感差异可视化

情感地图

如图9.37所示是结合地理信息的新闻数据的情感分析可视化技术：情感地图（Sentiment Map）[Zhang2009]。情感地图结合地理信息，表达了不同来源的新闻报道情感倾向性的不同，即新闻视点的差异。

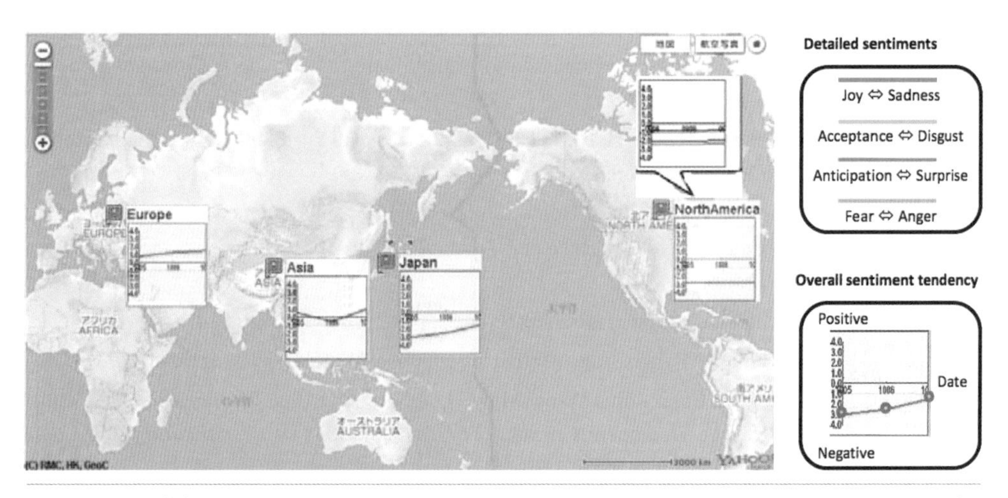

图 9.37 使用情感地图可视化一段时间内各大洲对关于“Iraq war”的新闻报道的观念差异。每个大洲的可视化结果所示的是新闻报道的评价分数。其中，横轴代表新闻的时间，纵轴代表整体或单项评价分数。图片来源：[Zhang2009]

9.6 总结

文本可视化涉及文本信息提取技术和可视表达两个方面。本章介绍了文本可视化领域常用的文本可视化基础知识和方法以及文本信息提取技术，并从文本内容、文本关系、情感分析的角度阐述了文本可视化的研究内容和现有成果。需要注意的是，这三个层面不是相互隔离的，而是相互连通的。

文本可视化不同于具有空间属性的科学可视化——文本信息没有空间位置等结构化信息。因此，如何将没有空间结构属性的文本信息转换为用户乐于接受的二维或三维空间的可视表达结果是文本可视化面临的一个核心问题。在未来的文本可视化研究中，如何将文本分析模型和信息可视化技术无缝结合，如何更好地处理海量、时变、具备多重语义的文本信息是极大的研究挑战。

参考文献

[Alexander2016] E Alexander, M Gleicher. Task-driven comparison of topic models[J]. *IEEE transactions on visualization and computer graphics*, 2016, 22(1): 320-329

[Blei2003] David M. Blei, Andrew Y. Ng, Michael I. Jordan. Latent dirichlet allocation. *Journal of Machine Learning Research*. 3, 2003: 993-1022

[Blei2011] David M. Blei. Introduction to probabilistic topic models. *Communications of the ACM*. 2011: 1-16

[Borg2005] I. Borg, P. Groenen, P. Modern Multidimensional Scaling: theory and applications (2nd ed.). Springer-Verlag. 2005: 207-212

[Bradel2014] L Bradel, C North, L House. Multi-model semantic interaction for text analytics[C]// Visual Analytics Science and Technology (VAST), *IEEE Conference on*, 2014: 163-172

[Brontë1847] Charlotte Brontë. Jane Eyre. Smith, Elder & Co., Cornhill. 1847

[Carnie2013] Carnie A. Syntax: A generative introduction[M]. *John Wiley & Sons*, 2013

[Chen2009] Yanhua Chen, Lijun Wang, Ming Dong, and Jing Hua. Exemplar-based Visualization of Large Document Corpus. *IEEE Transactions on Visualization and Computer Graphics*. 15(6), 2009: 1161-1168

[ChernoffFace] Chernoff_face. 链接 9-1

[Cao2010] N. Cao, J. Sun, Y. R. Lin, D. Gotz, S. Liu, H. Qu. Facetatlas: Multifaceted visualization for rich text corpora. *IEEE Transactions on Visualization and Computer Graphics*. 16(6), 2010: 1172-1181

[Cui2011] Weiwei Cui, Shixia Liu, Li Tan, Conglei Shi, Yangqiu Song, Zekai J. Gao, Xin Tong and Huamin Qu. TextFlow: Towards Better Understanding of Evolving Topics in Text. *IEEE Transactions on Visualization and Computer Graphics*.17(12), 2011: 2412-2421

[Collins2009a] Christopher Collins, SheelaghCarpendale, Gerald Penn. Docuburst: Visualizing document content using language structure. *Computer Graphics Forum*. 28(3), 2009: 1039-1046

[Collins2009b] C. Collins, F. B. Viégas, M. Wattenberg. Parallel Tag Clouds to explore and analyze faceted text corpora. *IEEE Symposium on Visual Analytics Science and Technology*, 2009: 91-98

[Deerwester1990] Scott Deerwester, Susan T. Dumais, George W. Furnas, Thomas K. Landauer and Richard Harshman. Indexing by latent semantic analysis. *Journal of the American Society for Information Science*. 1990: 391-407

[Don2007] A.Don, E. Zheleva, M. Gregory, S. Tarkan, L. Auvil, T. Clement, B. Shneiderman. Discovering interesting usage patterns in text collections: integrating text mining with visualization. *ACM Conference on information and knowledge managemen*t, 2007: 213-222

[Eick1992] Stephen G. Eick, Joseph L. Steffen, and Eric E. Sumner Jr. Seesoft-a tool for visualizing line oriented software statistics. *IEEE Transactions on Software Engineering*. 18(11), 1992: 957-968

[Goldberg2014] Y Goldberg, O Levy. word2vec explained: Deriving mikolov et al.'s negative-sampling word-embedding method[J]. arXiv preprint arXiv:1402.3722, 2014

[Ham2009] F. van Ham, M. Wattenberg, F.B. Viégas. Mapping Text with Phrase Nets. *IEEE Transactions on Visualization and Computer Graphics*. 15(6), 2009: 1169-1176

[Havre2000] Susan Havre, Beth Hetzler, and Lucy Nowell. ThemeRiver: Visualizing Theme Changes over Time. *IEEE Symposium on Information Visualization*, 2000: 115-123

[Havre2001] S. Havre, E. Hetzler, K. Perrine, E. Jurrus, N. Miller. Interactive visualization of multiple query results. *IEEE Symposium on Information Visualization*, 2001:105

[Hearst1995] M. A. Hearst. TileBars: visualization of term distribution information in full text information access. *ACM SIGCHI*, 1995:59-66

[Hofmann1997] Thomas Hofmann. Probabilistic latent semantic indexing. *ACM SIGIR*, 1999:50-57

[IN-SPIRE] IN-SPIRE. http://in-spire.pnnl.gov/IN-SPIRE_Help/galaxy_basics.htm

[Jolliffe1986] I. T. Jolliffe. Principal Component Analysis. Springer-Verlag. 1986:487

[Keim2007] D. A.Keim, D. Oelke. Literature Fingerprinting: A New Method for Visual Literary Analysis. *IEEE Visual Analytics Science and Technology*. 2007:115-122

[King1963] Martin Luther King. http://en.wikipedia.org/wiki/I_Have_a_Dream. 1963

[Kohonen1990] TeuvoKohonen. The self-organizing map. *Proceedings of IEEE*. 78(9), 1990: 1464 -1480

[Lin2010] Yu-Ru Lin, Jimeng Sun, Nan Cao, and Shixia Liu. ContexTour: Contextual Contour Visual Analysis on Dynamic Multi- Relational Clustering. *SIAM International Conference on Data Mining*, 2010

[Liu2012] Shixia Liu, Michelle. X. Zhou, Shimei Pan, Yangqiu Song, WeihongQian, WeijiaCai and XiaoxiaoLian. TIARA: Interactive, Topic-Based Visual Text Summarization and Analysis. *ACM Transactions on Intelligent Systems and Technology*, 3(2), 2012: 1-28

[Liu2016] X Liu, A Xu, L Gou, et al. Socialbrands: Visual analysis of public perceptions of brands on social media[C]//Visual Analytics Science and Technology (VAST). *IEEE Conference on*, 2016: 71-80

[ManyEyes] IBM. Many Eyes Home Page. http://www-958.ibm.com/software/data/cognos/manyeyes/

[McCurdy2016] N McCurdy, J Lein, K Coles, et al. Poemage: Visualizing the sonic topology of a poem[J]. *IEEE transactions on visualization and computer graphics*, 2016, 22(1): 439-448

[Mikolov2013a] T Mikolov, K Chen, G Corrado, et al. Efficient estimation of word representations in vector space[J]. arXiv preprint arXiv:1301.3781, 2013

[Mikolov2013b] T Mikolov, I Sutskever, K Chen, et al. Distributed representations of words and phrases and their compositionality[C]. *Advances in neural information processing systems*. 2013: 3111-3119

[NewsMap] NewsMap. http://newsmap.jp/

[Oelke2009] Oelke, D., Hao, M., Rohrdantz, C., Keim, D. A., Dayal, U., Haug, L.-E., &Janetzko, H. Visual opinion analysis of customer feedback data. *IEEE Visual Analytics Science and Technology*, 2009:187-194

[Ogawa2009] Michael Ogawa, Kwan-Liu Ma. code_swarm: A Design Study in Organic Software Visualization. *IEEE Transactions on Visualization and Computer Graphics*, 15(6), 2009: 1097-1104

[Paley2001] W. Bradford Paley. TextArc: Showing word frequency and distribution in text. *IEEE Symposium on Information Visualization*, Poster, 2002

[Salton1983] Gerard Salton, Edward A. Fox, Harry Wu. Extended Boolean information retrieval. *Communications of the ACM*. 26(11), 1983: 1022-1036

[Stasko2007] J. Stasko, C. Gorg, Z. Liu, K. Singhal. Jigsaw: Supporting Investigative Analysis through Interactive Visualization. *IEEE Symposium on Visual Analytics Science and Technology*, 2007:131-138

[Strobelt2009] HendrikStrobelt, Daniela Oelke, Christian Rohrdantz, Andreas Stoffel, Daniel A. Keim, and Oliver Deussen. Document Cards: A Top Trumps Visualization for Documents. *IEEE Transactions on Visualization and Computer Graphics*, 15(6), 2009

[ThemeScape] http://www.cleantechpatentedge.com/2012/03/on-gassy-cows-and-catalyticconverters/

[Viégas2008] Fernanda B. Viégas, Martin Wattenberg. Tag Clouds and the Case for Vernacular Visualization. *ACM Interactions*, XV.4-July/August, 2008

[Viégas2009] Fernanda B. Viégas, Martin Wattenberg, and Jonathan Feinberg. Participatory Visualization with Wordle. *IEEE Transactions on Visualization and Computer Graphics*, 15(6), 2009

[Wang2018] Y Wang, X Chu, C Bao, et al. EdWordle: Consistency-preserving Word Cloud Editing[J]. *IEEE transactions on visualization and computer graphics*, 2018, 24(1): 647-656

[Wanner2009] Franz Wanner, Christian Rohrdantz, Florian Mansmann, Daniela Oelke, Daniel A. Keim. Visual sentiment analysis of RSS news feeds featuring the us presidential election in 2008. *Workshop on Visual Interfaces to the Social and the Semantic Web*, 2009

[Ward2010] Matthew O Ward, Georges Grinstein, Daniel Keim. Interactive Data Visualization: Foundations, Techniques, and Applications. A K Peters Ltd, 2010

[Wattenberg2007] Martine Wattenberg, Fernanda B. Viégas, Katherine Hollenbach. Visualizing activity on wikipedia with chromograms. *IFIP TC 13 international conference on Human-computer interaction*, Part II, 2007: 272-287

[Wattenberg2008] M. Wattenberg, F. B. Viégas. The Word Tree: An Interactive Visual Concordance. *IEEE Transactions on Visualization and Computer Graphics*, 14(6), 2008: 1221-1228

[Wise1999] J. A. Wise. The ecological approach to text visualization. *Journal of the American Society for Information Science*, 50(13), 1999: 1224-1233

[Wordle] http://www.wordle.net/

[Zhang2009] J. Zhang, Y. Kawai, T. Kumamoto, K. Tanaka. A novel visualization method for distinction of web news sentiment. *Web Information Systems Engineering-WISE*, 2009: 181-194

[Zhao2014] J Zhao, L Gou, F Wang, et al. PEARL: An interactive visual analytic tool for understanding personal emotion style derived from social media[C]. Visual Analytics Science and Technology (VAST), *IEEE Conference on*, 2014: 203-212

[刘 2011] 刘世霞，曹楠 . 可视化文本分析 . 中国计算机学会通讯 . 第 7 卷第 4 期，2011

第10章

跨媒体数据可视化

媒体（Media）是人与人之间信息交流的中介，是信息的载体，也称为媒介。随着数字媒体技术的发展，在计算机系统中，组合两种或两种以上媒体的一种人机交互式信息交流和传播媒体，称为多媒体（Multimedia）。涉及的媒体种类包括直接作用于人感官的文字、图像、视频、语音，即多种信息载体的表现形式和传递方式。另外，社会生活中通常所说的“传播媒体”指传递信息的手段、方式或载体，如语言、文字、报纸、书刊、广播、电视、电话、电报、网络等。而在网络空间中，超媒体（Hypermedia）指使用超链接（Hyperlink）构成的全球信息系统。对多媒体和超媒体的研究是计算机智能信息处理的重要内容。本章将重点介绍除文本以外的多媒体类型数据的可视化方法。

10.1 图像

图像是日常生活中最常见、最容易创造的媒体，数字化图像的规模和增长速度都达到了空前的规模。根据2011年的统计数据，社交网络Facebook每天照片的上传量超过一亿张。图像适用于表现含有大量细节（如明暗变化、场景复杂、轮廓色彩丰富）的对象，对于图像数据的可视化可以帮助用户更好地从大量的图像集合中发现一些隐藏的特征模式。

10.1.1 图像网格

在计算机出现之前，艺术领域最常见的教学方法是将两帧图像通过两台幻灯机投影进行比较。在数字设备上，运行软件可支持以网格的形式显示上千或数万张图像。图像网格（Image Grid）指根据图像的原信息将其按二维阵列形式排列，生成可视化。图像处理软件如Picassa、Adobe Photoshop和Apple Aperture等都提供了此项功能。这种技术又称为混合画（Montage）。例如，Cinema Radux 将一整部电影表达成一幅混合画：每行表示电影中的一分钟，由 60 帧构成。图 10.1 左图为电影 *The French Connection* 的图像网格效果，右图则以一种讲故事的方式用 3214 张图片记录了爱斯基摩人在阿拉斯加捕鲸的过程。可视化中图片之间的色调变化与影片中故事的演进和场景的变换相关。这种排列方式对于任何有时间信息的媒体数据集合来说都是一种有效的可视化探索方式。

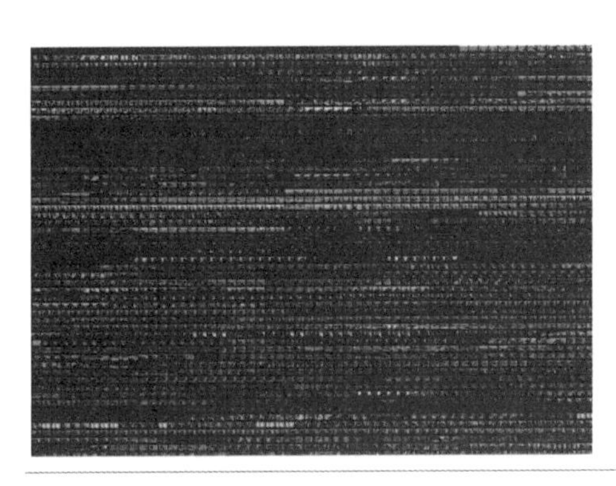

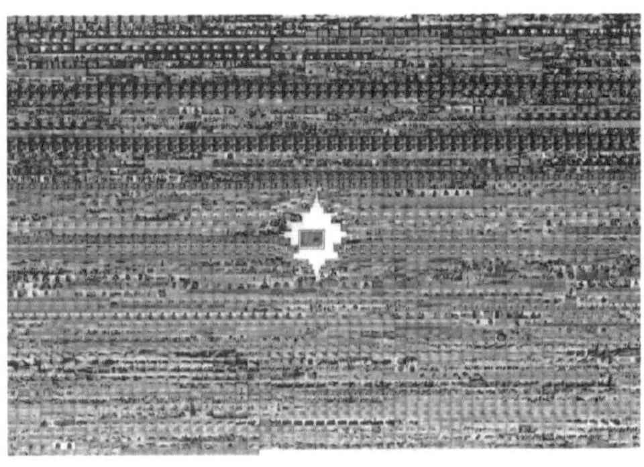

图 10.1 图像网格示例。左：电影 *The French Connection* 的混合画效果。图片来源：链接 10-1。右：基于电影 *The Whale Hunter* 的叙事图像。图片来源：链接 10-2

图像网格方法实现简单，但选择图像和排列图像的过程不仅需要符合数据特性的转变方式，还需要处理一些关键操作，如合理安排可视元素、凸显用户难以直接观察到的信息模式等。

10.1.2 基于时空采样的图像集可视化

由于可视化空间的限制，想要直接可视化大规模图像集并且不造成视觉遮挡是非常困难的。因此，我们需要在时间或者空间这两个属性上进行一定程度的信息压缩。对图像或图像序列的部分内容或区域进行时域或空间域的重采样并呈现的方法统称为基于时空采样的图像可视化。其中，时间采样指根据图像序列源信息中与时间或者顺序相关的属性（图像上传时间、视频帧序号、连环画页码）从图像序列中挑选出子序列进行重采样并显示。这一方法对文化艺术作品的展现特别有效。本质上，时间采样与视频流摘要（Video Summarization）的思想相似，后者自动生成有代表性的图像集来简洁地概括整段视频的内容。时间采样的一个有趣的例子是平均化技术：将同一时间段内同一上下文的图像进行平均，以此呈现这一时间段的概括性视觉特性。图 10.2 是美国艺术家 Jason Salavon 的著名作品，该图比较了 1988 年和 1967 年男女毕业生的毕业照。

图 10.2　美国艺术家 Jason Salavon 的作品 *The Class of 1988 & The Class of 1967*，分别对 1988 年和 1967 年毕业生的照片集取平均值，从而得到该年份毕业照的特征。左侧为 1988 年毕业照，而右侧为 1967 年毕业照。图片来源：链接 10-3

空间采样仅对每张图像中的一部分内容进行显示。图 10.3 以切片的方式显示了 1923—2009 年 4535 张时代周刊封面图像，垂直方向每一像素列代表一张封面。相比于图像网格，这种显示方式能更有效地利用空间 [Manovich2011]。图 10.4 以网格的形式展示了用户看视频过程中关注区域的变化 [Kurzhals2016]。水平方向代表不同时刻的关注点，垂直方向代表不同的用户。

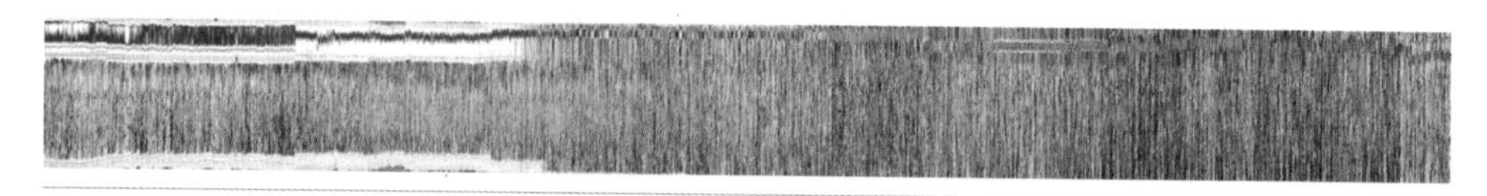

图 10.3　对 4535 张时代周刊封面图像的空间采样效果，每列代表一张封面。可以观察到时代周刊封面由黑白到彩色和开始采用红色标题的变迁。图片来源：链接 10-4

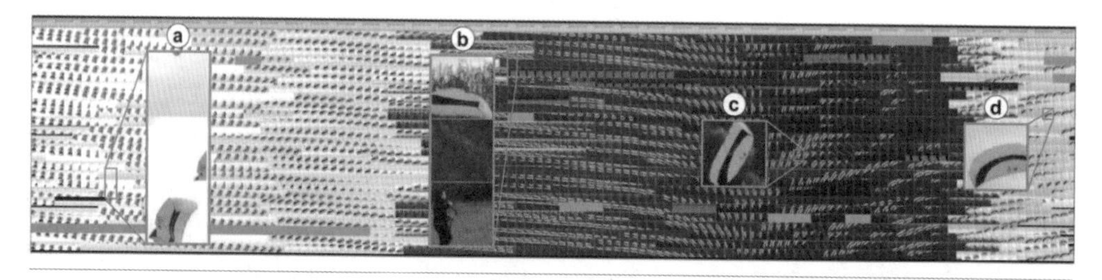

图 10.4　对眼动数据进行空间采样的效果。每一张图片都展示了用户所关注的区域，横轴代表事件，纵轴代表不同的用户。图片来源：[Kurzhals2016]

10.1.3　基于相似性的图像集可视化

当图像数量增加到数千甚至上万张时，需要有效的搜索和可视化算法来显示图像之间的关联性和结构特征，如图 10.5 所示。关联性往往通过计算图像内容、文字描述或者语义注释中特征的相似性得到。图 10.6 展示了图片之间的结构特征。图片基于相似性可以构造出带有层次的信息，从而支持大规模图像集的浏览。

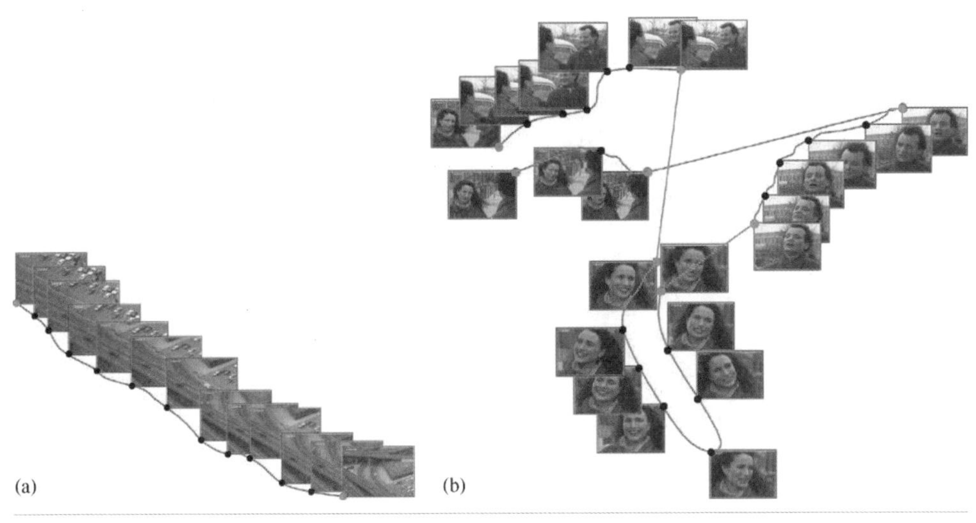

图 10.5 左：汽车开过街道图像的线性结构；右：两个人交谈的非线性结构 [Nguyen2008]。

图 10.6 基于相似性构建图像之间的层次结构。图片来源：[Barthel2015]

10.1.4 基于海塞图的社交图像可视化

社交照片，如在家庭活动或者聚会上拍摄的照片，代表了多人或者群体的活动情况，因此可以根据多张图像上共同出现的人物及人物之间的社交关系得出这些图像之间的关联。采用超图方法（见第 8 章）组织并可视化社交图像之间的关联，可呈现不同的人群信息，提供对不同人群的快速浏览导航，如图 10.7 所示 [Crampes2009]。海塞图（Hasse Diagram）是超图可视化的一种方法，可简明而清晰地突出偏序关系的“层次”，为有效地分析偏序关系的性质，如求极大（小）元、最大（小）元和上（下）确界，提供了极大的方便。

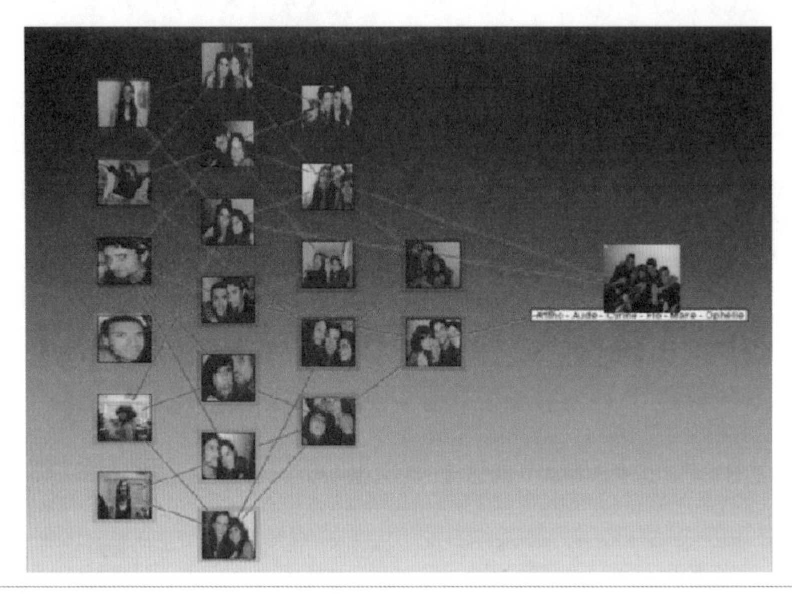

图 10.7 基于海塞图的社交照片可视化图片 [Crampes 2009]。

10.1.5 基于故事线的社交图像可视化

故事线是可视化大规模社交网络图片的一种有效方法。故事线可以提炼出多类别图片之间在时间线上的先后顺序。从大规模社交网络图片中提取出时序变化的单向网络是生成故事线的关键技术 [Kim2014]。如图 10.8 所示，把在美国独立日多人拍摄的照片序列和他们的社交关系作为输入，我们可以用故事线的形式重构出当天发生的事件。

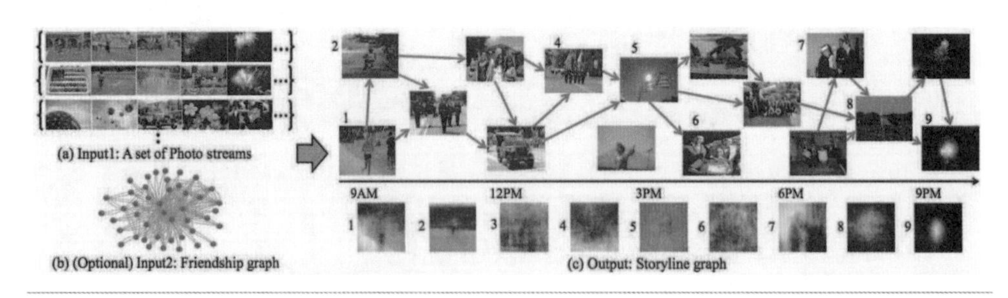

图 10.8 基于海塞图的社交照片可视化图片 [Kim2014]。

10.2 视频

视频的获取和应用越来越普及，如数字摄像机、视频监控、网络电视等，存储和观看视频流通常采用线性播放模式。但是在一些特殊的应用中，如视频监控产生的大量视频数据的分析，逐帧线性播放视频流既耗时又耗资源。另外，视频处理算法仍然难以有效地自动计算视频流中复杂的特征，如安保工作中可疑物的检测。此外，视频自动处理算法通常导致大量的误差和噪音，其结果难以直接用于决策支持，需要人工干预。因此，如何帮助使用者快速准确地从海量视频中获取有效信息依旧是首要的任务挑战，而视频可视化恰好能为此提供非常有效的辅助。

视频数据根据其内容可以分为如下几类。

- 电影 / 电视：很广泛的一个类别，通常叙述一个故事或表达某种情绪和感情。它们又包含不同的子类别。
- 旅行日记：例如，在北京的一天、在外实习的一个月等。
- 教学视频：例如，如何在 7 天内学会游泳（打羽毛球）等。
- 庆典 / 活动：例如，婚礼、毕业典礼等。
- 演讲 / 访谈：例如，脱口秀等。
- 体育比赛：例如，NBA、足球世界杯比赛等。

视频分析涉及视频结构和关键帧的抽取、视频语义的理解，以及视频特征和语义的可视化与分析。视频可视化主要考虑采用何种视觉编码表达视频中的信息（拼贴画、故事情节或者缩略图），以及如何帮助用户快速精确地分析视频特征和语义。

视频可视化旨在从原始视频数据集中提取有意义的信息，并采用适当的视觉表达形式传达给用户。针对每个类别的视频，可视化设计需要考虑多个不同方面，例如：①处理的视频类别区别于其他类别的特点，如何充分利用这些线索，以便更好地浏览或者探索视频。②是否存在工具计算、浏览、探索视频内容。③使用优化的方法浏览、探索并可视化视频的核心内容。视频可视化的方法主要分为两类：视频摘要和视频抽象。其中，视频摘要是从大量视频中抽取出用户感兴趣的关键信息，然后把数据信息编码到视频中，从而对视频进行语义增强，帮助用户理解视频；视频抽象是将视频中的宏观结构信息和变化趋势或者关键信息有机地组织起来并且映射为可视化图表，以便帮助观察者快速有效地理解视频流。

10.2.1 视频摘要

近年来，观看视频已经成为一种重要的娱乐活动。然而，随着视频数量和长度的增加，想要完整地看完一整段视频并且找到感兴趣的内容会变得非常耗时。视频摘要的技术可以用于提取重要信息，从而缩短观看视频的时间。如图 10.9 所示，Goldman 等人[Goldman2006]将一小段视频叠加成一张图片，并且使用箭头、文本等方式展示视频的动态变化。

图 10.9 左：1963 年《谜中谜》电影中 4 个静止的画面；右上：基于左边画面合成的故事概览图。主角出现在多个位置上，3D 箭头展示了朝着摄像头的位移；右下：一位专业的故事概览艺术家使用 Adobe Photoshop 和 Corel Painter 手工绘制的同一个场景的故事概览图。

将视频看成图像堆叠而成的立方（Video Cube）是一种经典的视频表达方法（见图 10.10）。为了减少对视频数据的处理时间，可采用更为简洁的方法呈现视频立方中包含的有效信息，例如，科学可视化中的体可视化方法 [Daniel2003]。这种方法的主要步骤包括：视频获取、特征提取、视频立方构造、视频立方可视化。关键是依赖一组视频特征描述符来刻画视频帧之间的变化趋势。用户通过设计视频立方的空间转换函数交互地探索场景。

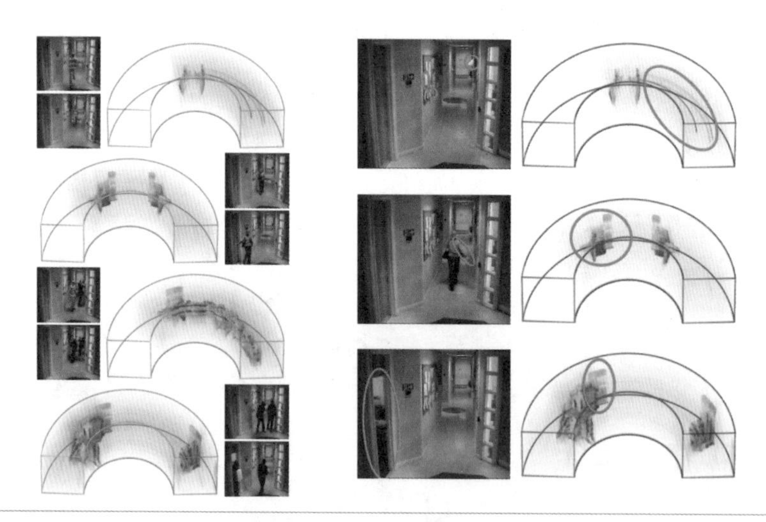

图 10.10 视频立方示例。左：4 个视频场景（走路、跑步、恶作剧和入室抢劫）及其对应的弯曲型视频立方可视化效果；右：用户交互指定的特征模式（高亮显示）及其在视频立方中的对应区域。从上至下：特征跟踪、甩动手臂的步行、开门。

常规的信息可视化模型的第一步是将原始数据处理成规范的数据模型，如数据聚合或数据分类。在视频处理时，数据层面的处理可由低层次的计算机视觉完成，而高层次的推理则必须由用户执行，这就需要视频可视化方法呈现处理后的数据，引导用户完成高级智能操作 [RSSA2008]。例如，如图 10.11 所示，面向视频的可视化系统 Viz-A-Vis 由视频获取和视频内容分析两部分组成。

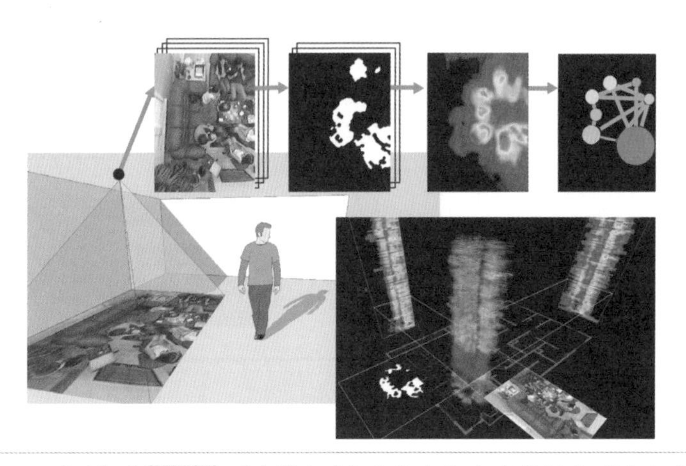

图 10.11 Viz-A-Vis 系统概貌 [RSSA2008]。图中箭头的指向依次是：视频拍摄地，俯视视角的摄像影像，二值化特征跟踪（人物）序列，从二值化序列推导出的人物位置热力图（时空耦合），基于热力图的人物关系图，视频立方可视化。

视频立方表示允许实现各类三维图像操作和立体视觉方法。例如，采用光流算法可以在视频立方中构造基于目标跟踪的流场，为抽取和实现视频中的运动信息提供方便。

对于足球、篮球等体育运动的视频，运动爱好者或分析师的分析过程大多依赖于比赛视频，或者辅助以信息可视化的方法分析运动轨迹。然而，观看视频数据过于耗时，并且信息可视化方法往往依赖于抽象和可视映射，这使得同时分析视频和运动数据变得十分困难。Stein 等人 [Stein2018] 使用视频语义增强的方法，首先从视频的上下文片段中抽取出有意义的数据，如运动轨迹、事件、球员分析等，然后将数据可视化到视频中（见图 10.12）。

图 10.12 足球视频语义增强的方法，包括对球员、事件和区域的可视化 [Stein2018]。

近年来，基于视频关键帧的视频摘要技术已经成为一个热门的研究领域。其中，提炼视频关键元素是其解决的核心问题。除了使用视频的特征计算每一帧的重要性，视频的描述性文字等语义特征也可以辅助算法捕捉关键信息，如图 10.13 所示。

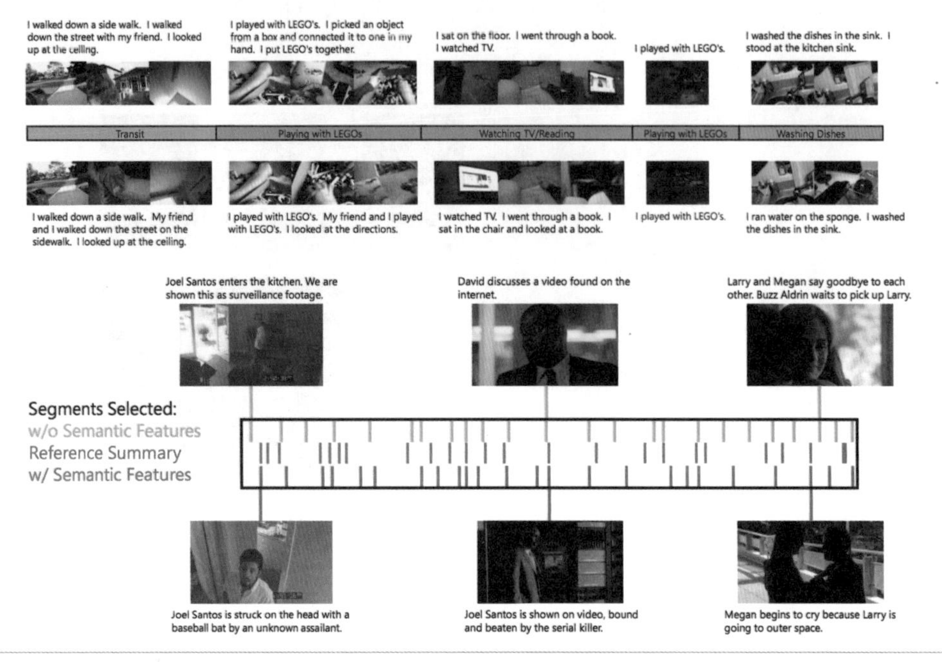

图 10.13 基于视频序列的视频摘要生成的结果 [Plummer2017]。

10.2.2 视频抽象

不同于视频摘要，视频抽象注重将视频信息映射为可视化元素，其中视频信息主要指代视频中重要的信息，而不是原始的视频图像。视频流中往往包含了很多信息，比如发生的一些事件或一些物体的位移。视频抽象包括语义抽取和语义信息可视化两步。视频抽象方法可以分为视频嵌入、视频图标和视频语义。视频嵌入是指将视频的每一帧图像嵌入向量空间中，每一帧用一个向量代表，向量之间的距离表示图像的相似度。视频图标是指将整段视频的内容抽象为图标的形式。视频语义是指从视频中抽取出具有语义的属性或关键性事件，然后以可视化结果呈现这些关键信息。

10.2.2.1 视频嵌入

视频嵌入可视化的一种思路是将视频流转化成一个向量，并且以线性或非线性形式组织起来，以便帮助观察者快速有效地理解视频流中宏观的结构信息和变化趋势。例如，通过检测视频中每帧的尺度不变特征（SIFT）的频率，将整段视频映射为高维空间中的一条曲线。通过多维尺度分析（MDS）方法对该曲线降维，生成一条反映视频语义信息的三维平滑曲线。实验结果表明，这种线性表示如实地刻画了视频中各帧之间的关联性和语义转折，有效地揭示了视频中的演化结构，如图 10.14 所示。这种线性结构类似于高维数据的抽象可视化方法 [Ward2011]。视频嵌入可视化的另一种思路是直接将视频的每一帧看成高维空间中的一个点，并采用投影算法，例如 Isomap，将其嵌入低维空间中，然后顺序连接低维空间中的点，形成一条线性轨迹。这条轨迹可以提供很多有用的信息。如图 10.15 所示，在鸟的飞行例子中，可以发现鸟类存在两种不同的飞行模式，分别对应于展翅和滑翔两种动作 [Pless2003]。

图 10.14 拍摄者绕环形走廊移动拍摄的视频可视化结果。左：反映视频语义的三维曲线；右：曲线上标注点所对应的视频帧。

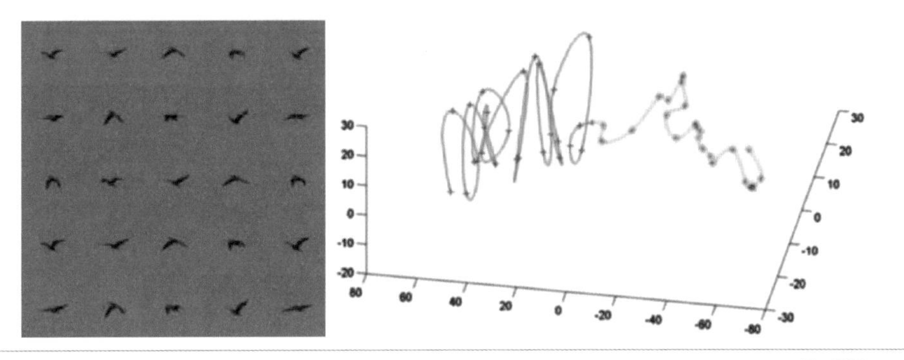

图 10.15 对鸟类飞行视频（左）的概要可视化（右），展现了鸟类的两种飞行模式 [Pless2003]。

常规的视频概要性方法将原始视频变换为简单的视频或多帧序列图像。然而，这些方法受限于原有的时间序列，难以表达视频中复杂的语义信息。

10.2.2.2 视频图标

视频图标（Visual Signature）指对视频的内容或特征采用某种变换形成的简化可视表达，从而实现以较少的信息量来传达视频中蕴含的特征模式。

视频条形码

视频条形码将视频中的每一帧图像（二维）摊开为沿纵轴排列的彩色线，并以时间轴为横轴将彩色线依次排列，形成一个长形的彩色条形码，成为一部电影所特有的视觉标识。这种方法本质上起到了降维的作用：通过将视频立方中的每帧图像从二维聚合为一维，将整个三维视频立方转化成二维平面上的一张彩色图像，称为视频条形码。色彩起伏较大的视频的条形码色彩丰富，而色调单一的电影的条形码颜色变化不大，如图 10.16 所示。

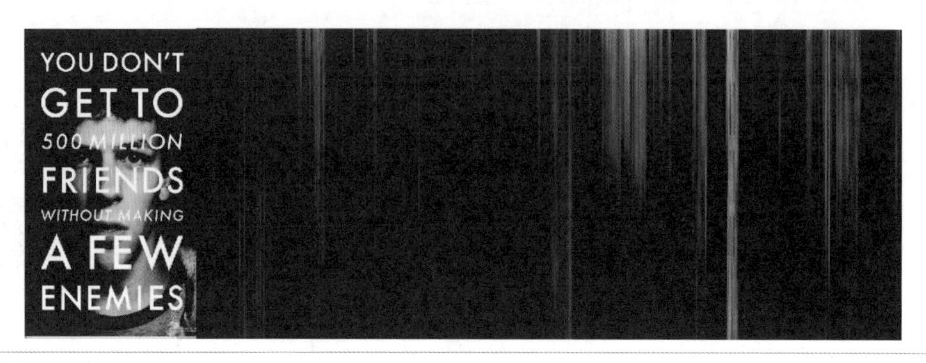

图 10.16 Facebook 发家史预告片的视频条形码。图片来源：链接 10-5

视频指纹

设计师 Frederic Brodbeck 介绍了采用视频指纹作为视频视觉图标的方法——从每个视频片段中提取出现频率最高的若干种颜色，按照时间顺序将片段排列成圆环。同时，从视频中提取人物和场景的移动，并根据移动的幅度和频率，变换圆环中代表各个场景片段的弧段沿径向的位置，从而生动地呈现视频的色调和运动规律。图 10.17 右图比较了两部科幻片：库布里克的“2001 漫游太空”和詹姆斯 · 卡梅隆的“异形”。很明显，前者基本没有人物运动，后者是标准的动作大片。它们的共同之处是，片子都以黑色调为主。

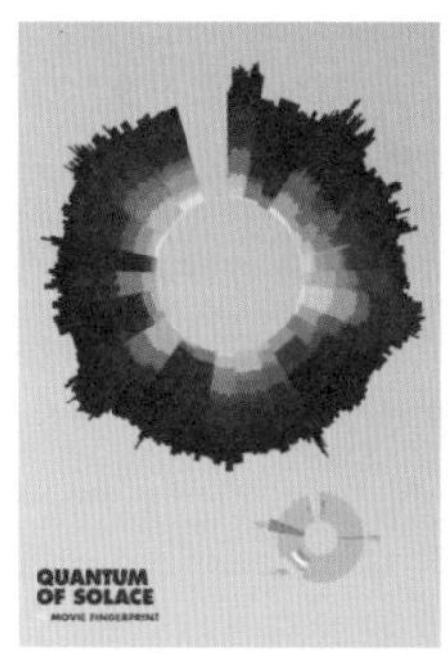

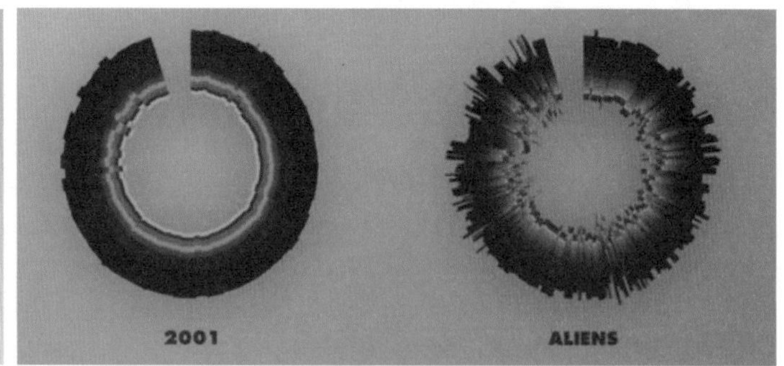

图 10.17 视频指纹示例。左：一段短视频；中：电影“2001 漫游太空”；右：电影“异形”。图片来源：链接 10-6

10.2.2.3 视频语义

视频语义是指从视频中抽取出具有语义的属性或关键性事件，如监控视频中的车祸、异常等，然后将这些关键信息以可视化的形式呈现。

一般情况下，交通监控系统产生的数据量是非常庞大的，因为这些系统每时每刻都在不断地产生数据。因此，直接从原始的监控数据中找到交通系统中发生的特殊事件是非常费时且困难的工作。如果利用可视化技术，就可以让用户根据可视化提供的一些视觉线索，从宏观到微观，自顶向下地寻找交通数据中存在的一些事件。如图 10.18 所示，AIVis[Piringer2012] 是一个增强隧道视频监控系统的时态感知能力的可视化系统。AIVis 首先从视频监控中抽取出交通事件，然后再通过可视化的方式展示在隧道中发生的事件。

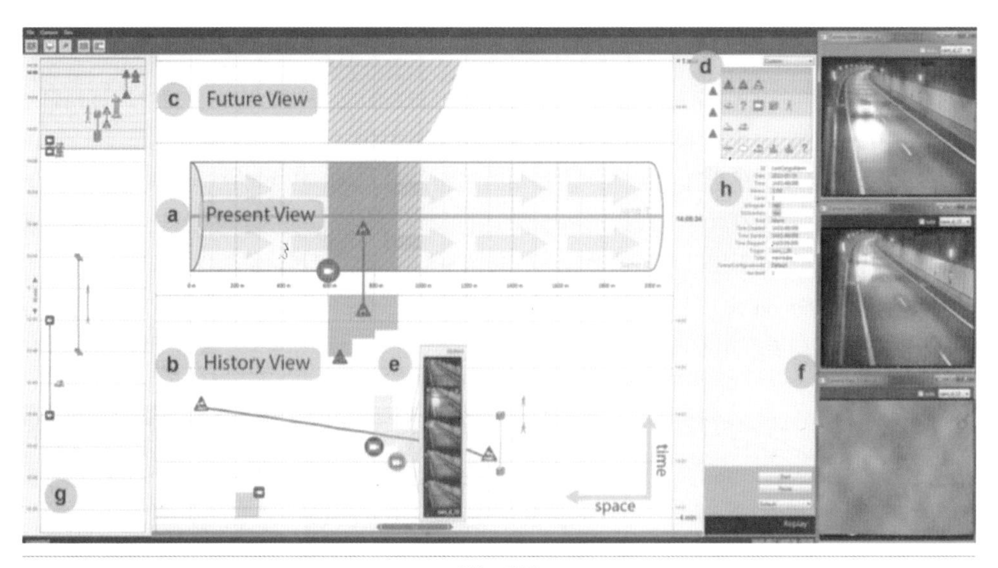

图 10.18 AIVis 系统实时监控隧道通行状况 [Piringer2012]。

10.3 声音与音乐

声音（Sound）是能触发听觉的生理信号，声音属性包括音乐频率（音调）、音量、速度、空间位置等。人类语言的口头沟通产生的声音称为语音（Voice）。音乐（Music）是一种有组织的声音的集合，是由声音和无声组成的时序信号构成的艺术形式，旨在传达某些讯息或情绪。音乐可视化通过呈现各种属性，包括节奏、和声、力度、音色、质感与和谐感来揭示其内在的结构和模式。

声乐可视化往往与实时播放音乐的响度和频谱的可视化联系在一起，其范围从收音机上简单的示波器显示到多媒体播放器软件中动画影像的呈现。五线谱实际上是音乐可视化的典型代表，它采用蝌蚪符表达音律，见图 10.19。有兴趣的读者可以阅读文献 [Sauer2009]，欣赏音乐作曲家设计的各种可视化。

图 10.19 古筝曲“青山流水”的五线谱图。

在电子时代之前，人们发明了声波振记器（Phonautograph）将声音转换成可视轨迹（见图 10.20 左图）。它模拟了人类耳鼓膜随声波振动的现象，采用连接在号角型话筒较小一端的一片薄膜，模仿耳鼓膜随声波振动的形态 [Harvard2012]。记录器在一条移动的带子上留下的长短不一的轨迹离基准线或远或近代表了膜受到的冲击力，陡峭的上升和下降的语调形成了相对均匀或不规则形状的曲线，声音的平滑或粗糙有其独特的图形标记。改进的声波振记器（Phonodiek）生成 4 个波浪痕迹表示长笛、单簧管、双簧管、萨克斯的音色差异。图 10.20 右图展现了发明者 Dayton C. Miller 拍摄的 4 种乐器产生 256Hz 即 C3 音符的波形。

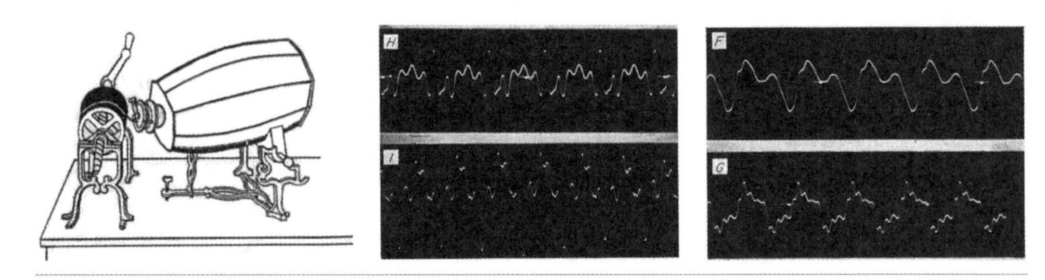

图 10.20 左：声波振记器示意图；右：改进的声波振记器生成的 4 个波浪痕迹。
图片来源：链接 10-7

在电子时代，音乐可视化常常是音乐媒体播放工具中的一个功能，生成一段以音乐为基础的动画图像，实时产生并与音乐的播放同步呈现，如图 10.21 所示。通常，音乐的响度和频谱的变化是可视化所使用的输入属性。

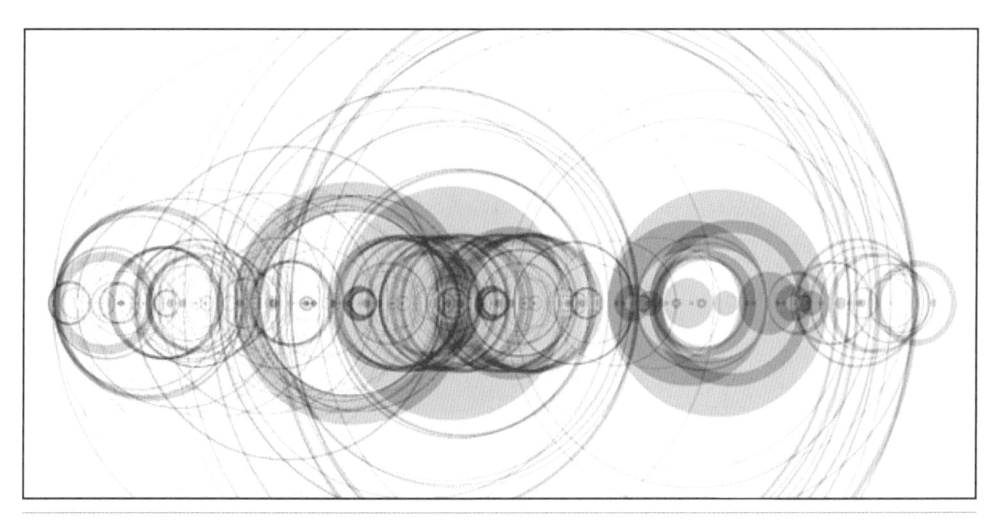

图 10.21 音乐节奏可视化。图片来源：链接 10-8

10.3.1 声乐波形可视化

在信号处理领域，声音经过接收后产生的时域信号构成了声音频谱图。语音是人类语言发音，针对语音数据的语音频谱图包含三个变量：横坐标表示时间，纵坐标表示频率，坐标点值表示语音数据能量，用颜色表达。将频谱图的思路应用于不同的声音属性，如谐波、音调等，可产生各类声乐波形的可视化方法。图 10.22 和图 10.23 展现了一些音乐可视化作品。

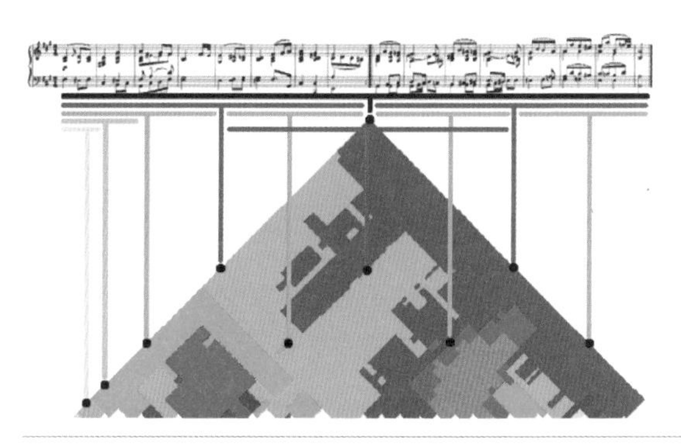

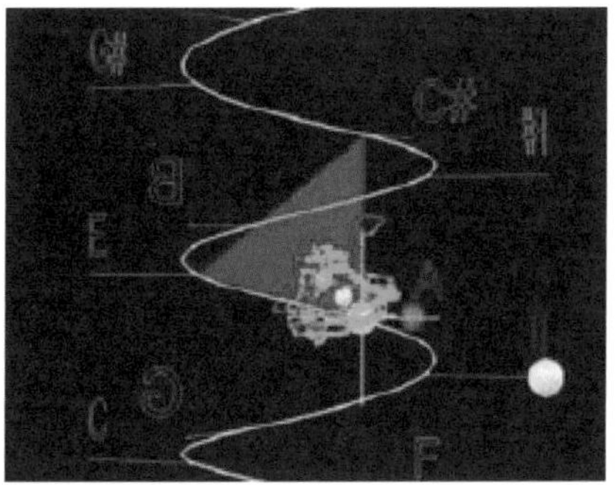

图 10.22 左：舒伯特 A 小调 13 变奏曲 D.576 的谐波可视化效果与其乐谱的对应关系 [Sapp2005]；右：采用神经网络的自组织映射方法将音乐投影到二维空间，螺旋布局显示音调演变 [Chew2005]。

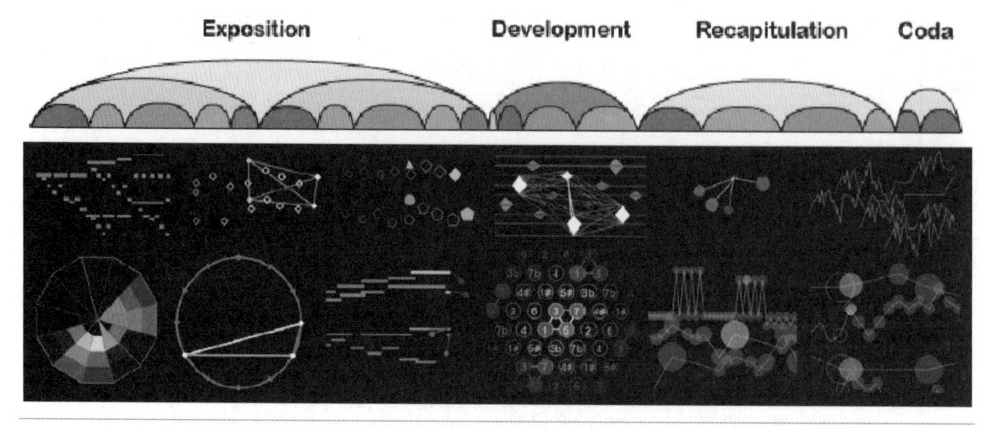

图 10.23 上：采用时序的颜色区块可视化莫扎特第 40 号交响曲 G 小调 K.550 第一乐章；
下：软件 Music Animation Machine 采用的音乐可视图符。图片来源：链接 10-9

10.3.2 声乐结构的可视化

声乐结构的可视化是抽象音乐结构的一个视觉增强方式，它为听众提供了理解和感知音乐韵律的视觉方法，也可以表现出不同时期作曲家作品中的差异。

弧图（Arc Diagram）法 [Wattenberg2002] 采用首尾端点位于一维轴上的弧表示重复的音乐结构，其宽度与重复序列的长度成正比，半径与匹配对之间的距离成正比（见图 10.24）。

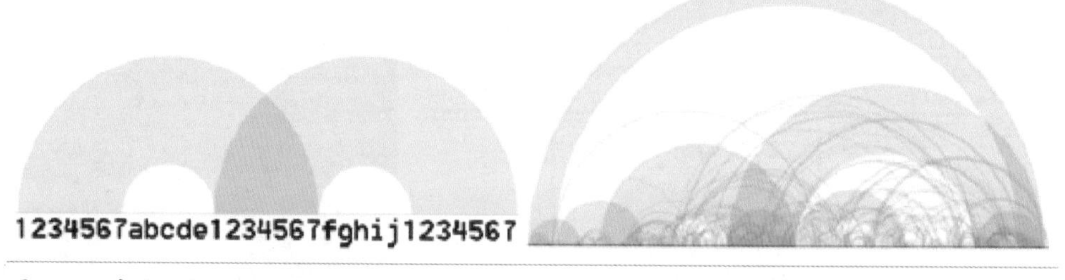

图 10.24 音乐结构的弧图可视化。左：两个圆弧连接表达三个重复子串 1234567；
右：贝多芬的《致爱丽丝》[Wattenberg2002]。

如图 10.25 所示，同弦（Isochords）法 [Bergstrom2007] 采用大数学家欧拉发明的二维三角坐标网格（称为 Tonnetz，音格），对音乐结构和一部作品的发展进行可视化。这种方法被广泛应用于现代的音乐分析。

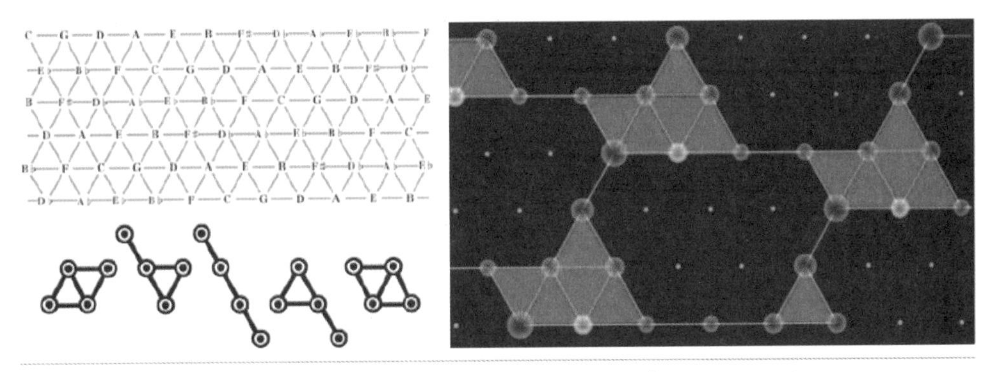

图 10.25 左上：传统的 Tonnetz 网格；左下：同弦法表现七和声；右：同弦法示例。

ImproViz[Snydal2005] 是一种展现爵士乐的即兴旋律和谐波模式的可视化技术，它利用旋律线的轮廓和调色板对和声可视化（见图 10.26）。

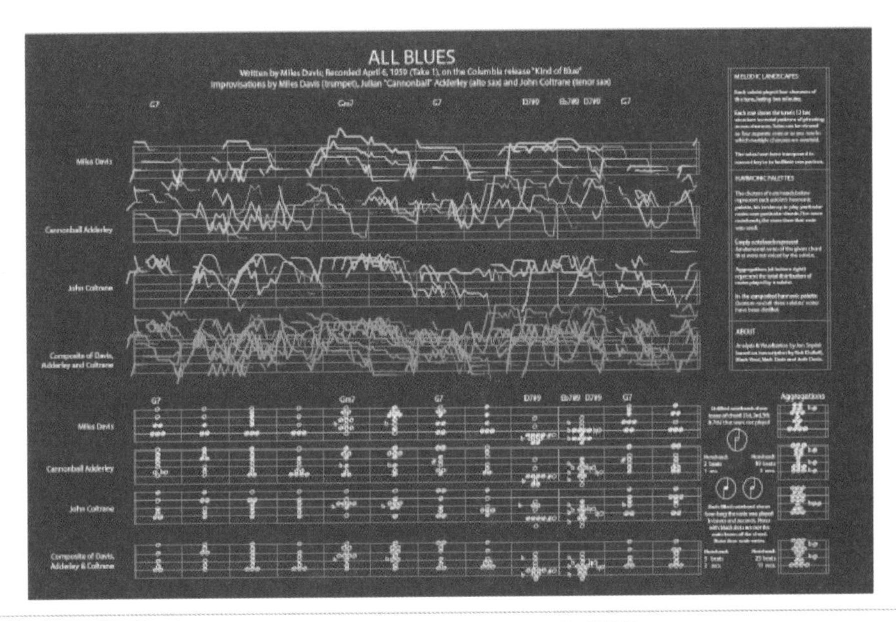

图 10.26 ImproViz 示例：顶部是旋律，底部是谐波调色板 [Snydal2005]。

音乐中的一些重要元素如节奏、和声和音质的变化反映了音乐的韵律，将三者组成三元放射状分布的坐标轴，用不同的颜色可视化每个轴的数值：绿色表示和声，红色表示节奏，蓝色表示音质。这种设计形成了一朵“盛开的音乐之花”的可视隐喻，如图 10.27 所示。

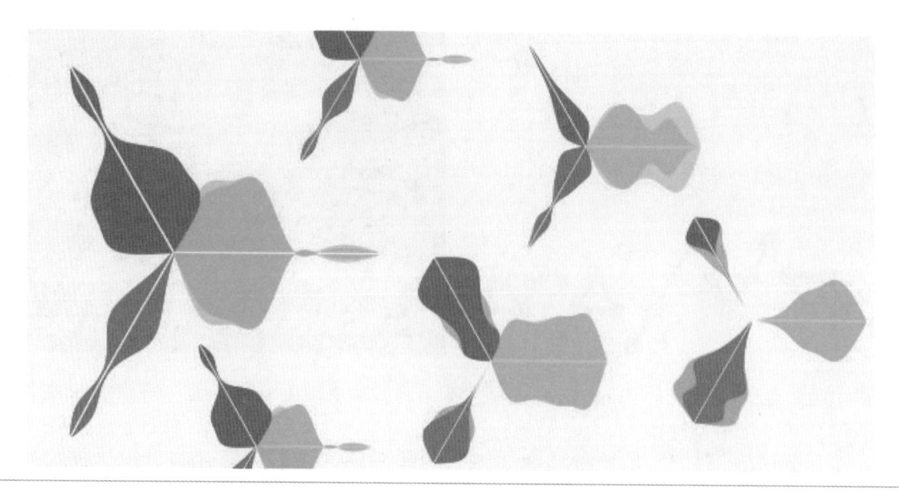

图 10.27 节奏、和声和音质的花朵隐喻。图片来源：链接 10-10

Evans 等人 [Evans2005] 给出了音乐乐谱可视化的基本准则。

- 声音表达简单，易于在视觉上识别。
- 时间应该与空间关系契合。
- 乐谱的全局呈现应当一目了然。
- 乐谱最重要的部分并不是阅读。
- 音乐乐谱的主要目的是音乐的听觉表现，并非定量分析。

Smith 等人 [Smith1997] 探索了音乐的三维可视化方法：以 x 轴代表音调范围，y 轴代表乐器种类，z 轴代表时间，三维空间的曲面图符代表音符，半球的高度、半径与颜色分别代表音调、响度与音色，其中音色可以用于区分不同的乐器（见图 10.28）。

(a)

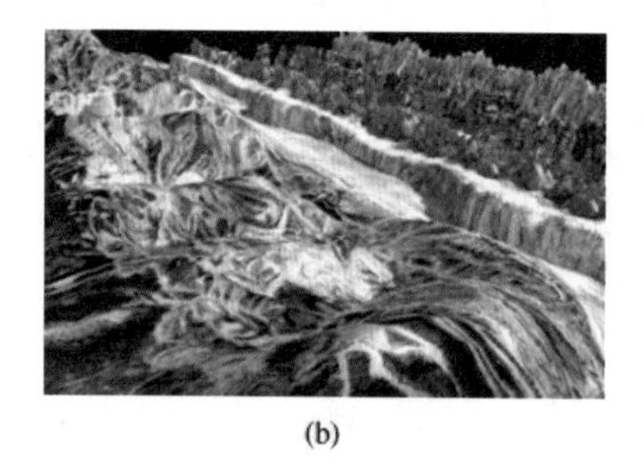

(b)

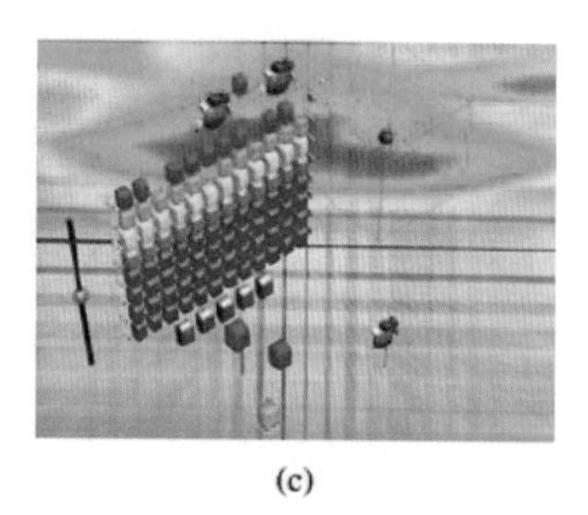

(c)

图 10.28 音乐的三维可视化 [Smith1997]。

为方便普通用户理解古典音乐作品，Chan 等人 [Chan2010] 提出了一个创新的可视化解决方案。如图 10.29 所示，这种方案揭示了古典管弦乐作品中的语义结构，并交互地呈现宏观的语义结构、微观的音乐主题变化、主题和结构之间的关系以及抽象音乐作品的复杂结构。上左图显示了莫扎特第40号交响曲第一乐章，使用不同透明度的线条表示不同的乐器。随着时间的推移，根据乐器在乐章中的功能对线条进行布局。上右图使用捆绑的线条结合音符显示音乐主题的变换。下图是贝多芬第5号交响曲的可视化，图中采用弧形表示音乐结构中的微妙关系，弧形的倒影起到视觉增强的作用。

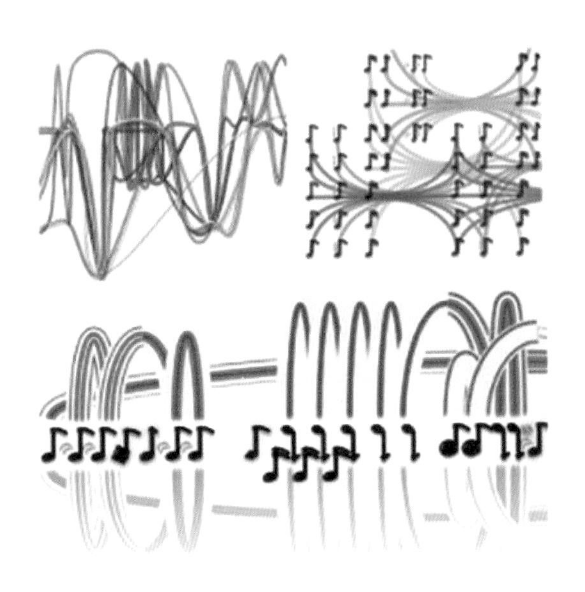

图 10.29 古典音乐作品的可视化 [Chan2010]。

10.4 超媒体

随着互联网的兴起，文本页面中增加了网络链接、令牌、标志等新型符号，从而扩展成为超文本。随着多媒体技术的继续发展，超文本技术的管理对象从进一步扩展到多媒体，形成了超媒体（Hypermedia）。超媒体可看成超文本（Hypertext）和多媒体的集合。

跨媒体（Cross-media）指信息在不同媒体之间的分布与互动，它至少包含两层含义：一是指信息在不同媒体之间的交叉传播与整合；二是指通过学习、推理及其他智能型操作，实现从一种媒体类型到另一种媒体类型的跨越。2010 年 1 月 *Nature* 发表的“2020 Vision”论文指出：文本、图像、语音、视频及其交互属性紧密混合在一起，即为“跨媒体”。2011 年 2 月 *Science* 杂志刊登了“Dealing with Data”专辑：数据的组织和使用体现跨媒体计算。卡耐基 - 梅隆大学 Tom Mitchell 教授在 *Science* 发表的“Mining our Reality”文章指出：与对历史数据进行挖掘的传统研究不同，对与人们日常生活紧密相关的跨媒体数据进行分析和处理，是未来机器学习和搜索引擎发展的一个重要趋势。

跨媒体数据可以帮助科学家对于自然科学和社会科学的探索。例如，Google 推出了“谷歌流感趋势”项目，人们使用谷歌搜索时输入的关键词来预测流感在特定区域的爆发。与美国疾病预防控制中心提供的报告对比，其对追踪疾病的精确率达到 97%~98%。另有学者根据单位时间中的微博数量，以及评论的正负比例，预测电影票房和大众心情。加拿大不列颠哥伦比亚疾病控制中心学者将基因组测序和社交网络分析相结合，对一种神秘的结核病潜在爆发进行疫情预警并确定该疾病的超级传播者。斯坦福大学研究人员通过无线传感器记录人们在现实社会中的行踪，并用数学模型来模拟像流感这样疾病的传播路径。麻省理工学院（MIT）启动了现实挖掘（Reality Mining）项目，通过对 10 万多人手机的通话、短信和空间位置等信息进行处理，提取人们行为的时空规则性和重复性。

超媒体或跨媒体是新兴的数据模态，在移动互联网领域无处不在，例如网页、网络日志文件和社交网络等。对这类新型数据的可视化方法正在逐步探索之中。见如下两例。

- 美国雅虎公司制作了一个交互的电子邮件可视化工具。工具首先展现世界地图，动态泡泡实时显示电子邮件发出的地理位置，泡泡大小表示电子邮件的数量，底部则显示电子邮件当前的总流量（见图 10.30 上图）。工具还采用堆叠图方法展现最近 5 分钟内最热的前 10 个关键词，点击某个关键词可以显示更多的相关统计信息。图 10.30 下图显示了各种关于“伟哥”垃圾邮件的相关变种。

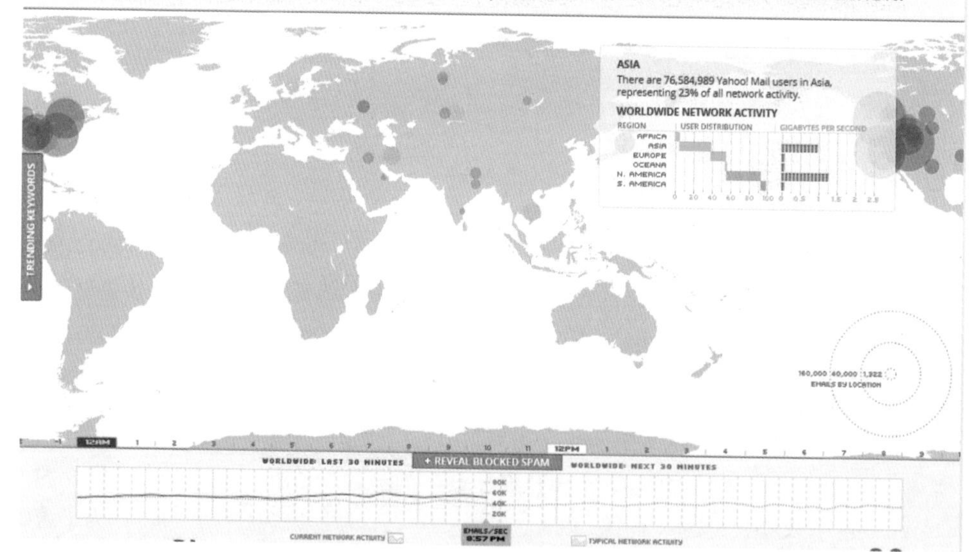

图 10.30 雅虎电子邮件实时可视化。上：全球范围内当前雅虎电子邮件的总流量；下：垃圾邮件的文本可视化。

- WebViz 可视化工具 [Chen2007] 使用径向树表示网站的结构，多边形图表示与网站用途相关的层次数据。如图 10.31 所示，中心为父节点，周围为其连接出去的子节点。节点大小代表页面访问的次数，节点颜色显示了其平均访问时间。边表示连接使用的次数，颜色表示其使用次数与总数的比例。用户可以通过各种交互操作（如聚焦 + 上下文、缩放、旋转、重映射、对象过滤等）来进行数据分析。

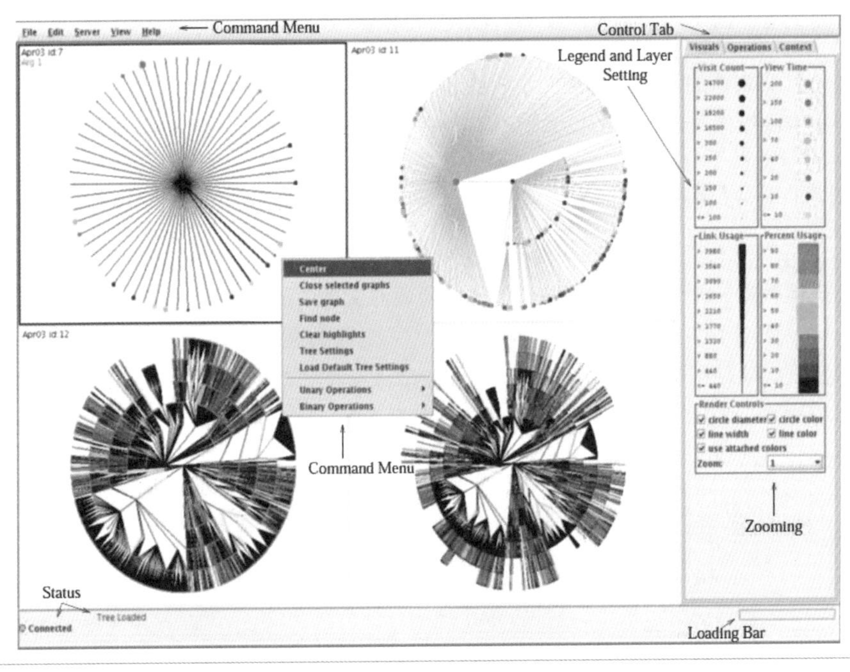

图 10.31 网站结构可视化 [Chen2007]。

在本章中，我们着重介绍超媒体中最有特点的社交媒体（微博）和社交网络的可视化。

10.4.1 社交媒体可视化

社交媒体和传统的电视、报纸、广播等媒体一样，都是传播信息的渠道，是交流、传播信息的载体。它以因特网为传播途径和载体，快速地传播和分享最新的新闻资讯。随着在线社交网络的兴起，社交媒体得到了空前的发展。使用可视化来呈现信息如何借助社交媒体传播可以帮助用户更深入地理解社交媒体。

微博作为一种热门的社交媒体，又兼具社交网络和博客的特点。本节将以微博为例介绍社交媒体的可视化方法。微博，微博客（MicroBlog）的简称，是一种基于用户关系的信息分享、传播、获取的平台。微博内容简洁而短小，允许用户交换一些规模很小的信息，诸如短句子、个人照片、视频链接等，同时可由移动设备等通过网络方式及时更新。每个用户既是信息源，又是信息的分享者和加工者，其承载的信息量和含义远远超过博客等媒介。微博逐渐从单纯的社交工具成为比普通大众媒体更快、更及时传播新闻的媒介，成为真实社会在虚拟世界的一个映射。微博数据中蕴含的庞大的信息量及复杂的社交关系，使得对它的研究具有十分重要的意义。例如，美国路易斯安那大学教授 Aron Culotta 通过微博信息中与流感有关的关键词，如“flu”、“have”、“headache”等，建立预测模型，其预测结果与美国疾病预防控制中心（CDC）的统计数据惊人地相符[袁晓如 2012]。

社交媒体的内容既包括文本、图像、视频，还包括人际关系、舆情、突发事件、媒介传播等隐性信息。社交媒体可视化可以从内容本身以及基于内容的信息挖掘两个角度展开。

10.4.1.1 内容可视化

文本是社交媒体数据的主要部分，因此第 9 章文本可视化中介绍的方法也适用于社交媒体数据。例如，采用标签云技术展现微博文本中的热门关键词，也起到了概括内容的作用。如图 10.32 所示为使用 Wordle[Viégas2009] 生成的关于 Twitter 上热词的标签云。对于微博数据，除使用文本分析方法从文本中抽取关键词之外，也可以使用发布者为所发布的内容标注的标签作为关键词。从标签云只能看出单词的统计信息，丢失了原始的语义结构，SentenTree[hu2017] 采用树结构展示了频繁出现的内容结构（见图 10.33）。

图 10.32 Twitter 上热词的标签云。不难看出，讨论话题和苹果与谷歌公司的产品有关。图片来源：链接 10-11

图 10.33 2014 年世界杯足球赛期间的 Twitter 信息。图片来源：[hu2017]

10.4.1.2 统计信息可视化

除通过关键词可视化直接展现微博的文本内容之外，通过对微博进行统计分析，并用统计图表呈现分析结果也是常用的方法之一。图 10.34 展现了 2011 年 5 月 1 日晚上 9:30—12:30，Twitter 上关于拉登死讯的消息数折线图，并对一些重要的事件发生时间在图上进行了标注。从图中容易发现，10:25 Keith Urbahn 在 Twitter 上发布了拉登的死讯，大约 10 分钟后，这个消息爆发性地传播开来。当美国总统奥巴马确认死讯后，消息数迅速下降。对于微博的统计分析可以针对文本内容、微博标签、发帖者、发帖时间、地点等属性。

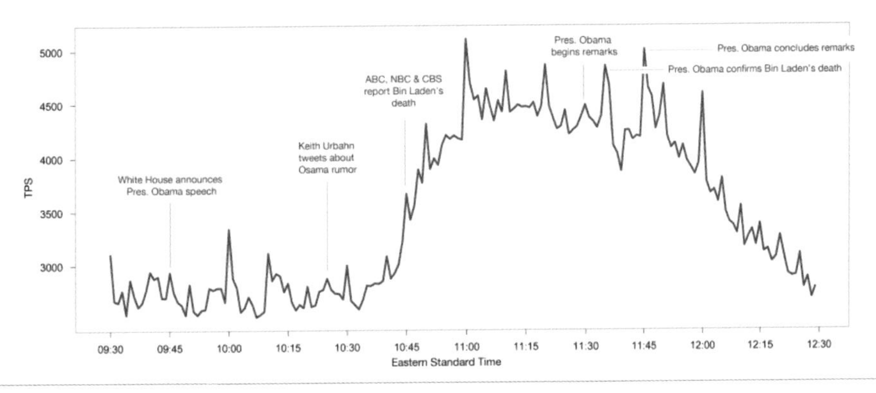

图 10.34 2011 年 5 月 1 日 Twitter 上关于拉登死讯的消息数折线图。图片来源：链接 10-12

10.4.1.3 位置信息可视化

由于大量用户使用智能手机应用来收发微博，这些应用在得到用户允许的情况下，通过智能手机系统获知了用户的地理位置并发布的微博系统。因此，部分微博数据中也包括地理信息。通过可视化将这些地理信息与微博的文本内容结合在一起进行分析，可以帮助理解信息传播和舆论的地域特征。例如，图 10.35 为纽约时报记者采用可视化方法报道 2009 年超级碗橄榄球赛 Steelers 与 Cardinals 的比赛中，各地区人们在 Twitter 上讨论关于超级碗的话题分布。用户可以拖动时间轴观看比赛中各个时间段、不同地方人们讨论话题的变化。随着微博在人们日常生活中的密集使用，可视化微博所发出的地理位置甚至能呈现人口密集的区域。图 10.36 是一段时间内全美国各地人们发微博和 Flickr 照片的可视化。通过在地图上标识这两种在线多媒体的活动位置，可视化清晰地呈现了美国的各大城市以及交通网络。

图 10.35 各地区人们在 Twitter 上讨论关于超级碗话题的可视化效果。图片来源：链接 10-13

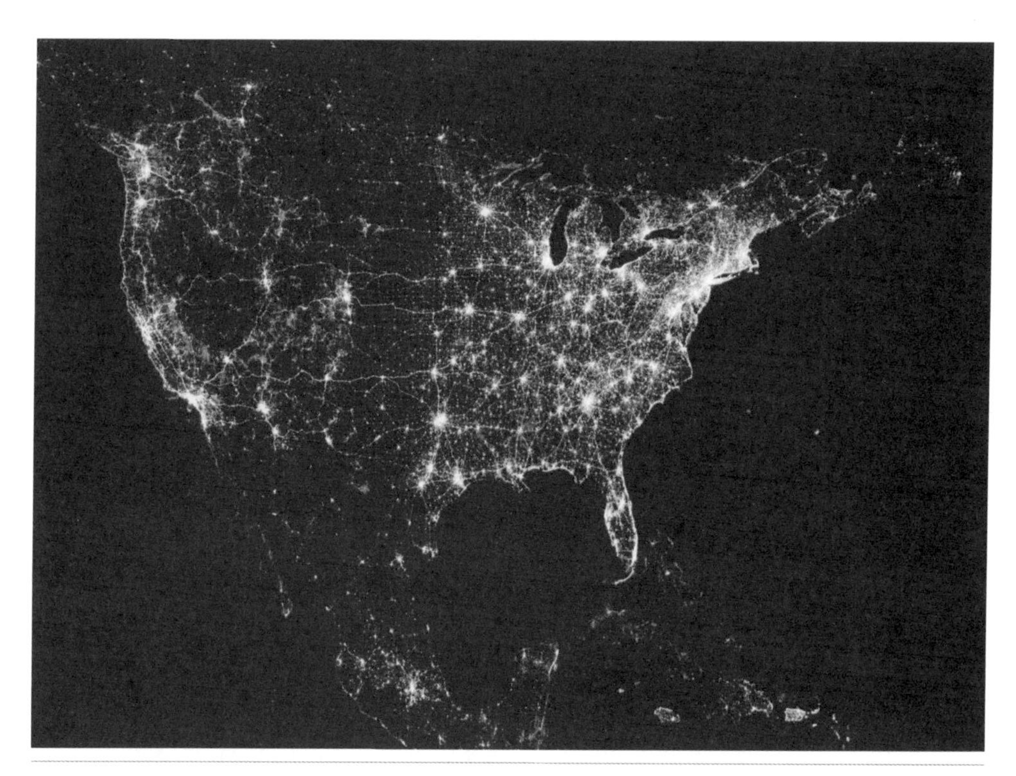

图 10.36 使用 Twitter 发微博（蓝色点）和使用 Flickr 发照片（橙色点）的美国用户的地理分布，白色点表示两者均使用的用户。西部人偏爱发照片，东部人偏爱发微博，白色点大部分是人口密集的大城市。图中呈现的几条横贯东西的白线是高速公路。
图片来源：链接 10-14

10.4.1.4 时变信息可视化

微博作为一种社交媒体，与传统的新闻媒体一样，都有很高的时效性。特别是当热点新闻事件发生时，人们在微博中对相关消息的转发以及所发表的相关言论随着事件的发展瞬息万变。通过可视化呈现这一动态的过程可以揭示观点和事件的变化。例如，软件 emoto 实时抓取所有和 2012 年奥运相关的 Twitter 消息，通过语义分析挖掘出热点主题，同时分析得出用户在所发的 Twitter 消息中所表现出来的正面评价或负面评价。图 10.37 展示了这些 Twitter 消息中的前十大主题，每个主题用一个圆圈表示，圆圈大小编码其热点程度。用户的负面和正面态度用一系列三角条带（奥林匹克旗帜的可视化隐喻）表示，暖色表示正面，冷色表示负面。

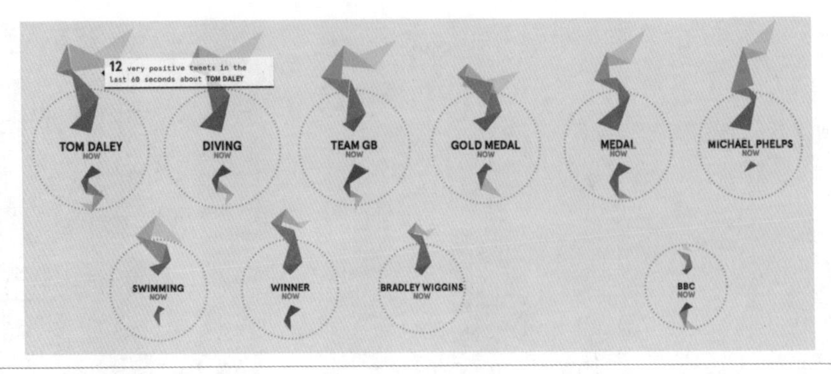

图 10.37 对于Twitter上关于2012年伦敦奥运会10大热点主题的用户正面或负面评价的可视化。图片来源：链接 10-15

使用动态可视化有时能更好地展示微博数据中的动态特征。图 10.38 呈现了 2011 年英国伦敦骚乱期间 Twitter 上超过 260 万条相关微博中谣言的产生、发展、演化和消亡的过程。每个圆代表一条 Twitter 消息，圆的大小表示该消息的影响力，颜色则表示该消息对某个谣言的态度，绿色表示支持，红色表示反对，其他颜色表示有疑问态度不明朗，颜色的亮度对应于消息的日期。拖动视图上部的时间轴可清楚地展现谣言通过 Twitter 传播，最后消亡的整个生命周期。另一个例子（见图 10.39）展现了美国 GE 公司使用可视化实时跟踪 Twitter 上关于乳腺癌的讨论。方法采用“宇宙星系”的可视化隐喻，每个小点代表一条讨论乳腺癌消息，点的大小表示被转发的次数。用户可以选择任意消息查看详情。新的小点出现表示有新的相关消息。

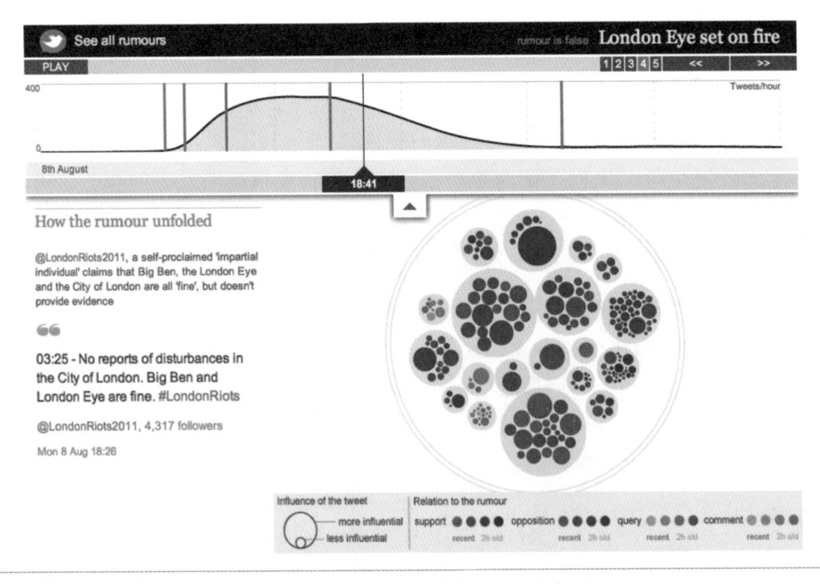

图 10.38 英国卫报对 Twitter 上英国暴乱谣言的可视化。图片来源：链接 10-16

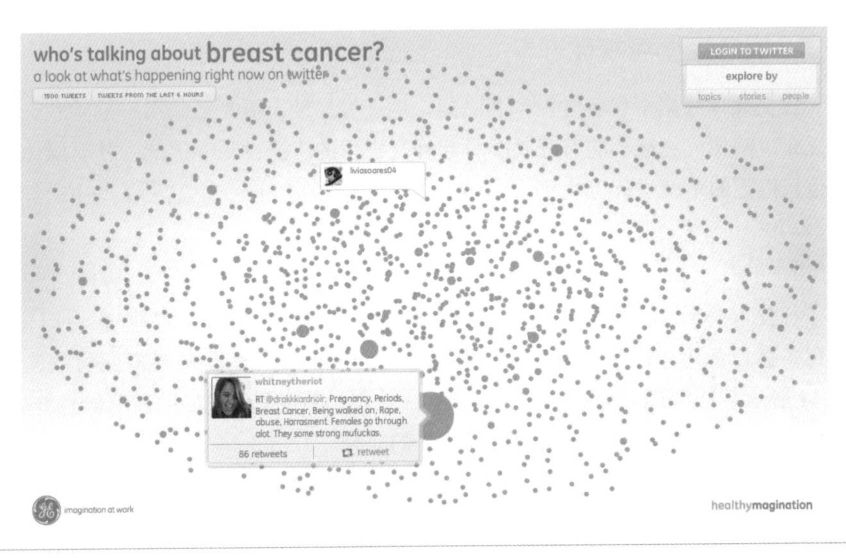

图 10.39 Twitter 上关于乳腺癌讨论的实时动态可视化。图片来源：链接 10-17

采用三维可视化方法可有效地解决微博消息量过大的问题。美国媒体 CNN 与新媒体设计公司 Minvegas 和 Stinkdigital 合作制作了 Twitter 消息的实时可视化，他们抓取了 Twitter 上所有包含联合国气候大会（COP17）的消息，并将消息中的其他话题（带 # 的词）归类，形成围绕 COP17 的相关话题的树状层次结构。同时，采用三维双曲空间颜色编码的树表达每个话题的树状结构（见图 10.40），并用不同的颜色标识。树上的每个点都对应一条消息。随着新消息的出现，树不停地生长，形成地球与大树的可视化隐喻。

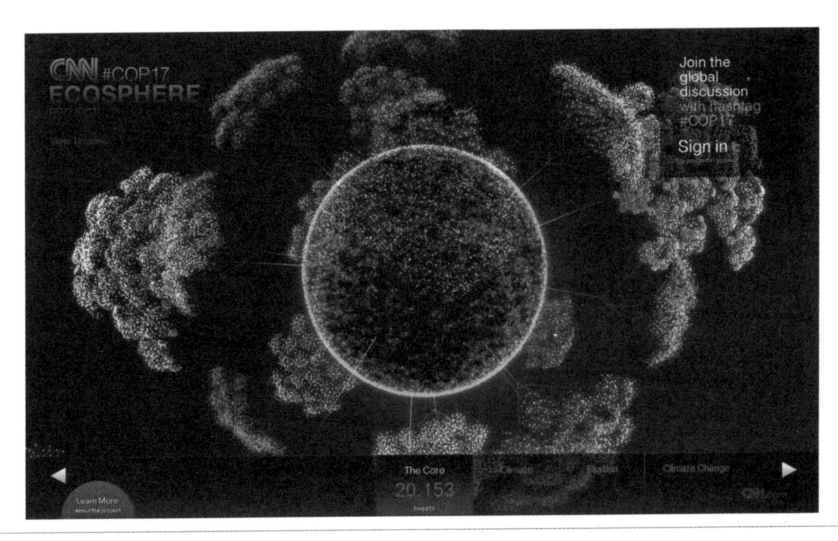

图 10.40 美国媒体 CNN 制作的关于联合国气候大会的微博消息的可视化。图片来源：链接 10-18

10.4.1.5 信息挖掘可视化

社交媒体数据不仅包含内容和时间、地理等属性，更是反映用户情感和记录社会事件的媒介。例如，奥运会的召开就会引起社交媒体的广泛讨论。因此，社交媒体数据也可以从信息挖掘的角度进行可视化。

信息传播

社交媒体数据记录了信息在社团间传递的过程。Whisper[Cao2012] 采用向日葵的隐喻，将每条微博都比作向日葵的种子，微博信息传递的过程就是种子向四周散发的过程。图 10.41 展示了日本 Hokkaido 岛屿发生 6.8 级地震相关微博。原始的微博信息被放置在中心，当微博被转发后就构造一条从中心到边缘的路径。

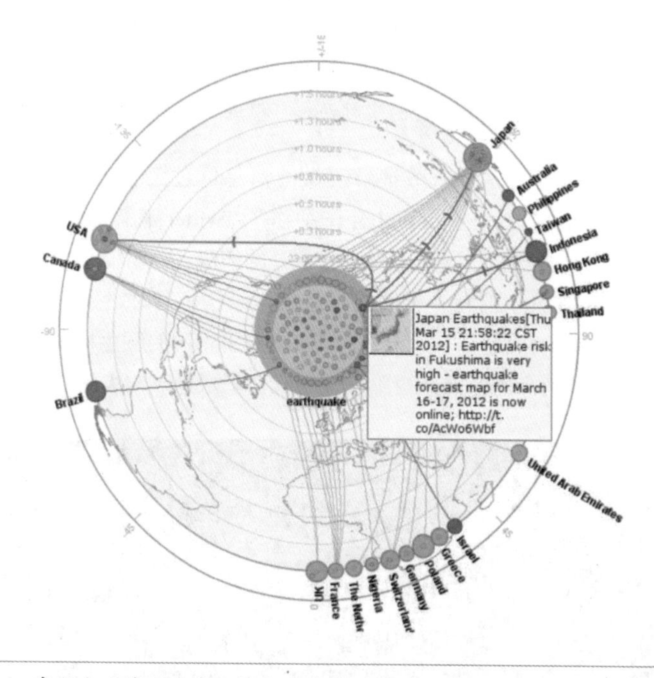

图 10.41 Whisper 采用向日葵的隐喻可视化信息在社交媒体中的传播。图片来源：[Cao2012]

Google+ Ripples[Viégas2013] 采用波纹设计展示了信息在不同用户间的传递过程。根据传递的先后顺序产生用户之间的层次关系。在图 10.42 中，左图展示了一个 YouTube 视频的分享过程，用户之间的分享构成了一颗复杂的分享树；右图是红色箭头指示区域的放大。

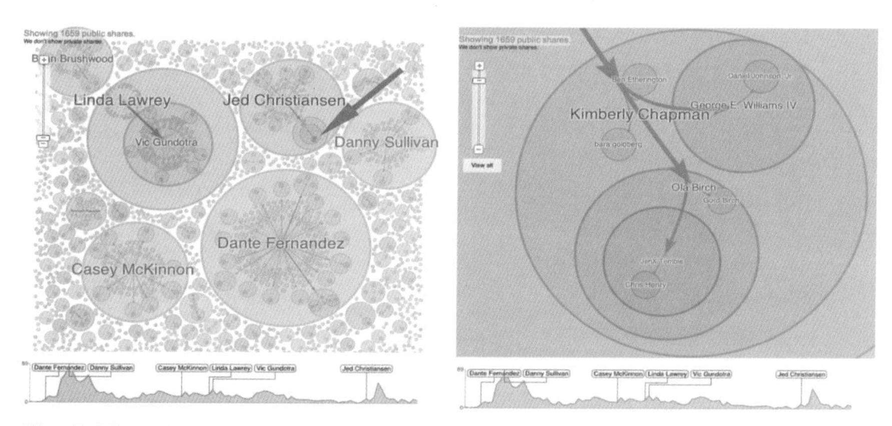

Figure 7. Left: complex share forest of a classic "viral" YouTube video ("Dollar Shave Club – Our Blades are F**king Great").
Right: zooming in on the circle indicated by the red arrow reveals a deep branching structure.

图 10.42 Google+ Ripples 采用波纹设计展示了信息的传递过程。图片来源：[Viégas2013]

话题演变

各个话题在社交媒体上传播时如何竞争公众的关注？意见领袖在各个话题竞争力的兴衰中扮演什么角色？ThemeRiver[Xu2013] 提出了一个话题竞争模型，以表征意见领袖在社交媒体上推动多个话题的行为。如图 10.43 所示，ThemeRiver 以 Storyline 的设计为风格，展示了每个话题的竞争力的增加或减少。意见领袖被描绘成聚合或分歧的线索。

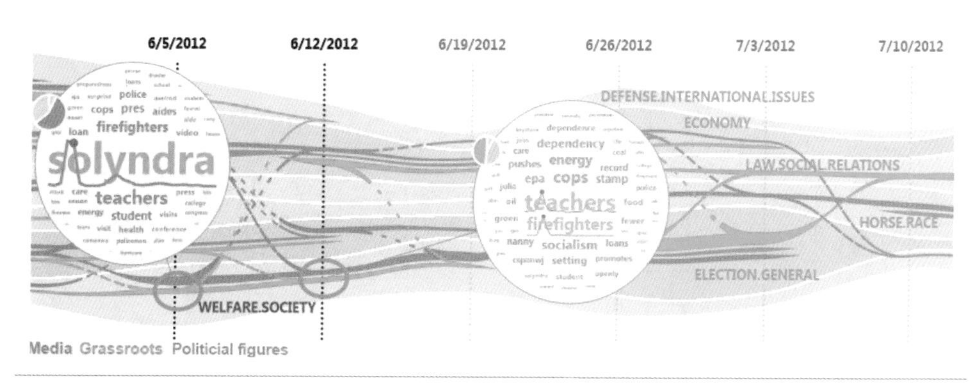

图 10.43 基层群众和媒体在社会福利的讨论中成为主要角色。图片来源：[Xu2013]

合作与竞争是社交媒体上一组相关话题之间相互作用的两种模式。EvoRiver[Sun2014] 进一步揭示了社交媒体中合作和竞争的两种形式，分析了话题如何合作或彼此竞争，检测倾向于彼此合作或竞争的话题（见图 10.44）。

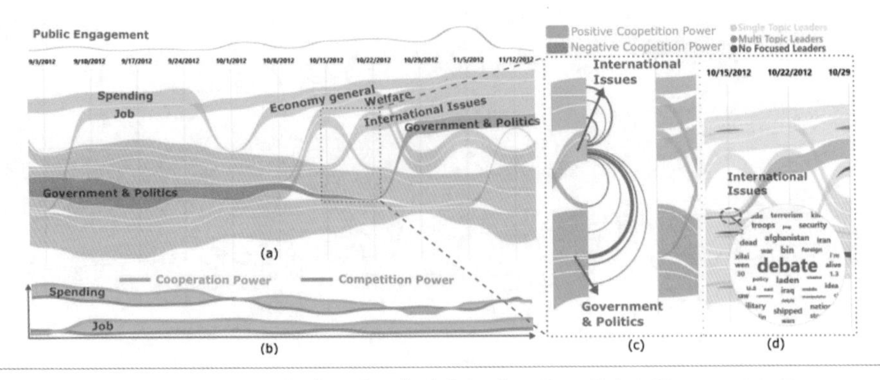

图 10.44 EvoRiver 展示了 2012 年美国总统竞选期间的话题。图片来源：[Sun2014]

异常检测

每天，有数百万条消息被社交媒体网站（例如 Twitter 和 Facebook）上的人创建、评论和分享。这为许多应用领域的研究人员和从业人员提供了有价值的数据，例如市场营销，为决策提供信息。然而，从庞大的群众消息中提取有价值的社交信号是具有挑战性的，因为人群的行为具有异质性和动态性。挑战的根源在于数据分析师能否及时识别诸如流行话题和新闻价值事件等更传统模式的异常信息行为，例如传播谣言或错误信息。FluxFlow[Zhao2014] 结合先进的机器学习算法来检测异常，并提供了一套新颖的可视化设计系统，用于呈现检测到的线程以进行更深入的分析。如图 10.45 所示，FluxFlow 使用圆形的设计表达一个跟帖（及其后的所有回复），圆的半径是跟帖后回复的用户数，圆的颜色编码了“异常分数”，颜色越偏向紫色则越异常。

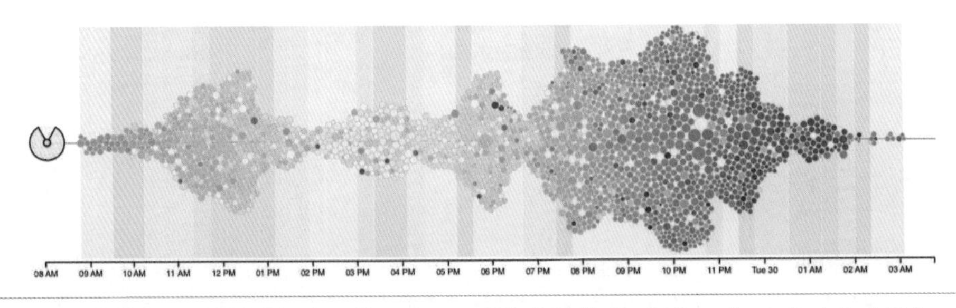

图 10.45 2012 年飓风“桑迪”期间排名前 100 的异常微博的可视化。在 18 小时的时间中，颜色从黄到紫表示异常分数从低到高。图片来源：[Zhao2014]

10.4.2 社交网络可视化

社交网络（Social Network Service, SNS）作为一种新兴的网络媒介和信息传播模式，在人类生活中日益得到推广和普及。从发端于 1971 年的第一封电子邮件，到随着互联网普及而逐渐走入人们生活的 BBS、即时通信工具（IM）、博客，再到在线社交网络新贵

Facebook、微博、微信，人类的社交生活从现实世界向虚拟网络延伸，并逐渐融为一体。来自在线社交网络服务的数据不仅包含核心的社交网络，也包含了在网络中传播的文本、图片、视频等数据，因此也属于超媒体数据的一类。

早期的社交网络数据量小，用简单的点和连线已经足够来表达其中的社交关系，如图 10.46 所示。人们认为尽可能少的连线交叉能增强可视化的可读性，从而更好地展现网络结构，这也成为绘制社交网络图的一条重要准则。

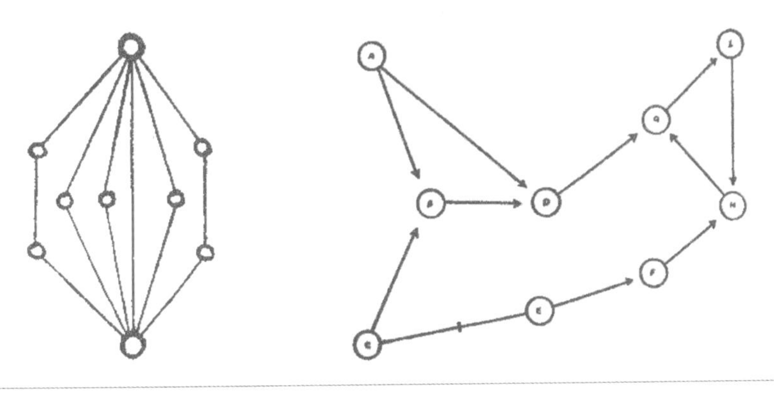

图 10.46 手工绘制的社交网络图。图片来源：链接 10-19

如何布局这些点的位置是网络布局的核心问题。为了突出核心的社会关系地位，通常的做法是将对应的点尺寸变大并置于中心位置，如图 10.47 左图所示。另一种做法是采用标靶式布局展现不同级别的社会关系，如图 10.47 右图所示。越靠近中心的点越容易被选中，地位也越核心。因为点处于不同的圆中，连接这些点的线段便会相对较短，从而减少线段之间的交叉。

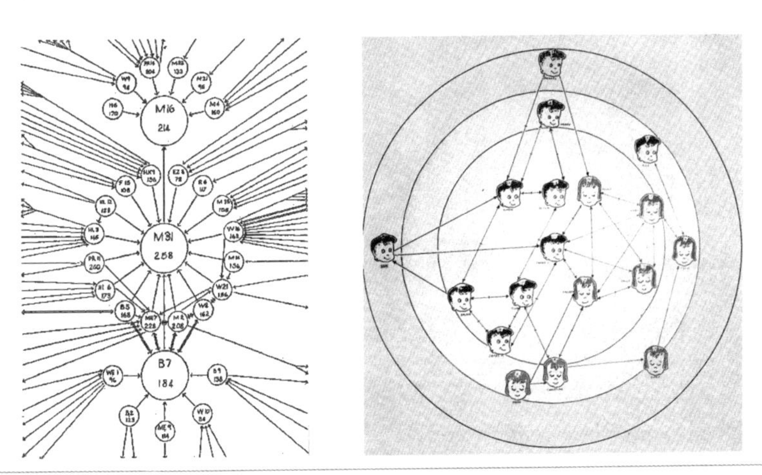

图 10.47 两种突出核心的社交网络图。图片来源，左：链接 10-20；右：链接 10-21

在个人计算机普及后，研究者们采用计算机分析和呈现数据。进入网络时代，屏幕色彩逐渐丰富，各类社交网络可视化方法开始兴起。图 10.48 展示了《经济学家》杂志社统计发布的网民 2006—2011 年在各大主要网站所花费的时间比例变化趋势。不难看出，以谷歌（包括其下属的社交网络分站如 Google+、YouTube 等）和 Facebook 为代表的社交网络所占份额快速增长，而传统 IT 企业如美国在线和雅虎则出现持续下滑。图 10.49 显示了主要社交网站的用户数量从 0 增长到 5000 万所花费的时间。可以看到，早期的社交网络如 LinkedIn 从发布到普及花费了数年时间，而 2011 年推出的 G+ 只使用了 88 天就轻松地实现了这个目标 [Young2011]。

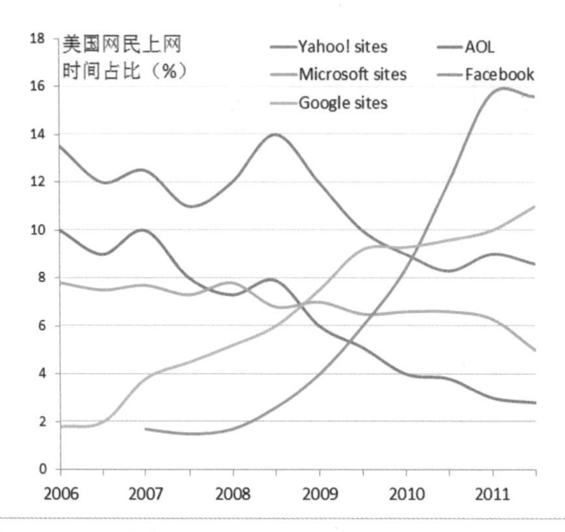

图 10.48 美国网民在 Internet 上花费时间所占百分比的变化趋势。
数据来源 :《经济学家》杂志 链接 10-22

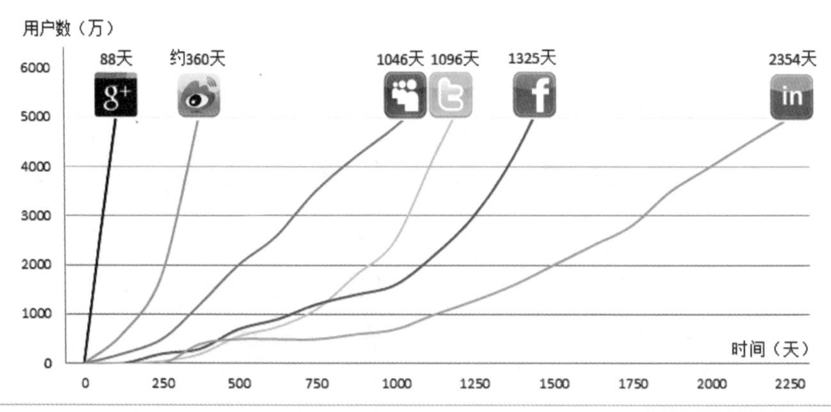

图 10.49 各大社交网站用户数量从 0 到达 5000 万所花费的时间。左起 : Google+、新浪微博、MySpace、Twitter、Facebook、LinkedIn。数据来源 : 链接 10-23。其中，新浪微博数据来自 : 链接 10-24

社交网络的迅速兴起和爆炸式发展促使研究机构 [Konstas2009] 和商业公司 [Berman2012] 均对这一领域产生了浓厚的兴趣。对社交网络媒体进行有效的可视分析和数据挖掘不仅可以帮助我们从社会学的层面上更好地研究人类的社会行为，探究城市数字化对人类生活的影响，更为重要的是，它可以帮助我们分析和挖掘出潜在的有价值的信息，解释经济学和社会学的很多实际问题。

本节将首先阐述社交网络分析的一些基本概念和原理，然后分别介绍对社交网络进行可视化呈现的两种基本工具：图和矩阵。

10.4.2.1 社交网络的基本概念和原理

社交网络是复杂网络的一种。早在现代互联网技术兴起之前，社交网络就是社会学和人类学的重要研究对象。图 10.50 是在社会学领域被广泛研究的一个社交网络的结构示意图，表示的是 20 世纪 70 年代一个美国空手道俱乐部里 34 名成员之间的社会关系网络。下面就以它为例阐释社交网络的基本概念。

- **节点（Node）** 网络中的独立主体通常被称为节点。在这里，每个俱乐部成员是一个节点，在图中用标注数字的圆圈表示。
- **边（Edge）** 节点之间的关系纽带就是边。在社交网络里，边的内涵是多种多样的，如亲属关系、朋友关系、敌对关系、关注关系，甚至可以只是打过一个电话、见过一次面、转发过一次微博、交易过一次商品等。在空手道俱乐部的例子里，两个节点之间的边代表成员在线下有过密切的交流。

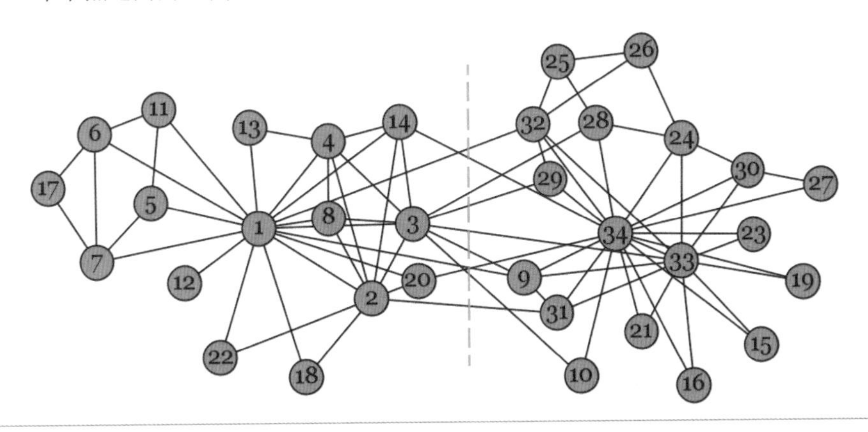

图 10.50 一个著名的社交网络案例：空手道俱乐部网络。

- **社交网络图（Social Graph）** 社交网络图是节点和边的集合，它通常可以用 $G=\{V,E\}$ 表示图的数据结构，其中 V 是节点的集合，E 为边的集合。

- **完全连通子图（Clique）** 我们用记号 G' 表示社交网络图 G 的某个子图，如果 G' 的任意两个节点之间都存在边，则这样的子图被称为完全连通子图，它是对社交网络进行聚类的重要依据之一。例如，图 10.50 中的节点 24、30、33、34 就构成了一个完全连通子图。
- **社区（Community）** 社交网络中常常出现一些相互联系较紧密的小群体，且不同群体之间的联系较为松散，我们将这样的小群体称作社区。例如，图 10.50 所示的网络可以大致由蓝色虚线分割成两个社区。社交网络分析中的一种常用方法叫做社区寻找（Community Detection），即根据网络结构图对节点进行聚类。合理的聚类可帮助理清社交网络的层次化结构，对超大规模图（如上亿用户的社交网络）进行结构简化。
- **节点的中心性（Centrality）** 一个节点的度（Degree）被称作该节点的中心性。它表征该节点处于网络中心的程度——在社交网络中，如果一个节点与较多其他节点之间存在直接联系，那么该节点就具有较高的中心性，这通常意味着该节点可以对其他节点施加更多的影响（例如，微博上粉丝数量超过千万的名人）。图 10.50 中的节点 1、33、34 都拥有较高的中心性。
- **边的中介性（Betweenness）** 与节点的中心性类似，社交网络中的边也存在着衡量其重要性的指标——边的中介性，它被定义为一条边处于连接任意两个节点的最短路径上的概率。在图 10.50 所示的社交网络中，同社区边界线（蓝色虚线）有交叉的边都具有较高的中介性。事实上，边的中介性正是在社交网络中进行聚类（即社区寻找）的重要判定指标 [Blondel2008][Fortunato10]。

社交网络作为一种复杂网络，它与自然界中的其他网络（如蛋白质互相作用网络、神经网络、因特网、航空网等）存在着相似性，同时也具备其他网络所不具备的一些性质。

小世界网络

社交网络最重要和最独特的属性在于它是一个小世界网络（Small-world Network）。小世界网络这一名字来源于人们意外发现自己和另一个人原来共有一个朋友的时候，常常发出的感叹“世界真小”。1998 年，美国康奈尔大学的 Watts 等人在 *Nature* 杂志发表文章，从复杂网络的角度分析了这一问题，并用图论定义了小世界网络——如果一个网络中任意两个节点之间的最短路径 L 和节点总数 N 的对数成正比关系，即 $L \propto \log(N)$，那么这样的网络就被称作小世界网络。

换而言之，在小世界网络里，两个节点之间的平均距离的增长速度远低于节点总数的增长速度。因此会出现我们常常看到的景象：虽然节点数目很大（如一个城市的所有人口的社交网络），但节点之间的最短距离的平均值 L 却出乎意料的小，这就是“六度分隔”

猜想的来源。事实上，根据一项基于超过 2 亿用户的 MSN 好友数据的分析，在这一真实社交网络中，用户之间的平均“距离”仅为 6.6。

无尺度网络

社交网络的另一个属性是无尺度（Scale-free），这是它与普通随机网络之间最主要的区别。所谓随机网络，是指给定一个节点数为 N 的图，以一个常数 p 为概率决定任意两个节点之间是否有边而建立的网络。

从图 10.51 中我们可以看到，随机网络中的节点度数（Degree）服从正态分布：大多数节点的度数均接近于一个均值，而度数远高于和低于这个值的节点数都很少。有研究者曾经试图用随机网络为模型来模拟和解释社交网络，但人们随即发现它和真实社交网络有很大差距，因为后者的一个典型特征是网络中大部分节点的度数都很小，而少数的节点却拥有非常多的连接，而这是随机网络所不具备的。

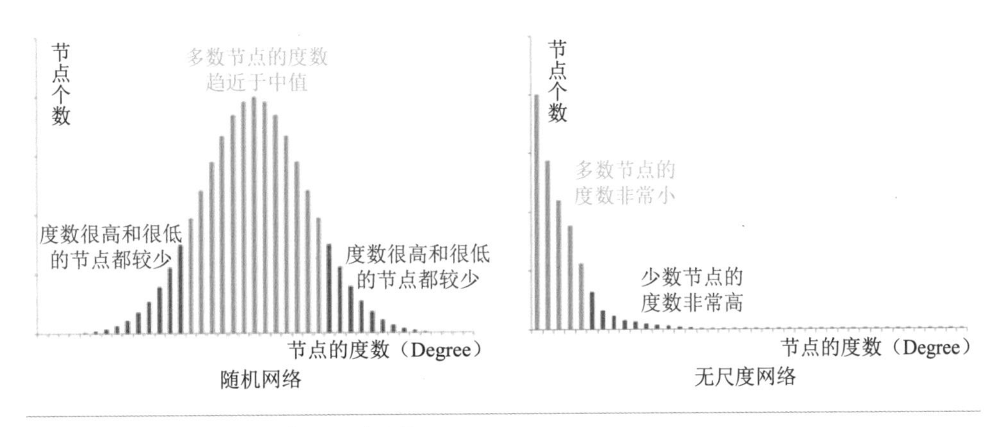

图 10.51 随机网络和无尺度网络的比较。

研究者发现，社交网络中节点的度数服从的概率分布是幂律分布：大多数节点拥有较少数量的连接，而少部分节点拥有大量的连接。我们把节点度数服从这种概率分布的网络称作无尺度网络。从定义可以看出，无尺度网络的显著特征是存在着少数关键性的度数很高的节点，例如因特网中的门户网站、航空网络中的交通枢纽城市、微博中受到大量关注的名人、论文合作关系网中的学术明星等。由于这些关键节点的存在，少数节点或边的添加和删除对无尺度网络的影响非常微小，因此这类网络具有相当强的稳定性。

社交网络的小世界和无尺度属性可用于可视化和分析，主要体现在如下两个方面。

- 当一个节点要同其他节点建立新的联系（边）的时候，它总是倾向于同度数更高的节点建立这个连接；而随着网络规模的扩大，原来度数较大的节点会拥有更多的连接。这就是社交网络中的马太效应。

- 在分析社交网络时，关注点是处于网络核心的高度数用户，因为他们的行为对网络会产生相对较大的影响。

对社交网络进行可视化分析的主要挑战在于，网络的规模常常会超过可视化可以利用的显示空间。因此，当数据呈现出海量特性时，如何进行合理的数据后台简化和前端可视化表达，使得产生的可视化结果具有可读性，是社交网络可视化的首要挑战[Henry2006]。下面将分别介绍社交网络可视化的两种基本方法：图和矩阵，并讨论基于这两种表达方式的一些混合方法，同时介绍社交网络可视化领域的前沿工作。

10.4.2.2 社交网络可视化：节点 - 链接图

社交网络可视化的首要方法是节点 - 链接图，其中节点代表社交网络中的人，用边表示人与人之间的社交关系，如朋友（Facebook）、关注和转发（Twitter、微博）、支持与反对（YouTube、Digg、Slashdot）等。通过对节点位置的合理布局，节点 - 链接图往往可以很好地展示社交网络的聚类、连通性等特征，因此，选择合理的布局算法是采用节点 - 链接图方式需要解决的一个关键问题。

在常见的图布局算法里，力引导布局方法是展现社交网络特征的最好方式之一。它将社交网络模拟成一个虚拟的物理系统，每个节点是系统中的一个带电粒子，两两之间存在着库仑斥力而倾向于互相排斥；同时，如果两个节点之间存在边，则在它们之间模拟一条弹簧，利用胡克引力将其拉拢到一起。在这两种力场的共同作用下，节点从一个随机的起始位置开始运动，每发生一次微小的位移，便重新模拟一次力场，直到整个物理系统达到动态平衡状态，这样形成的布局被称为力引导布局。图 10.52 比较了同一个社交网络在随机布局（左）、环状布局（中）和力引导布局（右）三种情况下的可视化效果。我们对节点按照事先计算好的社区（Community）进行了着色，可以看到，与杂乱无章的随机布局和保持均匀节点间距的环状布局相比，力引导布局可以更清晰地分离出社交网络中相互连接紧密的部分（社区），展现网络的聚类和连通性特征。

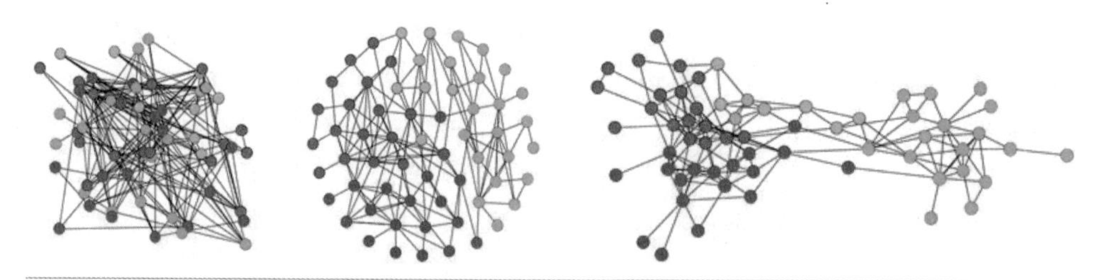

图 10.52 布局算法对社交网络可视化的影响。

力引导布局方法在商业应用上得到大力推广，许多主流的社交网站均自主或依赖第三方开发了基于它的网络可视化应用，以帮助用户观察自己的社交圈的全貌。图 10.53 展示了运行在 Facebook 上的工具集 Nexus[NexusGrapher] 对某个用户及其好友的社交网络关系可视化效果。图中对节点的位置布局正是使用了力引导布局算法的一个变种，使得具有朋友关系的节点被拉近，从而清晰地展现出这个网络的聚类特征。从图 10.53 中容易看到，该用户的好友圈子比较明显地聚成了几个大类，每个大类中的用户常常互为好友，而类与类之间的联系则非常稀疏。通过用户的标注（图中黑字），我们可以看出，这几个大类恰恰反映了该用户的社交圈随时间变化的情况——伴随着用户所处的社会环境发生变化（如升学、工作等），其社交网络也随之形成了多个相对独立的朋友圈。

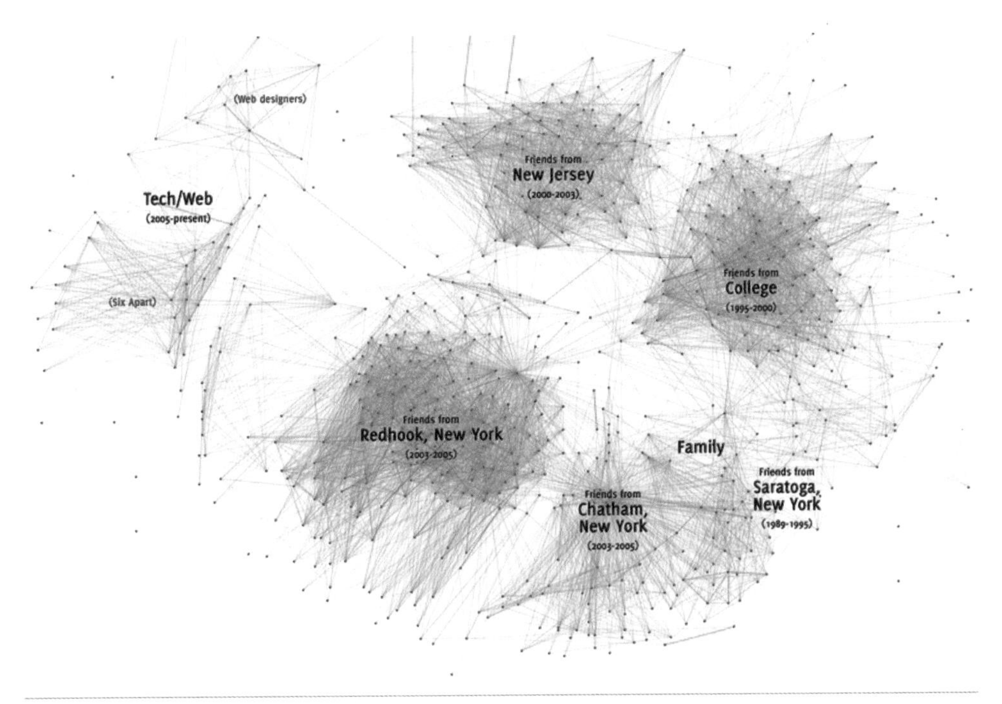

图 10.53 Nexus 对单个用户及其朋友的社交网络可视化。图片来源：链接 10-25

在微博系统中，用户可以互相关注，也可以转发其他用户的微博。用户之间的互动组成了微博用户之间的社交关系网。图 10.54 展示的是 Twitter 上 51 个用户的关系图，其中节点、边被用于编码微博、用户之间的不同关系。

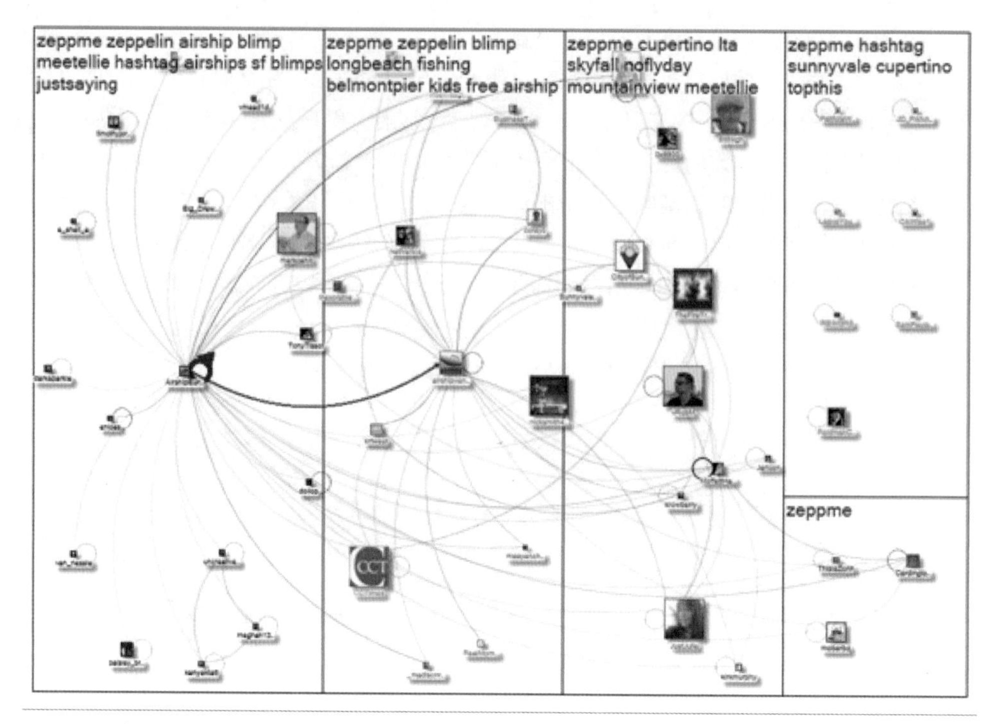

图 10.54 某日发帖内容包含“zeppme”的 51 个 Twitter 用户的关系图。有向边编码了不同的关系：用户之间的关注、消息的回复、消息的提及关系、既没有回复又没有提及的消息（自循环边）。图的节点聚类采用了 Clauset-Newman-Moore 算法，图的布局采用了格点布局算法。边的颜色编码了关系疏密度，节点尺寸编码了粉丝数量。
图片来源：链接 10-26

使用图的方式直接描述社交网络的优势在于直观明了，特别是结合恰当的布局方法之后，图可以清晰地展现网络的聚类、连通度等属性。但是，这种方法的缺点在于可扩展性（Scalability）较差：随着节点和边的数目急剧增加，在有限的可视化空间里，边和节点的互相遮挡会比较严重。解决这类问题有很多方法，其中最有效的方法之一是按照信息可视化的“概览 + 细节”（Overview plus Detail）这一通行准则，对图进行层次式简化。

图 10.55 左图是采用这种策略对一个节点数约 200 万的比利时手机用户通过打电话形成的社交网络可视化效果。可以想象，如果采用直接绘制的方法，即使我们仅给每个节点分配一个像素空间，不重叠地绘制 200 万个用户也至少需要一个边长为 $\sqrt{2000000} \approx 1414$ 像素的正方形区域，如果再加上数量更加庞大的边，那么通常显示空间的大小已经无法满足急剧增长的网络规模的可视化需求了。

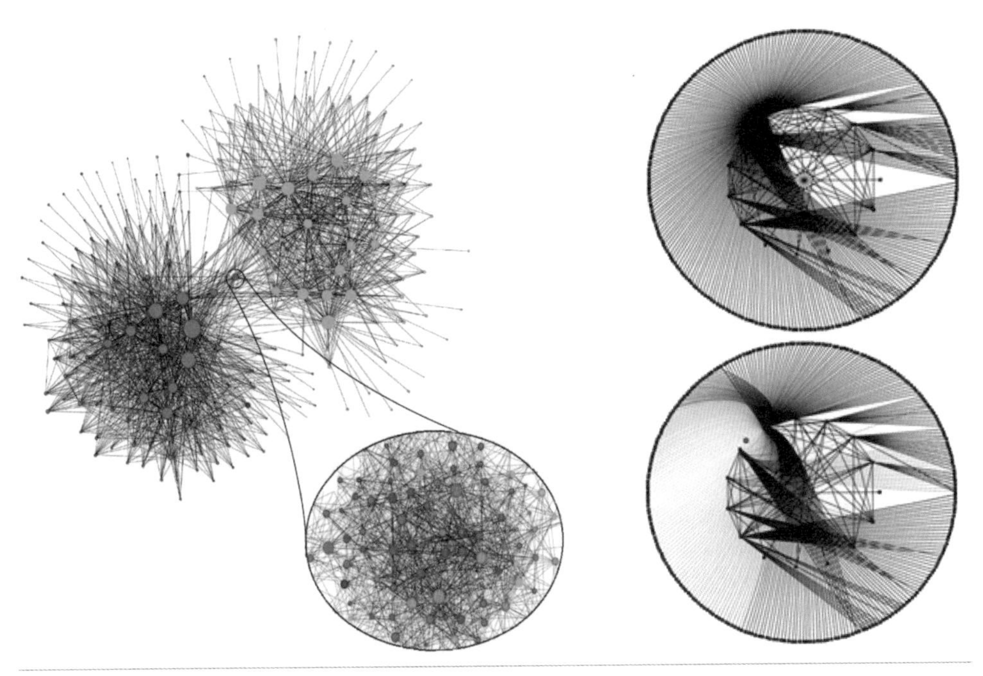

图 10.55 左：超大规模社交网络的“概览＋细节”可视化；右：采用基于人机交互的边绕行技术，去除边对节点的遮挡。

除可以避免显示空间与数据量的矛盾之外，采取“概览＋细节”策略的另一个重要原因是，用户通常不是对全部 200 万个用户的细节感兴趣，而是希望看到数据整体呈现的规律，再按需查找感兴趣用户。因此，可采用社区发现算法[Blondel2008]对节点进行层次化聚类，将超过 200 万个的节点聚合成 200 多个社区，再把每个社区作为更高一个层级的超级节点（Super Node）重新绘制节点 - 链接图，就形成了顶层的概览图（这里超级节点的大小表示它所代表的社区规模）。从概览图中可以看到，这 200 万个手机用户基本可以分为两大阵营，分别用红色和绿色标注。通过更深层次的调查可以发现，造成这一现象的原因是，红色和绿色节点代表的用户分别使用法语和荷兰语作为自己的主要语言。如果希望调查某些用户，例如处于两个阵营之间的一个超级节点，则可对其进行放大操作，进一步探查其特征。

除使用“概览＋细节”的层次可视化策略之外，在某些情况下，还可通过交互方法，在节点 - 链接图的局部区域去除边对节点的相互遮挡[Wong2003]。图 10.55 右图是对采取环状布局的一个中等规模网络的可视化结果。在原始图中（右上图），边与边之间过多的交叉重叠造成了一些局部区域的节点被遮挡。因此，让用户自行定义一个关注的区域范围（右下图中蓝色点及其周围区域），所有经过这一区域的边都采用样条曲线的方式绕行通过。随着鼠标的实时移动，用户可以自由探索节点 - 链接图中的任意区域，而不必担心边对节点的遮挡问题。

10.4.2.3 社交网络可视化：邻接矩阵

对于类似具有图结构特征的数据，也可采用矩阵的表示方式对其进行描述，如图10.56右图所示。在这种被称作邻接矩阵（Adjacency Matrix）的方法中，矩阵 $\boldsymbol{A}$ 的元素 $\boldsymbol{A}_{ij}$ 代表从第 i 个节点到第 j 个节点是否有边，对于无向图而言，对应的邻接矩阵应该是一个对称矩阵。

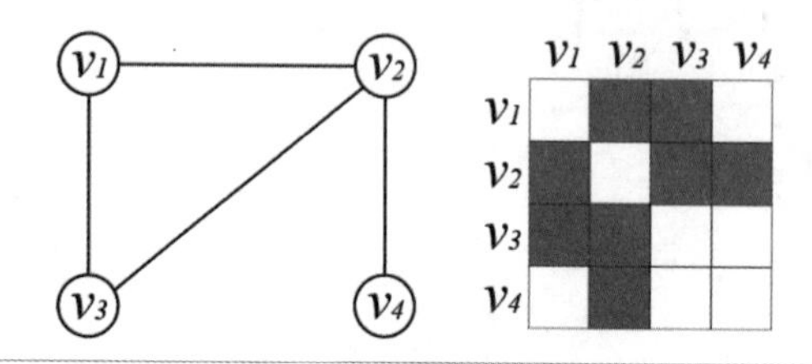

图 10.56 社交网络可视化的两种方法对比。左：节点 - 链接图；右：邻接矩阵。

社交网络对应的邻接矩阵常常是一个稀疏矩阵。例如，在一个总人数为100万的社交网络中，假如平均每个用户的好友个数为100（节点度数），那么在这个网络对应的邻接矩阵里，只有 $\frac{100\times100\text{万}}{100\text{万}\times100\text{万}}=0.01\%$ 的元素为非零。对于稀疏程度如此高的矩阵，我们需要对其进行合理的重排序，使得相关性更高的节点（如一个社区、一个完全连通子图等）能被排列在一起，让可视化结果中的非零元素尽量分布在对角线上。

利用矩阵重排来展示社交网络关系的代表性工作是邻接矩阵与节点 - 链接图相结合的混合可视化模型：NodeTrix[Henry2006][Henry2007]。该模型假设社交网络已经被算法分割成多个具有语义性的社区（具体的分割算法请参考复杂网络的社区发现领域的研究综述 [Fortunato10]），在此基础之上，该模型采用邻接矩阵的方式展示社区内部的连接，而对于社区和社区之间的联系则采用节点 - 链接图的方式，使用边进行连接。这种方法充分利用了社区的概念，即内部连接（Intra Connection）紧密，相互连接（Inter Connection）稀疏，对这两类连接分别采用矩阵和节点 - 链接图的可视化语言进行描述。它既解决了节点 - 链接图的边交叉问题，又很好地利用了矩阵方式来展示社区内部连接的特征。图10.57展示了NodeTrix混合模型对一个社交网络（论文合著关系网）的可视化结果。其中，每个矩阵代表一个合作较紧密的科研团体，矩阵的不同特征代表不同的合作关系类型。例如，Shneiderman为核心的矩阵呈现十字交叉，说明该研究团体主要以Shneiderman和其他人分别合作的方式，而这些人之间很少互相合写论文；代表PARC研究小组的矩阵则呈现出几个显著的区块，说明他们之间是更加紧密的多边合作关系。除此之外，通过两条连接Shneiderman和PARC小组之间的边，可以清晰地看到两个研究团体之间存在一定的合作关系。

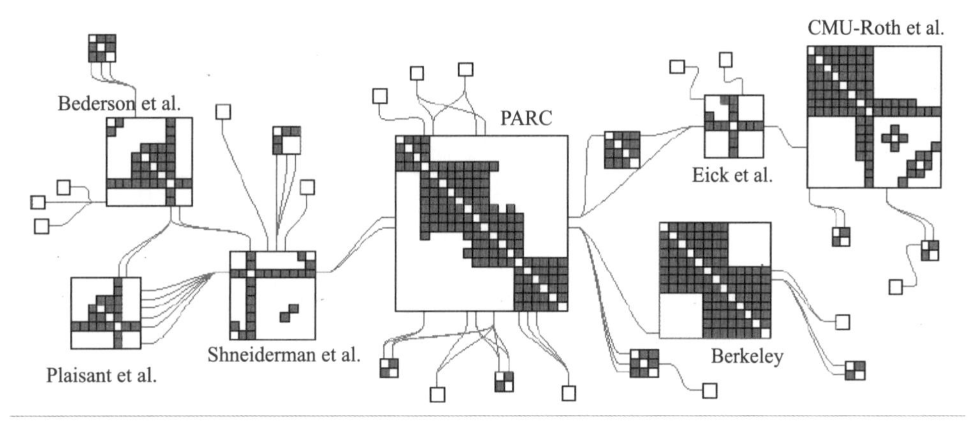

图 10.57 Nodetrix：利用邻接矩阵 + 节点 - 链接图的混合模型表达社交网络。
图片来源：[Henry2006][Henry2007]

10.5 数字生活可视化

随着计算机与网络技术的普及，数字技术正在逐渐改变人类的生活空间和社会环境，使得原来人类生活中和数字化毫不相关的部分，如社会关系网络（通过微博）、日常活动列表（通过电子日历）、采购清单（通过电子商务网站）等，都逐渐可以用数字化的方式记录下来，并且成为可以被分析的目标。这些与个人生活相关的数据，具有尺度大、动态演化、模式未定等特点，利用可视化手段对其进行呈现，可展示人们数字化生存中暗藏的特征与模式。

Mathematica 和 Wolfram Alpha 的创始人 Stephen Wolfram 从过去 20 多年来他使用的计算机的各种记录和日志中发掘了与其日常生活工作相关的数据，包括他每日行走的距离、敲击了多少次键盘、收发了多少封电子邮件、打电话的次数、参加的各种会议等。2012 年，Wolfram 用信息可视化方式在其博客上发布了这些数据 [Wolfram2012]。图 10.58 是 Wolfram 对自己 20 余年数字生活的报告中最重要的一项结果：发送的 30 多万封 E-mail 随时间变化的情况。图中横轴代表时间，纵轴代表一天的 24 个小时。我们可以看到，在最近的 10 年里，Wolfram 的起居生活都保持着很好的规律性，基本在凌晨 3 点左右睡觉，早上 11 点起床。而此之前的 10 余年间，由于每天花大量时间创作，处于非常不规律的作息周期。此外，还可从图中找出一些异常点并予以解释，例如，在 2009 年夏天的一段连续时间里，Wolfram 的工作时间提前了近 8 小时。Wolfram 回忆说这段时间他正在欧洲，而两地的时差恰好是 8 小时左右。

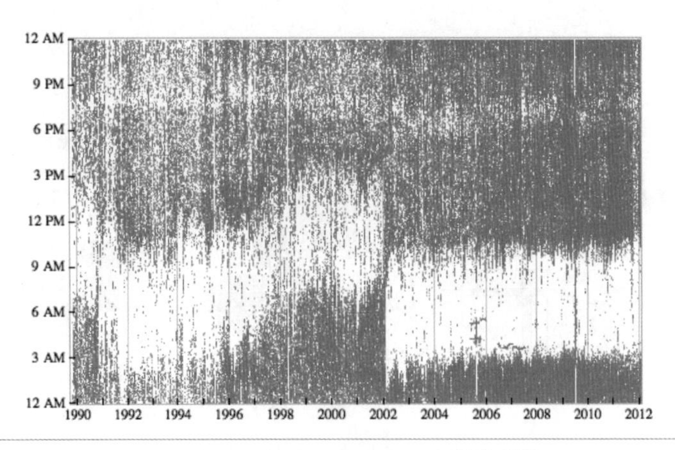

图 10.58 Wolfram 自 1990 年起发送电子邮件的时间可视化 [Wolfram2012]。

图 10.59 是 Wolfram 每天各种行为发生频率的统计直方图。其中包含了过去近 10 年所记录下来的数据，因此基本反映了他长时间保持的作息和生活习惯。例如，他每天发送 E-mail 和敲击键盘的规律保持高度一致，且工作高峰集中在凌晨 1 点钟左右。虽然 Wolfram 的作息偏晚，但是对于开会和打电话这两件事，他还是需要适应其他人的日程，基本在白天处理这两类事务。除此之外，我们还能看到，Wolfram 保持了良好的锻炼习惯，在每天起床后坚持跑步。

另一位热衷于使用数据可视化记录自己生活的设计师 Nicholas Feltron 也每年发布可视化年报 [Feltron2005]。和 Wolfram 报告一样，Feltron 最初生成年报的难点在于坚持不懈的数据采集。但随着近年来人类生活数字化程度的加深，我们的很多日常活动都可以通过智能手机、社交网络等媒介完整地记录下来。Feltron 也推出了用于记录和可视化个人数据的智能手机应用：Daytum。该公司于 2011 年被 Facebook 收购，并在当年年底推出了展现 Facebook 用户个人历史的重量级可视化产品：时间线（Timeline）[Timeline]。有兴趣的读者可以通过下载 Daytum 的智能手机应用、使用 Facebook Timeline 等方式，生成属于自己的数字生活年表。

除数字化的每日生活数据可以作为可视化的来源外，近年来在在线求职社交网站 LinkedIn 的推动下，又兴起了一股将个人简历进行可视化的热潮。图 10.60 展示了使用时间轴图表来可视化个人的学习和工作经历。在这个职业简历可视化框架里，简历数据可以直接从 LinkedIn 登录调取，随后系统会根据简历跨越的时间段，绘制出水平时间轴，并将简历中的每个条目均匀投影到时间轴上，绘制成一个矩形并且加以标注。当有多个矩形的范围出现重叠时（例如学业中的短期实习、工作中的自主创业等），系统会智能判断出重叠矩形的主从关系，以跨度较大的矩形为主，跨度较小的为从。矩形的高度被自动加高一个层级，解决了重叠遮盖的问题，并形象地用可视化语言表达出不同经历之间的主从关系。

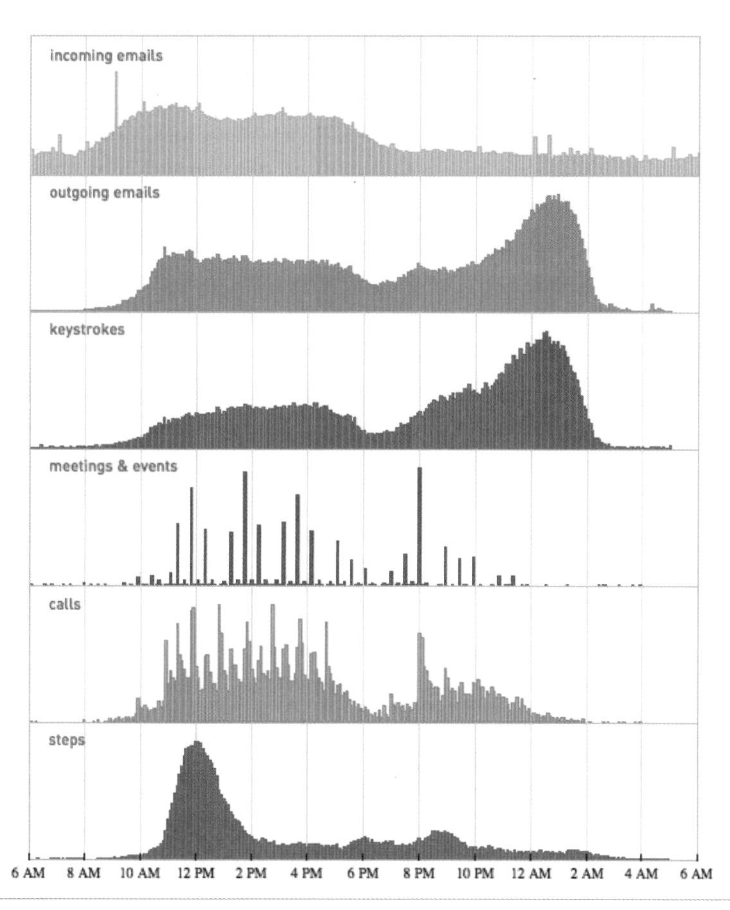

图 10.59 Wolfram 近 10 年收发 E-mail、敲击键盘、参加会议、打电话和走路的统计直方图。图片来源：[Wolfram2012]

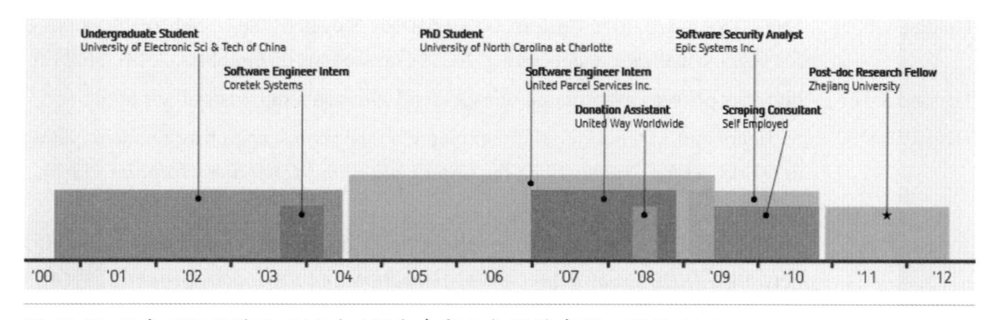

图 10.60 信息可视化简历示例（时间年表部分）图片来源：链接 10-27

相比于传统文字简历枯燥的列表式叙述，可视化简历的时间年表可以更加清楚地展示个人经历的时间脉络，不同经历所占时间比例、待业的时间长短、更换工作的频度、升职的速度等，无不一目了然。

参考文献

[Barthel2015] Kai Uwe Barthel, Nico Hezel, and Radek Mackowiak. Graph-based browsing for large video collections. In International Conference on Multimedia Modeling, pp. 237-242. Springer, Cham, 2015

[Bergstrom2007] Tony Bergstrom, KarrieKarahalios, and John C. Hart. Isochords: visualizing structure in music. *Proceedings of Graphics Interface*, 2007:297-304

[Berman2012] K.K. Berman, R.S. Iyer, D.J. Richardson, A.S. Rahurkar and A. Seetharaman. Recommendation engine for social networks, *US Patent* #8095432

[Blondel2008] V. Blondel, J. Guillaume, R. Lambiotte and E. Lefebvre. Fast unfolding of communities in large networks. *Journal of Statistical Mechanics: Theory and Experiment*,2008

[Cao2012] Cao, Nan, Yu-Ru Lin, Xiaohua Sun, David Lazer, Shixia Liu, and Huamin Qu. Whisper: Tracing the spatiotemporal process of information diffusion in real time. *IEEE Transactions on Visualization and Computer Graphics* 18, no. 12 (2012): 2649-2658

[Chan2010] Chan, W.Y., Huamin, Q. and Mak, W.-H: 2010. Visualizing the Semantic Structure in Classical Music Works. *IEEE Trans. Visualization & Comp. Graphics*, 2010:161-173

[Chew2005] Elaine Chew and Alexandre R. J. Francois. Interactive multi-scale visualizations of tonal evolution in MuSA.RT Opus 2. *Computers in Entertainment (CIE)*, 3(4), 2005: 1-16

[Crampes2009] Michel Crampes, Jeremy de Oliveira-Kumar , Sylvie Ranwez and Jean Villerd. Visualizing Social Photos on a Hasse Diagram for Eliciting Relations and Indexing New Photos. *IEEE Transactions on Visualization and Computer Graphics*, 2009:985-992

[Daniel2003] G.W. Daniel, M. Chen. Video visualization. *IEEE Visualization*, 2003:409-416

[Evans2005] Brian Evans. The graphic design of musical structure: Scores for listeners: Incantation and mortuosplango, vivosvoco. *Electroacoustic Music Studies Conference*. 2005

[Feltron2005] N. Feltron. Feltron's Annual Report.*Published online*, 2005-2009, http://feltron.com

[Fortunato10] S. Fortunato. Community detection in graphs". Physics Reports, 486(3-5), 2010: 75-174

[Goldman2006] Dan B Goldman, Brian Curless, David Salesin, Steven M. Seitz. Schematic storyboarding for video visualization and editing. ACM Transactions on Graphics, 25(3), 862-871

[Harvard2012] http://people.seas.harvard.edu/~jones/cscie129/images/snd_vis/snd_vis.html

[Henry2006] N. Henry and J.D. Fekete. Matrixexplorer: a dual-representation system to explore social networks. *IEEE Transactions on Visualization and Computer Graphics*, 12(5), 2006: 677-684

[Henry2007] N. Henry, J.D. Fekete and M.J. McGuffin. NodeTrix: a hybrid visualization of social networks. *IEEE Transactions on Visualization and Computer Graphics*, 13(6), 2007: 1302-1309

[hu2017] Mengdie Hu, Krist Wongsuphasawat, and John Stasko. Visualizing social media content with sententree. *IEEE Transactions on Visualization and Computer Graphics*.23(1):621-30,2017

[Kim2014] Gunhee Kim, Eric P. Xing. Reconstructing Storyline Graphs for Image Recommendation from Web Community Photos. *IEEE Conference on Computer Vision and Pattern Recognition*, 2014

[Konstas2009] I. Konstas, V. Stathopoulos, and J.M. Jose, "On social networks and collaborative recommendation". *ACM SIGIR*, 2009:195-202

[Kurzhals2016] Kurzhals, K., Hlawatsch, M., Heimerl, F., Burch, M., Ertl, T., & Weiskopf, D.. Gaze stripes: Image-based visualization of eye tracking data. *IEEE Transactions on Visualization and Computer Graphics*, 22(1), 1005-1014, 2016

[Manovich2011] Lev Manovich. Media Visualization: Visual Techniques for Exploring Large Media Collections, 2011

[NexusGrapher] Nexus Friend Grapher Tools: http://nexus.ludios.net/

[Nguyen2008] G.P. Nguyen and M. Worring. Interactive access to large image collections using similarity-based visualization. *Journal of Visual Languages and Computing*, 2008:203-224

[Piringer2012] Harald Piringer, Matthias Buchetics, Rudolf Benedik. AlVis: Situation awareness in the surveillance of road tunnels. *IEEE Conference on Visual Analytics Science and Technology, pp*. 153-162, 2012

[Pless2003] R. Pless. Image spaces and video trajectories: Using isomap to explore video sequences. *IEEE International Conference on Computer Vision*, 2003:1433-1440

[Plummer2017] Bryan A. Plummer, Matthew Brown, Svetlana Lazebnik. Enhancing Video Summarization via Vision-Language Embedding. In Computer Vision and Pattern Recognition, vol. 2. 2017

[RSSA2008] M. Romero, J.Summert, J.Stasko, GAbword.Viz-a-vis: Toward visualizing video through computer vision. *IEEE Transactions on Visualization and Computer Graphics*, 2008:1261-1268

[Sapp2005] Craig Stuart Sapp. Visual hierarchical key analysis. *Computers in Entertainment (CIE)*, 3(4), 2005: 1-19

[Sauer2009] Theresa Sauer, Mike Perry. Notations 21. *Mark Batty Publisher*. 2009

[Smith1997] Sean M. Smith and Glen N.Williams. A visualization of music. *IEEE Visualization*, 1997:499

[Snydal2005] Jon Snydal and Marti Hearst. ImproViz: visual explorations of jazz improvisations. *Extended Abstracts on Human Factors in Computing Systems*, 2005:1805-1808

[Stein2018] Manuel Stein, Halldor Janetzko, Andreas Lamprecht, Thorsten Breitkreutz, Philipp Zimmermann, Bastian Goldlucke, Tobias Schreck, Gennady Andrienko, Michael Grossniklaus, and Daniel A. Keim. Bring it to the Pitch: Combining Video and Movement Data to Enhance Team Sport Analysis. *IEEE Transactions on Visualization and Computer Graphics*, 24(1), 13-22

[Sun2014] Sun, Guodao, Yingcai Wu, Shixia Liu, Tai-Quan Peng, Jonathan JH Zhu, and Ronghua Liang. EvoRiver: Visual analysis of topic coopetition on social media. *IEEE Transactions on Visualization and Computer Graphics* 20, no. 12 (2014): 1753-1762

[Timeline] Facebook Inc. Timeline: Tell your life story with a new kind of profile. http://www.facebook.com/about/timeline

[Viégas2009] Fernanda B. Viégas, Martin Wattenberg, and Jonathan Feinberg. Participatory Visualization with Wordle. *IEEE Transactions on Visualization and Computer Graphics*, 15(6), 2009

[Viégas2013] Viégas, Fernanda, Martin Wattenberg, Jack Hebert, Geoffrey Borggaard, Alison Cichowlas, Jonathan Feinberg, Jon Orwant, and Christopher Wren. Google+ ripples: A native visualization of information flow. In Proceedings of the 22nd international conference on World Wide Web, pp. 1389-1398, 2013

[Ward2011] Matthew O. Ward, Zhenyu Guo.Visual Exploration of Time-Series Data with Shape Space Projections. *Computer Graphics Forum*, 2011:701-710

[Wattenberg2002] Martin Wattenberg. Arc diagrams: Visualizing structure in strings. *IEEE Symposium on Information Visualization*, 2002:110

[Wolfram2012] S. Wolfram. The Personal Analytics of My Life. *Published online*, 2012, http://blog.stephenwolfram.com/2012/03/the-personal-analytics-of-my-life

[Wong2003] N. Wong, S. Carpendale, and S. Greenberg. EdgeLens: An Interactive Method for Managing Edge Congestion in Graphs. *IEEE Symposium on Information Visualization*, 2003:51-58

[Xu2013] Xu, Panpan, Yingcai Wu, Enxun Wei, Tai-Quan Peng, Shixia Liu, Jonathan JH Zhu, and Huamin Qu. Visual analysis of topic competition on social media. *IEEE Transactions on Visualization and Computer Graphics* 19, no. 12 (2013): 2012-2021

[Young2011] R. Young. Google+ Hits 50 Million Users, Adds Circle Sharing. http://searchenginewatch.com/article/2112894/Google-Hits-50-Million-Users-Adds-Circle-Sharing

[Zhao2014] Zhao, Jian, Nan Cao, Zhen Wen, Yale Song, Yu-Ru Lin, and Christopher Collins. #FluxFlow: Visual analysis of anomalous information spreading on social media. *IEEE Transactions on Visualization and Computer Graphics* 20, no. 12 (2014): 1773-1782

[袁晓如 2012] 北京大学袁晓如科研团队博客 .http://vis.pku.edu.cn/blog/?p=196

第11章 复杂高维多元数据的可视化

进入移动互联网时代，真实世界与虚拟世界已经密不可分，信息的产生和流动瞬息万变，涌现无数复杂的数据，如三维时空数据、视频影像数据、地理信息数据、传感器网络数据、社交网络数据、网络日志数据等。呈现、理解和应用此类新型的海量复杂数据是数据可视化与分析面临的新挑战。

- 对于高维多元数据，以统计和基本分析为主的可视化系统分析能力不足。
- 数据复杂度大大增加，包括非结构化数据和从多个数据源采集、整合而成的异构数据，传统单一的可视化方法无法支持对此类复杂数据的分析。
- 数据的大尺度已经超越了单机、外存模型甚至小型计算集群处理能力的极限，当前的软件与工具效率不高，可处理的数据尺度大约在GB级别，需要采用全新思路来解决数据大尺度的挑战。
- 在数据获取和处理中，会不可避免地产生数据质量的问题，其中特别需要关注的是数据的不确定性。
- 数据快速动态变化，常以流式数据形式存在，对流数据的实时分析与可视化仍然是一个急需解决的问题。

面对以上挑战，学术界和工业界已经从不同方面开拓新方法和研发应用导向的集成系统。本章择要介绍针对数据的高维、大尺度、异构和不确定性4个特性的数据可视化方法。关于流数据的可视化方法已在第7章阐述。

11.1 高维多元数据

高维多元数据（Multidimensional Multivariate Data）指每个数据对象有两个或两个以上独立或者相关属性的数据。高维（Multidimensional）指数据具有多个独立属性，而多元（Multivariate）指数据具有多个相关属性。当数据同时具有独立和相关属性时，高维多元数据是较为科学、准确的描述。Wong 等人在 [Wong1997] 中对这些概念做了详细的定义和阐述。由于研究者在很多情况下不确定数据的属性是否独立，因此通常简单地称之为多元数据。本节使用多元数据指代所有的高维多元数据，用维度指代数据属性的数量。此类数据在现实生活中随处可见并且非常重要。例如，选购笔记本电脑时需要评估不同型号电脑的配置，如 CPU、内存、硬盘、屏幕和重量等参数。每个参数是描述电脑的一个属性，所有参数组成的配置是一个多元数据。通常，可以选择比较重要的参数进行对比，衡量不同型号的优劣，选择最适合的型号。当可供选择的电脑型号有数十甚至上百种，并且需要考虑数十个不同的配置参数时，这个选择过程变得相当困难。因此，通常会向专业人士寻求帮助，他们根据其个人的知识和经验给出一些宝贵的建议，实际上是对数据对象在各个属性上的数值进行综合评估。这是一个典型的基于多元数据决策的例子。当数据量不大、维度不高时，个人可以独立完成这样的评估。当数据维度更高或数据量更大时，需要辅助工具的帮助。由于在数据理解、分析和决策等方面的突出作用，可视化技术在各类多元数据分析工具中得到广泛使用。

二维和三维数据可以采用一种常规的可视化方法表示：将各个属性的值映射到不同的坐标轴，并确定各数据点在坐标系中的位置。这样的可视化通常被称为散点图（Scatter Plot）。当维度超过三维时，可通过各种视觉编码来表示额外的属性，例如颜色、大小、形状等。在如图 11.1 所示的散点图中使用颜色和大小分别表示两个额外的属性：国家所在的洲和人口，有效地可视化了世界各国国民预期寿命和收入之间关系的四维数据。

但是，这种方法并不适合于维度更高的多元数据。首先，视觉编码的种类有限；其次，过多或者过于复杂的视觉编码会降低可视化的可读性。因此，需要更有效的多元数据可视化方法，其目标是在低维空间（通常是二维空间）内显示更多元的数据。本节介绍多元数据可视化的三类基本方法：空间映射、图标法和基于像素的可视化方法。

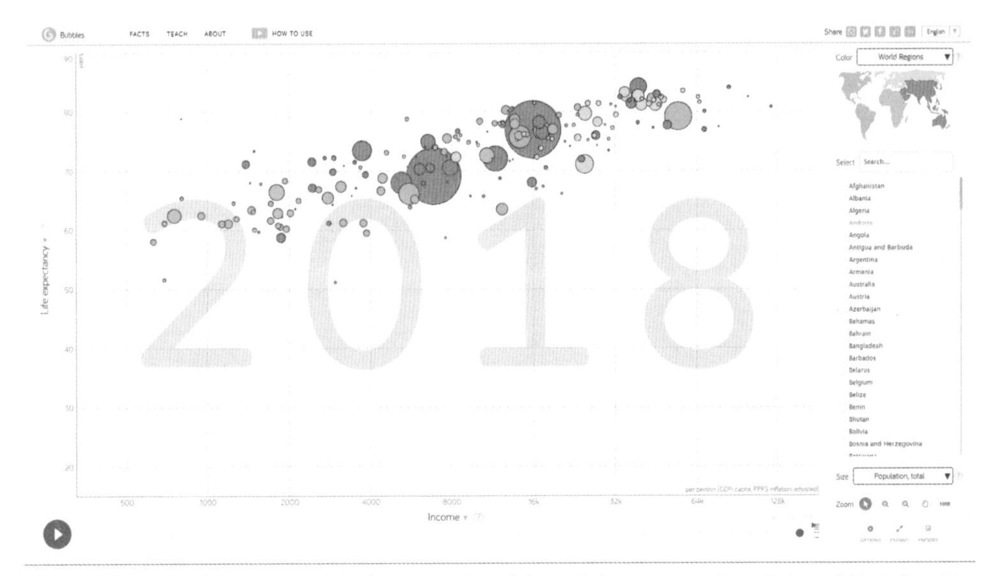

图 11.1 表达世界各国国民预期寿命与收入的四维数据的散点图可视交互系统。横轴代表人均GDP，纵轴代表预期寿；颜色代表大洲，点的大小代表人口数量。将鼠标悬浮在一个点上会高亮显示该点，并显示国家名称。用户可以选择各种不同的 *X*, *Y* 轴数据、选择时间，通过过滤显示部分数据，在特定区域缩放，还可以展示动画。欲了解更多细节，请访问网站链接 11-1。

11.1.1 空间映射法

散点图的本质是将抽象的数据对象映射到二维的直角坐标系表示的空间（见第 4 章）。数据对象在坐标系的位置反映了其分布特征，直观、有效地揭示两个属性之间的关系。面向多元数据，散点图的思想可泛化为：采用不同的空间映射方法将多元数据对象布局在二维平面空间中，数据对象在空间中的位置反映了其属性及相互之间的关联，而整个数据集在空间中的分布则反映了各个维度之间的关系及数据集的整体特性。

11.1.1.1 散点图及散点图矩阵

散点图矩阵是散点图的扩展。对于 N 维的数据，采用 N^2 个散点图逐一表示 N 个属性之间的两两关系，这些散点图根据它们所表示的属性，沿横轴和纵轴按一定的顺序排列，从而组成一个 $N \times N$ 的矩阵。位于第 i 行第 j 列的散点图表现了第 i 维属性与第 j 维属性之间的关系，位于对角线上的散点图的 X 轴和 Y 轴为同一个属性，可用于揭示数据在特定属性上的分布。图 11.2 展示了一个用 XmdvTool 软件生成的散点图矩阵的例子 [Ward1994]。这个例子中采用的数据包括了 20 世纪 70 年代生产的 392 款汽车的 7 种技术参数，在 7×7 的散点图矩阵中，可直观地观察任意两个参数之间的关联。例如，从图中的红色区域可以清晰地发现，随着马力（Horsepower）和车重（Weight）的增加，每加仑里程数（MPG）将大大降低。

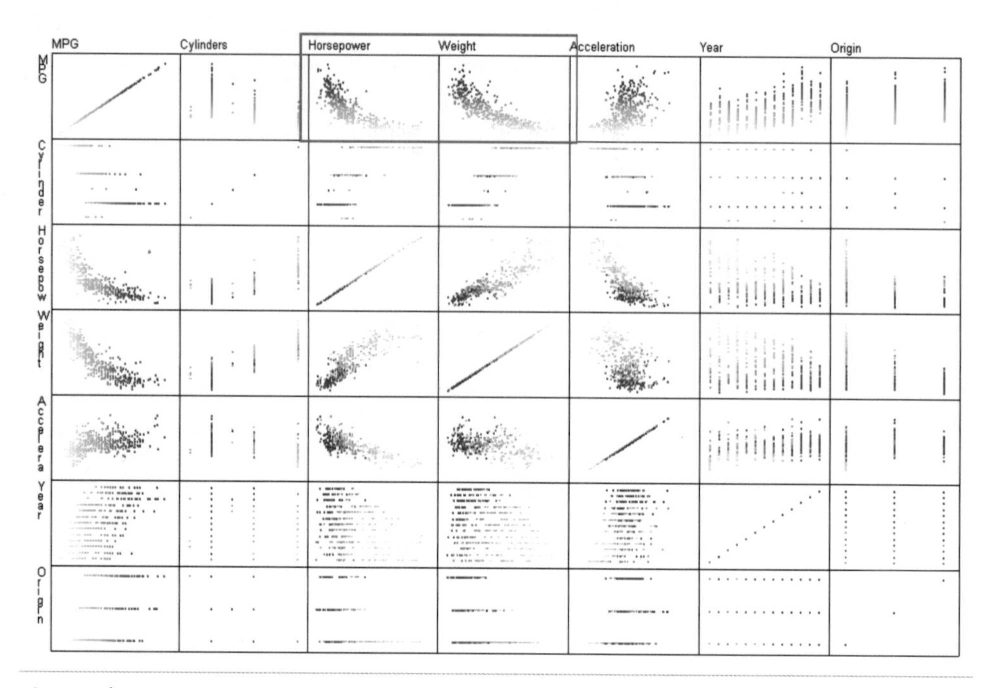

图 11.2 采用 XmdvTool 生成的散点图矩阵。软件和数据来源：链接 11-2

散点图矩阵将多元数据的属性按照一定的顺序沿直角坐标轴排列，从而完成多元到二维空间的映射，这种方法符合人们长期使用直角坐标系的习惯。同时，由于散点图的直观性和广泛应用，散点图矩阵能较为容易地被用户接受，并能非常有效地揭示属性之间的关联。然而，随着数据维度的不断增加，所需的散点图数量将飞速增长，在有限的屏幕空间中显示过多散点图将会大大降低可视化的可读性。交互式选取感兴趣属性进行可视化和分析是一种常用的解决方案。通过计算散点图特征，优先显示重要性较高的散点图也可以在一定程度上缓解空间的局限 [Tatu2011]。

11.1.1.2 表格透镜

表格透镜（Table Lens）方法是对传统使用表格呈现多元数据（如 Excel 等软件）方法的扩展 [Rao1994]。它采用与传统方法类似的映射方法：每个数据对象由一行表示，每列表示一个属性。与传统方法不同的是，表格透镜方法并不直接列出数据在每个维度上的值，而是将这些数值用水平横条或者点表示。由于点或横条占用的空间较少，可以在有限的屏幕空间中表示大量的数据和属性，同时方便用户对数据对象和各个属性进行快速的比较。表格透镜允许用户对行（数据对象）和列（属性）进行排序，用户也可以选择显示某一个数据对象的实际数值。如图 11.3 所示，表格透镜清晰地呈现数据在每个属性上的分布和属性之间的相互关系。

LineUp 方法 [Gratzl2013] 采用类似的思路展现多属性的排序数据。图 11.3 下图展现了学校排名以及各个排名属性的情况，每行代表一所大学，不同颜色代表不同属性。用户可以按属性对齐、排序，合并某些属性等。

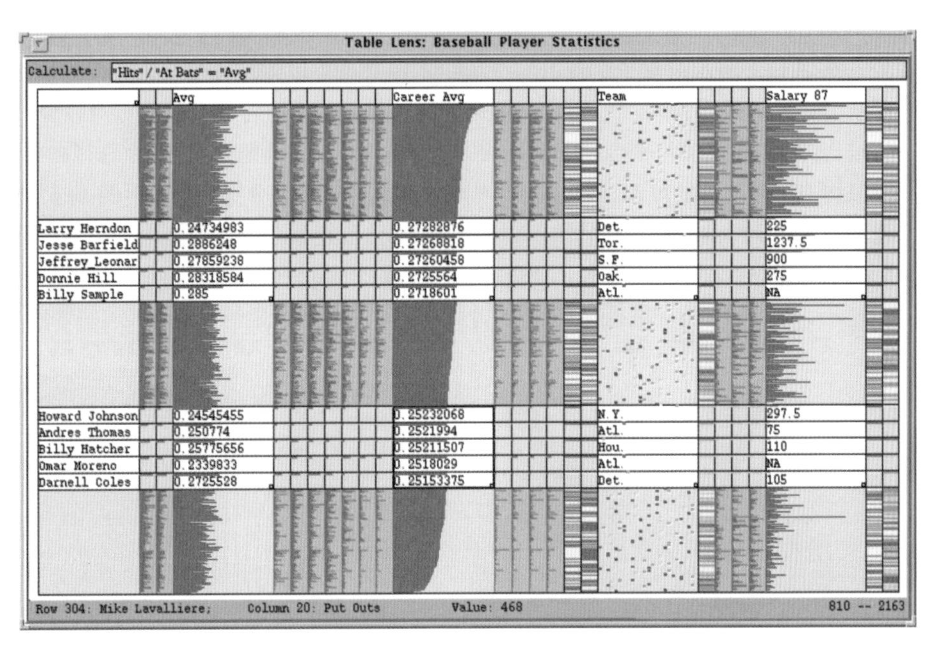

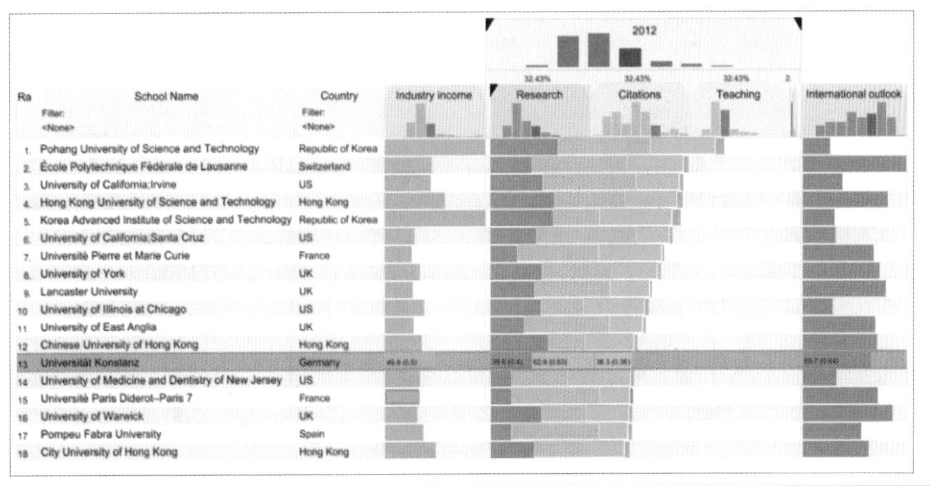

图 11.3 上：表格透镜可视化方法 [Rao1994]；下：LineUp 多属性排序数据可视化 [Gratzl2013]。

11.1.1.3 平行坐标

平行坐标（Parallel Coordinates）[Inselberg1985]是展示多元数据的另一种有效方法，被广泛使用于多元数据的可视化及分析领域。在传统的数据可视化方法中，坐标轴相互垂直，每个数据对象对应于坐标系中的一个点。而平行坐标方法采用相互平行的坐标轴，每个坐标轴代表数据的一个属性，因此每个数据对象对应一条穿过所有坐标轴的折线。

在图 11.2 所示的例子中使用的汽车技术参数也可以用平行坐标表示，如图 11.4（a）所示。可以清楚地看出，汽缸（Cylinder）数量较多的车，每公升里程相对较少，但是马力较大;汽缸较少的车，每加仑里程较多，马力也较小。适当的交互，例如选择高亮数据等，可以提高平行坐标的可读性，并让用户更方便地进行数据分析。例如，图 11.4（b）中设置了马力较大的这一选择条件（图中阴影部分）。红色线条代表了选中的车款，可以看到它们的每加仑里程少、汽缸多、重量较重、加速能力比较弱，而且出厂年份较早。

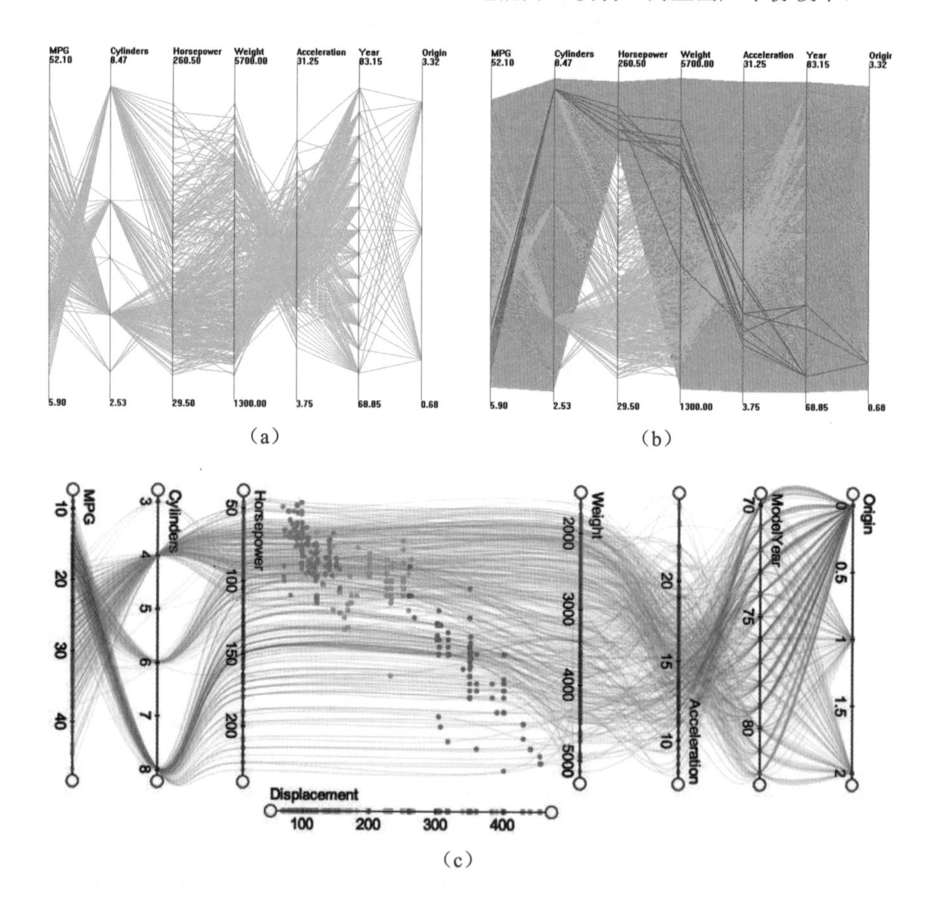

（a）

（b）

（c）

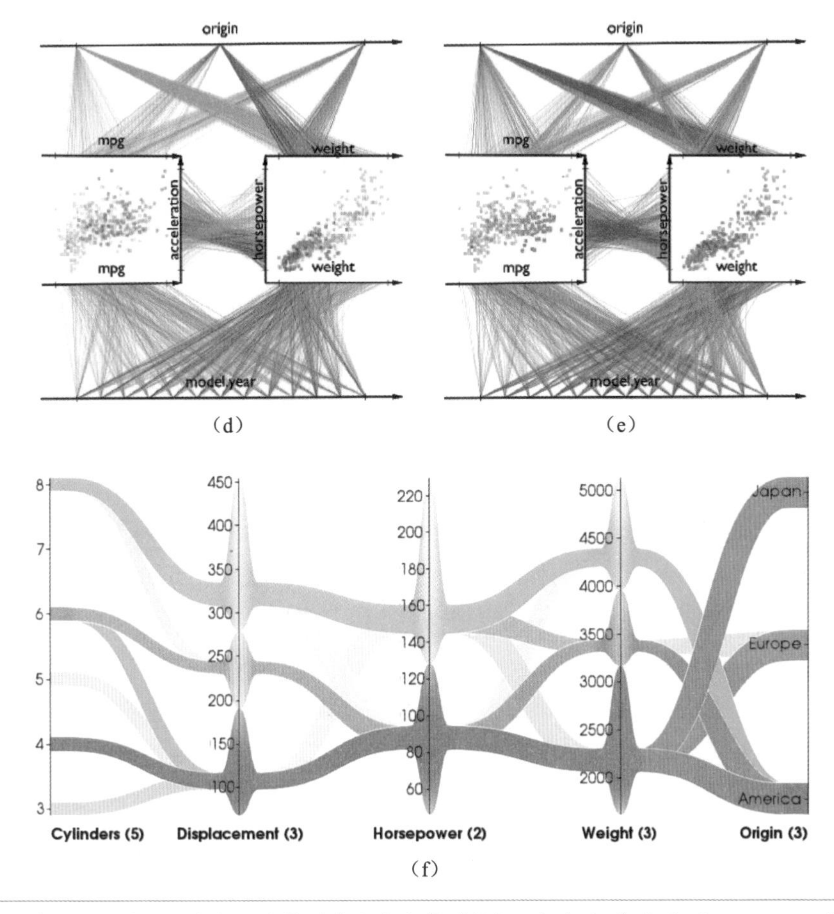

图 11.4 采用不同的平行坐标方法展现多元汽车类型数据。(a)和(b)采用 XmdvTool 生成的标准平行坐标方法[Ward1994],其中(b)的红色线段对应了用户的选择结果。(c)在平行坐标中结合散点图。图中两个属性 Horsepower 和 Displacement 的关系在两个轴之间用散点图表示。图片来源:链接 11-3。(d)和(e)采用灵活轴线法展现多元汽车类型数据，用颜色区分原产地(黄色 - 美国，蓝色 - 欧洲，红色 - 日本)，其中(e)的黄色数据点展现了用户选择加速度高和 mpg 值高的汽车类型的可视化结果。(f)首先在每个轴上做聚类，在轴之间采用一种新的边绑定技术来展现不同聚类间关系。这种方法减少了视觉上的混乱。图片来源：[Palmas2014]

平行坐标是一种重要的多元数据可视化分析工具，它用平行坐标取代了垂直坐标，可以在二维空间中显示更高维的数据。它不仅可以揭示数据在每个属性上的分布，还可以描述相邻两个属性之间的关系。但是，由于平行坐标的坐标轴是顺序排列的，对于非相邻属性之间关系的表现相对较弱，不易于同时表现多个维度之间的关系。交互地选取部分感兴趣的数据对象，并用高亮显示是一种常见的解决方法，如图 11.4（b）所示。此外，改变坐标轴的排列顺序亦可帮助用户理解各个数据维度之间的关系。近年来，国内外学者提出了众多增强型平行坐标 [Ward2010][Johansson2016]。包括：

- 采用层次化平行坐标可视化数据中的分类信息 [Fua1999]。
- 将散点图技术与平行坐标综合使用 [Yuan2009]（见图 11.4（c））。
- 采用基于半透明的折线表示法，揭示大规模数据集中的分类信息 [Miller1991]。
- 根据坐标轴之间的相关性进行聚类、重排列等 [Peng2004] [Wang2003]。
- 将数据聚成条带，并对异常点进行特殊处理 [Novotny2006]。
- 将统计图引入每个坐标轴上以揭示数据在该属性上的分布 [Ward2010][Xie2016]。
- 用曲线代替折线以更好地表达坐标轴之间的连续性 [Yang2005]。
- 采用自由摆放的坐标轴，即灵活轴线法 [Claessen2011]（见图 11.4（d）和（e））。
- 对同一个轴上的数据进行聚类，在两个轴上添加虚拟的边绑定（Edge Bundling）轴作为辅助，将同一类的边绑定到一起 [Palmas2014]（见图 11.4（f））。
- 在平行坐标轴之间再嵌套小的平行坐标，便于对数据进行组内和组间比较嵌套平行坐标（Nested Parallel Coordinates Plots）[Wang2017]。

为了应对不同尺度、不同参数计算获得的集合数据（Ensemble Data），嵌套平行坐标在主要轴之间放置次要轴，展现不同参数下的运行结果（见图 11.5（a））。在次要轴上连线的斜率等于不用次要轴时连线的斜率，保证视觉上的一致性；用户可以通过调整不同的显示参数控制轴的摆放、颜色的变化轴和轴之间连线与曲线的参数等，十分灵活（见图 11.5（b））。通过对不同轴的参数进行选择以及集合操作（并集、交集等），还可以实现查询数据的功能。

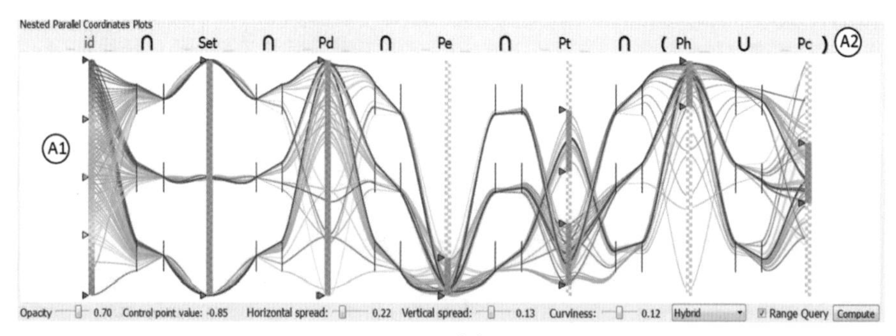

（a）

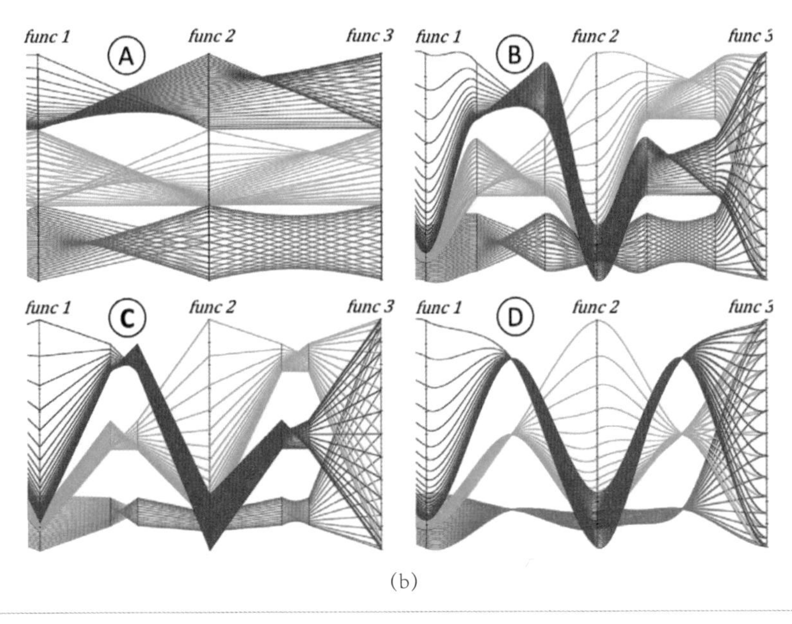

(b)

图 11.5 嵌套平行坐标 [Wang2017]。

此外，还有一些与平行坐标类似的可视化方法，如安德鲁斯曲线（Andrews Curve）和 Parallel Sets 等。安德鲁斯曲线 [Andrews1972] 与平行坐标有着异曲同工之妙，但更加复杂，它将每个多元数据 $D=(d_1,d_2,\cdots,d_N)$ 的分量作为参数拟合出一条曲线，如图 11.6 所示。与平行坐标类似，属性的排列顺序对可视化结果有较大的影响。曲线的表达式为

$$f(t)=\frac{d_1}{\sqrt{2}}+d_2\sin(t)+d_3\cos(t)+d_4\sin(2t)+d_5\cos(2t)+\cdots$$

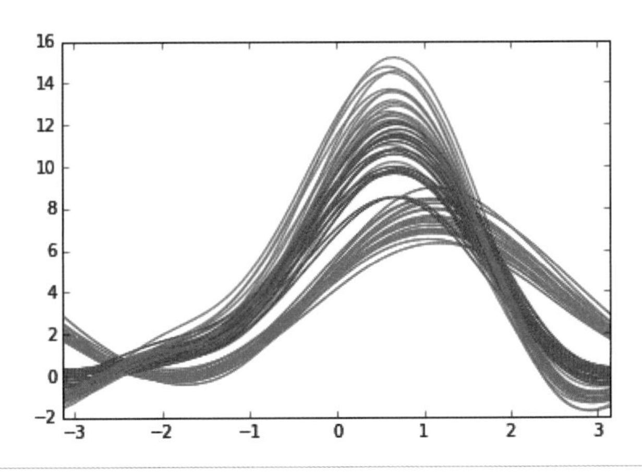

图 11.6 应用安德鲁斯曲线可视化 Iris 数据集。图片采用 Python 语言编写生成。感兴趣的读者可参考：链接 11-4

在图 11.4 的例子中，采用的数据在各个维度上基本上是连续的数值。当一个属性的数值是类别型（Categorical）时，通常将坐标轴平均地分成若干等分，并连接对应的等分点。Parallel Sets 作为专门为多元离散数据设计的可视化系统，提出了更为有效的连线和布局方法 [Kosara2006]。图 11.7 中是用 Parallel Sets 软件可视化泰坦尼克号沉船事故中乘客信息的例子，可视化中显示了乘客的船舱等级、性别以及是否遇难的三维数据。与平行坐标不同的是，在每个坐标上，用区间表示不同的属性，区间大小由对应属性在数据中所占的比例决定，例如，在所有乘客中，1731 人为男性，470 人为女性。图 11.7 中表示性别的坐标轴上用相应宽度的区间分别表示男性和女性乘客，相邻的坐标轴之间用不同宽度的线段连接，线段宽度由所对应数据对象在整个数据集中所占的比例决定，例如，最左边、垂直的绿色线段的宽度代表了一等舱中男性乘客的数量。这样的可视化方法使用户能够清楚地观察到每个属性上值的分布。其次，Parallel Sets 对坐标轴之间的折线进行了一定程度的集束和合并，降低了视觉复杂度。最后，通过采用合适的布局算法对线段进行排列，从而减少线段之间的交叉，能进一步提高可视化的可读性。

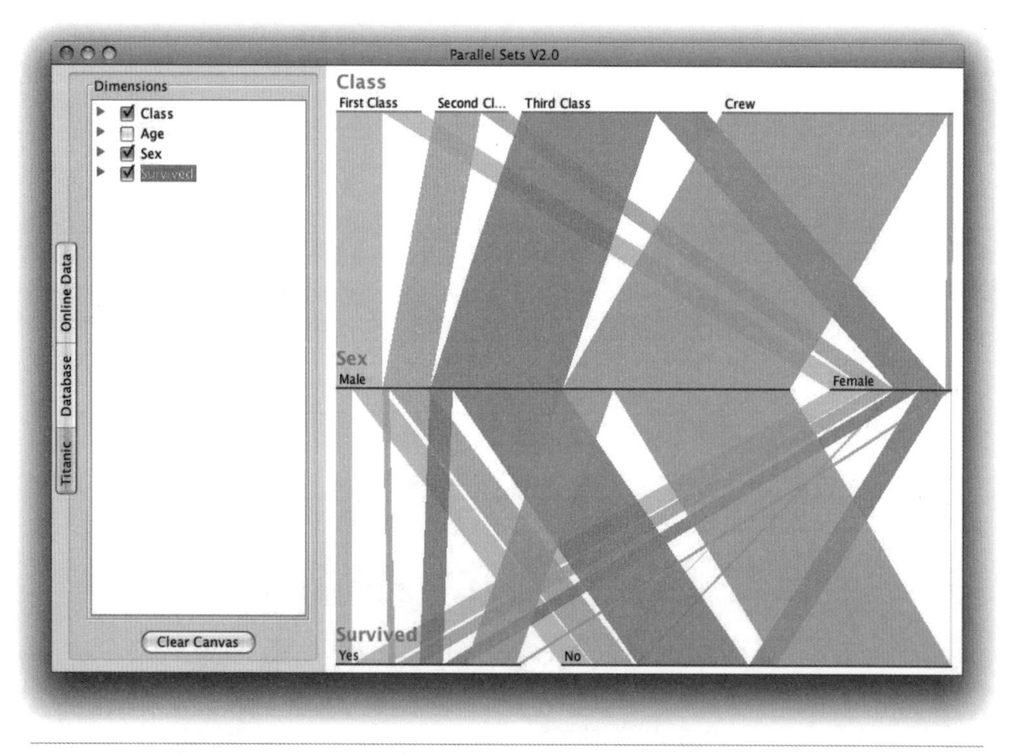

图 11.7　Parallel Sets 可视化多元离散数据。图片来源：链接 11-5

11.1.1.4 径向布局

径向布局主要有星形坐标和 RadViz 两种常见的可视化方法。平行坐标直接借用了常见的坐标系统的映射，比较直观；相比而言，这两种布局的坐标轴的映射有些复杂，但其视觉表达效果不错。

星形坐标（Star Coordinates）

星形坐标最初由 Kandogan[Kandogan2000] 提出，由于其性质能保留高维数据集的一些聚类或其他模式，所以常被用于一些聚类或分类的发现、探索与分析中。其本质是从高维数据到二维平面的一种仿射变换（参见 [Lehmann2013] 中的分析，里面还包括了下文中提到的 RadViz，它是一种射影变换）。下面简单介绍其原理。

假设二维平面上有一个点作为原点 $O_n(x,y)=(O_x, O_y)$，以及一系列的二维向量作为轴。$A_n=\langle\vec{a}_1,\vec{a}_2,\cdots,\vec{a}_i,\cdots,\vec{a}_n\rangle$。数据集 $\boldsymbol{D}$ 中的一个数据点 $D_j(d_{j0}, d_{j1}, \cdots, d_{ji}, \cdots, d_{jn})$ 映射到二维平面上的结果 $P_j(x, y)$ 是所有轴的单位向量 $\vec{u}_i=\left(u_{xi},u_{yi}\right)$ 乘以这个数据点在该位置值 d_{ji} 以后的向量之和。令 $\min_i=\min\{d_{ji}, 0 \leqslant j<|\boldsymbol{D}|\}$, $\max_i=\max\{d_{ji}, 0 \leqslant j<|\boldsymbol{D}|\}$，它们分别代表数据集里第 i 维的最小值和最大值。

$$P_j(x,y)=\left(ox+\sum_{i=1}^{n}u_{xi}\cdot(d_{ji}-\min_i),oy+\sum_{i=1}^{n}u_{yi}\cdot(d_{ji}-\min_i)\right)$$

其实这就是一种散点图的扩展，只不过二维和三维散点图都保证不同轴是正交的，比较直观。图 11.8 展示了一个八维数据集中点在星形坐标中的坐标计算方法。

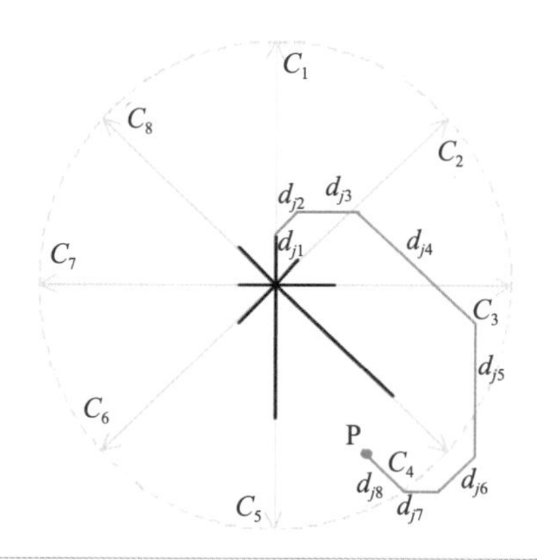

图 11.8 星形坐标计算方法。

星形坐标支持两种交互操作，其中一种是轴的伸缩；另一种是旋转。通过这些交互，能让用户看到哪些属性（轴）对数据的聚类有更多或更小的影响，也能合并或拆分不同的聚类。

Lehmann 等人提出的正交星形坐标（Orthographic Star Coordinates, OSC）[Lehmann2013] 是将仿射变换约束在正交变换上。对于传统的星形坐标和下文中将要提到的 RadViz，它们都有一些不足之处——它们会将一个 n 维球面映射成一个具有任意长宽比和大小的椭圆。这意味着用户很难仅靠投影在二维平面上的形状对 n 维点簇形状做出假设。并且在二维平面上靠得很近的两个点在 n 维空间中可能离得很远；反之，在 n 维空间中靠得很近的两个点在二维平面上也可能离得很远。利用正交变换，可以确保半径为 r 的 n 维球面在变换后仍然是具有同样半径的圆，且变换后的点的距离不大于 n 维空间中的距离。在这种情况下，初始化一个 OSC 比较复杂，其交互虽然类似于传统的星形坐标，但为了满足其正交投影的需求会有一定的限制。

汪云海等人提出的线性判别星形坐标（Linear Discriminative Star Coordinates, DSC）[WangYH2017] 致力于在星形坐标基础上找出哪些特征可以更好地区分不同的类、哪些特征会干扰聚类，即一种特征选择的工具。它对带标签的和不带标签的数据都可以生成最优的互相区分的聚类（点簇）。除一些基本的选择、改变轴等交互之外，系统还提供了三种“聚类感知（Cluster Aware）”的交互，即：改变锚点位置、删除某些贡献低的轴、基于聚类的缩放（见图 11.9）。

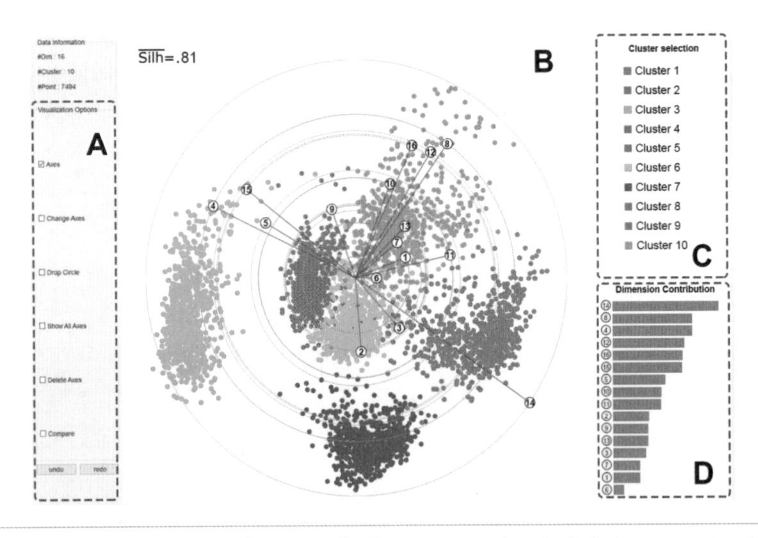

图 11.9 线性判别星形坐标（DSC）可视分析系统。A：一些可视化指令；B：DSC 视图；C：聚类选择视图；D：维度（特征）贡献条形图。

RadViz

RadViz 可视化方法同样是一种在径向上做处理的布局，最早在 *DNA Visual and Analytic Data Mining*[Hoffman1997] 一文中提出，这种方法也能帮助用户观察点簇聚类结构。关于这种可视化方法有一个物理模型的解释：

对于数据点 p 在一个圆周上均匀分布着一些点，点的数量和每个数据的维度 n 一致。有 n 个弹簧，一端连接这 n 个点，另一端连接数据点 p。弹簧的弹性系数 K_i 对应着点 p 第 i 维的值。于是，点 p 的位置就是所有弹簧合力为 0 的位置（注意，一般先对数据点的每个维度进行归一化）。这样的可视化方法有一些性质，比如每个坐标值都会近似地居于离中心比较近的地方；对于位置相对的维度，若值比较相近，则点也会靠近圆心；如果点有一两个值比较大，则这个点会靠近这两个维度所在的位置等。类似于星形坐标，在这种基础可视化形式上，也可以对圆周上维度所对应的点进行一些交互操作，比如移动其位置等，用以观察、分析数据的情况。如图 11.10 所示为使用 RadViz 展示美国不同地区的能源消耗情况。

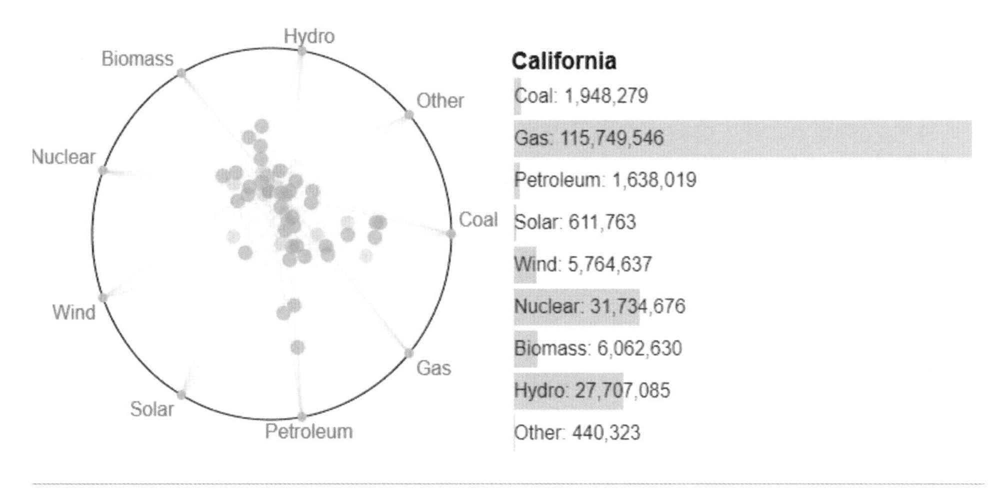

图 11.10 使用 RadViz 展示美国不同地区的能源消耗情况，每个点表示一个地区。
图片来源：链接 11-6

11.1.1.5 降维

当数据维度非常高时（例如，超过 50 维），各类可视呈现方法都无法清晰地表示所有数据细节。通过线性或非线性变换将多元数据投影（Project）或嵌入（Embed）至低维空间（通常为二维或三维），并尽量在低维空间中保持数据在多元空间中的关系或特征。这种策略称为降维（Dimension Reduction），代表性方法如下。

1. 线性方法

- 主元分析（Principal Component Analysis, PCA）
- 多维尺度分析（Multidimensional Scaling, MDS）
- 线性判别分析（Linear Discriminant Analysis, LDA）（请与隐含狄利克雷分布（Latent Dirichlet Allocation, LDA）相互区分，它们的缩写一致。）

2. 非线性方法

- 局部线性嵌入（Locally Linear Embedding，LLE）
- Isomap
- SNE 和 t-SNE

本节主要介绍 PCA 和 MDS 这两类线性降维方法，以及 t-SNE 这种非线性方法（参见博客链接 11-7）。

主元分析

在统计分析中，主元分析（Principal Components Analysis, PCA）[Jolliffe2002] 是常用的分析和简化数据的技术。此方法在减少数据集维度的同时，保持对数据集方差贡献最大的特征。作为一种常用的多元分析方法，其应用相当广泛。从数学角度讲，PCA 定义了一个正交线性变换，该变换将多元数据变换到一个新的低维坐标系统，使得数据投影的第一大方差在第一个坐标上，第二大方差在第二个坐标上，依此类推。为了方便叙述 PCA 算法的基本流程，假定 $X_1 \cdots X_N$ 是 N 个多元数据，其维度大小为 M。PCA 算法的基本计算过程如下。

（1）重组数据。将给定的 N 个多元数据组合成一个大小为 $M \times N$ 的矩阵 $\boldsymbol{X}$。$\boldsymbol{X}$ 的每一列表示一个多元数据，每一行代表一个数据维度。

（2）计算每个数据属性的均值，得到一个大小为 $M \times 1$ 的均值向量 $\boldsymbol{u}$：$\boldsymbol{u}_i = \frac{1}{N}\sum_{j=1}^{N} \boldsymbol{X}_{ij}$。

（3）将样本数据中心化，以保证在每个属性上的偏移都以 0 为基点。基本做法是对矩阵 $\boldsymbol{X}$ 的每个元素减去对应行的均值，得到一个新的矩阵 $\boldsymbol{B}=\boldsymbol{X}-\boldsymbol{uh}$，其中，$\boldsymbol{h}$ 是一个大小为 $1 \times N$ 的行向量，其每个元素都为 1。

（4）计算 B 的协方差矩阵 $C = \frac{1}{N}\sum BB^{\mathrm{T}}$。

（5）特征分解：$\boldsymbol{C}=\boldsymbol{Q}\Lambda\boldsymbol{Q}^{-1}$，其中，$\boldsymbol{Q}$ 是由特征向量组成的方阵，Λ 是一个对角矩阵，其对角线上的元素为对应的特征值。

（6）选择最大的 k 个特征值，将其对应的 k 个特征向量分别作为列向量，组成特征向量大小为 $M \times k$ 的矩阵 $\boldsymbol{L}$。k 是目标低维空间的维数，通常为 2 或者 3。

（7）将多元数据点投影到选取的特征向量上，得到在低维空间中的投影 $\boldsymbol{X'}=\boldsymbol{L}^{\mathrm{T}}\boldsymbol{B}$。

PCA 建立在最大方差理论、最小错误理论和坐标轴相关理论的基础之上，其核心步骤是特征分解协方差矩阵。关于 PCA 的最直观的解释是：在低维空间中找到一个数据观察角度，以便最大限度地观察多元数据之间的差异（使方差最大）。

音乐可视化软件 MusicBox（见图 11.11）将每首音乐看成一个多元数据，例如，音乐的类别就是其中的一个属性，然后采用 PCA 将其投影至二维平面。在二维平面内，每个点代表一首音乐，如果两个点相互靠得较近，则表明这两首音乐比较相似。

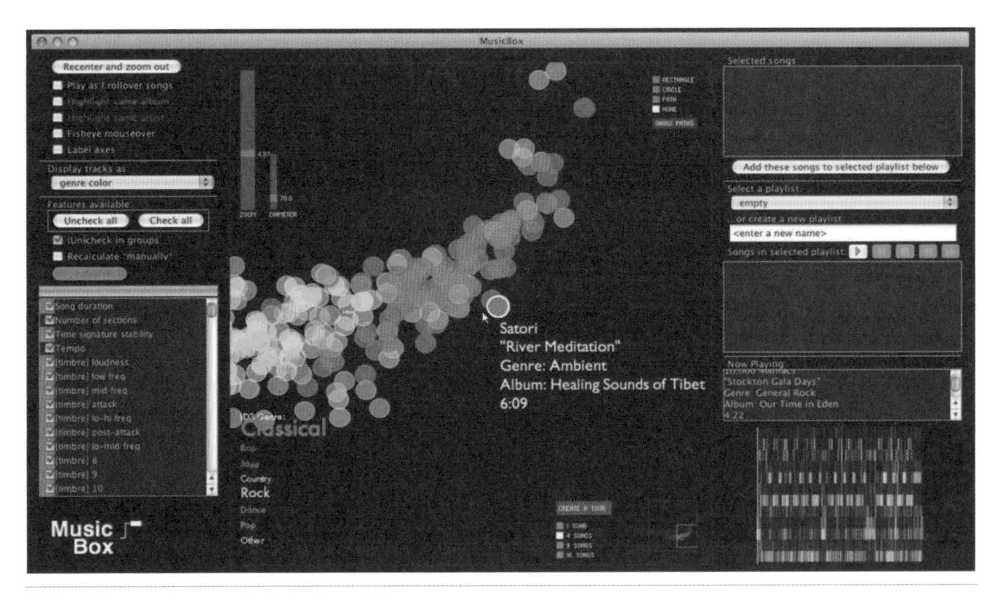

图 11.11 MusicBox。图片来源：链接 11-8

多维尺度分析

多维尺度分析（Multidimensional Scaling, MDS）[Borg2005] 作为一种常用的降维方法，在统计分析和信息可视化领域有着广泛的应用。经典的 MDS 算法包含以下主要步骤。

（1）对于给定的包含 M 个数据属性和 N 个数据记录的数据集，计算数据记录之间的相似性，得到一个包含 $N\times N$ 个元素的相似度矩阵 $\boldsymbol{D}$。矩阵 $\boldsymbol{D}$ 刻画了数据点相互之间的相似性。通常，可采用欧式距离、Cosine 距离等计算多元数据之间的相似性。

（2）假定目标降维空间的维度为 K，通常 K 为 2 或者 3，创建大小为 $N\times K$ 的矩阵 $\boldsymbol{L'}$，并初始化。$\boldsymbol{L'}$ 的每一行表示多元空间中的数据点在低维空间中的位置。

（3）计算低维空间中数据点之间的相似度，得到一个大小为 $N\times N$ 的相似度矩阵 $\boldsymbol{L}$。

（4）计算应力值：$S=\sqrt{\frac{\sum_{ij}(D_{ij}-L_{ij})^2}{\sum_{ij}L_{ij}^2}}$。$S$ 描述了 $\boldsymbol{D}$ 与 $\boldsymbol{L}$ 之间的差异性大小。

（5）如果 S 足够小或者收敛，则退出算法。

（6）否则，沿某个方向，移动低维空间中的点使得 S 变小。

（7）返回第 3 步。

图 11.12 和图 11.13 分别展示了使用 MDS 对多元数据集进行降维投影的结果。可以看到数据集中不同类别的数据对象在低维空间中被成功地分离开来。

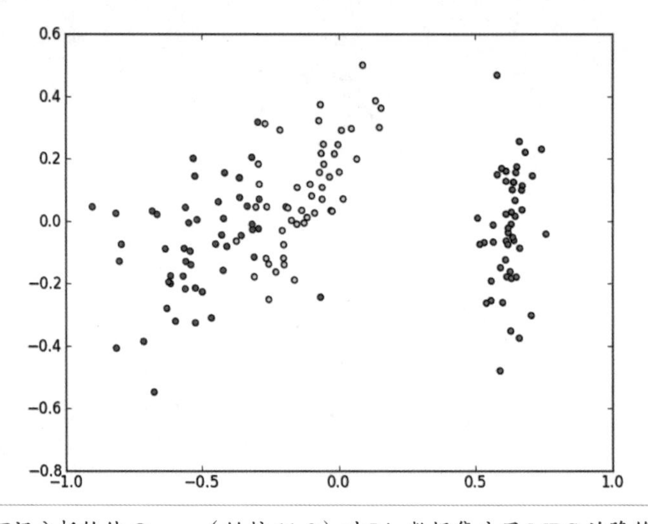

图 11.12 使用可视分析软件 Orange（链接 11-9）对 Iris 数据集应用 MDS 的降维结果。颜色代表数据集中不同类别的数据对象。

请注意，通过 MDS 降维之后的坐标系统并无实际意义。常规的 MDS 算法具有两个特点。第一，MDS 旨在保持数据在多元空间中的相似性，而这种相似性或者重要性具有相对性，且 MDS 结果并非旋转无关，对同一个数据集采用多次 MDS 投影获得的结果可能需要旋转后才能配准；第二，当数据点数目较多时，MDS 结果容易陷入局部收敛，从而无法获得全局最优解，且简单地改变初始条件可能致使结果具有很大的差异。以 MDS 为基础，通过采用不同的相似性度量方法、不同的应力测量方法、不同的初始化策略以及不同的点位置更新策略，研究者提出了很多衍生方法，例如基于标记的 MDS[Silva2004] 和多重网格 MDS[Bronstein2006] 等。也有学者提出通过力学模拟的方法求解该问题，如基于力引导的 MDS[Morrison2003]。当数据规模较大时，可采用基于层次结构和 GPU 加速的 MDS 算法，如 Glimmer 软件 [Ingram2009] 等。MDSteer[Williams2004] 提出了一种可操纵的 MDS 计算引擎和可视化方案，能够渐进地计算 MDS 布局。

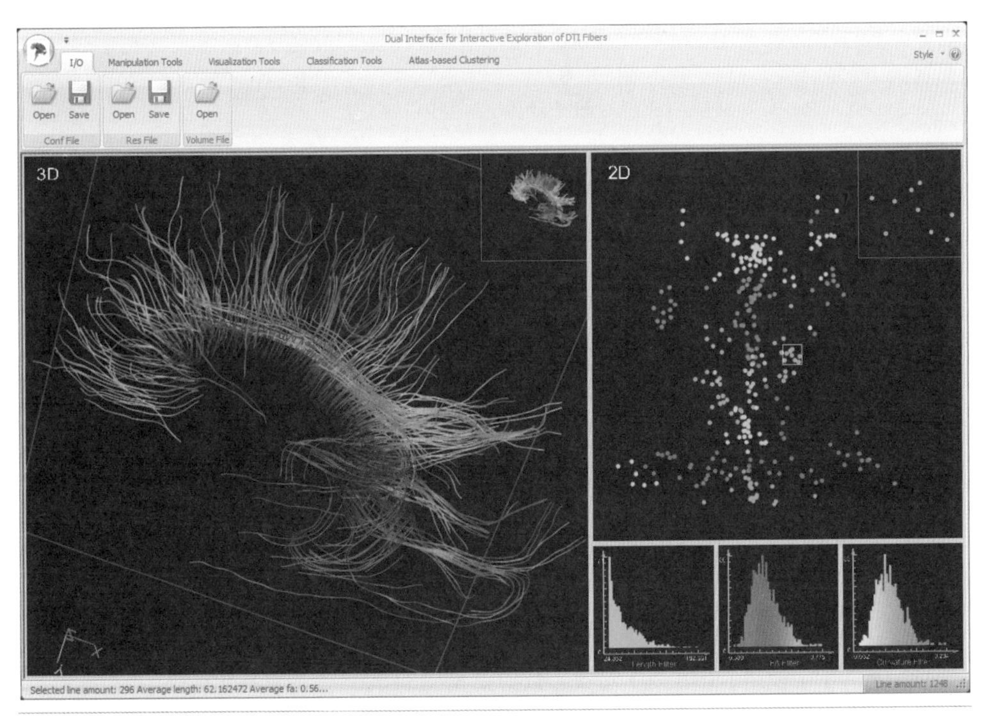

图 11.13 基于 MDS 的 DTI 纤维丛可视化界面。左：三维视图；右：经 MDS 降维后的二维散点表示。不同类别的数据对象分布在二维空间中的不同区域。图片来源：链接 11-10

t-SNE（*t* - 分布邻域嵌入）

t-SNE[Maaten2008] 是 2008 年由 van der Maaten 和 Hinton 提出的降维可视化算法。这是一种非线性降维方法。不同于一些传统方法用欧氏距离来表示相似性，它用一种条件概率来表示点和点之间的相似性。算法分为两步：① t-SNE 对不同的点对构建一个概率分布，这个分布使得相似的点对有很高的概率被选到，而不相似的点对则有极小的概率被选到。可以设想两个数据点 x_i, x_j，x_i 以条件概率 $p_{j|i}$ 选择 x_j 作为它的临近点。考虑以 x_i 为中心的高斯分布，若 x_j 越靠近 x_i，则 $p_{j|i}$ 越大；反之，若两者相距较远，则 $p_{j|i}$ 极小。② t-SNE 在低维映射上定义了一个相似性分布，并最小化了这个分布和上面分布之间的 KL 散度（Kullback-Leibler Divergence）。

实现细节如下：

给定一个有 N 个对象的集合 $\{x_1, x_2, \cdots, x_N\}$，t-SNE 首先计算概率 p_{ji} 使其与对象 x_i 和 x_j 的相似性成比例。

$$p_{j|i}=\frac{\exp\left(-\| x_i-x_j \|^2/2\sigma_i^2\right)}{\sum_{k\neq i}\exp(-\| x_i-x_k \|^2/2\sigma_i^2)}$$

这个 $p_{j|i}$ 是不对称的距离，即 $p_{j|i}\neq p_{i|j}$。为此，令$p_{ij}=\frac{p_{j|i}+p_{i|j}}{2N}$。

t-SNE 要学习一个低维空间上维的映射 $y_1, y_2, \cdots, y_N$（$y_i\in\mathbb{R}^d$）来尽可能反映 p_{ij}。为此，低维空间上两点的 y_i, y_j 的相似性用 p_{ij} 度量：

$$q_{ij}=\frac{\left(1+\| y_i-y_j \|^2\right)^{-1}}{\sum_{k\neq i}(1+\| y_i-y_k \|^2)^{-1}}$$

这里用了胖尾（Heavy-tailed）的 Student-t 分布来度量低维空间上点间的相似性，使得不相似的对象能够分得很开。

用 KL 散度度量这两个分布之间的距离：

$$\mathrm{KL}(P\parallel Q)=\sum_{i\neq j}p_{ij}\log\frac{p_{ij}}{q_{ij}}$$

关于 y_i 利用梯度下降最小化该距离。优化的结果就是想要的 t-SNE 降维的结果。图 11.14 展示了使用 t-SNE 对手写数字数据集 MNIST 降维后的可视化结果。

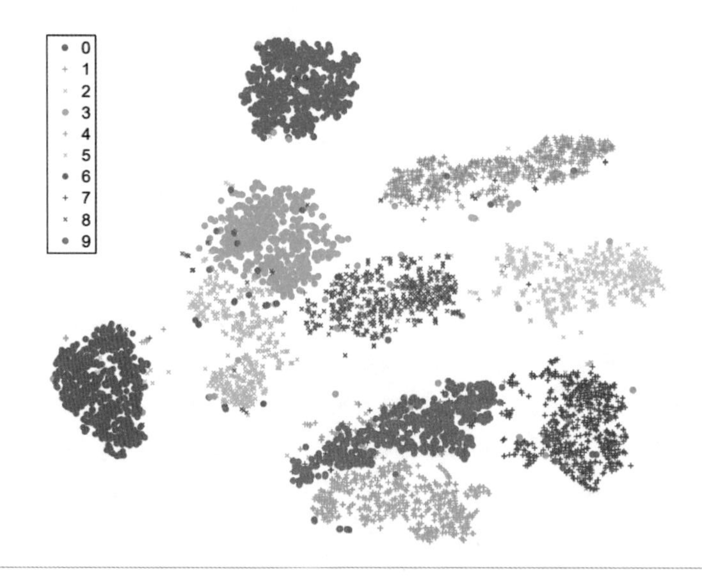

图 11.14 使用 t-SNE 对手写数字数据集 MNIST 降维后的可视化结果。

11.1.2 图标法

除了通过空间位置表现数据对象属性的方法，还可采用图标（Glyph）表达单个多元数据对象，图标中的不同视觉元素被用来表示数据对象的不同属性。典型的代表有雷达图、Chernoff Faces 和 DICON。

11.1.2.1 雷达图

雷达图（Radar Chart），又称为星形图（Star Plots）。雷达图可以看成平行坐标的极坐标版本。多元数据的每个属性由一个坐标轴表示，所有坐标轴链接到共同的原点（圆心），其布局沿圆周等角度分布，每个坐标轴上点的位置由数据对象的值与该属性最大值的比例决定，折线连接所有坐标轴上的点，围成一个星形区域。星形区域的形状和大小反映了数据对象的属性。图 11.15 展现了美国 50 个州以及首都华盛顿特区的犯罪率。在右图的图例中，可以看到在雷达图中 7 个坐标分别表示 7 种类型的犯罪（车辆失窃、盗窃、抢劫、谋杀和强奸等）。范例中展示的乔治亚州除强奸发生率较低之外，其余各种犯罪率都较高。在左图中，代表所有 50 个州和华盛顿特区的雷达图按照顺序依次排列，用户可以通过比较不同星形区域的大小和形状，了解各州的犯罪情况。例如，北达科他州是各方面犯罪最少的州，而南达科他州除强奸发生率较高之外，其余犯罪率都较低。

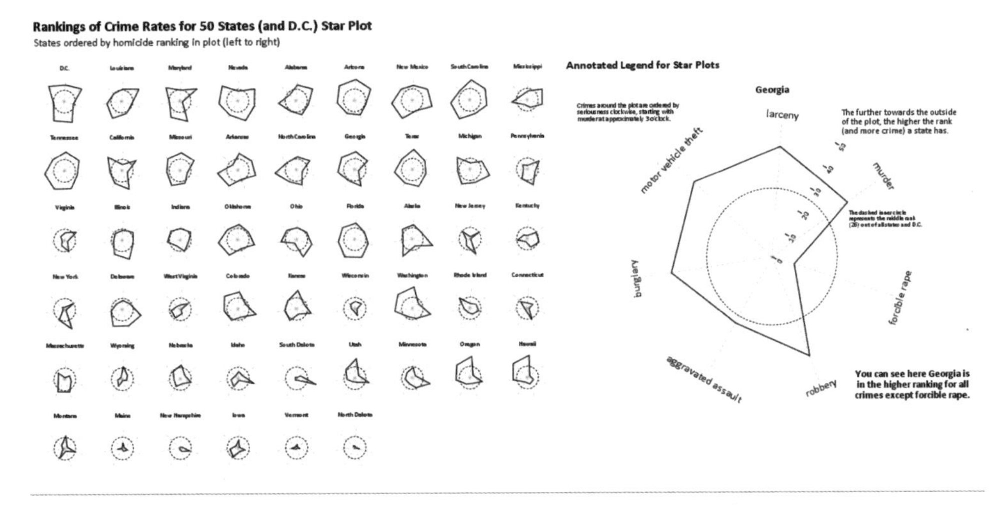

图 11.15 使用雷达图可视化美国 50 个州及华盛顿特区的犯罪率。图片来源：链接 11-11

雷达图提供了一种比较紧凑的数据可视化。随着数据维度的增加，可视化所占的圆形区域内需要显示更多的坐标，但是，其总面积并不变。由于人类视觉识别对形状和大小的敏感性，雷达图能使得不同数据对象之间的比较更加容易和高效。

Z-Glyph 是 TargetVue[Cao2016] 中提出的一种适合完成异常发现任务的可视化方法。对于每个对象，将每个特征均值作为基准线形成一个圆（见图 11.16 中灰色），将 Z-score 即偏离基准线的距离编码在与基准线的距离上。Z-score 为负数用蓝色编码，反之用红色编码。考虑到在异常发现中异常往往是少量偏离的点，这种编码方法有助于发现异常并解释可能导致异常的原因。图中圆心处的红色可以用来编码单个对象的其他信息 。

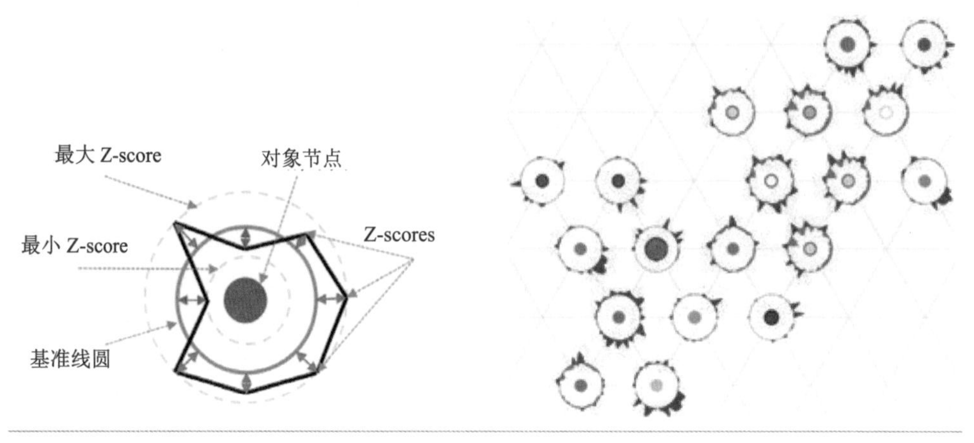

图 11.16 Z-Glyph 可视化。

11.1.2.2 Chernoff Faces

Herman Chernoff 提出了一种独特的多元数据可视化方法——Chernoff Faces[Chernoff1973]。该方法与雷达图类似，也采用图标表示单个的多元数据对象，不同的是，它采用模拟人脸的图标来表示数据对象，不同的属性映射为人脸的不同部位和结构，如脸的大小、眼睛的大小等。例如，图 11.17 展示了使用 Chernoff Faces 可视化同样的美国各州犯罪率数据的例子，其中脸的长度表示谋杀案的发生率，脸的宽度表示强奸案的发生率，等等。Chernoff Faces 的出发点是我们的视觉和大脑非常擅长于人脸识别，能够察觉脸部非常细微的区别，因此，我们也能通过观察模拟人脸的图标来察觉数据对象间的区别。同时，人们对于人脸上各个部分或者特征的感知程度是不同的，因此在选择属性和某个人脸特征之间映射时，需要从数据分析的目标任务出发，按照属性的优先级做出选择。

本质上，基于图标表示的多元数据可视化方法通过直观易懂的视觉编码展示多元数据的属性，并依赖人们对这些视觉元素的感知能力来进行信息的辨识和认知。此方法有效的关键有两点。首先，选择易于被感知的视觉元素，例如，在雷达图中采用形状，而在 Chernoff Faces 中采用了模拟人脸的图标；其次，数据属性和视觉元素之间的映射必须直观易懂。例如，雷达图比 Chernoff Faces 更简单。在解读 Chernoff Faces 时，用户通常需要反复查看图例以认知映射关系。

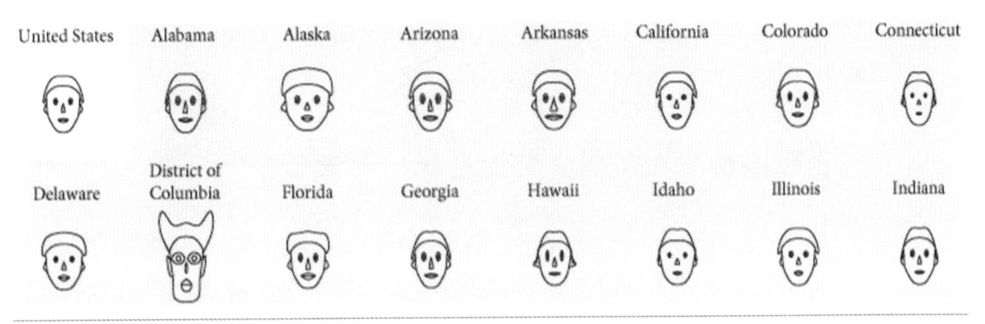

图 11.17 使用 Chernoff Faces 可视化美国 50 个州以及华盛顿特区的犯罪率。
图片来源：链接 11-12

11.1.2.3 DICON

DICON 是一种动态的基于图标的可视化技术，可以帮助用户理解、评估和调整复杂的高维数据的聚类结果。

其基本的设计思想很简单，可以用图 11.18 来表示。观察图 11.18，对于一个数据集，其每个实体（样本）都有一系列特征，我们用颜色区分不同的特征（a），其对应值用矩形的大小（b）表示，然后打包在一起形成一个大矩形。这样每个实体都可以用一个图标（b）来表示。对于多个实体，就有多个这样的图标，我们将图标拆散，将相同特征下的小矩形放在一起，再用一定的方法打包（比如在这里就用了 Treemap 的形式），这样就可以表示一个聚类（一簇实体）的信息。在计算过程中，一般要求对所有特征进行归一化；另一种可以使用的归一化措施是每个实体的所有特征总和为 1，这样可以保证每个实体的图标大小一样。但是这会导致个体间相同特征的值比较成为问题，因此采用颜色透明度来编码特征的实际值。

利用文中提出的稳定 Voronoi 布局（Stabilized Voronoi Layout），可以将打包形式进一步优化以编码更多数据的统计信息。在图 11.18 中，下左图编码了峰态（Kurtosis），下右图编码了偏态（Skew）。

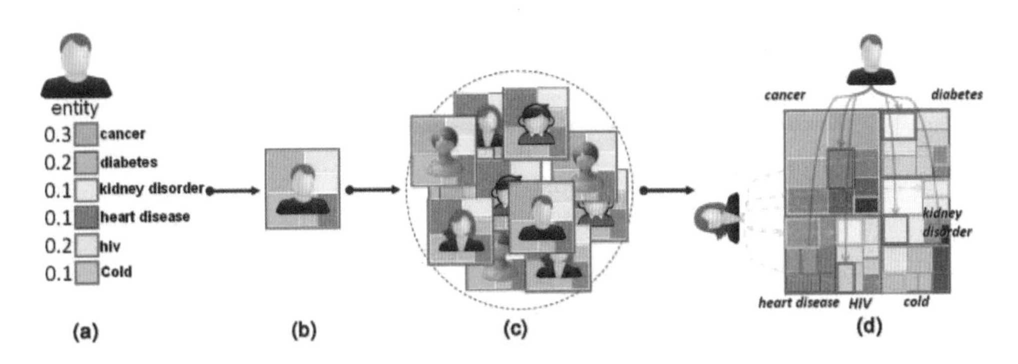

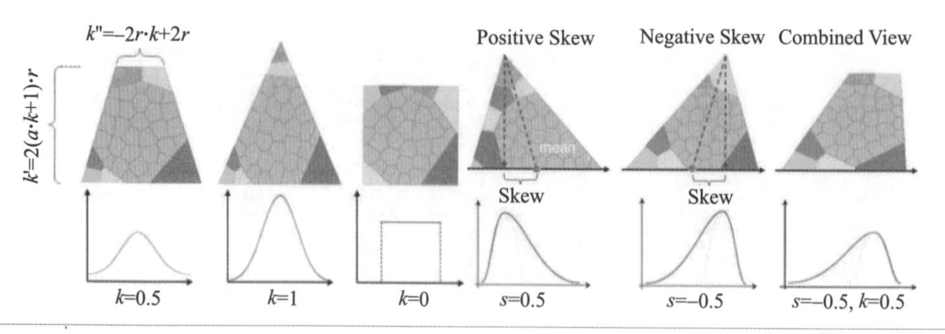

图 11.18 DICON 可视化。上：设计思想；下：编码峰态和偏态信息后的 DICON。

11.1.3 基于像素图的方法

多元数据可视化面临的一个主要挑战是在有限的屏幕空间里显示海量数据。为了更好地利用屏幕空间资源，研究者提出了利用单个像素作为可视化的基本显示单元的方法。在一个分辨率为 1024×768 的显示屏上，最多可以显示 786432 个数据对象，这是理论上对屏幕空间的利用率达到最优的情况。在实际情况中，往往只有部分屏幕用于可视化视图，而其余空间用于各种必要的图形界面控件、标注和文本信息等。

Keim[Keim1994] 提出利用密集型的不同颜色的像素显示表达存储在大规模数据库中的多元数据。如图 11.19 所示，每个多元数据点被表示为由一系列像素组成的矩形，每个像素代表一个属性，颜色编码数据值。将所有矩形按照一定的布局策略（如顺序布局或螺旋式布局）排列在二维空间，生成一整个像素块，这种方法称为像素图（Pixel Chart）。它的效率极大地依赖于颜色的使用，合适的颜色编码方法可揭示数据集的分布规律。

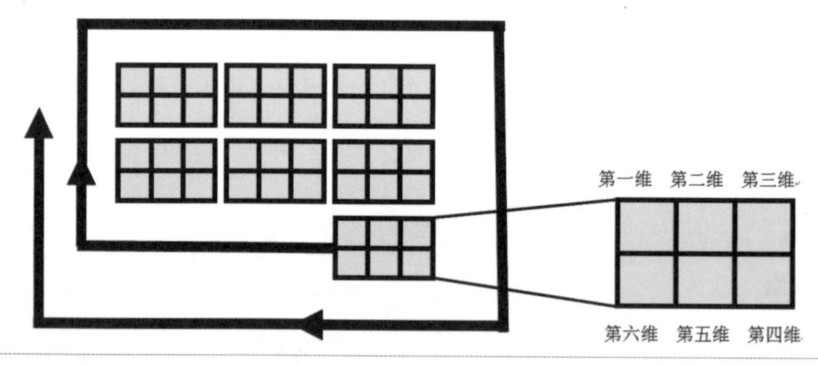

图 11.19 基于像素图的多元数据可视化 [Keim1994]。

数据元素在空间中的布局也是影响可视化有效性的重要因素。Keim 将柱状图与像素图结合，提出了像素柱状图（Pixel Bar Chart）方法 [Keim1994]。如图 11.20 所示，采用类似柱状图的布局方法，将数据对象按一个选定的分割属性（Dividing Attribute）上的属性值进行分类，不同类的对象被布局在不同的空间区域中，每一类中的对象进一步按照两个排序属性（Ordering Attribute）组成的直角坐标系进行布局。像素的颜色由对应的颜色属性的值决定。图 11.21 展示了电子商务网站中商品信息数据的像素柱状图可视化结果。

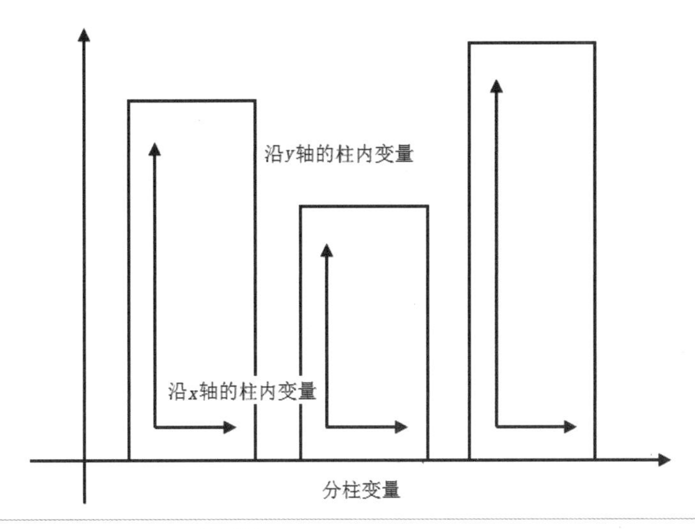

图 11.20 像素柱状图的布局方法 [Keim1994]。

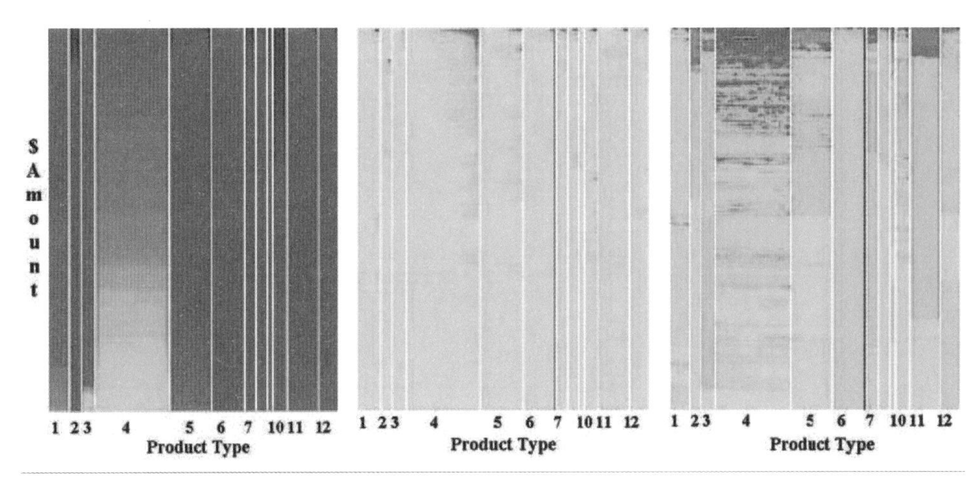

图 11.21 采用像素柱状图可视化电子商务网站中商品数据的例子。分割属性为商品类型，排序属性中横轴按照商品的用户访问数排列，而纵轴按照商品价格排列。三个图分别显示了使用颜色表示下列数据属性的结果，左：商品价格；中：用户访问量；右：商品数目。

像素柱状图采用了按某一属性的值对数据对象分组的布局方式，这样的布局其实借鉴了马赛克图（Mosaic Plot）的可视化方法 [Friendly1994]。马赛克图通过空间剖分的方法展示多元类别型数据的统计信息，它从一个单位长度的二维空间（通常为长方形）出发，依据每

一个数据维度以 x、y 轴的次序递归地将二维空间进行层次的剖分。在每一次划分时，沿给定的轴（x 或 y）按照数据集在该数据维度上的比例关系剖分所在的子空间。表 11.1 中列出了泰坦尼克号乘客的统计数据。图 11.22 是采用马赛克图方法，按照船舱等级、性别、年龄、是否获救的顺序对空间进行剖分的可视化结果，不同的颜色被用于表示获救与否（绿色表示获救，蓝色表示死亡）。不难发现，遇难人数最多的是男性船员，一等舱和二等舱的儿童获救的比率大大高于三等舱的儿童。

表 11.1 泰坦尼克乘客的统计数据

成人	获救者		未获救者		儿童	获救者		非获救者	
	男性	女性	男性	女性		男性	女性	男性	女性
一等舱	57	140	118	4	一等舱	5	1	0	0
二等舱	14	80	154	13	二等舱	11	13	0	0
三等舱	75	76	387	89	三等舱	13	14	35	17
船员	192	20	670	3	船员	0	0	0	0

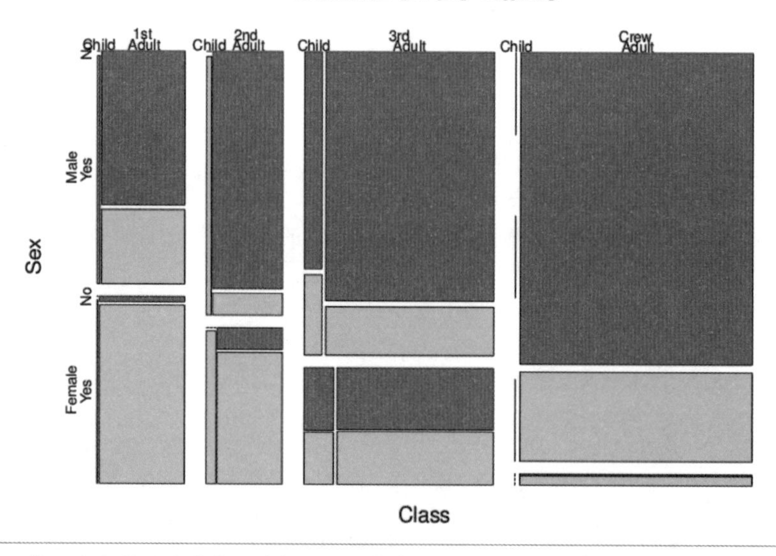

图 11.22 泰坦尼克号遇难乘客统计数据的马赛克图可视化。图片来源：链接 11-13

如图 11.23 所示的是不同年龄段的用户群购买淘宝商品的热力图，其借鉴了上述两种图的思想。首先每个小图代表一种商品；其左右两侧又分为男和女两种性别。在每一侧，我们将用户群作为一个个像素，按照年龄从左至右、从上至下地排列。像素的颜色表示该年龄段的用户群在这种商品上的购买力。从这些图中可以看到一些很有意思的特征，比如数码相机多是中老年男性购买等。

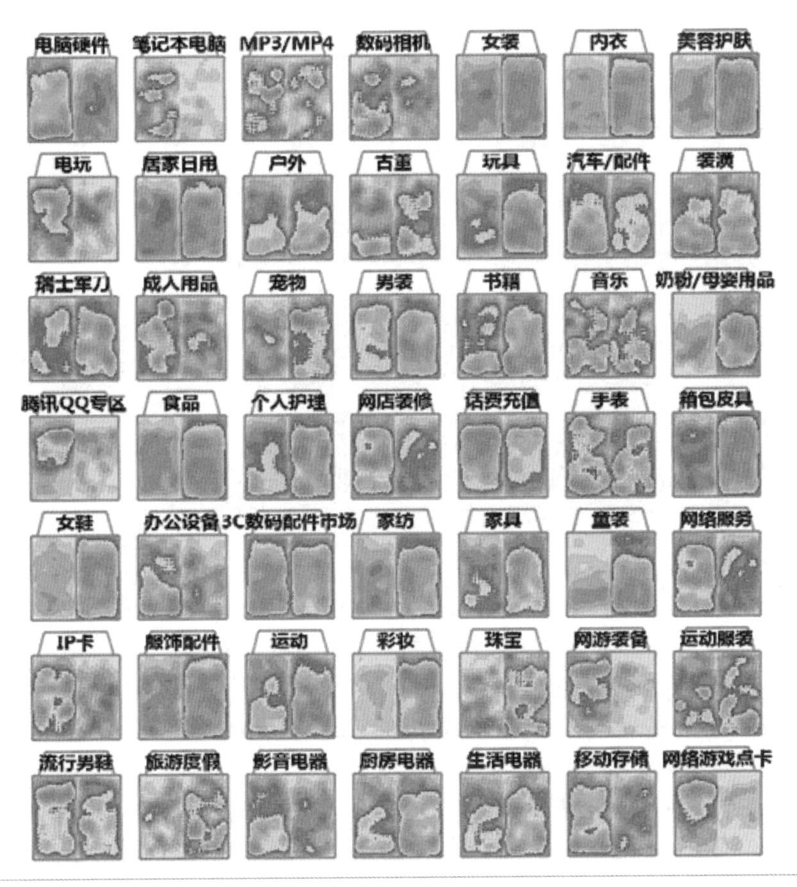

图 11.23 不同年龄段的用户群购买淘宝商品的热力图。

11.1.4 基于动画的方法

动画过渡效果也常常被用于增强用户对数据点和不同数据可视化图表之间关系的感知。

ScatterDice[Elmqvist2008] 利用 3D 的骰子结合散点图矩阵：在散点图矩阵上上下或左右移动一格，其总有一个不变的维度和两个变化的维度，两个变化维度的转移过程用骰子在立体空间中的转动做隐喻。

如图 11.24 所示，通过键盘、鼠标在图中左上角的散点图矩阵上进行交互，可以观察到右侧不同散点图之间的转移，以一种骰子翻转的形式呈现出来。

RnavGraph[Waddell2011] 也是在低维的数据点关系图之间进行游览探索的，但是它不局限于二维散点图，还构建了一个图结构来表示游览探索时不同低维关系图之间的关系。对于其中的数据点，还可以有各种不同的编码，甚至可以编码 Glyph，十分灵活。它已经被编码成 R 语言的包供使用。

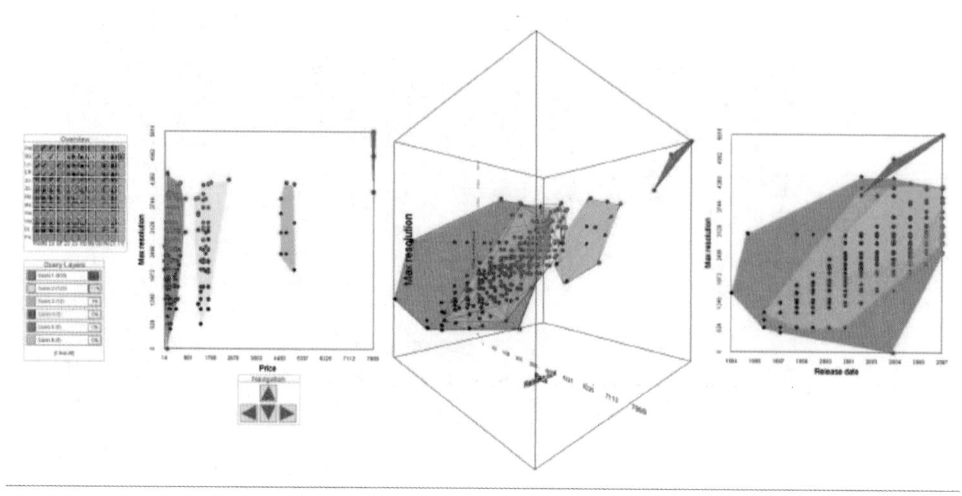

图 11.24 ScatterDice 探索散点图矩阵的过程展示。

11.2 非结构化与异构数据的可视化

数据的复杂度并不仅仅来自数据高维特性，还源自数据的非结构性和异构性。传统的可视化方法对于具有这些特性的数据支持不足。本节简单介绍此类数据的特性和可视化所面临的挑战。

11.2.1 非结构化数据

常规的关系型数据库处理具有明确结构、可有效存储于二维数据库表中的结构化数据。例如，上一节中提到的多元数据通常可以用多列的二维表来表示，每个数据对象对应表中的一行，每个属性对应一列，同一列中的数据通常字段长度相同或者非常接近。非结构化数据（文本、时间、日志等）无法采用这种形式表示。非结构化数据不但大量存在，而且蕴含巨大价值，例如，人们在社交网站和媒体上发布的最新状态和消息都以文本的形式存在，对这些文本数据进行分析既可以帮助我们在微观上对个体用户有更深入的了解，又能在宏观上对整体舆论趋势有所掌握。

非结构化数据在数据库存储上有着特定的要求，当前学术界和工业界涌现了许多高效的非结构化数据库，本节在此略过介绍。

有效的可视化方法需要依托于数据内在的结构和模式，因此非结构化数据可视化的关键在于采用合适的表达方法挖掘数据内在的模式，并对抽取的结构化信息选择适当的方法进行可视化。文本可视化就是一个非常好的例子，例如，第9章中介绍的文本可视化流程(见图11.25)：采用文本信息挖掘方法从非结构化的原始文本数据中抽取特征；对这些特征进行设计和绘制，并实现人机交互。

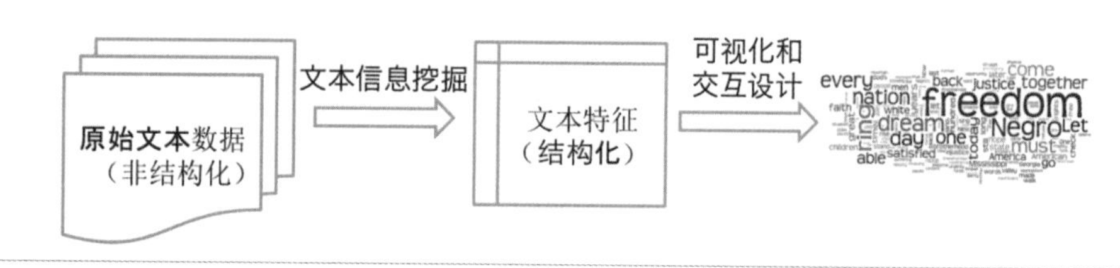

图 11.25 文本可视化的基本流程。

网站日志数据（又称为点击流）是另一种常见的非结构化数据，它记录了用户在某个网站上所有的点击和访问的页面，数据中的每一条记录表示一次用户访问，一次访问是一个由用户点击事件组成的序列。因为这些点击事件对应不同类别的用户操作和页面，所以属性的个数和范围都不同。更为重要的是，每次用户访问的点击次数不同，因此所含点击事件的数量也不同。这样的数据无法用二维数据表准确并且有效地描述，属于非结构化数据。分析日志数据能够帮助了解用户如何使用目标网站、他们的典型浏览行为，以及浏览过程中遇到的困难。这些信息能帮助网站开发者和用户体验设计师有针对性地改进用户体验，建立用户行为模型，提供更优化和定制化的体验。加州大学戴维斯分校的VIDi（Visualization & Interface Design Innovation）小组与eBay研究院的研究者在[Wei2012]中介绍了如何通过可视分析日志数据来进行用户分类和建立模型。图11.26描述了从非结构化日志数据中提取半结构化用户行为序列，通过数据挖掘的方法对其中的模式进行分析并用可视化呈现的流程。此方法从非结构化数据中抽取用户行为序列数据，其中包括了分析所关注的特定用户操作，这些行为按照发生的先后顺序排列，组成一个不定长的序列。虽然这样的数据还是不能有效地用二维数据表描述，但是与原始的日志数据比较，已经存在一定的结构，通常称为半结构化数据。为了抽取更为结构化的行为模式，采用基于马科夫链模型的自组织映射（Self-Organizing Map, SOM）将这些序列按照它们之间的相似关系布局在二维空间中，相似的序列因相互靠近而聚集成类。如图11.27所示为电子商务网站买家在购物车中行为的可视化，可以观察到用户行为模式可以分为6个大类，其对应的购物车转化率和用户属性各不相同。

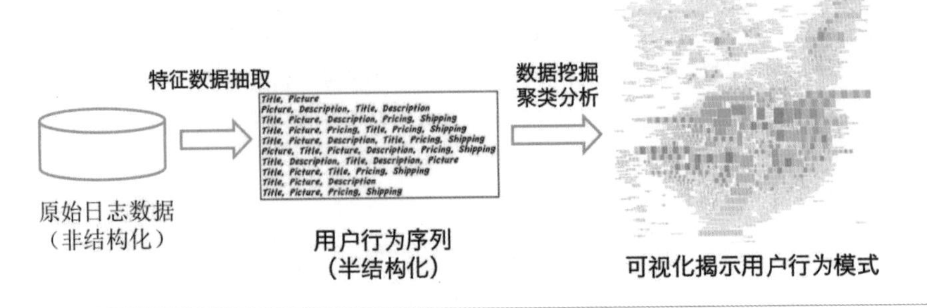

图 11.26 可视分析网站日志中用户行为模式的流程 [Wei2012]。

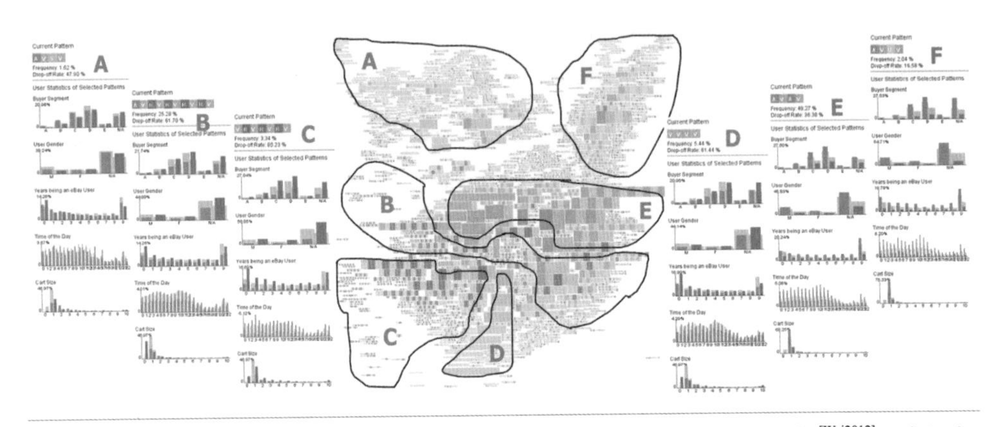

图 11.27 通过交互的可视分析，理解电子商务网站买家使用购物车的行为模式 [Wei2012]。堆积的条状图表示用户的特征行为序列，其中不同的颜色表示不同的用户行为。按照行为序列进行自动聚类分析（A ~ F 六类），将其布局在二维平面上。通过观察，可发现不同的用户行为模式，用户可交互标注并浏览相关信息，例如购物车转化率和用户属性。

11.2.2 异构数据

异构数据指同一个数据集中存在结构或者属性不同的数据的情况。存在多种不同类别的节点和连接的网络被称为异构网络。如何合理地呈现不同属性的数据，甚至利用异构特性来辅助可视化是异构数据可视化的关键。

异构数据通常可采用网络结构进行表达。在图 11.28 中，基于异构社交网络的本体拓扑结构 [Shen2006] 表达了恐怖组织网络中的 9 种不同类别的节点：恐怖组织、恐怖分子、国家和地区、组织分类、法律案件、恐怖攻击、攻击目标、手段和武器。由于数据量和复杂度，将所有数据直接用网络点线图的方法可视化并不有效（见图 11.28 左图）。解决方法是从异构网络中提炼出 ontology 拓扑结构（见图 11.28 右图），其中的节点为原网络中的节点类别，而连接则为各个类别的节点之间可能存在的连接。以这个拓扑结构作为可视分析的辅助导航，用户可以选择特定类别的节点和连接加入可视化视图中，从而达到过滤的效果，使用户能够将分析集中在真正关心的部分网络上。如图 11.29 所示，用户选择了恐怖组织和地区之后，可视化显示了恐怖组织之间的相互关系和聚类，以及其地域关系。

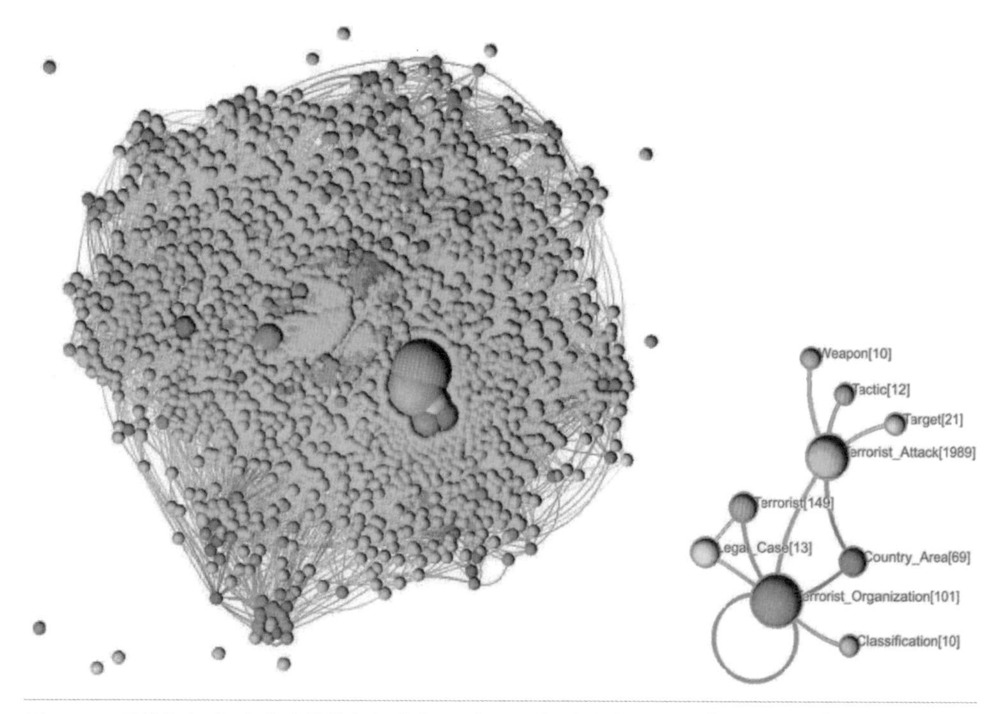

图 11.28 恐怖组织和活动的异构数据包括 9 种不同类别的节点：恐怖组织、恐怖分子、国家和地区、组织分类、法律案件、恐怖攻击、攻击目标、手段和武器 [Shen2006]。左：整个网络的点线图可视化，由于大量的节点和高密度的连接，可视化密度过高，可读性非常低；右：从异构网络中提取的 ontology 拓扑结构，每个节点为原网络中的节点类别，连接为各个类别节点之间可能存在的连接。

当用户关注的是异构数据中的不同类别数据之间的相互关系时，其他的异构数据也可以用异构网络来描述。在文献 [Shen2008] 中，MobiVis 系统用异构网络对包含多种属性数据的手机用户数据集进行描述和可视化。如图 11.30 所示，系统将用户 A 和用户 B 所去的地点作为节点加入用户的社交网络中，并与相对应的用户连接，构成了异构网络，从而使用户能通过可视分析这个异构网络，对手机用户之间的社交关系和他们常去的地点的相关性进行有效的分析。在图 11.30 中，用户 A 和 B 不仅相互认识，并且都曾经去过图书馆（Library）。

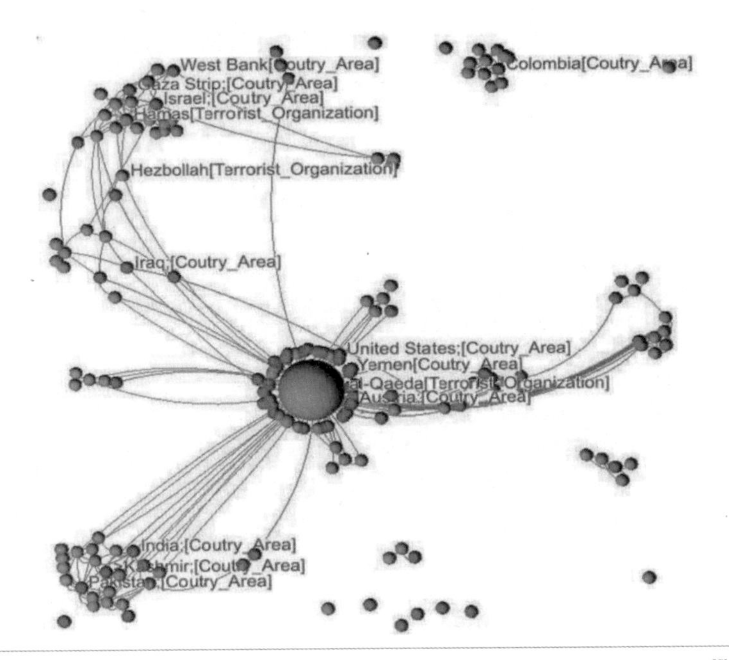

图 11.29 通过 ontology 拓扑结构选择包含恐怖组织及国家和地区节点的部分网络 [Shen2006]，蓝色的节点为恐怖组织，红色的节点为国家和地区，恐怖组织之间的连线表示合作关系，恐怖组织与地点之间的连线表示所活跃的地区。可视化采用力引导布局，紧密相连的节点相对靠近。从图中可以发现有合作关系的恐怖组织在地域上相近。

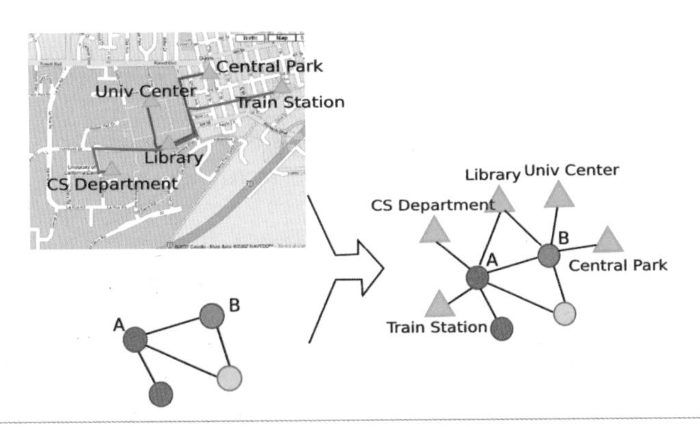

图 11.30 用异构网络描述包含社交关系和地理位置信息的手机数据。左上：手机用户 A 和 B 所去过的地点；左下：包含用户 A 和 B 的社交网络。这类数据被整合成右图中的异构网络，地点与手机用户都成为网络中的节点，彼此之间的连线表示用户曾经到达某地点。

与上文中的根据数据属性，人工选择合适的可视化方法不同，更为通用的异构数据可视化方法 [Cammarano2007] 是将数据属性自动地逐一对应到可视化属性。用户可不需要事先决定可视化与数据之间的对应关系，在运行时算法自动根据数据所具有的属性，通过模型匹配的优化过程，找到最优的可视化方法和属性与之匹配。数据的异构性大部分来自不同的数据源获取方式。例如，上文提到的手机用户数据集中不仅包括了来自手机跟踪软件的点对点通话记录、GPS 位置数据和手机使用数据，也包括了来自用户问卷调查的手机用户的个人信息。这些来自不同数据源的数据通常具有不同的数据模型、数据类型和命名方法等。除上文中讨论的如何在可视化视图中将它们有效地结合在一起以外，在底层对数据进行合理的整合也非常重要。数据整合为可视化模块从众多独立和异构的数据源获取数据提供了统一和透明的访问接口，使得原本无法被多数据源支持的查询表达获得支持。数据整合的常用方式有改变物理存储的物化式和通过虚拟数据接口实现的虚拟式两种。详细方式见第 3 章。

11.3 大尺度数据的可视化

科学计算和科学探测的尺度涵盖从微观到宏观的所有现象，最早关注数据的大尺度性并提出有效的解决方案的领域是 21 世纪初的科学计算。例如，面向天文学的宇宙空间演化模拟导致上千个时间片段，每个时刻数据在 x, y, z 三个方向上的分辨率可以达到数万，每个采样点上的数据包括数十个变量，整个数据集合的存储量远远超出单机的处理能力。这些挑战使得大尺度数据的可视化研究和系统开发显得尤为迫切。

针对大规模科学数据的可视化解决方案，第 6 章和第 14 章的相关章节有具体描述。本节从基本的数据类型入手，介绍大尺度数据可视化的主要技术路线。

11.3.1 基于并行的大尺度数据高分辨率可视化

全方位显示大尺度数据的所有细节是一个计算密集型的过程。大规模计算集群（如分布式多核计算集群、GPU+CPU 混合架构集群等）是处理大尺度数据的基本技术路线。例如，美国马里兰州大学构建了一个 GPU、CPU 混合式高性能计算和可视化集群，如图 11.31 所示。

另一方面，大规模数据的高清可视化需要高分辨率的显示设备和显示方法。传统的高分辨率显示屏通常采用大屏幕拼接系统方式。例如，2012 年，美国纽约州立石溪分校研发了世界上第一款 15 亿像素的全 360 度角拼接显示屏，可用于超大规模的科学计算数据的可视化呈现（见图 11.32）。

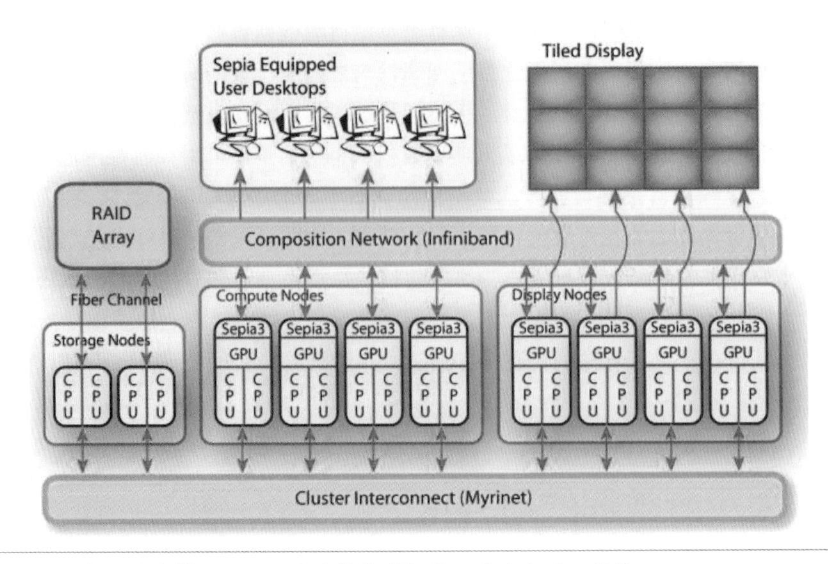

图 11.31 面向高性能计算和可视化的计算集群架构。图片来源：链接 11-14

图 11.32 15 亿像素的 Reality Deck。图片来源：链接 11-15

高精度的大屏幕投影拼接面向专业级用户，普通的个人用户实现大尺度数据的高精度可视化需要额外的方案。传统上，大尺度数据的可视化显示有两类方法。

- 采用下采样（Downsampling）的方法，将高精度数据采样为低分辨率，进而在给定分辨率的视图中实现预览式（Preview）可视化。
- 采用层次结构重新组织大尺度数据，并结合多种用户交互方法（如层次细节、聚焦 + 上下文）实现单一视角下的自适应分辨率选择或多个视角的光滑切换。然而，数据的高分辨率表示增加了对存储空间的额外需求。

事实上，在多个视图、多个角度下生成不同的可视化结果（见图 11.33），类似于对一个三维空间的物体进行多视角摄影，生成一系列图像。对这一系列可视化结果的管理、配准、分析等操作，可类比于对三维物体的理解、建模与分析。Cleverland 等人[Guha2009] 提出可视化数据库的概念——大尺度复杂数据集的可视化导致超大分辨率、大量的可视化视图，需要多个窗口甚至多个页面存储，其中单个视图对应于数据集的某个子集。因此可采用数据库的理念生成、管理、分析和显示数据可视化结果的集合。粗略地说，生成和利用高效的多视图（多屏、多窗口）可视化数据库的主要任务如下。

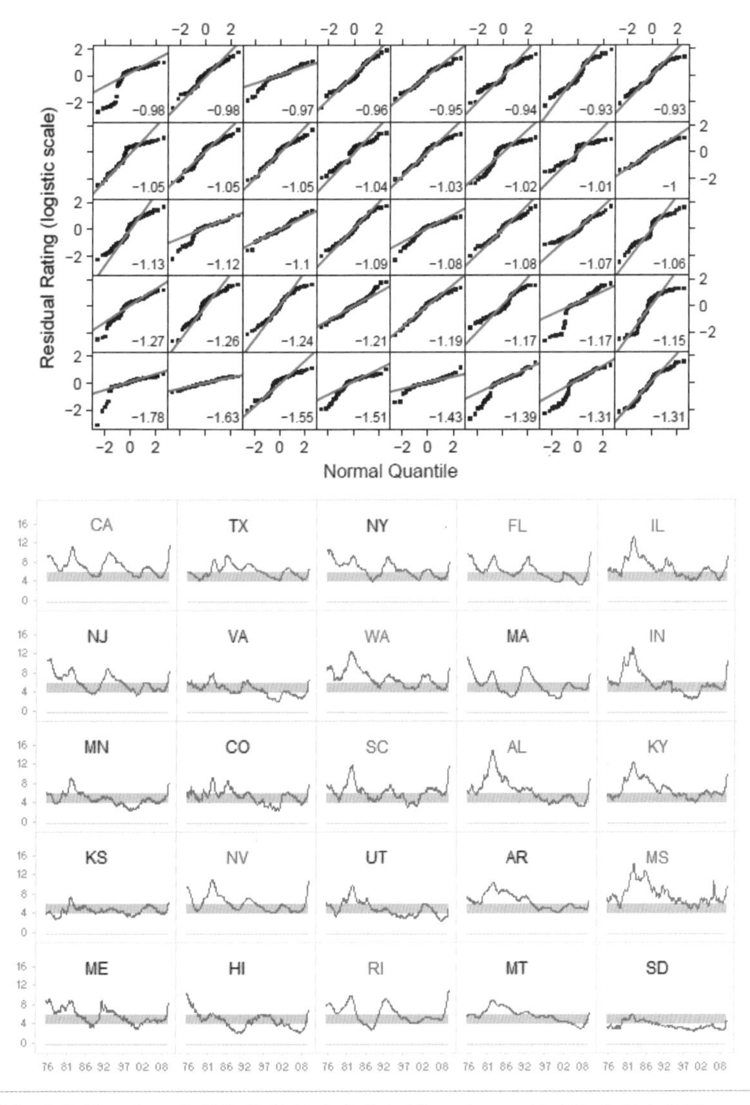

图 11.33 多视图实例。上：采样数值数据的多个视图；下：不同州的温度走势图。

（1）面向不同可视化和数据分析任务的数据子集划分。针对不同的需求，将大尺度数据划分为一系列数据子集。

（2）符合感知的数据子集可视化。对于每个数据子集，生成符合需求和用户感知的可视化结果。

（3）多视图可视化数据库的存储与管理。对生成的一系列不同角度的可视化视图，采用数据库的架构进行存储与管理。

（4）多视图的交互与自适应同步。提供针对不同可视化视图的用户敏捷交互工具，并实现无缝的多视图同步更新。

实际应用

CAVE2™[Leigh2014] 是一个混合虚拟现实系统，由伊利诺伊大学芝加哥分校的 Electronic Visualization Laboratory 开发，可以同时展示 2D 和 3D 信息，为多媒体应用展示提供更大的灵活性，也为研究者小组共同协作研究异构数据提供更多的可能性。它由 72 块屏幕组成，320 度全景展现超高分辨率的信息（见图 11.34）。

图 11.34 CAVE2 混合虚拟现实系统。图片来源：链接 11-16

SAGE2[Marrinan2014] 是一个基于大屏幕的数据密集型协作中间件，它基于云技术和浏览器技术，增强数据密集型的同地协作或远程协作能力。在这个环境里，还可以开发出更多的应用支持大屏幕显示以及数据协作。如图 11.35 所示是将 SAGE2 环境部署在 CAVE2 上的情形。

图 11.35 将 SAGE2 环境部署在 CAVE2 上的情形。图片来源：链接 11-17

11.3.2 大尺度数据的分而治之可视化与分析

分而治之（Divide and Conquer）是计算机图形学和可视化领域的标准方法，如二叉树、八叉树、四叉树等空间管理结构等。面向大尺度数据的分析和可视化，分而治之是一种必然且可行的技术路线。从宏观角度看，分而治之是一种放之四海而皆准的思想，在大数据时代解决数据量大的挑战必然会起到非常关键且重要的作用。本节以统计、数据挖掘和可视化三个应用场合为例，介绍分而治之思想在统计分析层、数据挖掘层和可视化层的主要思路。

统计分析层的分而重组

R 语言是一门开源的面向统计分析的底层语言。R 语言本身基于单线程运行，但可利用大量的软件开发包实现多核并行计算，例如 Rmpi 和 SNOW[Schmidberger2009]。

然而，这种并行化方式并不能解决大尺度数据的分析复杂度的难题。一种新颖的思路是将数据分为子集，对所有子集采用合适的数据方法进行分析或可视化，继而合并结果。这种思路，又称为分而重组（Divide-and-Recombine）[Hanrahan2012]。

分而重组思想的核心步骤包括分治（Divide）和重组（Recombine），依据用户需求、数据特性和数据本身结构实现最优的数据划分。面向大数据的计算可分为三个部分。

- S 部分——剖分。数据经过 S 步计算得到子集。
- W 部分——分析。每个子集经过 W 步计算的分析过程。

- B 部分——重组。子集通过 B 步计算重组并输出。

在 W 部分，每个子集的分析彼此独立，互相之间没有通信。由于剖分后的子集包含的数据数目可控制在合理的范围内，这种方法可以将大数据化小，并实现并行化处理。不难看出，此方法的核心挑战是如何进行数据剖分和结果的重组。针对不同的分析任务，剖分和重组的方法需要特定的策略。详细的 S 步和 B 步的处理流程如下。

（1）拆分。其步骤包括两种分治算法：第一种是条件变量分割法（Conditioning-Variable Division），第二种是重复分割法（Replicate Division）。

- 条件变量分割法认为分割过程依赖于探索的题材，某些变量被选为条件变量，并且被分配到每个子集中。BSV（Between Subset-Variables）在不同子集中的取值是不同的，且一个子集同一时间只能有一个 BSV 变量。WSV（Within-Subset Variables）在一个子集内取值。分析人员通过分析 WSV 之间的关系，以及 WSV 如何随着 BSV 变化而变化确保分割的正确性。
- 重复分割法应用于不同场合，其中包括条件变量分割法分割后的子集太大的情况。此时，数据被看作是拥有 q 个变量的 n 个观察值，被视为重复数（Replicates），这些重复数来自同一次试验。如果采用随机重复划分（Random-Replicate Division）的方式使用随机观察值，而从不替换地产生子集，那么其优点是速度快，缺点是各个子集缺乏代表性。如果采用近邻剔除重复分割（Near-Exact-Replicate）的方式，则 n 个观察值将被分割成拥有几乎相同观测值的邻居集合。

（2）重组。其步骤包括三种重组算法：第一种是统计重组法（Statistic Recombination），第二种是分析重组法（Analytic Recombination），第三种是可视化重组法（VisualizationRecombination）。

- 统计重组法合成了各个子集的统计值，比如在线性回归中，将各个子集的最小均方差估计的平均值作为子集合成后的向量值。我们可以用重组后的结果（向量）对比不同分割算法（如随机重复划分方法、近邻剔除重复分割方法等）的效果，以此选择最优的分而重组方案。
- 分析重组法只是简单的 W 计算和 B 计算步骤的延续，旨在观察、分析和评估计算结果，比如哪些分布之间相对独立，哪些分布呈现伽马分布。
- 可视化重组法提供一种能够细粒度观察数据的方法，并且使用了不同的抽样策略：代表性抽样、聚焦抽样。代表性抽样指在临近的子集中抽取的样本必须覆盖这些集合的 BSV 值，聚焦抽样即对某一特定区域进行数据抽样。

从应用角度看，采用 R 语言实现了以上分而重组的过程，并且将代码作为输入放入一个并行框架中，则可在 Hadoop 集群上基于 MapReduce 框架实现。RHIPE[Rhipe2012] 是美国普度大学统计系开发的一个基于 MapReduce 框架的 R 语言实现，如图 11.36 所示。

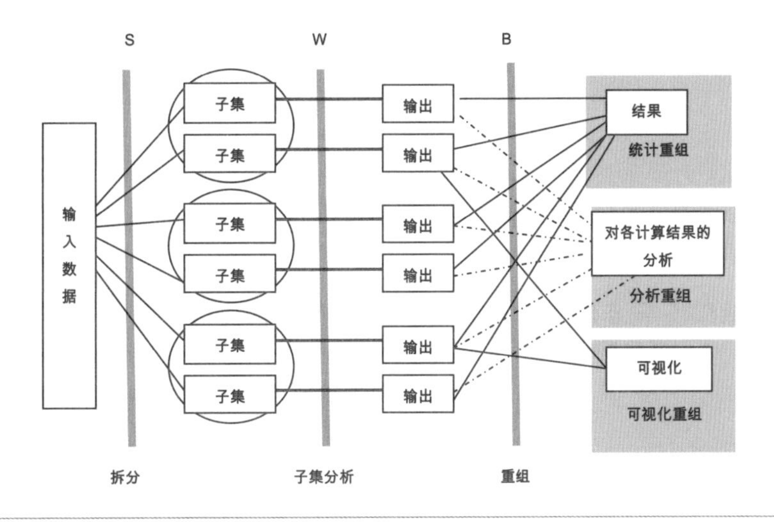

图 11.36 面向大数据的分而重组思想的统计和计算框架 [Cleveland2012]。

RHIPE 的可行性在线性回归分析和无线网络数据处理等方面已经得到验证 [Cleveland2012]。其关键的挑战包括：如何根据需求将数据划分为数据子集，如何针对数据子集进行统计分析，如何合并各子集的统计分析结果。Map 步骤和 Reduce 步骤是 Hadoop 计算的两种状态，Map 步骤是并行计算模式，步骤不涉及跨越子集的计算，属于 W 计算；Reduce 步骤执行了一部分 B 计算和 W 计算。Map 步骤和 Reduce 步骤都需要 S 计算。

数据挖掘层的分而治之

无独有偶，数据挖掘学界也开始考虑大尺度数据的挖掘方法。图 11.37 展示了采用分而后合的方法处理大数据分类的解决思路 [Jordan2012]。整个方法分为三个步骤：首先输入数据（图中示例为文本），然后将输入数据分为 *n* 份（可以是等份或按规则划分），对每份数据采用最合适的分类器分类后，将分类结果融合，最后通过一个强分类器计算最终结果。

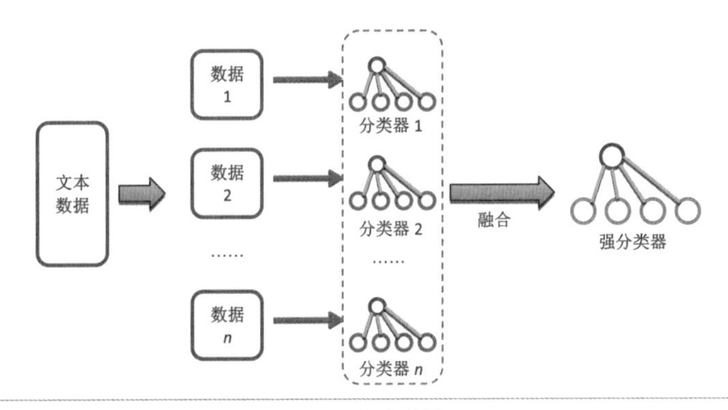

图 11.37 基于分而重组的大尺度数据分类方案 [Jordan2012]。

数据可视化层的分而治之

大规模科学计算的结果通常体现为规则的空间型数据，因而非常适合于采用多核并行模式实现加速和分而治之的处理。标准的科学计算数据的并行可视化采用计算密集型的超级计算机、计算集群和 GPU 集群等模式。产业界流行的 Hadoop 和 MapReduce 等面向普适数据的大数据处理框架，通常被用于处理非空间型数据。将 MapReduce 框架应用于科学计算的空间型数据，意味着科学计算的空间型数据和非结构化数据可以在统一的数据分而治之的框架下处理。图 11.38 分别展示了基于 MapReduce 的科学计算数据并行可视化流程及其三角网格模型光栅化的具体实现 [Vo2011]。

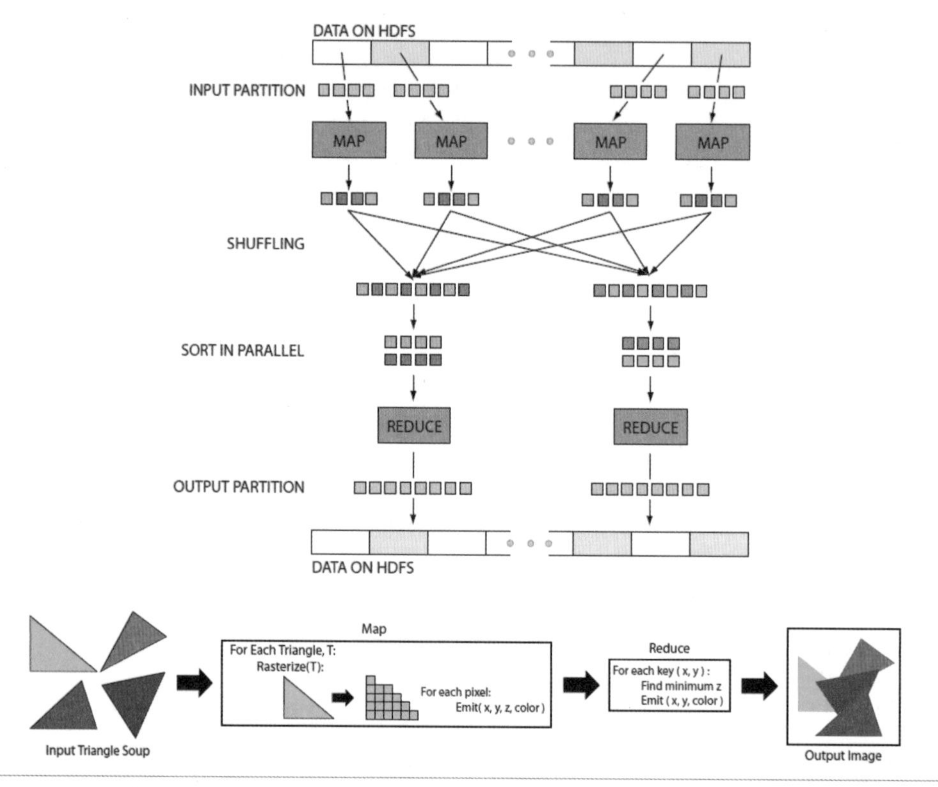

图 11.38 上：基于 MapReduce 框架的科学数据并行可视化框架；下：基于该框架的三角网格模型的光栅化 [Vo2011]。

HadoopViz[Eldawy2016] 也是一个基于 MapReduce 可视化大量空间数据的框架。相比其他框架，它拥有更强大的能力：支持平滑函数，能将一些缺失数据利用周围数据平滑展示；支持利用剖分 - 绘制 - 合并（Partition-Plot-Merge）三阶段技术，生成超大的图像（十亿像素分辨率（Giga-pixel Resolution））；支持多种空间数据，除了上面的地理数据，还支持比如散点图、路网等。

图 11.39 上图展示了 HadoopViz 在单层图像（Single-level，在一层中展现所有细节的图像）可视化时的架构。在生成多层图像时，架构是类似的，但是会生成多个缩放层级（Zoom Level）的图像，这里用到的剖分方法会有所不同。为了实现架构的可扩展性，支持更多不同的可视化类型，HadoopViz 定义了五种抽象函数（Abstract Function），使得可视化算法设计师不用担忧可扩展性和具体实现细节，只考虑可视化逻辑即可。图 11.39 下图展示了使用 HadoopViz 通过五个抽象函数实现的一些结果。

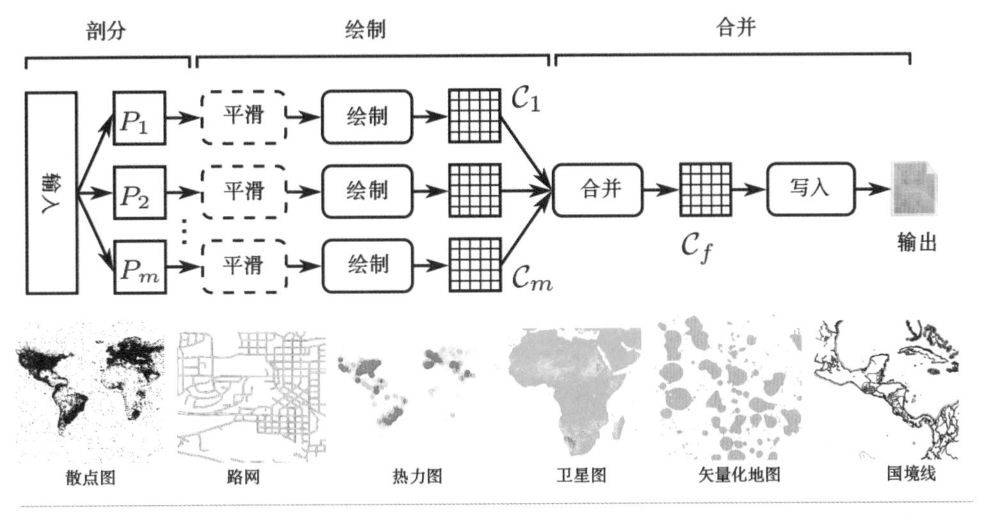

图 11.39 HadoopViz 框架。上：框架使用的绘制技术；下：HadoopViz 支持的一些可视化绘制结果。

11.4 数据不确定性的可视化

数据从采集到使用的过程中不可避免地会带来误差和不确定性（Uncertainty）。与数据错误和数据矛盾不一样，不确定性存在于数据处理的各个环节，甚至各个环节会导致新的不确定性。通过可视化的方法来呈现不确定性有助于用户准确地理解数据并做出正确的决策。不确定性可视化被认为是数据可视化的关键问题之一，迄今为止仍存在重要问题亟待解决，包括：

- 不确定性的清晰表示。
- 降低或避免因不确定性可视化所带来的视觉混乱。
- 降低可视化不确定性所引起的对确定性数据可视化结果的负面影响。
- 不确定性表达的可视隐喻。

本节将简单介绍不确定性的基本定义和常见的不确定性可视化方法。

11.4.1 不确定性的基本定义

不确定性（Uncertainty）源于拉丁语 certus（确定的、固定的、已解决的），是现代统计学的核心。在物理学、金融学、经济学等领域，都涉及不确定性的概念。*The grammar of graphics*[Wilkinson2005] 一书列举了众多跟不确定性息息相关的常用概念。

- 可变性（Variability），即不一致性。如果一组数据的两个或多个元素的值不相等，那么这组数据是可变的。数据的可变性将导致未知的不确定性。
- 噪声（Noise）。噪声指由平稳随机过程产生的不一致性，一个显著的例子是线性系统中的高斯白噪声。噪声通常导致不确定性，因为噪声本身具有很大的随机性。
- 不完整性。设备故障、保密限制等因素是造成数据丢失、不完整的主要原因。不完整的数据往往伴随着不确定性，是不可信的。
- 不定性（Indeterminacy）。不定性指针对给定的模型及其相关数据，存在多种参数设置。
- 偏倚（Bias）。偏倚是一种系统偏差。例如，测量偏倚是真实值与测量值之间的系统偏差。
- 误差（Error）。误差是真实值与测量值之间的随机偏差。与偏倚不同的是，误差可以在真实值左右等概率地变动；而偏倚通常会偏向于某一个方向。
- 准确性。没有偏倚和误差即为准确。实际的测量值通常是真实值与偏倚、误差的和。
- 精确度。没有误差即为精确。一种非常精确的测量通常可能存在一定的偏倚。在实际中，常通过使用更多的有效数字来提高数据的精确度。
- 可信度。可信度表示随着时间的变化，测量结果的可重复性。测量结果之间的差异越小，数据越可信。
- 有效性。有效性表征了真实测量值与测量过程之间的关系。为了提高有效性，通常不仅需要测量变量本身，还需要测量与实际被测变量相关的一些事物或变量。
- 质量。质量是完整性、可信度和有效性的综合。

更多关于不确定性的描述，感兴趣的读者可以参考文献 [Taylor1994]。了解不确定性可视化，还可以参考文献综述：*From Quantification to Visualization: A Taxonomy of Uncertainty Visualization Approaches*[Potter2012] 和 *Overview and State-of-the-Art of Uncertainty Visualization*[Booneau2014]。

11.4.2 不确定性的来源

从图 11.40 可知，在数据的收集、处理和可视化过程中都存在不确定性，而且不确定性在可视化流水线的不同阶段也存在并不断传播。下面介绍不同阶段的不确定性。

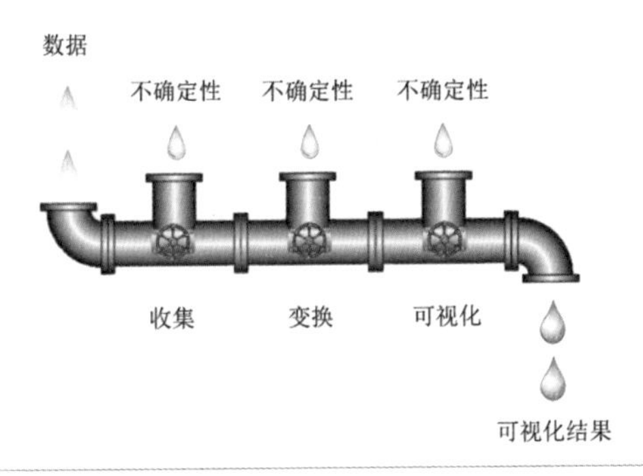

图 11.40 数据可视化中不确定性的来源。

测量仪器的优劣和测量者知识水平的高低，都将给实际测量获得的数据带来极大的不确定性。同理，不同的仿真或数值计算模型也将引入一定的不确定性——即使同一数值计算模型，不同的参数设置也会引起数据的不确定性。

在对原始数据进行可视化之前，通常需要对数据进行过滤、简化、采样等操作。这些操作可能涉及数据变换，在一定程度上改变原始数据，产生潜在的不确定性。另一方面，现有的可视化算法本身存在一定的不确定性。例如，用于向量场可视化的流线可视化方法需要随机在向量场内布局种子点，以种子点为初始条件进行数值积分，而种子点的布局和数值积分的终止条件都会影响最终的可视化结果，致使可视化结果伴随着不可避免的不确定性。

11.4.3 不确定性的可视化方法

统计学家发明了众多不确定性可视化方法，如误差条形图、盒须图等。可视化领域也将不确定性可视化列为可视化十大核心研究问题之一 [Jonson2003]，并提出众多新的不确定性可视化方法，如流场雷达图、基于视觉元素编码的不确定性可视化方法等。

根据不确定性的可视表达形式的不同，现有的不确定性可视化方法可大致分为 4 大类：图标法、视觉元素编码法、几何体表达法和动画表达法。图标法首先将不确定性编码为基本图标，再将图标在数据场上进行标识和布局，直接表达不确定性；可视化的各种视觉元素（如颜色、尺寸）亦可用于表现不确定性；几何体表达法则通过在可视化结果中引入代理性的几何体（如点、线、包围体等）表达不确定性；动画表达法则生成可视化结果序列，以动画的形式让观者发现其中的差异和运动，进而理解不确定性。这些方法有各自的优势和不足，详细比较见表 11.2。

表 11.2 不确定性可视化方法比较

可视化方法	优　势	不　足
图标法	简单、易于理解	易产生视觉混乱等问题
视觉元素编码法	可帮助用户迅速定位可视化结果中不确定性所在的区域和大小	需要精心选择视觉元素才能有效地表达不确定性
几何体表达法	形象、直观，可编码高维的不确定性	易污染原有的确定性数据的可视化结果
动画表达法	可帮助用户更加生动、形象地理解不确定性，提供了更高的自由度调节可视化结果	理解曲线较长，易引起视觉疲劳

11.4.3.1 图标法

用图标来编码不确定性符合人们长期以来采用符号和图标表示信息的习惯，是一种简单的、易于理解的方法。

误差条（Error Bar）是常见的图标法之一，用于可视化一维的不确定性数据。它由一系列带标记的线条组成，这些线条显式地表达了数据的统计信息，如图 11.41 所示。在误差条图中，横轴通常用于表示数据实体，而纵轴则表示每个数据实体的统计特征。在大多数情况下，纵轴至少由三个值组成，包括均值、下限误差值和上限误差值。在实际使用过程中，可用标准差或者分位数等定义上限误差值和下限误差值。

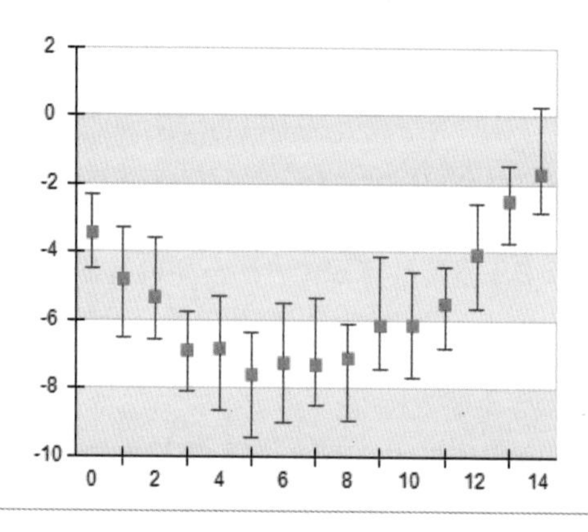

图 11.41 误差条图。

盒须图（Box Plot），又名箱型图，因其由一系列线和框组成而得名。最基本的盒须图是一种五数统计图（五数统计是一种常用的数据分布特征描述方法，包括最大值、上四分位数、中位数、下四分位数和最小值），编码了数据的最基本的一阶统计特征。变种的盒须图可编码更多的数据统计特征，如图 11.42 所示。Potter 等人进一步扩展了盒须图，提出用摘要图（Summary Plot）[Potter2010] 可视化更多的高阶统计特征，进而实现不确定性的可视化。关于盒须图的二维扩展可参见第 4 章相关内容。

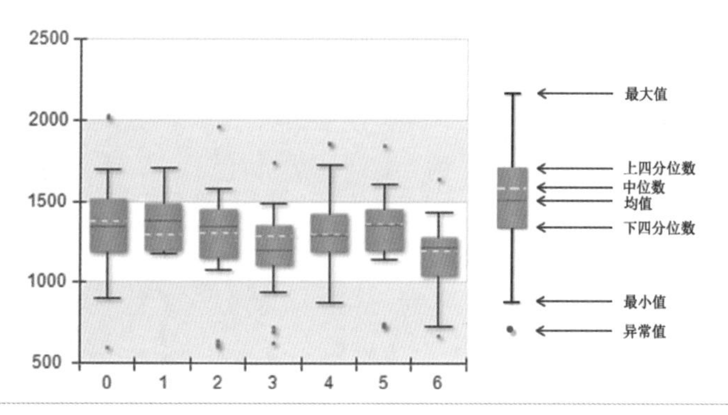

图 11.42 盒须图示意。

误差条和盒须图是统计学家等专业用户常用的不确定性可视化方法。然而，对于普通大众而言，这类方法的可视化结果不够直观。此外，它还需要用户准确理解所定义数据的统计特征，尤其是一些高阶统计量。

对于二维确定性向量场，我们常用图标（如箭头等）表示向量场中每个采样点的方向和大小等信息。通过将更多的信息编码于这些图标，即可实现二维不确定性向量场可视化。如图 11.43 左图所示，作者采用箭头表示风场中每个采样点上风的方向，箭头长度表示风的强度，箭头宽度指示风向的变化范围，即风向的不确定性。纤细的箭头表明不确定性较小，而粗壮的箭头则说明不确定性较大。

图 11.43 左：不确定性可视化（面图标表示风向）；右：未包含不确定性的可视化（线图标表示风向）。图片来源：链接 11-18

流场雷达图（Flow Radar Glyph）[Hlawatsch2011] 是一种非稳定流场的静态可视化方法，它允许用户在一个静态可视化结果中直接观察、对比和探索非稳定流场中与时间相关的现象和特征。如图 11.44 所示，流场雷达图的半径被映射为非稳定流场的时间维度，并用颜色进行编码，而每个时刻点的流向则被编码为对应半径的偏转角度。通过一个简单的径向映射，非稳定流场中的每个采样点即可表示为一个流场雷达图。

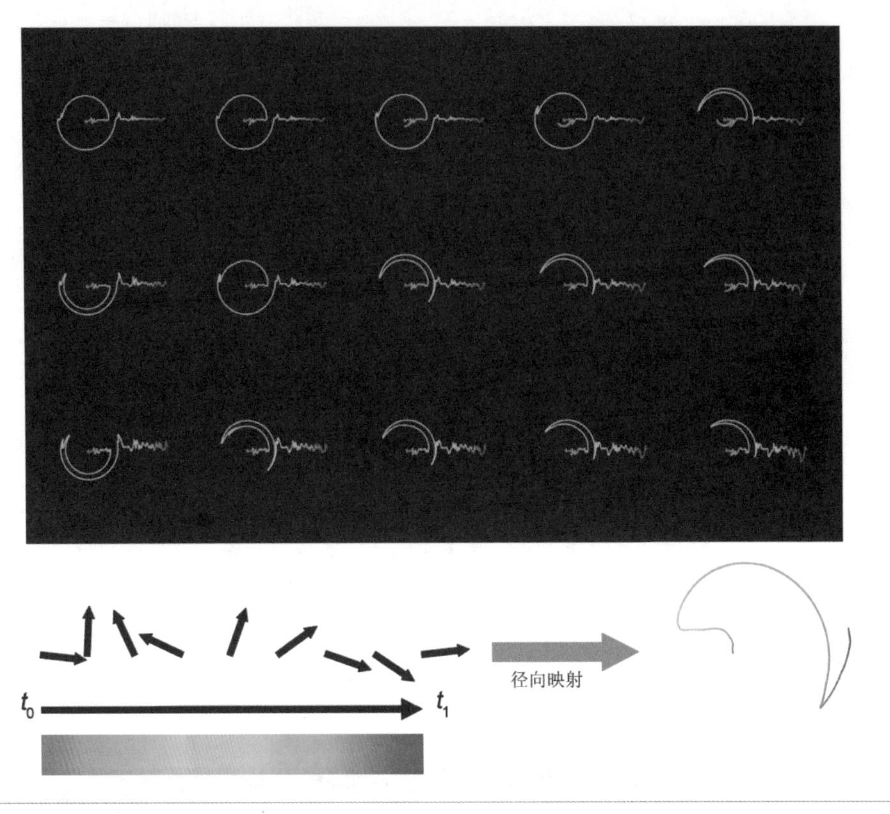

图 11.44 流场雷达图 [Hlawatsch2011]。上：一个包含 15 个采样点的非稳定流场可视化结果；下：流场雷达图的编码过程示意图。

高夹角分辨率扩散影像（High-Angular-Resolution Diffusion Imaging, HARDI）技术是近年来发展起来的一种新兴的磁共振成像技术。与弥散张量成像技术相比（Diffusion Tensor Imaging, DTI）相比，该技术能捕获更多的细节信息，如纤维交叉等。但是，该技术易受噪音、梯度脉冲数等因素的影响，致使 HARDI 数据具有极大的不确定性。常用的 ODF（Orientation Distribution Function）方法以图标的方式呈现了 HARDI 数据的确定性，但却无法刻画数据采集、可视化过程中的不确定性。Jiao 等人 [Jiao2012] 将此推广到不确定性 HARDI 数据的可视化，该方法在数据场中的每个采样点处定义一个分辨率为 256^3 大小的体，采用 Wild Bootstrap 方法生成一系列具有给定的声噪比的 HARDI 数据，并用一个 ODF 表示在每个采样点处的每份 HARDI 数据。由于多个 ODF 之间存在一定的包含和交叉关系，统计体中每个体素被 ODF 包含的数目，获得相应体素的置信度。以该置信度为数据场，采用体绘制可直接获得描述不确定性 HARDI 数据的 ODF 图标。可视化结果如图 11.45 所示。

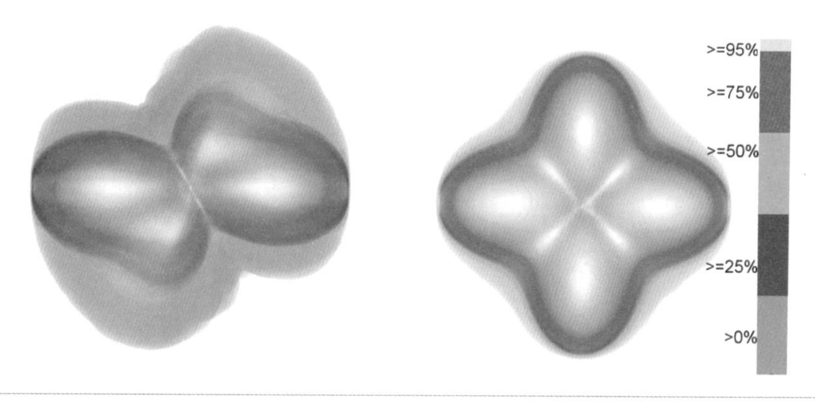

图 11.45 编码了不确定性的 ODF 图标[Jiao2012]。

通常来说，图标法比较适合稀疏不确定性数据的可视化，这是因为大量图标的布局会造成严重的遮盖和视觉混乱。

11.4.3.2 视觉元素编码法

以视觉元素作为不确定性编码的基本载体是众多不确定性可视化方法的基本思想。基本的视觉标量包括位置、形状、亮度、颜色、方向和纹理等。

颜色是表达不确定性的常用视觉元素之一。通过将不确定性映射为不同的颜色，即可实现不确定性的可视编码，如图 11.46 左图所示，用青色表示低不确定性，洋红色表示高不确定性。图 11.46 右图展示了一个基于等值面表达的大脑磁共振数据可视化结果，其中黄色表示不确定性较低，而红色表示不确定性较高。

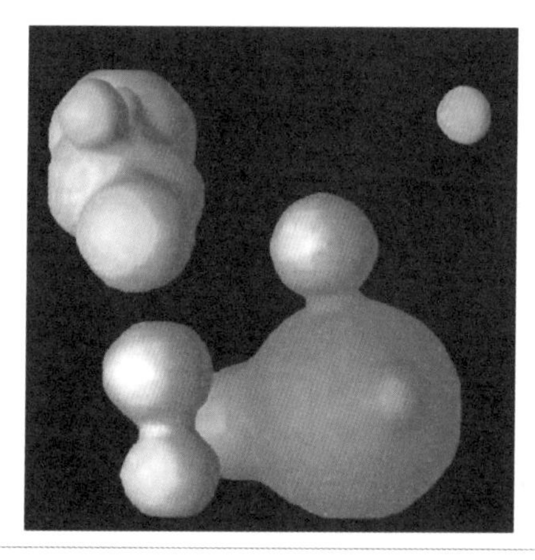
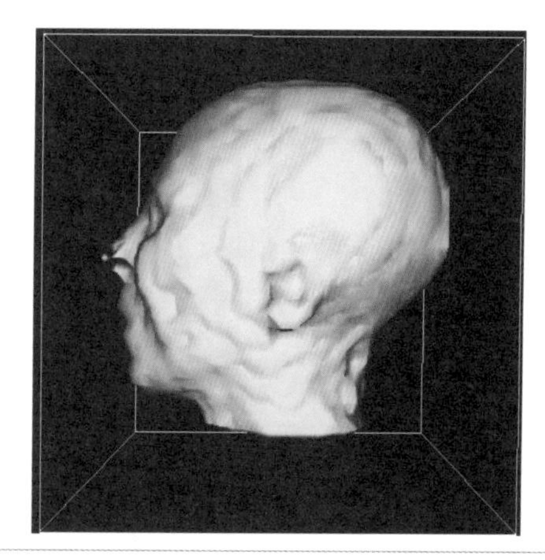

图 11.46 基于颜色编码的不确定性等值面可视化。
左图来源 [Grigoryan2004]，右图来源 [Rhodes2003]

不透明度也可用于编码不确定性，如图 11.47 所示。这类方法常采用颜色表示数据的均值，不透明度编码数据的不确定性。

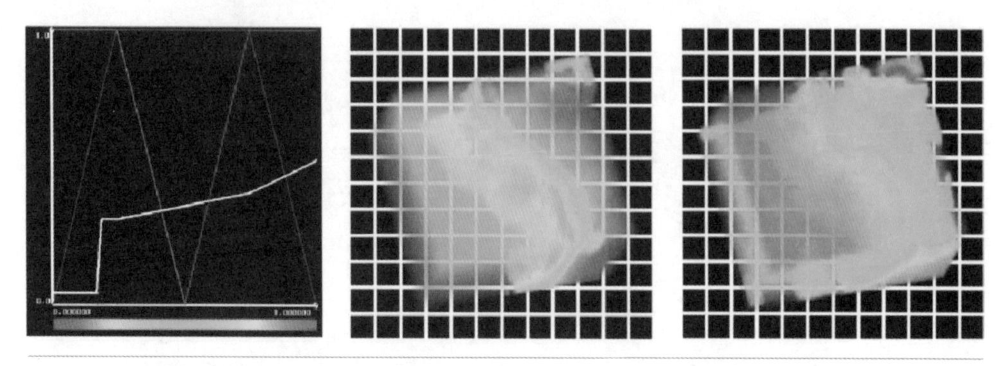

图 11.47 基于不透明度映射的不确定性可视化 [Djurcilov2002]。左：颜色映射函数；中：基于体绘制的盐场可视化结果，其中平均盐度映射为颜色，不确定性映射为不透明度；右：基于体绘制的温度场可视化结果，其中平均温度映射为颜色，不确定性映射为不透明度。

谈及不确定性时，常会将噪音、模糊等词语与其相联系，并且很自然地认为：确定性较高的区域，事物应该更加井然有序；反之，不确定性较高的区域，事物应显得杂乱无章。基于以上事实，Coninx 等人 [Coninx2011] 采用数据的不确定性作为 Perlin 噪声合成的控制量，以此对原始颜色映射施以相应的噪声扰动，实现不确定性的可视编码。可视化结果如图 11.48 所示，其中过渡平滑的区域，不确定性较低；包含噪音的区域，不确定性较高。

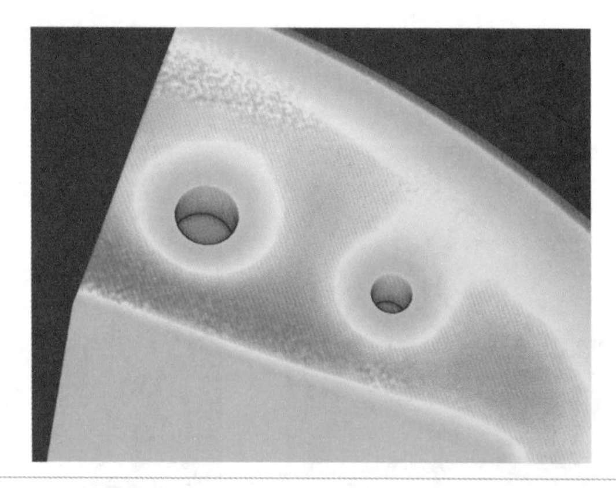

图 11.48 基于噪声扰动的不确定性可视化 [Coninx2011]。

传统的分子表面重建算法假定分子中每个原子的位置是固定的，即不考虑微观粒子的不规则热运动带来的不确定性，因此可视化结果是一个光滑曲面，如图 11.49 左图所示。Lee 等人 [Lee2002] 使用高斯分布建模原子的不规则运动，得到一个三维概率密度场，然后提取不同置信度下的等值面，并根据相应的置信度进行混合得到最终的可视化结果，如图

11.49 右图所示，其中的模糊区域刻画了原子运动的不确定性。

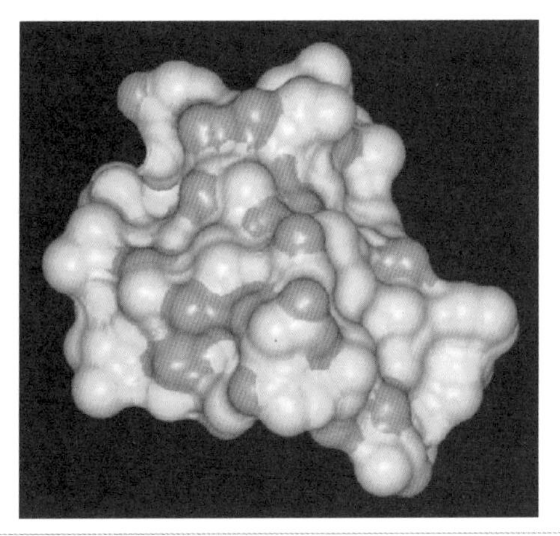
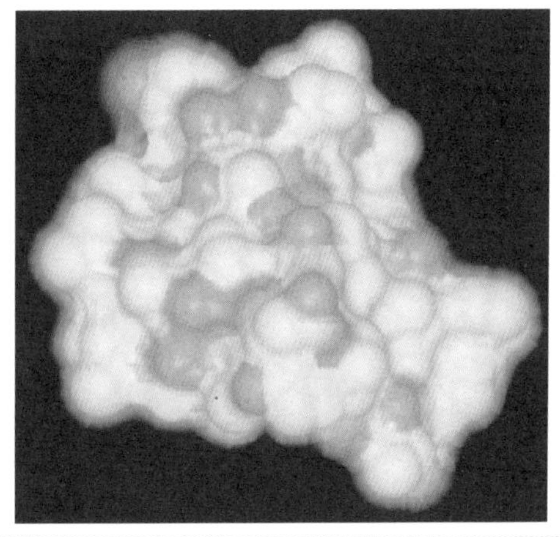

图 11.49 基于模糊表达的不确定性可视化 [Lee2002]。左：未编码不确定性的分子表面可视化结果；右：通过增加模糊表达不确定性的分子表面可视化结果。

纹理是一个比较复杂的视觉元素，它是颜色、尺寸、形状和方向等视觉元素的综合体现。狭义地讲，纹理指的是某种模式的空间分布频率，常用于类别型数据的可视化。纹理所包含的细节信息的丰富程度会直接影响用户对可视化结果的理解。如图 11.50 所示，采用不同粒度的纹理表示等值面上的不确定性，粒度较小的纹理（纯色）表示不确定性较低；相反，粒度越大的纹理，则表示不确定性越高。

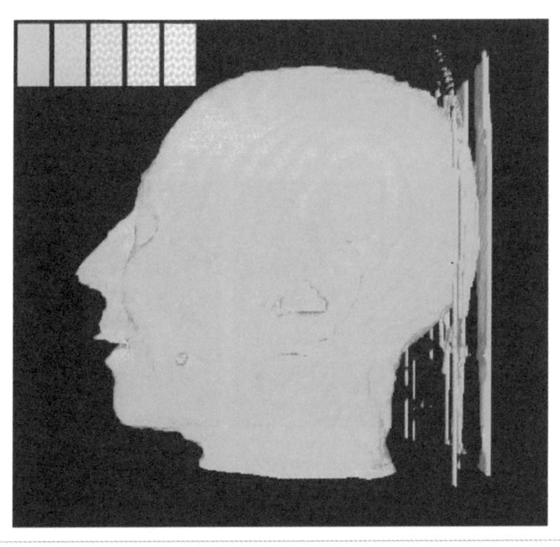

图 11.50 采用纹理表达不确定性的等值面可视化结果 [Rhodes2003]。

纹理合成是一种重要的流场可视化方法。传统的纹理合成方法，如线卷积积分（LIC）、纹理平流（Texture Advection），并不适用于存在不确定性的流场可视化。在半拉格朗日纹理平流方法中，粒子或染料在流场中的运动轨迹可通过一个辅助的属性场 $p(x)$ 进行表达。通常 $p(x)$ 是一个二维纹理，x 表示 n 维流场中的点。欧拉法指出粒子的运动轨迹可以通过属性场中相应的位置处的纹素进行表达。对于稳定流场，粒子将沿着流线移动；在非稳定流场 $v(x,t)$ 中，粒子沿着轨迹线移动。在拉格朗日法中，粒子的运动轨迹可以通过以下公式进行描述：

$$x(t_1) = x(t_0) + \int_{t_0}^{t_1} v(x(t),t)\mathrm{d}t$$

而属性场 $p(x,t)$ 的演变，则由以下偏微分方程得以保证：

$$\frac{\partial p(x,t)}{\partial t} + v(x,t) \cdot \nabla p(x,t) = 0$$

半拉格朗日纹理平流可用于可视化流场中的许多重大特征，如稳定流场中的流线、非稳定流场中的脉线等。为了在纹理平流的结果中表达不确定性，Ralf 等人[Ralf2005]提出在属性场内进行误差滤波。误差滤波的一般形式是：

$$p_{\text{filtered}}(x) = \int_{V(x,v)} f(u,\tilde{x},v)p(x+\tilde{x})\boldsymbol{d}^n\tilde{\boldsymbol{x}}$$

其中，$V(x,v)$ 表示滤波作用域，$f(\cdot)$ 是一个跟流向和不确定性 u 相关的核函数，通常 n=2。使用不同的误差滤波核函数即可实现不同的基于纹理表达的不确定性流场可视化。交叉平流法和误差弥散法是两种典型的实现，图 11.51 展示了这两种方法的可视化结果。交叉平流法因其滤波的作用域位于一条和流向垂直的交叉直线上而得名。与交叉平流法不同的是，误差弥散法使用一个和流向无关的各向同性二维误差滤波核函数（如二维高斯核函数）。

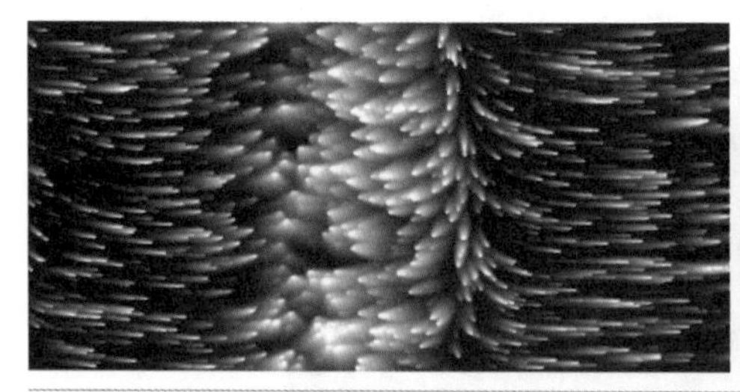
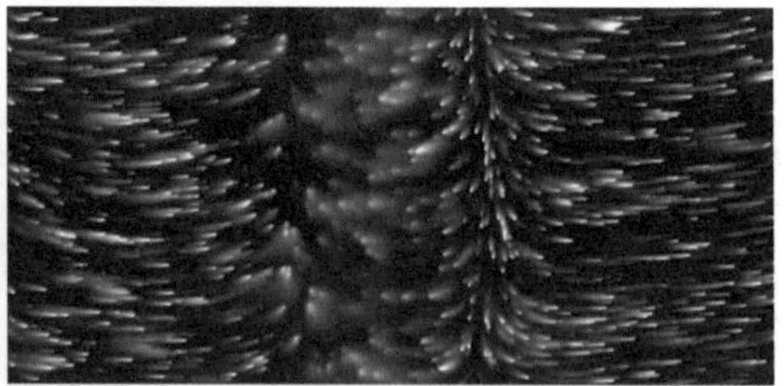

图 11.51 基于纹理表示的不确定性流场可视化结果（流场的中间部分具有更高的不确定性）[Ralf2005]。左：交叉平流法可视化结果；右：误差弥散法可视化结果。

视觉元素编码法是一种非常直接的不确定性可视化方法，因为其采用视觉元素作为不确定性的表达载体，所以用户可以快速地定位可视化结果中不确定性所在的区域和大小。然而，对视觉元素的选择往往与用户的心理和感知有着极大的联系。因此，在实际应用中，需要精心选择合适的视觉元素来编码不确定性。

11.4.3.3 几何体表达法

利用代理性的几何物体可提供额外的视觉表达，借以表达数据的不确定性。常用的可表达不确定性的基本几何物体包括：点、线、面、网格、体等。在这类方法中，通过所引入几何体的布局或几何属性即可编码不确定性。如图 11.52（a）所示，散点是新引入的几何体，点的密集程度表示不确定性：绿色箭头所指区域的点布局非常密集，表示相应区域不确定性较高；紫色箭头所指区域包含的点则非常稀疏，表示相应区域的不确定性较低。图 11.52（b）和（c）则分别展示了线和面两类代理几何体表达不确定性的例子：（b）采用线的长度表示给定置信区间下等值面的变动范围；（c）采用两个半透明包围面表示等值面的变动范围。

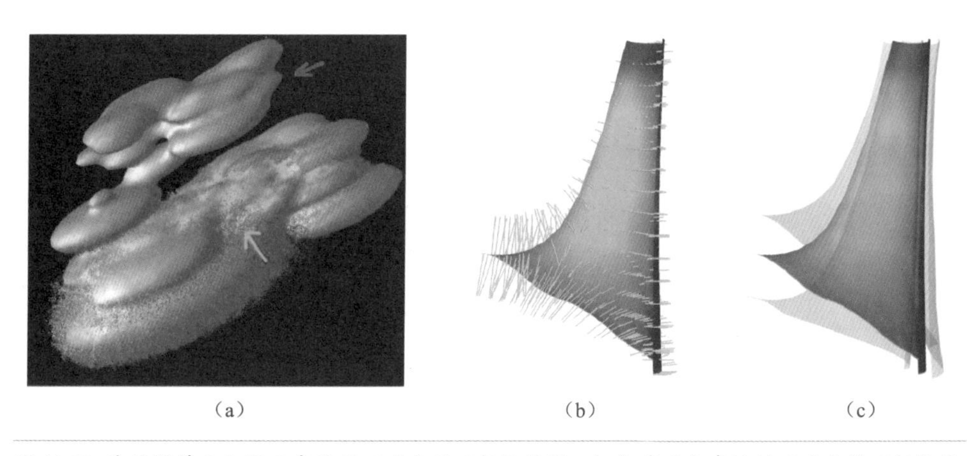

图 11.52 基于简单几何图元表达的不确定性可视化结果。（a）基于点表达的不确定性可视化结果 [Grigoryan2004]；（b）基于线表达的不确定性可视化结果 [Zehner2010]；（c）基于面表达的不确定性可视化结果 [Zehner2010]。

通常，点、线等简单几何体仅能编码一维不确定性。如图 11.53 左图所示，采用网格表达可视化结果中的二维不确定性：直线表示相应区域确定性较高，而曲线则表示不确定性较高。对于一些高维的不确定性，则可以使用一些比较复杂的几何体进行表示，如图 11.53 右图所示，采用立方体的三个轴编码三维不确定性的三个维度。

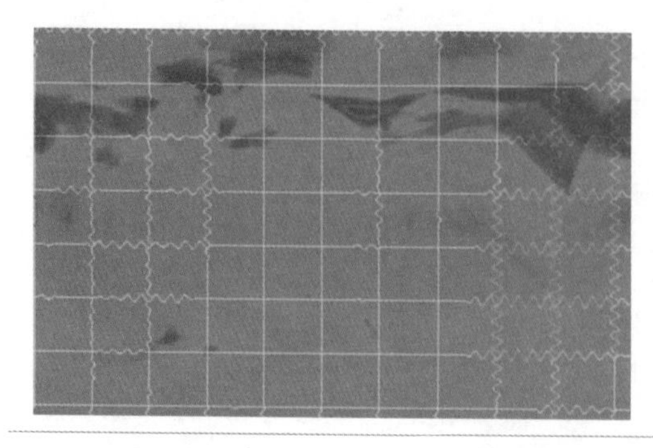

图 11.53 基于网格和立方体表示的不确定性可视化结果。左：基于网格表示的不确定性可视化结果 [Cedilnik2000]；右：基于立方体表示的三维不确定性可视化结果 [Zehner2010]。

图 11.54 是采用包围体表达的不确定性可视化结果，此方法的主要步骤包括：

（1）将原始数据变换为一个概率场。

（2）设计传输函数或颜色映射对概率场进行颜色和透明度编码。

（3）通过体绘制或混合多个等值面的方式实现不确定性可视化。

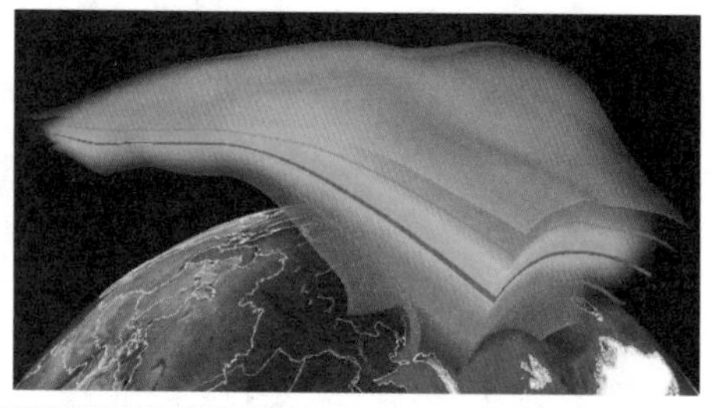

图 11.54 基于包围体表达的不确定性可视化结果 [Pfaffelmoser2011]。左：未考虑不确定性的温度场等值面可视化结果；右：考虑了不确定性的等值面可视化结果。

数据分析是一个非常复杂的过程，它涉及对数据进行重采样、变换、相关性分析等步骤。这些操作经常会产生一定的不确定性，且这些不确定性还会在整个分析过程中传播和演化，致使用户无法对分析结果的可靠性做出合理的判断。Wu 等人 [Wu2012] 设计了一个考虑了不确定性的多元数据可视分析系统。

图 11.55 展示了该系统的一个运行实例。该系统采用历史图（History Graph）存储用户的分析历史。其中，根节点是数据分析的起点，非根节点表示一个分析操作，节点之间边的宽度表示操作的总体不确定性。为了编码不确定性的传播规律，系统采用喇叭作为节点的可视隐喻，其分别编码了上一操作和下一操作的不确定性。从图 11.55 可知，分析结果 B 比分析结果 A 的可靠性更高，因为从根节点到结果 A 的路径上边的宽度更大。

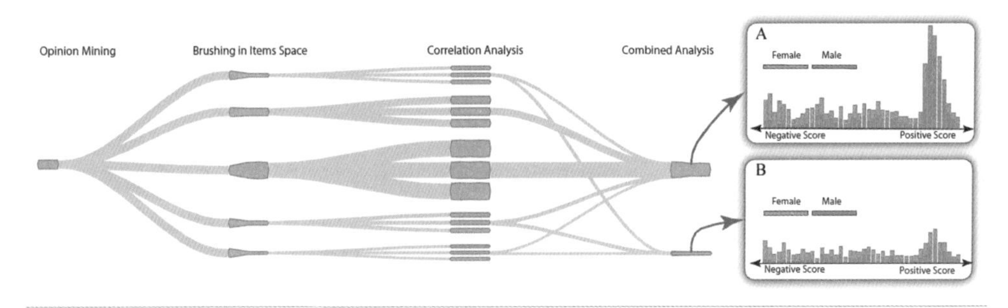

图 11.55 数据分析过程中不确定性的传播、演变等规律的可视化结果 [Wu2012]。

在数值模拟等研究领域内，为了取得更高的计算精度，常常需要在不同的初始条件或参数配置下多次运行同一数值计算模型或多个不同数值计算模型。多次模拟计算结果称为集合数据（Ensemble Data），特定的一次模拟计算结果称为集合数据的一个成员。集合数据是研究不确定性的重要工具之一。

意大利面图（Spaghetti Plot）是一种经典的集合数据可视化方法，因其可视化结果类似于一盘杂乱的意大利面而得名。此方法常用于可视化不同数值预报模型的预测结果。线是意大利面图的基本组成单元，代表一个集合数据成员的可视化结果。如图 11.56 所示，每条线代表从一个集合成员中提取的等值线，线的颜色编码了数值计算模型，线的杂乱程度间接地描述了集合数据的不确定性。相比于左图的可视化结果，右图具有更高的不确定性。

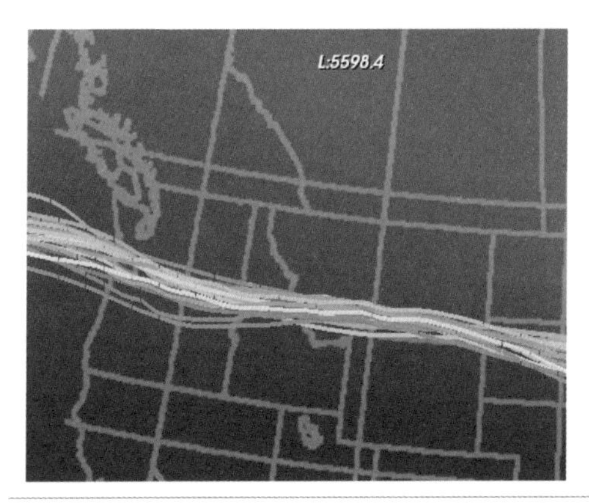

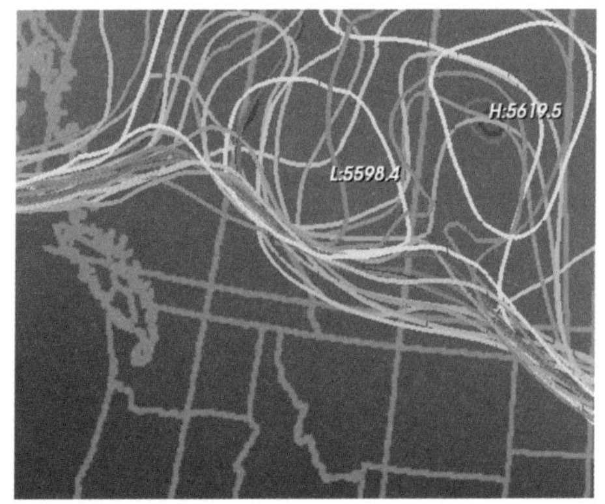

图 11.56 意大利面图 [Potter2009]。左：不确定性较低；右：不确定性较高。

Sanyal 等人 [Sanyal2010] 介绍了一种基于渐变表达的集合数据不确定性可视化方法。给定包含 n 个成员的集合数据 $E=\{E_1,E_2,\cdots,E_n\}$，采用每个成员与均值之间的差的绝对值 $D=\{D_1,D_2,\cdots,D_n\}$ 建模该集合数据的不确定性，并采用一系列相互叠加的同心圆表示 D，

其中每个圆的半径 $R_i=\frac{gD_i}{2D_{\max}}$ 编码了 D_i，g 是一个全局缩放因子。绘制时，为了避免出现遮挡，首先对所有圆按半径的大小进行降序排序以保证半径最大的圆最先被绘制，并使用一组顺序颜色对绘制顺序进行编码。由于采用了线性的颜色映射，可视化结果呈渐变特征。图 11.57 展示了基于该表达方法的可视化结果。图中，圆盘的面积越大则表示相应位置处的集合数据的最大偏差越大，圆盘的蓝色核心越大则说明相应位置处集合数据中的波动越大。

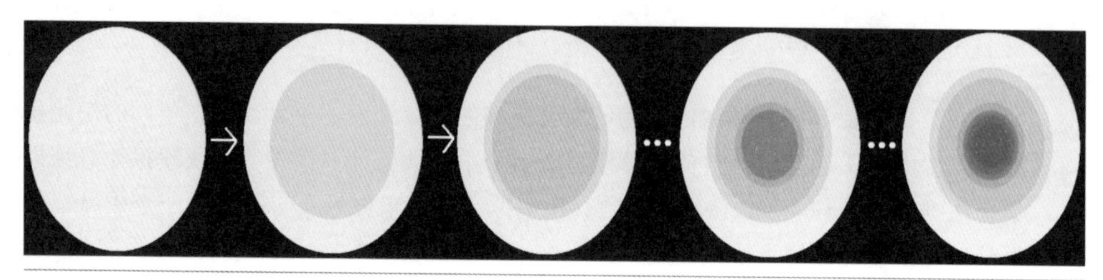

图 11.57 渐变不确定性图标的绘制过程 [Sanyal2010]。

为了表达某些等值线的不确定性，作者进一步扩展了该方法，采用渐变丝带表示其不确定性。丝带由一系列四边形组成，每个四边形则由等值线上两个相连圆的公共外切线与圆的 4 个交点组成，如图 11.58 所示。与渐变不确定性图标的绘制方法类似，该方法首先生成并绘制由等值线上所有半径最大的圆定义的丝带，并采用顺序颜色编码绘制顺序。在 [Sanyal2010] 一文中（详见文中图 4），展示了基于该方法的可视化结果，丝带的宽度大小编码了等值线的不确定性大小。

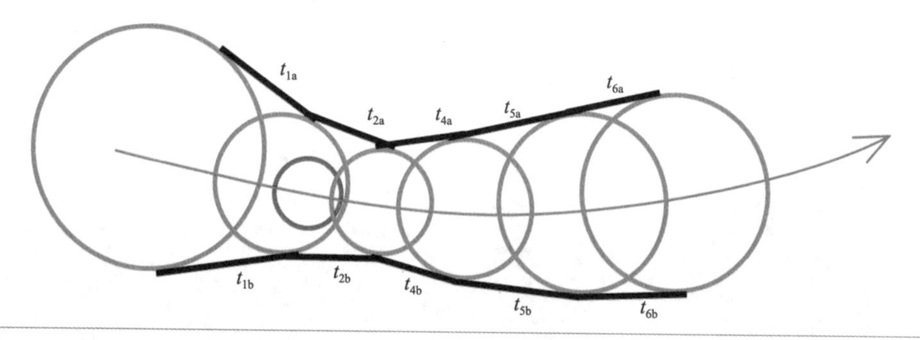

图 11.58 渐变不确定性丝带的构建过程 [Sanyal2010]。

Curve Boxplot[Mirzargar2014] 是一种盒须图在多维数据空间上的拓展。传统的盒须图是对一维数据而言的，表现形式简单，主要使用的是分位数、极值等关键信息。相比之下，集合数据（Ensemble Data）这种多维数据要复杂得多，抽取其关键信息也复杂得多。文中将 Data Depth 等复杂统计学概念运用到了参数化多变量曲线上来抽取关键信息（可以类比一元盒须图的几个统计量）（见图 11.59）。

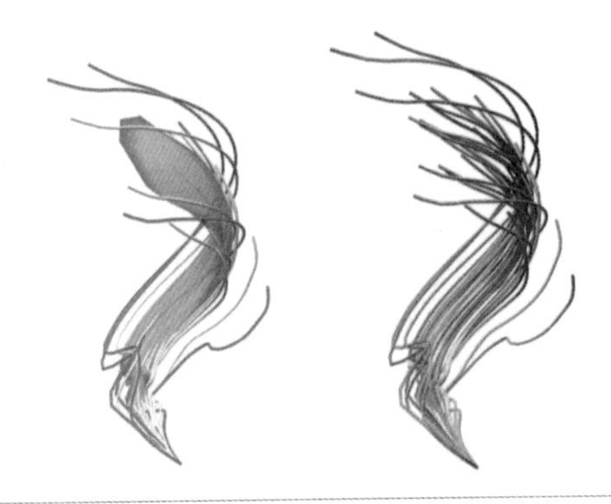

图 11.59 左：采用了 Curve Boxplot；右：随机染色。

Streamline Variability Plots[Ferstl2016] 是对二维和三维流场数据中 Streamline 统计信息的可视化方法，研究集合成员（Ensemble Member）中特定特征的变化性。整个方法流程简述如下：首先有一个初始的 Streamlines 集合，然后利用 PCA（主成分分析）将这些 Streamline 转换到一个欧氏空间（称为 PCA-space），在这个空间里可以进行聚类。多元正态分布（用置信椭圆和几何（聚类）中位数表示）也被容入这个欧氏空间。最后，这些置信椭圆和中位数再被转换到本来的空间，这样就生成了 Streamline Variability Plots。简单点说，就是先把这些意大利面图聚类，找出中位数（具有代表性），再展示其置信区间信息，其大体思想也可以类比 Curve Boxplot。在图 11.60 中可以看到从意大利面图到 2D（中图）与 3D Streamline Variability Plots（右图）的变化。

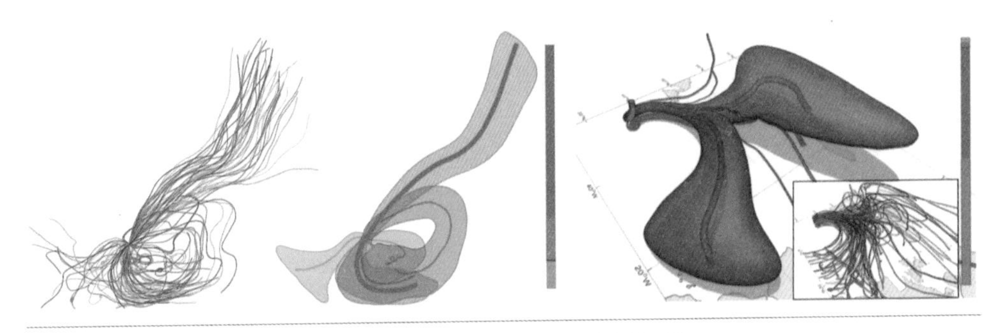

图 11.60 传统的 Streamline 和 2D 与 3D 的 Streamline Variability Plots。

Streamline Variability Plots 的作者在第二年又做了进一步的改进，加上了时间维度。使用该方法 [Ferstl2017] 探索天气预测集合数据中的不确定性随时间的增长模式（这些天气预测集合数据都是以相似的初始条件、仅有轻微扰动生成的结果）。对集合成员随时间采用层次聚类的方法（见图 11.61 左下图），其聚类结果与图 11.61 右下图所示的 Streamline

Variability Plots 中颜色一致，所有时间点的概览在三维空间中堆叠起来。对于选定的聚类，还可以展示有代表性的时间 - 空间聚类面（连接随时间变化的聚类的有代表性的等值线，见图 11.61 右上图）。

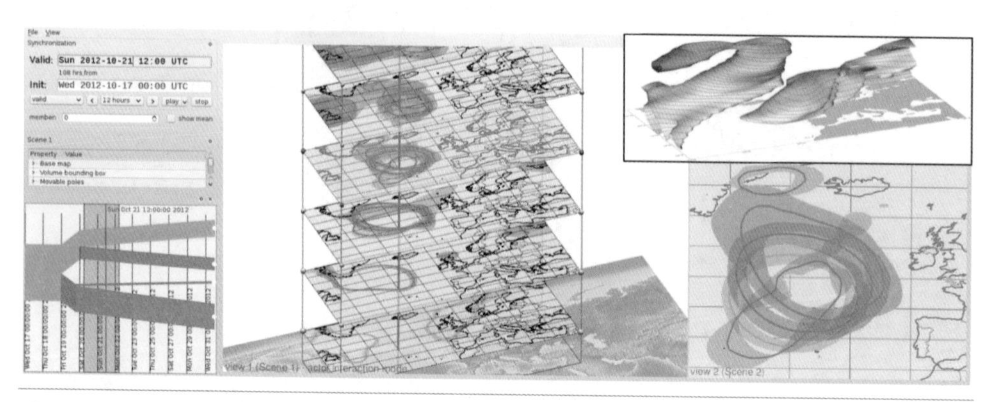

图 11.61 增加了时间维度的 Streamline Variability Plots。

几何体表达法在一定程度上与图标法有着一定的相似性，其可视化结果比较形象、直观、易于理解。较之图标法，这类方法还能表达高维不确定性。然而，这类方法在引入代理几何体表示不确定性时，也极大地影响了原有的确定性数据的可视化结果。如图 11.53 所示，其中的网格线和立方体严重地干扰了原有的可视化结果，用户会潜意识地认为这些几何体是数据的组成部分，而非不确定性的可视载体。

11.4.3.4 动画表达法

在人类视觉系统的前注意处理过程（Preattentive Process）中，运动具有极高的处理优先级。基于动画的不确定性正是利用了人类视觉系统的这一特性，用动态的视觉信息来表达不确定性。此方法要求用户持续关注可视化结果才能发掘数据中不确定性所在的区域、大小等信息。众多动画相关参数都可用于编码不确定性，如速度、持续时间、运动范围、运动顺序、运动模糊、闪烁等。

将不确定性隐式地编码于一个与时间相关的函数是动画表达法的基本思想。其中，可视化动画在时刻 t 时的关键帧代表在该时刻下引入不确定性 $u(t)$ 后的可视化结果。如图 11.62 上图所示，将不确定性编码于一个跟时间相关的曲面形变函数，通过形状的变化表达不确定性。图 11.62 下图展示了一个将不确定性编码于一个和时间相关的颜色映射函数的可视化结果。图 11.63 将不确定性编码于一个跟时间相关的传输函数的可视化结果。请注意对比图中用矩形标注区域之间的差异。事实上，这些差异就是数据不确定性的体现。

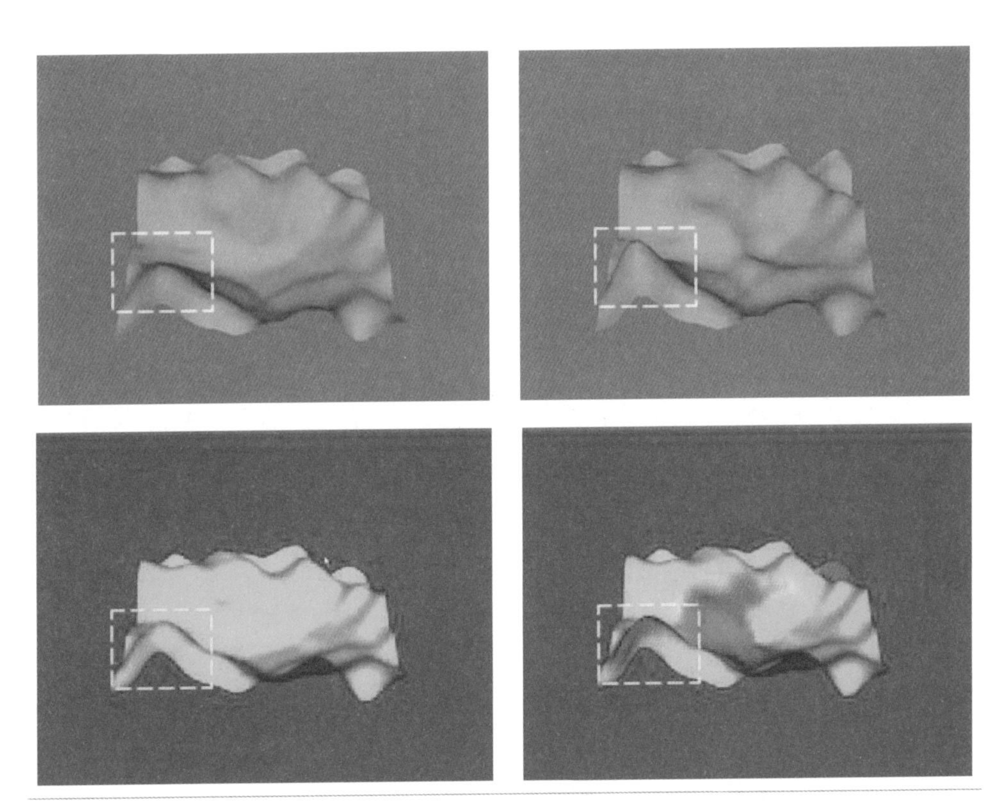

图 11.62 上：两帧采用形变编码不确定性的可视化结果；下：两帧采用颜色编码不确定性的可视化结果。图片来源：[Brown2004]

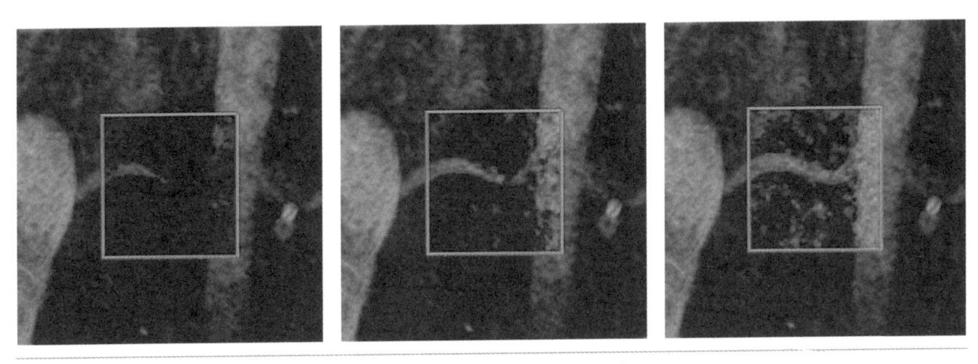

图 11.63 三帧使用概率动画的医学数据体绘制结果 [Lundstrom2007]。

动画表达法可形象、生动地展现数据中的不确定性。然而，这类方法需要比静态可视化更长的理解曲线。用户需要长时间、连续地查看动画，才能找到不同动画帧之间的差异性。另外，动画中的跳动、闪烁等不确定性表达方式还容易引起视觉疲劳。

11.4.3.5 图（网络）的不确定性可视化

上面提到的不确定性可视化多集中在科学可视化领域，针对一些科学计算的数据，而对图（网络）的可视化研究相对较少。下面简要介绍一些研究工作。图的不确定性主要体现在图结构的不确定性、节点 / 边的不确定性和布局 / 可视化的不确定性上。

Collins 等人 [Collins2007] 将机器翻译、语音识别等结果转换为不确定图，这个图的每条路径都是一个句子，每个节点都是一个词。节点的不确定性用其位置、颜色、边缘透明度来表示。根据模型最好的结果路径用绿色展示；而鼠标指针所在节点相连接的边用金黄色展示（见图 11.64）。

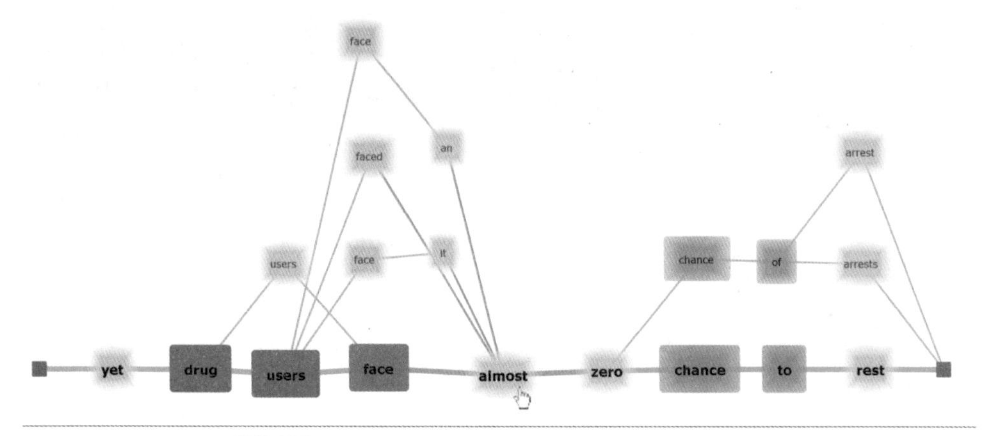

图 11.64 Collins 等人 [Collins2007] 提出的不确定图。

Schulz 等人 [Schulz2017] 提出了一种概率图布局方法，它不同于直接在确定图里面用视觉变量表示不确定信息的方法，而是可以同时展示图的拓扑结构和不确定信息的概率分布。其主要方法是：首先对不确定图用 Monte Carlo Process 对图边权重独立地进行采样；然后对采样出来的图用力引导算法进行布局；最后对某个节点在 2D 空间的分布，用其在不同采样结果的位置的对齐操作进行逼近。在绘制图时，对图的顶点进行了平滑，对边进行了聚类，并用贝塞尔曲线做了处理，以获得更好的视觉效果。对于图顶点，最后用 Welsh-Powell 算法着色。由于节点分布往往会有异常值，因此作者用 DBSCA 进行了聚类，并绘制了其边缘。如图 11.65 所示的是人造数据利用该方法绘制的结果。

AmbiguityVis[Wang2016] 是一个分析图布局结果中歧义性（Ambiguity，也可以视为一种不确定性）的可视分析系统。作者在文中提出了许多关于图布局歧义性的度量：边长度的歧义性、社群结构的歧义性、点 / 边聚合的歧义性。通过计算这些度量，按照用户需求叠加可以绘制出歧义性热力图：蓝色越深，代表某种或几种用户选择的歧义性越大（见图 11.66）。

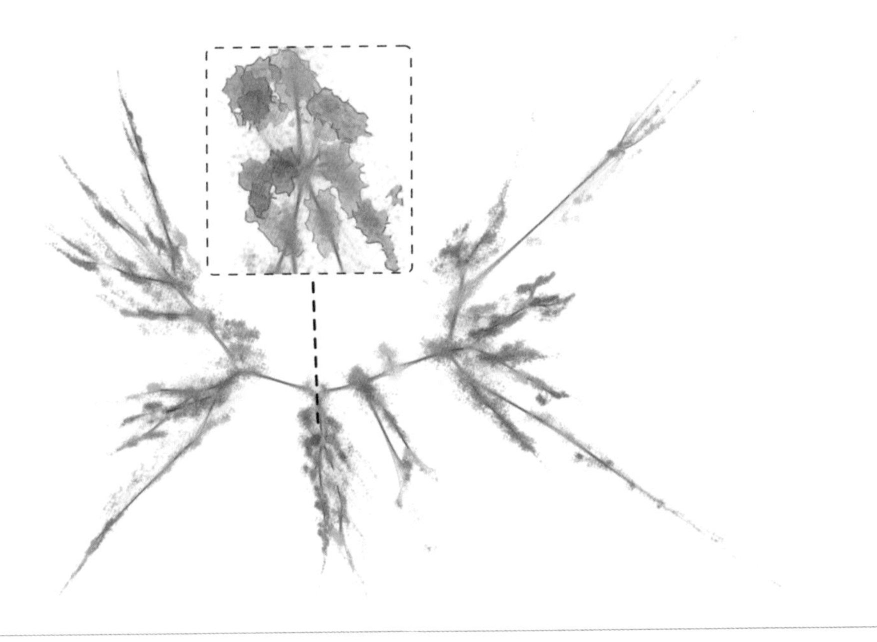

图 11.65 人造数据利用概率图布局方法绘制的结果。

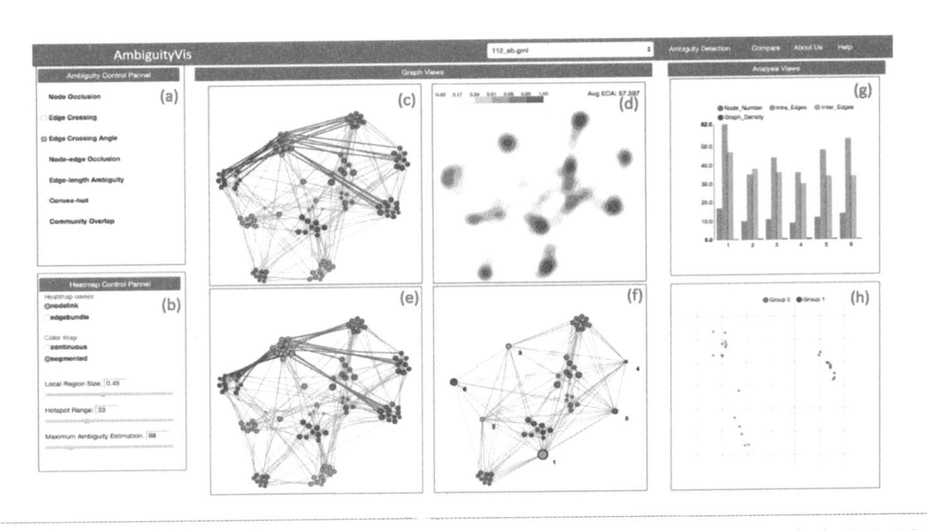

图 11.66 AmbiguityVis 系统。(a) 控制面板，选择需要检测哪种类型的歧义性；(b) 热力图控制面板，选择热力图关于图结构的一些参数；(c) 传统的节点 - 链接图（选择了某种布局算法）；(d) 在控制面板中选择了对应歧义性的热力图；(e) 边绑定视图；(f) 点聚合视图；(g) 元节点信息的条形图；(h) 使用 MDS 生成的被绑定边的一致性散点图。

Yan 等人 [Yan2017] 借鉴集合数据分析（Ensemble Analysis）的思想对图的不确定性进行了分析，这对于进一步探索图具有辅助作用——只有更好、更全面地了解可能的布局，才能对发现模式有更高的置信度。其基本思想是，即使是同样的数据、同样的布局算法，选择不同的算法参数也可能导致不同的结果。这对发现模式会有一定的影响，因此需要对布局生成的不确定性进行研究。这很像科学计算中的集合数据（Ensemble Data），初始条件扰动、参数修改都会带来不同的结果。针对图的特点以及集合数据分析方法，作者也定义了一些度量来进行更好的探索。

参考文献

[Andrews1972] D. F Andrews. Plots of High-Dimensional Data. *Biometrics*, 28(1), 1972:125-136

[Bonneau2014] G. P. Bonneau, H. C. Hege, C. R. Johnson, M. M. Oliveira, K. Potter, P. Rheingans, T. Schultz. Overview and state-of-the-art of uncertainty visualization. *Scientific Visualization*. 2014: 3-27

[Borg2005] I.Borg, P.J.F. Groenen. Modern multidimensional scaling: Theory and applications. Springer, 2002

[Bronstein2006] M. M. Bronstein, A. M. Bronstein, R. Kimmel, I.Yavneh. Multigrid multidimensional scaling. *Numerical Linear Algebra with Applications*, 13, 2006: 149-171

[Brown2004] R. Brown. Animated Visual Vibrations as an Uncertainty Visualization Technique. *Proceedings of Computer Graphics and Interactive Techniques in Australasia and South East Asia*, 2004:84-89

[Cammarano2007] M. Cammarano, X. Dong, B. Chan, J. Klingner, A. Halevy, P. Hanrahan.Visualization of heterogeneous data. *IEEE Transactions on Visualization and Computer Graphics*. 13(6), 2007: 1200-1207

[Cao2011] N. Cao, D. Gotz, J. Sun, & H. Qu. DICON: Interactive Visual Analysis of Multidimensional Clusters. *IEEE Transactions on Visualization and Computer Graphics*, 17(12): 2581-2590, 2011

[Cao2016] N. Cao, C. Shi, S. Lin, J. Lu, Y. R. Lin, amd C. Y. Lin. TargetVue: Visual analysis of anomalous user behaviors in online communication systems. *IEEE transactions on visualization and computer graphics*, 22(1):280-289, 2016

[Cedilnik2000] A. Cedilnik, P. Rheingans. Procedural annotation of uncertain information. *IEEE Visualization*, 2000:77-84

[Chernoff1973] H.Chernoff. The Use of Faces to Represent Points in K-Dimensional Space graphically.*Journal of the American Statistical Association,*68(342), 1973:361-368

[Claessen2011] J.H.T. Claessen, J.J. van Wijk. Flexible Linked Axes for Multivariate Data Visualization. *IEEE Transactions on Visualization and Computer Graphics*, 17(12), 2011: 2310-2316

[Cleveland2012] W. Cleveland, S. Guha, R. Hafen, J. Li, J. Rounds, B. Xi, and J. Xia. Divide and Recombine for the Analysis of Complex Big Data. *Technical Report*, Department of Statistics, PurdueUniversity, 2012

[Collins2007] C. Collins, M. S. T. Carpendale, G. Penn. Visualization of uncertainty in lattices to support decision-making. *Proceedings of the Joint Eurographics / IEEE VGTC Conference on Visualization*, 2007: 51-58

[Coninx2011] A. Coninx, G.P. Bonneau, J. Droulez, G. Thibault. Visualization of uncertain scalar data fields using color scales and perceptually adapted noise. *ACM SIGGRAPH Symposium on Applied Perception in Graphics and Visualization*, 2011: 59-66

[Djurcilov2002] S. Djurcilov, K. Kim, P. Lermusiaux, A. Pang. Visualizing scalar volumetric data with uncertainty. *Computers & Graphics*, 26(2), 2002: 239-248

[Eldawy2016] A. Eldawy, M. F. Mokbel, C. Jonathan. HadoopViz: A MapReduce framework for extensible visualization of big spatial data. Proceedings of International Conference on Data *Engineering (ICDE)*, 2016: 601-612

[Elmqvist2008] N. Elmqvist, P. Dragicevic, J. D. Fekete. Rolling the dice: Multidimensional visual exploration using scatterplot matrix navigation. *IEEE Transactions on Visualization and Computer Graphics*, 14(6): 1539-1148, 2008

[Ferstl2016] F. Ferstl, K. Bürger, R. Westermann, R. Streamline variability plots for characterizing the uncertainty in vector field ensembles. *IEEE Transactions on Visualization and Computer Graphics*, 22(1): 767-776, 2016

[Ferstl2017] F. Ferstl, M. Kanzler, M. Rautenhaus, R. Westermann. Time-hierarchical clustering and visualization of weather forecast ensembles. *IEEE Transactions on Visualization and Computer Graphics*, 23(1): 831-840, 2017

[Friendly1994] M. Friendly. Mosaic displays for multi-way contingency tables.*Journal of the American Statistical Association*, 89(425), 1994: 190-200

[Fua1999] Y.H. Fua, M.O Ward, E.A Rundensteiner. Hierarchical parallel coordinates for exploration of large datasets. *IEEE Visualization*, 1999:43-50

[Gratzl2013] S. Gratzl, A. Lex, N. Gehlenborg, H. Pfister, & M. Streit. LineUp: Visual Analysis of Multi-Attribute Rankings. *IEEE Transactions on Visualization and Computer Graphics*, 19(12): 2277-2286, 2013

[Grigoryan2004] G. Grigoryan, P. Rheingans. Point-based probabilistic surfaces to show surface uncertainty. *IEEE Transactions on Visualization and Computer Graphics*, 10(5), 2004: 564-573

[Guha2009] S. Guha, R. P. Hafen, P. Kidwell, W. S. Cleveland. Visualization Databases for the Analysis of Large Complex Datasets. *Journal of Machine Learning Research*, 5, 2009: 193-200

[Hanrahan2012] Pat Hanrahan. Divide and Recombine: An Approach for Analyzing Large Datasets. Keynote Speech, *IEEE Large Data Analysis and Visualization* 2012

[Hlawatsch2011] M. Hlawatsch, P. Leube, W. Nowak, D. Weiskopf. Flow Radar Glyphs-Static Visualization of Unsteady Flow with Uncertainty. *IEEE Transactions on Visualization and Computer Graphics*, 17(12), 2011: 1949-1958

[Ingram2009] S. Ingram, T. Munzner, M. Olano. Glimmer: Multilevel MDS on the GPU. *IEEE Transactions on Visualization and Computer Graphics*, 15(2), 2009: 249-261

[Inselberg1985] A.Inselberg. The Plane with Parallel Coordinates. *The Visual Computer*, 1(4), 1985: 69-91.

[Jiao2012] F. Jiao, J.M. Philips, Y. Gur, C.R. Johnson. Uncertainty visualization in HARDI based on ensembles of ODFs. *IEEE Pacific Visualization Symposium*, 2012:193-200

[Jolliffe2002] I.T. Jolliffe. Principal component analysis. Springer, 2002

[Jonson2003] C.R. Jonson, A.R. Sanderson. A Next Step: Visualizing Errors and Uncertainty. *IEEE Computer Graphics and Applications*, 23(5), 2003:6-10

[Jordan2012] M. Jordan. Divide-and-Conquer and Statistical Inference for Big Data. Keynote Speech, *ACM SIGKDD* 2012

[Johansson2016] J. Johansson, C. Johansson. Evaluation of Parallel Coordinates: Overview, Categorization and Guidelines for Future Research. *IEEE Transactions on Visualization and Computer Graphics*. 22(1): 579-88, 2016

[Kandogan2000] E. Kandogan. Star coordinates: A multi-dimensional visualization technique with uniform treatment of dimensions. *Proceedings of the IEEE Information Visualization Symposium*, Vol. 650, p.22, 2000.

[Keim1994] D. A.Keim, H-P. Kriegel. VisDB: Database exploration using multidimensional visualization. *IEEE Computer Graphics and Applications,* 14(5), 1994: 40-49

[Kosara2006] R. Kosarat, F.Bendix, H. Hauser. Parallel sets: Interactive exploration and visual analysis of categorical data.*IEEE Transactions on Visualization and Computer Graphics,* 12(4), 2006: 558-568

[Kumpf2018] A. Kumpf, B. Tost, M. Baumgart, M. Riemer, R. Westermann, R, M. Rautenhaus. Visualizing Confidence in Cluster-based Ensemble Weather Forecast Analyses. *IEEE Transactions on Visualization and Computer Graphics*, 24(1): 109-119, 2018

[Lee2002] C.H. Lee, A. Varshey. Representing thermal vibrations and uncertainty in molecular surfaces. *SPIE Conference on Visualization and Data Analysis*, 2002: 80-90

[Leigh2014] J. Leigh, A. Johnson, L. Renambot, L. Long, D. Sandin, J. Talandis, A.Nishimoto. CAVE2 documentary. In *Virtual Reality* (VR), (pp.153-153), 2014

[Lehmann2013] D. J. Lehmann, H. Theisel. Orthographic star coordinates. *IEEE Transactions on Visualization and Computer Graphics*, 19(12): 2615-2624, 2013

[Liu2017] L. Liu, A. P. Boone, I. T. Ruginski, L. Padilla, M. Hegarty, S. H. Creem-Regehr, D. H. House. Uncertainty Visualization by Representative Sampling from Prediction Ensembles. *IEEE Transactions on Visualization and Computer Graphics*, 23(9): 2165-2178, 2017

[Loorak2017] M. H. Loorak, C. Perin, C. Collins, and S. Carpendale. Exploring the possibilities of embedding heterogeneous data attributes in familiar visualizations. *IEEE Transactions on Visualization and Computer Graphics*, 23(1): 581-590, 2017

[Lundstrom2007] C. Lundstrom, P. Ljung, A. Persson, A. Ynnerman. Uncertainty Visualization in Medical Volume Rendering Using Probabilistic Animation. *IEEE Transactions on Visualization and Computer Graphics*, 13(6), 2007: 1648-1655

[Marrinan2014] T. Marrinan, J. Aurisano, A. Nishimoto, K. Bharadwaj, V. Mateevitsi, L. Renambot, J. Leigh. SAGE2: A new approach for data intensive collaboration using Scalable Resolution Shared Displays. *Proceedings of International Conference on Collaborative Computing: Networking, Applications and Worksharing*, (pp.177-186), 2014

[Matten2008] L. V. D. Maaten, & G. Hinton. Visualizing data using t-SNE. *Journal of machine learning research*, 9(Nov): 2579-2605, 2008

[Miller1991] J.J Miller, E.J Wegman. Construction of line densities for parallel coordinate plots. *Computing and graphics in statistics*, 1991: 107-123

[Mirzargar2014] M. Mirzargar, R. T. Whitaker, R. M. Kirby. Curve boxplot: Generalization of boxplot for ensembles of curves. *IEEE Transactions on Visualization and Computer Graphics*, 20(12): 2654-2663, 2014

[Morrison2003] A. Morrison, G. Ross, M. Chalmers. Fast multidimensional scaling through sampling, springs and interpolation. *Information Visualization*, 2(1), 2003: 68-77

[Novotny2006] M.Novotny, H. Hauser. Outlier-preserving focus+ context visualization in parallel coordinates. *IEEE Transactions on Visualization and Computer Graphics*, 12(5), 2006: 893-900

[Peng2004] W. Peng, M.O. Ward, E.A. Rundensteiner. Clutter reduction in multi-dimensional data visualization using dimension reordering. *IEEE Symposium on Information Visualization.*2004:89-96

[Pfaffelmoser2011] T. Pfaffelmoser, M. Reitinger, R. Westermann. Visualizing the Positional and Geometrical Variability of Isosurfaces in Uncertain Scalar Fields. *Computer Graphics Forum*, 30(3), 2011: 951-960

[Potter2009] K. Potter, A. Wilson, P.T. Bremer, D. Williams, C. Doutriaux, V. Pascucci, C.R. Johnson. Ensemble-vis: A framework for the Statistical Visualization of Ensemble Data. *IEEE International Conference on Data Mining Workshops*. 2009:233-240

[Potter2010] K. Potter, J. Kniss, R. Riesenfel, C.R. Johnson. Visualizing summary statistics and uncertainty. *Computer Graphics Forum*, 29(3), 2010: 823-832

[Potter2012] K. Potter, P. Rosen, & C. R. Johnson. From quantification to visualization: A taxonomy of uncertainty visualization approaches. *Uncertainty Quantification in Scientific Computing* (pp. 226-249), 2012

[Ralf2005] R.P. Ralf, D. Weiskopf, T. Ertl. Texture-Based Visualization of Uncertainty in Flow Fields. *IEEE Visualization*, 2005:647-654

[Rao1994] R. Rao and S.K Card. The table lens: merging graphical and symbolic representations in an interactive focus+ context visualization for tabular information. *ACM SIGCHI*,1994:318-322

[Rhipe2012] http://www.rhipe.org

[Rhodes2003] P.J. Rhodes, R.S. Bergeron, T.M. Sparr. Uncertainty Visualization Methods in Isosurface Volume Rendering. *Eurographics*, 2003:83-88

[Sanyal2010] J. Sanyal, S. Zhang, J. Dyer, A. Mercer, P. Amburn, R.J. Moorhead. Noodles: A tool for visualization of numerical weather model ensemble uncertainty. *IEEE Transactions on Visualization and Computer Graphics*. 16(6), 2010: 1421-1430

[Schmidberger2009] M.Schmidberger,M.n Morgan, D.Eddelbuettel, H. Yu, L. Tierney, U.Mansmann. State-of-the-Art in Parallel Computing with R. *Journal of Statistical Software*, 2009

[Schulz2017] C. Schulz, A. Nocaj, J. Goertler, O. Deussen, U. Brandes, D. Weiskopf. Probabilistic graph layout for uncertain network visualization. *IEEE Transactions on Visualization and Computer Graphics*, 23(1): 531-540, 2017

[Shen2006] Z. Shen, K-L. Ma, T.Eliassi-Rad. Visual analysis of large heterogeneous social networks by semantic and structural abstraction. *IEEE Transactions on Visualization and Computer Graphics,* 12(6), 2006:1427-1439

[Shen2008] Z. Shen, K.-L. Ma. Mobivis: A visualization system for exploring mobile data. *Proceedings of IEEE Pacific Visualization Symposium*, 2008:175-182

[Silva2004] V. de Silva, J. Tenenbaum. Sparse multidimensional scaling using landmark points. *Technical report*, Stanford, 2004

[Tatu2011] A. Tatu, G. Albuquerque, M. Eisemann, P. Bak, H. Theisel, M. Magnor, D. Keim. Automated analytical methods to support visual exploration of high-dimensional data. *IEEE Transactions on Visualization and Computer Graphics*, 17(5), 2011:684-579

[Taylor1994] B.N. Taylor, C.E. Kuyatt. Guidelines for evaluating and expressing the uncertainty of NIST measurement results. U.S. Department of Commerce, Technology Administration, National Institute of Standards and Technology, 1994

[Vehlow2013] C., Vehlow, T. Reinhardt, D. Weiskopf. Visualizing fuzzy overlapping communities in networks. *IEEE Transactions on Visualization and Computer Graphics*, 19(12): 2486-2495, 2013

[Vo2011] H.T. Vo, J. Bronson, B.Summa, J.L.D. Comba, J. Freire, B. Howe, V. Pascucci, C.T. Silva. Parallel Visualization on Large Clusters using MapReduce. *IEEE Symposium on Large Data Analysis and Visualization* (LDAV), 2011:81-88

[Waddell2011] A. Waddell, R.W. Oldford. RnavGraph: A visualization tool for navigating through high-dimensional data. *Proceedings of 58th World Statistical Congress*, (pp 1852-1860), 2011

[Wang2003] J.Wang, W. Peng, M.O Ward, E.A. Rundensteiner. Interactive hierarchical dimension ordering, spacing and filtering for exploration of high dimensional datasets. *IEEE Symposium on Information Visualization*, 2003:105-112

[Wang2016] Y. Wang, Q. Shen, D. Archambault, Z. Zhou, M. Zhu, S. Yang, H. Qu. AmbiguityVis: Visualization of ambiguity in graph layouts. *IEEE Transactions on Visualization and Computer Graphics*, 22(1): 359-368, 2016

[Wang2017] J. Wang, X. Liu, H. W. Shen, G. Lin. Multi-resolution climate ensemble parameter analysis with nested parallel coordinates plots. *IEEE Transactions on Visualization and Computer Graphics*, 23(1): 81-90, 2017

[WangYH2017] Y. Wang, J. Li, F. Nie, H. Theisel, M. Gong, D. J. Lehmann. Linear discriminative star coordinates for exploring class and cluster separation of high dimensional data. *Computer Graphics Forum*. 36(3): 401-410, 2017

[Ward1994] M. O. Ward. 1994. XmdvTool: integrating multiple methods for visualizing multivariate data. *IEEE Visualization* ,1994:326-333

[Ward2010] M. O. Ward, G. Grinstein, D.Keim. Interactive Data Visualization: Foundations, Techniques, and Applications. A K Peters Ltd, 2010

[Wei2012] J. Wei, Z.Shen, N.Sundaresan, K.-L. Ma. Visual Cluster exploration of Web Clickstream Data.*IEEE Visual Analytics Science and Technology Conference*(VAST), 2012:3-12

[Williams2004] M. Williams, T. Munzner. Steerable, progressive multidimensional scaling. *Information Visualization*, 2004: 57-64

[Wilkinson2005] Leland Wilkinson. The Grammar of Graphics. 2005

[Wong1997] P. Wong,Daniel Bergeron. 30 years of multidimensional multivariate visualization. *Scientific Visualization, Overviews, Methodologies, and Techniques*. 1997: 3-33

[Wu2012] Y. Wu, G. Yuan, K. Ma. Visualizing Flow of Uncertainty through Analytical Processes. *IEEE Transactions on Visualization and Computer Graphics*. 18(12), 2012:2526-2535

[Yan2017] K. Yan, W. Cui. Visualizing the uncertainty induced by graph layout algorithms. Proceedings of Pacific Visualization Symposium, 2017: 200-209

[Yang2005] L. Yang. Pruning and visualizing generalized association rules in parallel coordinates. *IEEE Transactions on Knowledge and Data Engineering*, 17(1), 2005:60-70

[Xie2017] C. Xie, W. Zhong, K. Mueller. A visual analytics approach for categorical joint distribution reconstruction from marginal projections. *IEEE Transactions on Visualization and Computer Graphics*, 23(1): 51-60, 2017

[Yuan2009] X. Yuan, P. Guo, H. Xiao, H. Zhou, H. Qu. Scattering points in parallel coordinates. *IEEE Transactions on Visualization and Computer Graphics*, 15(6), 2009:1001-1008

[Zehner2010] B. Zehner, N. Watanabe, O. Kolditz. Visualization of gridded scalar data with uncertainty in geosciences. *Computers & Geosciences*, 36(10), 2010:1268-1275

用户篇

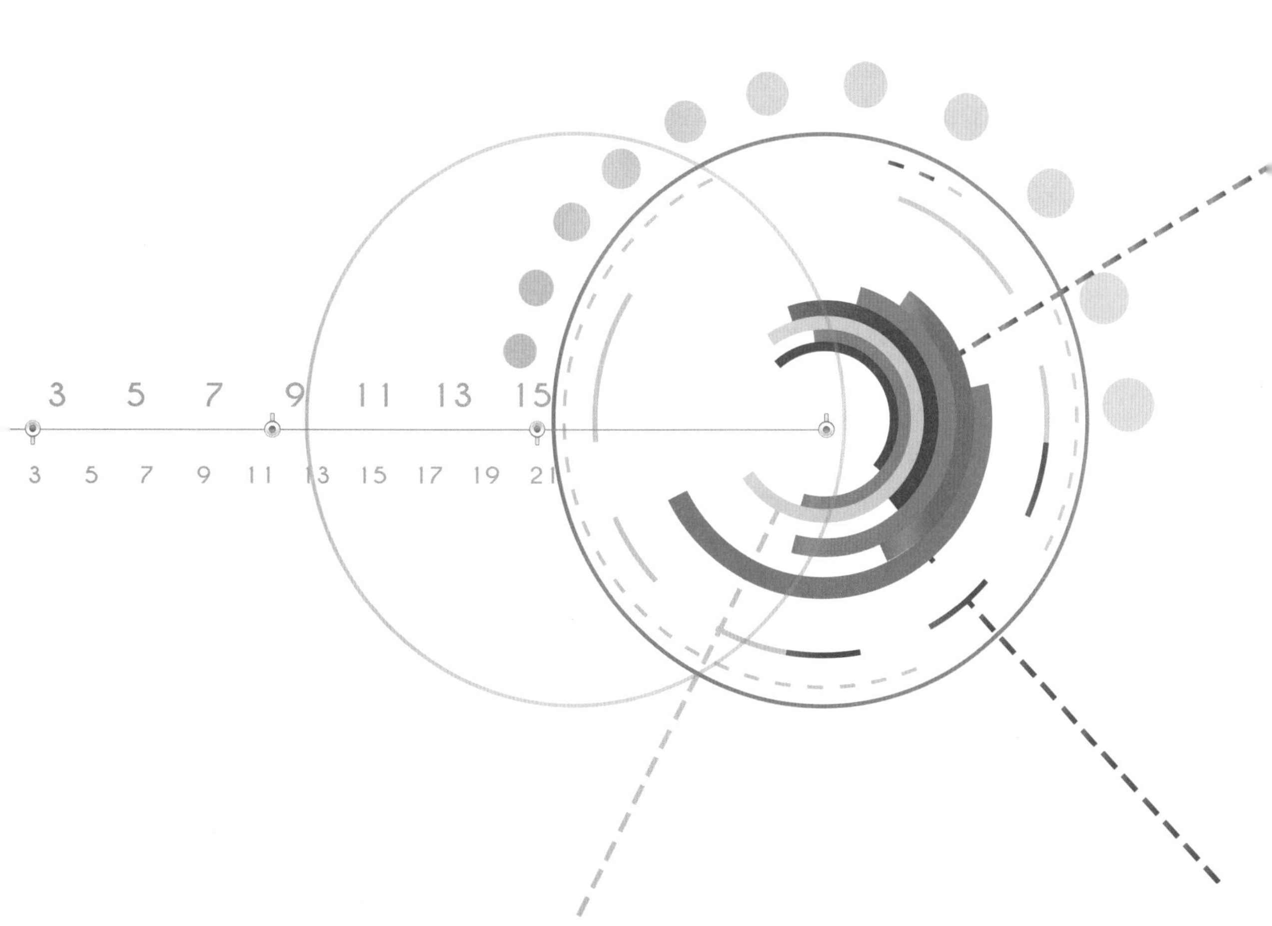

第12章

可视化中的交互

数据可视化系统除了视觉呈现部分，另一个核心要素是用户交互。人机交互领域的先驱者 Stuart K. Card 评价“快速的交互可以从根本上改变用户理解数据的进程”。交互是用户通过与系统之间的对话和互动来操纵与理解数据的过程。无法互动的可视化结果，例如静态图片和自动播放的视频，虽然在一定程度上能帮助用户理解数据，但其效果有一定的局限性。特别是当数据尺寸大、结构复杂时，有限的可视化空间大大地限制了静态可视化展示数据的有效性。其实，即使用户在解读一个静态的信息图时，也常常会通过靠近、拉远甚至旋转信息图以便更加直观地进行数据理解与分析，这些动作也相当于用户的交互操作。这种用户自身对于数据建立的心智模型随着交互不断变化并改进的过程，称为“被动交互”[Spence2007]。具体而言，交互在如下两个方面让数据可视化更有效。

- 缓解有限的可视化空间和数据过载之间的矛盾。这个矛盾表现在两个方面。首先，有限的屏幕尺寸不足以显示海量的数据；其次，常用的二维显示平面难以对复杂数据（例如高维数据）进行有效的可视化。交互可以帮助拓展可视化中信息表达的空间，从而解决有限的空间与数据量和复杂度之间的矛盾。Ben Shneiderman 提出的信息视觉检索要诀：overview first, zoom and filter, then details-on-demand 描述了通过交互探索大量数据的有效方法。
- 交互能让用户更好地参与对数据的理解和分析。可视分析系统的目的往往不仅是向用户传递定制好的知识，而且提供了一个工具或平台来帮助用户探索数据，得到结论。在这样的系统中，交互是不可缺少的。

数据可视化中的交互研究属于可视化与人机交互（HCI）的交叉领域。交互是用户与系统之间的信息交流。从信息流量来说，可视化中交互两端的信息流量通常是不对称的。交互的目的是让用户来操作视图和数据，从系统输出到用户的信息量比用户到系统的要多。而人机交互领域中许多情况是相反的，许多交互设备的目的是大量采集用户信息，因此从用户输入系统的信息量更大。

事实上，组成可视化系统的视觉呈现和交互两部分在实践中是密不可分的。无论哪一种交互技术，都必须和相应的视图结合在一起才有意义。许多交互技术也是专门设计并服务于特定视图的，帮助理解特定数据。对于某种特定交互技术的具体算法和实现细节，本书在介绍相应可视化技术的专题章节中进行了详细的阐述，而本章重点是在横向层面上对交互技术进行总结和介绍，为更好地理解和使用各种交互技术建立理论基础。本章的内容包括：设计交互需要遵循的准则；对交互技术各种不同的分类方法；各类常见的交互技术；交互所用到的不同硬件设备和其对应的交互环境。

12.1 交互准则

为可视化系统设计或选择交互的时候，除了需要符合数据类别和所要完成的任务，还要遵守一些普遍适用的准则，这些准则对交互的有效性起到了至关重要的作用。例如，确保交互延时在用户可接受的范围之内并实现及时的视觉反馈，有效地控制用户交互的成本以及交互中适度的场景变化。

12.1.1 交互延时

交互延时指从用户操作的发生到系统返回结果所经过的时间，是决定交互有效性的重要因素之一。延时的长短在很大程度上决定了一个可视化系统的可用性及用户体验。例如，一个简单的交互操作的延时过长可能会使用户误以为交互操作失败而对系统功能产生错误的理解，或者失去耐心等待而放弃使用系统。延时是否过长是一个相对主观的判断，但是相关的研究依然为我们提供了一些可以遵循的依据[Card1983][Newell1990][Card1991]。用户对延时的忍耐度随着时间变长而降低，但是这个降低的过程不是连续渐变的。当延时超过某一个阈值时，用户的忍耐度会突然降低，系统的用户体验也就突然变差。对于不同类型的交互操作，这个阈值是不同的。Card 在 [Card1991] 中总结了用户对于三种不同类别交互操作的延时期望。

- 感知处理（Perceptual Processing），指用户感知交互效果的过程。例如，当用户旋转三维可视化中的物体时，其所看到的可视化就需要随之不断地更新。这类交互操作需要在 0.1 秒内完成。在旋转三维物体例子中，如果可视化更新延时超过了 0.1 秒，用户在交互中就会感觉到明显的滞后。
- 立即反应（Immediate Response），指用户和可视化系统之间类似对话的交互。例如，通过鼠标点击选中可视化一个对象，或者是可视化不同视图之间的转换。对于这样的交互操作，用户对于延时的忍耐度是 1 秒。

- 基本任务（Unit Task），指用户在交互中指令系统完成一个相对复杂的任务。例如，在数据中搜索相关的信息，此时用户对于延时的忍耐度大大增加，一般的期望是10秒，在某些情况下甚至是30秒。在设计交互的可视化系统时，需要把那些大的任务尽可能地分解为若干可以在10秒内完成的基本任务，这样可以增加系统的互动性，优化用户体验。

根据上面关于交互延时的定义，一次交互的终结点指系统返回信息，提示操作已经完成的时刻。因此，系统的反馈非常重要。与普通软件系统采用弹出对话框或者在终端命令行显示文字消息的方式不同，可视化系统通过视觉信号来反馈信息。首先，系统需要返回给用户某种视觉信号，确认操作已经完成，因为如果对用户的操作不置可否，用户对于操作是否还在进行将产生困惑，甚至怀疑操作还没有开始。例如，当用户用鼠标点击选中一个对象的时候，系统将选中的物体高亮显示能够提示用户选择的操作已经完成。在进行导航操作（例如平移和旋转）的时候，系统的反馈应是刷新可视化视图。其次，当一个交互操作完成所需要的时间比用户预期的更长时，系统应将操作的进度及时地反馈给用户，告知用户交互操作正在进行中。更好的方法则是在可能的情况下，将这个交互操作转变成对应的用户延时期望较大的另一类交互。例如，可视化系统可能由于数据量太大和系统计算能力不够而不能在用户对三维物体进行旋转时，实时地刷新视图、提供反馈。此时，在交互设计中可以选择其他的交互方式，比如让用户选定新的视角，然后按确认按钮向系统提交指令，从而刷新视图。这个操作就从感知处理变成了立即反应的交互，而用户对于延时的期望也增加到1秒。这个例子说明，成功的交互设计取决于所采取的互动机制，以及视觉反馈和用户相应的延时期望之间是否互相匹配。

交互延时可以细分为三个部分，包括操作延时、反馈延时和系统更新延时。我们可以通过“在可视化中选择一个对象并读取它的详细信息”的例子来解释这三个部分。

- 可以通过三种不同的操作来实现选择对象的交互，它们的操作延时各不相同。点击一个对象是最慢的，因为用户需要移动鼠标到目标地点，停在正确的位置，然后点击；鼠标悬停相对较快，用户需要将鼠标停留在对象上一小段时间，但不需要点击；鼠标移过最快，因为它不需要悬浮时间，只要鼠标经过对象，就可以完成这个操作。
- 反馈延时与操作延时的区别主要在于用户对于不同信息显示机制的反应时间。当将所选中对象的详细信息显示在固定于屏幕一侧的信息面板上时，用户需要将目光从对象移动到屏幕的一侧来读取信息。与之相比，在选中对象的位置显示浮动窗口来提供详细信息所需要的反馈延时则更短，用户不需要移动注视的焦点就可以读取所需的信息。但是，后一种方法会造成对可视化中其他对象的遮盖，增加视觉复杂度，而前一种方法可以显示大量的信息而不必担心会对可视化视图造成任何负面的影响。在某些情况下，详细信息可以被更好地结合到可视化视图中显示。

例如，在社交网络的可视化中需要提供选中用户账号的交友信息，系统可以直接在可视化中将选中账号的朋友用高亮标识。

- 延时的另一个部分是系统更新延时。当数据量较小并存放在本地机器上的时候，更新所需的时间通常可以忽略。对于大数据，重新渲染整个可视化需要相当长的时间，因此需要设计更高效的渲染算法。例如，仅对发生变动的对象或者部分可视化进行重新渲染。此外，可视化越来越多地以在线系统和网页形式存在，即数据保存在远端服务器上。因此，系统更新延时也包括可视化前端与服务器端通过网络通信的时间。当网络情况不好或者数据较大时，这方面的延时也会比较长。

除了三个主要部分，交互延时也可能来自接收用户输入。在通常情况下，用户使用鼠标和键盘与系统进行互动，并不存在这方面的延时。但是，当使用更复杂的交互设备，例如，通过视频进行人体跟踪或者眼球追踪的时候，系统处理输入信号并转换成交互操作指令的时间就无法被忽略了。

在设计可视化系统的用户交互时，延时是必须优先考虑的重要因素之一。选择合适的交互操作以及视觉反馈，并确保延时在可接受的范围之内就能保证用户可以高效平顺地与系统互动，他们不会被其他低阶的操作干扰，从而能更好地完成目标任务。

12.1.2 交互成本

交互可以提高可视化系统的效率，帮助用户处理更多的数据，完成更复杂的任务。然而，实现交互本身也有额外成本。以前面提及的互动系统与静态可视化的比较为例。互动系统令用户能探索更大的信息空间，但随之而来的成本是用户需要花费更多的时间与精力去浏览和探索数据。如果用户需要逐一试探每个数据点，那么可视化系统就会成为完全依靠人力的信息检索系统。因此，可视化系统应当采用数据挖掘或机器学习算法，使得系统在一定程度上能够自动发现用户可能会关心的数据或者模式，并通过可视化呈现给用户，用户在这个基础上通过互动进行更深入的挖掘。此外，如果一个任务完全可以通过自动算法得出用户需要的结论，交互也就不再需要了。互动的可视化系统，特别是可视分析系统中的自动分析和用户交互分析是相互补充的两个部分，设计者需要权衡两者的作用与成本，从而达到一个合理的平衡。

Lam 提出了如下 7 种主要的交互成本 [Lam2008]。

- 达成目的选择花费的决策成本。即用户在选择数据子集和交互选项时需要花费的精力。
- 生成系统操作花费的系统资源成本。即当用户从一系列可行的操作，或者从系统提供的大量可视化表达方案中选取恰当对象时所花费的时间。
- 多重输入模式引发的交互流程阻滞。即不一致的输入方式、不加提示地改变输入模式，或者是过量地增加控制操作方式引发的交互障碍。

- 人体物理动作占据的流程执行时间。即用户在展示屏幕上做出例如鼠标拖拽等动作时花费的时间。
- 视觉混叠引起的感知阻碍。即由于对象重叠混乱，或者鼠标悬停弹出提示框等因素造成的用户认知困难、精力分散等交互障碍。
- 视图变换花费的解读时间。即用户在进行交互后出现了预期之外的结果，或者对象变化过于不连贯，抑或在多视图对象复杂关联的情况下导致的用户解读障碍。
- 评估解释中的状态转换成本。即用户从不同的可视化表达中评估其意义并继续挖掘的过程中需要花费的精力，在这样的探索过程中，当交互无法回退到某一次的结果（或称之为状态）上时，用户会在重构状态中浪费时间。

12.1.3 交互场景变化

在通常情况下，交互操作将引发可视化场景的变化，此时需要依赖于用户的视觉和感知记忆避免交互出错。以导航操作为例，场景跟随视角的变化而变化，用户依靠大脑中构建的感知模型维持方向感。有时，用户也要通过对比交互前后的场景得出结论。因此，用户需要记住所进行的操作或者比对大脑中形成的前一瞬间的图像记忆。这无疑增加了用户认知的负担。通常可视化系统可以通过一些辅助手段将这些需要用户记忆的信息在系统中保存并显示，以减轻用户的负担。例如，在线地图都会在屏幕一角的小窗口里显示当前视图在大地图中的位置，这样的信息极大地帮助了用户在地图中进行导航操作。

动画也常被用来帮助减轻交互中场景变化对用户造成的负担。通过插入渐变的过程，每一帧之间的区别变小，使用户容易维护在大脑中的图像记忆并与当前场景进行比较。因此，动画的转换比突然的切换更能帮助用户对场景中发生变化的部分进行跟踪。例如，在网络可视化中，用户通过交互改变网络的结构，网络的布局会随之变化，跟踪网络中节点的移动，并在新的场景中快速识别之前感兴趣的节点对于用户来说非常重要。Heer 和 Robertson 研究了在不同的统计图表之间转换时，动画对于用户认知的帮助 [Heer2007]，他们提出了各种动画转换的分类方法和应该遵循的准则。

对于需要通过对比交互前后场景的区别得出结论的应用，另一种有效的方法是让用户能自主地在场景之间来回切换。通过反复观察加强对两个场景的记忆，用户能更准确地发现变化。

场景切换时，如果有很多变化同时发生，用户将难以识别所有的变化。由于大脑和感知系统的局限，我们通常只能够关注有限的焦点区域内的变化，无法注意到焦点之外的变化，即使是非常大的变化。这种现象被 Simons 定义为变化盲视（Change Blindness）[Simons2000]（见图 12.1）。为了克服这样的问题，系统需要能够首先辨别哪些是需要用户进行关注的变化，然后通过各种手段，例如高亮，让用户的注意力集中到这些重点区域。

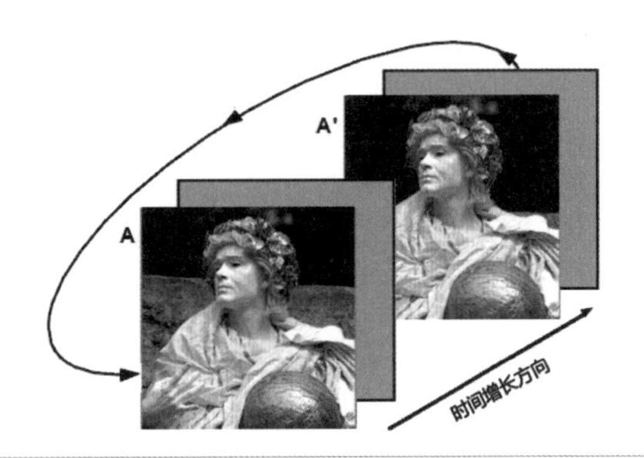

图 12.1 变化盲视的例子。选用两幅略有差别的图片 A（雕像之后有墙体）和 A'（雕像之后无墙体），按照 A, A', A, A'…的顺序依次循环放映，中间以灰色背景图短时间相隔。当这样的动态序列播放时，甚至在观察者明知变化存在、明显且重复出现的情况下，其亦难以察觉到不同，这样的情况有时能维持 50 秒以上。图片来源：[Rensink2002]

设计和选择合适的交互模式要从任务和目标出发，综合考虑交互延时、交互成本以及场景变化这些影响交互有效性的准则，才能实现用户与系统无障碍的互动和完美的用户体验。

12.2 交互分类

分类学可帮助更好地了解各种交互技术之间的差异与关联，同时帮助用户理解交互的设计空间。本节将简介常见的交互分类方法及它们各自的特点。

12.2.1 按低阶交互操作分类

最常见的分类方法的着眼点是低阶的基本交互操作。Ben Shneiderman 从他最著名的可视化信息搜索要诀（overview first, zoom and filter, then details-on-demand）出发，归纳了几种最基本交互操作：概览（Overview）、缩放（Zoom）、过滤 Filter）、按需提供细节（Details-on-Demand）、关联（Relate）、记录（History）和提取（Extract）[Shneiderman1996]。Dix [Dix1998] 则认为交互模式包括高亮（highlight）与焦点、上下翻页和超链接、概况与上下文、同一表示的不同参数、时间轴的过渡 5 个大类。Keim[Keim2002] 提出了 5 类交互模式：投影、过滤、缩放、失真变形和链接与刷动等，而 Buja[Buja1996] 和 Wilkinson [Wilkinson2005] 提出了与之类似的针对低阶的交互操作分类方法。

Chuah[Chuah1996] 以所操作的数据类型为标准进行了分类，例如图形操作、集合操作以及数据操作。图形操作包括图形表示以及对可视化对象进行操作，主要是视觉表现层面的交互；集合操作包括创建、删除和归纳数据对象组成的集合；数据操作是针对单个数据对象的添加、删除等。

除从交互操作来分类之外，也有研究按照某种属性对交互进行分类[Spence2007]。例如，Tweedie[Tweedie1997]按照交互的直接性（Directness）进行分类，该分类包含了手动直接移动和旋转数据对象到完全依赖自动算法操纵可视化。

12.2.2 按交互操作符与空间分类

在按照交互操作分类的基础上，Ward 和 Yang 进一步提出了更完善的框架[Ward2004]，他们将交互定义为操作符和操作空间的组合。其中，三类交互操作符包括：导航（Navigation）、选择（Selection）和变形（Distortion），六种操作空间指：屏幕空间（Screen-space）、数据值空间（Data Value-space）、数据结构空间（Data Structure-space）、属性空间（Attribute-space）、对象空间（Object-space）和可视化结构空间（Visualization Structure-space）。大多数可视化中的交互技术都可以按照上面描述的操作符和操作空间表示。例如，对可视化数据按照其数据值进行过滤就是在数据值空间中做选择操作；而高亮操作则是在屏幕空间中的选择操作。

引入操作符与操作空间的概念对可视分析系统尤其有帮助。这是因为在可视分析中，用户通常通过交互来实现数据的变换和探索。通过切实了解每一步数据变换中用到的操作符和作用的交互空间，可以帮助用户记录并分享数据分析的过程，还可以让机器智能地学会相似类型的分析流程。

12.2.3 按交互任务分类

上述从交互操作和属性进行的分类有助于对交互技术的研究和理解。但是，从设计可视化系统的角度出发，研发人员通常根据整个系统要完成的用户任务来选择交互技术。因此，更为有用的分类方式是按照功能对交互技术进行分类：操作模式不同，但用于完成同一个任务的交互技术被归于同一类。对于不同的应用领域，可视化要完成的任务和达到的目的也不同，因此研究人员划分和定义的任务分类也很不同。Zhou 和 Feiner 定义了三大类的任务：关系型可视化任务、直接的视觉布局任务和编码任务[Zhou1998]。Amar 在 [Amar2005] 中提出了更细致的分类。一个较全面的分类包括如下 7 个大类的交互任务[Yi2007]。

- 选择：标记感兴趣的数据对象、区域或特征。
- 导航：展示不同的数据部分或属性。
- 重配：展示一个不同的可视化配置。
- 编码：展示一个不同的视觉表现。
- 抽象 / 具象：展示数据概览或更多细节。

- 过滤：根据过滤条件展示部分数据。
- 关联：展示相关数据。

通过上面的介绍，可以看到交互分类的方法很多，有各自的依据和适用的情况，并不存在一个可以放之四海而皆准的分类。因此，在选择交互方法之前，交互设计人员需要对这些分类都有所了解，在应用中根据实际情况选择合适的分类。

12.3 交互技术

交互技术形形色色。然而，可视化系统中采用的交互技术通常为某种特定的可视化设计。对于某种交互技术的具体算法与实现，本书在相对应的可视化技术的专题章节中进行了详细阐述。本节按顺序简介基本的7种交互方法（选择、导航、重配、编码、抽象/具象、过滤、关联）的基本思路、特性、适用的范围与研究方向。同时，除了上述七类基本交互技术，另有两种基本的交互思想模式在实际应用中被广泛接受，即概览+细节（Overview+Details）和焦点+上下文（Focus+Context）。

12.3.1 选择

当数据以纷繁复杂多变之姿呈现在用户面前时，必须有一种方式能使用户标记其感兴趣的部分以便跟踪变化情况，通过鼠标或其他交互硬件对对象进行选择（selection）就是这样一种方式，同时也是最常见的交互手法之一。

根据交互目的和交互延时的不同，选择方式大致可以分为鼠标悬浮选择、鼠标点击选择和刷选/框选等。鼠标悬浮选择往往适用于交互延迟较短、需要重新渲染的元素较少的情况。在鼠标悬浮选择时，弹出标签（Pop-up）用来显示元素的信息。例如，Cong等人[Cong2014]在交易记录的可视分析系统中使用弹出标签来显示一次交易的具体信息，包括时间、地点和交易物品（见图12.2）。鼠标点击选择则针对需要重新渲染大量的可视元素、需要查询或计算大量数据、交互延迟相对较长的情况。例如，在Marian等人[Marian2014]设计的文本关键词可视化系统中，用户通过点击选择某一个关键词并将其设置为关注中心，与其相关的词和文章将会按照径向布局重新排序，方便用户对文本关键词之间的关联进行探索。

刷选与框选也是常用的选择方式，在已有的可视化视图上刷选和框选，能够比用户输入选择条件更加直观、方便地对多个数据元素或感兴趣的区域进行选择。刷选和框选往往伴随着对元素的过滤和数据的计算。例如，Fei等人[Fei2014]在出租车的分析系统中，允许用户对道路进行刷选，当用户选择后，相应道路的交通信息和经过该路段的车辆信息将被显示出来（见图12.3）。

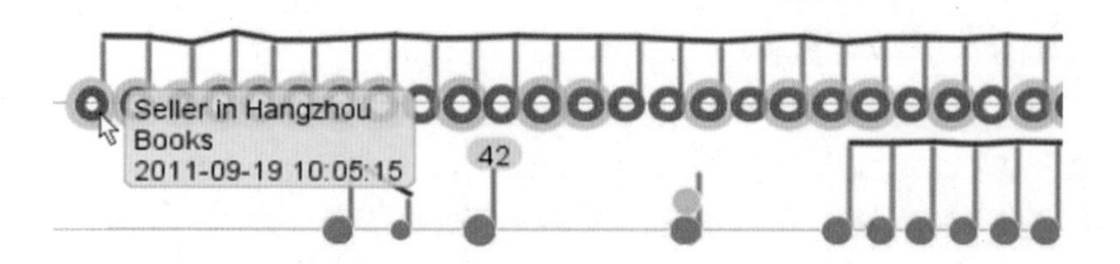

图 12.2 弹出标签示意图。当鼠标悬浮选择代表交易的某一个元素时，该次交易的地点、内容和交易时间将会以弹出标签的方式显示。当鼠标移出该元素时，该标签也会随之消失。图片来源：[Cong2014]

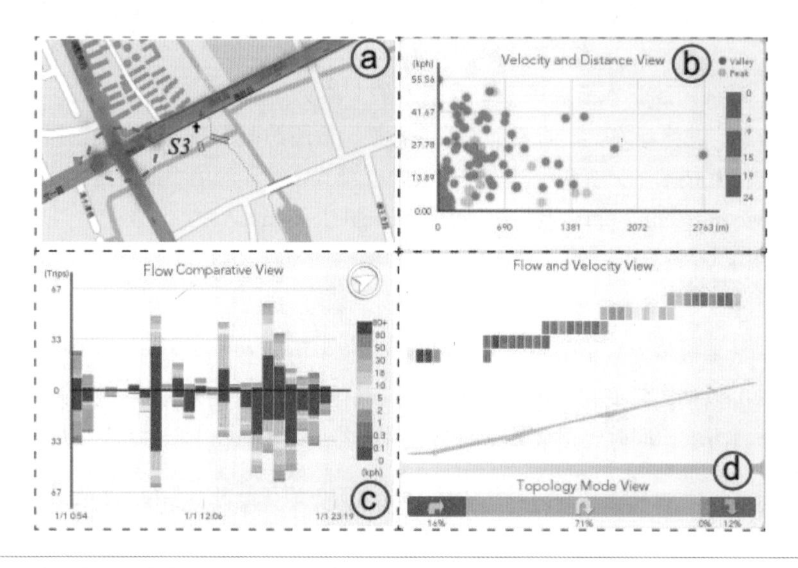

图 12.3 刷选示意图。(a) 用鼠标刷选一条道路；(b) 刷选对应车辆的速度统计图；(c) 刷选对应路口的车流量统计图；(d) 刷选对应道路的通行情况统计图。图片来源：[Fei2014]

在实际应用中，选择会遇到各种问题。首先，对于大量数据的可视化，数据对象在视图上叠加导致严重的视觉混乱（Visual Clutter），如何在视觉混乱的情况下进行选择给交互设计带来巨大的挑战。对于这类问题，一般可以将堆叠的区域放大（Zoom-in），以便增加重叠元素之间的距离，最终消除彼此的遮挡，便于我们进行选择。其次，选择之后要展示的提示性信息（比如标签）如何在视图上陈列，以避免遮挡及杂乱。对于这类问题，可以归结为字符串在有限空间内排列的问题。理想的标签应该具有易解读的、明确的指引性（指向它的标签对象）以及互相不遮挡的特性。在实际应用中，不一定能够对所有的对象都给出标签。一个代表性的工作是偏心标签（Excentric Labeling）技术 [Fekete1999] 及其拓展 [Bertini2009]（见图 12.4）。偏心标签在用户鼠标接触到数据点之前不可见，标签显现时采用名称描述每个数据点，可视地连接数据点和标签，最后为标签排序，以显示数据点的信息。

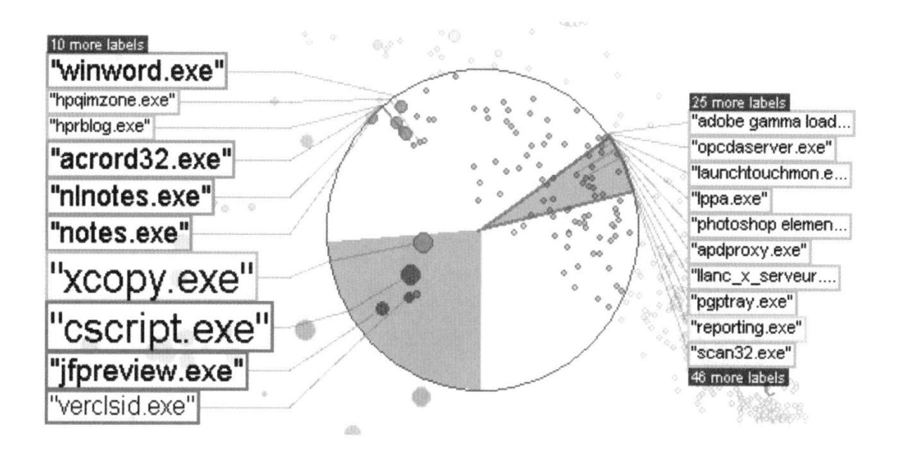

图 12.4 拓展偏心标签示意图。圆圈跟随鼠标移动，圆圈所包围的数据点为用户关注对象，左右陈列的标签显示对应数据点的名称，标签过多时会被隐藏并用相应的数字说明隐藏标签的数量。图片来源：[Bertini2009]

12.3.2 导航

导航（Navigation）是可视化系统中最常见的交互手段之一。由于人眼可以观察到的区域以及屏幕空间都非常有限，当可视化的数据空间更大时，通常只能显示从选定视点出发可见的局部数据，并通过改变视点的位置观察其他部分的数据。这种操作可以想象成在空间中的某个点（视点）放置一个特定方向的虚拟相机。相机所捕捉到的图像是当前可视化视图，当相机的位置或方向改变时，它所捕捉到的图像自然也发生变化。在三维数据场可视化中，导航相当于在物理空间中移动视点，是观察整个空间的有效手段。在信息可视化领域，导航被扩展到更为抽象的数据空间中，如树、图、网络、图表等不包含明确空间信息的数据，在这些抽象的空间中移动视点同样能有效进行交互浏览。

最简单、直接的导航方法是通过导航栏加超链接的方式进行导航，导航栏中的元素通过简单的总结文字总结一部分数据的基本特征，允许用户通过点击进一步对该部分数据进行探索。然而，在使用这种导航方法时，用户的交互不够连续，往往容易丢失数据探索的上下文信息。

在可视化领域，缩放、平移和旋转是导航中三个最基本的动作，换言之，是调整视点位置、控制视图内容的三个最基本手段。

- 缩放（Zooming）使视点靠近或远离某个平面。从空间感知上说，靠近会展示更少的内容，但展示的对象会变大；反之，缩小则能够展示更多的内容，而展示的对象会变小。

- 平移（Panning）使视点沿着与某个平面平行的方向移动，或向上向下，或从一侧到另一侧。
- 旋转（Rotating）使视点方向的虚拟相机绕自身轴线旋转。

诚然，使用这三种操作可以实现在空间中对任意位置的观察，但是这种传统的导航方式还是具有相当大的局限性的。当空间中显示的对象过多过密时，无法仅通过缩放、平移、旋转就能快速搜寻到目标。由此，一些新颖的导航技术结合了更多的约束条件，智能地实现高效的导航。

正如 12.1.3 节中所讨论的，导航交互的最大挑战是在视点移动和场景变换时用户能否时刻掌握自己在整个数据空间中所处的位置，从而将观察到的若干场景在大脑中综合成对整个数据的感知。通常的做法是在场景转换中使用渐变动画实现场景的切换感知。Link Sliding[Moscovich2009] 利用节点 - 链接图中的拓扑结构和动画技术实现了一种观察网络数据的导航技术。用户可以沿着网络中的路径来滑动视角，从图的一个节点转移到它的相邻节点（见图 12.5）。另一种做法是在总体视图中采用高亮技术实现对感兴趣信息的展示。例如，在 Jian 等人 [Jian2015] 设计的 MatrixWave 系统中，不同数据集中的元素同时展示在同一个二维空间内，用户通过平移视点并使用鼠标选择某一个元素来指定想要探索的信息，系统通过高亮显示与之相关的元素来实现元素关系探索的导航（见图 12.6）。

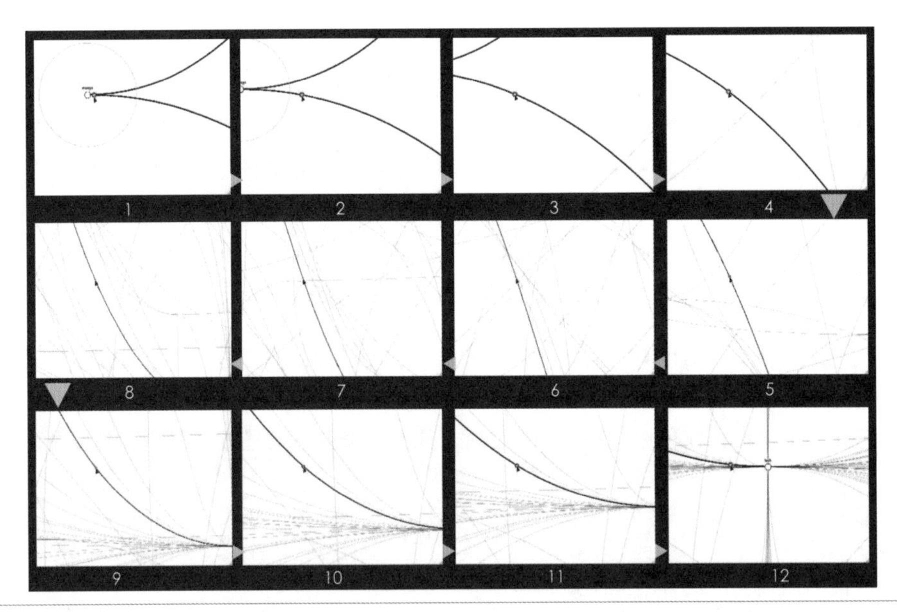

图 12.5 Link Sliding 方法示意图。图中截取了运用 Link Sliding 技术从一个节点到另一个节点的动态交互过程中的 12 帧，顺应箭头方向依次排列。其中红点为当前鼠标被锁定到的位置，红点只能吸附在连线上移动，场景则跟随红点变更。当用户需要从第 1 帧节点移动到第 12 帧节点时，可以更加方便地追踪路径，从而完成视点的转移。
图片来源：[Moscovich2009]

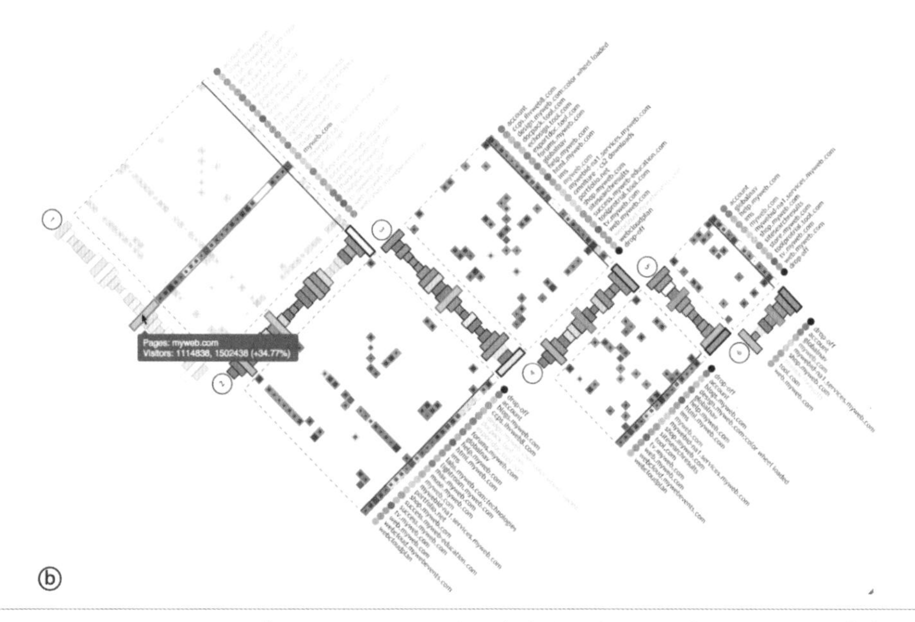

图 12.6 MatrixWave 方法示意图。MatrixWave 使用连续的二维视图，展现了不同数据集中元素之间的关系，每一个矩阵图展示了两个数据集元素的关系。通过矩阵图的连接，当用户选中一个元素时，与之相关联的所有元素将会被高亮显示，从而帮助其探索与该元素相关的信息。图片来源：[Jian2015]

此外，导航并不一定需要通过移动视点来完成，也可以辅助以元素在数据空间中的转换来完成。Bring & Go[Moscovich2009] 利用了网络数据的拓扑结构进行导航。该方法保持视点不动，通过移动数据构成新的临时视图，方便用户了解和某一个节点连接的其他节点的方向和距离的信息（见图 12.7）。

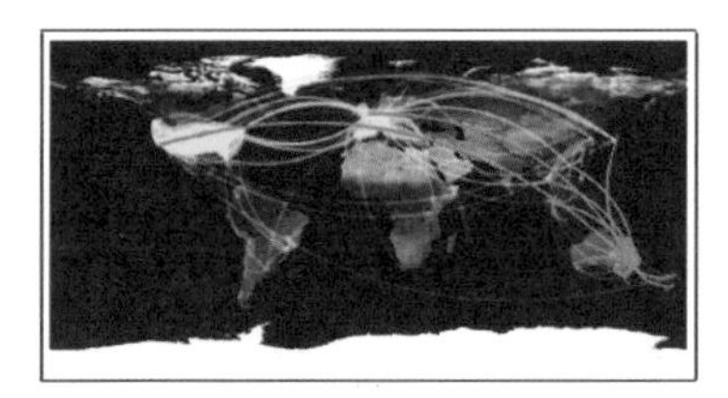
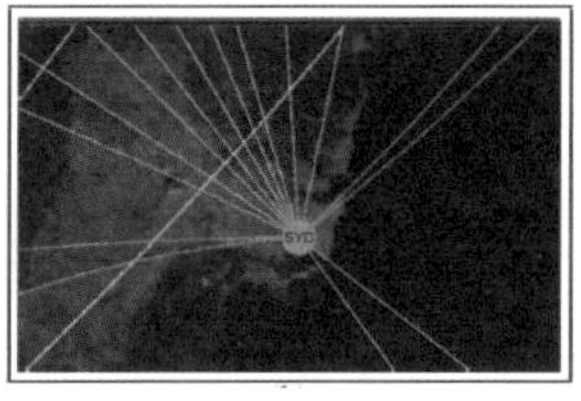
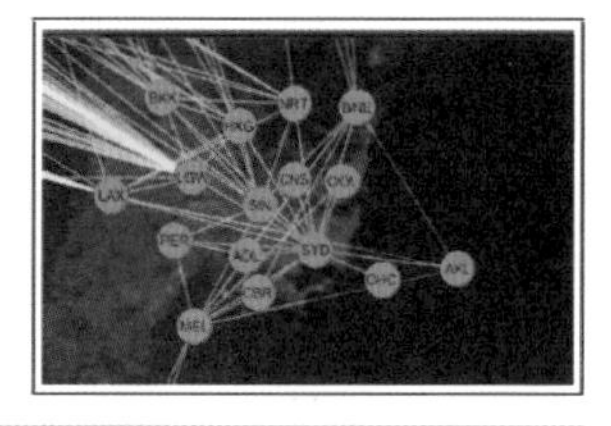

图 12.7 Bring & Go 方法示意图。左：红色高亮为所有连接到悉尼的航线；中：缩进到悉尼所在区域；右：使用 Bring & Go 后的效果，和悉尼有航线相连的城市均被收缩到同一个视图之中，且节点的布局暗示着该市相对于悉尼的实际地理布局。图片来源：[Moscovich2009]

12.3.3 重配

重配（Reconfigure）旨在通过改变数据元素在空间中的排列，为用户提供观察数据的不同视角。重配针对不同的可视化形式有不同的方式，这些不同方式的基本原则包括重排列、调整基线、更改布局方式等。

在图表型的可视化应用中，重排列相当常见。例如，可通过图表的透视技术实现电子表格的两列互换，从而拉近关注属性，增强用户分析效率，其根本意义在于克服由于空间位置距离过大导致的两个对象在视觉上关联性被降低的问题。Smartadp 系统 [Dongyu2017] 允许用户选择图表中所关注的列，并定义列的权重，最终通过数据的加权和对图表中的元素进行重排列（见图 12.8）。

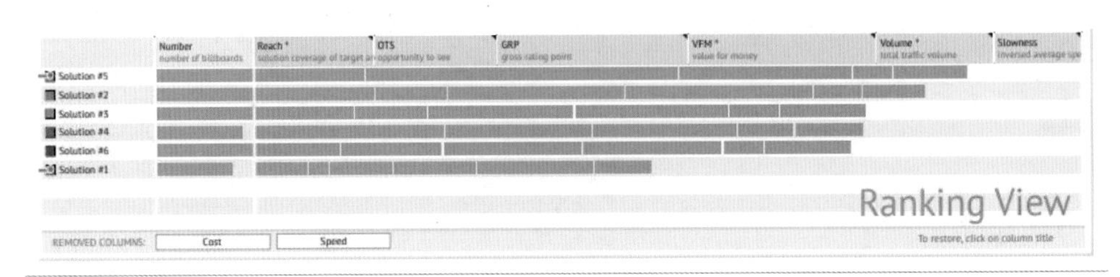

图 12.8 在 Smartadp 系统中对图标的重排列方法示意图。用户选择了除第一列的所有属性，系统根据选中列的数据的加权和对数据进行了重排列。矩形代表数据的大小。图片来源：[Dongyu2017]

另一种富有重排列思想的交互技术是，Klouche 等人 [Klouche2017] 采用磁铁吸引铁屑 [Yi2005] 的隐喻，将每个数据点视作一枚铁屑，将数据的一个属性视为一块磁铁。当拖动某一个属性磁铁时，在当前磁铁代表的属性上数值较大（即较为容易被该磁铁吸引）的数据点会向磁铁的方向趋近（见图 12.9）。其中，改变磁铁位置可以设置铁屑重排列的条件，排列结果则是更新的数据点分布，用户可以从分布中看出各个数据点的属性分布情况。

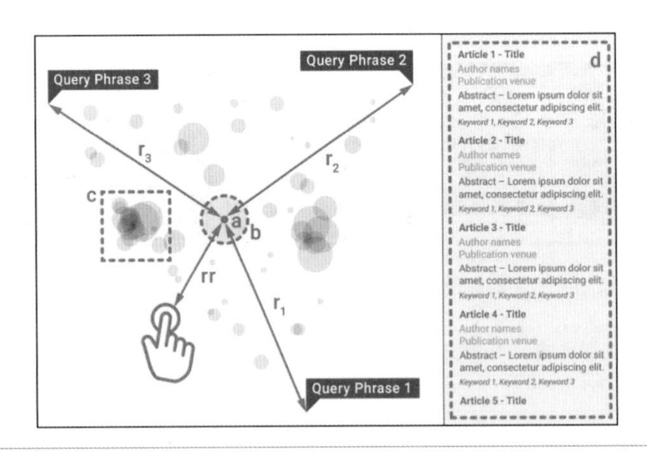

图 12.9 Klouche 等人提出的重排列交互设计。每个数据点都代表一个数据对象。当用户设置好属性磁铁的位置，并拖动其中某一个属性磁铁时，数据点的分布会发生变化。数据点的位置可表现出该点的性质。图片来源：[Klouche2017]

在常见的二维统计图表（例如折线图、直方图等）中，调整基线则是比较常用的重配方式。通过调整折线图中数据线的基线，可以得到能更直观地观察整体变化趋势的堆叠图或主题河流图，而通过对基线排列方式的调整，则可以得到 Sunburst 图、雷达图等更加紧凑的数据布局，方便进一步进行可视化设计（见图 12.10）。

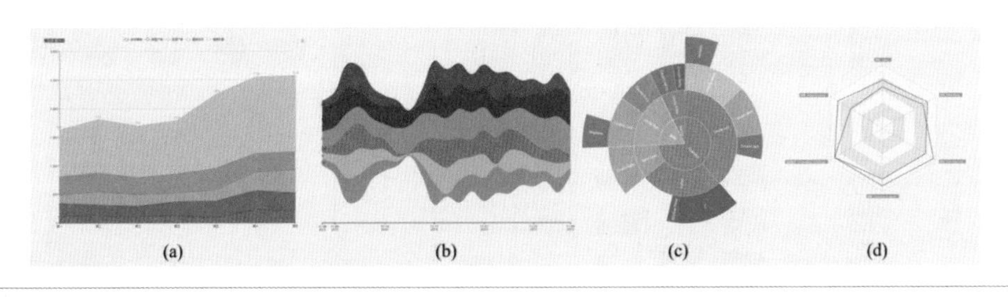

图 12.10 （a）堆叠图 ;（b）主题河流图 ;（c）Sunburst 图 ;（d）雷达图。
图片来源 : [Li2018], ECharts

12.3.4 编码

视觉编码是可视化的核心要素之一，交互式地改变数据元素的可视化编码，如改变颜色编码、更改大小、改变方向、更改字体、改变形状等，或者使用不同的表达方式以改变视觉外观，可以直接影响用户对数据的认知。

MacEachren[MacEachren2012] 总结了 11 种可视化编码元素，如图 12.11 所示，包括位置、大小、颜色、深浅、饱和度、纹理方向、纹理密度、纹理排列方法、形状、边缘模糊程度和透明度。用户应当根据数据分析情况选择合适的编码方式对数据进行编码。许多可视化应用都支持通过交互进行简单的颜色或形状编码，如 Many Eyes [Viegas2007] 中有不少可视化方法都会在交互之后改变数据元素的颜色和形状。图 12.12 展示了来自 Many Eyes 网站上的一个示例，针对同一个数据，用户可以交互选择不同的编码方案以表达数据的各个侧面，从而更直观地理解数据。Tableau 软件允许用户交互式地指定数据每一个属性的编码方式、颜色、大小、形状等生成用户需要的表格。这种交互式方式越来越成为可视化设计的潮流。Vega-Lite[Satyanarayan2017] 允许用户采用简单的语言对数据进行编码，指定编码的方式、交互的种类等，数据的可视化结果被实时地展示在界面上，使得用户可以直观、快捷地定义一个可交互的可视化图表，如图 12.13 所示。

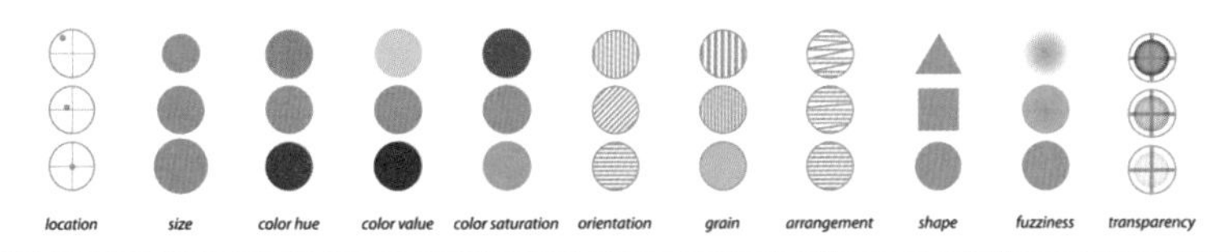

图 12.11 11 种可视化编码元素，包括位置、大小、颜色、深浅、饱和度、纹理方向、纹理密度、纹理排列方法、形状、边缘模糊程度和透明度。图片来源 : [MacEachren2012]

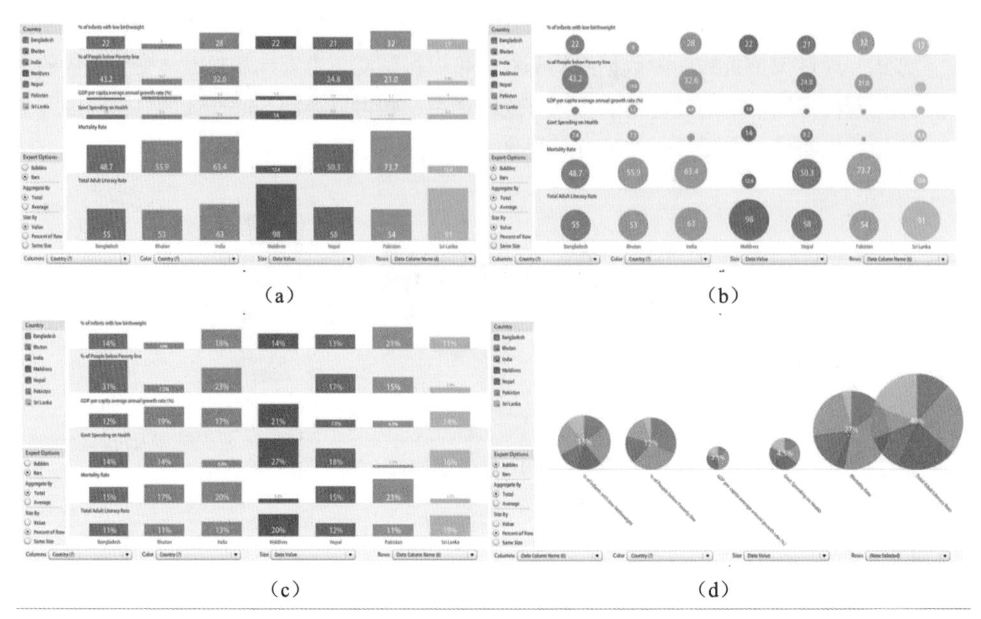

图 12.12 来自 Many Eyes 网站的示例，展示了南亚 7 国在低出生体重的新生儿比例、贫困线以下人口比例、人均 GDP 年增长率、政府卫生支出、死亡率及成人识字率 6 个指标上的数据比较。其中，(a) 视图的横轴为国家，纵轴为 6 个指标属性，数值及直方图大小体现该指标的绝对数量；(b) 为进行交互之后以气泡图重新编码 (a) 中信息的效果；(c) 展示了在交互后用每个指标的百分比代替绝对数量的直方图重编码效果；为了更直观地展示比例信息，用户在交互后产生 (d) 图，其横轴为 6 个指标，饼图的区块大小重新编码了 (c) 中的百分比信息。图片来源：链接 12-1

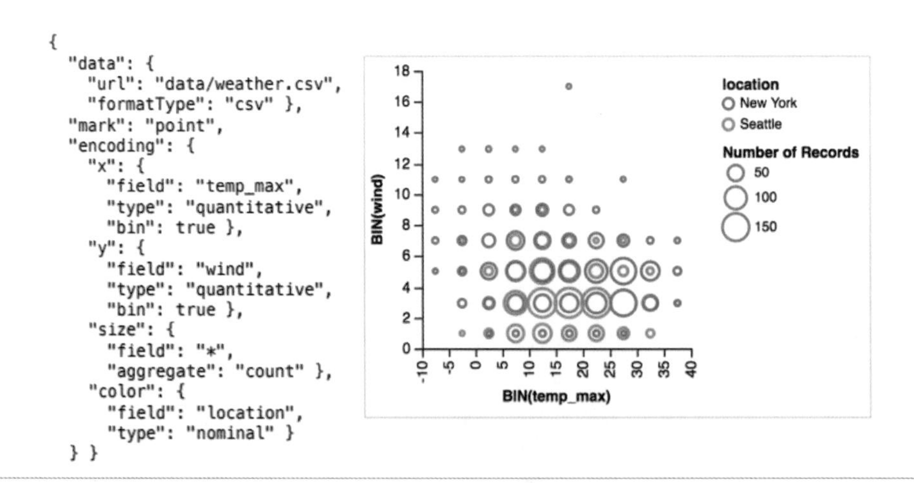

图 12.13 Vega-Lite 允许用户输入编码方式和信息，对数据编码的结果实施的展示在界面上。图中圆的大小表示数据的数量，不同颜色表示不同的城市，横纵坐标分别表示温度和风力。图片来源：[Satyanarayan2017]

随着数据越来越复杂，用户往往需要不止一种编码方式来对元素进行编码以查看该元素不同的属性，方便元素之间的对比。越来越多的工作开始致力于针对可视化任务设计独特的编码图标来直观地展示数据，交互则在这个过程中充当了选择数据对象的功能。例如，在 VAET 系统 [Cong2014] 中，作者使用乐谱元素编码交易信息以方便用户对异常交易的探索，如图 12.2 所示。乐符的每一个圆形代表一种类型的交易，同一卖家的交易被连接起来，颜色表示交易物品的类型，大小表示交易数量，竖线长度表示交易金额。用户可以选择乐谱中的元素来查看数据。在 Smartadp 系统 [Dongyu2017] 中，如图 12.14 所示，当用户选择一个地点时，图标中的车辆速度仪暗示了这个地点的车流速度，并通过图形、图标、颜色、大小等方式编码了 POI 信息和车流在时间上的分布信息，大大地方便了用户对不同地点的交通情况的比较。

图 12.14 在 Smartadp 系统中用来编码道路信息的图标示例。车辆速度仪暗示了道路上的车流速度，各种不同的 POI 类型统计与周末及工作日的车流量等信息被依次编码在圆周上，方便用户比较不同地点的交通流量信息。图片来源：[Dongyu2017]

12.3.5 抽象 / 具象

抽象 / 具象（Abstraction/Elaboration）交互技术可以为用户提供不同细节等级的信息，用户可以通过交互控制显示更多或更少的数据细节。例如，如图 12.15 所示的 Sunburst 布局允许用户自行控制显示的层次，以达到浏览各个层次级别细节信息的目的。在可视化系统中，抽象往往能展示更多的数据对象，方便用户对数据整体的理解；而具象往往能展示对象更多的属性和细节，使得用户可以直观地探索数据。在实际应用中，抽象 / 具象技术往往体现为概览 + 细节这样的交互模式，详见 12.3.8 节。

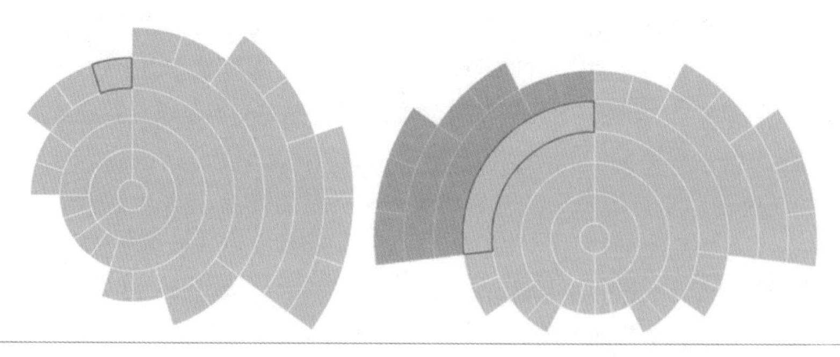

图 12.15 抽象 / 具象示例之 Sunburst 布局。左：使用该布局呈现某层级树形结构数据，红色框选节点为当前选中目标；右：在点击红色框选节点之后该节点下的细节被具体展现出来（蓝色部分）。红色框部分为蓝色部分的一个抽象，当数据太多时用户并不需要完全掌握所有的展开细节，通过交互可以灵活控制抽象概览和具象细节的量。

12.3.6 过滤

过滤（Filtering）指通过设置约束条件实现信息查询。这是日常生活中常见的获取信息方法。例如，在搜索引擎中键入关键词查询，搜索引擎从所有的网页中选出相关的页面提供给用户。在传统的过滤操作中，用户输入的过滤条件和系统返回的信息检索结果都是文字列表的形式，如上面提到的搜索以及通过 SQL 语言查询数据库等。

当用户对数据的整体特性完全未知或者知之甚少时，往往难于找到合适的过滤条件。因此，这种过滤方式并不适合对数据进行探索。同时，当返回大量过滤结果时，也难以对结果进行快速的判断。可视化通过视觉编码将数据以视图呈现给用户，使之对数据的整体特性有所了解并能进行过滤操作。在信息过滤的过程中，将视觉编码和交互紧密迭代进行，动态实时地更新过滤结果，以达到过滤结果对条件的实时响应、用户对结果快速评价的目的，从而加速信息获取效率。

以一个可视化交互过滤的应用 Home Finder 为例（见图 12.16）[Shneiderman1994]。其在华盛顿特区地图上用亮点标识待售的房屋，用户可以通过设置条件实时地标识符合条件的房屋。如果采用传统的过滤手段，用户输入的是某个属性上的限制条件，输出的结果往往是字符构成的列表，其记录了每间符合条件的房屋信息。这种做法难以直观表达购买房屋中非常重要的地标信息。当输出的房屋数量很大时，列表过长会对用户的评判造成障碍，从而降低用户获取信息的效率。可视化表达将房屋的位置及相关信息直观紧凑地展示在地图上。通过交互过滤，结果数据被高效实时地返回给用户，这样既改善了过滤手段，又提升了过滤查询的效果。这种在线的可视化过滤技术称为动态查询（Dynamic Queries），是信息可视化中应用最广泛的经典技术之一 [Ahlberg1992]。

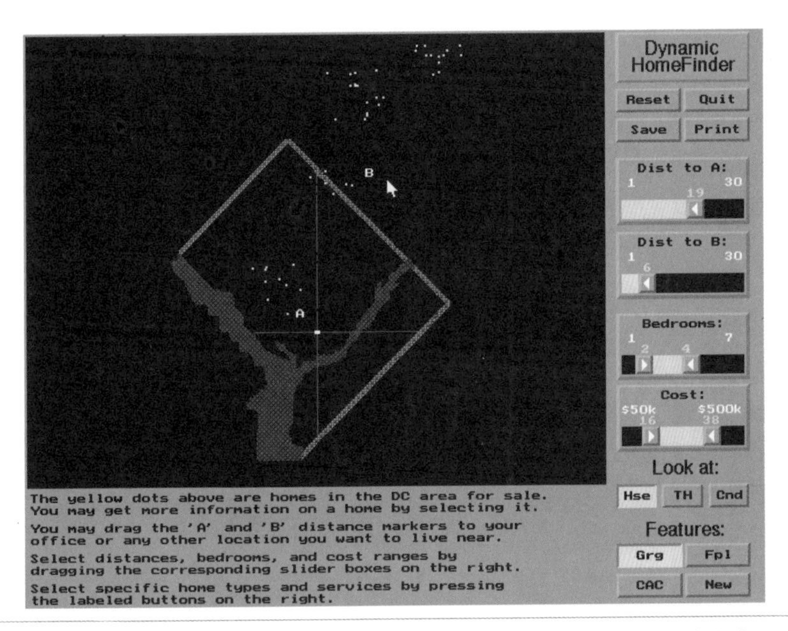

图 12.16 Home Finder 展示了华盛顿特区地图并用 1100 个亮点标识了该地区待售房屋。用户可通过右侧的滑块和按钮设置过滤条件，符合条件的房屋被实时高亮标出。图片来源：[Shneiderman1994]

动态查询往往被应用于合作系统当中。Hong 等人[Hong2018]设计了一种用于决策的合作式过滤系统，该系统主要解决了当多个用户各自有不同的过滤条件时，如何选定最符合所有用户条件的数据对象。例如多个用户聚餐，需要选择大家都满意的餐厅。该系统允许用户指定各自的过滤条件，过滤结果通过地图加编码的方式进行展示，直观地显示出每一个推荐地点都满足哪几个用户的需求，大大提高了决策效率，如图 12.17 所示。

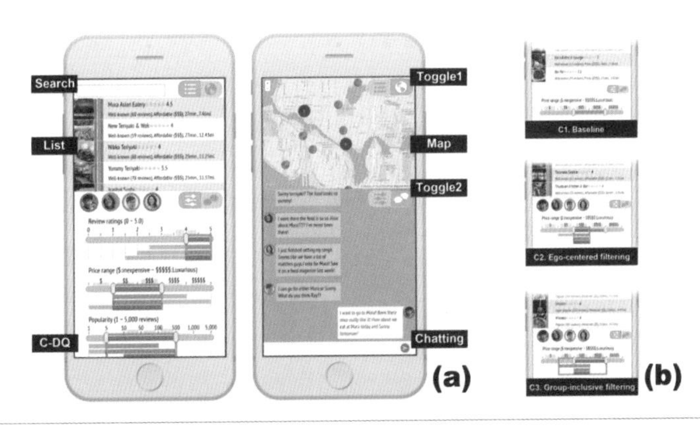

图 12.17 Hong 等人设计的合作决策系统。多个用户可以共同指定餐厅的过滤条件，符合条件的餐厅显示在地图上，餐厅的每一种颜色表示满足一个用户的过滤条件。系统还支持聊天，大大方便了多个用户的合作决策。图片来源：[Hong2018]

动态查询作为一种有效的信息检索手段在可视化系统中被大量使用，其后的改进和扩展使之更高效和直观。在动态查询中，用来设置条件的控件起到很大作用，通常这些控件是标准的图形界面组件，如滑块、按钮、组合框、文本框等。这些标准控件虽然能保证交互操作的完成，但是提供给用户的信息非常有限。例如，Home Finder 中的价格条件，通过所使用的滑块控件，用户仅能了解数据中所有房屋价格的最大值和最小值，并需要由此设置过滤的范围。假设数据中的价格存在异常值：只有一间房子价格为 5 万美元，其余都在 40~50 万美元之间。对于用户他们只能了解到房价在 5~50 万美元之间，因此通常会选择一个较低的价格，例如 10 万美元，作为起始的过滤条件。于是他们只能找到这间 5 万美元的房子。当他们按照常规的检索习惯，从 10 万美元开始逐步调整滑块来改变价格的上限时，在很长一段时间内只能看到这一间符合条件的房屋。如果能进一步为用户提供房屋价格的统计分布，那么用户可观察到大多数房屋的价格范围是 40~50 万美元，就能选择合适的价格区间，从而进行更有效的过滤。嗅觉控件（Scented Widgets）方法 [Willett2007] 在控件上嵌入了可视化的成分，为用户提供了更多数据的信息。基本手段包括三类：插入图标或文本标签（见图 12.18（b））；在现有组件上做标记，使用色相、饱和度和透明度等视觉通道编码更多的信息（见图 12.18（c））；插入一个简明的统计图形，如直方图（见图 12.18（a））。这些可视化所提供的信息强化了原有控件的功能，使用户对数据有更多直观的了解。

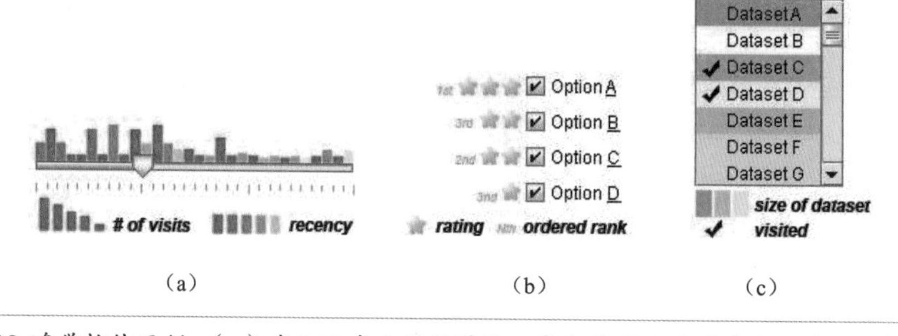

图 12.18 嗅觉控件示例。（a）嵌入了直方图的滑块，条块长度和透明度分别编码了数量和近况两个属性；（b）嵌入了图标和文字标识的复选框，使用图标数量和文字表示排名；（c）嵌入了颜色和标记的列表，采用透明度和勾选标记编码数据集大小和是否访问两个属性。图片来源：[Willett2007]

基本的动态查询系统的另一个局限是：所有属性的过滤控件都不相关联。当用户对某个属性进行过滤时，并不会对其余属性的过滤控件产生影响。而实际情况是属性和属性之间往往存在联系，而且这些联系通常可加速用户获取信息的效率。不相关联的数值滑块并不能体现这样的联系。例如，在 Home Finder 中，卧室的数量和房屋的价格是相互关联的。如果在设置卧室数量的同时，系统根据数据实时更新显示对应的价格范围，则可减少用户的操作量。AggreSet 使用可视化视图代替传统的过滤控件，使用户直接在可视化组件上进行过滤条件的设置。同时，每个属性的视图都会用高亮标识当前过滤结果在该属性上值的分布（见图 12.19）。相比较而言，这样的做法弥补了动态查询在协同过滤多个属性参数时的不足，丰富了过滤的手段。

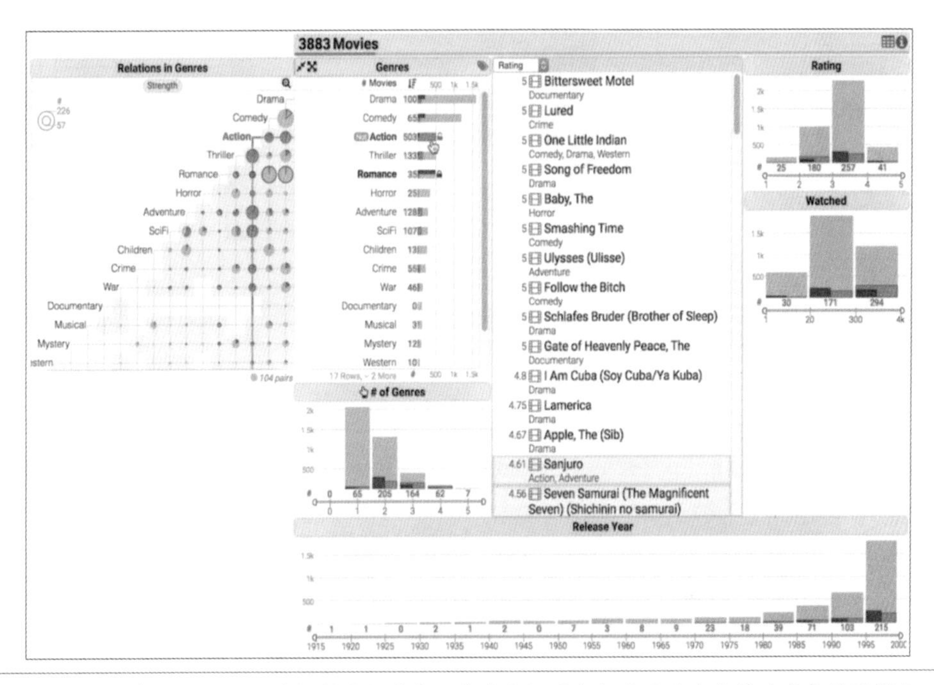

图 12.19 用户在一个视图上对电影进行过滤，在其余视图上相应反映出当前过滤条件的影响。图片来源：[Yalcin2016]

近年来，针对特殊种类的数据检索变得越来越热门。交互式的可视检索不仅能使得检索结果更加直观，而且还能通过多次简单的查询，简化复杂的查询过程，同时方便用户根据中间结果调整查询条件。例如，Cappers 等人 [Cappers2018] 设计的时序数据检索系统，用户可以通过定义一串类似于布尔表达式的事件条件，过滤出数据库中符合条件的数据。如图 12.20 所示，每一种颜色代表一种类型的事件，用户定义一串事件规则之后，所有符合条件的事件串将会被过滤出来，使用户能够方便地查看检索结果并制定进一步的检索任务。

对于时空数据，数据的语义及属性的复杂一直是数据检索的重要难题。VESPa 系统 [Florian2016] 允许用户通过语义序列定义轨迹条件来过滤数据。如图 12.21 所示，该案例分析了上班族的日常行为，定义查询目标为一日三餐和去公司上班。过滤后的轨迹展示在时间轴上，每一排表示一个人的轨迹，颜色表示一个功能的区域，比如蓝色表示住宅，红色表示公司，青色表示餐厅。从图 12.21 中可以看到，大多数上班人员都符合这个查询条件。

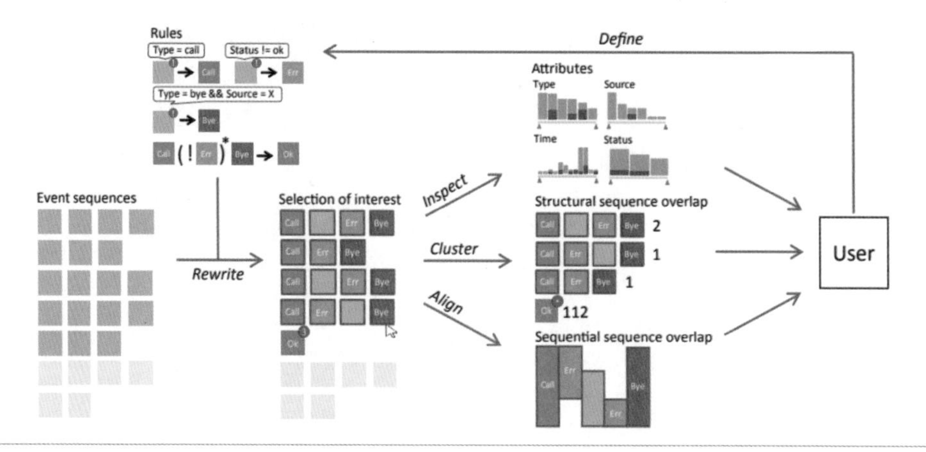

图 12.20 时序数据的交互式检索系统。用户可以定义一个查询语句，每一种颜色表示一种类型的事件，所有符合查询条件的事件串将会被过滤出来，相关的统计信息、聚类信息和详细的事件信息将会被展示给用户，用于制定新的查询语句。图片来源：[Cappers2018]

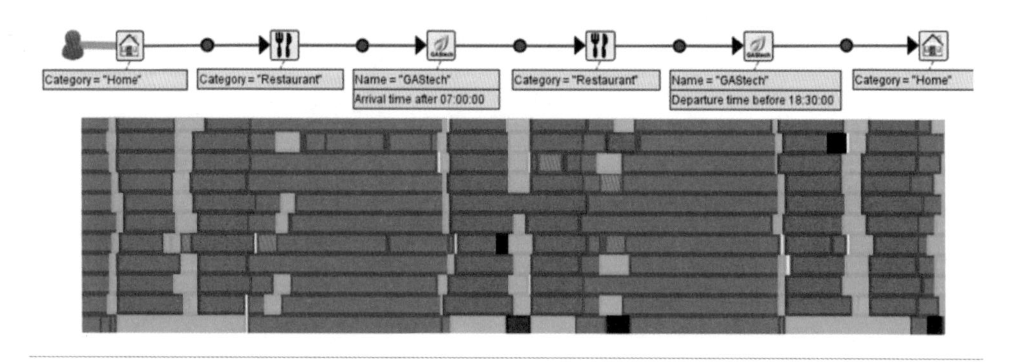

图 12.21 VESPa 系统示意图。用户通过点击及输入定义查询语句，比如图中用户定义了一个人从家里出发，到餐厅并在 7:00 后到达公司，中午去餐厅吃饭后返回公司，并在 18:30 之后回家的查询条件。所有符合条件的轨迹都将被过滤出来，每一条轨迹都用有颜色编码的一排矩形来表示，横轴表示时间，每一种颜色代表一种类型的地点，比如蓝色表示住宅，红色表示公司，青色表示餐厅。图片来源：[Florian2016]

对于有多个数据源的跨域数据，可视检索使得没有数据背景的用户也能够对数据进行查询。如图 12.22 所示，VAUD 系统 [Chen2017] 将复杂的查询任务拆分成简单的原子查询和信息抽取过程，允许用户通过简单的交互动作，定义多源异构数据的时间、空间、对象 id 和其他属性四种类型的查询条件，查询结果通过相应的视图或场景地图进行展示，方便用户分析并制定进一步的数据检索任务。

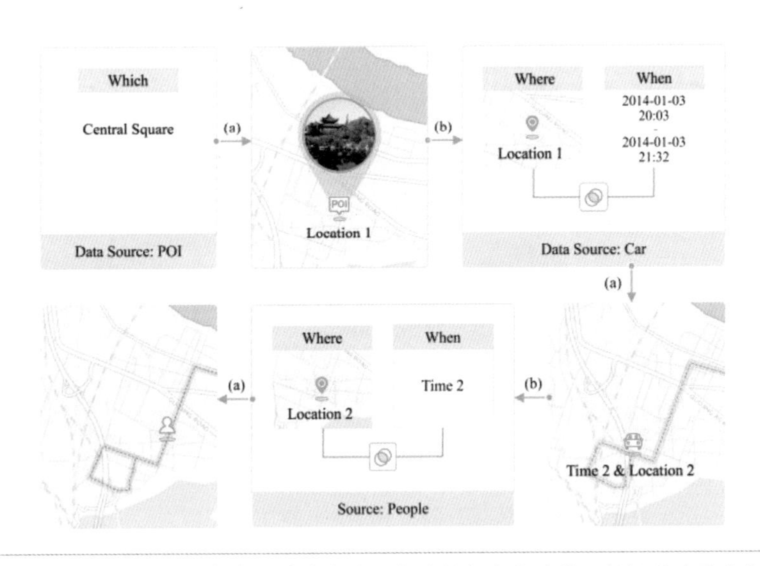

图 12.22 VAUD 系统示意图。复杂的跨域查询任务被拆分成针对单一数据源的原子查询和信息抽取过程。用户可以通过简单的交互定义时空数据的时间、空间、对象 id 和其他属性四种不同的查询条件，对多源异构的时空数据进行跨域查询。用户首先在建筑物信息数据中查找中央公园，结果通过地图展示，然后用户将中央公园的地理位置抽取出来作为进一步的查询条件，并在出租车数据中找到 2014 年 1 月 3 日 20:00—21:00 经过中央公园的出租车，最后用户通过抽取出租车当天经过的地点和相应的时间，在基站轨迹数据中找到了该出租车司机的手机。图片来源：[Chen2017]

时至今日，动态查询作为最重要的过滤交互技术之一被广泛地使用。这方面技术的研究和发展主要在于用户对数据进行过滤的时候，如何为其提供更多的相关信息。例如，数据的统计分布等，从而使其更有效地完成信息检索任务。因此，如何使这些信息更直观、更好地融合于可视化系统是非常重要的方向。当面对海量数据的时候，如何能实时地更新并展示多源异构的数据信息也是新的挑战。

12.3.7 关联

关联（Connection）技术往往被用于高亮显示数据对象间的联系，或者显示与特定数据对象有关的隐藏对象，这在单视图和多视图（Multiple View）应用中都有所体现，多视图尤甚。多视图可以对同一个数据在不同视图中采用不同的可视化表达，也可以对不同但相关联的数据采用相同的可视化表达，这样的好处是用户可以同时观察数据的不同属性，也可以在不同的角度和不同的显示方式下观察数据。然而，用户首先必须清楚数据在各个视图中具体的位置，这就需要一种标识不同视图中有关联的对象的技术。

链接与刷动（Linking & Brushing）[Keim2002] 应运而生：当用户在一个可视化组件上框选一些对象后，在其余的视图上都能显现相应的关联结果（见图 12.23）。另一种是多视图之间的联动操作，例如在 AggreSet 系统 [Yalcin2016] 中，当鼠标悬浮在一个可视化元素上时，在其他视图中与其相关的数据也会高亮显示，如图 12.24 所示，所有橙色部分都表示是与玉米（corn）相关的餐饮。

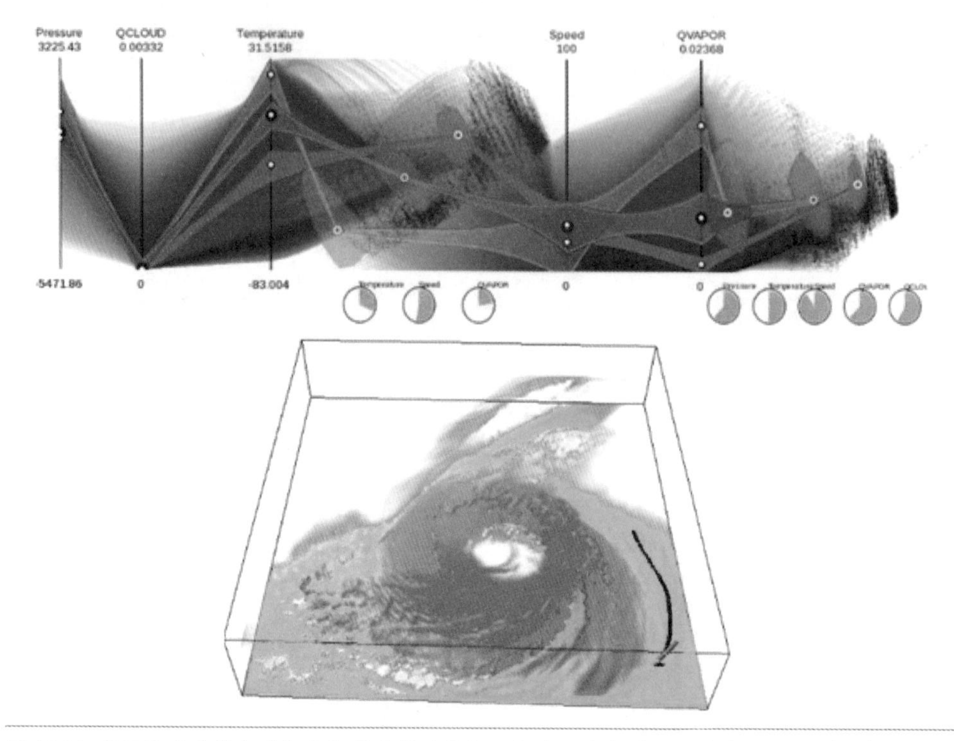

图 12.23 基于维度映射和平行坐标的多维体数据可视化及分析系统。体数据视图（下）和平行坐标视图（上）相互关联，操作其中的一个视图都会相应地在另一个视图上呈现反馈。图片来源：[Guo2012]

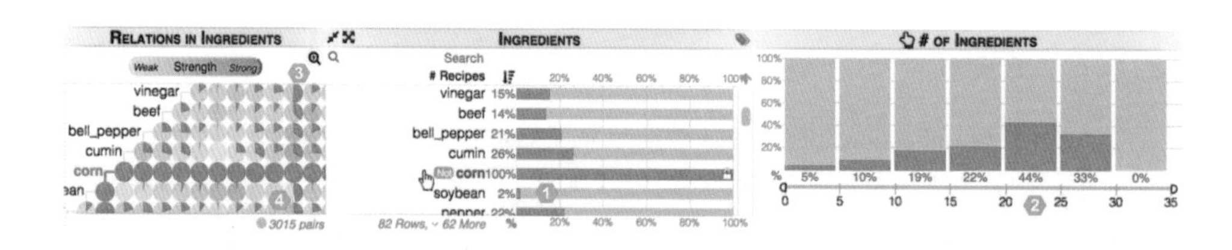

图 12.24 用于探索集合元素之间关系的可视化系统。图中展示了 5000 余份餐饮中各个配料成分互相搭配的情况，左边视图展示了配料两两之间的关系；中间视图展示了配料在餐饮中所占的比例；右边视图展示了配料和餐饮中配料总数的关系。当鼠标悬浮在玉米（corn）上时，展示了：①在含有 soybean 配料的餐饮中，有玉米的餐饮只有 2%；②在含有 20~25 种配料的餐饮中，有玉米的餐饮占 44%；③④右边第二列所对应的食材经常搭配玉米，例如 vinegar 和 soybean。图片来源：[Yalcin2016]

12.3.8 概览 + 细节

概览 + 细节（Overview+Details）的基本思想是在资源有限的条件下同时显示概览和细节。概览指不需要任何平移或滚动，在一个视图上集中显示所有的对象。概览 + 细节的用户交互模式指显示全局概览，并将细节部分在相邻视图或本视图上进行展示，其好处在于非常符合用户探索数据的行为模式。概览为用户提供了一个整体印象，使得其对数据的结构等全局信息有大体的判断。这个过程往往出现在数据探索的开始阶段，可以引导用户深挖的方向，随后用户可以深入获取更多细节。此类设计理念应用广泛，例如 Adobe Photoshop 中的导航窗口能够展现概览和某一个层次的细节。图 12.25 展示了在大图探索过程中概览 + 细节的应用，可以从右上角的图概览中进行缩放和刷选，来定位到原图中的位置。

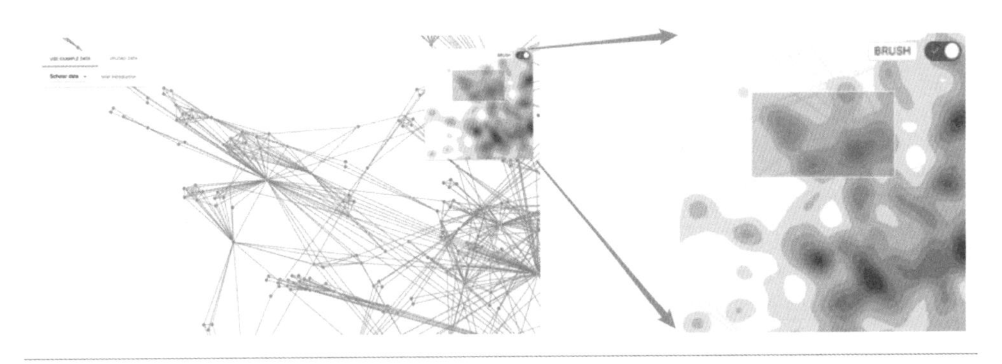

图 12.25 大图探索过程中的概览 + 细节。右上角的缩略图显示全局概览，主视图显示当前关注的区域。

在很多情况下，数据在不同尺度下呈现不同的结构，因此可采用多尺度可视化表达提供多个概览层次，而不仅仅是一个单独的层次。如图 12.26 所示，数据在 Region 层采用折线图表达，在分辨率更高的细节层采用甘特图（Gantt Chart）表示。这样不仅实现了数据在不同层次间的概览 + 细节沟通模式，而且在不同的尺度下运用了数据在该尺度下更为合理的表达。

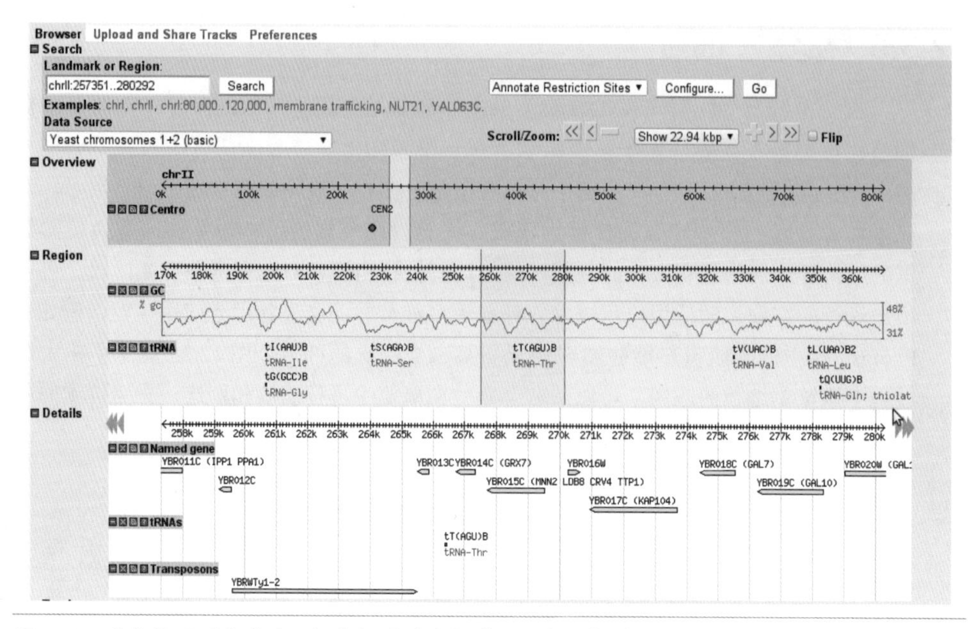

图 12.26 遗传基因浏览系统。概览视图（上）展现了整体概览，仅仅显示了时间轴，几乎没有其他信息的表述；区域视图（中）展示了一个层次的细节（折线图），概览视图提供整体概览信息;细节视图（下）采用甘特图显示深入的细节，此时区域视图为其概览。这种多尺度视图方法展现了不同层次的信息，在各个层次运用其最合理的可视化表达方式，可帮助用户理解不同层次的数据内涵。

上面介绍的例子或多或少与多视图有关。事实上，这也是概览 + 细节常用的视图方案。将概览视图和细节视图分离，并且关联展示同一批数据，可很好地利用有限的屏幕空间发挥概览+细节的作用。例如，在 iTTvis 系统[Wu2018]中分析乒乓球比赛的时候，如图 12.27 所示，系统利用了多视图的界面，上方视图显示比分变动情况，下方左边的主视图展示每一局比赛的概览情况，而当用鼠标点击某一个比分时，详细的击球过程和动作都会在下方右边的细节视图中展示。该系统不仅能让用户直观地了解一局复杂的乒乓球比赛的全过程，而且对每一个球局都进行了详细的解析。

值得注意的是，用户在多个不同窗口间来回移动注视的焦点也会增加交互延时，影响用户体验。可缩放用户界面（Zoomable User Interfaces, ZUI）[Bederson1994][Bederson2000] 通过流畅的缩放技术，在概览和不同尺度的细节视图之间无缝转换。此时，可视化系统不需要多个窗口来显示不同尺度的视图。在没有缩放之前，可视化显示全部信息总览，每个数据对象以缩略图的形式直接显示。用户可以选择放大自己感兴趣的细节。图 12.28 展示了基于可缩放用户界面理念开发的看图软件 PhotoMesa [Bederson2001]，它允许用户高效地对大量图片进行检索，较好地体现了可缩放用户界面的设计理念。其中，概览和细节视图之间的无缝转换是成功与否的关键。随着数据量的增加，实现无缝转换的难度变大。微软的 Live Lab

在信息检索系统 Pivot 中利用 DeepZoom 技术，从而实现了更高的扩展性[Pivot2012]。

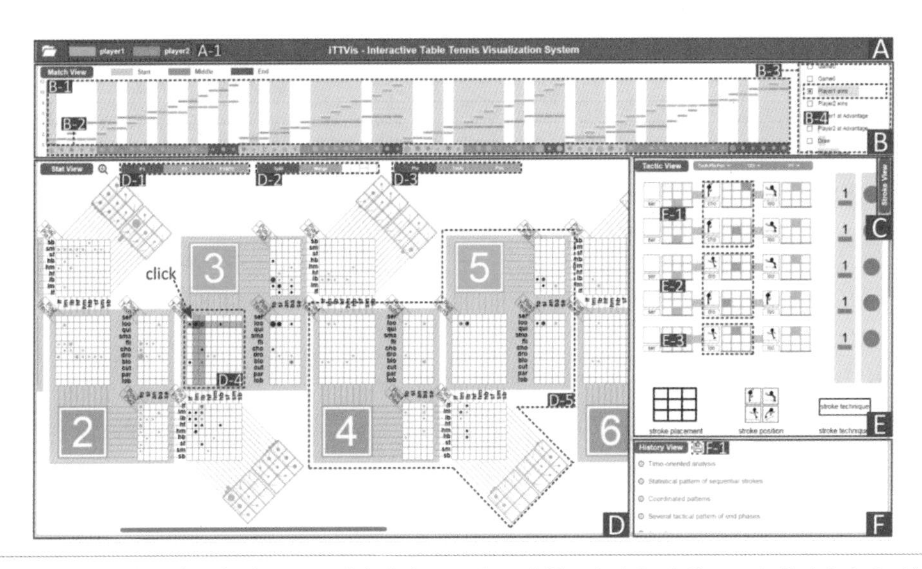

图 12.27 乒乓球比赛分析系统，两种颜色表示两位运动员，上方视图展示了比赛的比分变动情况；下方左边的主视图展示了每一局比赛的概览情况，数字表示局数；而下方右边的细节视图展示了一分内球员的击球情况，击球动作用图标展示，击球落点用九宫格表示。图片来源：[Wu2018]

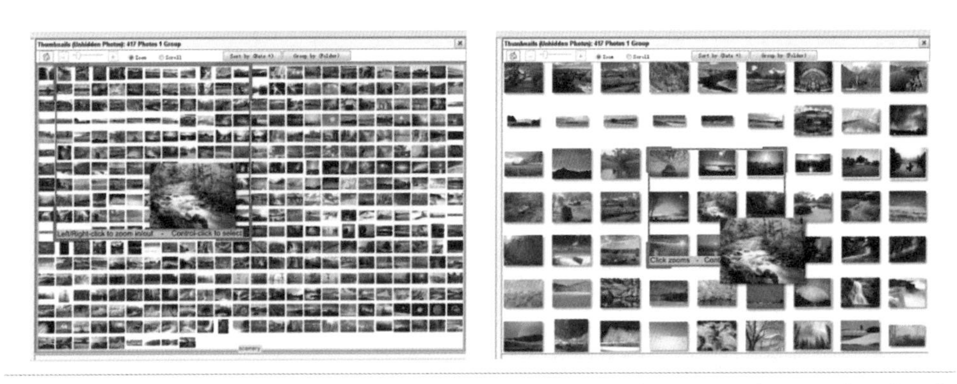

图 12.28 使用 PhotoMesa 浏览图片。如左图所示，该软件首先采用全局概览给予用户所有图片的大致印象，用户可选择一张图片点击缩进至红框所圈选的范围（右图），进一步执行概览 + 细节的步骤。

在原有的概览界面中嵌入（Embedding）更多的信息也是一种实现概览 + 细节的途径。在嵌入过程中最需要解决的是原有概览界面中空间不足的问题。在这种情况下，往往需要对原有的数据编码进行变形。Sun 等人[sun2017]实现了一种将地图上的道路拓宽的算法，能够放大用户指定的道路，同时保持道路之间相对位置的稳定。这样一来，就能在道路上嵌入相应的道路信息，直观地进行路况分析，如图 12.29 所示。其他变形案例请参考 12.3.9 节。

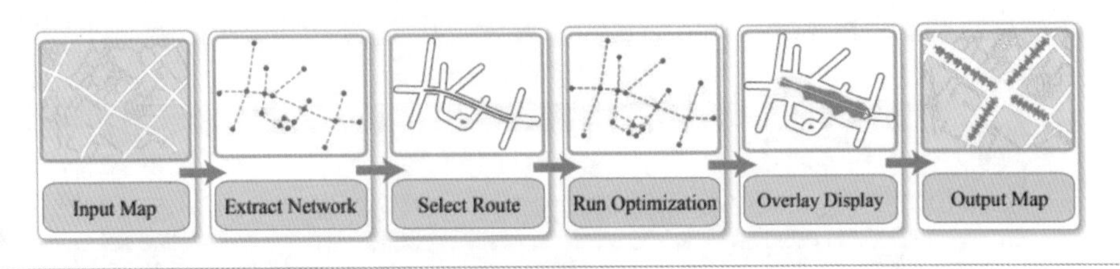

图 12.29 道路缩放功能流程图。道路缩放后能够加宽道路在地图上的显示，并放入相应的可视化元素，同时保持道路之间的相对位置不变。流程包括：抽取路网信息、选择道路、通过算法对路网变形保持相对位置、拓展道路、添加图层和输出图像。
图片来源：[sun2017]

12.3.9 焦点 + 上下文

在以导航方式浏览数据时，由于屏幕空间限制，用户只能看到数据的一部分，容易造成导向的缺失，即用户不知道往何处继续浏览。概览 + 细节的方式为用户提供了数据整体和细节的信息，即附加全局的指导性信息。然而，一个视图中任何时刻只能显示一个细节尺度的可视化，用户必须依靠场景的转换或者多个视图查看不同尺度下的可视化。因此，另一种方式是在同一视图上提供选中的数据子集的上下文信息。焦点 + 上下文（Focus + Context）致力于显示用户兴趣焦点部分的细节信息，同时体现焦点和周边的关系关联，即整合了当前聚焦点的细节信息与概览部分的上下文信息。以地图的浏览为例，焦点指用户交互选择进一步浏览的某一块感兴趣区域（Region of Interest, ROI），上下文则是该区域周边的信息。通过视觉编码以及变形等技术将两者整合，最终为用户提供一种随着交互动态变化的视觉表达方式。

变形

变形（Distortion）技术是聚焦 + 上下文中的一个大类。这类技术通过对可视化生成图像或者可视化结构进行变形，达到视图局部细节尺度不同的效果。此方法直观有效，并且在实际应用中也被广泛使用。

双焦视图（Bifocal View）[Spence1982] 是一种在平面上采用变形或者抽象方式，压缩显示空间以突出关注重点同时保持上下文信息的技术。压缩部分可以呈现为形态压缩（见图 12.30），也可以用抽象表示加部分注释以维持上下文信息（例如，将图中被压缩的上下文部分用符号替代表示，或仅仅加以文字说明）。

另一种广为使用的变形技术——鱼眼视图（Fisheye View）[Furnas1986] 模仿了摄影中鱼眼镜头的效果。鱼眼镜头是一种广角镜头，拍摄效果近似于将图像径向扭曲。可视化借助这样的变形方式达到重点突出、周边兼顾的视觉效果。具体实现时根据实际情况采用不同的扭曲方式。如图 12.31 所示，此例将整个可见区域视作一个像素平面，进而在像素层面上运用不同的扭曲算法，这样形成的结果如同通过透镜观察物体，即光学扭曲方式。图 12.32 展示的例子中，鱼眼技术则作用于网络图结构本身，是一种结构性扭曲。更多扭曲算法的研究可参见文献 [Carpendale2001]。

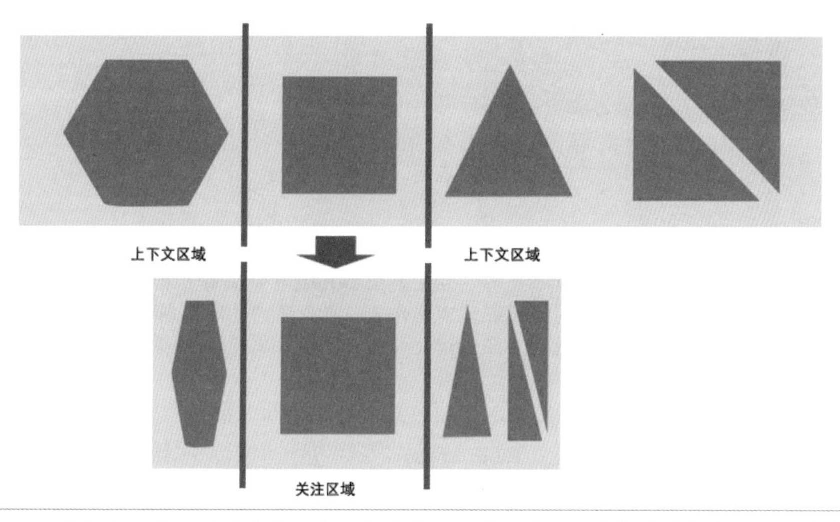

图 12.30 双焦视图形态压缩的效果。上下文区域被压缩，关注区域相对被突出，同时节省了屏幕空间，视图随着用户关注区域的改变而变化。

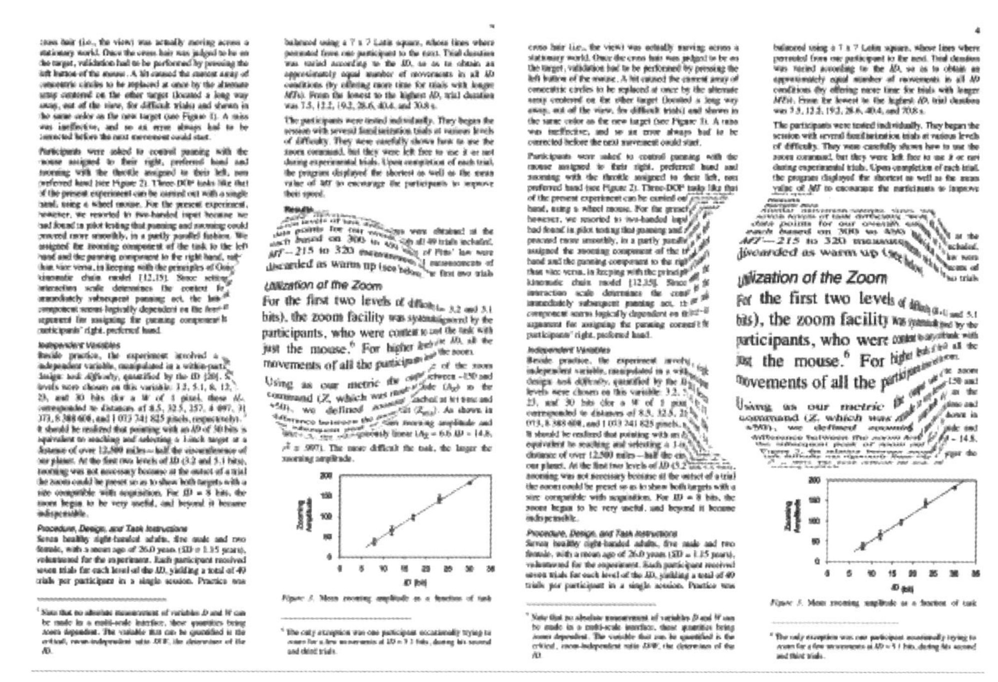

图 12.31 两种不同的鱼眼视图扭曲算法。左：径向扭曲；右：线性扭曲。图片来源：[Guiard2004]

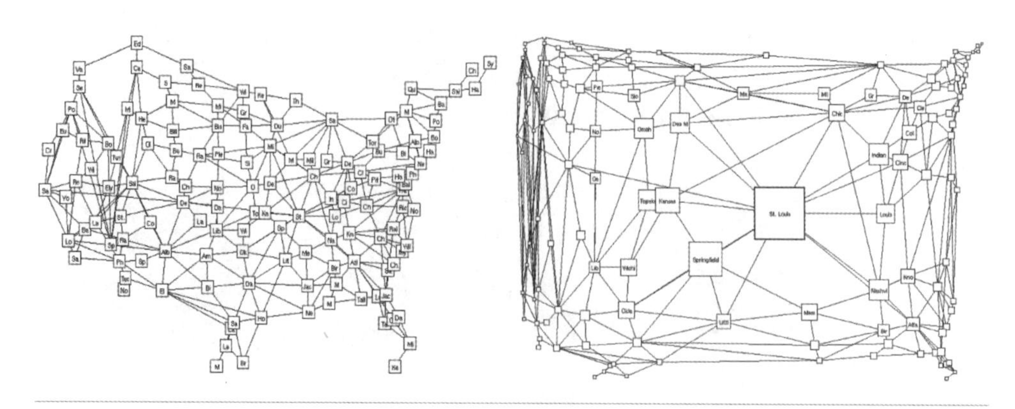

图 12.32 基于网络图结构的鱼眼变形。左：美国各大城市邻接图；右：选择到圣路易斯之后采用鱼眼视图技术达到的效果。可见处于焦点位置的圣路易斯被放大，周围其余城市被挤压，呈现可视化结构上径向放大的效果。图片来源：[Sarkar1994]

除了以上两种广为人知的变形扭曲方法，针对不同的数据类型和可视化表达还有不同的变形手段。例如，表透镜（Table Lens）[Rao1994] 是一种针对二维表的变形技术，它将鱼眼技术应用到二维表的框架结构中。如图 12.33 所示，表格中的焦点单元格面积变大，并显示详细信息，而其余单元格则占有相对较小的屏幕空间，显示简单的整体数据统计信息。

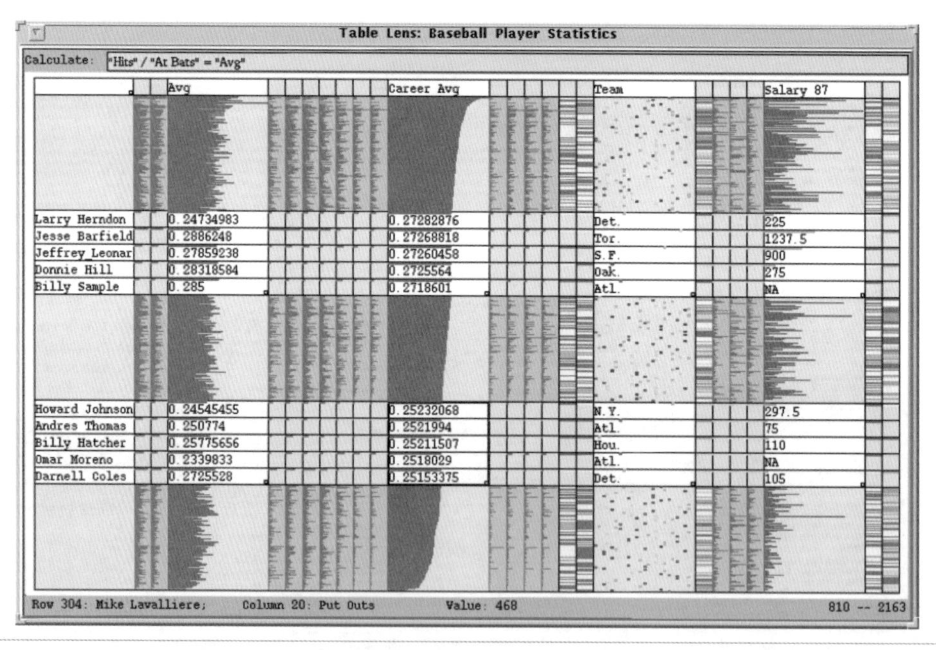

图 12.33 表透镜将部分焦点的列与行展开以显示具体信息，其余单元格则占用较小的屏幕空间，显示概略的整体统计信息。图片来源：[Rao1994]

在表透镜的基础上，考虑到日历也有二维表的特性，Berderson 提出了日期透镜（Date Lens）[Bederson2004]。这种方法扩展了传统日历的功能，也扩大了日历本身能够容纳的信息容量。这种技术特别适合于屏幕空间有限的移动设备，如智能手机和 PDA 等，如图 12.34 所示。

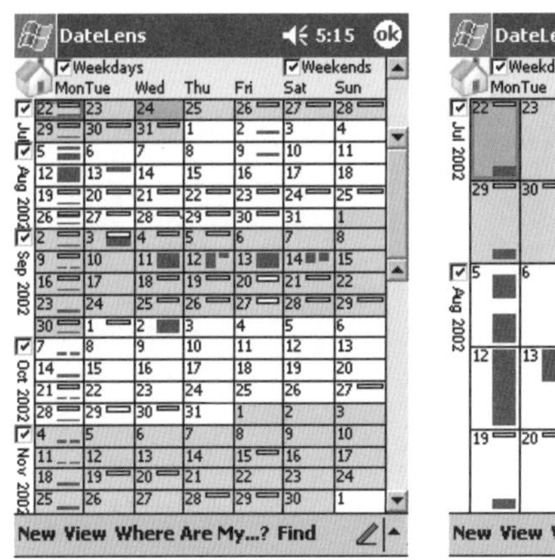

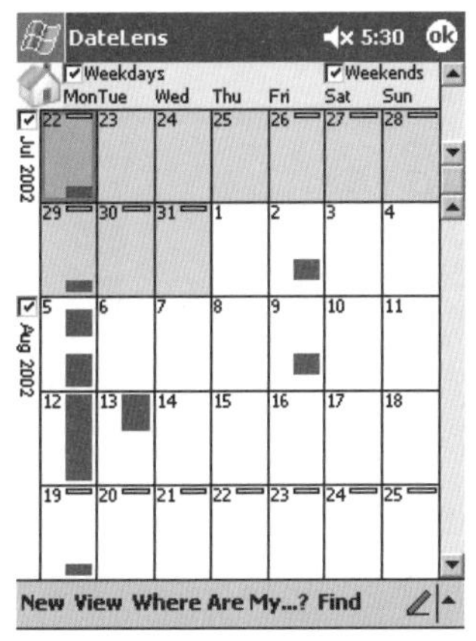

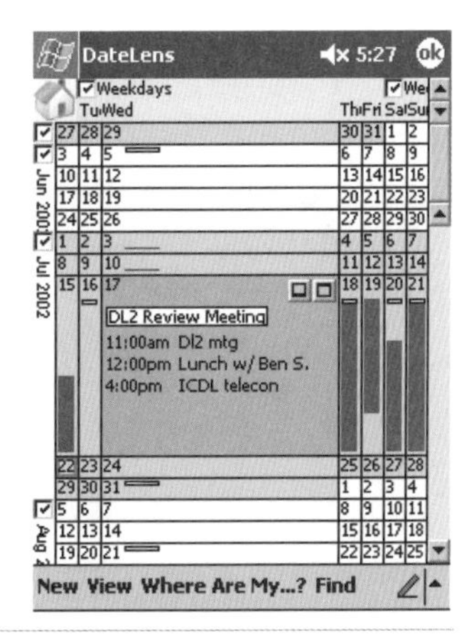

图 12.34 运行在屏幕空间有限的 Pocket PC 上的日期透镜。从左至右分别为月视图、周视图、选择到某个具体的日期之后显示出该日的具体日程，蓝色条块代表某天的日程，长度编码了该日程的时间跨越。图片来源：[Bederson2004]

除了二维表，对于图也有专门的变形技术，例如，边透镜（Edge Lens）[Wong2003] 专门用于解决图的边遮挡问题：节点过多、边过密时，层叠的边覆盖欲选择的节点或者边，给用户交互选择带来不小的困难，鱼眼、放大等技术都不能解决这个问题。为了去除遮挡信息，忠实地反映关注节点与周围连接的上下文关系，边透镜将密集的直线边调整为曲线，通过设置作用点来控制曲线锚点，并将作用到边的透明度提高，从而显示被遮盖的目标节点（见图 12.35）。

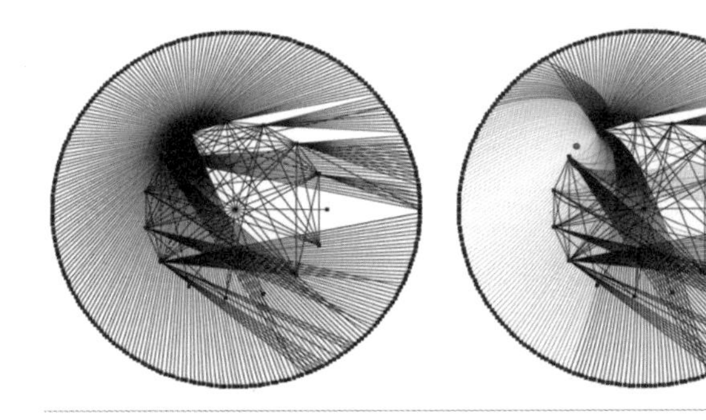

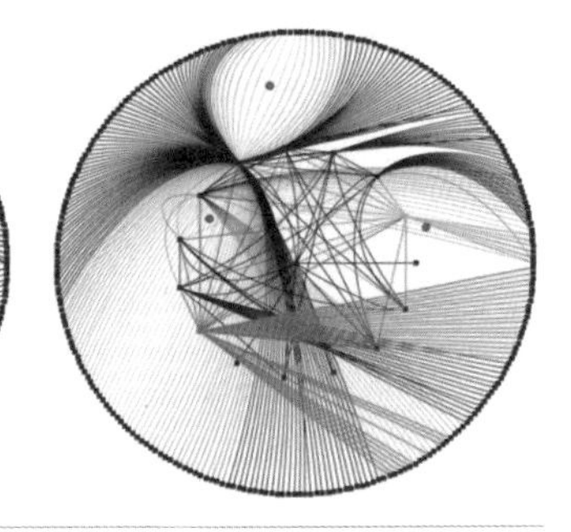

图 12.35 边透镜效果图。左：图初始布局，黑色粗点为节点，连接线为边，部分节点被密集边所掩盖；中：加了一个边透镜作用点之后的效果（蓝点），揭示了被掩盖的节点；右：添加多个作用点后选择到关注节点并高亮显示其连接边，高亮部分不受边透镜影响。图片来源：[Wong2003]

此外，针对社交网络这一类具有局部聚类特征的图结构，Frank van Ham 提出了一种特别的交互浏览手段 [Ham2004]——首先将一个个聚类抽象成大颗粒的节点，同时边也根据聚类特征聚合为不同粗细的集束，从而在一定程度上简化错综复杂的原图。当用户希望浏览具体的细节时，可通过透镜将抽象结构逐级细化最终分解成准确的结构（见图 12.36）。

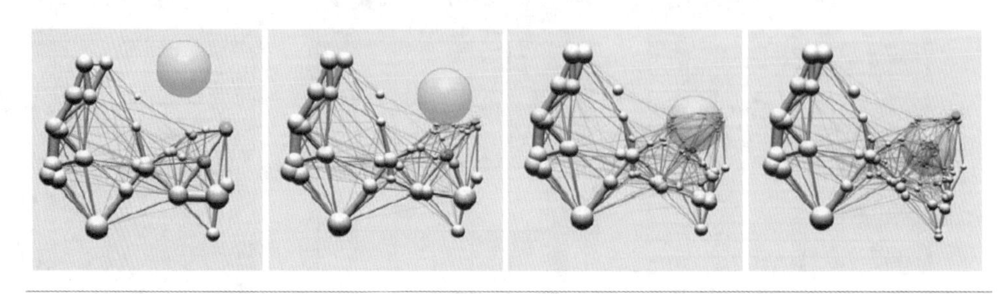

图 12.36 针对有局部聚类特征的图结构的交互浏览方法。各图中大的颗粒都是一个个节点聚类的抽象表达，当透镜接近颗粒时，颗粒开始分解，完全被透镜覆盖的区域显示具体而准确的图结构。图片来源：[Ham2004]

对于规模特别庞大的图结构，Gansner 提出了拓扑鱼眼技术 [Gansner2005]。其思路是计算出复杂图结构在不同尺度下简化后的结构表达，当用户指定了一个关注区域之后，不同层级的简化结构表达被混合显示，以达到从关注区域至外沿细节不断减少的效果，最后在关注区域实施鱼眼式的径向放大（见图 12.37）。此方法在关注区域保持了足够的细节信息，同时在区域以外又不丢失原图结构粗略的轮廓，很好地贯彻了焦点 + 上下文理念。

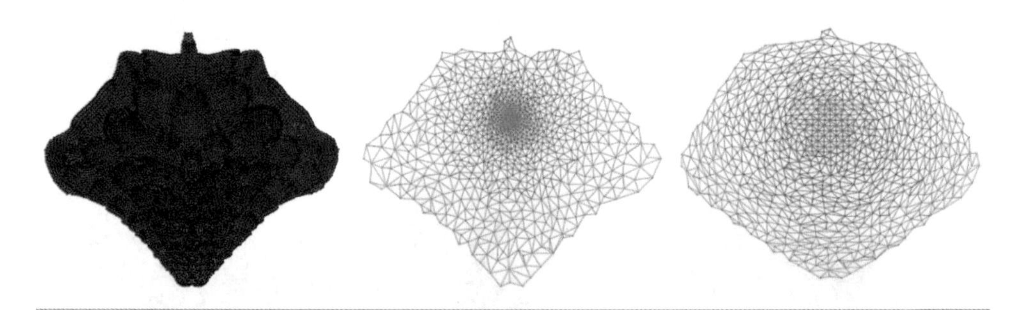

图 12.37 面向大规模图结构浏览的拓扑鱼眼技术。左：节点特别多，边连接关系特别复杂的大规模图结构；中：左图的混合图模式，其中点边非常集中的红色部分为当前用户关注的焦点，显现了和原图一模一样的细节信息，由红到绿，混合图上的细节信息不断减少；右：加入鱼眼技术的混合图，可见中图中关注的集中区域被径向放大，呈现出鱼眼透视的效果。图片来源：[Gansner2005]

变形方法还可以运用于树形结构数据，展开和收缩是在大型树形结构数据中实现焦点 + 上下文的有效手段。由于树自身的结构特点，其节点以指数级增长，因此如何调配分支和节点的显示空间非常重要。空间树（Space Tree）[Grosjean2002] 将树形分支在不同层次展开或者收缩，收缩的时候用附着在节点上的图标、数字或颜色编码暗示该节点连接分支的分布或数量等状况以保持一部分语义信息（见图 12.38）。

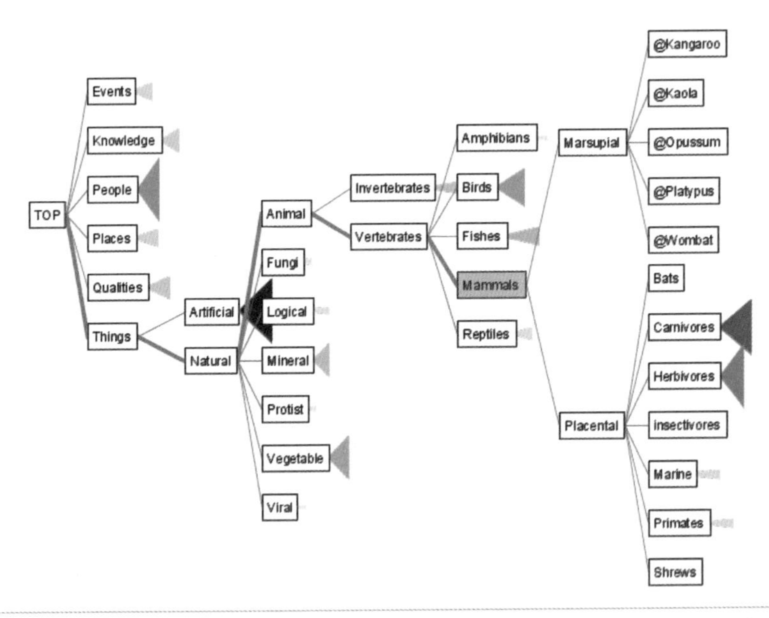

图 12.38 空间树示意图。点击节点可以展开或收缩子分支。本例运用三角形暗示某节点下收缩聚合的分支分布的大致情况，颜色越深，形态越大，代表其下连接的分支越多。图片来源：[Grosjean2002]

Lampingt 借鉴非欧几何的双曲空间理论，采用双曲树（Hyperbolic Tree）表达浏览大型的树形结构 [Lamping1996]。此方法产生一种基于双曲几何的鱼眼效果，将数据投射到一个双曲空间表达的球面。这种方式将无限大的非欧几何空间与数据对应，使得将层次呈众多、容量巨大的树形结构置入有限的区域浏览成为可能。根节点通常被放置在视图中央，分支依次呈放射状展开，并依照树的层级逐次减少分支的细节表达程度，用户可以转动整个球面以调整树被显示的区域，处在区域中心的部分显示较多细节，处在边缘的部分细节被省略（见图 12.39）。

改变体绘制的光线投射方向和投射结果图像层的采样方式，可实现三维空间数据场可视化的焦点 + 上下文交互 [Wang2005]。图 12.40 展示了三种运用几何光学原理调整光线投射的方法和结果。前两种方法运用的原理类似，区别只在于光线作用的范围，产生的效果也类似。第三种角镜头（Angular Lens）方法采用和前两种不同的光线投射角度，达到如广角镜头扭曲那样的效果。除了在投射光线角度上进行改良，通过改变图像层的采样函数同样可以达到变形的效果。如图 12.41 所示，采样函数可以控制图像层对物体对象某个区域的采样数量，使关注区域在图像层占用较多的像素点，达到变形的目的。

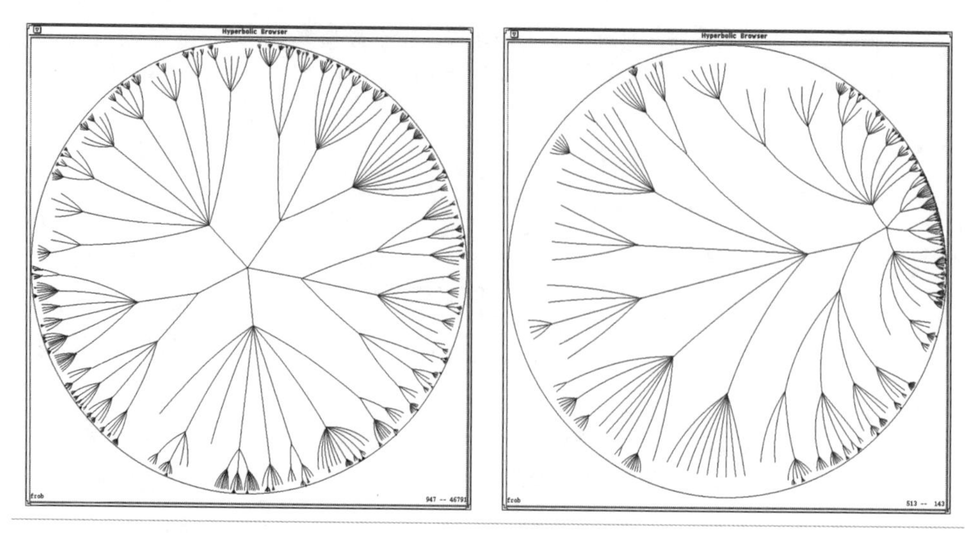

图 12.39 大型树形结构的双曲树表示。左：双曲树的初始布局，中心为根节点，边缘部分分支细节被省略；右：将球面向右侧拖动以后的效果，可见中心根节点偏移到右侧，靠近中心位置的节点和分支被细化。图片来源：[Lamping1996]

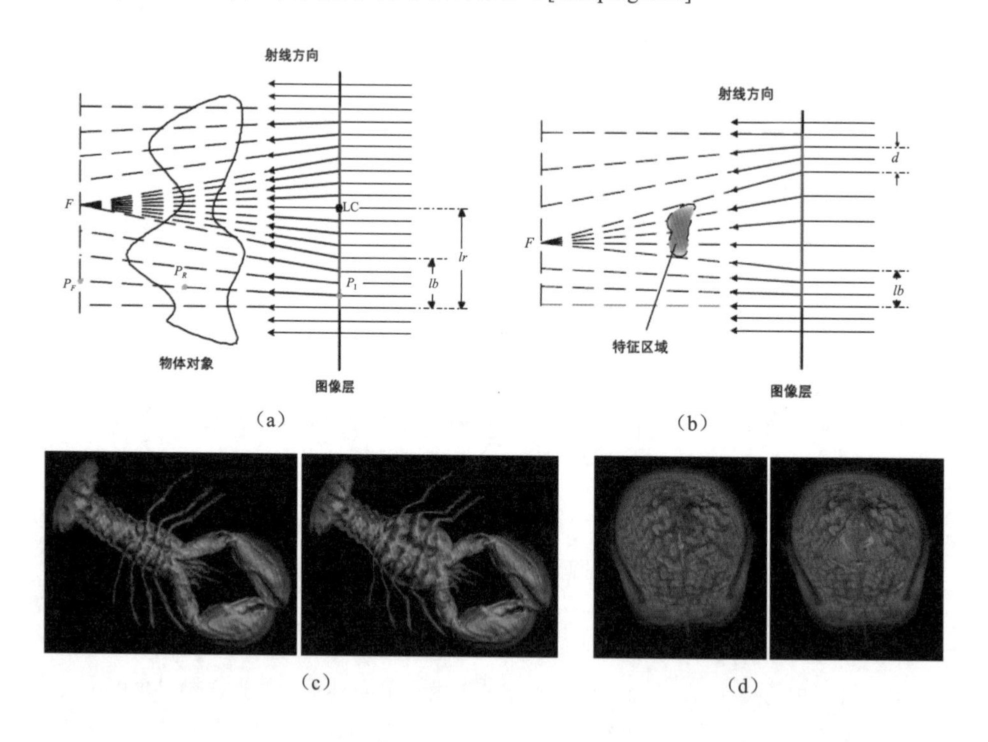

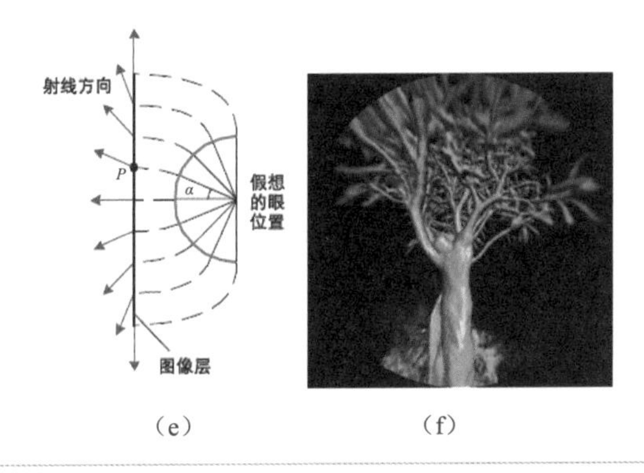

图 12.40 三种调整光线投射达到变形效果的方法。（a）为通过调整关注区域光线投射角度，在图像层产生变形扩大效果的原理图，图像层蓝色部分为最终变形起效的区域。LC 为透镜中心，F 为虚拟焦点，*lr* 为透镜半径，*lb* 为过渡带宽度；（c）为（a）所示方法的效果图，左为原图，右为变形后的效果。（b）为调整某个特征区域光线投射角度，从而只对该部分产生变形扩大效果的原理图，颜色标识与（a）同；（d）为（b）所示方法的效果图，可见原始大脑体绘制结果中只有中央某一特征区域被扩张放大。（e）为鱼眼角镜头的光线投射原理图，从假想的眼位置开始计算视角 180° 范围内的光线投射角度和对应到图像层的位置，效果如（f）所示，展现如广角镜头拍摄的扭曲效果。图片来源：[Wang2005]

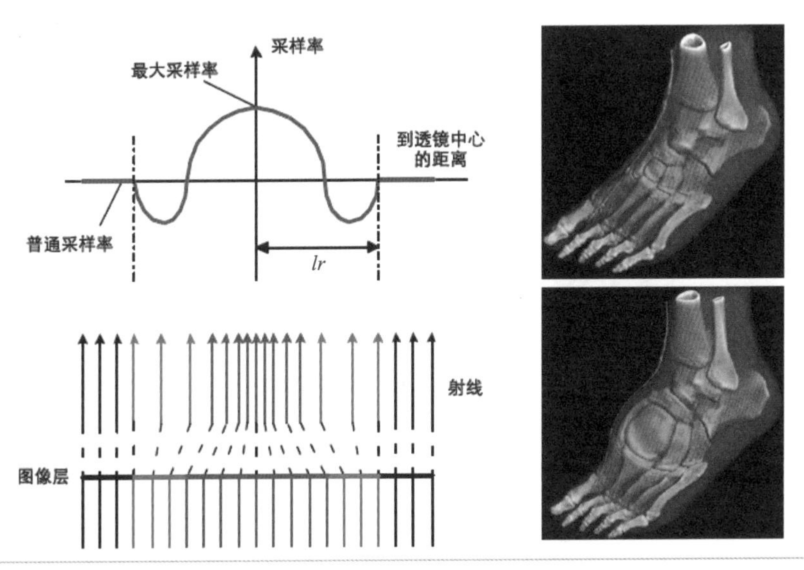

图 12.41 基于图像层采样的透镜扭曲方法。左：简化到一维图像层的变采样透镜扭曲原理图，左上为采样率变化函数，*lr* 为透镜半径，可见离透镜中心较近的部分采样率很高，造成透镜中心区域在图像层上占用了较多的像素点（采样率高，则采集到的像素点较多，表示为图像层蓝色域），而边缘区域则在视觉上被挤压（图像层红色域）；右：效果图，右上为原始视图，右下为增加了透镜之后的效果。图片来源：[Wang2005]

变形可能造成用户对数据的曲解。例如，用户没有意识到变形的发生，将形变后的数据当成真实的结构，因此，应该标识变形范围，或者用阴影、光照等暗示来提示扭曲的程度。此外，为了能解读可视化中的变形，用户需要在头脑中建立形变前后的视觉关系，有时候对用户来说比较困难。因此，复杂的变形方案会增加用户解读的难度，并不可取。Furnas 在 [Furnas2006] 中强调了对于鱼眼等技术来说，正确地选择需要突出的局部数据比选择采用哪种变形技术更为重要，并认为捕捉用户的兴趣点才是关键，即用户的认知才是未来技术发展的关注点。

加层

在视图的局部添加另一层视图以同时浏览焦点与上下文也是一种常用的焦点 + 上下文做法。例如，魔术透镜（Magic Lens）方法在概览视图上面设置一个移动的划窗，通过这个划窗可呈现细节信息、划窗和周边的关系，同时屏蔽划窗之下的概览信息 [Spindler2009]（见图 12.42）。

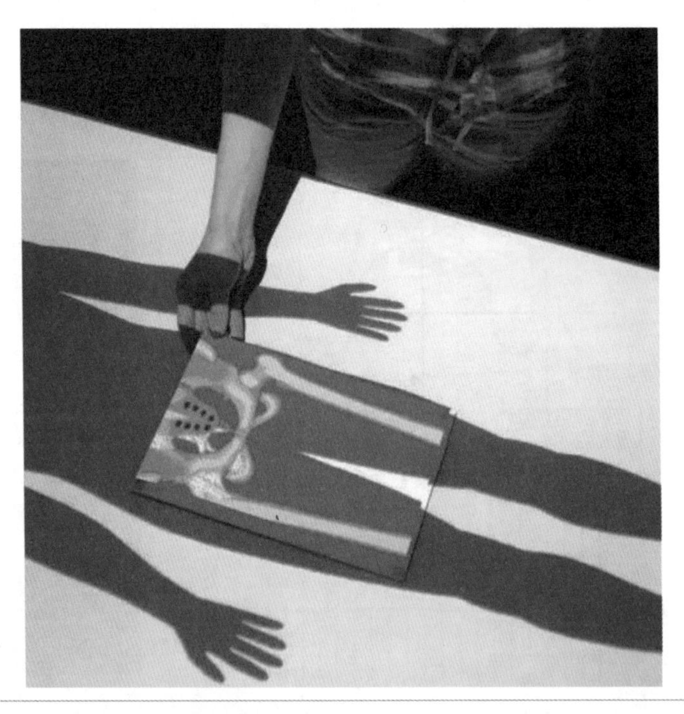

图 12.42 PaperLens 采用的魔术透镜技术，用户可以手动移动覆盖在人体上的矩形纸张，纸张将会显示该人体的内部结构。图片来源：[Spindler2009]

魔术透镜的概念可运用于三维数据。三维空间中的数据往往由于其空间分布位置产生的遮挡，透视现象难以被全面而准确地认知。三维魔术透镜技术在三维数据上添加一个呈现为立方体或其他形状的透明观察区域，用户可移动这个区域以观察空间数据中外部和内部不同的细节 [Viega1996]（见图 12.43）。

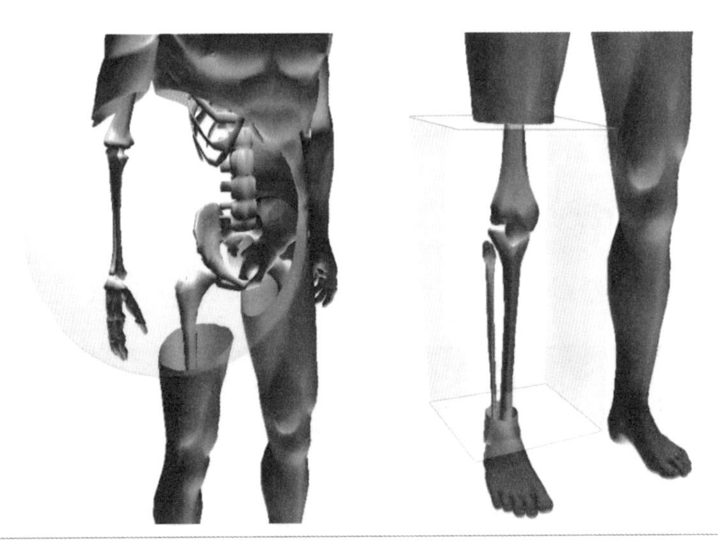

图 12.43 球状和立方体状的三维魔术透镜。透镜外的部分都显示人体表面组织，以内则会显示被表面遮盖的骨骼。

12.4 交互与硬件设备

交互技术与所使用的硬件设备密不可分，前文中介绍的交互技术大多数基于鼠标操作设计。1963 年，斯坦福研究院的 Bill English 和 Douglas Engelbart 设计并研制了第一支机械鼠标的原型机，为之后诞生的图形用户界面的操控提供了必要的输入支持。

采用什么样的交互设备从根本上决定了交互方式和技术。例如，鼠标所支持的最基本操作包括移动、点击和拖拽，这些操作决定了导航、选择和缩放等交互技术在计算机上的实现方法。另一方面，可视化的硬件设备也对交互产生了非常重要的影响。当前，可视化最主要的显示媒介是二维的平面显示屏，很多交互操作在二维空间中实现。例如，通过鼠标点击实现的选择操作是基于点击发生的二维坐标。如果可视化的媒介是三维的显示空间，选择操作则需要基于三维坐标来实现。在本节中，我们分别介绍标准设备之外的人机交互和可视化设备所推动的交互技术。需要指出的是，许多新的硬件设备虽然与标准设备不同，但是当前对它们的使用通常还是局限于模拟标准设备的操作从而完成相似的任务。因此，它们并不能从本质上影响交互方式和技术。本节讨论的是能对可视化信息检索任务造成影响的设备。

12.4.1 交互环境

特殊的可视化环境和设备需要特殊的交互设备和技术。虚拟现实（Virtual Reality, VR）中常用的 CAVE（Cave Automatic Virtual Environment）系统 [CruzNeira1993] 是一个很好的例子。CAVE 系统由一个周围有墙、类似房间的空间构成，通过在四面甚至全部六面上投影，使用户完全沉浸在一个被立体投影画面包围的虚拟仿真环境中（见图 12.44），用户通常需要佩戴特殊的立体目镜来获得立体的成像。由于投影面能够覆盖用户几乎所有的视野，能给用户带来身临其境的感受，因此被大量用于科学数据可视化中。例如，天体物理学家可以身处大爆炸的中心观察宇宙的形成，大气学家可以在飓风中心观看气流复杂的结构，建筑师可以步入设计好的建筑中亲身体验等，基于二维的显示屏无法让用户获得这样的体验。

图 12.44 CAVE 虚拟现实系统。用户完全沉浸在被立体投影画面包围的虚拟仿真环境中，通过手套和传感器来与可视化系统交互。图中可以看到用户佩戴的这些交互设备通过线与 CAVE 系统相连。图片来源：链接 12-2

在这样的环境中，标准的鼠标和键盘这些交互设备不再有效，而是需要特殊的多通道交互设备，如运动追踪传感器、手套等。交互操作也不再是类似鼠标的移动和点击，用户通过与现实中非常相似的动作来进行交互。例如，转动身体的动作可被运动传感器捕捉，继而变换用户的视角；也可通过使用手套来抓取和移动可视化中的物体，如图 12.45 所示。更多这方面的交互技术的研究请参见文献 [Bowman2004]。

为了设计更加直观的交互方式，让用户身临其境，Bach 等人 [Bach2018] 对比了用户在屏幕上操作 3D 对象、在 iPad 上显示并在现实中操作，和在现实中操作、在沉浸式 VR 眼睛中显示的差异，如图 12.46 所示。结果显示，虽然沉浸式的交互环境更加直观，但是需要的训练成本也更高。沉浸式的交互准确性相较于桌面交互也有待提高。

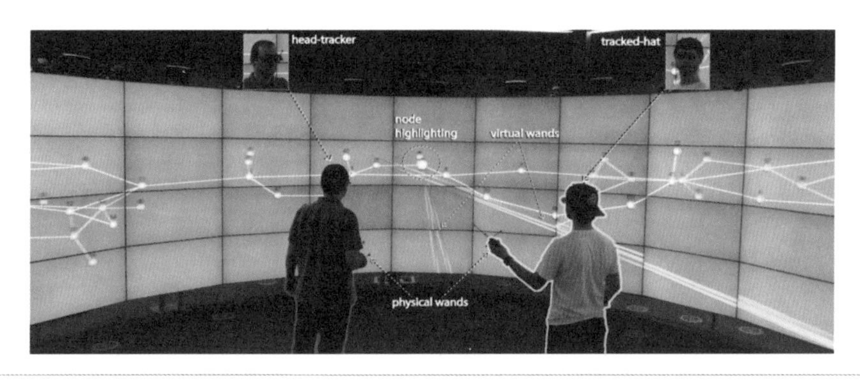

图 12.45 在沉浸式系统中使用追踪设备、头部设备、追踪帽的场景，视图根据用户的动作，能够辅助用户更容易地与场景中的对象进行交互。图片来源：[Cordeil2017]

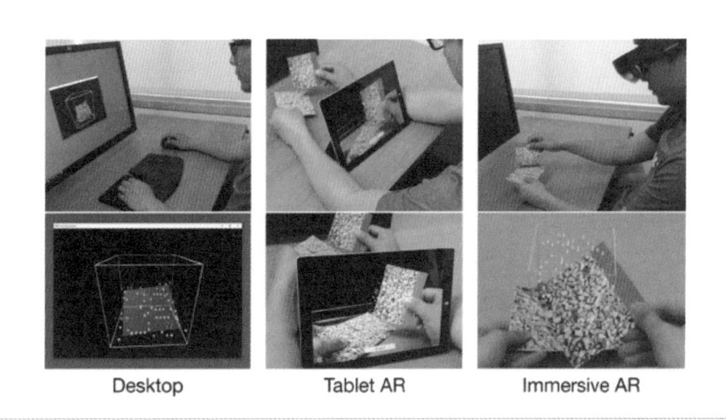

图 12.46 桌面交互、平面增强现实和沉浸式增强现实的交互对比。图片来源：[Bach2018]

近年来，移动设备特别是智能手机的大量普及，移动设备的可视化也越来越受到关注。以移动设备为显示平台的可视化必须要适应小尺寸屏幕、用手指或者笔触控的交互方式以及缺少按键等特点 [Chittaro2006][Roudaut2009]。Burigat 等人对移动设备上的可视化，特别是地理数据可视化中的导航与动态查询交互进行了深入的研究 [Burigat2008a][Burigat2008b]。通过调查发现移动设备的用户倾向于尽可能地使用单手操作，人们专门设计了适合单手大拇指进行操作的交互技术 [Karlson2007a][Karlson2007b]。

由于移动设备的方便性，越来越多的交互设备关注于多设备之间的联合交互。如图 12.47 所示，Langner 等人 [Langner2018] 设计了几种多个平板设备之间交互的方法，方便用户对平板环境中的多视图、多维度数据进行可视化。

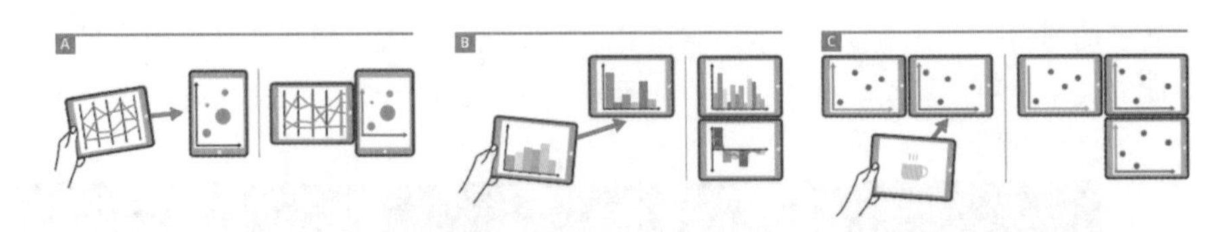

图 12.47 使用平板电脑、手机等多设备的交互设计。左图展示了两个设备之间的数据联动，当设备靠近时，相同纬度的数据用同一种颜色表示；中图展示了数据视图的融合，当设备靠近时，两个设备中的数据将在同一个视图中共同展示，如条形图或条形图加折线图；右图展示了数据的拓展，当设备靠近时，之前没有展示关系的两个维度（绿色和紫色）将被以散点图的形式展示它们之间的关系。图片来源：[Langner2018]

特殊的可视化环境中也需要特殊的交互方式。例如，在医学可视化应用于临床手术时，医生或者护士需要在手术进行中操作可视化来指导下一步的手术。在这种严格要求无菌的环境中，任何需要触碰的交互设备都会带来潜在的健康威胁 [Johnson2011]。研究人员尝试采用 Microsoft Kinect 等体感设备进行交互，通过手势来操作可视化 [Kirmizibayrak]——使用 Microsoft Kinect 体感设备通过手势来旋转医学可视化视图。研究表明，对于旋转物体的交互，Microsoft Kinect 比鼠标更高效。但在选择物体方面，Microsoft Kinect 操作的精度仍需提高。

12.4.2 交互设备

交互设备的特点决定了交互方式与技术。许多创新的交互设备的出现推动了新的交互技术，从而使许多原本不易完成甚至不可能的可视分析任务能更容易完成。近年来，发展迅速的多点触摸设备就大大促进了交互技术的发展。如图 12.48 所示，许多用传统鼠标无法完成的新的交互操作，可以通过多点触摸技术完成。由于这些操作非常接近于人类在物理空间中移动物体所使用的动作，大大提升了用户体验，提高了对物体进行归类和排序这类任务的效率 [North2009]。

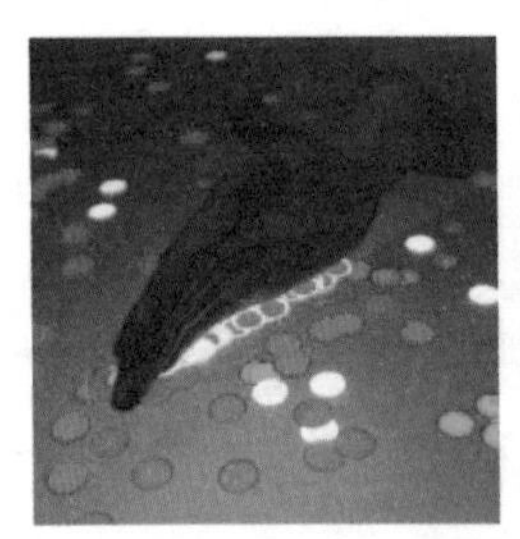

（a）单手推

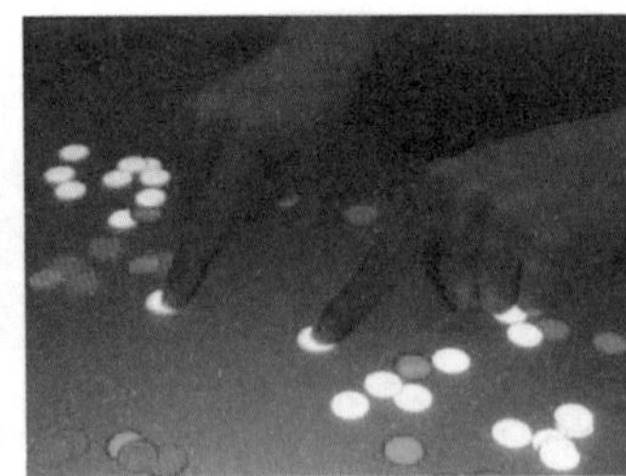

（b）用食指拖拽两个物体

（c）双手抓多组物体

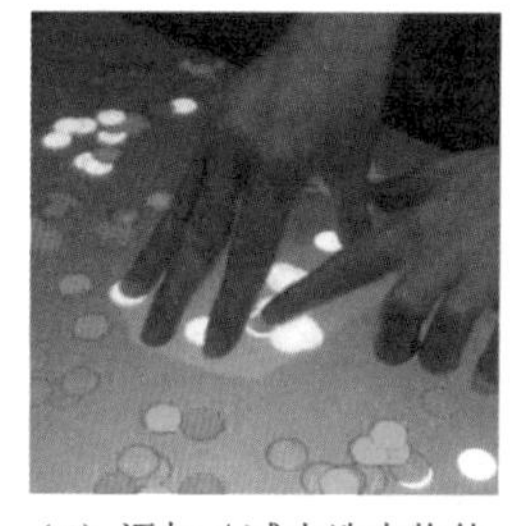
（d）添加 / 减少选中物体

（e）双手整体移动

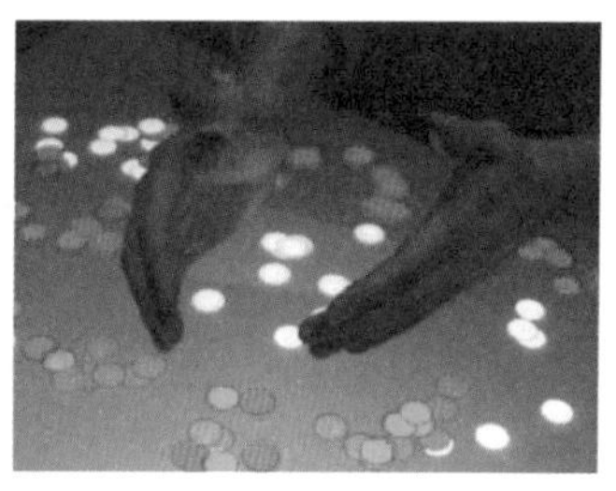
（f）双手聚拢物体

图 12.48 在 Microsoft Surface 触摸屏上，用户在完成物体分类和排序任务时使用的 6 种双手或单手的交互操作。图片来源：[North2009]

可视化研究人员从多个方面对多点触摸设备在信息可视化中的作用进行了研究 [Frisch2009][Forlines2005]。多点触控与传统交互设备比最大的优点是更好地支持了协作可视分析，因为它能非常好地支持多人同时进行交互 [Tobiasz2009][Isenberg2011]。

研究人员也实现了多点触摸设备在以三维视图为主的科学数据可视化中的应用 [Klein2012][Yu2010]，并研究了其优缺点（见图 12.49）。如何通过二维平面上发生的触控动作对可视化进行三维操作是研究的难点。针对这个问题，有不少新的交互技术被提出 [Reisman2009][Hancock2006][Hancock2007]。用户研究发现，通过多点触摸设备的交互更适合于探索型的可视分析任务。由于“肥手指效应（Fat-finger Problem）”，用手直接触控的设备通常导致较低的精度。因此，对于比较精确的交互操作，效果反而不如鼠标 [Klein2012]。其实，针对触控设备与鼠标操作效率比较的研究在人机交互领域已经有很长的历史 [Sears1991][Forlines2007]，将之用于可视化并以可视分析任务作为评价标准是最新的发展方向。而利用沉浸式系统和精细的操作手柄来对空间中的物体进行交互，往往是一个不错的选择。Usher 等人 [Usher2018] 就使用这种技术对空间中的纤维进行选择，准确性高且展示清晰，如图 12.50 所示。

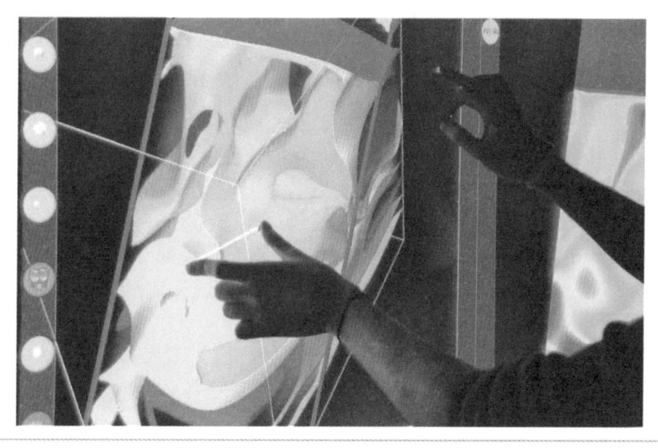

图 12.49 使用多点触摸屏与科学数据可视化进行交互。图片来源：[Klein2012]

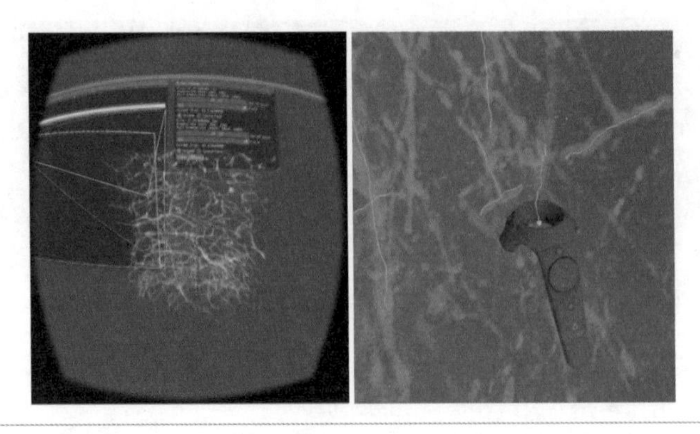

图 12.50 利用 VR 和手柄设备进行纤维选择的可视环境。图片来源：[Usher2018]

从触控交互与鼠标操作的比较可知，一种交互技术如果越接近物理空间中人们对于物体的操作，越容易被用户接受，效率也越高。实物用户界面（Tangible User Interface, TUI）的研究正是基于这个理念。TUI 作为人机交互研究的一个方向，致力于让人们通过物理环境与数字信息进行交互。例如，前文介绍的魔术透镜作为非常有效的焦点+上下文交互技术在可视化系统中被广泛使用。但是通过鼠标操作虚拟透镜并不是最直观的方法。在现实生活中与之相类似的操作是我们手持透镜在三维空间中移动，对物体各个局部进行观察。PaperLens 系统用一张纸模拟了这样的操作 [Spindler2009]。系统通过头顶上方的投影仪将可视化图像投射到桌面和用户手中的纸上，用户通过平移纸张观察不同局部的细节信息，垂直移动将改变纸张上所显示数据的层次（见图 12.51）。

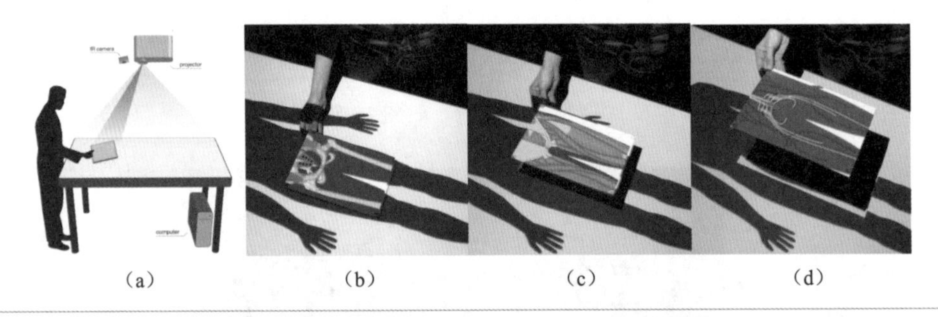

图 12.51 PaperLens 系统通过用户手中纸张的高度，显示人体医学数据中不同层次的信息，达到魔术透镜的效果。（a）系统设置：头顶上方的投影仪将可视化图像投射到桌面和用户手持的纸面。当纸张在不同高度时，其上的投影分别显示（b）骨骼层、（c）肌肉层和（d）神经系统层数据的可视化。图片来源：[Spindler2009]

Illuminating Clay 系统 [Piper2002] 是实物用户界面的经典例子。这个系统的目的是对地理景观模型进行实时分析和模拟。用户用黏土塑造和操纵地理景观模型，并采用三维激光扫描仪对黏土模型进行实时扫描，生成数字模型。对模型进行各种分析和模拟计算后，实时地将结果可视化并投影到黏土模型上，形成“操纵－扫描－分析”循环。如图 12.52 所示是基于 Illuminating Clay 扩展的 TanGeoMS 系统对洪水淹没公路的实时模拟 [Tateosian2010]。用户通过挖去或者添加部分黏土来分别模拟冲垮公路和修筑堤坝的情况，实时更新的可视化快速呈现两种情况下洪水的状况。用黏土塑造地理模型完全模拟了物理空间中的操作，完全不懂地理模型的用户也能很快掌握这种交互方法。而 Taher 等人 [Taher2017] 设计的三维柱状图同样用实物的方法展示了 3D 数据，同时允许用户进行简单的选择、拖曳等操作，展示数据直观、有效且具有操作性，如图 12.53 所示。

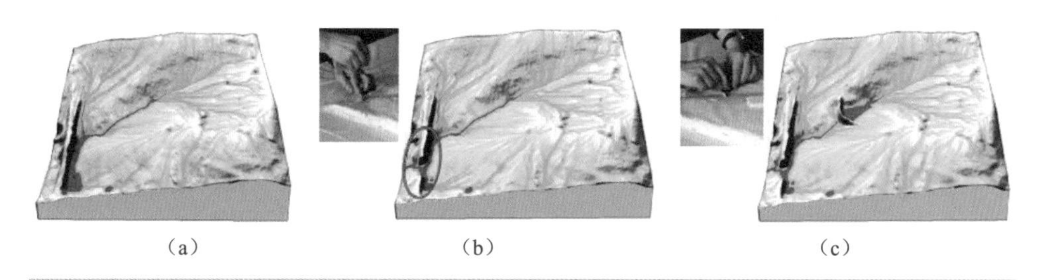

图 12.52 实物交互的地理模型系统 TanGeoMS。(a) 根据模型的地理数据模拟强降雨时的水情。(b) 修改黏土模型为路被冲垮的情况并模拟水情。(c) 修改黏土模型在上游加筑大坝并模拟水情。系统由计算机、成像桌面和黏土制成的物理模型、桌面上方的投影仪和三维扫描仪组成。图片来源：[Tateosian2010]

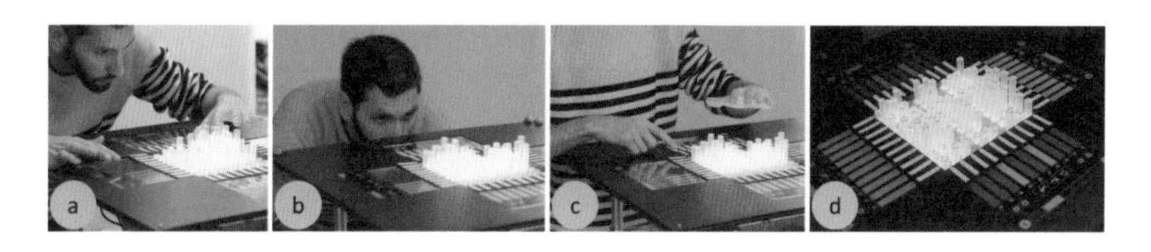

图 12.53 立体的三维度柱状图展示。用户可以在柱状图上进行选择、拖曳等交互操作，柱状图对数据的展示非常直观。图片来源：[Taher2017]

交互与可视化设备是推动交互技术发展至关重要的驱动力。随着硬件设备的不断发展，可视化的表达手段不断丰富，对交互技术也带来了新的挑战和机遇。

参考文献

[Ahlberg1992] C. Ahlberg, C. Williamson, and B. Shneiderman. Dynamic Queries for Information Exploration: An Implementation and Evaluation. *ACM SIGCHI Conference on Human Factors in Computing Systems*,1992:619-626

[Amar2005] R. Amar, J. Eagan, and J. T. Stasko. Low-Level Components of Analytic Activity in Information Visualization. *IEEE Symposium on Information Visualization*. 2005: 111-117

[Bach2018] Bach, B., Sicat, R., Beyer, J., Cordeil, M., & Pfister, H.. The Hologram in My Hand: How Effective is Interactive Exploration of 3D Visualizations in Immersive Tangible Augmented Reality?. *IEEE transactions on visualization and computer graphics*. 24(1), 457-467, 2018

[Bederson1994] Benjamin B. Bederson and James D. Hollan. Pad++: A Zooming Graphical Interface for Exploring Alternate Interface Physics. *ACM symposium on User interface software and technology,* 1994:17-26

[Bederson2000] Benjamin B. Bederson, Jon Meyer, and Lance Good. Jazz: An Extensible Zoomable User Interface Graphics Toolkit in Java. *ACM symposium on User interface software and technology,* 2000:171-180

[Bederson2001] B. B. Bederson. PhotoMesa: A Zoomable Image Browser Using Quantum Treemaps and Bubblemaps. CHI Letters, 3(2), 2001:71-80

[Bederson2004] B. B. Bederson, A. Clamage, M. P. Czerwinski, and G. G. Robertson. DateLens: A Fisheye Calendar Interface for PDAs. *ACM Transactions on Computer-Human Interaction*. 11(1), 2004:90-119

[Bertini2009] Bertini, Enrico, Maurizio Rigamonti, and Denis Lalanne. Extended excentric labeling. In *Computer Graphics Forum*, vol. 28, no. 3, pp. 927-934. Blackwell Publishing Ltd, 2009

[Bier1993] E. A. Bier, M. C. Stone, K. Pier, W. Buxton, and T. DeRose. Toolglass and magic lenses: The see-through interface. *ACM SIGGRAPH.* 1993:73-80

[Bowman2004] Doug A. Bowman, Ernst Kruijff, Joseph J. LaViola, and Ivan Poupyrev. 3D User Interfaces: Theory and Practice. *Addison Wesley,* 2004

[Buja1996] A. Buja, D. Cook, and D. F. Swayne. Interactive High-Dimensional Data Visualization. *Journal of Computational and Graphical Statistics*. 5, 1996:78-99

[Burigat2008a] Stefano Burigat and Luca Chittaro. Interactive Visual Analysis of Geographic Data on Mobile Devices Based on Dynamic Queries. *Journal of Visual Languages and Computing*. 19(1), 2008:99-122

[Burigat2008b] Stefano Burigat, Luca Chittaro, and Silvia Gabrielli. Navigation Techniques for Small-screen Devices: An Evaluation on Maps and Web Pages. *International Journal of Human-Computer Studies*. 66(2), 2008:78-97

[Cappers2018] Cappers, Bram CM, and Jarke J. van Wijk. Exploring multivariate event sequences using rules, aggregations, and selections. *IEEE transactions on visualization and computer graphics*. 24.1 (2018): 532-541

[Card1983] S. K. Card, T. P. Moran, and A. Newell. The Psychology of Human-Computer Interaction. *Erlbaum, Hillsdale, New Jersey,* 1983

[Card1991] Stuart Card, George Robertson, and Jock Mackinlay. The Information Visualizer, An Information Workspace. *ACM SIGCHI Conference on Human Factors in Computing Systems*,1991:181-186

[Card1994] S. K. Card, P. Pirolli, and J. D. Mackinlay. The Cost-of-knowledge Characteristic Function: Display Evaluation for Direct-walk Dynamic Information Visualizations. *ACM SIGCHI Conference on Human Factors in Computing Systems*. 1994:238-244

[Carpendale2001] M.S.T. Carpendale, C. A. Montagnese. Framework for Unifying Presentation Space. In *ACM symposium on User interface software and technology*.2001:61-70

[Chen2017] Chen, Wei, Zhaosong Huang, Feiran Wu, Minfeng Zhu, Huihua Guan, and Ross Maciejewski. VAUD: A Visual Analysis Approach for Exploring Spatio-Temporal Urban Data. *IEEE Transactions on Visualization & Computer Graphics*. 1 (2017): 1-1

[Chittaro2006] Luca Chittaro. Visualizing Information on Mobile Devices. *IEEE Computer*. 39(3), 2006:40-45

[Chuah1996] M. C. Chuah and S. F. Roth. On the Semantics of Interactive Visualizations. *IEEE Symposium on Information Visualization*.1996:29-36

[Cong2014] Xie, C., Chen, W., Huang, X., Hu, Y., Barlowe, S., & Yang, J. VAET: A visual analytics approach for e-transactions time-series. *IEEE transactions on visualization and computer graphics*. 20(12), 1743-1752, 2014

[Cordeil2017] Cordeil, M., Dwyer, T., Klein, K., Laha, B., Marriott, K., & Thomas, B. H.. Immersive collaborative analysis of network connectivity: Cave-style or head-mounted display?. *IEEE Transactions on Visualization and Computer Graphics*. 23(1), 441-450, 2017

[CruzNeira1993] Carolina Cruz-Neira, Daniel J. Sandin, and Thomas A. DeFanti. 1993. Surround-screen Projection-based Virtual Reality: The Design and Implementation of The CAVE. *Proceedings of ACM SIGGRAPH*.1993:135-142

[Dix1998] A. Dix and G. Ellis. Starting Simple: Adding Value to Static Visualisation Through Simple Interaction. *Proceedings of Advanced Visual Interfaces*.1998:124-134

[Dongyu2017] Liu, Dongyu, et al. Smartadp: Visual analytics of large-scale taxi trajectories for selecting billboard locations. *IEEE transactions on visualization and computer graphics*, 23.1, 1-10, 2017

[Fekete1999] J. D. Fekete and C. Plaisant. Excentric Labeling: Dynamic Neighborhood Labeling for Data Visualization. *ACM SIGCHI Conference on Human Factors in Computing Systems*. 1999:512-519

[Fei2014] Wang, Fei, et al. A visual reasoning approach for data-driven transport assessment on urban roads. *Visual Analytics Science and Technology* (*VAST*), *2014 IEEE Conference on*, 2014

[Florian2016] Haag, Florian, Robert Krüger, and Thomas Ertl. VESPa: A Pattern-based Visual Query Language for Event Sequences. *VISIGRAPP* (2: IVAPP), 2016

[Forlines2005] Clifton Forlines and Chia Shen. 2005. DTLens: multi-user tabletop spatial data exploration. *ACM symposium on User interface software and technology.*2005: 119-122

[Forlines2007] CliftonForlines, Daniel Wigdor, Chia Shen, and RavinBalakrishnan. Direct-touch vs. Mouse Input for Tabletop Displays. *ACM SIGCHI Conference on Human Factors in Computing Systems.*2007:647-656

[Frisch2009] Mathias Frisch, Jens Heydekorn, and Raimund Dachselt. Investigating multi-touch and pen gestures for diagram editing on interactive surfaces. *ACM International Conference on Interactive Tabletops and Surfaces.*2009:149-156

[Furnas1986] G. W. Furnas. Generalized fisheye views. *ACM SIGCHI Conference on Human Factors in Computing Systems.*1986:18-23

[Furnas2006] George W. Furnas. A Fisheye Follow-up: Further Reflection on Focus + Context. In *ACM SIGCHI Conference on Human Factors in Computing Systems.*2006: 999-1008

[Gansner2005] E. R. Gansner, Y. Koren, and S. North. Topological Fisheye Views for Visualizing Large Graphs. *IEEE Transactions on Visualization and Computer Graphics.*2005: 457-468

[Grosjean2002] J. Grosjean, C. Plaisant, and B. Bederson. Spacetree: supporting exploration in large node link tree, design evolution and empirical evaluation. *IEEE Symposium on Information Visualization.*2002:57-64

[Guiard2004] Y. Guiard, M. Beaudouin-Lafon. Target Acquisition in Multi-Scale Electronic Worlds. *International Journal of Human-Computer Studies.*61, 2004:875-905

[Guo2012] HanqiGuo, He Xiao, Xiaoru Yuan. Scalable Multivariate Volume Visualization and Analysis Based on Dimension Projection and Parallel Coordinates. *IEEE Transactions on Visualization and Computer Graphics.*18(9), 2012:1397-1410

[Ham2004] F. van Ham and J. J. van Wijk. Interactive Visualization of Small World Graphs. *IEEE Symposium on Information Visualization.*2004:199-206

[Hancock2006] Mark S. Hancock, SheelaghCarpendale, Frederic D. Vernier, Daniel Wigdor, and Chia Shen. Rotation and Translation Mechanisms for Tabletop Interaction. *IEEE International Workshop on Horizontal Interactive Human-Computer Systems.* 2006:79-88

[Hancock2007] Mark Hancock, Sheelagh Carpendale, Andy Cockburn. Shallow-depth 3D Interaction: Design and Evaluation of One-, Two- and Three-touch Techniques. *ACM SIGCHI Conference on Human Factors in Computing Systems.*2007:1147-1156

[Heer2007] Jeffrey Heer and George Robertson. Animated Transitions in Statistical Data Graphics. *IEEE Transactions on Visualization and Computer Graphics.* 13(6), 2007:1240-1247

[Hong2018] Hong, Sungsoo Ray, Minhyang Mia Suh, Nathalie Henry Riche, Jooyoung Lee, Juho Kim, and Mark Zachry. Collaborative Dynamic Queries: Supporting Distributed Small Group Decision-making. *Proceedings of the 2018 CHI Conference on Human Factors in Computing Systems*, p. 66. ACM, 2018

[Isenberg2011] Petra Isenberg and Danyel Fisher. Cambiera: Collaborative Tabletop Visual Analytics. In *ACM Conference on Computer Supported Cooperative Work.*2011:581-582

[Jian2015] Zhao, Jian, et al. MatrixWave: Visual comparison of event sequence data. *Proceedings of the 33rd Annual ACM Conference on Human Factors in Computing Systems*. ACM, 2015

[Johnson2011] Rose Johnson, Kenton O'Hara, Abigail Sellen, Claire Cousins, and Antonio Criminisi. Exploring the Potential for Touchless Interaction in Image-guided Interventional Radiology. *ACM SIGCHI Conference on Human Factors in Computing Systems.*2011: 3323-3332

[Karlson2007a] Amy K. Karlson and Benjamin B. Bederson. ThumbSpace: Generalized One-handed Input for Touchscreen-based Mobile Devices. *IFIP TC 13 International conference on Human-computer interaction.* 2007:324-338

[Karlson2007b] A. K. Karlson, B. B. Bederson, and J. L. Contreras-Vidal. Understanding One Handed Use of Mobile Devices. *Handbook of Research on User Interface Design and Evaluation for Mobile Technology, Idea Group Reference.*2007

[Keim2002] D. A. Keim. Information Visualization and Visual Data Mining. *IEEE Transactions on Visualization and Computer Graphics*. 8, 2002:1-8

[Kirmizibayrak] Can Kirmizibayrak, Nadezhda Radeva, Mike Wakid, John Philbeck, John Sibert, and James Hahn. Evaluation of Gesture Based Interfaces for Medical Volume Visualization Tasks. *ACM International Conference on Virtual Reality Continuum and Its Applications in Industry.*2011:69-74

[Klein2012] Tijmen Klein, Florimond Guéniat, Luc Pastur, Frédéric Vernier, and Tobias Isenberg. A Design Study of Direct-Touch Interaction for Exploratory 3D Scientific Visualization. *Computer Graphics Forum.* 31(3), 2008: 1225-1234

[Klouche2017] Klouche, K., Ruotsalo, T., Micallef, L., Andolina, S., & Jacucci, G.. Visual Re-Ranking for Multi-Aspect Information Retrieval. *Proceedings of the 2017 Conference on Conference Human Information Interaction and Retrieval*, (pp. 57-66). ACM

[Lam2008] Heidi Lam. A Framework of Interaction Costs in Information Visualization. *IEEE Transactions on Visualization and Computer Graphics.* 14(6), 2008:1149-1156

[Lamping1996] John Lamping and Ramana Rao. The Hyperbolic Browser: A Focus + Context Technique for Visualizing Large Hierarchies. *Journal of Visual Languages and Computing.*7(1), 1996:33-55

[Langner2018] Langner, Ricardo, Tom Horak, and Raimund Dachselt. V is T iles: Coordinating and Combining Co-located Mobile Devices for Visual Data Exploration. *IEEE transactions on visualization and computer graphics* 24, no. 1 (2018): 626-636

[Li2018] Deqing Li, Honghui Mei, Yi Shen, Shuang Su, Wenli Zhang, Junting Wang, Ming Zu, Wei Chen. ECharts: A Declarative Framework for Rapid Construction of Web-based Visualization. *Visual Informatics*, 2018[MacEachren2012]

[MacEachren2012] MacEachren, Alan M., et al. Visual semiotics & uncertainty visualization: An empirical study. *IEEE Transactions on Visualization and Computer Graphics* 18.12 (2012): 2496-2505

[Marian2014] Dörk, Marian, Rob Comber, and Martyn Dade-Robertson. Monadic exploration: seeing the whole through its parts. *Proceedings of the 32nd annual ACM conference on Human factors in computing systems*. ACM, 2014

[Moscovich2009] T. Moscovich, F. Chevalier, N. Henry, E. Pietriga, and J. D. Fekete. Topology-aware Navigation in Large Networks. *SIGCHI on Human Factors in Computing Systems.*2009:2319-2328

[Newell1990] A. Newell. Unified Theories of Cognition. *HarvardUniversity Press.*1990

[North2009] Chris North, Tim Dwyer, Bongshin Lee, Danyel Fisher, Petra Isenberg, George Robertson, and Kori Inkpen. Understanding Multi-touch Manipulation for Surface Computing. *IFIP TC 13 International Conference on Human-Computer Interaction: Part II.*2009:236-249

[Piper2002] Ben Piper, Carlo Ratti, and Hiroshi Ishii. Illuminating Clay: A 3-D Tangible Interface for Landscape Analysis. *SIGCHI Conference on Human Factors in Computing Systems: Changing Our World.*2002:355-362

[Pivot2012] Microsoft Live Labs Pivot. http://en.wikipedia.org/wiki/Microsoft_Live_Labs_Pivot

[Rao1994] R. Rao and S. Card. The Table Lens: Merging Graphical and Symbolic Representation in an Interactive Focus+Context Visualization for Tabular Information. *ACMSIGGRAPH.*1994:318-322

[Reisman2009] Jason L. Reisman, Philip L. Davidson, and Jefferson Y. Han. A Screen-space Formulation for 2D and 3D Direct Manipulation. *ACM symposium on User interface software and technology.*2009:69-78

[Rensink2002] R. A. Rensink. Internal vs. External Information in Visual Perception. *ACM International Symposium on Smart Graphics.*2002:63-70

[Roudaut2009] Anne Roudaut. Visualization and Interaction Techniques for Mobile Devices. *ACM International Conference Extended Abstracts on Human Factors in Computing Systems.*2009:3153-3156

[Sarkar1994] Manojit Sarkar, Marc H. Brown. Graphical Fisheye Views. *Communications of the ACM.* 37(12), 1994:73-83

[Satyanarayan2017] Satyanarayan, Arvind, Dominik Moritz, Kanit Wongsuphasawat, and Jeffrey Heer. Vega-lite: A grammar of interactive graphics. *IEEE Transactions on Visualization and Computer Graphics* 23, no. 1 (2017): 341-350

[Sears1991] Andrew Sears and Ben Shneiderman. High Precision Touchscreens: Design Strategies and Comparisons with a Mouse. *International Journal of Man-Machine Studies.* 34(4), 1991:593-613

[Shneiderman1994] B. Shneiderman. Dynamic Queries for Visual Information Seeking. *IEEE Software.* 11(6), 1994:70-77

[Shneiderman1996] B. Shneiderman. The Eyes Have It: A Task by Data Type Taxonomy for Information Visualizations. *IEEE Symposium on Visual Languages*. 1996:336-343

[Simons2000] Daniel J. Simons. Current Approaches to Change Blindness. *Visual Cognition.*7(1), 2000:1-15

[sun2017] Sun, Guodao, Ronghua Liang, Huamin Qu, and Yingcai Wu. Embedding spatio-temporal information into maps by route-zooming. *IEEE transactions on visualization and computer graphics* 23, no. 5 (2017): 1506-1519

[Spence1982] R. Spence and M. D. Apperley. Data Base Navigation: An Office Environment for The Professional. *Behaviour and Information Technology*. 1(1), 1982:43-54

[Spence2007] R. Spence. Information Visualization: Design for Interaction, 2nd. *Prentice Hall,* 2007

[Spindler2009] Martin Spindler, Sophie Stellmach, and Raimund Dachselt. PaperLens: Advanced Magic Lens Interaction Above the Tabletop. *ACM International Conference on Interactive Tabletops and Surfaces.*2009:69-76

[Stein2002] L. D. Stein, C. Mungall, S. Shu, M. Caudy, M. Mangone, A. Day, E. Nickerson, J. E. Stajich, T. W. Harris, A. Arva et al. The Generic Genome Browser: A Building Block for a Model Organism System Database. *Genome Research.* 12, 2002:1599-1610

[Taher2017] Taher, Faisal, Yvonne Jansen, Jonathan Woodruff, John Hardy, Kasper Hornbæk, and Jason Alexander. Investigating the use of a dynamic physical bar chart for data exploration and presentation. *IEEE transactions on visualization and computer graphics* 23, no. 1 (2017): 451-460

[Tateosian2010] Laura Tateosian, Helena Mitasova, Brendan Harmon, Brent Fogleman, Katherine Weaver, and Russel Harmon. TanGeoMS: Tangible Geospatial Modeling System. *IEEE Transactions on Visualization and Computer Graphics*. 16(6), 2010:1605-1612

[Tobiasz2009] Matthew Tobiasz, Petra Isenberg, and Sheelagh Carpendale. Lark: Coordinating Co-located Collaboration with Information Visualization. *IEEE Transactions on Visualization and Computer Graphics.* 15(6), 2009:1065-1072

[Tweedie1997] L. Tweedie. Characterizing Interactive Externalizations. *ACM SIGCHI Conference on Human Factors in Computing Systems.*1997:375-382

[Usher2018] Usher, Will, Pavol Klacansky, Frederick Federer, Peer-Timo Bremer, Aaron Knoll, Jeff Yarch, Alessandra Angelucci, and Valerio Pascucci. A virtual reality visualization tool for neuron tracing. *IEEE transactions on visualization and computer graphics* 24, no. 1 (2018): 994-1003

[Viega1996] J. Viega, M. Conway, G. Williams, and R. Pausch. 3D Magic Lenses. *ACM symposium on User interface software and technology.*1996:51-58

[Viegas2007] F. B. Viegas, M. Wattenberg, F. van Ham, J. Kriss, and M. McKeon. Manyeyes: A Site for Visualization at Internet Scale. *IEEE Transactions on Visualization and Computer Graphics*. 13(6), 2007:1121-1128

[Wang2005] L. Wang, Y. Zhao, K. Mueller, and A. E. Kaufman. The Magic Volume Lens: An Interactive Focus+Context Technique for Volume Rendering. *IEEE Visualization.*2005:367-374

[Ward2004] M. O. Ward and J. Yang. Interaction Spaces in Data and Information Visualization. *Eurographics/IEEE TCVG Symposium on Visualization.*2004:137-145

[Wilkinson2005] L. Wilkinson. The Grammar of Graphics, 2nd. *Springer.*2005

[Willett2007] W. Willett, J. Heer, M. Agrawala. Scented Widgets: Improving Navigation Cues with Embedded Visualizations. *IEEE Transactions on Visualization and Computer Graphics*. 13(6), 2007:1129-1136

[Wong2003] N. Wong, S. Carpendale and S. Greenberg. EdgeLens: An Interactive Method for Managing Edge Congestion in Graphs. *IEEE Symposium on Information Visualization.*2003:51-58

[Wu2018] Wu, Yingcai, Ji Lan, Xinhuan Shu, Chenyang Ji, Kejian Zhao, Jiachen Wang, and Hui Zhang. iTTVis: Interactive Visualization of Table Tennis Data. *IEEE transactions on visualization and computer graphics* 24, no. 1 (2018): 709-718

[Yalcin2016] Yalcin, M. A., Elmqvist, N., & Bederson, B. B.. AggreSet: Rich and scalable set exploration using visualizations of element aggregations. *IEEE transactions on visualization and computer graphics* 22(1), 688-697, 2016

[Yi2005] J. S. Yi, R. Melton, J. T. Stasko, and J. A. Jacko. Dust & Magnet: Multivariate Information Visualization Using a Magnet Metaphor. *Information Visualization*. 4, 2005:239-256

[Yi2007] Ji Soo Yi, Youn ah Kang, John Stasko, and Julie Jacko. 2007. Toward a Deeper Understanding of the Role of Interaction in Information Visualization. *IEEE Transactions on Visualization and Computer Graphics*. 13(6), 2007:1224-1231

[Yu2010] Ling yun Yu, Pjotr Svetachov, Petra Isenberg, Maarten H. Everts, and Tobias Isenberg. FI3D: Direct-Touch Interaction for the Exploration of 3D Scientific Visualization Spaces. *IEEE Transactions on Visualization and Computer Graphics.* 16(6), 2010: 1613-1622

[Zhou1998] M. X. Zhou and S. K. Feiner. Visual Task Characterization for Automated Visual Discourse Synthesis. *ACM SIGCHI Conference on Human Factors in Computing Systems.*1998:392-399

第13章 可视化效果评测与用户实验

随着可视化研究、技术和应用的发展，对可视化技术和系统进行有效的用户实验变得越来越有必要。如果可视化方法及结果缺乏严谨的用户评测实验，就很难对该方法和相关技术的进一步应用提供有说服力的证据[Plaisant2004]。用户实验对于可视化研究也至关重要。可视化研究者需要比较新技术与已有技术的优劣，了解在何种情况下新技术更好，以及新技术的优缺点体现在哪里等。但是，这类评测在可视化研究中一直没有引起足够的重视。一方面，研究者更专注于研发新的可视化技术；另一方面，进行严格的评测不但难度大，而且很费时间。通常，可视化评测所涉及的手段是人机交互（HCI）领域的专业技能，而很多可视化研究者并不具备这方面的专业训练，这也是造成评测被忽略的重要原因之一。

可视化方法、技术和系统的用户实验面临诸多挑战和难题[Plaisant2004][Andrews2006][Chen2002][Morse2000][Carpendale2008]，这些挑战也是实证性研究所共有的。例如，如何定义研究目的和问题并选择适当的方法，如何设计实验，如何保证严谨的数据采集和分析过程。可视化技术的评测与人机交互技术的评测有诸多相通之处，特别是在交互界面的可用性研究方面[Shneiderman1996]。除了交互过程，可视化评测的另一个关注点是视觉表达中采用的编码及其可读性[Healey1998][Ware2012]。可视化技术的目标是帮助用户分析和解读数据，因此其用户实验最终需要回答的问题是：可视化技术是否能够更好地帮助用户解读某些数据[North2006][Saraiya2005]。某些时候，由于用于评测的数据集太小、参与用户不是目标人群、实验任务设计不当等因素，用户实验并不能有效地回答研究所要解决的问题。这些挑战意味着要完成一个严谨有效的可视化用户实验并不是一件容易的事。可视化研究者需要具备良好的实证性研究的相关技能训练，以便更好地设计和执行可视化技术的用户实验。本章将主要介绍可视化技术评测的流程、影响用户实验的主要因素和注意事项，并在最后讲解一个用户实验的实例。

13.1 评测流程

虽然评测采用的具体方法根据不同的研究对象和目标而发生改变，但是这些方法大体都遵循基本的流程，这个流程包含实证性研究通常所需要的几个环节——明确研究目的并定义研究问题，提出研究假设，设计研究方案和具体方法，收集和分析数据，以及验证研究假设并得到结论。

1. 明确研究目的并定义研究问题

在进行评测之前，研究者首先需要明确的是评测的目的；其次，研究者需要围绕研究目的进一步清晰地定义研究所要解决的具体问题。研究目的通常是概括性的。例如，某研究是为了从用户角度了解某种可视化技术是否比以前的方法更有优势。研究问题是具体和清晰的，可能包含几个方面，是对于研究目的的进一步细化和可操作化的定义。以前面的研究目的为例，可能包含几个不同的研究问题：对比以往的代表方法，新技术是否能帮助目标用户更高效地完成代表任务A和B？原因是什么？用户是否对新技术的满意度更高？为什么？研究问题的定义对于整个研究而言非常关键。定义具体和明确的研究问题有助于研究者形成好的研究方案。

2. 提出研究假设

针对研究所要解决的问题，研究者在执行实验方案之前，应该结合相关的理论或者以往的研究结果给出研究假设。在给出研究假设的时候，应尽量避免使用宽泛的命题，如“系统甲比系统乙更好”，这样的命题因为太宽泛而难以验证。对于可视化技术来说，相对更好的命题是“用户在使用可视化系统甲时，能比使用可视化系统乙时更高效地对某类特定数据进行聚类分析”。这样一个假设事实上对前文中提到的很多评测因素进行了限定：用户所要完成的任务是聚类分析；要评测的指标是效率，即用户完成聚类分析所花的时间和正确率。如果能建立具体的研究假设，接下来的研究方案设计和实施就会更具有针对性。研究假设的提出过程也是研究者回顾相关理论的一个过程，这一过程对于研究者理解为什么会出现这样或者那样的研究结果也会有所帮助。

3. 设计研究方案和具体方法

研究假设形成之后，研究者可以着手设计研究的具体方案并且选择合适的方法。以上文提到的研究为例，研究方案中应对比几种已有的技术，它们的代表用户是哪些，用户的代表任务是哪些，衡量不同技术的指标有哪些，如何采集数据都是研究方案应该逐步明确的。当研究方案细化到一定程度具有高操作性的时候，就进入研究的下一个环节——执行阶段。

4. 收集和分析数据

在实验执行的过程中，需要避免潜在的问题，保证结果的可靠性。这其中有很多细节值得注意。例如，对参与的用户进行必要的指导，安排必要的练习，以及提供适当的反馈。在比较多种技术或系统时，这些细节方面需尽量保持一致。此外，现有技术已经能够很好地保证某些用户数据采集的实时性和客观性，比如任务的完成时间和正确率等，应当充分利用这些技术，保证数据采集的有效性。在分析数据时，重要的是保证针对不同类型的数据选择正确的方法。

5. 验证研究假设并得出结论

得到实验结果之后，需要判断研究假设是否成立，或者是否有足够的证据来支持或推翻研究假设，进而得到研究的主要结论。

13.2 评测方法

在与可视化相近的人机交互领域，发展出很多成熟的评测方法。大多数方法已经被应用到数据可视化系统的评测中。最常见的方法包括：

13.2.1 用户实验（User Studies）

用户实验提供了一种科学可靠的方法来评估可视化的效果 [Kosara2003]。实现一个可视化系统的目的是为了辅助用户完成数据的理解、分析等任务。最终实现的系统能否满足用户的需求？用户在使用时是否容易上手？完成任务的过程是否有了效率或准确率的提升？这一系列问题的答案都是评估一个可视化系统优劣的标准。通过收集用户使用数据来进行评估的方法被称为用户实验。具体介绍详见 13.3 节。

13.2.2 专家评估（Expert Review/Heuristic Evaluation）

专家评估通常需要符合条件的专家级用户参与 [Tory2005]，从而避免了招募大量用户参与评测的麻烦。这些评估者是领域的专家，他们对所使用的数据和需要完成的目标任务非常了解，能够对可视化技术在多大程度上适用于这样的数据和任务做出比较准确的判断。可视化技术评测的参与者也可以包含可视化专家，他们对可视化设计有丰富的知识，并具有可视化工具开发经验。可视化专家对可视化的有效性有自己的一套评判标准，并在评测中依据这些标准做出自己的判断。

NameClarifier（见图 13.1）是一个可以通过交互解决出版物中作者名字歧义问题的可视分析系统 [Shen2017]。

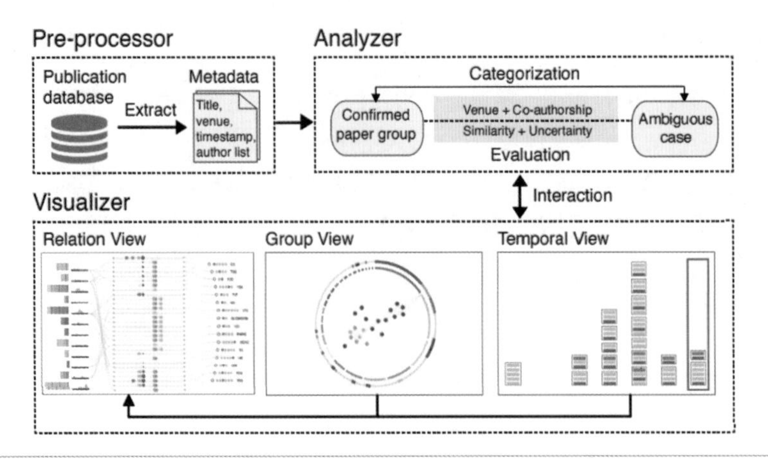

图 13.1 NameClarifier 系统概览。图片来源：[Shen2017]

为了评估 NameClarifier 的有效性，研究者与两位负责维护大学出版物记录的专家分别进行了一对一的访谈。其中，专家 A 从事文献检索和学者数据库设计已有 16 年，专家 B 从事学者数据库管理已有 5 年。两位专家一致认为名字歧义是他们工作中的一大难题。使用自动方法来解决这一问题，由于算法不够准确，结果并不理想。因此，目前他们只能投入大量人力来手动比较不明确的名字与所有已确定的论文。

在对每位专家进行采访前，研究者首先向他们介绍了 NameClarifier 的背景和视觉编码，并通过一个案例展示了系统的具体使用方法。然后，研究者要求专家们自己用 NameClarifier 自由探索有歧义的名字。在此期间，研究者回答他们的问题，观察他们的行为，并收集了他们对系统使用体验的反馈。整个过程持续了大约 90 分钟。

总体而言，两位专家都认为他们可以比较容易地理解这个系统，同时，使用这个系统确实可以大幅度提高效率。专家 A 特别强调，该系统可以有效地帮助他找出有歧义的名字与已确认的作者之间的关系，从而缩小搜索范围。专家们进一步建议研究者提供尽可能多的辅助信息，例如合著作者、单位、出版物中的标题和关键词可能会非常有帮助。

除此之外，由于专家 A 非常喜欢这个系统，他还讨论了在大学图书馆中使用 NameClarifer 来提高名字消歧效率的可能性。他还建议研究者增加误操作警告功能，以更好地指导用户。这些宝贵的意见对研究者改进系统有很大的帮助。

13.2.3 案例研究（Case Studies and Use Cases）

除了用户、志愿者甚至专家参与评测，很多可视化研究者也试图通过描述可视化技术和系统如何帮助解决一个现实的问题并完成目标任务来证明其有效性。这样的案例研究关键在于，案例必须是真实的和有切实需求的。这样才能对有类似需求的用户具有说服力，使他们有信心尝试使用该技术去解决实际问题。

共享数据可能会带来隐私泄露，单纯的隐私保护又会破坏数据的实用性，降低其分析价值。为此，一些研究者通过可视分析方法实现了一种兼顾实用性的隐私保护方法，并通过一个案例来证明该方法的实用性[Wang2018]。

在案例中，研究者模拟了政府需要将数据分享给保险公司的场景，对美国 2015 年怀俄明州的人口普查数据进行了隐私保护处理。数据清洗后，数据集共有 1233 条记录。已知保险公司希望分析的是在怀俄明州发展业务的潜力，因此，在分析中，研究者选择了 4 个属性：保险支出、家庭收入、家中儿童数和老人数，其中，家庭收入被认为是敏感信息，需要进行匿名保护。研究者首先对数据进行分析并找到了一个保险公司可能比较感兴趣的特征：有孩子的家庭比没有孩子的家庭愿意花更多的钱买保险。

在解决隐私问题的时候，研究者发现采用聚合方法会对上述特征造成破坏（见图 13.2）。为此，研究者撤销了对聚合方法的处理，并采用添加噪声的方法来解决问题。之后的结果相对比较理想。在这个过程中，系统的使用者可以对数据处理过程进行理解和监督。相关结果证明了系统的价值。

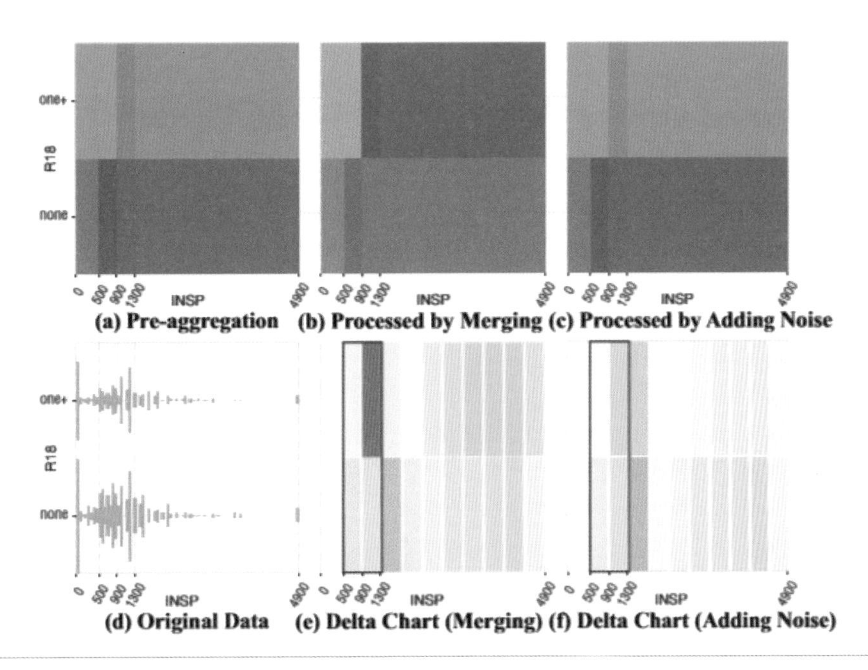

图 13.2 （a）~（c）家庭中孩子数量和保险支出的联合分布矩阵，其中，（a）应用隐私保护操作之前的结果；（b）使用聚合方法处理的结果；（c）使用添加噪声的方法处理的结果。（d）原始数据的精确图。（e）和（f）使用差别视图比较处理后的数据和原始数据的差异，其中，黑框框出部分是对保险公司有用的信息。

13.2.4 指标评估（Metrics）

对于可视化的子模块，如布局和交互等，可以通过一些指标来对它们的部分特性进行评估。以图的布局算法为例，算法的时间复杂度、生成结果的易读性或美观程度（节点重叠量、边交叉数、临边最小夹角等）都可以被用来检验生成的结果[Kwon2018]。然而，这些指标只能客观地从某个角度进行量化评估。实际上，人的主观认知十分复杂，且具有多样性。对于喜好程度等依赖认知的评估条目来说，根据经验得出的一个或一组指标无法全面地模拟出主观认知的过程，因此也不能完全取代用户实验得出的真实实验结果。为了提高指标评估的效果，在评估时，可以通过允许用户交互地调节指标计算函数中的参数来定制精确的评估指标[Gramazio2017]。

13.2.5 众包（Crowdsourcing）

有时候评测需要参与用户完成的任务比较简单，需要的样本量又比较大，就可以采用众包的方式在 Amazon’s Mechanical Turk 等平台上招募大量参与用户。研究者可以设置一些条件来筛选参与用户，并将任务发布在网上。众包的实验过程对于参与用户来说相对自由，研究者无法对实验环境进行严格把控，因此其必须考虑到参与用户使用的设备、实验环境的差异，提前准备好应对方法，加上必要的说明和详细的指导以顺利地得到数据。

为了研究调研对象的评分行为可能受到的影响，研究者选择了众包这种评测方法[Matejka2016]。每个参与用户只需要大约 6 分钟就可以完成整个实验，并得到 1 美元的报酬。为了保证实验顺利进行，研究者设计了 8 个需要回答的问题，并对问题条件进行了详细描述。整个项目是使用 JavaScript 开发的，可以兼容所有现代浏览器和操作系统的标准 HTML 网页中的应用程序。在实验过程中，为了防止用户在多次实验中将鼠标停留在同一个位置，研究者在视图的左下角设计了“开始按钮”，如图 13.3 左图所示。之后，用户会收到指令，如“请移动光标并通过单击来给出您感知到的下面方块的黑度”，如图 13.3 右图所示。

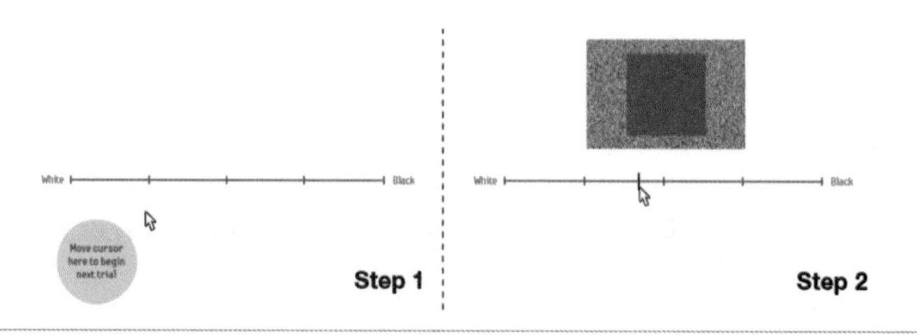

图 13.3 实验的两个步骤。图片来源：[Matejka2016]

13.2.6 标注（Labeling）

评估结果的准确性需要基于标准答案。在一些情况下，标准答案来自人工标注的结果。

在评估 Voila [Cao2018] 时，研究者使用了人工标注来验证方法的有效性。研究者招募了 12 名标注员，手动标注曼哈顿地区在 6 个月的时间内的异常事件。标注员被要求尽可能详尽地在线上搜索报道和相关信息。标注员首先识别出 300 多个潜在的异常事件，接下来，他们对这些事件进行验证，并给出了一个包含 96 个异常事件的表单。基于这个表单，标注员手动对每个区域的每个给定事件进行标注：有异常事件发生的为正，没有的为负。

将这份结果作为标准答案，研究者对使用三种方法探测结果的正确率进行了比较（见图 13.4）。最终，比较结果表明，该文章中提出的 TA 方法要比其他两种方法得到的结果好。

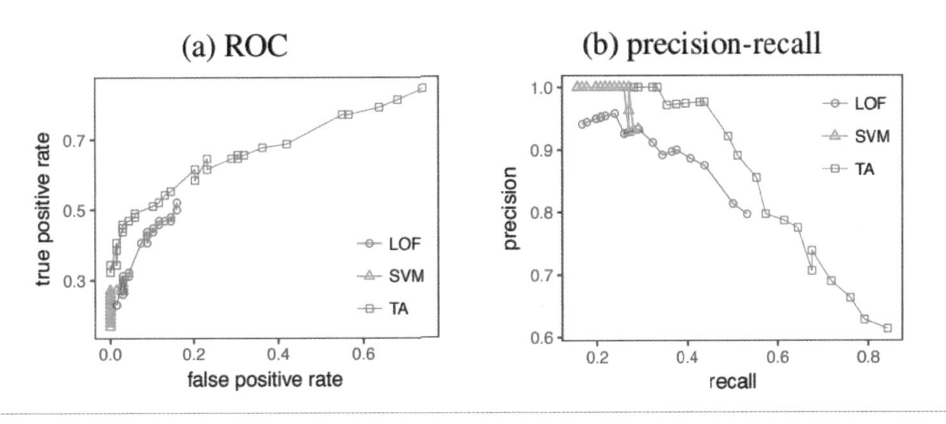

图 13.4 基于人工标注对一组异常检测方法进行性能评估的结果。

13.3 用户实验

用户实验通过记录并分析用户在完成任务过程中的行为和感受等信息来给出有说服力的评估结果。用户实验的流程主要涵盖 4 个步骤：确定实验目标、准备实验、进行实验和分析结果并讨论。

13.3.1 确定实验目标

用户实验的目标是探索未知内容、验证猜想、评估对象，或者对一组对象进行比较 [Magnusson2009]。

- 探索未知内容：由于人在感知、经验等方面的差异，研究者满意的内容不一定也能被大部分用户所接受。比如一套符合设计师审美的配色方案，可能在色盲用户看来是完全无法区分并使用的；再比如同样的数据和可视化系统，有经验的专家可能会发现更多有用的信息。在用户使用的过程中暴露缺点、发现亮点，是用户实验的重要作用。

- 验证猜想：凭借经验，研究者能提出一些论断，比如两个变量之间存在相关性等。然而，其正确与否需要实践，也就是需要用户实验的结果来检验。
- 评估对象：用户实验可以从用户的角度证明实验对象的优劣。
- 对比多个对象：当研究者希望从多种方案中选出最合适的方案时，可以依据用户实验的结果对它们进行比较。

13.3.1.1 研究对象

无论基于哪个目标，在实验的最开始，研究者都需要明确实验的研究对象。这里的研究对象可以是系统，也可以是具体的可视化方法或交互设计。如果实验目标为对比多个对象，那么研究者需要对相关工作进行调研，考虑不同的特点，尽可能全面地选择具有代表性的对象进行实验。注意，实验对象不是越多越好。每个对象的样本数据不应过少，这就意味着对象数量的增加会增大对样本的需求，造成一定的负担。

13.3.1.2 任务

接下来，研究者需要根据目标进行实验规划：用户需要完成什么任务，以及如何评估任务的完成效果。定义合适的测试任务的前提是了解可视化技术所支持的用户任务，对测试任务的选择也决定了用户实验及其结论所适用的范围。很多研究从不同的角度提出了可视化任务的分类[Amar2005][Keller1993]。Keller 等人在 [Keller1993] 中总结出了下列 9 大任务。

- 鉴定（Identify）：基于可视化中显示出来的特性鉴别特定物体。例如，从 CT 医学影像中找到肿瘤。
- 定位（Locate）：确定物体的位置。例如，在气象数据中找到风暴的中心和移动的路线。
- 区别（Distinguish）：区分一个物体。例如，区分高度超过某个阈值的物体和其余物体。
- 分类（Categorize）：对物体分类。例如，按照物体不同的材料质地或形状进行分类。
- 聚类（Cluster）：将相似的物体按照彼此关系归类。例如，在社交网络中按照朋友关系将人群分成不同的社区。一个相似的操作是分割（Segmentation），也就是区分不同的物体。
- 排名（Rank）：将一组物体按照一定的规则排序。例如，按照数值或时间顺序排列。
- 比较（Compare）：查看两个或更多物体之间的相似之处和不同之处。
- 联系（Associate）：表现两个或更多物体之间的关系。例如，通过气象数据可视化，将温度与地理位置联系起来。
- 关联（Correlate）：找到两个或更多物体之间的因果或互动关系。例如，发现贷款利率与经济增长之间的关系。

可视化技术可帮助用户在不同的程度上完成上述 9 大任务。由于新的数据和分析手段不断出现，通过可视化技术可完成的任务类型也会越来越多。在实践过程中，可以按照实际情况定义适合的测试任务。需要注意的是，研究者还需要对各类任务的难度进行斟酌。如果测试任务的难度过大，大部分参与者无法完成，将会造成所得到的数据量过少；反之，如果测试任务的难度太小，则往往无法展示出研究成果的优势。在一些研究中，评测会通过调整一些实验变量，在不同的难度下对参与者进行测试，比如控制数据集的大小和信息量等[Saket2014]。

13.3.1.3 指标

在定义任务时，也需要确定判断任务完成的效率和准确率的指标。例如，是否需要准确地鉴定某个物体每一次的出现？在聚类或排序时，多大的误差是可以接受的？当定位地图上的一个物体时，需要精确到国家、城市还是经纬度坐标？所选择的测试任务和测量指标会影响研究结果的内部效度和外部效度。

内部效度和外部效度是判断实证性研究有效性的基本指标[Mark2012]。内部效度指研究者实际测量的和想要测量的指标之间的贴切程度。二者越接近，研究的内部效度越高；二者差异越大，研究的内部效度越低。内部效度越低，研究的有效性也就越低。外部效度指研究结论有效范围的大小。研究结论的适用范围越大，研究的外部效度越高；反之，则外部效度越低。研究者应当在保证研究的内部效度的前提下，找到内部效度和外部效度之间的平衡点。在设计评测方案时，必须全面、严谨地考虑到各种可能影响评测效度的因素，如自变量和因变量的定义、目标用户和任务的选择、可视化技术所指向的数据及其特性和测量指标的选择。对于这些因素的选择，决定了评测的内部效度和外部效度。本节将对可视化评测中内部效度和外部效度的影响因素做进一步的说明。其中，参与用户、目标任务、数据和评测指标 4 个方面是设计可视化评测方案必须考虑的重要因素。

13.3.2 准备实验

为了保证实验的顺利进行，研究者在实验前需要做好一系列准备工作，包括实验用数据的准备、参与用户募集与实验流程设计。

13.3.2.1 数据

可视化技术通常是针对某一类或者某些类数据而设计和实现的。数据类型和用于用户测试的数据大小往往会影响可视化技术的效果。例如，对于网络数据，网络的大小和密度会影响可视化的有效性。在理想情况下，可视化技术的用户测试中使用的数据应该首先适用于测试的可视化技术；其次，数据应该具有代表性并且包含不同属性的数据集。在测试中包含不同属性的数据集可以帮助研究者充分了解某种可视化技术的适用范围和有效性。数据的属性通常包括下列几个方面。

1. 数据类型（Type）

一种可视化技术通常适用于一种类型的数据。例如，点线图的可视化技术只适用于网络数据。在评测中也可能需要包含某种类型不同属性的数据，以便于了解数据属性对于特定的可视化技术的效果是否有影响。

2. 数据量（Size）

数据量的大小也会影响可视化技术的有效性。一种可视化技术能有效地展示几百个数据点并不代表它也能可视化上百万个数据点。实际上，很多现有的可视化技术都不具备可扩展性。因此，如果必要，评测中使用的数据集应当包括常见大小的数据集以及某些极端尺寸的数据集。

3. 数据的维度（Dimensionality）

有些可视化技术通常适用于具有固定维度的目标数据，但是对于某些可视化技术，例如多维数据可视化技术，评测中非常重要的一项是对高维度数据的可扩展性。因此，可视化评测需要考虑包括不同维度的数据集。

4. 数据的多元性（Number of Parameters）

数据中变量的数目也对可视化技术的有效性提出了要求，应根据实际应用选择对一元或多元数据进行评测。有时也需要通过评测，了解可视化技术能有效处理的最大变量数。例如，对用于显示多变量时变趋势的流图（Streamgraph），它能有效显示的变量数目是一个非常重要的评测指标。

5. 数据结构（Structure）

数据的结构可以是简单的列表，也可以是复杂的网络结构。可视化技术通常为某一种特定结构的数据而设计，但也存在为多种结构数据所设计的可视化技术。另一方面，数据集可能存在次级结构。例如，网络数据中存在层次结构，此时，评测需要包括所适用的各种结构的数据。

6. 数据的范围（Range）

数据集中的对象可能跨越很大的范围，评测中不但需要包括所有可能的数值范围，更要重点测试极值情况下可视化的性能。

7. 数据的分布（Distribution）

数据的分布具有两个含义：数据值和数据属性（如时间和空间属性）。某种可视化技术也许能有效处理均匀分布的数据，但却无法处理其他分布的数据。地理数据可视化章节介绍了为克服地理数据的分布不平衡而专门设计的可视化方法。在评测中，不但需要包括适用领域中常见的数据分布，也需要测试极端分布的情况。

数据的特性很多，在评测中全面地测试各种情况需要收集或生成大量的测试数据。幸运的是，大多数可视化技术针对的目标数据在大部分特性上都有所限制，也就是说，一种可视化技术仅适用于某种或者某几种特性的数据，从而极大地减少了需要测试的情况。在一些领域，研究人员对特定的数据进行了归类和整理，以方便于评测。例如，加州大学埃尔文分校的机器学习数据集[UCI2012]、卡耐基梅隆大学的 StatLib 数据集[StatLib2012]、大规模网络数据集[SNAP2012]等。这些公共数据集大大方便了可视化的评测工作，也方便了不同研究人员在评测时使用相同的数据，利于横向比较，并促成了更为统一的评价标准。例如，设计点线图可视化的研究人员可从 [SNAP2012] 中得到足够的网络数据集进行评测。

13.3.2.2 用户

除数据以外，参与用户同样需要精挑细选。可视化技术对用户的有效性往往是因人而异的，因此需要通过评测了解某种可视化方法或技术能否为目标用户带来更多好处。在设计一个可视化评测时，能准确地描述并选择目标用户是至关重要的。下面列出了在选择参与用户时需要考虑的主要因素。

1. 对应用领域的熟悉程度

对应用领域的熟悉程度指用户对于可视化技术所面向的数据和专业领域的熟悉程度。经验丰富的专家和新手用户对于可视化工具会有不同的要求和期望。例如，对于医学影像数据可视化，新手用户需要系统提供更多的注释信息和提示。

2. 对测试任务的熟悉程度

对测试任务的熟悉程度指用户对于所要完成的任务的熟悉程度。对于任务的熟悉与对领域的熟悉是相互独立的概念。一个对于应用领域非常熟悉的用户有可能对要完成的任务却毫无经验。

3. 对数据的熟悉程度

这里主要指数据类型，如网络型、层次型、高维型、时变型等。用户是否曾经接触过同类型或者相似的数据？用户是否已经对这样的数据有一个合理的认知模型？

4. 对可视化技术的熟悉程度

用户是首次使用被评测的可视化技术吗？用户对这个技术的熟悉程度如何？用户是否使用过相关的可视化技术？对可视化技术的熟悉程度决定了评测中用户是否需要一个学习的过程。

5. 对可视化环境的熟悉程度

用户是否曾经用过评测的可视化系统？这直接关系到用户对测试任务的实现程度。同样的技术在不同环境下的实现对用户将造成不同的体验。例如，离线的可视化系统和通过浏览器打开的在线系统在操作方式上具有很大的区别。

在理想状态下，研究者应当选择与所测试技术的目标用户相似的参与者参加评测。另外，参与者群体应尽可能覆盖实际目标用户的年龄范围、背景差异等，以给出全面的评测结果。在此基础上，研究者可以选择尽量多的群体参与评测，从而更好地了解可视化技术对哪些用户更有效，以及背后的人因学（Human Factors）上的原因。

13.3.2.3 实验设计

实验设计指的是对整个实验流程进行规划。在设计时，需要注意由 Ronald Fisher 提出的三条原则。

- 重复（Replication）：实验通常会受到不确定性的影响。重复实验有利于降低不确定性。
- 随机（Randomization）：通过随机方法，如随机数表、抽签等方式，将参与用户分配到不同的组中，以随机顺序实验。这样可以降低实验之外的因素带来的影响。
- 局部控制（Local Control）：将可能影响实验的因素分开讨论。例如，如果对原有的可视化方法分别做了交互和布局上的改进，那么为了具体观察这两部分改进带来的影响，应当分别实验原有方法——只做交互改进的方法、只做布局改进的方法和做这两种改进的方法。

此外，当实验的对象不止一个时，为了保证每个对象的参与用户群体相同，每个参与用户需要对不同的对象分别实验。然而，在多次实验中，参与用户可能会累积经验或产生疲劳感。为了降低类似因素带来的影响，研究者需要对每个参与用户使用对象的顺序进行规划。拉丁方是一种常见的解决方法，如表 13.1 所示。拉丁方是一个 $n \times n$ 的表格，其内部有 n 个元素，它们分别在表格的每行每列只出现一次，这就保证了实验的均衡。假设有 n 个实验对象，具体的实验步骤是：将参与用户分为 n 个一组，组内随机排序，按照表 13.1 中的内容，依次对每个实验对象完成实验。

表 13.1　使用拉丁方安排一组（n 个）参与用户对 n 个实验对象分别完成实验

实验顺序	第 1 次	第 2 次	…	第 n 次
参与用户 1	实验对象 1	实验对象 2	…	实验对象 n
参与用户 2	实验对象 2	实验对象 3	…	实验对象 1
…	…	…	…	…
参与用户 n	实验对象 n	实验对象 1	…	实验对象 $n-1$

13.3.3　进行实验

在正式实验开始之前，通过预先进行的小规模试点实验（Pilot Experiment）来检查实验设计、环境是否存在缺陷，了解用户在实际操作时可能会遇到的问题，及时进行实验优化，避免浪费时间和金钱。如果在试点实验中涉及干扰实际实验的内容，比如试点实验会向参与用户透露实际实验中要用到的信息，那么在实际实验时，研究者应招募没有参与过试点实验的新用户。

为了帮助参与用户专注于任务，研究者需要提供一个良好的实验环境。在正式实验中，研究者需要先向参与用户全面地介绍整个实验，包括实验目的、实验流程、实验中可能用到的设备或系统的使用方法、需要完成的任务和评价标准等。为了确保参与用户掌握需要了解的内容，在做任务之前，参与用户可以通过完成一些类似的练习来熟悉实验。在做任务的过程中，研究者应尽可能提供自动化的辅助，包括流程上的指示、数据的收集（用时、操作记录）等，以避免失误造成样本数据浪费。同时，在整个过程中需要至少有一个对实验完全了解的人在参与用户遇到问题的时候能及时做出解答。当实验不能在短时间内完成时，应将整个实验过程分段，在每段之间为参与用户留出休息的时间。

在实验的最后，对参与用户进行采访，具体问题可以从以下两个角度来设计。

- 参与实验的感受：有助于改进实验。
- 完成任务时的思考：在讨论实验结果时，解释某些现象需要对这部分信息进行总结。

13.3.4　分析结果并讨论

用户实验的最后一步是对收集到的数据进行分析和讨论。在实验中，收集到的数据包括用户的个人信息、完成任务过程中的行为数据、评价数据，以及最后的采访记录等。

对于可被量化的数据，可以利用统计方法进行假设检验，其具体步骤如下。

（1）建立假设。给出一个命题，即零假设（Null Hypothesis），记为 H_0。与 H_0 对立的另一个命题，被称为备择假设（Alternative Hypothesis），记为 H_1。当确认 H_0 为假时，研究者将接受 H_1（H_0 与 H_1 不一定互补）。一般 H_1 反映了研究者的假设。

（2）构造检验统计量。假设 H_0 为真，基于样本数据，通过构造统计量（如）来判断是否正确。

（3）确定拒绝域和接受域。将样本空间分成两部分，分别对应接受 H_0 和接受 H_1（拒绝 H_0）。这里需要计算两个域的临界点。

（4）计算临界点。在判断 H_0 是否为真时，有一定概率会出现错误。在分析数据时，往往会指定出现错误的概率不超过 α（显著性水平），根据 α 计算临界点 c。

（5）给出判断。在 H_0 为真的前提下，观察样本数据是落在拒绝域还是接受域。

在可视化的用户实验中，常用到的统计检验方法有以下三种。

- 卡方检验（Chi-squared Test）：用于确定在一个或多个类别中观察到的频率和期望频率之间是否有显著性差异。常被用于独立性检验。
- P 值（P-value）：检验假设 H_0 成立或表现更为严重的可能性。
- F 检验（F-test）：也被称为联合假设检验（Joint Hypotheses Test），可以在 H_0 下检验是否具有 F 分布。常被用于分析多个相关因素对因变量的影响。

在数据分析之后，研究者需要综合采访结果等数据，对实验中发生的现象和数据分析的结论进行讨论。

13.3.5 评测案例分析

本节通过对网络数据可视化进行评测的案例，介绍如何在评测可视化技术中充分考量本章所提到的各方面因素，设计并执行有效的用户实验。

13.3.5.1 案例一

网络数据通常可以用点线图（Node-Link Diagram）和邻接矩阵（Adjacency Matrix）来可视化（见图 13.5）。两种方法有各自的优点和局限性。Ghoniem 等人在 [Ghoniem2005] 中对这两种可视化的可读性进行了全面的评测。下面根据前面介绍的评测流程和框架对这项工作进行概略性介绍。

图 13.5 网络数据可视化的两种最常见形式：点线图（左图）和邻接矩阵（右图）。在点线图中，每个节点用圆表示，链接用连接相应节点的直线表示。在邻接矩阵中，节点沿横轴和纵轴排列。矩阵中每条链接所对应的位置用实心方块表示，不存在的链接对应的位置为空。图片来源：[Ghoniem2005]

第一步：确定实验目标

首先决定在实验中用户需要完成的任务并选择相应的指标。适用于网络数据分析的任务有很多。在本项研究中，研究者关注的是两种可视化的可读性，且希望所做的分析有一定的通用性，与所用数据的来源和领域无关。具体到网络数据，用户最关心的是与网络连接结构相关的信息。因此，可读性可以定义为用户从可视化技术了解一个数据中网络结构的难易程度。网络结构通常包括网络中节点、链接、路径和子网络的特性。基于这样的数据特性，他们设计了下面的 7 个任务。

（1）估计网络中节点的数量。

（2）估计网络中链接的数量。

（3）找到网络中链接最多的节点。

（4）按照名字在可视化中找到对应的节点。

（5）找到两个节点之间的直接链接。

（6）找到两个节点之间的共同邻节点。

（7）找到两个节点之间的路径。

如果用户能够在短时间内正确地完成这些任务，对应的可视化就有较好的可读性。因此，可对用户完成这些任务的时间和正确率进行测量和统计，并以此作为评测可读性的指标。这两个指标是测量用户行为的基本指标，在最后的结果分析中都起到了重要的作用。

第二步：准备实验

为了避免参与评测的用户接触过测试数据，研究者选择使用随机生成的网络数据进行测试[Ispt2005]。基于对网络数据可视化的了解和经验，他们认为网络中节点的数量和链接的密度是影响可视化可读性最重要的因素。链接的密度也就是图的密度，通常定义为 $d=\sqrt[2]{\frac{l}{n^2}}$，$l$ 和 n 分别指链接和节点的数量。例如，在第 4 个任务中，按照名字在可视化中找到对应的节点。当节点变多时，逐一查找的时间就会变长。在之前的研究中，研究者发现，当链接的数量变多、网络的密度变大时，点线图可视化中由于链接之间的相互遮盖，网络的结构不清晰。因此，他们在实验中选取了三组不同的节点数量：20, 50 和 100，以及三组不同的密度：0.2, 0.4 和 0.6 进行组合，总共随机生成了 9 个不同的网络。除此之外，研究者也根据所选取的任务，对生成网络数据的随机算法做了适当的调整。例如，第 3 个任务是找到链接最多的节点。随机生成的网络中可能出现有多个链接数量非常相近甚至一样的节点。为了让这个任务对于用户更清晰明确，他们决定给链接最多的节点再随机添加 10％的链接。另外，随机网络中节点的名字是顺序的数字编码，这将导致第 1 个任务变成了找到编码最大的节点。为了避免这个问题，研究者采用了数字和字母混合编码的方法。从这些细节可以看出，研究者在数据的选取时不但从评测的数据特性出发，也认真地考虑了各个目标任务的需求。

在评测中，研究者采用了招募志愿参与者进行可用性评测的方法。参与评测的用户共 36 人，包括硕士、博士研究生和从事计算机科学研究的人员。所有的参与者都对网络数据的点线图可视化有所了解。

两种可视化的实现和优化程度对于评测最终的结果是否有效也非常重要。对于点线图，研究者采用了可视化开源工具 GraphViz[Graphviz2012]，使用的布局程序是 neato。所有的图布局都提前生成，因此可视化生成的时间并不占用用户完成任务和答题的时间。矩阵可视化由自己开发的可视化程序实现，其中节点在横轴和纵轴上按照名字的字母表顺序排列。两种可视化采用了相同的交互功能。当用户选中一个节点时，节点和它的链接被高亮标识；当选中一条链接时，链接和它的两端节点也被高亮标识。这些互动可帮助用户更快地完成任务，是一般网络数据可视化系统所必备的基本交互功能。同时，为了保证用户在实验时所花的时间真正用于所要完成的任务，研究者对任务做了非常细致的安排。例如，第 7 个任务是找到两个节点之间的路径。这两个节点在可视化中被高亮标识，这样用户就不需要在找指定的节点上花时间了，系统所记录的时间就是用在寻找路径上的准确时间。

第三步：进行实验

在开始用户测试之前，研究者通过演示向测试者介绍如何正确地解读这两种可视化，并如何完成目标任务。其后，用户在研究者的帮助下尝试完成一些示范的任务，以确保他们对可视化方法、系统的交互和要完成的任务有准确的理解。如果还有疑问，研究者会再次演示，直到确认测试者掌握了这两种可视化。最后，对测试者提出如下三点要求。

（1）必须尽快完成任务。

（2）必须尽量正确地回答问题。

（3）如果觉得某个任务无法完成，则可以跳过它进入下一个任务。

在任务和数据的前后顺序方面，研究者做了认真的安排。每个用户从一种可视化开始，完成 9 个不同的网络图，每个图按顺序完成 7 个任务。然后，换到另一种可视化，完成同样的流程。两种可视化出现的前后顺序按照随机排列，保证了一半用户从点线图开始，而另一半用户从矩阵开始，最后的统计结果不存在因测试顺序而导致的偏差。这样在一个可视化流程中，9 个网络图被分为两组，其中一组包括节点数为 20、密度为 0.2 和 0.4，以及节点数为 40、密度为 0.2 三个图。这些网络图相对比较简单。而剩下的网络图分为另一组。每一组中，图会按照随机顺序出现，这样有效地避免了学习效应。

在实验中，研究者对用户完成任务的时间进行了有效的安排和控制。用户一共需要完成 126 个任务（2 个可视化 ×9 个网络图 ×7 个任务），每个任务限时 45 秒。如果时间结束，即使用户还没有完成任务，系统也会自动跳转到下一个任务。这种情况被解读为可视化无法帮助用户完成任务。当 45 秒的限时来临时，系统会提供声音提示。由于任务比较多，用户平均需要大约 1 小时来完成所有的任务，因此在每组网络图之间，提供了 10 分钟的休息时间，同时在一组的中间也提供了 5 分钟的休息时间。

第四步：分析结果并讨论

实验所得到的结果主要包括完成任务的时间和正确率。研究者的目标不仅是总体的表现对比，还希望了解网络大小和密度对可视化可读性的影响。因此在分析结果时，详细比较了不同网络参数下的评测指标。图 13.6 和图 13.7 用柱状图分别表示了两种可视化技术、7 个目标任务在不同网络图大小和密度下的平均完成正确率。图中浅色的条柱代表矩阵可视化的结果，深色的条柱代表点线图的结果。沿 X 轴分别是从第 1~7 个目标任务。不难看出，随着网络变大，密度增加，准确率也会下降。

研究者对网络图大小和密度这两个变量对回答时间的影响做了进一步的定量分析。他们采用线性回归得到线性模型中大小和密度的权重，由此更准确地了解到两种可视化方法的可读性对这两个参数的依赖性，以及在参数变化时的稳定性。

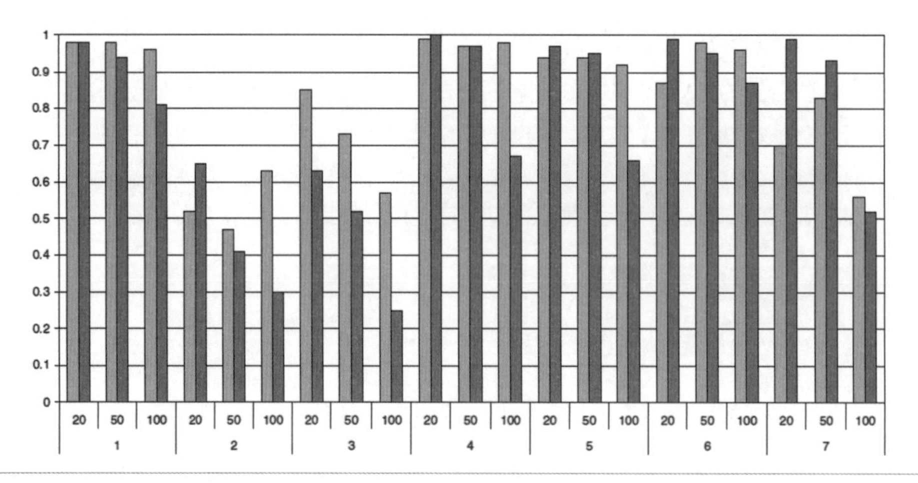

图 13.6 任务完成的正确率与网络大小。浅色的代表矩阵可视化，深色的代表点线图。沿 X 轴分别是 7 个目标任务。

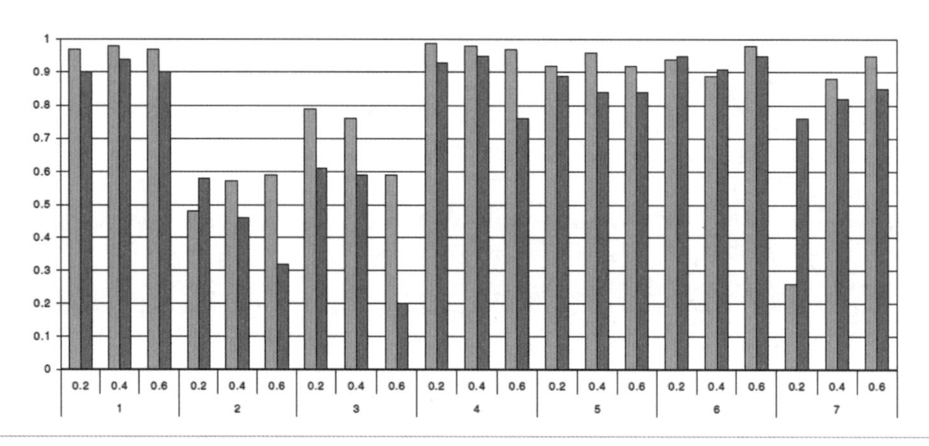

图 13.7 任务完成的正确率与网络密度。浅色的代表矩阵可视化，深色的代表点线图。沿 X 轴分别是 7 个目标任务。

在其后发表的论文中，研究者对 7 个目标任务逐一进行了细致的分析。由于篇幅原因，我们在这里选择介绍其中任务 1 和任务 7 的结果分析。任务 1 是估计网络中节点的总数。图 13.8 中用盒须图表示了任务完成时间的分布。随着网络图变大，用户通过矩阵可视化完成任务的时间变化不大。而用户采用点线图的完成时间的中位值和方差都大大增加（见图 13.8（a））。网络密度对两种可视化所对应的完成时间都影响不大（见图 13.8（b））。总体而言，矩阵可视化对于任务 1 更为有效。图 13.6 和图 13.7 中对于任务 1 的正确率分析也显示了相似的特性。网络大小对点线图的表现有较大的影响。对于 100 个节点的网络来说，96%的用户通过矩阵可视化正确地得到了总的节点数，而使用点线图的用户只有 81%的成功率。线性回归分析的结果为：

$$T_{MX}=18.8999-15.3938\times d+0.157116\times d\times s$$

$$T_{NL}=13.7151-10.6864\times d+0.302776\times d\times s$$

研究者分析上述的线性模型，认为与图 13.8 基本一致，点线图的可读性受到网络大小和密度综合作用的影响较大。

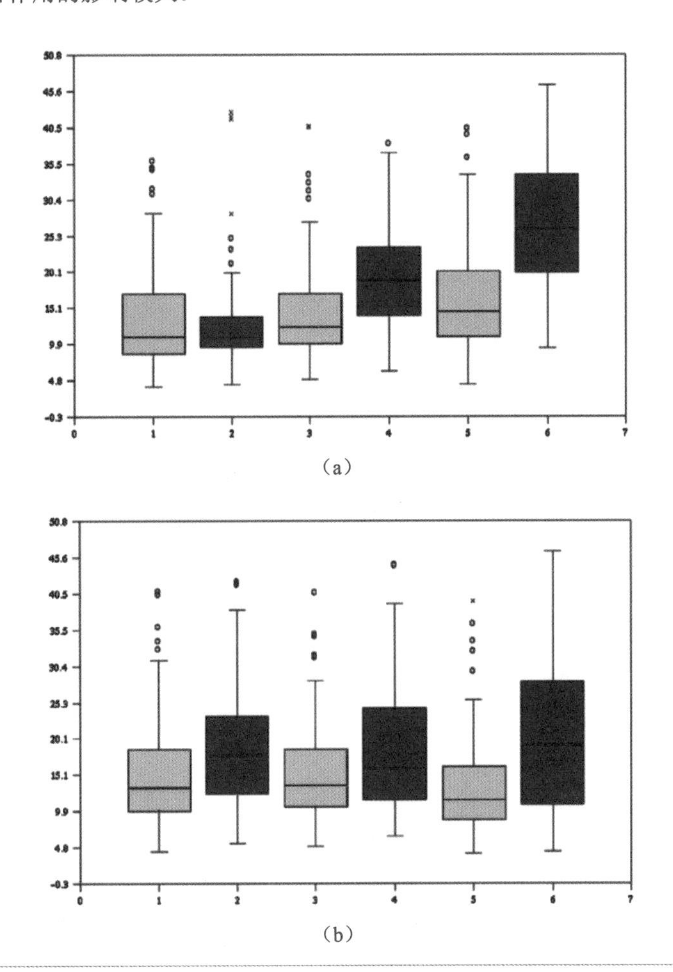

图 13.8 任务 1（估计节点数量）所花时间的盒须图。浅色的代表矩阵可视化，深色的代表点线图。(a) 沿 X 轴，每一组分别代表不同大小的网络。1,2 是 20 个节点的网络，3,4 是 40 个节点，5,6 是 100 个节点；(b) 沿 X 轴，每一组分别表示不同密度的网络：{1,2}、{ 3,4} 和 {5,6} 的密度分别为 0.2、0.4 和 0.6。

任务 7 是找到两个节点之间的路径，即找到一系列连接两个节点的链接。图 13.9 中的结果显示，对于点线图，网络图越大，所需要的时间越多，网络密度对完成时间影响不大。矩阵表示则不同，网络密度越大，所需要的完成时间越短。对于节点较少且密度小的网络，矩阵可视化在寻找路径上并不如点线图有效。但是，对于高密度的大网络，矩阵可视化反而更有效。研究者对此的推测是，当网络密度增大时，任意两个节点更有可能直接相连，因此寻找路径简化为寻找两点之间直接链接的任务，矩阵可视化变得更为有效。图13.6和图13.7中的任务完成正确率表现了完成时间相似的规律。线性回归分析的结果为：

$$T_{MX}=45.7229-53.507\times d$$

$$T_{NL}=6.05372-23.2979\times d+0.445508\times s-0.397442\times d\times s$$

研究者分析上述的线性模型，认为与图13.8基本一致，点线图的可读性受网络密度的影响较大，而矩阵的可读性则随着网络密度增加而改善。

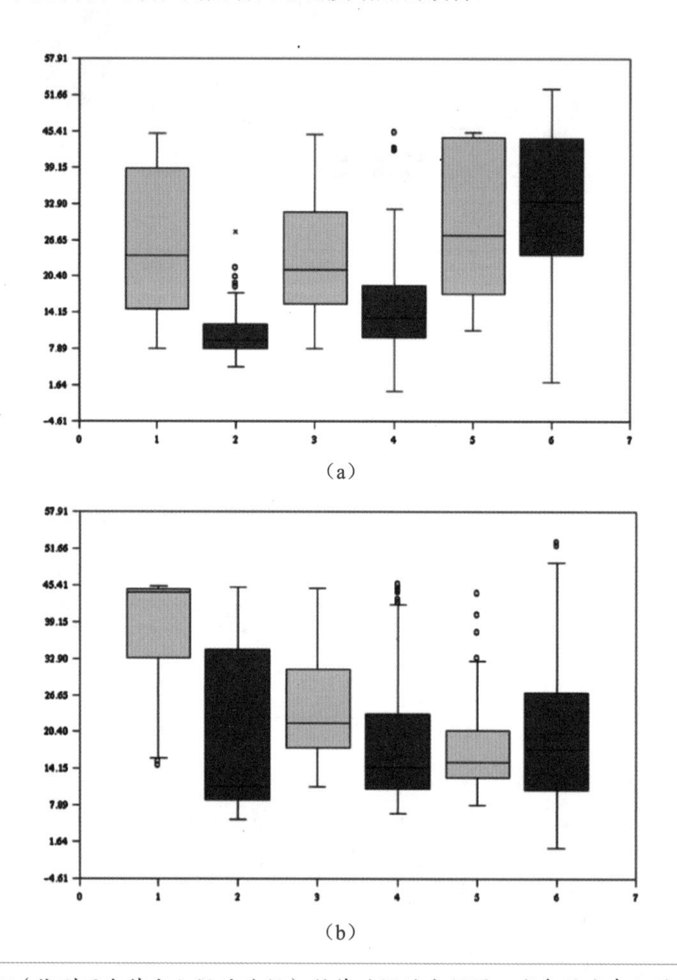

图13.9 任务7（找到两个节点之间的路径）所花时间的盒须图。浅色的代表矩阵可视化，深色的代表点线图。(a)沿X轴，每一组分别代表不同大小的网络。1,2是20个节点的网络，3,4是40个节点，5,6是100个节点。(b)沿X轴，每一组分别表示不同密度的网络{1,2}、{3,4}和{5,6}的密度分别为0.2、0.4和0.6。

最后，研究者从可读性评测得出的结论是：点线图的可视化适用于较小的网络数据，而邻接矩阵可视化则更适合于密度较大的大网络。另一方面，除搜寻路径的任务之外，邻接矩阵可视化的可读性高于点线图。由于当前邻接矩阵在网络数据可视化中的使用并不够，研究者建议人们更多地关注矩阵可视化并使用到实际应用中。

13.3.5.2 案例二

游客来到陌生的地方，想要在地图上找到某个感兴趣的区域（AOI），需要花费很多时间来浏览地图。标注和注释可以有效地缩短他们的搜索过程。但是，什么样的标注才是最有效的呢？Netzel 等人 [Netzel2017] 使用眼动仪对 4 种在地图上标注的方法进行了比较。

第一步：确定实验目标

常见的标注方法是首先对多个区域的名字在图外排序，并在名字旁边给出关于相应位置的提示。在这个实验中，研究者希望对一种无标注的方法（基准方法）和三种提供不同标注提示的方法（见图 13.10）进行比较。

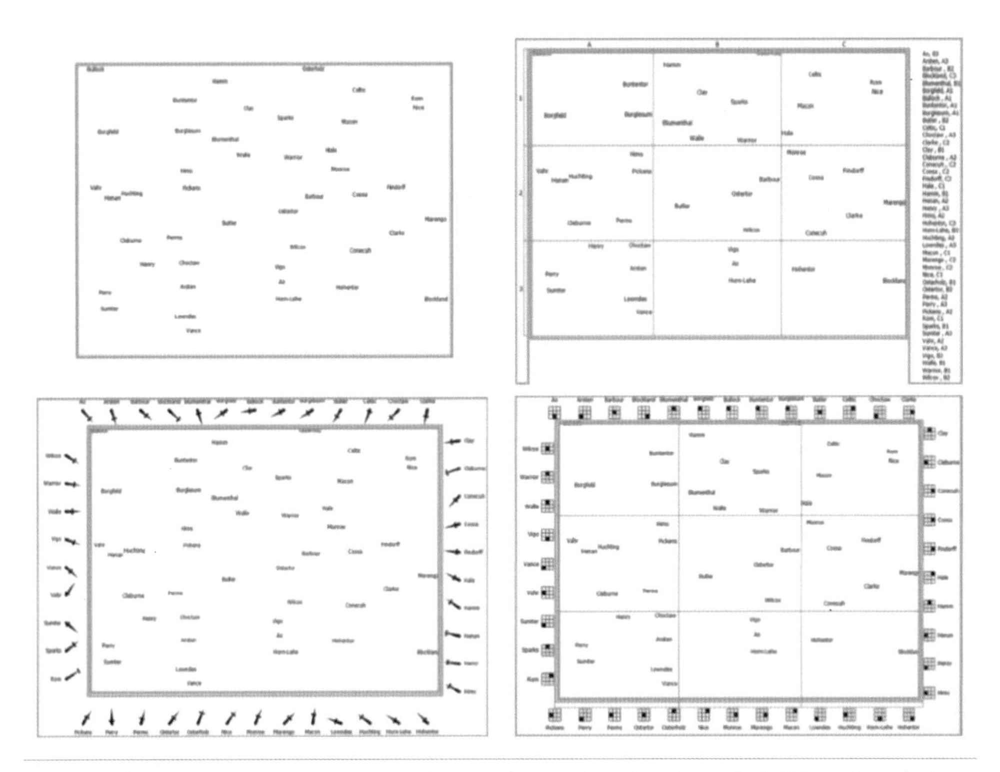

图 13.10 在图上标注位置的 4 种方法。左上：图内标注（WA）；右上：网格参考标注（GA）；左下：方向标注（DA）；右下：缩略图标注（MA）。图片来源：[Netzel2017]

- 图内标注（WA）：仅在图内相应位置直接标出区域名，不添加标注。
- 网格参考标注（GA）：通过 2D 笛卡儿坐标系将地图分成多个小单元，并基于行列对小单元编号。在地图外，在每个区域名字旁边会给出它所在位置的单元编号，如“A3”。
- 方向标注（DA）：除了坐标，通过方向和距离也可以确定一个区域的位置。该方法用箭头指出区域的方向，并在箭头上通过标注的位置表示距离的大小。
- 缩略图标注（MA）：它同样是基于网格单元划分的。不同之处在于，每个单元的位置不是通过编号来表示的，而是通过缩略图的相应位置高亮来表示的。

在实验开始之前，基于理论分析，研究者提出了 5 点假设。

（1）不使用标注的方法在地图上找到 AOI，需要花费比使用标注的方法更长的时间，即：WA>GA,WA>DA,WA>MA。

（2）使用三种有标注的方法所花费的时间也存在差异：GA>DA>MA。

（3）使用有标注的方法时，参与用户的扫视长度将会大于不使用标注的方法，因为有了标注的提示，用户的扫视可以有更长的跳转。

（4）使用 DA、GA 和 MA 方法时，可视搜索从外部区域开始，然后转向内部，最后结束于目标标签。此外，参与用户注视外部区域的平均时间应该比注视内部区域的平均时间要短。这是因为标签的实际搜索比利用视觉辅助来估计标签的位置需要更多的时间。

（5）在注视内部区域时，使用 DA 方法的扫视运动模式不同于 GA 和 MA 方法。使用 DA 方法时，参与用户的目光会沿着一条线定向搜索；而使用 GA 和 MA 方法时，参与者会在某个格子中搜索。因此，在后续扫视中，比起 GA 和 MA 方法，DA 方法将会有更小的角度偏差。

为了验证这些假设，参与用户将被要求戴着眼动仪，尽可能快地完成在地图上准确找到特定标签的任务。每次任务的完成时间将被记录下来。除此之外，眼动仪将记录参与用户的视线移动情况。

第二步：准备实验

为了避免参与用户在实验中遇到熟悉的地图，研究者生成了一些人造地图数据以供实验使用。具体生成方法为，将美国、法国、德国和英国的主要城市名字分散到 3×3 网格中，并在每格内先随机放置 5 个不同的标签（共 45 个）。然后，为了避免分布过于规律，再对每个格内的标签进行随机增删不超过三个，并维持标签总数不变。设置每个标签的参数（字体、大小、文本方向和颜色）相同后，生成大小为 1000 像素 ×900 像素的地图图像。研究者分别使用 4 种标注方法生成了 80 张地图（共 320 张）。

本次实验招募了 32 位大学生，在完成时间不超过 60 分钟的实验后，每位参与用户将得到 10 欧元的报酬。每个参与用户需要基于 80 张地图完成任务（每种方法各 20 张）。因此，每 4 个参与用户可以给出一份全数据集的测试结果。实验使用两阶段平衡以补偿学习成本和疲劳效应，即：将 80 张地图分成 4 组，每组内每种标注方法各 5 张，随机排序。

该研究在研究者所在的实验室进行。在实验过程中，除参与用户以外，房间内只有一位实验操作员，因此，实验环境比较安静。在实验过程中，参与用户坐在屏幕前方约 60 厘米处，以保证眼动仪的良好校准。眼动追踪软件的标准滤波器参数为最小覆盖范围是 10 像素；最短固定间隔为 30ms。因为参与者的头部并未固定，所以其到屏幕的距离并不恒定。不过鉴于头部运动的影响很小，视角 1° 可以对应约 35 像素。

第三步：进行实验

实验的具体执行顺序如下。

（1）请参与用户签署同意书，通过 Snellen 图表完成视力测试并提供一些信息。经测试，全部参与用户的视力为正常或矫正后正常。统计结果表明，在 32 位参与用户中，有 27 位男士、5 位女士；年龄在 20~32 岁之间，平均年龄为 22.8 岁；有 29 位专业为计算机科学或者软件工程。

（2）向参与者讲解任务并引导他们完成教程。教程中包括每种标注方法的解释和示例任务。

（3）在任务执行过程中，整个图像分两部分向用户呈现：先显示目标标签名字；按键后显示地图图像。在定位标签过程中，参与用户不允许使用任何辅助手段，包括鼠标、手指灯，以避免对方向标注的影响。当参与用户找到目标后，再次按键，使用鼠标选择找到的目标，结束对该图像的实验并开始下一个图像的任务。

（4）填写调查问卷。参与用户需要回答一些主观问题，比如：你是否使用了搜索技巧？MA 和 GA 方法哪个在定位时更方便？

在本次实验中，由于技术问题导致眼动追踪记录错误，两位参与用户的测试数据被排除。

第四步：分析结果并讨论

1. 任务执行分析

研究者根据任务的完成时间对标注方法进行了评估。参与者平均需要 3.56s（MA）、4.19s（GA）、4.54s（DA）和 5.95s（WA）完成任务，如图 13.11 所示。与基准方法 WA 相比，

MA 快 40.2%，GA 快 29.6%，DA 快 23.7%。

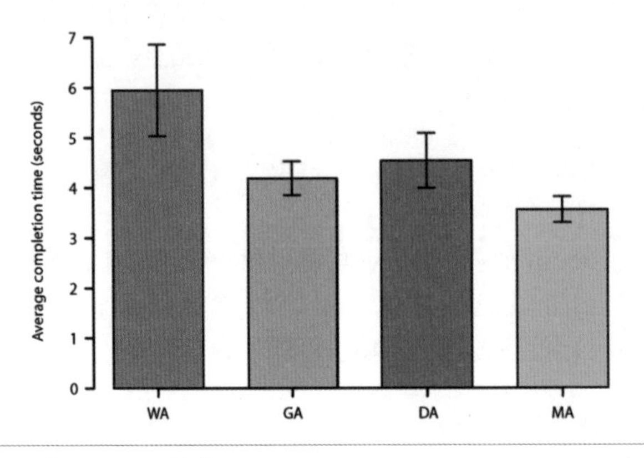

图 13.11 4 种方法的完成时间。图片来源：[Netzel2017]

统计检验揭示了方法之间的重要差异，详情可阅读 [Netzel2017]。

2. 眼动数据分析

在分析眼动数据时，研究者将平均注视时间和平均扫视长度作为相关量进行了评估（见图 13.12）。从图 13.12 中还可以看出，由于设计相似，DA 和 MA 方法形成了一个聚类，另外两种方法则分散在其他地方。对注视时间的事后分析表明，GA 方法和所有其他方法之间存在差异（$p < 0.05$）；对扫视长度的分析表明，除 MA 和 DA 方法之外，所有成对组合都有显著性差异（$p < 0.007$）。这个结论证明了假设 3。

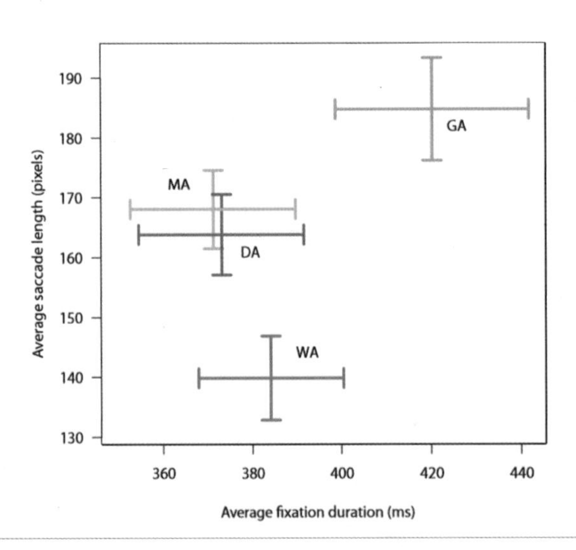

图 13.12 4 种标注方法的平均注视时间（x 轴）和平均扫视长度（y 轴）。误差条显示眼动数据平均值的标准差（SEM）。图片来源：[Netzel2017]

接下来，研究者对 GA、DA 和 MA 三种标注方法的两个视觉搜索阶段进行了分析。在第一阶段中，参与用户将注意力集中在地图的外部区域；在第二阶段中，他们将注意力切换到地图内搜索标签。为了提取这两个阶段，研究者分别查看了每次注视的时间戳。如图 13.13（a）所示，这两个阶段是明显分开的，第一阶段发生在第二阶段之前。使用除 WA 方法以外的任意方法时，参与用户都会先在外部区域搜索，而 WA 方法没有第一阶段。这证明了假设 4 的第一部分。

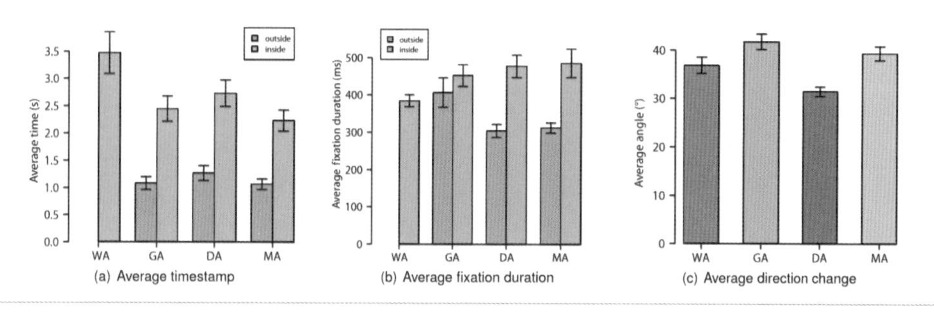

图 13.13 参与用户的行为。图片来源：[Netzel2017]

为了验证假设 4 的第二部分，研究者分析了两部分的注视时长。如图 13.13（b）所示，第二阶段的平均时间比较长。在第一阶段中，与 MA 和 DA 方法相比，GA 方法的注视时间更长。使用 GA 方法时，参与用户不仅必须找到标签所在格子的标注，还必须记住它的坐标。因此，其必须花费更长的时间。而使用 MA 和 DA 方法时，参与用户可以较快速地确定粗略位置，并进入第二阶段，搜索标签。对于外部区域，显著性检验表明差异（$\chi^2(2) = 19.67$；$p < 0.001$）。事后检验显示只有 GA-MA（$p < 0.001$）和 GA-DA（$p < 0.001$）之间存在差异。GA 方法的平均注视时间为 406.17ms，MD 方法为 311.92ms，DA 方法为 303.81ms。对于内部区域，结果依然显著（$\chi^2(3) = 25.89$；$p < 0.001$）。尤其是 GA-WA、MA-WA 和 DA-WA 之间存在差异（$p < 0.001$）。GA、MA、DA 和 WA 方法的内部平均注视时间依次为 451.76ms、485.58ms、476.95ms 和 384.08ms。这些结果可以证明假设 4 的第二部分。

研究者继续分析在第二阶段中扫视路径方向变化的平均角度，以讨论假设 5。为了处理搜索方向的反转（180° 转弯），研究者研究了较小的方向变化角度。统计检验结果显示标注方法对角度确实有显著性影响（$F(3116) = 34.84$；$p < 0.001$），事后检验结果证明了以下几对差异的显著性：DA-WA、DA-GA、DA-MA 和 GA-WA（$p < 0.001$）。具体的平均方向变化角度为 41.74°（GA）、39.34°（MA）、31.39°（DA）和 36.82°（WA），如图 13.13（c）所示。可以看出，使用 DA 方法时，参与用户改变方向的角度比较小，这是因为这种方法与其他方法相比提供了更加明确的方向提示。因此，假设 5 也得到了证明。

3. 主观评估

- 图内标注（WA）：19 位参与用户使用了搜索技巧。最常见的是水平或垂直扫视，或者从屏幕中间开始，以螺旋形向外扫视。
- 网格参考标注（GA）：25 位参与用户使用了搜索技巧。他们先从标注中找到目标标签和相应的网格坐标，然后再到相应的单元格中寻找。
- 方向标注（DA）：26 位参与用户使用了搜索技巧。他们先在图像周围找到方向注释，然后跟着箭头寻找标签。
- 缩略图标注（MA）：25 位参与用户使用了一种常见的搜索技巧。与 DA 方法类似，他们首先在标注中搜索，然后再跳转到相应的格子中进行寻找。

13.4 总结

可视化方法的系统性科学评测是可视化应用发展、研究深入的重要驱动力之一。只有具备了完善的评测体系，可视化研究才能向正确的方向前进。由于种种原因，可视化评测方面的研究还很欠缺。本章从影响评测的几大因素出发，介绍了评测方法和流程，完整地概述了可视化评测框架，读者可以根据这个框架设计自己需要的评测实验并有效执行。

参考文献

[Andrews2006] Keith Andrews. Evaluating information visualisations. *Proceedings of AVI workshop on Beyond time and errors: novel evaluation methods for information visualization*. 2006

[Cao2018] Cao N, Lin C, Zhu Q, et al. Voila: Visual Anomaly Detection and Monitoring with Streaming Spatiotemporal Data. *IEEE transactions on visualization and computer graphics*, 2018, 24(1): 23-33

[Carpendale2008] Sheelagh Carpendale. Evaluating information visualizations. *Journal of Information Visualization*. 2008:19-45

[Chen2002] Chaomei Chen, and YuYue. Empirical evaluation of information visualization: An introduction. *International Journal of Human-Computer Studies*. 53(5).2002: 851-866

[Ghoniem2005] Mohammad Ghoniem, FeketeJean-Daniel, and Castagliola Philippe. On the readability of graphs using node-link and matrix-based representations: a controlled experiment and statistical analysis. *Information Visualization*. 4(2),2005: 114-135

[Gramazio2017] Gramazio C C, Laidlaw D H, Schloss K B. Colorgorical: Creating discriminable and preferable color palettes for information visualization. *IEEE transactions on visualization and computer graphics*, 2017, 23(1): 521-530

[Graphviz2012] GraphViz – open source graph drawing software. http://www.graphviz.org

[Healey1998] Christopher G. Healey, and James T. Enns. On the Use of Perceptual Cues & Data Mining for Effective Visualization of Scientific Datasets. *Proceedings of Graphics Interface*. 1998

[Ispt2005] ISPT. WasedaUniversity Random Graph Server. http://www.ispt.waseda.ac.jp/rgs/index.html

[Keller1993] Peter R.Keller, and Mary M. Keller. *Visual cues: Practical data visualization*. 1993

[Kosara2003] Kosara R, Healey C G, Interrante V, et al. Thoughts on user studies: Why, how, and when. *IEEE Computer Graphics and Applications*, 2003, 23(4): 20-25

[Kwon2018] Kwon O H, Crnovrsanin T, Ma K L. What Would a Graph Look Like in This Layout? A Machine Learning Approach to Large Graph Visualization. *IEEE transactions on visualization and computer graphics*, 2018, 24(1): 478-488

[Magnusson2009] Magnusson C, Rassmus-Gröhn K, Tollmar K, et al. User study guidelines. 2009

[Mark2012] Mark L.Mitchell, and Janina M. Jolley. *Research design explained*. Wadsworth Publishing Company, 2012

[Matejka2016] Matejka J, Glueck M, Grossman T, et al. The effect of visual appearance on the performance of continuous sliders and visual analogue scales. *Proceedings of the 2016 CHI Conference on Human Factors in Computing Systems*. ACM, 2016: 5421-5432

[McGrath1995] J.McGrath: Methodology Matters: Doing Research in the Social and Behavioural Sciences. *Readings in Human-Computer Interaction: Toward the Year* 2000, MorganKaufmann. 1995

[Morse2000] Emile Morse, Lewis Michael, and A. Kai Olsen. Evaluating visualizations: using a taxonomic guide. *International Journal of Human-Computer Studies*. 53.5(2000): 637-662

[Netzel2017] Rudolf Netzel, Marcel Hlawatsch, Michael Burch, Sanjeev Balakrishnan, Hansjörg Schmauder, and Daniel Weiskopf. An evaluation of visual search support in maps. *IEEE transactions on visualization and computer graphics*. 23(1), 2017: 421-430

[North2006] Chris North. Toward measuring visualization insight. *IEEE Computer Graphics and Applications,* 26(3), 2006: 6-9

[Plaisant2004] Plaisant Catherine. The challenge of information visualization evaluation. *Proceedings of the working conference on Advanced visual interfaces*. 2004:109-116

[Saket2014] Bahador Saket, Paolo Simonetto, Stephen Kobourov, and Katy Börner. Node, node-link, and node-link-group diagrams: An evaluation. *IEEE Transactions on Visualization and Computer Graphics*, 2014, 20(12): 2231-2240

[Saraiya2005] Purvi Saraiya, Chris North, and Karen Duca. An insight-based methodology for evaluating bioinformatics visualizations. *IEEE Transactions on Visualization and Computer Graphics*. 11(4), 2005: 443-456

[Shen2017] Shen Q, Wu T, Yang H, et al. NameClarifier: A visual analytics system for author name disambiguation. *IEEE transactions on visualization and computer graphics*. 2017, 23(1): 141-150

[Shneiderman1996] Ben Shneiderman. The eyes have it: A task by data type taxonomy for information visualizations. *IEEE Symposium on Visual Languages*, 1996

[SNAP2012] SNAP: Stanford Large Network Dataset Collection. http://snap.stanford.edu/data.

[StatLib2012] CMU StatLib. http://lib.stat.cmu.edu/. accessed 2012

[Stone2005] Debbie Stone, Caroline Jarrett, MakrWoodroffe, and ShaileyMinocha. *User Interface Design and Evaluation*. Morgan Kaufmann, Inc., 2005

[Tory2005] Melanie Tory and Torsten Muller. Evaluating Visualizations: Do Expert Reviews Work? *IEEE Computer Graphics and Applications.* 25:5,2005:8-1

[UCI2012] UCI Machine Learning Repository, http://archive.ics.uci.edu/ml/accessed 2012

[Wang2018] Wang X, Chou J K, Chen W, et al. A Utility-aware Visual Approach for Anonymizing Multi-attribute Tabular Data. *IEEE Computer Graphics and Applications*, 2018, 24(1): 351-360

[Ware2012] ColinWare. Information visualization: perception for design. Morgan Kaufmann, 2012

第14章 面向领域的数据可视化

14.1 高性能科学计算

计算技术和存储技术的进展催生了大规模并行计算的软件和硬件系统的迸发，同时也导致了飞速扩容的计算数据。千万亿次超级计算机提供的强劲计算能力使得科学家可研究更复杂的模型，进行更大规模的模拟计算。例如，国产天河一号A千万亿次超级计算机，位列2010年11月的国际超级计算机Top500排行榜的第一名[张云泉 2012]，可在十几小时内完成对1000多平方公里规模的石油数据处理[超算中心]。随后的天河二号和神威·太湖之光陆续打破纪录，神威·太湖之光在2016年以93PFLOPS的计算能力超越天河二号（约34PFLOPS），成为世界上最快的超级计算机。神威·太湖之光也是中国首台自行设计生产全部关键组件而登上第一名宝座的超级计算机。2016年，基于“神威·太湖之光”系统的三项应用入围被称作超算应用领域诺贝尔奖的“戈登·贝尔”奖，占全部入围数量的一半。最终，“全球大气非静力云分辨模拟”为中国首次摘得“戈登·贝尔”奖。这类高性能计算机还可被用于生物医药、工程仿真、遥感数据处理、天气预报和气候模拟等领域，为提升我国科研实力提供了不可或缺的关键技术保障。

随着高性能计算机技术的突破，科研人员可构造高精度的数学模型，通过科学计算来模拟不同的社会和自然现象。高性能科学计算的应用通常产生大规模科学数据集，其中包含高精度和高分辨率的体数据、时变数据和多变量数据。一个典型的数据集可包含十至上百TB（$1TB=10^{12}B$）的数据。如何从这些庞大复杂的数据中快速而有效地提取有用的信息，成为高性能科学计算发展中的一个关键技术难点。在解决这个技术难点的众多可行性方案中，科学可视化通过一系列复杂的算法将数据绘制成高精度、高分辨率的图片。同时，科学可视化的交互工具允许科学家实时改变数据处理和绘制算法的参数，对数据进行观察和定量或定性分析。这种可视化分析手段有效地结合了科学家的专业领域知识，利于从大数据集中快速验证科学猜想并获得新的科学发现。图 14.1 显示了对一组大规模燃烧模拟数据的多变量体绘制结果。该科学模拟用于研究燃烧过程中多个元素之间的化学反应模型，其中体数据为规则网格，包含了近 10 亿个网格点，每个网格点包含温度和燃烧反应元素等多个变量。整个模拟使用了 350 万个 CPU 小时，相当于在 1 万个 CPU 上连续运行 10 天。图中显示了化学反应元素 OH 和 HO_2 在某个时间点的空间分布。可视化结果清晰地揭示了 OH 的非常不规则的三维等值面，借此可推断该等值面受到局部气流和元素混合情况的强烈影响[Chen2009a]。此方法采用多 GPU 进行分布式加速，允许科学家实时交互浏览变化过程，控制视角和绘制参数，对不同区域进行细微观测。

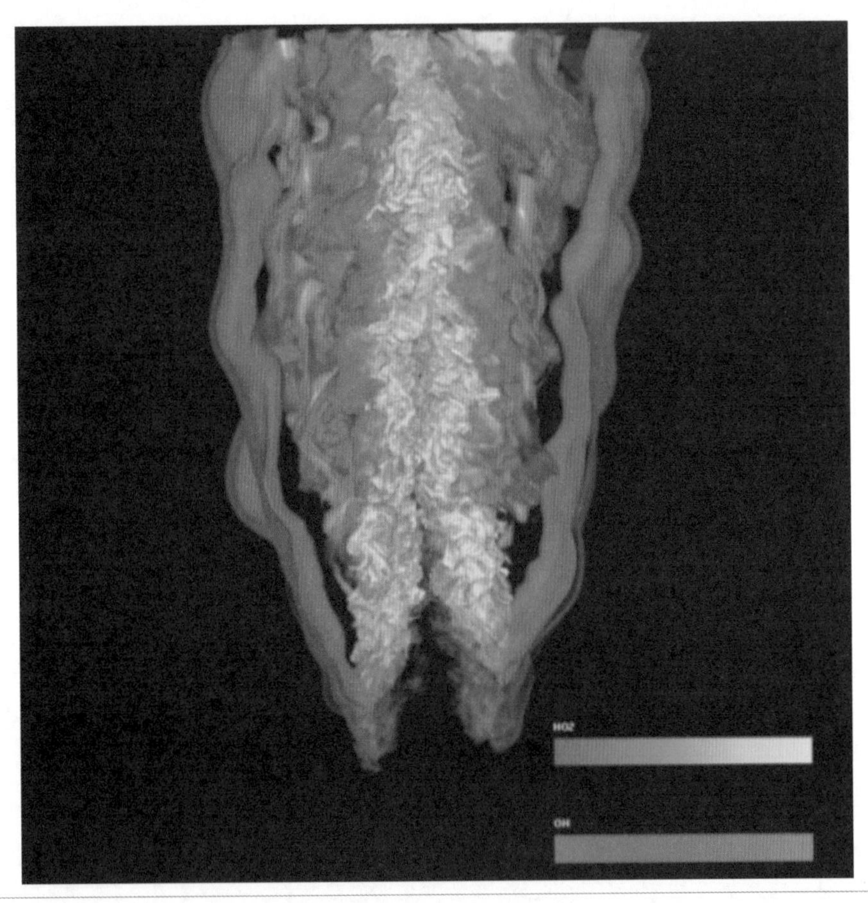

图 14.1 大规模燃烧模拟数据的多变量体绘制结果[Chen2009a]。

本节将从大规模并行可视化算法、大规模数据重要信息的提取和显示以及原位可视化三个角度来探讨高性能科学计算可视化，并且介绍相关的研究结果[俞洪峰 2012]。

14.1.1 高性能科学可视化的挑战

将科学可视化方法应用于大规模科学数据的分析面临一系列技术挑战。一方面，传统的可视化算法设计面向单台计算机或者处理单元，而单台计算机无法实时处理 TB 级别的数据。实时处理这些大规模数据需要由多台计算机组成的计算机集群，并设计并行可视化算法。衡量并行可视化算法的主要指标是并行效率及其可扩展性。由于硬件和数据集大小的限制，传统的并行可视化算法往往都应用于小规模的计算机集群，一般包括数十或者上百个计算节点。实际应用可能会要求可视化算法运行在数千甚至上万个节点上，这对可视化算法的可扩展性提出了新的要求。14.1.1.1 节将以并行图像合成算法（Parallel Image Compositing）为例来介绍并行绘制算法的可扩展性挑战。

另一方面，大规模数据分析的算法至关重要，甚至成为分析流程中的关键部分。这些算法本身很难并行化，在数据规模较小的情况下，对其扩展性的要求并不是很高。随着数据规模的增大，这些算法的效率逐渐成为整个流程的瓶颈。如何对这些算法提出新的并行设计，成为一个新的研究热点。14.1.1.2 节将介绍三维流场可视化中基于曲线的可视化关键算法——粒子跟踪（Particle Tracing）的并行化算法设计，并以此为例说明并行分析算法的可扩展性挑战。

14.1.1.1 并行图像合成算法

传统的并行绘制算法一般分为三类：sort-first、sort-middle 和 sort-last[Molnar1994]。其中，sort-last 算法由于其良好的可扩展性被广泛地应用于大规模并行绘制中。该算法主要分为三部分：首先，将数据分割并分配到每个计算节点上；然后，每个计算节点独立绘制各自所分配到的数据，在这一步节点之间基本不需要数据传输；最后，所有的计算节点将各自绘制的图片汇总并合成最终的图片结果。最后一步完成并行图像合成。由于在节点间可能需要大量的数据交换，因此这一步往往是并行绘制的瓶颈。

在不同的并行图像合成算法中，直接传送（Direct Send）[Neumann1994] 和二叉交换（Binary Swap）[Ma1993] [Ma1994] 是最具有代表性和常用的算法。直接传送算法的设计非常简单，首先均匀分割并分配图像空间，继而每个计算节点与其他节点通信，搜集其负责的图像空间所对应的图像数据，并进行图像合成。不难发现，对于 N 个节点，这个算法总共需要 $N\times(N\text{-}1)$ 次通信。当节点较少时，直接传送的通信开销并不大，可以达到很高的并行效率。然而，当节点数增加时，其通信开销也会以多项式形式增加，很容易造成通信堵塞。

二叉交换算法以传统的二叉树形式进行图像合成。对于 N 个节点，整个合成过程需要进行 $\log N$ 步，每一次合成中每个节点只需与另一个节点交换数据，总共开销为 $N\log N$。因此，二叉交换算法的可扩展性非常好，其通信开销的增长很慢。但是另一方面，为了充分发挥并行性，二叉交换需要的节点数为 2 的指数次方，当节点数很大时有一定的局限性。

2-3 swap 算法 [Yu2008] 结合了直接传送方法和二叉交换方法的优点——此算法的通信开销与二叉交换方法类似，为 $O(N\log N)$；灵活性与直接传送方法一致，对节点数没有任何限制。此算法的主要思想类似于二叉交换方法：对于任意的节点数，先构造 2-3 树，在树的每一层的节点之间使用直接传送方法进行数据交换。在 Cray XT4 超级计算机上进行的实验结果表明，对于不同的节点数、图像大小和精度，2-3 swap 都具有良好的可扩展性。图 14.2 显示了采用该算法对 RMI（Richtmyer-Meshkov Instability）科学模拟数据的并行绘制结果。RMI 数据集有 274 个时间片，每个时间片包含 80 亿个数据点，总共大小超过 2TB。图 14.2 显示了对该数据的总览（分辨率为 4096^2）和几个局部放大图片。

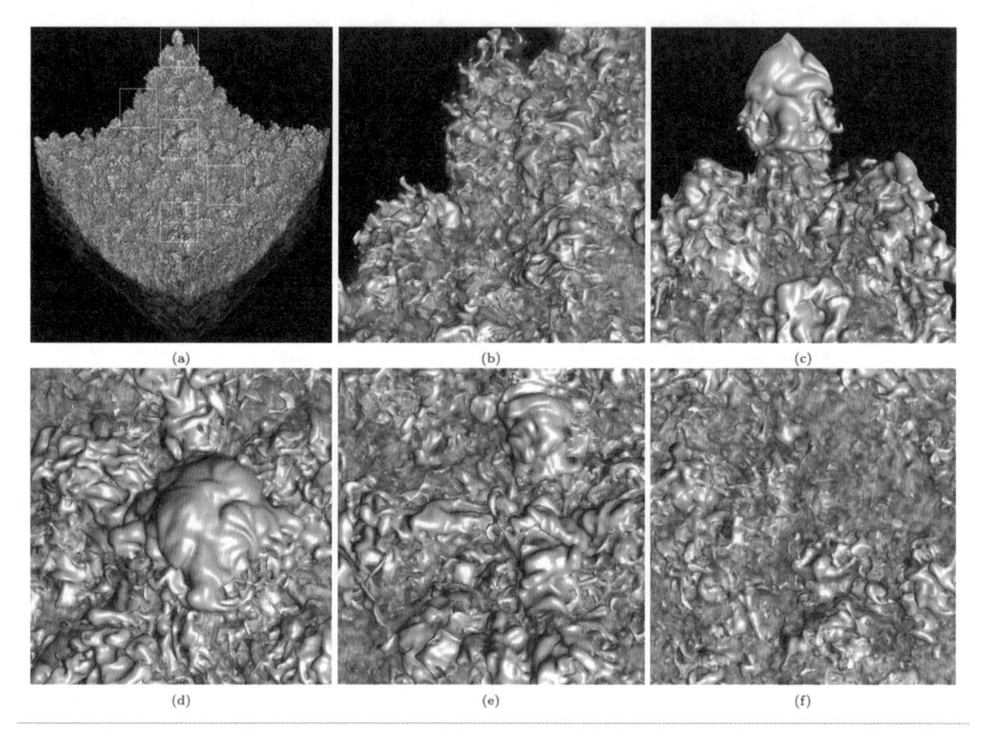

图 14.2 基于 2-3 swap 算法对 RMI 数据的并行绘制结果。（a）数据总览，图片大小为 4096^2；（b）～（f）从（a）中截取的 5 个 512^2 的放大图片。图片来源：[Yu2008]

Radix-k 算法 [Peterka2009] 也结合了直接传送方法和二叉交换方法的优点，它不局限于 2 的指数次方的节点数，同时允许通信和计算有部分重合。此算法的通信开销与二叉交换方法一样，但通信延迟开销介于直接传送方法和二叉交换方法之间 [Cavin2012]。

TOD-Tree 算法 [Grosset2015] 进一步优化了 Radix-k，获得了更好的负载平衡。TOD-Tree 算法应用在不均匀的数据，例如燃烧数据这样有着大片空白区域的数据上时，拥有更高的效率。

14.1.1.2 并行粒子跟踪

大规模三维流场数据可视化的研究工作相对较少，主要原因是：大多数二维流场可视化方法不能直接应用在三维流场上，因为很容易造成视觉上的杂乱无序；三维流场数据量通常都比较大，无法用单机进行实时交互分析；在大多数情况下，三维流场数据也是时变数据，其可视化需要考虑时间维度上的一致性；通常需要同时可视化流场数据和标量场数据，这进一步提高了计算性能要求和复杂度。

流线是常用的基于曲线的可视化方法（见第 6 章），可描述流场的结构。然而，流线可视化的核心步骤即粒子跟踪难以并行处理。尽管可以单独跟踪每个粒子，但每个粒子可能出现在空间中的任何一个位置，因而需要计算节点之间进行通信以交换这些粒子。当大量的粒子在空间移动时，每个计算节点可能会处理不同数量的粒子，造成计算严重不平衡。

解决这些问题的关键在于如何减少计算节点之间的通信开销。其基本思路是对数据进行划分，并在计算节点间进行分配；而采用的划分和分配方案，需要与数据的访问一致，即尽可能让节点只使用自身的数据进行粒子跟踪，减少数据交换。

层次粒子跟踪方法 [Yu2007a] 分为两步：对流场数据进行预处理，将数据分割和分配到计算节点；进行并行粒子跟踪。在第一步预处理中，将三维时变流场用四维向量场表达，再采样生成一个四维向量场。对于这个小规模的向量场，应用向量场聚类分析方法 [Telea1999]，生成层次聚类结构，每一层的聚类结果代表了对向量场的一种分割，且每个分割的区域与向量场的方向一致。如果在每个区域中进行粒子跟踪，那么粒子的运动轨迹基本保持与区域一致。这样自然地提供了一种数据分割和分配方案，且这种方案与数据访问一致。因此，第二步可以很方便地进行粒子跟踪，减少数据通信。实验结果显示，此算法的性能提升线性正比于节点数。此算法可应用于三维静态流场，生成流线；或者应用在三维时变流场，生成轨迹线（Pathlet）。图 14.3 显示了对 Solar Plume 流场的多分辨率可视化。数据分辨率为 504×504×2048，单个时间片数据大小为 5.8GB。

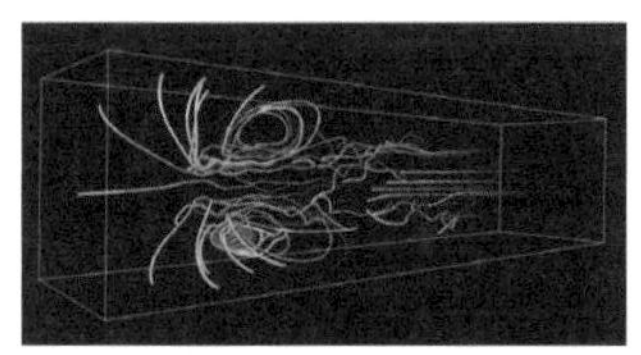 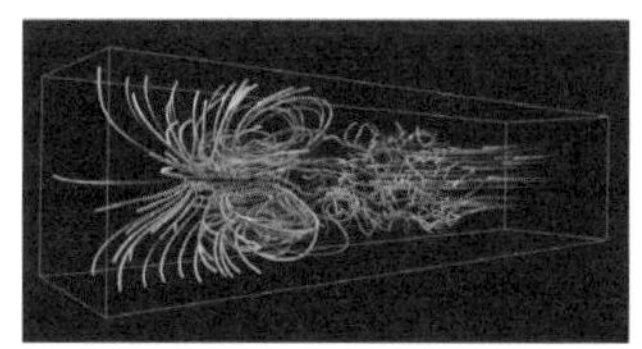 

图 14.3 对 Solar Plume 流场的可视化。从左往右分别有 40、352 和 4789 条轨迹线。当增加线的数目时，可视化显示更多的细节，但是同时增加了视觉的复杂性 [Yu2007a]。

Nouanesengsy 等人提出了负载平衡的并行粒子跟踪算法 [Nouanesengsy2011]，通过估计工作量，对三维流场数据进行工作量均等划分，实现了优化的负载平衡和算法的可扩展性。静态的数据划分和负载平衡算法一般采用轮询调度（Round Robin）进行数据块分配，Peterka 等人提出通过动态数据划分提高负载平衡的效果 [Peterka2011]。Peterka 等人提出的动态数据划分通过递归坐标二分法（Recursive Coordinate Bisection）进行，其他可能的划分方法包括 KD 树 [Zhang2018] 等。

14.1.2 重要信息的提取和显示

本节介绍提取和显示大规模科学数据中重要信息的两种相关技术：流场可视化的层次流线束技术和用于标量数据的基于距离场的可视化技术 [俞洪峰 2012]。

层次流线束

大规模三维流场可视化的主要难点来自流场的复杂性。传统的基于流线的可视化方法常常无法避免视觉复杂度的问题。当流场中流线过多时，视觉复杂度大大提高，造成视觉上的杂乱无章；而流线过少时，又无法保证流线覆盖一些重要的流场区域，例如漩涡中心，从而可能会丢失一部分重要的流场结构信息。

层次流线束技术 [Yu2012] 的基本思想是：尽量让流线覆盖流场的重要区域；对于选择的流线，提取其附近的流线，使它们组成流线束，从而增强流线的视觉表达力；构造层次结构，控制流线束的数目和密度，显示不同层次的细节。算法的实现分为三步：第一步，通过流场的曲率场和扭矩场计算流场中的重要部分，这些重要部分一般对应于流场的拓扑关键结构，例如漩涡中心等。根据这些重要信息，放置流线种子，生成足够多的流线来覆盖这些区域。第二步，采用传统的层次聚类分析方法，根据线与线之间的相似程度，构造层次聚类，在同一聚类中，线条具有相同的形状。第三步，对每个聚类提取代表性的流线。其中，每个聚类只保留在聚类边缘处的若干条流线，这些流线具有类似的形状，从而形成线束。用户可选择层次、调整参数或分割线束。图 14.4 显示了一个飓风模拟数据的可视化结果，其中左图为流线的分布及其聚类分析结果；右图显示了焦点和背景结合的可视化，可让用户挑选并集中观察少数聚类。流线束方法提供了流场的分割，覆盖了流场中的关键结构；允许拆分流场，并显示细小的漩涡结构。

对于更加复杂的集合（Ensemble）数据，还可以进一步统计流线束的分布概率，并结合箱图（Boxplot）等技术展现集合数据中的不确定性。如图 14.5 所示的可视化方法通过类似箱图的方式显示了风场模拟数据中的不确定性。中值以粗线表示，半透明颜色区域标识了置信区间。

图 14.4 飓风模拟数据的层次流线束可视化。左：18 个聚类的流线束；右：用户选中的流线束和其余流线束的可视化效果 [Yu2012]。

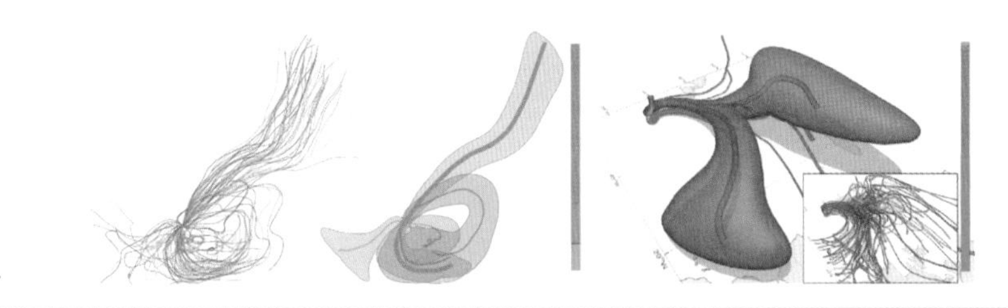

图 14.5 风场模拟数据带有不确定性表达的流线束可视化。左：原始流线和其中主要趋势的抽象可视化；右：应用于三维数据的一个样例 [Ferstl2016]。

基于距离场的可视化

数据场每个点的重要性可用该点到用户感兴趣表面的距离的倒数表示，距离越近越重要；反之不重要。进而，这个重要性值可用于定义数据点的透明度值，越不重要的区域越透明，降低可见度。图 14.6 显示了一个燃烧模拟的数据。其中，白色表面为一个特定等值面，调节不同的距离值 d 可控制 HO_2 变量在这个等值面周围的显示量。这种基于距离场的可视化方法，第一次让科学家可以看到湍流燃烧中的小漩涡结构，而这些结构因为太靠近等值面，过去很难用传统的可视化技术显示 [Yu2007b]。

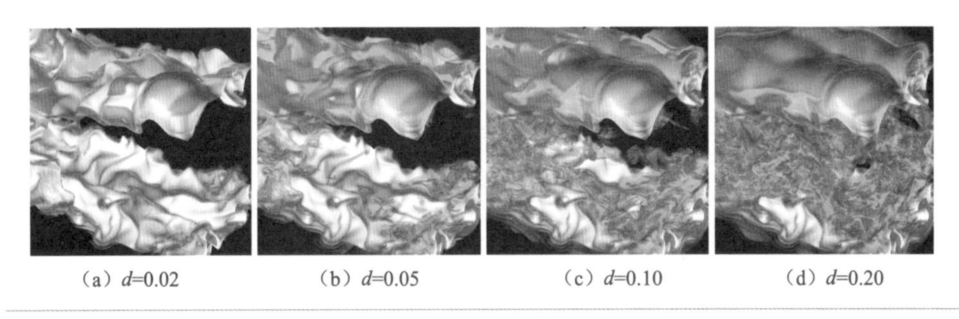

（a）d=0.02　（b）d=0.05　（c）d=0.10　（d）d=0.20

图 14.6 根据不同距离绘制的 HO_2 变量和等值面 [Yu2007b]。

这种思路也可用于决定数据精度，与重要的区域越近，可采用越高的精度；反之亦然。基于这个思想可对数据场进行压缩，距离值用八叉树来表达，解压缩和绘制则用 GPU 来完成。这种压缩方法可以取得 10~20 倍的压缩率 [Yu2010a]。

14.1.3 原位可视化

传统的可视化基本上以“后处理”（Post-processing）的模式出现，也就是科学模拟计算输出海量数据结果，保存在磁盘中。计算结束后，读取磁盘中的数据进行可视化。随着近年来计算速度的提高，I/O 速度与计算速度之间的差距越来越大，在模拟计算过程中，有的数据生成后，来不及保存到存储器中。另一方面，计算规模也越来越大，现有的存储系统无法保存所有的计算数据。数据传输和 I/O 瓶颈的阻塞问题增加了数据分析和可视化的难度，降低了整个科学模拟研究的效率。解决这两方面问题的常见方法是，采用空间或者时间上的采样方法，最后只保存部分数据。但是，这个方法违背了我们需要高精度数值模拟的初衷，造成结果数据的丢失，无法充分利用高效能计算机的优势，造成资源浪费。

原位（In-situ）可视化指对计算过程中产生的数据不经过存储而直接在计算模拟的同一节点上进行实时可视化分析的过程，它将模拟计算和可视化处理紧密结合，计算出来的数据在原位被缩减和处理（如绘制成图片或抽取特征进行数据过滤），结果数据量将大幅度减少，需要保存和传输的数据也将大幅度减少，从而提高了可视化效率。原位可视化允许科学家交互地控制计算过程，让科学家即时直观地看到不同的计算参数对计算结果的影响，同时在计算过程中实时完成传统模式中对数据的预处理与组织。

原位可视化的本质是将可视化计算代码嵌入模拟计算程序中，绕开 I/O 瓶颈，与其共享内存数据。这些共享数据除了待可视化处理的变量，还包括基于计算程序计算的大量其他相关变量值（如梯度、几何信息、无结构网格关联信息等）。原位可视化被认为是解决千万亿次规模计算数据分析的最有效途径 [单桂华 2013]。

实现原位可视化需要克服三个难题。第一，可视化程序需要直接与科学模拟程序集成。为了减少数据的冗余，可视化程序与科学模拟程序需要共享数据结构。第二，由于数据的分割和分配基本上优先满足科学模拟的需求，可视化程序的工作量在各个计算节点上有可能不平衡，需要重新设计可视化的工作分配算法，减少数据传输。第三，可视化程序的开销不能太高，其可扩展性必须与科学模拟一致，适用于数十万或更多的计算节点。

图 14.7 对比了原位可视化流程与传统科学可视化流程。原位可视化允许科学家对模拟数据进行最高精度的处理，从而有可能捕捉到快速闪现的物理或化学现象。嵌入计算程序的原位可视化主要包括数据组织与压缩、特征数据提取与跟踪和可视化绘制三部分内容。前两个方法的目的是减少数据量，以备后续的可视化处理使用；后者则充分利用计算过程

中的数据信息，展示传统可视化中不可能保存的数据信息。三者可单独使用，也可结合使用。

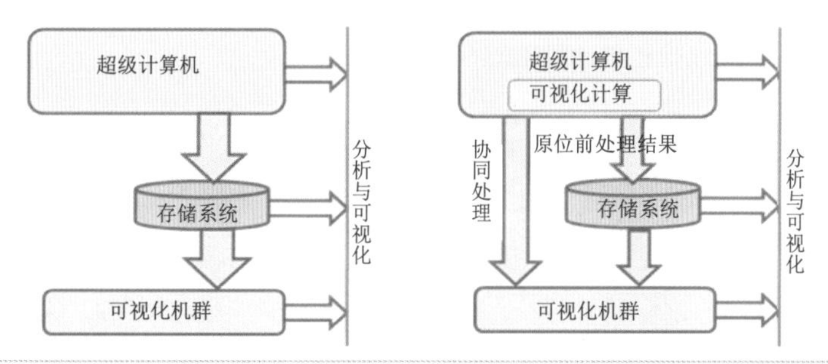

图 14.7 传统可视化模式（左）与原位可视化模式（右）[单桂华 2013]。

- 原位数据组织与压缩将数据表达为更紧凑的形式，使得后续分析和可视化工作更为高效。根据存储空间的制约情况、网络带宽、可视化中可接受的精度误差，甚至特定模拟中的并行域分解情况，选择合适的数据压缩算法，例如时空维上的采样、标量 / 向量量化和基于变换的压缩等。
- 原位特征数据提取与跟踪指从原始数据中分离特定的物理结构、模式或感兴趣事件的特征。通常采用值域截断法、数据分割、拓扑分析、特征值及特征向量计算等方法提取特征，而 Predication-Correction 方法常用来跟踪特征 [Muelder2009][Duque2012]。
- 原位可视化绘制将可视化绘制过程和科学模拟计算过程有机结合，两部分逻辑上独立但又需要协调运行。

下面介绍两个具体的原位可视化案例。

地震模拟与可视化集成系统 [Yu2006] 运行在美国匹兹堡超算中心的 2048 个节点上，能够在远端佛罗里达的会议中心实时地对地震模拟进行交互，并得到实时可视化反馈。由于该系统的并行效率和交互性，其赢得了当年的 HPC Analytics Challenges，如图 14.8 所示。

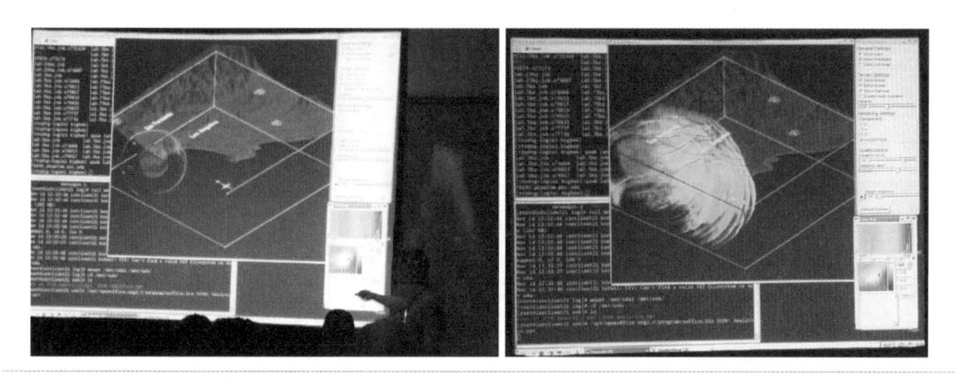

图 14.8 在 SC06 上的实时演示与地震模拟集成的远程、原位可视化。

另一个成功案例是大规模燃烧模拟的原位可视化[Yu2010b]。系统成功运行于 Cray XT5 超级计算机的 15 360 个计算核上。整个可视化模块的运行时间低于计算模拟时间的 1%。图 14.9 显示了体数据和粒子数据的混合绘制结果。

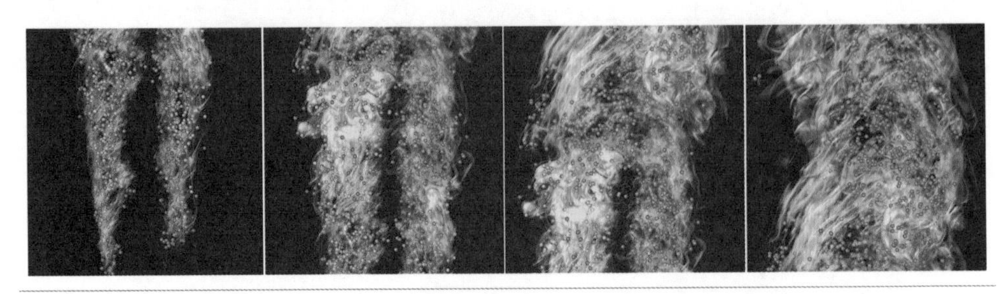

图 14.9 燃烧模拟的原位可视化中体数据和粒子数据的混合绘制结果[Yu2010b]。

近年来，越来越多的科学家倾向于通过图像而不是原始数据来分析超大规模数据。图 14.10 展示了一个原位可视化系统，通过收集在不同参数下对数据进行可视化的结果，将它们存储于一个可以交互式探索的数据库中，分析师可以随意查看各种可视化结果，对数据进行全面而深入的了解。

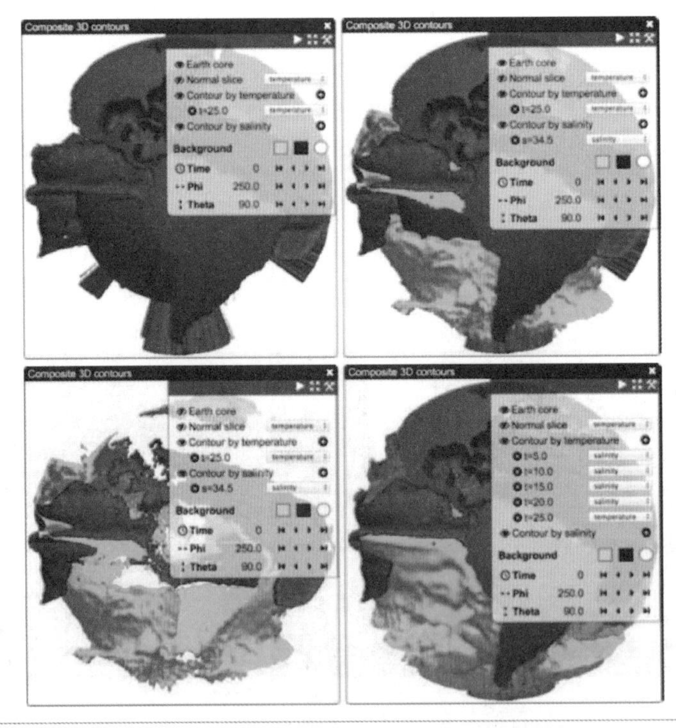

图 14.10 通过交互，分析师可以对数据使用各种不同的方法和样式进行可视化[Ahrens2014]。

14.1.4 未来挑战

人类已经进入拍级别（Petascale）计算的年代。在不远的未来，还将迎来艾级别（Exascale）计算，它预期的特征包括高并发性、多级内存层次、高复杂系统、不确定性等。现有的计算模型、存储模型、编程模型、能耗模型等都不适合艾级别计算[俞洪峰 2012]。对于大规模可视化而言，其进一步完善与提升需要和整个系统的其他部分紧密结合，进一步探索新算法的数据模型、计算模型、通信模型，并在整个软硬件协同设计的环境中发展。

由于应用的迫切需求，原位可视化相关的研究越来越受到重视，并取得了大量进展，通用开源软件如 VisIt 和 ParaView 都提供了相应的可视化组件。但是原位可视化真正全面走向应用还有很多问题需要进一步深入研究[单桂华 2013]。第一，原位可视化算法将一部分可视化处理在计算节点上并行地实施。目前的可视化并行算法的扩展性有限，例如，图像合成算法只适合千核量级。高可扩展性的并行可视化算法是发展原位可视化的基础挑战之一。第二，结合应用的专业知识设计适合原位处理的特征数据（特别是时间序列）的提取与跟踪算法，这是原位可视化技术发挥其特点的关键。第三，简单易用的原位可视化中间件开发，这是原位可视化走向应用的关键。

14.2 生命科学

生命科学指研究生命现象、生命活动的本质、特征和发生、发展规律，以及各种生物之间和生物与环境之间相互关系的科学。广义上的生命科学包括生物学、医学、遗传学、生物信息学、生命组学、系统生物学、分子生物学、生物技术、生物物理学、生物化学、药物设计等。生命科学研究不但依赖物理、化学知识，也依靠各种设备仪器以便采集和分析数据，如计算机断层扫描（CT）、核磁共振扫描、超声、正电子发射断层扫描仪、光学和电子显微镜、蛋白质电泳仪、超速离心机、X- 射线仪、核磁共振分光计、质谱仪等。

生命科学是最早使用可视化技术的学科。早在 19 世纪 80 年代，人们就将可视化技术应用于计算机断层扫描数据，推动了基于影像的数字医疗诊断的革命。随着测量设备向精细化、快速化、功能化发展，过去 20 年生命科学领域发生了翻天覆地的变化，无论是生物学、遗传学、基础医学还是临床医学或转化医学，都产生了大量数据和分析需求。

14.2.1 临床医学影像

近代非侵入诊断技术如 CT、MRI、超声和正电子发射断层扫描（PET）的发展，可获得病人有关部位的不同模态的医学影像数据。不同的医学影像模态，反映出肉眼可观察到的宏观尺度的临床医学诊断、治疗所需要的信息，如图 14.11 所示。

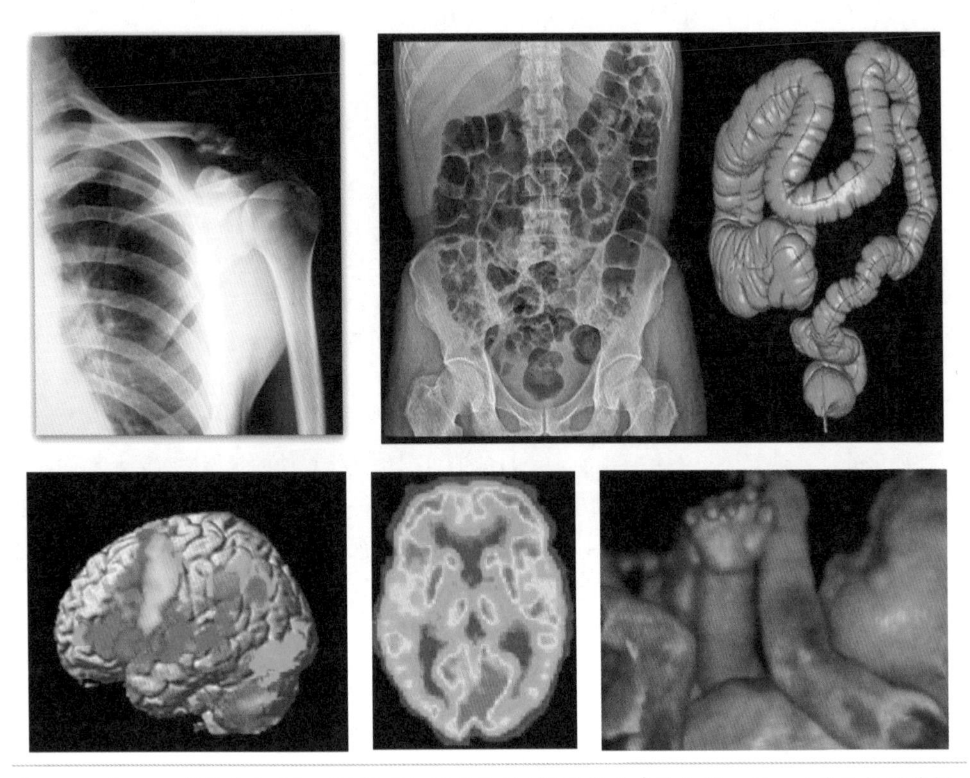

图 14.11 上：X-射线（胸透）、CT 腹部扫描及基于 CT 数据重建的大肠；下：功能性核磁共振图像和三维脑部重建可视化、PET 脑部影像切片、基于B超影像数据的婴儿三维可视化。

- X-射线计算机断层成像（X-Ray Computed Tomography, X-CT）是一种利用重建的三维放射线医学影像。它通过单一轴面的 X-射线旋转照射人体，根据不同组织对 X-射线的吸收能力重建断层面影像。CT 影像分辨率高，可记录人体内部精细的形状和结构信息，对于肺部等区域的检测是首选。其缺点在于放射线可能对人体造成损伤。
- 核磁共振成像（Nuclear Magnetic Resonance Imaging, NMRI），也称磁共振成像（Magnetic Resonance Imaging, MRI），是利用核磁共振原理，依据所释放的能量在物质内部不同结构环境中不同程度的衰减，通过外加梯度磁场检测所发射出的电磁波，即可得知构成被测对象原子核的位置和种类，据此可以绘制成物体内部的结构图像。与 CT 影像相比，核磁共振影像的优势在于无害、安全、快速，且能较好地刻画软组织，如膀胱、直肠、子宫、阴道、骨、关节、肌肉，被广泛用于脑部和心脏成像。其中，功能性核磁共振（fMRI）通过不同参数（T1、T2 参数），可显示大脑各个区域内静脉毛细血管中血液氧合状态所引起的磁共振信号的微小变化。弥散张量成像（Diffusion Tensor Imaging）是一种对生物组织内含水通道的成像技术。

- PET 的中文全称是正电子发射型计算机断层显像（Positron Emission Computed Tomography），其大致方法是，将某种物质，一般是生物生命代谢中必需的物质，如葡萄糖、蛋白质、核酸、脂肪酸、标记短周期的放射性核素（如 F18、碳 11 等），注入人体后，通过检测该物质在代谢中的聚集情况，以反映生命代谢活动的情况，从而达到诊断的目的。PET 是目前唯一可在活体上显示生物分子代谢、受体及神经介质活动的新型影像技术，其灵敏度高、特异性高、可全身显像、安全性好，现已广泛用于多种疾病（特别是早期癌症）的诊断与鉴别诊断、病情判断、疗效评价、脏器功能研究和新药开发等方面。
- 超声成像是一种基于超声波（Ultrasound）的医学影像学诊断技术，可快速、无创地对肌肉和内脏器官（大小、结构和病理学病灶）进行成像，在产科检查、腹部、前列腺和子宫等区域被广泛使用。超声波是频率大于 20kHz、人耳感觉不到的声波，具有束射性和界面反射与折射属性。彩色多普勒血流显像简称彩超，包括二维切面显像和彩色显像两部分。与 CT、MRI、PET 影像不同，超声影像是一列空间散列的不规则影像，因而需要一个额外的空间重采样过程。
- 电子显微镜成像是通过集中离子束扫描式（Ion-abrasion Scanning Electron Microscopy）电子显微镜采集细胞结构的成像方法。该显微镜可以利用产生的高压聚焦离子束对细胞进行纵向切片，同时对切面进行扫描，从而得到细胞三维图像，如图 14.12 所示。

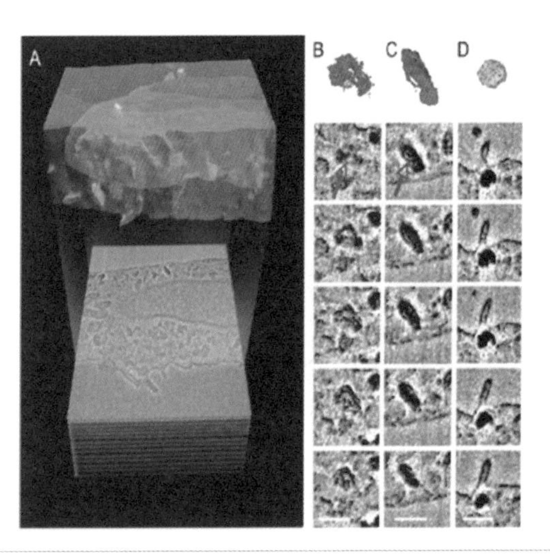

图 14.12 左：用 IA-SEM 方法得到的黑素瘤细胞的三维图像可视化（美国国家地理杂志 2008 年最佳科学图片之一）；右：三维细胞图像及其分层结构。

从成像设备中获取的原始物理记录映射为灰度或彩色图像的过程，称为重建。重建后的医学影像数据与一些必要的信息被以标准化的形式存储在物理介质上，即 DICOM（Digital Imaging and Communications in Medicine，医学数字图像传输协议）标准，是计算机与医学设备之间传输放射学影像和其他医学信息的工业标准。基本的 DICOM 标签有标识信息、采集参数、病人数据、图像参数等。基于 DICOM 标准的图像存档与通信系统（Picture Archiving and Communication System, PACS）允许医生快捷管理、访问和分享图像数据。

对医学影像数据进行观察、变换、测量、分割、融合和可视化等一系列操作，称为医学影像后处理。通常每张二维医学图像表示被扫描人体的一个切片。在大多数医学图像模态下，切片上两个方向的像素间距一致。将二维图像组合成三维网格的表现形式，称为体数据，其中单个数据点称为体素。两个相邻切片之间的距离称为层厚，绝大多数医学影像数据层厚比像素间距大。医学影像的灰度色阶数常为 256 或 4096。临床中应用最广、最简单的映射称为窗宽和窗位调整，它将所有低于窗宽 /2 的强度值映射到黑色，高于窗宽 /2 的强度值映射到白色，介于两者之间的值被线性映射到黑到白的灰度范围。

传统的临床手术医师在经验丰富的影像医师的帮助下，通过观察大量的二维 CT 断层图像，在大脑中建立人体内组织的三维空间结构和位置关系。然而，即便是经验丰富的影像医师，人工分析过程也十分艰巨。首先，分析过程烦琐，耗时耗力，通常需要观察分析上百张 CT 图像；而对于感兴趣区域体积的计算，还需要手工勾画出每张图像中的感兴趣区域轮廓，然后再进行计算，不仅费时，而且准确度也有限。其次，传承性弱，因为受个体差异以及病理等因素影响，人体组织器官的空间结构和位置会存在较大差异，即使影像医师经验丰富、判断准确，也难以清晰准确地将自己脑中重构的组织结构传达给其他医生，或者将自己的经验传授给学生。最后，人工分析精度有限，只能依据经验推测，难以控制手术的风险。

常规的临床使用过程通常采用影片播放模式——将三维影像数据沿某个切片序列顺序地播放，如图 14.13 所示。解剖学中采用三个互相垂直的平面将人体切割，分别称为冠状面（Coronal Plane）、矢状面（Sagittal Plane）和横断面（Transverse Plane）。冠状面指沿左右方向将人体纵切为前后两部分的所有断面；矢状面指沿前后方向将人体纵切为左右两个部分的所有断面；横断面指将人体水平切割的所有断面。通常，医学影像的获取方式是沿横断面方向获取切片序列。大多数人体组织结构与数据获取方式不一致，也不与任何规则的几何结构匹配，因此仅沿冠状面、矢状面或横断面采用影片播放模式不能完全表达目标结构的信息。采用任意方向的斜平面重建可部分解决这个问题。设置多个任意斜平面方向重建其对应切片的方式称为多平面重建（Multi-Planar Reconstruction, MPR）。与之对应的是，基于曲面的重建（Curved Planar Reformation, CPR），可用于表达弯曲血管的表面几何。

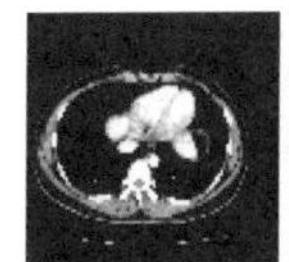

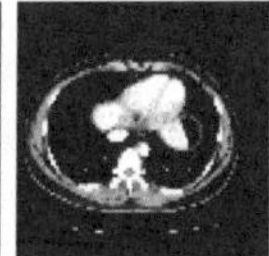

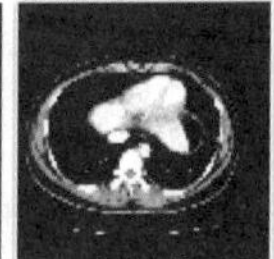

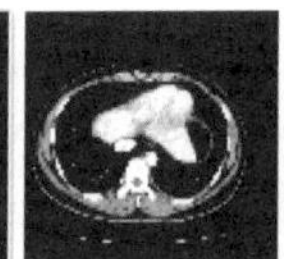

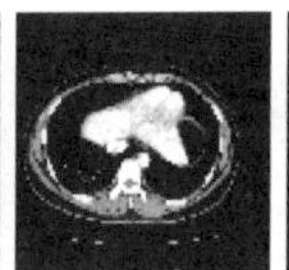

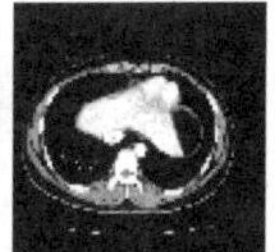

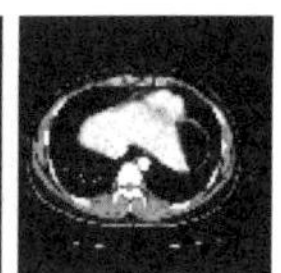

图 14.13 常规医学影像的影片播放模式。

医学影像中的数据场（3D Scalar Field）通常被表达为规则体数据（Regular Volumetric Data），即一组在三维空间内规则排列的体素（Voxel）。三维体可视化（Volume Visualization）指对不同模态或多模态融合图像作用空间变换和可视映射，呈现数据场内感兴趣区域的空间位置、大小、几何形状、生理功能、代谢状态及其与周围生物组织之间的关系的一系列方法，主要分为间接体绘制和直接体绘制两类。

- 间接体绘制（见第 5 章）的代表性方法包括多平面重建、多曲面重建和等值面（Isosurface）抽取方法等。其中后者包括等值线提取和三维轮廓线重建、移动立方体法（Marching Cubes）或移动四面体法等方法。移动立方体法的基本思想是逐个处理体数据场中的各个体元（Cell，指以 8 个相邻体素为顶点所组成的立方体），根据体元各个顶点的值来决定其内部等值面的构造形式，并生成所有体元内部的等值面的集合，如图 14.14 左图所示。
- 直接体绘制（见第 5 章）的代表性方法包括最大密度投影（Maximum Intensity Projection, MIP）、半透明体绘制（Semi-transparent Volume Rendering）、基于多维传输函数的体绘制等。最大密度投影呈现沿视线方向上三维数据场的最大值，常用于显示血管的狭窄、扩张、充盈缺损及区分血管壁上的钙化与血管墙内的对比剂，如图 14.14 中图所示。半透明体绘制将体素值直接映射为不透明度，可整体地呈现数据场内部的结构，如图 14.14 右图所示。基于多维传输函数的直接体绘制通过交互的多维传输设计将数据场属性交互地映射为光学属性（包括颜色和不透明度），并模拟光线通过三维数据场时的吸收、反射、散射等过程，将三维数据场不可见的医学物理数据映射为可见的光学属性，以揭示数据场内部的局部结构和特征。依据数据场遍历方式，直接体绘制算法可分为 4 类：Splatting（滚雪球）法、Shearwarp（剪切变形）法、光线投射法和三维纹理切片法，其中后两者精度高，是作为医学影像数据的直接体可视化的标准做法。

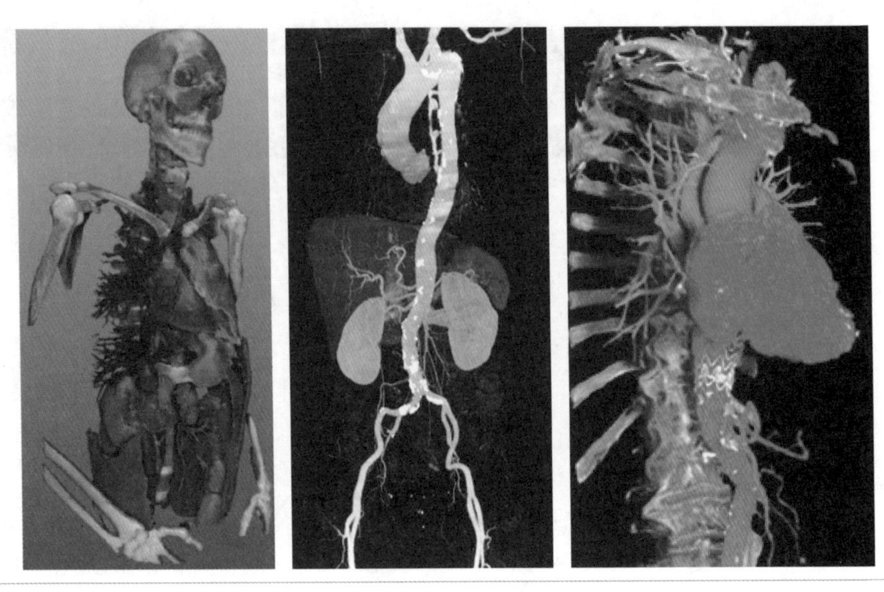

图 14.14 从左到右：等值面抽取（CT 虚拟人数据）；最大密度投影（CT 腹部数据）；基于传输函数设计和预积分技术的全局光照明体绘制（CT 腹部数据[Hernell2008]）。

- 混合绘制将几何数据（例如提取出的等值面）和一个或多个体数据同时绘制，使得用户在观察大型复杂数据时可以更好地研究其中出现的现象。当场景中存在半透明的几何图形时，渲染结果依赖于对透明结构的正确排序，因此，在混合绘制中体数据需要根据场景中的几何数据进行划分，增加了绘制的复杂性。将不透明的几何体与体数据混合相对简单，而绘制半透明的几何体产生的计算则更加复杂，特别是当几何体存在不闭合情况或凹面时。为了确保半透明对象的正确混合顺序，人们针对顺序无关透明度（Order Independent Transparency, OIT）算法进行了大量研究，其中最普遍的算法是深度剥离（Depth Peeling）和 A 缓冲（A-buffer）。为了降低渲染成本，通常将整个空间划分成多个凸区域，然后使用特殊的数据结构或深度剥离等技术对凸区域进行排序。图 14.15 展示了一种基于 A 缓冲的混合绘制方法。

在临床医学应用中，由于医学物理采集参数基本恒定，等值面抽取算法的值和直接体绘制的绘制参数通常可预设，以便获得精确、高效、一致的可视化结果。直接和间接体绘制方法可以直接推广到四维（动态影像）和五维（多模态），为临床医生配备了一双“慧眼”，方便进行教育、训练、诊断、治疗、预后等临床有关的应用。医学影像可视化的发展使得人们对生理、病理过程进行数字化建模，定量、自动、精确地计算其发展变化成为可能。例如，骨外科通过对骨骼受力情况的计算和可视化，优化人工关节置换手术；肿瘤放射治疗中通过模拟肿瘤在组织中的生长情况，精确勾勒放疗靶区；通过分析肝脏血管的几何拓扑结构对肝脏进行分块，辅助肝脏移植手术等。

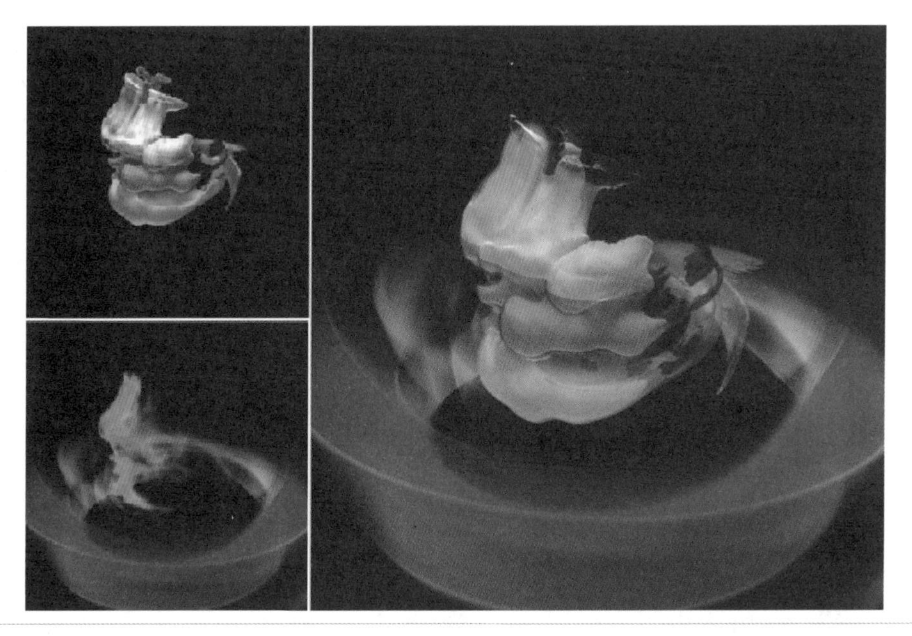

图 14.15 左上：等值面几何数据；左下：体数据；右：混合绘制结果。图片来源：[Lindholm2015]

14.2.2 其他影像

弥散张量成像

一类特殊的医学影像数据是弥散张量成像（Diffusion Tensor Imaging, DTI）[Basser1994]，它是基于弥散加权成像（Diffusing Weighted Imaging, DWI）发展起来的一种核磁共振成像技术，可无创地定时定量测量生物组织结构中水分子的弥散特性（各向同性或各向异性），已被广泛应用于大脑疾病的分析和研究中，如脑梗塞、精神分裂症等。

在 DTI 影像中，通常使用二阶张量（3×3 正对称矩阵）描述水分子向不同方向弥散的综合运动，该矩阵的特征向量和特征值是 DTI 影像数据可视化的最基本特征。DTI 影像数据的可视化基本分为 4 类，如图 14.16 所示。

- 颜色映射法：将局部张量属性映射为颜色，进行体可视化或切片可视化。其核心问题是如何将张量数据或其他弥散物理属性进行颜色和透明度的编码。
- 图标法：将单个张量转换成一个几何体（如弥散椭球、立方体、圆柱体、超二次曲面等），再将几何体变换至张量场中。这类方法很好地揭示了每个张量的细节信息，其挑战在于放置过多的几何体会引起三维空间的视觉混乱，而放置过少的几何体则不能解释组织的结构信息，尤其是组织结构的连续性。

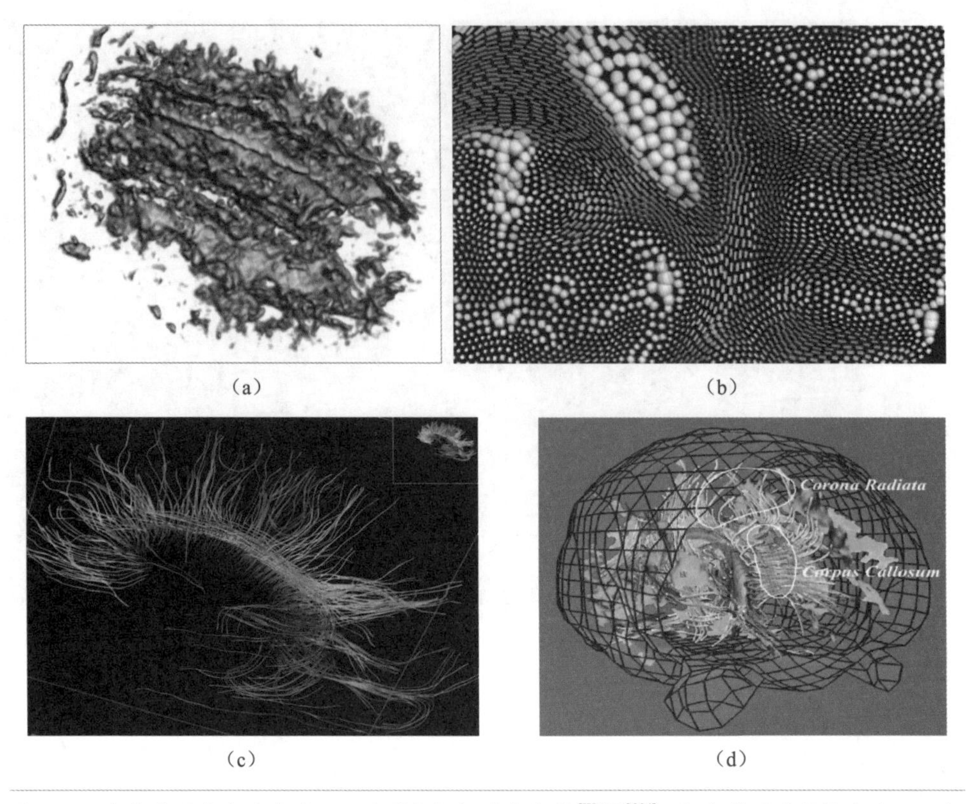

图 14.16 （a）基于颜色映射的 DTI 张量数据场的体绘制 [Wenger2004]；（b）基于弥散椭球的 DTI 数据场图标可视化 [Kindlmann2006]；（c）采用纤维示踪法获得的纤维丛 [Chen2009b]；（d）采用流面法获得的 DTI 张量场内部结构 [Zhang2003]。

- 积分曲线法：通过将张量场抽取出几何结构，实现水分子通道的几何抽象建模。代表性方法包括考虑局部张量信息的超流线法、基于张量的主特征向量的流线追踪法（即纤维示踪法）、张量偏曲追踪法等。积分曲线法的优点在于可从宏观上解释组织结构的连续性，线的走向即代表了纤维束的走向；缺点在于将张量场转化为向量场的同时，丢失了局部张量细节信息，且存在积分误差。
- 积分几何法：采用流管（Stream Tube）、流面（Stream Surface）等方法可区分线性各向异性扩散和扁平各向异性扩散。对于线性各向异性扩散区域，采用流管表示；对于扁平扩散区域，则采用流面表示。也可采用流体（Stream Volume）表达三维张量场的体内扩散信息。

电子显微成像

神经科学认为，人脑分为若干块区域，每块区域大体与某特定类型行为相关。感情、自我意识、敏感的知觉都是神经系统活动的结果。从微观上看，大脑由几百万个神经元组成，每个神经元通过上千个触角与另一个相连，且通过神经键向大约相同数量的目标神经元发出信息。神经元的活动构成人类认知能力的基础，如控制动作、呼吸、感知和分辨物体、先天（走路）和后天（弹钢琴）的行为、记忆事物等。

临床中医学影像数据（如 fMRI 成像）的精度是毫米级，而 $1mm^3$ 的空间内可包含 30 亿个神经键。另一方面，由于衍射现象的存在，传统的光学仪器技术难以检测细微的神经键结构。因此，神经科学家采用纳米级的电子显微镜（EM）技术对神经键成像。这意味着海量的影像数据：若清晰地解析神经键的轴突和树突，那么最小单位不能大于 30nm，因此 1mm 内需要生成 33 000 个切片，每个切片内至少需要 10nm 分辨率以解析所有的小囊（神经传递素的来源）和突起类型。$1mm^3$ 的成像数据的尺寸为 10^{15} 字节，而人脑中大约包含 1 000 $000mm^3$ 的神经组织。

采用红绿蓝荧光蛋白组合的方式，为成像神经末梢细节、追踪神经元个体提供了可能。图 14.17 呈现了小鼠大脑的彩色标记的神经影像 [Ohki2005]。

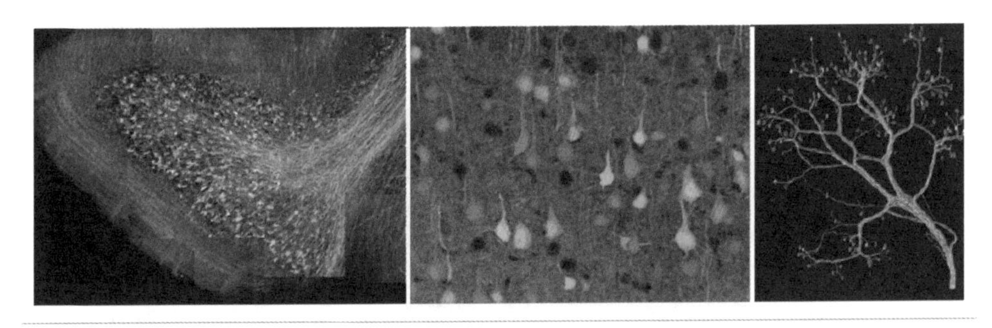

图 14.17 采用荧光成像方法获得的脑神经彩虹影像（左）、局部放大图（中）和重建的神经元树形结构图（右）。

科学家还发明了超薄切片机，自动将大脑组织区域分为成千上万个超薄片段，再将这些片段放到一条碳涂层带上，便于后期在扫描电子显微镜下染色和成像。这种方法可实现大范围细胞组织体的纳秒级快速成像，对超大分辨率图像的拼图和可视化带来了极大的挑战 [Jeong2009]。图 14.18 展示了当前的一些结果。

近年来，随着光学显微镜技术的不断发展，包括晶格层光显微术（Lattice Light-Sheet Microscopy, LLSM）和自适应光学（Adaptive Optics, AO）技术的出现，使得以纳米级分辨率观察活体组织成为可能 [Liu2018]。图 14.19 展示了一些结果。通过这种技术不但能观察到纳米级的活体组织细节，同时也能得到连续变化的动态结果，为生物研究细胞活动提供了强有力的辅助。

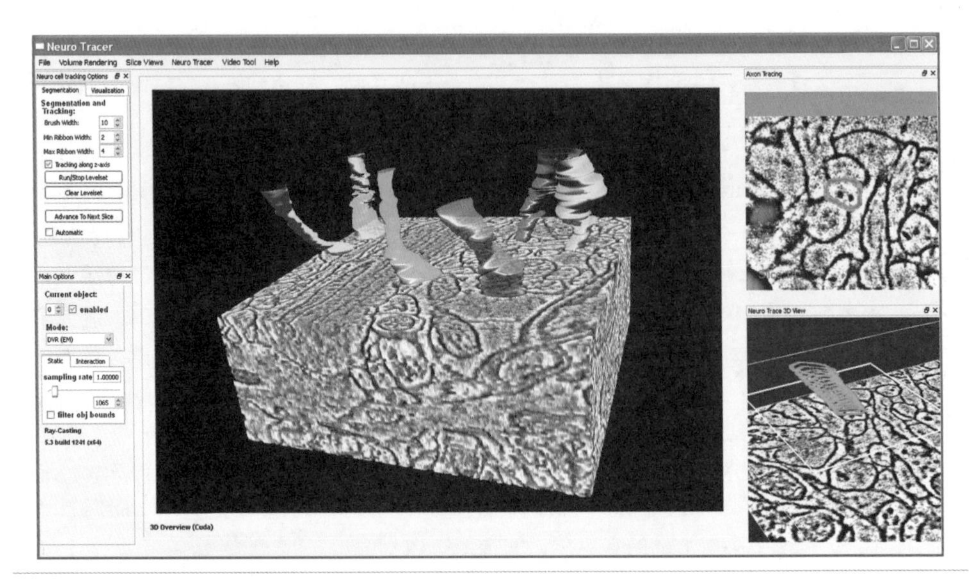

图 14.18 NeuroTrace 软件（链接 14-1）允许神经科学家在高分辨率的 EM 数据上实现交互图像处理与可视化操作。

图 14.19 结合 LLSM 和 AO 技术在高时空分辨率下研究原生多细胞环境中亚细胞的运动过程，包括：（从左上起顺时针）脊髓轴突的生长、癌细胞转移、聚汇细胞运动、内吞作用、微管位移和（中间）细胞器活动。

14.2.3 电生理信号

14.2.3.1 心电信号

心率变异（Heart Rate Variety, HRV）是一个在临床诊断中经常使用的重要指标。采用便携式人体电信号记录仪连续记录 24 小时动态心电图信号，可捕捉到临床心电图（30 秒左右）所不能看到的心率变化和偶发性的心率失调现象，其数据是一组随时间变化的浮点数据值。简单地采用折线图对动态心电图可视化，难以满足临床诊断的需要，如图 14.20（a）所示。散点图是一种经典的可视化 HRV 的方法，其方法是：将一个心率间期（RR 间期）的值放在 X 轴上，其相邻的下一个心率间期的值放在 Y 轴上，构成平面上的一个点（x, y 值坐标来自两个相邻的心率周期值）。正常人 24 小时有 80 000~100 000 次心搏，在平面上形成 80 000~100 000 个点，如图 14.20（b）所示。正常人心率散点图形状集中在 45° 线上，成纺锤形。从图 14.20（b）可清楚地看到失调现象（红色圈出部分），揭示落在该区域前后相邻的两个心搏差异非常大，可能是早搏。第三种方法是将波形图的高度映射为颜色，将沿同一时间轴变化的波形图叠加为一组彩色条形图，称为瀑布法（见图 14.20（c））。

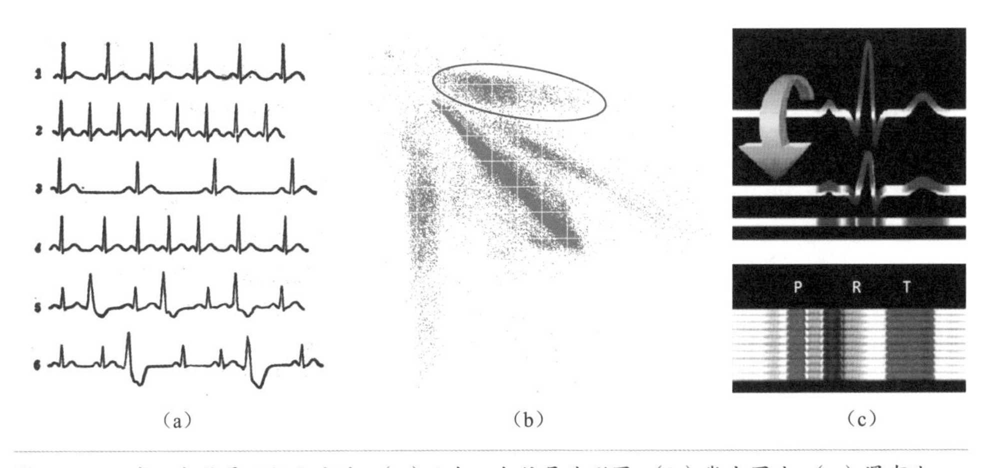

（a）　　　　（b）　　　　（c）

图 14.20 三类心电信号可视化方法。（a）6 个心电信号波形图；（b）散点图法；（c）瀑布法。

14.2.3.2 脑电信号

脑电信号是另一类电生理信号，近年来被用于脑机接口研究。作为一种非入侵式的神经成像技术，脑电图（EEG）常用来记录大脑的电信号活动。学者们发现，大脑皮层不同区域的脑电信号对应各种形式的思维活动或病理状态，不同脑区的神经电信号之间的同步反映了认知、情感、记忆这类大范围神经整合。对脑电数据进行可视化有助于对脑电数据进行研究分析，为临床医学和认知神经学提供了便利。

脑电数据的可视化可分为两类：一类是对原始脑电数据进行可视化，另一类是对处理过的脑电数据进行可视化。主要的可视化方法包括下面几类。

- 传统的脑电表示方法。横坐标表示时间，纵坐标表示测量的电压值。将每个电极导联绘制成一条曲线，在同一个图中同时显示若干个导联，不同导联电极的曲线分开表示，没有重叠，如图 14.21 所示。由于屏幕显示的横坐标长度有限，通常只能显示较短时间内的数据。

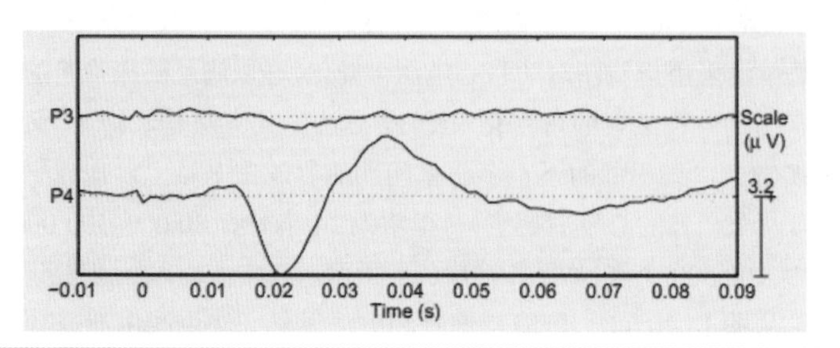

图 14.21 传统的脑电表示。

- 蝴蝶图表示法。蝴蝶图指将所有的导联脑电信号重叠显示，横坐标表示时间，纵坐标表示测量的电压值，如图 14.22 左图所示。由于重叠的导联电极较多，难以分辨单个导联的信息。
- 脑电图拓扑矩阵表示法。在每个电极位置处显示一段时间内该电极处电压的变化，如图 14.22 右图所示。这种方法显示了原始的脑电信息，并且保留了电极的分布信息，但是很难直观地对比不同的导联电极。

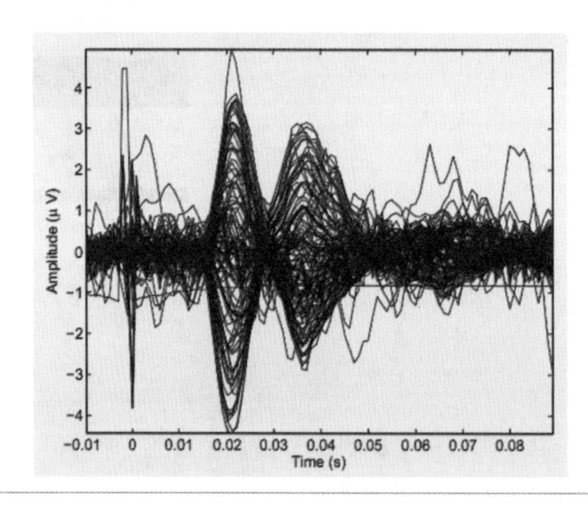

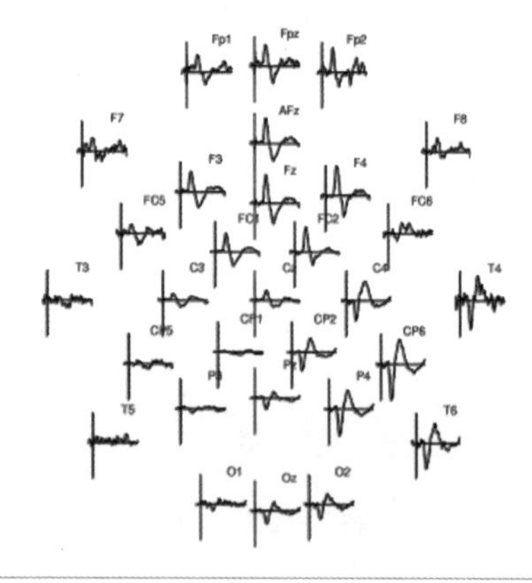

图 14.22 左：128 个导联电极的蝴蝶图；右：脑电图拓扑矩阵表示。

- 脑地形图表示法。在大脑模型上根据已知的电极位置显示电压，可显示在同一时刻所有电极测得的电压信息，如图 14.23 所示。将所有的电压相同点用一条曲线连接，不同颜色的曲线代表不同的电压值。这种方法很难同时观察多个地形图，对比信息不明显。

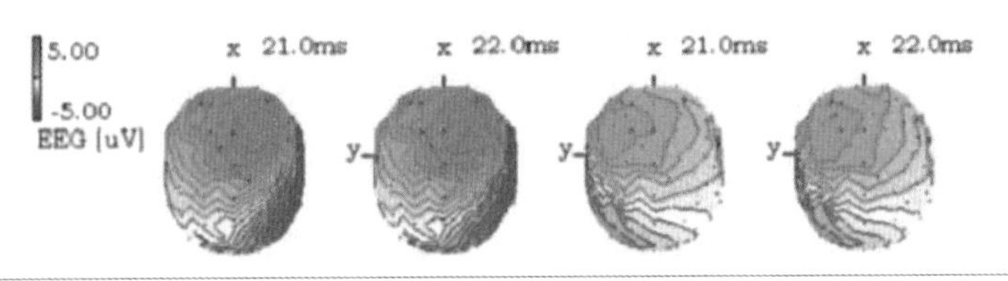

图 14.23 四个脑地形图。

- ERP（时间相关电位）图表示法。这种方法把同一电极对不同刺激的不同反应显示在一个图中，不同的颜色表示不同的电压，如图 14.24 所示。这种表示法可以明显地看出不同刺激反应之间的差异。

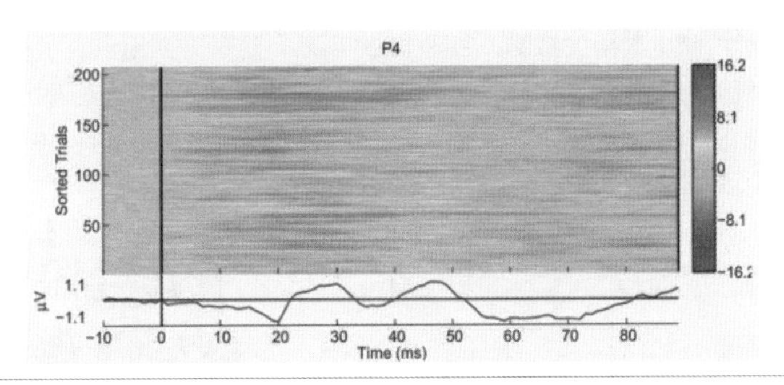

图 14.24 P4 电极的 ERP 图。

- 散点图矩阵表示法。如图 14.25 所示，矩阵大小为 $N \times N$（N 为数据集的个数），矩阵中的每个元素是一对脑电数据之间电压的散点图。这种表示法有利于观察不同脑电数据之间的关系模式，但只适用于 N 较小的情况。

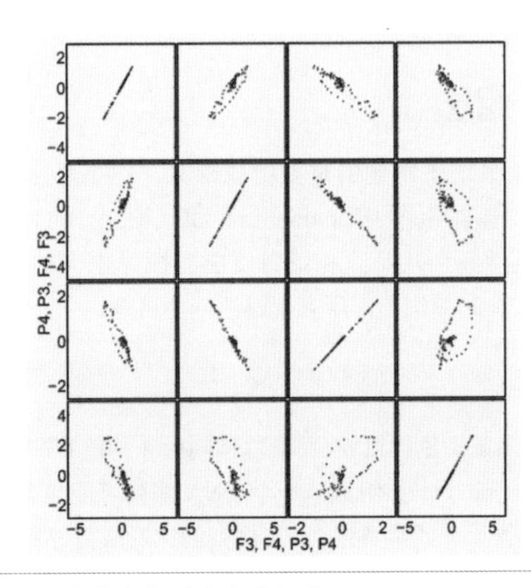

图 14.25 F3、F4、P3、P4 处电极数据的散点图矩阵。

- 平行坐标表示法。如图 14.26 所示，这种方法把每一维数据（通常）用一个纵标表示，对于一个 N 维的数据向量，通常把横轴 N 等分，把 N 维数据中的每个元素用相应纵轴上的一个点表示，同一个向量的所有元素用一条线连接。

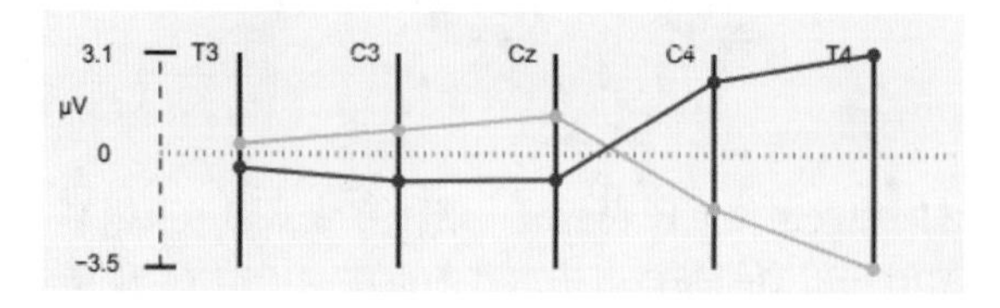

图 14.26 基于平行坐标的可视化。

- 一般的脑电数据关系图。如图 14.27 所示，这种方法用点表示相应的电极，线表示电极信号之间的相似性，颜色深的线表示相似性更高。这种方法可以直观地比较出不同电极信号之间相似性的大小，但电极数目较多的时候整个图比较杂乱。

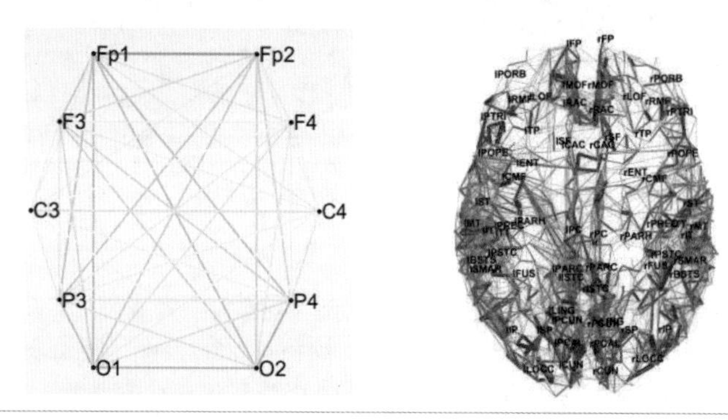

图 14.27 左：脑电数据关联性的一般表示方法；右：神经科学家标定的脑神经网络。

14.2.4 OMICS 组学

OMICS 组学是系统生物学的重要组成部分，包括基因组学（Geneomics）、蛋白质组学（Proeomics）、脂类组学（Lipidomics）和代谢组学（Metabolomics）等。其中，基因组学和蛋白质组学分别从基因和蛋白质层面探寻生命的活动，代谢组学研究代谢组（Metabolome）在某一时刻细胞内所有代谢活动的机理。

14.2.4.1 基因组学

基因组序列由多条染色体组成，而染色体则由 4 种核苷酸（腺嘌呤（A）、鸟嘌呤（G）、胸腺嘧啶（T）、胞嘧啶（C））组成。一个 DNA 序列可能包含上亿个核苷酸（例如，人类的 DNA 序列）。生物学家通常通过 DNA 序列的比对或者序列特有的属性来推测物种间的进化关系。由于 DNA 序列长，序列上已知特征少，采用可视化方法能极大地提高科学家理解和对比 DNA 序列的效率。已有的方法主要有：

- k-元核苷酸组合可视化。基因组数据的k-元核苷酸组合的分布具有一定的特性：每个k-元核苷酸组合和它的逆补组合的频率和对于一个物种来说是稳定的并且可区分的。将DNA序列的不同部分（如：核苷酸、基因段）映射为颜色、纹理或者形状，如图14.28（a）所示。这类方法可以保留序列的局部信息，其缺点是无法反映序列在较大范围内的语义转变。
- 多关联视图法。对DNA序列构建多分辨率表示，并支持多层次细节视图浏览。例如，MizBee系统[Meyer2009]提供了一种从多个关联视图（基因组视图、染色体视图、序列块视图）浏览同线性关系的方法，如图14.28（b）所示。它将两组数据表示为两个同心圆，每个同心圆被分为若干份，分别表示对应物种的各条染色体。外圈上选中的染色体将被高亮显示在内圈上，内圈上其余染色体与该染色体相似的部分将通过B样条连接。用户可以通过关联的视图浏览基因组、染色体以及DNA序列块间的相似部分。
- 三维可视化。将一维DNA序列转换为三维空间的分布函数（如3D Hilbert曲线），并在三维空间可视化，以克服二维屏幕空间的局限性，如图14.28（c）所示。
- 线性可视化。将DNA序列表示为一条直线或曲线，DNA序列上的每个核苷酸对应线上唯一一个点，如图14.28（d）所示。线性表示法直观明了，易于理解，并且保留了DNA序列的顺序信息。

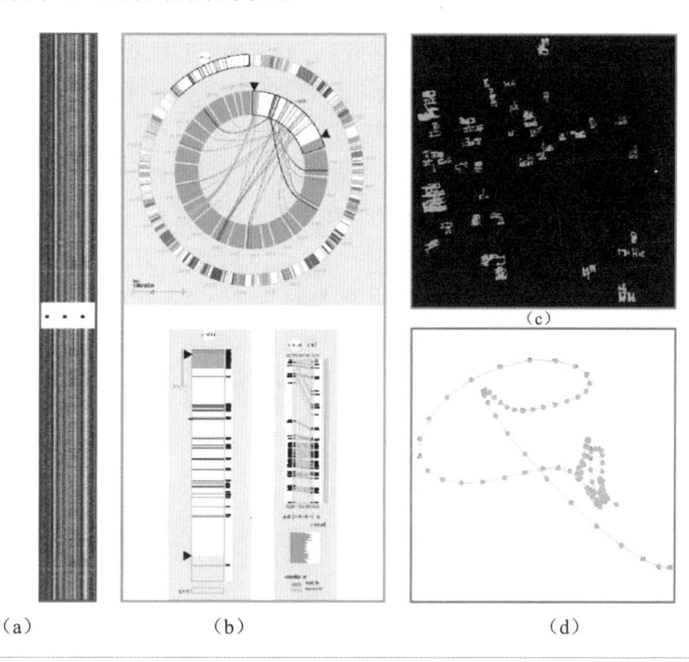

图14.28 （a）用条形码表示法可视化老鼠的第13号染色体中的k-元核苷酸组合；（b）用MizBee系统[Meyer2009]可视化两类鱼的DNA序列（链接14-2）；（c）三维可视化；（d）基于频率的顺序性可视化。

14.2.4.2 蛋白质组学

如果说基因组是生命的蓝图，那么蛋白质构成的调控网络就是这张蓝图的建设者和执行者。欲理解蛋白质分子的功能，必须先了解其结构已成为分子生物学家的共识。目前一般将蛋白质分子的空间结构理解为四级。第一级结构指多肽链中氨基酸的顺序，靠共价键维持多肽链的连接；第二级结构指多肽链骨架的局部空间结构，不考虑侧链的构象及整个肽链的空间排列，典型的有 alpha 螺旋、beta 片层等；第三级结构指整个肽链的折叠情况，包括侧链的排列，即蛋白质分子的空间结构或三维结构；第四级结构描述的是多个多肽链的组合。从生物学的角度看，蛋白质生物功能的关键在于其空间构象，运动着的结构决定了蛋白质分子的生物功能，一个伸展开来或随机排布的肽链不具备生物活性。研究蛋白质的三维结构不仅有助于了解蛋白质序列和结构之间的关系，也有助于发现蛋白质结构和功能之间的关系。

迄今为止，通过实验手段测定蛋白质结构的主要方法有：X-射线衍射、核磁共振、紫外可见吸收光谱、质谱分析等。此外，也借助于信息、自动化方法对分子结构予以预测。主要分为两类：一类依赖于序列数据，采用统计学方法来分析其结构和功能；另一类直接从实验测定已知的（或预测出的）三维结构出发，着重考虑结构与几何拓扑性质，进而分析其功能。这两类方法均建立在对生物大分子结构合理建模的基础之上。

针对蛋白质分子表示的可视表达有很多。这些模型的建立主要依赖于由原子方位、排列顺序、连接方式等决定的分子骨架形状、表面几何及拓扑性质。通过对蛋白质三维结构的原子空间定位及连接关系、Cα 链、二级结构等进行合理抽象，构造一系列线 / 面模型，可以更直观地表示蛋白质分子的几何与结构。从 20 世纪 70 年代开始，研究者提出一系列蛋白质分子的几何表示方法，典型的有线框表示、棍状表示（见图 14.29（a））、球棍表示、CPK 表示、带状表示（见图 14.29（b））、卡通表示、管片表示等。本质上，它们是基于实验数据对蛋白质中各原子间作用关系的一种抽象，在可视化时表达为一系列线段和面模型的集合。它们的优势在于能为用户提供一种简单直观和交互的方式辅助观察分子的几何和拓扑结构。通过计算分子势能范围，还可以计算 Solvent（可溶）曲面（见图 14.29（c））。

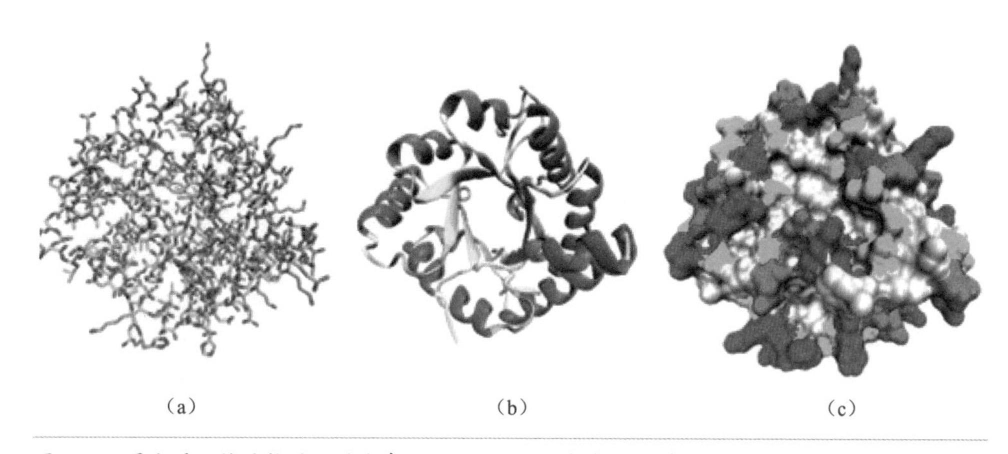

(a) (b) (c)

图 14.29 蛋白质三维结构的三种代表性可视化方法。(a)原子节点 - 链接图，全部原子按类型标色（碳原子为蓝绿色，氧原子为红色，氮原子为蓝色）；(b)主链构象，以二级结构类型标色（α 螺旋为紫色，β 折叠为黄色）；(c)可溶表面可视化，以残基类型标色（酸性氨基酸为红色，碱性氨基酸为蓝色，极性氨基酸为绿色，非极性氨基酸为白色）。

14.2.4.3 代谢组学

代谢组学是系统生物学的一个分支，主要技术手段包括核磁共振（NMR），质谱（MS）和色谱（HPLC, GC）。早期的研究以 NMR 为主，即通过检测一系列样品的 NMR 谱图（二维或三维图像），再结合模式识别方法，判断生物体的病理生理状态。

气相色谱和质谱联用（GC-MS）测量不同个体中代谢产物的分布曲线，其基本数据形式是一维采样（见图 14.30（a）），通常被转换为一张二维图像进行处理（见图 14.30（b））。将二维图像的像素值看成高度，以三维高度场的方式进行可视化（见图 14.30（c））。值得注意的是，脂类组学数据的基本形式也是一维采样。

全二维气相色谱（GC×GC）是将分离机理不同而又互相独立的两支色谱柱以串联方式结合成二维气相色谱的一种新方法，将它与 TOF-MS（飞行时间质谱）联用，可以获得精确的复杂化合物的区分。从数据处理的角度看，全二维气相色谱飞行时间质谱数据的可视化远比液相质谱数据复杂。全二维气相色谱飞行时间质谱的每个时间对 (RT1, RT2) 上都记录了一个质谱，这种数据组织方式类似于遥感数据中的多频图像。历史上，对多频图像进行可视化的难点是如何显示校准后的上百个频率。最简单的做法是累积每个像素（即一个时间对）上的所有频率的值，获得一张二维总离子图像（见图 14.30（b）），对它采用基本图像操作，如颜色映射、特征抽取、峰校准、统计分析和比较分析。更为高级的方法是将多个频段压缩为三个或若干个主要的频道，并用伪色彩显示。这个压缩过程可由多变量的统计方法获得。最复杂的做法是将全二维气相色谱飞行时间质谱数据直接表达为一个三维的数据场，并采用三维数据场可视化（见图 14.30（d））、特征抽取等方法进行处理 [Livengood2012]。

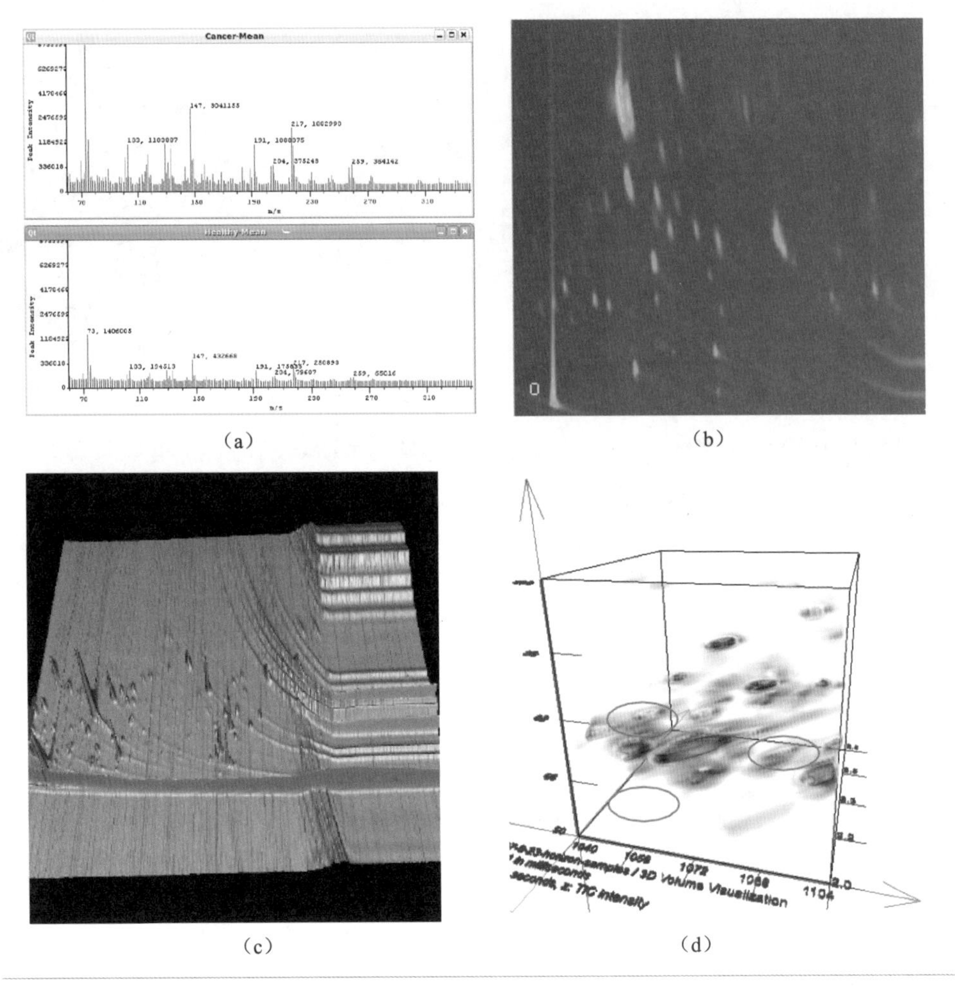

图 14.30（a）~（d）飞行质谱数据的一维分布曲线、二维总离子图像、二维总量图像的地形隐喻可视化、全二维气相色谱的三维体绘制 [Livengood2012]。

14.2.5 深度学习

近年来，深度学习技术发展迅速，已经在多个领域取得了优异的效果。因此，将深度学习应用到生物信息学中以更好地从数据中挖掘出有效信息成为一个重要的研究方向。包括 IMICS 组学、医学影像和电生物信号在内的各个领域都积累了大量的数据，它们在生物和医疗保健研究中应用的潜力已经引起了工业界和学术界的关注。

深度学习的一个难点在于其黑盒的特性：虽然深度学习能给出有效的结果，但产生结果的过程和原因却无法被获知。在生命科学领域，研究的结果和患者的生命健康息息相关，黑盒的特性使得深度学习的应用受到了限制。正如临床医生也需要为医药疗法寻找科学推断一样，将黑盒变为白盒，提供合理的逻辑推理是非常重要的。

目前，对于将深度学习从黑盒转为白盒的研究还处于非常初级的阶段，其中最广泛使用的方法就是通过可视化方法对训练好的深度学习模型进行解释。针对一些特定的图像输入，Zeiler 等人提出了一种解卷积网络来重构和可视化 CNN 的各层表达 [Zeiler2014]。基于输入的基因组序列，已经有多种方法可以从训练好的模型推断出位置特异性得分矩阵（Position Specific Scoring Matrices, PSSM），并用热力图或序列标识（Sequence Logo）可视化相应的基序。特别是对于转录因子结合位点的预测，Alipanahi 等人 [Alipanahi2015] 开发了一种可视化方法，可以用于展示基因的变化对 CNN 预测的结合评分的影响，称为突变图谱（Mutation Map）（见图 14.31）。突变图谱由热力图组成，每个热力图都显示一种突变对结合分数的改变，以及输入的序列标识，其中每个碱基的高度表示所有可能突变中结合分数的最大降低幅度。

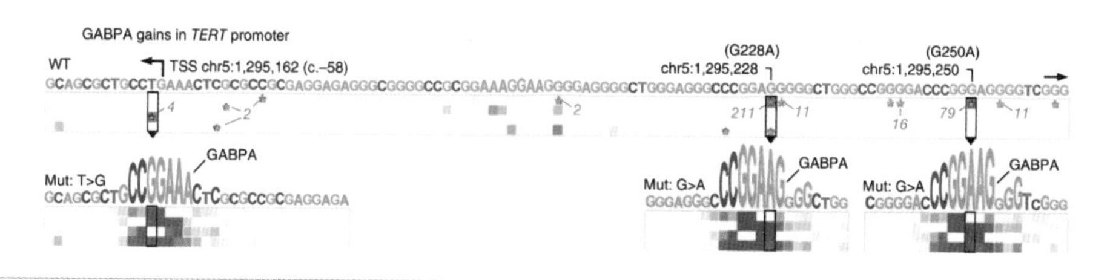

图 14.31 Alipanahi 等人提出的突变图谱，通过可视化方法表现输入的基因数据对 CNN 训练的影响。

14.3 其他科学与艺术

14.3.1 气候学与气象中的可视化

气候变化是理解地球自然变化、社会发展对气候系统影响（如全球变暖）的中心问题。气候模型主要考虑全球若干年内的气候变化，通常以月、季节、年度为单位表达极值和变化趋势。气候研究包括大气、天气、海洋、地球、化学过程、生态系统、空间气象、太阳系统在内的观测和模拟。气候模型包含一系列互相作用的物理、化学、动力学和生物进程，且时间和空间跨度巨大。构建一个全球气候模型是一项涉及自然科学探索和软件工程的巨大工程。某天的具体天气是动态的、随时间演化的，而气候则是天气或天气统计意义上描述的平均表现，天气模型的计算结果是两周内、局部地区的温度、湿度等物理量的具体特征。已知的天气模型包括 ARPS、MMS5 和 WRF 等。

天气与气候研究需要对大量的数据进行分析和可视化，包括观测数据（卫星、雷达、机拍)、模拟数据和混合格式，如图 14.32 所示。

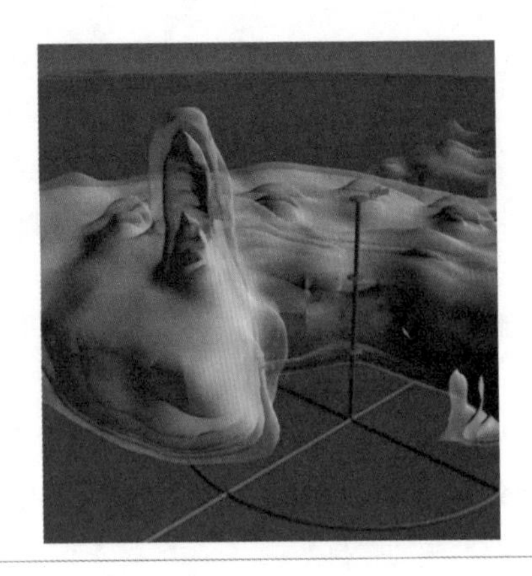

图 14.32 左：基于卫星云图的全球云流可视化；
右：飓风眼内部几何结构可视化（NASA, 链接 14-3）。

美国国家大气研究中心发布的 NCAR Graphics 软件由一系列 FORTRAN 库组成，提供了一维和二维数值曲线和轮廓线绘图。随着可视化概念的兴起，美国超算应用中心开发了第一个三维雷暴可视化，其后出现了交互的大气可视化软件包 Vis5D 和其他通用软件包 NASA World Wind、AVS、IBM DX、IDL、Iris Explorer 等。

通常，天气和气候模型产生了不同格式的大尺度三维时空数据。天气模型通常采用自适应的嵌套网格。由于气候网格通常是曲面形状的，重采样到笛卡尔网格可能会丢失精度。天气模型的输出通常采用网络通用数据格式（netCDF）标准，它定义了科学数据的通用模型，并提供了与系统和网络无关的数据获取标准接口。为了使标准适用于元数据如变量名、单位和坐标系统，需要定制与领域有关的令牌，如 netCDF 气候与预测元数据协议。气候领域常用的另一个模型是卫星观测数据和层次数据格式（HDF5）。第三类重要数据类别是混合型气候数据：将观测数据代入某个特殊模型，重现一个历史记录。例如，世界气象组织开发了一个网格数据标准 GRIB，比 netCDF 的标准性和自描述性稍弱。而 MM5 模型产生的时变数据具有独特的数据格式和一套处理方法，且不定义于一个严格的笛卡尔坐标系，即水平维度通常定义为某个球面映射，垂直维度则与地形吻合。WRF 模型的数据输出与 MM5 类似，但是采用 netCDF 作为数据输出的界面。

气象和气候研究者采用高度量化的分析，采用不同的视觉映射方式嵌入地理信息环境的一维和二维视觉表示。经典的可视化方法有一维折线图、轮廓线图、流线、速度向量、地图等。在气象和气候领域的常规工作中，已采用一些可视化工具。例如，气象领域采用 RIP（读入、插值、绘图）应用对 MM5 数据进行二维可视化。在海洋研究中气候学家常采用 Ferret 工具。IDL 则被公认为一个集数据处理、统计、三维功能于一体的应用包。

GrADS 软件是气候领域长期开发的面向海洋、陆地、大气研究的项目。美国国家大气研究中心开发了 NCAR 命令行语言 NCL，作为国家大气研究中心的分析和可视化软件包。此外，还有基于 Python 并提供交互界面的 CDAT（天气数据分析工具包）。这些软件都没有提供三维可视化功能。

在实用阶段，气象学家远比气候学家采用更多的三维可视化。原因是气候学更关注长期的大尺度趋势，而气象学则关注小尺度的动态现象。Vis5D 是常用工具之一，它的一个变种 CAVE5D 可用于沉浸式的虚拟现实环境，如图 14.33 所示。VisAD 则是另一个新兴的软件，擅长于集成不同数据类型的数据，基于 VisAD 的集成式数据浏览器（IDV）工具也可完成气象相关应用的设计。注意到 VisAD 和 IDV 都采用 Java，因此受限于 Java 的可扩充性。

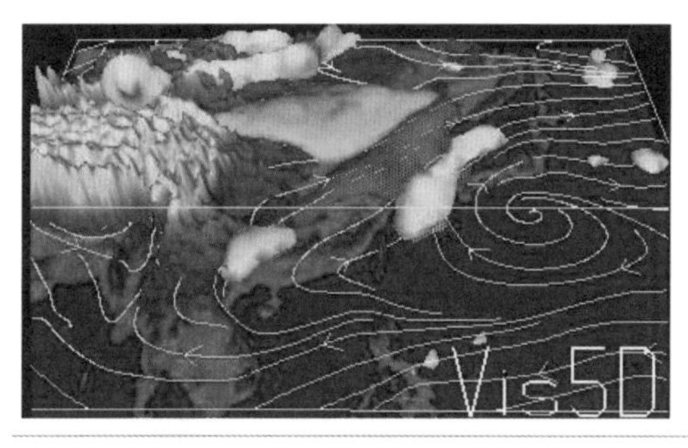

图 14.33 Vis5D 的气象可视化效果。

当数据尺寸变大，数据属性变得复杂，新的显示技术和可视化环境变得越来越重要时，大屏幕拼接、背光投影灯技术被广泛使用。新的、廉价的显示技术使得气象数据可视化更加具有表达力。为了显示 GOES、MISR 卫星影像的超大图像，NCSA 采用 14 000×12 000 分辨率展现 1000m 的 GOES 图像；采用 80 000×9000 分辨率展现 250m 的 MISR 图像。这种大尺度显示方式对探索飓风、雷暴、大尺度海洋现象的机理非常重要，如图 14.34 所示。

如图 14.35 所示，AVIS 系统设计实现了适用于地球大气数据的球面体绘制和混合绘制方法，可以同时展示面向各类密度场、向量场、张量场和非空间数据的可视化结果。用户可以通过交互指定需要展示的数据、可视化方法和展示范围。此外，AVIS 系统还实现了跨平台并行可视化构架，使得分析师可以通过浏览器或其他显示和交互设备访问并查看复杂的可视化效果，利用后端计算集群加速数据的计算与绘制过程。

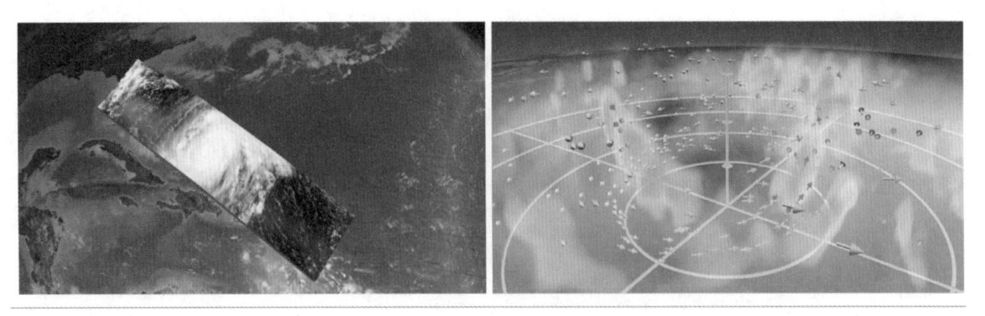

图 14.34 NASA（链接 14-4）制作的大气可视化效果视频截图。左：全球大气影像和三维数值大气体数据场的融合可视化；右：飓风眼处的三维数值大气体数据与局部向量场的混合可视化。

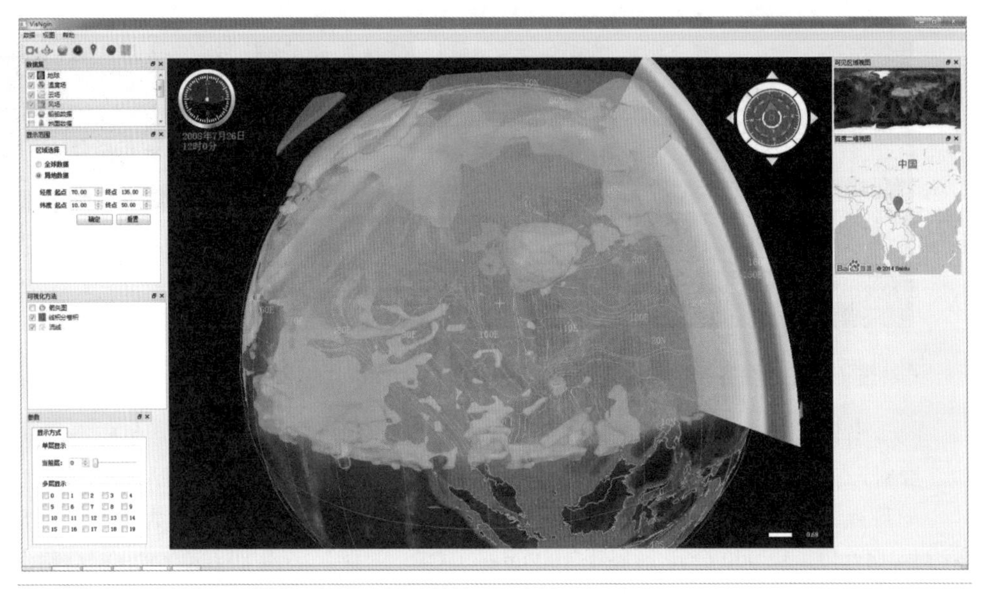

图 14.35 AVIS 可视化系统[梅鸿辉2016]的混合绘制结果，图中同时展现了卫星遥感数据的颜色映射、云场数据的等值面、风场数据的流线和温度场的切面等。

随着 TB 级和 PB 级计算的实现，为大尺度数据精度下发现新的气象和气候现象提供了机遇。新型的三维可视化工具必须与计算能力和模型同步，越来越多的科学家开始转向使用大尺度并行模型。基于个人微机的研究者将求助于分布式、协同的模态，完成特别大的数据分析。下一代分析和可视化工具需要发展更为完善的数据模型、多分辨率数据结构、细节层次视图、层次式数据表示、并行处理和绘制算法、有效的分布式操作。在气候和气象研究中，面向大型系统的软件工程方案是热点和挑战。2001 年，欧盟启动了 PRISM 项目，用于集成地球系统建模计划。NASA 也启动了 ESMF 项目，即地球系统建模框架。前者关注气候研究，后者着重构建全球尺度气候模型和气象模型的核心软件框架。

14.3.2 面向艺术的表意性可视化

人类的大部分信息获取来自视觉，俗话说，一图胜千言，利用图画传递信息是常见的手段。中国的很多文字就源自于象形图案，如山、水等。远古人类用图画的形式将当时的一些生活场景保留下来，使得我们可以推测出当时的场景，如图 14.36 展示的场景。这两张图像的不同点在于，它们是对某些客观事物的一些抽象描述，虽然没有照片的光照真实感，却比一般图像更容易被人理解。此类图画被称为图解。

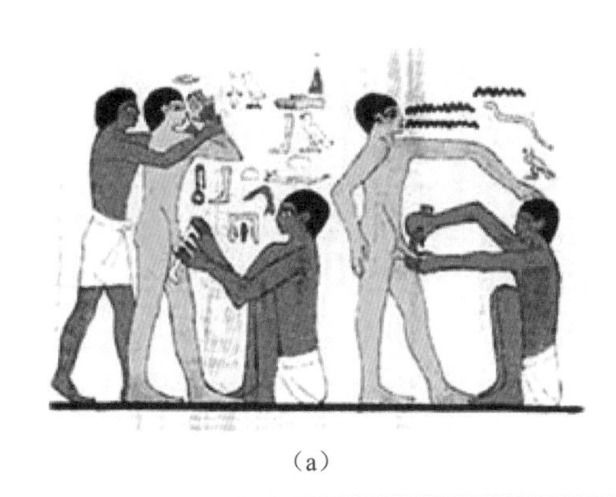

（a）

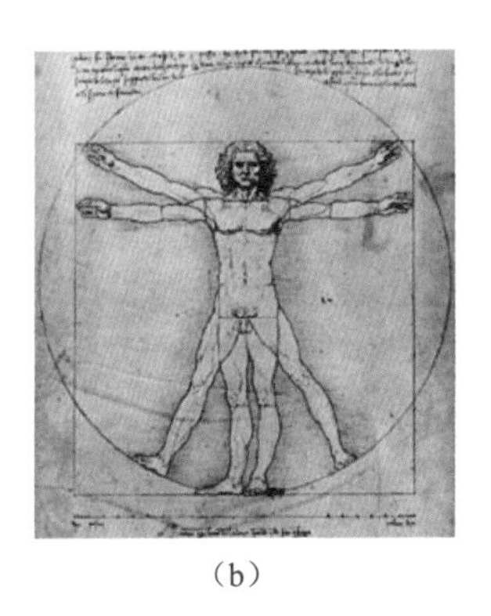

（b）

图 14.36 （a）远古手术图解；（b）达芬奇人体比例图。

16 世纪欧洲文艺复兴带来了科学的曙光，同时也出现了专门用于解释科学探索发现的图解，如图 14.36（b）所示为达芬奇人体比例图。这种用来阐明、解释科技领域，以抽象、艺术的手法绘制的图画作品，统称为表意性可视化（Illustrative Visualization）。早期的表意性可视化大都以人体为描绘对象，类似于中学的生理卫生课本和大专医科院校解剖课程上的人体器官示意图 [Robert1992]。20 世纪以来，人类的科学研究活动日益频繁，在科学向文明转化的传导过程中出现了大量需要表意性可视化的场合，如教育、训练、科普和学术交流等。可以说，信息技术的发展进一步增强了表意性可视化画家的创造力；反过来，表意性可视化具备的传神的、跨越语言障碍的表达力也促进了科学活动中精确的沟通交流，成为其中必要的元素。例如，Nature 和 Science 杂志大量采用表意性可视化展现重要的生物结构，澄清模糊概念，突出重要细节，并展示人类视角所不能及的领域。

一帧表意性可视化可以被用来强调细节，表达想法，或者激发对问题的思考和探索。表意性可视化画家的描绘对象通常包括人体、植物、动物、环境和技术场景，根据不同的对象可分为医学图解画家（Medical Illustrator）、植物插图画家、鱼类插图画家、行为解释画家和水下环境画家等。几百年来，表意性可视化画家业已形成了各类大大小小的专业协会和服务公司，如链接 14-5，链接 14-6。为了勾勒出用照片无法捕获或清晰表达的科学现象，画家们必须对所刻画的对象有相当深刻的认识。例如，医学图解画家需要长时间地写生，甚至解剖尸体[Staubesand1990]；动植物图解画家需要实地勘察，精确测量。忠实于科学是表意性可视化的第一原则，一个画家需要经历长时间的训练才能具备职业的观察技巧。同时，手工创造一幅作品则异常耗时：用铅笔完成一幅400像素×400像素的点画图像需要几天时间。现今的三维渲染软件和二维平面设计操作方便，这部分解放了手工交互的劳动，图解结果的忠实度还取决于使用者对目标的把握程度。

在科技活动中，图像、图解甚至动态视频都是思维活动和发现过程中的一部分。远至600年前的物理学家伽利略，中至200年前的数学家黎曼，近至50年前发现DNA的生物学家沃森，都借助了超凡的想象力和具有穿透力的图解。表意性可视化发展了近百年，充分体现了艺术为科学技术服务的精神，是科研工作者和艺术家之间互动协作的结果。然而，一个不容忽视的事实是当今大部分表意性可视化都是画家完成的。本质上，拥有大量实验数据和需求的科研工作者对科技活动有着更为深刻的洞察力，对图解所需要表达的内容具有更清晰的诉求，因此在理解实验数据、探索客观规律和发布实验结果等各个流程方面，理应配备方便敏捷的表意性可视化的交互生成工具。计算机图形学在20世纪90年代就已经开始了这方面的基础图形算法的探索。由于表意性可视化并不追求光照真实的效果，人们开发了一系列非真实感光照明绘制算法[Gooch1998]；为了获得不同的艺术效果，人们开发了一系列点画、线条、边、卡通等艺术手法的计算机模拟算法[Gooch2001] [Strothotte2002]；此外，人们还广泛采用了透明[Diepstraten2002]、横截面显示[Diepstraten2003]等表现形式。值得指出的是，非真实感绘制（Non-photorealistic Rendering）指基于非光学和物理模型生成图形的一系列技术，它可用来生成艺术效果，如油画、山水画、素描等，重在表达一种意境。由于它着重于底层的图形基础算法，在科学和艺术之间的互动方面考虑不多。而表意性可视化重在揭示一种结构或原理，它的一个重要原则是科学与艺术的统一，艺术展现的特质终究是为科技服务的。

近年来，可视化领域研究如何直接从实测数据出发生成可视化[Ebert2002]，以期获得符合科技实验的结果，形成了科学计算可视化领域的一个子领域——表意性可视化[Viola2007]。本质上，图解和可视化既有联系又有区别：可视化强调将正常情况下不可见的对象以可见的方式绘制出来；图解重在突出一部分内容而忽略另一部分内容。实测数据通常体现为三维数据场，即在空间的格点处记录属性值，最为常见的是规则体数据，如医学领域的CT扫描数据。大多数表意性可视化算法通过模拟某类艺术风格或概念，糅合不同的颜色、光照、纹理和笔画式样来获得图解效果[Viola2007]。根据作用对象分类，包括点画[Lu2002]、线画[Burns2005]、曲面[Fischer2005]和体绘制[Ebert2002]；根据艺术表现手法分类，则有横截面[Li2007]、纹理映射[Bruckner2007a]、纹理合成[Lu2005]、视觉重要性驱动[Viola2004]、重影（Ghosted View）和爆炸式[Bruckner2006]、深度对比、特征变形[Correa2006][Correa2007]。人们还开发了一系列软件以实现复杂的体图解效果，如VolumeShop系统[Bruckner2005]，并充分利用可编程图形硬件加速。这些方法的共同特性是通过放大有效特征、抑制无关内容、融合艺术效果等手段来增强实测数据的结构化、信息化的表现，部分系统已经初步展现了在医学领域的实用潜力，如图 14.37（b）呈现的人头打开后的内部结构。

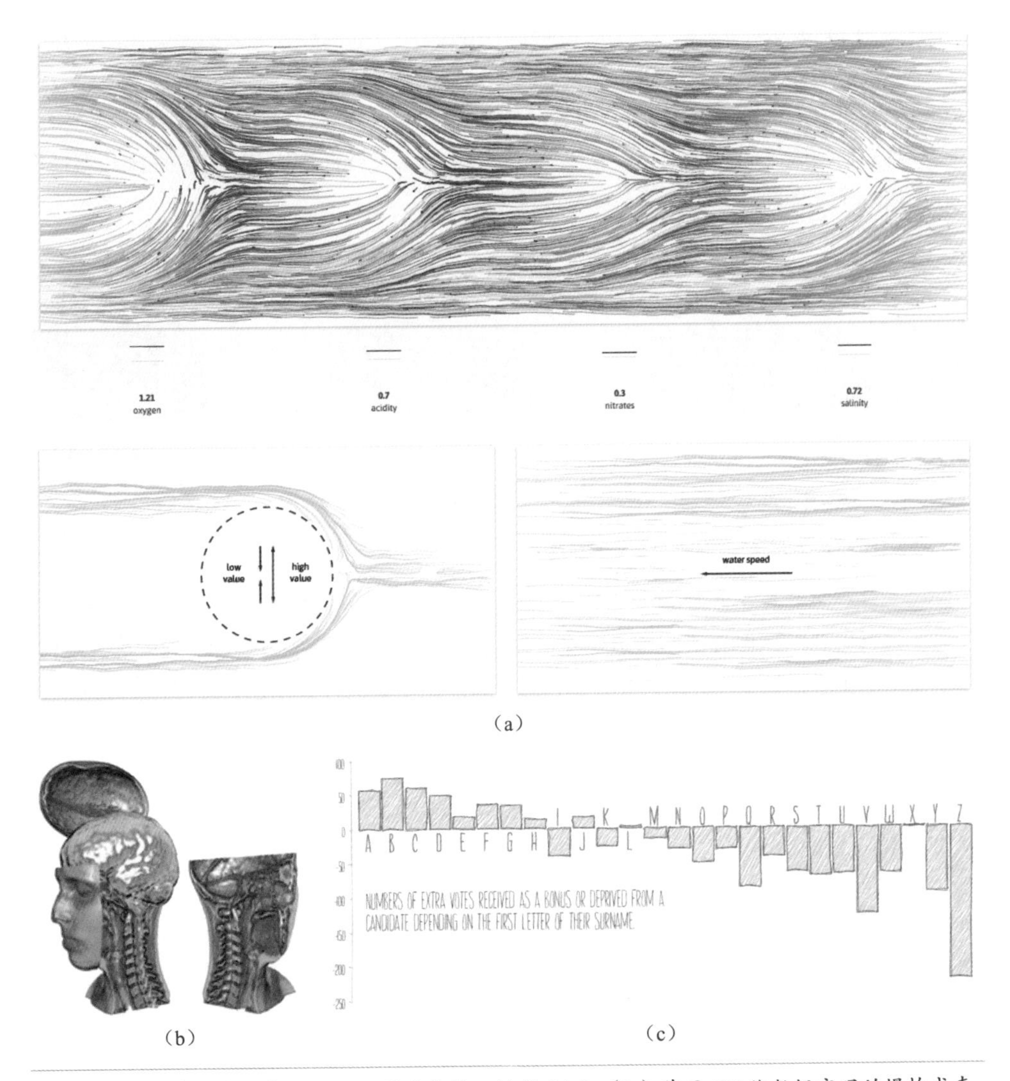

图 14.37（a）多变量流式可视化。图片来源：链接 14-7；（b）基于 CT 体数据实现的爆炸式表意性可视化 [Bruckner2006]；（c）基于草图的柱状图 [Wood2012]。

图 14.37（a）以表意性和隐喻的方式形象地表现了在一条河流上的磨坊中 5 个传感器（水的含氧量、酸度、硝酸盐、盐度和磨轮的速度）的变量信息。方法采用小粒子表示水流的基本单元，小粒子的轨迹组成迹线，小粒子的速度编码磨轮的速度。在流动的过程中，想象从右到左有 4 块圆形的石头，水流碰到石头要分叉和拐弯。每块石头表现一个传感器的值，半径越大，表示值越大，不同的传感器的值用不同的颜色表示。例如，最左边是含

氧量，水流拐弯很大，说明这个值也很大；右边第二个土黄色的表示硝酸盐含量，水流拐弯小，说明其值也小。图 14.37（c）则以草图形式呈现了柱状图。

图 14.38 中展示的结果，是通过分析不同尺度下局部线段方向的相似性，从 DTI 数据中提取大脑纤维束，从而通过视觉抽象提供对白质结构的深入了解的。在这个过程中，纤维沿着垂直于局部大体朝向的方向收缩，因此抽象了大脑白质的整体结构，并使得图像更加稀疏而清晰。收缩的程度可以在一定范围内任意变化。图中从左往右收缩程度递增，右图展现了选择并高亮表示的一部分纤维束。

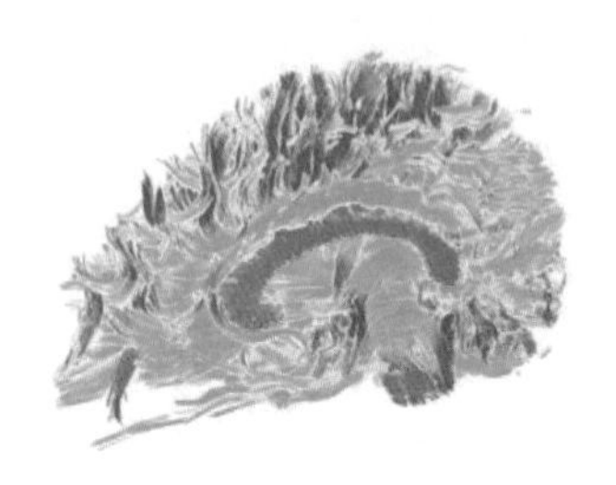
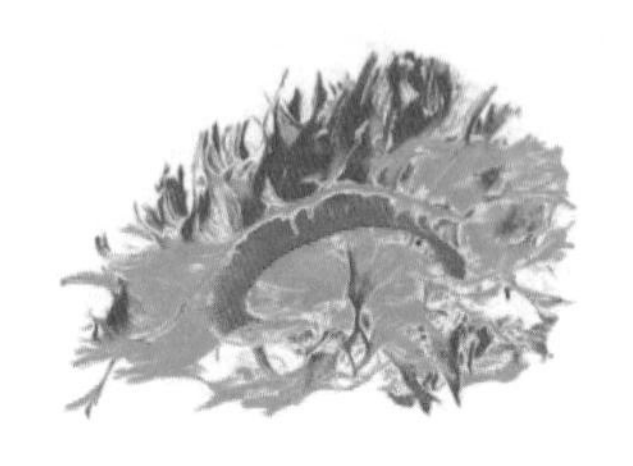

图 14.38 大脑白质结构的抽象化展示 [Everts2015]。

此外，针对非可视化专业人员，例如艺术家、新闻工作者等，一些交互式可视化构建工具可以辅助他们方便快速地构建可视化结果，并在其中添加艺术性的表达。如图 14.39 所示的工具提供交互界面，允许艺术家通过绘制草图的方式创建数据可视化结果。图中艺术家正在绘制基于地图和气象数据的可视化结果，图中的数据可以动态更新产生动画效果。如图 14.40 所示的工具则通过矢量图的变形算法，允许用户将数据和绘制的图形相结合，自动生成一系列在某个属性（例如长度）上满足数据分布的图形，方便快速地设计生成信息图结果。

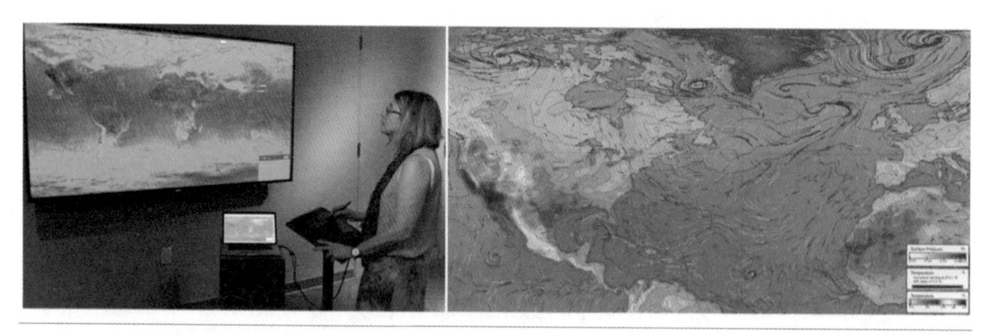

图 14.39 通过草图的方式快速构建数据可视化工具 [Schroeder2016]。左：艺术家通过触摸板和笔设计数据可视化方法；右：通过工具生成的基于气象数据的可视化结果。

图 14.40 通过将矢量图与数据绑定生成信息图 [Kim2017]。

14.4 网络与系统安全的可视化

在信息可视化和可视分析的众多应用领域中，网络与系统安全是最重要的方向之一。国际安全可视化会议 VizSec[VizsecConf] 经常与信息安全领域的顶级会议 ACM CCS 或可视化领域的顶级会议 IEEE VIS 合办，足见这一交叉学科的重要性。信息安全的应用问题相对更为发散，没有一套统一的可视化方法可以直接应用于信息安全问题。本节将从几个具体的应用案例分析入手，讨论可视分析技术在信息安全领域的应用。

14.4.1 基于可视变换的虫洞攻击可视化

虫洞攻击（Wormhole Attack）是对无线网络路由协议的一种攻击方式。攻击者控制着两个或多个在网络路由拓扑结构中相距很远的恶意节点，并通过一个私有链路把恶意节点收到的路由信息进行互享，生成虚假路由广播，使得它们之间的通信路径看上去只有一条。由于参与虫洞攻击的节点在其他正常节点看来可以提供一个可靠的最短通信路径，容易骗取其他节点的信任，让网络包选择从虫洞节点经过，从而实现对网络通信的窃听和阻断。

虫洞攻击一直是无线网络路由攻击中的一个较难解决的问题，这是由于无线网络节点很难从路由广播中判别信息的真伪。普度大学的一些学者经过研究提出了使用可视化方法来展现无线传感器网络拓扑结构 [Wang2004] 的方法，用以帮助用户发现系统中的恶意虫洞节点，从而阻断它们对网络通信的威胁。图 14.41 是该研究对位于海洋中的一个 11×11×3 网格的传感器网络的可视化结果。图 14.41 左图是原始的网络布局的拓扑结构，而图 14.41 右图则是对网络路由结构使用多维尺度分析进行重构的结果。其中，右上图是传感器网络处于正常状态下的结果，而右下图则是存在两个虫洞节点时的网络重构效果（从两个正交角度分别观察）。可以看到，虫洞节点的存在使得原本距离较远的传感器节点被人为地拉近，让整个网络路由结构表现出不正常的弯曲状态。这种人眼很容易辨别的视觉模式为检测虫洞攻击提供了一种有效的可视化手段。

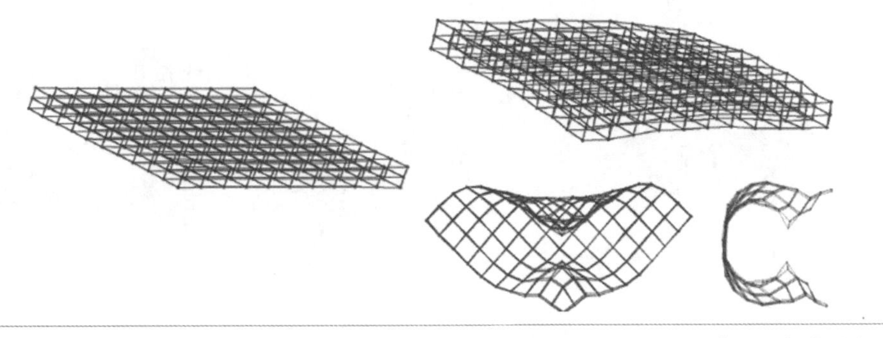

图 14.41 对无线传感器网络拓扑进行可视化，侦测虫洞攻击。左：原始的网络布局的拓扑结构图；右：使用多维尺度分析进行重构的结果，其中右下图存在两个虫洞节点[Wang2004]。

14.4.2 可信计算的可视化

可信计算（Trusted Computing）是信息安全领域的一个重要分支，它的研究对象是由多个计算机节点组成的互信网络。在这个网络中，各节点之间都存在着一定的互信关系，并且以这些互信关系为依据来选择调用哪个节点的服务。作为可信计算的一个典型例子，在无线自组网络（Mobile Ad Hoc Network）中，每个节点都为其他节点提供路由服务，而当有多个路由路径可供选择时，节点之间通过路由互助产生的互信关系就为路由选择提供了可靠的依据。在这样一个多对多的信任关系网络中，可能存在着恶意节点，通过拒绝服务、矛盾行为等攻击手段，试图扰乱系统中节点之间正常的信任评价。利用可视化可高效呈现攻击行为，找到攻击者并分析其采取的攻击策略。

TrustVis[Peng2012] 采用邻接矩阵来表达用户之间的信任关系。通过对用户受信级别进行多重迭代聚类，该方法可以有效地将系统中的攻击者从用户中分离出来。图 14.42 展示了无线自组网络环境下 50 个节点通过路由互助产生的信任关系矩阵。图中的行代表发出信任动作的主体（Trustor），列代表被信任的主体（Trustee），用红色到绿色的渐变对信任值高低进行颜色编码，并放大红色区域进行视觉强调。TrustVis 将自动聚类产生的攻击者和用户手动指定的可疑用户排列在矩阵末端，使得矩阵不同区域的视觉特征与攻击策略一一对应起来（详见图 14.42）。用户只需要对排好序的信任关系矩阵进行观察，便可以从矩阵呈现出的视觉特征中清楚地了解当前系统中面临着什么样的安全威胁。

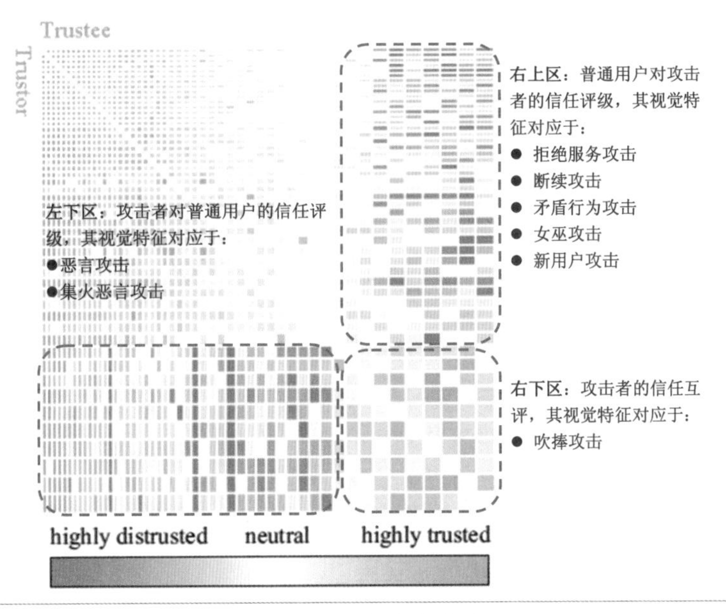

图 14.42 使用邻接矩阵对信任关系网络进行可视分析[Peng2012]。

14.4.3 安全日志数据的可视化

运行在大型公司的网关、城市级互联网数据交换中心的服务器每天都会记录下海量的日志数据，包括网站访问、电邮收发、文件传输等。通常部署在网关上的智能分析系统，如入侵检测系统（Intrusion Detection Systems, IDS）和防火墙等都会基于这些数据生成分级的安全报告，并根据用户定义的防御级别发出警报。但是，基于异常检测的分析技术往往具有较高的误报率，这就对人工介入分析提出了需求。

为解决这一问题，架设在数据层上的可视分析软件 Palantir 提供了一套通过人机协同计算来检测威胁的方法[Palantir]。Palantir 提供了丰富的可视化工具和交互手段来对系统警报进行人工处理，它作为一款成功的商业软件，已经被广泛应用于美国政府和金融机构。在使用 Palantir 辅助金融案件侦破的案例分析过程中，系统从计算机产生的警报入手，获取可疑的对象（如电子邮件、银行账户登录、进出敏感区域的门禁系统等），在此基础上，调取与该对象高度关联的其他对象，形成潜在的犯罪网络图，并使用标签对可能存在的犯罪行为进行可视标注。同时，系统还综合集成了谷歌地图和视频监控管理等模块，以便浏览和调取相关的辅助材料进行分析。在最终的可视化结果中，用户可根据对案情的了解，对其中的可疑对象进行标记和高亮显示，从而进行深层次的案情分析和挖掘。

14.4.4 智能电网数据的可视化

电网是现代社会最基础却又最复杂的人工系统之一。随着监测、传感、控制和通信方面的最新进展，以及可再生能源、分布式能源的日益普及，传统电网正在朝着智能电网方向发展。智能电网的目标是实现自我恢复、稳定性、可持续性和提高效率。智能电网通过覆盖传统电网的网络基础设施得以实现。网络基础设施能够收集和分析来自数百万各种分布式端点的数据，如智能电表、相量测量单元和断路器等。它们相连形成一个最大的互联网，被称为能量网（Enernet）。然而，智能电网的优点与危险并存：对网络基础设施的整合和依赖会极大地增加网络威胁和攻击的可能性。一方面，其中关键的控制过程，例如状态估计、经济调度、负荷聚合和需求响应等，都依赖于出现在智能电网各个角落的网络基础设施的安全性和鲁棒性；另一方面，网络漏洞也可能使得仪表度量、系统参数和价格信息被人为操纵，甚至可以侵入并获取对这些关键例程的直接访问，以不可预知的方式破坏电网的稳定性。安全问题被认为是智能电网设计的最高优先事项之一，智能电网中的网络安全已成为研究界日益迫切的关键问题。

在智能电网中，由于大量的数据生成和日益复杂的网络攻击，传统的安全解决方案迅速过时。而通过数据可视化和可视分析方法，系统运营商能从智能电网的历史数据和实时数据中发现隐藏的关系，提高态势感知能力，发现有关安全威胁的模式和事实，并预测甚至防止潜在的新问题发生。传统的软件聚焦于电力系统运行状态的仿真。例如，PowerWorld 公司开发的交互式电源系统仿真软件，可在几分钟到几天的时间范围内模拟高压电力系统的运行。也有一些工作着重于展示电网中某些特定安全方面的状态和演化。例如，用于演示网络攻击导致的电力传输系统中的级联故障的可视化系统（见图 14.43），采用 ArgGIS 软件作为可视化平台。

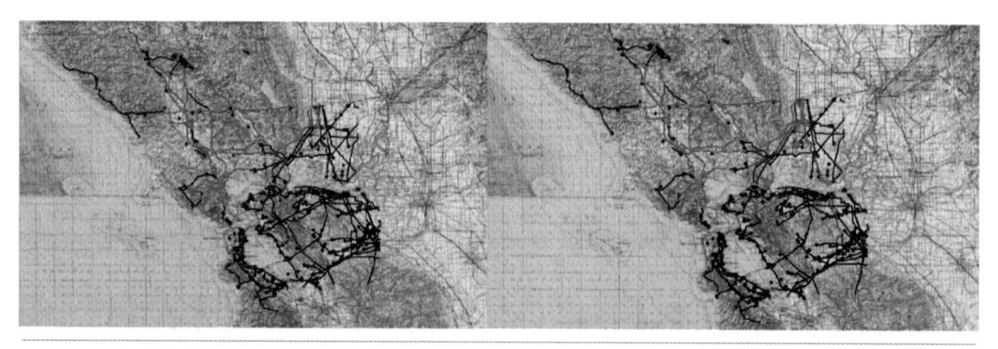

图 14.43 级联故障展示的一个样例 [Yan2012]。左：级联传播的关键时刻之前；右：发生在关键时刻之后的级联传播。

14.5 商业智能可视化

在商业、金融和电信等行业，数据蕴藏着极其丰富的商业价值，“数据就是业务本身”。

更好地分析这些数据，及时发现商业异常、共性，捕捉市场变化，意味着把握企业经营决策的命脉。因此，商业智能是对商业信息的搜集、管理和分析过程，目的是使企业的各级决策者获得知识或洞察力，促使他们做出对企业更有利的决策。它是各个互联网、移动通信、在线商业和运维部门的核心研究目标，围绕商业交易数据的可视化也是方兴未艾的研究话题。

14.5.1 商业智能

早期的商业智能的定义是：通过理解并呈现事实的相互关系，引导行动朝着预期目标的能力 [Luhn1958]。20 世纪 90 年代末，商业智能的作用得到普遍承认，被定义为：包含一系列的概念和方法，通过应用基于事实的支持系统来辅助商业决策的制定 [Power2008]。

商业智能系统一般由数据仓库、联机分析处理（OLAP）、数据挖掘、数据备份和恢复等部分组成 [Surajit2011]。它的实现涉及软件、硬件、咨询服务及应用，其基本体系结构包括数据仓库、联机分析处理和数据挖掘三个部分（基本定义见第 3 章）。

商业智能是一种框架式解决方案（见图 14.44）。它的关键是从不同的企业运作系统的数据中提取出有用的数据并进行清理，以保证数据的正确性，然后经过抽取（Extraction）、转换（Transformation）和装载（Load），即 ETL 过程，合并到一个企业级的数据仓库里，从而得到企业数据的一个全局视图，在此基础上利用合适的查询和分析工具、数据挖掘工具、OLAP 工具、记分卡（Scorecards）和仪表盘（Dashboards）等对其进行分析和处理（信息变为辅助决策的知识），最后将知识呈现给管理者，为管理者的决策过程提供支持。

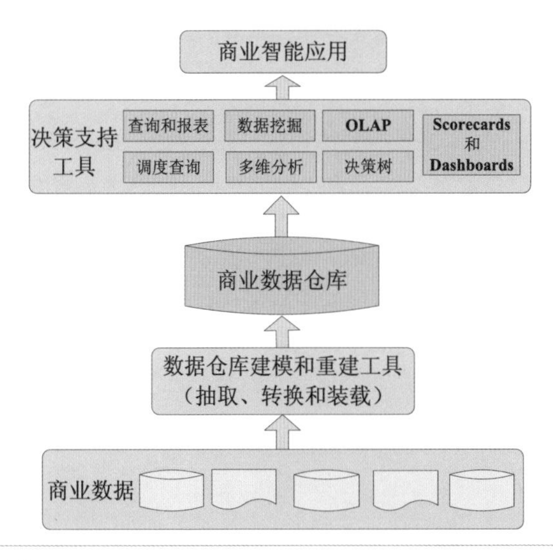

图 14.44 商业智能框架。

目前商业智能应用的行业主要包括银行、保险、证券、通信、制造、医疗和零售等，尤其是金融、通信和制造业信息化等比较成熟的行业。目前提供商业智能解决方案软件的有微软、IBM、Oracle、SAP、Informatica、Microstrategy、SAS、SPSS、Royalsoft 等公司。

14.5.2 商业智能中的数据可视化

商业智能中的数据可视化，亦称为商业智能数据展现 [Ahokas2008]，以商业报表、图形和关键绩效指标等易辨识的方式，将原始多维数据间的复杂关系、潜在信息以及发展趋势通过可视化展现，以易于访问和交互的方式揭示数据内涵，增强决策人员的业务过程洞察力。

线下调研和数据分析是早期商业智能的主要工作模式。线下调研数据的分析通常以统计学为基本手段。由于 1970 年统计图形学的兴起（见第 1 章），人们常借助数据可视化的方法增强多维或者多变量数据集的统计分析效率。

随着移动互联网的兴起，在线商业数据成为新的价值源泉。例如，淘宝每天数千万用户的在线商业交易日志数据高达 50TB；美国黑莓手机制造商 RIM 一天产生大约 38TB 的日志文件数据。一方面，在线商业数据类型繁多，可粗略分为结构化数据和非结构化数据；另一方面，在线商业数据呈现强烈的跨媒体特性（文本、图像、视频、音频、网页、日志、标签、评论等）和时空地理属性。例如，在线商业网站包含大量的文本、图像、视频、用户评论（多媒体类型）、商品类目（层次结构）和用户社交网络（网络结构），同时每时每刻记录用户的消费行为（日志）。这些特点催生了商业智能中数据可视化的研究和开发。

基于在线商业数据对客户群体的商业行为进行分析和预测，可突破传统的基于线下客访和线上调研的客户关系管理模式，实现精准的客户状态监控、异常检测、规律挖掘、人群划分和预测等。

例如，美国加州大学戴维斯分校和电子商务网站 eBay 合作。共同研究了基于网页点击流数据的可视化分析 [Wei2012]。在图 14.45 中，（a）是一系列点击流的可视化结果，每条点击流是一个长形的颜色条，颜色与点击内容的对应关系（目录、标题、图片、描述、出售、支付和浏览等）在（b）中列出，（c）展现了单条被选中的点击流，（d）中的直方图给出了对应聚类的统计信息。分析者使用交互的套索工具将相似模式的客户进行分组，解析用户行为和结果的关联。

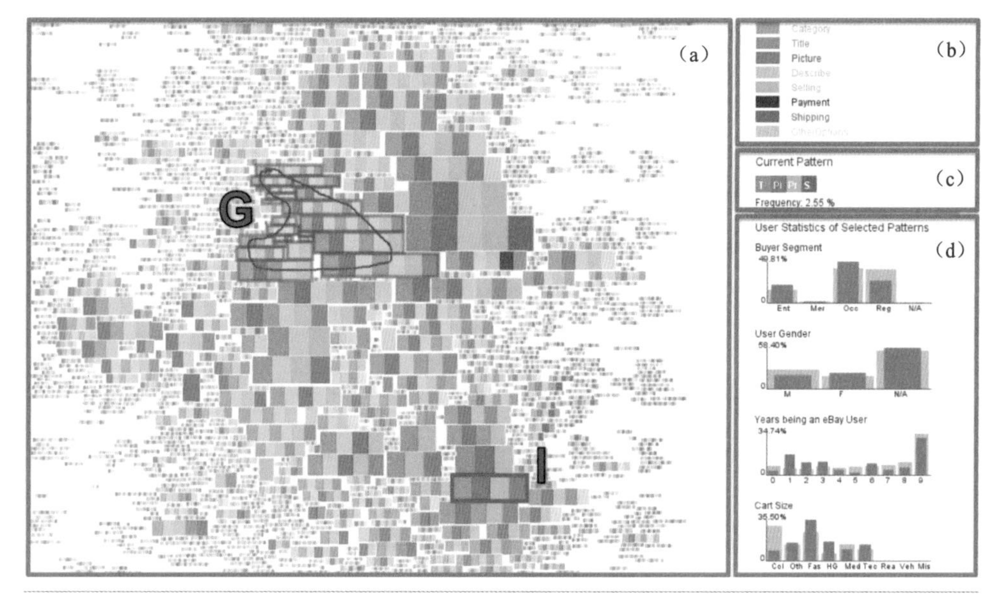

图 14.45 网页点击流可视化界面 [Wei2012]。

14.5.2.1 商业智能可视化的基本元素

商业数据的可视化通常采用“仪表盘”（Dashboard）[Few2006] 的可视用户接口，呈现公司状态和商业环境，实现促进商业智能和性能管理活动。数据仓库中的商业数据经过数据挖掘、特定查询、报告和预测分析等操作后，分析支持商业活动的知识或信息。在仪表盘中的基本可视化元素包括如下几种。

1. 线图和柱状图

线图和柱状图 [Few2006][Carswell1997] 是大多数报告应用中最有效的显示媒体，如图 14.46（a）和（b）所示。它们各有不同的用途：线图提供完整数据集的整体概况并且显示值的变化；而柱状图关注局部细节，有利于比较各个数值。

2. 饼图

饼图 [Tufte2001][Cleveland1984][Few2006] 方便将部分和总体进行比较，即判断每个切片相对于总体的比例，如图 14.46（c）所示。

3. Sparklines

Edward Tufte[Tufte2006] 提出了 Sparklines 方法，用于为密集型数据集设计简单、小巧的线型，嵌入于文字、数字和图像，表达趋势和模式，如图 14.46（d）所示。Sparklines 规模小，基本目的不是提供准确的数量信息，而是以一目了然的方式显示数据集的特征模式。数量的不精确可通过增加最小值、最大值、平均值等信息予以增强。

4. 仪表图和子弹图

仪表盘最常见的用途是报告绩效管理，因此显示关键性能指标是其关键。普遍采用的仪表图（Gauge Graph）[Tufte2001]类似于汽车测速仪，采用红、黄和绿三种“交通灯”颜色编码，如图 14.46（e）所示。从可视化的角度看，仪表图的效率不高，细节表达少。

子弹图（Bullet Graph）[Few2006]可用于替代仪表图，如图 14.46（f）所示。子弹图占用的空间远少于仪表图，且利于比较。

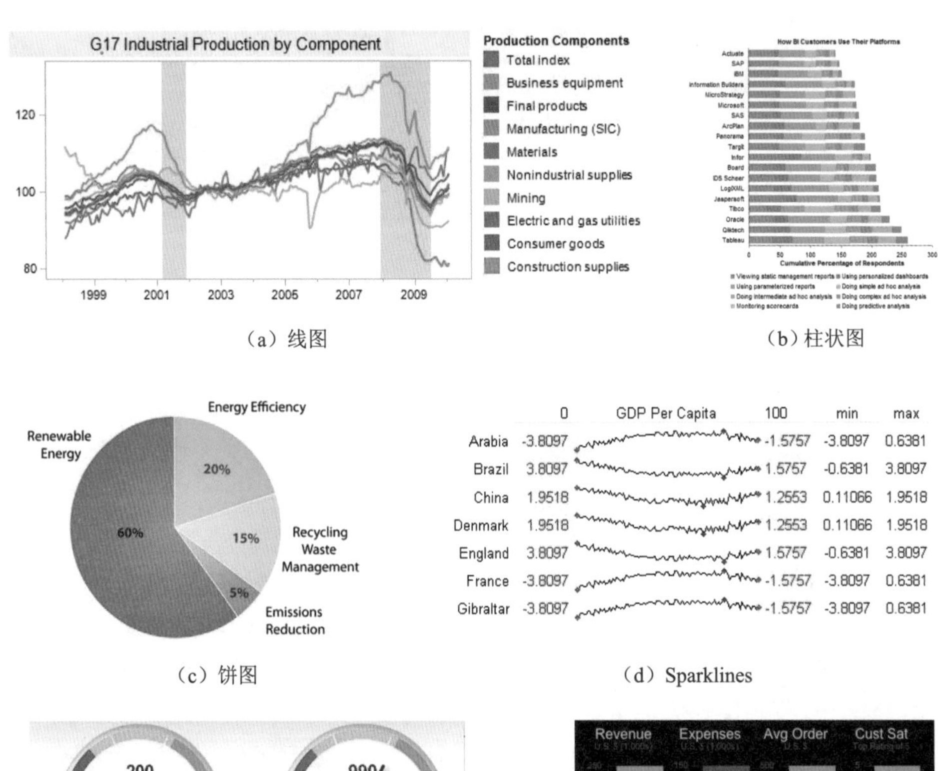

（a）线图

（b）柱状图

（c）饼图

（d）Sparklines

（e）仪表图

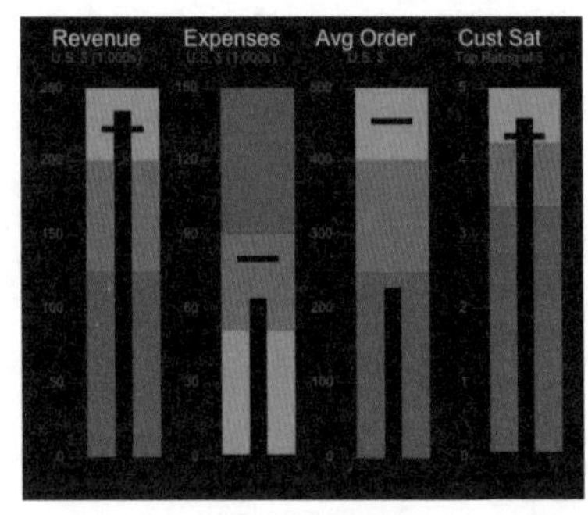

（f）子弹图

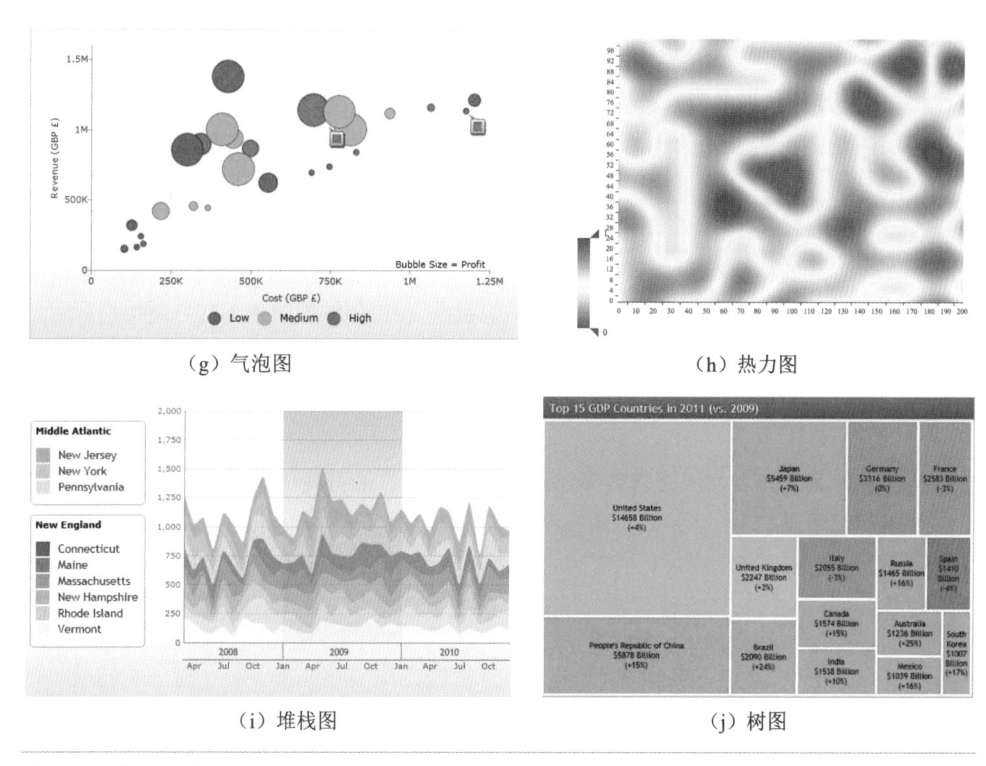

（g）气泡图　　（h）热力图

（i）堆栈图　　（j）树图

图 14.46 商业智能可视化的基本可视化元素。

除了以上基本可视化元素，还有气泡图、热力图、堆栈图、树图、平行坐标和辐射图等其他方式，如图 14.46（g）~（j）所示。在商业智能软件的仪表盘设计中，往往融合多个可视化元素。在图 14.47 左图的销售仪表盘设计中，综合运用了柱状图、气泡图和地图三种可视化技术；在图 14.47 右图的客户仪表盘设计中，综合运用了柱状图、饼图、子弹图和辐射图。

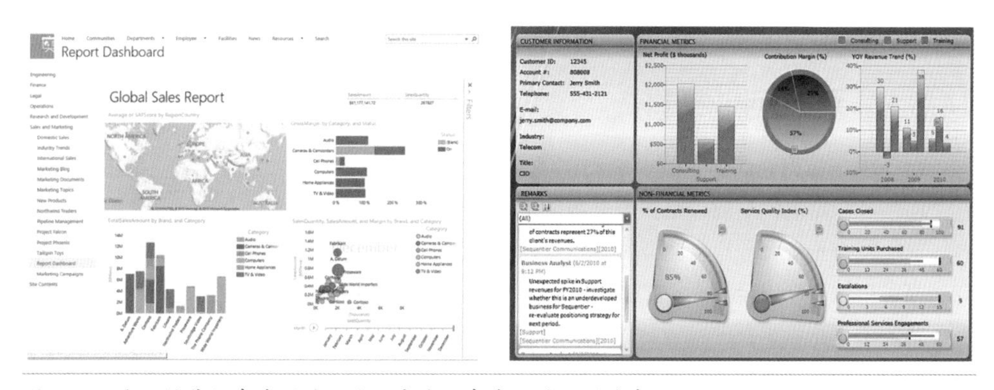

图 14.47 左：销售仪表盘设计；右：客户仪表盘设计。图片来源：链接 14-8

14.5.2.2 仪表盘的设计准则

作为单个屏幕的用户接口，仪表盘的可视设计有特殊准则。根据格式塔理论（见第 2 章），需要满足邻近性、闭合性、简单性、连续性、边界性和连接性原则，其他的考虑因素有：

1. 上下文提示

仪表盘的信息组织应紧凑。数据在错误的上下文环境中可能会引起读者错误的理解[Tufte2001]。由于 Sparklines 尺寸小，编码信息量少，在提供数据的上下文方面特别有用。此外，子弹图在展示数据与其他相关信息的情况下非常有用。

2. 三维效果

三维可视化增加了透视效果，但对于大部分二维可视化图符，只起到了纯粹的装饰作用[Tegarden1999]。因此，是否采用三维效果，业界的观点并不统一[Siegrist1996] [Zacks1998] [Cleveland1984] [Tufte2001]。Fischer 指出可视化的理解是一个认知过程，他设计的实验结果表明，用户对三维柱状图的认知比对二维柱状图的认知显著缓慢[Fischer2000]。因此，需避免使用三维效果和其他装饰方法，如阴影、背景图像和填充。

3. 导航和交互

导航是用户界面设计中最重要的议题之一。显然，将内容分为多屏显示，降低了用户理解的效率。采用恰当的交互设计方法，如变量级联展开、焦点 + 上下文、概览 + 细节等可提升观察者的用户体验。

4. 图形和表

关于数据是否应采用表格或图形的方式，已讨论了几十年[Carswell1997][Tufte2001]。Edward Tufte 建议，小于 20 个数值的数据集可采用表格。对于时序数据，表格则受限于数据集的尺寸，此时线图可有效地呈现数据集的整体趋势。

14.5.3 云端商业智能

由于数据仓库的不断扩展和在线分析处理（OLAP）对网络的需求，商业智能可能会面临资源短缺的局面，维护与升级商业智能和 OLAP 框架对于企业来说开销过大。而云计算的特点正是企业运行商业智能框架所需要的——无限资源、资源弹性、适度的使用成本、高可用性、高安全性、不需要升级与维护大量的服务器和数据库等。因此，云服务为商业智能的未来带来新的希望。此外，云计算可以将商业智能拓展到无力独自承担相关基础构建的中小企业中。

包含仪表板和数据分析层的整个在线分析框架可以托管为软件即服务（Software-as-a-Service, SaaS）。目前已有的可用于云托管的商业智能在线分析平台包括 SAP、IBM Cognos、Web-Sphere Dashboards（仪表板）、Oracle BusinessObjects 等。数据仓库和联机事务处理（Online Transaction Processing, OLTP）及决策支持系统（Decision Support Systems, DSS）的数据库集成可以托管在平台即服务（Platform-as-a-Service, PaaS）上。底层服务器和数据库可以托管在云主机的基础设施即服务（Infrastructure-as-a-Service, IaaS）模式中。在云上托管商业智能的关键难点包括 [Al-Aqrabi2015]：

- 商业智能应用程序需要符合 Web 服务架构标准（以及由 SaaS 或 PaaS 提供商定义的标准）。
- 部署大规模并行数据仓库系统，均匀分布查询负载。IaaS 提供商应该有效地使用虚拟化服务器阵列进行管理和扩展，以满足按需分配资源。
- 网络体系结构的设计应使查询负载均匀分布在阵列中的服务器之间。这将确保阵列中的服务器处理查询的响应时间。从各个存储设备获取的数据应该通过适当的网络连接均匀分布。

14.5.4 未来趋势

在大数据时代背景下，数据可视化已经成为影响商业智能发展的关键技术 [Gartner2009] [Campbell2009] [Philip2011]。

- 随着商业智能在企业实践中不断的深化和企业对海量数据分析和处理能力要求的不断提升，迫使商业智能的数据可视化技术做出相应改变。目前商业智能数据的可视化效果还不尽如人意，无法满足多样化并且个性化的需求。
- 以云为基础的商业智能在线服务将成为全新的商业智能部署的主流方向，研究云计算平台的大规模商业数据可视化技术是未来重要的方向。
- 目前商业智能的数据分析需求借助 OLAP 的多维分析模式实现，采用可视分析方法为用户提供数据探索服务将是未来商业智能领域的亮点和趋势。
- 移动商业智能的普及要求数据可视化方法泛互联网化。

14.6 金融数据可视化

企业和从业人员需要及时在各种经济和商业环境下做出最佳决策，因此基于金融数据的决策一直受到工业界的广泛关注。市场分析师和投资者分析不同来源的金融数据，从中提取有用信息和见解，从而指导投资和风险管理策略的制定。在传统的分析过程中，分析师使用的方法建立在统计方法之上（例如移动平均线和回归），并使用折线图和烛柱图等可视化方法。

这些技术在金融市场的决策中被广泛应用，但缺乏对大数据的有效支持。随着信息化、数字化的不断加深，包括资产交易、新闻和经济指标在内的不同领域产生了数量空前的实时金融数据。成千上万只具有多元属性（例如价格、时间、交易量）的股票每隔几秒就会交易一次，并且不断为利益相关者发布关于股票市场和经济指标的各种报告。在大数据时代，使用标准分析技术对这些数据集进行分析的传统方法常常受到限制，包括可扩展性、超图问题和没有来自领域专家的足够输入。例如，折线图在金融分析师中仍然很受欢迎，他们可以采用不同的聚合方法来减少重叠绘图和遮挡问题 [Sorenson2013]。然而，这种简化可能导致在分析金融数据时造成信息的丢失。在进行决策时，分析师通常需要探索和考虑分散的信息片段。

14.6.1 金融数据来源

金融数据可视化涉及的数据多种多样，包括交易、风险、公司信息、股票、基金、经济指标等。公司信息涵盖与业务相关的所有信息，例如利润、财务报表、销售额、营销数据等。交易类别包括不同主题，例如银行客户、公司和国家等。这些数据通常被用于提供金融风险管理、经济分析、资本市场管理、投资组合管理和市场分析等领域的可视化和可视分析。包含公司长期股价时间序列的股票数据已被广泛用于金融数据分析，包括趋势、模式、表现和预测分析。值得注意的是，分析中使用的股票数量可以多达几千只 [Ankerst1996]。股票数据通常与新闻媒体数据结合来提取额外的知识，以提供上下文信息。

分组分析股票也很受欢迎（即板块分析和基金分析）。在板块分析中，股票通常按照基于行业定义的板块（例如能源、医疗保健、信息技术）汇总；而基金分析则考虑基于投资的股票分组（例如共同基金）。值得注意的是，针对行业板块或基金的股票组数据具有层次结构，该层次结构是树形图 [Wattenberg1999] 等层次可视化技术的基础数据。

经济指标是可以影响金融市场的统计信息（例如政治新闻和企业收入新闻、国家或来自公共数据提供者的世界金融信息）。经济指标分析的基本方法是依靠市场中的单一指标，如消费者价格指数或通货膨胀。与这种方法相比，Sarlin 提出的基于自组织映射（Self-organizing map, SOM）聚类的可视化方法使用 35 个通用经济变量来监测债务比率 [Sarlin2011a]。

很多金融领域都会产生交易，包括银行、投资和货币兑换行业。交易分析很重要，因为它可以揭示未知交易模式、业务中的故障以及安全漏洞的线索或症状。很多类型的交易数据已经通过可视化进行了分析，例如客户（如电汇、固定收入交易）、企业（如竞标和问询或期权交易）和国家（如国家之间的汇率）的交易数据。

风险分析是商业和投资的重要组成部分，但对风险的可视化依然比较欠缺。多数工作直接显示用户研究的经济模型中产生的风险数据，或者利用信用数据与财务报表来计算和呈现风险。Lemieux 等人[Lemieux2014] 设计了一个可视化分析系统，可视化多种类型的数据，包括信用违约互换，帮助银行管理人员了解该领域的系统风险。RiskVA 系统[Wang2012] 利用贷款和信用产品生成的消费信贷数据来评估银行产品的风险。

14.6.2 金融数据分析的自动化方法

很多自动化技术被用于金融数据的可视化和可视分析，这些技术包括聚类、降维、趋势和模式分析以及预测等。金融数据可视化中的聚类主要使用 k-means 和 SOM。例如，Ziegler 等人[Ziegler2010] 利用 k-means 算法来生成具有 550 个资产的集群，这是由于其计算速度快、易于实现，以及能够指定所需数量的集群。在使用 SOM 进行聚类时，产生的聚类中心能够被映射到低维空间中，同时保留原有的拓扑结构。例如 [Sarlin2011b] 中的方法演示了映射信息如何被用于放置由多元经济指标产生的聚类。此外，降维算法例如多维标度（MDS）和主成分分析（PCA）也在金融数据分析中被广泛使用。由于可扩展性是处理大数据常常面临的问题，因此 PCA 显得更加实用。Sarlin 对金融数据分析中会用到的各种降维和数据简化算法进行了实验，比较它们的结果差异[Sarlin2015]。其他技术也被少量应用于金融研究工作中，包括采样、移动平均、回归、决策树，以及从经济学借鉴的风险 / 回报模型等。

14.6.3 金融数据可视化方法

金融数据主要倾向于一组具有各种属性的时间序列数据，因此折线图是最常见的可视化金融数据的方式。其他可视化技术也被应用于金融数据中，包括平行坐标图、树图、散点图矩阵、堆叠显示和显示器阵列，以及基于字形的可视化技术等。尽管金融数据可视化的最常见技术仍然是标准图表系列（例如线条、条形图和饼图），但除此之外，由于金融数据的特性，其中用到的一些可视化图表元素表达方式与通用的信息可视化表达不同。著名软件 Wolfram Mathematica 8（链接 14-9）提供了内置金融计算功能，并将金融函数与统计和可视化架构集成，其基本元素按序介绍如下（见图 14.48）。

- 烛柱图显示股票开盘、最高、最低和收盘的价格。其中，中间的盒形（也称蜡烛的烛身）连接开盘价和收盘价，而烛身上下的细线（也称影线）则连接最高价和最低价。实心（黑色或彩色）烛身表示开盘价高于收盘价，空心（白色或无色）烛身代表收盘价高于开盘价。
- OHLC（Open, High, Low, Close）标记显示股票开盘、最高、最低和收盘的价格。
- 使用不同的颜色方案突出显示趋势，例如红绿方案、蓝黄方案、金色方案等。
- 使用颜色显示趋势的方向和强度。
- 金融图表元素可由用户自定义外观。

- 使用 Kagi 图确定超过先前变化点的逆转。Kagi 显示一系列连接的垂直线，其中线条的粗细和方向视价格值的动作而定。这个图表类型会忽略时间因素，用来强调资料趋势变动，例如股票市场的趋势。
- 使用三价线图确定已经坚持三个周期的趋势逆转。三价线指标（Three Line Break, TLB 或 TBL）是反映价格变动的一系列竖线，并且忽略了价格变动的时间因素。最基本的画法是以收盘价为基准，如采用楼梯式画法。如果当日收盘价高于前一线体的最高点，则画出前一线体最高点至当日收盘价之间的浅色线体；反之，若股价下跌低于前一线体的最低点，则绘制前一线体的最低点至当日收盘价之间的新的深色线体。但若当日收盘价不突破前一线体的最高点或者最低点时，则略过不画。
- 使用 Renko 图获取趋势逆转被确认前足够的大小变化。Renko 图又称砖型图，形状与三线反转图非常类似，都是由两种颜色的方格构成的。砖型图唯有走势幅度超过一定的标准时，才绘制新的砖块，而且砖型图的每个方格都有相同的长度。
- 创建具有特殊指定外观的图表。
- 使用统计可视化分析金融数据，利用组合柱状图和统计可视化显示收盘价格的分布。
- 使用不同的可视化函数创建成交量 - 价格气泡图，并在两条侧边上分别用开盘 - 收盘价格分布和日期 - 收盘密度图标注。
- 其他：Geometrically-Transformed Display、Iconic Display、Dense Pixel Display、Stacked Display。

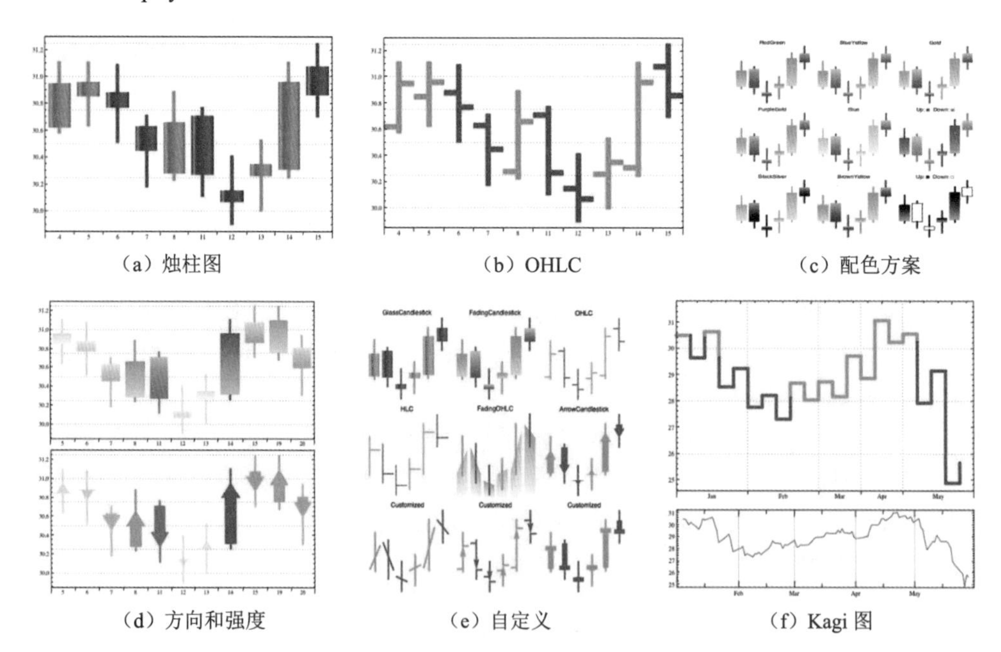

（a）烛柱图　（b）OHLC　（c）配色方案

（d）方向和强度　（e）自定义　（f）Kagi 图

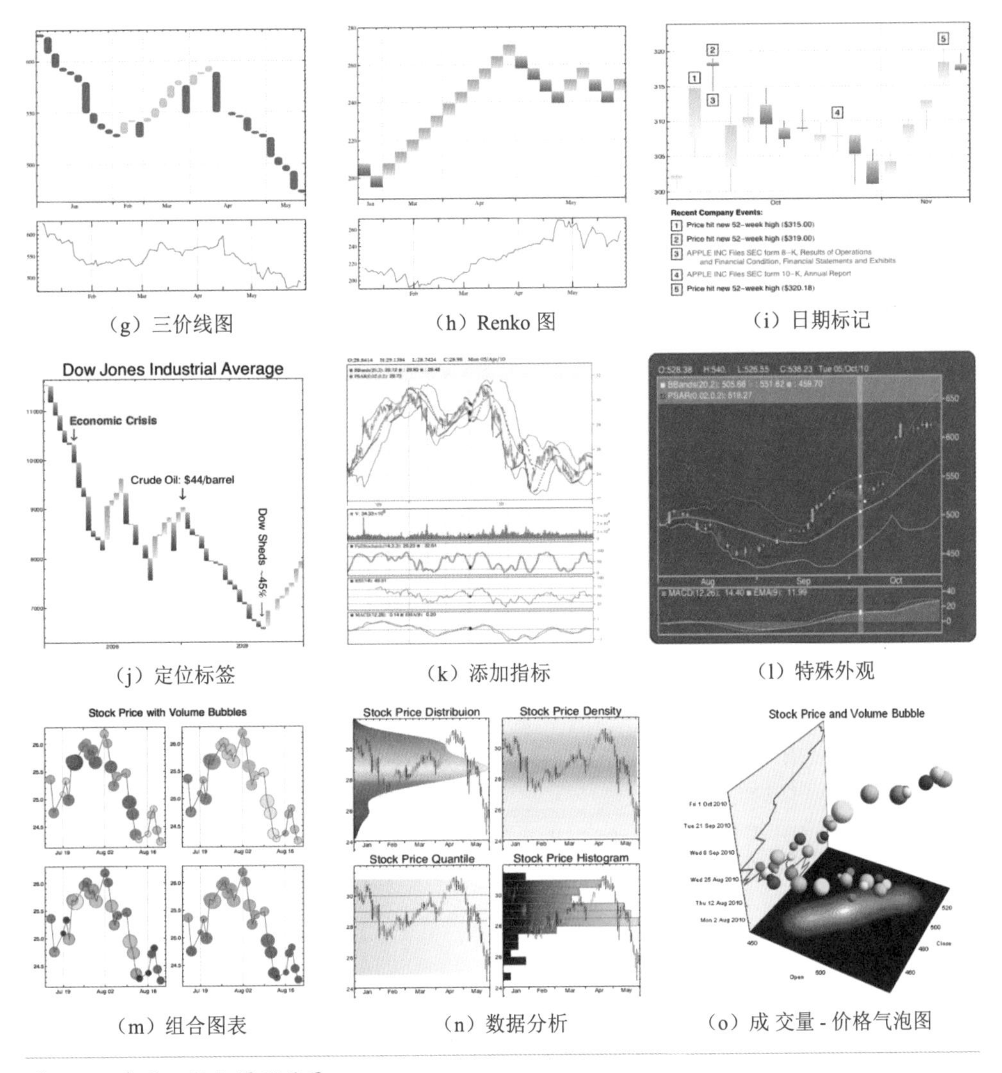

（g）三价线图　（h）Renko 图　（i）日期标记

（j）定位标签　（k）添加指标　（l）特殊外观

（m）组合图表　（n）数据分析　（o）成交量 - 价格气泡图

图 14.48 金融可视化图形效果。

小图阵列（Small Multiples）也是在金融可视分析中常见的可视化表达技术，其中一系列基本图形或图表在同一个比例尺上对齐，以便于比较。使用这种技术需要确定两个因素：单图表达方式（例如线图）和排列方法（例如网格或辐射）。一种分析股票数据的方法是通过使用各种布局算法（例如基于距离的映射、轨迹绑定）将数据映射到代表性图表（例如折线图）上，然后图表按拓扑顺序分布和组织。这种方法还可以和 SOM 结合使用来进行股票数据分析的图表布置，例如图 14.49 所示，通过结合轨迹数据模型和 SOM 的无监督学习，可以对风险 - 回报估计数据进行聚类，然后通过小图阵列的方式进行展示。

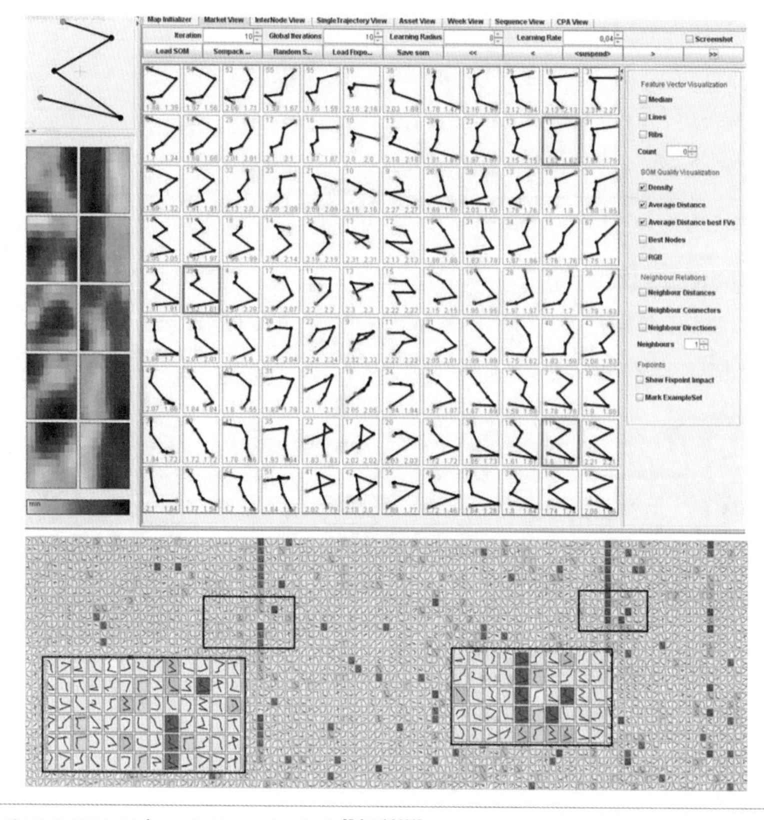

图 14.49 使用小图阵列表示风险-回报关系[Schreck2009]。上：SOM的分类训练结果；下：按日期排列，每个小图表展示一周的数据，可以缩放以进一步查看。

14.6.4 金融数据可视分析

金融数据分析是金融市场的一个重要需求，采用可视化方法无疑将提高分析师的效率。下面介绍金融数据可视分析的实例。

资金异常流动分析

金融资金的异常流动不仅助长了投机行为，而且扰乱了正常的金融秩序。金融机构，例如美国银行（Bank of America, BOA）每天处理成千上万条电子转账。电子转账数据不但数字化、数据量巨大，而且来源于全球金融机构的网络。传统上，分析者使用电子表格来观察大量的电子转账数据。电子表格支持各种基于行和列的操作，并且给定数据的详细说明。然而，它们无法提供一个清晰的趋势和相互关系的概观。美国北卡罗来纳州立夏洛特分校的可视化中心研究开发了基于识别特定关键词的电子转账数据可视化系统WireVis[Chang2007][Chang2008][Jeong2008]，该系统采用多个链接视图的层次交互可视分析，帮助分析者探索大规模分类时变电子转账数据，如图 14.50 所示。多个视图包括关键词网络视图、热力图、按例子查找工具和称作“串和珠子”的可视化。由于账号数量成千上万，因此首先基于账号转账关键词的发生频率，利用“binning”技术对账号进行聚类。左上柱状图使用热力图表示账号和关键词的关系。柱状图的目的是减少热力图中使用累积和的影响。通过柱状图，用户可以快速识别出账号在同一个聚类中对某个关键词的贡献是平均的，还是在聚类中有不正常的分布。左下“串和珠子”描述随着时间改变的电子转账。双击某个珠子可以在另外一个窗口显示相关的电子转账，用户可以交互地查看单条转账。右上按例子查找工具帮助发现相似活动的账号。右下网络图表达了关键词之间的关系，高频出现的关键词出现在视图中间，低频出现的关键词出现在外围区域。当用户高亮某个关键词时，显示连接此关键词的所有关键词。这 4 个视图协调工作，提供很强的交互能力，帮助观察全局的趋势并且深入观察每条特定的转账记录，刻画转账账号之间的关系、时间和关键词。当在一个视图上点击时将影响所有的窗口，分析者可交互观察账号、关键词、时间和账号信息等，并发现维度选择的相互影响。

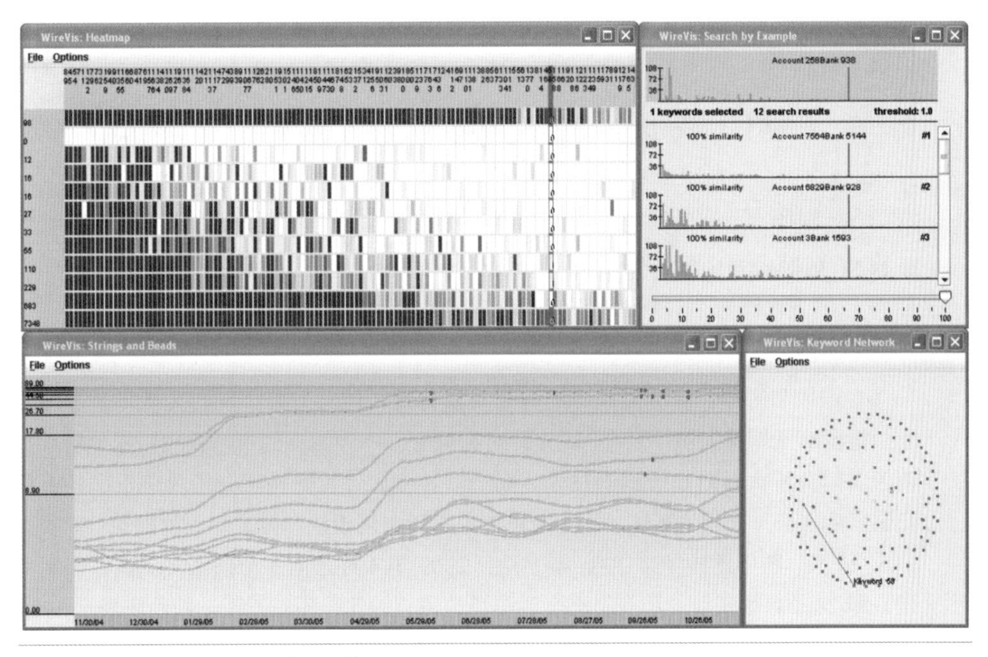

图 14.50 WireVis 系统界面 [Jeong2008]。

客户信用风险分析

美国北卡罗来纳夏洛特分校的可视化中心还针对美国银行的数据，构建了客户信用风险分析的可视分析系统 RiskVA[Wang2012]。客户信用风险分析在稳定银行投资和最大化盈利方面有非常重要的地位。由于客户信用风险分析过程所涉及的数据量大和复杂度高，分析者在监控数据、比较时空模式和开发基于多个分析视图相互关系的策略方面面临挑战。RiskVA 将信用信息数据组织成立方体结构，x 轴代表信用实体，例如 FICO 分数、财富水平和市场 ID，y 轴代表变量，z 轴代表时间。信用信息数据经过统计分析转换为实体热力图、趋势分析和信用产品比较三个视图，如图 14.51 所示。RiskVA 提供交互的数据探索和相互关联，帮助描述目标信用产品的市场波动和时间趋势。

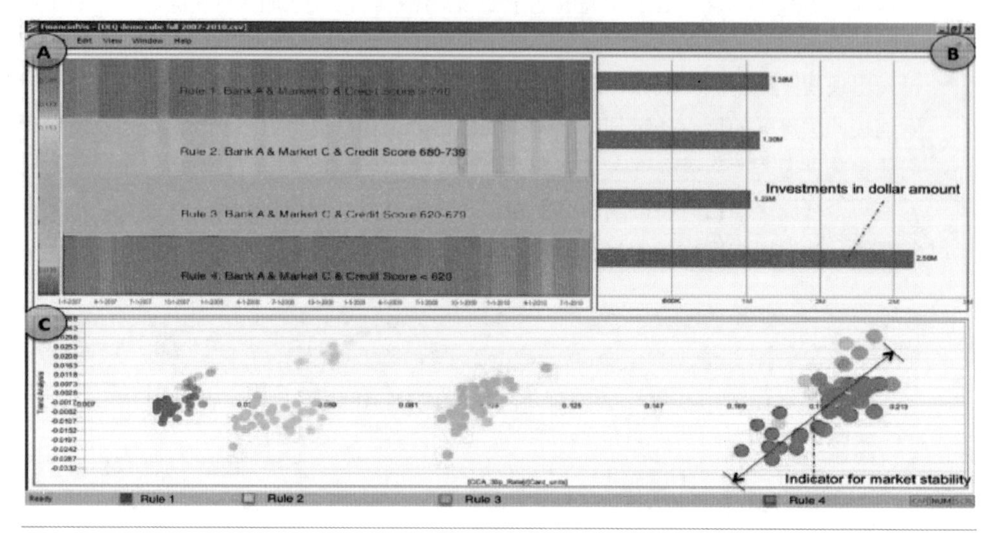

图 14.51 RiskVA 系统界面[Wang2012]。

市场板块分析

多维性和时序性是金融数据的两个重要特性。针对股票市场的大量复杂金融时序数据，德国康斯坦茨大学[Ziegler2010]研究针对金融时间序列数据的市场板块可视分析，提出了两项实时分析大量时序数据的技术。第一项技术允许用户快速分析单个资产、市场板块和国家的组合，互相进行比较，并且可视地发现市场板块和国家陷入危机的时间段，如图 14.52 所示。图中比较了从 2006 年 1 月到 2009 年 4 月之间 3 个国家（美国、加拿大和英国）和 28 个市场板块的所有资产金融市场的可视对比。不难发现，红色块表示 2008 年年底到 2009 年年初股票市场的崩盘影响了大多数资产，一些国家的资产并没有受到此次危机的影响。另外，可以发现所有资产的红色柱块并不是从同一个时间点开始的，它是从美国的银行业开始的。右边的列和下面的行显示了 85 个国家和 42 个板块的集成。

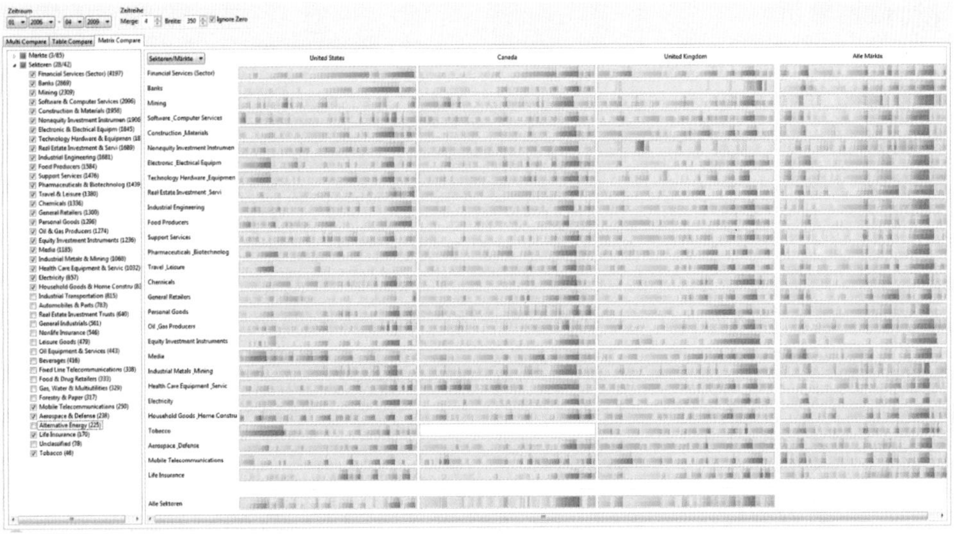

图 14.52 金融市场可视比较 [Ziegler2010]。

第二项技术根据相似性将大规模金融时序序列进行聚类，并且分析在整个市场板块中资产的分布情况。这允许用户识别代表某个市场板块发展的特征图，并且识别同一个板块中不同资产的比较。图 14.53 展示了 46237 个资产分成 30 个类别、42 个市场板块的颜色编码可视化。可以看出某些市场板块的资产开始分组，例如，中间品红表示的普通股投资板块进入这个不动产资产类别。

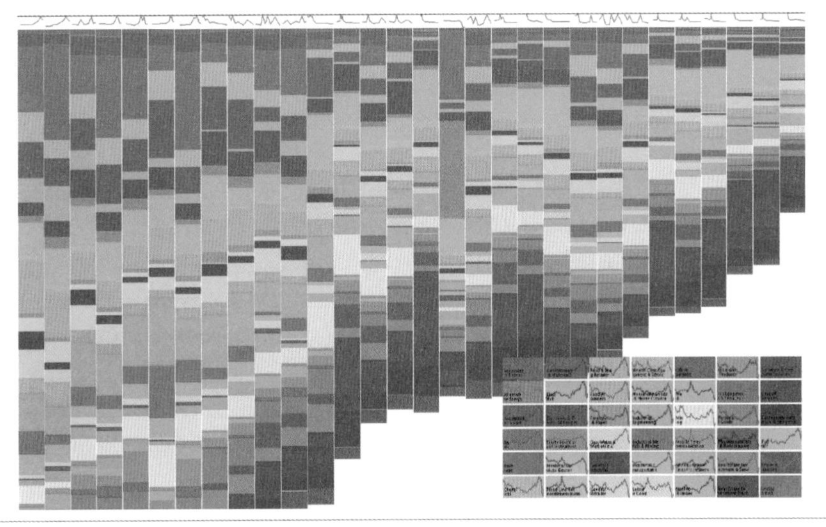

图 14.53 资产的分类图像 [Ziegler2010]。

银行数据分析

国际清算银行（BIS）统计数据按季度记录全球银行业链接网络，可以一直追溯到 20 世纪 90 年代的 26 个经济体，至今已经发展成 200 多个经济体。CrisisMetrics 是一个交互式界面，使用 BIS 数据来探索银行的跨境风险。CrisisMetrics 提供了多种可供选择的网络显示方式，包括力引导布局的节点 - 链接图、线图和柱状图等。图 14.54 左图以节点 - 链接图展示了 2003 年第四季度的数据，辅以统计数据的折线图。节点 - 链接图布局能辅助用户了解网络结构，如强度、弱点和关系等。图 14.54 右图是同样数据的弦图表达。用户可以按照时间探索大型跨国网络的各种属性变化，如覆盖面和暴露强度等。CrisisMetrics 为监管机构提供了监控银行业溢出风险的手段，以及监控投资者和银行整体风险管理的手段。

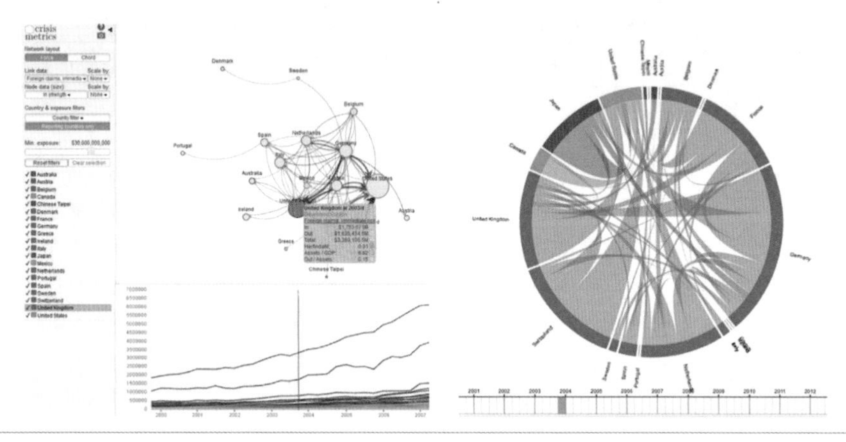

图 14.54 跨国银行数据分析 [CrisisMetrics]。左：节点 - 链接图；右：弦图。

参考文献

[Ahokas2008] T. Ahokas. Information Visualization in a Business Decision Support System. *Master's thesis, University of Helsinki*.2008

[Ahrens2014] J. Ahrens, S. Jourdain, P. O'Leary, J. Patchett, DH. Rogers, M. Petersen, An image-based approach to extreme scale in situ visualization and analysis. *Proceedings of the International Conference for High Performance Computing, Networking, Storage and Analysis*. 2014:424-434

[Alipanahi2015] B. Alipanahi, A. Delong, MT. Weirauch, BJ. Frey, Predicting the sequence specificities of DNA-and RNA-binding proteins by deep learning. *Nat Biotechnol*. 33(8), 2015:825-831

[Al-Aqrabi2015] H. Al-Aqrabi, L. Liu, R. Hill, N. Antonopoulos. Cloud BI: future of business intelligence in the cloud. *Journal of Computer and System Sciences*. 81(1), 2015:85-96

[Ankerst1996] M. Anketst, D.A. Keim, H.K. Peter. Circle segments: A technique for visually exploring large multidimensional data sets. *IEEE Conference on Visualization*. 1996

[Basser1994] P. J. Basser, J. Mattiello, D. Bihan. Estimation of the effective self-diffusion tensor from the NMR spin echo. *Journal of Magnetic Resonance B*. 103, 1994:247-254

[Berry2011] J. W. Berry, B. Hendrickson, R. A. LaViolette, C. A. Phillips. Tolerating the community detection resolution limit with edge weighting. *Physical Review E*. 83(5), 2011:056119

[Bruckner2005] S. Bruckner, M. E. Gröller. VolumeShop: An interactive system for direct volume illustration. *IEEE Visualization*. 2005:671-676

[Bruckner2006] S. Bruckner, M. E. Gröller. Exploded views for volume data. *IEEE Transactions on Visualization and Computer Graphics*. 12(5), 2006:1077-1084

[Bruckner2007a] S. Bruckner, M. E. Gröller. Style transfer functions for illustrative volume rendering. *Computer Graphics Forum*. 26(3), 2007:715-724

[Bruckner2007b] S. Bruckner, M. E. Gröller. Enhancing depth-perception with flexible volumetric halos. *IEEE Transactions on Visualization and Computer Graphics*. 13(6), 2007:1344-1351

[Burns2005] M. Burns, J. Klawe, S. Rusinkiewicz, A. Finkelstein, D. Decarlo. Line drawings from volume data. *ACM Transactions on Graphics*. 24(3), 2005:512-518

[Campbell2009] D. Campbell. 10-Red Hot BI Trends. *Information Management*. 2009

[Carswell1997] C.M. Carswell, C. Ramzy. Graphing small data sets: Should we bother? *Behavior Information Technology*. 16(2), 1997:61-71

[Cavin2012] X. Cavin, O. Demengeon. Shift-based parallel image compositing on InfiniBand fat-trees. *Proceedings of Eurographics Symposium on Parallel Graphics and Visualization*. 2012

[Chang2007] R. Chang, A. Lee, M. Ghoniem, R. Kosara,W. Ribarsky. WireVis：Visualization of categorical, time-varying data from financial transactions. *IEEE Symposium on Visual Analytics Science and Technology*. 2007:155-162

[Chang2008] R. Chang, A. Lee, M. Ghoniem, R. Kosara,W. Ribarsky. Scalable and interactive visual analysis of financial wire transactions for fraud detection. *Information Visualization*. 7(1), 2008:63-76

[Chen2009a] J. H. Chen, A. Choudhary, B. d. Supinski, M. DeVries, E. R. Hawkes, S. Klasky, W. K. Liao, K.-L. Ma, J. Mellor-Crummey, N. Podhorszki, R. Sankaran, S. Shende, C. S. Yoo. Terascale direct numerical simulations of turbulent combustion using S3D. *Computational Science & Discovery*. 2. 2009

[Chen2009b] W. Chen, Z. Ding, S. Zhang, A. MacKay-Brandt, S. Correia, H. Qu, J. A. Crow, D. F. Tate, Z. Yan, Q. Peng. A novel interface for interactive exploration of DTI fibers. *IEEE Transactions on Visualization and Computer Graphics*. 15(6), 2009:1433-1440

[Cleveland1984] W.S. Cleveland, R. McGill. Graphics perception: Theory, experimentation, and application to the development of graphical methods. *Journal of the American Statistical Association*.79(387), 1984:531-554

[Correa2006] C. Correa, D. Silver, M. Chen. Feature-aligned volume manipulation for illustration and visualization. *IEEE Transactions on Visualization and Computer Graphics*.12(5), 2006:1069-1076

[Correa2007] C. Correa, D. Silver, M. Chen. Illustrative deformation for data exploration. *IEEE Transactions on Visualization and Computer Graphics*. 13(6), 2007:1320-1327

[CrisisMetrics] CrisisMetrics, http://crisismetrics.com

[Diepstraten2002] J. Diepstraten, D. Weiskopf, T. Ertl. Transparency in interactive technical illustrations. *Computer Graphics Forum*. 21(3), 2002:317-327

[Diepstraten2003] J. Diepstraten, D. Weiskopf, T. Ertl. Interactive cutaway illustrations. *Computer Graphics Forum*. 22(3), 2003:523-532

[Duque2012] Earl P. N. Duque, Daniel E. Hiepler, Steve M. Legensky, and Christopher P.Stone. 2012. In-Situ Feature Tracking and Visualization of a Temporal Mixing Layer. In Proceedings of the 2012 SC Companion: High Performance Computing, Networking Storage and Analysis (SCC '12). *IEEE Computer Society, Washington, DC, USA*, 1593-

[Ebert2002] D. Ebert, P. Rheingans. Volume illustration: Nonphotorealistic rendering of volume models. *IEEE Visualization*. 2002:253-264

[Everts2015] MH. Everts, E. Begue, H. Bekker, JBTM. Roerdink, T. Isenberg, Exploration of the brain’s white matter structure through visual abstraction and multi-scale local fiber tract contraction. *IEEE Transactions on Visualization and Computer Graphics*. 21(7), 2015:808-821

[Ferstl2016] F. Ferstl, K. Bürger, R. Westermann. Streamline variability plots for characterizing the uncertainty in vector field ensembles. *IEEE Transactions on Visualization and Computer Graphics*. 22(1), 2016:767-776

[Few2006] S. Few. Information Dashboard Design. *The Effective Visual Communication of Data*. 2006

[Fischer2000] M. H. Fischer. Do irrelevant depth cues affect the comprehension of bar graphs? *Applied Cognitive Psychology*.14(2), 2000:151-162

[Fischer2005] J. Fischer, D. Bartz, W. Strasser. Illustrative display of hidden iso-surface structures. *IEEE Visualization*. 2005:663-670

[Gartner2009] G. Corporation. Gartner Reveals Five Business Intelligence Predictions for 2009 and Beyond. 2009

[Gooch1998] A. Gooch, B. Gooch, P. Shirly, E. Cohen. A non-photorealistic lighting model for automatic technical illustration. *ACM Siggraph*. 1998:447-452

[Gooch2001] B. Gooch, A. Gooch. Non-Photorealistic Rendering. A. K. Peters. 2001

[Grosset2015] AVP. Grosset, M. Prasad, C. Christensen, A. Knoll, CD. Hansen. TOD-Tree: Task-Overlapped Direct send Tree Image Compositing for Hybrid MPI Parallelism. *EGPGV*. 2015: 67-76

[Gurugubelli2015] D. Gurugubelli, C. Foreman, and D. Ebert. Achieving a cyber-secure smart grid through situation aware visual analytics. *Annual Information Security Symposium*. 2015:11

[Hernell2008] F. Hernell, P. Ljung, A. Ynnerman. Interactive global light propagation in direct volume rendering using local piecewise integration. *IEEE/EG Volume Graphics*. 2008:105-112

[Holten2006] D. Holten. Hierarchical edge bundles: Visualization of adjacency relations in hierarchical data. *IEEE Transactions on Visualization and Computer Graphics*. 12(5), 2006:741-748

[Hu2003] Y. Hu, A. Perrig, D.B. Johnson. Packet leashes: A defense against wormhole attacks in wireless networks. *Proceedings of Twenty-Second Annual Joint Conference of the IEEE Computer and Communications*.2003:1976-1986

[Jeong2008] D. H. Jeong, W. Dou, F. Stukes,W. Ribarsky. Evaluating the relationship between user interaction and financial visual analysis. *Proceedings of IEEE Symposium on Visual Analytics Science and Technology*. 2008: 83-90

[Jeong2009] W. Jeong, J. Beyer, M. Hadwiger, A. Vazquez, H. Pfister, R. Whitaker. Scalable and interactive segmentation and visualization of neural processes in EM datasets. *IEEE Transactions on Visualization and Computer Graphics*. 15(6), 2009:1505-1514

[Kim2017] NW. Kim, E. Schweickart, Z. Liu, M. Dontcheva, W. Li, J. Popovic, H. Pfister. Data-driven guides: Supporting expressive design for information graphics. *IEEE Transactions on Visualization and Computer Graphics*. 23(1), 2017:491-500

[Kindlmann2006] G. Kindlmann, C. F. Westin. Diffusion tensor visualization with glyph packing. *IEEE Transactions on Visualization and Computer Graphics*. 12(5), 2006:1329-1335

[Klump2005] R. Klump, R. E. Wilson, K. E. Martin. Visualizing real-time security threats using hybrid SCADA/PMU measurement displays. *System Sciences*. 2005:55c

[Lemieux2014] V. L. Lemieux, B. W. Shieh, D. Lau, S. H. Jun, T. Dang, J. Chu, G. Tam. Using visual analytics to enhance data exploration and knowledge discovery in financial systemic risk analysis: The multivariate density estimator. *Proceedings of iConference*. 2014:649-653

[Li2007] W. Li, L. Ritter, M. Agrawala, B. Curless, D. Salesin. Interactive cutaway illustrations of complex 3D models. *ACM Transactions on Graphics*. 26(3), 2007:31

[Lindholm2015] S. Lindholm, M. Falk, E. Sunden, A. Bock, A. Ynnerman, T. Ropinski. Hybrid data visualization based on depth complexity histogram analysis. *Computer Graphics Forum*. 34(1), 2015:74-85

[Liu2018] T. Liu, S. Upadhyayula, D. E. Milkie, V. Singh, K. Wang, I. A. Swinburne, J. Shea, others. Observing the cell in its native state: Imaging subcellular dynamics in multicellular organisms. *Science*. 360(6386), 2018: 1392

[Livengood2012] P. Livengood, R. Maciejewski, W. Chen, D. Ebert. OmicsVis: An Interactive Tool for Visually Analyzing Metabolomics Data. *BMC Bioinformatics* , 13(8), 2012

[Lu2002] A. Lu, D. Ebert, C. Morris, P. Rheingans, C. Hansen. Non-photorealistic volume rendering using stippling techniques. *IEEE Visualization*. 2002:211-218

[Lu2005] A. Lu, D. Ebert. Example-based volume illustrations. *IEEE Visualization*. 2005:655-662

[Luhn1958] H. P. Luhn. A business intelligence system. *IBM Journal.* 2(4), 1958:314-319

[Ma1993] K.-L. Ma, J. S. Painter, C. D. Hansen and M. F. Krogh. A data distributed, parallel algorithm for ray-traced volume rendering. *Parallel Rendering Symposium*. 1993

[Ma1994] K.-L. Ma, J. S. Painter, C. D. Hansen, M. F. Krogh. Parallel volume rendering using binary-swap compositing. *IEEE Computer Graphics and Applications*. 14(4), 1994:59-67

[Meyer2009] M. Meyer, T. Munzner, H. Pfister. MizBee: A multiscale synteny browser. *IEEE Transactions on Visualization and Computer Graphics*. 15(6), 2009:897-904

[Molnar1994] S. Molnar, M. Cox, D. Ellsworth, H. Fuchs. A sorting classification of parallel rendering. *IEEE Computer Graphics and Applications*. 14(4), 1994:23-32

[Muelder2009] C. Muelder, K.-L. Ma. Interactive feature extraction and tracking by utilizing region coherence. *Proceedings of IEEE Pacific Visualization*. 2009:17-24

[Neumann1994] U. Neumann. Communication costs for parallel volume-rendering algorithms. *IEEE Computer Graphics and Applications*. 14(4), 1994:49-58

[Nouanesengsy2011] B. Nouanesengsy, T.-Y. Lee, H.-W. Shen. Load-balanced parallel streamline generation on large scale vector fields. *IEEE Transactions on Visualization and Computer Graphics*. 17(12), 2011:1785-1794

[Ohki2005] K. Ohki, S. Chung, Y. H. Chong, P. Kara, R. C. Reid. Functional imaging with cellular resolution reveals precise microarchitecture in visual cortex. *Nature*. 433, 2005:597-603

[Palantir] Palantir Technologies. http://www.palantir.com/

[Peng2012] D. Peng, W. Chen, Q. Peng. TrustVis: Visualizing trust towards attack identification in distributed computing environments. *Security and Communication Networks*. 2012

[Peterka2009] T. Peterka, D. Goodell, R. Ross, H. Shen. A configurable algorithm for parallel image compositings. *Proceedings of IEEE/ACM Supercomputing Conference*. 2009

[Philip2011] Philip Wik.10 Service-Oriented Architecture and Business. *Intelligence Information Management*. 2011

[Power2008] D. J. Power. A brief history of decision support systems. http://dssresources.com/history/dsshistory.html. 2008

[Robert1992] K. Robert, J. Tomlinson. The fabric of the body: European traditions of anatomical illustrations. *Oxford: Clarendon Press*. 1992

[Sarlin2011a] P. Sarlin. Sovereign debt monitor: A visual self-organizing maps approach. *Computational Intelligence for Financial Engineering and Economics*. 2011:1-8

[Sarlin2011b] P. Sarlin, T. Eklund. Fuzzy clustering of the self-organizing map: some applications on financial time series. *International Workshop on Self-Organizing Maps*. 2011:40-50

[Sarlin2015] P. Sarlin. Data and dimension reduction for visual financial performance analysis. *Information Visualization*. 14(2), 2015:148-167

[Schreck2009] T. Schreck, J. Bernard, T. Von Landesberger, J. Kohlhammer. Visual cluster analysis of trajectory data with interactive kohonen maps. *Information Visualization*. 8(1), 2009:14-29

[Schroeder2016] D. Schroeder, DF. Keefe, Visualization-by-sketching: An artist's interface for creating multivariate time-varying data visualizations. *IEEE Transactions on Visualization and Computer Graphics*. 22(1), 2016:877-885

[Shalf2013] J. Shalf, D. Donofrio, C. Janssen, H. Adalsteinsson, D. Quinlan and S. Yalamanchili. CoDEx: CoDesign for Exascale. http://science.energy.gov/~/media/ascr/pdf/research/cs/aa/A_oph_lbnl_codex_110214.pdf

[Siegrist1996] M.Siegrist. The use or misuse of three-dimensional graphs to represent lower-dimensional data. *Behaviour Information Technology*.15(2),1996:96-100

[Sorenson2013] E. Sorenson, R. Brath. Financial visualization case study: Correlating financial timeseries and discrete events to support investment decisions. *Proceedings of International Conference on Information Visualization*, 2013:232-238

[Staubesand1990] J. Staubesand, A. Taylor. Sobotta atlas of human anatomy. *Urban and Schwarzenberg Baltimore-Munich*. 1990

[Strothotte2002] T. Strothotte, S. Schlechtweg. Non-Photorealistic Computer Graphics: Modeling, Rendering and Animation. *Morgan Kaufmann*. 2002

[Surajit2011] C. Surajit, D. Umeshwar, N. Vivek. An overview of business intelligence technology. *Communications of the ACM*. 54(8), 2011:88-98

[Tegarden1999] D. P. Tegarden. Bussiness information visualization. *Communications of the Association for Information Systems*.1,1999:4

[Telea1999] A. Telea, J. v. Wijk. Simplified representation of vector fields. *Proceedings of IEEE Visualization Conference*. 1999

[Tufte2001] E. Tufte. The Visual Display of Quantitative Information. *Graphics Press, second edition*. 2001

[Tufte2006] E. Tufte. Beautiful Evidence. *Graphics Press*. 2006

[Viola2004] I. Viola, A. Kanitsar, M. E. Gröller. Importance-driven volume rendering. *Proceedings of IEEE Visualization*. 2004:139-145

[Viola2007] I. Viola, S. Bruckner, M. Sousa, D. Ebert, C. Correa. Illustrative Display and Interaction in Visualization. *IEEE Visualization Tutorial.* 2007

[VizsecConf] The VizSec Conference. http://www.vizsec.org/

[Wang2004] W. Wang, B. Bhargava, Visualization of wormholes in sensor networks. *Proceedings of the 3rd ACM workshop on Wireless security.* 2004:51-60

[Wang2012] X. Wang, D. Jeong, R. Chang, W. Ribarsky. RiskVA: A visual analytics system for consumer credit risks analysis. *Tsinghua Science And Technology.* 17(4), 2012:1-16

[Wattenberg1999] M. Watternberg. Visualizing the stock market. *Proceedings of ACM CHI Conference on Human Factors in Computing Systems*. 1999:189-168

[Wei2012] J. Wei, Z. shen, N. Sundaresan, K.-L. Ma. Visual cluster exploration of web clickstream Data. *IEEE Symposium on Visual Analytics Science and Technology.* 2012:3-12

[Wenger2004] A. Wenger, D. Keefe, S. Zhang, D. Laidlaw. Interactive volume rendering of thin thread structures within multivalued scientific data sets. *IEEE Transactions on Visualization and Computer Graphics*. 10(6), 2004:664-672

[Willems2011] N. Willems. Visualization of Vessel Traffic. *Ph.D. Thesis, EindhovenUniversity of Technology*. 2011

[Wood2012] Jo Wood, Petra Isenberg, Tobias Isenberg, Jason Dykes, Nadia Boukhelifa, and Aidan Slingsby. Sketchy Rendering for Information Visualization. *IEEE Transactions on Visualization and Computer Graphics*. 18(12), 2012:2749-2758.

[Yan2012] J. Yan, Y. Yang, W. Wang, X. He, Y. Sun. An integrated visualization approach for smart grid attacks. *Intelligent Control and Information Processing* (ICICIP). 2012:277-283

[Yu2006] H. Yu, T. Tu, J. Bielak, O. Ghattas, J. C. Lopez, K.-L. Ma, D. R. OHallaron, L. Ramirez-Guzman, N. Stone, R. Taborda-Rios, J. Urbanic. Remote runtime steering of integrated terascale simulation and visualization. *ACM/IEEE Supercomputing Conference*. 2006

[Yu2007a] H. Yu, C. Wang, K.-L. Ma. Parallel hierarchical visualization of large time-varying 3D vector fields. *Proceedings of ACM/IEEE Supercomputing Conference*. 2007

[Yu2007b] H. Yu, K.-L. Ma, C. Wang. Knowledge-assisted visualization of turbulent combustion simulations. *Proceedings of Workshop of Knowledge-assisted Visualization*. 2007

[Yu2008] H. Yu, C. Wang, K.-L. Ma. Massively parallel volume rendering using 2-3 swap image compositing. *Proceedings of IEEE/ACM Supercomputing Conference*. 2008

[Yu2010a] H. Yu, K.-L. Ma, C. Wang. Application-driven compression for visualizing large-scale time-varying data. *IEEE Computer Graphics and Applications*. 30(1), 2010:59-69

[Yu2010b] H. Yu, C. Wang, R. W. Grout, J. H. Chen, K.-L. Ma. In-Situ visualization for large-scale combustion simulations. *IEEE Computer Graphics and Applications*. 30(3), 2010:45-57

[Yu2012] H. Yu, C. Wang, C.-K. Shene, J. H. Chen. Hierarchical streamline bundles. *IEEE Transactions on Visualization and Computer Graphics*. 18(8), 2002:1353-1367

[Zacks1998] J. Zacks, E. Levy, B. Tversky, D. J. Schiano. Reading bar graphs: Effects of extraneous depth cues and graphical context. *Journal of Experimental Psychology: Applied*. 4(2), 1998:119-138

[Zeiler2014] MD. Zeiler, R. Fergus. Visualizing and understanding convo- lutional networks. *Computer Vision–ECCV*. 2014:818-33

[Zhang2003] S. Zhang, C. Demiralp, D. Laidlaw. Visualizing diffusion tensor MR images using streamtubes and streamsurfaces. *IEEE Transactions on Visualization and Computer Graphics*. 9(4), 2003:454-462

[Zhang2018] J. Zhang, H. Guo, F. Hong, X. Yuan, T. Peterka. Dynamic load balancing based on constrained kd tree decomposition for parallel particle tracing. *IEEE Transactions on Visualization and Computer Graphics*. 24(1), 2018:954-963

[Ziegler2010] H. Ziegler, M. Jenny, T. Gruse, D. A. Keim. Visual market sector analysis for financial time series data. *IEEE Symposium on Visual Analytics Science and Technology*. 2010

[超算中心] 国家超级计算天津中心 . http://www.nscc-tj.gov.cn

[俞洪峰 2012] 俞洪峰 . 大规模科学可视化 . 中国计算机学会通讯 . 第 9 期，2012

[张云泉 2012] 张云泉，孙家昶，袁国兴，张林波 . 2011 年中国高性能计算机发展现状 . 科研信息化技术与应用 . 3(1), 2012:89-96

[单桂华 2013] 单桂华，田东，谢茂金，刘俊，王杨，迟学斌 . 面向千万亿次计算的原位可视化综述 . 计算机辅助设计与图形学学报，2013

[梅鸿辉 2016] 梅鸿辉 , 陈海东 , 肇昕 , 刘昊南 , 朱标 , 陈为 . 一种全球尺度三维大气数据可视化系统 . 软件学报 , 5, 2016:8

第15章

可视化研究与开发资源

本章主要介绍一些可视化的基础平台和架构、常用的可视化软件和系统、在实际数据可视化研发过程中涉及的工具以及开源数据资源。本章还将简介全球重点可视化研发机构。

15.1 可视化软件

按可视化对象可以将可视化软件主要分为面向医学可视化、科学可视化、信息可视化和可视分析 4 类。本章将逐一介绍这 4 类中的常用软件和系统。

15.1.1 医学可视化软件

临床医学影像数据是科学可视化领域最早、最成熟的应用对象。VolView、3D Slicer 和 Osirix 是三个最具代表性的软件系统。本节对这些软件分别予以详细介绍。

VolView

VolView 是美国 Kitware 公司开发、易使用、交互式的三维数据场可视化商业软件。系统底层使用了 Kitware 公司负责开发并维护的两个著名开源医学影像分析与可视化开发包 VTK 和 ITK。VolView 基于 ITK 开发包封装了分割与配准算法，提供了等值面生成算法。它主要针对 Windows 操作系统，也支持 Linux 系统。

在生物医学领域，VolView 提供了医学影像处理功能，可完成各类医学影像数据的三维可视化，辅助医生进行手术规划和对病变部位定位等深入认识。在工业工程领域，可提供零件模型反求工程，探测零件的内部探伤等细微错误，并进行精确定位。

VolView 的主要功能如下。

（1）二维切片图像处理，包括浏览、放大、缩小和旋转等。提供图像格式转换。

（2）大规模体数据的格式转换和滤波处理等。

（3）快速三维重建，包括三维轮廓重建、等值面重建和光线投射体绘制等。

（4）对重建的三维对象交互操作，如旋转、放大、缩小、分割、局部编辑和测量等。

3D Slicer

3D Slicer 简称 Slicer，是一个免费的、开源的、跨平台的医学图像分析与可视化软件，被广泛应用于科学研究与医学教育领域。Slicer 支持 Windows、Linux 和 Mac OS X 等平台。得益于模块化、平台化的设计，Slicer 可方便地扩展到其他应用。Slicer 支持包括分割、配准在内的很多医学图像功能，同时支持 GPU 硬件加速的体绘制。具体功能如下。

（1）支持 DICOM 图像，并支持其他格式图像的读写。

（2）支持三维体数据、几何网格数据的交互式可视化。

（3）支持手动编辑、数据配准与融合和自动图像分割。

（4）支持弥散张量成像和功能磁共振成像的分析和可视化，提供图像引导放射治疗分析和图像引导手术的功能。

3D Slicer 将各种功能作为基本元素提供给用户，使用起来比较灵活。面向的用户主要是医学领域和科学可视化领域的研究人员，而不是临床医生。由于不是商业级产品，Slicer 组织庞大，磁盘空间消耗大，内存占有率高，计算速度慢，操作比较复杂。

3D Slicer 的实现全部基于开源工具包：用户界面采用强大的 QT 框架；可视化使用 VTK；图像处理使用 ITK；手术图像引导使用 IGSTK；数据管理使用 MRML；基于跨平台的自动化构建系统 CMake 实现跨平台编译。

Osirix

Osirix 项目最早由瑞士的放射科医生 Antoine Rosset 发起。经过多年发展，Osirix 成为 Mac OS 平台上最成功的开源医学图像软件。目前，Osirix 已有基于移动平台 iOS 的版本，可以运行在苹果 iPhone 手机和 iPad 平板上。2009 年成立的 Osirix 基金会致力于推动基于 Osirix 的开源医学软件的开发，围绕 Osirix 已经形成一个可持续发展的生态系统。2010 年成立了商业公司 Pixmeo，为商业用户提供开源的医学图像解决方案。

Osirix 集 PACS 工作站和图像处理软件于一体，为放射成像、功能影像、三维成像和分子影像等研究提供支持，可用于显示、浏览、解析和后处理由 MRI、CT、PET、PET-CT 等医疗设备产生的 DICOM 数据。它完全兼容 DICOM 标准，与现有的医学图像浏览软件形成互补。Osirix 也支持很多其他图像和视频格式，如 TIFF、JPEG、PDF、AVI、MPEG 和 Quicktime。Osirix 提供高效的二维和三维图像处理功能，支持 64 位系统和多线程的高性能计算。

Osirix 针对多模态、多维图像的浏览和可视化进行了优化设计，支持二维、三维、四维（三维图像序列加上时间序列，如心脏跳动周期的 CT 数据）以及五维（三维时序数据加上功能影像，如心脏的 PET-CT 数据）图像的浏览。支持以下三维数据场可视化方法：多平面重建（Multiplanner Reconstruction, MPR）、面绘制（Surface Rendering）、体绘制（Volume Rendering）、最大密度投影（Maximum Intensity Projection, MIP），以及不同模态数据的融合可视化（如 PET-CT）。

如今，Osirix 已经推出基于移动平台 iOS 的版本，可以运行在苹果 iPhone 手机和 iPad 平板上。Osirix 所使用的编程语言为 Objective-C，因此无法直接移植到 Windows 和 Linux 平台，缺乏跨平台性。此外，Osirix 在功能、操作和性能上非常符合临床医生的要求。

表 15.1 对这三款软件进行了总结。

表 15.1 医学可视化软件 VolView、3D Slicer 和 Osirix 的性能对比

软件名称	运行环境	网　址	开发者	开发协议
VolView	Windows/Linux/Mac	http://www.kitware.com/opensource/volview.html	Kitware	BSD 授权协议
3D Slicer	Windows/Linux/Mac	http://www.slicer.org/	Kitware	BSD 授权协议
Osirix	Mac OS/iPhone/ iPad	http://www.osirix-viewer.com	Osirix 基金会	LGPL 授权协议
软件名称	面向领域	优　点	缺　点	
VolView	生物医学领域、科学计算和工业工程领域	基于 VTK 和 ITK 开发，支持高精度体可视化和分割算法；由 Kitware 公司维护，有较强的科研背景，与科研和产业界都相通	参数调整较复杂，对可视化背景知识要求较高	
3D Slicer	医学图像分析与可视化	支持分割、配准和融合等图像处理操作；支持 GPU 硬件加速的体绘制；支持 DTI、功能磁共振成像、图像引导放射治疗分析等高级功能；基于模块化和平台化设计，方便扩展	组织庞大，操作复杂，效率不高；对图像处理知识要求高；主要用户为医学领域和科学可视化领域的研究人员，而非临床医生	
Osirix	医学图像分析与可视化	完全兼容 DICOM 标准，支持多种图像和视频格式；功能、操作和性能上符合临床要求；支持 64 位系统和多线程的高性能计算	使用 Objective-C 编写，无法直接移植到 Windows 和 Linux 平台；代码较混乱	

15.1.2 科学可视化软件

科学可视化具有较长的发展历史和广泛的应用领域。本节对其中几种最具代表性的软件分别予以详细介绍。

GrADS

GrADS（Grid Analysis and Display System）是美国马里兰大学开发的一款气象格点数据和站点数据的分析与可视化软件，被当今气象界广泛使用。软件通过其集成环境，支持对气象数据的读取、加工、图形显示和打印输出。GrADS 的优势是气象数据分析功能强，地图投影坐标丰富，高级编程语言使用容易，功能强大等；其缺点在于使用不方便，用户支持少。

GrADS 支持的平台有：DEC、Intel/Linux、SUN、Mac OSX、SGI、IBM/AIX、Windows。运行环境主要是命令行。其 Windows 版本在 UNIX 模拟环境 Cygwin 下运行。

OpenDX

OpenDX 是 IBM 开发的一款面向科学数据和工程数据的开放可视化环境软件，现已开源。与大部分可视化平台不同的是，OpenDX 允许以工作流的方式实现可视编程，用户可使用编辑器在界面上拖拽部件、创建部件之间的连接以实现数据的处理和通信。主要部件如下。

- 输入和输出组件：载入数据和保存数据到不同的格式。
- 流程控制组件：创建循环和条件执行。
- 实现组件：将数据映射到绘制可视化实体，例如等值面、网格和流线。
- 绘制组件：控制显示属性，例如光照、相机位置和剪裁。
- 变换组件：对数据做一些操作，例如过滤、数学变换、排序等。
- 交互组件：界面交互的部件，例如文件打开、菜单、按钮或者滑动条等。

AVS

AVS/Express 是一个可在各种操作系统下开发可视化应用程序的平台，允许快速建立具有交互式可视化与图形功能的科学和商业应用。AVS/Express 产品的用户涉及工程分析、航空航天、石油工业、地理信息系统、气象、有限元分析、流体力学计算、电信、医学、金融和国防等广泛领域。

AVS/Express 提供一个面向对象的可视化编程环境，允许用户在开放和可扩展的环境下快速建立应用程序原型，处理大尺度三维数据。AVS/Express 提供了大量预制的可视化编程对象，开发者除了可以使用这些高级对象，还可对它们进行重新定制。这种方式大大缩短了编程时间，提高了工作效率。AVS/Express 的主要缺点是内存占用量大。

Amira

Amira 是澳大利亚 Visage Imaging 公司出品的一款功能强大的可视化商业软件。Amira 主要支持生命科学和生物医学的数据类型，包括：光学和电子显微镜、CT、MR、PET、SPECT、超声波、工程和表面建模工具、蛋白数据库和分子模拟，以及各种物理测量和模拟。Amira 提供图形用户界面，支持处理大于 8GB 的数据。主要功能包括：对三维图像的编辑、体可视化、等值面计算；支持读入、测量、可视化、处理多种数据类型，包括二维、三维图像，点、线、面、有限元等几何模型，向量、张量、流场数据和动画等。

IDL

IDL（Interactive Data Language，交互式数据语言）是进行多维数据可视化和分析的可视化语言工具。作为面向矩阵、语法简单的第四代可视化语言，IDL 致力于科学数据的可视化和分析，是跨平台应用开发的最佳选择。它集可视化、交互分析、大型商业开发为一体，为用户提供了完善、灵活、有效的开发环境。

IDL 语言面向矩阵的特性带来了快速分析超大规模数据的能力，它具有的高级图像处理能力、交互式二维和三维图形技术、面向对象的编程、OpenGL 硬件图形加速功能、集成的数学分析与统计软件包、完善的信号分析和图像处理功能、灵活的数据输入输出方式、跨平台的图形用户界面工具包、连接 ODBC 兼容数据库，以及具有多种外部程序连接方式，已使它成为数据分析和可视化的首选工具。

IDL 整合了各种工程所需的可视化和分析工具，用户涵盖 NASA、ESA、NOAA、Siemens、GE Medical、Army Corps of Engineers 等公司及研究机构，被广泛应用于海洋、气象、医学、空间物理、地球科学、教育、天文学和商业等各个领域。

World Wind

World Wind（简称 WW，世界风）是 NASA 发布的一款开放源代码的地理科普软件，是一个可视化地球仪，将 NASA、USGS 以及其他 WMS 服务商提供的图像通过一个三维的行星模型展现。用户可随意旋转、放大、缩小模型，同时可看到地名和行政区划。软件还包含浏览地图及其他在线 OpenGIS Web Mapping Service 图像的软件包。结合在线资料库，World Wind 最高的解析度可以达到每像素代表 15 米，还可以观察到可见光以外的影像。

NASA World Wind 汇聚了多种数据可视化对象，包括图像与地形数据、实时数据的模拟，以及一些其他如行政边界与地名及经纬度等附加数据。其中，图像与地形数据主要有 Blue marble 影像（地球全景，最高解析度为每像素 15 米）、Landsat 影像（陆地卫星遥感数据，通过不同的传感器探测地球上的水、植物、土壤、岩石等不同资源）、USGS 影像（美国地质勘探局的一些地质探测数据）以及 SRTM（航天飞机雷达地形测图）地形数据。实时数据的模拟技术是一些观测数据的动态模拟，包括 Animated Earth 技术、MODIS 技术和 GLOBE 技术。例如，MODIS 是一些灾害性事件的数据模拟；GLOBE 则能观看全球气温的变化。更多资料详见链接 15-1。

Vis5D

Vis5D 是美国威斯康星大学空间科学与工程中心开发的可运行于多种工作平台、数值预报模式的产品数据可视化软件。与 GrADS 相比，Vis5D 具备强大的三维图形处理能力，同时提供全部源代码，允许用户修改和扩充 Vis5D 的函数和物理量，或编程调用 Vis5D 提供的 API 函数，使用户拥有更大的自由度和灵活性。它除了可以完成传统的气象数据分析功能及二维剖面数据分析，还支持同步动画显示各个水平（或垂直）剖面图，自定义与探针相关的物理量，支持自定义地形图数据、地图数据和自定义格式的网格数据等。

Vis5D 的 5.1.1 版本可以运行在多种 UNIX 平台上 : Silicon 图形工作站（IRIX 4.1.0 以上）、IBM RS/6000 工作站（AIX 3.0 以上）、HP7000/9000 工作站（HP-UX A.09.01 以上）、Sun 工作站（SunOS 5.x 以上）、DEC Alpha 工作站（OSF/1 v1.3 以上）和 PC 机的 Linux。更多资料详见链接 15-2。

Google Earth

Google Earth 是 Google 公司开发的一款虚拟地球仪软件。最新版本 Google Earth 6 针对桌面推出了三种不同的版本：Google 地球、Google 地球专业版和 Google 地球企业版。Google Earth 提供了查看卫星图像、三维建筑、三维树木、地形、街景视图、行星等不同数据的视图，支持计算机、手机、写字板、浏览器等多终端浏览应用。更多资料详见链接 15-3。

表 15.2 列出了这些软件系统及它们之间各方面的比较。

表 15.2 科学可视化软件的性能分析比较

软件名称	运行环境	开 发 商	发布协议	下载地址
GrADS	Linux、Mac OS X、Windows	美国马里兰大学	GNU GPL 授权协议	链接 15-4
OpenDX	Irix、Solaris、Windows	IBM	免费	链接 15-5
AVS/Express	Linux、UNIX、Windows、Mac OS	AVS Inc.	非开源，付费	链接 15-6
Amira	Linux、Mac OS、Windows	Visage Imaging	非开源，付费	链接 15-7
IDL	Windows、Mac OS X、Linux	David Stern & ITT Visual Information Solutions（ITT VIS）	商用	链接 15-8

续表

软件名称	运行环境	开发商	发布协议	下载地址
Vis5D	UNIX、Mac	美国威斯康星大学空间科学与工程中心	开源，免费	链接 15-9

软件名称	优　点	缺　点	面向领域
GrADS	气象数据分析功能强，地图投影坐标丰富，高级编程语言使用容易，功能强大	不支持三维绘制；使用命令行操作	地球科学，主要是气象学
OpenDX	支持可视编程，实现可视化效果	不能很好地支持大数据	科学数据和工程数据的可视化
AVS/Express	编程量少，工作效率高；可处理大尺度数据	内存占用量大	科学计算和医学、金融
Amira	自动和交互式分割和建模，效率高，可视化质量较高	—	生命科学和生物医学
IDL	跨平台应用开发环境	—	科学数据的可视化和分析
Vis5D	三维的气象数据可视化平台	停止维护	气象领域

15.1.3　信息可视化软件

根据针对的数据类型和应用领域，分类介绍面向图、高维多变量数据、文本和地理信息商业智能、公众传播与 Web 应用的信息可视化平台和软件。

15.1.3.1　面向图的可视化软件

IBM System G

IBM System G 是 IBM 公司推出的一个完整的图计算套件，内部包含了可应用于大数据的图计算工具、云及解决方案。IBM System G 拥有丰富的图算法和计算框架，同时在图计算性能和构架方面的表现优于业界水平。IBM System G 支持不同类型的图数据，无论图的大小、静态或动态，包括拓扑图、语义图、特征图或贝叶斯图都可以进行处理。对数据的要求几乎是零门槛。同时，IBM System G 支持图数据库、图可视化、图分析库、图形中间件，以及网络结构的科学分析工具等。在架构方面，无论是 IBM 的主机还是 x86 的服务器架构，均可以支持。

Gephi

Gephi 是一个应用于各种网络、复杂系统和动态分层图的交互可视化与探索平台，支持 Windows、Linux 和 Mac 等各种操作系统。可用于探索性数据分析、链接分析、社交网络分析、生物网络分析等，其设计初衷是采用简洁的点和线描绘与呈现丰富的世界。

Gephi 从各个方面对图以及大图的可视化进行了改进，并使用图形硬件加速绘制。Gephi 提供了各类代表性图布局方法并允许用户进行布局设置。此外，Gephi 在图的分析中加入了时间轴以支持动态的网络分析，提供交互界面支持用户实时过滤网络，从过滤结果建立新网络。Gephi 使用聚类和分层图的方法处理较大规模的图，通过加速探索编辑大型分层结构图来探究多层图，如社交社区和网络交通图；利用数据属性和内置的聚类算法聚合图网络。Gephi 处理的图规模上限约为 50 000 个节点和 1 000 000 条边。更多资料详见链接 15-10。

CiteSpace

CiteSpace 是由美国可视化专家 Chaomei Chen 教授开发的一款文献分析的可视化软件，着重于科研论文之间相互引用所构成的网络。CiteSpace 的数据主要来源于 Web of Science，分析过程主要包括确定主题词和专业术语、收集数据、提取研究前沿术语、时区分割、阈值选择、显示、可视检测和验证关键点 8 个步骤。CiteSpace 系统适用的用户群广泛，科学家、科技政策研究者和搞科研的学生可用它进行学科发展趋势和发展过程中重要变化的探测和可视化研究。更多资料详见链接 15-11。

15.1.3.2 面向高维多变量数据的可视化软件

XmdvTool

XmdvTool 是一个多维数据可视化软件包，支持所有的主流平台，如 UNIX、Linux、Mac 和 Windows。XmdvTool 支持 5 种数据可视化方法：散点图（Scatter Plot）、星形图（Star Plot）、平行坐标（Parallel Coordinates）、高维堆叠（Dimensional Stacking）和像素图（Pixel Chart）。XmdvTool 还支持多种交互模式和工具，包括对屏幕、数据和结构空间的笔触式选择、缩放、平移和重排数据的某些维度。此外，支持使用树图和改进版的盒须图（Box Plot）进行单变量的显示和图形化的总体展示。XmdvTool 已被应用于多个领域，包括遥感、金融、化学、人口普查和模拟数据等。

InfoScope

InfoScope 是由 Macrofocus 公司开发的一个交互式可视化工具，支持大量复杂多维度数据集的处理和分析。系统采用多视图显示数据的不同层面信息，支持灵活易用的用户交互。更多资料详见链接 15-12。

ParSets

Parallel Sets（ParSets）是一款支持平行集的可视化软件，主要用于多维类别型数据的可视化与分析，如人口普查数据、商品类别数据，支持 Mac、Windows 和 Linux 等多个平台上的应用。更多资料详见链接 15-13。

15.1.3.3 文本可视化软件

Jigsaw

Jigsaw（链接 15-14）是美国乔治亚理工大学的可视化实验室研发的文档可视分析软件。系统的主要焦点是显示所有文本中文字或者语义实体之间的连接，并为文档集合提供一种可视索引。它的核心是一个简单的、易于理解的实体连接模型：如果两个实体同时出现在一个或多个文档中，则它们之间存在关联。

Jigsaw 通过多个不同的可视化视图展示了有关文档和实体的信息，每个视图提供了一个分析数据的不同角度。这些视图包括：

- List View 包含多个可重新排列的实体列表，列表中实体间的连接通过颜色或链接予以表示。
- Graph View 使用节点 - 链接图表示实体和文档之间的连接，分析师可以通过显示与隐藏链路和节点的方式动态地探索文档。
- Scatter Plot View 突出了任意两个实体类型之间的两两关系，并且可以使用范围滑动条将焦点聚集在显示实体的某个子集合上。
- Document View 展示了原始的文本文档，将里面的实体高亮显示并且支持实体修改。
- Calendar View 根据文本的发表日期提供了所有文本和它们中的关键内容的一个摘要。
- Document Cluster View 在一个集合中展示所有的文本，并提供了手动和自动的方法将这些文档聚类。
- Shoebox 支持分析师提出假说并收集证据的一些功能。

IN-SPIRE

IN-SPIRE（链接 15-15）是由美国西北太平洋国家实验室开发的一款展示不同文本类型数据的可视化软件。它可以快速、自动地呈现无格式文本文件集的要点。IN-SPIRE 仅支持 Windows 系统平台。

15.1.3.4 面向商业智能的可视化软件

Tableau

Tableau（链接 15-16）是可视化领域标杆性的商业智能分析软件，起源于美国斯坦福大学的科研成果。其设计目标是以可视的形式动态呈现关系型数据之间的关联，并允许用户以所见即所得的方式完成数据分析和可视图表与报告的创建。

Spotfire

TIBCO Spotfire（链接 15-17）也是一个面向商业企业数据的分析和可视化软件平台，其特色在于自然的可视化人机交互界面和高效的数据分析功能。相比 Tableau，Spotfire 有着更强的数据分析能力，加上清晰的可视化交互界面，能够帮助数据分析人员迅速发现新的问题，做出最优选择。

Power BI

Power BI（链接 15-18）是由微软开发的一款商业智能（BI）工具。Power BI 分为免费版和 Power BI Pro 版，主要区别集中在共享和协作方面。相较于 Tableau，Power BI 在价格上更加优惠。同时，由于 Microsoft Office 软件的广泛普及，使得 Power BI 在操作上手方面有一定的优势。

Splunk

Splunk（链接 15-19）是一个功能强大的基于云的日志管理工具。Splunk 有免费版和收费版，最主要的差别在于每天的索引容量大小（索引是搜索功能的基础），免费版每天最大为 500MB。Splunk 通过多种方式来收集日志，主要包括监听 syslog 消息、访问 WMI、监控日志文件、FIFO 队列等。Splunk 采用 B/S 模式，并提供一套关键词搜索规则，利用这套规则可以进行非常精确的搜索。

Weave

Weave（链接 15-20）是一款开源的网络数据可视化软件，由 IVPR（可视化和感知研究学院）和 OIC（开放指标联盟）合作推出。Weave 基于 Java 和 Flash，支持自定义用户界面，可处理各种数据源的数据，同时支持浏览器访问各类数据源，并连接到 R 等其他开源统计平台，使之成为商业智能软件系统的可视化模块。

15.1.3.5 面向公众传播的数据可视化平台

FlowingData

数据流（FlowingData）是一个探讨统计学、大数据、数据科学、数据分析的可视化研究网站，由来自加州大学洛杉矶分校的统计学博士 Nathan Yau 创办，他的出发点是关注个人数据收集，以及日常生活中的各种数据，分析这些数据背后的故事。

在 FlowingData 网站可以发现很多不同来源的各种数据分析。同时，该网站会根据这些数据进行评选，选出他们认为值得深思的 10 大数据可视化作品。另外，网站还提供了可视化数据的教学课程。

Visual.ly

Visual.ly（链接 15-21）是一个为数据可视化爱好者提供分享信息图作品并使之商业化的平台。它的核心工具是基于 Web 的在线信息化图表制作工具 Visual.ly Create。Visual.ly Create 支持超过 5 种可视化模板，允许用户从 Twitter、Facebook 以及 Google Plus 等社交网站采集数据，如分析用户 Twitter 信息、展示用户喜欢的图片和文章等。

15.1.3.6 面向地理信息的可视化软件

CommonGIS

CommonGIS（链接 15-22）是一个基于 Java 的交互式地理信息系统，支持以可视的形式分析基于地理位置的统计数据。

GeoVista Studio

GeoVista Studio（链接 15-23）是美国宾州州立大学研发的开源的地理信息可视化开发环境。GeoViz Toolkit 衍生于 GeoVista Studio。

表 15.3 中总结并比较了上文中介绍的一些广泛使用的信息可视化软件。

表 15.3 代表性信息可视化软件的性能比较

名　称	运行环境	开发者 / 组织	发布协议	下载地址
Gephi	Windows、Linux 和 Mac	Gephi 社区	CDDL 1.0 和 GNU GPL v3 双协议	链接 15-24
Tableau	Windows	Tableau Software 公司	非开源，付费	链接 15-25
Spotfire	Windows、Mac	TIBCO 公司	非开源，付费	链接 15-26
Power BI	Windows	Microsoft	非开源	链接 15-27
Weave	Web	IVPR（可视化和感知研究学院）和 OIC（开放指标联盟）	GPL v3 和 MPL 2.0 双协议	链接 15-28

名　称	优　点	缺　点	面向领域
Gephi	加快了大图的可视化，有多种图布局算法	图的规模还是有一定限制	图网络
Tableau	更好的可视化方式和交互操作	数据分析方面较弱，非免费	商业智能
Spotfire	与 Tableau 相比，数据分析方面较强	非免费	商业智能
Power BI	与 Tableau 相比，价格更占优势	—	商业智能
Weave	基于网络的地理信息可视化	—	地理信息

15.1.4 可视分析软件

Gapminder

Gapminder Trendalyzer 是瑞士 Gapminder 基金会开发的一款用于时变多变量数据变化趋势的可视分析软件。它用一种互动的可视化形式动态地展示世界各地、各机构公开的各项人文、政治、经济和发展指数，在信息产业界产生了积极的影响。2007 年，Google 公司向 Gapminder 基金会购买了 Trendalyzer，并进行了自己的开发和功能拓展。通过 Google Gapminder，用户可以查看 1975 － 2004 年世界上各国人口发展和 GDP 发展的动态变化图像。更多资料详见链接 15-29。

Google Public Data Explorer

Google Public Data Explorer（链接 15-30）使用 Google 的 Dataset Publishing Language（DSPL，数据发布语言），支持各类数据库链接，方便实现可视化的定制。它的优点是上传接口简单易行，所有操作都在网页上完成，而可视化的结果则用 Flash 的形式展现，并且允许用户嵌入第三方网站中或者分享给其他用户，基本满足普通用户的统计数据分析需求。

Palantir

Palantir（链接 15-31）是可视分析领域的标杆性软件，为政府机构和金融机构提供高级数据分析服务。Palantir 的主要功能是链接网络各类数据源，提供交互的可视化界面，辅助用户发现数据间的关键联系，寻找隐藏的规律或证据，并预测将来可能发生的事件。

15.2 可视化开发工具

可视化研究人员采用不同层次的开发工具，设计并创造可视化方法与系统。本节从应用程序开发工具和 Web 应用开发工具两个方面描述目前常用的工具。

15.2.1 应用程序开发工具

15.2.1.1 面向科学可视化

VTK

Visualization Toolkit，简称 VTK（链接 15-32），是一个开源、跨平台的可视化应用函数库。它的主要维护者 Kitware 公司，创造了 VTK、ITK、Cmake、ParaView 等众多开源软件系统。VTK 的设计目标是在三维图形绘制底层库 OpenGL 基础上，采用面向对象的设计方法，构建用于可视化应用程序的支撑环境。它实现了在可视化开发过程中常用的算法，以 C++ 类库和众多的解释语言封装层（如 Tcl/Tk、Java、Python 类）的形式提供可视化开发功能。

- VTK 具有强大的三维图形和可视化功能，支持三维数据场和网格数据的可视化，也具备图形硬件加速功能。
- VTK 具有更丰富的数据类型，支持对多种数据类型进行处理。
- VTK 的体系结构使其具有很好的流数据处理和高速缓存能力，在处理大量数据时不必考虑内存资源的限制。
- VTK 支持基于网络的工具，比如 Java 和 VRML，其设备无关性使其代码具有可移植性。
- VTK 中定义了许多宏，极大地简化了编程工作，并加强了一致的对象行为。
- VTK 支持 Windows 和 UNIX 操作系统。
- VTK 支持并行地处理超大规模数据，最多可处理 1PB 数据。

VTK 被广泛应用于科学数据的可视化，如建筑学、气象学、生物学或者航空航天等领域，其中在医学影像领域的应用最为常见，包括 3D Slicer、Osirix、BioImageXD 等在内的众多优秀的医学图像处理和可视化软件都使用了 VTK。

VTK 遵从 BSD 协议，鼓励代码共享和尊重原作者的著作权，对商业集成非常友好。VTK 的技术文档、实例代码也非常丰富。VTK 的社区非常活跃，在国内也有一定数量的用户。

ITK

Insight Segmentation and Registration Toolkit（链接 15-33），简称 ITK，是美国国家卫生研究院（National Institutes of Health, NIH）下属的国立医学图书馆（National Library of Medicine）支持开发的一个用于医学影像分割与配准的跨平台开源工具包，封装了面向二维、三维和动态医学影像的预处理、分割与配准方面的前沿算法。

ITK 基于 C++ 开发，强调面向对象和泛型编程的思想，使用模板以达到代码重用。通过封装复杂的算法，为用户提供公共的访问接口，保证了算法的鲁棒性和高效。同时，ITK 也为 Tcl、Python、Java 提供转换工具，支持用户使用多种语言方便地开发应用软件。按照 ITK 规范，开发者可以免费使用、编译、调试、维护和扩展 ITK，将 ITK 提供的基础算法组合，形成新的高级算法模板。

ITK 没有用户界面，只提供内部的图像处理函数。ITK 也不强制要求特定的用户界面，可以使用其他工具完成，为开发者提供了极大的便利性。ITK 采用流水线方式处理图像，并以滤波器形式封装图像处理、分割、配准等操作。ITK 采用分区域的方法处理大尺度数据。

ITK 遵从 Apache 2.0 开源协议，鼓励代码共享和尊重原作者的著作权，允许修改代码再发布，并作为开源或商业产品发布和销售。因此，ITK 是国内外众多医学图像处理软件首选的工具代码库。

ParaView

ParaView（链接 15-34）是 Kitware 公司等开发的针对大尺度空间数据进行分析和可视化的应用软件。它既可以运行于单处理器的工作站上，又可以运行于分布式存储器的大型计算机中。ParaView 使用 VTK 作为数据处理和绘制引擎，包含一个由 Tcl/Tk 和 C++ 混合写成的用户接口，这种结构使得 ParaView 成为一种功能非常强大并且可行的可视化工具。同时，ParaView 支持并行数据处理，且采用 Qt 等实现敏捷的用户交互界面。

15.2.1.2　面向信息可视化

Prefuse

Prefuse Toolkit（链接 15-35）是美国加利福尼亚大学伯克利分校开发的可扩展的信息可视化程序开发框架。它采用 Java 编写，使用 Java 2D 图形库，可用来建立独立的应用程序、大型应用中的可视化组件和 Web Applets。Prefuse 为表格、图和树图提供了优化的数据结构，支持众多可视化布局和视觉编码方法，同时支持动画过渡、动态查询、综合搜索等用户交互方式，还提供了与不同数据库链接的接口。Prefuse 遵循 BSD 许可证协议，可自由用于商业和非商业目的。

Flare

Flare（链接 15-36）是美国加利福尼亚大学伯克利分校的可视化研究实验室开发的面向 Web 数据可视化应用的开源项目，它的前身是 Prefuse。与 Prefuse 不同的是，Flare 是一个 ActionScript 库，运行于 Adobe Flash Player 之上，与当下流行的 Flex 开发工具结合可完成炫丽的数据可视化工作。Flare 支持基本的图表和复杂的交互式可视化方法，同时提供了数据管理、可视化编码、动画和交互等组件。Flare 提供的模块化设计可让开发者免去很多不必要的重复性工作，专注于创建定制的可视化技术。Flare 遵从 BSD 许可证协议。

Processing

Processing（链接 15-37）是一个开源的编程语言和编程环境，支持 Windows、Mac OS X、Mac OS 9、Linux 等操作系统。Processing 是为数字艺术家创造的可视化和绘图软件，它通过封装底层的图形操作，使得可视化和绘图细节对用户透明。Processing 支持许多现有的 Java 语言架构，语法简易，设计人性化。如今，它已经成为被各种技术背景的用户广泛使用的可视化工具。Processing 完成的作品可在个人本机端运行，也可以 Java Applets 的模式外输至网络上发布。

Tulip

Tulip（链接 15-38）是一个分析和可视化关系型数据（以图为主）的信息可视化框架，设计目标是提供完整的交互式信息可视化应用的设计工具库。

Tulip 基于 C++ 开发，支持算法开发、可视化编码和面向专业领域的可视化生成。Tulip 强调组件重用，允许开发人员将重点放在应用程序的编写上。Tulip 开发库包含三个核心库：Tulip Library、Tulip Open GL Library 和 Tulip QT Library。Tulip Library 包括边的增加和删除、多层次图的构造等基本函数；Tulip Open GL Library 是对 OpenGL 的封装；Tulip QT Library 是对 Qt 的封装。

15.2.2 Web 应用开发工具

D3.js（Data-Driven Documents）

Data-Driven Documents（D3.js，链接 15-39）是一套面向 Web 的数据可视化的 JavaScript 库，基于 HTML、SVG（矢量图形）和 CSS 构建，前身是美国斯坦福大学研发的 Protovis（目前已停止更新）。它以轻量级的浏览器端应用为目标，具有良好的可移植性。D3 可以将任意数据绑定到一个 DOM（文档对象模型），并对 DOM 实施基于数据的变换。例如，将一组数字生成一个 HTML 表，或用相同的数据生成一个可交互的 SVG 条形图。

D3.js 的特点在于它提供了基于数据的 DOM 高效操作，这既避免了面向不同类型和任务设计专有可视表达的负担，又能提供极大的设计灵活性，同时发挥了 CSS3、HTML 5 和 SVG 等 Web 标准的最大性能。自问世以来，D3.js 在学术界和工业界都被广泛使用，并产生了极大的影响。

Raphaël.js

Raphaël.js（链接 15-40）是一个轻量级的 Web 矢量图形生成的小型 JavaScript 库，其目标是提供一种跨浏览器兼容的矢量可视化生成机制。Raphaël.js 以 SVG W3C 表示和 VML 作为基本工具，生成的每一个图形对象对应一个 DOM 对象，可附上 JS 事件句柄进行操作。

Processing.js

Processing.js（链接 15-41）可将 Processing 编写的应用程序转化成 JavaScript 并在浏览器中运行。开发者可不使用 Java Applets，直接实现网络图像、动画和互动可视化应用。Processing.js 采用 JavaScript 绘制几何形状，并采用 HTML5 Canvas 元素生成动画，适合基于 Web 的界面和游戏开发。尽管 Processing.js 兼容 Processing，但并不全部兼容 Java。

DataV 可视化组件库

datav.js（链接 15-42）是由阿里巴巴集团和浙江大学计算机学院 CAD&CG 国家重点实验室可视化与可视分析小组（链接 15-43）共同开发完成的开源可视化组件库。

该组件库的特点是调用便捷，兼容各种浏览器且无需 Flash 插件。DataV 提供指挥中心、地理分析、实时监控、汇报展示等多种场景模板，能够接入阿里云分析型数据库、关系型数据库、本地 CSV 上传和在线 API，且支持动态请求。除了常规图表，它还能够绘制包括海量数据的地理轨迹、地理飞线、热力分布、地域区块、3D 地图、3D 地球，以及地理数据的多层叠加。同时支持 ECharts、AntV-G2 等第三方开源图表库。

特别是在 3.0 版本中，DataV 开放测试了 DataV.gl 3D City 相关组件，强化了城市数据的渲染分析能力。

ECharts

ECharts[1] 是一个由百度开发的开源的、基于 Web 的、跨平台的支持快速创建交互式可视化的框架。在使用 ECharts 时，用户通过一套声明式的可视设计语言定制内置的图表类型，简单的配置方式和插件设计在保证易用性的同时提供了一定的可扩展性。此外，底层的流式架构和高性能的图形渲染器为 ECharts 提供了高效的图形绘制和流畅的交互。

表 15.4 对上文中提到的部分可视化开发工具进行了总结和比较。

表 15.4 代表性可视化开发工具比较

软件名称	VTK	ParaView	Processing	D3
运行环境	跨平台	跨平台	跨平台	多种浏览器
开发者	Kitware	Kitware	Ben Fry 和 Casey Reas	加利福尼亚大学伯克利分校
优点	强大的 C++ 类库和丰富的解释语言封装层	可并行	易于普通用户使用	提供了基于数据的文档高效操作，提高了设计灵活性
缺点	—	—	不适合大型应用开发	不兼容部分浏览器
领域	医学应用开发	并行科学数据处理	Java 应用程序或者网络程序	Web
网址	链接 15-44	链接 15-45	链接 15-46	链接 15-47

1 Deqing Li, Honghui Mei, Yi Shen, Shuang Su, Wenli Zhang, Junting Wang, Ming Zu, Wei Chen. ECharts: A Declarative Framework for Rapid Construction of Web-based Visualization. Visual Informatics, 2018.

图可视化框架汇总

如表 15.5 所示，对目前有代表性的图可视化框架进行了汇总，按照 Forks 数量排序。

表 15.5 目前有代表性的图可视化框架汇总

名称	Stars	Forks	创建时间
d3/d3	75687	19260	2010 年
jacomyal/sigma.js	7922	1243	2012 年
almende/vis	6607	1224	2013 年
cytoscape/cytoscape.js	4263	724	2011 年
samizdatco/arbor	2472	599	2011 年
anvaka/VivaGraphJS	2596	330	2012 年
dagrejs/dagre	1599	250	2012 年
dhotson/springy	1565	227	2010 年
GraphAlchemist/Alchemy	416	189	2014 年
fkling/JSNetworkX	477	127	2012 年
strathausen/dracula	641	111	2011 年
anvaka/ngraph	752	97	2014 年

15.3 数据分析和数据挖掘软件与开发工具

针对特定的数据使用合适的数据分析和挖掘方法得到所需的信息往往是可视分析不可缺少的第一步，这些软件通常也具备基本的可视化功能。本节介绍代表性数据分析和挖掘软件。

R 语言

R 语言（链接 15-48）是一种被广泛使用的统计分析软件，它基于 S 语言，是 S 语言的一种实现，可运行于多种平台，包括 UNIX（包括 FreeBSD 和 Linux）、Windows 和 Mac OS。

R 主要是以命令行操作，有扩充版本自带图形用户界面。R 支持多种统计、数据分析和矩阵运算功能，比其他统计学或数学专用的编程语言有更强的面向对象（面向对象程序设计）功能，其分析速度可媲美专用于矩阵计算的自由软件 GNU Octave 和商业软件 MATLAB。

R 的另一个强项是可视化功能。ggplot2 是支持可视化的 R 语言扩展包，其理念根植于 *Grammar of Graphics* 一书：可视化是将数据空间映射到视觉空间的方法。ggplot2 的特点在于并不定义具体的图形（如直方图、散点图），而是定义各种底层组件（如线条、方块），允许用户以非常简洁的函数合成复杂的图形。

R 语言中另一个用于可视化的扩展包是 lattice 包。与 ggplot2 比较，lattice 入门容易，可视化速度较快，图形函数种类多，且支持三维可视化。另一方面，ggplot2 学习时间长，但实现方式简洁且优雅。此外，ggplot2 可以通过底层组件创造新的图形。

SAS（Statistics Analysis System）语言

SAS 语言是一种专用于数据管理与分析的语言，它的数据管理功能类似于数据库语言（如 FoxPro），但又添加了一般高级程序设计语言的许多成分（如分支、循环、数组），以及专用于数据管理、统计计算的函数。基于 SAS 语言的 SAS 系统的数据管理、报表、图形、统计分析等功能都可编写 SAS 语言程序调用。更多资料详见链接 15-49。

Weka

Weka（Waikato Environment for Knowledge Analysis）是一个基于 Java 的机器学习软件，支持经典的数据挖掘任务如数据预处理、聚类、分类、回归等。Weka 利用 Java 的数据库链接能力访问 SQL 数据库，支持数据库查询结果的处理，被学术界广泛使用。更多资料详见链接 15-50。

KNIME

KNIME（Konstanz Information Miner）是一个开源的数据集成、处理和分析平台。它以可视化的方式创建数据流或数据通道，允许用户选择性地运行一些或全部的分析步骤。KNIME 基于 Java 和 Eclipse，通过插件的方式，软件可集成到各种各样的开源项目中，如 R 语言、Weka、Chemistry Development Kit 等。更多资料详见链接 15-51。

NLTK

NLTK（链接 15-52）是一个自然语言工具包（Natural Language Toolkit），其本质是一个将学术语言技术应用于文本数据集的 Python 库。使用 NLTK 可以完成基本的文本处理和相对复杂的自然语言的语法及语义分析。NLTK 被组织成具有栈结构的一系列彼此关联的层（断词；为单词加标签；将成组的单词解析为语法元素；对最终语句或其他语法单元进行分类），每一层依赖于相邻的更低层次的处理。NLTK 可计算不同语言元素出现的频率并生成统计图表。

表 15.6 对上文提到的部分工具进行了总结和比较。

表 15.6 代表性数据分析和挖掘工具比较

工具名称	R 语言	SAS 语言	Weka
运行环境	Linux、Windows 和 Mac OS	Windows、IBM 大型主机、UNIX、OpenVMS Alpha	Java 虚拟机
开源 / 免费	开源，免费	商业	基于 GPL 的开源软件
面向领域	统计分析相关领域	资料处理和统计分析相关领域	数据挖掘领域
优点	免费，源代码开放	功能强大	利用 Java 的数据库链接能力访问 SQL 数据库，支持数据库查询结果的处理，被学术界广泛使用
缺点	可操作性较弱	难掌握且非免费	—
网站	链接 15-53	链接 15-54	链接 15-55

15.4 可视化数据集资源

可视化数据集资源如表 15.7 所示。

表 15.7 可视化数据集资源

数据类型	名　称	网　址	备　注
科研数据	数据堂	链接 15-56	国内最完整的科研数据资源平台
信息数据	政府公开数据	链接 15-57	官方的政府数据发布平台，美国、印度已加入
可视分析数据	VAST Challenge	链接 15-58	历年可视分析会议的比赛数据
科学数据	SciVis Contest	链接 15-59	历年科学可视化会议的比赛数据
信息数据	InfoVis :Wiki	链接 15-60	整合信息可视化的数据和新闻。包含信息可视化比赛数据
信息数据	多伦多大学公开数据	链接 15-61	多伦多大学公开数据
信息数据	Gapminder 数据集	链接 15-62	人口、经济、统计数据集
信息数据	恐怖主义行动数据库	链接 15-63	在线恐怖主义行动数据库
信息数据	Pajek 图数据集	链接 15-64	小规模图数据集
科学数据	三维体数据	链接 15-65	Stenford 的数据库
生物医学	生物演化数据集	链接 15-66	美国德州大学奥斯汀分校采集
信息数据	数据资源整合平台	链接 15-67	国外的数据集整合平台
信息数据	数据资源整合平台	链接 15-68	国外的数据集分享平台
地图数据	免费维基世界地图	链接 15-69	维基世界地图
信息数据	无线数据数据库	链接 15-70 链接 15-71	网络数据、日志数据（按名字排序 / 按日期排序）
日志统计数据	维基百科统计	链接 15-72	维基页面访问日志

续表

数据类型	名　称	网　址	备　注
统计数据	历年奥林匹克统计数据	链接 15-73	奥运会比赛项目、奖牌得主、破纪录情况
信息数据	中国香港政府数据	链接 15-74	香港天气、交通、人口等
图数据、社交网络数据	斯坦福大规模网络数据集	链接 15-75	社交网络、通信记录、引用关系等
机器学习数据	加州大学 Irvine 分校机器学习库	链接 15-76	UC Irvine 建立的机器学习相关数据集仓库
经济类数据	亚洲开发银行	链接 15-77	收录了亚太地区 48 个国家和区外 19 国的宏观经济数据和社会数据指标
经济类数据	经济合作与发展组织	链接 15-78	包括农业、教育、就业、健康、贸易、税务、金融、能源、环境等
环境类数据	世界资源研究所	链接 15-79	关注气候、能源、粮食、森林、水源和可持续城市 6 个议题
环境类数据	公众环境研究中心	链接 15-80	收集、整理与分析政府和企业公开的环境信息
环境类数据	Global Forest Watch	链接 15-81	提供监测森林数据和工具的在线平台
环境类数据	Global Land Cover Facility	链接 15-82	数据包括某地的植被覆盖情况，还涵盖地震、洪涝、干旱历史等地质信息
环境类数据	Planet os	链接 15-83	提供获取高质量气候与环境数据的渠道
体育类数据	Olympics Data Feed	链接 15-84	关于奥运竞赛的数据
体育类数据	Opta	链接 15-85	实时体育数据
体育类数据	Transfermarkt	链接 15-86	关于足球的数据信息，包括比分、赛果、数据分析和转会新闻等
体育类数据	WhoScored	链接 15-87	记录从顶级到普通的足球联盟和比赛的即时比分、比赛结果和球员排行
体育类数据	Sport-reference websites(US)	链接 15-88	
体育类数据	NBA Stats	链接 15-89	某些职业联盟，例如全美篮球协会（NBA）提供关于球员、球队、比分、赛程等数据
体育类数据	ESPN Cricinfo	链接 15-90	板球数据

15.5 可视化信息资源

可视化信息资源如表 15.8 所示。

表 15.8 可视化信息资源

名称	网址	备注
浙大可视化小组	链接 15-91	可视化论文收集与科研资源
北大可视化小组	链接 15-92	可视化暑假班与培训班信息
DataV 开发者论坛	链接 15-93	阿里巴巴集团主导 DataV 论坛
视觉复杂度社区	链接 15-94	提供可视化作品、论文链接
加拿大 UBC 大学可视化课程	链接 15-95	提供信息可视化资源。教授：Tamara Munzner
IEEE VIS 年会	链接 15-96	IEEE 可视化年会主页
哈佛大学可视化课程	链接 15-97	教授：Hanspeter Pfister
乔治亚理工大学可视化课程	链接 15-98	教授：John Stasko
斯坦福大学可视化教程	链接 15-99	教授：Pat Hanrahan
加州大学伯克利分校可视化教程	链接 15-100	教授：Maneesh Agrawala
普度大学可视分析教程	链接 15-101	教授：Niklas Elmqvist
荷兰 Tufts 大学可视分析教程	链接 15-102	教授：Remeco Chang
美国犹他大学科学可视化教程	链接 15-103	教授：Chris Johnson
瑞士苏黎世理工科学可视化教程	链接 15-104	教授：Tobias Günther
IEEE TVCG	链接 15-105	
Eagereyes	链接 15-106	Robert Kosara 的博客，博主在 Tableau 任职
Infomation Aethestics	链接 15-107	信息美学
Flowingdata	链接 15-108	Nathan Yau 的博客
Visual Business Intelligence	链接 15-109	Stephen Few 的博客，可视化的商业智能
VisualizingData	链接 15-110	Andy Kirk 的博客，博主给企业和政府做信息可视化咨询
Data stories	链接 15-111	数据故事电台。Enrico Bertini 和 Moritz Stefaner 是主持人
Information is Beautiful	链接 15-112	
纽约时报	链接 15-113	
华盛顿邮报	链接 15-114	

15.6 海外可视化研究机构

AVIZ 法国 INRIA-AVIZ 小组

法国 INRIA-AVIZ 小组位于法国南巴黎大学，致力于面向大规模复杂数据集的分析和可视化方法，代表性工作有大规模图的可视化等。学术带头人是 Jean-Daniel Fekete 教授。

主页：链接 15-115

AVL 美国国家超算应用中心先进可视化工作室

美国国家超算应用中心先进可视化工作室属于伊利诺伊大学的国家超算应用中心（NCSA），使命是开发数据驱动的三维动画和可视化展示，代表性工作有 TranSims、Virtual Director、Partiview 和 Amore（处理 AMR 数据）。

主页：链接 15-116

BERKLEY 美国加州伯克利分校可视化实验室

实验室致力于可视化、计算机图形学和人机交互的基础方法研究，学术带头人是 Maneesh Agrawala 教授，代表性工作有可视化工具集 Flare 和 Prefuse。

主页：链接 15-117

BLACK 美国弗吉尼亚理工大学可视化实验室

美国弗吉尼亚理工大学可视化实验室关注于人机交互与感知方面的研究。

主页：链接 15-118

BROWN 美国布朗大学可视化研究实验室

美国布朗大学可视化研究实验室主要关注于采用可视化方法理解科学、艺术、人文相关的问题和现象，代表性工作有神经影像数据可视化、基于感知的可视化等。学术带头人是 David Laidlaw 教授。

主页：链接 15-119

CEV 美国华盛顿大学环境可视化中心

美国华盛顿大学环境可视化中心研究面向海洋和地球物理科学数据的信息可视化和人机接口技术。学术带头人是 Mark Stoermer 和 Hunter Hadaway，主要研究内容是为科学成果提供图解服务。

主页：链接 15-120

CHICAGO 美国芝加哥大学可视化小组

美国芝加哥大学可视化小组的学术带头人是 Gordon Kindlmann 教授，主要从事科学可视化与医学影像分析的研究，代表性工作有三维标量数据可视化中的二维传输函数设计。

主页：链接 15-121

CLIQUE 爱尔兰 Clique 研究中心

爱尔兰 Clique 研究中心致力于图形学、复杂网络分析和可视化研究。

主页：链接 15-122

CSA 美国俄克拉荷马大学空间分析中心

美国俄克拉荷马大学空间分析中心是一个专注于地理空间科学和技术的多学科研究中心。

主页：链接 15-123

CVC 美国德州大学奥斯汀分校计算可视化中心

美国德州大学奥斯汀分校计算可视化中心发展和完善了综合计算模型、模拟、分析和可视化的核心技术，并将它们转化为可快速开发的集成工具，重点面向生物和医学方面的应用。学术带头人是 Chandrajit Bajaj 教授。

主页：链接 15-124

DREXEL 美国德雷克赛尔大学可视化小组

美国德雷克赛尔大学可视化实验室关注于信息可视化的基础理论与方法。学术带头人是 Chaomei Chen 教授。

主页：链接 15-125

ETS 加拿大魁北克大学可视化小组

加拿大魁北克大学可视化小组的研究兴趣是人机交互和信息可视化。学术带头人是 Michael McGuffin 教授。

主页：链接 15-126

FRAUNHOFER 德国弗兰霍弗研究所可视分析小组

德国弗兰霍弗研究所可视分析小组的主要研究领域是可视分析。

主页：链接 15-127

FREIBURG 德国弗赖堡大学图形学小组

德国弗赖堡大学图形学小组研究面向医学、机器人和数字娱乐的交互式虚拟环境与可视化技术。

主页：链接 15-128

GeoVISTA 美国宾夕法尼亚州立大学地理信息可视化中心

美国宾夕法尼亚州立大学地理信息可视化中心（GeoVISTA）致力于空间数据的挖掘和可视分析技术，是全美五个区域可视化和分析中心之一。

主页：链接 15-129

GICENTER 英国伦敦城市大学信息科学部

英国伦敦城市大学信息科学部主要从事地理信息科学和地理信息系统的理论与技术研发。

主页：链接 15-130

GRUVI 加拿大西蒙菲莎大学图形与可视化小组

GRUVI 实验室致力于图形学、可视化和人机交互方法研究，在几何建模、可用性和触觉界面等领域的研究蜚声国际。

主页：链接 15-131

GVIL 美国马里兰大学图形和可视信息实验室

美国马里兰大学图形和可视信息实验室关注于基于感知的图形学、可视化和大规模数据可视分析环境的研发。学术带头人是 Amitabh Varshney 教授。

主页：链接 15-132

GVIS 美国国家航天 & 太空总署格伦研究中心

GVIS 中心主要从事基于科学数据的可视化工具开发。

主页：链接 15-133

GVU 美国乔治亚理工大学图形、可视化与可用性中心

GVU 中心的主要研究方向包括增强现实、协同、游戏、图形、人机交互、信息可视化、新媒体、网络社区、感知、机器人技术、普适计算、虚拟现实和穿戴式计算。

GVU 下属的信息界面研究组（information interface）主要关注人机交互与信息可视化技术，学术带头人是 John Stasko 教授。脍炙人口的文本可视化软件 Jigsaw、多维数据可

视化交互方法 Dust & Magnet、基于 Sunburst 太阳花隐喻的空间填充方法等都来自该组。

GVU 研究中心主页：链接 15-134

GVU 的信息界面组主页：链接 15-125

HARVARD 美国哈佛大学可视化实验室

实验室的研究方向包括科学可视化、图形学和计算机视觉，学术带头人是 Hanspeter Pfister 教授，代表性工作是已经商业化的实时体绘制硬件系统 VolumePro。

主页：链接 15-136

HCII 美国卡耐基梅隆大学人机交互研究所

美国卡耐基梅隆大学人机交互研究所主要研究计算机技术、人类的行为及社会群体间的关系。

主页：链接 15-137

HCIL 美国马里兰大学人机交互实验室

美国马里兰大学人机交互实验室是信息可视化的发源地之一，学术带头人是 Ben Shneiderman 教授，代表性工作有树图、信息图表的交互原理、LifeLines 和 Spotfire 等。

主页：链接 15-138

HKUST 香港科技大学可视化小组

香港科技大学可视化小组的学术带头人屈华民教授是亚洲地区科学可视化、信息可视化、可视分析领域的最杰出学者之一。

主页：链接 15-139

HPCVIS 美国内华达大学里诺校区高性能计算和可视化实验室

实验室主要研究并行计算、虚拟现实和可视化系统。

主页：链接 15-140

HPL 美国惠普信息分析实验室

美国惠普信息分析实验室致力于面向商业智能的可扩展数据管理、密集型数据分析和结构化与非结构化信息融合技术。

主页：链接 15-141

IA 美国爱荷华州立大学统计分析小组

美国爱荷华州立大学统计分析小组关注于大数据统计分析、多元数据可视分析。学术带头人是 Heike Hofmann 教授。

主页：链接 15-142

IDAV 美国加州大学戴维斯分校数据分析和可视化研究所

美国加州大学戴维斯分校数据分析和可视化研究所（IDAV）致力于可视化和计算机图形学等领域的研究。学术带头人是 Ken Joy 教授。

主页：链接 15-143

INFOVIS 德国康斯坦茨大学信息可视化小组

德国康斯坦茨大学信息可视化小组致力于面向大数据和数据库的可视分析基础理论，代表性工作有高维数据聚类与可视化、文档卡片等。学术带头人是 Daniel Keim 教授。

主页：链接 15-144

INNOVIS 加拿大加尔各里可视化实验室

加拿大加尔各里可视化实验室主要研究信息可视化和人机交互方法，代表性工作有 Bubble Set。学术带头人是 Sheelagh Carpendale 教授。

主页：链接 15-145

IVLAB 美国明尼苏达大学交互可视化实验室

美国明尼苏达大学交互可视化实验室关注于时变数据可视化、大规模数据可视化、感知优化可视化、三维用户交互、触觉等。

主页：链接 15-146

IVPR 美国麻省大学洛威尔分校可视化与感知研究所

美国麻省大学洛威尔分校可视化与感知研究所是一个跨学科的研究小组，主要关注于使个人和集体通过视觉或其他感知方法来探索协作数据集的工具、系统、显示和交互技术。

主页：链接 15-147

IVU 意大利 IVU 小组

意大利 IVU 小组（The Interaction, Visualization, Usability & UX group）主要研究多媒体和多模态人机交互、泛在系统、信息可视化、可视化分析、使用性工程、用户体验、终端用户开发。

主页：链接 15-148

IWR 德国海德堡大学跨学科研究中心计算机图形学和可视化组

德国海德堡大学跨学科研究中心计算机图形学和可视化组主要研究生物可视化、气象可视化、多变量时序数据可视化、可视化的理论基础、流可视化的信息理论等，代表性工作有面向科学数据的交互可视分析软件 Scifer。

主页：链接 15-149

KAUST 沙特阿卜杜拉国王科技大学几何建模和科学可视化中心

沙特阿卜杜拉国王科技大学几何建模与科学可视化中心汇集了几何建模、虚拟现实、计算机视觉和可视化的科研人员。

主页：链接 15-150

KHCIL 韩国首尔国立大学人机交互实验室

韩国首尔国立大学人机交互实验室的学术带头人是 Jinwook Seo 教授，主要研究用户界面和交互技术、信息可视化方法。

主页：链接 15-151

KIT 德国卡尔斯鲁厄技术研究所图形与人机交互小组

德国卡尔斯鲁厄技术研究所图形与人机交换小组从事视觉信息分析、处理和显示的研发。

主页：链接 15-152

KL 德国恺撒斯劳滕大学图形与人机交互小组

德国恺撒斯劳滕大学图形与人机交互小组关注于三维空间几何与拓扑问题，特别是向量场和张量场中的特征抽取与计算。学术带头人是 Hans Hagen 教授。

主页：链接 15-153

LABRI 法国国家科学研究中心可视化小组

LaBRI 是法国国家科学研究中心（UMR5800）、波尔多第一大学、IPB 和波尔多大学第二大学的联合研究单位。

主页：链接 15-154

LANL 美国拉斯阿拉莫斯国家实验室

美国拉斯阿拉莫斯国家实验室下属的先进计算实验室（Advanced Computing Laboraory），与劳伦斯利弗莫尔、桑迪亚国家实验室等合作，采用计算机仿真和分析手段，预测核武器的性能、安全和可靠性。

主页：链接 15-155

LBL 美国劳伦斯伯克利国家实验室

美国劳伦斯伯克利国家实验室（National Labs Lawrence Berkeley National Laboratory）可视化研究组建立于 1990 年，其使命是建立并开放新的可视数据分析软件和硬件，辅助科学家对科学数据的理解。代表性工作是可视化软件 AVS。

主页：链接 15-156

LEIPZIG 德国莱比锡大学图像和信号处理小组

德国莱比锡大学图像和信号处理小组关注于医学可视化的研究，学术带头人是 Gerik Scheuermann 教授。

主页：链接 15-157

LGDV 德国法库特大学可视化小组

德国法库特大学可视化小组关注于几何建模、渲染、可视化和虚拟现实的研究及其在医学和工程学领域的应用。

主页：链接 15-158

LIU 瑞典林雪平大学科学可视化小组

瑞典林雪平大学科学可视化小组关注于大规模数据可视化、触觉和不确定性可视化的研究。学术带头人是 Anders Ynnerman 教授。

主页：链接 15-159

LLNL 美国劳伦斯利弗莫尔国家实验室

美国劳伦斯利弗莫尔（Lawrence Livermore）国家实验室拥有世界上顶级的超级计算机。下属可视化小组的信条是通过视觉理解的方式帮助用户更好地理解大规模超算数据。学术带头人是 Terri Quinn 博士。

主页：链接 15-160

实验室的另一个下属单位是实用科学计算中心，关注于面向高性能计算、计算物理、数值数学、计算科学和数据科学的可视化分析方法。

主页：链接 15-161

MAGDEBURG 德国马格德堡大学可视化研究小组

德国马格德堡大学可视化研究小组关注于面向医学的可视化和交互技术。学术带头人是 Bernhard Preim 教授。

主页：链接 15-162

MSSTATE 美国密西西比州立大学可视化与计算机图形学小组

美国密西西比州立大学可视化与计算机图形学小组主要关注于科学可视化、虚拟现实、图形学等应用型研究。小组成员有 J. Edward Swan II、T.J. Jankun-Kelly 和 Song Zhang 等教授。

主页：链接 15-163

NCSU 美国北卡州立大学可视化小组

美国北卡州立大学可视化小组的研究兴趣包括计算机图形学、科学可视化、感知和认知视觉等。学术带头人是 Christopher Healey 博士。

主页：链接 15-164

NVAC 美国国家可视分析中心

2004 年，依托美国西北太平洋国家实验室的可视化实验室（PNNL，链接 15-165）创建了国家可视分析中心（NVAC），并发布了可视分析白皮书。5 个主要研究领域包括：信息签名、可视设计、分析方法、自然的用户交互和用户体验。

OHIO 美国俄亥俄州立大学

美国俄亥俄州立大学图形与可视化研究组的研究方向是大规模数据可视化和分析，学术带头人是 Han-Wei Shen 教授。代表性工作有大规模体数据可视化、时变数据可视化、流场可视化等。

主页：链接 15-166

OREGON 美国俄勒冈州立大学

美国俄勒冈州立大学图形和可视化组专注于图像和视觉理解、计算机图形学和可视化研究，代表性工作有向量场和张量场的拓扑分析、张量场可视化分析。学术带头人是 Eugene Zhang 教授。

主页：链接 15-167

OX 英国牛津大学可视化小组 MIN CHEN

英国牛津大学可视化小组致力于体可视化、视频可视化和可视分析基础理论的研究。学术带头人是 Min Chen 教授。

个人主页：链接 15-168

PARVAC 环太平洋可视化和分析中心

PARVAC 是位于华盛顿大学的全美 5 个区域性可视分析中心之一。2006 年由 Tom Furness 教授创建，现在的学术带头人是 Mark Haselkorn 教授。研究方向是面向公共安全协作感知和决策的可视分析方法。

主页：链接 15-169

PURVAC 美国普渡大学国家可视分析中心

PURVAC 集中研究三个面向国土安全的可视分析方法：应急规划和响应、移动分析和医疗保健管理与监控。学术带头人是 David S. Ebert 教授。

主页：链接 15-170

SANDIA 美国桑迪亚国家实验室

美国桑迪亚国家实验室分析与可视化部门关注于大数据计算、可视化与分析。经过多年努力，参与研发了一系列高效的硬件架构和可扩展的可视化分析组件（开源），如 Titan, OverView, ParaView 等。

主页：链接 15-171

SEELAB 美国田纳西大学可视化实验室

SeeLab 的主要研究方向是科学、工程、医学影像和系统生物学方面的可视化。代表性工作有远程可视化、Visualization Cookbook（VCB）、大屏幕投影软件包等。学术带头人是 Jian Huang 教授。

主页：链接 15-172

STANFORD 美国斯坦福大学可视化实验室

美国斯坦福大学可视化实验室主要关注于大数据的感知、认知和社会因素，研发可视分析和人机交互的创新算法与系统。学术带头人是 Pat Hanrahan 教授。实验室的代表性工作有 Polaris（后续商业化为 Tableau）、RenderMan 等。全美 5 个区域性可视分析中心之一。

主页：链接 15-173

STU 德国斯图加特大学可视化与交互系统研究所

德国斯图加特大学可视化与交互系统研究所是德国最大的可视化研究中心，主要研究大规模体可视化、流场可视化等。学术带头人是 Thomas Ertl 和 Daniel Weiskopf 教授。

主页：链接 15-174

SUNY 美国纽约州立大学石溪分校

学术带头人是 Arie E. Kaufman 和 Klaus Mueller 教授，主要研究方向是体可视化、医学可视化和可视分析等，代表性工作有 VolVis 三维可视化软件和三维虚拟结肠镜系统。

主页：链接 15-175

SVCG 荷兰格罗宁根大学可视化与图形学小组

荷兰格罗宁根大学 SVCG 小组属于 Johann Bernoulli 数学与计算机科学研究所，开展神经影像数据可视化、非真实感图形学和创新性用户界面等领域的研究。学术带头人是 Jos B.T.M. Roerdink 教授。

主页：链接 15-176

SVS 美国航空航天局 NASA 科学可视化工作室

美国 NASA 科学可视化工作室（SVS）致力于采用可视化工具，展示科学探索结果，揭示大自然的奥秘，传播科学理念。SVS 创造的所有可视化作品都以视频方式在网络上公开发布。

主页：链接 15-177

SWANSEA 英国威尔士 SWANSEA 大学可视化小组

英国威尔士 SWANSEA 大学可视化小组关注于可视化和交互计算的研究。

主页：链接 15-178

TACC 美国德克萨斯高级计算中心

美国德克萨斯高级计算中心拥有高性能并行计算系统，为外界提供高级计算资源和可视化服务。

主页：链接 15-179

TOKYO 日本东京大学可视化小组

日本东京大学可视化小组的学术带头人是 Shigeo Takahashi 教授，关注于科学可视化和高维数据可视化。

主页：链接 15-180

TUD 德国德累斯顿大学可视化小组

德国德累斯顿大学可视化小组关注于绘图学和地理信息可视化的研究。

主页：链接 15-181

TUE 荷兰埃因霍温理工大学可视化小组

荷兰埃因霍温理工大学可视化小组的学术带头人是 Jack van Wijk 教授，主要研究方向包括信息可视化、可视分析、数学可视化以及流可视化。

主页：链接 15-182

TUM 德国慕尼黑工业大学计算机图形学与可视化小组

德国慕尼黑工业大学计算机图形学与可视化小组致力于可视数据挖掘、实时计算机图形学、大规模空间数据场的可视化。学术带头人是 Rüdiger Westermann 教授。

主页：链接 15-183

UBC 加拿大 UBC 大学可视化实验室

加拿大 UBC 大学可视化实验室研究可视化的基础理论、层次和网络结构信息可视化方面。学术带头人是 Tamara Munzner 教授。

主页：链接 15-184

UIB 挪威 UIB 可视化小组

挪威 UIB 可视化小组致力于研究面向不同领域用户的新型可视化解决方案。学术带头人是 Helwig Hauser 教授。

UIB 可视化小组主页：链接 15-185

UNCC 美国北卡罗莱纳州立大学夏洛特分校可视分析中心

美国北卡罗莱纳州立大学夏洛特分校可视分析中心的主要研究方向是信息可视化、可视分析和人机交互研究，其代表性工作是金融数据可视化分析。现任学术带头人是 William Ribarsky 教授，成员有 Jing Yang、Aidong Lu 等教授。

主页：链接 15-186

UTAH 美国犹他大学科学计算与成像研究所

美国犹他大学是计算机图形学的发源地之一，下属科学计算与成像（SCI）研究所是世界可视化研发重镇。SCI 研究所成员超过 190 人，主要来自计算机学院、生物工程系、电子和计算机工程系，研究方向是并行计算、生物医学影像分析、数值计算、科学计算与可视化（地球物理学、分子动力学、流体动力学、气象学等）和科学计算软件环境等。

学术带头人 Chris Johnson 教授是并行计算与可视化顶级学者，以其严谨的科研精神、实用的软件开发能力闻名于世。SCI 研究所的研究路线带有很鲜明的 Johnson 烙印，除了探索创新的可视化、计算与分析方法，还强调将算法付诸实践，为领域专家开发可实用的科学软件环境。

SCI 研究所主页：链接 15-187

UW 美国华盛顿大学人机交互实验室

学术带头人是 Jeffrey Heer 教授，其研发的信息可视化工具 Prefuse、Protovis 和 D3.js 在学术界与工业界都产生了很大的影响。

主页：链接 15-188

UWE 美国华盛顿大学环境可视化中心

中心研究面向海洋和地球物理科学数据的信息可视化和人机接口技术。学术带头人是 Mark Stoermer 和 Hunter Hadaway 教授，主要研究内容是为科学成果提供图解服务。

主页：链接 15-189

VAC 美国五大可视分析中心

美国西北太平洋国家实验室（链接 15-190）建立了 5 个区域性可视分析中心：

- 斯坦福大学（链接 15-191）
- 北卡罗莱纳州立大学夏洛特分校和乔治亚理工大学（链接 15-192）
- 普度大学和印第安纳大学医学院（链接 15-193）
- 宾夕法尼亚州立大学（链接 15-194）
- 华盛顿大学（链接 15-195）

VACCINE 美国普渡大学 VACCINE 执行中心

VACCINE（Visual Analytics for Command, Control, and Interoperability Environments）致力于创建管理和分析海量国土安全信息的方法与工具。其中，COE-Explorer 项目建立了一个基于 Web 的复杂网络信息可视分析软件。学术带头人是 David S. Ebert 教授。

主页：链接 15-196

VALT 荷兰塔夫茨大学可视分析中心

荷兰塔夫茨大学可视分析实验室专注于可视分析研究。学术带头人是 Remco Chang 教授。

主页：链接 15-197

VASS 美国瓦萨学院科学可视化实验室

美国瓦萨学院科学可视化实验室提供数值分析、科学计算可视化、分子建模、动画和三维动画等跨平台开放环境。

视频资源：链接 15-198

VC2G 德国罗斯托克大学可视化与图形学小组

德国罗斯托克大学可视化与图形学小组致力于科学可视化、多变量数据可视化和图像分析的研究，代表工作有时空数据可视化。学术带头人是 Oliver Staadt 教授。

主页：链接 15-199

VCGL 德国雅各布大学可视化与计算机图形实验室

德国雅各布大学可视化与计算机图形实验室（VCGL）主要从事科学可视化与信息可视化的研究，如多变量数据可视化、流场与张量场可视化、多维数据可视分析等。学术领头人是 Lars Linsen 教授。

主页：链接 15-200

VGL 印度科学院可视化和图形学实验室

印度科学院可视化和图形学实验室研究科学可视化、几何处理、计算机图形学等领域的关键问题。

主页：链接 15-201

VIBE 微软研究院商业与娱乐可视化和交互小组

微软研究院商业与娱乐可视化和交互小组主要从事人机交互和信息可视化的研究。

主页：链接 15-202

VICG 巴西视觉交互与图形学小组

巴西视觉交互与图形学小组关注于高维数据可视分析、图像分类、几何和拓扑计算等。

主页：链接 15-203

ViDA 美国纽约大学可视化与数据分析实验室

美国纽约大学 ViDA（Visualization and Data Analytics）实验室的研究方向包括可视化、成像及数据分析等。

主页：链接 15-204

VIDi 美国加州大学戴维斯分校可视化与交互设计创新实验室

美国加州大学戴维斯分校可视化与交互设计创新实验室（Visualization & Interface Design Innovation）致力于大规模并行可视化、基于感知的互动可视化系统以及可视化中的非确定性研究，是全美顶级的科学可视化研究中心。学术带头人是 Kwan-Liu Ma 教授。

主页：链接 15-205

VIS group 美国杜克大学可视化与交互系统小组

杜克大学 VIS（Visualization & Interactive System）是由杜克大学的师生组成的协会，共同关注数据可视化以及视觉素养。其成员大部分来自杜克信息科学研究（ISS）、杜克图书馆数据和可视化服务（DVS）、杜克沉浸式虚拟环境（DiVE）、媒体艺术与科学计算（CMAC）、数字人文学院（DHI）、WIRED 实验室以及艺术、艺术史和视觉研究系。他们会在每年的春秋学期举办每周系列讲座“可视化周五论坛”。

主页：链接 15-206

VIZLAB 美国罗特格斯大学可视化实验室

VizLab 的主要研究方向是向量场可视化、体可视化和听觉可视化等。学术带头人是 D. Silver 教授。

主页：链接 15-207

VMML 瑞士苏黎世大学可视化和多媒体实验室

瑞士苏黎世大学可视化和多媒体实验室研究实时三维图形学、动画仿真和大规模科学可视化。代表性工作有基于点表示的绘制和基于物理的计算机动画等。学术带头人是 Renato Pajarola 教授。

主页：链接 15-208

VRViS 视觉计算研究机构

VRViS 是奥地利的视觉计算研究机构，和多所大学及企业合作，开展了 70 余个创新研究和开发项目。

主页：链接 15-209

Watson Analytics 美国 IBM 公司 Watson 研究中心

美国 IBM 公司 Watson 研究中心可视化小组关注于信息可视化的社会和交际价值，代表性工作有 Many Eyes 社区和 Wordle、PhaseNet、WordTree 等算法。

主页：链接 15-210

WIEN 奥地利维也纳大学图形学与算法研究所

奥地利维也纳大学图形学与算法研究所主要关注于图形学、科学可视化、虚拟环境。可视化小组带头人是 E. Groeller 和 Stefan Bruckner 教授。

主页：链接 15-211

ZIB 德国柏林楚泽研究所

德国柏林楚泽研究所关注于可视化算法、比较可视化及临床医学可视化系统的研发，研究领域包括生物化学、生物学、药学、医学、量子物理学、天体物理学、工程学以及环境科学等。

主页：链接 15-212